Über dieses Buch

Wachstum mithilfe der e-Funktion beschreiben Selbstlernen

3.3 Exponentielle Wachstumsprozesse

Ziel — In diesem Abschnitt lernen Sie, wie man unterschiedliche exponentielle Wachstumsprozesse mithilfe der e-Funktion beschreibt.

Aufgabe mit Lösung — **Exponentielle Abnahme**
Nach der Einnahme eines Medikamentes rechnet man damit, dass ein Patient

Die **Selbstlernen-Seiten** ermöglichen ein eigenständiges Erarbeiten von neuen Inhalten, die sich dafür besonders eignen.

Fokus

Ausbreitung von Epidemien

Ab März 2020 haben sich in Europa und der ganzen Welt so viele Menschen so

In einem **Fokus** werden Inhalte zur Geschichte der Mathematik, zusätzliche mathematische Inhalte oder fachübergreifende Themen angesprochen.

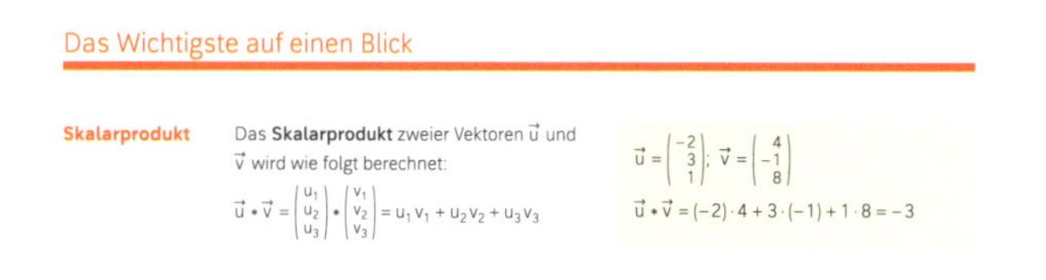
Das Wichtigste auf einen Blick

Skalarprodukt — Das **Skalarprodukt** zweier Vektoren $\vec{u}$ und $\vec{v}$ wird wie folgt berechnet:

$\vec{u} \cdot \vec{v} = \begin{pmatrix} u_1 \\ u_2 \\ u_3 \end{pmatrix} \cdot \begin{pmatrix} v_1 \\ v_2 \\ v_3 \end{pmatrix} = u_1 v_1 + u_2 v_2 + u_3 v_3$

$\vec{u} = \begin{pmatrix} -2 \\ 3 \\ 1 \end{pmatrix}; \ \vec{v} = \begin{pmatrix} 4 \\ -1 \\ 8 \end{pmatrix}$

$\vec{u} \cdot \vec{v} = (-2) \cdot 4 + 3 \cdot (-1) + 1 \cdot 8 = -3$

Das **Wichtigste auf einen Blick** zeigt eine übersichtliche Zusammenstellung der wesentlichen Inhalte des Kapitels mit Beispielen.

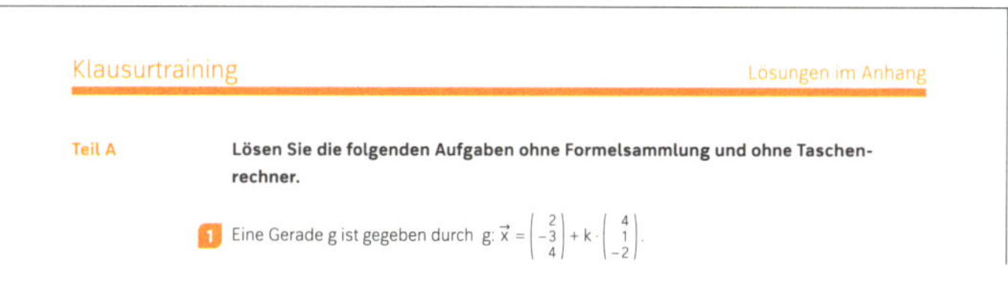
Klausurtraining Lösungen im Anhang

Teil A — **Lösen Sie die folgenden Aufgaben ohne Formelsammlung und ohne Taschenrechner.**

1 Eine Gerade g ist gegeben durch $g: \vec{x} = \begin{pmatrix} 2 \\ -3 \\ 4 \end{pmatrix} + k \cdot \begin{pmatrix} 4 \\ 1 \\ -2 \end{pmatrix}$.

Das **Klausurtraining** bietet Aufgaben zur Vorbereitung auf eine Klausur, unterteilt in Aufgaben ohne und mit Hilfsmittel. Die Lösungen sind im Anhang abgedruckt.

Wiederholung Punkte und Vektoren im Raum

Punkte und Vektoren im Raum

Aktivieren — 1 Das Schrägbild zeigt eine gerade quadratische Pyramide mit der Höhe h = 4 in einem Koordinatensystem. Der Punkt D liegt im Ursprung, die Punkte A und C liegen auf den Koordinatenachsen.

Wiederholungen zu bekannten Inhalten findet man dort, wo diese anschließend benötigt werden.

Symbole

Die Übungsaufgaben werden in 3 Anforderungsniveaus ausgewiesen.

Diese Arbeitsaufträge sind für die Bearbeitung in Partner- oder Gruppenarbeit konzipiert.

3 Bei einer Aufgabe mit Lupe werden typische Schülerfehler angesprochen.

westermann

Herausgegeben von
Benno Burbat
Daniel Frohn
Andreas Gundlach
Friedrich Suhr

Qualifikationsphase
Leistungskurs

ELEMENTE der Mathematik

Herausgegeben von
Benno Burbat, Dr. Daniel Frohn, Dr. Andreas Gundlach, Friedrich Suhr

Bearbeitet von
Karin Benecke, Sibylle Brinkmann, Martin Brüning, Benno Burbat, Roman Deeken, Gabriele Denkhaus, Gabriele Dybowski, Thorsten Eßeling, Dr. Daniel Frohn, Martina Groß, Dr. Andreas Gundlach, Stephan Hoffeld, Jakob Langenohl, Matthias Lösche, Dr. Holger Reeker, Sigrid Schwarz, Gudrun Sobotka, Friedrich Suhr, Frank Wackeroth

Zum Schülerband erscheinen:
Lösungen: Best.-Nr. 978-3-14-101417-4
Arbeitsheft mit Lösungen: Best.-Nr. 978-3-14-101418-1
Unterrichtsmaterialien: Best.-Nr. 978-3-14-101433-4

westermann GRUPPE

Druck A[1] / Jahr 2022
Alle Drucke der Serie A sind im Unterricht parallel verwendbar.

Redaktion: Manjing Bi
Umschlagentwurf und Innenlayout: Lio Designagentur, Braunschweig
Technische Zeichnungen: imprint, Zusmarshausen
BiBox-Logo: Enrico Casper, Braunschweig
Druck und Bindung: Westermann Druck GmbH, Georg-Westermann-Allee 66, 38104 Braunschweig

ISBN 978-3-14-**101416**-7

Inhalt

1

Funktionen als mathematische Modelle

	Wiederholung: Differenzialrechnung	8
	Wiederholung: Funktionsuntersuchungen	11
1.1	Zweite Ableitung – Extremstellen	16
1.2	Linkskurve, Rechtskurve – Wendepunkte	21
1.3	Funktionenscharen	28
1.4	Kettenregel und Produktregel	34
1.5	Ableitung von Potenzfunktionen mit rationalen Exponenten	38
1.6	Extremwertprobleme	42
	Fokus: Realistischer beschreiben – Modelle variieren	49
1.7	Lineare Gleichungssysteme	52
1.8	Bestimmen ganzrationaler Funktionen	56
	Fokus: Interpolation und Regression	63
	Das Wichtigste auf einen Blick	64
	Klausurtraining	67

2

Integralrechnung

2.1	Rekonstruktion eines Bestands aus Änderungsraten	70
2.2	Integral als Grenzwert	76
2.3	Hauptsatz der Differenzial- und Integralrechnung	82
2.4	Integralfunktionen	86
2.5	Fläche zwischen einem Funktionsgraphen und der x-Achse	92
2.6	Fläche zwischen zwei Funktionsgraphen	98
2.7	Uneigentliche Integrale	104
2.8	Volumina von Rotationskörpern	108
2.9	Selbstlernen: Mittelwert der Funktionswerte einer Funktion	111
	Fokus: Bogenlänge und Mantelfläche	114
	Das Wichtigste auf einen Blick	117
	Klausurtraining	120

3

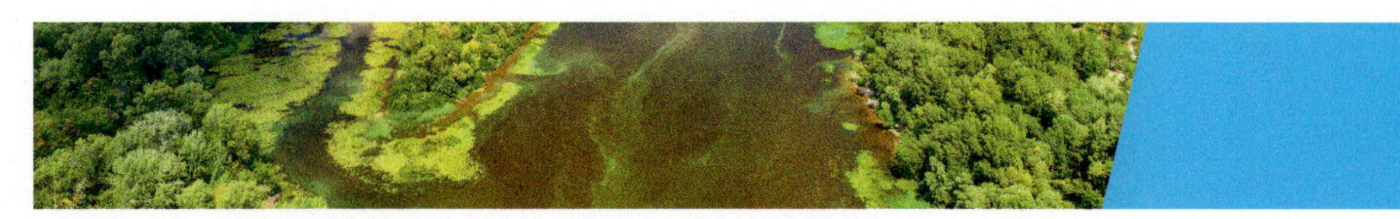

Wachstum mithilfe der e-Funktion beschreiben

Wiederholung: Exponentielles Wachstum 124
3.1 Die e-Funktion 126
3.2 Exponentialfunktionen mit Basis e schreiben 132
3.3 Selbstlernen: Exponentielle Wachstumsprozesse 136
Fokus: Ausbreitung von Epidemien 142
3.4 Begrenztes Wachstum 144
3.5 Verknüpfungen von e-Funktionen mit ganzrationalen Funktionen 148
3.6 Zusammengesetzte Funktionen als Modelle 154
3.7 Die natürliche Logarithmusfunktion 163
Das Wichtigste auf einen Blick 168
Klausurtraining 170

4

Analytische Geometrie mit Geraden und Ebenen

Wiederholung: Punkte und Vektoren im Raum 174
4.1 Orthogonalität von Vektoren – Skalarprodukt 178
4.2 Winkel zwischen Vektoren 184
4.3 Geraden im Raum 187
4.4 Lagebeziehungen zwischen Geraden 194
Fokus: Parameterdarstellung einer Kurve 200
4.5 Parameterdarstellung einer Ebene 202
4.6 Normalenform und Koordinatenform einer Ebene 210
4.7 Vektorprodukt 216
4.8 Lagebeziehungen zwischen Geraden und Ebenen 220
Fokus: Licht und Schatten 226
Das Wichtigste auf einen Blick 228
Klausurtraining 231

5 

Winkel und Abstände im Raum

5.1 Winkel im Raum 234
5.2 Abstände mit Ebenen 241
5.3 Abstände mit Geraden 249
Das Wichtigste auf einen Blick 256
Klausurtraining 258

6 

Wahrscheinlichkeitsverteilungen

6.1 Arithmetisches Mittel und empirische Standardabweichung 262
6.2 Klassieren von Daten 268
Fokus: Boxplots 270
6.3 Wahrscheinlichkeitsverteilung – Erwartungswert einer Zufallsgröße 272
6.4 Standardabweichung einer Zufallsgröße 278
6.5 Binomialkoeffizienten 282
Fokus: Pascal'sches Dreieck 285
6.6 Binomialverteilung 286
6.7 Kumulierte Binomialverteilung 294
6.8 Auslastungsmodell 300
6.9 Mindestzahl an Versuchen für mindestens k Erfolge 303
Fokus: Simulation von Bernoulli-Ketten 306
Das Wichtigste auf einen Blick 307
Klausurtraining 309

7

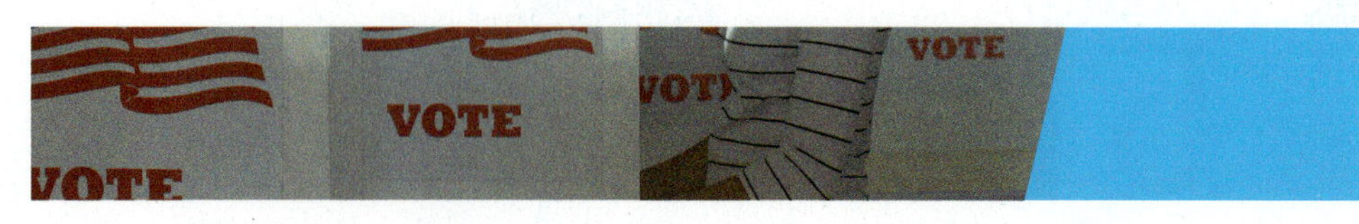

Beurteilende Statistik

7.1 Erwartungswert und Standardabweichung einer Binomialverteilung 312
7.2 Sigma-Regeln – Prognoseintervalle 318
7.3 Testen von zweiseitigen Hypothesen 325
7.4 Testen von einseitigen Hypothesen 331
7.5 Stetige Zufallsgrößen 338
7.6 Normalverteilung 341
7.7 Selbstlernen: Approximieren der Binomialverteilung durch eine Normalverteilung 350
7.8 Stochastische Matrizen 354
7.9 Potenzen stochastischer Matrizen – stabile Zustände 358
Fokus: Matrizen bei linearen Gleichungssystemen 366
Das Wichtigste auf einen Blick 368
Klausurtraining 371

8

ABITUR

Aufgaben zur Vorbereitung auf das Abitur

8.1 Aufgaben ohne Hilfsmittel 376
8.2 Aufgaben zur Analysis 380
8.3 Aufgaben zur vektoriellen Geometrie 383
8.4 Aufgaben zur Stochastik 386
8.5 Aufgaben im Stil einer Abiturklausur 389

Anhang

Lösungen zum Klausurtraining 393
Mathematische Symbole 416
Stichwortverzeichnis 419
Bildquellenverzeichnis 422

Funktionen als mathematische Modelle

1

▲ *Bei Brücken und anderen Bauwerken findet man Bögen, die oft durch Funktionsgraphen modelliert werden können.*

In diesem Kapitel
lernen Sie weitere Eigenschaften von Funktionen kennen und erfahren, wie man Funktionen in Sachzusammenhängen anwendet. ▸

Differenzialrechnung

Aktivieren

1 Die Höhe einer Rakete in den ersten 20 Sekunden nach dem Start kann näherungsweise durch die Funktion h mit $h(t) = 4t^2$ beschrieben werden (mit t in s und h in m).

a) Bestimmen Sie die mittlere Geschwindigkeit der Rakete in den ersten 20 Sekunden nach dem Start.

b) Wie groß ist die Momentangeschwindigkeit der Rakete 20 Sekunden nach dem Start?

Erinnern

Mittlere Änderungsrate – Sekantensteigung

Mit dem **Differenzenquotienten** $\frac{f(b) - f(a)}{b - a}$ wird die **mittlere Änderungsrate** einer Funktion f über dem Intervall [a; b] berechnet. Geometrisch gedeutet gibt dieser Quotient die **Steigung der Sekante** durch die Punkte $P(a \mid f(a))$ und $Q(b \mid f(b))$ auf dem Graphen von f an.

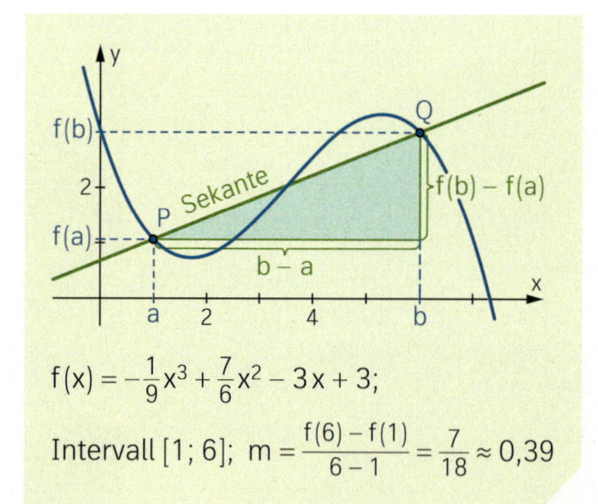

$f(x) = -\frac{1}{9}x^3 + \frac{7}{6}x^2 - 3x + 3;$

Intervall [1; 6]; $m = \frac{f(6) - f(1)}{6 - 1} = \frac{7}{18} \approx 0{,}39$

Ableitung an einer Stelle – Lokale Änderungsrate

Kommt der Differenzenquotient $\frac{f(x_0 + h) - f(x_0)}{h}$ bei Annäherung von h an null einer Zahl beliebig nah, so wird diese Zahl **Grenzwert des Differenzenquotienten** genannt und mit $\lim\limits_{h \to 0} \frac{f(x_0 + h) - f(x_0)}{h}$ bezeichnet. Man schreibt dafür kurz $f'(x_0)$ und nennt dies die **Ableitung von f an der Stelle x_0** oder in Sachsituationen auch die **lokale Änderungsrate**.

Die **Tangente** an den Graphen einer Funktion f im Punkt $P(x_0 \mid f(x_0))$ des Graphen ist die Gerade durch P mit der Steigung $f'(x_0)$. Man sagt: Der Graph von f hat an der Stelle x_0 die Steigung $f'(x_0)$.

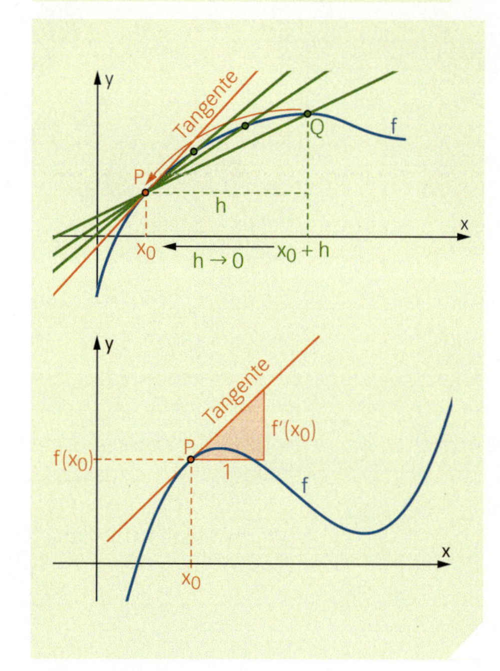

Ableitungsfunktion – Hoch-, Tief- und Sattelpunkte

Die Funktion, die jeder Stelle x die Ableitung f′(x) der Funktion f an dieser Stelle zuordnet, wird als **Ableitungsfunktion f′** bezeichnet.

Hochpunkte, **Tiefpunkte** oder **Sattelpunkte** liegen an Stellen, an denen der Funktionsgraph eine waagerechte Tangente hat. An diesen Stellen liegen Nullstellen der Ableitungsfunktion.

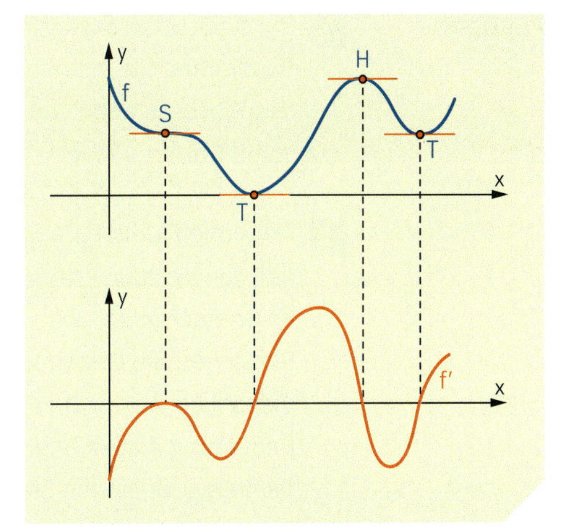

Monotonie

Gegeben ist eine in einem Intervall I definierte Funktion f.

(1) Wenn **f′(x) > 0** für alle x aus dem Intervall I gilt, dann ist die Funktion f im Intervall I **streng monoton wachsend**.

(2) Wenn **f′(x) < 0** für alle x aus dem Intervall I gilt, dann ist die Funktion f im Intervall I **streng monoton fallend**.

Der Wechsel der strengen Monotonie einer Funktion erfolgt in Hoch- oder Tiefpunkten des Funktionsgraphen von f.

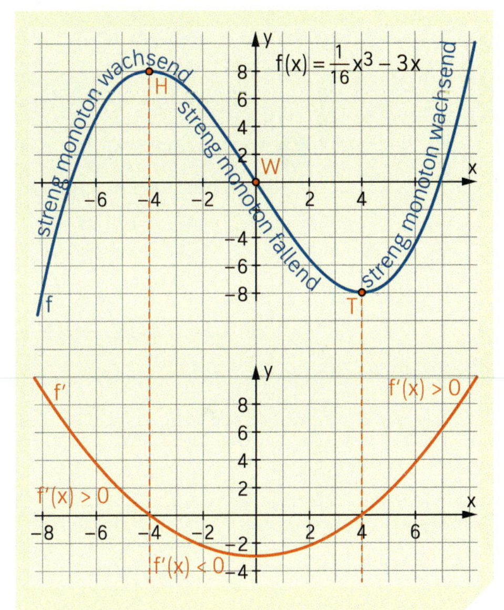

Ableitungsregeln

Potenzregel

$f(x) = x^n,\ n \in \mathbb{N}$ $\quad f'(x) = n \cdot x^{n-1}$

$f(x) = x^5$ $\quad f'(x) = 5 \cdot x^4$

Faktorregel

$f(x) = k \cdot u(x),\ k \in \mathbb{R}$ $\quad f'(x) = k \cdot u'(x)$

$f(x) = -3 \cdot x^5$ $\quad f'(x) = -15 \cdot x^4$

Summenregel

$f(x) = u(x) + v(x)$ $\quad f'(x) = u'(x) + v'(x)$

$f(x) = -2x^7 - 3x + 1$ $\quad f'(x) = -14x^6 - 3$

Ableitung der Sinus- und der Kosinusfunktion

$f(x) = \sin(x)$ $\quad f'(x) = \cos(x)$

$g(x) = \cos(x)$ $\quad g'(x) = -\sin(x)$

$f(x) = 3\sin(x)$ $\quad f'(x) = 3\cos(x)$

$g(x) = \frac{1}{2}\cos(x)$ $\quad g'(x) = -\frac{1}{2}\sin(x)$

Festigen

2 Bei einer Überschwemmung wurden die Wasserstände notiert.
Bestimmen Sie die mittlere Änderungsrate des Wasserstands von 7 Uhr bis 10 Uhr und von 9 Uhr bis 17 Uhr.

Uhrzeit	7	9	10	13	17
Wasserstand in m	1,10	1,40	1,80	2,70	2,90

3 Der abgebildete Funktionsgraph beschreibt den Temperaturverlauf an einem Tag im Spätsommer.
Skizzieren Sie den Graphen der Ableitung dieser Funktion und erläutern Sie die Bedeutung der Ableitung im Sachzusammenhang. Beginnen Sie mit den markanten Punkten.

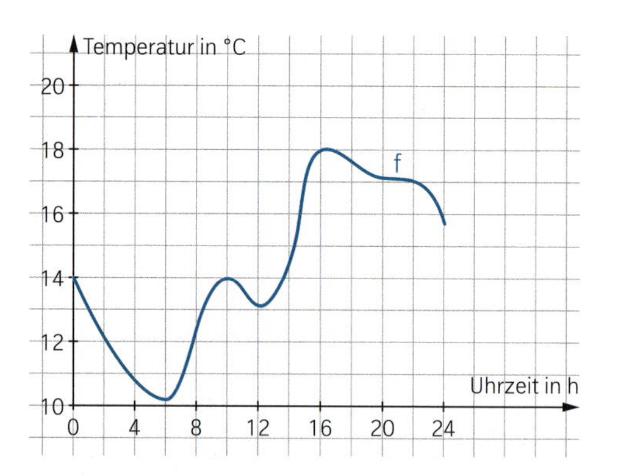

4 In der oberen Bildzeile sind Graphen von vier Funktionen, in der unteren sind die Graphen der vier zugehörigen Ableitungsfunktionen abgebildet.

(A)
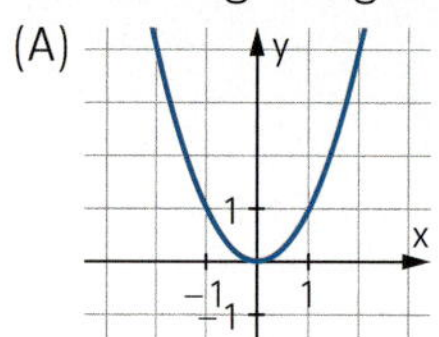

(B)
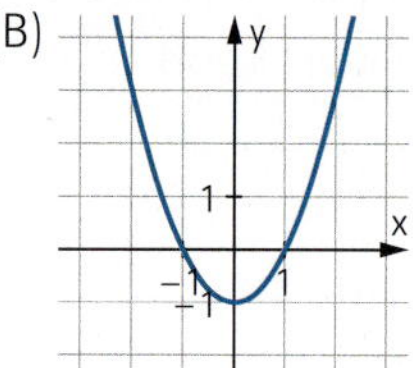

(C)
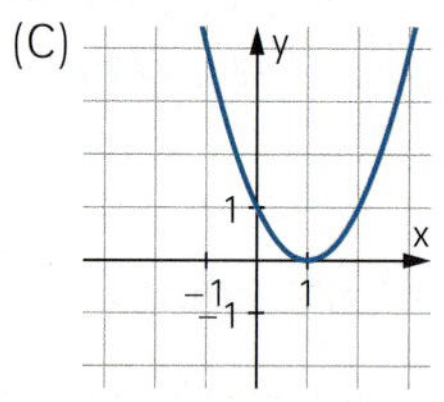

(D)
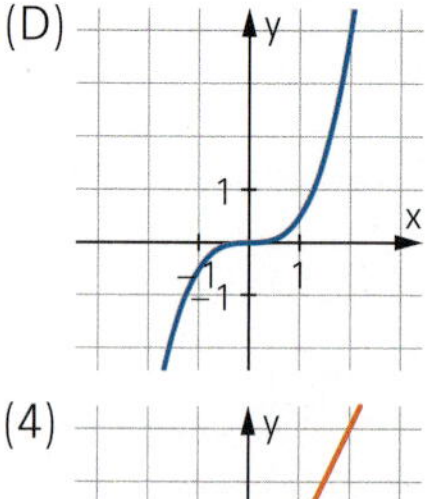

(1)
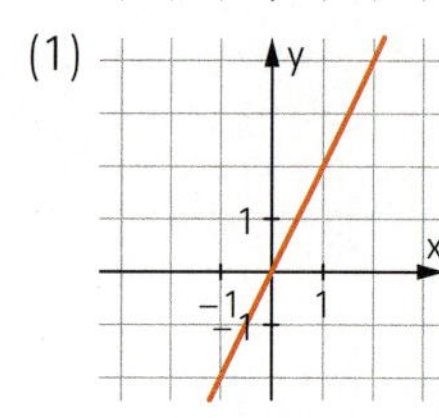

(2)
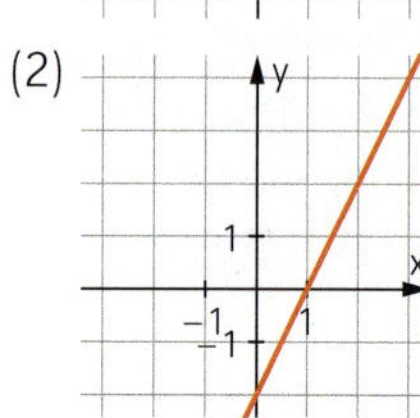

(3)
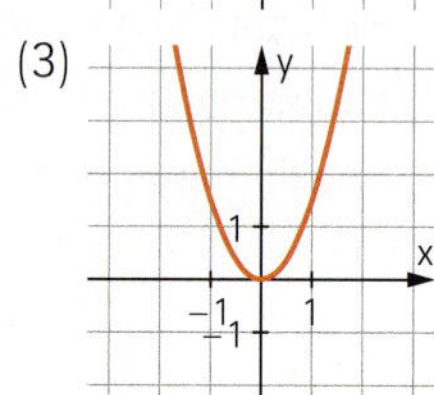

(4)
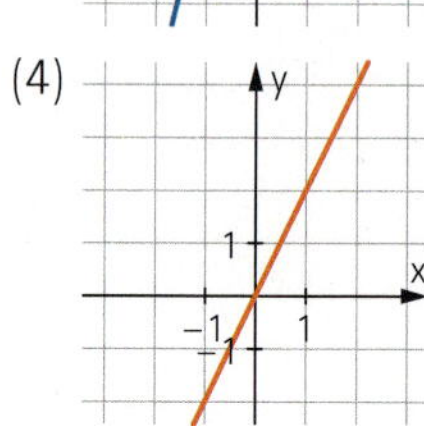

a) Begründen Sie, welcher Ableitungsgraph zu welchem Funktionsgraphen gehört.
b) Ermitteln Sie die Funktionsterme der Funktionen und der Ableitungen.

5 Bestimmen Sie die Ableitung der Funktion f.

a) $f(x) = 2x^3 - 3x^2 + 4$
b) $f(x) = 3x^5 - 2x^2$
c) $f(x) = 2x - 3x^2$
d) $f(x) = 4\cos(x) - x$
e) $f(x) = 2\sin(x) - x^2$
f) $f(x) = \sqrt{3}x^3 - x^2 + 1$

6 Berechnen Sie die Ableitung von f an der angegebenen Stelle.

a) $f(x) = 2x^3 - 3x^2 + 4;\ x_0 = 1$
b) $f(x) = x^5 + 6x^3 - 7x;\ x_0 = 0$
c) $f(x) = 2x - \sin(x);\ x_0 = \pi$
d) $f(x) = 3\cos(x) - \sin(x);\ x_0 = \frac{\pi}{2}$

7 Ermitteln Sie, an welchen Stellen der Funktionsgraph die Steigung 1 hat.

a) $f(x) = \frac{1}{2}x^4$
b) $f(x) = -x^3 + x$
c) $f(x) = \sin(x)$
d) $f(x) = x + 2$

Funktionsuntersuchungen

Aktivieren

1 Die Abbildung zeigt den Graphen der Ableitungsfunktion f′ einer Funktion f in einem Intervall. Nennen Sie die Bereiche, in denen der Graph von f streng monoton wachsend bzw. streng monoton fallend ist. Wo hat er Extrempunkte? Skizzieren Sie einen möglichen Graphen von f.

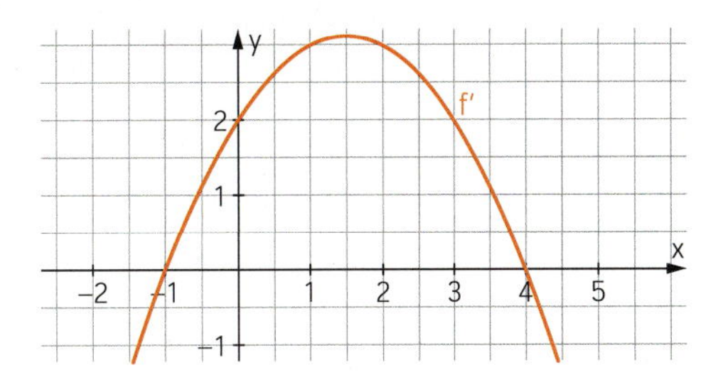

2 Ordnen Sie den Graphen die Funktionsterme $f(x) = \frac{1}{3}x^3 - 2x$, $g(x) = \frac{1}{2}x^4 - 4x^2 + 3$, $h(x) = \frac{1}{5}x^5 - \frac{3}{4}x^4$ und $k(x) = 2x^4 + 4x^3 + 3$ zu. Begründen Sie Ihre Entscheidung.

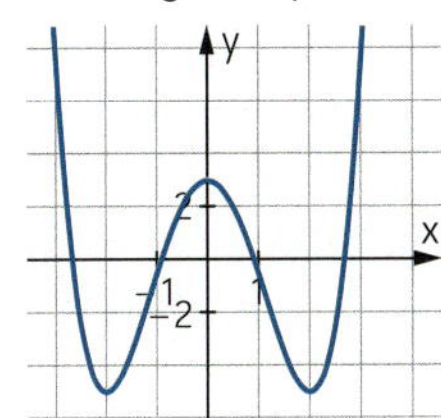
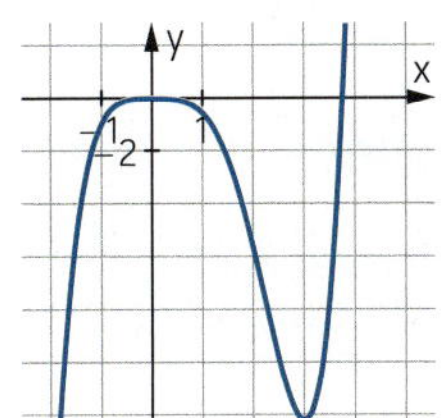
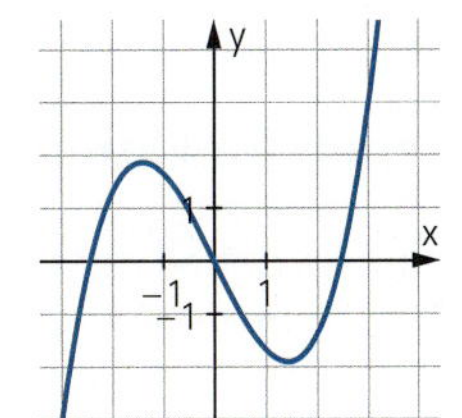
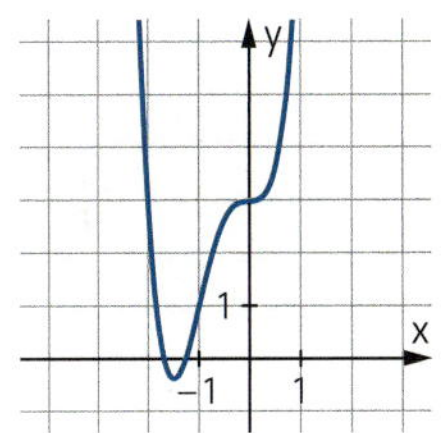

Erinnern

Globalverlauf

Bei einer ganzrationalen Funktion f mit $f(x) = a_n x^n + a_{n-1} x^{n-1} + \ldots + a_1 x + a_0$ und $a_n \neq 0$ ist der Summand $a_n x^n$ **für das Verhalten von f(x) für $x \to \infty$** bzw. $x \to -\infty$ entscheidend.

$f(x) = \frac{1}{16}x^3 - 3x$

Entscheidend ist der Summand $\frac{1}{16}x^3$.

Für $x \to \infty$ gilt: $f(x) \to \infty$

Für $x \to -\infty$ gilt: $f(x) \to -\infty$

Symmetrie des Funktionsgraphen

Der Graph einer Funktion f ist **achsensymmetrisch zur y-Achse**, falls gilt: $f(-x) = f(x)$.
Bei ganzrationalen Funktionen enthält der Funktionsterm nur Potenzen von x mit **geraden Exponenten**.

Der Graph einer Funktion f ist **punktsymmetrisch zum Koordinatenursprung**, falls gilt: $f(-x) = -f(x)$.
Bei ganzrationalen Funktionen enthält der Funktionsterm nur Potenzen von x mit **ungeraden Exponenten**.

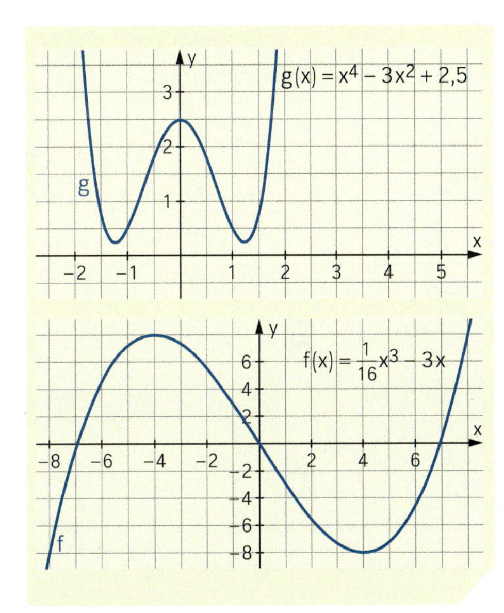

Nullstellen einer ganzrationalen Funktion

Eine Stelle x_0 heißt **Nullstelle** der Funktion f, falls gilt: $f(x_0) = 0$.
Ist der Funktionsterm f(x) ein Produkt, so ist jede Nullstelle von f auch Nullstelle eines der Faktoren. An einfachen, dreifachen ... Nullstellen wechseln die Funktionswerte das Vorzeichen, an doppelten, vierfachen ... Nullstellen wechseln sie es nicht.

Eine ganzrationale Funktion f vom Grad n hat höchstens n Nullstellen. Ist n ungerade, so hat f mindestens eine Nullstelle.

$f(x) = (x+3) \cdot (x-1)^2$
Faktoren: $(x+3)$ und $(x-1)^2$
-3 ist eine einfache Nullstelle.
1 ist eine doppelte Nullstelle.

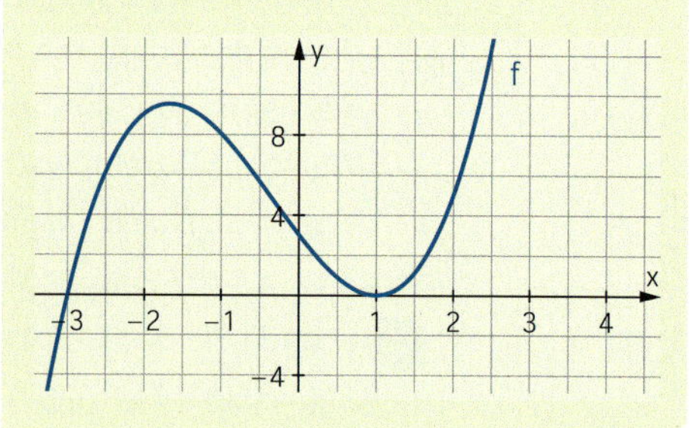

Kriterien für Extremstellen

Stellen, an denen der Graph einer Funktion f Hoch- oder Tiefpunkte hat, heißen **Extremstellen** von f.

Notwendiges Kriterium
An jeder Extremstelle x_e gilt: $f'(x_e) = 0$
Aber nicht bei allen Nullstellen von f' müssen Extremstellen von f vorliegen.

Ein **hinreichendes Kriterium** ist das **Vorzeichenwechsel-Kriterium**:
(1) Ist $\mathbf{f'(x_e) = 0}$ und wechselt f' an der Stelle x_e das Vorzeichen **von + nach −**, so hat der Graph von f an der Stelle x_e einen **Hochpunkt**.
(2) Ist $\mathbf{f'(x_e) = 0}$ und wechselt f' an der Stelle x_e das Vorzeichen **von − nach +**, so hat der Graph von f an der Stelle x_e einen **Tiefpunkt**.

$f(x) = 8x^5 - 5x^4 - 20x^3$
$f'(x) = 40x^4 - 20x^3 - 60x^2$

$f'(x) = 0$: $20x^2 \cdot (2x^2 - x - 3) = 0$
$x = 0$ oder $x = -1$ oder $x = \frac{3}{2}$

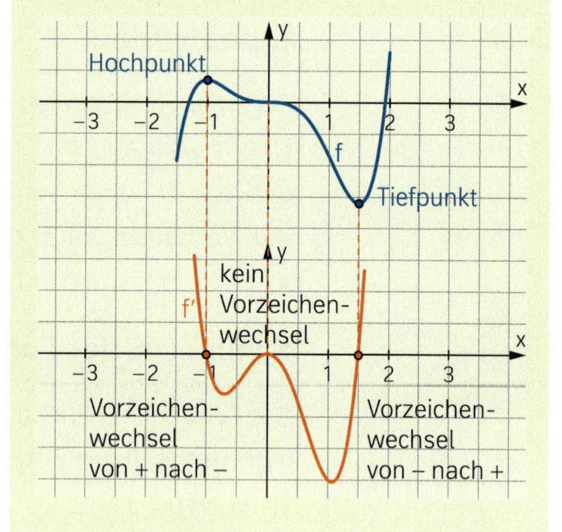

Festigen

3 Bestimmen Sie den Globalverlauf der Funktion f.

a) $f(x) = x^4 + 3x^2 - 2$
b) $f(x) = 2x^3 + x$
c) $f(x) = -x^6 + x^4 - 2x^2$
d) $f(x) = -2x^5 + x^3 + 4x$

4 Untersuchen Sie den Funktionsgraphen auf Symmetrie.

a) $f(x) = \frac{1}{2}x^5 - x^3 + x$
b) $f(x) = -x^4 + 2x^2 + 1$
c) $f(x) = 3x^3 + x$
d) $f(x) = x^3 - x - 1$

5 Ermitteln Sie rechnerisch die Nullstellen der Funktion f.

a) $f(x) = x \cdot (x - 4) \cdot (x^2 - 4)$

b) $f(x) = x \cdot (x^2 + 1{,}5x - 1)$

c) $f(x) = (x - 1) \cdot (x^2 + 2x + 2)$

d) $f(x) = 2x^3 + 2x^2 - 12x$

e) $f(x) = 2x^5 - 4x^3$

f) $f(x) = 2x^8 + x^7$

g) $f(x) = (x^4 + 1) \cdot (x^2 - 4)$

h) $f(x) = 8x^4 + 6x^2 - 54$

6 Skizzieren Sie den Graphen der Funktion f.

a) $f(x) = (x + 5)^2 \cdot (x - 1) \cdot (x + 2)^3$

b) $f(x) = (x - 2)^2 \cdot x \cdot (x + 2)^2$

c) $f(x) = -(x + 1) \cdot x \cdot (x - 3)^4$

d) $f(x) = -2(x - 3)^2 \cdot x^4 \cdot (x + 3)^3$

7 Ordnen Sie den Abbildungen die Funktionsterme zu.

(1) $f(x) = x^4 - 33x^2 + 90$

(2) $g(x) = 0{,}1x^5 - 1{,}1x^3 + x$

(3) $h(x) = x^3 + x^2 - 9x - 9$

(4) $k(x) = x^5 - x^3$

(A)

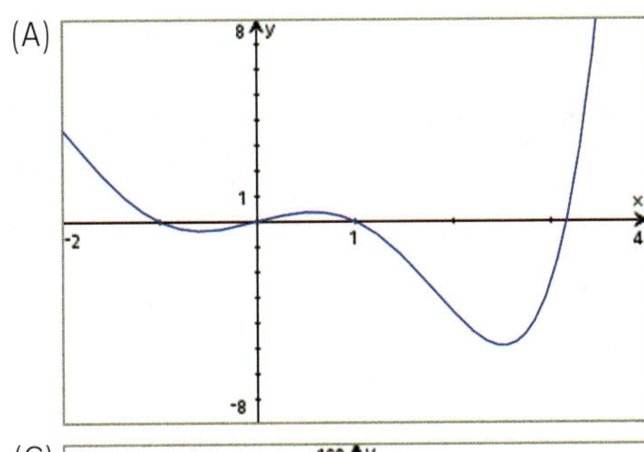

(B)

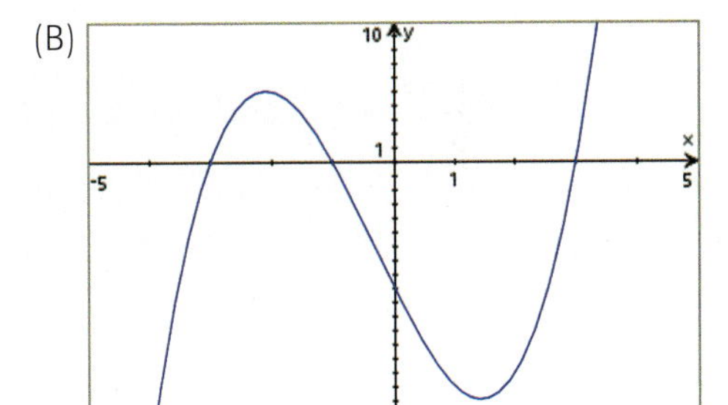

(C)

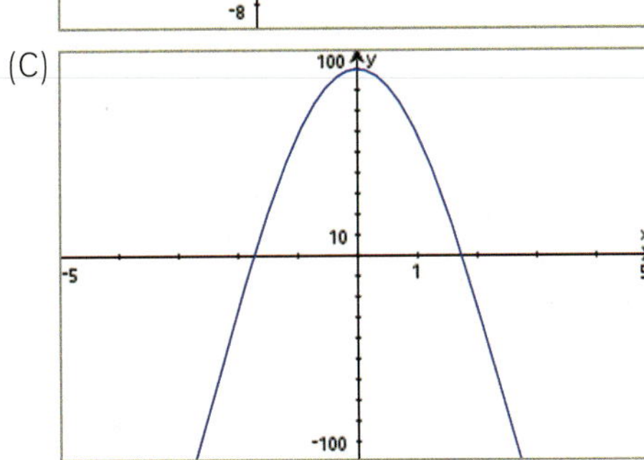

(D)

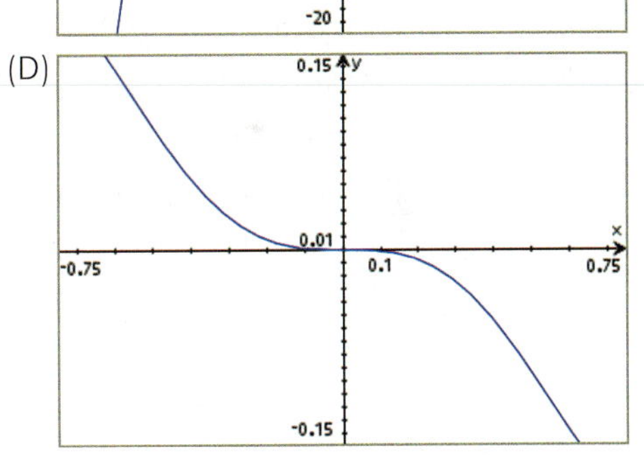

Entscheiden Sie, ob der Verlauf des Graphen im Wesentlichen vollständig zu sehen ist.

8 Die Abbildung zeigt den Graphen der Ableitungsfunktion f′ einer Funktion f.

a) Geben Sie die Intervalle an, in denen die Funktion f streng monoton wachsend bzw. streng monoton fallend ist.

b) Schließen Sie vom Verlauf des Graphen der Ableitungsfunktion f′ und von der Lage der Nullstellen von f′ auf die Lage und die Art der Extremstellen von f.

c) Skizzieren Sie einen möglichen Funktionsgraphen von f.

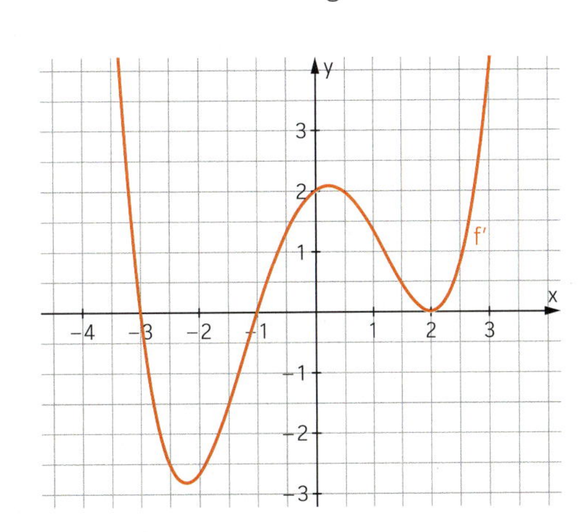

9 Gegeben ist die Funktion f mit $f(x) = x^3 - 4x^2 + 4x$.

a) Bestimmen Sie eine Gleichung der Tangente an den Graphen von f im Ursprung.

b) Es gibt einen Punkt des Graphen, in dem die Tangente parallel zur Tangente im Ursprung ist. Berechnen Sie die Koordinaten dieses Punktes.

10 Der Graph einer ganzrationalen Funktion f verläuft durch die Punkte $P(1\,|\,2)$ und $Q(6\,|\,8)$. Skizzieren Sie einen möglichen Graphen der Funktion f so, dass der Graph zwischen den Punkten P und Q

a) einen Tiefpunkt hat;

b) einen Tiefpunkt und einen Hochpunkt hat;

c) einen Sattelpunkt und einen Tiefpunkt hat;

d) sein Monotonieverhalten von streng monoton wachsend in streng monoton fallend ändert;

e) eine dreifache Nullstelle hat.

11 Der Graph einer ganzrationalen Funktion f ist im Intervall $[-4{,}5;\ 5{,}5]$ dargestellt. Untersuchen Sie, ob die Aussagen richtig, falsch oder nicht zu beurteilen sind. Begründen Sie Ihre Entscheidung.

(1) Die Funktion f ist im Intervall $]-2;\ 3[$ streng monoton fallend.

(2) Im Intervall $]-3;\ 0[$ gilt $f'(x) > 0$.

(3) Der Grad der Funktion f ist 3.

(4) Es gilt $f'(3) = 0$.

(5) Der Graph der Ableitungsfunktion f′ verläuft im Intervall $[-4;\ -3]$ unterhalb der x-Achse.

12 Gegeben ist der Graph der Ableitungsfunktion f′ einer ganzrationalen Funktion f. Untersuchen Sie, ob die folgenden Aussagen richtig oder falsch sind. Begründen Sie Ihre Entscheidung.

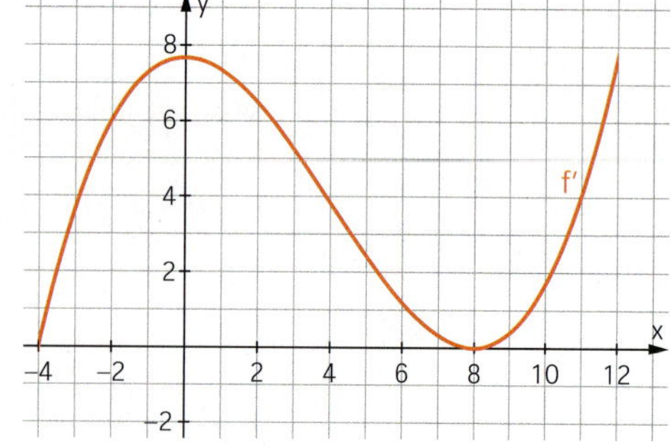

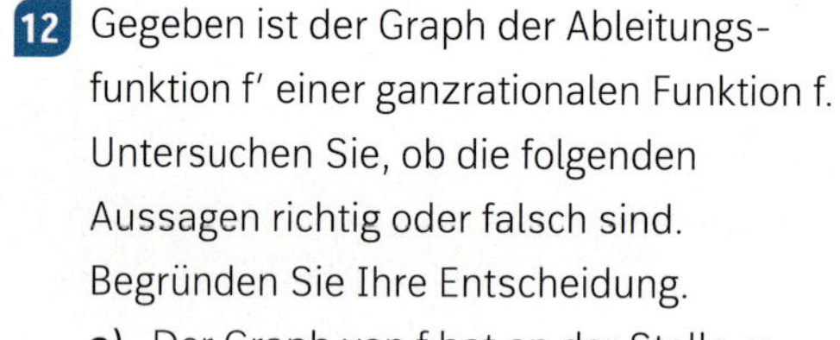

a) Der Graph von f hat an der Stelle $x = -4$ einen Tiefpunkt.

b) Der Graph von f hat an der Stelle $x = 8$ einen Extrempunkt.

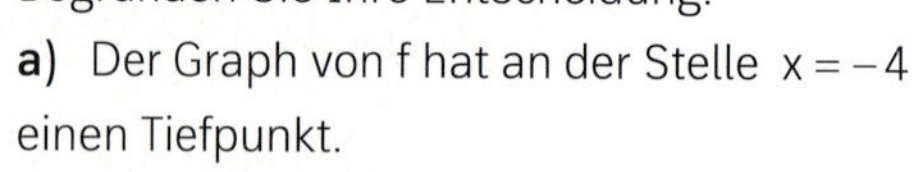

c) Die Funktion f ist für $-4 \le x \le 12$ streng monoton wachsend.

d) Die Steigung des Graphen von f ist an der Stelle $x = 0$ maximal.

13 Gegeben ist eine ganzrationale Funktion f mit $f(x) = a_n x^n + a_{n-1} x^{n-1} + \ldots + a_1 x + a_0,\ a_n \neq 0$. Begründen Sie folgende Aussage.

a) Ist n gerade und $n \ge 2$, so hat die Funktion f entweder einen größten Funktionswert oder einen kleinsten Funktionswert.

b) Ist n ungerade, so hat f mindestens eine Nullstelle.

14 Die Abbildung zeigt den Graphen einer ganzrationalen Funktion 4. Grades.

a) Sind in der Abbildung alle Punkte mit waagerechter Tangente zu sehen? Begründen Sie Ihre Entscheidung.

b) Skizzieren Sie den Graphen der Ableitungsfunktion f′.
Erläutern Sie Ihr Vorgehen.

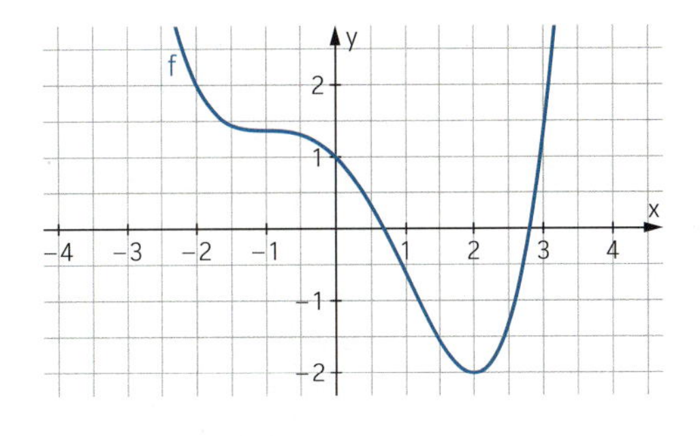

15 In einer Kleinstadt wird der Ausbruch einer Salmonelleninfektion festgestellt. Die Anzahl der Erkrankten kann näherungsweise durch die Funktion f mit
$f(x) = -\frac{1}{25}x^3 + x^2$ für $0 \le x \le 25$
mit x in Tagen beschrieben werden.

a) Skizzieren Sie den Graphen von f.

b) Ermitteln Sie rechnerisch, wie viele Personen am 6. Tag erkrankt sind.

c) Weisen Sie rechnerisch nach, dass am 25. Tag keine Person mehr erkrankt ist.

d) Berechnen Sie, an welchem Tag die meisten Personen erkrankt sind.
Um wie viele Personen handelt es sich?

e) Berechnen Sie, wann die Zunahme an erkrankten Personen am größten, wann am kleinsten ist.

f) An welchen Tagen beträgt die Erkrankungsrate 7 Personen pro Tag?

16 Durch effektives Düngen kann man den Ertrag von Erdbeerpflanzen deutlich steigern. Überdüngen führt jedoch zu verringerten Erträgen. Die Funktion f mit
$f(x) = -\frac{1}{8}x^3 + \frac{3}{4}x^2 + 8$ beschreibt für $0 \le x \le 7$, x Düngermenge in Dezitonnen, den Ertrag f(x) in Tonnen pro Hektar.

a) Skizzieren Sie den Graphen von f im angegebenen Intervall.

b) Welchen Ertrag erzielt man auf einem ungedüngten Feld?

c) Berechnen Sie, bei welcher Düngermenge man den maximalen Ertrag erzielt.
Wie hoch ist dieser?

d) Bei welcher Düngermenge wird der größte Ertragszuwachs erreicht?

e) Ermitteln Sie die Düngermenge, bei der nur noch der gleiche Ertrag wie auf einem ungedüngten Feld erreicht wird.

1.1 Zweite Ableitung – Extremstellen

Einstieg

Ein Schiff in Seenot macht durch ein Leuchtsignal auf sich aufmerksam. Dazu wird die Leuchtkugel senkrecht nach oben geschossen. Die Höhe h(t) des Signals in Metern nach t Sekunden kann näherungsweise durch die Funktionsgleichung $h(t) = -4{,}9t^2 + 29{,}4t + 4$ beschrieben werden.
Bestimmen Sie die größte Höhe des Leuchtsignals. Berechnen Sie h′ und auch die Ableitung h″ der Funktion h′. Deuten Sie diese Funktionen im Sachzusammenhang.

Aufgabe mit Lösung

Extremstellen und die zweite Ableitung einer Funktion

Gegeben ist die Funktion f mit $f(x) = 0{,}5x^3 - 1{,}5x^2 + 1$.

→ Erklären Sie den Verlauf des Graphen von f an den Extremstellen mithilfe der Eigenschaften des Graphen von f′.

Lösung

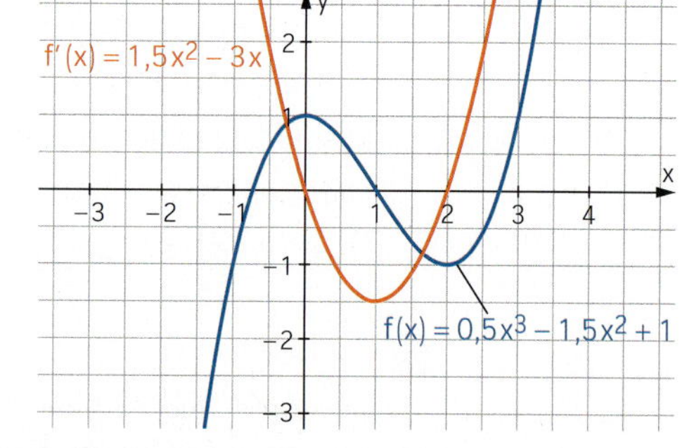

An den Extremstellen $x = 0$ und $x = 2$ hat der Graph von f die Steigung 0. Somit sind dort Nullstellen von f′.
An der Stelle $x = 0$ wechselt f′ das Vorzeichen von + nach –. Also hat der Graph von f dort einen Hochpunkt, d. h., f(0) ist ein lokales Maximum.
An der Stelle $x = 2$ ist es umgekehrt:
Der Vorzeichenwechsel von f′ geht von – nach +; daher hat der Graph von f dort einen Tiefpunkt, d. h., f(2) ist ein lokales Minimum.

→ Die Funktion f″ ist die Ableitung der Funktion f′. Erklären Sie, wie man am Graphen von f″ den Vorzeichenwechsel von f′ an den Extremstellen von f erkennen kann.

Lösung

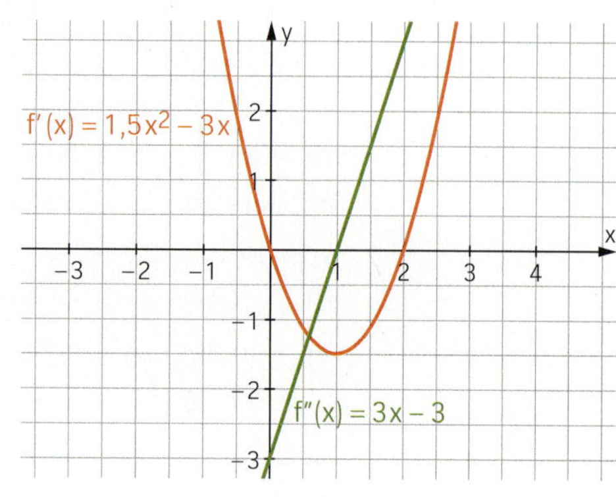

Da $f''(0) = -3$ negativ ist, hat f′ an der Stelle $x = 0$ eine negative Ableitung. Deshalb fällt der Graph von f′ beim Durchgang durch die x-Achse, sodass f′ dort das Vorzeichen von + nach – wechselt.
An der Stelle $x = 2$ dagegen steigt f′ beim Durchgang durch die x-Achse, da $f''(2) = 3$ positiv ist. Somit wechselt f′ dort das Vorzeichen von – nach +.

Information

Zweite Ableitung

Definition

Hat die Ableitung f′ einer Funktion f ebenfalls eine Ableitung, so nennt man diese die **zweite Ableitung** der Funktion f und bezeichnet sie mit **f″**. Entsprechend ist f‴ die Ableitung von f″ bzw. die dritte Ableitung von f usw.

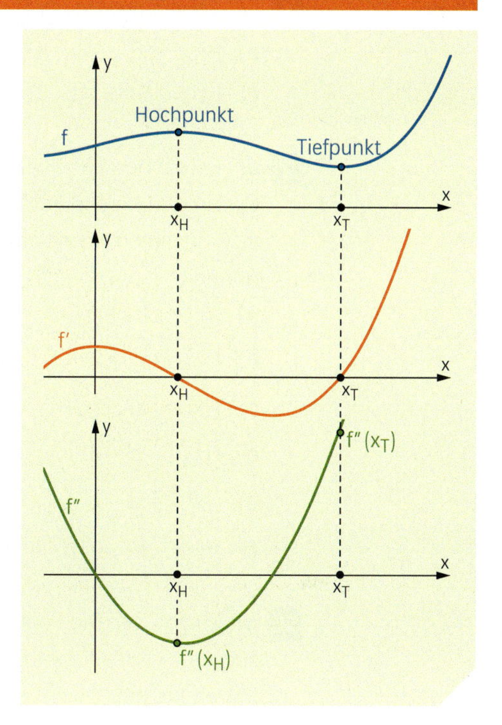

f″-Kriterium für Extremstellen

Satz

Für eine Funktion f und ihre Ableitungen f′ und f″ gilt:

(1) Wenn $f'(x_H) = 0$ und zugleich $f''(x_H) < 0$, dann hat der Graph von f an der Stelle x_H einen Hochpunkt.

(2) Wenn $f'(x_T) = 0$ und zugleich $f''(x_T) > 0$, dann hat der Graph von f an der Stelle x_T einen Tiefpunkt.

Begründung: Der Satz folgt aus dem Vorzeichenwechsel-Kriterium auf folgende Weise:

(1) $f'(x_H) = 0$ und $f''(x_H) < 0$ bedeutet, dass f′ an der Stelle x_H eine Nullstelle mit negativer Steigung hat. Also hat f′ an der Stelle x_H einen Vorzeichenwechsel von + nach −.

(2) $f'(x_T) = 0$ und $f''(x_T) > 0$ bedeutet, dass f′ an der Stelle x_T eine Nullstelle mit positiver Steigung hat. Also hat f′ an der Stelle x_T einen Vorzeichenwechsel von − nach + .

Hinweis:

Es gibt Funktionen mit Extremstellen x_e, bei denen $f'(x_e) = 0$ und $f''(x_e) = 0$ ist.

Die Bedingung $f'(x_e) = 0$ und $f''(x_e) \neq 0$ ist also **hinreichend**, aber **nicht notwendig** dafür, dass f an der Stelle x_e eine Extremstelle besitzt.

Ein Beispiel dafür ist $f(x) = x^4$.
Es gilt $f'(x) = 4x^3$ und $f''(x) = 12x^2$.
Bei $x_e = 0$ ist $f'(0) = 0$ und $(0|0)$ ist ein Tiefpunkt von f, obwohl auch $f''(0) = 0$ ist.

Im Fall, dass $f'(x) = 0$ und $f''(x) = 0$ gilt, sollte man also wieder auf das Vorzeichenwechsel-Kriterium zurückgreifen.

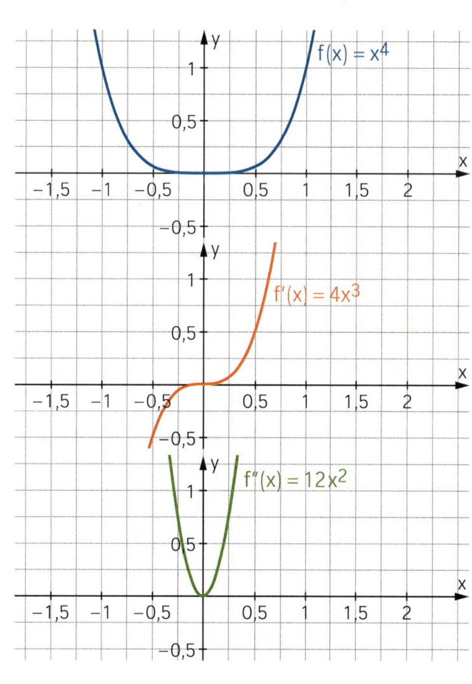

Üben

1 Berechnen Sie die erste Ableitung f′ und die zweite Ableitung f″ von f.

a) $f(x) = 4x^3 - 12x^2 + 7x + 3$

b) $f(x) = -\frac{1}{2}x^8 - \frac{4}{3}x^6 + 7x^3 + 3$

c) $f(t) = -5t^2 + 4t - 7$

d) $f(s) = 12s^4 - s^3 + s - 5$

2 Berechnen Sie die Koordinaten der Extrempunkte und entscheiden Sie, ob es sich um einen Hoch- oder einen Tiefpunkt handelt.

a) $f(x) = x^3 + 3x^2 - 4$

b) $f(x) = x^4 - 2x^2 - 8$

c) $f(x) = \frac{1}{6}x^3 - x^2 + 3$

d) $f(x) = \frac{1}{4}x^4 - 2$

e) $f(x) = \frac{1}{5}x^5 - x^4 + \frac{4}{3}x^3$

f) $f(x) = \frac{1}{7}x^7 - \frac{1}{5}x^5 - 4x^3 + 1$

$f(x) = 3x^5 - 20x^3$
$f'(x) = 15x^4 - 60x^2$; $f''(x) = 60x^3 - 120x$
Nullstellen von f′: 0, 2, −2

$f''(2) = 240 > 0$
Also: Tiefpunkt $T(2\,|-64)$
$f''(-2) = -240 < 0$
Also: Hochpunkt $H(-2\,|\,64)$

$f''(0) = 0$; daher ist das f″-Kriterium an der Stelle 0 nicht anwendbar!
f′ hat an der Stelle $x = 0$ eine doppelte Nullstelle, also dort keinen Vorzeichenwechsel. Somit hat f an der Stelle $x = 0$ keinen Extrempunkt.

3 Zeigen Sie: Die Funktion f mit $f(x) = x^3 - 6x^2 + 12x + 5$ hat keine Extremstellen.

4 Skizzieren Sie die Graphen der ersten und der zweiten Ableitung.

a)
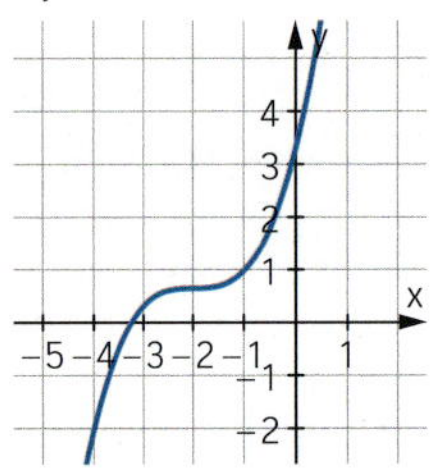

b)
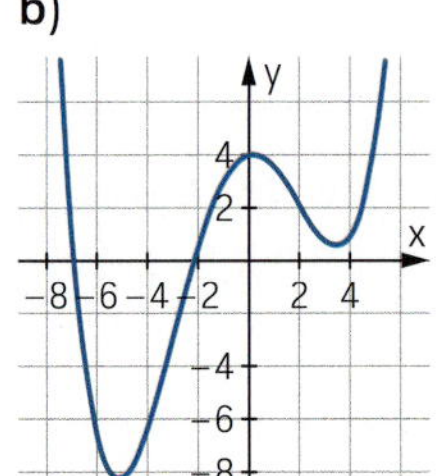

c)
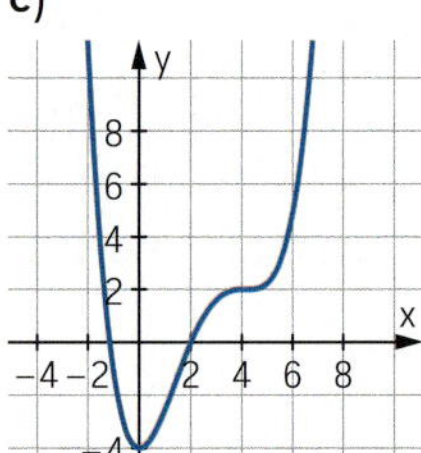

d)
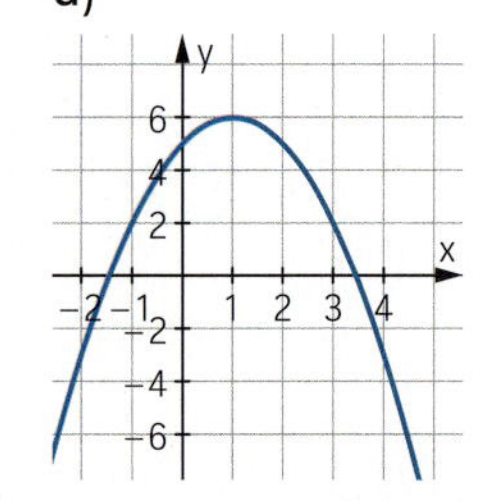

5 Die Funktion f gibt die Höhe eines Hubschraubers in Abhängigkeit von der Zeit an.

a) Beschreiben Sie die Bedeutung der Funktionen f′ und f″ in diesem Kontext.

b) Die Ableitungen f′ und f″ können in einem bestimmten Zeitintervall jeweils positiv oder negativ sein.
Übertragen Sie die Tabelle in Ihr Heft und deuten Sie die vier Möglichkeiten im Sachzusammenhang.

	$f' > 0$	$f' < 0$
$f'' > 0$	Der Hubschrauber steigt immer schneller auf.	
$f'' < 0$		

c) Begründen Sie das f″-Kriterium für Extremstellen inhaltlich in diesem Kontext.

6 Laura behauptet:
„Der Graph der Funktion f mit $f(x) = x^4 + 4x^3 + 6x^2 + 4x - 1$ hat an der Stelle $x = -1$ einen Sattelpunkt, da sowohl $f'(-1) = 0$ als auch $f''(-1) = 0$ gilt."
Nehmen Sie zu dieser Aussage Stellung.

7 Berechnen Sie.
(1) $f''(x)$ für $f(x) = x^2$ (2) $f'''(x)$ für $f(x) = x^3$ (3) $f''''(x)$ für $f(x) = x^4$

Für eine natürliche Zahl n bezeichnet man die **n-te Ableitung** von f mit $f^{(n)}(x)$.

Bestimmen Sie $f^{(n)}(x)$ für $f(x) = x^n$.

8 Zur Erinnerung: Für $f(x) = \sin(x)$ ist $f'(x) = \cos(x)$, und für $g(x) = \cos(x)$ ist $g'(x) = -\sin(x)$.
Berechnen Sie die höheren Ableitungen von f und g und formulieren Sie jeweils eine Gesetzmäßigkeit.

9 Entscheiden und begründen Sie für den Graphen von f, ob f′ bzw. f″ in dem abgebildeten Bereich positiv oder negativ ist.

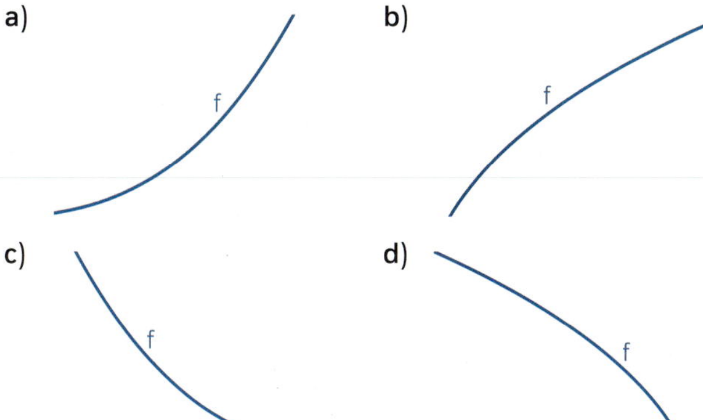

Für das Vorzeichen von **f′** betrachtet man die **Steigung** des Graphen von f.

Für das Vorzeichen von **f″** betrachtet man die **Änderung der Steigung** des Graphen von f.

10 Die momentane Änderungsrate der Wassermenge in einem Staubecken kann innerhalb eines Jahres näherungsweise durch die Funktion g mit $g(t) = \frac{1}{4}t^3 - \frac{11}{4}t^2 - 4t + 44$ beschrieben werden, mit t in Monaten ab Beobachtungsbeginn und g(t) in $10000\,m^3$ pro Monat.
Wann erreicht die momentane Änderungsrate der Wassermenge ihren tiefsten Wert?

Beschreiben Sie, welche Bedeutung dieser Zeitpunkt für die Funktion f hat, die die Wassermenge zum Zeitpunkt t angibt.
In welchen Zeiträumen nimmt die Wassermenge im Stausee zu? Zu welchem Zeitpunkt nimmt die Wassermenge am stärksten zu?

11 Die Funktion f mit $f(x) = x^4 - 2x^2 + 3$ hat einen Extrempunkt im Punkt $(1|2)$.
Skizzieren Sie den Graphen von f mithilfe von Symmetrie und Globalverlauf.

12 Gegeben ist eine Funktion f mit $f(x) = -\frac{2}{3}x^3 - x^2 + 4x$.
Wie weit sind der Hochpunkt und der Tiefpunkt des Graphen von f voneinander entfernt?

Mehrfache Nullstellen

13 Erstellen Sie eine grobe Skizze des Graphen von f nur mithilfe der Nullstellen und des Globalverlaufs.
Prüfen Sie Ihr Ergebnis mit einem Rechner.

a) $f(x) = (x+1)\cdot(x-2)\cdot(x-4)$
b) $f(x) = -2x\cdot(x+2)^2$
c) $f(x) = -(x+1)^2\cdot(x-2)^2$
d) $f(x) = \frac{1}{2}x^3\cdot(x-1)$
e) $f(x) = (x-1)^3\cdot(x+1)^2$
f) $f(x) = (1-x)^3\cdot(x+1)^2$

$f(x) = -\frac{1}{4}(x+2)\cdot(x-1)^2\cdot(x-3)$
Nullstellen von f: -2, 1 und 3
An den Stellen $x = -2$ und $x = 3$ wechselt f das Vorzeichen (einfache Nullstellen), an der Stelle $x = 1$ wechselt f das Vorzeichen nicht (doppelte Nullstelle).
Zwischen den Nullstellen sind Extremstellen.

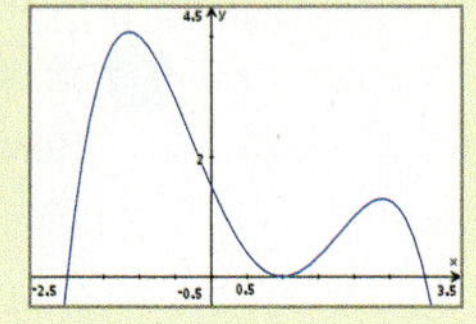

f ist eine Funktion vierten Grades; der Globalverlauf wird also durch $-\frac{1}{4}x^4$ bestimmt: $f(x) \to -\infty$ für $x \to \pm\infty$.

14 Berechnen Sie die Nullstellen von f′ und begründen Sie mithilfe der Vielfachheit der Nullstellen, ob es sich um Extremstellen von f handelt.

a) $f(x) = x^3 - 3x^2 + 3x - 5$
b) $f(x) = 4x^5 + 5x^4$
c) $f(x) = 3x^4 + 8x^3 + 6x^2 - 7$
d) $f(x) = 3x^5 - 15x^4 + 20x^3 - 4$

15 Untersuchen Sie die Funktion f ohne Verwendung eines Rechners.

a) $f(x) = 12\cdot(x-1)^2\cdot(x+3)$
b) $f(x) = -x^3\cdot(3x+4)$

Weiterüben

16 Gegeben ist die Funktion f mit $f(x) = 2x^4 - 3x^2 + 2x + 1$.

a) Berechnen Sie $f'(x)$ und $f''(x)$.
b) Zeichnen Sie mit Ihrem Rechner die Graphen von f, f′ und f″ und vollziehen Sie daran das hinreichende Kriterium für Extremstellen mit f″ nach.
c) Verwenden Sie auch andere Funktionen vierten Grades und erkunden Sie die Zusammenhänge zwischen f, f′ und f″.

17 Nena ermittelt die Extremstellen der Funktion f mit $f(x) = \frac{1}{4}x^4 - x^3 + 4x + 5$ mit ihrem Rechner, indem sie die Nullstellen der Ableitungsfunktion $f'(x) = x^3 - 3x^2 + 4$ mit dem Befehl *polyRoots* bestimmt. Der Rechner zeigt das Ergebnis $\{-1, 2, 2\}$.
Nena sagt: „Die Stellen -1 und 2 sind Extremstellen von f."
Erläutern Sie, wie Nena die Extremstellen bestimmt hat. Was hat sie dabei übersehen?
Korrigieren Sie Nenas Aussage.

1.2 Linkskurve, Rechtskurve – Wendepunkte

Einstieg

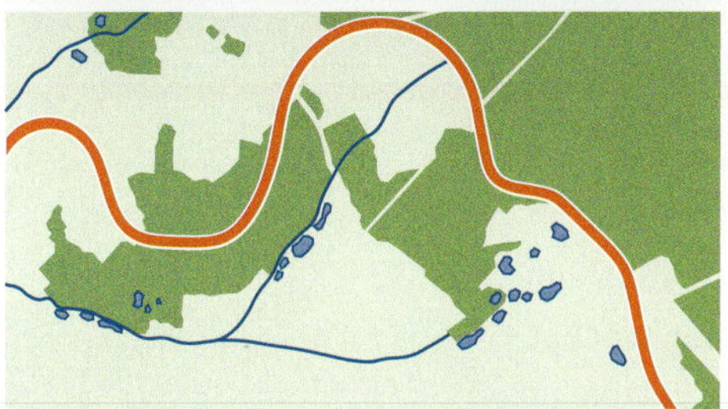

Der Schottenring ist eine der ältesten Rennstrecken in Hessen, auf der von 1925 bis 1955 Motorradrennen veranstaltet wurden. Heutzutage wird der Schottenring nur noch für Rennen mit historischen Fahrzeugen genutzt. Die Grafik zeigt einen Teil der Strecke.
Stellen Sie sich vor, ein Motorradfahrer fährt darauf von West nach Ost. In welchen Bereichen durchfährt er eine Rechts-, in welchen eine Linkskurve?
Fassen Sie den Ausschnitt als Graphen einer Funktion f auf und skizzieren Sie die Graphen der ersten und der zweiten Ableitung von f. Beschreiben Sie, wie man anhand dieser Graphen erkennen kann, ob in einem Intervall eine Links- oder eine Rechtskurve vorliegt.

Aufgabe mit Lösung

Linkskurven – Rechtskurven

Der Kurs einer Rennstrecke kann von oben betrachtet vereinfacht durch den Graphen einer Funktion f dargestellt werden. Ein Motorradfahrer fährt die Strecke von links nach rechts.

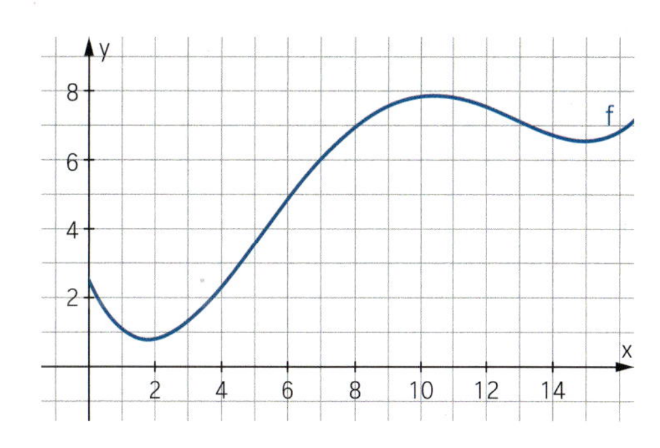

→ In den Kurven fahren Motorradfahrer in Schräglage. An welchen Stellen der Rennstrecke hat der Fahrer keine Schräglage?

Lösung

In einer Linkskurve sind sowohl Fahrer als auch Motorrad sehr stark nach links, also in die Kurve hinein, geneigt. In einer Rechtskurve ist die Neigung stark nach rechts in die Kurve. Wenn die Linkskurve in eine Rechtskurve wechselt oder umgekehrt, muss der Fahrer schnell seine Position wechseln. Dabei stehen Fahrer und Motorrad für einen Moment aufrecht. Diese Stellen liegen bei dem Graphen etwa bei $x \approx 5$ und $x \approx 13$.

→ Skizzieren Sie die Graphen der ersten und der zweiten Ableitung von f. Geben Sie die Intervalle an, in denen der Graph von f links- bzw. rechtsgekrümmt ist. Wie verhalten sich die Graphen von f′ bzw. f″ in diesen Intervallen und an den Stellen, an denen sich das Krümmungsverhalten von f ändert?

Lösung

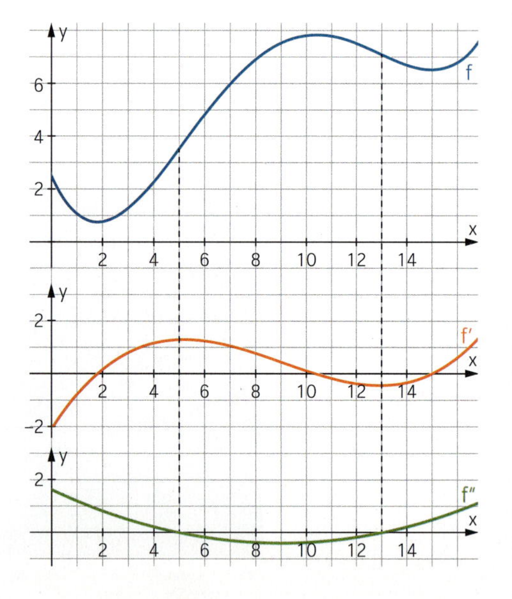

Ungefähr im Intervall [0; 5] beschreibt der Graph eine Linkskurve. Im Intervall [5; 13] schließt sich eine Rechtskurve an, auf die eine Linkskurve im Intervall [13; 16] folgt.

An den Stellen, an denen sich das Krümmungsverhalten des Graphen von f ändert, hat der Graph von f′ Extremstellen. Dementsprechend hat f″ dort Nullstellen.

In den Intervallen, in denen der Graph von f linksgekrümmt ist, ist f′ streng monoton wachsend. Somit ist f″ dort positiv.
In den Intervallen, in denen der Graph von f rechtsgekrümmt ist, ist f′ streng monoton fallend. Also ist f″ dort negativ.

Information

Links- bzw. Rechtskurven

Der Graph von f bildet im Intervall I
(1) eine **Linkskurve**, falls die Ableitung **f′** im Intervall I **streng monoton wächst**.
(2) eine **Rechtskurve**, falls die Ableitung **f′** im Intervall I **streng monoton fällt**.

Nach dem Monotoniesatz gilt somit:
(1) Ist $f''(x) > 0$ für alle $x \in I$, so bildet der Graph von f im Intervall I eine Linkskurve.
(2) Ist $f''(x) < 0$ für alle $x \in I$, so bildet der Graph von f im Intervall I eine Rechtskurve.

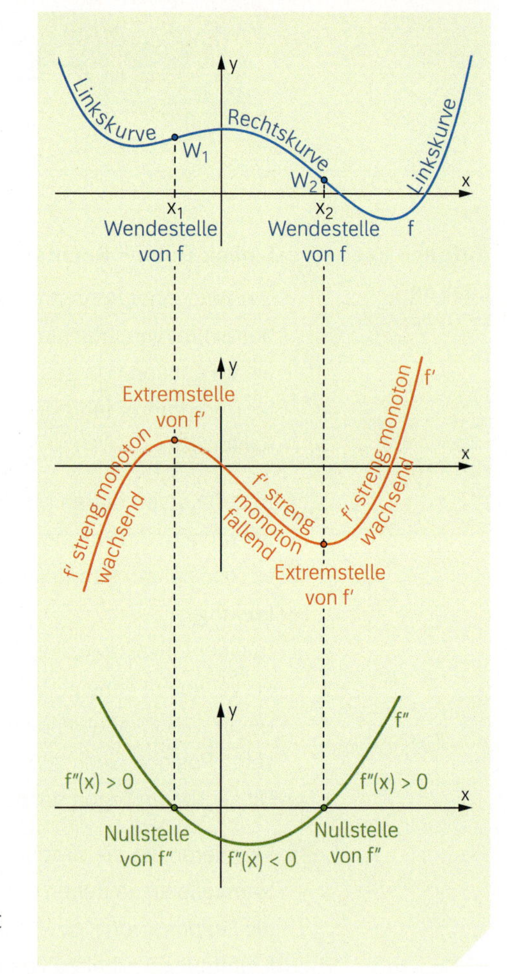

Wendepunkte

Definition: In einem **Wendepunkt** geht der Graph einer Funktion f von einer Linkskurve in eine Rechtskurve über oder umgekehrt.

Satz: Jede Wendestelle von f ist eine lokale Extremstelle von f′.

Notwendiges Kriterium
Hat die Funktion f an der Stelle x_W eine Wendestelle, so ist $f''(x_W) = 0$.

Hinreichendes Kriterium
Hat die zweite Ableitung f″ an der Stelle x_W eine Nullstelle mit Vorzeichenwechsel, so ist x_W eine Wendestelle von f.

Hinweis:
Wenn $f''(x_0) = 0$ ist, so muss x_0 nicht unbedingt eine Wendestelle von f sein.
Die Bedingung $f''(x_0) = 0$ ist also **notwendig**, aber **nicht hinreichend** dafür, dass f an der Stelle x_0 eine Wendestelle besitzt.
Ein Beispiel dafür ist $f(x) = x^4$.
Es gilt $f'(x) = 4x^3$ und $f''(x) = 12x^2$, daher ist $f''(0) = 0$. Die Stelle $x_0 = 0$ ist aber eine Extrem- und keine Wendestelle von f.
Das liegt daran, dass f'' an der Stelle $x_0 = 0$ nicht das Vorzeichen wechselt.

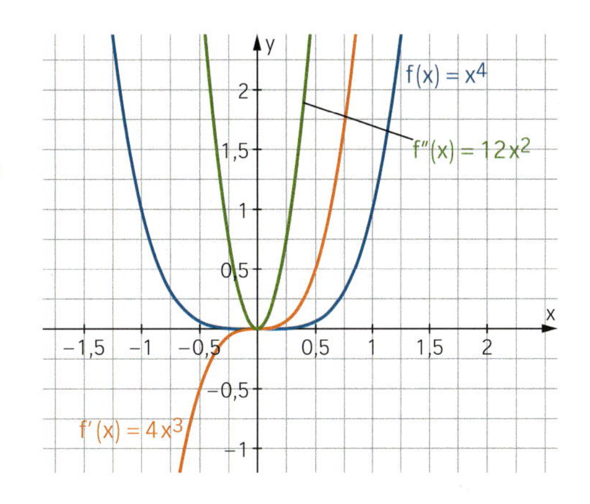

Üben

1 Bestimmen Sie die Intervalle, in denen der Graph von f eine Linkskurve bzw. eine Rechtskurve beschreibt.

a) $f(x) = x^3$

b) $f(x) = \frac{1}{3}x^3 - x$

c) $f(x) = \frac{1}{4}x^4 - \frac{3}{2}x^2$

d) $f(x) = \frac{1}{2}x^4 - 12x^2 + x - 2$

$f(x) = 2x^3 - x^2 + 2x - 4$
$f'(x) = 6x^2 - 2x + 2$
$f''(x) = 12x - 2$; Nullstellen von f'': $\frac{1}{6}$

	$x < \frac{1}{6}$	$x = \frac{1}{6}$	$x > \frac{1}{6}$
Vorzeichen von f''	−		+
Krümmungsverhalten von f	Rechtskurve ↷	Wendepunkt	Linkskurve ↶

2 Bestimmen Sie die Extrem- und Wendepunkte des Graphen der Funktion f ohne Verwendung eines Rechners.

a) $f(x) = x^3 - 6x^2 + 9x - 4$

b) $f(x) = \frac{1}{9}x^4 - 2x^2 + 8$

c) $f(x) = x^4 - 6x^2 + 5$

d) $f(x) = \frac{1}{6}x^3 - x^2 + 2x - 1$

$f(x) = \frac{1}{3}x^3 - \frac{1}{2}x^2 - 2x + 1$
$f'(x) = x^2 - x - 2$; $f''(x) = 2x - 1$

Nullstellen von f': −1; 2

$f''(-1) = -3 < 0$: Hochpunkt $H\left(-1 \middle| \frac{13}{6}\right)$

$f''(2) = 3 > 0$: Tiefpunkt $T\left(2 \middle| -\frac{7}{3}\right)$

Nullstellen von f'': $\frac{1}{2}$

f'' hat an der Stelle $x = \frac{1}{2}$ einen Vorzeichenwechsel, denn f'' ist eine lineare Funktion.

Also: Wendepunkt $W\left(\frac{1}{2} \middle| -\frac{1}{12}\right)$

3 Von einer Funktion f ist ihre zweite Ableitung f'' mit $f''(x) = \frac{1}{2}x^2 + 3$ bekannt. Begründen Sie, weshalb der Graph von f überall linksgekrümmt ist.

4 Berechnen Sie die Wendestellen der Funktion f mithilfe des hinreichenden Kriteriums.

a) $f(x) = \frac{1}{3}x^3 - x^2 + \frac{8}{3}$

b) $f(x) = \frac{1}{4}x^3 + \frac{3}{2}x^2$

c) $f(x) = \frac{1}{3}x^4 - 8x^2 + 1$

d) $f(x) = \frac{1}{5}x^5 + \frac{1}{2}x^4$

e) $f(x) = \frac{1}{2}x^4 - x^3 - 18x^2 + 5$

f) $f(x) = \frac{3}{10}x^5 - 4x^3 + 24x$

5 Begründen Sie folgende Aussage grafisch für eine Funktion f.

a) Geht der Graph von f von einer Linkskurve in eine Rechtskurve über, so hat f' an dieser Stelle ein Maximum.

b) Geht der Graph von einer Rechtskurve in eine Linkskurve über, so hat f' an dieser Stelle ein Minimum.

c) Eine Wendetangente durchsetzt den Graphen im Wendepunkt.

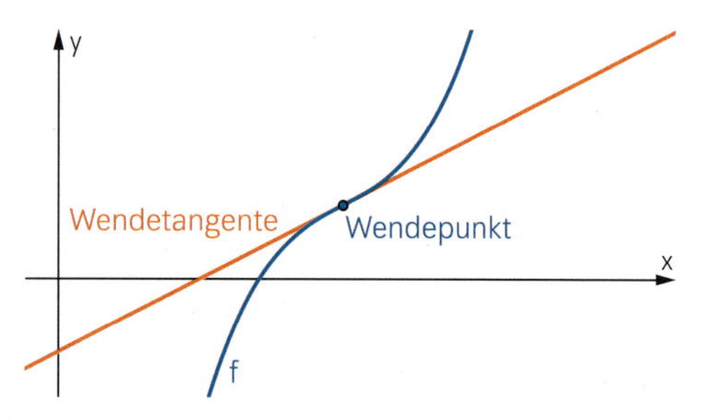

6 Sattelpunkte sind spezielle Wendepunkte. Erläutern Sie dies anhand der Abbildungen.

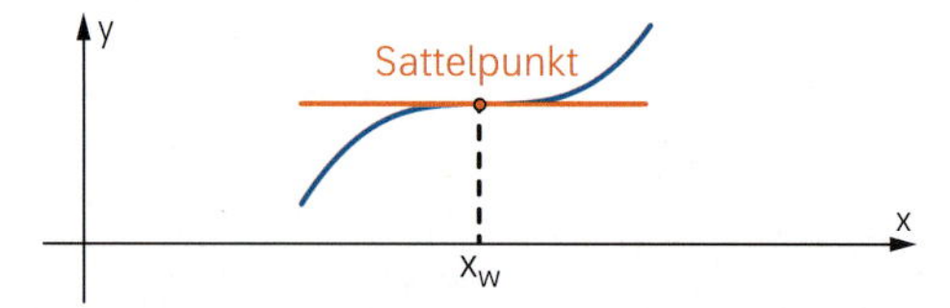

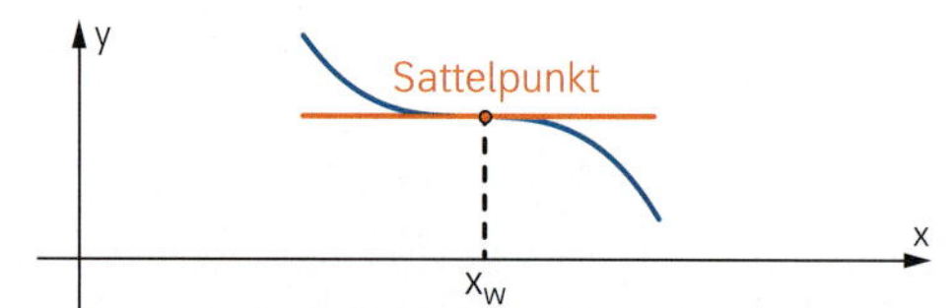

7 Beim Bungee-Jumping springt ein Mensch an einem Gummiseil befestigt kopfüber in die Tiefe. Nach einer Phase des freien Falls wird die Person durch das Seil abgebremst und durch die Elastizität des Seils wieder nach oben zurückgefedert. Dieser Vorgang wiederholt sich dann noch einige Male. Wird die Höhe des Springers in Abhängigkeit von der Zeit durch eine Funktion f beschrieben, so erhält man in etwa den abgebildeten Graphen.

a) Beschreiben Sie den Verlauf des Sprunges, wie er in dem Graphen dargestellt wird.

b) Schätzen Sie anhand des Graphen, wo der Springer seine maximale Geschwindigkeit erreicht und wie groß diese ist.

c) Skizzieren Sie die Graphen von f' und f'' und deuten Sie den Verlauf im Sachzusammenhang.

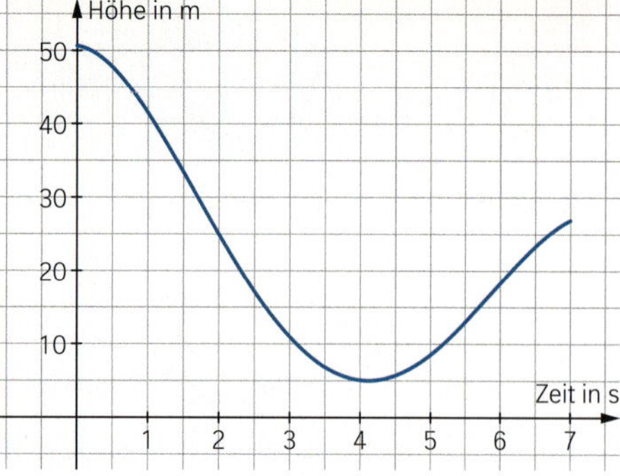

8 Erklären Sie die Bedeutung eines Wendepunktes der Funktion f im Sachkontext.

a) f gibt den Temperaturverlauf während eines Tages an.

b) f gibt die Wassermenge an, die sich während eines Jahres in einem Stausee befindet.

c) f gibt Höhe eines Baumes im Verlaufe seines Lebens an.

d) f gibt die Tiefe eines Tauchers während eines Tauchgangs an.

9 Erläutern Sie verschiedene Möglichkeiten, wie Sie mit Ihrem Rechner die Wendestellen einer Funktion f bestimmen können.
Ermitteln Sie die Koordinaten der Wendepunkte des Graphen von f mit $f(x) = \frac{1}{3}x^5 - 3x^3 + 4x$ mit einer dieser Möglichkeiten.

10 Ordnen Sie den vier Funktionsgraphen (A) bis (D) die zugehörigen Funktionsterme der zweiten Ableitung der Funktion zu. Begründen Sie.

$f''(x) = \frac{27}{32}x^2 + \frac{9}{2}x + \frac{9}{2}$ $g''(x) = -2$ $h''(x) = -2x + 4$ $i''(x) = \frac{x^2}{4} - \frac{x}{4} - \frac{3}{2}$

(A)
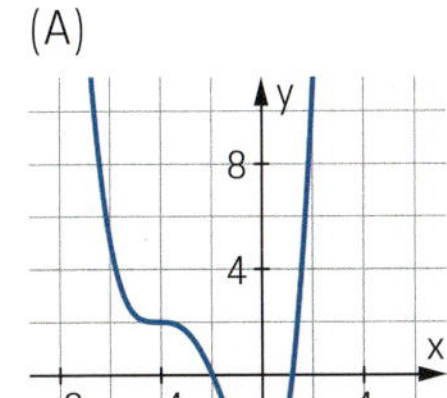

(B)
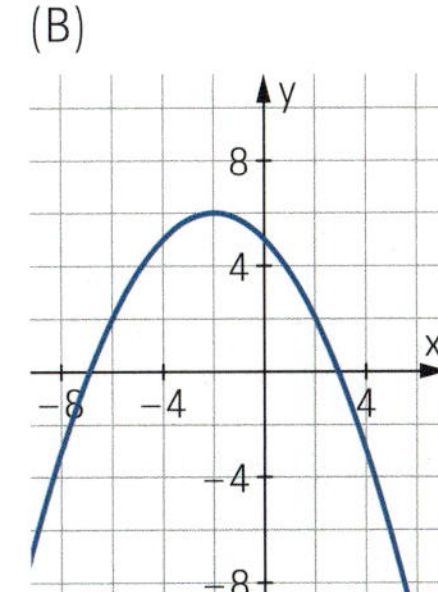

(C)
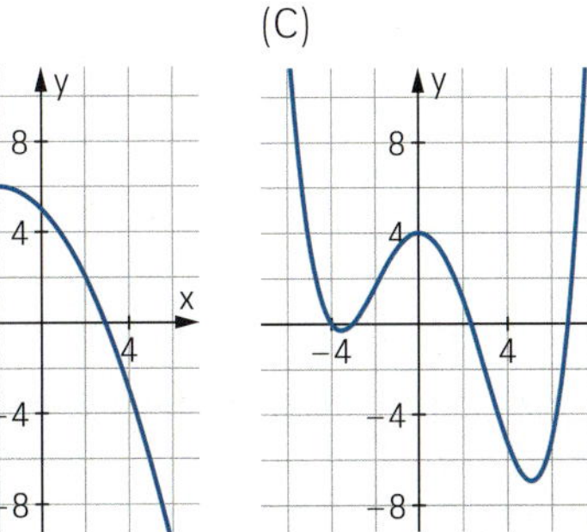

(D)
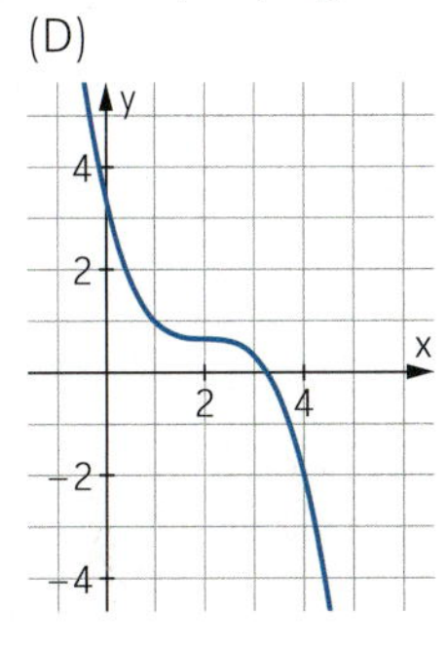

11 Das Wachstum einer Schimmelpilzkultur wird im Zeitintervall [0; 2,3] durch die Funktion f mit $f(x) = 9x^3 - x^5$ beschrieben. Dabei bezeichnet x die Zeit nach Beobachtungsbeginn in Tagen und f(x) die Größe der von der Kultur bedeckten Fläche in cm^2.
Untersuchen Sie, wann die Änderungsrate des bedeckten Flächeninhalts maximal ist.
Welche Bedeutung hat der entsprechende Zeitpunkt für den Wachstumsprozess?

12 Ein großer Wassertank eines Gartenbaubetriebs wird durch Regenwasser gespeist. Bei einem heftigen, lange andauernden Regen kann die momentane Zuflussrate des Wassers durch die Funktion z mit $z(x) = 1{,}16x^3 - 26{,}1x^2 + 148{,}3x$ für $0 \le x \le 12$ (x in Stunden nach Beginn des Regens, z(x) in Liter pro Stunde) beschrieben werden.

a) Begründen Sie, weshalb die Wassermenge im Tank während der ersten 12 Stunden nach Beginn des Regens ständig zunimmt. Bestimmen Sie die maximale momentane Zuflussrate.

b) In welchem Zeitraum ist die momentane Zuflussrate größer als 150 Liter pro Stunde? Zu welchem Zeitpunkt nimmt die momentane Zuflussrate am stärksten ab?

13 Begründen Sie folgende Aussage für eine ganzrationale Funktion f.

a) Zwischen zwei Extrempunkten von f liegt mindestens ein Wendepunkt.

b) Ist f vom Grad 3, so hat f hat genau eine Wendestelle.

c) Jede doppelte Nullstelle von f′ ist eine Wendestelle von f.

14 Von einer Funktion f ist der Graph der Ableitungsfunktion f′ gegeben.
Untersuchen Sie die folgenden Aussagen auf ihre Richtigkeit.
Begründen Sie Ihre Entscheidung.

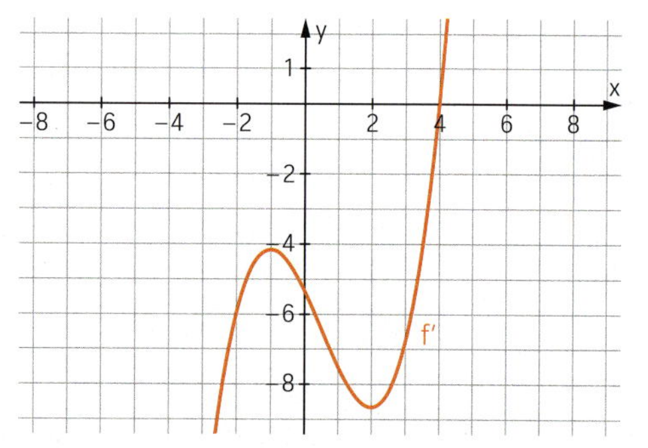

(1) Der Graph von f hat an der Stelle $x = 2$ einen Wendepunkt mit negativer Steigung.
(2) f ist für $2 < x < 4$ streng monoton wachsend.
(3) Der Graph von f ist für $x \in [-1; 2]$ rechtsgekrümmt.
(4) Der Graph von f hat an den Stellen $x_1 = -1$ und $x_2 = 2$ jeweils einen Wendepunkt.
(5) Der Graph von f hat an der Stelle $x = 4$ einen Tiefpunkt.

15 Bestimmen Sie die Koordinaten der Wendepunkte des Graphen der Funktion f. Geben Sie an, ob ein Maximum oder ein Minimum der Steigung von f vorliegt.

a) $f(x) = x^3 - 3x^2 - 2x$ **b)** $f(x) = \frac{1}{6}x^4 - x^2$
c) $f(x) = \frac{1}{12}x^4 - \frac{1}{6}x^3 - 3x^2 + 2x - 3$ **d)** $f(x) = 2x^4 - 5x^3 + 2x - 7$

16 Gegeben ist der Graph der zweiten Ableitungsfunktion f″.
Geben Sie die Intervalle an, in denen der Graph von f eine Links- bzw. eine Rechtskurve aufweist. Skizzieren Sie jeder für sich einen möglichen Verlauf der Ableitungsfunktion f′. Vergleichen Sie Ihre Graphen miteinander.

a)
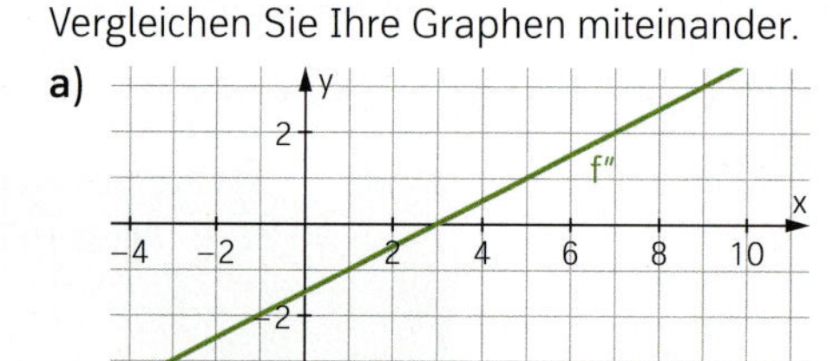

b)
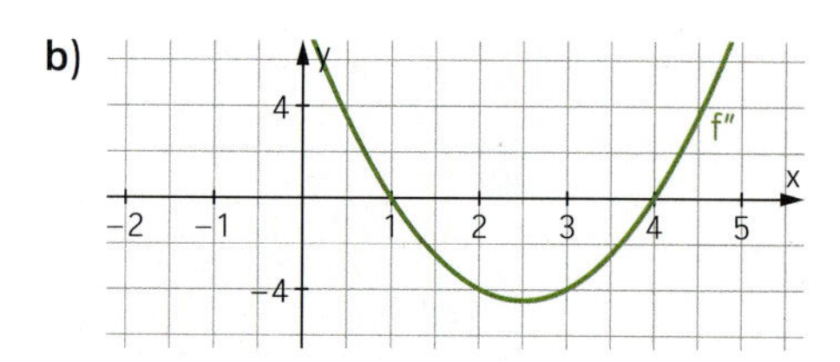

17 **f‴-Kriterium für Wendestellen**

Für eine Funktion f und ihre Ableitungen f′, f″ und f‴ gilt:
- Ist $f''(x_w) = 0$ und $f'''(x_w) \neq 0$, so ist x_w eine Wendestelle von f.
- Ist $f''(x_w) = 0$ und $f'''(x_w) < 0$, so ist an der Stelle x_w ein lokales Maximum von f′.
- Ist $f''(x_w) = 0$ und $f'''(x_w) > 0$, so ist an der Stelle x_w ein lokales Minimum von f′.

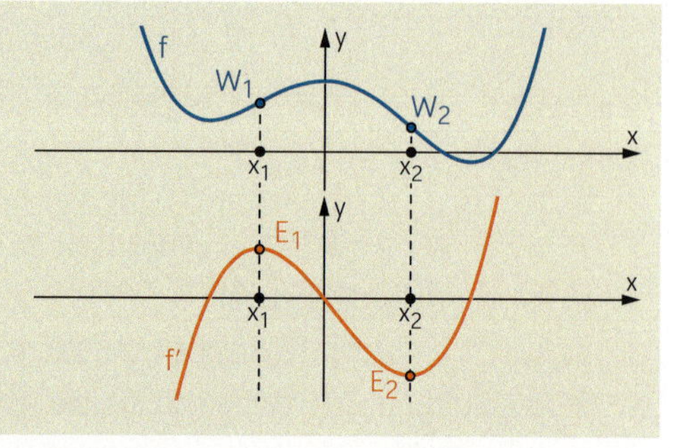

a) Begründen Sie das f‴-Kriterium für Wendestellen, indem Sie wie bei der Begründung des f″-Kriteriums für Extremstellen auf Seite 17 argumentieren.
b) Zeigen Sie für die Funktion f mit $f(x) = x^5$, dass es eine Wendestelle x_w mit $f'''(x_w) = 0$ gibt. Man sagt: Die Bedingung $f''(x_w) = 0$ und $f'''(x_w) \neq 0$ ist *nicht notwendig* für das Vorliegen einer Wendestelle.

Aspekte einer Funktionsuntersuchung:
Symmetrie;
Globalverlauf;
Nullstellen;
Extrempunkte;
Wendepunkte

18 Untersuchen Sie die Funktion f ohne Verwendung eines Rechners.

a) $f(x) = x^3 + 3x^2 - 9x$
b) $f(x) = 2x^3 - 6x$
c) $f(x) = x^4 - 2x^2$
d) $f(x) = 0{,}6x^5 - 2x^3 + 3x$
e) $f(x) = -x^4 + 6x^2 - 3$
f) $f(x) = 3x^5 - x^3 - x$
g) $f(x) = (x+1)^3 - x + 5$
h) $f(x) = (x+1)^2 - 2x$

19 Gegeben ist die Funktion f mit $f(x) = -\frac{1}{4}x^3 + \frac{3}{2}x^2$.
Zeigen Sie, dass die Gerade durch den Hoch- und den Tiefpunkt des Graphen von f diesen im Wendepunkt schneidet.

20 Gegeben ist die Funktion f mit
$f(x) = 0{,}25x^4 + x^3 - 4{,}5x^2$.
Das Rechnerfenster zeigt einen Ausschnitt des Funktionsgraphen.

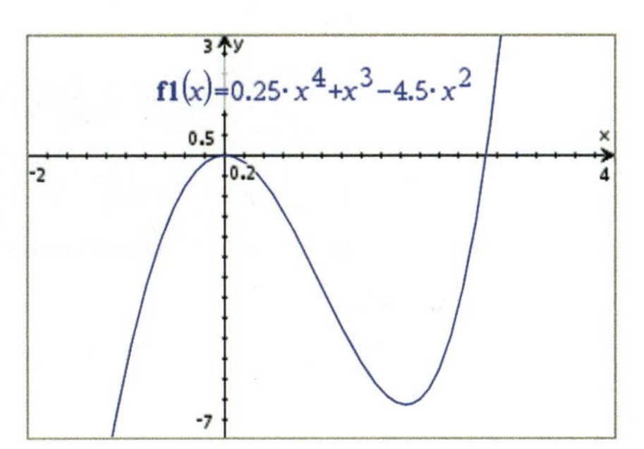

a) Begründen Sie, dass die Funktion f genau drei Nullstellen und genau drei Extrempunkte hat.
b) Geben Sie ohne zu rechnen an, wie viele Wendepunkte die Funktion f hat.
Begründen Sie.

21 Der Graph der Funktion f mit
$f(x) = x^4 - 6{,}8x^3 - 52x^2 + 530{,}4x$ wurde mithilfe eines Rechners gezeichnet.
Es liegt die Vermutung nahe, dass ein Sattelpunkt vorliegt.

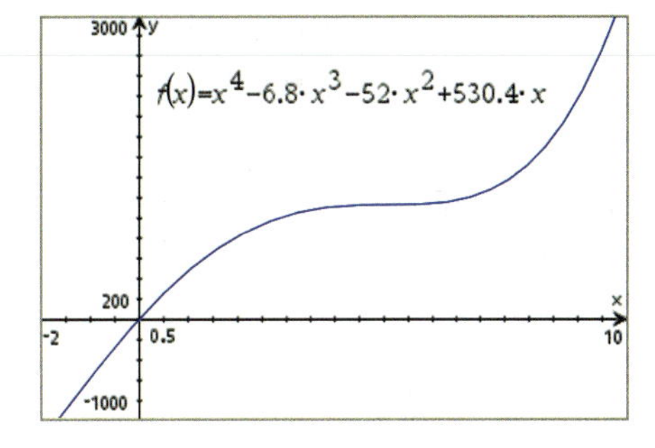

a) Untersuchen Sie rechnerisch, ob hier tatsächlich ein Sattelpunkt vorliegt.
b) Erläutern Sie, wie Sie das Problem mithilfe eines Rechners untersuchen können.

Weiterüben

22 Der Graph der Funktion f mit $f(x) = \frac{1}{3}x^3 - x^2 + \frac{8}{3}$ besitzt einen Wendepunkt.
Bestimmen Sie eine Gleichung der Tangente in diesem Wendepunkt.
Die Wendetangente schließt zusammen mit den beiden Koordinatenachsen ein Dreieck ein.
Berechnen Sie seinen Flächeninhalt.

23 Leon sagt:
„Der Graph der Funktion f mit $f(x) = x^3 - x + 1$ ist punktsymmetrisch zum Ursprung, denn es gibt nur ungerade Exponenten bei x."
a) Erklären Sie den Fehler in Leons Argumentation.
b) Florian sagt: „Der Graph von f ist punktsymmetrisch, aber nicht zum Ursprung."
Hat er recht? Was würde das für die Lage der Extrem- und Wendestellen bedeuten?

1.3 Funktionenscharen

Einstieg

Bei einem Springbrunnen treten parabelförmige Wasserstrahlen aus.
Die Funktionsgleichung $f_t(x) = -24\left(\frac{x^2}{t^2} + \frac{x}{t}\right)$ liefert für jeden Wert $t \in \mathbb{R}$ mit $t \neq 0$ eine Funktion f_t, deren Graph eine Parabel ist. Skizzieren Sie den Verlauf der Parabeln für $t = -3; -2; 2$ und 3 in einem Koordinatensystem. Zeigen Sie, dass alle Parabeln durch den Ursprung gehen und $-t$ als zweite Nullstelle haben. Weisen Sie nach, dass alle Scheitelpunkte auf der Geraden mit der Gleichung $y = 6$ liegen.

Aufgabe mit Lösung

Funktionen mit einem Parameter untersuchen

Die abgebildeten Graphen gehören zu Funktionen der Form $f_a(x) = x \cdot (x-a)^2$ mit $a \in \mathbb{R}$.
Entscheiden Sie begründet, welcher Wert a jeweils zum Graphen (1) bis (5) gehört.

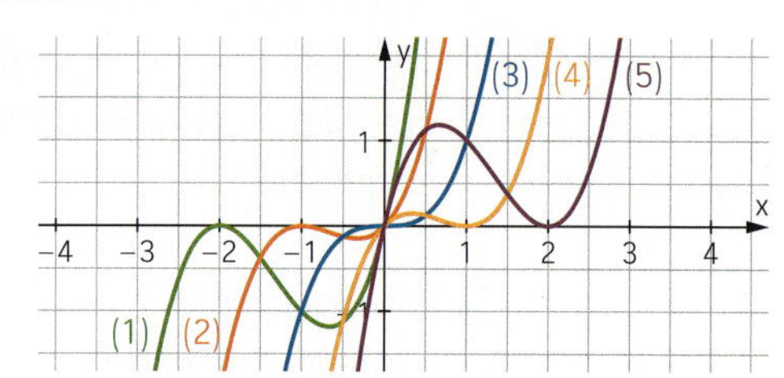

Lösung

Für $a = 0$ ist $f_0(x) = x^3$, somit gehört $a = 0$ zum Graphen (3). Im Fall $a \neq 0$ hat f_a an der Stelle $x = a$ eine doppelte Nullstelle. Deshalb gehört $a = -2$ zum Graphen (1), $a = -1$ zum Graphen (2), $a = 1$ zum Graphen (4) und $a = 2$ zum Graphen (5).

Bestimmen Sie rechnerisch die Koordinaten der Extrempunkte in Abhängigkeit von a und entscheiden Sie, für welche Werte von a ein Hochpunkt oder ein Tiefpunkt vorliegt.

Lösung

Es gilt: $f_a(x) = x \cdot (x-a)^2 = x \cdot (x^2 - 2ax + a^2) = x^3 - 2ax^2 + a^2x$

Für die Ableitung gilt: $f_a'(x) = 3x^2 - 4ax + a^2$ und $f_a'(x) = 0$ für $x = a$ und für $x = \frac{a}{3}$.

Die Punkte $E_a(a \mid 0)$ und $P_a\left(\frac{a}{3} \mid \frac{4}{27}a^3\right)$ könnten Extrempunkte des Graphen von f_a sein.

Der Graph von f_a' ist eine nach oben geöffnete Parabel.

1. Fall: $a < 0$

Die Nullstellen von f_a' sind negativ. An der Stelle a gibt es einen Vorzeichenwechsel von + nach −. An der Stelle $\frac{a}{3}$ gibt es einen Vorzeichenwechsel von − nach +. Somit hat der Graph von f_a den Hochpunkt E_a und den Tiefpunkt P_a.

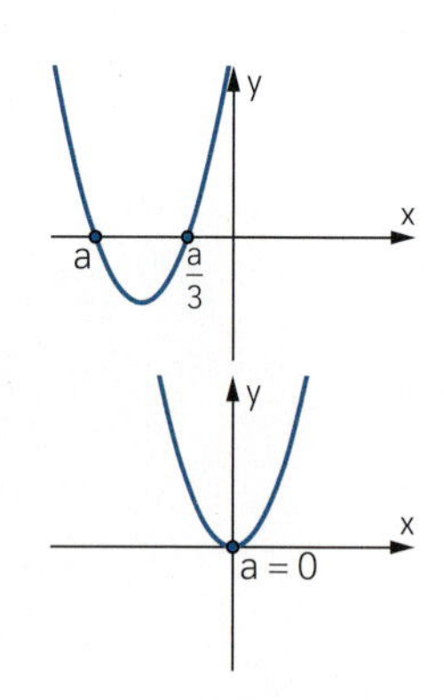

2. Fall: $a = 0$

f_a' hat nur die doppelte Nullstelle 0, ohne Vorzeichenwechsel.
Der Graph von f_a hat den Sattelpunkt $O(0 \mid 0)$ und keine Extrempunkte.

3. Fall: $a > 0$

Die Nullstellen von f_a' sind positiv. An der Stelle a gibt es einen Vorzeichenwechsel von − nach +. An der Stelle $\frac{a}{3}$ gibt es einen Vorzeichenwechsel von + nach −. Somit hat der Graph von f_a den Tiefpunkt E_a und den Hochpunkt P_a.

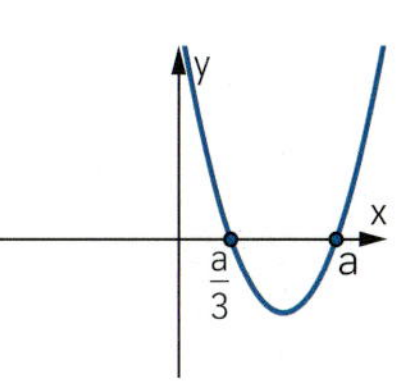

→ Alle Extrempunkte $P_a\left(\frac{a}{3} \middle| \frac{4}{27}a^3\right)$ liegen auf dem Graphen einer Funktion g. Geben Sie begründet den Funktionsterm für g an.

Lösung

Den Koordinaten von P_a entnimmt man $x = \frac{a}{3}$. Setzt man dies in $y = \frac{4}{27}a^3$ ein, erhält man $y = 4 \cdot \left(\frac{a}{3}\right)^3$.

Alle Punkte P_a liegen somit auf dem Funktionsgraphen zu $y = 4x^3$.

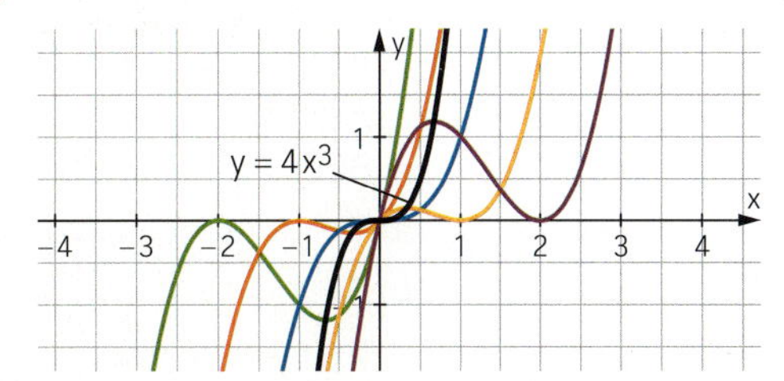

Information

Funktionenschar

Ein Funktionsterm, der neben der Funktionsvariable (z. B. x) noch einen Parameter (z. B. a) enthält, definiert mehrere Funktionen zugleich: Zu jedem zulässigen Parameter a gehört eine Funktion f_a, die jedem x-Wert einen Funktionswert $f_a(x)$ zuordnet. Die Menge aller dieser Funktionen bezeichnet man als **Funktionenschar**.

Ortslinien bestimmen

Statt Ortslinie sagt man auch **Ortskurve**.

Einen Graphen, auf dem alle Hochpunkte einer Funktionenschar liegen, bezeichnet man als **Ortslinie** der Hochpunkte. Entsprechend kann man für andere Punkte, wie z. B. für Tiefpunkte oder Wendepunkte, eine Ortslinie bestimmen.

Dazu geht man wie folgt vor:

(1) Man bestimmt die Koordinaten für die betrachteten Punkte in Abhängigkeit vom Parameter.

(2) Die Gleichung für die x-Koordinate wird nach dem Parameter umgestellt.

(3) Damit wird der Parameter in der Gleichung für die y-Koordinate ersetzt.

Die entstandene Gleichung beschreibt die Ortslinie.

$f_a(x) = x^2 - ax + 3$ mit $a \in \mathbb{R}$

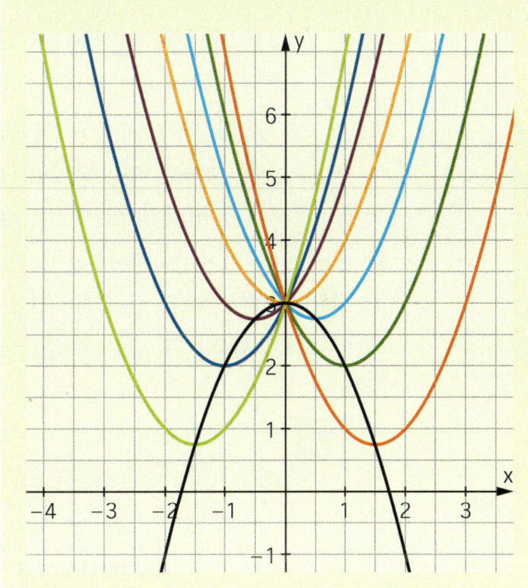

Es gilt: $f_a'(x) = 2x - a = 0$ für $x = \frac{1}{2}a$

(1) Die Tiefpunkte T_a der Graphen der Funktionenschar f_a haben die Koordinaten $T_a\left(\frac{1}{2}a \middle| -\frac{1}{4}a^2 + 3\right)$.

(2) Aus $x = \frac{1}{2}a$ ergibt sich $a = 2x$.

(3) Setzt man $a = 2x$ in die Gleichung $y = -\frac{1}{4}a^2 + 3$ ein, so erhält man die Gleichung $y = -x^2 + 3$ für die Ortslinie der Tiefpunkte der Funktionenschar f_a.

Üben

1 Betrachten Sie die Funktionenschar f_a mit dem Term $f_a(x) = x \cdot (x^2 - a)$ für $a \in \mathbb{R}$.
Je nach dem Wert für den Parameter a sehen die Graphen verschieden aus.
Führen Sie eine Fallunterscheidung durch und fertigen Sie eine Übersicht an, welche Formen von Graphen möglich sind.

2 Die Flughöhe $f_d(x)$ einer Drohne in m beim Testflug wird für die Zeit x in min bis 30 min nach dem Start beschrieben durch $f_d(x) = d \cdot (x^3 - 60x^2 + 900x)$.
Der Parameter d mit $0{,}01 \leq d \leq 0{,}03$ ist abhängig vom Typ der Drohne.

a) Wann landen die Drohnen?
b) Untersuchen Sie, für welche Werte von d die maximale Flughöhe von 100 m überschritten wird.

3 Die Funktionenschar v_k mit $v_k(t) = -k^2t^2 + kt + 95$ beschreibt die Sinkgeschwindigkeit v_k eines Tauchroboters in $\frac{m}{min}$ beim direkten Abtauchen in Abhängigkeit von der Zeit t in min.
Der Wert des Parameters k mit $k \in \mathbb{R}$ und $0 < k < 1$ hängt vom verwendeten Motor ab.
a) Skizzieren Sie die Graphen von $v_{0,3}$, $v_{0,6}$ und $v_{0,8}$ in ein Koordinatensystem.
b) Unabhängig vom verwendeten Motor ist die Sinkgeschwindigkeit zu Beginn eines Tauchgangs immer gleich. Geben Sie diese Anfangsgeschwindigkeit an. Welche Eigenschaft der Funktionsgraphen von v_k ergibt sich daraus?
c) Damit das Tauchboot manövrierfähig bleibt, darf die Sinkgeschwindigkeit den Wert 0 nicht erreichen. Untersuchen Sie, wann dies in Abhängigkeit vom Parameter k der Fall ist.
d) Bestimmen Sie die mittlere Sinkgeschwindigkeit vom Beginn des Abtauchens bis zur Sinkgeschwindigkeit null in Abhängigkeit von k und berechnen Sie diese für $k = 0{,}3$.

4 Gegeben ist die Funktionenschar f_a mit $f_a(x) = x^2 + ax + a$, $a \in \mathbb{R}$.
a) Untersuchen Sie die Graphen der Funktionen f_a auf Extrempunkte. Skizzieren Sie den Graphen für $a = -2$, $a = 0$ und $a = 2$.
b) Zeigen Sie, dass alle Extrempunkte der Graphen der Funktionenschar f_a auf der Parabel mit der Gleichung $y = -x^2 - 2x$ liegen.
c) Bestimmen Sie die Werte für a, für die der Extrempunkt des Graphen von f_a oberhalb der x-Achse liegt.

5 Gegeben ist die Funktionenschar f_k mit $f_k(x) = (x^2 - 1) \cdot (x - k)$, $k \in \mathbb{R}$.
a) Zeigen Sie, dass alle Funktionen f_k zwei gemeinsame Nullstellen haben.
b) Bestimmen Sie k so, dass der Graph von f_k die x-Achse berührt.

6 Gegeben ist die Funktionenschar f_k mit $f_k(x) = x^2 - kx^3$, $k \in \mathbb{R}$.
a) Bestimmen Sie die Nullstellen, Extremstellen und Wendestellen der Graphen von f_k.
b) Für welchen Wert k hat f_k an der Stelle $x = 100$ eine Nullstelle?
c) Welcher von allen Extrempunkten hat vom Punkt $P(0|2)$ minimalen Abstand?

7 Geben Sie eine Funktionenschar an, zu der die Funktionsgraphen gehören. Bestimmen Sie die Ortslinie der Extrempunkte.

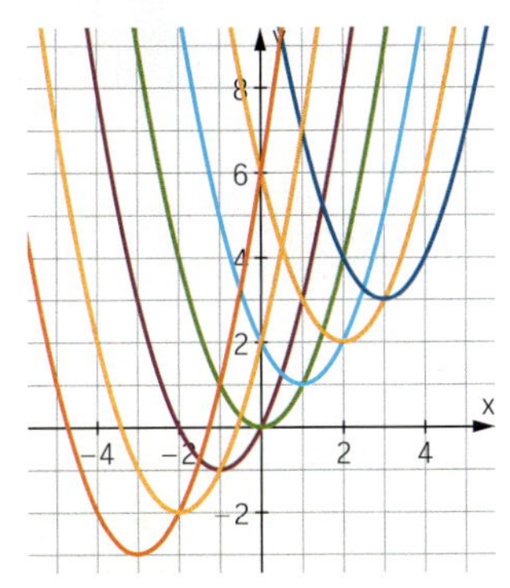

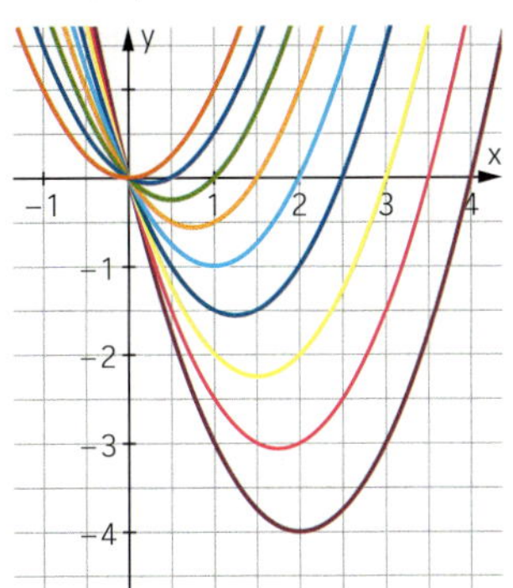

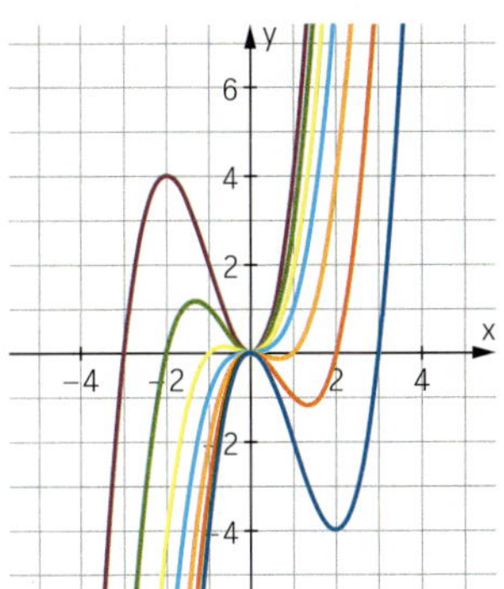

8 Gegeben ist die Funktionenschar f_k mit $f_k(x) = x^4 - kx^2,\ k \in \mathbb{R}$.

a) Untersuchen Sie die Graphen von f_k auf Extrem- und Wendepunkte. Skizzieren Sie den Graphen für $k = -2$ und $k = 2$.

b) Bestimmen Sie für $k > 0$ die Ortslinie der Tiefpunkte aller Funktionsgraphen.

c) $x_e \neq 0$ ist eine Extremstelle und x_w ist eine Wendestelle von f_k für $k > 0$. Zeigen Sie: Das Verhältnis $x_e : x_w$ hängt nicht von k ab. Was bedeutet diese Aussage?

Funktionsuntersuchung mit Fallunterscheidung für den Parameter

9 Bestimmen Sie die Anzahl der Extremstellen von f_a in Abhängigkeit vom Parameter a.

a) $f_a(x) = 2x^3 + 6x^2 + ax - 2$

b) $f_a(x) = x^3 + x^2 + ax + 3a$

c) $f_a(x) = \frac{1}{3}x^3 + ax^2 + 16x$

d) $f_a(x) = 3x^3 + ax^2 + 9x + 5$

$f_a(x) = \frac{1}{3}x^3 + x^2 + ax$

$f_a'(x) = x^2 + 2x + a$

$f_a'(x) = 0$ für $x_1 = 1 - \sqrt{1-a}$ und $x_2 = 1 + \sqrt{1-a}$.

Somit ergibt sich:

- Für $a < 1$ hat f_a genau zwei Extremstellen.
- Für $a = 1$ hat f_a einen Sattelpunkt an der Stelle 1 und keine Extremstellen.
- Für $a > 1$ hat f_a keine Extremstellen und auch keinen Sattelpunkt.

10 Für $s \in \mathbb{R}$ ist die Funktionenschar f_s gegeben mit $f_s(x) = -x^3 + sx^2 + (s-1) \cdot x$.

a) Zeigen Sie, dass sich alle Funktionsgraphen in genau zwei Punkten schneiden.

Jeder x-Wert, der beim Einsetzen in den Term $f_s(x)$ den Parameter s verschwinden lässt, ist x-Koordinate eines gemeinsamen Punktes aller Graphen von f_s.

b) Bestimmen Sie s so, dass der Graph von f_s an der Stelle $x = 3$ einen Extrempunkt hat.

c) Für welchen Wert des Parameters s hat der Graph von f_s keinen Extrempunkt?

d) Gibt es Parameter s, sodass der Graph von f_s keinen Wendepunkt hat?

11 Für sogenannte High Heels gibt es keine einheitliche Definition. Häufig spricht man bei Schuhen mit einer Absatzhöhe von 10 Zentimetern und höher von High Heels. Die seitliche Profillinie der abgebildeten High Heels, die durch Absatz und Sohle gebildet wird, kann in einem geeigneten Koordinatensystem mit der Einheit cm beschrieben werden durch den Graphen einer Funktion f_a mit $f_a(x) = a x^3 - 20 a x^2 + 100 a x,\ a > 0$.

a) Zeichnen Sie den Graphen für $a = 0{,}06$, $a = 0{,}07$ und $a = 0{,}08$ im Bereich $0 \leq x \leq 10$ und beschreiben Sie den Einfluss des Parameters a auf den Verlauf des Graphen.

b) Zeigen Sie, dass die x-Koordinate des Hochpunktes nicht von a abhängt.

c) Ermitteln Sie, für welchen Wert von a die Höhe des Bogens 10 cm beträgt.

12 Zwei Masten A und B einer Seilbahn stehen 500 m auseinander. Die Mastspitze B liegt um 100 m höher als die Mastspitze A. Ein unbelastetes Seil zwischen den beiden Masten kann durch die Graphen der Funktionenschar f_t mit $f_t(x) = t \cdot x^2 + (0{,}2 - 500t) \cdot x$ beschrieben werden (Einheiten in m).

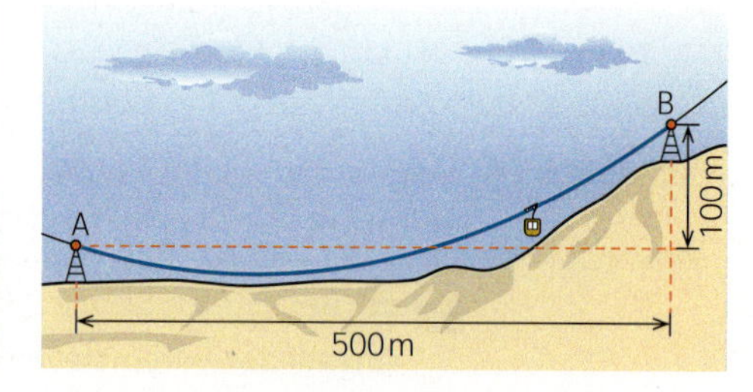

a) Zeichnet man eine Gerade g durch die Punkte A und B, so versteht man unter dem *Durchhang* des Seils an einer Stelle x die Differenz zwischen den Funktionswerten der linearen Funktion g und der quadratischen Funktion f_t an dieser Stelle.
Der maximale Durchhang des Seils zwischen A und B beträgt 50 m.
Bestimmen Sie den Wert für t und geben Sie die Stelle an, an der der Durchhang am größten ist.

b) Stellen Sie den Verlauf des Seils grafisch dar.

c) Unter welchem Winkel kommt das Seil im Punkt B an?

13 Für $t \neq 0$ ist die Funktionenschar f_t mit $f_t(x) = \frac{4}{9} t^2 \cdot x^3 + t \cdot x^2 + x$ gegeben.

a) Zeigen Sie, dass alle Funktionen streng monoton wachsend sind.

b) Zeigen Sie, dass alle Graphen der Funktionenschar f_t im Ursprung eine gemeinsame Tangente haben. Bestimmen Sie eine Gleichung der gemeinsamen Tangente.

c) Der Punkt P_t ist ein Punkt auf dem Graphen von f_t, in dem der Graph die Steigung 1 hat. Auf welcher Kurve liegen diese Punkte P_t, wenn t alle zugelassenen Werte annimmt?

d) Jeder Graph von f_t hat eine Wendetangente.
Zeichnen Sie für drei Werte von t die zugehörigen Graphen und ihre Wendetangenten in ein gemeinsames Koordinatensystem. Was fällt auf? Begründen Sie Ihre Vermutung.

Weiterüben

14 Beim Testen von Blattfedern aus Metall werden diese einseitig eingeklemmt, und am freien Ende wirkt eine Kraft und verbiegt die Blattfeder. Die Auslenkung $f_L(x)$ in cm im Abstand x in cm vom eingeklemmten Ende kann beschrieben werden durch $f_L(x) = \frac{3}{20L^2}x^3 - \frac{9}{20L}x^2$. Der Parameter L gibt die Stelle x an, an der die Auslenkung des freien Endes der Blattfeder liegt.

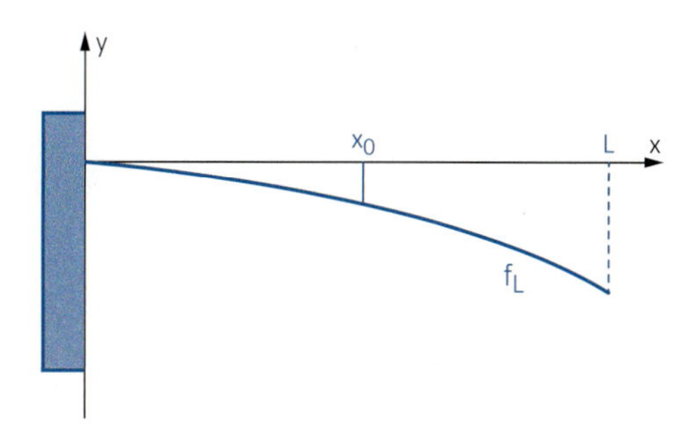

a) Welche Auslenkung hat eine Blattfeder mit dem Parameter $L = 8$ am freien Ende und wie groß ist die Auslenkung dieser Feder bei 6 cm?

b) Bestimmen Sie die Auslenkung einer Blattfeder am freien Ende in Abhängigkeit vom Parameter L. Wie groß ist die Auslenkung an der Stelle $\frac{L}{2}$?

c) Zeigen Sie, dass auf dem Graphen einer Funktion f_L an der Stelle L immer ein Wendepunkt liegt. Bestimmen Sie die Steigung des Graphen in diesem Wendepunkt.

15 Die Leistung eines Motors hängt neben der Drehzahl auch von der Verdichtung (Kompression) ab.
Das Kompressionsverhältnis k : 1 definiert den Parameter k. Damit lässt sich die Motorleistung P in kW in Abhängigkeit von der Drehzahl x in Tausend Umdrehungen pro Minute beschreiben.

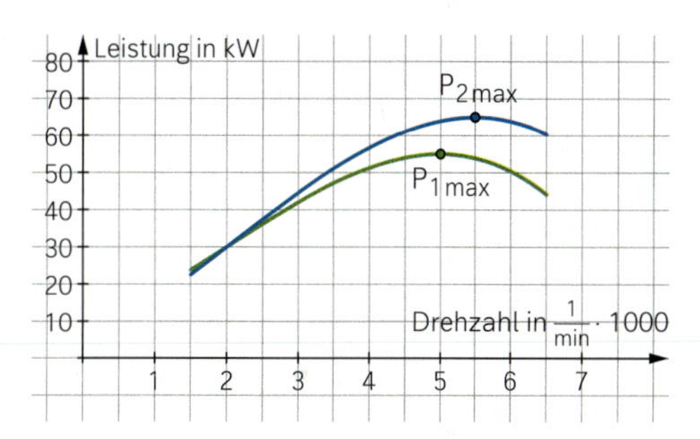

a) Begründen Sie auf der Grundlage, dass eine höhere Kompression zu besserer Leistung führt, welcher Graph zum Parameter $k_1 = 9$ und welcher zu $k_2 = 10$ gehört.

b) Nehmen Sie an, dass der Schnittpunkt der Graphen der gemeinsame Wendepunkt aller Kurven ist, und wählen Sie dort zur Vereinfachung der Zahlen den Ursprung eines neuen Koordinatensystems, dessen Achsen parallel zu den alten verlaufen.
Bestimmen Sie unter Einbeziehung der Hochpunkte für beide Graphen Funktionsgleichungen ganzrationaler Funktionen kleinstmöglichen Grades.

c) Ermitteln Sie eine Funktionenschar mit dem Parameter k, die für $k_1 = 9$ und $k_2 = 10$ die unter Teilaufgabe b) ermittelten Funktionsgleichungen als Spezialfälle ergibt.

16 Ein Autohersteller verkauft jährlich etwa 14 000 Fahrzeuge eines Modells zum Preis von 30 000 €. Durch eine Verbesserung der Abgaswerte steigt jedoch der Fahrzeugpreis. Ein Manager behauptet: „Selbst wenn das Fahrzeug 2500 € teurer wird und wir pro 1000 € Preiserhöhung 400 Kunden verlieren, machen wir trotzdem noch mehr Umsatz als zuvor."

a) Überprüfen Sie die Aussage des Managers.

b) Welche Bedeutung hat in diesem Sachzusammenhang die Funktionenschar u_p mit $u_p(x) = (30\,000 + x) \cdot \left(14\,000 - \frac{p}{1000} \cdot x\right)$? Stellen Sie die Graphen zu u_{300}, u_{400} und u_{500} in einem Koordinatensystem dar und erklären Sie, wie der jeweilige Umsatz von der Preiserhöhung abhängt.

1.4 Kettenregel und Produktregel

Einstieg

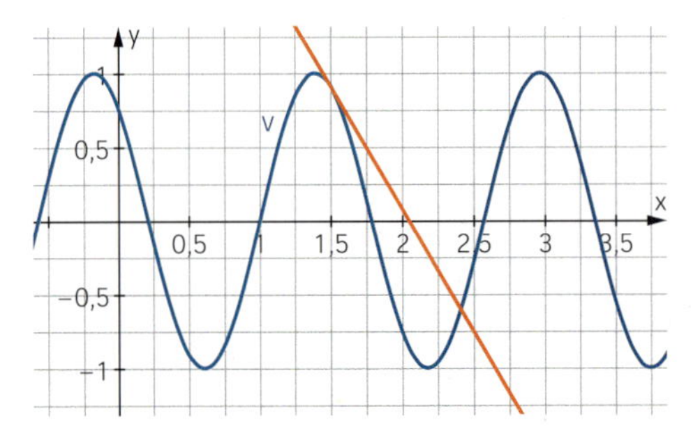

Beschreiben Sie in zwei Schritten, wie der Graph der Funktion v mit $v(x) = \sin(4 \cdot (x - 1))$ durch Stauchen und Verschieben aus dem Graphen der Funktion f mit $f(x) = \sin(x)$ hervorgeht. Untersuchen Sie, was dabei mit einer Tangente und ihrer Steigung passiert. Welche Folgerungen ergeben sich für v′?

Aufgabe mit Lösung

Kettenregel

Der Luftwiderstand eines Autos nimmt quadratisch mit der Geschwindigkeit des Autos zu und kann durch den Funktionsterm $w(v) = 0{,}03 \cdot v^2$ beschrieben werden. Dabei wird die Geschwindigkeit v in $\frac{m}{s}$ und der Widerstand w in N angegeben.

Bei einer Testfahrt beschleunigt das Auto in 5 s gleichmäßig von von $0\,\frac{m}{s}$ auf $30\,\frac{m}{s}$.

N: Newton; physikalische Einheit der Kraft

→ Beschreiben Sie die Geschwindigkeit des Autos bei der kurzen Testfahrt in Abhängigkeit von der Zeit t durch einen Funktionsterm v(t).
Bestimmen Sie einen Funktionsterm w(t) für den Luftwiderstand w des Autos in Abhängigkeit von der Zeit t und beschreiben Sie den Unterschied zur Funktion w(v).

Lösung

Es gilt $v(t) = a \cdot t$ mit der Beschleunigung a.

Die Beschleunigung a des Autos ergibt sich aus $a = \frac{30\,\frac{m}{s}}{5\,s} = 6\,\frac{m}{s^2}$. Somit gilt $v(t) = 6 \cdot t$ mit v in $\frac{m}{s}$ und t in s.

Setzt man für die Geschwindigkeit v des Autos den Funktionsterm v(t) in den Term w(v) ein, so erhält man den folgenden Funktionsterm:

$w(t) = w(v(t)) = 0{,}03 \cdot (6\,t)^2 = 1{,}08 \cdot t^2$; w in N und t in s

Die Funktion w(t) beschreibt den Luftwiderstand in Abhängigkeit von der Zeit, während die Funktion w(v) den Luftwiderstand in Abhängigkeit von der Geschwindigkeit beschreibt.

→ Bei diesem Sachverhalt wurden die drei physikalischen Größen Luftwiderstand w, Geschwindigkeit v und Zeit t mit den Einheiten in der Tabelle betrachtet.

physikalische Größe	w	v	t
Einheit	N	$\frac{m}{s}$	s

Ermitteln Sie die Einheiten für die Ableitungen w′(v), v′(t) und w′(t).
Welcher Zusammenhang besteht zwischen den beiden Einheiten von w′(v) und v′(t) und der Einheit von w′(t)?

Lösung

Die Einheit für die Ableitung einer Größe in Abhängigkeit von einer anderen Größe ergibt sich aus dem Quotienten der beiden Einheiten.

Ableitung	$w'(v)$	$v'(t)$	$w'(t)$
Einheit	$\frac{N}{\frac{m}{s}} = N \cdot \frac{s}{m}$	$\frac{\frac{m}{s}}{s} = \frac{m}{s^2}$	$\frac{N}{s}$

Das Produkt der Einheiten von $w'(v)$ und $v'(t)$ ergibt die Einheit von $w'(t)$.

→ Äußern Sie eine Vermutung, wie man $w'(t)$ aus $w'(v)$ und $v'(t)$ bestimmen kann, und überprüfen Sie diese rechnerisch an den Funktionstermen $w(v)$, $v(t)$ und $w(t)$.

Lösung

Vermutlich gilt $w'(t) = w'(v) \cdot v'(t)$.

Aus $w(v) = 0{,}03\,v^2$ erhält man $w'(v) = 0{,}06\,v$. Aus $v(t) = 6t$ ergibt sich $v'(t) = 6$.

Damit erhält man $w'(t) = w'(v) \cdot v'(t)' = 0{,}06 \cdot v(t) \cdot 6 = 0{,}06 \cdot 6t \cdot 6 = 2{,}16t$.

Aus $w(t) = 1{,}08\,t^2$ berechnet man auf direktem Weg die Ableitung $w'(t) = 2 \cdot 1{,}08\,t = 2{,}16\,t$ und erhält dasselbe Ergebnis.

Information

Kettenregel

Zwei Funktionen u und v kann man zu einer neuen Funktion f mit $f(x) = u(v(x))$ **verketten**, wenn der Wertebereich von v im Definitionsbereich von u enthalten ist.
Dabei wird u als **äußere Funktion** und v als **innere Funktion** der **Verkettung** bezeichnet.

Satz: Haben die Funktionen u und v die Ableitungen u′ und v′, so gilt für die verkettete Funktion f mit $f(x) = u(v(x))$ folgende Ableitungsregel:

$$\mathbf{f'(x) = u'(v(x)) \cdot v'(x)}$$

„äußere Ableitung mal innere Ableitung“

$f(x) = \sin(3x^2 - 1)$

äußere Funktion: $u(x) = \sin(x)$

innere Funktion: $v(x) = 3x^2 - 1$

Ableitungen: $u'(x) = \cos(x)$

$v'(x) = 6x$

$f'(x) = \cos(3x^2 - 1) \cdot 6x$

$= 6x \cdot \cos(3x^2 - 1)$

Beweis:

Der Beweis wird hier nur für Funktionen v geführt, bei denen für genügend kleine h immer $v(x+h) - v(x) \neq 0$ gilt. Für den Differenzenquotienten von f mit $f(x) = u(v(x))$ erhält man dann:

$$\frac{f(x+h) - f(x)}{h} = \frac{u(v(x+h)) - u(v(x))}{h} = \frac{u(v(x+h)) - u(v(x))}{h} \cdot \frac{v(x+h) - v(x)}{v(x+h) - v(x)}$$

$$= \frac{u(v(x+h)) - u(v(x))}{v(x+h) - v(x)} \cdot \frac{v(x+h) - v(x)}{h}$$

Für $h \to 0$ gilt $v(x+h) \to v(x)$ und damit

$$\frac{u(v(x+h)) - u(v(x))}{v(x+h) - v(x)} \to u'(v(x)) \text{ und } \frac{v(x+h) - v(x)}{h} \to v'(x).$$

Daraus folgt: $f'(x) = \lim\limits_{h \to 0} \frac{u(v(x+h)) - u(v(x))}{h} = u'(v(x)) \cdot v'(x)$

Üben

1 Wenden Sie die Kettenregel an.

a) $f(x) = \sin(3x - 1)$
b) $f(x) = (\sin(x))^3$
c) $f(x) = \cos(x^2 + 3x - 1)$
d) $f(x) = (\sin(x) + 1)^2$

2 Bestimmen Sie die Ableitung der Funktion f einmal mithilfe der Kettenregel und zum anderen nach einer Termumformung. Vergleichen Sie die Ergebnisse.

a) $f(x) = (2x + 1)^2$
b) $f(x) = (x^2 - 3)^2$
c) $f(x) = (x^{11})^2$
d) $f(x) = (3x - x^6)^2$

3 Bestimmen Sie die Ableitung der Funktion f.

a) $f(x) = (6x - 1)^9$
b) $f(x) = (x^4 - 4)^{12}$
c) $f(x) = (x^2 + 2x)^6$
d) $f(x) = (\sin(x) + 3x)^3$

4 Marie hat bei ihren Hausaufgaben nicht alles richtig gemacht. Korrigieren Sie.

$f(x) = (3x + 1)^3$
$f'(x) = 3 \cdot (3x + 1)^2$

$h(t) = \cos(3x^2 - x)$
$h'(t) = (3x - 1) \cdot \cos(3x^2 - x)$

5 Geben Sie die Verkettungen $u(v(x))$ und $v(u(x))$ an.

a) $u(x) = x^2 - 2x$, $v(x) = \sin(x)$
b) $u(x) = \sqrt{x + 1}$, $v(x) = \cos(x)$
c) $u(x) = \frac{1}{x - 2}$, $v(x) = x^4$
d) $u(x) = \sqrt{x}$, $v(x) = \frac{1}{x^2}$

Produkt zweier Funktionen ableiten

6 Geben Sie den Differenzenquotienten eines Produkts $u(x) \cdot v(x)$ zweier Funktionen u und v an.
Bestimmen Sie dann die Flächeninhalte A_1 und A_2 in der Abbildung. Zerlegen Sie damit den Differenzenquotienten in zwei Summanden und untersuchen Sie das Verhalten dieser Summanden für $h \to 0$.
Formulieren Sie eine Regel für die Ableitung eines Produkts $u(x) \cdot v(x)$ zweier Funktionen.

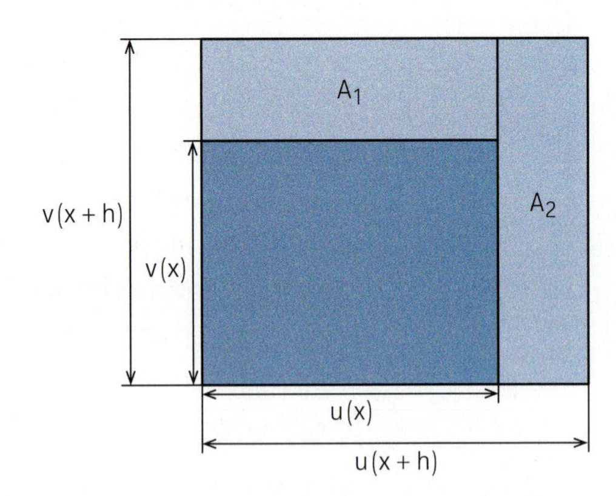

Information

Produktregel

Satz: Haben die Funktionen u und v die Ableitungen u′ und v′, so gilt für die Funktion f mit $f(x) = u(x) \cdot v(x)$ folgende Ableitungsregel:

$$f'(x) = u'(x) \cdot v(x) + u(x) \cdot v'(x)$$

Kurz: $(u \cdot v)' = u' \cdot v + u \cdot v'$

$f(x) = x^2 \cdot \cos(x)$

$f'(x) = 2x \cdot \cos(x) + x^2 \cdot (-\sin(x))$
$= 2x \cdot \cos(x) - x^2 \cdot \sin(x)$

Der blau gefärbte Term hat den Wert 0.

Beweis: Für den Differenzenquotienten von f mit $f(x) = u(x) \cdot v(x)$ erhält man:

$$\frac{f(x+h)-f(x)}{h} = \frac{u(x+h)\cdot v(x+h) - u(x)\cdot v(x) + u(x)\cdot v(x+h) - u(x)\cdot v(x+h)}{h}$$

$$= \frac{u(x+h)\cdot v(x+h) - u(x)\cdot v(x+h)}{h} + \frac{u(x)\cdot v(x+h) - u(x)\cdot v(x)}{h}$$

$$= \frac{u(x+h)-u(x)}{h}\cdot v(x+h) + u(x)\cdot\frac{v(x+h)-v(x)}{h}$$

Für $h \to 0$ gilt $v(x+h) \to v(x)$, $\frac{u(x+h)-u(x)}{h} \to u'(x)$ und $\frac{v(x+h)-v(x)}{h} \to v'(x)$.

Daraus folgt: $f'(x) = \lim\limits_{h\to 0} \frac{u(x+h)\cdot v(x+h) - u(x)\cdot v(x)}{h} = u'(x)\cdot v(x) + u(x)\cdot v'(x)$

7 Wenden Sie die Produktregel an.

a) $f(x) = x^3 \cdot \sin(x)$
b) $f(x) = \sin(x) \cdot \cos(x)$
c) $f(x) = x^3 \cdot (x^2 - 3x + 1)$
d) $f(x) = x^2 \cdot \cos(x)$

8 Zeigen Sie rechnerisch, dass die Funktion f mit $f(x) = 2x \cdot \sin(x) - (x^2 - 3) \cdot \cos(x)$ an den Stellen 1 und – 1 Tiefpunkte und an der Stelle 0 einen Hochpunkt hat. Bestimmen Sie die Koordinaten dieser drei Punkte.

9 Der Graph der Funktion f mit $f(x) = x \cdot \sin(x)$ pendelt zwischen den Graphen der beiden Winkelhalbierenden mit den Gleichungen $y = x$ und $y = -x$.

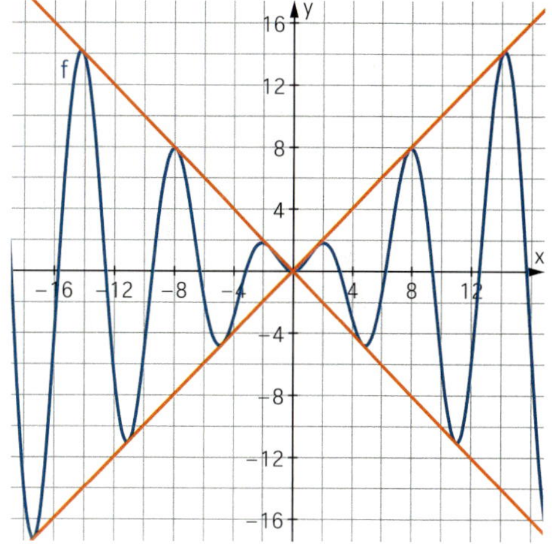

a) Begründen Sie die Symmetrie des Graphen von f am Funktionsterm.

b) Berechnen Sie die gemeinsamen Punkte des Graphen von f mit den Winkelhalbierenden.

c) Nikos sagt: „Die Extrempunkte des Graphen von f liegen auf den Winkelhalbierenden.“ Überprüfen Sie seine Behauptung mit einem Rechner.

d) Begründen Sie mithilfe der Ableitung, dass der Graph von f beliebig große Steigungen aufweist.

Weiterüben

10 Bestimmen Sie die Ableitung der Funktion f.

a) $f(x) = x \cdot \sin(3x)$
b) $f(x) = (\sin(x))^2$
c) $f(x) = \sin(x^2)$
d) $f(x) = (\sin(x))^2 + (\cos(x))^2$

11 Bestimmen Sie eine Regel für die Ableitung des Produkts einer Funktion mit sich selbst mithilfe der Kettenregel. Vervollständigen Sie dann die angegebene Rechnung und beweisen Sie damit die Produktregel.

$$u \cdot v = \frac{1}{2}\cdot\left((u+v)^2 - u^2 - v^2\right)$$

$$(u \cdot v)' = \left(\frac{1}{2}\cdot\left((u+v)^2 - u^2 - v^2\right)\right)'$$

$$= \frac{1}{2}\cdot\left((u+v)^2 - u^2 - v^2\right)' = \ldots$$

1.5 Ableitung von Potenzfunktionen mit rationalen Exponenten

Einstieg

Das Foto zeigt Zylinderkopfventile eines Motors. Um Randfunktionen auf der Mantelfläche technischer Bauteile zu beschreiben, kann z. B. die Funktion f mit $f(x) = x^{-2} = \frac{1}{x^2}$ verwendet werden. Oft muss dabei die Steigung der Randfunktion berücksichtigt werden.
Skizzieren Sie den Graphen von f und untersuchen Sie, ob man die Funktion f mithilfe der Potenzregel ableiten kann.

Aufgabe mit Lösung

Ableitung der Quadratwurzelfunktion

Mila möchte die Ableitung der Funktion f mit $f(x) = \sqrt{x} = x^{\frac{1}{2}}$ mithilfe des Differenzenquotienten bestimmen. Sie erweitert dazu den Differenzenquotienten.

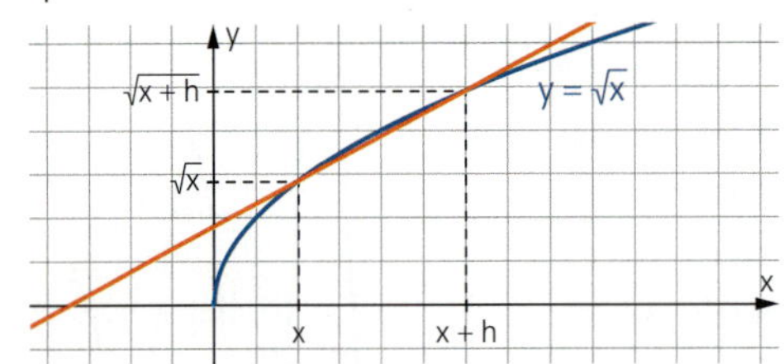

$$\frac{\sqrt{x+h} - \sqrt{x}}{h} = \frac{\sqrt{x+h} - \sqrt{x}}{h} \cdot \frac{\sqrt{x+h} + \sqrt{x}}{\sqrt{x+h} + \sqrt{x}}$$
$$= \ldots$$

→ Erläutern Sie Milas Berechnungen, führen Sie diese zu Ende und bestimmen Sie f′(x).

Lösung

Die Erweiterung erscheint zunächst kompliziert, aber durch das Anwenden der 3. binomischen Formel verschwinden die Wurzeln im Zähler und man kann h für $h \neq 0$ aus dem Term kürzen:

$$\frac{\sqrt{x+h} - \sqrt{x}}{h} \cdot \frac{\sqrt{x+h} + \sqrt{x}}{\sqrt{x+h} + \sqrt{x}} = \frac{(x+h) - x}{h \cdot \left(\sqrt{x+h} + \sqrt{x}\right)} = \frac{h}{h \cdot \left(\sqrt{x+h} + \sqrt{x}\right)} = \frac{1}{\sqrt{x+h} + \sqrt{x}}$$

Für $h \to 0$ gilt $\sqrt{x+h} + \sqrt{x} \to 2\sqrt{x}$.

Insgesamt ergibt sich also $\lim\limits_{h \to 0} \frac{\sqrt{x+h} - \sqrt{x}}{h} = \frac{1}{2\sqrt{x}}$.

Für die Funktion f mit $f(x) = \sqrt{x}$ gilt somit $f'(x) = \frac{1}{2\sqrt{x}}$.

→ Angenommen, die Potenzregel für natürliche Exponenten gilt auch für rationale Exponenten. Zu welchem Ergebnis kommt man, wenn man die Regel anwendet?

Lösung

Bildet man die Ableitung von $f(x) = \sqrt{x} = x^{\frac{1}{2}}$ mithilfe der Potenzregel, so erhält man ebenfalls $f'(x) = \frac{1}{2}x^{-\frac{1}{2}} = \frac{1}{2\sqrt{x}}$.

Information

Ableitung der Quadratwurzelfunktion

Satz: Für die Funktion f mit $f(x) = \sqrt{x} = x^{\frac{1}{2}}$ und $x \geq 0$ gilt $f'(x) = \frac{1}{2}x^{-\frac{1}{2}} = \frac{1}{2\sqrt{x}}$.

Dieser Satz ist ein Spezialfall des folgenden Satzes.

$f(x) = \frac{-2\sqrt{x}}{3}$

$f'(x) = \frac{-1}{3\sqrt{x}}$

Potenzregel für rationale Exponenten

Satz: Für alle rationalen Zahlen r mit $r \neq 0$ gilt: Die Funktion f mit $f(x) = x^r$ hat die Ableitung $f'(x) = r \cdot x^{r-1}$.

Das heißt: Man kann die Potenzregel auch anwenden, wenn der Exponent rational ist.

$g(x) = \frac{1}{x^5} = x^{-5}$

$g'(x) = -5x^{-6} = \frac{-5}{x^6}$

$h(x) = \sqrt[3]{x^2} = x^{\frac{2}{3}}$

$h'(x) = \frac{2}{3}x^{-\frac{1}{3}} = \frac{2}{3\sqrt[3]{x}}$

Beweis der Potenzregel für negative ganzzahlige Exponenten:

Für den Differenzenquotienten der Funktion f mit $f(x) = x^{-n} = \frac{1}{x^n}$ und $n \in \mathbb{N}$ gilt:

$$\frac{\frac{1}{(x+h)^n} - \frac{1}{x^n}}{h} = \frac{\frac{x^n - (x+h)^n}{(x+h)^n x^n}}{h} = \frac{x^n - (x+h)^n}{(x+h)^n x^n h} = \frac{-\left[\frac{(x+h)^n - x^n}{h}\right]}{(x+h)^n x^n}$$

Für $h \to 0$ gilt $\frac{(x+h)^n - x^n}{h} \to n x^{n-1}$ und $(x+h)^n x^n \to x^{2n}$.

Ableitung der Potenzfunktion mit natürlichen Exponenten

Insgesamt ergibt sich also $\lim\limits_{h \to 0} \frac{\frac{1}{(x+h)^n} - \frac{1}{x^n}}{h} = \frac{-n x^{n-1}}{x^{2n}} = \frac{-n}{x^{n+1}}$.

Für die Funktion f mit $f(x) = x^{-n} = \frac{1}{x^n}$ gilt somit $f'(x) = -n x^{-n-1} = \frac{-n}{x^{n+1}}$.

Zum Beweis der Potenzregel für rationale Exponenten siehe Aufgabe 6.

Üben

1 Bestimmen Sie die Ableitung der Funktion f.

a) $f(x) = x^{-4}$ b) $f(x) = 3x^{-5}$ c) $f(x) = \frac{5}{x}$ d) $f(x) = x^{\frac{2}{3}}$

e) $f(x) = x^{-\frac{1}{3}}$ f) $f(x) = \sqrt[3]{x}$ g) $f(x) = \frac{1}{\sqrt{x}}$ h) $f(x) = (\sqrt{x})^3$

2 Welche Fehler wurden gemacht?

(1) $f(x) = x^{-2}$ $f'(x) = -2x^{-1}$

(2) $g(x) = \frac{3}{x}$ $g'(x) = -\frac{1}{3x^2}$

(3) $h(x) = \frac{1}{2x^2} = 2x^{-2}$ $h'(x) = -4x^{-3}$

3 Ermitteln Sie die Ableitung der Funktion f.

a) $f(x) = 2x^{\frac{1}{4}} + 3\sqrt{x}$ b) $f(x) = \frac{1}{3x} - 2x^{-\frac{2}{3}}$ c) $f(x) = \sqrt[4]{x} - \frac{5}{4x^2}$ d) $f(x) = \sqrt{2x-1}$

e) $f(x) = \sqrt[3]{5x-4}$ f) $f(x) = \frac{1}{\sqrt{x-3}}$ g) $f(x) = \sqrt{x^2+1}$ h) $f(x) = \frac{1}{x^2+1}$

4 Welche Steigung hat die Funktion f an der angegebenen Stelle x_0?

a) $f(x) = \frac{1}{2x^2}$; $x_0 = 2$

b) $f(x) = \frac{1}{2\sqrt{x}} + x$; $x_0 = 1$

c) $f(x) = \frac{4}{5x^3} + x$; $x_0 = 1$

d) $f(x) = \frac{1}{x^n}$, $n \in \mathbb{N}$; $x_0 = 1$

5 Bestimmen Sie die Ableitung der Funktion f mit $f(x) = \frac{1}{x}$ mithilfe des Differenzenquotienten, also ohne die Potenzregel zu verwenden.

6 Erläutern Sie die Herleitung der Ableitung für die Funktion f mit $f(x) = x^{\frac{3}{4}}$ mithilfe der Kettenregel.

Beweisen Sie damit allgemein die Potenzregel für positive rationale Exponenten.

$$\left(\left(x^{\frac{3}{4}}\right)^4\right)' = (x^3)'$$

$$\left(\left(x^{\frac{3}{4}}\right)^4\right)' = 4 \cdot \left(x^{\frac{3}{4}}\right)^3 \cdot \left(x^{\frac{3}{4}}\right)'; \quad (x^3)' = 3x^2$$

$$\text{Also: } \left(x^{\frac{3}{4}}\right)' = \frac{3}{4}x^{2-\frac{9}{4}} = \frac{3}{4}x^{-\frac{1}{4}}$$

7 Untersuchen Sie den Graphen der Funktion f ohne Verwendung eines Rechners.

a) $f(x) = 2x + 1 + \frac{8}{x}$

b) $f(x) = \frac{3x^2 + 2x - 1}{x^2}$

c) $f(x) = \sqrt{x^2 + 1}$

d) $f(x) = \frac{1}{x^2 + 1}$

8 Luca behauptet: „Die Funktion f mit $f(x) = 4x + 3 - \frac{1}{x}$ ist streng monoton wachsend, da $f'(x) > 0$ für alle $x \in D$."

Nehmen Sie zu dieser Behauptung Stellung.

9 Der Querschnitt des Fußes einer Lampe kann für $-10 \le x \le -2$ und $2 \le x \le 10$ durch die Funktion f mit $f(x) = \frac{50}{x^2}$ (x und f(x) in cm) beschrieben werden.

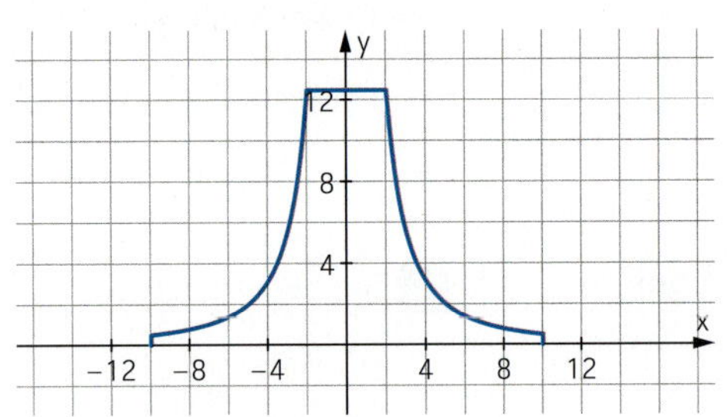

a) Berechnen Sie die Höhe des Fußes der Lampe sowie die Höhe am Rand.

b) Berechnen Sie die Steigung für $x = 10$.

Wie groß ist der Steigungswinkel an dieser Stelle?

c) Untersuchen Sie, ob es eine Stelle gibt, an der der Steigungswinkel 45° beträgt.

10 Bestimmen Sie eine Funktion f mit der angegebenen Ableitung f'.

a) $f'(x) = -5x^{-6}$

b) $f'(x) = 3x^{\frac{1}{2}} + 1$

c) $f'(u) = -2u^{-3} + u$

d) $f(x) = \frac{1}{x^n}$, $n \in \mathbb{N}$

11 Bestimmen Sie eine Gleichung der Tangente an den Graphen der Funktion f im Punkt P.

a) $f(x) = \frac{2}{x^2}$; $P(1|2)$

b) $f(x) = 2\sqrt{x}$; $P(4|4)$

c) $f(x) = 3x^{-1} + 2x$; $P(2|f(2))$

d) $f(x) = \frac{1}{\sqrt{x}}$; $P(4|f(4))$

12 Die Tangente an den Graphen der Funktion f mit $f(x) = \frac{a}{x^3}$ im Punkt $P(-1 \mid f(-1))$ hat die Gleichung $y = -9x - 12$. Bestimmen Sie den Wert von a.

13 Gegeben ist die Funktion f mit $f(x) = \frac{1}{x}$.

a) Zeigen Sie, dass zu einer Tangente t_a an den Graphen von f an der Stelle $a > 0$ die Gleichung $t_a(x) = -\frac{x}{a^2} + \frac{2}{a}$ gehört.

b) Bestimmen Sie die Schnittpunkte dieser Tangente mit den Koordinatenachsen in Abhängigkeit von a.

c) Zeigen Sie, dass der Flächeninhalt der Fläche, die t_a mit den Koordinatenachsen einschließt, unabhängig von a ist.

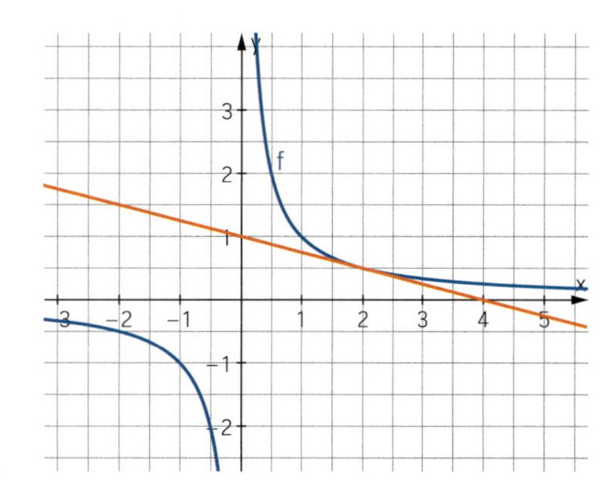

Weiterüben

14 Untersuchen Sie die Steigungen der Tangenten an den Graphen von f mit $f(x) = \sqrt{x}$ in der Nähe der Stelle $x = 0$.

15 Beschreiben Sie, wie der Graph der Funktion f aus dem Graphen der entsprechenden Potenzfunktion mit der Gleichung $y = x^r$ mit $r \in \mathbb{Z} \setminus \{0\}$ hervorgeht.
Geben Sie den Definitionsbereich von f an.
Bestimmen Sie f′(0) und erläutern Sie Ihre Vorgehensweise.

a) $f(x) = \frac{1}{x+3}$ **b)** $f(x) = \frac{3}{(x-2)^2}$ **c)** $f(x) = -\frac{2}{x-3}$ **d)** $f(x) = \sqrt{x+1}$

16 Zeigen Sie, dass die Tangente an einer Stelle a an den Graphen der Funktion f mit $f(x) = \frac{1}{x^n}$, $n > 0$ und $n \in \mathbb{N}$ die x-Achse im Punkt $P\left(\frac{n+1}{n}a \mid 0\right)$ schneidet.

17 Joris will die Ableitung der Funktion f mit $f(x) = \frac{\sin(x)}{x}$ bestimmen.
Er sagt: „Ich kenne zwar keine Regel für die Ableitung eines Quotienten zweier Funktionen, aber es gilt $f(x) = \sin(x) \cdot x^{-1}$ und somit kann ich die Produktregel anwenden."

a) Bestimmen Sie die Ableitung von f mithilfe der Produktregel.

b) Leiten Sie eine Regel für die Ableitung eines Quotienten $\frac{u}{v}$ zweier Funktionen u und v mithilfe der Produkt- und der Kettenregel her.

Das kann ich noch!

A Berechnen Sie den Oberflächeninhalt und das Volumen des Körpers.

1)
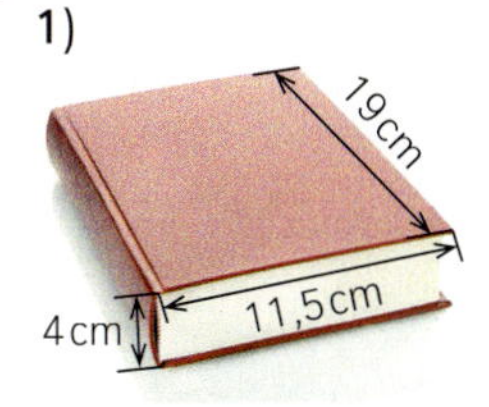

2)
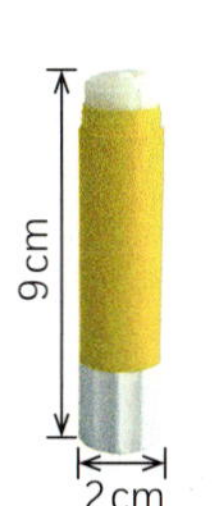

3)
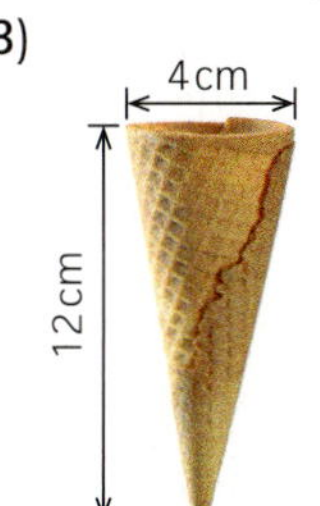

4)
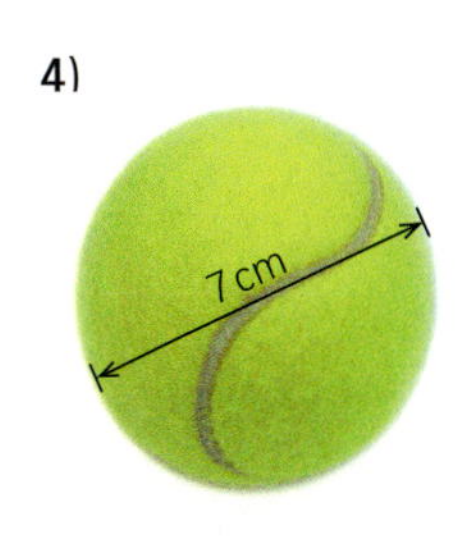

1.6 Extremwertprobleme

Einstieg

Viele zylinderförmige Konservendosen mit 850 ml Fassungsvermögen haben – unabhängig von ihrem Inhalt – dieselben Abmessungen. Untersuchen Sie, welche Gründe es hierfür geben könnte.
Entwerfen Sie dazu verschiedene Dosen mit 500 ml Fassungsvermögen und vergleichen Sie deren Materialbedarf.

Aufgabe mit Lösung

Größtmögliches Volumen einer Schachtel

Aus einem quadratischen Stück Pappe mit der Seitenlänge von 20 cm soll eine oben offene Schachtel hergestellt werden. Dazu werden an allen vier Ecken gleich große Quadrate aus der Pappe ausgespart und anschließend die vier Ränder nach oben gebogen.

→ Stellen Sie eine solche Schachtel her und ermitteln Sie ihr Volumen.

Lösung

Wählt man als Höhe der Schachtel z. B. 1 cm, so hat die quadratische Grundfläche eine Seitenlänge von $20\,cm - 2 \cdot 1\,cm = 18\,cm$.
Das Volumen der Schachtel beträgt dann $V = (18\,cm)^2 \cdot 1\,cm = 324\,cm^2$.
Für andere Höhen ergibt sich:

Höhe in cm	1	2	3	4	5	6
Volumen in cm³	324	512	588	576	500	384

Bei einer Höhe zwischen 2 cm und 3 cm scheint das Volumen der Schachtel maximal zu sein.

→ Erstellen Sie eine Funktionsgleichung für die Funktion
Höhe x der Schachtel in cm → Volumen V der Schachtel in cm³
Geben Sie den Definitionsbereich für diese Funktion an.

Lösung

Beträgt die Höhe der Schachtel x, so ergibt sich für die Seitenlänge a der quadratischen Grundfläche $a = 20 - 2x$.
Das Volumen der Schachtel beträgt dann
$V(x) = (20 - 2x)^2 \cdot x$.
Durch Ausmultiplizieren ergibt sich daraus
$V(x) = (20 - 2x)^2 \cdot x = 4x^3 - 80x^2 + 400x$.

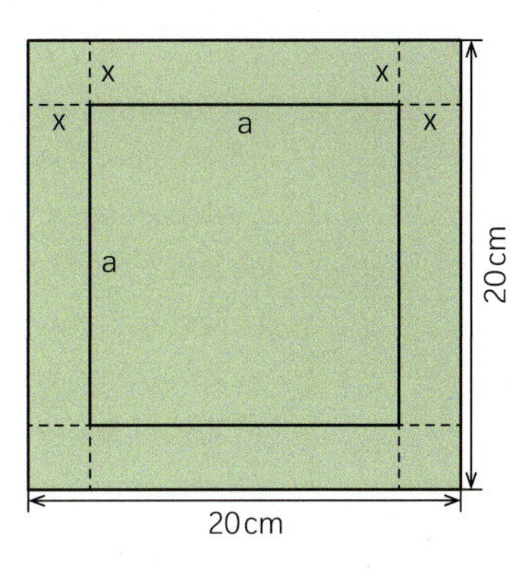

Da die Höhe der Schachtel positiv ist und kleiner als die Hälfte von 20 cm sein muss, gilt: $0 < x < 10$.
Nimmt man die Randwerte 0 und 10 mit dazu, so erhält man den Defintionsbereich [0; 10].

→ Zeichnen Sie den Graphen der Funktion und beschreiben Sie ihn.

Lösung

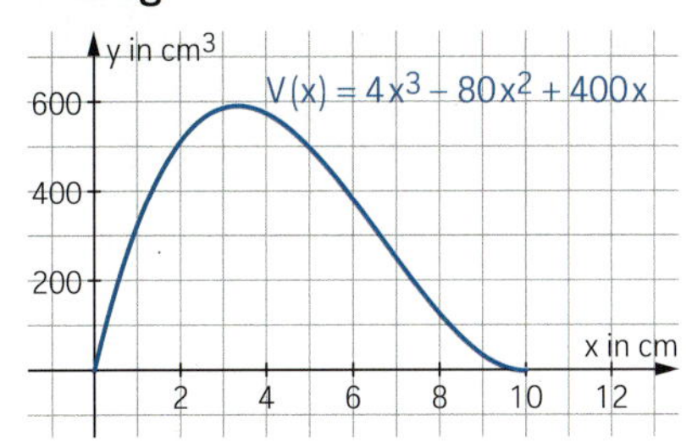

Der Graph der Funktion V hat im Intervall [0; 10] in der Nähe der Stelle 3,5 einen Hochpunkt.
An dieser Stelle nimmt die Funktion das globale Maximum an.

→ Berechnen Sie die Extrema der Funktion V mithilfe der Ableitung.

Lösung

Die Ableitung der Funktion V ist $V'(x) = 12x^2 - 160x + 400$. Deren Nullstellen sind mögliche Extremstellen der Funktion V.

Die Gleichung $12x^2 - 160x + 400 = 0$ hat die Lösungen $\frac{10}{3}$ und 10. Die Lösung 10 liefert den Tiefpunkt am rechten Rand des Intervalls, die Lösung $\frac{10}{3}$ den gesuchten Hochpunkt.
Da die Funktionswerte alle positiv und am Rand des Intervalls 0 sind, muss an der Stelle $\frac{10}{3}$ ein Hochpunkt vorliegen.

$$12x^2 - 160x + 400 = 0 \quad |:12$$
$$x^2 - \frac{40}{3}x + \frac{100}{3} = 0$$
$$x = \frac{20}{3} \pm \sqrt{\left(\frac{20}{3}\right)^2 - \frac{100}{3}}$$
$$= \frac{20}{3} \pm \sqrt{\frac{100}{9}} = \frac{20}{3} \pm \frac{10}{3}$$
$$x_1 = 10; \; x_2 = \frac{10}{3} = 3\frac{1}{3}$$

Somit kann auf den Nachweis mithilfe des Vorzeichenwechsel-Kriteriums oder des hinreichenden Kriteriums mit der 2. Ableitung verzichtet werden.

Der Funktionswert an der Stelle $\frac{10}{3}$ beträgt:

$$V\left(\frac{10}{3}\right) = 4 \cdot \left(\frac{10}{3}\right)^3 - 80 \cdot \left(\frac{10}{3}\right)^2 + 400 \cdot \left(\frac{10}{3}\right) = \frac{16\,000}{27} \approx 592{,}6$$

Die Schachtel hat bei einer Höhe von $3\frac{1}{3}$ cm das größte Volumen, es beträgt ca. 592,6 cm³.
Die quadratische Grundfläche der Schachtel hat dann die Seitenlänge $\frac{40}{3}$ cm $= 13\frac{1}{3}$ cm.

Information

Lösen von Extremwertproblemen

Bei **Extremwertproblemen** wird ein Sachverhalt durch eine Funktion beschrieben, deren kleinster oder größter Funktionswert gesucht wird.

Im Dachboden eines Satteldaches soll ein möglichst großes quaderförmiges Zimmer eingerichtet werden. Der Dachgiebel ist 8 m breit, 12 m lang und 4,80 m hoch.

(1) Erstellen einer Funktionsgleichung für die zu optimierende Größe

(a) Wichtige Größen mit Variablen bezeichnen, möglichst in einer Skizze

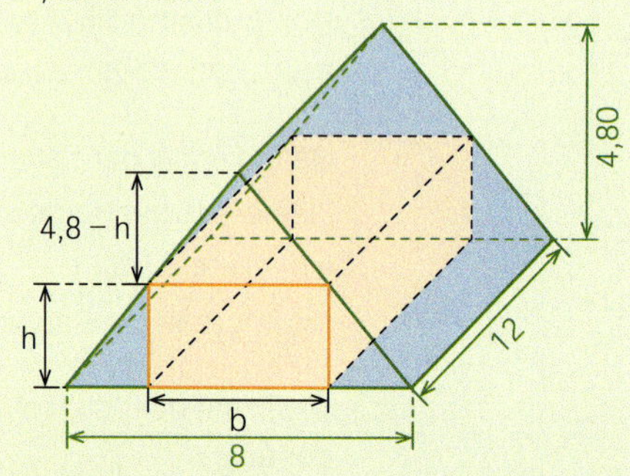

Zur Übersicht werden die Maßeinheiten weggelassen.

(b) Gleichung für die zu optimierende Größe angeben **(Extremalbedingung)**

Das Volumen $V = b \cdot h \cdot 12$ soll maximal werden.

(c) Falls die zu optimierende Größe von mehreren Variablen abhängt, eine **Nebenbedingung** für den Zusammenhang zwischen diesen Variablen erstellen und nach einer auflösen

b und h sind über die Dachform voneinander abhängig: Das kleine Dreieck oben ist ähnlich zum Giebeldreieck:

$\frac{b}{8} = \frac{4{,}8 - h}{4{,}8}$ also $b = \frac{8(4{,}8 - h)}{4{,}8} = 8 - \frac{5}{3}h$

(d) Einsetzen dieser Variablen in die Extremalbedingung, um die **Zielfunktion** zu erhalten

$V(h) = \left(8 - \frac{5}{3}h\right) \cdot h \cdot 12 = 96h - 20h^2$

(e) Definitionsbereich der Zielfunktion ermitteln

Das Dach ist 4,8 m hoch, also:

$0 < h < 4{,}8$

(f) Graphen der Zielfunktion skizzieren

(2) Ermitteln der Extremstellen der Zielfunktion

(a) Nullstellen der Ableitung ermitteln

$V'(h) = 96 - 40h = 0$, also $h = 2{,}4$

(b) Prüfen, ob am Rand des Definitionsbereichs größere oder kleinere Funktionswerte vorliegen als an den Nullstellen der Ableitung

Sowohl für $h \to 0$ als auch für $h \to 4{,}8$ gilt: $V(h) \to 0$

Also liegt bei $h = 2{,}4$ das absolute Maximum.

(3) Ergebnis mit allen relevanten Größen angeben und am Sachverhalt prüfen

$b = 8 - \frac{5}{3} \cdot 2{,}4 = 4$; $V = 4 \cdot 2{,}4 \cdot 12 = 115{,}2$

Das größtmögliche Zimmer ist 115,2 m³ groß; 12 m lang, 4 m breit und 2,4 m hoch.

Üben

1 ≡ Aus einem rechteckigen Stück Pappe mit den Seitenlängen 30 cm und 21 cm soll eine Schachtel ohne Deckel hergestellt werden, indem man an jeder Ecke ein Quadrat ausschneidet und anschließend die vier verbliebenen Randstücke nach oben biegt.
Berechnen Sie, wie man die Höhe der Schachtel wählen muss, damit ihr Volumen möglichst groß wird.

2 ≡ Ein rechteckiges Plakat hat einen Flächeninhalt von $A = 35\ dm^2$. Es wird so bedruckt, dass die Ränder an den Seiten jeweils 4 cm, oben und unten jeweils 5 cm betragen.
Bei welchen Maßen des Plakats ist unter diesen Bedingungen die bedruckte Fläche am größten?

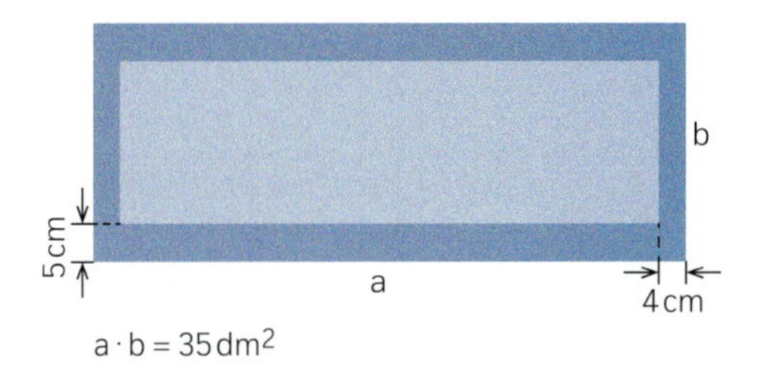

3 ≡ Eine quaderförmige Schachtel mit quadratischer Grundfläche soll bei einer Oberflächengröße von $486\ cm^2$ maximales Volumen haben.
Wie müssen die Kantenlängen des Quaders gewählt werden?

4 ≡ Eine quaderförmige Schachtel mit quadratischer Grundfläche hat ein Volumen von $343\ cm^3$. Wie sind die Kantenlängen der Schachtel zu wählen, damit ihre Oberfläche möglichst klein wird?

5 ≡ Eine 400-Meter-Laufbahn in einem Sportstadion besteht aus zwei Halbkreisen, die durch zwei parallele Strecken miteinander verbunden sind.

a) Wie müssen der Radius r der Halbkreise und die Länge x der parallelen Strecken gewählt werden, damit die mittlere Rechteckfläche maximalen Flächeninhalt hat?
b) Recherchieren Sie, ob Stadien in der Nähe Ihres Wohnortes diese Abmessungen haben.

6 ≡ Eine 330-ml-Getränkedose hat einen Durchmesser von 5,6 cm und eine Höhe von 14,5 cm. Nina und Tom wollen untersuchen, welche Maße eine Dose haben muss, damit man bei gleichem Volumen möglichst wenig Aluminium benötigt.

Nina meint:	Tom sagt:
„Meine Zielfunktion lautet $O(r) = 2\pi r^2 + \frac{660}{r}$."	„Ich erhalte als Zielfunktion $O(h) = \frac{660}{h} + 2\sqrt{330\pi} \cdot \sqrt{h}$."

a) Zeigen Sie, dass beide Zielfunktionen richtig aufgestellt wurden.
b) Begründen Sie, dass Ninas Zielfunktion für die Lösung des Problems besser geeignet ist. Führen Sie ihren Lösungsweg zu Ende.

Randextrema

7 Von einer wertvollen Glas-Tischplatte mit den Abmessungen 64 cm mal 144 cm ist eine Ecke abgestoßen. Die Bruchkante kann als parabelförmig mit der Gleichung $y = -\frac{1}{16}x^2 + 64$ modelliert werden, wobei x und y in cm angegeben werden.
Aus dem Rest soll eine möglichst große rechteckige achsenparallele Platte herausgeschnitten werden.
Ermitteln Sie die Abmessungen dieser rechteckigen Platte.

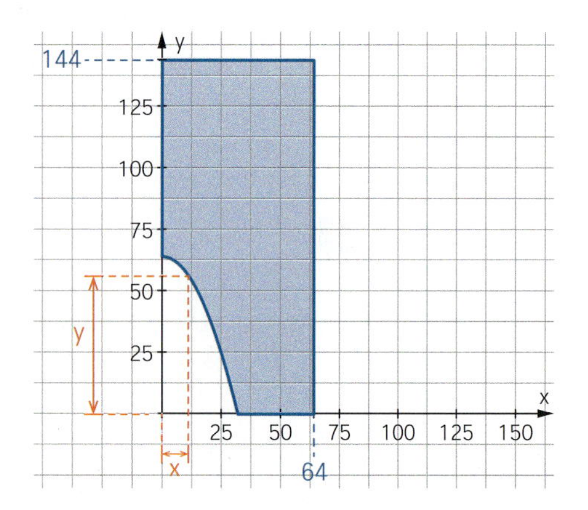

8 Modellieren Sie ein Reagenzglas mithilfe einfacher Körper. Es soll ein Fassungsvermögen von 40 cm³ aufweisen.
Bestimmen Sie, bei welchen Abmessungen sich ein minimaler Materialverbrauch ergibt. Bewerten Sie Ihr Ergebnis.

9 Einem Kegel mit Radius $r = 30\,\text{cm}$ und Höhe $h = 60\,\text{cm}$ soll ein zweiter Kegel so einbeschrieben werden, dass die Spitze des zweiten Kegels im Mittelpunkt des Grundkreises des ersten Kegels liegt.
Wie sind Radius und Höhe des zweiten Kegels zu wählen, sodass sein Volumen maximal wird?

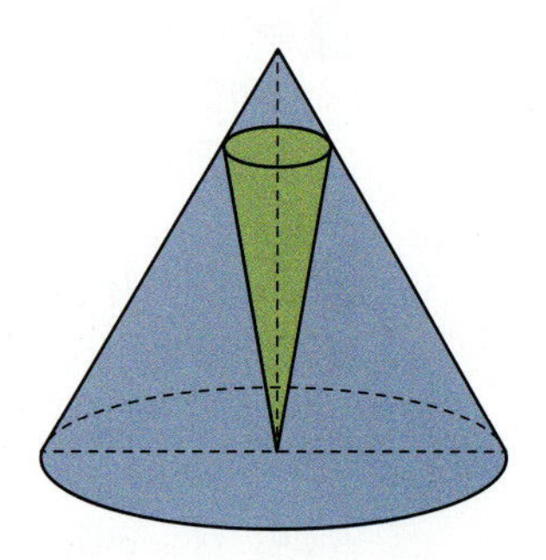

10 Einer Halbkugel mit Radius $r = 30\,\text{cm}$ soll ein Zylinder mit maximalem Volumen so einbeschrieben werden, dass der Zylinder auf dem Boden der Grundfläche der Halbkugel steht. Wie sind Radius und Höhe des Zylinders zu wählen?

11 Gegeben ist die Funktion f mit $f(x) = \frac{1}{6}x^3 - \frac{3}{2}x$. Der Punkt P liegt im 2. Quadranten auf dem Graphen von f.
Die Gerade OP, die x-Achse sowie die Parallele zur y-Achse durch P begrenzen ein Dreieck OPQ.
Untersuchen Sie, ob es eine Lage des Punktes P gibt, für die der Flächeninhalt dieses Dreiecks einen extremalen Wert annimmt, und bestimmen Sie gegebenenfalls die Art des Extremums.

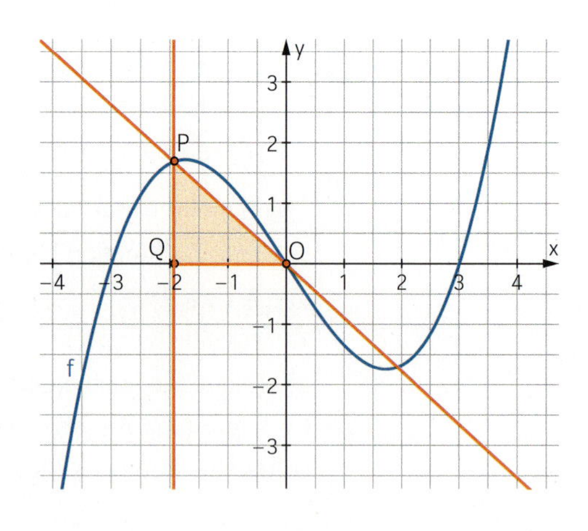

12 Die Funktion f ist gegeben durch die Gleichung $f(x) = 24 - x^2$. Die Punkte $A(u\,|\,f(u))$, $B(-u\,|\,f(-u))$ und $C(0\,|\,0)$ sind für $u \geq 0$ die Eckpunkte eines Dreiecks, das zwischen dem Graphen von f und der x-Achse einbeschrieben ist.
Für welche Werte von u erfüllt das Dreieck die angegebene Voraussetzung und für welche Werte von u wird die Fläche des Dreiecks maximal?

13 Gegeben ist die Funktion f mit $f(x) = \frac{1}{6}x^2 \cdot (6 - x)$. Der Punkt $P(u\,|\,f(u))$ mit $0 < u < 6$ liegt auf dem Graphen von f. Die Koordinatenachsen und die Parallelen zu den Achsen durch P bilden ein Rechteck. Bestimmen Sie u so, dass der Flächeninhalt des Rechtecks maximal ist. Ist für diesen Wert von u der Umfang des Rechtecks ebenfalls maximal?

14 Die Städte A und B sollen von der Stadt P aus einen Glasfaseranschluss erhalten. An welcher Stelle muss das Glasfaserkabel verzweigt werden, damit die kostenintensiven Erdarbeiten minimiert werden?

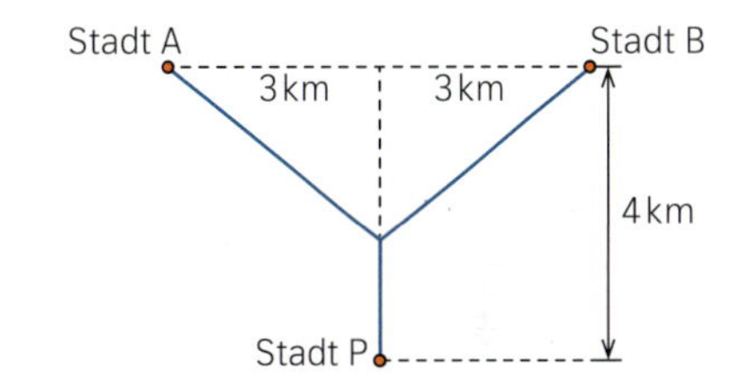

15 Messzylinder mit einem Volumen von $65\,cm^3$ sollen so produziert werden, dass der Glasverbrauch möglichst gering wird. Welchen Radius und welche Höhe sollte man wählen?
Beurteilen Sie Ihr Ergebnis.

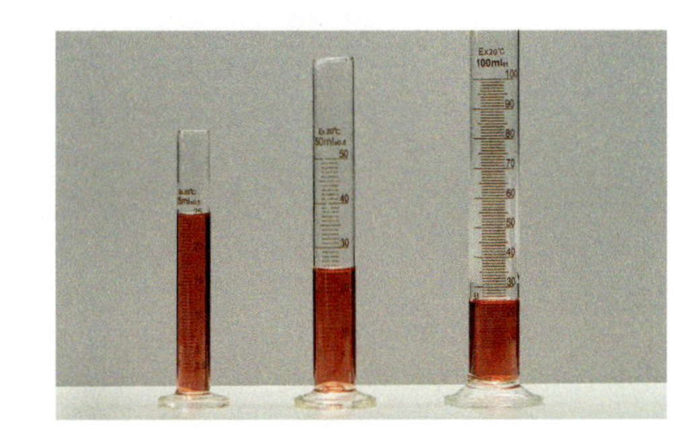

16 Das Kantenmodell eines Quaders mit quadratischer Seitenfläche soll aus Draht so hergestellt werden, dass er maximales Volumen hat.

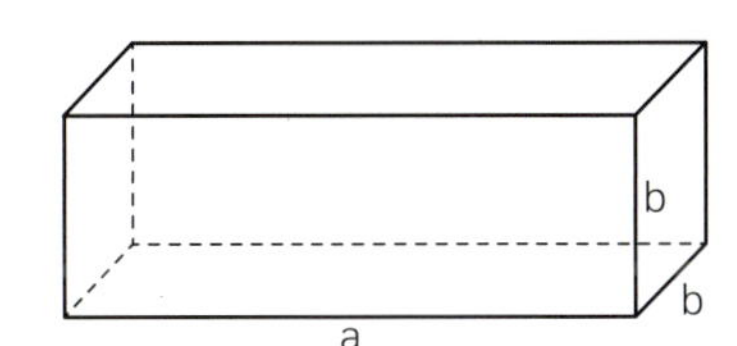

a) Wie sind die Kanten zu wählen, wenn 26 cm Draht zur Verfügung stehen?

b) Verallgemeinern Sie das Ergebnis auf eine unbekannte Drahtlänge d.

17 Gegeben ist die Parabel mit der Gleichung $y = 4 - x^2$. Es sollen die Koordinaten der Punkte der Parabel ermittelt werden, deren Abstand zum Koordinatenursprung minimal ist.

a) Tabea ermittelt folgende Zielfunktion: $f(x) = \sqrt{x^2 + (4 - x^2)^2}$
Zeigen Sie, dass die Funktion f tatsächlich die Zielfunktion ist.

b) Tabea sagt: „Statt f verwende ich die Funktion g mit $g(x) = x^2 + (4 - x^2)^2$, da sie einfacher abzuleiten ist und genau an der Stelle ein Minimum hat, an der auch f ein Minimum hat.“
Setzen Sie sich mit Tabeas Aussage auseinander und nutzen Sie die Funktion g zur Ermittlung der gesuchten Punkte. Argumentieren Sie auch mit der Kettenregel.

18 ≡ Bestimmen Sie die Punkte auf dem Graphen der Funktion f mit $f(x) = \frac{2}{x^3}$, die den kleinsten Abstand vom Ursprung haben.

19 ≡ Der Querschnitt eines Kanals ist ein Rechteck mit unten angesetztem Halbkreis. Wählen Sie die Maße dieses Rechtecks so, dass bei gegebenem Umfang U des Querschnitts des Kanals sein Flächeninhalt möglichst groß wird.

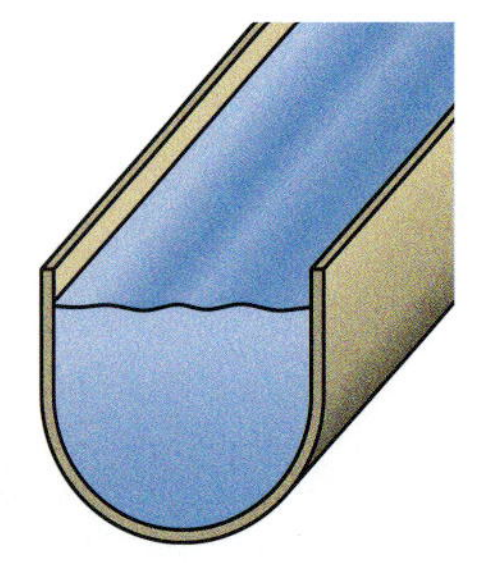

20 ≡ Gegeben ist die Funktionenschar f_a mit $f_a(x) = a - x^2$ und $a > 0$. Mit $d_a(x)$ wird der Abstand eines Punktes $P(x \mid f_a(x))$ auf dem Graphen von f_a vom Koordinatenursprung bezeichnet.

a) Bestimmen Sie alle Extremstellen der Funktion d_1 und geben Sie die zugehörigen Punkte auf dem Graphen von f_1 an.

Hinweis: Wenn d_1 maximal bzw. minimal ist, dann ist auch d_1^2 maximal bzw. minimal.

b) Bestimmen Sie alle Extremstellen der Funktion $d_{0,2}$ und geben Sie die zugehörigen Punkte auf dem Graphen von $f_{0,2}$ an.

c) Vergleichen Sie die Ergebnisse aus den Teilaufgaben a) und b).
Bestimmen Sie alle Werte für den Parameter a, für die das Verhalten wie bei Teilaufgabe a) bzw. b) auftritt.

Weiterüben

21 ≡ Eine Firma stellt bedruckte T-Shirts her. Die monatlichen Gesamtkosten in Abhängigkeit von der produzierten Stückzahl lassen sich näherungsweise durch die Funktion K mit $K(x) = 0{,}0073\,x^3 - 0{,}19\,x^2 + 1{,}1\,x + 9{,}8$ beschreiben. Dabei wird x in Tausend T-Shirts und K(x) in 10 000 € angegeben.
Berechnen Sie, für welche Produktionsmenge die durchschnittlichen Kosten pro hergestelltem T-Shirt minimal sind.
Wie hoch sind diese minimalen Kosten?

22 ≡ Ein Betrieb plant, neuartige Batterien für Digitalkameras herzustellen, die zum Stückpreis von 30 € verkauft werden sollen. Die Kosten pro Monat für die Produktion von x Batterien betragen
$K(x) = \frac{1}{420\,000}x^3 - \frac{1}{160}x^2 + 22x + 5000$
mit $x \geq 0$.
Gehen Sie davon aus, dass alle hergestellten Batterien auch verkauft werden.

Berechnen Sie, für welche Produktionsmenge der monatliche Gewinn maximal wird.
Wie groß ist dieser maximale Gewinn?

Realistischer beschreiben – Modelle variieren

Getränke wie Milch oder Saft werden häufig in quaderförmigen Verpackungen angeboten. Das Verpackungsmaterial verursacht Kosten in der Herstellung, aber auch Gebühren an das Duale System Deutschland für die Entsorgung.

Es ist daher sinnvoll, Verpackungslösungen zu finden, die bei vorgegebenem Volumen einen möglichst geringen Materialbedarf aufweisen.

1 Frischmilch wird in quaderförmigen Milchtüten mit quadratischer Grundfläche und einem Liter Inhalt verkauft. Es sollen die Abmessungen gefunden werden, für die möglichst wenig Material benötigt wird.

a) Betrachten Sie die Milchtüte als einfachen Quader, ohne Überlappungen und Falze zu berücksichtigen. Berechnen Sie, bei welchen Abmessungen sich der minimale Materialbedarf ergibt, und vergleichen Sie diese mit der handelsüblichen Milchtüte.

b) Wenn man eine handelsübliche Milchtüte auseinanderfaltet, erkennt man, dass sie durch bloßes Falten aus einem rechteckigen Stück Verpackungsmaterial hergestellt wird.
Untersuchen Sie, bei welchen Abmessungen sich der minimale Materialbedarf ergibt, wenn die Klebefalze sowie die Aussparung für die Öffnung nicht berücksichtigt werden.

c) Ermitteln Sie nun den minimalen Materialverbrauch für die Milchtüte, indem Sie auch die nötigen Klebefalze von 0,5 cm Breite berücksichtigen.
Berechnen Sie die Abmessungen der optimalen Milchtüte und vergleichen Sie mit einer realen Verpackung.

d) In der Realität wird eine solche Milchtüte nicht bis zum oberen Rand gefüllt, sondern es ist ein Luftraum z. B. von 1 cm Höhe oberhalb der Milch vorgesehen, damit die Tüte unproblematisch geöffnet werden kann.
Bestimmen Sie nun die optimale Milchtüte.

Modellieren

Gegenstände in der Umwelt sind keine mathematischen Objekte. Unter gewissen Vereinfachungen lassen sie sich aber als solche beschreiben (**modellieren**). Entsprechendes gilt für Kurven und Funktionsgraphen sowie vieles andere mehr.
Ein **mathematisches Modell** ist ein vereinfachtes Abbild eines realen Gegenstands oder Vorgangs, das die Wirklichkeit nur in Teilaspekten, aber nicht vollständig beschreibt. Es kann als anfänglicher Versuch gute Dienste leisten, um Ergebnisse zu erhalten. Diese müssen dann an der Realität überprüft werden.

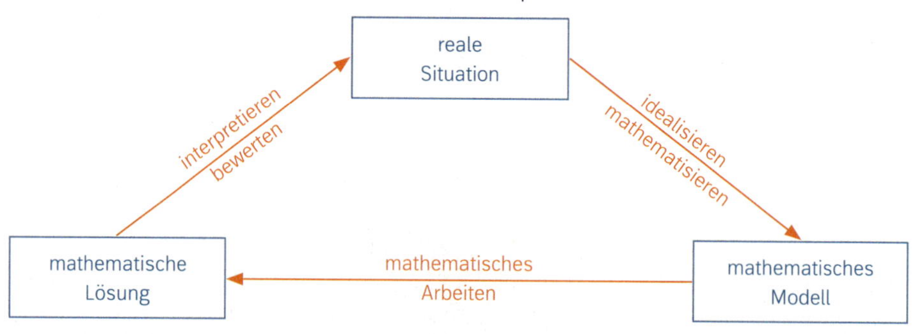

Bei zu groben Abweichungen kann man eine genauere Beschreibung der Realität vornehmen und so ein besseres Modell erhalten. Gegebenenfalls muss man diesen Prozess mehrfach durchführen, um ein für die Realität befriedigendes Ergebnis zu erhalten.

2 Viele Konserven werden in genormten Dosen mit dem Volumen 314 ml verkauft.

a) Untersuchen Sie, warum bei diesen Dosen ein Durchmesser von 7,3 cm und eine Höhe von 7,7 cm gewählt wurden. Benutzen Sie dabei ein möglichst einfaches Modell.

b) Verändern Sie das Modell, indem Sie nun die 3 mm breiten Falzränder zum Verbinden von Deckel und Boden mit dem Mantel berücksichtigen. Vergleichen Sie Ihr Modell mit der genormten Dosenform.

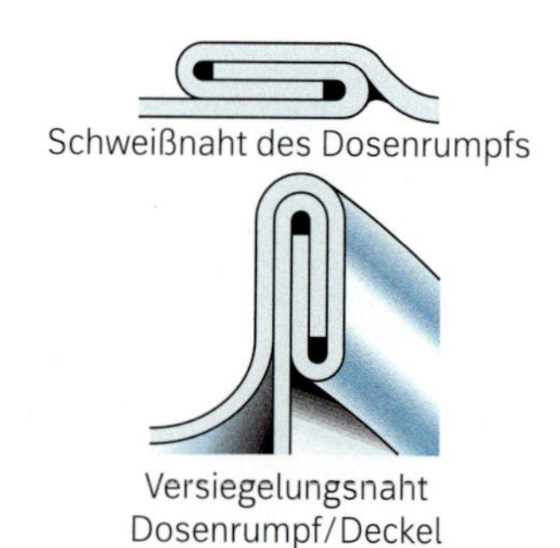

Versiegelungsnaht Dosenrumpf/Deckel

3 Konservendosen mit einem Volumen von 425 ml werden häufig mit zwei verschiedenen Maßen verkauft:
(1) Durchmesser 7,3 cm und Höhe 10,2 cm;
(2) Durchmesser 8,4 cm und Höhe 7,8 cm;
jeweils ohne Berücksichtigung der Falze.

a) Berechnen Sie für beide Dosen den Materialverbrauch.

b) Berechnen Sie die Maße einer 425-ml-Dose bei minimalem Blechverbrauch. Notieren Sie hierbei die Zielfunktion in Abhängigkeit vom Radius r.

c) Skizzieren Sie den Graphen der Zielfunktion aus Teilaufgabe b) und bestimmen Sie damit den Materialverbrauch, wenn der Radius um 0,4 cm nach oben oder nach unten vom optimalen Wert abweicht. Kommentieren Sie das Ergebnis.

4 Eine Streichholzschachtel soll eine Länge von 5 cm und ein Volumen von $20\,cm^3$ besitzen. Bei welcher Breite und Höhe ist der Materialverbrauch am kleinsten? Gehen Sie bei Ihrer Rechnung von der vereinfachenden Annahme aus, dass Länge, Breite und Höhe bei Hülle und Schachtel übereinstimmen.

a) Vernachlässigen Sie die Klebeflächen.

b) Berücksichtigen Sie auch mögliche Klebeflächen.

5 In einem Autotunnel in Norwegen ist die Geschwindigkeit auf $50\,\frac{km}{h}$ beschränkt.
„Dieses Schneckentempo verursacht einen Stau nach dem anderen!“, behauptet ein Automobilclub und fordert eine Heraufsetzung der Geschwindigkeit.
Ein Gegner gibt zu bedenken: „Bei kleineren Geschwindigkeiten sind aber die Sicherheitsabstände zwischen den Fahrzeugen kürzer und daher könnten mehr Fahrzeuge den Tunnel pro Zeiteinheit passieren.“

a) Es ist naheliegend, den Verkehrsfluss durch die Anzahl von Autos, die den Tunnel pro Zeiteinheit passieren, zu beschreiben. Diese Größe bezeichnet man als *Verkehrsdurchsatz*. Rechnerisch einfacher zu handhaben ist jedoch die *Taktzeit*, d. h. die Zeit, die vergeht, bis nach einem Auto das nächste in den Tunnel einfährt.
Welcher Zusammenhang besteht zwischen den beiden Größen Verkehrsdurchsatz und Taktzeit?

b) Es soll nun die Taktzeit bestimmt werden. Grob vereinfachend geht man dazu von folgenden Annahmen aus:

- Alle Autofahrer fahren in einer einspurigen Kolonne mit der gleichen Geschwindigkeit v.
- Alle Fahrzeuge in der Kolonne halten den gleichen Abstand $s_A(v)$ gemäß der *Anhalteweg-Regel* voneinander.
- Alle Fahrzeuge in der Kolonne haben die einheitliche Länge $L = 4{,}50\,m$.

Anhalteweg-Regel: Fährt ein Fahrzeug mit der Geschwindigkeit v in $\frac{km}{h}$, so beträgt sein Anhalteweg s_A in m: $s_A(v) = \frac{1}{3}v + \left(\frac{v}{10}\right)^2$
Hält ein Autofahrer diesen Abstand zum Fahrzeug davor ein, so kommt sein Fahrzeug an der Stelle zum Stehen, an der das vordere zu bremsen begann.

Begründen Sie, dass für die aus der Anhalteweg-Regel folgende Taktzeit gilt: $t_A(v) = \frac{L}{v} + \frac{s_A(v)}{v}$.
Bestimmen Sie dann, welche Geschwindigkeit v die minimale Taktzeit liefert.
Was bedeutet dies für den dazugehörigen Verkehrsdurchsatz?
Welche Antwort ist für die Entscheidung zwischen den beiden obigen Positionen zu geben?

c) Führen Sie dieselben Überlegungen für die Taktzeit $t_T(v)$ durch, wenn man als Abstand zwischen den Fahrzeugen nicht den Anhalteweg, sondern den Sicherheitsabstand gemäß der *Tacho-Halbe-Regel* fordert. Welches (ganz andere) Ergebnis erhalten Sie nun?

Tacho-Halbe-Regel: Diese Regel geht davon aus, dass beim Bremsen auch das vordere Fahrzeug beim Bremsen nicht sofort zum Stillstand kommt, und fordert als Sicherheitsabstand s_T in m: $s_T(v) = \frac{v}{2}$

1.7 Lineare Gleichungssysteme

Einstieg

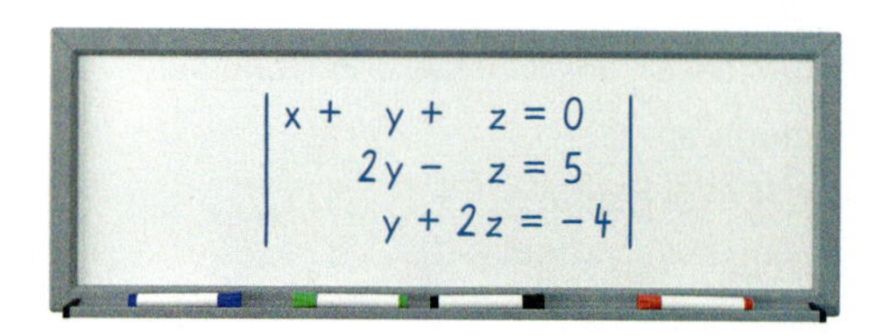

Lösen Sie das lineare Gleichungssystem. Beschreiben Sie, wie Sie dabei vorgegangen sind, und vergleichen Sie Ihre Lösungswege miteinander.

Aufgabe mit Lösung

Verschiedene Formen eines linearen Gleichungssystems

→ Entscheiden Sie, welches der beiden linearen Gleichungssysteme leichter zu lösen ist. Begründen Sie Ihre Entscheidung und lösen Sie dann dieses Gleichungssystem.

System (1) $\left|\begin{aligned} x+3y+z&=2\\ -2x-4y+2z&=6\\ 3x+y+z&=8\end{aligned}\right|$ System (2) $\left|\begin{aligned} x+3y+z&=2\\ y+2z&=5\\ z&=3\end{aligned}\right|$

Lösung

Das lineare Gleichungssystem (2) ist leichter zu lösen, da man $z=3$ in die beiden oberen Gleichungen einsetzen und diese dadurch vereinfachen kann:

$$\left|\begin{aligned} x+3y+z&=2\\ y+2z&=5\\ z&=3\end{aligned}\right| \quad \text{Einsetzen und Vereinfachen} \quad \left|\begin{aligned} x+3y&=-1\\ y&=-1\\ z&=3\end{aligned}\right|$$

Nun kann man $y=-1$ in die obere Gleichung einsetzen und vereinfachen:

$$\left|\begin{aligned} x+3y&=-1\\ y&=-1\\ z&=3\end{aligned}\right| \quad \text{Einsetzen und Vereinfachen} \quad \left|\begin{aligned} x&=2\\ y&=-1\\ z&=3\end{aligned}\right| \qquad L=\{(2\,|-1\,|\,3)\}$$

→ Erläutern Sie die Umformungsschritte für das Gleichungssystem (1) und begründen Sie, dass beide Gleichungssysteme (1) und (2) dieselbe Lösungsmenge haben.

$$\left|\begin{aligned} x+3y+z&=2\\ -2x-4y+2z&=6\\ 3x+y+z&=8\end{aligned}\right| \quad \cdot 2 \oplus;\ \cdot(-3) \oplus$$

$$\left|\begin{aligned} x+3y+z&=2\\ 2y+4z&=10\\ -8y-2z&=2\end{aligned}\right| \quad \cdot 4 \oplus$$

$$\left|\begin{aligned} x+3y+z&=2\\ 2y+4z&=10\\ 14z&=42\end{aligned}\right| \quad \text{Gleichungssystem in Dreiecksgestalt}$$

$$\left|\begin{aligned} x+3y+z&=2\\ y+2z&=5\\ z&=3\end{aligned}\right|$$

Lösung

Das Zweifache der ersten Gleichung wird zur zweiten Gleichung addiert. Das Dreifache der ersten Gleichung wird von der dritten Gleichung subtrahiert. Dadurch verschwindet in der zweiten und dritten Gleichung die Variable x.

Bei den neuen Gleichungen wird das Vierfache der zweiten Gleichung zur dritten Gleichung addiert. Dadurch verschwindet die Variable y.

Dividiert man dann in der zweiten Gleichung beide Seiten durch 2 und in der dritten Gleichung beide Seiten durch 14, erhält man das lineare Gleichungssystem (2).

Das Gleichungssystem (1) wurde in das Gleichungssystem (2) durch Umformungen einzelner Gleichungen bzw. durch Addieren von Gleichungen überführt. Beide Gleichungssysteme haben somit dieselbe Lösungsmenge $L=\{(2\,|-1\,|\,3)\}$.

Information

Carl Friedrich Gauß (1777–1855)

Gauß-Algorithmus

Jedes lineare Gleichungssystem kann man systematisch lösen, indem man es in eine **Dreiecksgestalt** umformt. In dieser Gestalt hat jede Gleichung mindestens eine Variable weniger als die vorhergehende Gleichung. Zum Umformen wendet man das Additionsverfahren wiederholt an:

- Multiplikation beider Seiten einer Gleichung mit einer geeigneten Zahl ungleich null;
- Addition einer Gleichung zu einer anderen, sodass eine Variable wegfällt;
- gegebenenfalls Vertauschen der Reihenfolge der Gleichungen.

Die nicht veränderten Gleichungen führt man weiter mit.

$$\left|\begin{array}{l} 2x+2y+3z=15 \\ -x+y+2z=1 \\ -x-3y-3z=-10 \end{array}\right| \begin{array}{l} \\ \cdot 2 \\ \cdot 2 \end{array}$$

$$\left|\begin{array}{l} 2x+2y+3z=15 \\ 4y+7z=17 \\ -4y-3z=-5 \end{array}\right|$$

$$\left|\begin{array}{l} 2x+2y+3z=15 \\ 4y+7z=17 \\ 4z=12 \end{array}\right| :4$$

Dreiecksgestalt

$$\left|\begin{array}{l} 2x+2y+3z=15 \\ 4y+7z=17 \\ z=3 \end{array}\right|$$

Einsetzen und Vereinfachen

$$\left|\begin{array}{l} 2x+2y=6 \\ y=-1 \\ z=3 \end{array}\right|$$

Einsetzen und Vereinfachen

$$\left|\begin{array}{l} x=4 \\ y=-1 \\ z=3 \end{array}\right|$$

Lösungsmenge: $L=\{(4\mid-1\mid3)\}$

Vereinfachte Schreibweise

Man kann lineare Gleichungssysteme einfacher notieren, indem man die Variablen weglässt und nur die Koeffizienten und die Zahlen auf der rechten Seite notiert. Ein solches Zahlenschema wird als **erweiterte Koeffizientenmatrix** bezeichnet.

$$\left(\begin{array}{rrr:r} 2 & 2 & 3 & 15 \\ -1 & 1 & 2 & 1 \\ -1 & -3 & -3 & -10 \end{array}\right) \begin{array}{l} \\ \cdot 2 \\ \cdot 2 \end{array}$$

erweiterte Koeffizientenmatrix

$$\left(\begin{array}{rrr:r} 2 & 2 & 3 & 15 \\ \mathbf{0} & 4 & 7 & 17 \\ \mathbf{0} & -4 & -3 & -5 \end{array}\right)$$

$$\left(\begin{array}{rrr:r} 2 & 2 & 3 & 15 \\ \mathbf{0} & 4 & 7 & 17 \\ \mathbf{0} & \mathbf{0} & 4 & 12 \end{array}\right) :4$$

Üben

1 Lösen Sie das lineare Gleichungssystem, ohne einen Rechner zu verwenden.

a) $\left|\begin{array}{l} x-3y=-8 \\ 2x+y=5 \end{array}\right|$ b) $\left|\begin{array}{l} 3x+4y=7 \\ x+y=2 \end{array}\right|$ c) $\left|\begin{array}{l} x+2y=6 \\ 3x-y=4 \end{array}\right|$ d) $\left|\begin{array}{l} x-y=1 \\ x+y=199 \end{array}\right|$

e) $\left|\begin{array}{l} x+y+z=6 \\ 2x-y+3z=9 \\ 2y+z=7 \end{array}\right|$ f) $\left|\begin{array}{l} 2x-y+z=4 \\ 10x-2y+z=13 \\ x+y=-1 \end{array}\right|$

g) $\left|\begin{array}{l} 7a-3b+c=16 \\ a+2b=-3 \\ b-c=-5 \end{array}\right|$ h) $\left|\begin{array}{l} 3x+2y-z=-5 \\ 6x+2z=-10 \\ x+y=-1 \end{array}\right|$

2 Im Lager einer Versandfirma sind 1890 Taschenbücher, 2400 Hörbücher und 1690 CDs. Um das Lager zu räumen, bietet die Firma drei Sortimente aus Taschenbüchern, Hörbüchern und CDs an. Kann damit das Lager vollständig geräumt werden?

	Taschenbücher	Hörbücher	CDs
Sortiment 1	2	2	4
Sortiment 2	3	6	1
Sortiment 3	4	2	1

Lineare Gleichungssysteme mit nicht genau einer Lösung

3 Antonia und Theo haben jeweils ein lineares Gleichungssystem in eine Dreiecksgestalt umgeformt.

Antonia:

$$\begin{vmatrix} -2x + 4y + 5z = 9 \\ 2x - 3y - z = 5 \\ 4x - 6y - 2z = 7 \end{vmatrix}$$

$$\begin{vmatrix} -2x + 4y + 5z = 9 \\ y + 4z = 14 \\ 0 = 3 \end{vmatrix}$$

Theo:

$$\begin{vmatrix} x - y - z = -1 \\ 2x + 2y - 10z = 2 \\ x + 3y - 9z = 3 \end{vmatrix}$$

$$\begin{vmatrix} x - y - z = -1 \\ y - 2z = 1 \\ 0 = 0 \end{vmatrix}$$

a) Interpretieren Sie das Ergebnis von Antonia.

b) Theo hat als Lösungsmenge $L = \{(3z \mid 2z + 1 \mid z) \mid z \in \mathbb{R}\}$ notiert. Erläutern Sie, wie er zu diesem Ergebnis kommt.

Information

Anzahl von Lösungen bei linearen Gleichungssystemen

Ein lineares Gleichungssystem kann
(1) genau eine Lösung;
(2) unendlich viele Lösungen;
(3) keine Lösung
haben.

(1) $$\begin{vmatrix} x = 1 \\ y = 2 \\ z = -3 \end{vmatrix}$$

$L = \{(1 \mid 2 \mid -3)\}$

(2) $$\begin{vmatrix} x - 5z = 2 \\ y - 4z = 3 \\ 0 = 0 \end{vmatrix}$$

$L = \{(2 + 5z \mid 3 + 4z \mid z) \mid z \in \mathbb{R}\}$

(3) $$\begin{vmatrix} x - 2y - 2{,}5z = -4{,}5 \\ y + 4z = 14 \\ 0 = -3 \end{vmatrix}$$

$L = \{\ \}$

Die Lösungsmenge ist leer, da die Gleichung $0 = -3$ nie erfüllt ist.

Lösen eines linearen Gleichungssystems mit einem Rechner

Bei vielen Rechnern muss man nur die Anzahl der Gleichungen und der Variablen festlegen und kann danach die Gleichungen eingeben.

Falls das lineare Gleichungssystem mehrere Lösungen hat, gibt es Variablen, für die beliebige reelle Zahlen eingesetzt werden können. Diese Variablen bezeichnet der Rechner z. B. mit c1 und c2.

$$\text{linSolve}\left(\begin{cases} 2\cdot x - 2\cdot y - 2\cdot z = -2 \\ x + 2\cdot y - 13\cdot z = 8 \\ x + y - 9z = 5 \end{cases}, \{x,y,z\}\right)$$

$$\{5\cdot \mathbf{c1} + 2, 4\cdot \mathbf{c1} + 3, \mathbf{c1}\}$$

Verwendet man statt c1 die Variable z als Parameter, so erhält man aus dem Ergebnis des Rechners die Lösungsmenge $L = \{(5z + 2 \mid 4z + 3 \mid z) \mid z \in \mathbb{R}\}$.

4 Lösen Sie das Gleichungssystem ohne Verwendung eines Rechners.

a) $\left|\begin{array}{l} x+y+z=2 \\ 2x-y+3z=1 \\ 3y-z=3 \end{array}\right|$ b) $\left|\begin{array}{l} x+y+z=3 \\ x-y+3z=3 \\ y-z=0 \end{array}\right|$ c) $\left|\begin{array}{l} x+y+z=1 \\ -3x-3y-3z=-3 \\ 4x+4y+4z=4 \end{array}\right|$

d) $\left|\begin{array}{l} x-0{,}5y+1{,}5z=0{,}5 \\ 2x-y+3z=1 \\ 5x-2{,}5y+7{,}5z=2{,}5 \end{array}\right|$ e) $\left|\begin{array}{l} x-3y+4z=1 \\ 3x-y+2z=1 \\ x+5y-6z=1 \end{array}\right|$ f) $\left|\begin{array}{l} x+y-z=5 \\ 3x+2y+z=13 \\ 2x-3y+4z=0 \end{array}\right|$

5 Berechnen Sie ausgehend von der erweiterten Koeffizientenmatrix die Lösung des zugehörigen linearen Gleichungssystems.

a) $\left(\begin{array}{ccc|c} 3 & -1 & 2 & 35 \\ & 6 & -3 & -21 \\ & & -4 & -12 \end{array}\right)$ b) $\left(\begin{array}{ccc|c} 2 & 0 & 4 & 10 \\ & 5 & 1 & 6 \\ & & 3 & 9 \end{array}\right)$ c) $\left(\begin{array}{ccc|c} 6 & 2 & 1 & -4 \\ & 3 & 5 & 6 \\ & & 2 & 2 \end{array}\right)$

6 Bei einem linearen Gleichungssystem kann die Anzahl der Gleichungen von der Anzahl der Variablen verschieden sein. Bestimmen Sie die Lösungsmengen. Was fällt auf?

(1) $\left|\begin{array}{l} x+y=3 \\ 2x-3y=-4 \\ 4x-y=2 \end{array}\right|$ (2) $\left|\begin{array}{l} x+y=3 \\ 2x-3y=-4 \\ 4x-y=1 \end{array}\right|$ (3) $\left|\begin{array}{l} x+y-z=2 \\ x+2y-3z=1 \end{array}\right|$

7 Wo steckt der Fehler in dieser Rechnung?

$\left|\begin{array}{l} x+y=9 \\ 2x+y=7 \\ 3y=12 \end{array}\right| :3 \quad \left|\begin{array}{l} x+y=9 \\ 2x+y=7 \\ y=4 \end{array}\right|$ Einsetzen und Vereinfachen $\left|\begin{array}{l} x+y=9 \\ x=1{,}5 \\ y=4 \end{array}\right| \quad L=\{(1{,}5\,|\,4)\}$

Weiterüben

8 Stellen Sie ein Gleichungssystem mit drei Variablen x, y und z auf, das die angegebenen Bedingungen erfüllt. Tauschen Sie Ihre Gleichungssysteme untereinander aus und lösen Sie sie. Überprüfen Sie die Richtigkeit Ihrer Rechnungen mit einem Rechner.

a) Das Gleichungssystem hat drei Gleichungen und die eindeutig bestimmte Lösung $x=1$, $y=2$ und $z=3$.

b) Das Gleichungssystem hat drei Gleichungen und keine Lösung.

c) Das Gleichungssystem hat drei Gleichungen und $L=\{(2+z\,|\,3z-1\,|\,z)\,|\,z\in\mathbb{R}\}$ ist die Lösungsmenge des Systems.

d) Das Gleichungssystem hat zwei Gleichungen und $L=\{(2y+z\,|\,y\,|\,z)\,|\,y,z\in\mathbb{R}\}$ ist die Lösungsmenge des Systems.

9 Untersuchen Sie, wie sich der Parameter t auf die Lösungsmenge des Systems auswirkt.

a) $\left|\begin{array}{l} 2x-4y+3z=6 \\ x+2y+z=8 \\ 3x-2y+t\cdot z=2 \end{array}\right|$

b) $\left|\begin{array}{l} 2x+6y-z=4 \\ -3x+6y+3z=6 \\ -2x+4y+t\cdot z=4 \end{array}\right|$

$\left|\begin{array}{l} x+y+2z=3 \\ 3x+4y+5z=4 \\ 2x+t\cdot y+4z=6 \end{array}\right| \begin{array}{l} \cdot(-3);\ \cdot(-2) \\ \oplus \\ \oplus \end{array} \quad \left|\begin{array}{l} x+y+2z=3 \\ y-z=-5 \\ (t-2)\cdot y=0 \end{array}\right|$

$t=2$: y beliebig; $L=\{(-7-3y\,|\,y\,|\,y+5)\,|\,y\in\mathbb{R}\}$

$t\neq 2$: $y=0$; $L=\{(-7\,|\,0\,|\,5)\}$

1.8 Bestimmen ganzrationaler Funktionen

Einstieg

Zur Herstellung von Relaxliegen soll die obere Profillinie des Gestells durch eine Funktion beschrieben werden. Das Mustergestell weist folgende Maße auf:

- Die Gesamthöhe beträgt 80 cm.
- Der tiefste Punkt der Sitzfläche befindet sich 25 cm über dem Boden und ist 60 cm vom linken Rand entfernt.
- In 100 cm Entfernung vom linken Rand ist das Gestell 32 cm hoch.
- Die Gesamtlänge beträgt 145 cm.

Bestimmen Sie eine ganzrationale Funktion möglichst niedrigen Grades, die die Profillinie des Gestells beschreibt.

Aufgabe mit Lösung

Funktionsgleichung bestimmen

Im Rahmen der Computersimulation eines Abschnitts einer Mountainbike-Strecke soll deren Höhenprofil durch eine ganzrationale Funktion möglichst niedrigen Grades beschrieben werden. Der Graph hat auf dem ausgewählten Stück einen Hochpunkt H(0 | 2,5) und einen Tiefpunkt T(5 | 0).

→ Bestimmen Sie die Funktionsgleichung.

Lösung

Durch die genannten Punkte lassen sich insgesamt vier Gleichungen aufstellen: Zwei für die Funktionswerte an den Stellen 0 und 5 sowie zwei für den Wert 0 der Ableitung an diesen Stellen. Daher wählt man als Ansatz eine ganzrationale Funktion dritten Grades, deren allgemeine Gleichung $f(x) = ax^3 + bx^2 + cx + d$ die vier Parameter a, b, c, d enthält.

(I)	Der Graph verläuft durch den Punkt (0 | 2,5):	$f(0) = 2{,}5$	$0a + 0b + 0c + d = 2{,}5$
(II)	Die Ableitung an der Stelle 0 ist 0:	$f'(0) = 0$	$0a + 0b + c = 0$
(III)	Der Graph verläuft durch den Punkt (5 | 0):	$f(5) = 0$	$125a + 25b + 5c + d = 0$
(IV)	Die Ableitung an der Stelle 5 ist 0:	$f'(5) = 0$	$75a + 10b + c = 0$

Die erste Gleichung liefert $d = 2{,}5$ und aus der zweiten Gleichung folgt $c = 0$.
Setzt man dies in die beiden unteren Gleichungen des Gleichungssystems ein, so bleibt nur noch ein Gleichungssytem mit zwei Gleichungen und zwei Unbekannten übrig.

Dieses hat die Lösung $a = \frac{1}{25}$ und $b = -\frac{3}{10}$.
Die Gleichung der gesuchten Funktion lautet daher: $f(x) = \frac{1}{25}x^3 - \frac{3}{10}x^2 + 2{,}5$
Die Probe am Graphen zeigt, dass die Funktionsgleichung zu den Bedingungen passt.

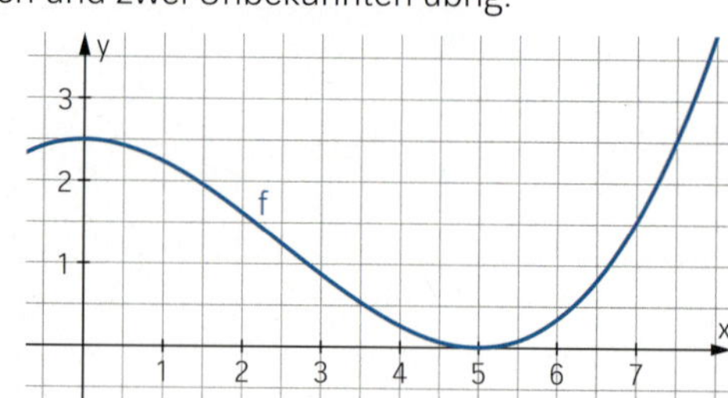

Information

Bestimmen ganzrationaler Funktionen mit vorgegebenen Eigenschaften

Vorgehensweise:

(1) Bei Sachsituationen: Modellieren mit geeigneten Vereinfachungen und Festlegen eines Koordinatensystems

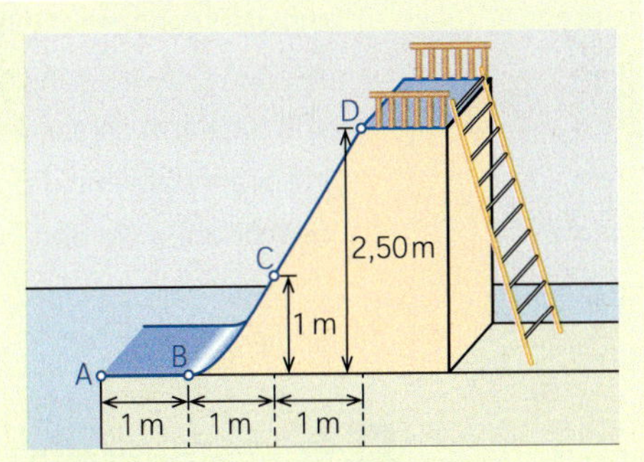

(1) Für eine Rutsche soll zwischen den Punkten B und C ein gebogenes Blechteil knickfrei an die geradlinigen Bleche zwischen A und B sowie C und D anschließen. Für das Koordinatensystem wird B als Ursprung gewählt.

(2) Formulieren der Bedingungen an die Funktion bzw. an ihre Ableitungen

(2) $f(0) = 0$ Punkt $B(0|0)$
$f(1) = 1$ Punkt $C(1|1)$
$f'(0) = 0$ waagerechte Tangente in B
$f'(1) = 1{,}5$ Steigung 1,5 in C

(3) Festlegen einer allgemeinen Funktionsgleichung möglichst niedrigen Grades

(3) Aufgrund der vier Bedingungen wird eine Funktion dritten Grades verwendet:
$f(x) = ax^3 + bx^2 + cx + d$

(4) Erstellen eines linearen Gleichungssystems mithilfe der Bedingungen und der Gleichung der Funktion bzw. ihrer Ableitungen

(4) $f'(x) = 3ax^2 + 2bx + c$; daraus folgt:

$$\left|\begin{array}{l} d = 0 \\ a + b + c + d = 1 \\ c = 0 \\ 3a + 2b + c = 1{,}5 \end{array}\right|$$

(5) Bestimmen der Koeffizienten der Funktionsgleichung durch Lösen des linearen Gleichungssystems

(5) $a = -0{,}5$; $b = 1{,}5$; $c = 0$; $d = 0$

(6) Probe am Graphen mithilfe eines Rechners und ggf. Rückbezug auf die Sachsituation

(6)

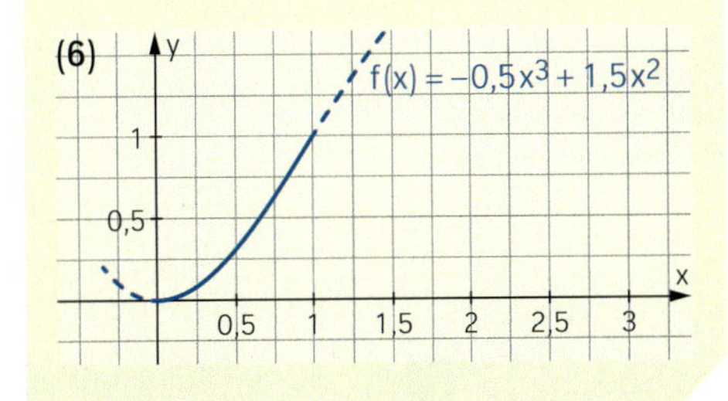

Üben

1 Bestimmen Sie die Gleichung einer ganzrationalen Funktion dritten Grades, deren Graph den Tiefpunkt T und den Hochpunkt H hat. Überprüfen Sie Ihr Ergebnis anhand einer Skizze.

a) $T(4|-32)$ und $H(0|0)$ **b)** $T(1|0)$ und $H(3|4)$

2 Für eine Spielzeug-Eisenbahnbrücke müssen gebogene Schienen produziert werden. Für die maschinelle Herstellung soll die Form dieser Schienen durch eine ganzrationale Funktion dritten Grades beschrieben werden.

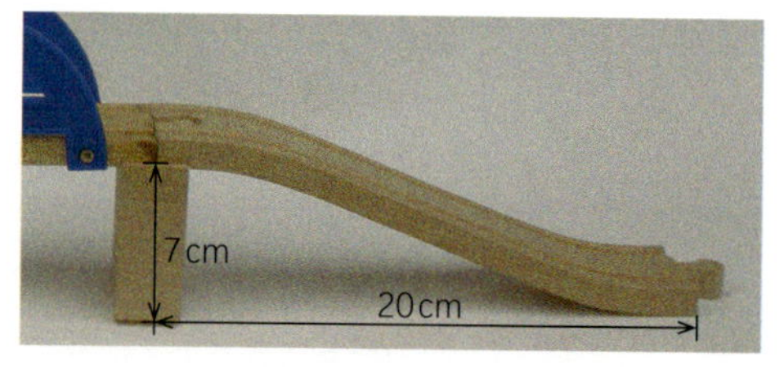

Ermitteln Sie den Funktionsterm einer Funktion, die den unteren Rand der gebogenen Schiene modelliert.

3 Eine Rutsche an der Kopenhagener Hafenpromenade *Kalvebod Bølge* ist aus drei Teilstücken montiert: zunächst ein gebogenes Stück, dann ein geradliniges Stück und dann wieder ein gebogenes Stück.
Das erste Stück schließt knickfrei im Punkt A an den waagerechten Zugang und im Punkt B an das zweite Teilstück an. Das geradlinige zweite Teilstück fällt auf einer Länge von 4,50 m um 2,50 m ab.

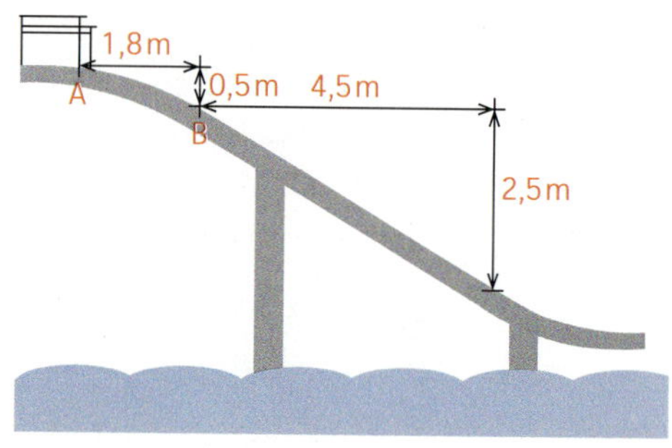

Bestimmen Sie eine ganzrationale Funktion möglichst niedrigen Grades, deren Graph die vordere obere Kante des ersten Teilstücks modelliert.

4 Geben Sie alle Bedingungen an, die sich aus den gegebenen Eigenschaften an den Graphen der Funktion f ergeben.

a) Der Graph von f hat an der Stelle $x = 5$ eine Nullstelle und an der Stelle $x = 1$ einen Wendepunkt. Der Punkt $T(-2\,|\,-1)$ ist Tiefpunkt von f.

b) Der Graph von f besitzt einen Sattelpunkt an der Stelle $x = 4$ und hat an der Stelle $x = 1$ eine *gemeinsame Tangente* mit dem Graphen der Funktion g mit $g(x) = 2x^2 + 3$.

Man sagt auch: Die beiden Graphen **berühren sich**.

c) Der Graph von f schneidet die Gerade $y = 4x + 7$ auf der y-Achse und hat an der Stelle $x = 5$ eine Wendetangente mit der Steigung -2.

d) Der Graph von f schneidet die Parabel g mit $g(x) = x^2 - 3x + 1$ orthogonal im Punkt $A(2\,|\,5)$ und die Tangente im Punkt $B(-1\,|\,5)$ verläuft parallel zur Geraden $y = 4x - 8$.

5 Bei der Leichtathletik-WM 2019 in Doha wurde Christina Schwanitz Dritte im Kugelstoßen der Frauen mit einer Weite von 19,17 m.

a) Bestimmen Sie eine quadratische Funktion für die Flugbahn der Kugel, wenn noch bekannt ist, dass die Abstoßhöhe 1,97 m und der Abstoßwinkel 38° betrugen.

b) Berechnen Sie die maximale Höhe der Flugbahn und ermitteln Sie, unter welchem Winkel die Kugel auf dem Boden auftrifft.

6 Ermitteln Sie die Funktionsgleichung.

a) Der Graph einer ganzrationalen Funktion dritten Grades verläuft punktsymmetrisch zum Koordinatenursprung und hat in $T(3|-54)$ einen Tiefpunkt.

b) Der Graph einer ganzrationalen Funktion vierten Grades verläuft achsensymmetrisch zur y-Achse, schneidet diese bei $y = 16$ und berührt die x-Achse an der Stelle 2.

Symmetrien im Ansatz berücksichtigen

Ansatz für Graphen, die achsensymmetrisch zur y-Achse sind:
$f(x) = a + bx^2 + cx^4 + \ldots$

Ansatz für Graphen, die punktsymmetrisch zum Ursprung sind:
$f(x) = ax + bx^3 + \ldots$

7 Die eingezeichnete Profillinie des Fensterrahmens soll durch den Graphen einer ganzrationalen Funktion vierten Grades beschrieben werden.
Legen Sie hierzu ein geeignetes Koordinatensystem fest und nutzen Sie die Achsensymmetrie des Fensters aus.

8 Ermitteln Sie den Funktionsterm der im Steckbrief gesuchten Funktion.

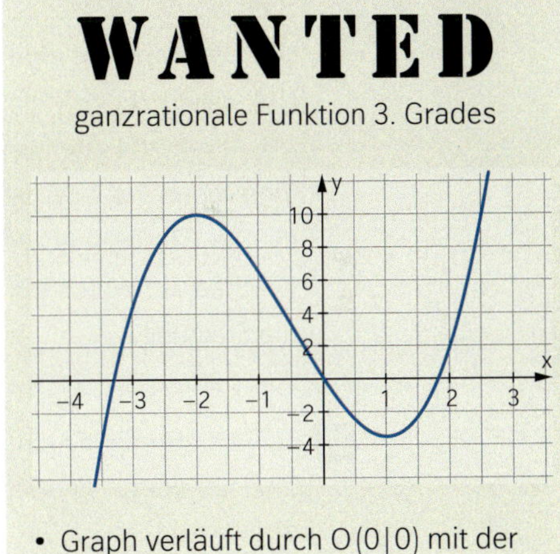

- Graph verläuft durch $O(0|0)$ mit der Steigung -6
- Graph hat einen Hochpunkt $H(-2|10)$

9 Erstellen Sie selbstständig ähnliche „Steckbriefaufgaben“.
Tauschen Sie die Aufgaben untereinander aus und vergleichen Sie.

10 Überlegen Sie sich mögliche Strategien, wie man möglichst einfach solche „Steckbriefaufgaben“ verschiedenen Schwierigkeitsgrades erstellen kann.

11 Gegeben ist eine Funktion f mit $f(x) = ax^2 + bx$.
Bestimmen Sie a und b so, dass der Graph von f im Punkt $P(1|2)$ einen Hochpunkt hat.

12 Bestimmen Sie den Funktionsterm einer ganzrationalen Funktion zweiten Grades, die eine Nullstelle an der Stelle -2 und in $H(1|6)$ einen Hochpunkt hat.

13 Bestimmen Sie eine ganzrationale Funktion möglichst niedrigen Grades, die durch den Ursprung verläuft, an der Stelle $x = 3$ die x-Achse berührt und an der Stelle $x = 1$ einen Extrempunkt besitzt. Begründen Sie, dass diese Funktion nicht eindeutig bestimmt ist.

14 Bestimmen Sie eine ganzrationale Funktion dritten Grades, deren Graph die angegebenen Eigenschaften hat. Skizzieren Sie zunächst einen möglichen Verlauf des Graphen per Hand.

a) Der Koordinatenursprung ist Wendepunkt, der Punkt H(3|2) ist Hochpunkt.

b) Der Graph verläuft durch den Koordinatenursprung und hat in S(2|1) einen Sattelpunkt.

15 Bestimmen Sie eine ganzrationale Funktion vierten Grades, deren Graph die angegebenen Eigenschaften hat. Kontrollieren Sie Ihr Ergebnis, indem Sie den Graphen mit einem Rechner zeichnen.

a) Der Koordinatenursprung ist Extrempunkt, W(−1|−3) ist Wendepunkt mit der Steigung 5.

b) Der Graph hat an der Stelle $x = 1$ eine Nullstelle mit der Steigung 8, an der Stelle $x = -1$ einen Sattelpunkt sowie einen Extrempunkt auf der y-Achse.

c) Der Graph ist achsensymmetrisch zur y-Achse. Im Wendepunkt W(1|3) beträgt die Steigung −2.

Der Graph einer ganzrationalen Funktion dritten Grades verläuft durch P(0|4) und hat im Punkt W(2|5) einen Wendepunkt. Die Wendetangente hat die Steigung −1,5.

$f(x) = ax^3 + bx^2 + cx + d$

$f'(x) = 3ax^2 + 2bx + c$

$f''(x) = 6ax + 2b$

Bedingungen:	Gleichungssystem:
$f(0) = 4$	$d = 4$
$f(2) = 5$	$8a + 4b + 2c + d = 5$
$f'(2) = -1{,}5$	$12a + 4b + c = -1{,}5$
$f''(2) = 0$	$12a + 2b = 0$

Lösung:

$a = 0{,}5$; $b = -3$; $c = 4{,}5$ und $d = 4$,

also $f(x) = 0{,}5x^3 - 3x^2 + 4{,}5x + 4$.

Die Probe am Graphen zeigt, dass in W(2|5) tatsächlich ein Wendepunkt vorliegt.

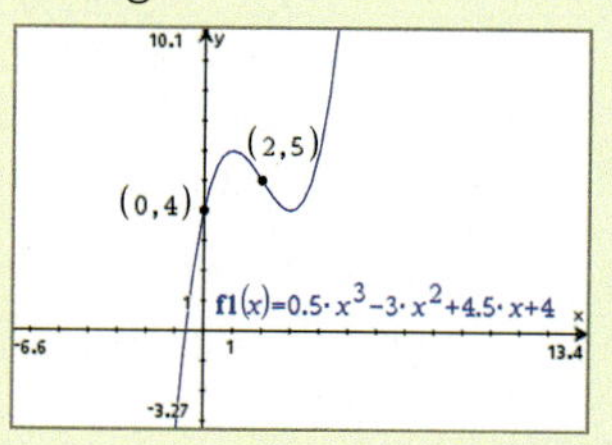

16 Bestimmen Sie eine ganzrationale Funktion, deren Graph mit dem gegebenen Graphen übereinstimmt. Überlegen Sie zunächst, welchen Grad die Funktion haben kann.

a)

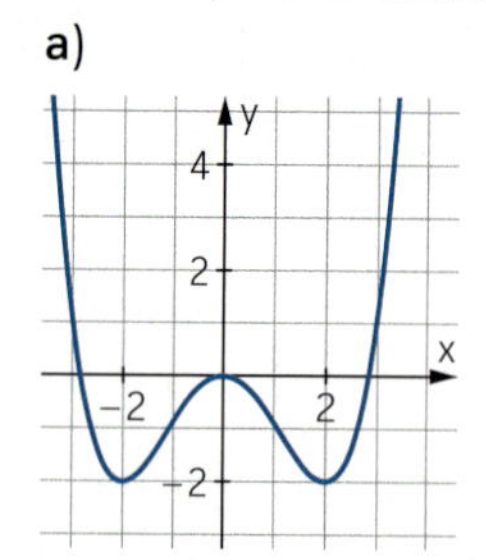

b)

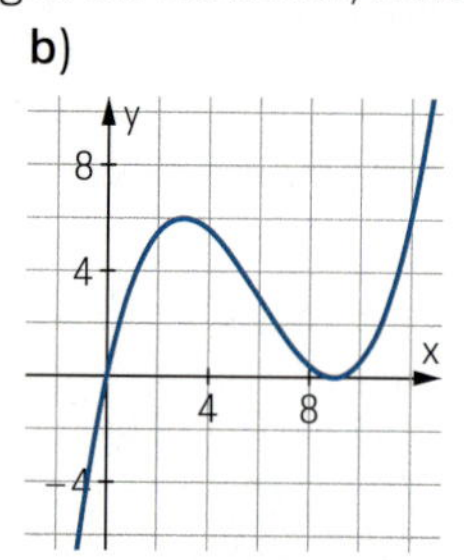

c)

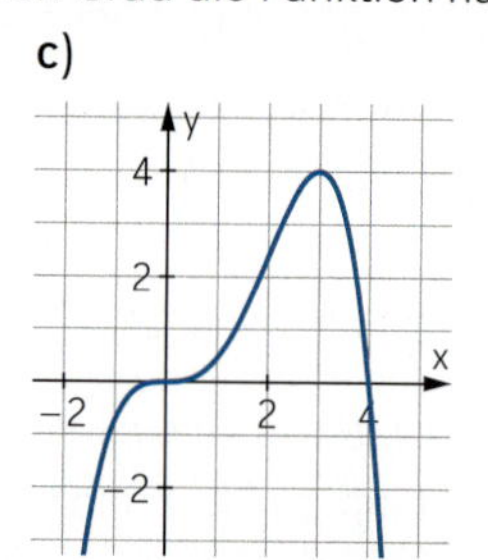

d)

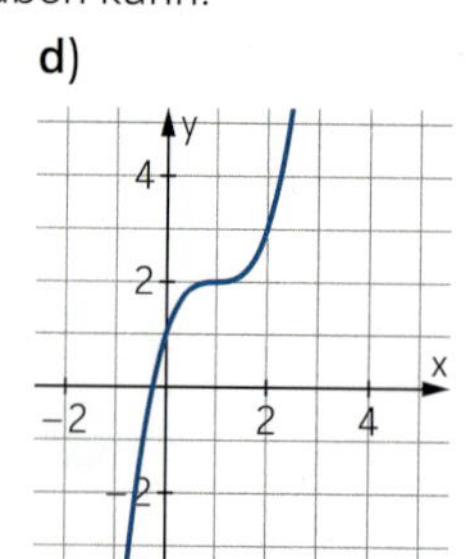

17 Formulieren Sie mithilfe der gegebenen Bedingungen eine Aufgabe zur Bestimmung einer ganzrationalen Funktion f. Überlegen Sie, welchen Grad die Funktion mindestens haben muss.

a) (1) $f(1) = 2$ (2) $f'(1) = 0$ (3) $f''(-2) = 0$ (4) $f'(-2) = 1$ (5) $f''(1) \neq 0$

b) (1) $f(2) = 0$ (2) $f(4) = 2$ (3) $f'(4) = 0$ (4) $f''(4) = 0$ (5) $f'''(4) \neq 0$

18 Gesucht ist eine ganzrationale Funktion dritten Grades, deren Graph einen Tiefpunkt in T(2|8) und einen Wendepunkt an der Stelle $x = 4$ mit der Steigung -3 hat.
Carla hat als Ergebnis $f(x) = \frac{1}{4}x^3 - 3x^2 + 9x$.
André zeichnet den Graphen mit dem Rechner und sagt: „Das passt aber nicht zu den Bedingungen." Überprüfen Sie Carlas Ergebnis und nehmen Sie Stellung.

Wenn in der Aufgabenstellung Extrem- oder Wendepunkte gefordert sind, verwendet man beim Aufstellen des linearen Gleichungssystems nur die notwendigen, aber keine hinreichenden Bedingungen. Daher ist es erforderlich, das Ergebnis am Graphen oder in einer Rechnung zu überprüfen.

19 Begründen Sie, dass es keine ganzrationale Funktion dritten Grades mit folgenden Eigenschaften gibt: Der Graph hat an der Stelle $x = 2$ die Tangente mit der Gleichung $y = -3x + 8$ und einen Hochpunkt in H(3|0).

20 Skizzieren Sie eine Funktion, die an den Stellen $x = 0$ und $x = 2$ waagerechte Tangenten hat und durch die Punkte P(1|4) und Q(3|4) verläuft. Bestimmen Sie eine ganzrationale Funktion möglichst niedrigen Grades mit diesen Eigenschaften. Überprüfen Sie Ihr Ergebnis.

21 Bestimmen Sie eine ganzrationale Funktion möglichst niedrigen Grades, die einen Hochpunkt in H(1|2), an der Stelle $x = 0$ eine Tangente mit der Steigung -2 und an der Stelle $x = 4$ eine Steigung von 3 hat. Beurteilen Sie Ihr Ergebnis.

22 Der Graph zeigt die Leistung eines Motors in Abhängigkeit von der Drehzahl.

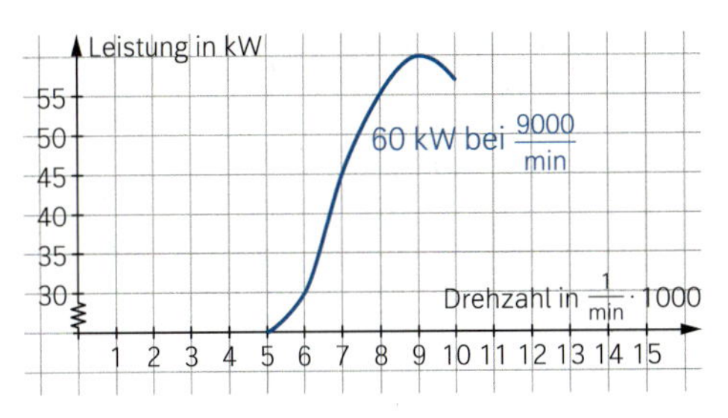

a) Wählen Sie fünf geeignete Punkte auf dem Graphen und bestimmen Sie eine ganzrationale Funktion möglichst niedrigen Grades, auf deren Graphen die gewählten Punkte liegen.

b) Verwenden Sie für die Bestimmung eines geeigneten Funktionsterms die Koordinaten des Wendepunktes und des Hochpunktes sowie die Steigung im Wendepunkt.

c) Zeichnen Sie beide Graphen und beurteilen Sie Ihre Modellierung.

23 Von einer ganzrationalen Funktion f vierten Grades sind folgende Bedingungen bekannt:
(1) $f(2) = 4$ (2) $f'(2) = 0$ (3) $f(0) = 0$ (4) $f''(0) = 0$ (5) $f'(0) = 1$

David: „T(2|4) ist Tiefpunkt des Graphen von f, W(0|0) ist Wendepunkt mit der Steigung 1."

Anna: „Der Graph der Funktion f hat im Koordinatenursprung einen Wendepunkt. Die Wendetangente hat die Gleichung $y = x$. Im Punkt P(2|4) hat der Graph eine waagerechte Tangente."

Entscheiden Sie, ob die von David und von Anna formulierten Aufgaben zu den gegebenen Bedingungen passen. Überprüfen Sie anschließend, ob die Aufgaben lösbar sind.

Weiterüben

24 Die beiden abgebildeten gradlinigen Gleisstücke sollen durch einen Übergangsbogen krümmungsruckfrei miteinander verbunden werden.

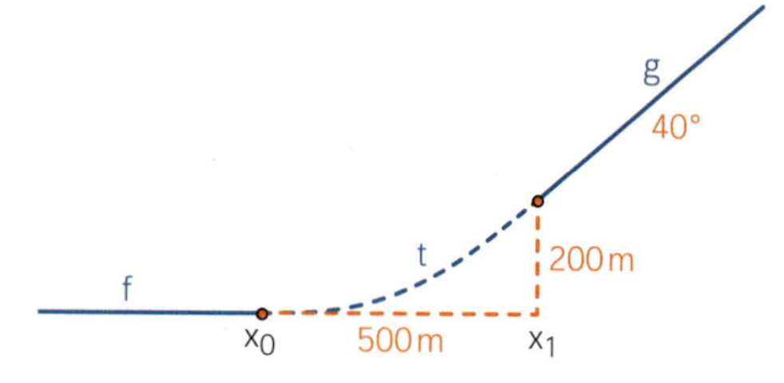

Bestimmen Sie einen geeigneten Funktionsterm für den Übergangsbogen zwischen den beiden Gleisstücken.

Bei *Trassierungsaufgaben* soll man die Graphen zweier Funktionen f und g durch den Graphen einer Trassenfunktion t verbinden. Bezeichnet man die beiden Anschlussstellen mit x_0 und x_1, so ist die Verbindung
- *sprungfrei*, falls $f(x_0) = t(x_0)$ und $t(x_1) = g(x_1)$ gilt;
- *knickfrei*, falls zusätzlich $f'(x_0) = t'(x_0)$ und $t'(x_1) = g'(x_1)$ gilt;
- *krümmungsruckfrei*, falls zusätzlich $f''(x_0) = t''(x_0)$ und $t''(x_1) = g''(x_1)$ gilt.

25 Der Bau der ersten transkontinentalen Eisenbahnlinie zwischen Atlantik und Pazifik in Nordamerika begann 1863. Da der Staat für jedes Streckenstück Zuschüsse gewährte und Land schenkte, verlegten die beiden Baugesellschaften *Central Pacific Railroad* und *Union Pacific Railroad* so schnell wie möglich so viele Streckengleise wie möglich.

So kam es dazu, dass die Gesellschaften nahezu parallele Gleise bauten, die einen von Ost nach West und die anderen von West nach Ost. Man einigte sich schließlich darauf, die beiden Strecken in den Hügeln am Großen Salzsee in Utah zu verbinden. Am 10. Mai 1869 wurde die Verbindung mit einem symbolischen goldenen Gleisnagel gefeiert.

In einem Koordinatensystem mit der Einheit Meile lässt sich der Verlauf der beiden Gleise wie in der Abbildung darstellen. Bestimmen Sie eine ganzrationale Funktion, die diesen Übergang krümmungsruckfrei beschreibt.

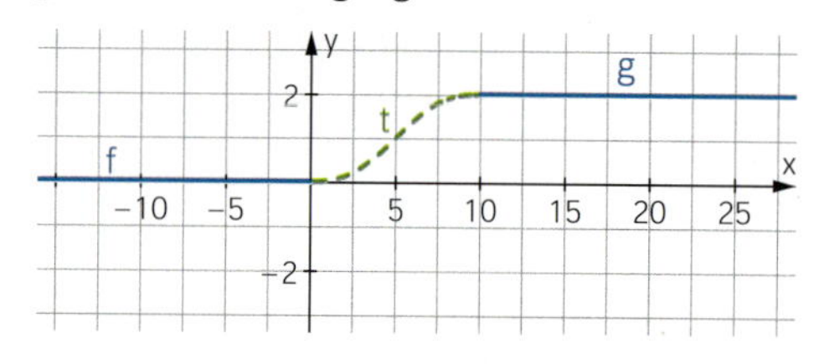

26 In einer Siedlung sollen zwei Stichstraßen miteinander verbunden werden, um dazwischen einen Supermarkt zu bauen. Bestimmen Sie eine ganzrationale Funktion, die den Straßenverlauf des Übergangsbogens zwischen den beiden Straßen beschreibt. Vergleichen und bewerten Sie verschiedene Lösungen.

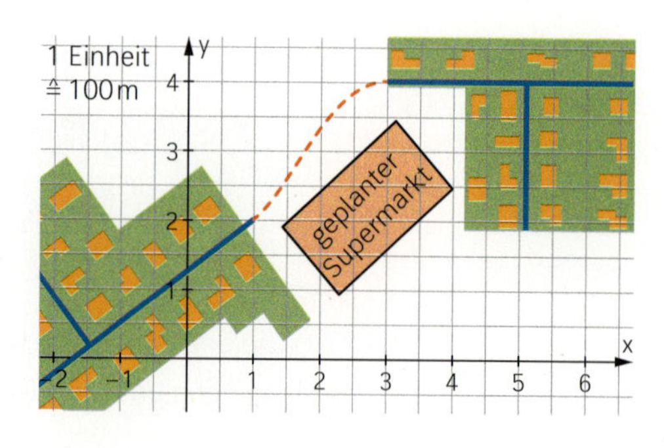

Interpolation und Regression

Um einen Graphen zu vorgegebenen Punkten zu bestimmen, gibt es verschiedene Ansätze, die am Beispiel der Punkte A(0|1), B(2|2,5), C(3|1,2), D(3,5|3) und E(4|3,2) einander gegenübergestellt werden.

Bei der **Interpolation** ist die Gleichung einer (ganzrationalen) Funktion gesucht, deren Graph exakt durch die vorgegebenen Punkte verläuft. Die Anzahl n dieser Punkte ergibt die Anzahl der Bedingungen und damit den Grad $n-1$ der gesuchten ganzrationalen Funktion.
Im vorliegenden Beispiel wählt man daher den Ansatz $f(x) = ax^4 + bx^3 + cx^2 + dx + e$ und setzt für jeden Punkt die Koordinaten ein. Dadurch erhält man ein lineares Gleichungssystem mit fünf Gleichungen, dessen Lösung die Werte für die gesuchten Parameter a, b, c, d und e ergibt.
Auf 2 Stellen nach dem Komma gerundet erhält man hier:
$f(x) = -1{,}09x^4 + 10{,}4x^3 - 31{,}95x^2 + 31{,}79x + 1$

Die Probe am Graphen zeigt, dass alle Punkte wie gefordert auf dem Graphen liegen. Allerdings ergibt sich insgesamt ein sehr welliger Verlauf zwischen den Punkten, der im Sachzusammenhang oft unerwünscht ist.

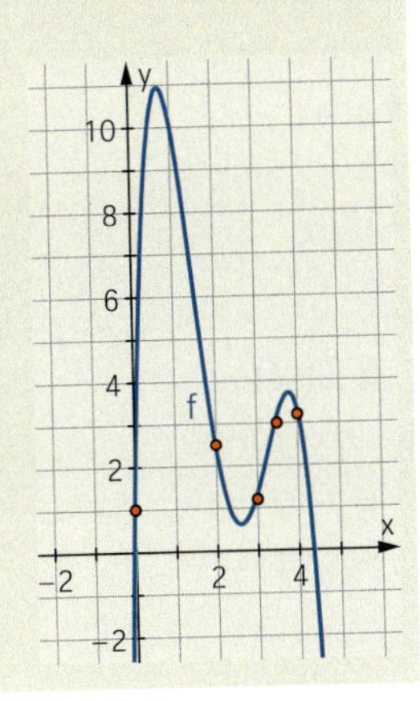

Bei der **Regression** gibt man je nach Sachzusammenhang den Funktionstyp vor und sucht dabei die Funktion, die am besten zu den Datenpunkten passt.
Die Regression wird benutzt, weil man bei größeren Datenmengen nicht erwarten kann, dass alle Punkte exakt auf der gesuchten Kurve liegen. In manchen Fällen kann es darüber hinaus keine Funktion geben, weil zum selben x-Wert mehrere y-Werte vorliegen.
Je nach zur Verfügung stehender Rechnertechnologie werden verschiedene Regressionsfunktionen angeboten. Sehr verbreitet ist die lineare Regression.

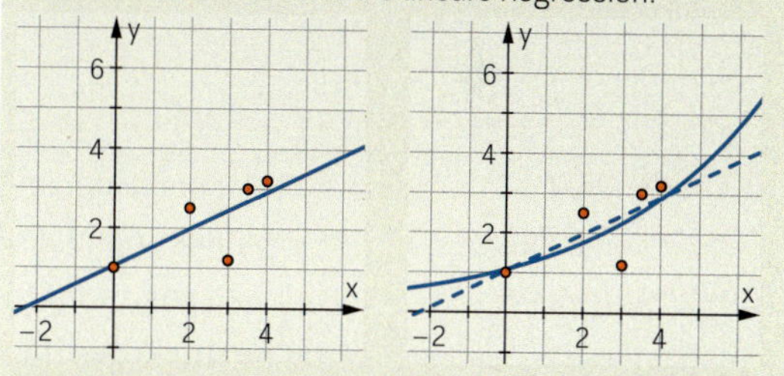

Zum Vergleich ist hier noch das Ergebnis einer exponentiellen Regression abgebildet.

Zwar liegen die Punkte bei der Regression nicht alle auf dem Graphen, aber die Kurven sind wesentlich glatter und geben den Sachzusammenhang deutlicher wieder. Welches Regressionsmodell hier angemessener ist, ergibt sich aus dem Sachzusammenhang, in dem die Daten gewonnen wurden.

1 Informieren Sie sich, welche Regressionsmöglichkeiten Ihr Rechner bietet.
Ändern Sie dann gezielt die Lage eines Datenpunkts (z. B. indem Sie Punkt C um 1 nach oben verschieben) und vergleichen Sie, welche unterschiedlichen Auswirkungen dies einerseits auf die Veränderung des Interpolationsgraphen und andererseits auf die Veränderung des Regressionsgraphen hat.

2 Unter Laborbedingungen wird das Wachstum einer Pflanze untersucht. Die Angaben beziehen sich auf die Höhe über dem Nährboden.

Zeit in Tagen	0	3	5	8	10	14
Höhe in cm	0	1,8	3,2	5,5	9,2	16,5

Vergleichen Sie die Graphen von Funktionen, die zu diesen Messdaten einerseits mit der Interpolation und andererseits mit der Regression gewonnen wurden.

Das Wichtigste auf einen Blick

Potenzregel für rationale Exponenten

$f(x) = x^r$ mit $r \in \mathbb{R}$
$f'(x) = r \cdot x^{r-1}$

$f(x) = \sqrt[3]{x} = x^{\frac{1}{3}}$
$f'(x) = \frac{1}{3}x^{-\frac{2}{3}} = \frac{1}{3} \cdot \sqrt[3]{\frac{1}{x^2}}$

f″-Kriterium für Extremstellen

Für eine Funktion f und ihre Ableitungen f′ und f″ gilt:
(1) Wenn $\mathbf{f'(x_H) = 0}$ und zugleich $\mathbf{f''(x_H) < 0}$, dann hat der Graph von f an der Stelle x_H einen **Hochpunkt**.
(2) Wenn $\mathbf{f'(x_T) = 0}$ und zugleich $\mathbf{f''(x_T) > 0}$, dann hat der Graph von f an der Stelle x_T einen **Tiefpunkt**.

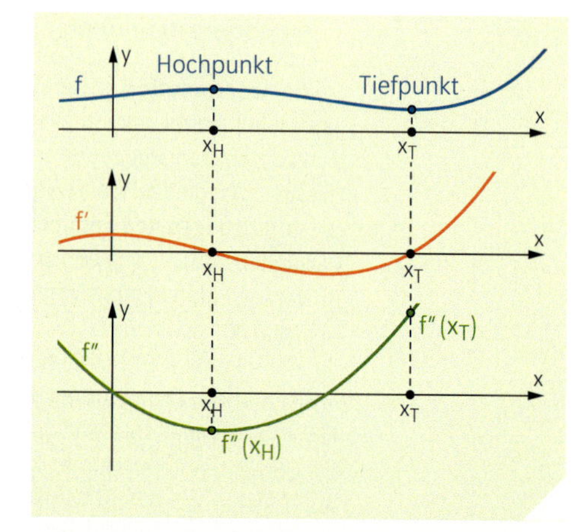

Links- bzw. Rechtskurve, Wendepunkte

Der Graph von f bildet im Intervall I
(1) eine **Linkskurve**, falls die Ableitung **f′** im Intervall I **streng monoton wächst**.
(2) eine **Rechtskurve**, falls die Ableitung **f′** im Intervall I **streng monoton fällt**.

Nach dem Monotoniesatz gilt:
(1) Ist $f''(x) > 0$ für alle $x \in I$, so bildet der Graph von f im Intervall I eine **Linkskurve**.
(2) Ist $f''(x) < 0$ für alle $x \in I$, so bildet der Graph von f im Intervall I eine **Rechtskurve**.

In einem **Wendepunkt** geht der Graph einer Funktion von einer Linkskurve in eine Rechtskurve über oder umgekehrt.
Jede Wendestelle von f ist eine lokale Extremstelle von f′.

Kriterien für Wendestellen

Notwendiges Kriterium

Hat die Funktion f an der Stelle x_W eine **Wendestelle**, so ist $\mathbf{f''(x_W) = 0}$.

Hinreichendes Kriterium

Hat die zweite Ableitung f″ an der Stelle x_w eine **Nullstelle mit Vorzeichenwechsel**, so hat f an der Stelle x_w eine Wendestelle.

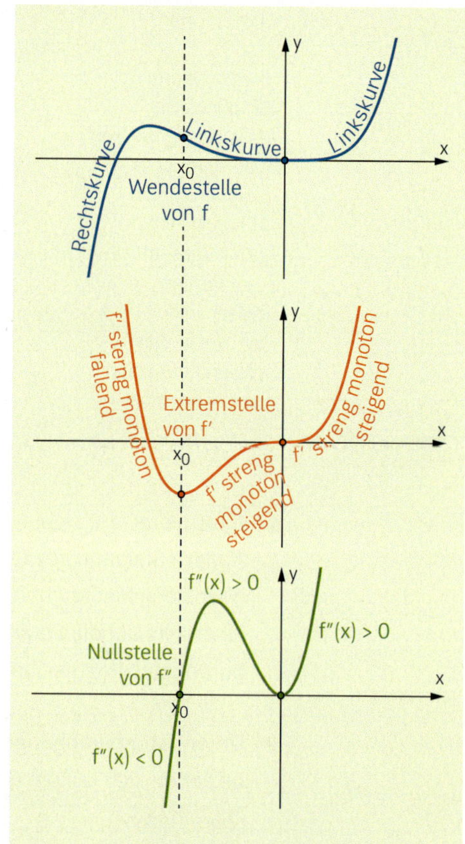

An der Stelle 0 liegt kein Wendepunkt vor.

Das Wichtigste auf einen Blick

Extremwertprobleme lösen

Vorgehensweise:

(1) Erstellen einer Funktionsgleichung für die zu optimierende Größe

(a) Wichtige Größen mit Variablen bezeichnen, möglichst in einer Skizze

(b) Gleichung für die zu optimierende Größe angeben **(Extremalbedingung)**

(c) Falls die zu optimierende Größe von mehreren Variablen abhängt, eine **Nebenbedingung** für den Zusammenhang zwischen diesen Variablen erstellen und nach einer auflösen

(d) Einsetzen dieser Variablen in die Extremalbedingung, um die **Zielfunktion** zu erhalten

(e) Definitionsbereich der Zielfunktion ermitteln

(f) Graphen der Zielfunktion skizzieren

(2) Ermitteln der Extremstellen der Zielfunktion

(a) Nullstellen der Ableitung ermitteln

(b) Prüfen, ob am Rand des Definitionsbereichs größere oder kleinere Funktionswerte vorliegen als an den Nullstellen der Ableitung

(3) Ergebnis mit allen relevanten Größen angeben und am Sachverhalt prüfen

Gesucht ist das größtmögliche Rechteck, das zwischen dem Graphen der Funkrion f mit $f(x) = -\frac{1}{3}x^2 + 3$ und der x-Achse liegt

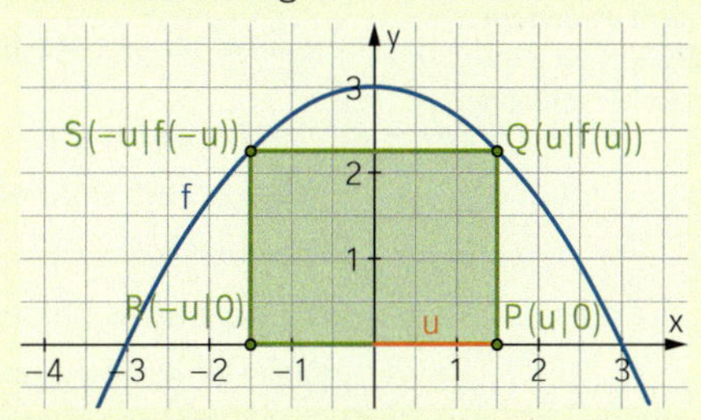

$A = a \cdot b$

$a = 2u;\ b = f(u) = -\frac{1}{3}u^2 + 3$

$A(u) = 2u \cdot \left(-\frac{1}{3}u^2 + 3\right) = -\frac{2}{3}u^3 + 6u$

Es gilt $0 \le u \le 3$, also $D = [0; 3]$.

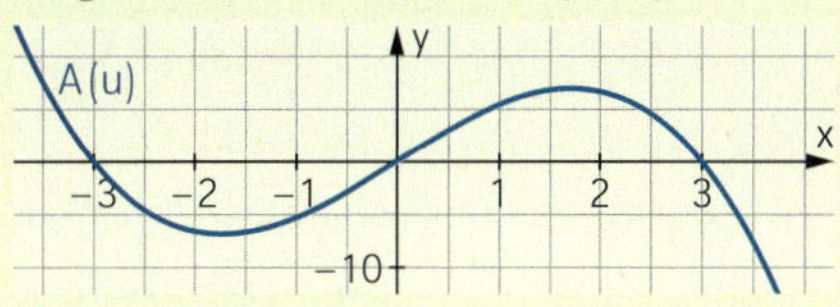

$A'(u) = -2u^2 + 6$

$A''(u) = -4u$

$0 = -2u^2 + 6$,

also $u = \sqrt{3}$ *oder* $u = -\sqrt{3}$

$-\sqrt{3}$ ist nicht im Definitionsbereich.

$A''(\sqrt{3}) = -4 \cdot \sqrt{3} < 0$, also lokales Maximum an der Stelle $\sqrt{3}$

$A(0) = 0,\ A(3) = 0$; kein Randextremum

Das Rechteck mit dem Eckpunkt $Q(\sqrt{3}\,|\,2)$ hat den maximalen Flächeninhalt $A = 2 \cdot \sqrt{3} \cdot 2 = 4\sqrt{3} \approx 6{,}93$.

Kettenregel

$f(x) = u(v(x))$

$f'(x) = u'(v(x)) \cdot v'(x)$

„äußere Ableitung mal innere Ableitung"

$f(x) = \sqrt{x^2 - 2x} = (x^2 - 2x)^{\frac{1}{2}}$

$f'(x) = \frac{1}{2} \cdot (x^2 - 2x)^{-\frac{1}{2}} \cdot (2x - 2)$

$= (x - 1) \cdot (x^2 - 2x)^{-\frac{1}{2}}$

$= \frac{x - 1}{\sqrt{x^2 - 2x}}$

Produktregel

$f(x) = u(x) \cdot v(x)$

$f'(x) = u'(x) \cdot v(x) + u(x) \cdot v'(x)$

Kurz: $(u \cdot v)' = u' \cdot v + u \cdot v'$

$f(x) = x^3 \cdot \sin(x)$

$f'(x) = 3x^2 \cdot \sin(x) + x^3 \cdot \cos(x)$

Gauß-Algorithmus

Lineare Gleichungssysteme können mit dem **Gauß-Algorithmus** systematisch gelöst werden.

Die nicht veränderten Gleichungen muss man weiter mitführen.

Erster Schritt: das Gleichungssystem in eine **Dreiecksgestalt** umformen

Umformungsmöglichkeiten:
- Vertauschen der Reihenfolge der Gleichungen;
- Multiplikation beider Seiten einer Gleichung mit einer geeigneten von null verschiedenen Zahl;
- Addition einer Gleichung mit einer anderen, sodass eine Variable wegfällt.

Zweiter Schritt: das System schrittweise durch Einsetzen auflösen

$$\left| \begin{array}{rcl} x + 2y + 6z &=& 9 \\ x + y + 4z &=& 5 \\ 2x + 3y + 13z &=& 23 \end{array} \right| \quad \cdot(-1),\ \cdot(-2)$$

$$\left| \begin{array}{rcl} x + 2y + 6z &=& 9 \\ -y - 2z &=& -4 \\ -y + z &=& 5 \end{array} \right| \quad \cdot(-1)$$

$$\left| \begin{array}{rcl} x + 2y + 6z &=& 9 \\ -y - 2z &=& -4 \\ 3z &=& 9 \end{array} \right|$$

Dreiecksgestalt

$$\left| \begin{array}{rcl} x + 2y + 6z &=& 9 \\ -y - 2z &=& -4 \\ z &=& 3 \end{array} \right|$$

$z = 3$ einsetzen

$$\left| \begin{array}{rcl} x + 2y &=& -9 \\ y &=& -2 \\ z &=& 3 \end{array} \right|$$

$y = -2$ einsetzen

$$\left| \begin{array}{rcl} x &=& -5 \\ y &=& -2 \\ z &=& 3 \end{array} \right|$$

$L = \{(-5 \mid -2 \mid 3)\}$

Lösungsmenge eines linearen Gleichungssystems

Ein lineares Gleichungssystem kann
- genau eine Lösung,
- keine Lösung,
- unendlich viele Lösungen

haben.

Keine Lösung:

$$\left| \begin{array}{rcl} x - 2y + 3z &=& 4 \\ 2y - 4z &=& 8 \\ 0 &=& 2 \end{array} \right| \qquad L = \{\ \}$$

Unendlich viele Lösungen:

$$\text{linSolve}\left(\begin{cases} 4 \cdot x + 3 \cdot y + z = 8 \\ -4 \cdot x - 2 \cdot y + 2 \cdot z = -4, \{x, y, z\} \\ x + y + z = 3 \end{cases} \right)$$

$$\{2 \cdot \mathbf{c2} - 1, -(3 \cdot \mathbf{c2} - 4), \mathbf{c2}\}$$

$L = \{(2z - 1 \mid 4 - 3z \mid z) \mid z \in \mathbb{R}\}$

Bestimmen ganzrationaler Funktionen

Vorgehensweise:
- Aufstellen eines allgemeinen Funktionsterms mit variablen Koeffizienten, ggf. Berücksichtigung von Symmetrien
- Einsetzen der Koordinaten der Punkte in den allgemeinen Funktionsterm
- Lösen des erhaltenen linearen Gleichungssystems
- Probe am Sachverhalt und falls nötig Wahl anderer Punkte oder eines anderen allgemeinen Funktionsterms, um ein passenderes Modell zu erhalten

Gesucht ist eine Funktion 3. Grades, deren Graph punktsymmetrisch zum Koordinatenursprung ist und durch die Punkte $P(1 \mid 2)$ und $Q(3 \mid 0)$ verläuft.

$f(x) = ax^3 + bx$ (wegen Punktsymmetrie)

$f(1) = a + b = 2$

$f(3) = 27a + 3b = 0$

Lineares Gleichungssystem:

$$\left| \begin{array}{rcl} a + b &=& 2 \\ 27a + 3b &=& 0 \end{array} \right|$$

Lösung: $a = -\frac{1}{4}$ und $b = \frac{3}{4}$

$f(x) = -\frac{1}{4}x^3 + \frac{3}{4}x$

Teil A **Lösen Sie die folgenden Aufgaben ohne Formelsammlung und ohne Taschenrechner.**

1 Bestimmen Sie die erste Ableitung der Funktion f.

a) $f(x) = \sqrt{2x - 4}$ **b)** $f(x) = 3x^2 \cdot \sqrt{x}$ **c)** $f(x) = \sqrt{\frac{1}{x^3}}$

2 Gegeben ist die Funktion f mit $f(x) = \frac{1}{8}x^5 - x^2$.

a) Berechnen Sie die Nullstellen von f. Bestimmen Sie den Globalverlauf des Graphen von f.

b) Begründen Sie ohne weitere Rechnung, dass der Graph von f genau einen Hoch-, einen Tief- und einen Wendepunkt besitzt. Welche Koordinaten hat der Hochpunkt?

c) Skizzieren Sie den Funktionsgraphen.

3 Gegeben ist die Funktion f mit $f(x) = x^3 - 6x^2 + 9x - 4$. Die Wendetangente des Graphen begrenzt zusammen mit den Koordinatenachsen ein Dreieck.
Berechnen Sie den Flächeninhalt dieses Dreiecks.

4 Gegeben ist die Funktion f mit $f(x) = t \cdot x^3 - 3x^2 + 9x$.

a) Ermitteln Sie die Anzahl der Nullstellen von f in Abhängigkeit von t.

b) Bestimmen Sie den Wert des Parameters t so, dass der Graph von f einen Wendepunkt an der Stelle $x = 3$ hat.

5 Gegeben ist der Graph der Ableitungsfunktion f′ einer ganzrationalen Funktion f im Intervall $[-1; 2{,}5]$.
Sind folgende Aussagen jeweils richtig, falsch oder nicht entscheidbar? Begründen Sie Ihre Entscheidung.

(1) An der Stelle $x = 2$ besitzt der Graph von f einen Tiefpunkt.

(2) Die Funktion f ist im Intervall $]0; 2[$ streng monoton fallend.

(3) Der Graph von f besitzt im Intervall $[-1; 2{,}5]$ keinen Hochpunkt.

(4) Der Punkt $W(0|0)$ ist Wendepunkt der Funktion.

(5) Der Funktionswert von f an der Stelle $x_1 = 0{,}5$ ist kleiner als der Funktionswert an der Stelle $x_2 = 1$.

(6) Im Intervall $[-1; 0]$ ist der Graph der Funktion f linksgekrümmt.

6 Bestimmen Sie die Lösungsmenge durch Anwenden des Gauß-Algorithmus.

a) $\left| \begin{array}{l} x - y + z = -2 \\ 2x + y + z = 3 \\ -x + 2y - z = 4 \end{array} \right|$ **b)** $\left| \begin{array}{l} x - 2y + z = 3 \\ 3x - 5y + 2z = 9 \\ x - 3y + 2z = 3 \end{array} \right|$ **c)** $\left| \begin{array}{l} 4x - 3y - 3z = 3 \\ 2x - 5y - z = 1 \\ x + y - z = 2 \end{array} \right|$

7 Ermitteln Sie rechnerisch eine Gleichung der Tangente an den Graphen der Funktion f mit $f(x) = \frac{2}{x^2}$ im Punkt $P(1|f(1))$.

Teil B **Bei der Lösung dieser Aufgaben können Sie die Formelsammlung und den Taschenrechner verwenden.**

8 Der Temperaturverlauf an einem Frühlingstag kann näherungsweise beschrieben werden durch die Funktion f mit
$f(t) = -0{,}01\,t^3 + 0{,}34\,t^2 - 2{,}51\,t + 17{,}3$;
$0 \le t \le 24$ in Stunden; f(t) Temperatur in °C.

a) Bestimmen Sie die Höchst- und die Tiefsttemperatur an diesem Tag.
b) An wie vielen Stunden lag die Temperatur an diesem Tag höher als 20 °C?
c) In welchen Zeiträumen stiegen die Temperaturen, in welchen fielen sie?
d) Wie groß war die maximale momentane Änderungsrate?

9 Bestimmen Sie die Nullstellen und die Lage und Art der Extrempunkte des Graphen von f. Skizzieren Sie den wesentlichen Verlauf des Funktionsgraphen.

a) $f(x) = x^3 - \frac{7}{2}x^2 - 6x$
b) $f(x) = x^4 - 10x^2 + 9$

10 Bestimmen Sie eine ganzrationale Funktion 3. Grades, die folgende Bedingungen erfüllt:
- Die Stelle $x = -1$ ist eine Nullstelle.
- Der Funktionsgraph hat an der Stelle $x = -2$ einen Wendepunkt.
- Die Gleichung der Wendetangente lautet $y = 3x + 2{,}5$.

11 In der Grafik ist der Verlauf einer Krankheit dargestellt. Man kann den Krankheitsverlauf mit einer ganzrationalen Funktion vierten Grades annähern.
a) Beschreiben Sie anhand des Graphen den Verlauf der Krankheit.
b) Bestimmen Sie die zugehörige Funktionsgleichung.
c) Wie viele Personen waren erkrankt, als die Krankheitswelle ihren Höhepunkt hatte?

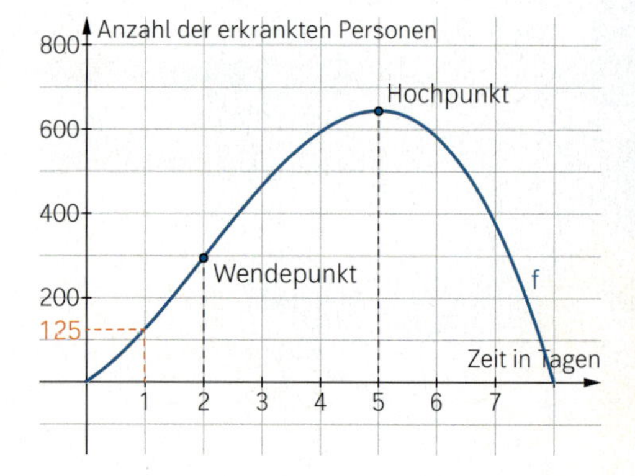

12 Berechnen Sie, für welche Werte von $t \in \mathbb{R}$ der Graph von f_t mit $f_t(x) = \frac{1}{2}x^3 + tx^2 + 6x - 2$
(1) keine Punkte (2) genau einen Punkt mit waagerechter Tangente hat.
Begründen Sie, dass dieser Punkt kein Extrempunkt sein kann.

13 Eine Kartonagenfabrik stellt quaderförmige Pakete mit quadratischen Seitenflächen her. Damit die Pakete nicht zu unhandlich werden, sollen zwei Bedingungen erfüllt sein:
- Die Länge soll nicht größer als 200 cm sein.
- Länge plus Umfang der quadratischen Seitenfläche soll 360 cm groß sein.

Ermitteln Sie die Abmessungen des Pakets mit dem größten Volumen. Geben Sie das maximale Volumen an.

Integralrechnung

2

▲ *Taucher verändern während eines Tauchgangs mehrfach ihre Tiefe. Beim Auftauchen müssen Taucher darauf achten, dass ihre Auftauchgeschwindigkeit 10 $\frac{m}{min}$ nicht übersteigt.*

In diesem Kapitel
erfahren Sie, wie man aus gegebenen Änderungsraten einer Größe die Änderung der Größe bestimmt und welche Rolle Flächeninhalte dabei spielen. ▸

2.1 Rekonstruktion eines Bestands aus Änderungsraten

Einstieg

0 bis 9 Uhr	9 bis 14 Uhr	14 bis 18 Uhr
$300\,000\,\frac{m^3}{h}$	$-600\,000\,\frac{m^3}{h}$	$200\,000\,\frac{m^3}{h}$

In Pumpspeicherwerken wird Wasser mit überflüssigem Strom in das obere Becken gepumpt und bei Bedarf zur Stromgewinnung in das untere Becken geleitet. Die Tabelle zeigt die momentane Änderungsrate der Wassermenge im oberen Becken eines Pumpspeicherwerks.
Um 0 Uhr sind 120 Mio. m^3 Wasser im oberen Becken.
Skizzieren Sie die zeitliche Entwicklung der Wassermenge im oberen Becken.

Aufgabe mit Lösung

Flughöhe mithilfe der Steiggeschwindigkeit bestimmen

Eine Drohne hat zu Beginn eine Flughöhe von 10 m. Die Abbildung zeigt die momentane Steiggeschwindigkeit der Drohne in Meter pro Sekunde in einem Zeitraum von 60 Sekunden.

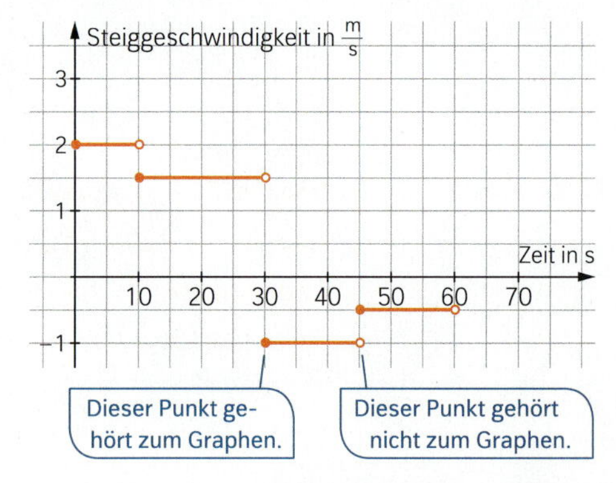

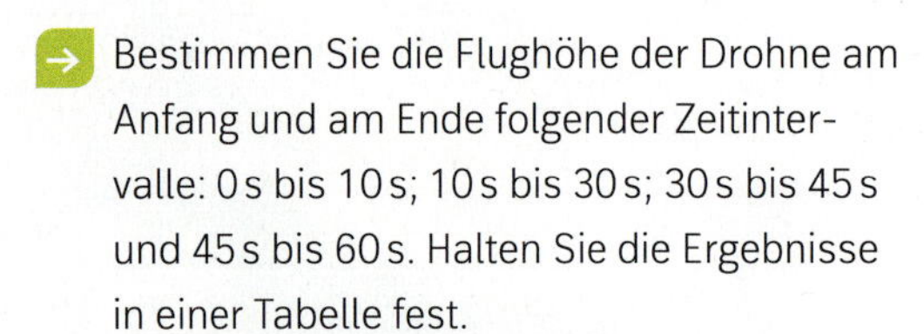

Bestimmen Sie die Flughöhe der Drohne am Anfang und am Ende folgender Zeitintervalle: 0 s bis 10 s; 10 s bis 30 s; 30 s bis 45 s und 45 s bis 60 s. Halten Sie die Ergebnisse in einer Tabelle fest.
Wie hat sich die Flughöhe im gesamten Intervall verändert?

Lösung

Die Drohne hat zu Beginn eine Flughöhe von 10 m.
Im Zeitraum 0 s bis 10 s steigt die Drohne 10 s lang mit der konstanten Steiggeschwindigkeit von $2\,\frac{m}{s}$. Die Flughöhe ändert sich somit um $10\,s \cdot 2\,\frac{m}{s}$, also um 20 m, und beträgt am Ende nach 10 s dann 30 m.
Entsprechend berechnet man die Flughöhe in den anderen gegebenen Zeiträumen.

Zeitraum	Flughöhe der Drohne zu Beginn in m	Änderung der Flughöhe in m	Flughöhe der Drohne am Ende in m
0 s bis 10 s	10	$10 \cdot 2 = 20$	$10 + 20 = 30$
10 s bis 30 s	30	$20 \cdot 1{,}5 = 30$	$30 + 30 = 60$
30 s bis 45 s	60	$15 \cdot (-1) = -15$	$60 - 15 = 45$
45 s bis 60 s	45	$15 \cdot (-0{,}5) = -7{,}5$	$45 - 7{,}5 = 37{,}5$

Da die Flughöhe der Drohne zu Beginn 10 m und am Ende 37,5 m beträgt, hat sie um 27,5 m zugenommen.

Stellen Sie die Flughöhe der Drohne grafisch dar. Welche Zusammenhänge zwischen der Steiggeschwindigkeit und der Flughöhe lassen sich anhand der beiden Graphen erkennen?

Lösung

Die Werte aus der Tabelle lassen sich in ein Koordinatensystem übertragen. Da die momentanen Steiggeschwindigkeiten in den Teilintervallen konstant sind, kann man den Graphen als Streckenzug zeichnen. Bei positiver Steiggeschwindigkeit nimmt die Flughöhe zu, bei negativer nimmt sie ab.

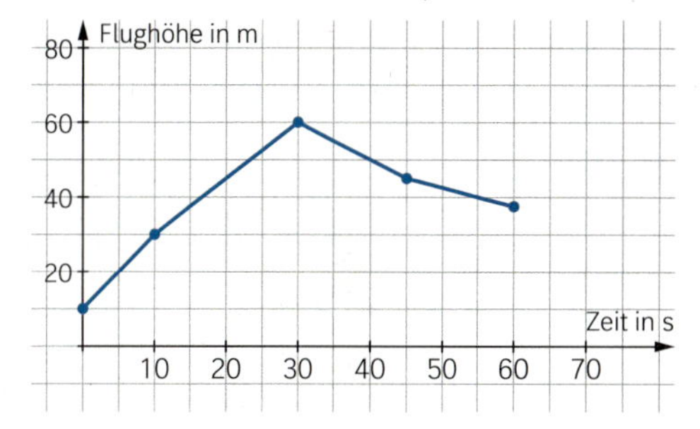

Welche Bedeutung haben die Flächeninhalte der gefärbten Flächen für den Sachzusammenhang?

Lösung

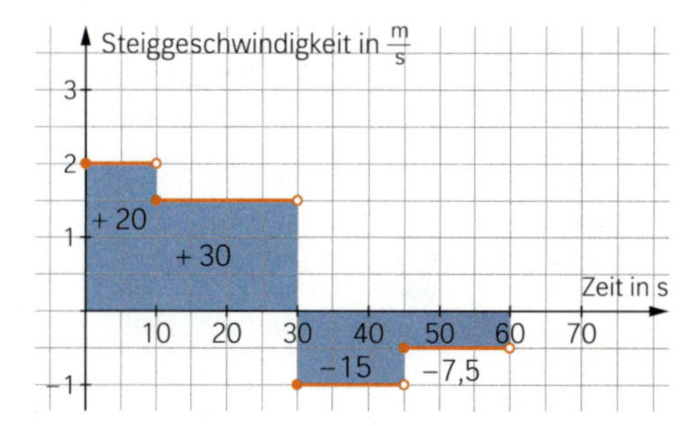

Die Flächeninhalte entsprechen der Zu- bzw. Abnahme der Flughöhe. Nimmt die Flughöhe zu, liegt die Fläche oberhalb der x-Achse und ihr Flächeninhalt wird zur vorherigen Flughöhe addiert. Nimmt die Flughöhe ab, liegt die Fläche unterhalb der x-Achse und ihr Flächeninhalt wird von der vorherigen Flughöhe subtrahiert.

Information

Bestand einer Größe aus ihren Änderungsraten rekonstruieren

Die abgebildete abschnittsweise konstante Funktion f beschreibt die Änderungsrate einer Größe F über dem Intervall [a; b].

Die Änderung der Größe F über einem Teilintervall entspricht dann dem Flächeninhalt des zugehörigen Rechtecks über diesem Teilintervall, wobei Flächeninhalte unterhalb der x-Achse ein negatives Vorzeichen bekommen. Diese Flächeninhalte nennt man **orientierte Flächeninhalte**.

Für die Änderung $F(b) - F(a)$ der Größe F über dem Intervall [a; b] gilt:

$\mathbf{F(b) - F(a) = A_1 + A_2 - A_3 + A_4}$

Kennt man neben den Änderungsraten auch den Anfangsbestand $F(a)$ einer Größe F, so lässt sich der Bestand $F(b)$ rekonstruieren:

$\mathbf{F(b) = F(a) + A_1 + A_2 - A_3 + A_4}$

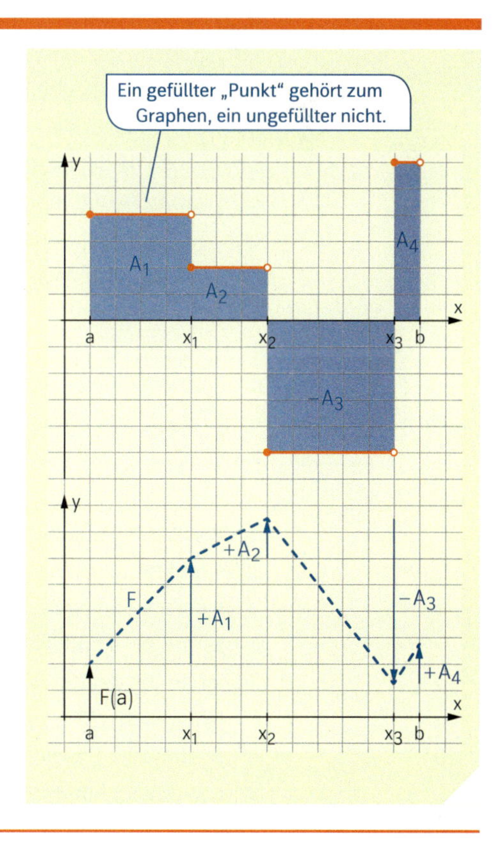

Üben

1 In einem Regenwasserspeicher befinden sich zu Beobachtungsbeginn 100 l Wasser. Die Abbildung zeigt die Veränderung der Wassermenge im Wasserspeicher in Liter pro Stunde in einem Zeitraum von 8 Stunden.

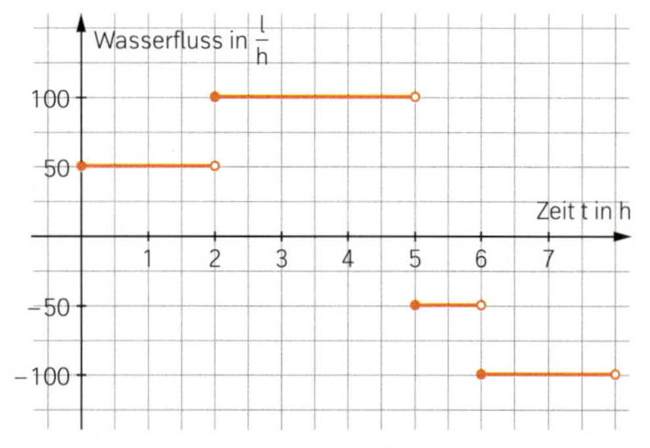

a) Erläutern Sie, welche Bedeutung ein positiver bzw. negativer Wasserfluss für den Inhalt des Wasserspeichers hat.

b) Bestimmen Sie die Wassermenge, die sich am Anfang und am Ende folgender Zeitintervalle im Wasserspeicher befand: 0 h bis 2 h; 2 h bis 5 h; 5 h bis 6 h und 6 h bis 8 h. Halten Sie die Ergebnisse in einer Tabelle fest.
Wie hat sich die Wassermenge im gesamten Zeitraum verändert?

c) Stellen Sie das Wasservolumen im Wasserspeicher grafisch dar.

2 Ein Taucher sollte innerhalb einer Minute nicht mehr als 10 m auftauchen, damit die Lunge genügend Zeit hat, auf die Verminderung des Drucks zu reagieren. Der Graph zeigt die Auftauchgeschwindigkeit eines Tauchers.

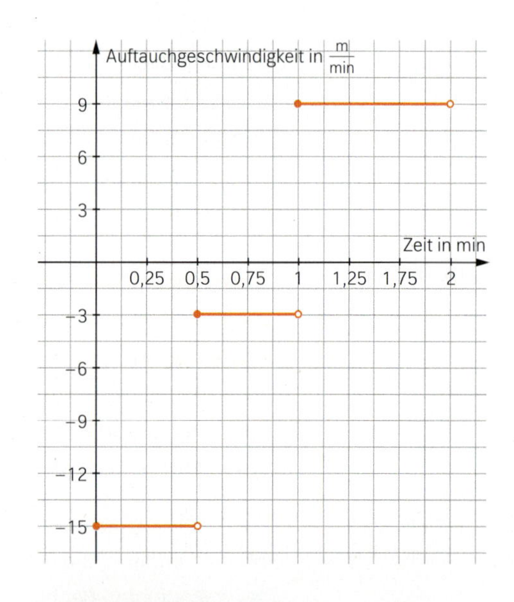

a) Wie tief ist der Taucher nach 0,5 Minuten getaucht, wenn er seinen Tauchgang an der Wasseroberfläche begonnen hat?

b) Wann erreicht der Taucher die tiefste Stelle und wie tief ist es dort?

c) Woran erkennt man am Graphen, wann der Taucher wieder auftaucht? Erreicht der Taucher nach zwei Minuten wieder die Wasseroberfläche?

3 Eine Waldfläche wird durch Holzeinschlag um 10 ha pro Jahr verringert. Nach 5 Jahren wird der Einschlag beendet und die Fläche wird wieder aufgeforstet, sodass die Waldfläche dann um 7 ha pro Jahr zunimmt.

ha: Hektar;
1 ha = 10 000 m²;
1 km² = 100 ha

a) Die Funktion f beschreibt die Änderungsrate der Waldfläche in ha pro Jahr. Zeichnen Sie den Graphen von f.

b) Untersuchen Sie, wann die Waldfläche wieder ihre ursprüngliche Größe erreicht hat.

c) Bestimmen Sie die Änderungen der Waldfläche in der Zeit
(1) von 0 bis 5 Jahren; (2) von 5 bis 15 Jahren; (3) von 2 bis 10 Jahren.

4 Ein Navigationssystem rechnet für die Fahrt auf einer Autobahn mit einer durchschnittlichen Geschwindigkeit von $120\frac{km}{h}$ und für die Fahrt auf einer Landstraße mit einer durchschnittlichen Geschwindigkeit von $80\frac{km}{h}$.

a) Das Navigationssystem schlägt eine Route vor, die eine Stunde über Land, vier Stunden über die Autobahn und eine weitere halbe Stunde über Land führt.
Veranschaulichen Sie den Sachverhalt grafisch und berechnen Sie die Länge der Route.

b) Während der Fahrt kann die zugrunde gelegte Durchschnittsgeschwindigkeit wegen eines hohen Verkehrsaufkommens nicht erreicht werden. Die tatsächliche Durchschnittsgeschwindigkeit beträgt auf der Landstraße $65\frac{km}{h}$ und auf der Autobahn $100\frac{km}{h}$.
Veranschaulichen Sie dies ebenfalls grafisch und berechnen Sie die Fahrtzeit.

Bestand aus linearen Änderungsraten bestimmen

5 Die Grafik zeigt die momentane Änderungsrate des Gewichts von einem Igel innerhalb eines Jahres. Zu Beginn der Beobachtung hatte der Igel ein Gewicht von 250 g.
Berechnen Sie das Gewicht des Igels nach 3; 5; 11 und 12 Monaten.

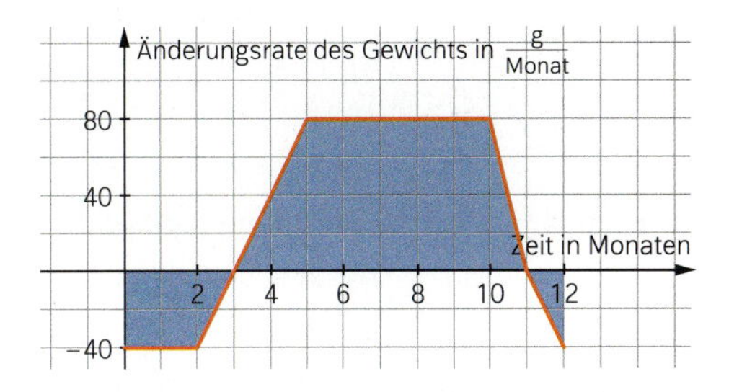

Information

Bestand aus linearen Änderungsraten rekonstruieren

Bei linearen Änderungsraten entsprechen die Flächeninhalte der Teilflächen zwischen dem Graphen und der x-Achse ebenfalls den Änderungen der Größe in dem zugehörigen Teilintervall.

Dies wird plausibel, wenn man beliebig kleine Intervallbreiten betrachtet und die Änderungsrate dort als konstant annimmt.

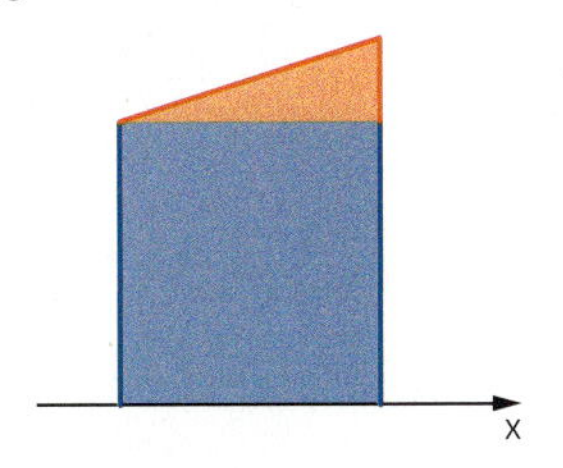

Der Flächeninhalt des Trapezes unterscheidet sich dann kaum noch von dem des Rechtecks.

Die Grafik zeigt die momentane Änderungsrate der Ausbreitungsgeschwindigkeit eines Feuers bei einem Waldbrand. Die Anfangsgeschwindigkeit lag bei $0{,}3\frac{km}{h}$.

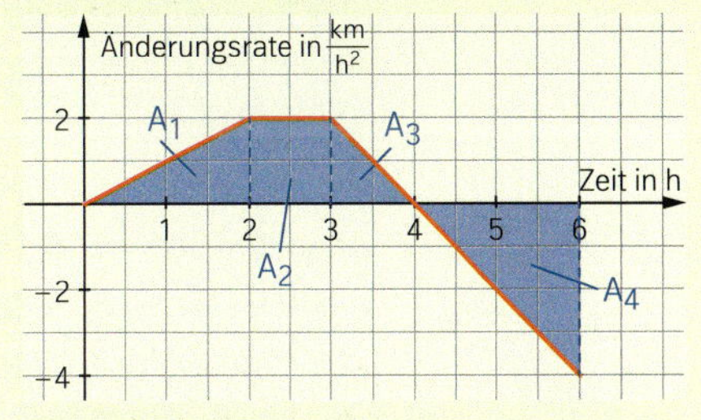

Ausbreitungsgeschwindigkeit nach 6 Stunden:

$0{,}3 + A_1 + A_2 + A_3 - A_4$
$= 0{,}3 + 2 + 2 + 1 - 4$
$= 1{,}3$

Nach 6 Stunden breitet sich das Feuer mit der Geschwindigkeit $1{,}3\frac{km}{h}$ aus.

6 ≡ Niederdruckgasbehälter (Gasometer) werden in der Industrie eingesetzt, um in Spitzenzeiten überschüssig produziertes Gas zwischenzuspeichern. Der Graph gibt die Änderungsrate f der Gasmenge in einem Gasometer an.

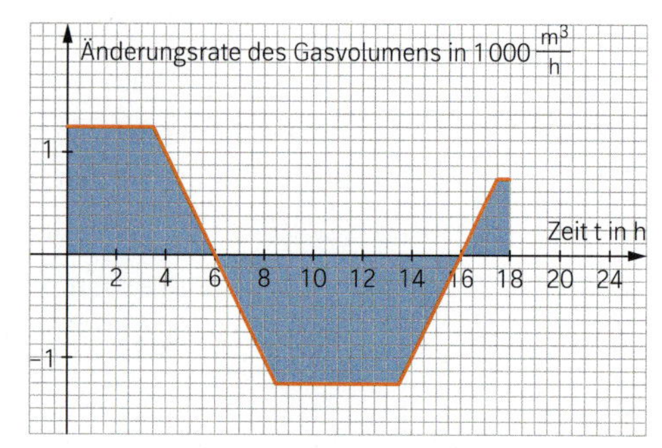

a) Deuten Sie für diesen Sachzusammenhang die Flächeninhalte der Teilflächen zwischen dem Graphen der Änderungsrate und der Zeit-Achse.

b) Bestimmen Sie die Änderungen der Gasmenge im Gasometer von 0 bis 6 Uhr; von 6 bis 16 Uhr und von 0 bis 18 Uhr.

MWh: Megawattstunde; 1 MWh = 1000 kWh

7 ≡ Ein Energiespeicher enthält zu Beginn 100 MWh Energie. In einem Zeitraum von drei Monaten werden ihm monatlich konstant 150 MWh Energie zugeführt. Dann erhöht sich die Energiezufuhr innerhalb von 2 Monaten gleichmäßig auf 200 MWh. Die Energiezufuhr von 200 MWh kann über einen Zeitraum von 4 Monaten beibehalten werden, bevor sie gleichmäßig innerhalb von drei Monaten bis auf einen Wert von 50 MWh gesenkt werden muss.

a) Stellen Sie den beschriebenen Sachverhalt grafisch dar.

b) Berechnen Sie, wie viel Energie sich am Ende des Zeitraums im Energiespeicher befindet.

Weiterüben

8 ≡ In einem Pumpspeicherwerk wird nachts, wenn der Strombedarf gering ist, Wasser aus einem unteren Becken in ein oberes Becken gepumpt. Am Tag, wenn der Strombedarf höher ist, wird das Wasser zur Stromerzeugung über Turbinen wieder in das untere Becken abgelassen.
An einem Tag werden im oberen Becken für die Wassermenge folgende Zulaufstärken in m^3 pro Minute aufgezeichnet:

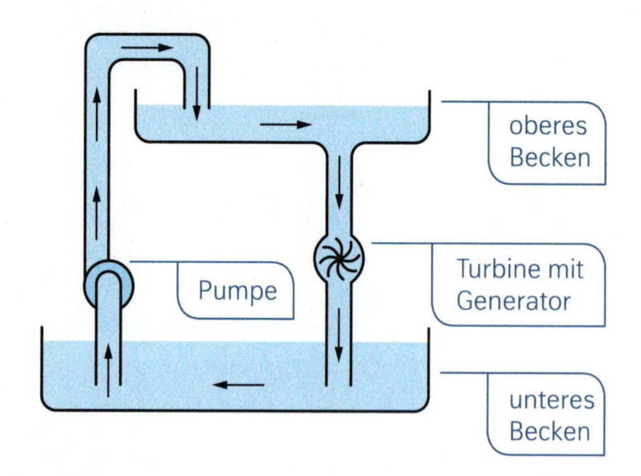

Von 22 Uhr bis 3 Uhr steigt die Zulaufstärke gleichmäßig von 30 auf 50. Danach sinkt die Zulaufstärke bis 6 Uhr gleichmäßig auf 10. Von 6 Uhr bis 16 Uhr sinkt sie gleichmäßig auf −40 und bleibt bis 22 Uhr konstant.

a) Stellen Sie die Daten grafisch dar.

b) Wie viel Wasser ist in den 24 Stunden in das obere Becken geflossen und wie viel in das untere Becken?

c) Zu Beginn der Aufzeichnungen befanden sich $7000\,m^3$ Wasser im oberen Becken. Wie viel Wasser befand sich 24 Stunden später im oberen Becken?

9 KERS (Kinetic Energy Recovery System) ist ein elektrisches oder mechanisches System zur Energierückgewinnung, welches in der Formel 1 seit 2009 eingesetzt werden darf und dort vor allem in der elektrischen Variante genutzt wird.

Hierbei wird die beim Bremsen frei werdende Energie durch einen Generator in elektrische Energie umgewandelt, in Akkumulatoren gespeichert und zum Betreiben eines zusätzlich eingebauten Elektromotors genutzt. Dieser wird in Beschleunigungsphasen ergänzend zum Hauptmotor eingesetzt.

Der Energiefluss in den Akku hinein oder aus dem Akku heraus kann durch den Stromfluss beschrieben werden. Dabei wird die Stromstärke gemessen und mit einem positiven Vorzeichen versehen, wenn Strom in den Akku hineinfließt, und mit einem negativen Vorzeichen gekennzeichnet, wenn dem Akku Strom entnommen wird.

Die elektrische Ladung wird in der Einheit Coulomb (C) angegeben.

Die elektrische Stromstärke wird in der Einheit Ampère (A) gemessen: $1\,A = 1\,\frac{C}{s}$

a) Der Graph beschreibt den momentanen Stromfluss für eine stark vereinfachte Fahrsituation. Bestimmen Sie die Änderung der Ladung des Akkus für den dargestellten Zeitraum.

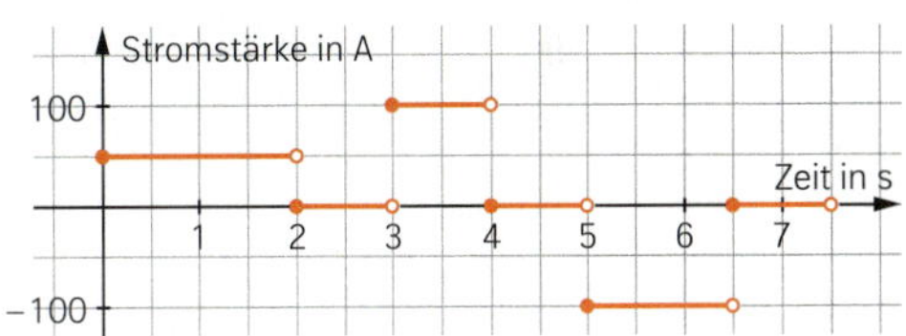

b) Angenommen, zu Beginn der Fahrt betrug die Akkuladung 2000 C. Stellen Sie die zeitliche Entwicklung der Ladung im Akku grafisch dar und erläutern Sie die Zusammenhänge mit dem Graphen zum Stromfluss.

c) Beschreiben Sie die Bedeutung des Flächeninhalts der einzelnen Rechtecke über dem jeweiligen Zeitintervall.

10 Die Graphen beschreiben jeweils die Änderungsrate einer Größe über einem Intervall.

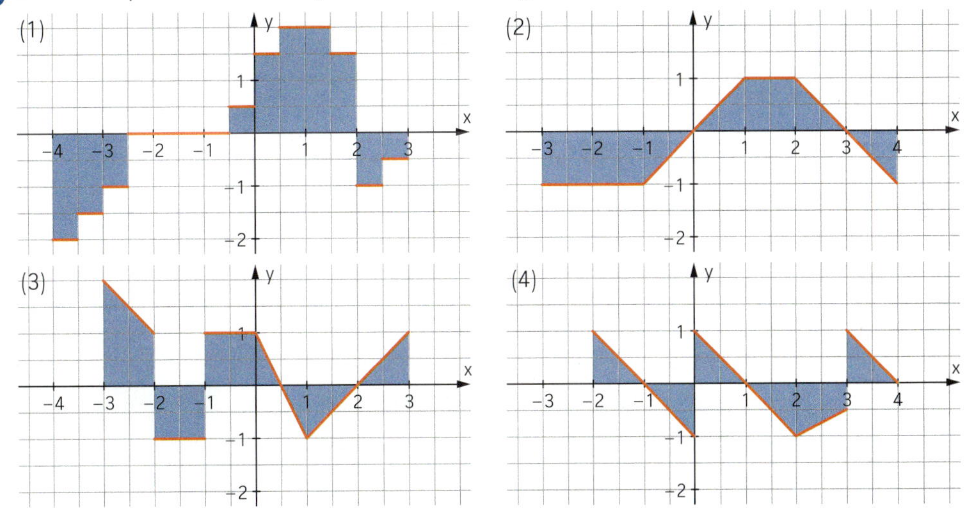

a) Bestimmen Sie die Veränderung der Größe im Intervall [−1; 1].

b) Bestimmen Sie die Veränderung der Größe im gesamten abgebildeten Intervall.

2.2 Integral als Grenzwert

Einstieg

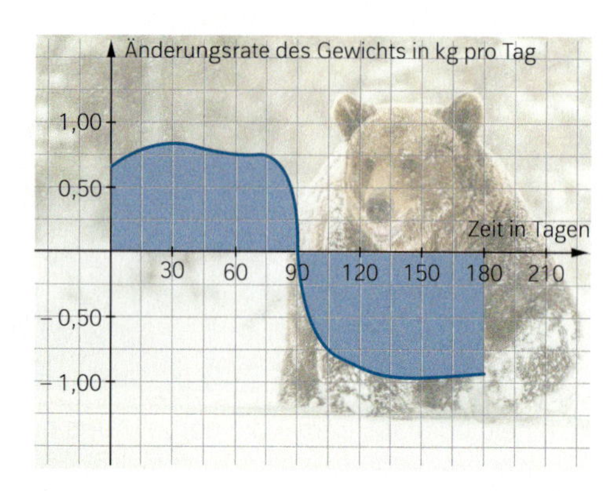

Braunbären fressen sich für die Winterruhe ein dickes Fettpolster an, das sie dann wieder verlieren. Die Grafik zeigt die Änderungsrate des Gewichts für 180 Tage. Bestimmen Sie näherungsweise die Gewichtszunahme in den ersten 90 Tagen und den Gewichtsverlust danach. Beschreiben Sie Ihre Vorgehensweise. Machen Sie Vorschläge, wie man die Näherungen verbessern kann.

Aufgabe mit Lösung

Änderung näherungsweise mithilfe von Rechteckflächen bestimmen

Die Funktion f mit $f(x) = -0{,}1 \cdot (x-3)^2 + 3$ beschreibt näherungsweise die Steiggeschwindigkeit eines Modellflugzeugs in $\frac{m}{s}$ in einem Zeitraum von 8 Sekunden.

→ Bestimmen Sie näherungsweise die Änderung der Flughöhe von 0 bis 8 Sekunden.

Lösung

Je kleiner ein Intervall, umso besser können gekrümmte Graphen durch lineare Graphen angenähert werden. Der Flächeninhalt zwischen Graph und x-Achse entspricht deshalb auch bei nichtlinearen Änderungsraten der Änderung der Größe.

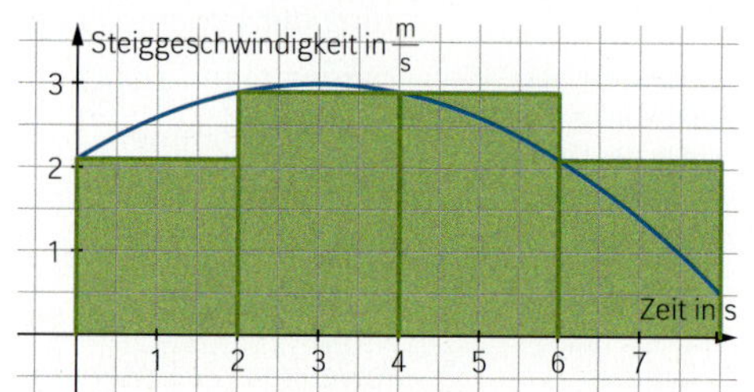

Bezeichnet man die Flughöhe mit F, dann ist $F(8) - F(0)$ die gesuchte Änderung.
Sie entspricht dem Flächeninhalt unter dem Graphen über dem Intervall [0; 8]. Um diesen Flächeninhalt näherungsweise zu bestimmen, ersetzt man z. B. den Graphen von f durch die Graphen von vier abschnittsweise konstanten Funktionen. Die vier Teilflächen sind dann Rechtecke, deren oberer linker Eckpunkt auf dem Graphen von f liegt. Die Rechtecke haben jeweils die Breite 2; die Höhe entspricht dem Funktionswert von f am linken Rand.

$F(8) - F(0) \approx 2 \cdot f(0) + 2 \cdot f(2) + 2 \cdot f(4) + 2 \cdot f(6) \approx 2 \cdot 2{,}1 + 2 \cdot 2{,}9 + 2 \cdot 2{,}9 + 2 \cdot 2{,}1 \approx 20$

→ Bestimmen Sie einen genaueren Näherungswert für die Änderung im Intervall [0; 8].

Lösung

Man kann das Verfahren verbessern, indem man das Intervall [0; 8] in noch mehr Teilintervalle zerlegt. Dadurch erhält man mehr Rechtecke, deren Breite geringer ist.

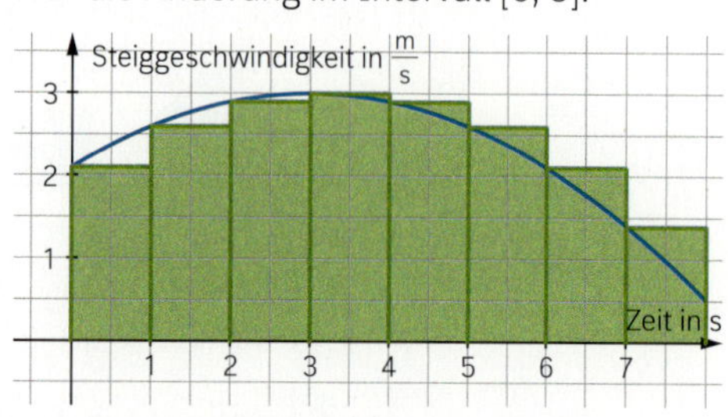

Mit z. B. 8 Rechtecken ergibt sich:

$$F(8) - F(0) \approx 1 \cdot f(0) + 1 \cdot f(1) + 1 \cdot f(2) + 1 \cdot f(3) + 1 \cdot f(4) + 1 \cdot f(5) + 1 \cdot f(6) + 1 \cdot f(7)$$
$$\approx 1 \cdot 2{,}1 + 1 \cdot 2{,}6 + 1 \cdot 2{,}9 + 1 \cdot 3 + 1 \cdot 2{,}9 + 1 \cdot 2{,}6 + 1 \cdot 2{,}1 + 1 \cdot 1{,}4 \approx 19{,}6$$

Information

Das Integral als Grenzwert von Produktsummen

Definition: Gegeben ist eine Funktion f, die über einem Intervall [a; b] definiert ist.
Das **Integral der Funktion f von a bis b** ist eine Zahl, die man wie folgt erhält:

Δx wird gelesen: Delta x

(1) Das Intervall [a; b] wird in n gleich breite Teilintervalle der Breite $\Delta x = \frac{b-a}{n}$ zerlegt.

(2) Man bildet eine **Produktsumme**:
$S_n = \Delta x \cdot f(x_1) + \Delta x \cdot f(x_2) + \ldots + \Delta x \cdot f(x_n)$
Dabei ist x_1 ein Wert im ersten Teilintervall, x_2 ein Wert im zweiten Teilintervall usw.
Die Werte x_1 bis x_n können am Rand oder im Inneren des jeweiligen Teilintervalls liegen.

(3) Streben alle Produktsummen für $n \to \infty$ gegen dieselbe Zahl, den Grenzwert der Produktsumme, so nennt man diese Zahl das Integral von f von a bis b.

Man schreibt: $\lim\limits_{n \to \infty} S_n = \int\limits_a^b f(x)\,dx$

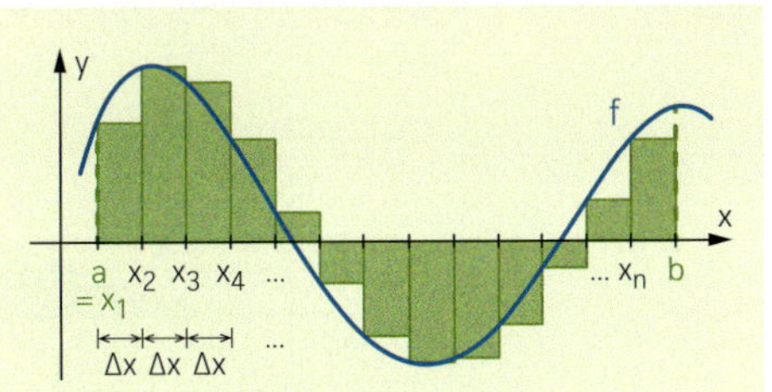

Geometrisch gedeutet ergibt sich die Produktsumme aus der Summe der Flächeninhalte aller Rechtecke über der x-Achse minus der Summe der Flächeninhalte aller Rechtecke unter der x-Achse. Hier wurde jeweils der linke Rand eines Teilintervalls als x-Wert für die Rechteckhöhe $f(x_i)$ gewählt.

Geometrische Deutung des Integrals

Das Integral von f von a bis b ergibt sich wie folgt: Flächeninhalte von Teilflächen oberhalb der x-Achse werden addiert und Flächeninhalte von Teilflächen unterhalb der x-Achse werden subtrahiert.

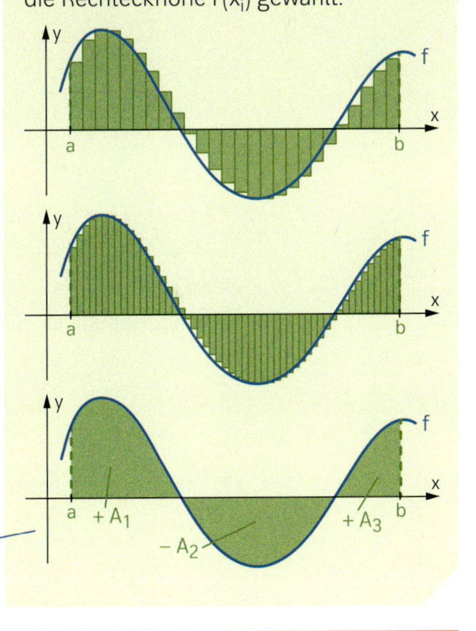

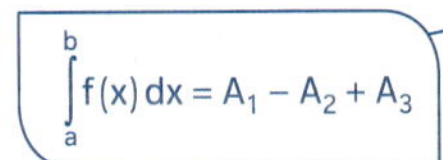
$\int\limits_a^b f(x)\,dx = A_1 - A_2 + A_3$

Das Integralzeichen ∫ ist ein lang gezogenes S und ist auf die Summe der Produkte $\Delta x \cdot f(x)$ zurückzuführen. Das dx erinnert an die beliebig kleinen Intervallbreiten Δx. Man bezeichnet a als *untere Intervallgrenze* und b als *obere Intervallgrenze*.

Bemerkung: Ist in jedem Teilintervall der Graph von f durchgehend, also ohne Sprünge, dann gilt: Je kleiner die Intervallbreite Δx, umso weniger unterscheiden sich die Funktionswerte eines Teilintervalls voneinander und es ist egal, welchen x-Wert eines Teilintervalls man für die Rechteckhöhe wählt. Bei Funktionen mit einem durchgehenden Graphen genügt z. B. der Funktionswert am linken Rand.
Es gibt Funktionen, bei denen die Produktsummen für $n \to \infty$ nicht alle gegen dieselbe Zahl streben (siehe Aufgabe 15).

Üben

1 Im folgenden Beispiel wurde für das Integral $\int_0^2 x^2\,dx$ ein Näherungswert bestimmt.

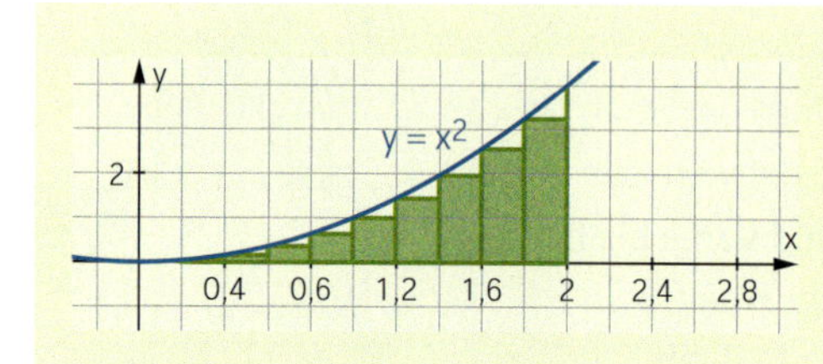

10 Rechtecke: $\Delta x = \frac{2-0}{10} = 0{,}2$

$S_{10} = \Delta x \cdot f(0) + \Delta x \cdot f(0{,}2) + \ldots + \Delta x \cdot f(1{,}8)$
$= 0{,}2 \cdot (0^2 + 0{,}2^2 + 0{,}4^2 + \ldots + 1{,}8^2)$
$= 2{,}28$

a) Erläutern Sie diese Rechnung und bestimmen Sie die Produktsumme S_{20}.

b) Bestimmen Sie einen Näherungswert für $\int_0^5 x^2\,dx$ mithilfe von Produktsummen.

Zerlegen Sie dazu das Intervall [0; 5] in
(1) 10 Teilintervalle; (2) 20 Teilintervalle und vergleichen Sie Ihre Ergebnisse.

Information

Integral der Quadratfunktion

Satz

Für die Funktion f mit $f(x) = x^2$ und $b > 0$

gilt: $\int_0^b x^2\,dx = \frac{1}{3} \cdot b^3$

$\int_0^2 x^2\,dx = \frac{1}{3} \cdot 2^3 = \frac{8}{3} = 2{,}\overline{6}$

Beweis:

(1) Das Intervall [0; b] wird in n Teilintervalle der Breite

$\Delta x = \frac{b-0}{n} = \frac{b}{n}$ geteilt. Die Intervallgrenzen der Teilintervalle sind:

$x_1 = 0,\ x_2 = \frac{b}{n},\ x_3 = 2 \cdot \frac{b}{n},\ x_3 = 3 \cdot \frac{b}{n},\ \ldots,\ x_n = (n-1) \cdot \frac{b}{n}$ und b

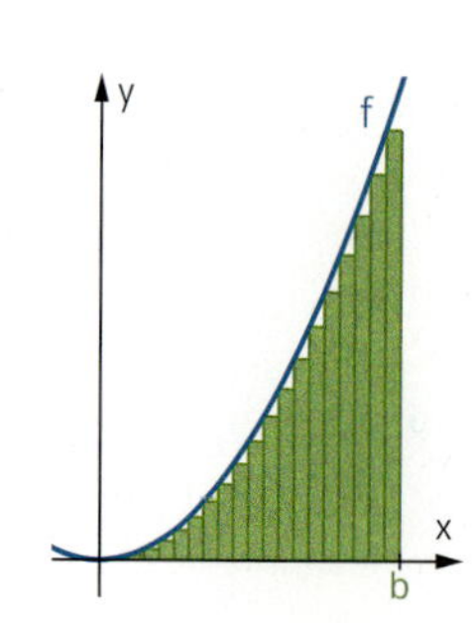

(2) Die zugehörigen Produktummen S_n werden bestimmt:

$$S_n = \frac{b}{n} \cdot \left(f(0) + f\left(\frac{b}{n}\right) + f\left(2 \cdot \frac{b}{n}\right) + \ldots + f\left((n-1) \cdot \frac{b}{n}\right)\right)$$

$$= \frac{b}{n} \cdot \left(0^2 + \left(\frac{b}{n}\right)^2 + \left(2 \cdot \frac{b}{n}\right)^2 + \ldots + \left((n-1) \cdot \frac{b}{n}\right)^2\right)$$

Ausklammern von $\left(\frac{b}{n}\right)^2$

$$= \left(\frac{b}{n}\right)^3 \cdot \left(0^2 + 1^2 + 2^2 + 3^2 \ldots + (n-1)^2\right)$$

Für die **Summe der Quadratzahlen** gilt:
$0^2 + 1^2 + 2^2 + \ldots + (n-1)^2 = \frac{(n-1) \cdot n \cdot (2n-1)}{6}$

$$= \frac{b^3}{n^3} \cdot \frac{(n-1) \cdot n \cdot (2n-1)}{6} = \frac{b^3}{6} \cdot \frac{(n-1) \cdot n \cdot (2n-1)}{n^3}$$

$$= \frac{b^3}{6} \cdot \left(\frac{n-1}{n}\right) \cdot \frac{n}{n} \cdot \left(\frac{2n-1}{n}\right) = \frac{b^3}{6} \cdot \left(1 - \frac{1}{n}\right) \cdot 1 \cdot \left(2 - \frac{1}{n}\right)$$

(3) Grenzwertbestimmung:

Für $n \to \infty$ gilt: $S_n = \frac{b^3}{6} \cdot \underbrace{\left(1 - \frac{1}{n}\right)}_{\to 1} \cdot \underbrace{\left(2 - \frac{1}{n}\right)}_{\to 2} \to \frac{b^3}{6} \cdot 1 \cdot 2 = \frac{1}{3} \cdot b^3$

Also gilt: $\int_0^b x^2\,dx = \frac{1}{3} \cdot b^3$

2 Bestimmen Sie das Integral mithilfe der Formel aus dem Satz.

a) $\int_0^3 x^2\,dx$ b) $\int_0^8 x^2\,dx$ c) $\int_0^1 x^2\,dx$ d) $\int_0^{0,25} x^2\,dx$

3 Erläutern Sie die dargestellte Grafik mit Formel und bestimmen Sie damit die angegebenen Integrale.

(1) $\int_1^3 x^2\,dx$ (2) $\int_5^8 x^2\,dx$

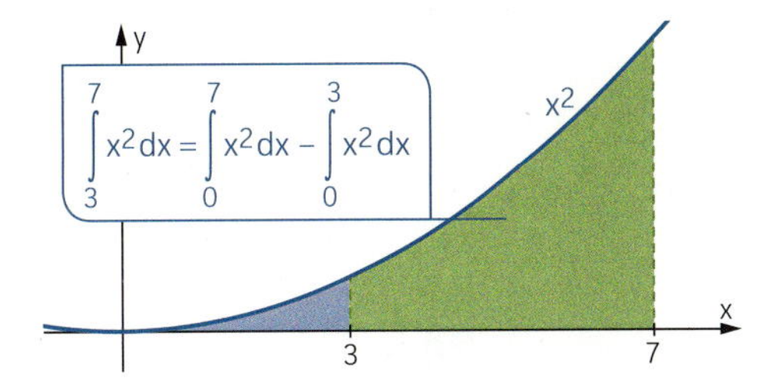

4 Bestimmen Sie das Integral.

a) $\int_{-3}^0 x^2\,dx$ b) $\int_{-3}^{-1} x^2\,dx$ c) $\int_{-3}^1 x^2\,dx$ d) $\int_{-3}^3 x^2\,dx$

5 Überlegen Sie, wie der Graph von g mit $g(x) = x^2 + 3$ aus dem Graphen der Quadratfunktion hervorgeht, und berechnen Sie das Integral $\int_5^8 x^2 + 3\,dx$.

Integral der Kubikfunktion

6 Das Integral der Funktion f mit $f(x) = x^3$ soll bestimmt werden. Gehen Sie dazu in folgenden Schritten vor:

(1) Bestimmen Sie das Integral $\int_0^1 x^3\,dx$ näherungsweise mithilfe von Produktsummen.
Unterteilen Sie dazu das Intervall [0; 1] in 10 gleich breite Teilintervalle.

(2) Die Produktsumme S_{10} aus Teilaufgabe (1) kann man mit einem Rechner bestimmen.
Die Berechnung kann dort mithilfe des Summenzeichens durchgeführt werden.

$S_{10} = 0{,}1 \cdot 0^3 + 0{,}1^3 + 0{,}2^3 \ldots + 0{,}9^3$

$= 0{,}1 \cdot \sum_{k=0}^{9} (k \cdot 0{,}1)^3$

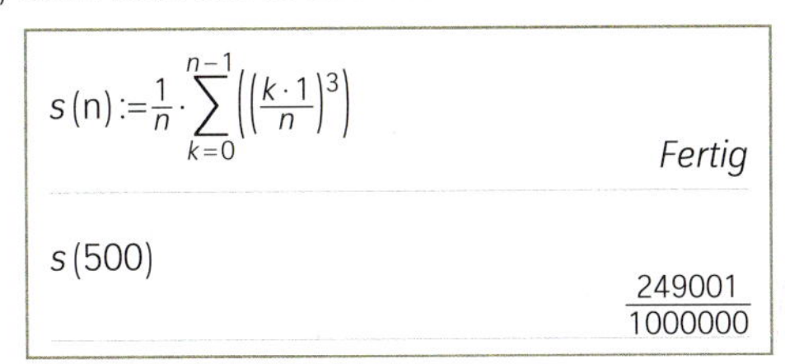

Überprüfen Sie Ihr Ergebnis aus Teilaufgabe (1) mit einem Rechner. Bestimmen Sie dann die Produktsummen S_{20}, S_{50}, S_{100} und S_{1000}. Äußern Sie eine Vermutung zum Grenzwert der Produktsummen, also zum Wert des Integrals $\int_0^1 x^3\,dx$.

(3) Beweisen Sie den angegebenen Satz. Gehen Sie dabei so vor wie in dem Beweis auf Seite 78.

$\int_0^b x^3\,dx = \frac{1}{4}b^4$ für $b > 0$

Hinweis: Für die Summe der Kubikzahlen gilt: $0^3 + 1^3 + 2^3 \ldots + (n-1)^3 = \frac{1}{4}(n-1)^2 \cdot n^2$

7 Bestimmen Sie das Integral mithilfe der Formel aus Aufgabe 6.

a) $\int_0^2 x^3\,dx$ b) $\int_0^5 x^3\,dx$ c) $\int_0^{100} x^3\,dx$ d) $\int_{-5}^0 x^3\,dx$

8 Skizzieren Sie den Graphen und die zum Integral gehörende Fläche unter dem Graphen. Berechnen Sie das Integral mithilfe der Formel aus Aufgabe 6.

a) $\int_1^3 x^3\,dx$ b) $\int_{10}^{100} x^3\,dx$ c) $\int_4^{20} x^3\,dx$ d) $\int_{-10}^{10} x^3\,dx$

9 Überlegen Sie, wie der Funktionsgraph aus dem Graphen zu $y = x^3$ hervorgeht, und berechnen Sie das Integral mithilfe der Ergebnisse aus Aufgabe 8.

a) $\int_1^3 x^3 + 1\,dx$ b) $\int_{10}^{100} x^3 + 3\,dx$ c) $\int_4^{20} x^3 - 10\,dx$ d) $\int_{-5}^5 x^3 + 2\,dx$

10 Fertigen Sie eine Skizze an und bestimmen Sie das Integral.

a) $\int_0^3 x\,dx$ b) $\int_2^4 x\,dx$ c) $\int_{-3}^1 3x\,dx$ d) $\int_a^b m x\,dx$

11 Skizzieren Sie den Graphen einer geeigneten Funktion f so, dass mit den Flächeninhalten A_1, A_2, A_3, A_4 gilt:

a) $\int_a^b f(x)\,dx = A_1 - A_2 + A_3 - A_4$ b) $\int_a^b f(x)\,dx = -A_1 + A_2 + A_3 - A_4$

12 Bei sogenannten Schüttkegeln kann man beobachten, dass sich beim Aufschütten von Kies sowohl die Höhe als auch der Radius des Kegels ändern.
Die Höhe und der Radius solcher Kegel stehen in einem bestimmten Verhältnis zueinander. Die Änderungsrate der Masse eines Schüttkegels kann deshalb in Abhängigkeit von der Höhe x beschrieben werden.
Für eine bestimmte Kiessorte gilt für die Änderungsrate der Masse näherungsweise $f(x) = 10{,}6\,x^2$, dabei wird x in Meter und f(x) in Tonnen pro Meter angegeben.

a) Zeichnen Sie den Graphen von f über dem Intervall [0; 4].

b) Deuten Sie den Flächeninhalt der Fläche zwischen dem Graphen von f und der x-Achse über dem Intervall [0; 4] für diesen Sachverhalt.

c) Berechnen Sie die Masse eines 4 m hohen Schüttkegels.

Weiterüben

13 Gegeben ist die Funktion f mit $f(x) = 2 - x^2$. Lisa und Theo wollen das Integral von f von 0 bis 1 näherungsweise mithilfe von Produktsummen berechnen. Sie verwenden dabei verschiedene Produktsummen:

Lisa berechnet die sogenannte *Obersumme*, indem sie den maximalen Funktionswert des jeweiligen Teilintervalls als Rechteckhöhe verwendet.

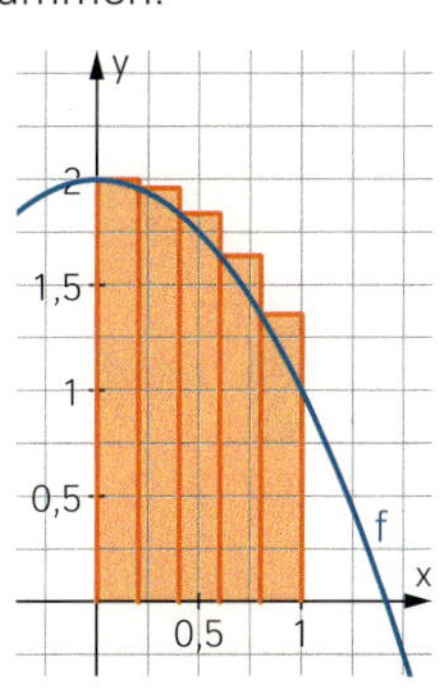

Theo dagegen berechnet die sogenannte *Untersumme*, indem er den minimalen Funktionswert des jeweiligen Teilintervalls als Rechteckhöhe wählt.

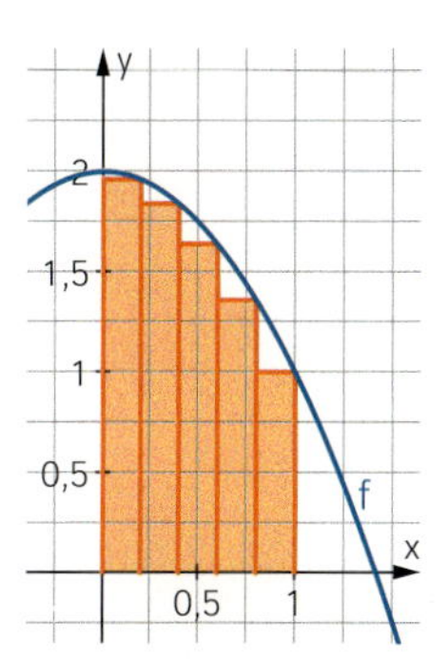

a) Berechnen Sie das Integral jeweils für die Obersumme und die Untersumme, erst für 5 Rechtecke und dann für 500 Rechtecke, und vergleichen Sie jeweils beide Ergebnisse miteinander.

b) Schätzen Sie mithilfe Ihrer Ergebnisse aus Teilaufgabe a) das Integral $\int_0^1 2 - x^2\,dx$ mithilfe der Untersumme nach unten und mithilfe der Obersumme nach oben ab. Untersuchen Sie, wie sich die Untersummen und die Obersummen entwickeln, wenn man über dem Intervall [0; 1] immer mehr und immer schmalere Rechteckstreifen für die Berechnung des Integrals verwendet.

c) Bestimmen Sie den Grenzwert der Untersummen und der Obersummen über dem Intervall [0; 1].

14 Skizzieren Sie den Graphen der Quadratfunktion.
Wie groß ist der Flächeninhalt der Fläche zwischen dem Graphen der Quadratfunktion, der y-Achse und der Geraden zu $y = 4$?

15 Gegeben ist die Funktion f über dem Intervall [0; 1] mit

$$f(x) = \begin{cases} 1, & \text{falls x eine rationale Zahl ist;} \\ 0, & \text{falls x eine irrationale Zahl ist.} \end{cases}$$

a) Beschreiben Sie den Funktionsgraphen. Welche Probleme gibt es bei der Darstellung des Graphen?

b) Begründen Sie, dass es für die Funktion f Produktsummen mit verschiedenen Grenzwerten gibt und deshalb das Integral $\int_0^1 f(x)\,dx$ nicht existiert.

Das kann ich noch!

A Eine Münze wird dreimal geworfen.
Stellen Sie das Zufallsexperiment in einem Baumdiagramm dar und bestimmen Sie daraus die Wahrscheinlichkeit für das Ereignis.

1) Mindestens einmal Wappen
2) Nicht dreimal Wappen
3) Zuerst Wappen, dann zweimal Zahl
4) Gleich oft Wappen und Zahl

2.3 Hauptsatz der Differenzial- und Integralrechnung

Einstieg

Eine Patientin nimmt ein Medikament ein. Die Funktion f mit $f(t) = -\frac{1}{10}t^2 + t$, t in Stunden, beschreibt die Änderungsrate der Wirkstoffkonzentration im Blut in mg pro Stunde in einem Zeitraum von 6 Stunden.

Mit dem Integral $\int_0^4 f(t)\,dt$ kann man berechnen, wie groß die Änderung der Wirkstoffkonzentration in den ersten 4 Stunden ist.

Elea sagt: „Ich kann das Integral auch ohne Produktsummen berechnen! Ich weiß, dass f die momentane Änderungsrate der Wirkstoffkonzentration F ist. Damit kann ich F durch Aufleiten von f bestimmen!"

Erläutern Sie Eleas Idee und führen Sie diese weiter.

Aufgabe mit Lösung

Integral ohne Produktsummen berechnen

Bambus zählt zu den am schnellsten wachsenden Pflanzenarten auf unserem Planeten. Die Funktion f mit $f(x) = 0{,}1\,x^3 - 1{,}5\,x^2 + 5\,x + 10$ beschreibt modellhaft die momentane Wachstumsgeschwindigkeit einer Bambuspflanze in einem Zeitraum von 6 Tagen, die zu Beginn der Beobachtung eine Höhe von 25 cm hat. Dabei wird x in Tagen und f(x) in cm pro Tag angegeben.

→ Begründen Sie, dass die Funktion F mit $F(x) = 0{,}025\,x^4 - 0{,}5\,x^3 + 2{,}5\,x^2 + 10\,x + 25$ die Höhe der Pflanze in cm zum Zeitpunkt x angibt.

Lösung

Wenn die Funktion F die Höhe der Pflanze beschreibt, muss die Ableitung von F die Funktion f sein. Es gilt tatsächlich $F'(x) = 0{,}1\,x^3 - 1{,}5\,x^2 + 5\,x + 10 = f(x)$.

Außerdem muss F die Anfangshöhe der Pflanze korrekt angeben. Dies ist wegen $F(0) = 25$ der Fall.

→ Bestimmen Sie die Höhe der Pflanze 4 Tage nach Beginn der Beobachtung.

Lösung

Die Höhe der Pflanze 4 Tage nach Beobachtungsbeginn berechnet man durch

$F(4) = 0{,}025 \cdot 4^4 - 0{,}5 \cdot 4^3 + 2{,}5 \cdot 4^2 + 10 \cdot 4 + 25 = 79{,}4$.

Die Pflanze hat nach 4 Tagen eine Höhe von 79,4 cm.

→ Deuten Sie das Integral $\int_2^6 f(x)\,dx$ im Sachkontext. Berechnen Sie es mithilfe der Funktion F.

Lösung

Das Integral $\int_2^6 f(x)\,dx$ gibt an, um wie viel cm die Pflanze im Zeitraum von 2 bis 6 Tagen nach Beobachtungsbeginn gewachsen ist. Da die Funktion F die Höhe der Pflanze angibt, kann man das Integral einfach als Differenz der Funktionswerte von F berechnen:

$$\int_2^6 f(x)\,dx = F(6) - F(2) = 99{,}4 - 51{,}4 = 48$$

In diesem Zeitraum hat die Höhe der Pflanze um 48 cm zugenommen.

Information

Stammfunktionen

Definition

Eine Funktion F heißt **Stammfunktion** einer Funktion f, wenn f die Ableitung von F ist:

$F'(x) = f(x)$

$f(x) = 2x^3 - 3x^2 + 6x - 8$

$F(x) = \frac{1}{2}x^4 - x^3 + 3x^2 - 8x$

F ist eine Stammfunktion von f.

Alle Stammfunktionen einer Funktion f

Verschiedene Stammfunktionen F_1 und F_2 einer Funktion f haben an jeder Stelle x dieselbe Steigung f(x) und können sich also nur um eine Konstante unterscheiden:

$F_2(x) = F_1(x) + c$ mit $c \in \mathbb{R}$

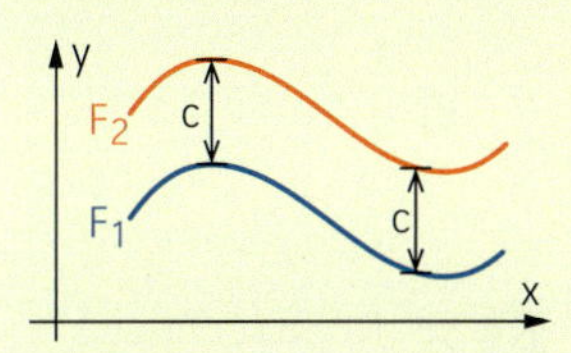

Weitere Stammfunktionen von f sind z. B. F_1 und F_2:

$F_1(x) = \frac{1}{2}x^4 - x^3 + 3x^2 - 8x - 1$

$F_2(x) = \frac{1}{2}x^4 - x^3 + 3x^2 - 8x + 5$

Hauptsatz der Differenzial- und Integralrechnung – erster Teil

Ist F eine Stammfunktion einer Funktion f im Intervall [a; b], so gilt: $\int_a^b f(x)\,dx = F(b) - F(a)$

Man schreibt kurz: $[F(x)]_a^b = F(b) - F(a)$

Dabei ist es egal, welche Stammfunktion gewählt wird, da bei der Differenz eine Konstante wegfällt.

Dieses Klammerpaar kann auch weggelassen werden.

$$\int_2^4 (2x^3 - 3x^2 + 6x - 8)\,dx$$
$$= \left[\frac{1}{2}x^4 - x^3 + 3x^2 - 8x\right]_2^4$$
$$= (128 - 64 + 48 - 32) - (8 - 8 + 12 - 16)$$
$$= 84$$

$F(b) - F(a) = (F(b) + c) - (F(a) + c)$

Stammfunktionen F zu bekannten Funktionen f

f(x)	m	x	x^2	x^n, $n \in \mathbb{R}$, $n \neq -1$	$\frac{1}{x^2}$	sin(x)	cos(x)
F(x)	$m \cdot x$	$\frac{1}{2}x^2$	$\frac{1}{3}x^3$	$\frac{1}{n+1} \cdot x^{n+1}$	$-\frac{1}{x}$	−cos(x)	sin(x)

Üben

1 Zeigen Sie, dass F eine Stammfunktion von f ist, und geben Sie drei weitere Stammfunktionen von f an.

a) $F(x) = 2x^3$ $\quad f(x) = 6x^2$
b) $F(x) = -0{,}3x^4 + x$ $\quad f(x) = -1{,}2x^3 + 1$
c) $F(x) = 4x^3 + x + 12$ $\quad f(x) = 12x^2 + 1$
d) $F(x) = 2x^4 - 3x^3 + 5$ $\quad f(x) = 8x^3 - 9x^2$

2 Bestimmen Sie drei Stammfunktionen von f.

a) $f(x) = 3x - 1$
b) $f(x) = 5$
c) $f(x) = \frac{1}{x^3}$
d) $f(x) = 4x^3 - 7x + 6$
e) $f(x) = x^2 - 4x$
f) $f(x) = \frac{1}{x^2} - x^2$
g) $f(x) = \frac{3}{2}x^5 - \frac{4}{3}x^3 + 2$
h) $f(x) = \sin(x)$

3 Berechnen Sie das Integral mithilfe einer Stammfunktion.

a) $\int_0^3 x^2 - 2\,dx$
b) $\int_{-3}^6 3x^{-4}\,dx$
c) $\int_0^6 x^3 - 2x^2\,dx$
d) $\int_0^{2\pi} \cos(x)\,dx$

4 Berechnen Sie das Integral mithilfe einer Stammfunktion.

a) $\int_{-2}^0 -2x^3 + 3x^2 - 4\,dx$
b) $\int_{-1}^1 x^5 - 5x^4 + 2x - 3\,dx$
c) $\int_{-3}^6 \frac{x^2 - 3x}{5} + 1\,dx$
d) $\int_{-2}^0 \frac{1}{3}x^3 - \frac{1}{2}x^2 + 1\,dx$

5 Noah rechnet:

$$\int_0^1 2x \cdot (6x - 1)\,dx = \left[x^2 \cdot (3x^2 - x)\right]_0^1 = 1 \cdot (3 - 1) = 2$$

Der Rechner liefert als Ergebnis aber 3. Was hat Noah falsch gemacht?

6 Begründen Sie mithilfe des Hauptsatzes die folgenden Rechenregeln für Integrale.

(1) Integral von a bis a

$$\int_a^a f(x)\,dx = 0$$

(2) Intervalladditivität

$$\int_a^b f(x)\,dx + \int_b^c f(x)\,dx = \int_a^c f(x)\,dx$$

(3) Faktorregel

$$\int_a^b k \cdot f(x)\,dx = k \cdot \int_a^b f(x)\,dx$$

(4) Summenregel

$$\int_a^b (f(x) + g(x))\,dx = \int_a^b f(x)\,dx + \int_a^b g(x)\,dx$$

7 In einigen Windkraftanlagen wird die produzierte Energie in Form von Gas gespeichert. Die Funktion f mit $f(t) = 0{,}4t^3 - 2t$ beschreibt die momentane Produktionsrate des produzierten Gases in m^3 pro Tag in Abhängigkeit von der Zeit t in Tagen.
Für die Menge des Gases $F(a)$ in m^3, das sich zum Zeitpunkt a im Speichertank befindet, gilt $F(100) = 0$. Bestimmen Sie die Bestandsfunktion F.

8 Bei einem Sprung vom 10-Meter-Turm eines Freibads kann man den Luftwiderstand vernachlässigen, also von einem freien Fall ausgehen. Dabei nimmt die Geschwindigkeit pro Sekunde um etwa $9{,}81\,\frac{m}{s}$ zu. Diese sogenannte Erdbeschleunigung ist nach unten gerichtet, daher kann die Geschwindigkeit $v(t)$ in Abhängigkeit von der Zeit t durch $v(t) = -9{,}81\,t$, t in Sekunden, v(t) in Meter pro Sekunde, beschrieben werden.

a) Bestimmen Sie die Funktion h, die die Höhe eines Springers nach t Sekunden angibt.

b) Wie lange dauert es etwa, bis der Springer die Wasseroberfläche erreicht? Mit welcher Geschwindigkeit taucht er ein?

c) Berechnen Sie $\int_0^1 v(t)\,dt$ und interpretieren Sie den Wert im Sachzusammenhang.

9 **Folgerungen aus der Kettenregel**

a) Bestimmen Sie eine Stammfunktion der Funktion f. Prüfen Sie Ihr Ergebnis mithilfe der Kettenregel.

(1) $f(x) = \cos(2x)$ (2) $f(x) = \sin(-x) + x$

(3) $f(x) = \sqrt{3x - 1}$ (4) $f(x) = (4 - 2x)^8$

b) Zeigen Sie:

Hat die Funktion f die Stammfunktion F, so hat die Funktion g mit $g(x) = f(ax + b)$ für reelle Zahlen a und b die Stammfunktion G mit $G(x) = \frac{1}{a} \cdot F(ax + b)$.

$f(x) = \sqrt[3]{-2x + 1}$

Idee: Man betrachtet die Funktion h mit $h(x) = \sqrt[3]{x} = x^{\frac{1}{3}}$. Als Stammfunktion von h ergibt sich die Funktion H mit $H(x) = \frac{3}{4} \cdot x^{\frac{4}{3}}$. Wegen der Kettenregel ist somit die Funktion F mit

$$F(x) = -\frac{1}{2} \cdot \frac{3}{4} \cdot (-2x + 1)^{\frac{4}{3}} = -\frac{3}{8} \cdot \left(\sqrt[3]{-2x + 1}\right)^4$$

eine Stammfunktion der Funktion f.

Weiterüben

10 Verdeutlichen Sie das Integral an einer Skizze und bestimmen Sie $b > 0$ so, dass die Gleichung erfüllt ist.

a) $\int_0^b x^2 - 3\,dx = 0$ **b)** $\int_1^b 4 - x\,dx = -4$ **c)** $\int_{-1}^b x^3\,dx = \frac{15}{4}$ **d)** $\int_0^b \sin(x)\,dx = 1$

11 Im abgebildeten Rechnerfenster ist zu sehen, wie man ein Integral mit einem Rechner bestimmen kann.

$\int_{-1}^{3} (x^3 - 2 \cdot x^2 + x - 4)\,dx$ $\frac{-32}{3}$

$\int_{□}^{□} □\,d□$

a) Untersuchen Sie, welche Möglichkeiten Ihr Rechner zur Berechnung von Integralen hat. Erläutern Sie die Eingaben.

b) Berechnen Sie folgende Integrale mithilfe des Hauptsatzes für Differenzial- und Integralrechnung und kontrollieren Sie Ihr Ergebnis mit einem Rechner.

(1) $\int_1^3 0{,}4x^3 - 0{,}5x^4 - 7\,dx$ (2) $\int_{-1}^5 \frac{x^3}{4} - \frac{x^2}{3} + \frac{1}{5}\,dx$

(3) $\int_1^2 \frac{x}{2} + \frac{1}{x^2}\,dx$ (4) $\int_0^{\pi} \sin(x)\,dx$

2.4 Integralfunktionen

Einstieg

Ein Tauchroboter hat eine Sink- bzw. Steiggeschwindigkeit v in $\frac{\text{m}}{\text{min}}$, für die gilt:
$v(t) = 0{,}25t^2 - 9t$; t in min und $0 \le t \le 45$.
Zeichnen Sie den Graphen von v und den von I_0 mit $I_0(x) = \int_0^x v(t)\,dt$ im Intervall [0; 45] in zwei Koordinatensysteme untereinander.
Beschreiben Sie die Bedeutung von $I_0(x)$ und stellen Sie Zusammenhänge zwischen den beiden Graphen her.

Aufgabe mit Lösung

Grafisches Integrieren

Gegeben ist der Graph einer Funktion f.
Die Funktion F ist eine Stammfunktion von f.
Der Graph von F soll durch den Punkt (1 | 0) verlaufen.

→ Rekonstruieren Sie den ungefähren Verlauf des Graphen von F im Intervall [1; 5].

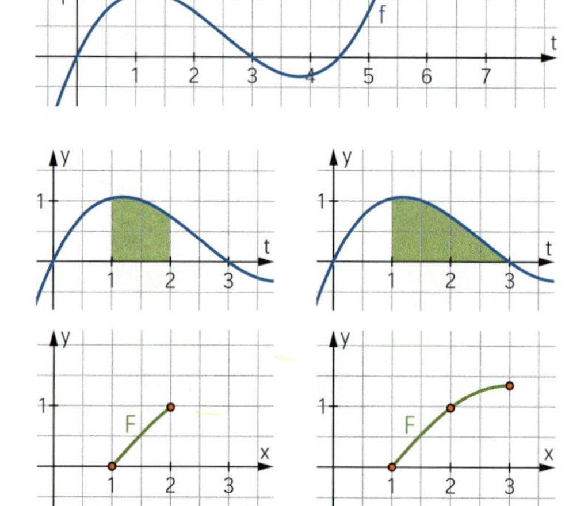

Lösung

Der Flächeninhalt unter dem Graphen der Funktion f kann z. B. durch Zählen der Kästchen abgeschätzt werden.
Hieraus ergeben sich die Werte $F(2) \approx 1{,}0$ und $F(3) \approx 1{,}4$.

Im Intervall [3; 4,5] hat die Funktion f negative Werte. Die entsprechenden Flächeninhalte müssen daher subtrahiert werden. Daraus kann man folgern, dass die Funktion F an der Stelle 3 ein Maximum und an der Stelle 4,5 ein Minimum hat.

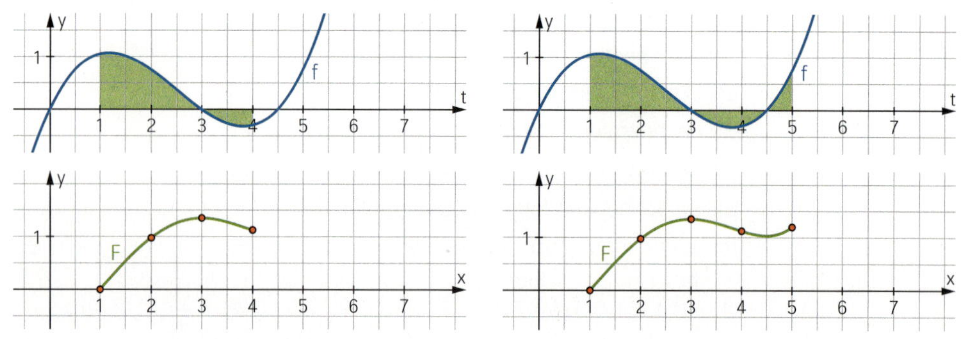

Den x-Werten wurde der orientierte Flächeninhalt der Fläche zwischen dem Graphen von f über dem Intervall [1; x] zugeordnet. Es ist also $F(x) = \int_1^x f(t)\,dt$.

Information

Integralfunktion

Definition

Ordnet man jeder Stelle $x \geq a$ den orientierten Flächeninhalt unter dem Graphen einer Funktion f über dem Intervall [a; x] zu, so erhält man eine neue Funktion. Diese Funktion heißt **Integralfunktion** von f über dem Intervall [a; x].

Man schreibt dafür kurz: $I_a(x) = \int_a^x f(t)\,dt$

Für jede Integralfunktion gilt: $I_a(a) = \int_a^a f(t)\,dt = 0$

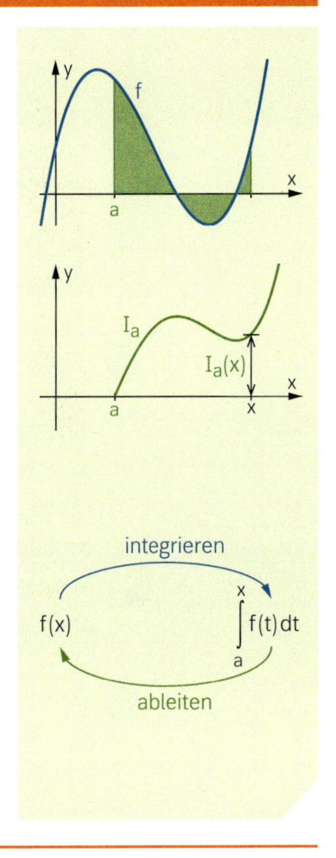

Hauptsatz der Differenzial- und Integralrechnung – zweiter Teil

Ist die Funktion f *stetig*, d. h., der Graph von f kann zusammenhängend gezeichnet werden, dann gilt für eine Integralfunktion $I_a(x) = \int_a^x f(t)\,dt$ von f: $I'_a(x) = f(x)$

Die Ableitung einer Integralfunktion I_a von f ist also die Funktion f. Somit ist jede Integralfunktion I_a von f eine Stammfunktion von f.

Beweis des Hauptsatzes:

Gesucht ist die Ableitung der Funktion I_a an der Stelle x.
Der Differenzenquotient ergibt:

$$\frac{I_a(x+h) - I_a(x)}{h} = \frac{\int_a^{x+h} f(t)\,dt - \int_a^x f(t)\,dt}{h} = \frac{\int_x^{x+h} f(t)\,dt}{h}$$

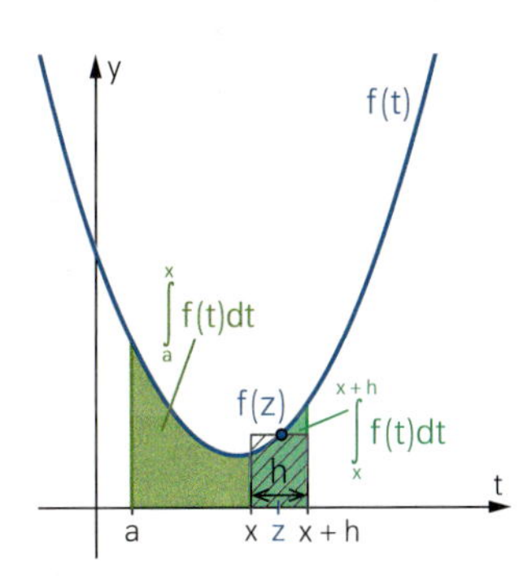

Wenn f stetig ist, dann kann man eine Zahl z zwischen x und x + h finden, sodass der Flächeninhalt unter dem Graphen von f von x bis x + h genau so groß ist wie das schraffierte Rechteck mit dem Flächeninhalt $h \cdot f(z)$.

Es gilt also: $\int_x^{x+h} f(t)\,dt = h \cdot f(z)$

Durch Einsetzen in den Differenzenquotienten erhält man:

$$\frac{I_a(x+h) - I_a(x)}{h} = \frac{1}{h} \cdot \int_x^{x+h} f(t)\,dt = \frac{1}{h} \cdot h \cdot f(z) = f(z)$$

Da f stetig ist, gilt $f(z) \to f(x)$ für $h \to 0$ (Abbildung 1). Dies wäre nicht der Fall, wenn der Graph von f an der Stelle x eine Sprungstelle hätte (Abbildung 2).

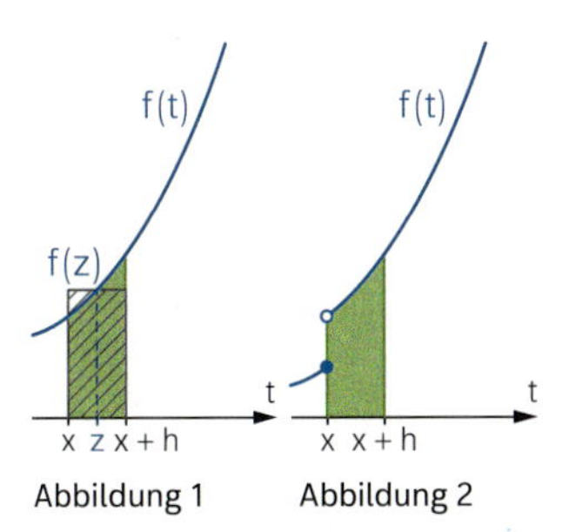

Abbildung 1 Abbildung 2

Damit ergibt sich: $I'_a(x) = \lim\limits_{h \to 0} \frac{I_a(x+h) - I_a(x)}{h} = \lim\limits_{h \to 0} f(z) = f(x)$

Üben

1 Die abgebildete Funktion f beschreibt die momentane Änderungsrate eines Tankinhalts.

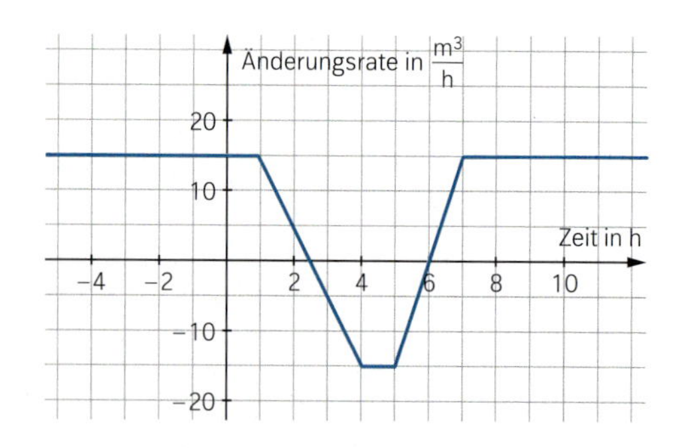

a) Zeichnen Sie den Graphen der zugehörigen Integralfunktion $I_{-3}(x) = \int_{-3}^{x} f(t)\,dt$.

b) Erläutern Sie die Bedeutung der Integralfunktion für den Sachzusammenhang.

2 Unmittelbar nach einem Deichbruch fließen etwa $150\,m^3$ Wasser pro Minute durch die Bruchstelle. Sie vergrößert sich durch den Wasserzufluss, sodass sich die Durchflussstärke innerhalb einer Minute immer um $30\,m^3$ pro Minute erhöht.

a) Beschreiben Sie die Durchflussstärke t Minuten nach dem Deichbruch mit einem Funktionsterm f(t) und zeichnen Sie den Graphen.

I_0: Integralfunktion von f mit der unteren Grenze 0

b) Zeichnen Sie den Graphen der Integralfunktion I_0 von f und beschreiben Sie deren Bedeutung im Sachzusammenhang.

c) Bestimmen Sie einen Funktionsterm für $I_0(x)$.

3 Bestimmen Sie jeweils zum vorgegebenen Wert von a die Integralfunktion I_a von f. Zeichnen Sie die Graphen von f und I_a in ein Koordinatensystem. Erläutern Sie die Zusammenhänge beider Graphen.

a) $f(x) = 3x + 1$
$a = 0;\ a = 2;\ a = -1$

b) $f(x) = 2x - 6$
$a = 0;\ a = 3;\ a = -2$

c) $f(x) = \frac{1}{2}x - 1$
$a = 0;\ a = 1;\ a = -4$

d) $f(x) = x^2 + 1$
$a = 0;\ a = 1;\ a = -1$

4 Hat die Funktion f eine Stammfunktion F, so kann man den zweiten Teil des Hauptsatzes der Differenzial- und Integralrechnung mithilfe des ersten Teils beweisen. Führen Sie dies aus, d. h., zeigen Sie, dass in diesem Fall gilt:
$I_a'(x) = F'(x) = f(x)$

5 Die Funktion f mit dem abgebildeten Funktionsgraphen ist nicht stetig.

a) Zeichnen Sie den Graphen der Integralfunktion I_{-1}.

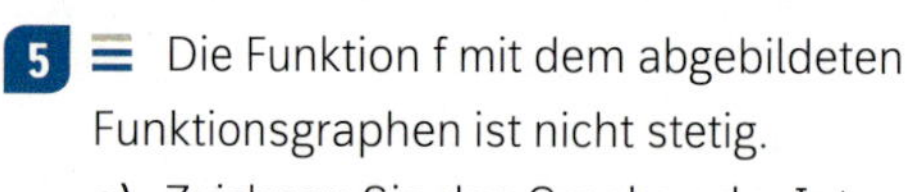

b) Begründen Sie anhand des Graphen, dass die Funktion I_{-1} an der Stelle $x = 1$ nicht differenzierbar ist.

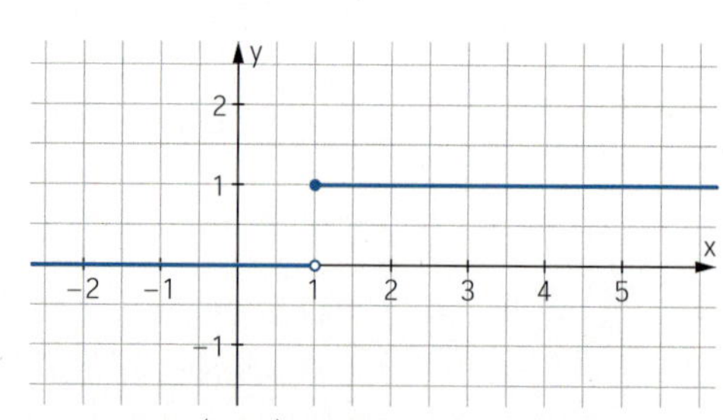

c) Berechnen Sie für $h > 0$ den Differenzenquotienten $\frac{I_{-1}(x+h) - I_{-1}(x)}{h}$ an der Stelle $x = 1$. Zeigen Sie, dass der Grenzwert für $h \to 0$ nicht mit f(1) übereinstimmt. Wie ist es für $h < 0$?

d) Erklären Sie an diesem Beispiel, warum beim Hauptsatz der Differenzial- und Integralrechnung die Funktion f als stetig vorausgesetzt wird.

6 **Rote Welle**

Eine typische Situation im Stadtverkehr:

Man hält bei Rot an einer Ampel an, nach etwa einer Minute fährt man bei Grün mit zunächst konstanter Beschleunigung und anschließend mit konstanter Geschwindigkeit weiter.
Kaum hat man diese Geschwindigkeit erreicht, kommt die nächste Ampel, an der man stoppen muss.

a) Stellen Sie den zeitlichen Verlauf der Geschwindigkeit $v = f(t)$ grafisch dar.

b) Welche Bedeutung hat hier die Integralfunktion I_0? Zeichnen Sie deren Graphen direkt unterhalb des Graphen von f.

c) Untersuchen Sie, welcher inhaltliche Zusammenhang zwischen den beiden Funktionen besteht. Erläutern Sie, welche Bedeutung die Ableitung der Integralfunktion hat.

7 Ein Wasserreservoir in einem Wüstengebiet wird von einem Fluss gespeist, der lange Zeit des Jahres trocken liegt. Die Bewohner eines kleinen Dorfes nutzen dieses Reservoir für ihre Wasserversorgung. Sie möchten deshalb ungefähr wissen, wie viel Wasser im Reservoir vorhanden ist.
Der Wasserzufluss kann näherungsweise durch den Graphen beschrieben werden.

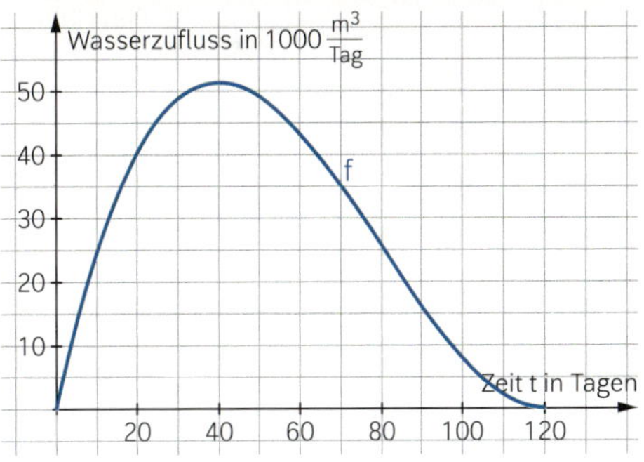

a) Bestimmen Sie ungefähr das Wasservolumen in m^3, das nach 10 Tagen, 20 Tagen, 30 Tagen, ..., 120 Tagen in das Reservoir geflossen ist.
Skizzieren Sie den Graphen der Funktion F, die jedem Zeitpunkt t in Tagen das Wasservolumen in m^3 zuordnet.

b) Erläutern Sie, warum die Funktion F aus Teilaufgabe a) eine Stammfunktion von f ist.

c) Erläutern Sie die Zusammenhänge der beiden Graphen von f und F.

8 Die Abbildung zeigt die Graphen einer Funktion f und einer zugehörigen Integralfunktion I_{-2}.

a) Erläutern Sie die Zusammenhänge beider Graphen.

b) Skizzieren Sie per Hand weitere Integralfunktionen I_a von f für $a = -1$, $a = 0$, $a = 1$ und $a = 2$.
Beschreiben Sie, was sich jeweils ändert.

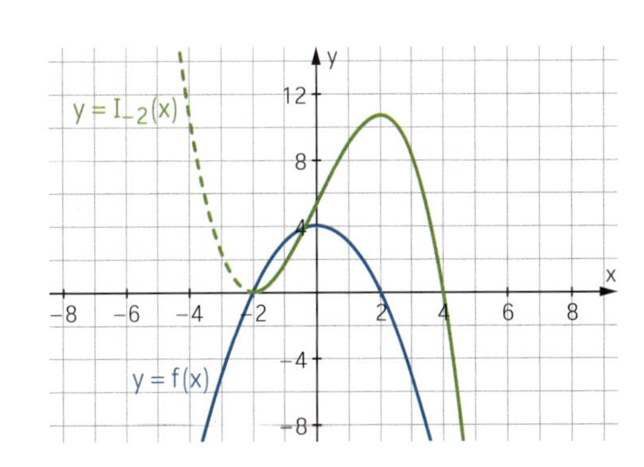

9 Für ein Segelflugzeug ist die Steig- bzw. Sinkgeschwindigkeit v(t) in Abhängigkeit von der Zeit t im abgebildeten Graphen dargestellt.

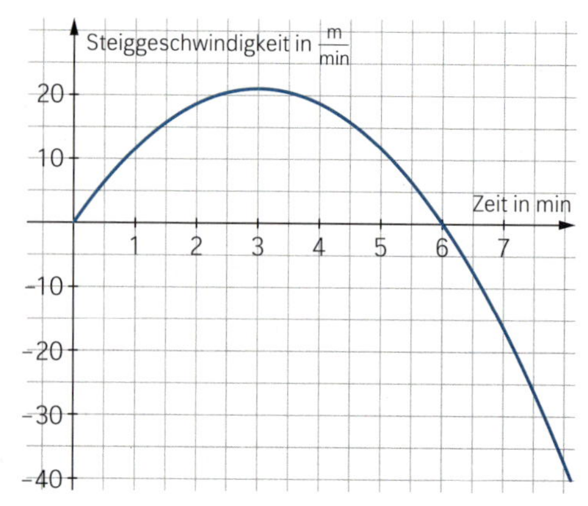

a) Übertragen Sie den Graphen der Funktion v in Ihr Heft.
Erläutern Sie die Bedeutung der Integralfunktion I_0 von v.
Skizzieren Sie unter dem Graphen von v in ein neues Koordinatensystem den Graphen der Integralfunktion I_0 von v.
Begründen Sie den Verlauf des Graphen der Integralfunktion.

b) Betrachten Sie die Graphen von v und I_0 und erläutern Sie die Zusammenhänge der beiden Funktionen v und I_0.

10 Nach dem Hauptsatz der Differenzial- und Integralrechnung ist jede Integralfunktion einer stetigen Funktion f auch eine Stammfunktion zu f, da $I_a'(x) = f(x)$ gilt.

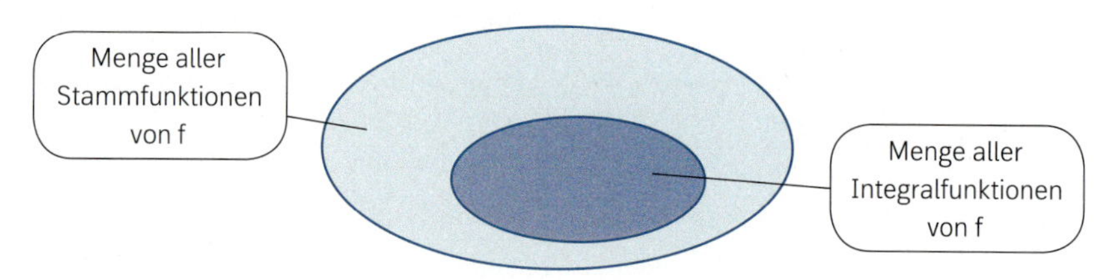

a) Untersuchen Sie umgekehrt, welche der folgenden Stammfunktionen F einer Funktion f auch Integralfunktionen sind.

(1) $F(x) = x^2 - 1$
(2) $F(x) = x^2 + 1$
(3) $F(x) = \cos(x)$
(4) $F(x) = \cos(x) + 2$

b) Welche Bedingungen muss eine Stammfunktion einer Funktion f erfüllen, damit sie auch eine Integralfunktion von f ist?

Weiterüben

11 Nicht immer lässt sich ein konkreter Term für eine Stammfunktion F angeben.
Ein Beispiel für eine solche *nicht elementar integrierbare* Funktion ist die Funktion f mit $f(x) = \sqrt{1 + x^4}$.
In diesem Fall kann auch ein Computeralgebra-System (CAS) keinen Term für eine Stammfunktion finden.

a) Geben Sie eine Stammfunktion F für die Funktion f mithilfe eines Integrals an.

b) Erstellen Sie mit einem Rechner eine Wertetabelle für die Stammfunktion F und zeichnen Sie den Graphen.

12 Bisher wurde bei der Definition des Integrals $\int_a^b f(x)\,dx$ stets vorausgesetzt, dass $b > a$ ist.
Die Graphen von Integralfunktionen I_a mit $I_a(x) = \int_a^x f(t)\,dt$ können aber auch links von der unteren Integrationsgrenze a weitergezeichnet werden.
Man kann z. B. so vorgehen, dass man mithilfe des Hauptsatzes der Differenzial- und Integralrechnung den Term der Stammfunktion I_a bestimmt und dann den Graphen zeichnet.

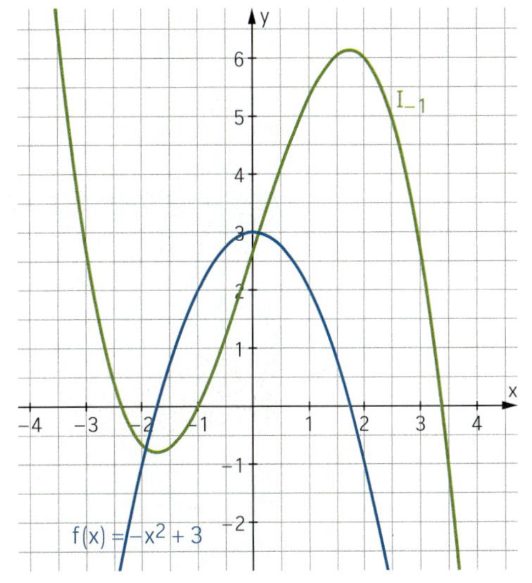

a) Gegeben ist die Funktion f mit $f(x) = -x^2 + 3$.
Betrachten Sie die zugehörige Integralfunktion I_0 mit $I_0(x) = \int_0^x f(t)\,dt$.
Berechnen Sie die Funktionswerte $I_0(1)$; $I_0(-1)$; $I_0(2)$; $I_0(-2)$; $I_0(3)$; $I_0(-3)$ mithilfe des Funktionsterms von I_0. Was fällt auf?
Zeichnen Sie die Graphen der Funktion f und der Integralfunktion I_0.

b) Begründen Sie die folgende Regel:

$$\int_b^a f(x)\,dx = -\int_a^b f(x)\,dx$$

$$\int_2^1 x^2\,dx = -\int_1^2 x^2\,dx = -\frac{8}{3} - \left(-\frac{1}{3}\right) = -\frac{7}{3}$$

c) Berechnen Sie die Integrale.

(1) $\int_5^0 2x^3 + x\,dx$ (2) $\int_0^{-\pi} \cos(x)\,dx$ (3) $\int_1^{-1} \frac{1}{x^2} + x\,dx$ (4) $\int_4^1 \sqrt{x}\,dx$

13 Die Rechnerfenster zeigen, wie man die Integralfunktion I_0 von der Funktion f mit $f(x) = 2^x$ mit einem Rechner festlegen und zeichnen kann.

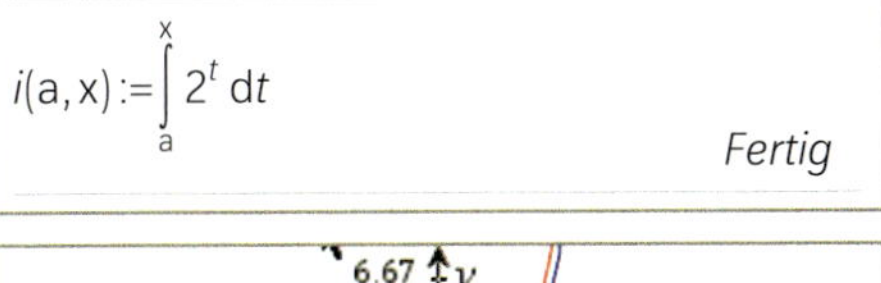

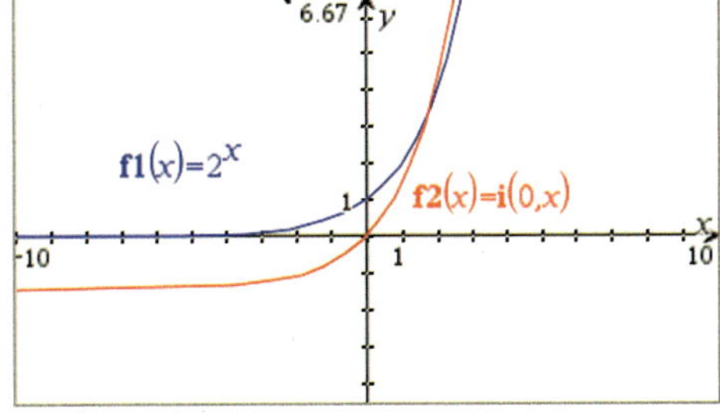

a) Untersuchen Sie, welche Möglichkeiten Ihr Rechner dafür bietet.
b) Der Wasserfluss in m^3 pro Minute bei einem Deichdurchbruch kann in den ersten 20 Minuten näherungsweise durch die Funktion g mit $g(t) = 1{,}4^{2t}$ modelliert werden.
Zeichnen Sie die zugehörige Integralfunktion I_0 von g mit einem Rechner.
Erläutern Sie die Bedeutung dieser Integralfunktion für den Sachzusammenhang.

2.5 Fläche zwischen einem Funktionsgraphen und der x-Achse

Einstieg

Der Wasserstand in einem Rückhaltebecken kann mithilfe eines Ablaufkanals kontrolliert werden. Für den Querschnitt f des Ablaufkanals gilt in einem Koordinatensystem mit der Einheit Meter:
$f(x) = \frac{1}{2}x^2 - 2$
Zur Kontrolle des Wasserflusses wurde ein Metalltor montiert, dessen Querschnitt mit dem des Ablaufkanals übereinstimmt.
Zeichnen Sie den Graphen der Funktion f und berechnen Sie den Flächeninhalt der Querschnittsfläche.

Aufgabe mit Lösung

Flächeninhalt durch Zerlegen bestimmen

Der Graph der Funktion f mit $f(x) = x^3 - x^2 - 2x$ schließt mit der x-Achse eine Fläche aus zwei Teilen ein.

→ Berechnen Sie die Nullstellen der Funktion f.

Lösung

$f(x) = x^3 - x^2 - 2x = 0$

$x \cdot (x^2 - x - 2) = 0$

$x = 0$ oder $x^2 - x - 2 = 0$

$x = 0$ oder $x = -1$ oder $x = 2$

Die Funktion f hat also die Nullstellen -1, 0 und 2.

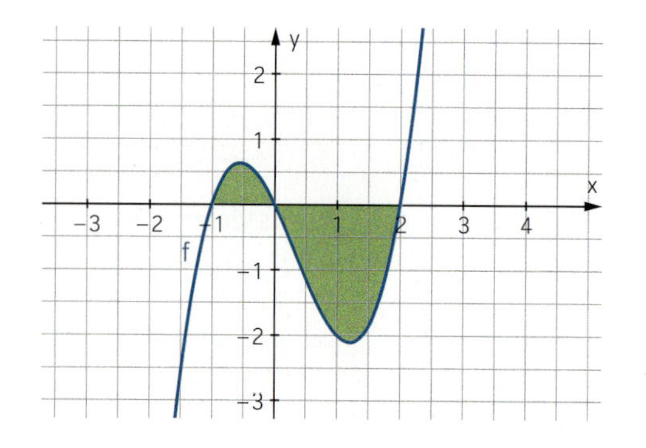

→ Begründen Sie, dass der Flächeninhalt der eingeschlossenen Fläche nicht mit dem Integral $\int_{-1}^{2} f(x)\,dx$ berechnet werden kann.

Lösung

Die linke Teilfläche A_1 liegt oberhalb der x-Achse, also bezieht das Integral den Flächeninhalt von A_1 positiv ein. Die rechte Teilfläche A_2 liegt unterhalb der x-Achse, also bezieht das Integral den Flächeninhalt von A_2 negativ ein.

Somit gibt das Integral $\int_{-1}^{2} f(x)\,dx$ nur die Differenz dieser beiden Flächeninhalte an.
Der Flächeninhalt der gesamten Fläche kann daher nicht mit dem Integral berechnet werden.

Berechnen Sie den Flächeninhalt der Fläche, die von dem Graphen von f und der x-Achse eingeschlossen wird.

Lösung

Die Funktion F mit $F(x) = \frac{1}{4}x^4 - \frac{1}{3}x^3 - x^2$ ist eine Stammfunktion von f, da $F'(x) = f(x)$.

Die linke Teilfläche A_1 ist über dem Intervall $[-1; 0]$ vom Graphen und der x-Achse eingeschlossen. Sie liegt oberhalb der x-Achse, deshalb gilt:

$$\int_{-1}^{0} f(x)\,dx = \left[\frac{1}{4}x^4 - \frac{1}{3}x^3 - x^2\right]_{-1}^{0} = 0 - \left(\frac{1}{4} + \frac{1}{3} - 1\right) = \frac{5}{12};\ \text{also } A_1 = \frac{5}{12}$$

Die rechte Teilfläche A_2 ist über dem Intervall $[0; 2]$ vom Graphen und der x-Achse eingeschlossen. Sie liegt unterhalb der x-Achse, deshalb gilt:

$$\int_{0}^{2} f(x)\,dx = \left[\frac{1}{4}x^4 - \frac{1}{3}x^3 - x^2\right]_{0}^{2} = \left(4 - \frac{8}{3} - 4\right) - 0 = -\frac{8}{3};\ \text{also } A_2 = \left|-\frac{8}{3}\right| = \frac{8}{3}$$

Der Flächeninhalt A der gesamten Fläche ergibt sich aus der Summe der Flächeninhalte der Teilflächen:

$$A = A_1 + A_2 = \frac{5}{12} + \frac{8}{3} = \frac{37}{12} \approx 3{,}083$$

Information

Flächeninhalt zwischen einem Funktionsgraphen und der x-Achse

Den Flächeninhalt A zwischen dem Graphen einer Funktion f und der x-Achse über einem Intervall [a; b] bestimmt man aus den Flächeninhalten der Teilflächen oberhalb und unterhalb der x-Achse.
Dazu geht man wie folgt vor:

(1) Man bestimmt die Nullstellen im Intervall [a; b].

(2) Mithilfe der Integrale von f (x) über den Teilintervallen werden die einzelnen Flächeninhalte berechnet.
Bei negativen Integralwerten werden die Beträge gebildet.

(3) Der Flächeninhalt A ergibt sich aus der Summe der Flächeninhalte der Teilflächen.

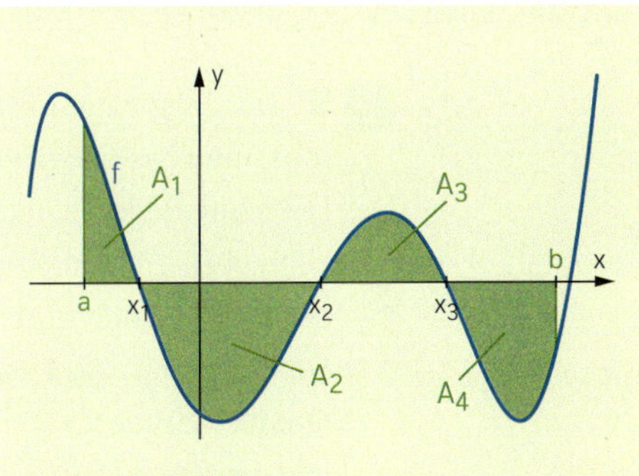

Nullstellen: $f(x) = 0$
Im Intervall [a; b] sind dies x_1, x_2, x_3.

$A_1 = \int_{a}^{x_1} f(x)\,dx$ $\quad A_2 = \left|\int_{x_1}^{x_2} f(x)\,dx\right|$

$A_3 = \int_{x_2}^{x_3} f(x)\,dx$ $\quad A_4 = \left|\int_{x_3}^{b} f(x)\,dx\right|$

$A = A_1 + A_2 + A_3 + A_4$

Üben

1 Skizzieren Sie den Graphen von f und berechnen Sie den Flächeninhalt der Fläche, die der Graph mit der x-Achse einschließt. Kontrollieren Sie Ihr Ergebnis mit einem Rechner.

a) $f(x) = x^2 - 9$ **b)** $f(x) = x^3 - 4x$ **c)** $f(x) = x^3 - 2x^2$ **d)** $f(x) = x^4 - 4x^2$

2 Berechnen Sie den Flächeninhalt der Fläche, die der Graph der Funktion f mit der x-Achse einschließt.

a) $f(x) = 4 - x^2$
b) $f(x) = x \cdot (x - 1) \cdot (3 - x)$
c) $f(x) = -x^2 + 6x + 7$
d) $f(x) = (x - 1) \cdot (x - 2) \cdot (x - 3)$

3 Skizzieren Sie den Graphen der Funktion f und markieren Sie die Fläche, die der Graph der Funktion f über dem gegebenen Intervall mit der x-Achse einschließt. Berechnen Sie den Flächeninhalt dieser Fläche.

a) $f(x) = x^3 - 3x^2 - 6x + 8;\ [-2; 4]$
b) $f(x) = x^3 - 6x^2 + 5x + 12;\ [-1; 3]$
c) $f(x) = x^3 - x^2 - 2x + 1;\ [-2; 2]$
d) $f(x) = x^4 - 10x^3 + 35x^2 - 50x + 24;\ [1; 4]$
e) $f(x) = \sqrt{x};\ [0; 9]$
f) $f(x) = \frac{1}{x};\ [-4; -1]$

4 Dominik und Betül sollen den Flächeninhalt der Fläche berechnen, die von einem Sinusbogen und der x-Achse eingeschlossen wird.

Dominik berechnet:

$$A = \int_0^{2\pi} \sin(x)\,dx = 0$$

Betül rechnet folgendermaßen:

$$A = 2 \cdot \int_0^{\pi} \sin(x)\,dx$$

Erläutern Sie Dominiks Fehler und Betüls Überlegungen.

5 Das Eingangstor einer alten Kirche muss neu gestrichen werden.
Die obere Begrenzungslinie des Tores kann in einem Koordinatensystem mit der Einheit Meter durch den Graphen der Funktion f mit $f(x) = -\frac{1}{8}x^4 + 4$ für $-2 \leq x \leq 2$ und die Geraden $x = 2$ und $x = -2$ modelliert werden.
Berechnen Sie den Flächeninhalt des Tores.

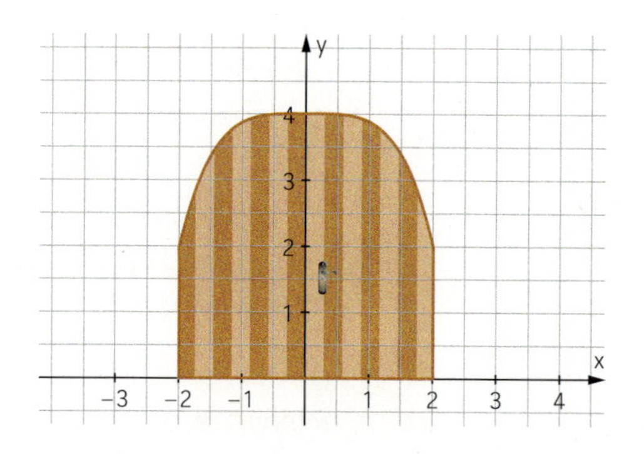

6 Katharina hat den Flächeninhalt A der Fläche zwischen dem Graphen der Funktion f mit $f(x) = x^4 - 16$ und der x-Achse berechnet:

$$\int_{-2}^{2} x^4 - 16\,dx = 2 \cdot \int_0^2 x^4 - 16\,dx = 2 \cdot \left[\frac{1}{5}x^5 - 16x\right]_0^2 = 2 \cdot \left(\frac{32}{5} - 32\right) = 2 \cdot \left(-\frac{128}{5}\right) = -\frac{256}{5}$$

Somit: $A = 51{,}2$

Erläutern Sie Katharinas Rechnung. Fertigen Sie dazu eine Skizze vom Graphen an.

7 Berechnen Sie unter Verwendung der Symmetrie des Graphen von f den Flächeninhalt der Fläche zwischen dem Graphen von f und der x-Achse.

a) $f(x) = 9 - x^2$
b) $f(x) = 3x^3 - 2x$
c) $f(x) = \sin(x)$ für $-\pi \leq x \leq \pi$
d) $f(x) = x - \sin(0{,}5\pi \cdot x)$ für $-1 \leq x \leq 1$

8 Ein Entwässerungsgraben kann in einem Koordinatensystem mit der Einheit dm näherungsweise durch f mit $f(x) = x^2 - 9$ für $-3 \leq x \leq 3$ beschrieben werden.
Nehmen Sie an, dass der Graben randvoll gefüllt ist. Bestimmen Sie, wie viel Liter Wasser pro Meter im Graben enthalten sind.

Flächeninhalte mithilfe des Betrags bestimmen

9 Der Flächeninhalt der Fläche, die der Graph der Funktion f mit $f(x) = -x^3 + x^2 + 2x$ mit der x-Achse einschließt, soll berechnet werden.

a) In der Abbildung sind der Graph der Funktion f sowie der Graph der Funktion g mit $g(x) = |f(x)|$ dargestellt.
Beschreiben Sie den Zusammenhang dieser beiden Graphen.

b) Begründen Sie, dass für den Flächeninhalt A, den der Graph von f mit der x-Achse einschließt, gilt: $A = \int_{-1}^{2} |f(x)|\,dx$

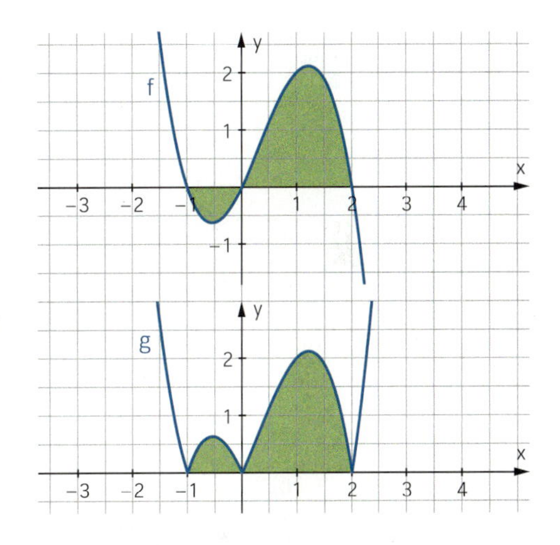

c) Berechnen Sie so den gesuchten Flächeninhalt mit einem einzigen Integral.

Information

Flächeninhalt zwischen Funktionsgraph und x-Achse mithilfe des Betrags berechnen

Satz
Der Flächeninhalt A der vom Graphen einer Funktion f und der x-Achse zwischen den Stellen a und b eingeschlossenen Fläche beträgt:

$$A = \int_a^b |f(x)|\,dx$$

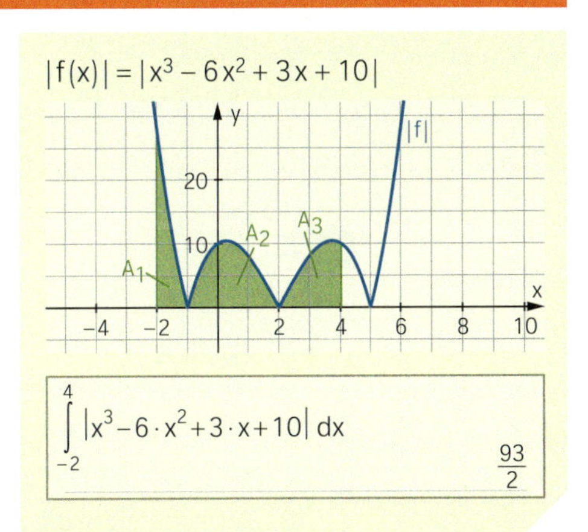

Hinweis: Für Gleichungen ab dem Grad 5 gibt es keine allgemeine Lösungsformel (*Satz von Abel*). Somit können solche Funktionen auch Nullstellen haben, die nur näherungsweise berechnet werden können. Folglich können auch CAS-Rechner in solchen Fällen nur Näherungswerte für die Flächeninhalte angeben.

10 Bestimmen Sie den Flächeninhalt der Fläche, die der Graph der Funktion f mit der x-Achse einschließt.

a) $f(x) = x^4 - 8x^3 + 18x^2 - 8x$ **b)** $f(x) = x^3 - x^2 - 2x$

11 Für den Bau einer Zisterne wird eine Grube ausgehoben, deren Querschnittsfläche in einem Koordinatensystem mit der Einheit Meter für $-4 \leq x \leq 4$ vom Graphen der Funktion f mit $f(x) = \frac{3}{128}x^4 - 6$ begrenzt wird.

a) Berechnen Sie den Flächeninhalt der Querschnittsfläche der Grube.

b) Die Grube hat eine Länge von 20 m. Berechnen Sie, wie viel Kubikmeter Erde ausgehoben werden müssen.

Weiterüben

12 Ermitteln Sie einen Funktionsterm für den Graphen und bestimmen Sie den Flächeninhalt der gefärbten Fläche.

a)

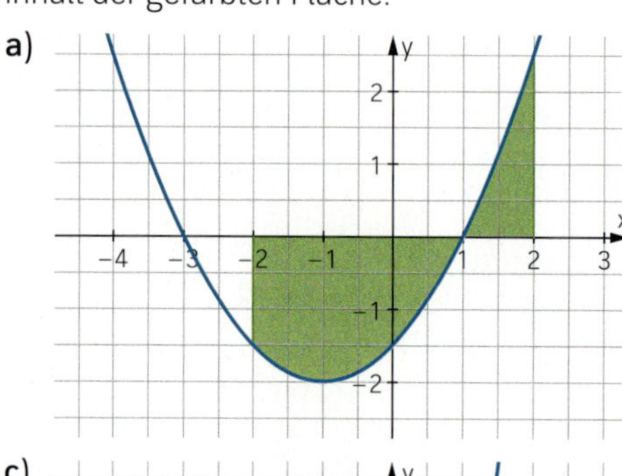

b)

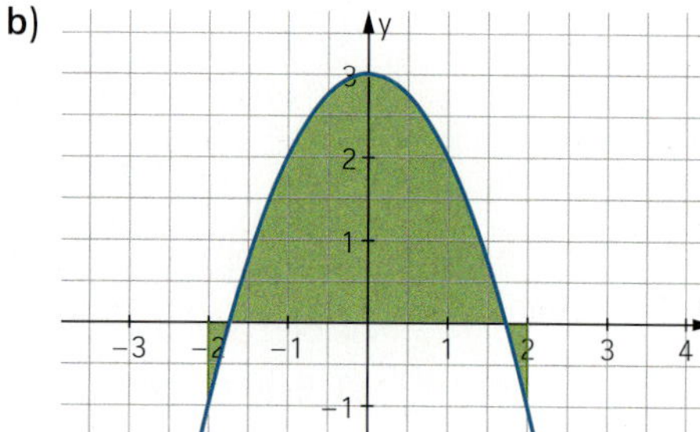

c)

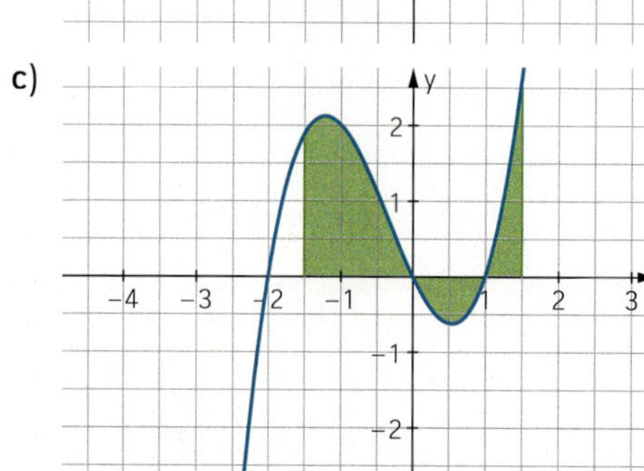

d)

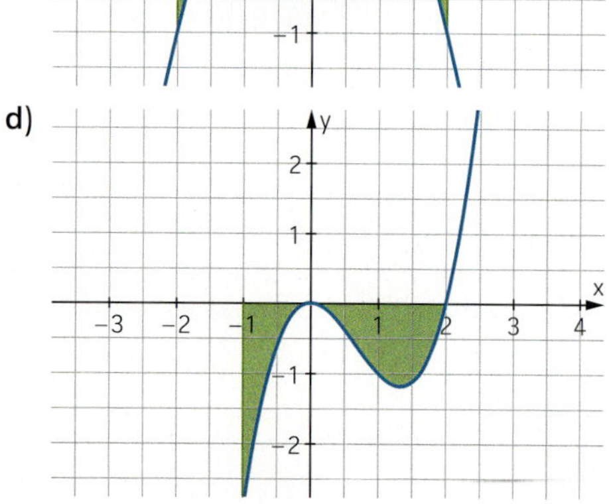

13 Für Freizeitaktivitäten im Wassersport wird ein neuer Kanal angelegt.

a) Bestimmen Sie einen Funktionsterm f(x) für den abgebildeten Kanalboden.

b) Berechnen Sie den Flächeninhalt der Querschnittsfläche des Kanals.

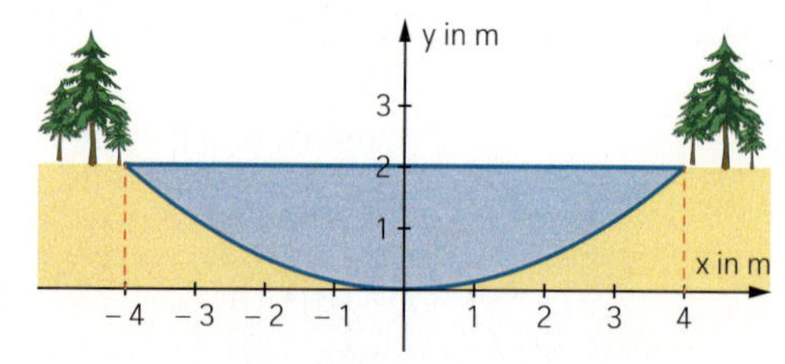

c) Betrachten Sie die Funktion g, die durch Verschiebung des Graphen von f um zwei Einheiten nach unten entsteht: $g(x) = f(x) - 2$. Die x-Achse beschreibt nun die Wasseroberfläche. Berechnen Sie mithilfe der Funktion g den Flächeninhalt der Querschnittsfläche.

d) Der Kanal hat eine Länge von 1 km. Berechnen Sie das gesamte Wasservolumen.

e) Im Sommer steht das Wasser im Kanal an der tiefsten Stelle nur 1 m hoch. Bestimmen Sie das Wasservolumen des beschriebenen Kanals im Sommer.

14 Gegeben ist die Funktion f mit $f(x) = -x^3 + 3x^2$.
Zerlegen Sie die Fläche, die der Graph von f mit der x-Achse einschließt, so durch eine Parallele zur y-Achse, dass zwei Flächen mit demselben Flächeninhalt entstehen.

15 Skizzieren Sie einen Graphen der Funktionenschar f_k und erläutern Sie, wie sich der Parameter k auf die Graphen der Schar auswirkt.
Bestimmen Sie dann $k \in \mathbb{R}$ so, dass der Graph der zugehörigen Funktion f_k mit der x-Achse eine Fläche vom Flächeninhalt A einschließt.

a) $f_k(x) = -x^2 + k;\ A = 36$
b) $f_k(x) = x \cdot (x - k);\ A = 36$
c) $f_k(x) = x^2 \cdot (x - k);\ A = 108$
d) $f_k(x) = (x - k) \cdot x \cdot (x + k);\ A = 8$

16 Untersuchen Sie die Funktionenschar f_k mit $f_k(x) = x^3 - k \cdot x^2$.
Skizzieren Sie einen Graphen der Schar und erläutern Sie, wie sich der Parameter k auf die Graphen auswirkt. Berechnen Sie dann allgemein den Flächeninhalt der Fläche, den der Graph von f_k mit der x-Achse einschließt.

17 Der Graph von f_k mit $f_k(x) = x^2 - k$ schließt für $0 < k < 9$ mit der x-Achse im Intervall $[-3; 3]$ drei Teilflächen ein. Untersuchen Sie, für welchen Wert des Parameters k diese drei Teilflächen gleich groß sind.

18 Seit der Antike beherrschen Baumeister die Kunst, Torbögen zu konstruieren, zum Beispiel für Tore, Brücken oder Aquädukte. Die Bögen des im 1. Jh. n. Chr. von den Römern erbauten Aquädukts *Pont du Gard* in Südfrankreich sind in Halbkreisform gebaut. Als sehr stabil erweisen sich auch Bögen, die von Parabelbögen gebildet werden.

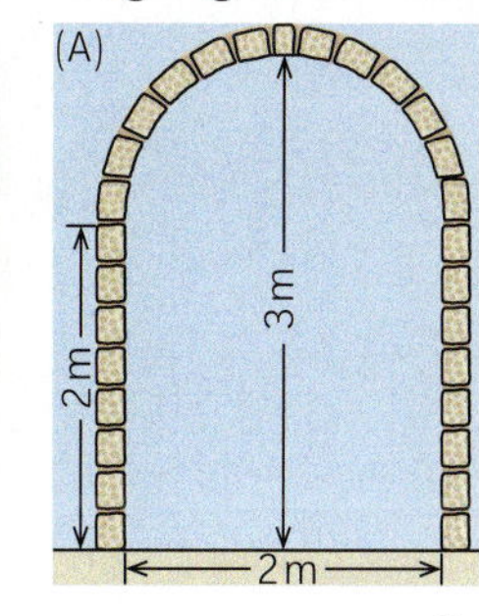

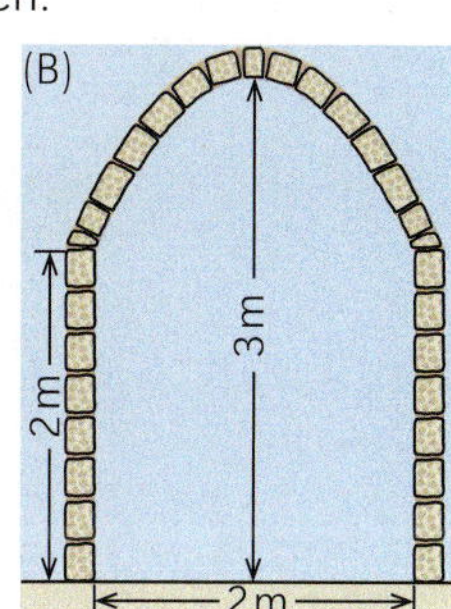

a) Beschreiben Sie anhand der Skizze (A), wie man die Größe der Öffnungsfläche bei einem Torbogen in Halbkreisform berechnen könnte.

b) Wie müsste man zur Bestimmung der Größe der Öffnungsfläche bei einem von einem Parabelbogen begrenzten Torbogen (B) vorgehen?

c) Vergleichen Sie die Größen der Öffnungsflächen der beiden Torbögen (A) und (B) miteinander.

Das kann ich noch!

A Vereinfachen Sie den Term.

1) $\sqrt[6]{a^3}$ 2) $\sqrt[3]{z^{-3}}$ 3) $\frac{b^3}{b^{-2}}$ 4) $\frac{\sqrt[8]{x^{12}}}{\sqrt{x^2}}$

2.6 Fläche zwischen zwei Funktionsgraphen

Einstieg

Ein Modellflugzeugclub hat einen stilisierten Propeller im neuen Logo entwickelt. Der Propeller wird durch die Graphen der Funktionen f und g mit $f(x) = \frac{1}{10}x^3 - \frac{2}{5}x + 2$ und $g(x) = \frac{1}{2}x + 2$ begrenzt (Einheit in cm). Berechnen Sie den Flächeninhalt des Propellers.

Aufgabe mit Lösung

Flächeninhalt einer von zwei Funktionsgraphen eingeschlossenen Fläche

Die Graphen der Funktionen f und g mit $f(x) = \frac{1}{8}x^3 + 2$ und $g(x) = \frac{1}{4}x^2 + x + 2$ begrenzen eine zweigeteilte Fläche.

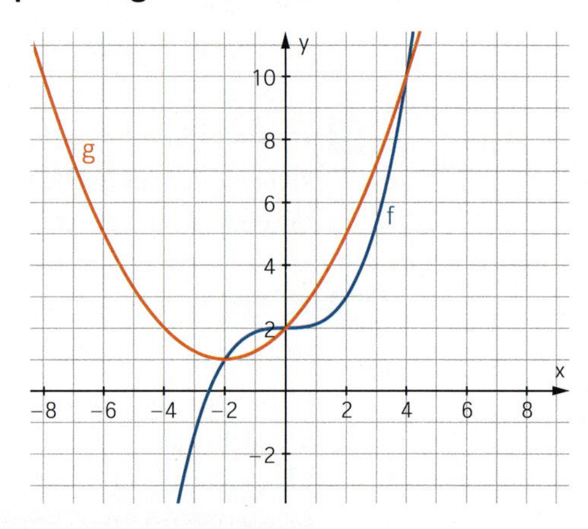

→ Berechnen Sie die Schnittstellen der beiden Funktionen.

Lösung

An den Schnittstellen gilt $f(x) = g(x)$,
also $\frac{1}{8}x^3 + 2 = \frac{1}{4}x^2 + x + 2$.
Umformen ergibt: $\frac{1}{8}x \cdot (x^2 - 2x - 8) = 0$
Somit: $x = 0$ oder $x = -2$ oder $x = 4$
Die Schnittstellen sind −2; 0 und 4.

→ Berechnen Sie den Flächeninhalt A_1 der über dem Intervall [−2; 0] von den beiden Graphen eingeschlossenen Fläche.

Lösung

Zunächst berechnet man den Flächeninhalt A_f der Fläche unterhalb des Graphen von f sowie den Flächeninhalt A_g der Fläche unterhalb des Graphen von g.
Da der Graph von f über dem Intervall [−2; 0] oberhalb des Graphen von g liegt, subtrahiert man A_g von A_f und erhält so den Flächeninhalt A_1 der Fläche, die zwischen den Graphen von f und g liegt.

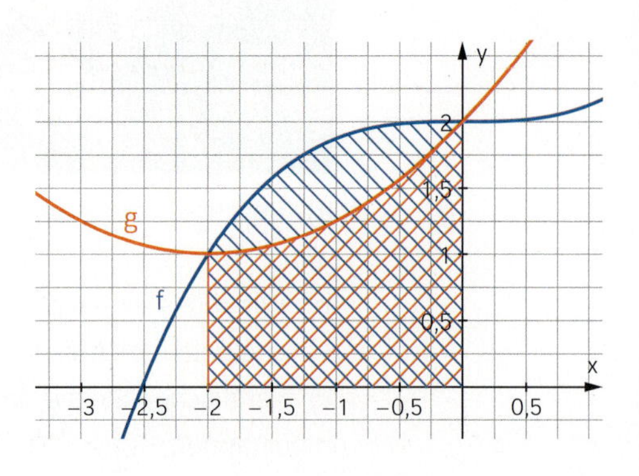

Summenregel für Integrale

$$A_1 = A_f - A_g = \int_{-2}^{0} f(x)\,dx - \int_{-2}^{0} g(x)\,dx = \int_{-2}^{0} f(x) - g(x)\,dx$$

$$= \int_{-2}^{0} \left(\frac{1}{8}x^3 + 2\right) - \left(\frac{1}{4}x^2 + x + 2\right) dx = \int_{-2}^{0} \frac{1}{8}x^3 - \frac{1}{4}x^2 - x\,dx = \left[\frac{1}{32}x^4 - \frac{1}{12}x^3 - \frac{1}{2}x^2\right]_{-2}^{0} = \frac{5}{6}$$

Berechnen Sie den Flächeninhalt A_2 der über dem Intervall [0; 4] von den beiden Graphen eingeschlossenen Fläche. Wie groß ist die insgesamt eingeschlossene Fläche?

Lösung

Da im Intervall [0; 4] der Graph von g oberhalb des Graphen von f verläuft, bildet man hier die Differenz in umgekehrter Reihenfolge:

$$A_2 = \int_0^4 g(x)\,dx - \int_0^4 f(x)\,dx = \int_0^4 g(x) - f(x)\,dx$$

$$= \int_0^4 \left(\frac{1}{4}x^2 + x + 2\right) - \left(\frac{1}{8}x^3 + 2\right) dx = \int_0^4 -\frac{1}{8}x^3 + \frac{1}{4}x^2 + x\,dx = \left[-\frac{1}{32}x^4 + \frac{1}{12}x^3 + \frac{1}{2}x^2\right]_0^4 = \frac{16}{3}$$

Die gesamte Fläche, die von den beiden Funktionsgraphen eingeschlossen wird, hat somit den Flächeninhalt $A = A_1 + A_2 = \frac{5}{6} + \frac{16}{3} = \frac{37}{6} = 6\frac{1}{6}$.

Verschiebt man beide Graphen um 1,5 nach unten, so liegt ein Teil der Fläche A_1 unterhalb der x-Achse.
Begründen Sie, dass sich dies nicht auf die Berechnung des Flächeninhalts auswirkt.

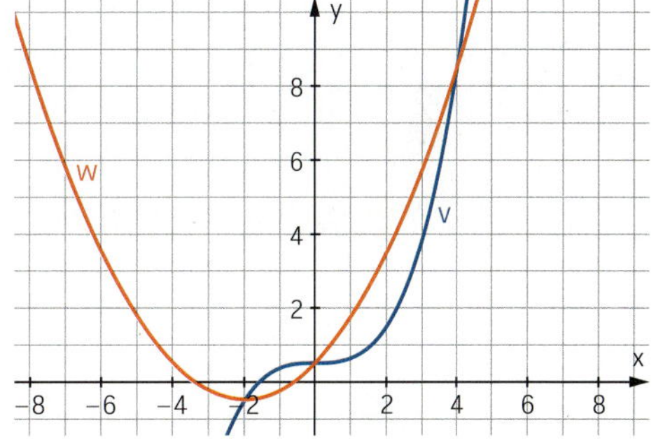

Lösung

Die verschobenen Graphen haben die Funktionsterme $v(x) = f(x) - 1{,}5$ und $w(x) = g(x) - 1{,}5$.

Es gilt dann: $v(x) - w(x) = (f(x) - 1{,}5) - (g(x) - 1{,}5) = f(x) - 1{,}5 - g(x) + 1{,}5 = f(x) - g(x)$

Die Verschiebung fällt im Term weg.

Information

Flächeninhalt zwischen zwei Funktionsgraphen in einem Intervall

Den Flächeninhalt A zwischen den Graphen zweier Funktionen f und g über einem Intervall [a; b] berechnet man wie folgt:

(1) Man bestimmt die Schnittstellen der beiden Graphen im Intervall [a; b].

(2) Mithilfe der Integrale der Differenzfunktion zu $f(x) - g(x)$ werden die Flächeninhalte der einzelnen Teilflächen berechnet. Bei negativen Integralwerten werden die Beträge gebildet. Dies ist der Fall, wenn $g(x) \geq f(x)$.

(3) Der Flächeninhalt A ergibt sich aus der Summe der Flächeninhalte der Teilflächen.

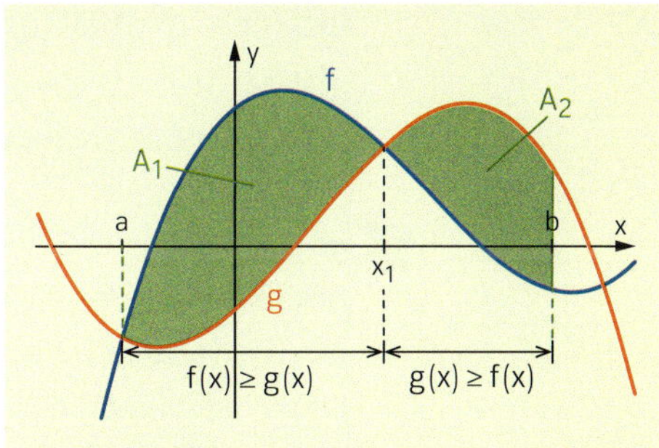

Schnittstellen: a und x_1

$$A_1 = \int_a^{x_1} (f(x) - g(x))\,dx$$

$$A_2 = \left|\int_{x_1}^{b} (f(x) - g(x))\,dx\right|$$

$$A = A_1 + A_2$$

Üben

1 Berechnen Sie den Flächeninhalt der Fläche zwischen den Funktionsgraphen.

a) $f(x) = x^2 - 8x + 14;\ g(x) = -x^2 + 6x - 6$ **b)** $f(x) = x^3 - x - 3;\ g(x) = 3x - 3$

2 Skizzieren Sie die Graphen von f und g. Berechnen Sie den Flächeninhalt der eingeschlossenen Fläche.

a) $f(x) = x^3 - x^2 - 4x + 3;\ g(x) = -x^2 + 3$ **b)** $f(x) = 3x^3 - 9x^2;\ g(x) = -x^4 + 3x^3$

c) $f(x) = x^3 + x^2;\ g(x) = 2x$ **d)** $f(x) = x^4;\ g(x) = 20 - x^2$

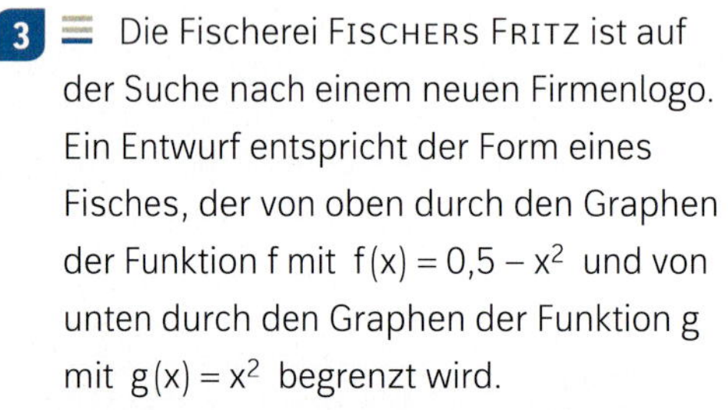

3 Die Fischerei FISCHERS FRITZ ist auf der Suche nach einem neuen Firmenlogo. Ein Entwurf entspricht der Form eines Fisches, der von oben durch den Graphen der Funktion f mit $f(x) = 0{,}5 - x^2$ und von unten durch den Graphen der Funktion g mit $g(x) = x^2$ begrenzt wird.

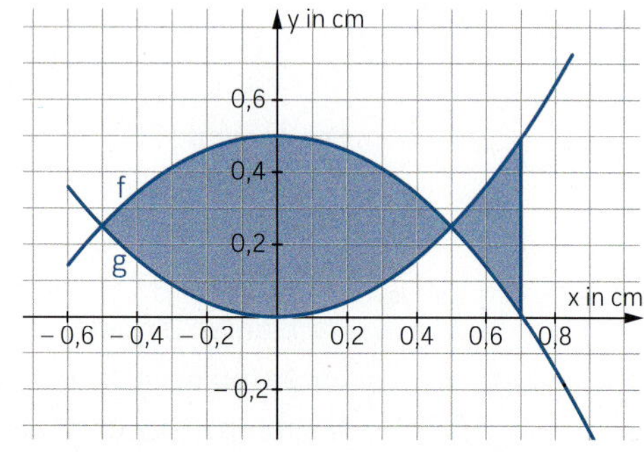

a) Bestimmen Sie die Schnittstellen der Graphen von f und g.

b) Berechnen Sie den Flächeninhalt des Logos.

c) Das Firmenlogo soll als Werbegeschenk in Kupfer hergestellt werden, wobei die Dicke 1 mm betragen soll. Berechnen Sie, wie schwer ein Fisch aus Kupfer ist.

> $1\,cm^3$ Kupfer hat eine Masse von 8,96 g.

4 Ein Augenoptiker hat die neue Brille „Dracula Cubicula" im Sortiment. Der innere Brillenrand kann in einem Koordinatensystem mit der Einheit cm durch die Graphen der Funktionen f und g mit $f(x) = -0{,}01x^3 + 0{,}49x + 1{,}5$ und $g(x) = 0{,}01x^3 - 0{,}49x + 1{,}5$ beschrieben werden. Berechnen Sie den Flächeninhalt für die Fläche der beiden Brillengläser. Beschreiben Sie Ihre Strategie.

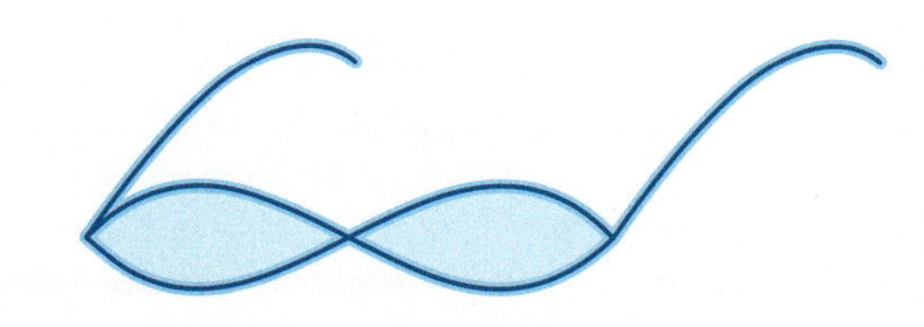

5 Der Graph der Sinusfunktion und eine Sekante schließen die abgebildete Fläche ein. Die Sekante verläuft durch den Koordinatenursprung und einen Hochpunkt auf dem Graphen der Sinusfunktion.

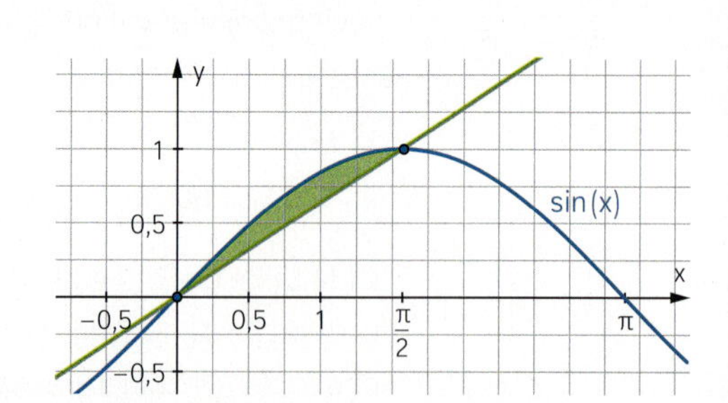

a) Berechnen Sie den Flächeninhalt dieser Fläche.

b) Wie groß ist der Flächeninhalt der restlichen Fläche, die von der Sekante, dem Graphen der Sinusfunktion und der x-Ache begrenzt wird?

c) Eine andere Sekante verläuft durch den Koordinatenursprung und durch den Punkt $P(2{,}4587 \mid \sin(2{,}4587))$.

Zeigen Sie, dass diese Sekante die Fläche zwischen dem Graphen der Sinusfunktion und der x-Achse im Intervall $[0; \pi]$ in zwei gleich große Teilflächen teilt.

Flächeninhalt der Fläche zwischen zwei Funktionsgraphen mithilfe des Betrags bestimmen

6 Die Graphen der Funktionen f und g mit $f(x) = \frac{1}{4}x^3 - x^2 - \frac{1}{4}x + 2$ und $g(x) = -\frac{1}{2}x + \frac{1}{2}$ schließen eine Fläche ein.

a) In der Abbildung sind die Graphen der Funktionen f und g sowie die Graphen der Funktionen d und h mit $d(x) = f(x) - g(x)$ und $h(x) = |d(x)|$ dargestellt.
Erläutern Sie, wie der Graph von d bzw. h geometrisch aus den Graphen von f und g entsteht.

b) Bestimmen Sie den Flächeninhalt der eingeschlossenen Fläche mit einem Rechner.

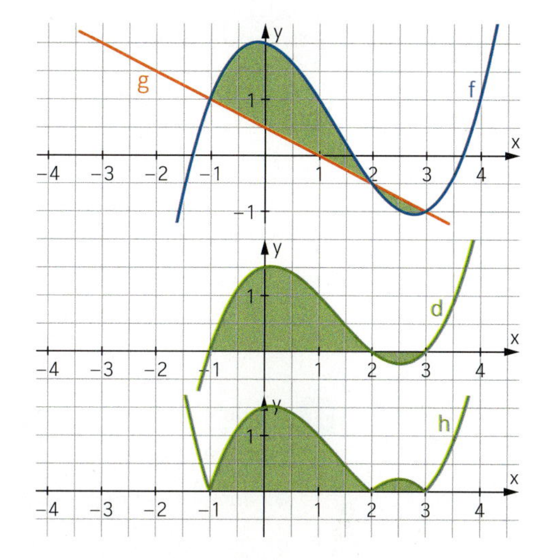

Information

Flächeninhalt zwischen zwei Funktionsgraphen mithilfe des Betrags berechnen

Satz

Für den Flächeninhalt A der Fläche zwischen den Graphen der Funktionen f und g zwischen den Stellen a und b gilt:

$$A = \int_a^b |f(x) - g(x)|\,dx$$

$f(x) = \frac{1}{2}x^3 - 2x^2 - \frac{1}{2}x + 3$

$g(x) = -\frac{1}{2}x^2 + \frac{3}{2}$

Flächeninhalt der Fläche zwischen den Graphen von f und g im Intervall [−3; 3]:

$$\int_{-3}^{3} \left|\frac{1}{2}\cdot x^3 - 2\cdot x^2 - \frac{1}{2}\cdot x + 3 - \left(\frac{-1}{2}\cdot x^2 + \frac{3}{2}\right)\right| dx$$

7 Berechnen Sie mithilfe des Betrags den Flächeninhalt der Fläche, die von den Graphen der Funktionen f und g mit $f(x) = x^3 - 2$ und $g(x) = 4x - 2$ eingeschlossen wird.

8 Berechnen Sie den Flächeninhalt der von den Graphen der Funktionen f und g eingeschlossenen Fläche über dem Intervall I.

a) $f(x) = -3x^2 + 3x + 8$; $g(x) = \frac{8}{x^2}$; $I = [1; 2]$

b) $f(x) = -x^4 + x^3 - 50$; $g(x) = 2x^3 - 17x^2 - 5x + 10$; $I = [-5; 5]$

c) $f(x) = \sqrt{4x}$; $g(x) = x$; $I = [0; 9]$

9 Ein Yachthafen wird näherungsweise durch parabelförmig angelegte Kaimauern begrenzt. Bestimmen Sie den Flächeninhalt der in der Zeichnung blau gefärbten Wendefläche für die Boote.

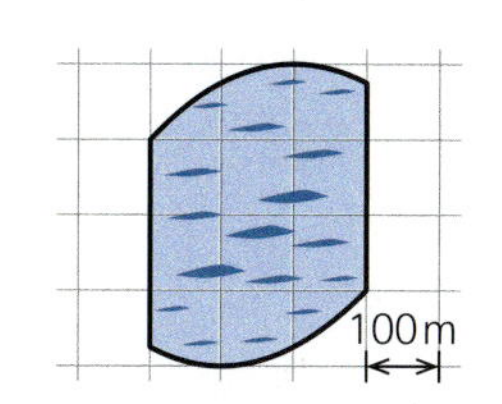

10 Finden Sie passende Funktionsterme zu den Graphen und berechnen Sie den Flächeninhalt der gefärbten Fläche.

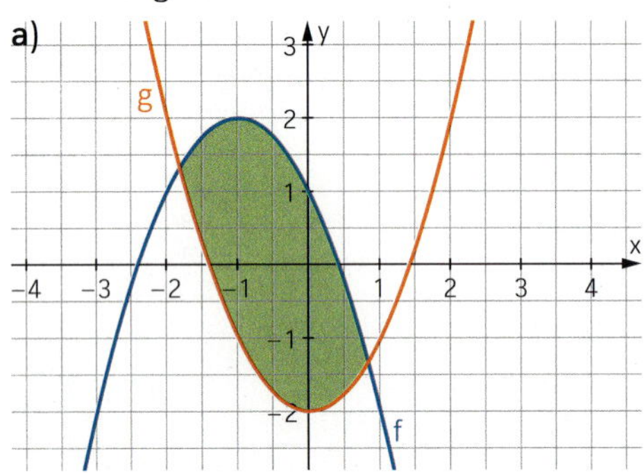

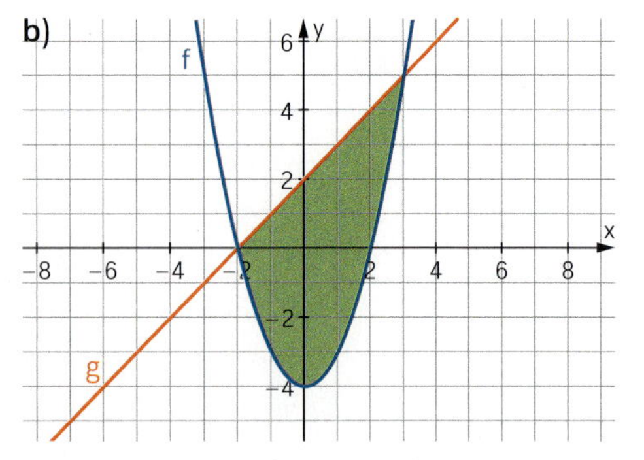

11 Bestimmen Sie $k > 0$ so, dass die Graphen der Funktionen f und g eine Fläche vom Flächeninhalt A einschließen.

a) $f(x) = k \cdot x^2$; $g(x) = 5k \cdot x + 6k$; $A = 1$

b) $f(x) = x^2 + 4x$; $g(x) = k \cdot (x + 4)$; $A = \frac{125}{6}$

c) $f(x) = x^2 - k$; $g(x) = k - x^2$; $A = \frac{8}{3}$

d) $f(x) = x^3$; $g(x) = k \cdot x$; $A = \frac{1}{4}$

12 Für $k > 0$ ist die Funktionenschar f_k gegeben durch $f_k(x) = x^3 - 2k \cdot x^2 + k^2 \cdot x$.

a) Zeigen Sie, dass alle Funktionsgraphen einen Tiefpunkt auf der x-Achse haben.

b) Für welchen Wert von k schließt der Graph der zugehörigen Funktion f_k mit der x-Achse eine Fläche mit dem Flächeninhalt 108 ein?

c) Bestimmen Sie den Flächeninhalt der Fläche, die der Graph von f_1 mit der Geraden zu $y = x$ einschließt.

13 Untersuchen Sie, für welches $k > 0$ der Flächeninhalt der Fläche, die Graph der Funktion f_k mit $f_k(x) = \frac{k - 10}{k} \cdot x^2 + (20 - 2k) \cdot x$ mit der x-Achse einschließt, maximal wird.

Weiterüben

14 Notieren Sie die Flächeninhalte $A_1, A_2, \ldots, A_6$ der gefärbten Flächen mithilfe von Integralen, ohne die Funktionsterme der Funktionen f und g zu bestimmen.

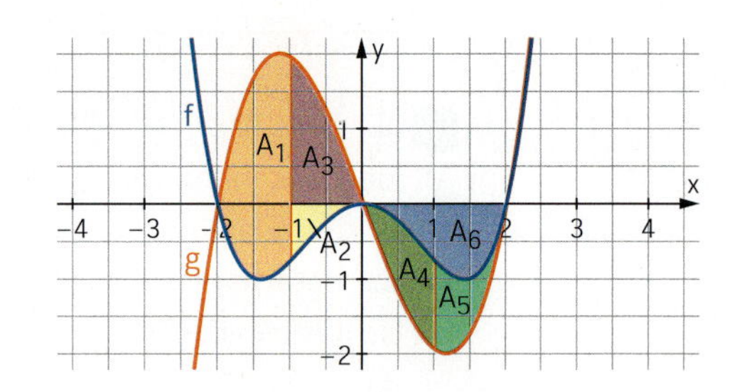

15 Berechnen Sie den Flächeninhalt der Fläche, die der Graph der abgebildeten Parabel, die Tangente an der Stelle 2 und die x-Achse einschließen.

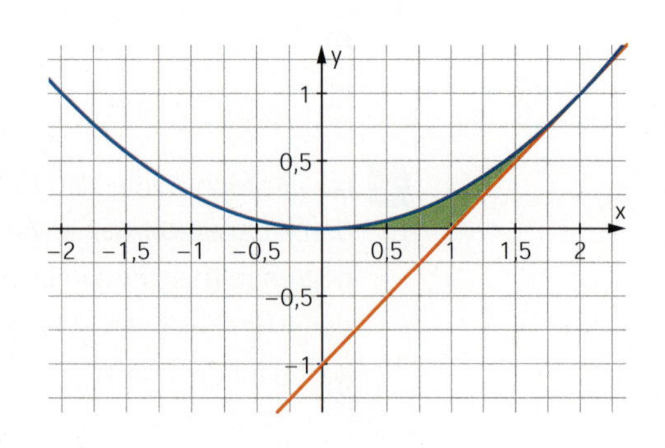

16 Die gefärbten Teile der Schmuckform sollen einseitig mit Blattgold belegt werden. Die Linien sind Parabeln oder Kreise. 1 cm^2 Blattgold kostet einschließlich Belegung 7,99 €. Wie teuer wird die Blattgoldarbeit? Legen Sie das Koordinatensystem geeignet fest.

a)

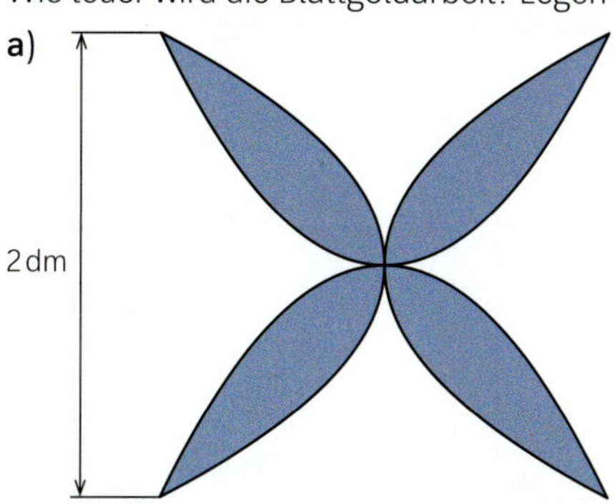

b)

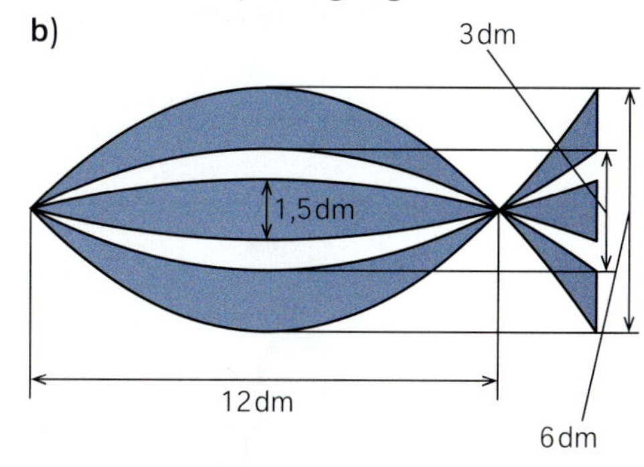

17 Gegeben sind die Funktionen f und g mit $f(x) = x^3 - 4x$ und $g(x) = -\frac{1}{2}x^3 + 2x$. Skizzieren Sie die Graphen und begründen Sie ohne zu rechnen, dass man den Flächeninhalt der Fläche zwischen den Graphen nicht mit $\int_{-2}^{2} f(x) - g(x)\,dx = \int_{-2}^{2} f(x)\,dx - \int_{-2}^{2} g(x)\,dx$ berechnen kann. Bestimmen Sie das richtige Ergebnis.

18 Bestimmen Sie $k \in \mathbb{R}$ so, dass die von den Graphen der Funktionen f und g eingeschlossene Fläche den Flächeninhalt A hat. Fertigen Sie dazu zunächst eine Skizze an und erläutern Sie daran den Einfluss des Parameters k.

a) $f(x) = x^3$; $g(x) = 2kx^2 - k^2x$; $A = \frac{4}{3}$

b) $f(x) = x^2$; $g(x) = -x^2 + k$; $A = 1$

c) $f(x) = x^2$; $g(x) = 1 - kx^2$; $A = \frac{2}{3}$

d) $f(x) = x^3$; $g(x) = kx$; $A = \frac{1}{4}$

19 Der griechische Mathematiker Archimedes von Syrakus (287 – 212 v. Chr.) zeigte:

Der Inhalt der Fläche unter einer Parabel beträgt stets $\frac{2}{3}$ vom Produkt aus Grundseite g und Höhe h.

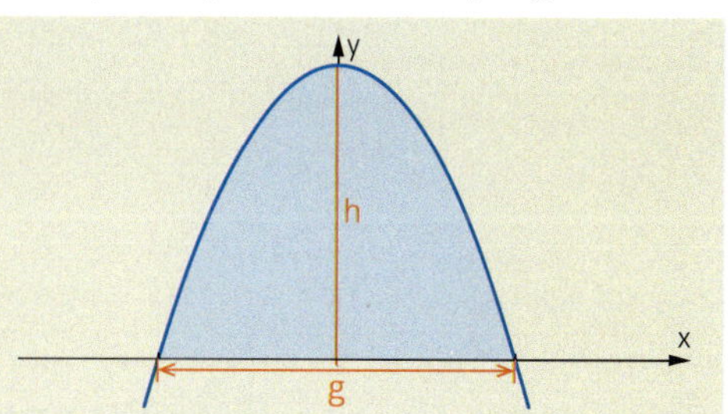

a) Begründen Sie die Formel des Archimedes.

b) Begründen Sie die Verallgemeinerung der Formel des Archimedes.

Der Flächeninhalt eines Parabelsegments beträgt zwei Drittel vom Flächeninhalt des Parallelogramms, das durch die Sehne und die zu ihr parallele Tangente bestimmt ist.

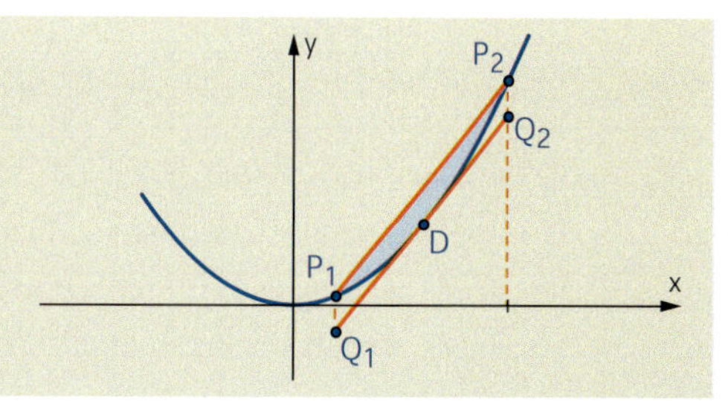

2.7 Uneigentliche Integrale

Einstieg

Beurteilen Sie die Aussagen mithilfe einer Rechnung.

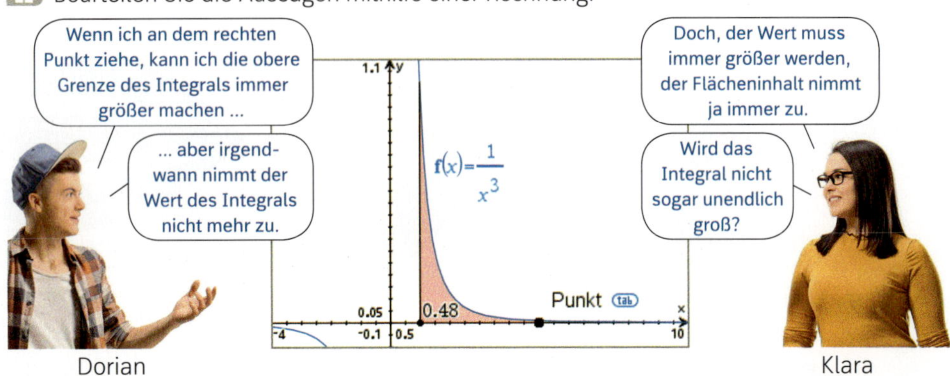

Aufgabe mit Lösung

Unendlich ausgedehnte Flächen

Die Graphen der Funktionen f und g schließen über dem Intervall $[1; \infty[$ mit der x-Achse und über dem Intervall $]0; 1]$ mit der y-Achse jeweils eine unendlich ausgedehnte Fläche ein.

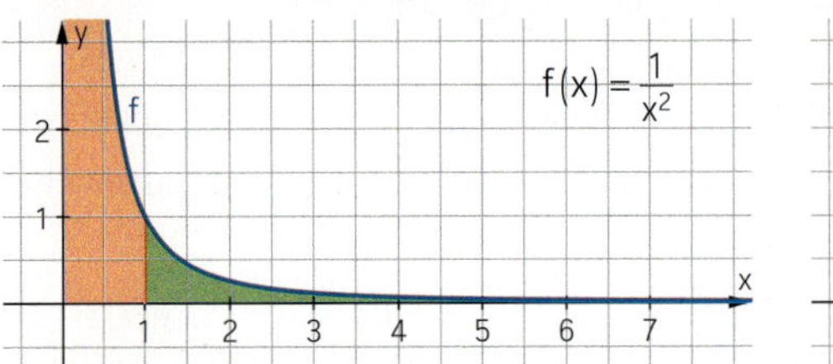

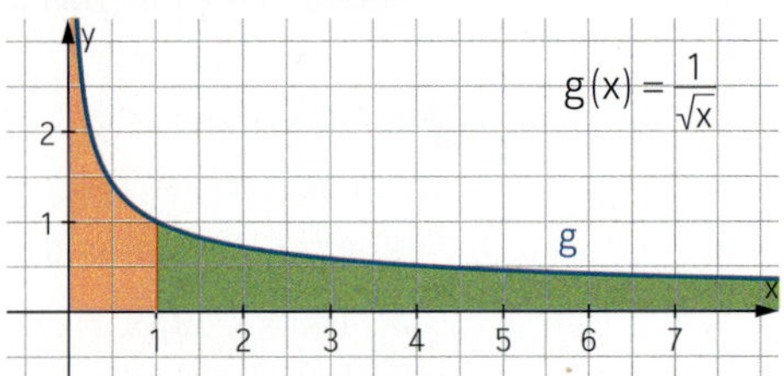

Untersuchen Sie, ob für diese Flächen ein Flächeninhalt angegeben werden kann.

Lösung

(1) Um den Flächeninhalt der Fläche über dem Intervall $[1; \infty[$ zu bestimmen, untersucht man, wie sich das Integral der jeweiligen Funktion von 1 bis b verhält, wenn die obere Intervallgrenze b beliebig groß wird.

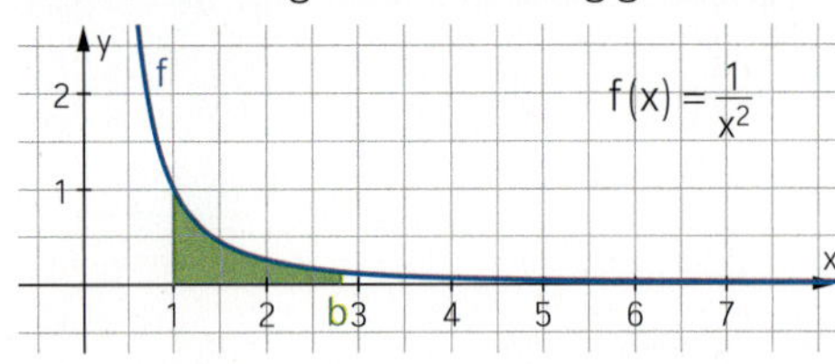

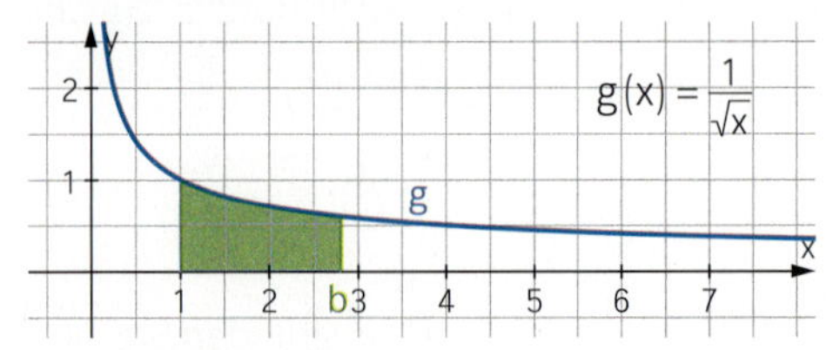

Man erhält:

$$\int_1^b \frac{1}{x^2}\,dx = \left[-\frac{1}{x}\right]_1^b = -\frac{1}{b} + 1$$

Für $b \to \infty$ gilt $-\frac{1}{b} + 1 \to 1$.

Der Flächeninhalt der Fläche über dem Intervall $[1; \infty[$ ist 1, obwohl die Fläche nach rechts bis ins Unendliche ausgedehnt ist.

Man erhält:

$$\int_1^b \frac{1}{\sqrt{x}}\,dx = \int_1^b x^{-\frac{1}{2}}\,dx = \left[\frac{x^{\frac{1}{2}}}{\frac{1}{2}}\right]_1^b = \left[2\sqrt{x}\right]_1^b = 2\sqrt{b} - 2$$

Für $b \to \infty$ gilt $2\sqrt{b} - 2 \to \infty$.

Der Flächeninhalt der Fläche über dem Intervall $[1; \infty[$ ist unendlich groß.

(2) Um den Flächeninhalt der Fläche über dem Intervall]0; 1] zu bestimmen, untersucht man, wie sich das Integral der jeweiligen Funktion von a bis 1 verhält, wenn sich die untere Intervallgrenze a von rechts dem Wert 0 nähert.

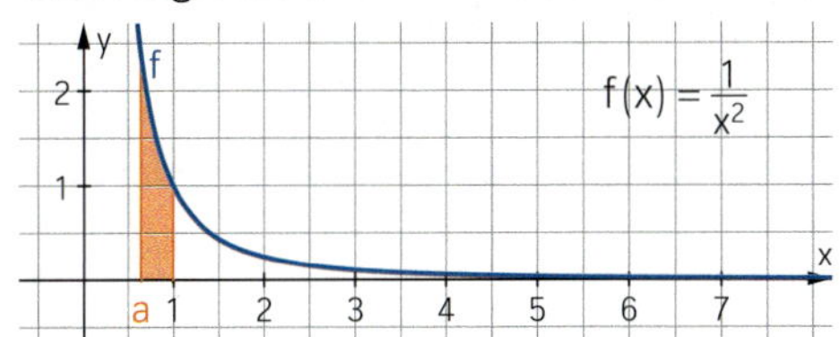

Man erhält:

$$\int_a^1 \frac{1}{x^2}\,dx = \left[-\frac{1}{x}\right]_a^1 = -1 + \frac{1}{a}$$

Für $a \to 0$ gilt $-1 + \frac{1}{a} \to \infty$.

Der Flächeninhalt der Fläche über dem Intervall]0; 1] ist unendlich groß.

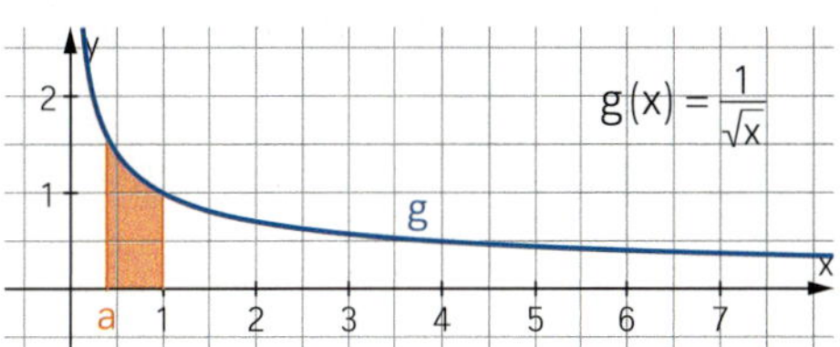

Man erhält:

$$\int_a^1 \frac{1}{\sqrt{x}}\,dx = \left[2\sqrt{x}\right]_a^1 = 2 - 2\sqrt{a}$$

Für $a \to 0$ gilt $2 - 2\sqrt{a} \to 2$.

Der Flächeninhalt der Fläche über dem Intervall]0; 1] ist 2.

Information

Uneigentliche Integrale

(1) Existiert der Grenzwert

$$\lim_{b \to \infty} \int_a^b f(x)\,dx = \int_a^{\infty} f(x)\,dx$$

bzw. $$\lim_{a \to -\infty} \int_a^b f(x)\,dx = \int_{-\infty}^{b} f(x)\,dx,$$

so nennt man diesen Grenzwert das **uneigentliche Integral von f über dem Intervall [a, ∞[** bzw. **]−∞, b]**.

(2) Ist die Stelle x_0 eine Definitionslücke der Funktion f und existiert der Grenzwert

$$\lim_{a \to x_0} \int_a^b f(x)\,dx = \int_{x_0}^{b} f(x)\,dx$$

bzw. $$\lim_{b \to x_0} \int_a^b f(x)\,dx = \int_a^{x_0} f(x)\,dx,$$

so nennt man diesen Grenzwert das **uneigentliche Integral von f über dem Intervall]x_0, b]** bzw. **[a, x_0[**.

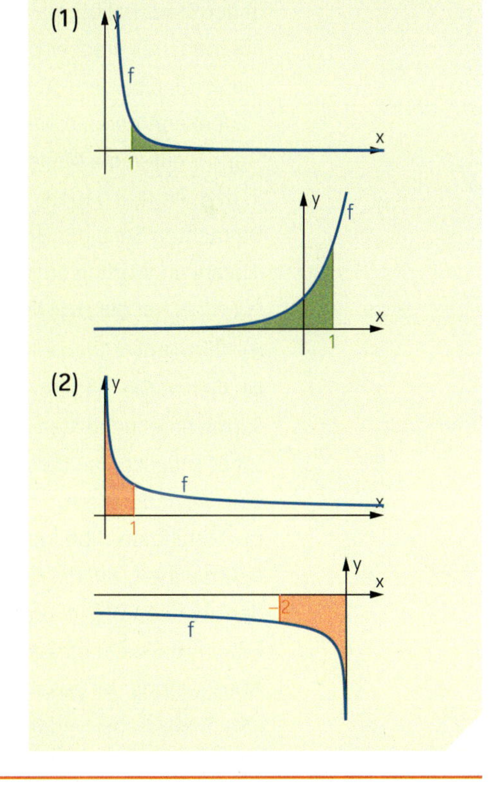

Üben

1 Untersuchen Sie, ob die unendlich ausgedehnte Fläche, die der Graph der Funktion f über dem Intervall]0; 1] mit der x-Achse einschließt, einen endlichen Flächeninhalt hat.

a) $f(x) = \frac{1}{x^3}$ **b)** $f(x) = -\frac{1}{4x^3}$ **c)** $f(x) = \frac{1}{(x-1)^2}$ **d)** $f(x) = -\frac{1}{(x-1)^2}$

2 Untersuchen Sie, ob das uneigentliche Integral existiert.

a) $\int_0^1 \frac{1}{x^2} + 1\,dx$ b) $\int_1^\infty \frac{1}{x^2} + 1\,dx$ c) $\int_1^\infty \frac{1}{x^4}\,dx$ d) $\int_{-\infty}^{-2} \frac{1}{x^2}\,dx$

3 Gegeben ist die Funktion f mit $f(x) = x^{-k}$, $k > 1$.

a) Berechnen Sie für $b > 1$ den Flächeninhalt der Fläche, die der Graph von f über dem Intervall $[1; b]$ mit der x-Achse einschließt. Untersuchen Sie das Verhalten des Flächeninhalts für $b \to \infty$. Deuten Sie das Ergebnis anschaulich.

b) Führen Sie die Untersuchungen aus Teilaufgabe a) für Exponenten k mit $0 < k < 1$ durch.

4 Gegeben ist die Funktion f. Untersuchen Sie, ob das uneigentliche Integral $\int_a^\infty f(x)\,dx$ existiert, und berechnen Sie gegebenenfalls seinen Wert.

a) $f(x) = \frac{2}{x^3}$; $a = 1$ b) $f(x) = \frac{1}{\sqrt[3]{x}}$; $a = 8$ c) $f(x) = \frac{1}{2x^2}$; $a = 1$ d) $f(x) = \frac{1}{x^4}$; $a = 1$

5 Eine Zikkurat ist ein Tempel in Form eines gestuften Turms in Mesopotamien. Ein solches Gebäude gab es im 6. Jh. v. Chr in der Stadt Babylon.
Für manche Forscher bildet diese Zikkurat die Vorlage zu dem „Turm von Babel", einer der bekanntesten biblischen Erzählungen. Darin wollten die Menschen einen Turm bis in den Himmel bauen.

Betrachten Sie einen solchen gestuften Turm, der entsteht, wenn man eine bestimmte Anzahl an Würfeln aufeinanderstapelt. Der erste (unterste) Würfel hat die Kantenlänge 1. Für $n \in \mathbb{N}$ hat der n-te Würfel die Kantenlänge $\frac{1}{n^2}$.

a) Berechnen Sie die Höhe des Turms, wenn man 5; 8; 10 Würfel aufeinanderstapelt.

b) Geben Sie mithilfe des Summenzeichens einen Term an, mit dem Sie die Höhe des Turms berechnen können, wenn beliebig viele Würfel aufeinandergestapelt werden.
Ist es möglich, mit dieser Konstruktion irgendwann „den Himmel" zu erreichen? Stellen Sie eine Vermutung auf.

c) Mithilfe der Abbildung kann man untersuchen, wie die Höhe des Turms ab dem zweiten Würfel anwächst.
Erläutern Sie ein mögliches Vorgehen zur Abschätzung der gesamten Turmhöhe, indem Sie insbesondere die Konstruktion der Rechtecke zur Begründung heranziehen.
Überprüfen Sie Ihre Vermutung aus Teilaufgabe b).

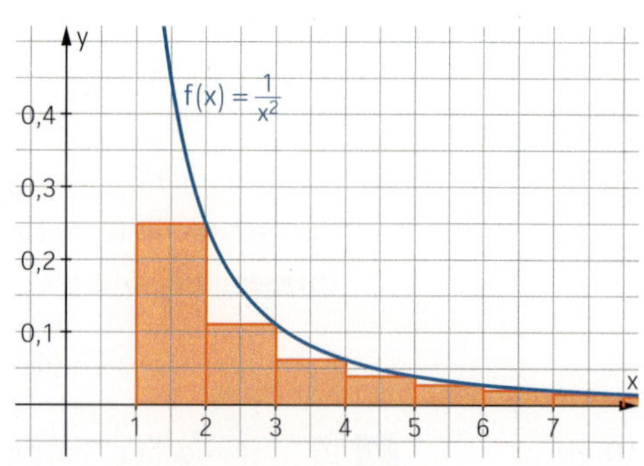

d) Untersuchen Sie mit einem Rechner, ob ein Turm aus n Würfeln mit der Kantenlänge $\frac{1}{n}$ „den Himmel" erreichen kann. Untersuchen Sie außerdem, ob dessen Volumen bei Verwendung von beliebig vielen Würfeln unendlich groß wird.

6 Das Wasserstoffatom besteht aus einem Proton im Atomkern und einem einzelnen Elektron in der Atomhülle. Für die elektrostatische Kraft F, mit der sich zwei geladene Teilchen anziehen oder abstoßen, gilt nach dem *Coulomb'schen Gesetz*:

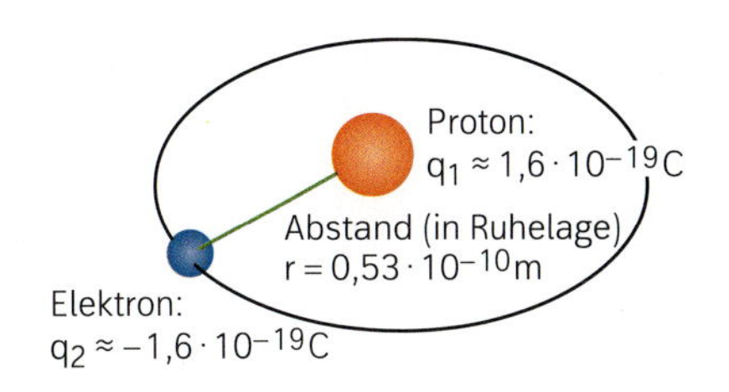

$F = \frac{1}{4\pi\varepsilon_0} \cdot \frac{q_1 \cdot q_2}{r^2}$; hierbei ist
- $\varepsilon_0 = 8{,}85 \cdot 10^{-12} \frac{\text{As}}{\text{Vm}}$ die elektrische Feldkonstante
- q_1 bzw. q_2 die Ladung des jeweiligen Teilchens
- r die Entfernung zwischen den beiden Teilchen

Bestimmen Sie die Arbeit, die erforderlich ist, um das Elektron aus seiner Position unendlich weit aus dem Einfluss des Atomkerns zu entfernen. Zur Vereinfachung dürfen Sie die Einheiten der jeweiligen Größen weglassen.

Die Arbeit W berechnet sich aus der Kraft F, die entlang eines Weges von a nach b aufgewendet werden muss.
Es gilt: $W = \int_a^b F(s)\,ds$

7 Der Mittelpunkt der Erde liegt etwa $6{,}371 \cdot 10^6$ m unter der Erdoberfläche. In der weiteren Umgebung der Erdoberfläche gilt für die Gravitationskraft F_G das *Newton'sche Gravitationsgesetz*:

$F_G = G \cdot \frac{m_1 \cdot m_2}{r^2}$; hierbei ist
- $G = 6{,}672 \cdot 10^{-11} \frac{\text{m}^3}{\text{kg} \cdot \text{s}^2}$ die Gravitationskonstante
- $m_1 = 5{,}977 \cdot 10^{24}$ kg die Erdmasse
- m_2 die Masse des zweiten Körpers
- r der Abstand des Körpers vom Erdmittelpunkt

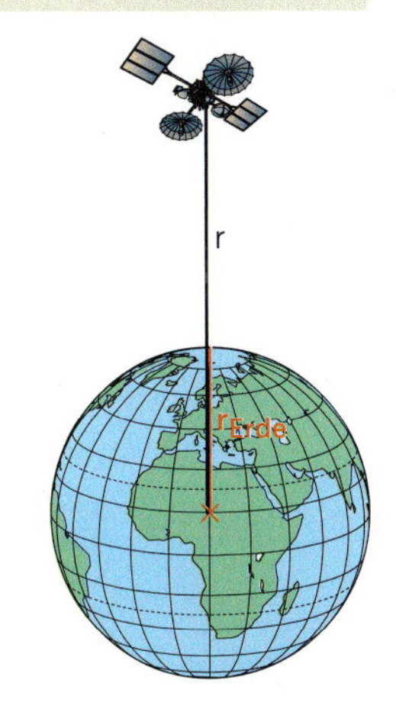

a) Ein Körper der Masse 1 kg befindet sich auf der Erdoberfläche. Welche Kraft ist erforderlich, um den Körper in eine Höhe x über der Erdoberfläche zu heben? Beschreiben Sie diese Kraft durch eine Funktion und skizzieren Sie den zugehörigen Graphen.
b) Welche Bedeutung hat der Flächeninhalt unter dem Graphen der Funktion aus Teilaufgabe a)?
Bestimmen Sie die Arbeit W_G, die erforderlich ist, um den Körper in eine Höhe x über der Erdoberfläche zu heben.
c) Welche Arbeit ist erforderlich, damit der Körper das Gravitationsfeld der Erde verlassen kann?
In welcher Höhe über der Erdoberfläche befindet sich dann der Körper?

8 Berechnen Sie den Wert für die Intervallgrenze so, dass das uneigentliche Integral den angegebenen Wert annimmt.

a) $\int_0^b \frac{1}{\sqrt{x}}\,dx = 1$ **b)** $\int_a^\infty \frac{1}{x^2}\,dx = \frac{1}{4}$ **c)** $\int_0^b x^{-\frac{2}{3}}\,dx = 2$ **d)** $\int_a^\infty \frac{1}{x^3}\,dx = 8$

2.8 Volumina von Rotationskörpern

Einstieg

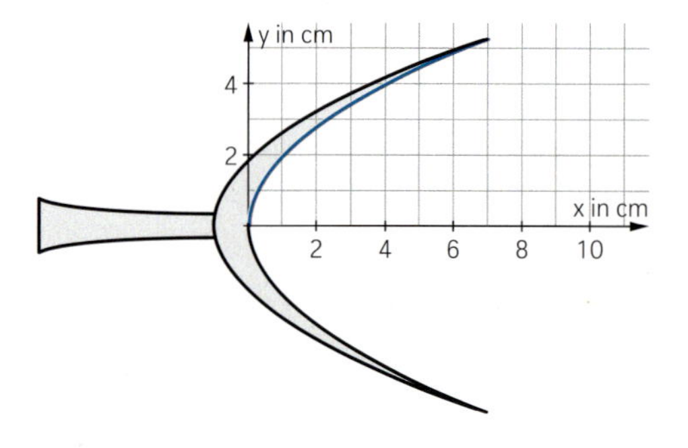

Ermitteln Sie das Fassungsvermögen des abgebildeten Glases.
Bestimmen Sie dazu das Volumen des Körpers, der bei Rotation der Fläche unter dem Graphen der Funktion f mit $f(x) = 2\sqrt{x}$ um die x-Achse über dem Intervall [0; 7] entsteht.

Aufgabe mit Lösung

Volumen eines Rohlings bestimmen

Einen Rohling aus Stahl für die Herstellung von Schrauben kann man sich durch Rotation der Fläche unter dem abgebildeten Graphen entstanden denken.

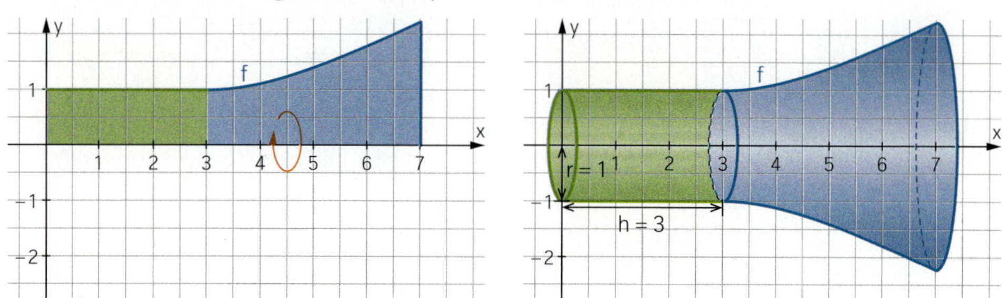

Die Einheit ist Millimeter. Zwischen 0 und 3 verläuft der Graph parallel zur x-Achse.
Für $3 \le x \le 7$ gilt: $f(x) = \frac{1}{2}\sqrt{x^2 - 6x + 13}$

→ Berechnen Sie das Volumen des Rohlings.

Lösung

Der zu $0 \le x \le 3$ gehörende linke Teil des Rohlings ist ein Zylinder mit der Höhe $h = 3$ und dem Radius $r = 1$, somit gilt für das Volumen: $V_{links} = \pi \cdot r^2 \cdot h = 3\pi$ (Einheit: mm³)

Um näherungsweise das Volumen des rechten Teils des Rohlings zu bestimmen, wird er über dem Intervall [3; 7] in n gleich dicke Scheiben geschnitten.
Jede Scheibe hat dann die Dicke $\Delta x = \frac{7-3}{n}$ und kann durch eine zylinderförmige Scheibe mit der Höhe $h = \Delta x$ und dem Radius $r = f(x_i)$ angenähert werden, wobei x_i der linke Rand des Teilintervalls ist.

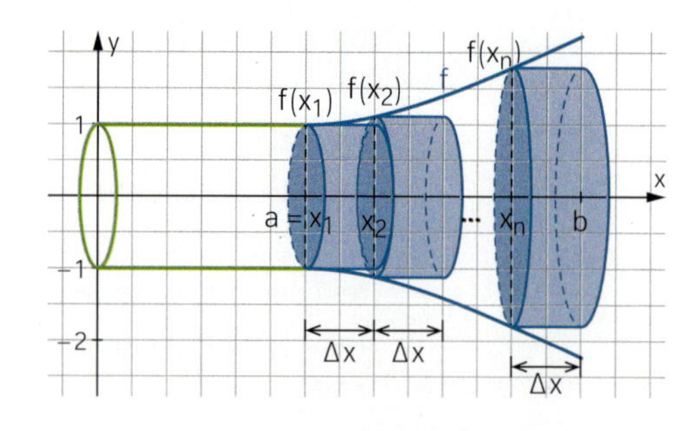

Dadurch entsteht ein Körper aus Zylinder-Scheiben. Das Volumen S_n dieses Körpers nähert sich für $n \to \infty$ immer mehr dem Volumen V_{rechts} des rechten Teils des Rohlings.
Es gilt: $S_n = \pi \cdot (f(x_1))^2 \cdot \Delta x + \pi \cdot (f(x_2))^2 \cdot \Delta x + \ldots + \pi \cdot (f(x_n))^2 \cdot \Delta x$

Die Faktoren $\pi \cdot (f(x_i))^2$ in dieser Summe ergeben jeweils den Flächeninhalt des Grundflächenkreises des zugehörigen Zylinders. Man kann diese Faktoren als Funktionswerte einer neuen Funktion g mit $g(x) = \pi \cdot (f(x))^2$ auffassen. Das Volumen S_n des Körpers aus Zylinder-Scheiben ist dann eine Produktsumme dieser Funktion g. Deshalb gilt:

$$S_n \to \int_3^7 \pi \cdot (f(x))^2 dx \text{ für } n \to \infty \text{ und somit } V_{rechts} = \int_3^7 \pi \cdot (f(x))^2 dx$$

Damit kann man das Volumen V_{rechts} berechnen:

$$V_{rechts} = \int_3^7 \pi \cdot \left(\tfrac{1}{2}\sqrt{x^2 - 6x + 13}\right)^2 dx = \frac{\pi}{4} \cdot \int_3^7 x^2 - 6x + 13\, dx = \frac{\pi}{4} \cdot \left[\tfrac{1}{3}x^3 - 3x^2 + 13x\right]_3^7 = \frac{28\pi}{3} \approx 29{,}32$$

Insgesamt hat der Rohling ein Volumen von $3\pi + \frac{28\pi}{3} = \frac{37\pi}{3}$, also von etwa $38{,}75\,\text{mm}^3$.

Information

Volumen eines Rotationskörpers

Rotiert die Fläche unter dem Graphen einer Funktion f über dem Intervall [a; b] um die x-Achse, dann gilt für das Volumen des entstehenden Rotationskörpers:

$$V = \pi \cdot \int_a^b (f(x))^2 dx$$

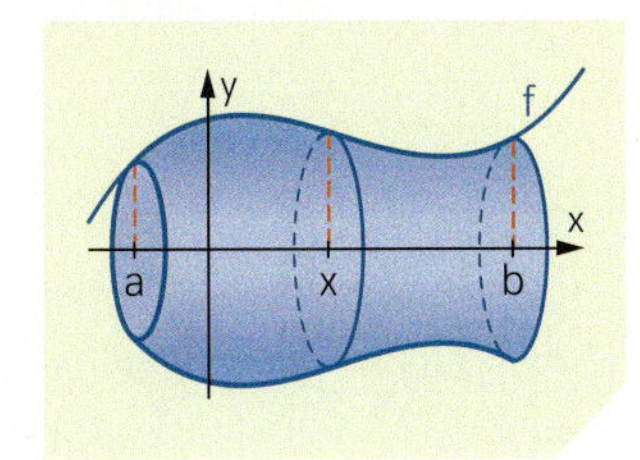

Üben

1 Berechnen Sie das Volumen des Körpers, der durch Rotation der Fläche zwischen dem Graphen der Funktion f und der x-Achse über dem angegebenen Intervall entsteht. Beschreiben Sie die Form des Rotationskörpers.

a) $f(x) = x - 1$; [0; 2] **b)** $f(x) = \sqrt{2x + 2}$; [−1; 1] **c)** $f(x) = \sqrt{4 - x^2}$; [−2; 2]

2 Die Form eines Woks kann näherungsweise durch die Mantelfläche einer Kugelschicht beschrieben werden. Die Kugel hat den Radius von $r = 25\,\text{cm}$. Die Schicht hat eine Höhe von 9 cm und einen oberen Durchmesser von 40 cm. Berechnen Sie das Fassungsvermögen des Woks.

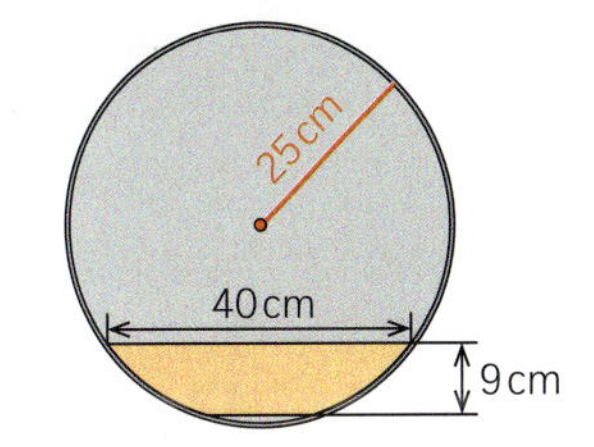

3 Bestimmen Sie möglichst einfache Funktionsterme, die die äußere und die innere Berandung des Querschnitts des abgebildeten Sektglases (ohne Stiel) beschreiben. Zeichnen Sie damit ein maßstabsgetreues Schnittbild des Sektglases und bestimmen Sie das Volumen des Glases.

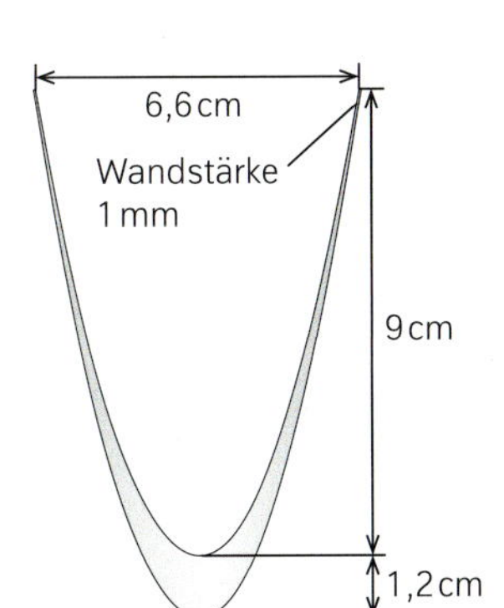

4 Der beim American Football verwendete Ball, der sogenannte Pigskin, ist rotationssymmetrisch mit spitzen Enden. Seine Länge beträgt 27,6 cm bis 29 cm, sein Querumfang 52,7 cm bis 54 cm. Berechnen Sie, wie viel Luft in einen Football passt.

5 Die Fläche zwischen den Graphen der Funktionen f und g mit $f(x) = \sqrt{x+2}$ und $g(x) = \sqrt{x}$ rotiert über dem Intervall [0; 5] um die x-Achse. Frederik und Cosima sollen das Volumen des entstehenden Rotationskörpers berechnen und schlagen unterschiedliche Lösungswege vor.

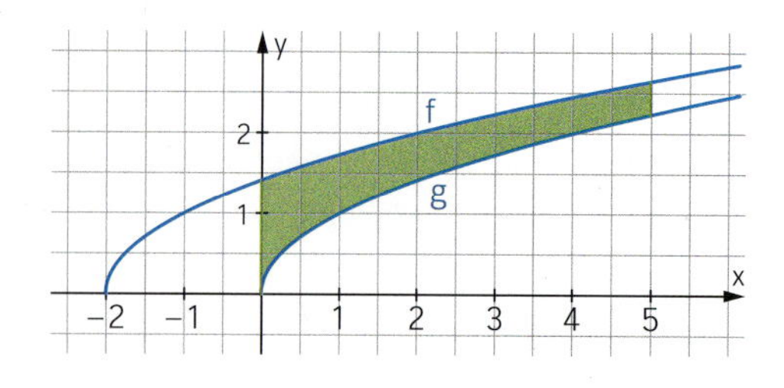

Frederik:

$$V = \pi \cdot \int_0^5 (f(x) - g(x))^2\,dx$$

Cosima:

$$V = \pi \cdot \int_0^5 (f(x))^2 - (g(x))^2\,dx$$

Nehmen Sie zu den Lösungsvorschlägen Stellung.

6 Das Riesenrad „London Eye" verfügt über 32 geschlossene, rundum verglaste Gondeln und ermöglicht eine nahezu uneingeschränkte Aussicht über London. Es dreht sich mit konstanter Geschwindigkeit von einem Kilometer pro Stunde so langsam, dass die Fahrgäste während der Fahrt ein- und aussteigen können.

Eine Gondel ist 7 Meter lang, 3,5 Meter hoch und hat die Form eines Rotationskörpers. Ein solcher entsteht, wenn der Graph der Funktion f mit $f(x) = 1{,}75 \cdot \sqrt{\cos\left(\frac{\pi}{7}x\right)}$ zwischen zwei benachbarten Nullstellen um die x-Achse rotiert.

a) Begründen Sie den Funktionsterm von f.

b) Berechnen Sie das Volumen einer Gondel von „London Eye".

c) Berechnen Sie die Anzahl der Personen, die maximal in eine Gondel passen, wenn Sie davon ausgehen, dass eine Person einen Raum von etwa 2 Kubikmetern benötigt.

Weiterüben

7 Kegel, Kegelstumpf und Kugel sind rotationssymmetrische Körper.

a) Leiten Sie die Volumenformeln der drei Körper mithilfe der Integralformel für das Volumen eines Rotationskörpers her.

b) Bestimmen Sie eine Volumenformel für den Kugelabschnitt.

c) Zeigen Sie, dass man aus der Integralformel für das Volumen eines Rotationskörpers die Volumenformel für den Zylinder herleiten kann.
Begründen Sie, warum man diese Herleitung nicht als Beweis ansehen kann.

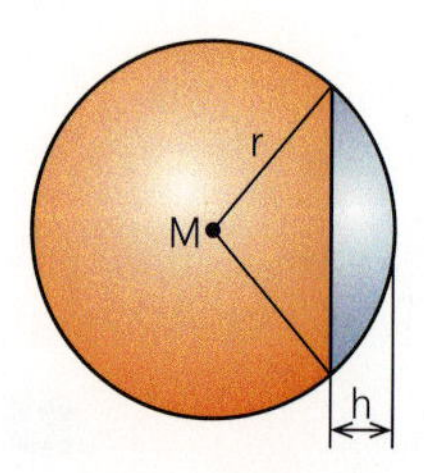

8 Die Fläche unter dem Graphen der Funktion f mit $f(x) = \sqrt{16 - x^2}$ rotiert um die x-Achse. Skizzieren Sie den Graphen von f und die Fläche.
Berechnen Sie das Volumen des zugehörigen Rotationskörpers.

2.9 Mittelwert der Funktionswerte einer Funktion

Ziel

In diesem Abschnitt lernen Sie, wie man den Mittelwert der Funktionswerte einer Funktion über einem Intervall berechnet.

Aufgabe mit Lösung

Bestimmen der mittleren Leistung einer Photovoltaikanlage

Die elektrische Leistung einer Photovoltaikanlage im Tagesverlauf kann man sich mittels einer App grafisch anzeigen lassen. An einem sonnigen Oktobertag ergibt sich von 9 bis 17 Uhr in etwa der abgebildete Verlauf, der näherungsweise durch die Funktion f mit $f(t) = \frac{5}{256}t^4 - \frac{5}{16}t^3 + \frac{5}{4}t^2$ beschrieben werden kann.
Dabei ist $0 \le t \le 8$ die Zeit in Stunden und f(t) die Leistung in Kilowatt.

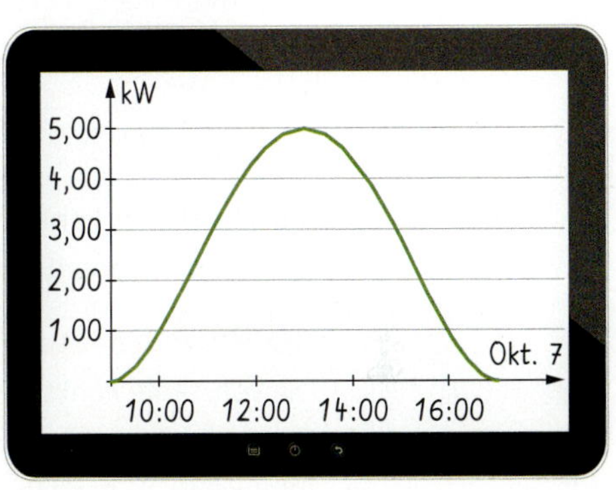

→ Berechnen Sie die Gesamtenergie, die von der Photovoltaikanlage an diesem Tag erzeugt wurde. Deuten Sie das Ergebnis geometrisch am Graphen der Funktion.

Lösung

Für eine konstante elektrische Leistung gilt „Energie = Leistung · Zeit".
Da bei der Photovoltaikanlage die Leistung aber variiert, lässt sich die Gesamtenergie in kWh hier durch das Integral berechnen: $\int_0^8 f(t)\,dt = \left[\frac{1}{256}t^5 - \frac{5}{64}t^4 + \frac{5}{12}t^3\right]_0^8 = 21\frac{1}{3}$

Dieser Wert von etwa 21 kWh lässt sich als Flächeninhalt unter dem Graphen von f deuten.

→ Berechnen Sie die mittlere Leistung μ der Anlage an diesem Tag zwischen 9 und 17 Uhr und deuten Sie sie grafisch.

Lösung

Die mittlere Leistung μ berechnet sich als Gesamtenergie dividiert durch die Zeit:
$\mu = 21\frac{1}{3}\,\text{kWh} : 8\,\text{h} = 2\frac{2}{3}\,\text{kW}$
Das bedeutet: Würde die Anlage über 8 Stunden hinweg eine konstante Leistung von $2\frac{2}{3}$ kW erbringen, ergäbe sich die gleiche Gesamtenergie. Die Flächeninhalte unter dem Graphen von f und der konstanten Funktion $y = \mu$ im Intervall [0; 8] stimmen also überein.

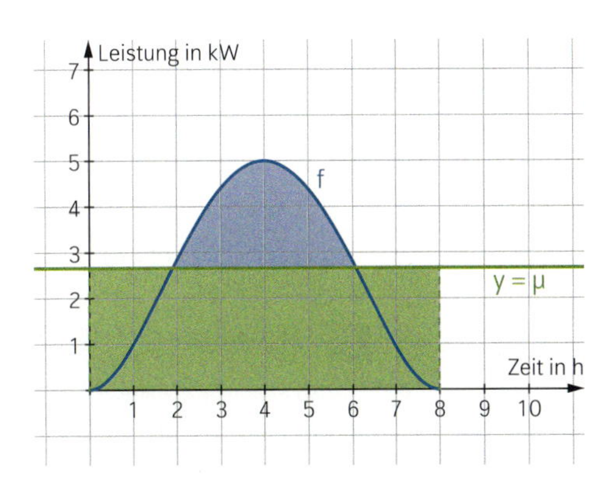

→ Berechnen Sie mit einem Rechner das arithmetische Mittel m_8 der Funktionswerte f(1); f(2); ...; f(8) und vergleichen Sie mit μ. Wie kann man die Näherung verbessern?

Lösung

Man erhält $m_8 = \frac{1}{8} \cdot (f(1) + f(2) + \ldots + f(8)) \approx 2{,}6660$. Dieser Wert weicht kaum von μ ab.
Nimmt man noch mehr Funktionswerte, so wird die Abweichung noch kleiner.
Bei 16 Funktionswerten gilt z. B. $m_{16} = \frac{1}{16} \cdot (f(0{,}5) + f(1) + \ldots + f(7{,}5) + f(8)) \approx 2{,}6666$.

Information

Mittelwert der Funktionswerte einer Funktion

Definition: Für eine Funktion f über dem Intervall [a; b] heißt die Zahl

$$\mu = \frac{1}{b-a} \cdot \int_a^b f(x)\,dx$$

Mittelwert der Funktionswerte von f über dem Intervall [a; b].

Grafische Bedeutung

Die konstante Funktion $y = \mu$ und der Graph der Funktion f schließen über dem Intervall [a; b] den gleichen orientierten Flächeninhalt mit der x-Achse ein.

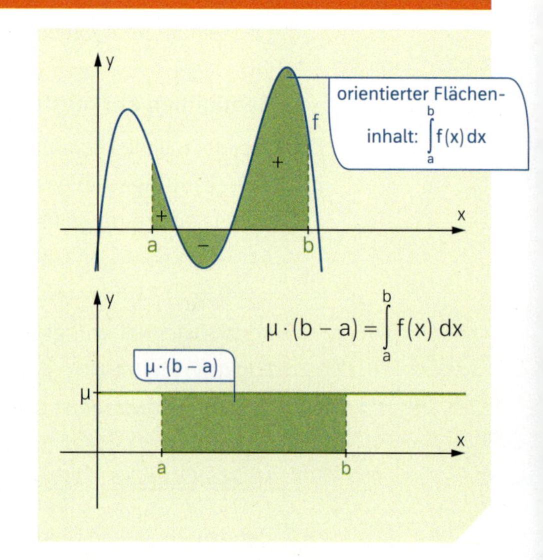

Bemerkung:
Den Mittelwert der Funktionswerte einer Funktion kann man auch als Grenzwert des arithmetischen Mittels von endlich vielen Funktionswerten deuten.
Dazu teilt man das Intervall [a; b] in n gleich lange Teilintervalle der Länge $\Delta x = \frac{b-a}{n}$.

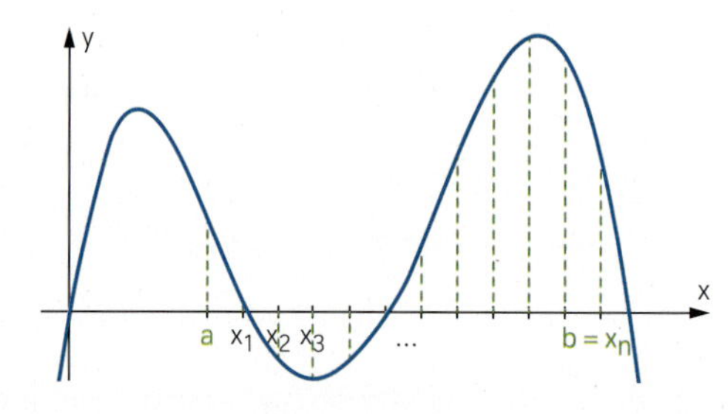

Werden die Stellen $x_1, x_2, \ldots, x_n$ z. B. als rechte Grenzen dieser Teilintervalle gewählt, so gilt:
$\frac{1}{n} \cdot (f(x_1) + f(x_2) + \ldots + f(x_n)) = \frac{1}{b-a} \cdot (f(x_1) \cdot \Delta x + f(x_2) \cdot \Delta x + \ldots + f(x_n) \cdot \Delta x)$

Für $n \to \infty$ strebt das arithmetische Mittel gegen $\mu = \frac{1}{b-a} \cdot \int_a^b f(x)\,dx$.

Üben

1 Gegeben ist die Funktion f mit $f(x) = x^2$.
Schätzen Sie anhand des Graphen von f, wie groß der Mittelwert der Funktionswerte von f im Intervall [0; 3] ist. Bestimmen Sie anschließend den Mittelwert rechnerisch.

2 Gegeben ist die Funktion f mit $f(x) = \frac{x \cdot (5-x) \cdot (x-15)}{12}$.
a) Zeichnen Sie den Graphen der Funktion f im Intervall [0; 15].
Schätzen Sie grafisch ab, an welcher Stelle auf der y-Achse der Mittelwert der Funktionswerte von f im Intervall [0; 15] liegt.
b) Berechnen Sie den Mittelwert der Funktionswerte von f im Intervall [0; 15] und vergleichen Sie diesen mit Ihrer Schätzung aus Teilaufgabe a).

3 Der Temperaturverlauf an einem Wintertag kann näherungsweise durch die Funktion f mit $f(t) = -0{,}05t^2 + 1{,}2t - 6$ und $0 \leq t \leq 24$ beschrieben werden. Dabei ist t in Stunden und f(t) in °C angegeben.

a) Berechnen Sie die mittlere Temperatur an diesem Tag. Wann wurde diese Temperatur im Laufe des Tages erreicht?

b) Veranschaulichen Sie Ihr Ergebnis am Graphen von f mithilfe von Flächeninhalten.

4 Gegeben ist die Funktionenschar f_k mit $f_k(x) = 2x^3 - k \cdot x^2 + 4x - 5;\ k \in \mathbb{R}$.

a) Bestimmen Sie die Mittelwerte der Funktionenschar f_k im Intervall $[-2; 2]$.

b) Bestimmen Sie den Parameter k so, dass der Mittelwert der zugehörigen Funktion f_k über dem Intervall $[-2; 2]$ null ergibt.

5 Im Laufe eines Jahres ändert sich die tägliche Sonnenscheindauer, d. h. die Zeitspanne zwischen Sonnenaufgang und -untergang. In Deutschland ist die Sonne am 21. Juni mit etwa 16,5 Stunden am längsten und am 21. Dezember mit etwa 8 Stunden am kürzesten zu sehen. Die Tabelle gibt für jeden Monat die Sonnenscheindauer für jeweils einen Tag an.

Datum	21.01.	21.03.	21.05.	21.06.	21.07.	21.09.	21.11.
Sonnenscheindauer in h	8,7	12,2	15,9	16,5	15,7	12,3	8,6

a) Begründen Sie, dass die Funktion f mit $f(t) = 4{,}25 \cdot \sin\left(\frac{2\pi}{365} \cdot (x - 91{,}25)\right) + 12{,}25$ die Sonnenscheindauer in Stunden nach t Tagen ab dem 21. Dezember gut annähert.

b) Berechnen Sie die mittlere Sonnenscheindauer mithilfe dieser Funktion.
Vergleichen Sie das Ergebnis mit dem arithmetischen Mittel der Daten aus der Tabelle.

6 Das Diagramm zeigt die mittlere Regenmenge und den Verlauf der mittleren Temperatur in Almeria in Südspanien.

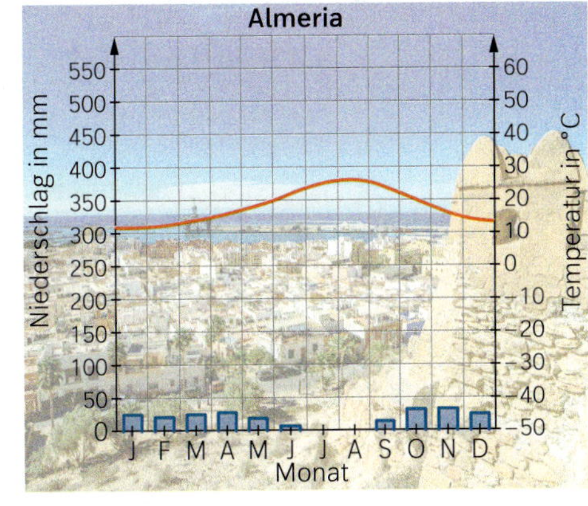

a) Berechnen Sie die mittlere monatliche Regenmenge. Mit wie viel Regen kann man im Mittel pro Tag in den Monaten Januar, Februar, März und April rechnen?

b) Bestimmen Sie einen Näherungswert für die mittlere Jahrestemperatur, indem Sie
(1) die einzelnen Werte für die Temperatur aus dem Graphen entnehmen;
(2) eine geeignete Näherungsfunktion für die Temperaturfunktion finden.

Weiterüben

7 Gegeben ist eine Funktion f über dem Intervall [1; 3] mit $\int_1^3 f(x)\,dx = 10$.

Der Graph der Funktion f über dem Intervall [1; 3] kann durchgehend gezeichnet werden.

a) Zeigen Sie, dass f den Wert 5 mindestens einmal im Intervall [1; 3] annimmt.

b) Zeigen Sie allgemein:

Ist μ der Mittelwert einer Funktion f im Intervall [a; b], so gilt: $\int_a^b f(x) - \mu\,dx = 0$

Bogenlänge und Mantelfläche

Bogenlänge eines Graphenstücks bestimmen

Die Länge eines Graphenstücks einer Funktion wird auch als **Bogenlänge** bezeichnet.
Im Folgenden wird hergeleitet, wie sich die Bogenlänge l des Graphenstücks einer Funktion f über einem Intervall [a; b] bestimmen lässt.

(1) Graphenstück durch Sekanten annähern

Man teilt das Intervall [a; b] in n gleich große Teilintervalle der Breite $\Delta x = \frac{b-a}{n}$ auf.
Über jedem Teilintervall gibt es eine Sekante.
Die Summe aller Sekantenlängen ist ein Näherungswert für die Bogenlänge l:

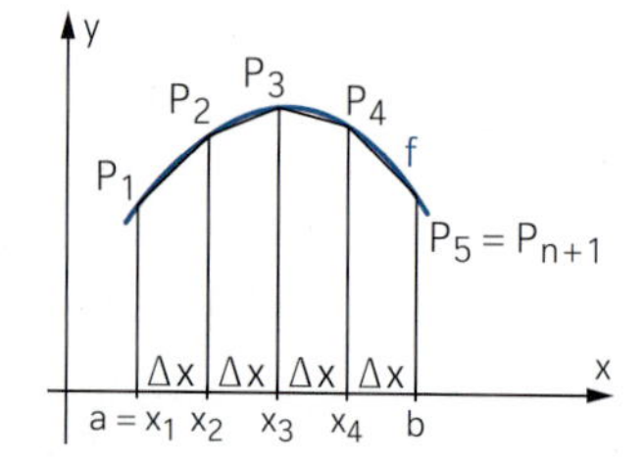

$l \approx |P_1P_2| + |P_2P_3| + \ldots + |P_{n-1}P_n| + |P_nP_{n+1}|$

(2) Länge der einzelnen Sekanten berechnen

Die Länge der Sekante $\overline{P_iP_{i+1}}$ über dem Intervall $[x_i; x_{i+1}]$ berechnet man mithilfe des Satzes des Pythagoras:

$$|P_iP_{i+1}| = \sqrt{(f(x_{i+1}) - f(x_i))^2 + (x_{i+1} - x_i)^2}$$

$$= (x_{i+1} - x_i) \cdot \sqrt{\left(\frac{f(x_{i+1}) - f(x_i)}{x_{i+1} - x_i}\right)^2 + 1}$$

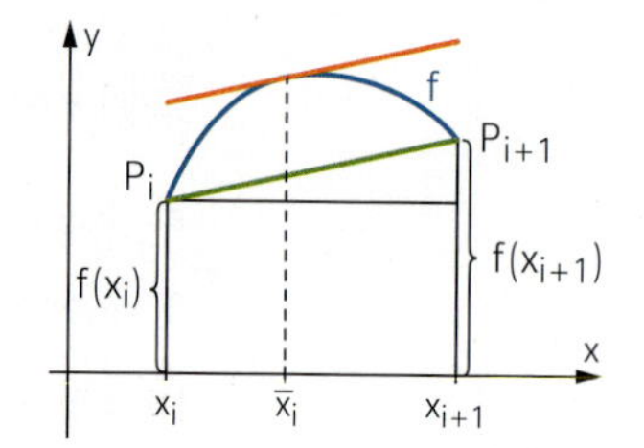

Zwischen x_i und x_{i+1} kann man eine Stelle $\overline{x}_i$ finden, an der die Tangente an den Graphen von f parallel zur Sekante $\overline{P_iP_{i+1}}$ ist. Der Term $\frac{f(x_{i+1}) - f(x_i)}{x_{i+1} - x_i}$ gibt die Steigung dieser Sekante an und ist damit gleich der Steigung $f'(\overline{x}_i)$.

Also ergibt sich: $|P_iP_{i+1}| = (x_{i+1} - x_i) \cdot \sqrt{(f'(\overline{x}_i))^2 + 1} = \sqrt{1 + (f'(\overline{x}_i))^2} \cdot \Delta x$

(3) Grenzwert bilden

Für die Bogenlänge l erhält man somit näherungsweise:

$$l \approx \sqrt{1 + (f'(\overline{x}_1))^2} \cdot \Delta x + \sqrt{1 + (f'(\overline{x}_2))^2} \cdot \Delta x + \ldots + \sqrt{1 + (f'(\overline{x}_n))^2} \cdot \Delta x$$

Betrachtet man die Funktion g mit $g(x) = \sqrt{1 + (f'(x))^2}$, so kann man diese Summe auch als Näherungswert für die Berechnung des Flächeninhalts der Fläche unter dem Graphen der Funktion g über dem Intervall [a; b] mit dem Grenzwert $\int_a^b g(x)\,dx$ deuten.

Bogenlänge eines Graphenstücks

Für die Bogenlänge l des Graphenstücks einer Funktion f über dem Intervall [a; b] gilt:

$$l = \int_a^b \sqrt{1 + (f'(x))^2}\,dx$$

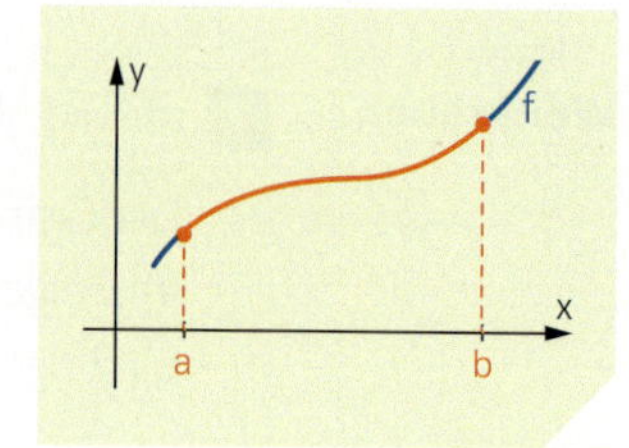

1 Berechnen Sie die Bogenlänge der *Neil'schen Parabel* mit der Gleichung $y = \sqrt{x^3}$ über dem Intervall [0; 2].

2 Der Bereich einer Straßenkreuzung wird zum Schutz für Fußgänger mithilfe von Ketten eingefasst. Für die Kalkulation der Kosten ist die Länge der Ketten zu berechnen.
Die Pfeiler sind im Abstand von einem Meter aufgestellt.
Jede Kette ist in einer Höhe von 80 cm an den Pfeilern anzubringen und soll an der tiefsten Stelle 30 cm über dem Erdboden hängen.
Bestimmen Sie die Bogenlänge der Kette, indem Sie die Form der Kette durch die ganzrationale Funktion f zweiten Grades mit $f(x) = \frac{1}{50}x^2 - 2x + 80$ modellieren und ihren Verlauf im Intervall [0; 100] betrachten.

3 Zur Herstellung von Wellblechdächern werden Metallbleche sinusförmig verformt.

a) Bestimmen Sie die Gleichung einer Funktion, deren Graph die verformte Kante näherungsweise beschreibt.

b) Welche Breite b hatte das Blech vor der Verformung?

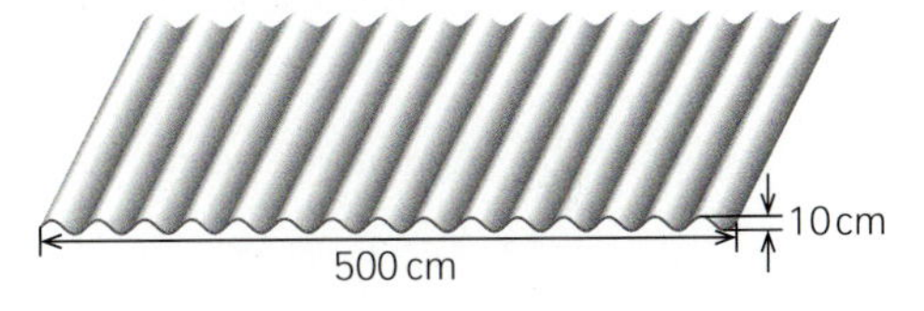

4 **Die Storebælt-Brücke in Dänemark**

Die 18 km lange Brücke verläuft über den Großen Belt und verbindet Ost- und Westdänemark miteinander. Die Fahrbahn der Brücke wird durch Trageseile gehalten, die an den beiden Brückenständern (Pylonen) befestigt sind.

Der tiefste Punkt des Trageseils der Brücke befindet sich 77 m über der Wasseroberfläche, der höchste 254 m. Der waagerechte Abstand der Pylonen beträgt 1624 m.

Zur Beschreibung der Trageseile und der Fahrbahn wählt man ein Koordinatensystem, dessen Ursprung auf der Wasseroberfläche genau in der Mitte zwischen den Pylonen liegt.
Aufgrund der technischen Konstruktion weiß man:

- Die Trageseile zwischen den beiden Pylonen folgen dem Verlauf einer Parabel.
- Der Verlauf der Fahrbahn zwischen den Pylonen wurde als Ausschnitt eines Kreises vom Radius 45 km, dessen Mittelpunkt 44,928 km unter dem Ursprung des Koordinatensystems liegt, konstruiert.

a) Leiten Sie aus den Angaben her, dass
(1) die Funktion p mit $p(x) = 0{,}000268\,x^2 + 77$ den Verlauf eines Trageseils beschreibt;
(2) die Funktion c mit $c(x) = \sqrt{45000^2 - x^2} - 44928$ den Verlauf der Fahrbahn beschreibt.

b) Bestimmen Sie
(1) die Länge des Trageseils zwischen den Pylonen;
(2) die Länge der Fahrbahn zwischen den Pylonen.

Mantelfläche eines Rotationskörpers bestimmen

Die Oberfläche eines Rotationskörpers wird auch als **Mantelfläche** bezeichnet.
Im Folgenden wird hergeleitet, wie sich der Flächeninhalt der Mantelfläche eines Rotationskörpers berechnen lässt.

Der Graph einer Funktion f rotiert über dem Intervall [a; b] um die x-Achse. Um den Flächeninhalt A_M der Mantelfläche des entstehenden Rotationskörpers zu berechnen, wird sie in n gleich breite „reifenförmige" Teile zerlegt. 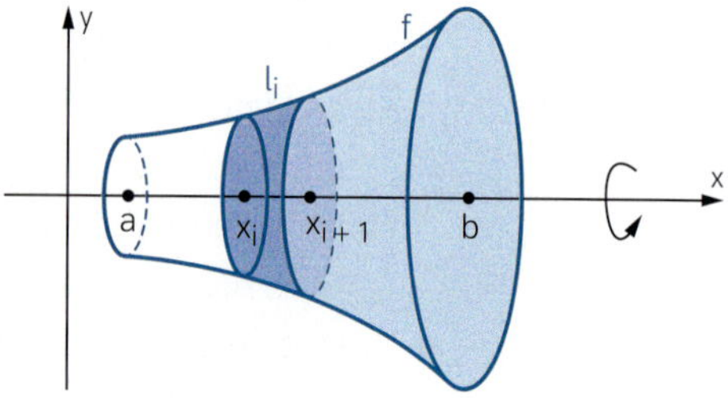
In der Abbildung ist ein solcher „Reifen" für ein Intervall $[x_i; x_{i+1}]$ markiert.

Schneidet man diesen „Reifen" auf, erhält man anschaulich näherungsweise ein Rechteck mit den Seitenlängen l_i und $2\pi \cdot f(x_i)$ und dem Flächeninhalt $A_i = l_i \cdot 2\pi \cdot f(x_i)$.

Analog wie bei der Berechnung der Bogenlänge ergibt sich:

$$A_M \approx A_1 + \ldots + A_n = 2\pi \cdot \left(f(x_1) \cdot l_1 \cdot + \ldots + f(x_n) \cdot l_n\right)$$
$$\approx 2\pi \cdot \left(f(x_1) \cdot \sqrt{1 + (f'(\bar{x}_1))^2} \cdot \Delta x + \ldots + f(x_n) \cdot \sqrt{1 + (f'(\bar{x}_n))^2} \cdot \Delta x\right)$$

Mantelfläche eines Rotationskörpers

Für den Flächeninhalt A_M der Mantelfläche eines Rotationskörpers zur Funktion f über dem Intervall [a; b] gilt:

$$A_M = 2\pi \cdot \int_a^b f(x) \cdot \sqrt{1 + (f'(x))^2}\, dx$$

5 Die Punkte P(x | y) einer Ellipse mit dem Mittelpunkt O(0 | 0) und den beiden *Halbachsen* a und b erfüllen die Gleichung $\left(\frac{x}{a}\right)^2 + \left(\frac{y}{b}\right)^2 = 1$. Durch Rotation des zugehörigen Graphen um die x-Achse entsteht ein sogenanntes *Rotationsellipsoid*.

a) Bestimmen Sie für $a = 3$ und $b = 2$ den Umfang der Ellipse und die Mantelfläche des zugehörigen Rotationsellipsoids mithilfe der Formeln für Bogenlänge und Mantelfläche.

b) Bestimmen Sie den Flächeninhalt der Ellipse und das Volumen des Rotationsellipsoids.

6 Das „Gröninger Fass", ein überdimensionales Fass aus dem 16. Jahrhundert, heute in Halberstadt zu besichtigen, soll innen restauriert werden.

a) Um den Bedarf des Konservierungsmittels zu ermitteln, ist die innere Oberfläche des Fasses zu bestimmen. Modellieren Sie dazu das Gröninger Fass als Rotationskörper durch die Funktion f mit $f(x) = 2{,}52 \cdot \cos(0{,}13x)$.

b) Zeigen Sie, dass die Funktion f die folgenden Messwerte erfüllt:
Nach einer Vermessung von 2005 ist das Fass innen etwa 7,56 m lang. Der Innendurchmesser der Bodenflächen beträgt etwa 4,48 m, der Innendurchmesser in der Mitte des Fasses wird mit 5,06 m angenommen.
Es kann von einer Messungenauigkeit von 0,5 mm ausgegangen werden.

Das Wichtigste auf einen Blick

Bestand aus Änderungsraten rekonstruieren

Aus dem Graphen der Änderungsrate f einer Größe F über einem Intervall [a; b] kann man die Änderung $F(b) - F(a)$ mithilfe von **orientierten Flächeninhalten** berechnen:

Flächeninhalte von Teilflächen oberhalb der x-Achse werden addiert. Flächeninhalte von Teilflächen unterhalb der x-Achse werden subtrahiert.

Ist der Anfangswert F (a) gegeben, lässt sich der Bestand F (b) berechnen.

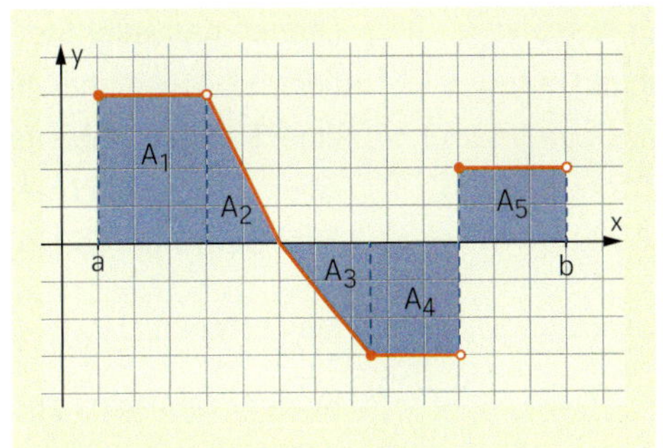

$F(b) - F(a) = A_1 + A_2 - A_3 - A_4 + A_5$

$F(b) = F(a) + A_1 + A_2 - A_3 - A_4 + A_5$

Integral als Grenzwert von Produktsummen

Den Grenzwert der Produktsummen
$S_n = \Delta x \cdot f(x_1) + \Delta x \cdot f(x_2) + \ldots + \Delta x \cdot f(x_n)$
für $n \to \infty$ nennt man das **Integral von f von a bis b**.

Man schreibt: $\lim\limits_{n \to \infty} S_n = \int_a^b f(x)\,dx$

Geometrisch ergibt sich das Integral aus den orientierten Flächeninhalten aller Teilflächen über dem Intervall [a; b].

Flächeninhalte von Teilflächen oberhalb der x-Achse werden addiert. Flächeninhalte von Teilflächen unterhalb der x-Achse werden subtrahiert.

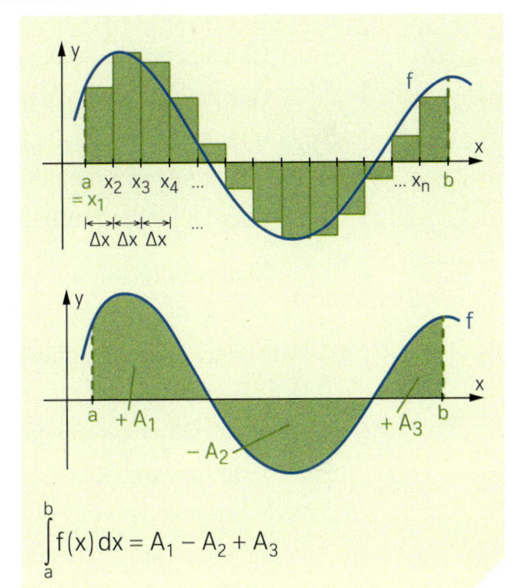

$\int_a^b f(x)\,dx = A_1 - A_2 + A_3$

Stammfunktion

Eine Funktion F heißt **Stammfunktion** einer Funktion f, wenn gilt: $F'(x) = f(x)$

Ist F eine beliebige Stammfunktion der Funktion f, so sind alle Stammfunktionen von f gegeben durch $F(x) + c$ mit $c \in \mathbb{R}$.

$f(x) = 6x^2 - \frac{1}{2}x + 7$

$F(x) = 2x^3 - \frac{1}{4}x^2 + 7x$

und z. B. auch

$G(x) = 2x^3 - \frac{1}{4}x^2 + 7x - 5$

Hauptsatz der Differenzial- und Integralrechnung

Ist F eine Stammfunktion einer Funktion f über dem Intervall [a; b], so gilt:

$$\int_a^b f(x)\,dx = F(b) - F(a)$$

Statt F(b) − F(a) schreibt man auch $[F(x)]_a^b$.

$\int_1^4 6x^2 - \frac{1}{2}x + 7\,dx$

$= \left[2x^3 - \frac{1}{4}x^2 + 7x\right]_1^4$

$= (128 - 4 + 28) - \left(2 - \frac{1}{4} + 7\right)$

$= 143{,}25$

Das Wichtigste auf einen Blick

Integralfunktionen als spezielle Stammfunktionen

Ordnet man jeder Stelle $x \geq a$ den orientierten Flächeninhalt unter dem Graphen einer Funktion f über dem Intervall [a; x] zu, so erhält man die **Integralfunktion von f über dem Intervall [a; x]**.

Man schreibt: $I_a(x) = \int_a^x f(t)\,dt$

Ist der Graph von f zusammenhängend, dann gilt $I_a'(x) = f(x)$. Jede Integralfunktion von f ist somit eine Stammfunktion von f.

Außerdem gilt: $I_a(a) = \int_a^a f(t)\,dt = 0$

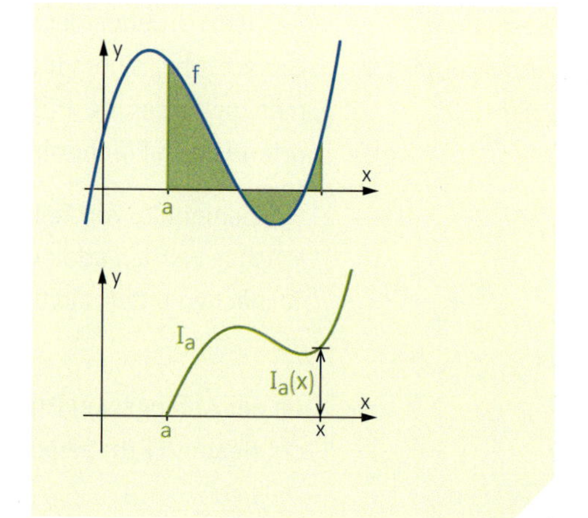

Fläche zwischen Funktionsgraph und x-Achse

Den Flächeninhalt A zwischen dem Graphen einer Funktion f und der x-Achse über einem Intervall [a; b] bestimmt man aus den Flächeninhalten der Teilflächen oberhalb und unterhalb der x-Achse.

Man geht folgendermaßen vor:

- Nullstellen bestimmen
- Flächeninhalte über den Intervallen mithilfe der Integrale von f(x) berechnen; bei negativen Integralwerten werden Beträge gebildet
- Summe der Flächeninhalte der Teilflächen berechnen

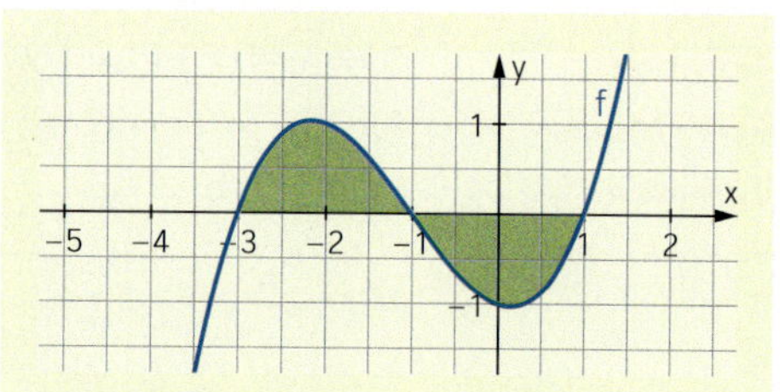

$f(x) = \frac{1}{3}x^3 + x^2 - \frac{1}{3}x - 1$

Nullstellen: –3; –1; 1

$\int_{-3}^{-1} f(x)\,dx = \frac{4}{3}$; $\int_{-1}^{1} f(x)\,dx = -\frac{4}{3}$

$A = \frac{4}{3} + \left|-\frac{4}{3}\right| = \frac{8}{3}$

Fläche zwischen zwei Funktionsgraphen

Den Flächeninhalt A zwischen den Graphen zweier Funktionen f und g über einem Intervall [a; b] bestimmt man aus den Flächeninhalten der von den beiden Graphen eingeschlossenen Teilflächen.

Man geht folgendermaßen vor:

- Schnittstellen der Graphen von f und g im Intervall [a; b] bestimmen
- Flächeninhalte über den einzelnen Teilintervallen mithilfe der Integrale von $f(x) - g(x)$ berechnen; bei negativen Integralwerten werden Beträge gebildet
- Summe der Flächeninhalte der Teilflächen berechnen

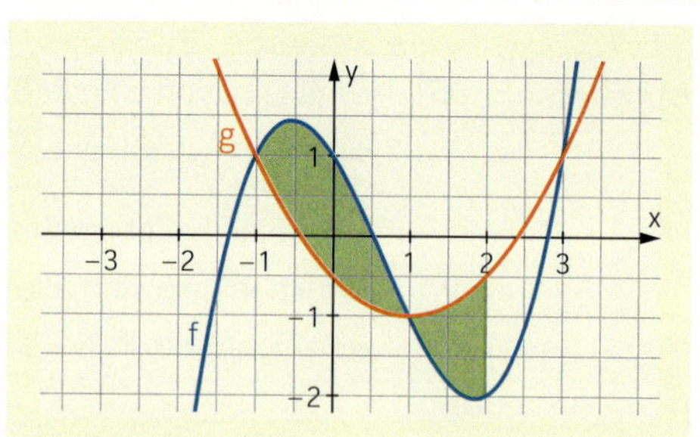

$f(x) = \frac{1}{2}x^3 - x^2 - \frac{3}{2}x + 1$

$g(x) = \frac{1}{2}x^2 - x - \frac{1}{2}$

Schnittstellen in [–1; 2]: –1; 1

$\int_{-1}^{1} f(x) - g(x)\,dx = 2$; $\int_{1}^{2} f(x) - g(x)\,dx = -\frac{7}{8}$

$A = 2 + \left|-\frac{7}{8}\right| = 2{,}875$

Das Wichtigste auf einen Blick

Uneigentliche Integrale

(1) Existiert der Grenzwert

$$\lim_{b \to \infty} \int_a^b f(x)\,dx = \int_a^\infty f(x)\,dx$$

bzw. $\lim\limits_{a \to -\infty} \int_a^b f(x)\,dx = \int_{-\infty}^b f(x)\,dx$,

so nennt man diesen Grenzwert das **uneigentliche Integral von f über dem Intervall $[a, \infty[$** bzw. **$]-\infty, b]$**.

(2) Ist die Stelle x_0 eine Definitionslücke der Funktion f und existiert der Grenzwert

$$\lim_{a \to x_0} \int_a^b f(x)\,dx = \int_{x_0}^b f(x)\,dx$$

bzw. $\lim\limits_{b \to x_0} \int_a^b f(x)\,dx = \int_a^{x_0} f(x)\,dx$,

so nennt man diesen Grenzwert das **uneigentliche Integral von f über dem Intervall $]x_0, b]$** bzw. **$[a, x_0[$**.

(1) $\int_1^b \frac{1}{x^3}\,dx = \left[-\frac{1}{2x^2}\right]_1^b = -\frac{1}{2b^2} + \frac{1}{2}$

Für $b \to \infty$ gilt: $-\frac{1}{2b^2} + \frac{1}{2} \to \frac{1}{2}$

Somit gilt:

$\int_1^\infty \frac{1}{x^3}\,dx = \frac{1}{2}$

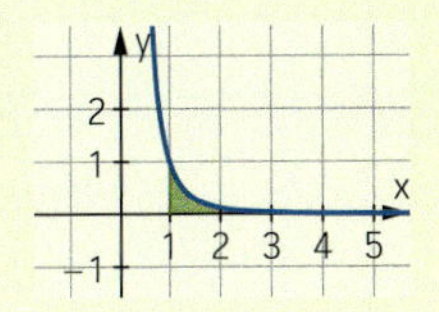

(2) $\int_a^2 \frac{1}{x^3}\,dx = \left[-\frac{1}{2x^2}\right]_a^2 = -\frac{1}{8} + \frac{1}{2a^2}$

Für $a \to 0$ gilt: $-\frac{1}{8} + \frac{1}{2a^2} \to \infty$

Das uneigentliche Integral existiert nicht.

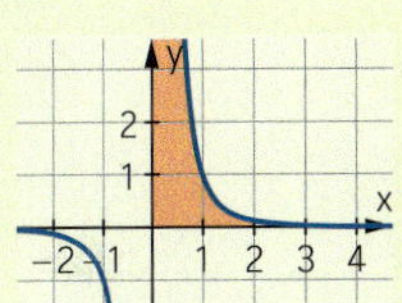

Volumen eines Rotationskörpers

Rotiert die Fläche unter dem Graphen einer Funktion f über dem Intervall [a; b] um die x-Achse, dann gilt für das Volumen V des entstehenden Rotationskörpers:

$$V = \pi \cdot \int_a^b (f(x))^2\,dx$$

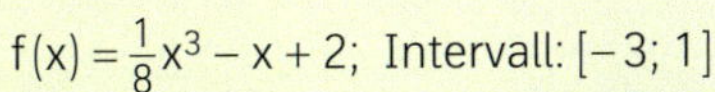

$f(x) = \frac{1}{8}x^3 - x + 2$; Intervall: $[-3; 1]$

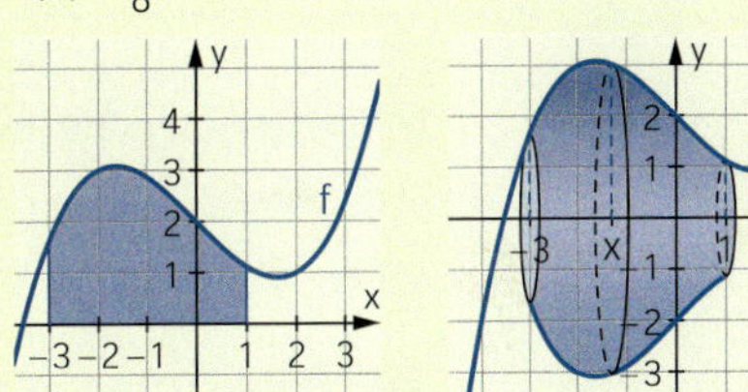

$$V = \pi \cdot \int_{-3}^{1} \left(\frac{1}{8}x^3 - x + 2\right)^2 dx \approx 75{,}45$$

Mittelwert der Funktionswerte einer Funktion

Für eine Funktion f über dem Intervall [a; b] heißt die Zahl

$$\mu = \frac{1}{b-a} \cdot \int_a^b f(x)\,dx$$

Mittelwert der Funktionswerte von f über dem Intervall [a; b].

$f(x) = \frac{1}{2}x^3 - x + 1$; Intervall: $[-1; 2]$

$$\mu = \frac{1}{2-(-1)} \cdot \int_{-1}^{2} \frac{1}{2}x^3 - x + 1\,dx$$

$$= \frac{1}{3} \cdot \left[\frac{1}{8}x^4 - \frac{1}{2}x^2 + x\right]_{-1}^{2} = 1{,}125$$

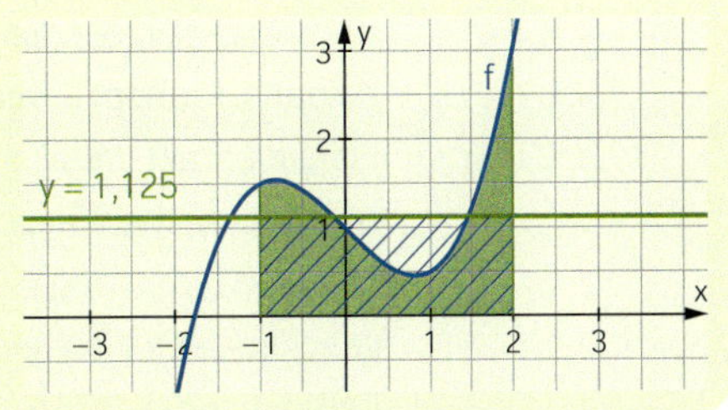

Teil A **Lösen Sie die folgenden Aufgaben ohne Formelsammlung und ohne Taschenrechner.**

1 In einem Wasserspeicher befinden sich zu Beginn 800 Liter Wasser.
Die folgende Tabelle zeigt, mit welcher Flussgeschwindigkeit in dem jeweiligen Zeitabschnitt Wasser entnommen bzw. eingefüllt wird.

Zeitabschnitt in min	0 bis 15	15 bis 35	35 bis 45	45 bis 60
Flussgeschwindigkeit in $\frac{l}{min}$	−4	5	−6	2

Bestimmen Sie die Änderung des Wasservolumens im Speicher für eine Stunde nach Beginn der Messung. Berechnen Sie, wie viel Wasser sich eine Stunde nach Messbeginn im Wasserspeicher befindet.

2 **a)** Bestimmen Sie jeweils den Flächeninhalt der gefärbten Fläche.

(1)

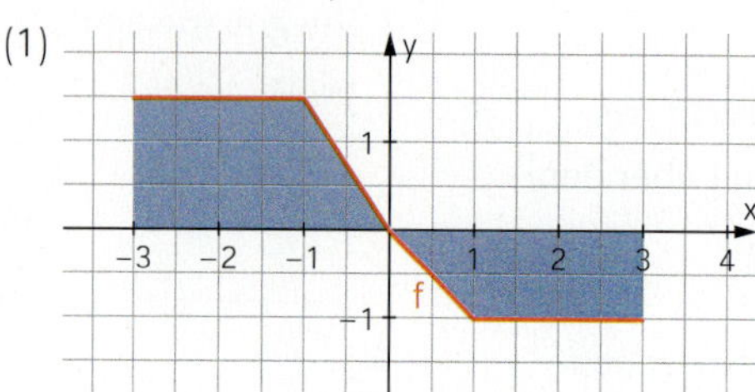

(2)

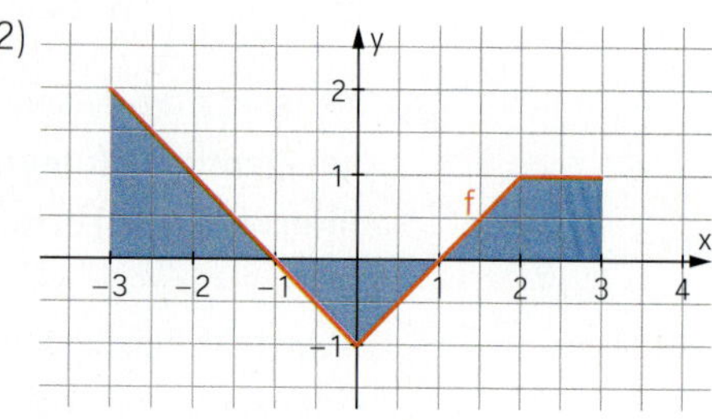

b) Bestimmen Sie jeweils den Wert des Integrals $\int_{-3}^{3} f(x)\,dx$.

3 Berechnen Sie das Integral.

a) $\int_{0}^{3} x^2\,dx$ **b)** $\int_{-10}^{10} 3x^2 - 2x\,dx$ **c)** $\int_{-4}^{4} x^3 - x\,dx$ **d)** $\int_{-1}^{1} 10x^4 - 8x^3\,dx$

4 Gegeben ist die Funktion f mit $f(x) = x - x^3$.

a) Begründen Sie geometrisch, dass $\int_{-1}^{1} f(x)\,dx = 0$ gilt.

b) Berechnen Sie den Flächeninhalt der Fläche, die der Graph von f mit der x-Achse einschließt.

5 Die Funktionen f und g mit $f(x) = \frac{3}{4}x^2$ und $g(x) = -\frac{1}{4}x^2 + 4$ schließen eine Fläche ein.

a) Berechnen Sie die Schnittstellen der beiden Graphen. Berechnen Sie dann den Flächeninhalt der eingeschlossenen Fläche.

b) Untersuchen Sie, ob der Graph der Funktion h mit $h(x) = \frac{1}{4}x^2 + 2$ die eingeschlossene Fläche aus Teilaufgabe a) halbiert.

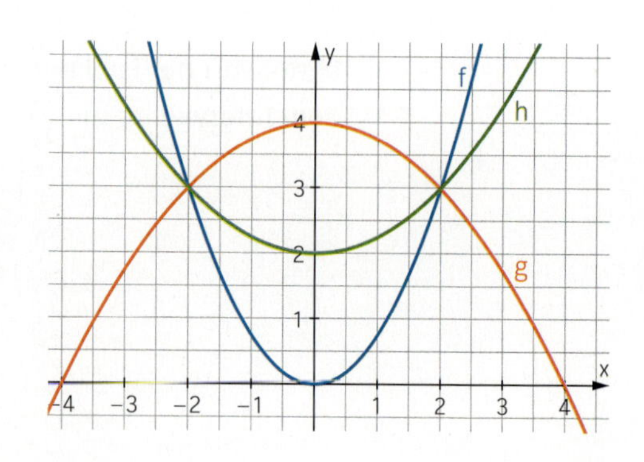

6 Die Abbildung zeigt die Funktion f mit $f(x) = x^2$ und die Gerade mit der Gleichung $y = a^2$.
Wie verhält sich der Flächeninhalt des Dreiecks, welches in die Parabel einbeschrieben ist, zum Flächeninhalt der Fläche zwischen dem Graphen von f und der Geraden in Abhängigkeit von a?
Berechnen Sie dieses Verhältnis.

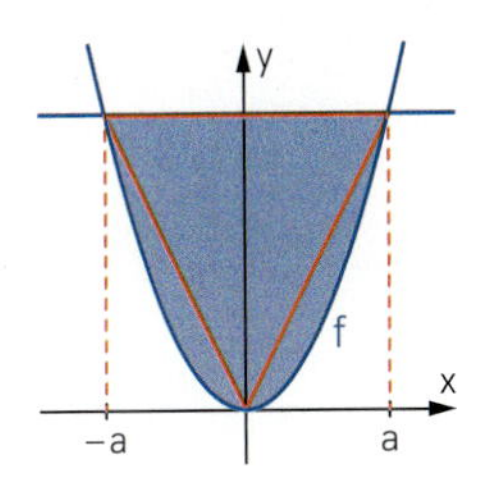

7 Zerlegen Sie die Fläche, die der Graph der Funktion f mit $f(x) = 9 - x^2$ mit der x-Achse einschließt, so durch eine Parallele zur x-Achse, dass zwei Flächen mit demselben Flächeninhalt entstehen. Skizzieren Sie den Sachverhalt und geben Sie die Geradengleichung an.

8 Gegeben ist die Funktion f mit $f(x) = x^{-5}$.

a) Bestimmen Sie das Integral $\int_a^\infty f(x)\,dx$ für $a > 0$ in Abhängigkeit von a.

b) Berechnen Sie den Wert des Parameters a, für den gilt: $\int_a^\infty f(x)\,dx = 4$

Teil B

Bei der Lösung dieser Aufgaben können Sie die Formelsammlung und den Taschenrechner verwenden.

9 Um den Wasserstand eines Flusses zu regulieren, wurde ein Zulauf in ein Wasserreservoir gelegt. Bei Hochwasser fließt das Flusswasser in das Reservoir. In den Zulauf wurde ein Messgerät eingebaut, das ständig den Wasserzufluss registriert und als Graph aufzeichnet. Ein solcher Graph ist hier vereinfacht abgebildet. Die Zeit wird in der Einheit Stunden und der Wasserzulauf in der Einheit $1000\,m^3$ pro Stunde gemessen.

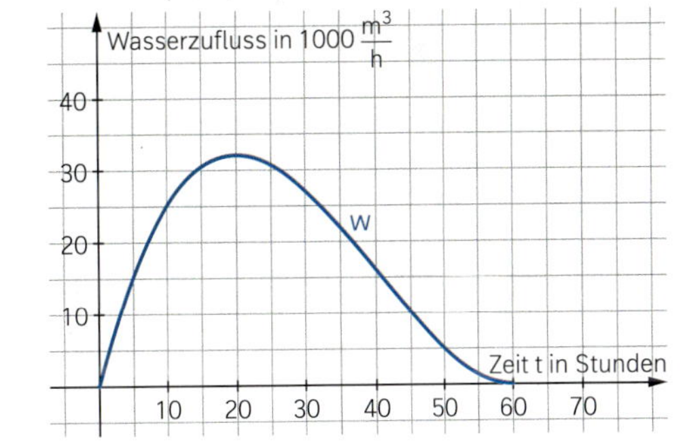

a) Erklären Sie das Verhalten der Funktion w anhand des Graphen im Sachzusammenhang.

b) Begründen Sie, dass eine quadratische Funktion zur Modellierung nicht ausreicht.

c) Die Funktion w kann durch eine ganzrationale Funktion dritten Grades in der Form $w(t) = a \cdot (t - 60)^2 \cdot t$ beschrieben werden.
Gehen Sie davon aus, dass der Wasserfluss nach 10 Stunden $25\,000\,\frac{m^3}{h}$ beträgt, und bestimmen Sie den Parameter a.

d) Zu Beginn der aufgezeichneten Messung befanden sich $20\,000\,m^3$ Wasser im Reservoir. Bestimmen Sie aus der Funktion w die Funktion W, die den Inhalt des Reservoirs in $1000\,m^3$ zur Zeit t in Stunden angibt.

e) Berechnen Sie, wie viel Wasser sich nach 60 Stunden im Reservoir befindet.

10 Die von den Graphen zu $y = -x + 6$ und $y = -2x^2 + 4x + 6$ eingeschlossene Fläche rotiert um die x-Achse. Berechnen Sie das Volumen des entstehenden Rotationskörpers.

11 Der Wanderverein *Mountain Tours* sucht ein neues Logo für den Briefkopf und als Vorlage für ein Ehrenabzeichen, das an verdiente Mitglieder verliehen werden soll. Die Skizze zeigt ein Logo, das von einer Parabel und dem Graphen einer ganzrationalen Funktion vierten Grades begrenzt wird.

a) Ermitteln Sie mithilfe der eingezeichneten Punkte die zugehörigen Funktionsvorschriften zu den Graphen.

b) Berechnen Sie den Flächeninhalt der Fläche, die von den beiden Graphen eingeschlossen wird.

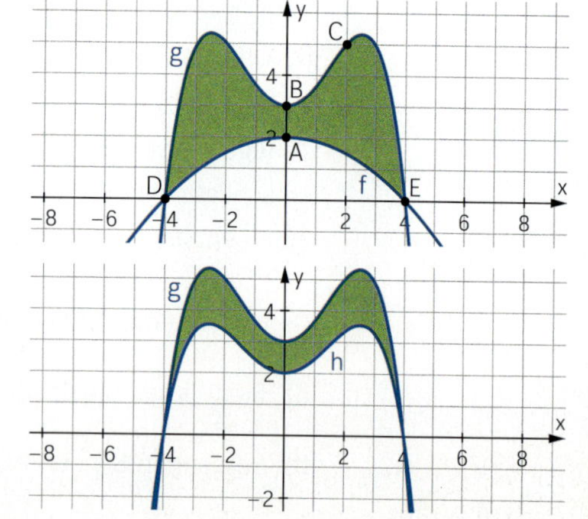

c) Ein Alternativvorschlag besteht darin, den Parabelbogen durch den abgebildeten Graphen von h zu ersetzen.
Der Graph von h entsteht durch Streckung des Graphen von g in Richtung der y-Achse um den Faktor $\frac{2}{3}$.
Der Schatzmeister von *Mountain Tours* behauptet, dass die Materialkosten für dieses Abzeichen nur die Hälfte der Materialkosten des ersten Vorschlags betragen.
Beurteilen Sie, ob er recht hat.

12 Gegeben ist die Funktion f mit $f(x) = \sqrt{r^2 - x^2}$.

Tipp: Betrachten Sie das Dreieck mit den Punkten $O(0|0)$, $R(x|0)$ und $P(x|y)$.

a) Begründen Sie, dass der Graph von f der abgebildete Halbkreis um den Koordinatenursprung mit dem Radius r ist.

b) Berechnen Sie für einen Kreis mit dem Radius 6 cm den Flächeninhalt eines Kreissegmentes der Höhe 2 cm.

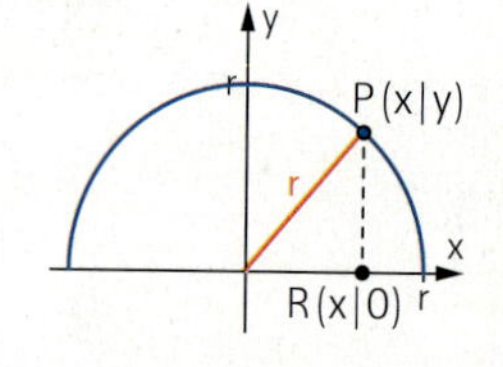

13 Eine zur y-Achse symmetrische Parabel verläuft durch die Punkte $P_1(2|4)$ und $P_2(0|2)$. Die Fläche zwischen der Parabel und der x-Achse rotiert über dem Intervall $[-2; 2]$ um die x-Achse. Berechnen Sie das Volumen des entstehenden Rotationskörpers.

14 Die Fläche, die der Graph der Funktion f mit $f(x) = x^3 - 3x$ mit der Tangente im Tiefpunkt einschließt, rotiert um die Tangente im Tiefpunkt. Dabei entsteht ein zwiebelförmiger Körper. Berechnen Sie sein Volumen.

15 Ein rotationssymmetrisches Staubecken hat eine Parabel mit der Gleichung $y = a \cdot x^2$ als Berandung des Querschnitts.

a) Beim Wasserstand 5 m hat die Wasseroberfläche einen Durchmesser von 20 m. Bestimmen Sie den Wert von a und zeichnen Sie die Parabel in ein Koordinatensystem.

b) Berechnen Sie das Volumen des Beckens beim höchsten Wasserstand von 8 m.

16 Schätzen Sie den Mittelwert der Funktionswerte der Sinusfunktion im Intervall $[0; \pi]$. Berechnen Sie dann den Mittelwert der Funktionswerte der Sinusfunktion im Intervall $[0; \pi]$ und vergleichen Sie den Wert mit Ihrer Schätzung.

Wachstum mithilfe der e-Funktion beschreiben

3

▲ *Bei Kiew wird der Fluss Dnjepr oft ganz grün von Algen bedeckt. Die Algen vermehren sich sehr schnell und gelangen über den Dnjepr auch ins Schwarze Meer.*

In diesem Kapitel
lernen Sie eine spezielle Exponentialfunktion kennen, mit der man exponentielles Wachstum mathematisch gut beschreiben und vergleichen kann.
Außerdem untersuchen Sie Funktionen, die mit dieser Exponentialfunktion verknüpft sind. ▸

Exponentielles Wachstum

Aktivieren

1 Eine Hefepilzkultur vervielfacht ihre Masse jede Stunde mit dem Faktor 1,5. Zu Beginn sind 10 g Hefe vorhanden.

a) Ermitteln Sie einen Term für die Funktion *Zeit in Stunden → Masse in g*.

b) Berechnen Sie die Masse der Hefepilzkultur nach vier Stunden.

c) Nach welcher Zeit sind 60 g der Hefepilzkultur vorhanden?

Erinnern

Exponentielles Wachstum

Vervielfacht sich eine Größe in einer Zeiteinheit immer mit dem gleichen Faktor, so liegt **exponentielles Wachstum** vor.
Es kann durch eine Exponentialfunktion f mit $f(x) = a \cdot b^x$ beschrieben werden, wobei $a \in \mathbb{R}$, $b > 0$ und $b \neq 1$.
Die Zahl $a = f(0)$ ist der **Anfangswert** zum Zeitpunkt $x = 0$ und die Zahl b der **Wachstumsfaktor** pro Zeiteinheit.

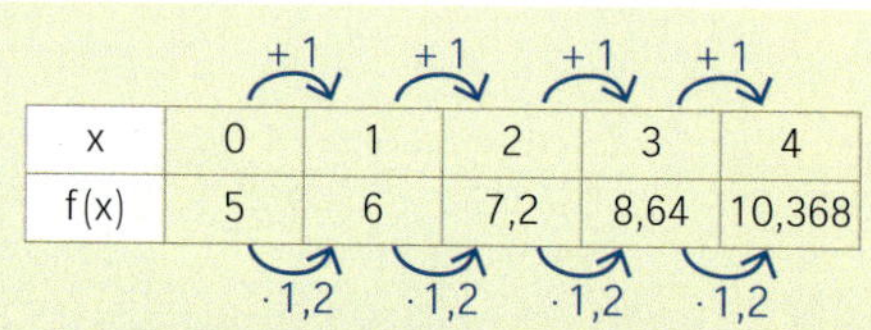

x	0	1	2	3	4
f(x)	5	6	7,2	8,64	10,368

$f(x) = 5 \cdot 1{,}2^x$; $a = f(0) = 5$; $b = 1{,}2$

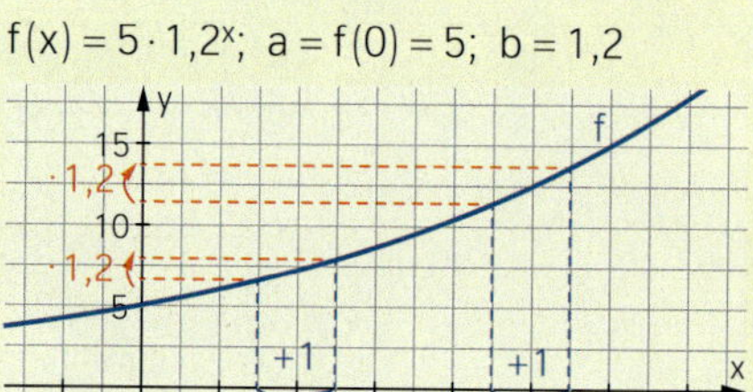

Für $b > 1$ liegt exponentielle Zunahme vor. Bei einer prozentualen Zunahme von p % pro Zeiteinheit gilt $b = \left(1 + \frac{p}{100}\right)$.

Für $0 < b < 1$ liegt exponentielle Abnahme vor. Bei einer prozentualen Abnahme von p % pro Zeiteinheit gilt $b = \left(1 - \frac{p}{100}\right)$.

Zunahme eines Anfangsbestands von 450 um 12 % pro Tag: $b = 1 + \frac{12}{100} = 1{,}12$
$f(x) = 450 \cdot 1{,}12^x$ mit x in Tagen

Abnahme eines Anfangsbestands von 70 um 20 % pro Monat: $b = 1 - \frac{20}{100} = 0{,}8$
$f(x) = 70 \cdot 0{,}8^x$ mit x in Monaten

Eigenschaften von Exponentialfunktionen

Für f mit $f(x) = b^x$, $b > 0$ und $b \neq 1$ gilt:
Der Graph

- verläuft oberhalb der x-Achse und durch den Punkt P(0|1);
- steigt für $b > 1$ und fällt für $0 < b < 1$;
- schmiegt sich für $b > 1$ dem negativen Teil und für $0 < b < 1$ dem positiven Teil der x-Achse an.

Die Graphen von $f(x) = b^x$ und $g(x) = \left(\frac{1}{b}\right)^x = b^{-x}$ gehen durch Spiegelung an der y-Achse auseinander hervor.

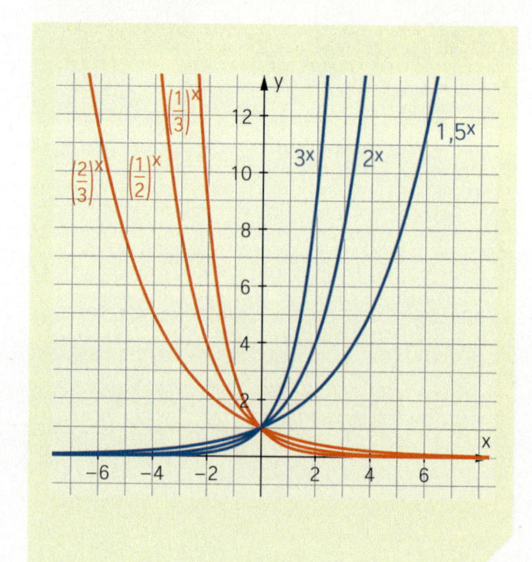

Festigen

2 Bestimmen Sie eine Funktionsgleichung zur Beschreibung des Wachstumsprozesses.

a) Ein Anfangsbestand von 40 wächst um 5 % pro Tag.

b) Ein Anfangsbestand von 80 verringert sich jede Woche um ein Viertel.

c) Ein Anfangsbestand von 200 verringert sich jeweils in einem halben Jahr um 10 %.

d) Ein Anfangsbestand von 16 verdoppelt sich jeweils nach einer Viertelstunde.

3 Bestimmen Sie den Wachstumsfaktor.

a) Die Menge eines Wirkstoffs im Blut drittelt sich alle 5 Stunden.

b) Eine Bakterienkultur verdoppelt sich alle 4 Tage.

Ein Bestand halbiert sich alle drei Jahre.

Für den Wachstumsfaktor b pro Jahr gilt $b^3 = 0{,}5$ und somit $b = \sqrt[3]{0{,}5} \approx 0{,}794$.

4 Die Tabelle zeigt das Wachstum einer Bakterienkultur.

Zeit in h	0	0,5	1	1,5	■
von Bakterien bedeckte Fläche in mm²	■	8	12,8	20,48	50

a) Weisen Sie nach, dass hier exponentielles Wachstum vorliegt, und ermitteln Sie den Term einer geeigneten Exponentialfunktion.

b) Ergänzen Sie die fehlenden Werte in der Tabelle.

c) Diskutieren Sie, inwiefern sich eine Exponentialfunktion in diesem Kontext nur eingeschränkt zur Beschreibung des Bakterienwachstums eignet.

5 Bestimmen Sie die Funktionsgleichungen zu den dargestellten Graphen.

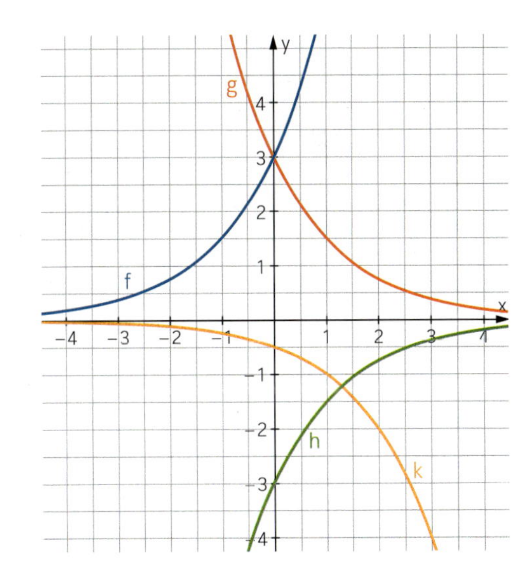

6 Radioaktives Iod ^{131}I zerfällt mit einer Halbwertszeit von 8 Tagen. Anfangs sind 3 mg vorhanden.

Halbwertszeit: Zeit, in der sich ein Bestand halbiert

a) Ermitteln Sie einen Term der Funktion *Zeit in Tagen → Masse in mg* und zeichnen Sie den Graphen der Funktion.

b) Wie viel Prozent der ursprünglichen Masse sind nach Ablauf eines Tages noch vorhanden?

c) Ermitteln Sie, wann nur noch 1 % der Ausgangssubstanz vorhanden ist.

7 Bestimmen Sie die Gleichung einer Exponentialfunktion f mit $f(x) = a \cdot b^x$ mit den gegebenen Eigenschaften.

a) Der Graph von f verläuft durch die Punkte P(1 | 12) und Q(2 | 9,6).

b) Der Graph von f geht aus dem Graphen der Funktion g mit $g(x) = 1{,}5^x$ durch Verschieben in Richtung der x-Achse um eine Einheit nach links hervor.

c) Der Graph von f geht aus dem Graphen der Funktion h mit $h(x) = 3^x$ durch Strecken in Richtung der y-Achse mit dem Faktor 9 hervor.

3.1 Die e-Funktion

Einstieg

Nach einem Unglück auf einer Bohrinsel vergrößert sich das entstandene Leck kontinuierlich. Das vom Öl verunreinigte Wasservolumen in m^3 vervierfacht sich jede Stunde. Anfangs war $1\,m^3$ Wasser verunreinigt.
Beschreiben Sie die Ausbreitung der verunreinigten Wassermenge durch eine geeignete Funktion f. Untersuchen Sie, wie der Graph der Ausbreitungsgeschwindigkeit f′ aussieht, und vergleichen Sie diesen mit dem Graphen von f.

Aufgabe mit Lösung

Ableitung einer Exponentialfunktion

Die Wasserfläche kleinerer Gewässer kann im Sommer sehr schnell mit einem grünen Schwimmteppich aus Wasserlinsen zugedeckt werden.
Hierbei ist die Wachstumsgeschwindigkeit von Interesse.

Lässt sich ein Wachstumsvorgang durch die Funktion f mit $f(x) = 2^x$ beschreiben (z. B. bei einer wöchentlichen Verdopplung der bewachsenen Fläche), so möchte man einen Term für die Ableitungsfunktion f′ angeben.

Zeichnen Sie den Graphen von f und skizzieren Sie dann den Graphen von f′, indem Sie die Steigungen am Graphen von f mithilfe von Tangenten abschätzen.
Stellen Sie eine Vermutung für den Term von f′ auf.

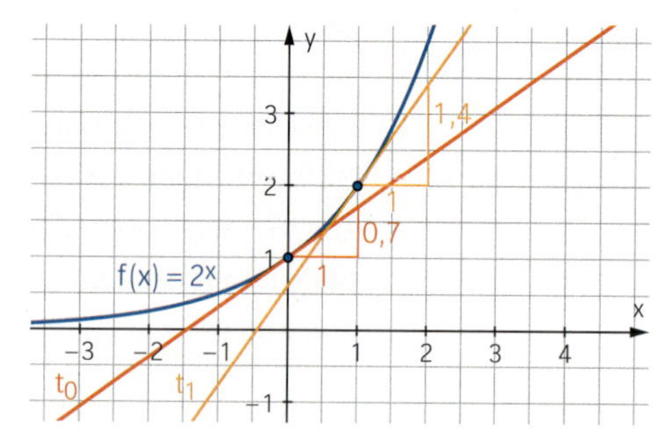

Lösung

Durch Anlegen einer Tangente und Abschätzen der Steigungen erkennt man beispielsweise, dass $f'(0) \approx 0{,}7$ und $f'(1) \approx 1{,}4$ gilt.
Ein Vergleich der Graphen von f und f′ legt die Vermutung nahe, dass der Graph der Ableitungsfunktion wieder eine Exponentialfunktion ist, da sich die Steigung bei jeder Erhöhung von x um 1 ungefähr verdoppelt.
Man erhält: $f'(x) \approx 0{,}7 \cdot 2^x$

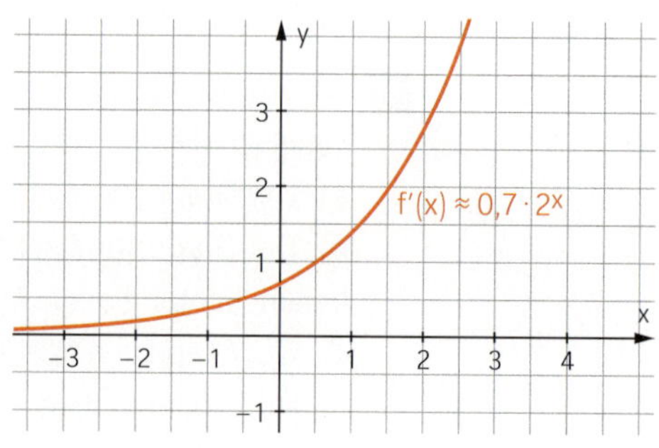

Begründen Sie mithilfe des Differenzenquotienten, dass $f'(x) = c \cdot 2^x$ mit $c = f'(0)$ gilt.

Lösung

Für den Differenzenquotienten ergibt sich:

$\frac{f(x+h) - f(x)}{h} = \frac{2^{x+h} - 2^x}{h}$ (Einsetzen des Funktionsterms)

$= \frac{2^x \cdot 2^h - 2^x}{h}$ (Anwenden der Potenzregel $a^{n+m} = a^n \cdot a^m$)

$= \frac{2^h - 1}{h} \cdot 2^x$ (Ausklammern von 2^x)

Wegen $\frac{f(0+h) - f(0)}{h} = \frac{2^{0+h} - 2^0}{h} = \frac{2^h - 1}{h}$ gilt $\frac{2^h - 1}{h} \to f'(0)$ für $h \to 0$.

Daher ist $f'(x) = \lim\limits_{h \to 0} \frac{2^h - 1}{h} \cdot 2^x = f'(0) \cdot 2^x$.

Information

Ableitung einer Exponentialfunktion

Satz

Für eine Exponentialfunktion f mit $f(x) = b^x$ gilt: $f'(x) = c \cdot b^x$ mit $c = f'(0)$

Die Ableitung f' einer Exponentialfunktion ist wieder eine Exponentialfunktion.
Der Graph von f' entsteht aus dem Graphen von f durch Strecken von der x-Achse aus in y-Richtung mit einem Faktor c. Dieser Faktor ist die Ableitung von f an der Stelle 0.

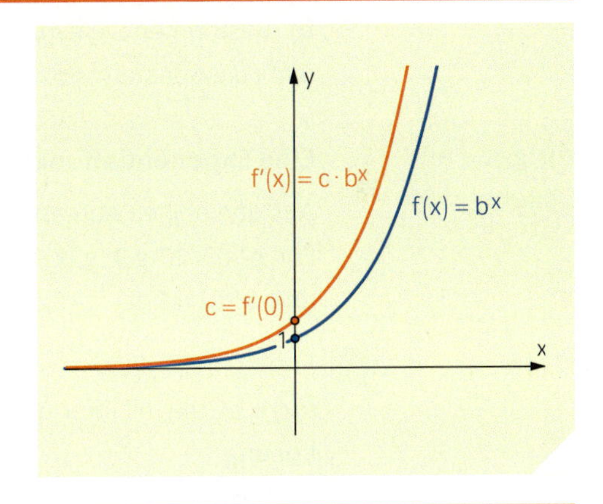

Begründung des Satzes:
Die Ableitung einer Exponentialfunktion f mit $f(x) = b^x$ an einer Stelle x ist die Steigung der Tangente an den Graphen von f im Punkt $P(x \mid b^x)$.
Man untersucht zunächst die Steigung m einer Sekante durch den Punkt P und einen weiteren Punkt $Q(x + h \mid b^{x+h})$ auf dem Graphen von f.

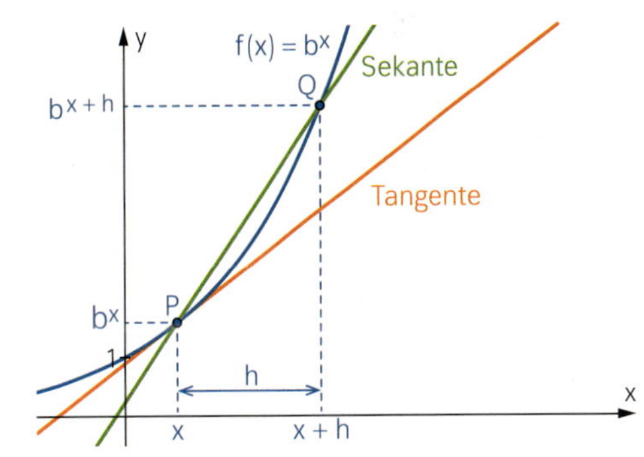

$m = \frac{f(x+h) - f(x)}{h} = \frac{b^{x+h} - b^x}{h} = \frac{b^x \cdot b^h - b^x}{h} = b^x \cdot \frac{b^h - 1}{h} = \frac{b^h - 1}{h} \cdot b^x$

Die Tangentensteigung ist der Grenzwert der Sekantensteigungen für $h \to 0$.

Für $h \to 0$ gilt $\frac{b^h - 1}{h} \to f'(0)$ und $b^x \to b^x$.

Damit ergibt sich $f'(x) = \lim\limits_{h \to 0} \frac{b^h - 1}{h} \cdot b^x = f'(0) \cdot b^x$.

Bemerkung: Beschreibt man den exponentiellen Wachstumsprozess einer Größe durch den Term $f(x) = b^x$, so bedeutet $f'(x) = c \cdot b^x$, dass die momentane Wachstumsgeschwindigkeit der Größe proportional zum Bestand der Größe in diesem Moment ist. Der Proportionalitätsfaktor $c = f'(0)$ ist dabei die Wachstumsgeschwindigkeit zum Zeitpunkt 0.

Üben

1 Gegeben ist die Funktion f mit $f(x) = 3^x$.

a) Zeigen Sie mithilfe des Differenzenquotienten $\frac{3^h - 1}{h}$ für kleine Werte von h, dass der Wert von $f'(0)$ auf drei Nachkommastellen genau 1,099 beträgt.

b) Zeichnen Sie die Graphen von f und f′ in ein Koordinatensystem und beschreiben Sie, wie der Graph von f′ aus dem von f hervorgeht.

2 Marc hat die Funktion f mit $f(x) = 2^x$ abgeleitet. Warum hat seine Mathe-Lehrerin „falsch" dahinter geschrieben?

$f(x) = 2^x$
$f'(x) = x \cdot 2^{x-1}$ falsch

3 Für eine Exponentialfunktion f mit $f(x) = b^x$ gilt $f'(0) = 1{,}3$.

a) Wie geht der Graph von f′ aus dem Graphen von f hervor?

b) Bestimmen Sie experimentell mit dem Taschenrechner näherungsweise die Basis b für den Funktionsterm von f. Geben Sie außerdem einen Funktionsterm für f′ an.

Aufgabe mit Lösung

Eine Exponentialfunktion, die mit ihrer Ableitung übereinstimmt

Aus den obigen Aufgaben ist bekannt:
Für $g(x) = 2^x$ gilt $g'(x) \approx 0{,}7 \cdot 2^x$ und für $h(x) = 3^x$ gilt $h'(x) \approx 1{,}1 \cdot 3^x$. Dabei ist $g'(0) \approx 0{,}7$ und $h'(0) \approx 1{,}1$.

→ Ermitteln Sie durch systematisches Probieren die Basis b einer Exponentialfunktion f mit $f(x) = b^x$, die mit ihrer Ableitung übereinstimmt, d.h. für die $f'(x) = 1 \cdot b^x = b^x$ gilt.

Lösung

Für die Ableitung einer Exponentialfunktion f mit $f(x) = b^x$ gilt $f'(x) = f'(0) \cdot b^x$.
Da in diesem Fall $f'(0) = 1$ gelten soll, betrachtet man den Differenzenquotienten
$\frac{b^{0+h} - b^0}{h} = \frac{b^h - 1}{h}$ für sehr kleine Werte von h.

Näherungswerte für $f'(0)$ mithilfe von $\frac{b^h - 1}{h}$						
b	f(x)	h = 0,1	h = 0,01	h = 0,001	h = 0,0001	h = 0,00001
2,7	$2{,}7^x$	1,044	0,998	0,994	0,993	**0,993**
2,8	$2{,}8^x$	1,084	1,035	1,030	1,030	**1,030**
2,71	$2{,}71^x$	1,048	1,002	0,997	0,997	**0,997**
2,72	$2{,}72^x$	1,052	1,006	1,001	1,001	**1,001**

In der rechten Spalte ist der jeweilige Wert von $f'(0)$ auf drei Nachkommastellen genau bestimmt. Die gesuchte Basis b mit $f'(0) = 1$ muss also zwischen 2,71 und 2,72 liegen.

→ Ein Näherungswert für b kann auch direkter bestimmt werden.

Man kann z.B. $h = \frac{1}{1000}$ wählen und folgenden Ansatz machen: $\frac{b^{\frac{1}{1000}} - 1}{\frac{1}{1000}} \approx 1$

Berechnen Sie hieraus näherungsweise b, indem Sie nach b auflösen.

Lösung

Multiplikation mit $\frac{1}{1000}$ ergibt $b^{\frac{1}{1000}} - 1 \approx \frac{1}{1000}$, also $b^{\frac{1}{1000}} \approx 1 + \frac{1}{1000}$.

Durch Potenzieren mit 1000 erhält man daraus $b \approx \left(1 + \frac{1}{1000}\right)^{1000} = 1{,}001^{1000} \approx 2{,}717$.

Information

Euler'sche Zahl und e-Funktion

Definition

Die **Euler'sche Zahl e** ist der Grenzwert

$e = \lim_{n \to \infty} \left(1 + \frac{1}{n}\right)^n \approx 2{,}71828...$

Man kann zeigen, dass e eine irrationale Zahl ist, also nicht als Bruch ganzer Zahlen geschrieben werden kann. Als Dezimalbruch hat e unendlich viele Nachkommastellen ohne Periode.

Die Exponentialfunktion f mit $f(x) = e^x$ wird **e-Funktion** genannt.

Satz

Die e-Funktion f mit $f(x) = e^x$ stimmt mit ihrer Ableitung überein: $f'(x) = e^x$.

Umgekehrt gilt: Jede Funktion F mit $F(x) = e^x + c$ und $c \in \mathbb{R}$ ist eine Stammfunktion der e-Funktion f mit $f(x) = e^x$.

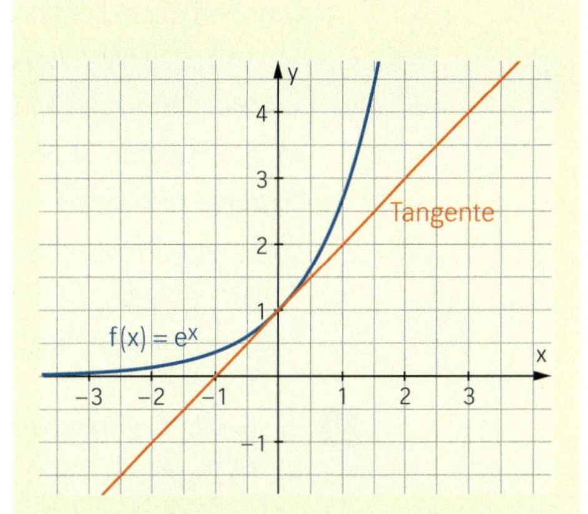

Die Tangente an der Stelle $x = 0$ hat die Steigung 1.

$f(x) = 3e^{2x}$; $f'(x) = 6e^{2x}$

$\int_0^1 e^x\,dx = [e^x]_0^1 = e^1 - e^0 = e - 1 \approx 1{,}7$

Begründung des Satzes:

Es soll die Basis b in $f(x) = b^x$ so berechnet werden, dass $f'(0) = 1$ gilt.

Dafür kann man statt $h = \frac{1}{1000}$ allgemeiner $h = \frac{1}{n}$ für große n in den Term $\frac{b^h - 1}{h}$ einsetzen und erhält den Ansatz $\frac{b^{\frac{1}{n}} - 1}{\frac{1}{n}} \approx 1$. Multiplikation mit $\frac{1}{n}$ ergibt $b^{\frac{1}{n}} - 1 \approx \frac{1}{n}$, also $b^{\frac{1}{n}} \approx 1 + \frac{1}{n}$.

Durch Potenzieren mit n erhält man $b \approx \left(1 + \frac{1}{n}\right)^n$. Somit ist $b = \lim_{n \to \infty} \left(1 + \frac{1}{n}\right)^n$ die Basis der Exponentialfunktion, die mit ihrer Ableitung übereinstimmt.

4 Legen Sie eine geeignete Wertetabelle an und zeichnen Sie den Graphen der e-Funktion $f(x) = e^x$ von Hand in ein Koordinatensystem.
Ermitteln Sie dann die Gleichungen der Tangenten an den Stellen $x = 0$ und $x = 1$ und zeichnen Sie beide Tangenten ein.

5 Die Größe der Fläche in cm^2, die von einer bestimmten Schimmelpilzkultur bedeckt wird, kann durch den Funktionsterm $f(t) = 3 \cdot e^t$ beschrieben werden, wobei t für die Zeit in Stunden steht. Ermitteln Sie die momentanen Wachstumsgeschwindigkeiten zu den Zeitpunkten

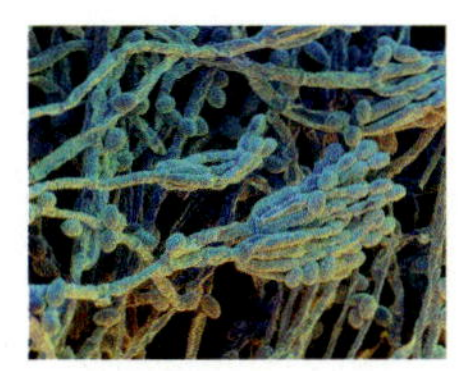

(1) $t = 0$; (2) $t = 1$; (3) $t = 2$; (4) $t = 3$.

6 Berechnen Sie $\left(1 + \frac{1}{n}\right)^n$ für $n = 1; 10; 100; ...; 10^{14}$. Was fällt auf? Begründen Sie.

7 Betrachten Sie die Tangenten an den Graphen der e-Funktion an den Stellen $-1; 0; 1; 2; 3$. Welchen Schnittpunkt mit der x-Achse haben die Tangenten?

a) Formulieren Sie eine Vermutung und beweisen Sie diese.

b) Untersuchen Sie, welche geometrische Konstruktion für die Tangente sich aus dem Ergebnis aus Teilaufgabe a) ergibt.

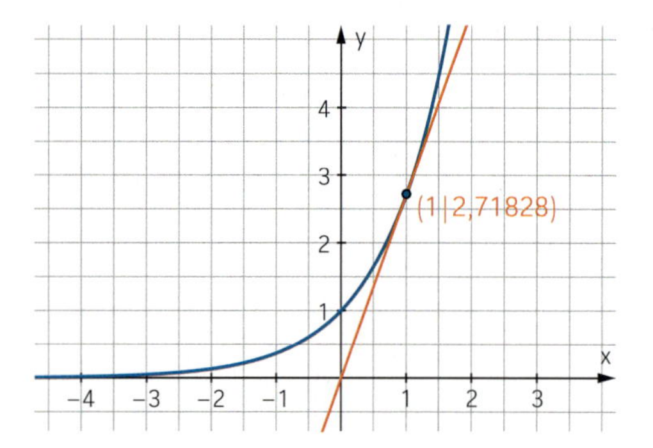

8 Bilden Sie die Ableitungen f′ und f″.

a) $f(x) = e^x + 1$ **b)** $f(x) = e^x + x$

c) $f(x) = 2e^x$ **d)** $f(x) = -3e^x$

e) $f(x) = e^x + x^2 + x + 1$ **f)** $f(x) = -e^x - x + 5$

g) $f(x) = e^{0,5x} - 1$ **h)** $f(x) = 2x^2 - e^{x^2}$

$f(x) = 3e^{0,1x} + 2x^2 + 1$
Mit der Summenregel, der Faktorregel und der Kettenregel ergibt sich:
$f'(x) = 0,3e^{0,1x} + 4x$
$f''(x) = 0,03e^{0,1x} + 4$

9 Zeichnen Sie den Graphen von f und geben Sie an, wie er aus dem Graphen der e-Funktion entsteht.

a) $f(x) = e^x - 1$ **b)** $f(x) = \frac{1}{2}e^x$ **c)** $f(x) = -\frac{1}{4}e^x$ **d)** $f(x) = 2e^x - 3$

10 Gegeben ist die Funktion f mit $f(x) = e^x - x$.

a) Untersuchen Sie den Graphen von f auf Extrempunkte sowie auf Monotonie.

b) Begründen Sie, dass der Graph von f keine Wendepunkte hat.

c) Zeichnen Sie den Graphen.

Flächenberechnung und Integrale mit der e-Funktion

11 Ermitteln Sie anhand der Zeichnung einen Schätzwert für das Integral $\int_{-1}^{1} e^x \, dx$.
Berechnen Sie dann das Integral exakt mithilfe einer Stammfunktion. Vergleichen Sie mit der Schätzung und kontrollieren Sie mit dem Rechner.

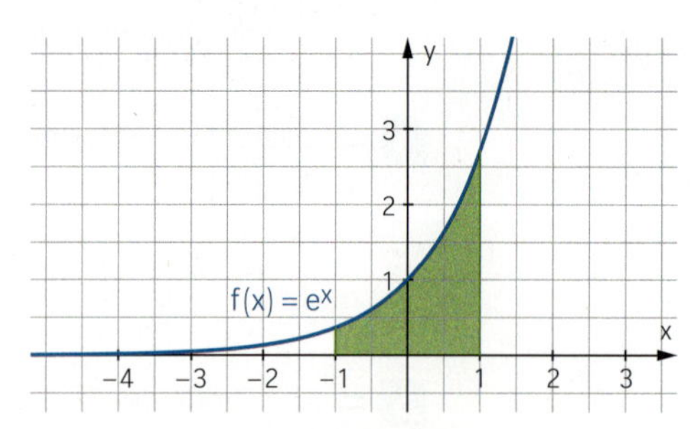

12 Berechnen Sie $\int_0^1 f(x)\,dx$ für die Funktion f.

a) $f(x) = e^x + 1$ **b)** $f(x) = 2e^x$

c) $f(x) = -e^x - x$ **d)** $f(x) = 2e^x + x^2 - x$

$$\int_0^1 3e^x - 2x\,dx = [3e^x - x^2]_0^1$$
$$= (3e - 1) - (3 - 0)$$
$$= 3e - 4 \approx 4,15$$

13 Friederike rechnet:

$$\int_0^1 e^x - x\,dx = \left[e^x - \frac{1}{2}x^2\right]_0^1 = e^1 - \frac{1}{2}\cdot 1^2 - 0 = e - \frac{1}{2} \approx 2{,}21828$$

Was hat sie bei ihrer Berechnung falsch gemacht?

14 Berechnen Sie den Flächeninhalt der Fläche unter dem Graphen von f im Intervall [0; 2].

a) $f(x) = e^x$ **b)** $f(x) = 8 - e^x$ **c)** $f(x) = e^x + x + 2$ **d)** $f(x) = e^x - x$

15 Untersuchen Sie, ob das uneigentliche Integral $\int_{-\infty}^{0} e^x\,dx$ existiert.

16 Der Graph der Funktion f mit $f(x) = e^x + 1$, seine Tangente im Schnittpunkt mit der y-Achse, die x-Achse und die Gerade zu $x = -4$ begrenzen eine Fläche.
Berechnen Sie deren Flächeninhalt.

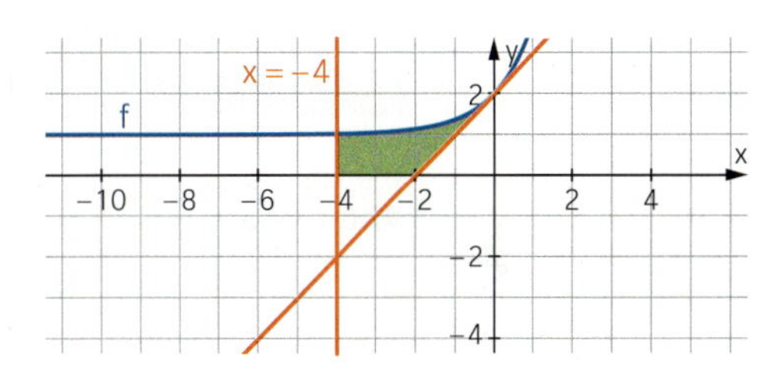

Weiterüben

Tipp: $b^{x+k} = b^x \cdot b^k$

17 Gegeben sind die Funktionen f und g mit $f(x) = 2^x$ und $g(x) = 2^{x+1}$.

a) Zeichnen Sie die Graphen von f und g in ein Koordinatensystem und beschreiben Sie, wie der Graph von g aus dem Graphen von f hervorgeht.

b) Begründen Sie, dass jede Verschiebung einer Exponentialfunktion in Richtung der x-Achse auch als Streckung parallel zur y-Achse aufgefasst werden kann.

c) Überprüfen Sie folgende Behauptung:
Der Graph der Ableitung einer Exponentialfunktion f mit $f(x) = b^x$ entsteht durch eine Verschiebung des Graphen der Exponentialfunktion parallel zur x-Achse.
Für Basen größer als e ist ihr Graph nach links verschoben; für Basen kleiner als e nach rechts.

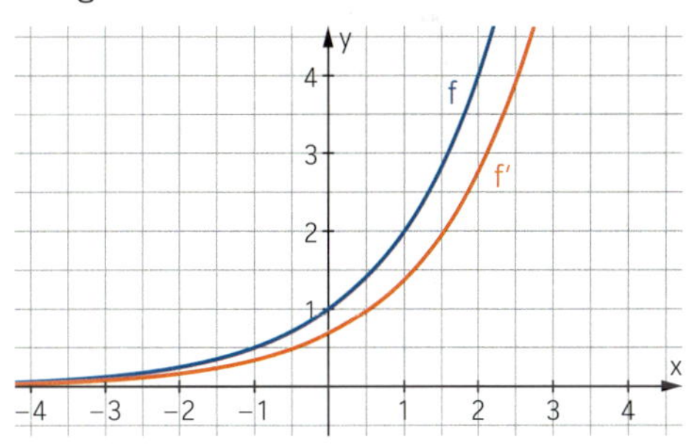

18 Bestimmen Sie eine Stammfunktion zu f, deren Graph durch den Punkt P verläuft.

a) $f(x) = 2e^x + 1$ $P\left(-1 \middle| \frac{1}{2} + \frac{2}{e}\right)$ **b)** $f(x) = 3x^2 - \frac{e^x}{2}$ $P\left(-1 \middle| -\frac{1}{2e}\right)$

Das kann ich noch!

A Modellieren Sie das Profil des abgebildeten Kerzenuntersetzers ohne Rand mit einer geeigneten ganzrationalen Funktion.
Begründen Sie, dass eine quadratische Funktion für die Modellierung nicht gut geeignet ist.

3.2 Exponentialfunktionen mit Basis e schreiben

Einstieg

Die Entwicklung des Durchmessers einer Linde in Metern in den ersten t Jahren lässt sich durch die Funktion f mit $f(t) = 0{,}07 \cdot 1{,}061^t$ beschreiben. Begründen Sie, dass die Funktion g mit $g(t) = 0{,}07 \cdot e^{0{,}059t}$ annähernd die gleiche Funktion darstellt. Bestimmen Sie die Wachstumsgeschwindigkeit des Durchmessers der Linde in Abhängigkeit von t.

Aufgabe mit Lösung

Ableitung einer Exponentialfunktion mit einer anderen Basis als e

Die Funktion f mit $f(x) = 5^x$ soll abgeleitet werden. Emre sagt: „Ich schreibe die Funktion f einfach in der Form $f(x) = e^{k \cdot x}$, denn die kann ich ableiten."

Führen Sie Emres Idee durch und ermitteln Sie so die Ableitung von f.

Lösung

Der Ansatz $5^x = e^{k \cdot x} = (e^k)^x$ führt auf die Gleichung $e^k = 5$, die man durch Probieren oder durch den *nSolve*-Befehl mit einem Rechner lösen kann.

```
nSolve(e^k=5,k)
                    1.60944
```

Es ergibt sich $k \approx 1{,}60944$. Also ist $f(x) = 5^x \approx e^{1{,}60944x}$ und mit der Kettenregel erhält man $f'(x) \approx 1{,}60944 \cdot e^{1{,}60944 \cdot x} \approx 1{,}60944 \cdot 5^x$.

Information

Natürlicher Logarithmus

Für eine positive reelle Zahl b ist ihr **natürlicher Logarithmus** ln(b) der Exponent, mit dem man e potenzieren muss, um b zu erhalten: $e^{\ln(b)} = b$

Umgekehrt gilt: $\ln(e^b) = b$

$\ln(1) = 0$, da $e^0 = 1$
$\ln(e) = 1$, da $e^1 = e$
$\ln\left(\frac{1}{e}\right) = -1$, da $e^{-1} = \frac{1}{e}$
$\ln(\sqrt{e}) = \frac{1}{2}$, da $e^{\frac{1}{2}} = \sqrt{e}$

Exponentialfunktionen mit Basis e schreiben

Jede Exponentialfunktion f mit $f(x) = a \cdot b^x$; $a, b \in \mathbb{R}$, $b > 0$, $b \neq 1$ kann als e-Funktion geschrieben werden: $f(x) = a \cdot e^{\ln(b) \cdot x}$

$$f(x) = 3 \cdot 2^x = 3 \cdot \left(e^{\ln(2)}\right)^x = 3 \cdot e^{\ln(2) \cdot x} \approx 3 \cdot e^{0{,}69 \cdot x}$$

Ableitung einer Exponentialfunktion

Satz: Für die Ableitung von f mit $f(x) = b^x$ gilt: $f'(x) = \ln(b) \cdot b^x$

$$f'(x) = 3 \cdot \ln(2) \cdot 2^x \approx 2{,}08 \cdot 2^x$$

Anmerkung:
Der Beweis des Satzes erfolgt über die Umschreibung in eine Exponentialfunktion mit Basis e und anschließende Anwendung der Kettenregel.
Es gilt: $f(x) = b^x = \left(e^{\ln(b)}\right)^x = e^{\ln(b)\cdot x}$
Somit folgt: $f'(x) = \left(e^{\ln(b)\cdot x}\right)' = e^{\ln(b)\cdot x} \cdot \ln(b) = \ln(b) \cdot b^x$

Üben

1 Bestimmen Sie ohne Rechner.
a) $\ln(e^2)$ **b)** $\ln(e^{-3})$ **c)** $\ln(e^{0,07})$ **d)** $\ln(e^{\sqrt{5}})$
e) $\ln(e^{\pi})$ **f)** $\ln(e^e)$ **g)** $\ln(1)$ **h)** $\ln(0)$
i) $\ln\left(\frac{1}{e^4}\right)$ **j)** $\ln(\sqrt[3]{e})$ **k)** $\ln(\sqrt{e^3})$ **l)** $\ln\left(\sqrt[4]{\frac{1}{e^3}}\right)$

2 Schreiben Sie die Funktion f mit Basis e und bestimmen Sie die Ableitung.
a) $f(x) = 3^x$ **b)** $f(x) = \left(\frac{1}{3}\right)^x$ **c)** $f(t) = 2 \cdot 0,7^t$ **d)** $f(t) = 0,04 \cdot 1,06^t$

3 Bilden Sie die erste und die zweite Ableitung der Funktion f.
a) $f(x) = 3^x$ **b)** $f(x) = 2 \cdot 3^x$ **c)** $f(t) = 1,02^t + t^2$ **d)** $f(x) = 3^x - e^x$
e) $f(t) = t \cdot 2^t$ **f)** $f(t) = 2^{-t^2}$ **g)** $f(x) = \sin(3^x - x)$ **h)** $f(t) = t^2 \cdot 2^t$

4 Bestimmen Sie die Lösung der Gleichung rechnerisch mithilfe des natürlichen Logarithmus.
a) $e^x = 2$ **b)** $e^x = \pi$ **c)** $e^{0,5x} = 3$
d) $e^{2x+1} = 0,5$ **e)** $e^{x-7} = 1$ **f)** $e^{-3x} = 5$
g) $e^{-2x} = 0,5$ **h)** $e^{1,5x} - 2 = 0$ **i)** $e^{\frac{1}{2}x} - 5 = 0$

$e^{0,3x} = 2 \quad |\ln(\ )$
$0,3x = \ln(2)$
$x = \frac{\ln(2)}{0,3} \approx 2,31$

5 Begründen Sie die Aussage.
a) Die Gleichung $e^x = -1$ hat keine Lösung.
b) Für Werte von a zwischen 0 und 1 ist $\ln(a)$ negativ.

6 Bestimmen Sie die Lösungsmenge.
a) $\ln(x) = 3$ **b)** $\ln(x + 1) = 2$
c) $\ln(x^2) = 1$ **d)** $\ln(x) = 0$
e) $\ln\left(\frac{1}{2}x\right) = 1$ **f)** $\ln(x) = e$

$\ln(2x - 1) = 3$, also
$e^{\ln(2x-1)} = e^3$ bzw. $2x - 1 = e^3$
Damit: $x = \frac{e^3 + 1}{2} \approx 10,54$

7 Beschreiben Sie den Wachstumsvorgang mit einer e-Funktion.
a) Ein Anfangsbestand von 300 wächst stündlich um 10 %.
b) Ein Anfangsbestand von 450 halbiert sich jedes Jahr.
c) Ein Anfangsbestand von 1200 nimmt pro Minute um 15 % ab.

8 Gegeben ist die Funktion f mit $f(x) = 2^x$.
a) Bestimmen Sie die Gleichung der Tangente an den Graphen von f an der Stelle $x = 0$.
b) Berechnen Sie die Schnittpunkte dieser Tangente mit den Koordinatenachsen.

Logarithmengesetze

9 Erstellen Sie eine Wertetabelle für $\ln(1)$; $\ln(2)$; ...; $\ln(10)$. Untersuchen Sie auf Besonderheiten und begründen Sie diese.

Information

Logarithmengesetze

Für $x, y \in \mathbb{R}$; $x, y > 0$ und $t \in \mathbb{R}$ gilt:

(1) $\ln(x \cdot y) = \ln(x) + \ln(y)$

(2) $\ln\left(\frac{x}{y}\right) = \ln(x) - \ln(y)$

(3) $\ln(x^t) = t \cdot \ln(x)$

(1) $\ln(3e) = \ln(3) + \ln(e) = \ln(3) + 1$

(2) $\ln\left(\frac{1}{2}\right) = \ln(1) - \ln(2)$
$= 0 - \ln(2) = -\ln(2)$

(3) $\ln(0{,}25^2) = 2 \cdot \ln(0{,}25)$

Anmerkung: Der Beweis der Logarithmengesetze kann mithilfe der entsprechenden Potenzgesetze erfolgen.
Beispiel: Es ist $e^{\ln(x \cdot y)} = x \cdot y = e^{\ln(x)} \cdot e^{\ln(y)} = e^{\ln(x) + \ln(y)}$, also folgt $\ln(x \cdot y) = \ln(x) + \ln(y)$.

10 Vereinfachen Sie den Term.

a) $\ln(e^2)$ **b)** $\ln\left(\frac{1}{e^2}\right)$ **c)** $\ln(\sqrt{e})$ **d)** $\ln(\sqrt[3]{e})$
e) $\ln\left(\frac{e^2}{k}\right)$ **f)** $\ln(2 \cdot e^3)$ **g)** $e^{\ln(3)}$ **h)** $e^{-\ln(2)}$

11 Fassen Sie zusammen.

a) $\ln(x) + \ln(7)$ **b)** $\ln(x) - \ln(2)$ **c)** $5 \cdot \ln(\sqrt{x})$ **d)** $4 \cdot \ln(x^2)$
e) $2 \cdot \ln(x) + \ln(3)$ **f)** $2 \cdot \ln(x) + \ln\left(\frac{1}{x}\right)$ **g)** $\ln(x^3) - \ln(x^2)$ **h)** $\ln(e \cdot x) - 3$

12 Beweisen Sie die Logarithmengesetze (2) und (3) aus der Information.

13 Eine Bambuspflanze ist zu Beginn der Wachstumsphase 50 cm groß und nimmt dann wöchentlich um 15 % an Höhe zu.

a) Beschreiben Sie die Entwicklung der Pflanze mithilfe einer e-Funktion und berechnen Sie die Höhe der Pflanze nach 6 Wochen.
b) Geben Sie einen Term für die Wachstumsgeschwindigkeit in cm pro Woche an.
c) Berechnen Sie die höchste Wachstumsgeschwindigkeit, die in den ersten 6 Wochen erreicht wird.

14 Der Graph einer Exponentialfunktion f mit $f(x) = a \cdot e^{k \cdot x}$ verläuft durch die Punkte P und Q. Bestimmen Sie die Gleichung der Funktion f und ihrer Ableitung f'.

a) $P(0|1)$; $Q(1|3)$ **b)** $P(0|2)$; $Q(1|7)$ **c)** $P(0|3)$; $Q(1|1{,}5)$ **d)** $P(2|e)$; $Q(4|e^2)$

15 Schreiben Sie die Funktionen f und g mit $f(x) = 2^x$ und $g(x) = 0{,}5^x$ als Exponentialfunktionen zur Basis e. Was fällt auf? Verallgemeinern Sie den Zusammenhang für die Funktionen f und g mit $f(x) = b^x$ und $g(x) = \left(\frac{1}{b}\right)^x$ und begründen Sie.

Integrale und Flächen berechnen

16 Geben Sie eine Stammfunktion an.

a) $f(x) = \frac{1}{3} \cdot e^{2x}$

b) $f(x) = 2 \cdot e^{-5x}$

c) $f(x) = 3x^2 - e^{3x}$

d) $f(x) = e^{2x} + e^{-2x}$

$f(x) = 2 \cdot e^{3x}$
Eine Stammfunktion zu f ist
$F(x) = \frac{2}{3} \cdot e^{3x}$, denn
$F'(x) = \frac{2}{3} \cdot 3 \cdot e^{3x} = 2 \cdot e^{3x} = f(x)$.

17 Berechnen Sie das Integral mithilfe einer Stammfunktion.

a) $\int_1^{\ln(2)} e^x + 1\,dx$ **b)** $\int_0^{\ln(3)} e^{2x} - x\,dx$ **c)** $\int_1^2 e^{\frac{x}{2}} - \ln(2)\,dx$ **d)** $\int_0^1 2^x\,dx$

18 Bestimmen Sie eine Stammfunktion zur Funktion f mit $f(x) = a \cdot b^x$.

19 Bestimmen Sie die Intervallgrenze k so, dass das Integral den angegebenen Wert hat.

a) $\int_0^k e^x\,dx = e - 1$ **b)** $\int_0^k e^{-x}\,dx = 0{,}5$ **c)** $\int_1^k e^{2x}\,dx = 2$ **d)** $\int_0^k e^{x-1}\,dx = e$

20 Bestimmen Sie rechnerisch den Flächeninhalt der Fläche, die von dem Graphen der Funktion f mit $f(x) = 2^x$ und den Geraden zu $x = 0$ sowie $y = 5$ eingeschlossen wird.

21 Untersuchen Sie, ob die unbegrenzte Fläche unter dem Graphen der Exponentialfunktion f mit $f(x) = \left(\frac{1}{2}\right)^x$ im 1. Quadranten einen endlichen Flächeninhalt hat.

Weiterüben

22 Gegeben ist die Funktion f mit $f(x) = x + e^{-\frac{1}{2}x}$.

a) Bestimmen Sie den Tiefpunkt des Funktionsgraphen.

b) Begründen Sie, dass sich der Graph von f für $x \to \infty$ der Geraden mit $y = x$ nähert.

23 Eine Skischanze kann näherungsweise durch den Graphen der Funktion f mit $f(x) = 30 \cdot e^{-\frac{x}{12}}$ mit $0 \le x \le 38$ dargestellt werden.

a) Zeichnen Sie den Graphen von f.

b) Direkt nach dem Absprung fliegt ein Springer für kurze Zeit auf der Tangente an den Graphen von f an der Absprungstelle $x = 38$. Bestimmen Sie die Gleichung dieser Tangente.

24 Zeichnen Sie den Graphen der Funktion f mit $f(x) = 2 \cdot e^{0{,}5x-1}$. Bestimmen Sie den Flächeninhalt der Fläche, die der Graph von f im Intervall $[-1; 2]$ mit der x-Achse einschließt.

25 Begründen Sie mithilfe der Kettenregel:

Für reelle Zahlen k und n und reelle Funktionen f mit $f(x) = e^{k \cdot x + n}$ gilt:
(1) Die Ableitung von f ist $f'(x) = k \cdot e^{k \cdot x + n}$
(2) Die Funktion F mit $F(x) = \frac{1}{k} \cdot e^{k \cdot x + n}$ ist eine Stammfunktion von f.

3.3 Exponentielle Wachstumsprozesse

Ziel

In diesem Abschnitt lernen Sie, wie man unterschiedliche exponentielle Wachstumsprozesse mithilfe der e-Funktion beschreibt.

Aufgabe mit Lösung

Exponentielle Abnahme

Nach der Einnahme eines Medikamentes rechnet man damit, dass ein Patient pro Stunde etwa 15 % des vorhandenen Wirkstoffs im Körper wieder abbaut.

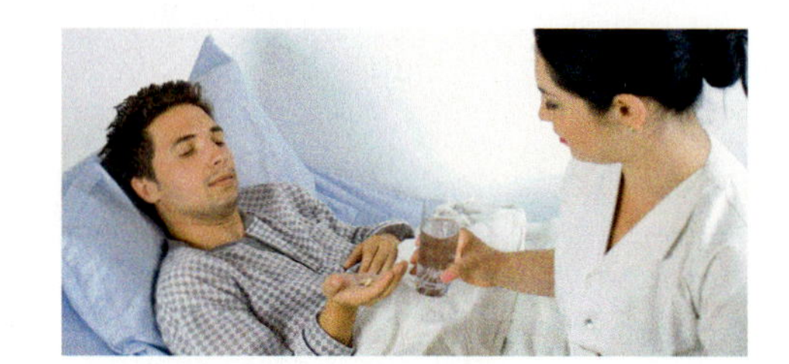

→ Beschreiben Sie die im Körper vorhandene Wirkstoffmenge für einen Patienten, der 10 mg des Wirkstoffs eingenommen hat, mithilfe einer e-Funktion.
Zeichnen Sie den Graphen dieser Funktion.

Lösung

Zunächst kann man das Wachstum in der Form $f(t) = a \cdot b^t$ mit t in Stunden und f(t) in mg beschreiben. Aus den Bedingungen $a = f(0) = 10$ und $b = 1 - \frac{15}{100} = 0{,}85$ erhält man dann $f(t) = 10 \cdot 0{,}85^t$.

Aus der Lösung der Gleichung $0{,}85 = e^k$ ergibt sich $k = \ln(0{,}85) \approx -0{,}1625$ für den Funktionsterm mit der e-Funktion, also $f(t) \approx 10 \cdot e^{-0{,}1625t}$.

Diese Funktion beschreibt die Wirkstoffmenge, die sich t Stunden nach der Einnahme von 10 mg des Wirkstoffs noch im Körper des Patienten befindet.

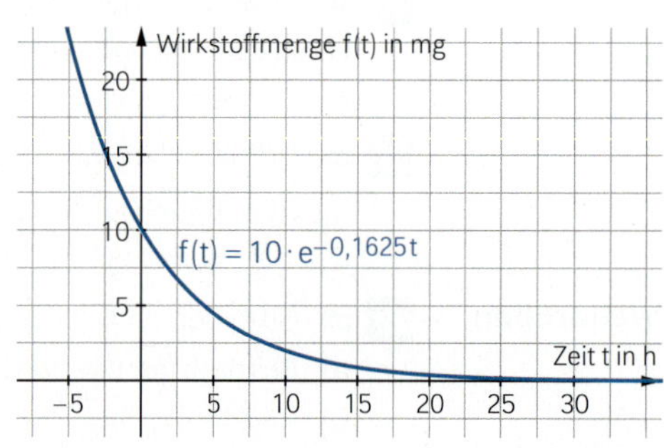

→ Untersuchen Sie, nach welcher Zeit nur noch die Hälfte der eingenommen Wirkstoffmenge im Körper vorhanden ist.

Lösung

Gesucht wird der Wert für t, für den $f(t) = 5$ gilt. Damit ergibt sich $10 \cdot e^{-0{,}1625t} = 5$, also $e^{-0{,}1625t} = \frac{1}{2}$ bzw. $-0{,}1625t = \ln\left(\frac{1}{2}\right)$. Die Lösung $t \approx 4{,}266$ erhält man mit einem Rechner.
Nach ungefähr 4 Stunden und 16 Minuten ist nur noch die Hälfte des Wirkstoffs im Körper des Patienten vorhanden.

→ Diese berechnete Zeitspanne nennt man *Halbwertszeit*. Begründen Sie, dass diese Halbwertszeit unabhängig von der anfänglich vorhandenen Wirkstoffmenge immer gleich ist.

Lösung

Zu einem beliebigen Zeitpunkt t_0 befinden sich $10 \cdot e^{-0{,}1625t_0}$ mg des Wirkstoffs im Körper.
Nach der Halbwertszeit t_H ist davon nur noch die Hälfte vorhanden, also gilt
$10 \cdot e^{-0{,}1625(t_0 + t_H)} = \frac{1}{2} \cdot 10 \cdot e^{-0{,}1625t_0}$ und somit $e^{-0{,}1625t_H} = \frac{1}{2}$ bzw. $t_H = \frac{\ln(0{,}5)}{-0{,}1625} \approx 4{,}26$.
Die Halbwertszeit t_H ist daher unabhängig von der anfänglich vorhandenen Wirkstoffmenge.

Information

Exponentielle Zunahme

Eine Zunahme um p % pro Zeiteinheit mit einem Anfangswert a kann mithilfe einer Funktion f der Form $f(t) = a \cdot e^{k \cdot t}$ beschrieben werden.
Dabei ist $k > 0$ und es gilt $k = \ln\left(1 + \frac{p}{100}\right)$.

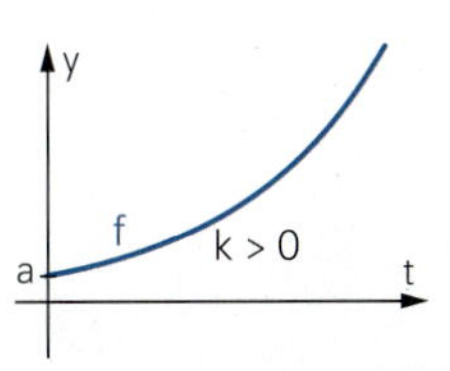

Die Verdopplungszeit t_V ist unabhängig vom Anfangswert a und berechnet sich aus $t_V = \frac{\ln(2)}{k}$.

Zunahme von 25 % pro Tag bei einem Anfangswert von 2:

$$f(t) = 2 \cdot \left(1 + \frac{25}{100}\right)^t = 2 \cdot 1{,}25^t = 2 \cdot e^{\ln(1{,}25) \cdot t} \approx 2 \cdot e^{0{,}2231 \cdot t}$$

Zunahme: $k > 0$

Verdopplungszeit:

$e^{0{,}2231 \cdot t_V} = 2$, also $0{,}2231 \cdot t_V = \ln(2)$

$t_V = \frac{\ln(2)}{0{,}2231} \approx 3{,}107$ Tage

Exponentielle Abnahme

Eine Abnahme um p % pro Zeiteinheit mit einem Anfangswert a kann mithilfe einer Funktion f der Form $f(t) = a \cdot e^{k \cdot t}$ beschrieben werden.
Dabei ist $k < 0$ und es gilt $k = \ln\left(1 - \frac{p}{100}\right)$.

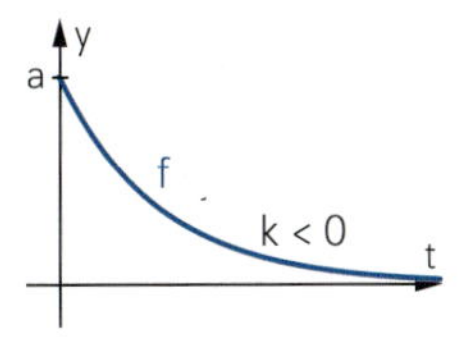

Die Halbwertszeit t_H ist unabhängig vom Anfangswert a und und berechnet sich aus $t_H = \frac{\ln(0{,}5)}{k} = \frac{-\ln(2)}{k}$.

t_H ist positiv, da k negativ ist.

Abnahme von 33 % pro Sekunde bei einem Anfangswert von 9:

$$f(t) = 9 \cdot \left(1 - \frac{33}{100}\right)^t = 9 \cdot 0{,}67^t = 9 \cdot e^{\ln(0{,}67) \cdot t} \approx 9 \cdot e^{-0{,}4005 \cdot t}$$

Abnahme: $k < 0$

Halbwertszeit:

$e^{-0{,}4005 \cdot t_H} = \frac{1}{2}$, also $-0{,}4005 \cdot t_H = \ln\left(\frac{1}{2}\right)$

$t_H = \frac{\ln\left(\frac{1}{2}\right)}{-0{,}4005} \approx 1{,}731$ Sekunden

Üben

1 ≡ In einem Labor wird das Wachstum von Keimen untersucht. Es wird vermutet, dass die Keime stündlich um 4 % zunehmen. Um dies zu prüfen, wird eine Nährlösung angelegt, die anfänglich 300 Keime enthält. Geben Sie die Funktion für diese Modellierung zur Basis e an.
Nach welcher Zeit müsste sich die Anzahl der Keime verdoppeln, falls die Vermutung stimmt?

2 ≡ Milch der Güteklasse 1 enthält etwa 20 000 Keime von Milchsäurebakterien (Laktobazillen) pro ml Milch. In warmer Umgebung von 20 °C bis 30 °C nimmt die Zahl der Keime exponentiell zu. Nach 5 Stunden sind bereits ca. 140 000 Keime pro ml vorhanden. Milch wird sauer, wenn sie etwa 1 000 000 Keime pro ml enthält.
Berechnen Sie, wann Milch der Güteklasse 1 sauer wird.

3 ≡ **Salmonellen trüben Sommervergnügen**

Dortmund – Nach dem Verzehr von Kartoffelsalat auf einer Sommerparty erkrankten am letzten Wochenende 15 Menschen an einer Salmonellenerkrankung. Es ist bekannt, dass frisch zubereitete Salate, vor allem Kartoffel-, Geflügel- und Meeresfrüchtesalate, leicht zum Erreger für eine Salmonellenerkrankung werden können.

Salmonellen finden bei Temperaturen zwischen 15 und 45 Grad Celsius ideale Wachstumsbedingungen. Eine staatliche Beratungsstelle wies kürzlich darauf hin, dass sich Salmonellen im lauwarmen Kartoffelsalat und nicht durchgegarten Frikadellen von 800 Keimen innerhalb von vier Stunden auf über drei Millionen vermehren. Es wird empfohlen, frisch zubereitete Salate schnell abkühlen zu lassen und in kleinen Portionen im Kühlschrank aufzubewahren.

a) Beschreiben Sie das Anwachsen der Salmonellen-Anzahl durch eine Exponentialfunktion mit e als Basis und 800 als Anfangswert.
b) Berechnen Sie, wann 1600, 3200, 6400 Salmonellen vorhanden sind. Was fällt auf?
c) Zeigen Sie, dass Ihre Vermutung aus Teilaufgabe b) richtig ist.

4 ≡ Über die Atmung, die Haut und die Nahrungsmittel nimmt der Mensch täglich radioaktive Stoffe auf, die sich im Körper ablagern. Das radioaktive Iod-Isotop ^{131}I lagert sich fast ausschließlich in der Schilddrüse ab und kann Schilddrüsenkrebs auslösen.
Pro Tag zerfallen ca. 8,3 % der aktuellen Masse.
Von einer Person wurden 0,5 mg Iod-Isotop ^{131}I aufgenommen.
a) Geben Sie einen Funktionsterm der Exponentialfunktion an, die diesen Zerfallsprozess beschreibt. Verwenden Sie zur Beschreibung die Basis e.
b) Wie lange dauert es, bis noch 320 µg vorhanden sind?
c) Ermitteln Sie, wie lange es dauert, bis die Iodmenge (1) 0,25 mg; (2) 0,125 mg beträgt. Was fällt auf?
d) Zeigen Sie, dass Ihre Vermutung aus Teilaufgabe c) richtig ist.

µg: Mikrogramm; $1\,\mu g = 10^{-6}\,g$

5 ≡ Nehmen Sie Stellung.

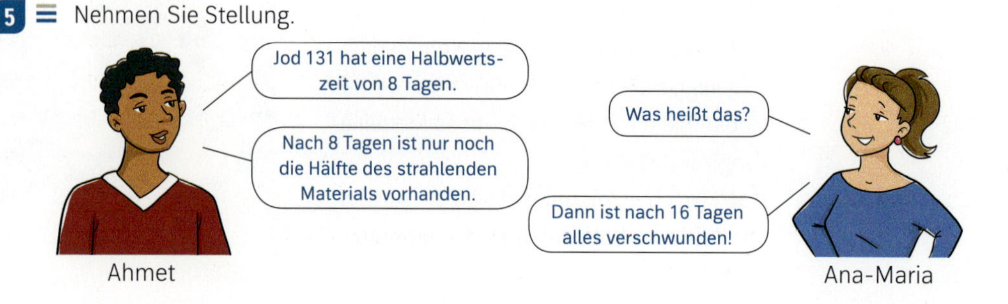

Exponentialfunktion zu zwei gegebenen Punkten bestimmen

6 ≡ Beschreiben Sie die Entwicklung der Bevölkerungszahlen ab dem Jahr 2000 durch Exponentialfunktionen. Zeichnen Sie die Graphen und ermitteln Sie die erwarteten Bevölkerungszahlen für das Jahr 2050.

Im Dezember 2021 veröffentlichte die Stiftung Weltbevölkerung die folgende Prognose der Vereinten Nationen: Statt jetzt 7,9 Milliarden Menschen werden im Jahr 2100 auf der Erde 11,0 Milliarden Menschen leben. Dieses Bevölkerungswachstum findet fast ausschließlich in den Entwicklungsländern statt. Die Bevölkerung in Afrika wird sich von heute von 1,2 Milliarden auf 4,4 Milliarden Menschen zur Jahrhundertwende fast vervierfachen. In Europa dagegen wird die Anzahl der Menschen von 738 Millionen auf 646 Millionen leicht abnehmen.

Information

Exponentialfunktion zu zwei gegebenen Punkten bestimmen

(1) Einsetzen der Koordinaten beider Punkte in die Gleichung $f(x) = a \cdot e^{k \cdot x}$ liefert zwei Gleichungen mit den Variablen a und k.

(2) Division dieser beiden Gleichungen liefert eine Gleichung, die nur die Variable k enthält. Diese wird dann berechnet.

(3) Die Variable a berechnet man durch Einsetzen des Wertes für k in eine der beiden Gleichungen aus (1).

$f(x) = a \cdot e^{k \cdot x}$

$P_1(5|1)$; $P_2(8|2{,}5)$

(1) $f(5) = 1$; also $a \cdot e^{5k} = 1$

$f(8) = 2{,}5$; also $a \cdot e^{8k} = 2{,}5$

(2) $\frac{a \cdot e^{8k}}{a \cdot e^{5k}} = \frac{2{,}5}{1}$; also

$e^{3k} = 2{,}5$ bzw. $k = \frac{\ln(2{,}5)}{3} \approx 0{,}3054$

(3) $a \cdot e^{5 \cdot 0{,}3054} = 1$; also $a \approx 0{,}2172$

Damit: $f(x) = 0{,}2172 \cdot e^{0{,}3054x}$

7 ≡ Das seltene Element Iod kommt im Meerwasser vor. Spezielle Algen reichern es in ihrem Organismus an, daher züchtet man sie zur Iod-Gewinnung. Das Höhenwachstum der Algen erfolgt in den ersten Wochen exponentiell.

a) Beschreiben Sie das Wachstum einer solchen Alge, die nach 2 Wochen 20 cm und nach 4 Wochen 80 cm hoch ist, mithilfe einer Exponentialfunktion.

b) Welche Höhe erwartet man nach $5\frac{1}{2}$ Wochen?

8 ≡ Bei der Joghurt-Herstellung wird Milch mit besonderen Bakterien versetzt, die sich nährungsweise exponentiell vermehren. Das schweizerische Lebensmittelgesetz legt fest: In Joghurt müssen mindestens 100 Millionen solcher Bakterien je Gramm vorhanden sein. Eine Joghurt-Kultur weist nach einer halben Stunde Reifung 6 Millionen Bakterien pro Gramm auf, nach 2 Stunden 48 Millionen.
Reichen $2\frac{1}{2}$ Stunden Reifungszeit, um den geforderten Mindestzahl an Bakterien zu erreichen? Ermitteln Sie dazu eine Exponentialfunktion, die die Abhängigkeit der Anzahl der Bakterien von der Zeit nach Reifungsbeginn beschreibt.

9 ≡ Zur Untersuchung von Tumoren erhalten Patientinnen und Patienten intravenös ein Medikament mit radioaktivem Iod. Dieses reichert sich im kranken und im gesunden Gewebe unterschiedlich stark an, sodass mit der von ihm ausgesandten radioaktiven Strahlung Lage und Größe von Tumoren erkannt werden können. Das verwendete radioaktive Iod-Isotop ^{131}I zerfällt nur langsam: Wöchentlich halbiert sich seine Menge.
Eine Patientin hat eine Woche nach der Untersuchung noch eine Menge von 0,8 mg radioaktivem ^{131}I im Körper, nach 5 Wochen noch 0,05 mg.
Geben Sie eine Exponentialfunktion zur Beschreibung der Menge an radioaktivem Iod im Körper der Patientin an. Berechnen Sie damit die Iod-Menge nach 8 Wochen.

10 ≡ Patientinnen und Patienten wird vor einer langwierigen Operation ein Medikament für die Vollnarkose injiziert, das mit einer Halbwertszeit von 50 Minuten abgebaut wird.
a) Ein Patient erhält 30 Minuten vor der Operation 5 mg dieses Medikamentes. Welche Menge ist bei Operationsbeginn noch vorhanden?
b) Eine Stunde nach der ersten Injektion erhält der Patient eine zweite Dosis von 5 mg. Er beginnt aufzuwachen, wenn höchstens noch 1 mg dieses Medikamentes im Körper vorhanden ist. Wann ist dies der Fall?

Weiterüben

11 ≡ Am 11. März 2011 ereignete sich vor der Ostküste der japanischen Hauptinsel Honshu das bis dahin schwerste Erdbeben in Japan. Das Beben und der dadurch verursachte Tsunami verwüsteten weite Gebiete im Osten Japans und führten zu einer enormen Zahl an Opfern. Am Kernkraftwerksstandort Fukushima kam es zum fast vollständigen Ausfall der Stromversorgung von 4 der insgesamt 6 Reaktorblöcke und damit zum schwersten Reaktorunfall nach Tschernobyl (Ukraine) am 26. April 1986.
In den ersten Tagen nach dem Unfall gelangten erhebliche Mengen radioaktiver Stoffe in die Atmosphäre. Am höchsten waren die Werte in unmittelbarer Umgebung zum Kernkraftwerk. Auf einer Fläche von ca. 1800 km^2 wurden über 300 $\frac{kBq}{m^2}$ Cäsium-137 festgestellt. Der höchste Wert wurde in Minami Machi (Futaba Gun) mit bis zu $14\,000\,\frac{kBq}{m^2} = 14\,000\,000\,\frac{Bq}{m^2}$ gemessen.

Bq: Becquerel; 1 Bq = 1 radioaktiver Zerfall pro Sekunde

Cäsium-137 hat eine Halbwertszeit von 30 Jahren. Als „unverseucht" gelten Gebiete mit einer Bodenbelastung unter $35\,000\,\frac{Bq}{m^2}$. Bestimmen Sie, wann das Gebiet mit der schlimmsten Verseuchung wieder bewohnbar sein wird.

12 ≡ Überprüfen Sie die Rechnung in dieser Meldung aus dem Jahr 2006.

> Umgerechnet etwa 1,7 Millionen Euro fordert ein pensionierter Offizier von der britischen Regierung. Sein Ururgroßvater, der als Korporal an der Schlacht von Waterloo teilgenommen hatte, habe nach dem Sieg nicht das versprochene Handgeld von 20 englischen Pfund erhalten. Inzwischen hätten sich diese 20 Pfund seit der Schlacht im Jahr 1815 auf rund 1,4 Millionen Pfund (rund 1,7 Millionen Euro) vermehrt, wenn man von einer Verzinsung von 6 % ausgeht.

13 Die **Radiocarbon-Methode** (**^{14}C-Methode**) ist ein wichtiges Verfahren zur Altersbestimmung in der Archäologie und Geologie. Sie beruht auf dem radioaktiven Zerfall des Kohlenstoffisotops ^{14}C, das mit einer Halbwertszeit von 5730 Jahren zerfällt.
Lebende Organismen enthalten einen bestimmten Anteil von ^{14}C, der durch ständigen Ausgleich mit der Umgebung stabil bleibt und gleich der bekannten, im Wesentlichen konstanten ^{14}C-Konzentration in der Natur ist.
Mit dem Absterben eines Organismus wird der Kohlenstoffaustausch unterbunden und das im Organismus vorhandene ^{14}C zerfällt unaufhörlich. Der Prozentsatz des noch vorhandenen ^{14}C lässt einen Rückschluss auf das Alter eines Fundes zu.

Am 19. September 1991 fand ein deutsches Ehepaar beim Bergsteigen am Hauslabjoch eine Gletschermumie, die als „Ötzi" weltweit berühmt wurde. In der Kleidung von Ötzi fand man Gräser, die noch ca. 53 % der ursprünglichen ^{14}C-Menge enthielten.
Zu welcher Zeit lebte Ötzi?

14 Die Verkaufszahlen eines neuen Handys in den ersten Jahren nach Einführung können durch die Funktion f mit $f(t) = 50 \cdot e^{0,349t}$ beschrieben werden. Dabei wird t in Jahren und f(t) in Tausend Stück gemessen.

a) Berechnen Sie die Verkaufszahlen für die ersten 5 Jahre nach Einführung.

b) Wann übersteigen die Verkaufszahlen erstmalig eine Grenze von einer Million?

c) Geben Sie die Wachstumsgeschwindigkeit am Ende des dritten Jahres an.

15 Joshua beobachtet und protokolliert das Wachstum einer Feuerbohne.
Für den 8. und 9. Tag nach Beobachtungsbeginn notiert er:

29.04.2021: Größe der Bohne: 5,5 cm
30.04.2021: Größe der Bohne: 11,1 cm

a) Geben Sie eine Funktionsgleichung für das Wachstum der Feuerbohne an.
Gehen Sie davon aus, dass exponentielles Wachstum vorliegt.

b) Wie groß wird die Bohne voraussichtlich am 12. Tag sein?

c) Wann wird sie bei diesem Wachstum eine Höhe von 1,20 m erreicht haben?

d) Beurteilen Sie die Güte dieser Modellierung: Wie geeignet ist dieses Modell auf lange Sicht?

16 Im Jahr 2020 erreichte Indiens Bevölkerung 1,38 Milliarden Menschen, nachdem das Land im Mai 2000 die Milliardengrenze überschritten hatte.

a) Ermitteln Sie anhand dieser Daten das jährliche Bevölkerungswachstum von Indien.

b) Beschreiben Sie die Entwicklung durch eine Exponentialfunktion zur Basis e.

c) Stellen Sie eine Funktionsgleichung für die Wachstumsgeschwindigkeit auf.

d) Analysieren Sie, welche Probleme eine Prognose der Bevölkerungszahl für das Jahr 2050 beinhaltet.

Ausbreitung von Epidemien

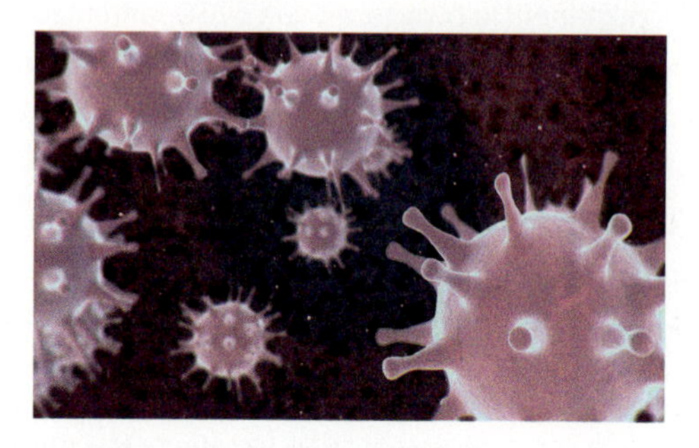

Ab März 2020 haben sich in Europa und der ganzen Welt so viele Menschen so schnell mit dem Coronavirus infiziert, dass die Gefahr einer Überlastung der Gesundheitssysteme bestand. Aus diesem Grunde wurden von den Regierungen zahlreiche Gegenmaßnahmen bis hin zu Shutdowns des öffentlichen Lebens verfügt.

Die Beschreibung der Verbreitung der Epidemie erfolgte mithilfe verschiedener Kenngrößen, die täglich publiziert wurden und in den verschiedenen Phasen der Epidemie verschieden häufig verwendet wurden.

1 Die **Reproduktionszahl R** gibt an, wie viele Menschen eine infizierte Person in einer bestimmten Zeiteinheit durchschnittlich ansteckt. Das Robert-Koch-Institut berechnet in der Corona-Epidemie die Reproduktionszahl zu einem Zeitpunkt t als Quotient aus der Anzahl der Neuinfektionen in den letzten 4 Tagen bis einschließlich t und der Anzahl der Neuinfektionen in den 4 Tagen davor.

Liegt der Wert über 1, dann steigt die Zahl der Neuinfektionen. Die Zahl der Infizierten wächst exponentiell, die Krankheit breitet sich also weiter aus und das Gesundheitssystem könnte an seine Grenzen stoßen.

Ist die Reproduktionszahl 1, so liegt ein lineares Wachstum der Fallzahlen vor.

Ist sie kleiner als 1, gibt es immer weniger Neuinfektionen, die Epidemie ebbt also ab.

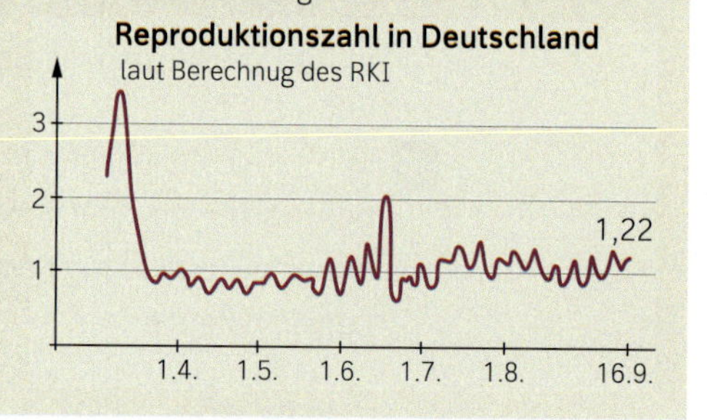

a) Die Tabelle zeigt die Anzahl der mit Corona Infizierten in Nordrhein-Westfalen im Januar 2021 jeweils am Ende des Tages.

Datum	21.01.	22.01.	23.01.	24.01.	25.01.	26.01.	27.01.	28.01.	29.01.
Anzahl	460710	464140	467472	470083	471080	472483	475014	478264	481042

Berechnen Sie die Reproduktionszahl für den 29. Januar 2021.

b) Der einfacheren Berechnung wegen wird hier nicht von der Reproduktionszahl auf die Wachstumsart geschlossen, sondern umgekehrt für exponentielles und lineares Wachstum die Reproduktionszahl berechnet. Die Funktion f beschreibt die Gesamtanzahl f(t) der Infizierten zum Zeitpunkt t in Tagen nach Beginn.

Erläutern Sie, dass für die Reproduktionszahl R (t) zur Zeit t gilt: $R(t) = \frac{f(t) - f(t-4)}{f(t-4) - f(t-8)}$

c) Betrachten Sie exponentielles Anwachsen der Anzahl der Infizierten, das durch $f(t) = 2^t$ beschrieben wird. Berechnen Sie die Reproduktionszahl R (t). Was fällt auf? Verallgemeinern Sie auf exponentielles Wachstum, das durch $f(t) = a \cdot b^t$ mit einer Basis $b > 1$ und einem Anfangswert a beschrieben wird.

Zeigen Sie, dass R(t) unabhängig von t und größer als 1 ist.

d) Betrachten Sie lineares Wachstum der Anzahl der Infizierten, das durch $f(t) = m \cdot t + n$ beschrieben werden kann. Zeigen Sie, dass R unabhängig von t, m und n den Wert 1 hat.

e) Das Abklingen einer Epidemie erfolgt exponentiell gemäß $f(t) = a \cdot b^t$ mit einer Basis $0 < b < 1$. Welche Folgerung können Sie daraus für die Reproduktionszahl R ziehen?

2

Schon geringe Veränderungen der Reproduktionszahl haben große Auswirkungen. Liegt der R-Wert bei 1,1, verdoppelt sich die Zahl der Infizierten in gut sieben Zeiteinheiten; steigt er auf 1,4, so dauert es nur gut zwei Zeiteinheiten, bis doppelt so viele Menschen infiziert sind.
Die Ausbreitung einer Epidemie kann somit durch die **Verdopplungszeit** beschrieben werden. Das ist die Zeitspanne, in der sich die Anzahl der Infizierten verdoppelt.

a) Betrachten Sie exponentielles Anwachsen der Anzahl der Infizierten mit einem Funktionsterm der Form $f(t) = a \cdot b^t$. Überprüfen Sie die Aussagen, die im Text zu den Werten von 1,1 und 1,4 für R getroffen werden.

b) Bestimmen Sie allgemein die Verdopplungszeit für eine beliebige Basis b.
Zeichnen Sie den Graphen der Funktion, die jeder Reproduktionszahl die zugehörige Verdopplungszeit zuordnet.
Beschreiben Sie den Graphen und stellen Sie einen Zusammenhang zum Text her.

c) Leiten Sie einen Term für die Verdopplungszeit bei linearem Wachstum gemäß $f(t) = m \cdot t + n$ her und interpretieren Sie Ihr Ergebnis.

3

Die **7-Tage-Inzidenz** ist eine wichtige Grundlage für die Einschätzung der Entwicklung der Corona-Pandemie. Der Wert ist die Anzahl der Neuinfizierten pro 100 000 Einwohner in den letzten 7 Tagen.

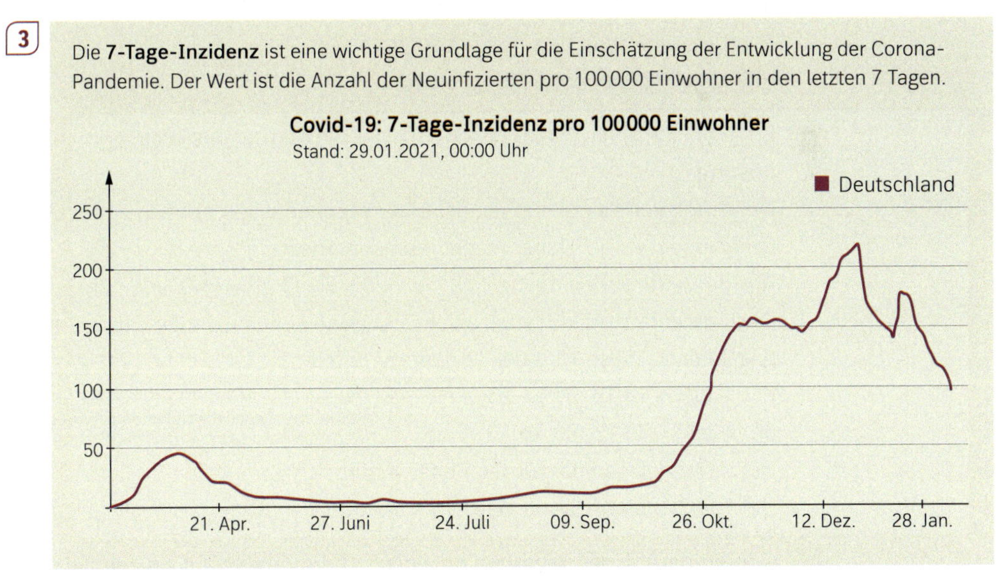

a) Die 7-Tage-Inzidenz ist zur Beschreibung der Auslastung der Gesundheitssysteme eingeführt worden. Analysieren Sie, ob die 7-Tage-Inzidenz dafür geeignet ist.

b) Betrachten Sie die Ausbreitung einer Epidemie, bei der die Gesamtanzahl der Infizierten durch $f(t) = 1{,}4^t$ beschrieben wird, wobei t in Tagen gemessen wird.
Die Population beträgt 100 000 Einwohner.
Berechnen Sie die 7-Tage-Inzidenz-Werte für die Zeitpunkte t von 7 bis 15. Beschreiben Sie Ihr Ergebnis.

3.4 Begrenztes Wachstum

Einstieg

Ein Glas Saft wird aus dem Kühlschrank in ein Zimmer mit 24 °C Raumtemperatur gestellt.
Zu Beginn hat der Saft eine Temperatur von 7 °C. Die momentane Erwärmungsgeschwindigkeit in °C pro Minute beträgt zu jedem Zeitpunkt 10 % der Temperaturdifferenz zur Raumtemperatur.

Zeigen Sie, dass die Temperatur des Saftes in °C in Abhängigkeit von der Zeit t in Minuten durch die Funktion T mit $T(t) = 24 - 17 \cdot e^{-0,1t}$ beschrieben werden kann.
Wann nimmt der Saft die Raumtemperatur an?

Aufgabe mit Lösung

Begrenzte Abnahme

Eine Tasse mit 80 °C heißem Tee wird in einem 20 °C warmen Raum stehen gelassen. In jedem Moment beträgt die Abkühlungsgeschwindigkeit in °C pro Minute 15 % der Temperaturdifferenz zur Raumtemperatur. Die Grafik stellt den Temperaturverlauf mithilfe einer Exponentialfunktion dar.

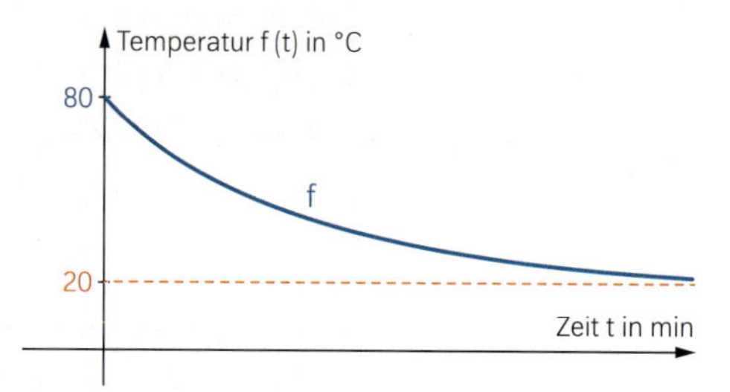

→ Ermitteln Sie einen Funktionsterm für die Temperatur des Tees.

Lösung

Der Graph von f sieht aus wie der einer exponentiellen Abnahme, der um 20 nach oben verschoben wurde. Daher macht man den Ansatz $f(t) = a \cdot e^{k \cdot t} + 20$.
Aus der Anfangsbedingung $f(0) = a + 20 = 80$ folgt $a = 60$ und damit $f(t) = 60 \cdot e^{k \cdot t} + 20$.
Die momentane Abkühlungsgeschwindigkeit ist durch die Ableitung f′ mit $f'(t) = 60 \cdot k \cdot e^{k \cdot t}$ gegeben. Da diese 15 % der Temperaturdifferenz $f(t) - 20$ beträgt, gilt:

$$f'(t) = -0,15 \cdot (f(t) - 20)$$

Abkühlungsgeschwindigkeiten sind negativ.

$$60 \cdot k \cdot e^{k \cdot t} = -0,15 \cdot 60 \cdot e^{k \cdot t}$$

Durch Vergleichen der beiden Seiten ergibt sich $k = -0,15$.
Der Funktionsterm lautet also $f(t) = 60 \cdot e^{-0,15t} + 20$.

→ Die Temperatur des Tees wird mit einem Thermometer auf ein zehntel Grad genau angezeigt. Wann zeigt das Thermometer 20,0 °C an?

Lösung

Das Thermometer zeigt 20,0 °C an, sobald die Temperatur unter 20,05 °C gesunken ist.
Damit ergibt sich $60 \cdot e^{-0,15t} + 20 = 20,05$; also $e^{-0,15t} = \frac{1}{1200}$ bzw. $-0,15t = \ln\left(\frac{1}{1200}\right)$.
Die Lösung $t \approx 47,3$ erhält man mit einem Rechner.
Nach etwas mehr als 47 Minuten ist der Tee so weit abgekühlt, dass das Thermometer eine Temperatur von 20,0 °C anzeigt.

→ Wann erreicht der Tee Raumtemperatur?

Lösung

Es gilt $e^{-0{,}15t} > 0$ für alle t. Daher beträgt – im Unterschied zur Realität – die Temperatur des Tees in diesem Modell immer mehr als 20 °C.

Information

Begrenztes Wachstum

Ein Wachstumsprozess, der durch eine Funktion f der Form

$f(t) = S + (f(0) - S) \cdot e^{-k \cdot t}$

mit einem konstanten Faktor $k > 0$ beschrieben werden kann, heißt **begrenztes Wachstum**. Für $t \to \infty$ nähern sich die Funktionswerte der reellen Zahl S an, die auch **Sättigungsgrenze** genannt wird.

Ist $S > f(0)$, so handelt es sich um eine **begrenzte Zunahme**.
Ist $S < f(0)$, so handelt es sich um eine **begrenzte Abnahme**.

In beiden Fällen gilt:
Die Wachstumsgeschwindigkeit $f'(t)$ ist proportional zur Differenz aus Sättigungsgrenze S und aktuellem Bestand $f(t)$:

$f'(t) = k \cdot (S - f(t))$

Der **Wachstumsfaktor** k bestimmt die Geschwindigkeit der Zu- oder Abnahme.

Begrenzte Zunahme

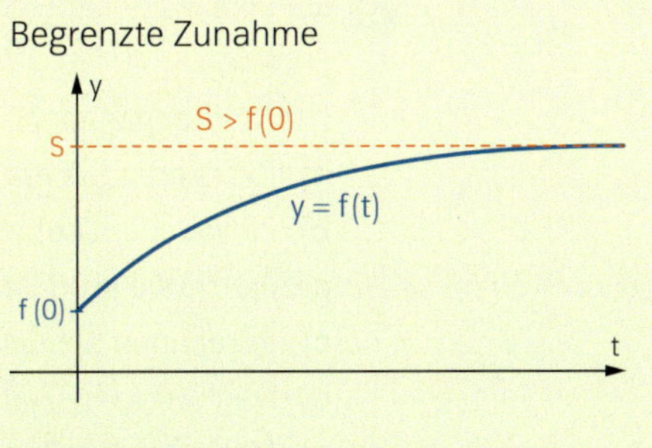

Begrenzte Abnahme

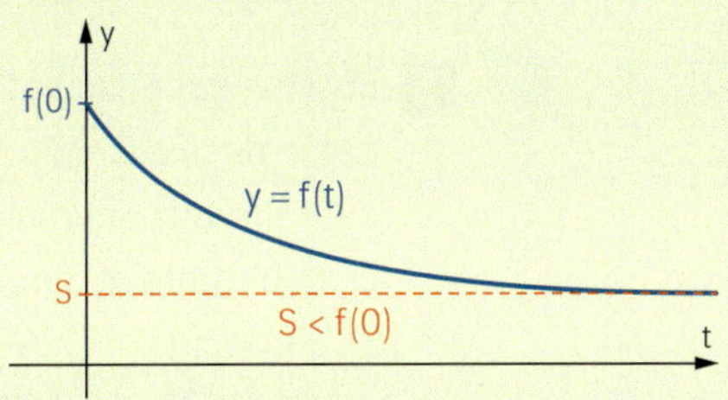

$k = 0{,}2$ bedeutet:
Zu jedem Zeitpunkt beträgt die Wachstumsgeschwindigkeit 20 % der Differenz zwischen Bestand und Sättigungsgrenze.

Üben

1 ≡ In einer Stadt sollen alle Haushalte mit Glasfaseranschlüssen ausgestattet werden. Die Zahl der Glasfaseranschlüsse zum Zeitpunkt t in Monaten kann durch die Funktion f mit $f(t) = 5000 - 4840 \cdot e^{-0{,}1t}$ angegeben werden.

a) Berechnen Sie f(0) und beschreiben Sie die Bedeutung der Werte f(0); 5000 und 0,1 in diesem Sachkontext.

b) Bestätigen Sie durch eine Rechnung, dass die Gleichung $f'(t) = 0{,}1 \cdot (5000 - f(t))$ gilt.

2 ≡ Eine heiße Flüssigkeit wird bei einer konstanten Umgebungstemperatur von 20 °C abgekühlt. Die Geschwindigkeit der Temperaturabnahme kann näherungsweise durch eine Funktion a mit $a(t) = -69 \cdot k \cdot e^{-k \cdot t}$ beschrieben werden.

a) Um welche Form von Abkühlungsprozess handelt es sich? Begründen Sie Ihre Antwort.

b) Wie hoch war die Temperatur zu Beginn der Messung?

c) Drei Minuten nach Messbeginn hatte die Flüssigkeit eine Temperatur von 73 °C.
Zu welchem Zeitpunkt nimmt die Temperatur erstmals um weniger als 1 °C pro Minute ab?

3 Milch mit einer Temperatur von 6 °C wird aus dem Kühlschrank genommen und in einen 25 °C warmen Raum gestellt. In jedem Moment erwärmt sie sich pro Minute um 12 % der noch herrschenden Temperaturdifferenz zur Raumtemperatur.
Ermitteln Sie eine Gleichung für die Erwärmungsgeschwindigkeit und einen Term für die Temperatur in Abhängigkeit von der Zeit.

4 Eine Materialprobe wird in einem Labor erhitzt. Die Erwärmung wird durch die Funktion f mit $f(t) = 70 - 50 \cdot e^{-0,2t}$ und $t > 0$ beschrieben. Dabei wird t in Minuten und f(t) in °C angegeben.

a) Skizzieren Sie die Graphen von f und f′.

b) Zu welchem Zeitpunkt ist die Geschwindigkeit, mit der sich die Probe erwärmt, am größten? Wie groß ist sie?

c) Berechnen Sie die Durchschnittstemperatur der ersten 10 Minuten.

d) Nach welcher Zeit hat sich die Probe auf die Hälfte ihrer Endtemperatur erwärmt?

e) Nach welcher Zeit hat sich die anfängliche Erwärmungsgeschwindigkeit halbiert?

5 Eine Patientin hat Fieber mit 40 °C Körpertemperatur. Ein fiebersenkendes Mittel sorgt dafür, dass die momentane Änderungsrate der Körpertemperatur zu jedem Zeitpunkt 80 % der Differenz der momentanen zur normalen Körpertemperatur von 36,8 °C beträgt.
Dora beschreibt den Temperaturverlauf durch eine Funktion f mit folgendem Ansatz:

$f(0) = 40$; $S = 36,8$; also $f(0) - S = 3,2$
Wachstumsfaktor 0,8; somit $f(t) = 36,8 + 3,2 \cdot 0,8^t = 36,8 + 3,2 \cdot e^{\ln(0,8) \cdot t}$

Korrigieren Sie Doras Ansatz und stellen Sie die korrekte Funktionsgleichung auf.

6 **Brutaler Mord vor Nachtclub**

Mitten in einer Sommernacht findet die Polizei vor einem Nachtclub das Opfer eines Verbrechens. Der Gerichtsmediziner erscheint um Mitternacht und misst die Körpertemperatur der Leiche: 30,5 °C. Die Spurensicherung benötigt für ihre Tätigkeit zwei Stunden. Beim Abtransport der Leiche hat diese eine Körpertemperatur von 24,5 °C; die Lufttemperatur betrug in diesem Zeitraum nahezu konstant 20 °C. Zeugenvernehmungen ergeben, dass die Ex-Frau des Opfers am Abend im Nachtclub zu Gast war und wüste Morddrohungen gegen ihren früheren Ehemann ausstieß. Sie verließ die Bar um Viertel nach 11 ohne Begleitung. Auch für die Zeit danach kann sie kein Alibi vorweisen.

Newton'sches Abkühlungsgesetz: Die Abkühlungsgeschwindigkeit ist proportional zur Temperaturdifferenz.

Gerichtsmediziner bestimmen den Todeszeitpunkt unter anderem mithilfe des *Newton'schen Abkühlungsgesetzes*. Untersuchen Sie, ob die Ex-Frau als Tatverdächtige infrage kommt. Nehmen Sie kritisch zur vorgenommenen Modellierung Stellung.

7 Erläutern Sie an selbst gewählten Beispielen für die drei Typen von Wachstumsprozessen die mathematische Modellierung dieser Prozesse.
(1) lineares Wachstum (2) exponentielles Wachstum (3) begrenztes Wachstum
Gehen Sie dabei auf die Änderungsraten, also die Wachstumsgeschwindigkeiten, ein.
Untersuchen Sie, woran man erkennen kann, welches dieser drei Modelle einen Wachstumsprozess am besten beschreibt.

8 Pilze können z. B. in Dörrautomaten getrocknet werden. Dabei verlieren sie erheblich an Gewicht. Dies zeigt die folgende Messung.

Trockenzeit t in min	0	1	4	6	9	12	14	20
Gewicht in % des Anfangsgewichts	100	83	54	39	22	19	14	8

a) Stellen Sie die Daten grafisch dar.
Welches Wachstumsmodell kann benutzt werden? Begründen Sie Ihre Wahl.

b) Das Gewicht eines Pilzes sinkt auch bei längerer Trocknung nicht unter 6 % seines Anfangsgewichts. Ermitteln Sie anhand verschiedener Wertepaare Funktionsterme möglicher Funktionen, die den Gewichtsverlauf näherungsweise beschreiben.
Vergleichen Sie die Funktionsterme und zeichnen Sie die Funktionsgraphen in das Koordinatensystem aus Teilaufgabe a).

9 Peter mischt seinen Milchkaffee immer aus gleichen Teilen Kaffee und Milch. Nachdem er den Kaffee frisch aufgebrüht hat, schwankt er zwischen den folgenden zwei Möglichkeiten, das Getränk abkühlen zu lassen:

(1) Er mischt den 90 °C heißen Kaffee sofort mit Milch, die er aus dem Kühlschrank holt und die eine Temperatur von 8 °C hat. Dann lässt er den Milchkaffee bei einer Zimmertemperatur von 22 °C zum weiteren Abkühlen stehen.

(2) Er lässt den Kaffee zuerst 5 Minuten lang bei Zimmertemperatur abkühlen und mischt danach mit Milch aus dem Kühlschrank.

Man kann davon ausgehen, dass sowohl Kaffee als auch Milchkaffee so abkühlen, dass die Abkühlungsgeschwindigkeit pro Minute 10 % der Temperaturdifferenz zwischen der Temperatur der Flüssigkeit und der Zimmertemperatur beträgt.
Welche Temperatur hat der Milchkaffee jeweils nach insgesamt 10 Minuten?

Weiterüben

10 Einem Patienten wird ein Medikament durch eine Tropfinfusion zugeführt. Die Wirkstoffmenge erhöht sich mit jedem Tropfen, aber zugleich beginnen Nieren und Leber, die Substanz wieder auszuscheiden. Die Wirkstoffmenge im Blut des Patienten lässt sich durch die Funktion f mit $f(t) = 80 - 80 \cdot e^{-0{,}05t}$ beschreiben, dabei wird t in min seit Infusionsbeginn und f(t) in mg angegeben.

a) Skizzieren Sie die Graphen von f und f′ im Intervall [0; 150] und interpretieren Sie ihren Verlauf im Sachzusammenhang.

b) Bestimmen Sie den Zeitpunkt, zu dem die momentane Änderungsrate der Wirkstoffmenge im Blut 1 mg pro min beträgt.

c) In welchem 15-Minuten-Zeitraum ändert sich die Wirkstoffmenge um 30 mg?

d) Zeigen Sie, dass f die Gleichung $f'(t) = 0{,}05 \cdot (80 - f(t))$ erfüllt. Erläutern Sie diese Gleichung im Sachzusammenhang und geben Sie die Bedeutung des Faktors 0,05 an.

e) Nach 4 Stunden wird der Tropf abgesetzt. Der Abbau des Medikamentes erfolgt mit exponentiellem Zerfall mit einer Halbwertszeit von 5 Stunden. Bestimmen Sie die Gleichung einer Funktion g, die die Wirkstoffmenge im Körper beschreibt.

3.5 Verknüpfungen von e-Funktionen mit ganzrationalen Funktionen

Einstieg

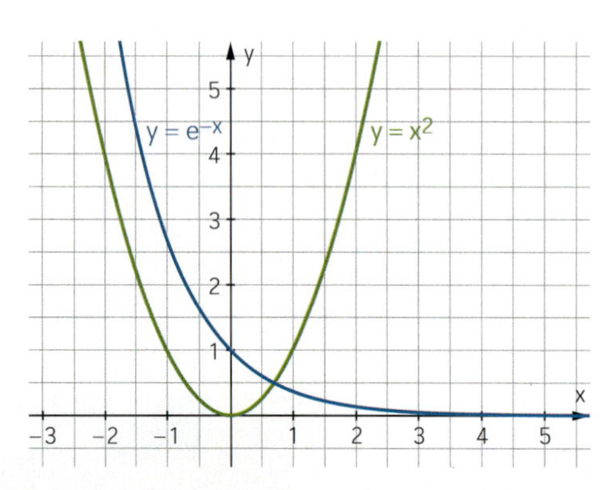

Felipe soll den Graphen der Funktion f mit $f(x) = x^2 \cdot e^{-x}$ zeichnen. Dazu betrachtet er zunächst die bekannten Graphen zu $y = x^2$ und zu $y = e^{-x}$.
Felipe sagt: „Für $x \to -\infty$ ist alles klar. Aber für $x \to \infty$ geht die eine Funktion gegen 0 und die andere gegen ∞. Die Frage ist: Wer gewinnt das Rennen?"
Untersuchen Sie diese Frage und zeichnen Sie den Graphen von f.

Aufgabe mit Lösung

Produkt zweier Funktionen untersuchen

Zeichnen Sie den Graphen der Funktion f mit $f(x) = x \cdot e^{-x}$.

Lösung

Für $x \to -\infty$ ergibt sich für die einzelnen Faktoren im Term der Funktion $x \to -\infty$ und $e^{-x} \to \infty$. Somit gilt $f(x) \to -\infty$ für $x \to -\infty$. Weiter gilt $f(0) = 0$.
Mithilfe einer Wertetabelle kann man das Verhalten der Funktionswerte für $x \to \infty$ untersuchen und den Graphen skizzieren.

x	$e^{-x} = \frac{1}{e^x}$	$f(x) = \frac{x}{e^x}$
1	$\frac{1}{e}$	$\frac{1}{e} \approx 0{,}37$
2	$\frac{1}{e^2}$	$\frac{2}{e^2} \approx 0{,}27$
3	$\frac{1}{e^3}$	$\frac{3}{e^3} \approx 0{,}15$
4	$\frac{1}{e^4}$	$\frac{4}{e^4} \approx 0{,}07$
5	$\frac{1}{e^5}$	$\frac{5}{e^5} \approx 0{,}03$

$\cdot 2 : e$; $\cdot \frac{3}{2} : e$; $\cdot \frac{4}{3} : e$; $\cdot \frac{5}{4} : e$

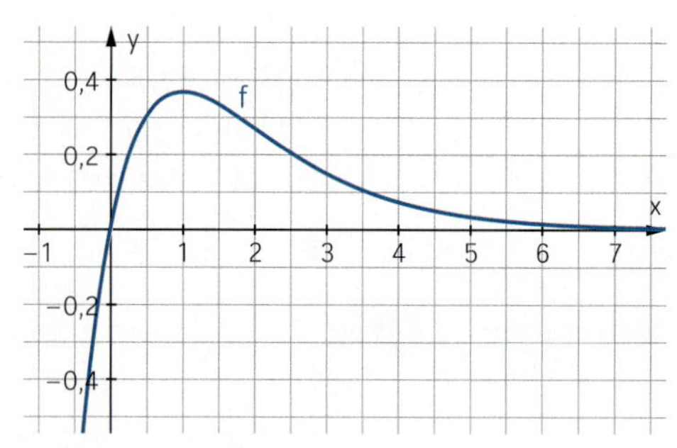

Man erkennt, dass ein Funktionswert $f(x+1)$ aus dem Funktionswert $f(x)$ durch Multiplikation mit $\frac{x+1}{x}$ und Division durch e hervorgeht.
Für $x \to \infty$ strebt der Faktor $\frac{x+1}{x} = 1 + \frac{1}{x}$ gegen 1. Also bewirkt für große x jede Erhöhung von x um 1 ungefähr eine Division des Funktionswerts durch e.
Somit gilt $f(x) \to 0$ für $x \to \infty$.

Bestimmen Sie die Koordinaten des Hochpunktes von f.

Lösung

Mit der Produktregel ergibt sich $f'(x) = 1 \cdot e^{-x} + x \cdot (-e^{-x}) = (1-x) \cdot e^{-x}$. Der Faktor $1 - x$ hat die Nullstelle 1 und der Faktor e^{-x} ist immer positiv. Also hat f′ an der Stelle $x = 1$ eine Nullstelle mit Vorzeichenwechsel von + nach –.
Mit $f(1) = \frac{1}{e}$ erhält man den Hochpunkt $H\left(1 \middle| \frac{1}{e}\right)$.

Information

Die e-Funktion „gewinnt“.

$x^n \cdot e^{-x} = \frac{x^n}{e^x}$

Wachstumsvergleich der e-Funktion mit Potenzfunktionen

Satz: Die e-Funktion wächst für $x \to \infty$ schneller gegen ∞ als jede Potenzfunktion.

Für eine feste natürliche Zahl n ergibt sich damit:

(1) Für $x \to \infty$ gilt $x^n \cdot e^{-x} \to 0$.
Für $x \to -\infty$ gilt
- $x^n \cdot e^{-x} \to \infty$ für gerade n
- $x^n \cdot e^{-x} \to -\infty$ für ungerade n

(2) Für $x \to \infty$ gilt $x^n \cdot e^{x} \to \infty$.
Für $x \to -\infty$ gilt $x^n \cdot e^{x} \to 0$
- mit positiven Funktionswerten von oben für gerade n
- mit negativen Funktionswerten von unten für ungerade n

(1)

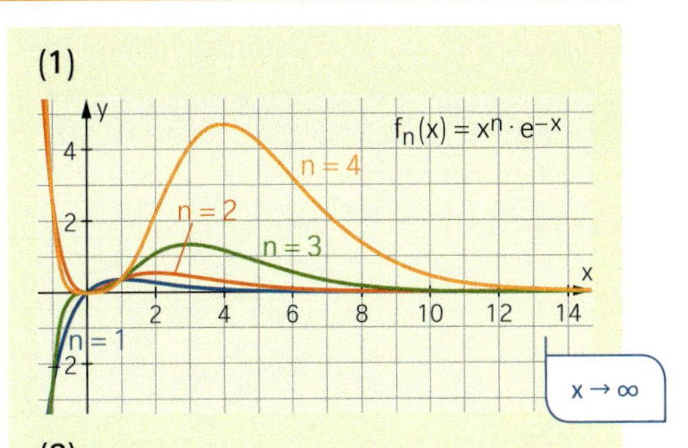

(2)

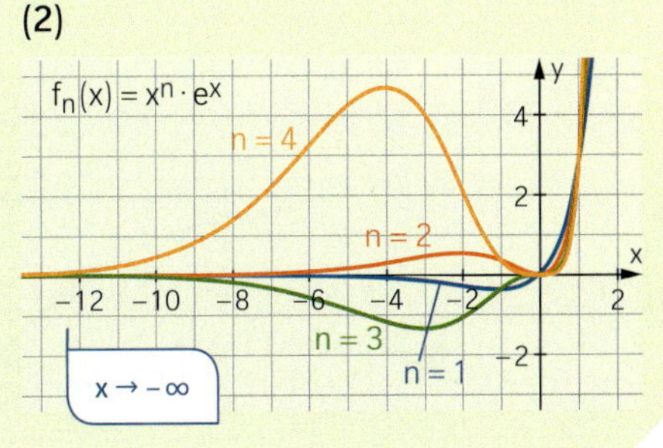

Begründung des Satzes: Vergleicht man für f mit $f(x) = x^n \cdot e^{-x}$ den Funktionswert an der Stelle x mit dem Funktionswert an der Stelle x + 1, so fällt auf:

$$f(x+1) = (x+1)^n \cdot e^{-(x+1)} = (x+1)^n \cdot e^{-x} \cdot \frac{1}{e} = \frac{(x+1)^n}{x^n} \cdot x^n \cdot e^{-x} \cdot \frac{1}{e} = \left(\frac{x+1}{x}\right)^n \cdot f(x) \cdot \frac{1}{e}$$

Da n eine feste Zahl ist, strebt der Faktor $\left(\frac{x+1}{x}\right)^n = \left(1 + \frac{1}{x}\right)^n$ gegen 1 für $x \to \infty$.
Für große x bewirkt jede Erhöhung von x um 1 also ungefähr eine Multiplikation des Funktionswerts mit dem Faktor $\frac{1}{e}$, der kleiner als 1 ist. Somit gilt $f(x) \to 0$ für $x \to \infty$.

Üben

1 Untersuchen Sie das Verhalten des Graphen der Funktion f.

a) $f(x) = \frac{x^2}{e^x} = x^2 \cdot \frac{1}{e^x}$ für $x \to \infty$
b) $f(x) = \frac{x^3}{e^x}$ für $x \to -\infty$
c) $f(x) = 50 \cdot x^2 \cdot e^{-0{,}5x}$ für $x \to \infty$
d) $f(x) = x \cdot (e^x)^2$ für $x \to -\infty$

2 Berechnen Sie die Nullstellen der Funktion f ohne Verwendung eines Rechners.

a) $f(x) = (x+2) \cdot e^x$
b) $f(x) = (2x-5) \cdot e^{-x}$
c) $f(x) = (x^2-4) \cdot e^{2x}$
d) $f(x) = (x^2-4x-12) \cdot e^{-3x}$
e) $f(x) = (x+5) \cdot (2x-3) \cdot e^{-4x+1}$
f) $f(x) = (2x^2+5) \cdot e^{x-2}$
g) $f(x) = g(x) \cdot e^x$, wobei g eine Funktion mit den Nullstellen 3; 5 und 8 ist

3 Ermitteln Sie die erste, die zweite und die dritte Ableitung der Funktion f.
Erläutern Sie, welchen Vorteil es hat, wenn man vor jeder höheren Ableitung zuerst ausklammert, wie es im Beispiel für die erste Ableitung dargestellt ist.

$f(x) = (3x^2-5) \cdot e^x$
$f'(x) = 6x \cdot e^x + (3x^2-5) \cdot e^x$
$\quad = (3x^2+6x-5) \cdot e^x$

a) $f(x) = (2x-3) \cdot e^x$
b) $f(x) = (x^2+1) \cdot e^x$
c) $f(x) = (5x^2+1) \cdot e^{-x}$
d) $f(x) = 5x^2 \cdot e^{-\frac{1}{4}x}$

4 Ordnen Sie die Funktionsterme und die Graphen einander zu. Begründen Sie Ihre Zuordnung mit mindestens zwei Argumenten.

(1) $f(x) = (x-1)^2 \cdot e^x$ (2) $f(x) = (x-2) \cdot e^x$ (3) $f(x) = (1-x) \cdot e^x$ (4) $f(x) = (x-2) \cdot e^{-x}$

(A)
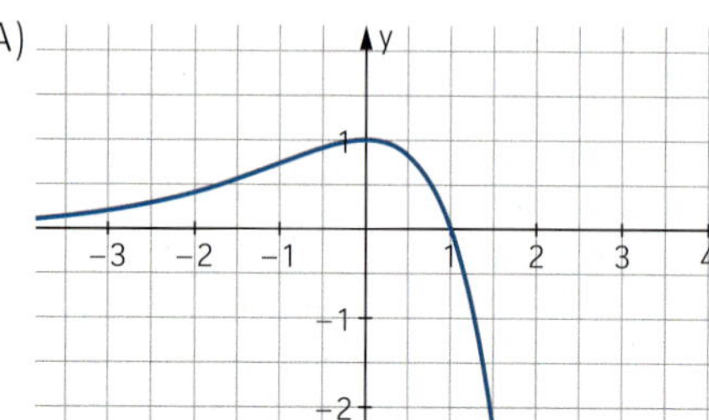

(B)
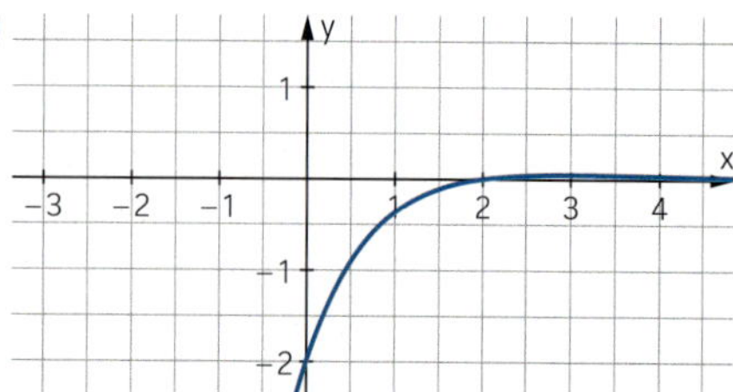

(C)
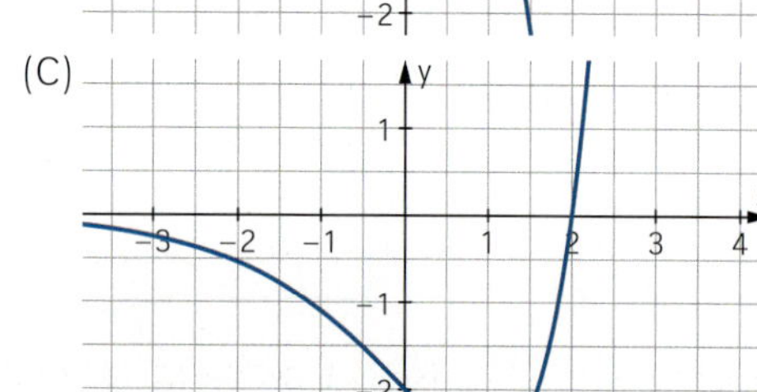

(D)
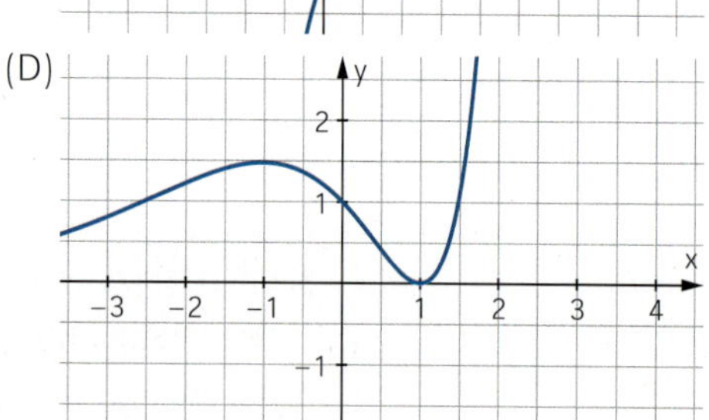

Produkte von ganzrationalen Funktionen mit der e-Funktion

5 Berechnen Sie alle Hoch- und Tiefpunkte des Graphen von f.

a) $f(x) = (2x-1) \cdot e^x$

b) $f(x) = (x+4) \cdot e^{2x}$

c) $f(x) = (-3x+2) \cdot e^{-x}$

d) $f(x) = (x^2-15) \cdot e^x$

e) $f(x) = (x^2+3x-14) \cdot e^{-x}$

f) $f(x) = (-x^2+2x+2) \cdot e^x$

$f(x) = (x^2-x-1) \cdot e^x$

$f'(x) = (2x-1) \cdot e^x + (x^2-x-1) \cdot e^x$

$= (x^2+x-2) \cdot e^x$

$f'(x) = 0$, wenn $x^2+x-2=0$,

also für $x_1 = -2$ und $x_2 = 1$

$f''(x) = (2x+1) \cdot e^x + (x^2+x-2) \cdot e^x$

$= (x^2+3x-1) \cdot e^x$

$f''(-2) = -3 \cdot e^{-2} < 0$,

also Hochpunkt $H(-2 \mid 5e^{-2})$

$f''(1) = 3e > 0$,

also Tiefpunkt $T(1 \mid -e^{-1})$

6 Die Funktion f ist gegeben durch $f(x) = (x^2-8) \cdot e^x$.

a) Untersuchen Sie das Verhalten des Graphen von f für $x \to \infty$ und $x \to -\infty$.

b) Berechnen Sie die Koordinaten der Hoch- und der Tiefpunkte des Graphen von f.

c) Skizzieren Sie den Funktionsgraphen.

7 Gegeben sind die Funktionen f und g mit $f(x) = -20x \cdot e^x$ und $g(x) = 10x^2 \cdot e^x$.

a) Welcher Graph gehört zu welcher Funktion? Begründen Sie Ihre Antwort.

b) Untersuchen Sie, ob der Hochpunkt des Graphen (1) und der Wendepunkt des Graphen (2) auf einen Punkt fallen.

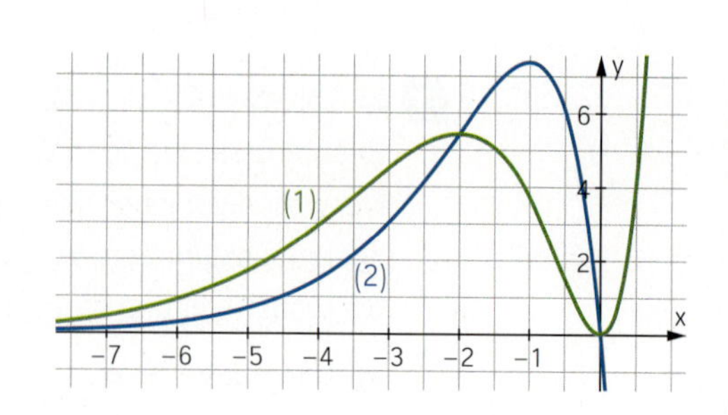

8 Gegeben ist die Funktion f mit $f(x) = 5 \cdot (x+1) \cdot e^{-\frac{x}{2}}$.

a) Bestimmen Sie die Nullstellen und untersuchen Sie das Verhalten des Graphen für $x \to \infty$ und $x \to -\infty$.
Skizzieren Sie damit ohne weitere Rechnung und ohne Verwendung eines Rechners einen möglichen Graphen von f.

b) Bestimmen Sie den Wendepunkt und die Gleichung der Wendetangente.

$g(x) = \frac{x}{e^x} = x \cdot e^{-x}$

Wendepunkt bestimmen:

$g'(x) = (1-x) \cdot e^{-x}$; $g''(x) = (-2+x) \cdot e^{-x}$

Also: $W\left(2 \middle| \frac{2}{e^2}\right)$

Wendetangente bestimmen:

Ansatz: $y = mx + b$

$m = g'(2) = -\frac{1}{e^2}$

Da W auf der Tangente liegt, gilt

$\frac{2}{e^2} = -\frac{1}{e^2} \cdot 2 + b$, also $b = \frac{4}{e^2}$.

Damit: $y = -\frac{1}{e^2}x + \frac{4}{e^2}$

9 Gegeben ist die Funktion f mit $f(x) = 10x \cdot e^{-x}$.

a) Begründen Sie, dass der Graph der Funktion f immer unterhalb der Geraden mit der Gleichung $y = 4$ liegt.

b) Die Wendetangente des Graphen bildet zusammen mit den beiden Koordinatenachsen ein Dreieck. Berechnen Sie den Flächeninhalt dieses Dreiecks.

10 Untersuchen Sie die Graphen von f und g mit $f(x) = (x-1) \cdot e^{x+1}$ und $g(x) = e^{x+1}$ auf Gemeinsamkeiten und Unterschiede. Berücksichtigen Sie zum Beispiel Grenzverhalten, Extrema und Nullstellen.

Funktionenscharen

11 Gegeben ist die Funktionenschar f_t mit $f_t(x) = x \cdot e^{-t \cdot x}$ und $t > 0$.
Untersuchen Sie die Funktionenschar f_t. Zeigen Sie, dass alle Extrempunkte der Schar auf dem Graphen einer Funktion g liegen, und bestimmen Sie den Funktionsterm von g.

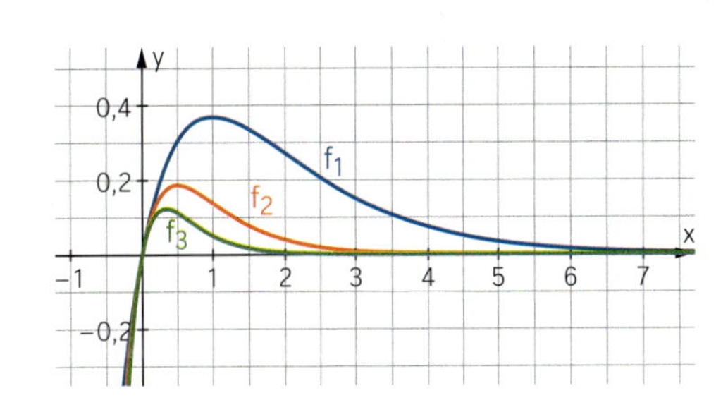

12 Gegeben ist die Funktionenschar f_b mit $f_b(x) = (x-b) \cdot e^x$; $b \in \mathbb{R}$.

a) Ermitteln Sie Eigenschaften von f_b und skizzieren Sie den Graphen zu f_2.

b) Vergleichen Sie die beiden Funktionen f_2' und f_1. Verallgemeinern Sie begründet den Zusammenhang.

c) Der Graph von f_b und die x-Achse begrenzen für jedes b eine Fläche.
Bestimmen Sie den Flächeninhalt und erläutern Sie das benutzte Verfahren. Deuten Sie das Ergebnis für $b \to -\infty$.

d) Bestimmen Sie die Gleichung der Tangente an den Graphen von f_b an der Stelle $x = 0$.
Berechnen Sie den Schnittpunkt zweier derartiger Tangenten zu unterschiedlichen Werten des Parameters b. Wählen Sie dann die Parameterwerte allgemein und interpretieren Sie das Ergebnis.

13 Ordnen Sie die Graphen zu $f_k(x)$ den Parametern $k = -2; -1; 0; 1; 2$ begründet zu.

a) $f_k(x) = e^{-k \cdot x}$

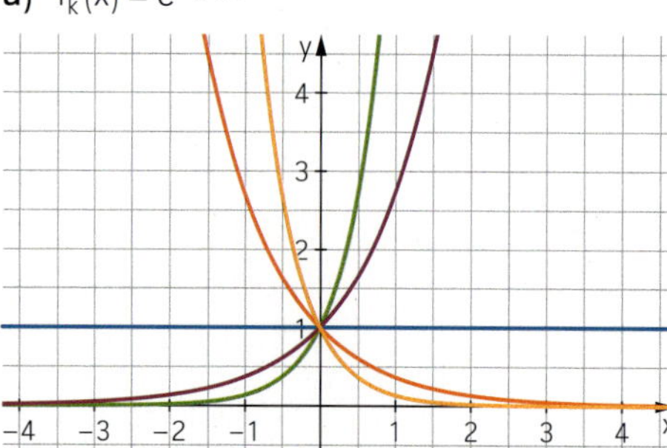

b) $f_k(x) = (x^2 - k) \cdot e^x$

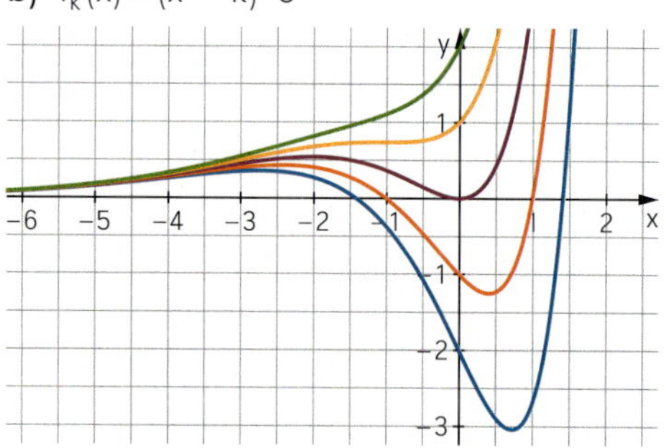

c) $f_k(x) = (x - k) \cdot e^x$

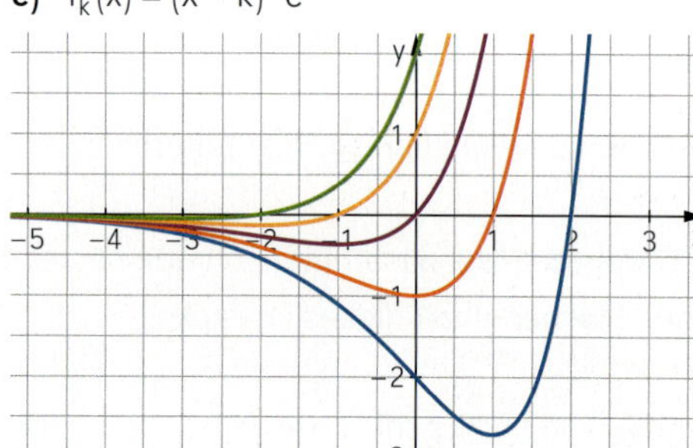

d) $f_k(x) = x \cdot (x - k) \cdot e^{-x}$

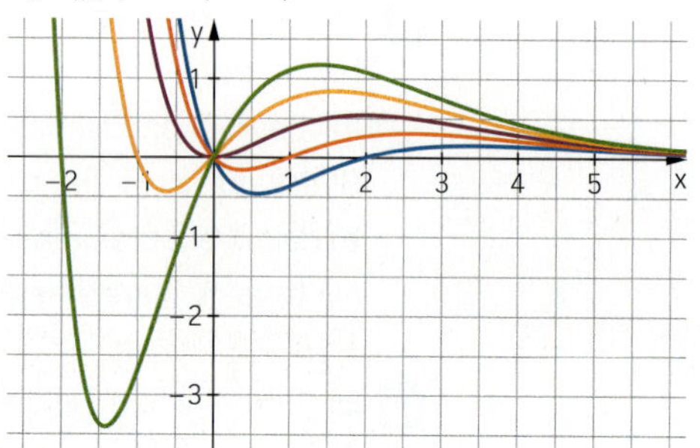

14 Für $t \in \mathbb{R}$ ist die Funktionenschar f_t gegeben mit $f_t(x) = (x^2 + t - 1) \cdot e^x$.

a) Bestimmen Sie die Nullstellen von f_t in Abhängigkeit von t.

b) Untersuchen Sie, ob es Funktionen der Schar gibt, deren Graphen sich schneiden.

c) Bestimmen Sie in Abhängigkeit von t die Anzahl der Punkte des Graphen von f_t mit waagerechter Tangente. Bestimmen Sie die Ortslinie dieser Punkte.

15 Berechnen Sie alle Hoch- und Tiefpunkte des Graphen der Funktion f.

a) $f(x) = e^{x^2}$

b) $f(x) = (x^2 - 1) \cdot e^{x^2}$

c) $f(x) = (-x^2 - x + 1) \cdot e^{x^2}$

d) $f(x) = x^2 \cdot e^{-x^2}$

Weiterüben

16 Der Graph der Funktion f mit $f(x) = 1 + e^{\frac{1}{2}x}$ schneidet die y-Achse im Punkt M. Bestimmen Sie den Flächeninhalt des Dreiecks, das von der Tangente und der Normalen in M und der x-Achse gebildet wird.

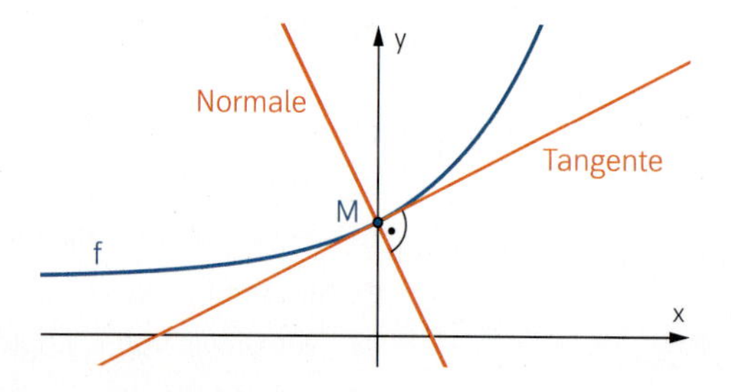

17 Bestimmen Sie die erste und die zweite Ableitung der Funktion f.
Welche Regelmäßigkeit vermuten Sie? Wie müsste die dritte und die vierte Ableitung von f lauten? Können Sie eine Stammfunktion von f angeben?
Erläutern Sie Ihr Vorgehen und überprüfen Sie Ihr Ergebnis.

a) $f(x) = (x - 5) \cdot e^x$

b) $f(x) = (x + 1) \cdot e^x$

c) $f(x) = (x + 3) \cdot e^{-x}$

18 ≡ Der Graph der Funktion f mit $f(x) = a \cdot x \cdot e^{b \cdot x}$ verläuft durch die Punkte $P\left(1 \middle| \frac{1}{2 \cdot e}\right)$ und $Q\left(-1 \middle| -\frac{e}{2}\right)$.
Bestimmen Sie die Parameter a und b.

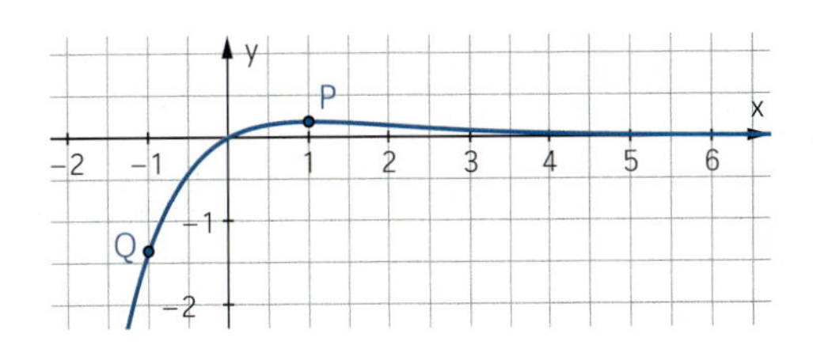

19 ≡ In der Abbildung ist der Graph der Funktion f mit $f(x) = -x \cdot e^{a \cdot x + b} + c$ dargestellt.
Bestimmen Sie den Funktionsterm f(x).

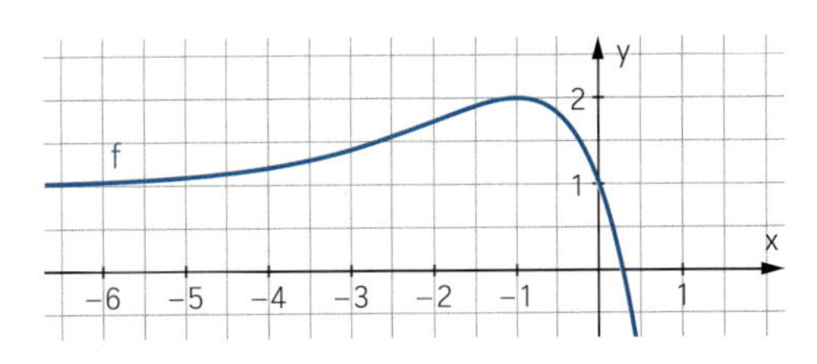

20 ≡ Wenn man eine Kette oder ein Seil aus homogenem Material an zwei Punkten A und B aufhängt, so nimmt sie unter dem Einfluss der Schwerkraft die Form der sogenannten *Kettenlinie* an, die sich durch eine Funktion f_a mit $f_a(x) = \frac{a}{2} \cdot \left(e^{\frac{x}{2}} + e^{-\frac{x}{2}}\right)$ mit einem geeigneten Parameter $a > 0$ beschreiben lässt.

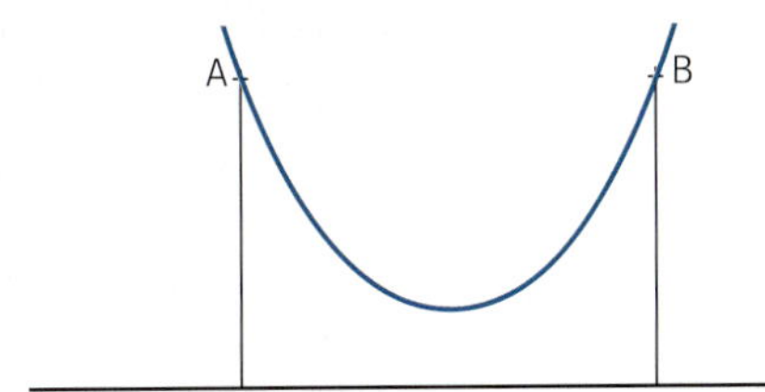

a) Untersuchen und zeichnen Sie die Kettenlinie für $a = 5$.

b) Zeigen Sie, dass alle Kettenlinien einen Tiefpunkt an der Stelle $x = 0$ haben.

21 ≡ Ermitteln Sie Eigenschaften von f mithilfe geeigneter Teilfunktionen und skizzieren Sie den Graphen von f.

a) $f(x) = x^2 \cdot e^x$

b) $f(x) = (x^2 - x) \cdot e^{-x}$

c) $f(x) = (2x - 1) \cdot e^{-x}$

d) $f(x) = (x + 1) \cdot e^{2x}$

$f(x) = x^3 \cdot e^x$

f hat an der Stelle $x = 0$ eine dreifache Nullstelle, daher auch $f'(0) = 0$.

$f(x) \geq 0$ für $x \geq 0$, da $e^x > 0$ und $x^3 \geq 0$

$f(x) < 0$ für $x < 0$, da $e^x > 0$ und $x^3 < 0$

Für $x \to \infty$ gilt $f(x) \to \infty$;
für $x \to -\infty$ gilt $f(x) \to 0$.

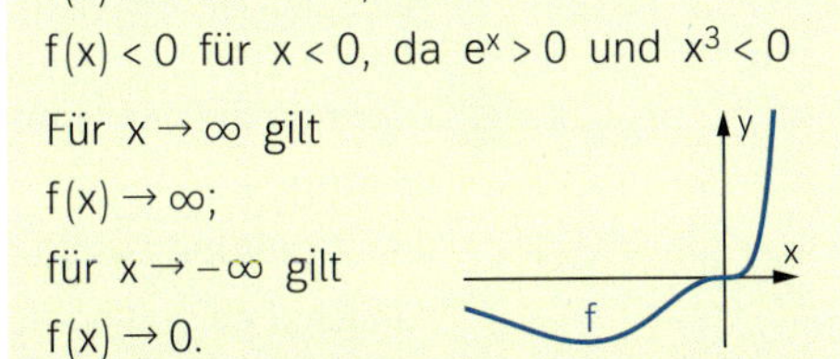

Also muss f für $x < 0$ einen Tiefpunkt haben.

22 ≡ Lena untersucht die Funktion f mit $f(x) = x^2 \cdot e^{-x}$, ohne einen Rechner zu verwenden. Sie behauptet:
„Der Graph von f hat an der Stelle $x = 0$ einen Tiefpunkt, da der Graph der Teilfunktion g mit $g(x) = x^2$ an dieser Stelle einen Tiefpunkt hat."

a) Nehmen Sie zu dieser Behauptung Stellung.

b) Geben Sie Eigenschaften von f an, die Sie aus den Teilfunktionen ermitteln, und skizzieren Sie den Graphen.

3.6 Zusammengesetzte Funktionen als Modelle

Einstieg

Ansturm beim Revierderby

Am Freitagabend fand das Revierderby Borussia Dortmund gegen Schalke 04 statt. Das Dortmunder Stadion mit seinen 80 645 Plätzen war natürlich auch in diesem Jahr wieder ausverkauft. Die Stadioneingänge wurden bereits um 18 Uhr geöffnet, damit die Fans rechtzeitig zum Spielbeginn um 20:30 Uhr auf ihren Plätzen waren.

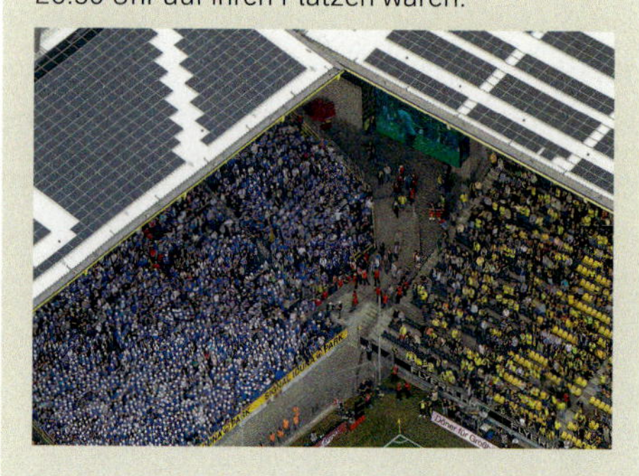

Der Ansturm der Fans an den Eingängen kann näherungsweise durch die Funktion f mit $f(t) = 40t \cdot e^{-0{,}02t}$ beschrieben werden. Dabei wird t in Minuten seit der Öffnung der Eingänge um 18 Uhr und f(t) in Zuschauer pro Minute gemessen.

- Skizzieren Sie den Graphen von f. Beschreiben Sie den Verlauf in Worten.
- Bestimmen Sie den Zeitpunkt, an dem der Zuschauerandrang am größten war. Wie viele Zuschauerinnen und Zuschauer pro Minute kamen zu diesem Zeitpunkt an den Eingängen an?
- Wie viele Personen waren nach diesem Modell um 20:30 Uhr im Stadion?
- Für wie realistisch halten Sie dieses Modell?

Aufgabe mit Lösung

Modellieren mit einer Funktion vom Typ $f(t) = a \cdot t \cdot e^{b \cdot t}$

Schneidet man Gehölz im Frühjahr, so tritt aus der Schnittfläche eine klare Flüssigkeit aus, bis sich die Wunde von alleine verschließt. Die momentane Austrittsgeschwindigkeit der Flüssigkeit in $\frac{ml}{h}$ kann durch die Funktion f mit $f(t) = 5t \cdot e^{-0{,}4t}$ beschrieben werden. Dabei bezeichnet t die Zeit seit dem Schnitt in Stunden.

Zeichnen Sie den Graphen von f und beschreiben Sie ihn in Bezug auf den Sachverhalt.

Lösung

Vom Ursprung aus steigt der Graph von f zunächst an und erreicht einen Hochpunkt. Danach fällt der Graph wieder ab und nähert sich der t-Achse für $t \to \infty$. Für die Austrittsgeschwindigkeit bedeutet das, dass sie nach dem Schnitt zunächst schnell, dann langsamer bis zu einem Maximalwert ansteigt, von dem aus sie erst schnell und dann langsamer abfällt.

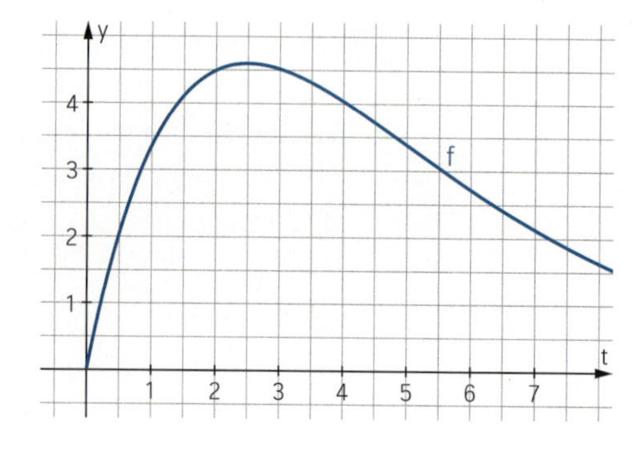

→ Bestimmen Sie, wann die momentane Austrittsgeschwindigkeit am größten ist.

Lösung

Der Graph legt nahe, dass die momentane Austrittsgeschwindigkeit ungefähr $2\frac{1}{2}$ Stunden nach dem Schnitt am größten ist. Zur rechnerischen Bestätigung bildet man die Ableitung.

$f'(t) = 5 \cdot e^{-0{,}4t} + 5t \cdot e^{-0{,}4t} \cdot (-0{,}4) = (5 - 2t) \cdot e^{-0{,}4t}$

Offensichtlich gilt $f'(t) = 0$, wenn $5 - 2t = 0$, also $t = 5:2 = 2{,}5$. Da dies die einzige Stelle mit waagerechter Tangente ist, ist klar, dass ein Maximum vorliegt. Nach 2,5 Stunden ergibt sich folgende momentane Austrittsgeschwindigkeit in $\frac{\text{ml}}{\text{h}}$:

$f(2{,}5) = 5 \cdot 2{,}5 \cdot e^{-0{,}4 \cdot 2{,}5} = 12{,}5 \cdot e^{-1} \approx 4{,}6$

→ Bestimmen Sie, wann sich die momentane Austrittsgeschwindigkeit am stärksten, wann sie sich am wenigsten ändert.

Lösung

Die größte Zunahme der momentanen Austrittsgeschwindigkeit erfolgt zum Zeitpunkt $t = 0$, sofort nach dem Schnitt. Danach nimmt sie ab.

Nach $t = 2{,}5$ ist die Änderung der momentanen Austrittsgeschwindigkeit negativ, diese nimmt also ab.

Ihre minimale Änderung liegt ungefähr nach 5 Stunden vor.

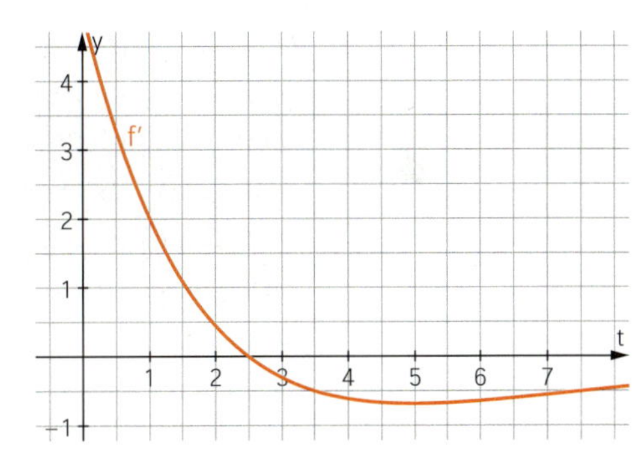

Rechnerisch kann man diesen Zeitpunkt genau mithilfe der Nullstellen der zweiten Ableitung ermitteln:

$f''(t) = \left((5 - 2t) \cdot e^{-0{,}4t}\right)' = -2 \cdot e^{-0{,}4t} + (5 - 2t) \cdot e^{-0{,}4t} \cdot (-0{,}4) = (0{,}8t - 4) \cdot e^{-0{,}4t}$

$f''(t) = 0$ gilt nur, wenn $0{,}8t - 4 = 0$, also $t = 4:0{,}8 = 5$.

Nach 5 Stunden ist die Änderung der momentanen Austrittsgeschwindigkeit minimal. Die Änderung der momentanen Austrittsgeschwindigkeit in $\frac{\text{ml}}{\text{h}}$ beträgt dann $f'(5) \approx -0{,}680$.

→ Berechnen Sie, wie viel Flüssigkeit in den ersten 10 Stunden insgesamt austritt.

Lösung

Die Gesamtmenge an austretender Flüssigkeit erhält man mithilfe eines Rechners durch Integrieren der momentanen Austrittsgeschwindigkeit:

$$\int_0^{10} 5t \cdot e^{-0{,}4t}\,dt \approx 28{,}4$$

In den ersten 10 Stunden treten ca. 28,4 ml Flüssigkeit aus.

→ Das Integral lässt sich auch mithilfe einer Stammfunktion berechnen. Weisen Sie nach, dass die Funktion F mit $F(t) = (-12{,}5t - 31{,}25) \cdot e^{-0{,}4t}$ eine Stammfunktion von f ist.

Lösung

Durch Ableiten mithilfe der Produktregel erhält man:

$$\begin{aligned} F'(t) &= -12{,}5 \cdot e^{-0{,}4t} + (-12{,}5t - 31{,}25) \cdot e^{-0{,}4t} \cdot (-0{,}4) \\ &= (-12{,}5 + 5t - 12{,}5) \cdot e^{-0{,}4t} \\ &= 5t \cdot e^{-0{,}4t} = f(t) \end{aligned}$$

Information

Typische Aufgabenstellungen bei komplexen Anwendungssituationen

Zur Beschreibung vieler Wachstumsprozesse in Natur, Technik und Wirtschaft werden e-Funktionen verwendet. Dabei tauchen immer wieder ähnliche Fragestellungen auf, bei deren Beantwortung man grundsätzlich zwei Fälle unterscheiden muss:

(1) Die gegebene Funktion beschreibt den Bestand.

(2) Die gegebene Funktion beschreibt die Änderungsrate des Bestands.

Fall (1): Bei gegebener Funktion für den Bestand sind folgende Fragen und Lösungsstrategien typisch:

- **Ermitteln von Höchst- und Tiefstwerten des Bestands**
  Die Hoch- und Tiefpunkte des Graphen werden z. B. mithilfe der Nullstellen der Ableitung ermittelt. Anschließend muss geprüft werden, ob die Funktionswerte am Rand des Definitionsbereichs kleiner oder größer sind.

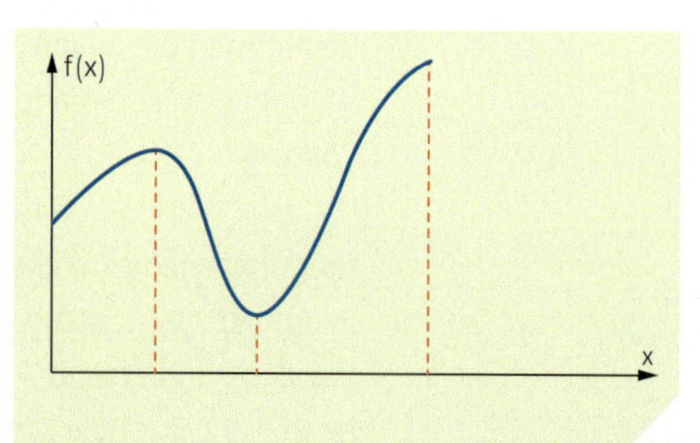

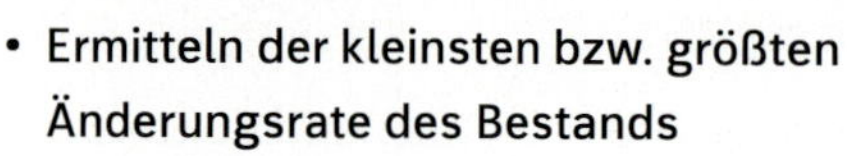

- **Ermitteln der kleinsten bzw. größten Änderungsrate des Bestands**
  Die Wendepunkte des Graphen werden z. B. mithilfe der Nullstellen der zweiten Ableitung bestimmt.

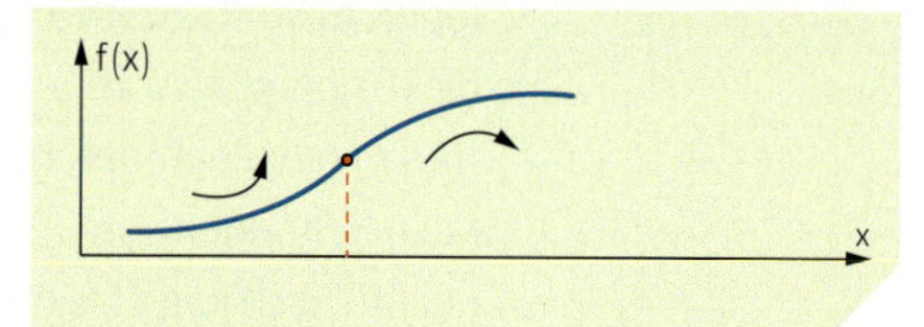

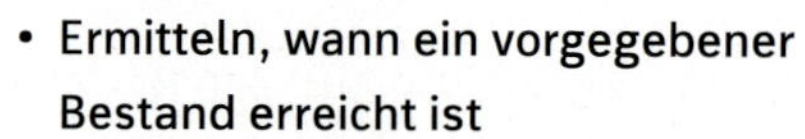

- **Ermitteln, wann ein vorgegebener Bestand erreicht ist**
  Die Schnittpunkte des Graphen mit der gegebenen Parallelen zur x-Achse werden bestimmt.

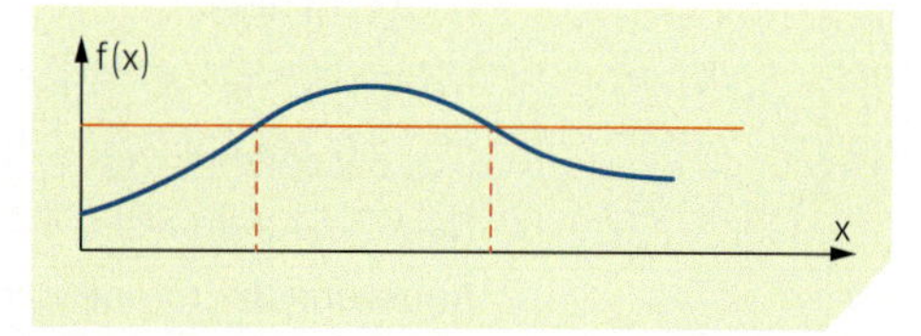

Fall (2): Bei gegebener Funktion für die momentane Änderungsrate des Bestands sind folgende Fragen und Lösungsstrategien typisch:

- **Ermitteln des Bestands zu einem vorgegebenen Zeitpunkt**
  Zum Anfangswert wird das Integral über die Änderungsrate bis zum gegebenen Zeitpunkt addiert.

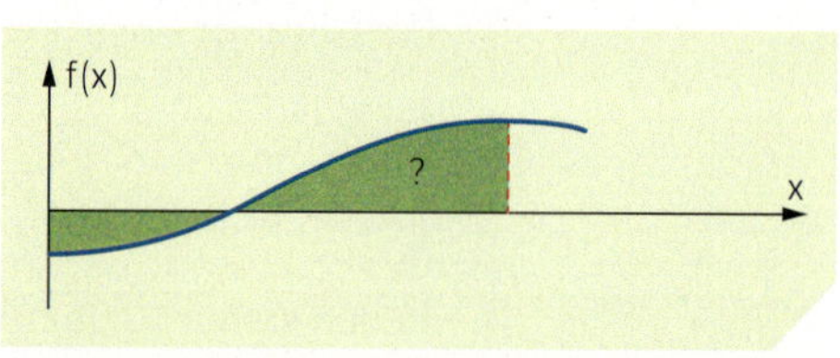

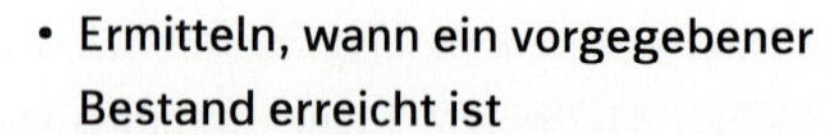

- **Ermitteln, wann ein vorgegebener Bestand erreicht ist**
  Eine Gleichung der Form
  $B(0) + \int_0^t f(x)\,dx = B$ ist nach t aufzulösen.
  Oft ist das nur näherungsweise grafisch oder numerisch möglich.

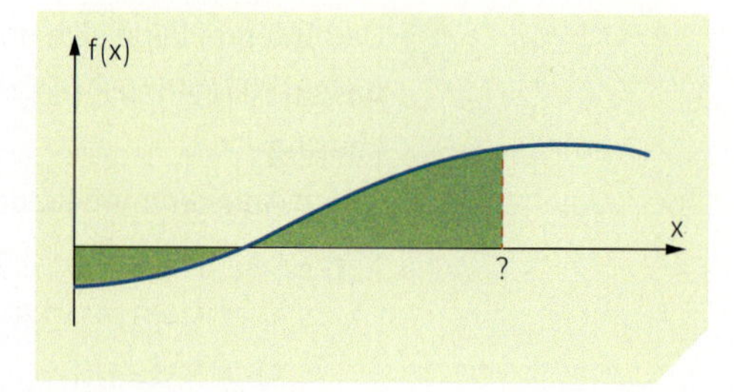

Üben

1 Die Konzentration des Wirkstoffs eines Medikamentes im Blut eines Patienten kann näherungsweise durch eine Funktion f mit $f(t) = 3t \cdot e^{-0{,}25t}$ beschrieben werden.
Dabei wird t in Stunden seit der Einnahme und f(t) in mg pro Liter Blut gemessen.

a) Zeichnen Sie den Graphen von f im Intervall [0; 15] und beschreiben Sie den zeitlichen Verlauf der Konzentration. Nach welcher Zeit erreicht die Konzentration ihren höchsten Wert? Berechnen Sie, wie groß die maximale Konzentration ist.

b) Der Wirkstoff ist nur wirksam, solange seine Konzentration im Blut mindestens $2\frac{\text{mg}}{\text{l}}$ beträgt. Bestimmen Sie die Wirkungsdauer.

c) Berechnen Sie den Zeitpunkt, an dem die Konzentration am stärksten abnimmt.
Ab diesem Zeitpunkt nimmt die Konzentration des Wirkstoffs linear ab. Die lineare Abnahme wird durch die Tangente an den Graphen von f an diesem Zeitpunkt beschrieben. Berechnen Sie, wann nach diesem Modell der Wirkstoff vollständig abgebaut ist.

2 Um die Elektrolyt-Flüssigkeit von Autobatterien herzustellen, gibt man konzentrierte Schwefelsäure in destilliertes Wasser. Dabei erwärmt sich die Elektrolyt-Flüssigkeit.
Die Temperatur der Gefäßwand wird durch die Funktion f mit $f(t) = 7{,}5t \cdot e^{-0{,}075t} + 20$; $0 \leq t \leq 90$; modelliert, mit t in Minuten seit dem Zusammenmischen und f(t) in °C.

a) Die Temperatur der Gefäßwand sollte höchstens 15 Minuten lang über 50 °C liegen. Überprüfen Sie diese Bedingung.
Zu welchem Zeitpunkt ist die Temperatur der Gefäßwand maximal?
Wann ist die Temperaturabnahme am größten?

b) Ab dem Zeitpunkt $t = 90$ wird die weitere Temperaturänderung als konstant angenommen. Sie hat den Wert f'(90).
Bestimmen Sie den Zeitpunkt, zu dem die Gefäßwand nach diesem Modell wieder Umgebungstemperatur hat.

3 Ein Grippenvirus breitet sich in einer Großstadt schnell aus. Die momentane Erkrankungsrate wird modellhaft durch die Funktion f mit $f(t) = 250t^2 \cdot e^{-0{,}25t}$ mit $t \geq 0$ beschrieben. Dabei ist t die Zeit in Tagen seit Beginn der ersten Meldungen und f(t) die Anzahl der Neuerkrankungen pro Tag.

a) Beschreiben Sie den Verlauf der Krankheitswelle.
Wann erkranken die meisten Personen?
Begründen Sie, dass ab diesem Zeitpunkt die momentane Erkrankungsrate rückläufig ist.
Wann nimmt sie am stärksten ab?

b) Wie viele Personen sind nach 14 Tagen insgesamt neu erkrankt?
Zeigen Sie, dass die Funktion F mit $F(t) = -1000 \cdot (t^2 + 8t + 32) \cdot e^{-0{,}25t}$ eine Stammfunktion von f ist. Weisen Sie nach, dass die Gesamtzahl der Erkrankten nach diesem Modell unter 35 000 bleiben wird.

4 Die Füllhöhe in einem Chemikalientank beträgt um 8 Uhr morgens 1,50 m.
Die momentane Änderungsrate der Füllhöhe kann näherungsweise durch die Funktion h mit $h(t) = 4 \cdot e^{-0{,}15t} - 2 \cdot e^{-t} - 1{,}2$; $0 \le t \le 24$; beschrieben werden. Dabei wird t in Stunden und h(t) in Meter pro Stunde gemessen.

a) Bestimmen Sie die maximale Änderungsrate der Füllhöhe.
In welchem Zeitraum ist die Änderungsrate größer als ein Meter pro Stunde?

b) Welche Füllhöhe hat der Tank um 13 Uhr?
Wann ist der Tank 6 m hoch gefüllt?

5 Während eines lange andauernden, heftigen Schneefalls kann in einem Skigebiet die momentane Änderungsrate der Schneehöhe näherungsweise durch die Funktion f mit $f(x) = 3x \cdot e^{-\frac{1}{4}x}$; $0 \le x \le 12$; beschrieben werden. Dabei wird x in Stunden ab Beginn des Schneefalls um 8 Uhr und f(x) in cm pro Stunde gemessen.

a) Zeichnen Sie den Graphen von f und bestimmen Sie die maximale Änderungsrate der Schneehöhe. Zu welchem Zeitpunkt ist dieser Wert erreicht?
Ermitteln Sie am Graphen den Zeitraum, in dem die momentane Änderungsrate mindestens $2\,\frac{\text{cm}}{\text{h}}$ beträgt.

b) Um 8 Uhr betrug die Schneehöhe 120 cm.
Berechnen Sie, wie hoch der Schnee um 12 Uhr liegt. Zeigen Sie hierzu, dass die Funktion F mit $F(x) = -12 \cdot (x + 4) \cdot e^{-\frac{1}{4}x}$ eine Stammfunktion von f ist.

c) Zu welchem Zeitpunkt x_0 ist der Abnahme der momentanen Änderungsrate am größten?

6 Ein Wassertank hat ein Fassungsvermögen von 550 Litern. Die Wassermenge zum Zeitpunkt t kann durch die Funktion f mit $f(t) = 520 - 280 \cdot e^{-\frac{1}{15}t}$ beschrieben werden. Dabei wird t in Minuten ab Beobachtungsbeginn und f(t) in Liter gemessen.

a) Wie viel Wasser ist bei Beobachtungsbeginn im Wassertank?
Wie lange dauert es, bis der Tank zu drei Viertel seines Fassungsvermögens gefüllt ist?
Zeigen Sie, dass die Wassermenge im Tank ständig zunimmt. Bedeutet dies, dass das Fassungsvermögen des Tanks auf Dauer nicht ausreicht? Begründen Sie.

b) Nach 15 Minuten wird der Zufluss gestoppt und ein Abfluss geöffnet. Die momentane Abflussrate beträgt 0,5 % der vorhandenen Wassermenge pro Minute.
Geben Sie eine Funktion g an, die den Wasserstand zum Zeitpunkt t während des Abflusses beschreibt.
Wie lange dauert es, bis die Wassermenge bei Beobachtungsbeginn wieder erreicht ist?

c) Der Tank soll nun vollständig geleert werden. Dazu wird 40 min nach Beobachtungsbeginn der Abfluss geändert. Er kann nun durch eine lineare Funktion beschrieben werden, deren Steigung der momentanen Abflussrate zum Zeitpunkt der Änderung entspricht.
Wie lange dauert es bis zur vollständigen Leerung des Tanks?

7 ≡ Die Entwicklung der Algenkonzentration in einem Gartenteich in den ersten zwei Wochen nach Anwendung eines Anti-Algen-Wirkstoffs kann durch die Funktion f mit $f(t) = 8 - 5t \cdot e^{-0,4t} + 0,08t$ modelliert werden. Dabei ist t in Tagen ab der Anwendung und f(t) die Konzentration der Algen in g pro Liter Teichwasser.

a) Skizzieren Sie den Graphen. Beschreiben Sie die Entwicklung der Algenkonzentration.

b) Wie hoch ist die Algenkonzentration zu Beginn?
Ermitteln Sie den Zeitpunkt, an dem die Algenkonzentration am niedrigsten ist.
Ab welchem Zeitpunkt ist die Algenkonzentration höher als zu Beginn?

c) Zu welchem Zeitpunkt nimmt die Algenkonzentration am stärksten zu?
Welches ist der höchste Wert während der ersten zwei Wochen?

8 ≡ Das Profil eines Deichquerschnitts wird durch den Graphen der Funktion f mit $f(x) = 2,4x^2 \cdot e^{-0,5x}$ im Intervall [0; 15] beschrieben, mit x und f(x) in Metern.
Die Deichsohle liegt im Querschnitt auf der x-Achse.

a) Zeichnen Sie das Profil des Deichquerschnitts.
Welche Seite des Deichs ist die dem Wasser zugewandte Seite? Begründen Sie.

b) Bestimmen Sie die Höhe des Deichs.

c) Zeigen Sie, dass das maximale Gefälle der Böschung auf der Wasserseite des Deichs nicht größer als 45° ist.

d) Es ist geplant, die Deichkrone auf einer Höhe von 4,50 m abzutragen, um darauf einen Radweg anzulegen. Wie breit wird dieser Radweg?

e) Wie viel Kubikmeter Erde müssen dazu auf einer Länge von einem Kilometer abgetragen werden?

9 ≡ Für eine Kinovorführung, die um 21 Uhr beginnt, werden in einem Filmpalast die Kassen um 19:30 Uhr geöffnet. Die Anzahl der ankommenden Personen pro Minute kann modellhaft durch die Funktion f mit $f(x) = 0,05x^2 \cdot e^{-0,064x}$ beschrieben werden. Dabei ist x die Zeit in Minuten seit 19:30 Uhr und f(x) die Anzahl der ankommenden Personen pro Minute.
Vor 19:30 Uhr befinden sich noch keine Besucher an den Kassen.

a) Skizzieren Sie den Graphen von f. Beschreiben Sie seinen Verlauf in Worten.

b) Wann kommen die meisten Besucher pro Minute an den Kassen an, wie viele sind das?
Ab wann kommen weniger als drei Personen pro Minute?

c) Zeigen Sie, dass die Funktion G mit $G(x) = -0,78125 \cdot (x^2 + 31,25x + 488,28125) \cdot e^{-0,064x}$ eine Stammfunktion von f ist. Geben Sie eine Funktion H an, die die Gesamtzahl der Personen, die zum Zeitpunkt t bereits an den Kassen angekommen sind, beschreibt.
Wie viele Personen sind bis zum Beginn der Vorstellung um 21 Uhr ins Kino gekommen?

d) Bedingt durch eine Panne können die Kassen des Kinos erst um 19:50 Uhr öffnen.
Pro Minute können durchschnittlich für 10 Personen Karten ausgegeben werden.
Mit welcher Wartezeit muss eine Person rechnen, die um 19:50 Uhr zum Kino kommt?

10 ≡ Nach dem Kyoto-Protokoll von 1997 sollen die Industrieländer zum Beispiel den CO_2-Ausstoß gegenüber dem Stand von 1990 jährlich durchschnittlich um 5,25 % reduzieren. Auf der UN-Klimakonferenz in Quatar im Jahr 2012 wurde die Verlängerung des Kyoto-Protokolls bis zum Jahr 2020 beschlossen.

Eine UN-Kommission hat zwei verschiedene Szenarien A und B für die Entwicklung der weltweiten CO_2-Emissionen entworfen.

a) Das Szenario A kann durch den Graphen der Funktion f mit $f(t) = 0{,}024\,t^2 \cdot e^{-0{,}019t} + 7$ beschrieben werden. Dabei entspricht $t = 0$ dem Jahr 1950 und f(t) gibt die jährliche CO_2-Emission zum Zeitpunkt t in Milliarden Tonnen pro Jahr an.

(1) In welchem Jahr würde nach diesem Modell die größte CO_2-Emission stattfinden? Ab welchem Jahr würde sich der jährliche Ausstoß auf weniger als die Hälfte des maximalen Ausstoßes verringern?

(2) Wie viele Tonnen CO_2 werden nach diesem Szenario in den Jahren 2000 bis 2020 insgesamt ausgestoßen?

b) Das optimistischere Szenario B kann näherungsweise durch den Graphen einer Funktion g der Form $g(t) = a \cdot t^2 \cdot e^{-\frac{1}{45}t} + 7$ beschrieben werden. Dabei entspricht wiederum $t = 0$ dem Jahr 1950.

(1) Dieses Modell geht davon aus, dass der maximale Ausstoß von ca. 31 Milliarden Tonnen CO_2 im Jahr 2040 erreicht wird. Bestimmen Sie damit den Parameter a.

(2) Wie viele Tonnen CO_2 könnten in den Jahren 2020 bis 2050 vermieden werden, wenn statt der Entwicklung von Szenario A eine Reduzierung der CO_2-Emission gemäß Szenario B umgesetzt werden könnte?

11 ≡ Für tierärztliche Untersuchungen werden orale Beruhigungsmittel zur Ruhigstellung der Tiere verabreicht. Die Dosierung wird auf Art, Alter, Körpergröße, Gewicht und Stoffwechsel der Tiere abgestimmt.
Die Funktionenschar f_k mit $f_k(t) = t \cdot e^{-k \cdot t}$; $k \in \mathbb{R}$; $0 < k < 1$; beschreibt die Entwicklung der Wirkstoffmenge des Beruhigungsmittels in ml in Abhängigkeit von der Zeit t in Stunden.

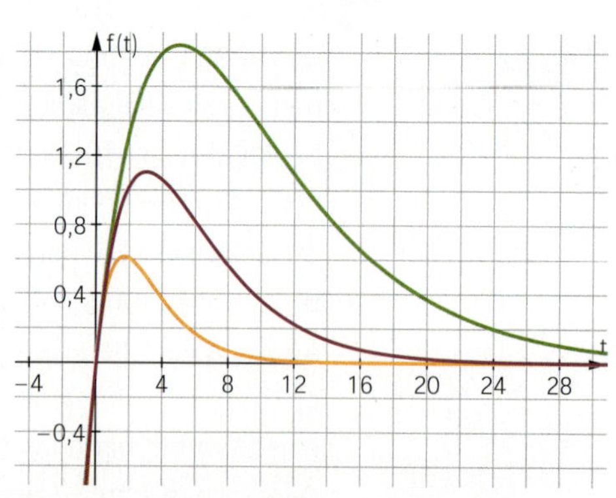

a) Ordnen Sie den Graphen in der Abbildung den Funktionen $f_{0,6}$, $f_{0,2}$ und $f_{\frac{1}{3}}$ begründet zu.

b) Vergleichen Sie für die drei in Teilaufgabe a) gegebenen Funktionen die Zeitspannen, in denen mehr als 0,5 ml Wirkstoff im Blut sind.

c) Bestimmen Sie in Abhängigkeit von k, nach wie vielen Stunden nach Einnahme die maximale Wirkstoffmenge im Blut erreicht wird, und geben Sie ihre Höhe an.

Weiterüben

12 Eine Firma in einem wirtschaftlich aufstrebenden Schwellenland möchte vom Boom bei Smartphones profitieren und ein eigenes Modell auf den Markt bringen.
Es ist naheliegend, dass niemand dieses Modell kaufen würde, wenn es genauso teuer ist wie das Original des Marktführers. Jedoch würden sich immer mehr Käufer x für dieses Modell entscheiden, wenn der Preis P (x) bei gleicher Qualität sinkt.

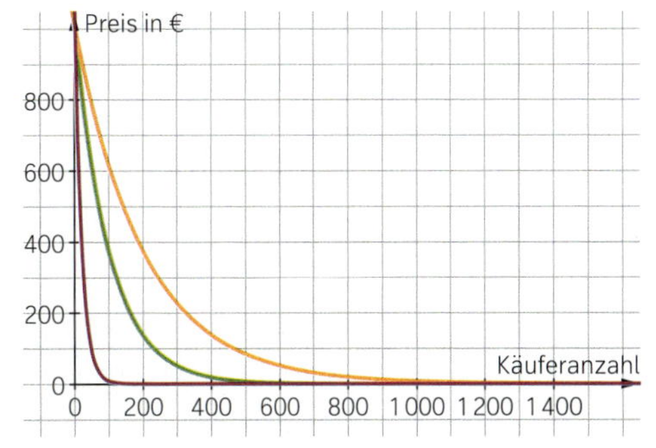

a) Erläutern Sie, inwiefern die Funktion P_k mit $P_k(x) = 1000 \cdot e^{-k \cdot x}$ für $x > 0$ eine angemessene Modellierung des Sachverhalts darstellt.

b) Ordnen Sie die Parameterwerte $k = 0{,}005$; $k = 0{,}01$ und $k = 0{,}05$ begründet den Graphen in der Abbildung zu und entnehmen Sie den Graphen den Preis des Marktführers.

c) Bestimmen Sie den Wert von k so, dass 1000 Personen das Smartphone zu einem Preis von 500 € kaufen würden.

d) Die Umsatzfunktion U ist definiert als $U(x) = x \cdot P(x)$.
Erläutern Sie die Bedeutung dieser Funktion im Sachverhalt.
Skizzieren Sie für die Parameterwerte aus Teilaufgabe b) die zugehörigen Graphen zu U_k.

e) Bestimmen Sie in Abhängigkeit von k, für welche Käuferzahlen der Umsatz der Firma maximal wird.

13 Gegeben ist die Funktion f mit $f(x) = 4 - 3 \cdot e^{-0{,}5x}$.

a) Untersuchen Sie den Funktionsgraphen auf wesentliche Eigenschaften.

b) Die Gerade mit der Gleichung $y = 4$, die y-Achse, der Graph von f und die Gerade mit der Gleichung $x = u$ mit $u > 0$ begrenzen eine Fläche.
Bestimmen Sie den Wert von u so, dass diese Fläche den Flächeninhalt 3 hat.

c) Begründen Sie, weshalb diese Fläche unabhängig von u immer einen Flächeninhalt kleiner als 6 hat.

14 Die Höhe einer Pflanze in dm zur Zeit t in Wochen seit Beobachtungsbeginn kann näherungsweise durch die Funktion h mit $h(t) = a - b \cdot e^{-0{,}5t} - \frac{1}{t+1}$ mit $t > 0$ und positiven Konstanten a und b beschrieben werden.

a) Bestimmen Sie die Parameter a und b, wenn die Pflanze zu Beobachtungsbeginn genau 1 dm hoch war und höchstens 4 dm hoch werden kann.

b) Ermitteln Sie, wann die Pflanze 75 % ihrer maximalen Größe erreicht hat.

c) Die Pflanze wird geerntet, wenn die momentane Wachstumsrate nur noch höchstens 0,1 dm pro Woche beträgt. Ab welcher Woche kann mit der Ernte begonnen werden?

15 Der Graph der Funktion f mit $f(x) = \frac{1}{4} \cdot (e^{x} + e^{-x})$ beschreibt für $-3 \leq x \leq 3$ den Querschnitt eines Abwasserkanals. Hierbei sind x und f(x) in Meter angegeben.

a) Bestimmen Sie die Tiefe des 6 m breiten Abwasserkanals.

b) Im Kanal steht das Wasser 3 m hoch. Bestimmen Sie das Wasservolumen in einem 100 m langen geraden Kanalstück.

c) Da die Kanalwände an den Rändern sehr steil sind, will man sie für $x > 1{,}5$ und $x < -1{,}5$ abflachen. Die Kanalbreite von 6 m soll erhalten bleiben, die Kanaltiefe aber auf 3,5 m reduziert werden. Dazu wird der Querschnitt des Kanals für $-3 \leq x \leq -1{,}5$ und $1{,}5 \leq x \leq 3$ durch zwei Geradenstücke symmetrisch zur y-Achse gebildet.

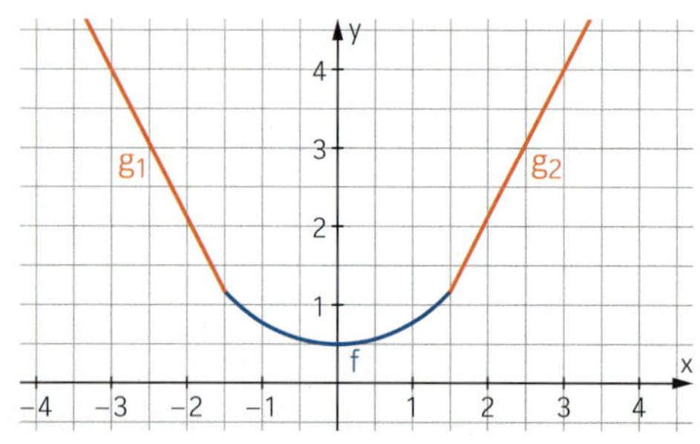

Bestimmen Sie die Gleichungen der beiden Geraden.
Wie groß wäre nach diesem Plan das Wasservolumen in einem 100 m langen geraden Kanalstück, wenn das Wasser im Kanal 3 m hoch steht?

d) Untersuchen Sie, unabhängig vom Sachzusammenhang, die Symmetrie der Graphen aller Funktionen f des Typs $f(x) = a \cdot (e^{b \cdot x} + e^{-b \cdot x})$ mit $a, b > 0$.

16 Die Golden Gate Bridge war nach ihrer Erbauung im Jahr 1937 mehr als 25 Jahre lang die längste Brücke der Welt. Die beiden Hauptkabel sind an der Spitze der beiden Pfeiler in 152 m Höhe über der Straße befestigt, der tiefste Punkt jedes der beiden Kabel befindet sich in ca. 20 m Höhe über der Straße.

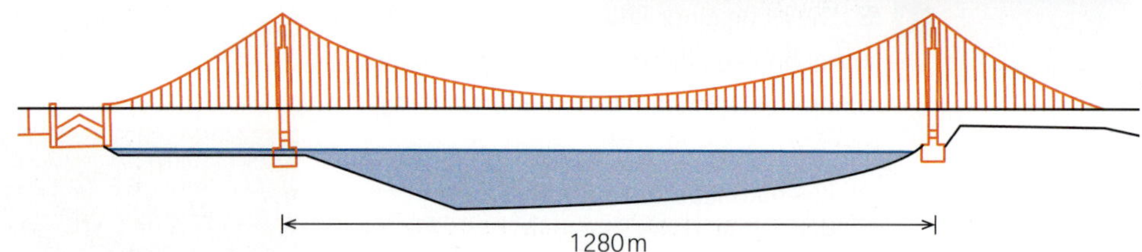

a) Beschreiben Sie die Lage des Kabels zwischen den beiden Pfeilern (x, f(x) in m) durch
(1) eine Parabel;
(2) eine sogenannte Kettenlinie der Form $g(x) = a \cdot (e^{b \cdot x} + e^{-b \cdot x})$ mit $a, b > 0$.
Stellen Sie die beiden Kurven in einem gemeinsamen Koordinatensystem grafisch dar.
An welcher Stelle ist der Unterschied zwischen den beiden Kurven am größten?

b) In welchem Bereich steigt die Parabel schneller als die Kettenlinie?
Wie groß ist jeweils die Steigung an der Pfeilerspitze?

3.7 Die natürliche Logarithmusfunktion

Einstieg

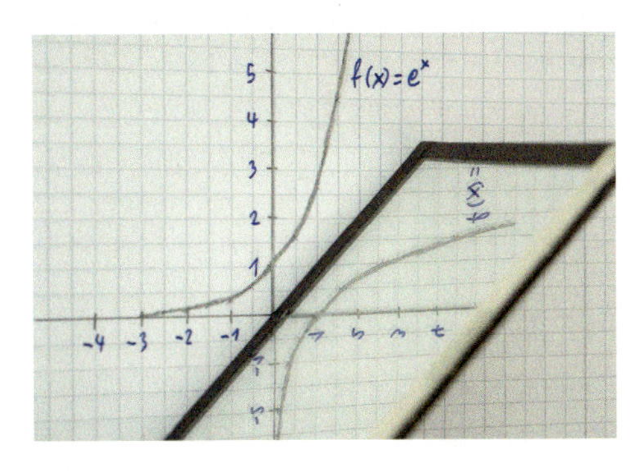

Malte hat den Graphen der e-Funktion gezeichnet und stellt einen Spiegel auf die Winkelhalbierende des Koordinatensystems.
Gehen Sie von den Eigenschaften der e-Funktion aus und beschreiben Sie den Verlauf des gespiegelten Graphen. Nennen Sie möglichst viele Eigenschaften der zugehörigen Funktion.

Aufgabe mit Lösung

Umkehrfunktion der e-Funktion

Bestimmen Sie, an welchen Stellen die e-Funktion die Funktionswerte $\frac{1}{4}$; $\frac{1}{2}$; 1; 2; 3; 4 annimmt. Betrachten Sie die Funktion, die den vorgegebenen Funktionswerten die zugehörigen Stellen zuordnet. Geben Sie einen Funktionsterm an und zeichnen Sie den Graphen dieser neuen Funktion.

Lösung

Man erhält die gesuchten Stellen mithilfe des natürlichen Logarithmus: Zum Beispiel ergibt sich für die Gleichung $y = e^x = 3$ die Lösung $x = \ln(3) \approx 1{,}1$; also ist $x = \ln(y)$.

Bei der neuen Funktion sind die x- und die y-Werte miteinander vertauscht. Zur neuen Funktion gehört somit der Term $y = \ln(x)$.

x	−1,4	−0,7	0	0,7	1,1	1,4	$y = \ln(x)$
$y = e^x$	$\frac{1}{4}$	$\frac{1}{2}$	1	2	3	4	x

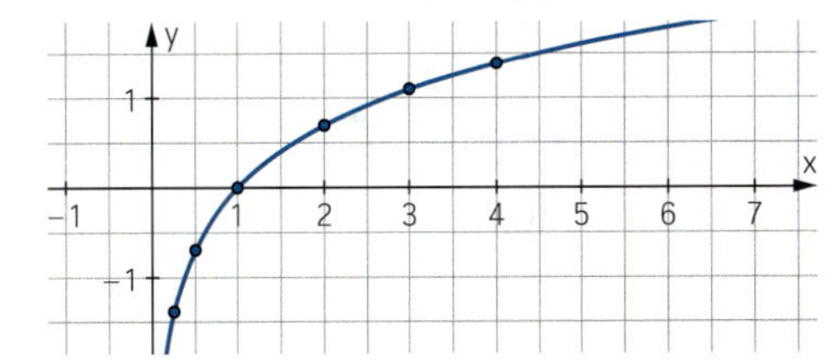

Information

Die ln-Funktion

Definition

Die Funktion f mit $f(x) = \ln(x)$ nennt man **ln-Funktion** oder **natürliche Logarithmusfunktion**.

Sie ist nur für $x > 0$ definiert, da die e-Funktion nur positive Funktionswerte hat.

ln: logarithmus naturalis

Die ln-Funktion ist die **Umkehrfunktion** der e-Funktion. Sie entsteht, wenn man die x- und die y-Werte der e-Funktion miteinander vertauscht. Somit erhält man den Graphen der ln-Funktion aus dem Graphen der e-Funktion durch Spiegelung an der Winkelhalbierenden $y = x$.

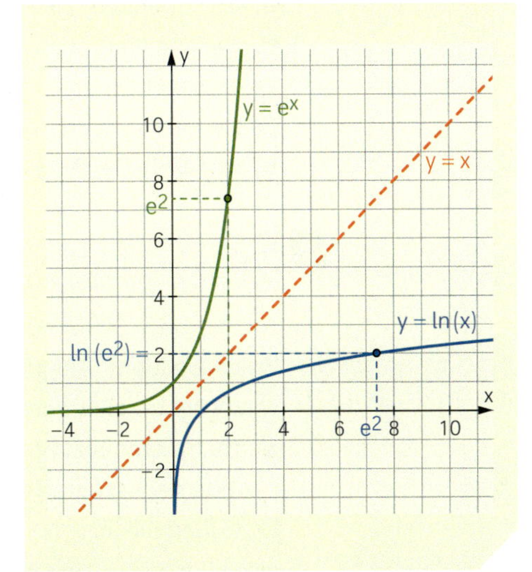

Üben

1 Vergleichen Sie die Graphen der e-Funktion und der ln-Funktion. Übertragen Sie dazu die Tabelle in Ihr Heft und ergänzen Sie diese.

Eigenschaft	$f(x) = e^x$	$f(x) = \ln(x)$
Definitionsbereich	alle reellen Zahlen: $D = \mathbb{R}$	
Wertemenge	alle positiven reellen Zahlen: $W = \mathbb{R}^+$	
Nullstellen	keine	
y-Achsenabschnitt		
Verhalten für $x \to \infty$		
Verhalten für $x \to -\infty$		
Monotonie	streng monoton steigend	
Krümmungsverhalten	linksgekrümmt	
Extrempunkte		
Wendepunkte		

2 Zeichnen Sie den Graphen der Funktion f und beschreiben Sie, wie er aus dem Graphen der natürlichen Logarithmusfunktion entsteht.

a) $f(x) = \ln(x) + 1$ **b)** $f(x) = \ln(x) - 3$ **c)** $f(x) = \ln(x + 1)$ **d)** $f(x) = \ln(x - 3)$

e) $f(x) = 2 \cdot \ln(x)$ **f)** $f(x) = \ln\left(\frac{1}{3}x\right)$ **g)** $f(x) = \ln(2x)$ **h)** $f(x) = \frac{1}{3} \cdot \ln(x)$

3 Bestimmen Sie mögliche Funktionsterme zu den Graphen in der Abbildung und überprüfen Sie das Ergebnis mit einem Rechner.

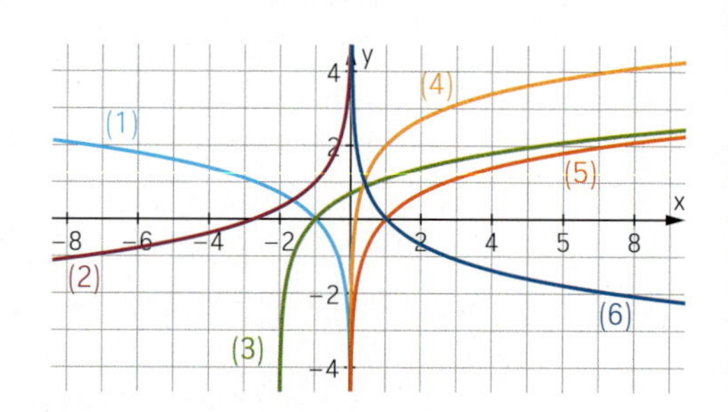

4 Gegeben sind die Funktionen f und g mit $f(x) = \ln(x)$ und $g(x) = \sqrt[4]{x}$.

a) Zeichnen Sie die Graphen von f und g mit einem Rechner.
Für welche Werte von x liegen die Funktionswerte der Funktion f oberhalb der Funktionswerte der Funktion g?
Beschreiben Sie das Wachstumsverhalten der beiden Graphen für $x \to \infty$.

b) Ermitteln Sie mit einem Rechner näherungsweise den Schnittpunkt der beiden Graphen.

5 Die Funktion $f(x) = x^2 \cdot \ln(x)$ ist für alle $x > 0$ definiert.
Antonia und Vivien diskutieren, wie sich der Graph von f für $x \to 0$ verhalten müsste.
Antonia sagt: „0^2 ist 0 und für x gegen 0 geht x^2 gegen 0, also muss f(x) gegen 0 gehen."
Vivien erwidert: „Aber für x gegen 0 geht ln(x) gegen $-\infty$, daher sollte doch auch der Graph von f gegen $-\infty$ streben."

a) Überprüfen Sie die Aussagen, indem Sie x^2, ln(x) und das Produkt $x^2 \cdot \ln(x)$ für kleine x-Werte nahe 0 berechnen und die Graphen zeichnen.

b) Gehen Sie für $f_k(x) = x^k \cdot \ln(x)$ mit anderen Exponenten k ähnlich vor und formulieren Sie eine allgemeine Aussage.

Ableitung der ln-Funktion

6 Erläutern Sie, wie Luise die Ableitung der natürlichen Logarithmusfunktion bestimmt hat.

$f(x) = e^{\ln(x)} = x$

$f'(x) = (\ln(x))' \cdot e^{\ln(x)} = 1$

$(\ln(x))' = \frac{1}{e^{\ln(x)}} = \frac{1}{x}$

Information

Ableitung der natürlichen Logarithmusfunktion

Satz

Die Funktion f mit $f(x) = \ln(x)$ hat für alle $x > 0$ die Ableitung $f'(x) = \frac{1}{x}$.

Stammfunktion der Funktion g mit $g(x) = \frac{1}{x}$

Satz

Für $x > 0$ ist die Funktion G mit $G(x) = \ln(x)$ eine Stammfunktion zu $g(x) = \frac{1}{x}$.

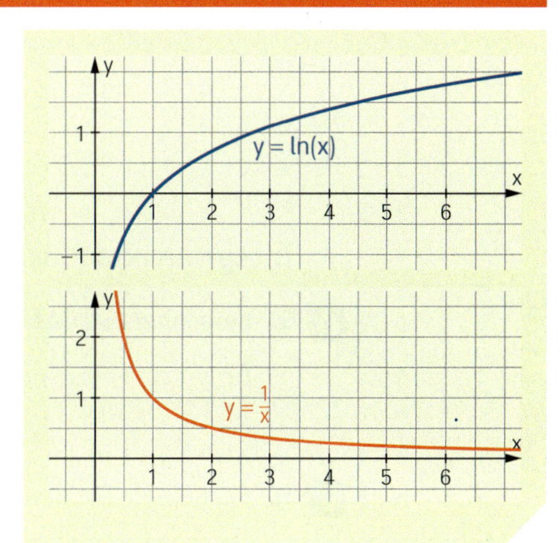

7 Bilden Sie die erste Ableitung.

a) $f(x) = 2 \cdot \ln(x)$ **b)** $f(x) = \frac{\ln(x)}{3} + \frac{3}{x}$ **c)** $f(t) = \frac{\ln(t) + t}{4}$ **d)** $f(t) = 2 \cdot \ln(t) - e^{2t}$

8 Die Abbildung zeigt den Graphen zu $f(x) = \ln(1 + x)$ und die Tangente an den Graphen an der Stelle $x = 0$.

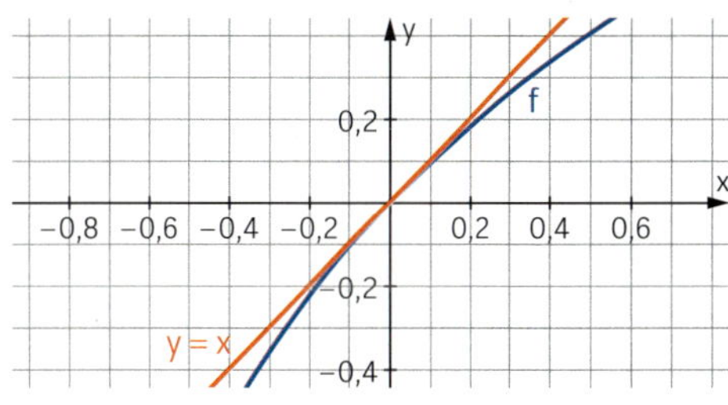

a) Begründen Sie:

Für x-Werte, die nahe bei 0 liegen, gilt: $\ln(1 + x) \approx x$

b) In einigen Formelsammlungen findet man für die Verdoppelungszeit t_V bei exponentiellem Wachstum mit dem Prozentsatz p % die Näherungsformel $t_V \approx \frac{70}{p}$.
Begründen Sie diese Näherungsformel mithilfe der Näherungsgleichung aus Teilaufgabe a).

c) Überprüfen Sie die Eignung der Näherungsformel aus Teilaufgabe b) für Wachstumsraten von 2 %, 5 % und 7 %.

9 Bestimmen Sie die erste Ableitung und geben Sie an, welche Ableitungsregeln Sie verwendet haben.

a) $f(x) = x \cdot \ln(x)$ **b)** $f(x) = \ln(2x)$ **c)** $f(x) = \ln\left(\frac{1}{3}x + 2\right)$ **d)** $f(x) = (\ln(x))^3$

e) $f(t) = \ln(t^2 + 1)$ **f)** $f(t) = t^2 \cdot \ln(2t)$ **g)** $f(t) = e^t \cdot \ln(0{,}5t)$ **h)** $f(t) = t \cdot \ln(t^2 - 1)$

10 Begründen Sie, dass die natürliche Logarithmusfunktion für alle $x > 0$ die Ableitung $f'(x) = \frac{1}{x}$ hat.

Führen Sie dazu mithilfe der Abbildung die Tangentensteigung der ln-Funktion an der Stelle x auf die Tangentensteigung der e-Funktion an der Stelle ln(x) zurück.

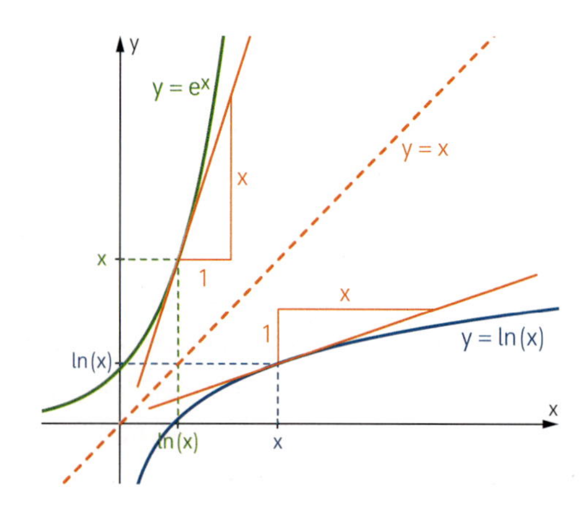

Integrale und Flächen berechnen

11 Berechnen Sie das Integral mithilfe einer Stammfunktion.

a) $\int_1^5 \frac{1}{x}\,dx$ **b)** $\int_2^5 \frac{2}{x}\,dx$ **c)** $\int_1^4 x^2 - \frac{1}{x}\,dx$ **d)** $\int_{0{,}5}^2 \frac{1}{2x}\,dx$

12 Bestimmen Sie den Wert für k so, dass das Integral den angegebenen Wert hat.

a) $\int_1^k \frac{1}{x}\,dx = 1$ **b)** $\int_2^k \frac{1}{x}\,dx = \ln(2)$ **c)** $\int_e^k \frac{1}{x}\,dx = 1$ **d)** $\int_k^e \frac{2}{x}\,dx = 1$

13 Untersuchen Sie, ob das uneigentliche Integral existiert.

a) $\int_0^1 \frac{1}{x}\,dx$ **b)** $\int_1^\infty \frac{1}{x}\,dx$ **c)** $\int_0^1 \frac{2}{x}\,dx$ **b)** $\int_1^\infty \frac{2}{x}\,dx$

14 Weisen Sie nach, dass die Funktion F mit $F(x) = x \cdot \ln(x) - x$ eine Stammfunktion zur Funktion f mit $f(x) = \ln(x)$ ist.
Berechnen Sie damit die folgenden Integrale:

(1) $\int_1^e \ln(x)\,dx$ (2) $\int_e^{e^2} \ln(x)\,dx$ (3) $\int_1^{e^3} \ln(x)\,dx$ (4) $\int_e^{e^n} \ln(x)\,dx;\ n \in \mathbb{N}$

Logarithmusfunktionen untersuchen

15 Gegeben ist die Funktion $f(x) = x \cdot \ln(x)$.

a) Geben Sie den Definitionsbereich von f an und bestimmen Sie die Nullstelle von f.

b) Ermitteln Sie die Ableitungen f′ und f″.

c) Berechnen Sie die Koordinaten des Tiefpunkts von f und weisen Sie nach, dass f keine Wendestellen besitzt.

d) Weisen Sie nach, dass $F(x) = \frac{1}{2}x^2 \cdot \left(\ln(x) - \frac{1}{2}\right)$ eine Stammfunktion von f ist.

e) Ermitteln Sie den Inhalt der Fläche, die der Graph von f mit der x-Achse einschließt.

Weiterüben

16 ☰ Die Tangente an den Graphen der ln-Funktion an der Stelle $x = 2$ und die Tangente an den Graphen der e-Funktion an der Stelle $x = \ln(2)$ schneiden sich in einem Punkt S.

a) Begründen Sie, dass S auf der Winkelhalbierenden $y = x$ liegen muss.

b) Bestimmen Sie die Koordinaten des Schnittpunktes S.

17 ☰ Gegeben sind die Funktionen f und g mit $f(x) = 3^x$ und $g(x) = \frac{1}{x}$.

a) Bestimmen Sie näherungsweise den Schnittpunkt der beiden Graphen.

b) Berechnen Sie den Flächeninhalt der Fläche, die die beiden Graphen über dem Intervall $[-2, 2]$ oberhalb der x-Achse einschließen.

18 ☰ Berechnen Sie das Volumen des Körpers, der durch Rotation des Graphen der Funktion f mit $f(x) = \frac{1}{\sqrt{x}}$ um die x-Achse für $1 \le x \le 5$ entsteht.

19 ☰ In der Information über die Stammfunktion von $f(x) = \frac{1}{x}$ wurde nur der Fall $x > 0$ betrachtet, die Funktion f ist jedoch auch für $x < 0$ definiert.

a) Begründen Sie: Für $x \neq 0$ ist $F(x) = \ln(|x|)$ eine Stammfunktion zu $f(x) = \frac{1}{x}$.

b) Berechnen Sie das Integral $\int_{-4}^{-2} \frac{1}{x}\,dx$ mithilfe des Ergebnisses von Teilaufgabe a).

20 ☰ Zeigen Sie, dass die Graphen der Funktionen f und g mit $f(x) = \ln(x)$ und $g(x) = x^{\frac{1}{e}}$ genau einen gemeinsamen Punkt besitzen.

21 ☰ Berechnen Sie den Flächeninhalt der Fläche, die von dem Graphen der ln-Funktion, den Koordinatenachsen und der Geraden zu $y = 1$ begrenzt wird. Spiegeln Sie dazu die Fläche an der Winkelhalbierenden $y = x$ und berechnen Sie den Flächeninhalt mithilfe der Umkehrfunktion.

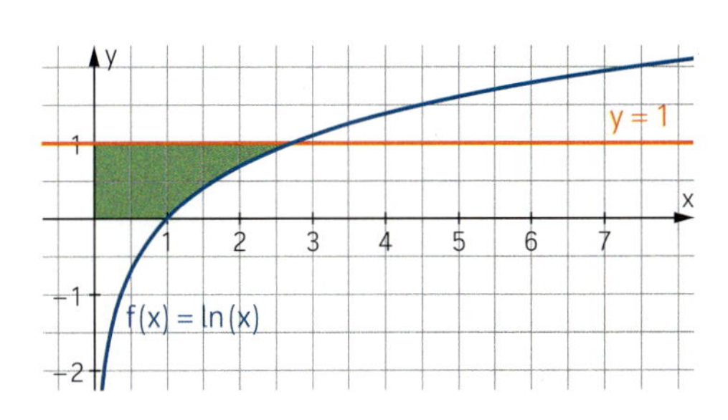

22 ☰ Zeigen Sie:
Für die Funktion g mit $g(x) = \ln(f(x))$ und $f(x) > 0$ gilt $g'(x) = \frac{f'(x)}{f(x)}$.

Erläutern Sie damit die Formel für das „logarithmische Integrieren“.

$$\int_a^b \frac{f'(x)}{f(x)}\,dx = \left[\ln(|f(x)|)\right]_a^b \text{ für } f(x) \neq 0$$

23 ☰ Gegeben ist die Funktion f mit $f(x) = \ln(x^2 + 1)$.

a) Bestimmen Sie die Steigung des Graphen von f an den Stellen -1 und 1.

b) Geben Sie für die Stellen -1 und 1 die Tangentengleichungen an und zeigen Sie, dass die beiden Tangenten orthogonal zueinander sind.

c) Die beiden Tangenten aus Teilaufgabe b) schließen mit der x-Achse ein Dreieck ein. Berechnen Sie seinen Flächeninhalt.

Das Wichtigste auf einen Blick

e-Funktion $f(x) = e^x$

Die **e-Funktion** ist diejenige Exponentialfunktion, die mit ihrer Ableitung übereinstimmt.

Die **Euler'sche Zahl**

$e = \lim\limits_{n \to \infty} \left(1 + \frac{1}{n}\right)^n \approx 2{,}718\,281\,82...$

ist die Basis der natürlichen Exponentialfunktion.

Für $f(x) = e^x$ gilt: $f'(x) = e^x$

Somit ist jede Funktion F mit einem Funktionsterm der Form $F(x) = e^x + c$ mit $c \in \mathbb{R}$ eine Stammfunktion der e-Funktion.

$f(x) = e^x;\; f'(x) = e^x$

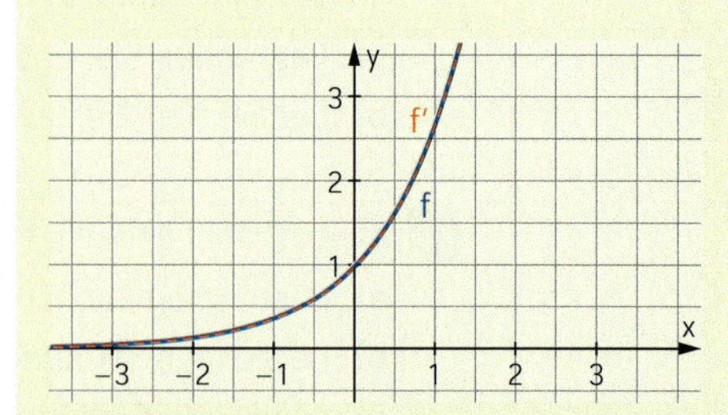

Taschenrechner verfügen über eine eigene Taste für die e-Funktion.

Ableitung und Stammfunktion von $f(x) = e^{k \cdot x + n}$

Für die Funktion f mit $f(x) = e^{k \cdot x + n}$ und $k, n \in \mathbb{R}$ gilt:

$f'(x) = k \cdot e^{k \cdot x + n}$

Die Funktion F mit $F(x) = \frac{1}{k} \cdot e^{k \cdot x + n}$ ist eine Stammfunktion von f.

$f(x) = e^{\frac{3}{2}x};\; f'(x) = \frac{3}{2} \cdot e^{\frac{3}{2}x}$

$F(x) = \frac{2}{3} \cdot e^{\frac{3}{2}x}$ ist eine Stammfunktion von f.

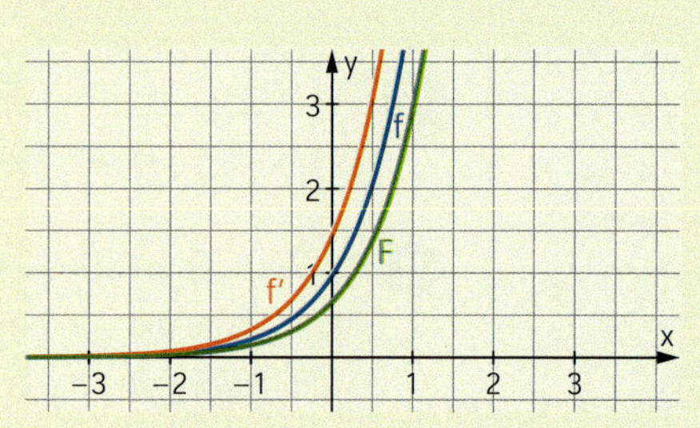

Natürlicher Logarithmus

Der **natürliche Logarithmus ln(b)** einer Zahl $b > 0$ ist derjenige Exponent, mit dem man e potenzieren muss, um b zu erhalten: $e^{\ln(b)} = b$

$\ln(2) \approx 0{,}6931$, denn $e^{0{,}6931} \approx 2$.

Taschenrechner verfügen über eine ln-Taste.

Ableitung einer Exponentialfunktion

Jede Exponentialfunktion mit einer beliebigen Basis b kann auch mit der Basis e geschrieben werden:

$f(x) = b^x = e^{\ln(b) \cdot x}$

Deshalb gilt:

$f'(x) = \ln(b) \cdot e^{\ln(b) \cdot x} = \ln(b) \cdot b^x$

Die Ableitung einer Exponentialfunktion ist also wieder eine Exponentialfunktion.

$f(x) = 2^x = e^{\ln(2) \cdot x}$

$f'(x) = \ln(2) \cdot e^{\ln(2) \cdot x} = \ln(2) \cdot 2^x$

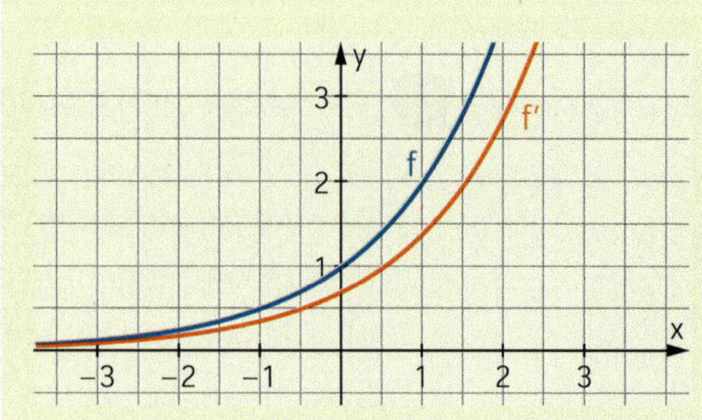

Das Wichtigste auf einen Blick

Exponentielle Zunahme

Eine Zunahme um p % pro Zeiteinheit mit dem Anfangswert a kann mithilfe einer Funktion f der Form

$f(t) = a \cdot \left(1 + \frac{p}{100}\right)^t = a \cdot e^{k \cdot t}$

beschrieben werden.

Dabei ist $k > 0$ und es gilt $k = \ln\left(1 + \frac{p}{100}\right)$.

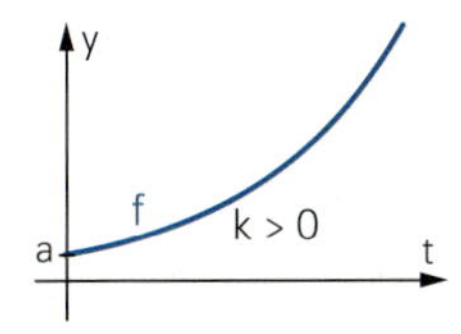

Die Verdopplungszeit t_V ist unabhängig vom Anfangswert a und berechnet sich aus

$t_V = \frac{\ln(2)}{k}$.

Zunahme um 8 % pro Woche bei einem Anfangswert von 3:

$f(t) = 3 \cdot \left(1 + \frac{8}{100}\right)^t = 3 \cdot 1{,}08^t$
$= 3 \cdot e^{\ln(1{,}08) \cdot t}$
$\approx 3 \cdot e^{0{,}07696 \cdot t}$

Verdopplungszeit:

$e^{0{,}07696 \cdot t_V} = 2$

$0{,}07696 \cdot t_V = \ln(2)$

$t_V = \frac{\ln(2)}{0{,}07696}$;

also $t_V \approx 9$ Wochen

Exponentielle Abnahme

Eine Abnahme um p % pro Zeiteinheit mit dem Anfangswert a kann mithilfe einer Funktion f der Form

$f(t) = a \cdot \left(1 - \frac{p}{100}\right)^t = a \cdot e^{k \cdot t}$

beschrieben werden.

Dabei ist $k < 0$ und es gilt $k = \ln\left(1 - \frac{p}{100}\right)$.

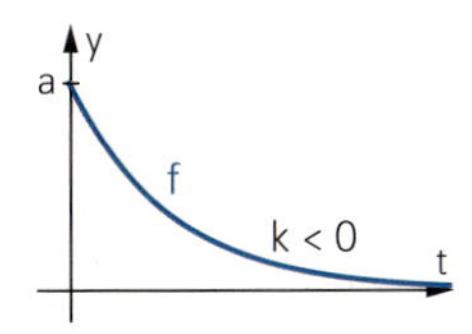

Die Halbwertszeit t_H ist unabhängig vom Anfangswert a und und berechnet sich aus

$t_H = \frac{\ln(0{,}5)}{k}$.

Abnahme um 5 % pro Tag bei einem Anfangswert von 16:

$f(t) = 16 \cdot \left(1 - \frac{5}{100}\right)^t = 16 \cdot 0{,}95^t$
$= 16 \cdot e^{\ln(0{,}95) \cdot t}$
$\approx 16 \cdot e^{-0{,}05129 \cdot t}$

Halbwertszeit:

$e^{-0{,}05129 \cdot t_H} = 0{,}5$

$-0{,}05129 \cdot t_H = \ln(0{,}5)$

$t_H = \frac{\ln(0{,}5)}{-0{,}05129}$;

also $t_H \approx 13{,}5$ Tage

Begrenztes Wachstum

Häufig ist der Zu- oder Abnahme eines Bestands f(t) eine natürliche Grenze S gesetzt, die man **Sättigungsgrenze** nennt.

Für die Wachstumsgeschwindigkeit f'(t) gilt dann $\mathbf{f'(t) = k \cdot (S - f(t))}$ mit einem konstanten Faktor $k > 0$.

Daraus folgt

$\mathbf{f(t) = S + (f(0) - S) \cdot e^{-kt}}$ mit $k > 0$.

Der **Wachstumsfaktor** k bestimmt die Geschwindigkeit der Zu- bzw. Abnahme.

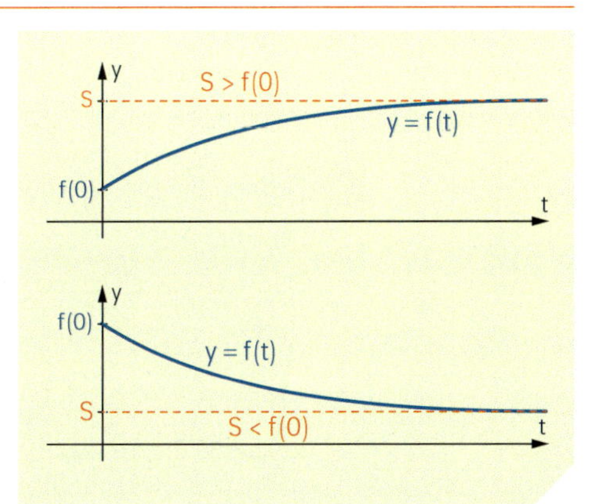

Das Wichtigste auf einen Blick

Wachstumsvergleich der e-Funktion mit Potenzfunktionen

Die e-Funktion wächst für $x \to \infty$ schneller gegen ∞ als jede Potenzfunktion.
Es gilt:
(1) $x^n \cdot e^{-x} \to 0$ für $x \to \infty$
(2) $x^n \cdot e^x \to 0$ für $x \to -\infty$

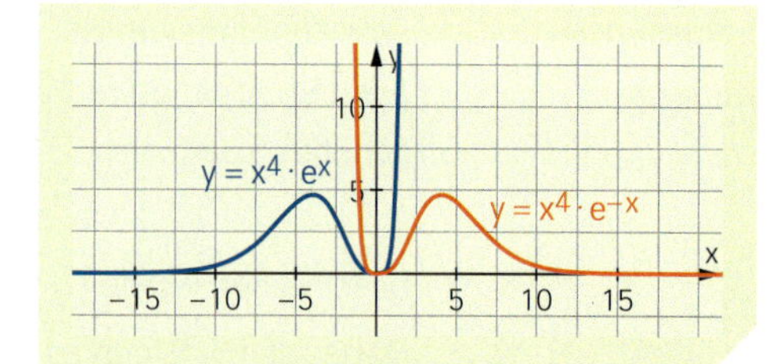

ln-Funktion

Die Funktion f mit $f(x) = \ln(x)$, $x > 0$, nennt man **ln-Funktion** oder **natürliche Logarithmusfunktion**. Sie ist die Umkehrfunktion der e-Funktion.
Die Funktion f mit $f(x) = \ln(x)$ hat für $x > 0$ die Ableitung $f'(x) = \frac{1}{x}$.

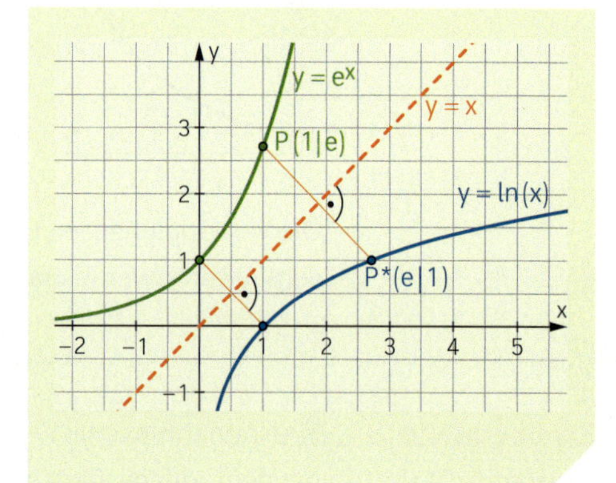

Stammfunktion von $f(x) = \frac{1}{x}$

Für $x > 0$ ist die Funktion F mit $F(x) = \ln(x)$ eine Stammfunktion der Funktion f mit $f(x) = \frac{1}{x}$.

Klausurtraining

Lösungen im Anhang

Teil A

Lösen Sie die folgenden Aufgaben ohne Formelsammlung und ohne Taschenrechner.

1 Bilden Sie die erste Ableitung und vereinfachen Sie so weit wie möglich.

a) $f(x) = 4 \cdot e^{\frac{3}{4}x + 2}$
b) $f(x) = (x^2 + 3) \cdot e^{1 - 2x}$
c) $f(x) = e^{-2x} + \sqrt{5}\,x$
d) $f(x) = \ln(2x + 1)$; $x > -\frac{1}{2}$

2 Berechnen Sie das Integral, indem Sie das Ergebnis mithilfe von e schreiben.

a) $\int_0^2 e^x + e^{-x}\,dx$
b) $\int_0^2 e^{1+2x}\,dx$
c) $\int_0^2 \frac{4}{2x+1}\,dx$
d) $\int_{-1}^0 2e^{2x}\,dx$

3 Ordnen Sie die Funktionsterme und die Graphen einander begründet zu.

(A) $f(x) = x \cdot e^x$
(B) $f(x) = x^2 \cdot e^x$
(C) $f(x) = x \cdot e^{-x}$
(D) $f(x) = x^2 \cdot e^{-x}$

(1)

(2)

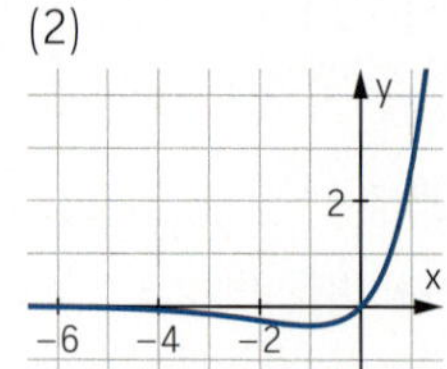

(3)

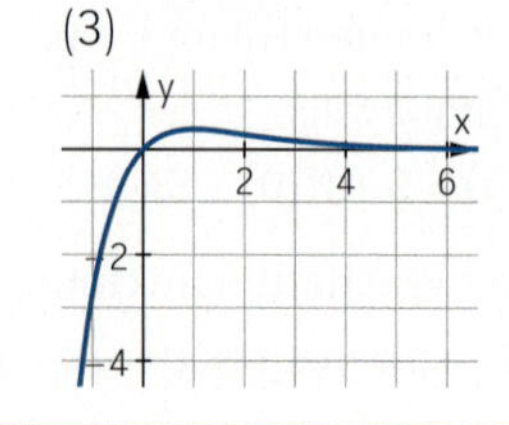

(4)

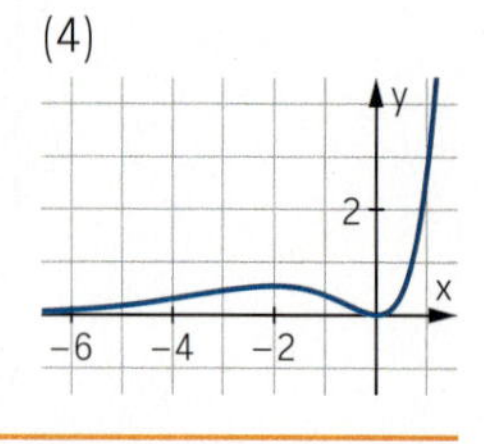

4 Gegeben ist der Graph der Funktion f mit $f(x) = 5 - e^x$.

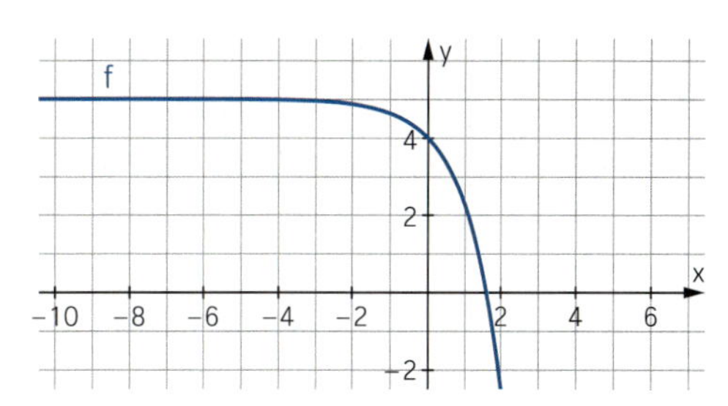

a) Begründen Sie den Verlauf des Graphen, indem Sie das Verhalten für $x \to \infty$ und für $x \to -\infty$ untersuchen und die Schnittpunkte des Graphen mit den Koordinatenachsen bestimmen.

b) Der Graph und die Koordinatenachsen begrenzen eine Fläche. Berechnen Sie den Flächeninhalt dieser Fläche.

Teil B **Bei der Lösung dieser Aufgaben können Sie die Formelsammlung und den Taschenrechner verwenden.**

5 Das Alter von Getränken wie Whisky oder Wein kann nach einer Methode von Libby mithilfe des Gehaltes am radioaktiven Wasserstoff-Isotop Tritium ^3H bestimmt werden. Dessen Gehalt ist im natürlichen Wasserkreislauf durch Neubildung in den oberen Schichten der Atmosphäre und radioaktiven Zerfall konstant; in abgetrennten Flüssigkeitsproben kommt kein neues Tritium aus der Atmosphäre hinzu.
Der Gehalt nimmt ab mit einer Halbwertszeit von 12,3 Jahren.
Bestimmen Sie das Alter eines Whiskys, der nur noch 30 % des ursprünglichen Tritiumgehaltes aufweist.

6 In einem Wasserbehälter befinden sich zum Zeitpunkt $t = 0$ ca. $190\,m^3$ Wasser. Die Änderung des Wasservolumens kann durch die momentane Änderungsrate w mit $w(t) = 1{,}36 \cdot e^{-0{,}0272t}$ beschrieben werden, mit t in Tagen und w(t) in m^3 pro Tag.

a) Nimmt das Wasservolumen ab oder zu? Begründen Sie Ihre Antwort.

b) Berechnen Sie: Welche Wassermenge ist nach zwei Wochen im Behälter?
Wie lange dauert es, bis $220\,m^3$ Wasser im Behälter sind?

c) Ermitteln Sie die maximale Wassermenge, die bei dieser Entwicklung auf lange Sicht zu erwarten ist.

7 Die Funktion f ist gegeben durch $f(x) = \left(2 - \frac{1}{2}x\right) \cdot e^x$.

a) Bestimmen Sie die Nullstellen und die Extremstellen von f.

b) Die Gerade g mit der Gleichung $y = \frac{3}{2}x + 2$ berührt den Graphen der Funktion f im Punkt B.
Ermitteln Sie die Koordinaten von B. Zeichnen Sie die Graphen von f und g.

c) Die beiden Graphen schließen eine Fläche ein.
Bestimmen Sie näherungsweise den Flächeninhalt dieser Fläche.

8 Für Forschungszwecke werden in einem Labor Fliegen gezüchtet.
Zu Beginn sind ca. 50 Fliegen vorhanden, die sich anfangs exponentiell vermehren.
a) Nach 8 Tagen sind schätzungsweise 300 Fliegen vorhanden.
Wie lange dauert es nach diesem Modell, bis ca. 1000 Fliegen vorhanden sind?
b) Nach 10 Tagen werden 60 % des Bestands für einen Versuch entnommen.
Wie lange dauert es ab diesem Zeitpunkt, bis der ursprüngliche Bestand zum Zeitpunkt $t = 10$ wieder erreicht wird, wenn in der Zwischenzeit keine weiteren Fliegen entnommen werden?

9 Die Erdölfördermenge eines Staates kann ab dem Jahr 2001 näherungsweise durch die Funktion f mit $f(x) = (150 - 3x) \cdot e^{0,06x}$ beschrieben werden, mit x in Jahren ab 2001 und f(x) Fördermenge zum Zeitpunkt x in 10^8 Tonnen Erdöl.
a) Skizzieren Sie den Graphen im Intervall [0; 50] und beschreiben Sie seinen Verlauf.
b) Berechnen Sie das Jahr, in dem die Fördermenge maximal ist. Wie viele Tonnen Erdöl werden in diesem Jahr gefördert?
Berechnen Sie den Zeitpunkt, an dem die Fördermenge den maximalen Zuwachs erfährt.
c) Bestimmen Sie, in welchem Zeitraum mehr als $200 \cdot 10^8$ Tonnen Erdöl jährlich gefördert werden.
d) Berechnen Sie den Gesamtförderzeitraum nach diesem Modell.
Bestimmen Sie, wie viele Tonnen Erdöl in diesem Zeitraum gefördert werden.

10 Die Funktion f mit $f(x) = 3x \cdot e^{-\frac{1}{2}x}$; $x \geq 0$; beschreibt den Verlauf der Konzentration eines Wirkstoffs im Blut, mit x in Stunden ab der Einnahme und f(x) in mg pro Liter Blut.
a) Die Abbildung zeigt den Graphen der Funktion f.
Beschreiben Sie den Verlauf und geben Sie die wesentlichen Eigenschaften von f an.

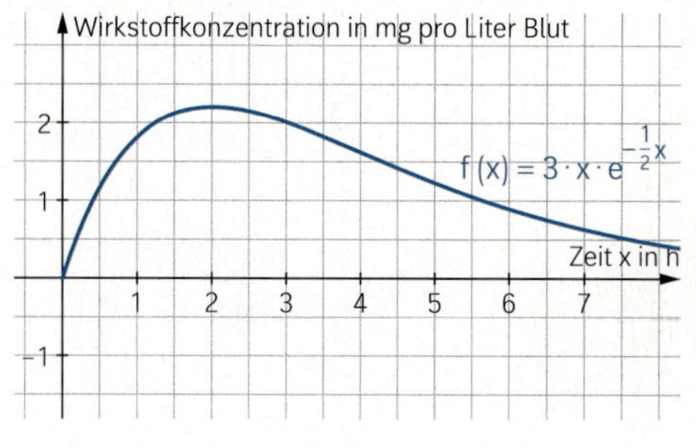

b) Zu welchem Zeitpunkt ist die Konzentration am höchsten und wie hoch ist die maximale Konzentration? Zu welchem Zeitpunkt ist der Abbau am stärksten?
c) Das Medikament wirkt bei einer Wirkstoffkonzentration von mindestens 0,75 mg pro Liter Blut. Bestimmen Sie die Wirkungsdauer.

11 Für $t > 0$ ist die Funktionenschar f_t mit $f_t(x) = (x + t) \cdot e^{t - x}$ gegeben.
a) Untersuchen Sie das Verhalten von f_t für $x \to \infty$ und für $x \to -\infty$.
Geben Sie eine Gleichung für die Ortslinie der Wendepunkte an. Skizzieren Sie mehrere Graphen der Schar sowie die Ortslinie in einem Koordinatensystem.
b) Eine Stammfunktion F_1 der Funktion f_1 hat die Form $F_1(x) = (ax + b) \cdot e^{1 - x}$.
Bestimmen Sie die Parameter a und b.
c) Der Graph von f_1, die x-Achse und die Gerade mit der Gleichung $x = z$; $z > 0$; begrenzen eine Fläche. Berechnen Sie den Flächeninhalt dieser Fläche.
Untersuchen Sie, welche Werte dieser Flächeninhalt annehmen kann.

Analytische Geometrie mit Geraden und Ebenen

4

▲ *Für die Planung und den Bau von Häusern sind viele Berechnungen erforderlich. Dazu muss auch die Lage von Flächen und Kanten im Raum mathematisch genau beschrieben werden.*

In diesem Kapitel
lernen Sie, wie man Geraden und Ebenen im Raum mithilfe von Punkten und Vektoren mathematisch beschreiben kann, wie man Winkel berechnet und die Lage von Geraden und Ebenen zueinander ermittelt. ▶

Punkte und Vektoren im Raum

Aktivieren

1 Das Schrägbild zeigt eine gerade quadratische Pyramide mit der Höhe $h = 4$ in einem Koordinatensystem. Der Punkt D liegt im Ursprung, die Punkte A und C liegen auf den Koordinatenachsen.

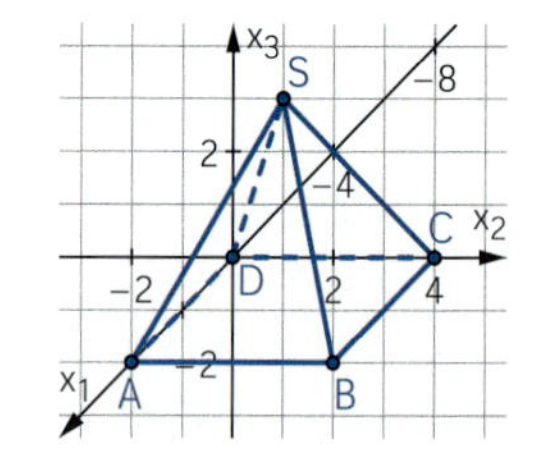

a) Geben Sie die Koordinaten aller Eckpunkte der Pyramide an.

b) Bestimmen Sie die Vektoren $\overrightarrow{SA}$, $\overrightarrow{SB}$, $\overrightarrow{CS}$ und $\overrightarrow{DS}$ und deren Länge.

c) Die Pyramide wird so verschoben, dass der Bildpunkt von S die Koordinaten $S'(1\,|\,2\,|\,2)$ hat. Bestimmen Sie den Verschiebungsvektor und die Koordinaten der Bildpunkte.

Erinnern

Koordinatensystem

Ein **Koordinatensystem im Raum** besteht aus drei Achsen mit einem gemeinsamen Nullpunkt, dem **Ursprung** des Koordinatensystems. Je zwei Achsen sind orthogonal zueinander und spannen eine **Koordinatenebene** auf. Auf den Achsen werden Einheitsstrecken derselben Länge festgelegt. Diese Länge nennt man **Einheit** des Koordinatensystems.
Zu jedem Zahlentripel $(x_1\,|\,x_2\,|\,x_3)$ gehört ein Punkt $P(x_1\,|\,x_2\,|\,x_3)$ im Koordinatensystem.

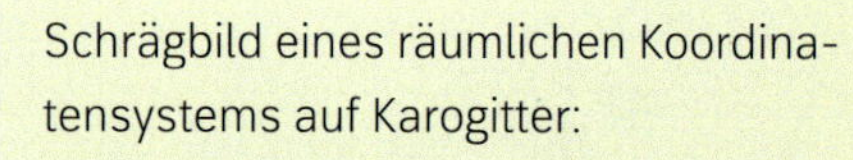
Schrägbild eines räumlichen Koordinatensystems auf Karogitter:

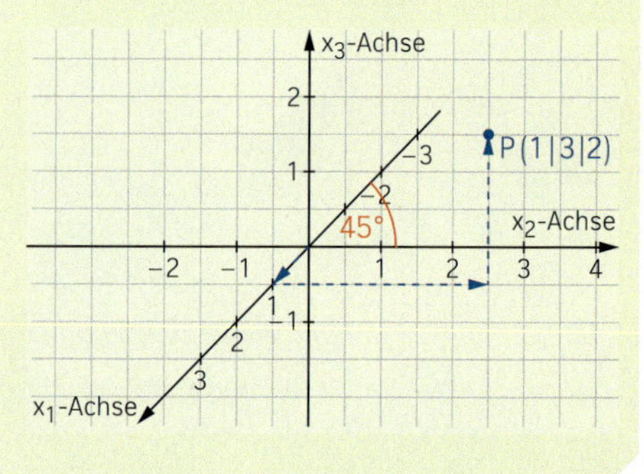

Vektoren

Ein **Vektor** $\vec{v}$ mit drei Koordinaten ist ein geordnetes Zahlentripel, $\vec{v} = \begin{pmatrix} v_1 \\ v_2 \\ v_3 \end{pmatrix}$.
Jeder Vektor beschreibt eine Verschiebung im Raum. Der Vektor $\overrightarrow{AB}$ beschreibt die Verschiebung des Punktes A in den Punkt B.
Alle Verschiebungspfeile sind parallel zueinander, gleich gerichtet und gleich lang. Sie veranschaulichen alle den gleichen Vektor.
Den Vektor $\vec{p}$, der den Koordinatenursprung O in den Punkt P verschiebt, bezeichnet man als **Ortsvektor des Punktes P:** $\vec{p} = \overrightarrow{OP}$

$A(-1\,|\,4\,|\,5)$; $B(3\,|\,-2\,|\,6)$

Verschiebung von A nach B mit dem Vektor

$$\vec{v} = \overrightarrow{AB} = \begin{pmatrix} 3-(-1) \\ -2-4 \\ 6-5 \end{pmatrix} = \begin{pmatrix} 4 \\ -6 \\ 1 \end{pmatrix}$$

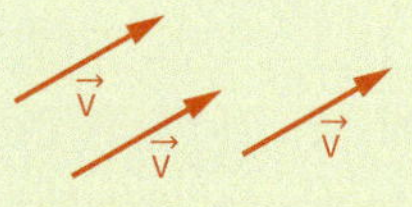

Ortsvektoren:

$$\vec{a} = \overrightarrow{OA} = \begin{pmatrix} -1 \\ 4 \\ 5 \end{pmatrix}$$

$$\vec{b} = \overrightarrow{OB} = \begin{pmatrix} 3 \\ -2 \\ 6 \end{pmatrix}$$

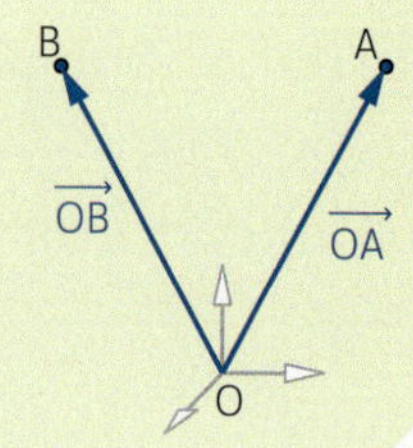

Länge eines Vektors

Unter der **Länge** oder dem **Betrag** eines Vektors $\vec{v}$ versteht man die Länge der Pfeile, die zu dem Vektor gehören.
Man schreibt: $|\vec{v}|$

Für die Länge $|\vec{v}|$ eines Vektors $\vec{v} = \begin{pmatrix} v_1 \\ v_2 \\ v_3 \end{pmatrix}$

gilt: $|\vec{v}| = \sqrt{v_1^2 + v_2^2 + v_3^2}$

$\vec{v} = \begin{pmatrix} 4 \\ -6 \\ 1 \end{pmatrix}$

$|\vec{v}| = \sqrt{4^2 + (-6)^2 + 1^2} = \sqrt{53} \approx 7{,}28$

Abstand zweier Punkte

Der Abstand zweier Punkte $A(a_1|a_2|a_3)$ und $B(b_1|b_2|b_3)$ ist gleich der Länge des Vektors $\overrightarrow{AB}$. Es gilt also:

$|AB| = |\overrightarrow{AB}|$
$= \sqrt{(b_1 - a_1)^2 + (b_2 - a_2)^2 + (b_3 - a_3)^2}$

$A(-1|4|5)$; $B(3|-2|6)$

$|\overrightarrow{AB}| = \left|\begin{pmatrix} 3-(-1) \\ -2-4 \\ 6-5 \end{pmatrix}\right| = \left|\begin{pmatrix} 4 \\ -6 \\ 1 \end{pmatrix}\right|$
$= \sqrt{4^2 + (-6)^2 + 1^2} = \sqrt{53} \approx 7{,}28$

Addition und Subtraktion von Vektoren

Die Hintereinanderausführung zweier Verschiebungen entspricht der **Addition** der zugehörigen Vektoren $\vec{a}$ und $\vec{b}$.
Es gilt:

$$\vec{a} + \vec{b} = \begin{pmatrix} a_1 \\ a_2 \\ a_3 \end{pmatrix} + \begin{pmatrix} b_1 \\ b_2 \\ b_3 \end{pmatrix} = \begin{pmatrix} a_1 + b_1 \\ a_2 + b_2 \\ a_3 + b_3 \end{pmatrix}$$

Für die **Subtraktion** zweier Vektoren $\vec{a}$ und $\vec{b}$ gilt:

$$\vec{a} - \vec{b} = \begin{pmatrix} a_1 \\ a_2 \\ a_3 \end{pmatrix} - \begin{pmatrix} b_1 \\ b_2 \\ b_3 \end{pmatrix} = \begin{pmatrix} a_1 - b_1 \\ a_2 - b_2 \\ a_3 - b_3 \end{pmatrix}$$

$\vec{a} = \begin{pmatrix} 4 \\ -3 \\ 2 \end{pmatrix}$; $\vec{b} = \begin{pmatrix} -7 \\ 6 \\ -4 \end{pmatrix}$

$\vec{a} + \vec{b} = \begin{pmatrix} 4+(-7) \\ -3+6 \\ 2+(-4) \end{pmatrix} = \begin{pmatrix} -3 \\ 3 \\ -2 \end{pmatrix}$

$\vec{a} - \vec{b} = \begin{pmatrix} 4-(-7) \\ -3-6 \\ 2-(-4) \end{pmatrix} = \begin{pmatrix} 11 \\ -9 \\ 6 \end{pmatrix}$

Vervielfachen eines Vektors

Ein Vektor $\vec{v} = \begin{pmatrix} v_1 \\ v_2 \\ v_3 \end{pmatrix}$ wird koordinatenweise mit einer reellen Zahl r **vervielfacht**.

Es gilt: $r \cdot \vec{v} = r \cdot \begin{pmatrix} v_1 \\ v_2 \\ v_3 \end{pmatrix} = \begin{pmatrix} r \cdot v_1 \\ r \cdot v_2 \\ r \cdot v_3 \end{pmatrix}$

Die Vektoren $\vec{v}$ und $r \cdot \vec{v}$ sind parallel zueinander.

$3 \cdot \begin{pmatrix} 4 \\ -6 \\ 1 \end{pmatrix} = \begin{pmatrix} 3 \cdot 4 \\ 3 \cdot (-6) \\ 3 \cdot 1 \end{pmatrix} = \begin{pmatrix} 12 \\ -18 \\ 3 \end{pmatrix}$

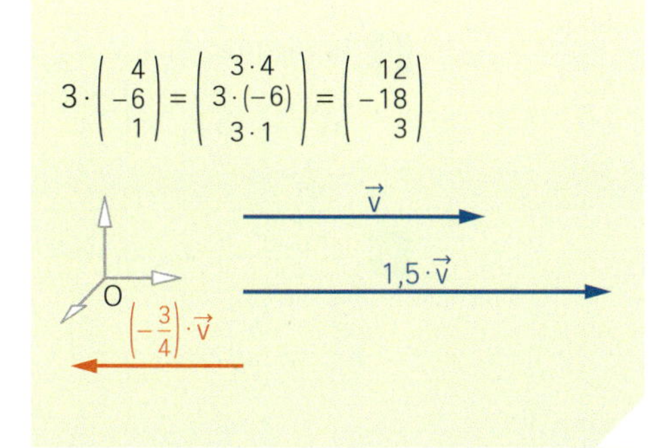

Festigen

2 Zeichnen Sie die Punkte A(2|3|−1), B(−2|0|3) und C(5|4|3) in ein Koordinatensystem. Geben Sie jeweils zwei weitere Punkte an, die im Schrägbild des Koordinatensystems an derselben Stelle wie Punkt A, B oder C liegen.

3 Zeichnen Sie das Dreieck ABC mit den Eckpunkten A(2|4|−1), B(0|−2|3) und C(2|5|2) in ein Koordinatensystem.

Das Dreieck ABC wird mit dem Vektor $\vec{v} = \begin{pmatrix} -2 \\ 3 \\ 1 \end{pmatrix}$ verschoben.

Bestimmen Sie die Koordinaten der Bildpunkte A′, B′, C′ und zeichnen Sie das Bilddreieck in dasselbe Koordinatensystem.

4 Gegeben sind die Punkte A und B.
Bestimmen Sie die Koordinaten des Vektors $\overrightarrow{AB}$ und berechnen Sie seine Länge.

a) A(2|−5|0); B(−7|6|4) **b)** A(1|1|−1); B(−4|1|−1)

c) A(0|8|0); B(−8|0|9) **d)** A(−4|2|5); B(8|6|−10)

5 Bestimmen Sie die Koordinaten der angegebenen Punkte des Körpers im abgebildeten Schrägbild.

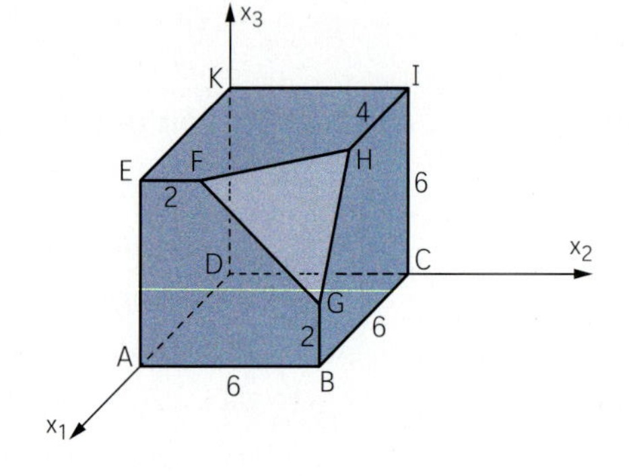

6 Wo liegen im Koordinatensystem alle Punkte,

a) deren x_1-Koordinate gleich 0 ist;

b) deren x_3-Koordinate gleich 0 ist;

c) deren x_3-Koordinate gleich 3 ist;

d) deren x_1-Koordinate und x_2-Koordinate gleich 0 sind;

e) deren x_1-Koordinate gleich 2 und deren x_2-Koordinate gleich 3 ist?

7 Die Punkte P(2|−3|0), Q(4|0|0), R(−4|5|4) und S(−7|3|−2) werden gespiegelt.
Bestimmen Sie die Koordinaten der zugehörigen Bildpunkte.

a) Spiegelung an der x_1x_2-Ebene **b)** Spiegelung an der x_1x_3-Ebene

c) Spiegelung an der x_2x_3-Ebene **d)** Spiegelung am Koordinatenursprung

8 Berechnen Sie.

a) $\frac{1}{3} \cdot \begin{pmatrix} 6 \\ -3 \\ 9 \end{pmatrix} - 5 \cdot \begin{pmatrix} 0{,}2 \\ -4 \\ 2 \end{pmatrix} + \frac{1}{2} \cdot \begin{pmatrix} -2 \\ 5 \\ -3 \end{pmatrix}$ **b)** $0{,}2 \cdot \begin{pmatrix} -4 \\ 6 \\ 0 \end{pmatrix} + \begin{pmatrix} 3 \\ 5 \\ -6 \end{pmatrix} - 3 \cdot \begin{pmatrix} -2 \\ 5 \\ -5 \end{pmatrix}$

9 Untersuchen Sie, welche der Vektoren paarweise parallel zueinander sind.

$\vec{a} = \begin{pmatrix} 2 \\ -5 \\ 4 \end{pmatrix}$ $\vec{b} = \begin{pmatrix} -4 \\ 10 \\ 8 \end{pmatrix}$ $\vec{c} = \begin{pmatrix} -2{,}4 \\ 6 \\ -4{,}8 \end{pmatrix}$ $\vec{d} = \begin{pmatrix} -2 \\ 5 \\ 4 \end{pmatrix}$ $\vec{e} = \begin{pmatrix} 300 \\ -750 \\ 600 \end{pmatrix}$

10 Abgebildet ist ein Körper ABCDEFGH.
Ein solcher Körper wird als *Parallelflach* oder *Spat* bezeichnet.
Stellen Sie die Summen und Differenzen aus den Vektoren $\vec{a}$, $\vec{b}$ und $\vec{c}$ durch ihre Ergebnisvektoren dar.
So gilt z. B. $\vec{a} + \vec{c} = \overrightarrow{AF}$.

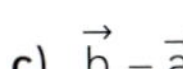
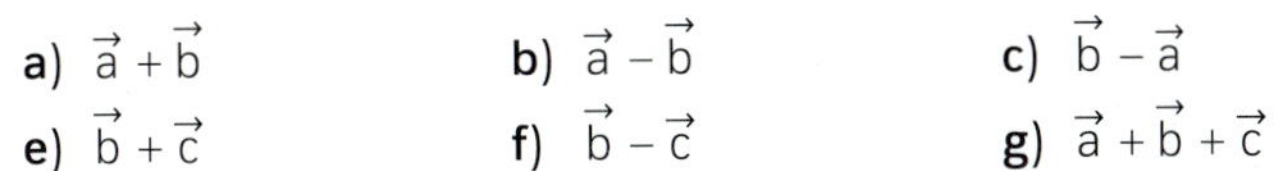

a) $\vec{a} + \vec{b}$
b) $\vec{a} - \vec{b}$
c) $\vec{b} - \vec{a}$
d) $\vec{a} - \vec{c}$
e) $\vec{b} + \vec{c}$
f) $\vec{b} - \vec{c}$
g) $\vec{a} + \vec{b} + \vec{c}$
h) $\vec{a} - (\vec{b} + \vec{c})$

11 Vereinfachen Sie die Vektorsumme so weit wie möglich. Fertigen Sie dazu eine Skizze an.

a) $\overrightarrow{AB} + \overrightarrow{BC} + \overrightarrow{CD}$
b) $\overrightarrow{AB} - \overrightarrow{CB} + \overrightarrow{CA}$
c) $\overrightarrow{RS} + \overrightarrow{SR}$
d) $\overrightarrow{RP} - (\overrightarrow{RP} - \overrightarrow{PQ}) + \overrightarrow{QS}$
e) $\overrightarrow{FG} + \overrightarrow{GH} - \overrightarrow{FF}$
f) $\overrightarrow{PQ} - (\overrightarrow{SR} - \overrightarrow{QR}) + \overrightarrow{SP}$

12 Geben Sie zwei Vektoren an, die parallel zum Vektor $\vec{a}$ sind.

a) $\vec{a} = \begin{pmatrix} -1 \\ 3 \\ 2 \end{pmatrix}$
b) $\vec{a} = \begin{pmatrix} 6 \\ -6 \\ 10 \end{pmatrix}$
c) $\vec{a} = \begin{pmatrix} 0 \\ 30 \\ 20 \end{pmatrix}$
d) $\vec{a} = \begin{pmatrix} 24 \\ 58 \\ -12 \end{pmatrix}$

13 Gegeben sind die Punkte A(−1 | 4 | 5), B(3 | −2 | 6), C(1 | 6 | 4) und D(−3 | 12 | 3).

a) Zeichnen Sie die Punkte in ein Koordinatensystem.

b) Zeigen Sie, dass die vier Punkte A, B, C und D ein Parallelogramm bilden.

c) Untersuchen Sie, ob es zu den Punkten A, B und C noch andere Möglichkeiten für die Koordinaten des Punktes D gibt, sodass ABCD ein Parallelogramm ist.

d) Spiegeln Sie das Parallelogramm am Ursprung und geben Sie die Koordinaten der Bildpunkte A', B', C' und D' des gespiegelten Parallelogramms an.

14 Körper, die nur von Vielecken begrenzt werden, heißen Polyeder. Besondere Polyeder sind die *platonischen Körper*, benannt nach dem griechischen Philosophen Platon (427 – 347 v. Chr.).

Der Künstler Ekkehard Neumann hat die fünf platonischen Körper im Steinfurter Landschaftspark Bagno aus Stahlblech nachgebildet. Der Würfel, der das Element Erde symbolisiert, hat dort eine Kantenlänge von 100 Zentimetern.

a) Zeichnen Sie den Würfel in ein Koordinatensystem mit den vorderen unteren beiden Ecken bei A(50 | −50 | 0) und B(−50 | −50 | 0).

b) Bestimmen Sie die Koordinaten der anderen Eckpunkte des Würfels und die Koordinaten des Körpermittelpunktes.

c) Die Eckpunkte des Würfels liegen auf seiner Umkugel.
Bestätigen Sie mithilfe der Vektorrechnung, dass der Radius dieser Kugel $50 \cdot \sqrt{3}$ beträgt.

4.1 Orthogonalität von Vektoren – Skalarprodukt

Einstieg

Der griechische Mathematiker Pythagoras wurde um 570 v. Chr. auf der Insel Samos geboren. Ihm zu Ehren steht auf der Hafenmole der nach ihm benannten Stadt Pythagorio auf Samos ein Denkmal. Das aus Stein gefertigte Dreieck hat bezüglich eines Koordinatensystems mit der Einheit Meter die Eckpunkte $A(2|2|1)$, $B(2|-1|9)$ und $C(2|-1|1)$.
Ist das Dreieck ABC rechtwinklig?
Entwickeln Sie ein Kriterium, mit dem man überprüfen kann, ob zwei beliebige Vektoren $\vec{a} = \begin{pmatrix} a_1 \\ a_2 \\ a_3 \end{pmatrix}$ und $\vec{b} = \begin{pmatrix} b_1 \\ b_2 \\ b_3 \end{pmatrix}$ orthogonal zueinander sind.

Aufgabe mit Lösung

Rechtwinklige Dreiecke

Ein dreieckiges Segel hat aufgespannt bezüglich eines Koordinatensystems mit der Einheit Meter die Eckpunkte $A(5|3|6)$, $B(1|1|2)$ und $C(2|-1|2)$.

 Hat das Segel die Form eines rechtwinkligen Dreiecks?

Lösung

Mit der Umkehrung des Satzes von Pythagoras kann man nachprüfen, ob ein Dreieck rechtwinklig ist: Wenn für die Seitenlängen a, b, c eines Dreiecks $a^2 + b^2 = c^2$ gilt, dann liegt gegenüber der Seite c ein rechter Winkel.
Man erhält:

$$|\overrightarrow{AB}| = \left|\begin{pmatrix} -4 \\ -2 \\ -4 \end{pmatrix}\right| = \sqrt{16 + 4 + 16} = \sqrt{36} = 6$$

$$|\overrightarrow{BC}| = \left|\begin{pmatrix} 1 \\ -2 \\ 0 \end{pmatrix}\right| = \sqrt{1 + 4} = \sqrt{5}$$

$$|\overrightarrow{AC}| = \left|\begin{pmatrix} -3 \\ -4 \\ -4 \end{pmatrix}\right| = \sqrt{9 + 16 + 16} = \sqrt{41}$$

Es gilt also: $|\overrightarrow{AB}|^2 + |\overrightarrow{BC}|^2 = 36 + 5 = 41 = |\overrightarrow{AC}|^2$

Daher beschreiben $\overrightarrow{AB}$ und $\overrightarrow{BC}$ die Katheten und $\overrightarrow{AC}$ die Hypotenuse des rechtwinkligen Dreiecks ABC.

Entwickeln Sie ein Kriterium, mit dem man überprüfen kann, ob zwei beliebige Vektoren $\vec{u} = \begin{pmatrix} u_1 \\ u_2 \\ u_3 \end{pmatrix}$ und $\vec{v} = \begin{pmatrix} v_1 \\ v_2 \\ v_3 \end{pmatrix}$ mit $\vec{u} \neq \vec{o}$ und $\vec{v} \neq \vec{o}$ orthogonal zueinander sind.

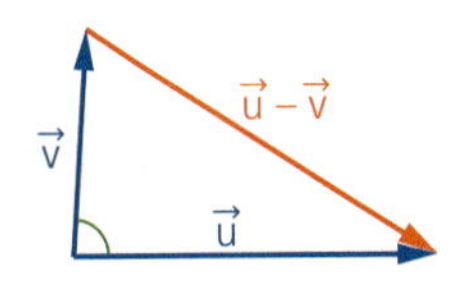

Lösung

Nach dem Satz des Pythagoras und seiner Umkehrung sind die Vektoren $\vec{u}$ und $\vec{v}$ mit $\vec{u} \neq \vec{o}$ und $\vec{v} \neq \vec{o}$ genau dann orthogonal zueinander, wenn $|\vec{u}|^2 + |\vec{v}|^2 = |\vec{u} - \vec{v}|^2$ gilt.
Mithilfe der Koordinaten lässt sich dies so schreiben:

$$u_1^2 + u_2^2 + u_3^2 + v_1^2 + v_2^2 + v_3^2 = (u_1 - v_1)^2 + (u_2 - v_2)^2 + (u_3 - v_3)^2$$
$$= u_1^2 - 2u_1v_1 + v_1^2 + u_2^2 - 2u_2v_2 + v_2^2 + u_3^2 - 2u_3v_3 + v_3^2$$

Durch Subtraktion der quadratischen Terme auf beiden Seiten erhält man
$0 = -2u_1v_1 - 2u_2v_2 - 2u_3v_3$ und damit die Bedingung $u_1v_1 + u_2v_2 + u_3v_3 = 0$.
$\vec{u}$ und $\vec{v}$ sind also genau dann orthogonal zueinander, wenn $u_1v_1 + u_2v_2 + u_3v_3 = 0$ gilt.

Information

Orthogonalität von Vektoren – Skalarprodukt

Zwei Vektoren $\vec{u}$ und $\vec{v}$ heißen **orthogonal** zueinander, falls ihre zugehörigen Pfeile orthogonal zueinander sind.
Man schreibt: $\vec{u} \perp \vec{v}$

Um die Orthogonalität von Vektoren zu prüfen, wird das Skalarprodukt verwendet.

Definition: Das **Skalarprodukt** $\vec{u} * \vec{v}$ zweier Vektoren $\vec{u} = \begin{pmatrix} u_1 \\ u_2 \\ u_3 \end{pmatrix}$ und $\vec{v} = \begin{pmatrix} v_1 \\ v_2 \\ v_3 \end{pmatrix}$ ist die reelle Zahl $u_1v_1 + u_2v_2 + u_3v_3$:

$$\vec{u} * \vec{v} = u_1v_1 + u_2v_2 + u_3v_3$$

Orthogonalitätsbedingung für zwei Vektoren

Satz: Zwei Vektoren $\vec{u}$ und $\vec{v}$ mit $\vec{u} \neq \vec{o}$ und $\vec{v} \neq \vec{o}$ sind orthogonal zueinander, falls $\vec{u} * \vec{v} = 0$, sonst nicht.

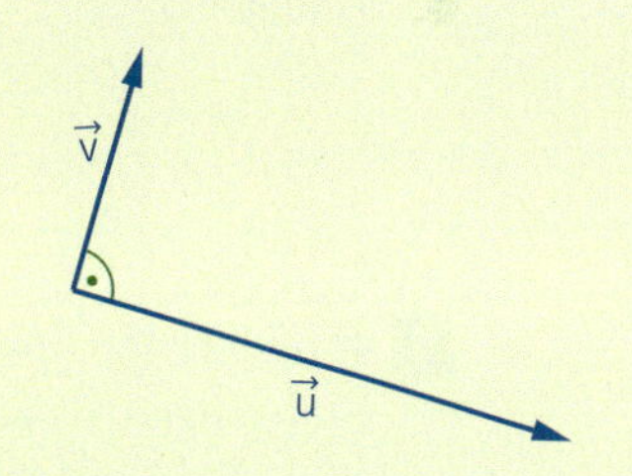

$\begin{pmatrix} 2 \\ 3 \\ -1 \end{pmatrix} * \begin{pmatrix} 1 \\ 4 \\ 7 \end{pmatrix} = 2 \cdot 1 + 3 \cdot 4 + (-1) \cdot 7 = 7$

Die Vektoren $\begin{pmatrix} 2 \\ 3 \\ -1 \end{pmatrix}$ und $\begin{pmatrix} 1 \\ 4 \\ 7 \end{pmatrix}$ sind nicht orthogonal zueinander.

$\begin{pmatrix} 5 \\ 1 \\ 3 \end{pmatrix} * \begin{pmatrix} 0 \\ 3 \\ -1 \end{pmatrix} = 5 \cdot 0 + 1 \cdot 3 + 3 \cdot (-1) = 0$

Die beiden Vektoren sind orthogonal zueinander: $\begin{pmatrix} 5 \\ 1 \\ 3 \end{pmatrix} \perp \begin{pmatrix} 0 \\ 3 \\ -1 \end{pmatrix}$

Bemerkung: Die Bezeichnung Skalarprodukt kommt daher, dass das Ergebnis dieser Rechenoperation kein Vektor, sondern eine reelle Zahl ist. Reelle Zahlen werden in der Vektorrechnung und in der Physik auch als *Skalare* bezeichnet.

Üben

1 Berechnen Sie das Skalarprodukt.

a) $\begin{pmatrix} 1 \\ -2 \\ 3 \end{pmatrix} * \begin{pmatrix} 2 \\ 4 \\ 7 \end{pmatrix}$
b) $\begin{pmatrix} 3 \\ 0 \\ 4 \end{pmatrix} * \begin{pmatrix} 6 \\ 7 \\ -4 \end{pmatrix}$
c) $\begin{pmatrix} 1 \\ -2 \\ 0 \end{pmatrix} * \begin{pmatrix} 2 \\ 1 \\ 7 \end{pmatrix}$
d) $\begin{pmatrix} 1 \\ 0 \\ 3 \end{pmatrix} * \begin{pmatrix} 0 \\ -2 \\ 0 \end{pmatrix}$

2 Finden Sie den Fehler.

a) $\begin{pmatrix} 2 \\ -1 \\ 3 \end{pmatrix} * \begin{pmatrix} 1 \\ 4 \\ 2 \end{pmatrix} = \begin{pmatrix} 2 \\ -4 \\ 6 \end{pmatrix}$ b) $\begin{pmatrix} 1 \\ 1 \\ 1 \end{pmatrix} * \begin{pmatrix} 1 \\ 1 \\ 1 \end{pmatrix} = 1$ c) $\begin{pmatrix} 0 \\ 2 \\ 1 \end{pmatrix} * \begin{pmatrix} 1 \\ 1 \\ 2 \end{pmatrix} = 5$ d) $\begin{pmatrix} 2 \\ 2 \\ 2 \end{pmatrix} * \begin{pmatrix} -1 \\ -1 \\ -1 \end{pmatrix} = -2$

3 Überprüfen Sie mit dem Skalarprodukt, ob $\vec{u}$ und $\vec{v}$ zueinander orthogonal sind.

a) $\vec{u} = \begin{pmatrix} 2 \\ 3 \\ -2 \end{pmatrix}$; $\vec{v} = \begin{pmatrix} 1 \\ 2 \\ 4 \end{pmatrix}$
b) $\vec{u} = \begin{pmatrix} -1 \\ 2 \\ -4 \end{pmatrix}$; $\vec{v} = \begin{pmatrix} 2 \\ -2 \\ 1 \end{pmatrix}$
c) $\vec{u} = \begin{pmatrix} 3 \\ -5 \\ -4 \end{pmatrix}$; $\vec{v} = \begin{pmatrix} 3 \\ 3 \\ 10 \end{pmatrix}$
d) $\vec{u} = \begin{pmatrix} 0 \\ 0 \\ 1 \end{pmatrix}$; $\vec{v} = \begin{pmatrix} 1 \\ 1 \\ 0 \end{pmatrix}$

4 Informieren Sie sich, wie Sie mit Ihrem Rechner das Skalarprodukt berechnen können.
Überprüfen Sie damit Ihre Ergebnisse aus Aufgabe 3.

$a := \begin{bmatrix} 1 \\ 2 \\ -4 \end{bmatrix}$ $\qquad \begin{bmatrix} 1 \\ 2 \\ -4 \end{bmatrix}$

$b := \begin{bmatrix} 2 \\ 1 \\ 1 \end{bmatrix}$ $\qquad \begin{bmatrix} 2 \\ 1 \\ 1 \end{bmatrix}$

dotP(a, b) $\qquad 0$

5 Auf einem Spielplatz stehen mehrere Stangengerüste als Klettertürme mit dreieckförmigen Dachflächen.
Die Eckpunkte einer der Dachflächen haben in einem Koordinatensystem mit der Einheit Meter die Koordinaten A(2,45|1,3|2,25), B(1,9|4,45|2,38) und C(3,75|3,05|2,57).

Bei der Einweihung des Spielplatzes wurde von einer rechtwinkligen Dachfläche gesprochen. Stimmt dies?

6 Die Glaskuppel auf dem Dach eines mehrstöckigen Hauses besteht aus Glaselementen, die von Metallstreben zusammengehalten werden. Einige dieser Streben laufen von der Dachspitze strahlenförmig nach außen.

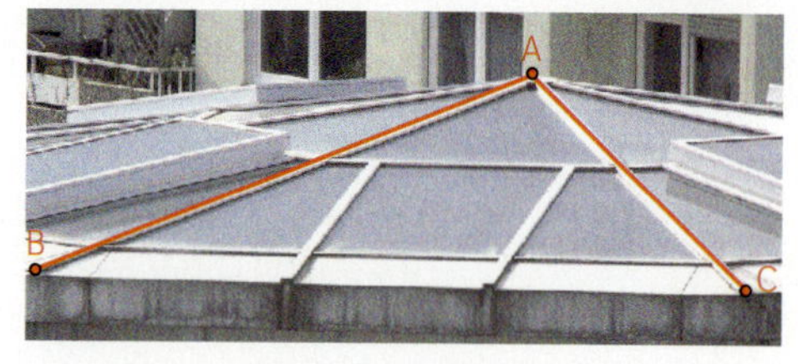

Den Bauplänen kann man die Koordinaten der Endpunkte zweier solcher Streben entnehmen: A(0|0|15), B(4|−2|14) und C(4|2|14), gemessen in Meter.
Untersuchen Sie, ob die beiden Dachstreben einen rechten Winkel einschließen.

7 Geben Sie drei verschiedene Vektoren an, die orthogonal zu $\vec{u}$ sind.

a) $\vec{u} = \begin{pmatrix} 1 \\ 2 \\ 3 \end{pmatrix}$ **b)** $\vec{u} = \begin{pmatrix} -1 \\ 2 \\ 4 \end{pmatrix}$ **c)** $\vec{u} = \begin{pmatrix} 3 \\ -2 \\ 7 \end{pmatrix}$ **d)** $\vec{u} = \begin{pmatrix} -2 \\ -6 \\ 1 \end{pmatrix}$

Aufgabe mit Lösung

Skalarprodukt zueinander paralleler Vektoren

Berechnen Sie das Skalarprodukt eines Vektors $\vec{u} = \begin{pmatrix} u_1 \\ u_2 \\ u_3 \end{pmatrix}$ mit sich selbst und vergleichen Sie mit der Länge von $\vec{u}$. Was fällt auf?

Lösung

$\vec{u} * \vec{u} = \begin{pmatrix} u_1 \\ u_2 \\ u_3 \end{pmatrix} * \begin{pmatrix} u_1 \\ u_2 \\ u_3 \end{pmatrix} = u_1^2 + u_2^2 + u_3^2;$ $\quad |\vec{u}| = \left|\begin{pmatrix} u_1 \\ u_2 \\ u_3 \end{pmatrix}\right| = \sqrt{u_1^2 + u_2^2 + u_3^2}$

Es gilt also $\vec{u} * \vec{u} = |\vec{u}|^2$.

Berechnen Sie das Skalarprodukt eines Vektors $\vec{u}$ mit einem zu $\vec{u}$ parallelen Vektor $\vec{v} = k \cdot \vec{u}$ und vergleichen Sie dieses mit dem Produkt der Längen von $\vec{u}$ und $\vec{v}$. Was fällt auf?

Lösung

$$\vec{u} * \vec{v} = \begin{pmatrix} u_1 \\ u_2 \\ u_3 \end{pmatrix} * \begin{pmatrix} k \cdot u_1 \\ k \cdot u_2 \\ k \cdot u_3 \end{pmatrix} = k \cdot u_1^2 + k \cdot u_2^2 + k \cdot u_3^2 = k \cdot \left(u_1^2 + u_2^2 + u_3^2\right) = k \cdot |\vec{u}|^2$$

Für die Längen erhält man: $|\vec{u}| = \sqrt{u_1^2 + u_2^2 + u_3^2}$;

$$|\vec{v}| = \sqrt{(k \cdot u_1)^2 + (k \cdot u_2)^2 + (k \cdot u_3)^2} = \sqrt{k^2 \cdot \left(u_1^2 + u_2^2 + u_3^2\right)} = \sqrt{k^2} \cdot \sqrt{u_1^2 + u_2^2 + u_3^2} = \sqrt{k^2} \cdot |\vec{u}|$$

Um den Term $\sqrt{k^2}$ zu vereinfachen, sind zwei Fälle zu betrachten:

- Für $k > 0$ ist $\sqrt{k^2} = k$.
  Damit folgt $|\vec{v}| = k \cdot |\vec{u}|$ und $|\vec{u}| \cdot |\vec{v}| = |\vec{u}| \cdot k \cdot |\vec{u}| = k \cdot |\vec{u}|^2 = \vec{u} * \vec{v}$.

Das Skalarprodukt von $\vec{u}$ und $\vec{v}$ ist im Fall $k > 0$ gleich dem Produkt der Längen.

- Für $k < 0$ ist $\sqrt{k^2} = -k$.
  Damit folgt $|\vec{v}| = -k \cdot |\vec{u}|$ und $|\vec{u}| \cdot |\vec{v}| = |\vec{u}| \cdot (-k) \cdot |\vec{u}| = -k \cdot |\vec{u}|^2 = -(\vec{u} * \vec{v})$.
  Daher gilt: $\vec{u} * \vec{v} = -|\vec{u}| \cdot |\vec{v}|$

Das Skalarprodukt von $\vec{u}$ und $\vec{v}$ ist im Fall $k < 0$ das Negative des Produkts der Längen.

Information

Skalarprodukt eines Vektors mit sich selbst

Das Skalarprodukt eines Vektors $\vec{u}$ mit sich selbst ist das Quadrat seiner Länge:
$\vec{u} * \vec{u} = |\vec{u}|^2$

$$\begin{pmatrix} 1 \\ 2 \\ -4 \end{pmatrix} * \begin{pmatrix} 1 \\ 2 \\ -4 \end{pmatrix} = 1 \cdot 1 + 2 \cdot 2 + (-4) \cdot (-4) = 21 = \left|\begin{pmatrix} 1 \\ 2 \\ -4 \end{pmatrix}\right|^2$$

Skalarprodukt zueinander paralleler Vektoren

Für das Skalarprodukt eines Vektors $\vec{u}$ mit einem Vielfachen $\vec{v} = k \cdot \vec{u}$ für $k \in \mathbb{R}$ gilt:

- Ist $k > 0$, so ist das Skalarprodukt gleich dem Produkt der Längen: $\vec{u} * \vec{v} = |\vec{u}| \cdot |\vec{v}|$
- Ist $k < 0$, so ist das Skalarprodukt das Negative des Produkts der Längen: $\vec{u} * \vec{v} = -|\vec{u}| \cdot |\vec{v}|$

$\vec{u}$ $\quad \vec{v} = k \cdot \vec{u},\ k > 0$

$$\begin{pmatrix} 1 \\ 2 \\ -4 \end{pmatrix} * \begin{pmatrix} 3 \\ 6 \\ -12 \end{pmatrix} = 63 = \left|\begin{pmatrix} 1 \\ 2 \\ -4 \end{pmatrix}\right| \cdot \left|\begin{pmatrix} 3 \\ 6 \\ -12 \end{pmatrix}\right|$$

$\vec{v} = k \cdot \vec{u},\ k < 0$ $\quad \vec{u}$

$$\begin{pmatrix} 1 \\ 2 \\ -4 \end{pmatrix} * \begin{pmatrix} -2 \\ -4 \\ 8 \end{pmatrix} = -42 = -\left|\begin{pmatrix} 1 \\ 2 \\ -4 \end{pmatrix}\right| \cdot \left|\begin{pmatrix} -2 \\ -4 \\ 8 \end{pmatrix}\right|$$

8 Untersuchen Sie, ob das Dreieck ABC rechtwinklig, gleichschenklig oder gleichseitig ist.

a) A(0|−1|3); B(−2|1|3); C(−2|−1|8)
b) A(1|2|1); B(5|2|−3); C(1|6|−3)
c) A(1|2|3); B(4|2|6); C(1|2|1)

A(1|1|1); B(6|1|1); C(1|4|5)

$\overrightarrow{AB} * \overrightarrow{AC} = \begin{pmatrix} 5 \\ 0 \\ 0 \end{pmatrix} * \begin{pmatrix} 0 \\ 3 \\ 4 \end{pmatrix} = 0$

$\left|\overrightarrow{AB}\right| = \sqrt{5^2} = 5$

$\left|\overrightarrow{AC}\right| = \sqrt{3^2 + 4^2} = 5$

Das Dreieck ABC ist also rechtwinklig und gleichschenklig.

9 Geben Sie mögliche Koordinaten eines Punktes C an, sodass mit den Punkten A(1|0|1) und B(2|3|−1) gilt:

a) Das Dreieck ABC ist rechtwinklig.
b) Das Dreieck ABC ist gleichschenklig.

10 Untersuchen Sie, welche besondere Eigenschaften das Viereck ABCD mit den Punkten A(2|1|3), B(2|7|11), C(12|7|11) und D(12|1|3) hat.

11 Berechnen Sie einen Vektor $\vec{c} = \begin{pmatrix} x \\ y \\ z \end{pmatrix}$, der zu beiden Vektoren $\vec{a}$ und $\vec{b}$ orthogonal ist.

a) $\vec{a} = \begin{pmatrix} 3 \\ 2 \\ 1 \end{pmatrix}$; $\vec{b} = \begin{pmatrix} 3 \\ 0 \\ 2 \end{pmatrix}$
b) $\vec{a} = \begin{pmatrix} -1 \\ 2 \\ 4 \end{pmatrix}$; $\vec{b} = \begin{pmatrix} 2 \\ 1 \\ -2 \end{pmatrix}$

12 Wie viele Vektoren gibt es, die orthogonal zum Vektor $\vec{u} = \begin{pmatrix} 1 \\ 0 \\ 0 \end{pmatrix}$ sind? Beschreiben Sie ihre geometrische Lage und verallgemeinern Sie dies für einen beliebigen Vektor $\vec{u}$.

13 Gegeben sind die Punkte A und B. Bestimmen Sie einen Punkt C so, dass die Vektoren $\overrightarrow{AB}$ und $\overrightarrow{AC}$ orthogonal zueinander sind.

a) A(0|−1|−3); B(2|4|−1)
b) A(−4|2|3); B(6|−2|5)

Rechengesetze für das Skalarprodukt

14 Überprüfen Sie die Rechengesetze für das Skalarprodukt

a) anhand der Vektoren

$\vec{a} = \begin{pmatrix} 2 \\ 1 \\ 3 \end{pmatrix}$, $\vec{b} = \begin{pmatrix} -2 \\ 2 \\ 1 \end{pmatrix}$ und $\vec{c} = \begin{pmatrix} 1 \\ -2 \\ -1 \end{pmatrix}$;

b) allgemein für

$\vec{a} = \begin{pmatrix} a_1 \\ a_2 \\ a_3 \end{pmatrix}$, $\vec{b} = \begin{pmatrix} b_1 \\ b_2 \\ b_3 \end{pmatrix}$ und $\vec{c} = \begin{pmatrix} c_1 \\ c_2 \\ c_3 \end{pmatrix}$.

Kommutativgesetz:
$\vec{a} * \vec{b} = \vec{b} * \vec{a}$

Distributivgesetz:
$\vec{a} * (\vec{b} + \vec{c}) = \vec{a} * \vec{b} + \vec{a} * \vec{c}$

15 Für die Multiplikation reeller Zahlen a, b, c gilt das Assoziativgesetz $a \cdot (b \cdot c) = (a \cdot b) \cdot c$.

a) Begründen Sie, dass man für das Skalarprodukt kein Assoziativgesetz formulieren kann.
b) Zeigen Sie anhand eines Beispiels, dass auch die folgende Gleichung **nicht** gilt:
$\vec{a} \cdot (\vec{b} * \vec{c}) = (\vec{a} * \vec{b}) \cdot \vec{c}$

Weiterüben

16 Der abgebildete Würfel hat die Eckpunkte A(0|0|0) und G(1|1|1).

a) Geben Sie die Koordinaten der übrigen Eckpunkte an.

b) Untersuchen Sie, ob die Vektoren $\overrightarrow{AG}$ und $\overrightarrow{BH}$ orthogonal zueinander sind.

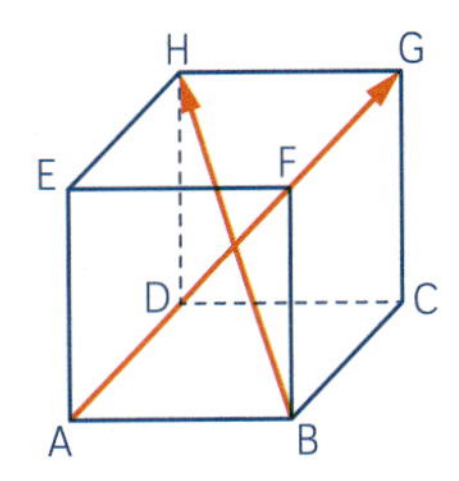

17 Eine Raute kann durch zwei Vektoren $\vec{a}$ und $\vec{b}$ mit $|\vec{a}| = |\vec{b}|$ beschrieben werden.
Zeigen Sie, dass die Diagonalen in jeder Raute orthogonal zueinander sind.
Stellen Sie dazu die Diagonalen mithilfe von $\vec{a}$ und $\vec{b}$ dar und verwenden Sie das Skalarprodukt.

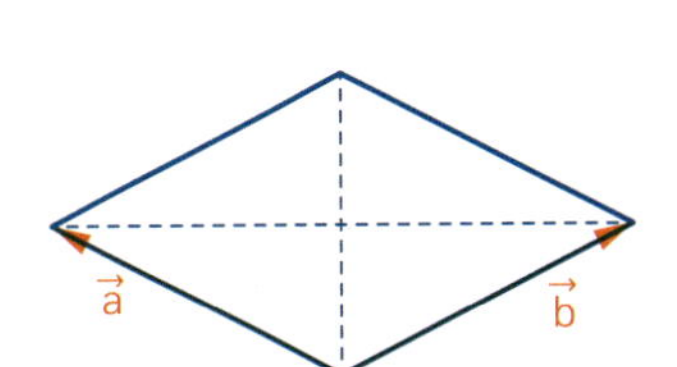

18 Beweisen Sie den **Satz des Thales**:
Für jeden Punkt C auf einem Halbkreis über der Strecke AB hat das Dreieck ABC einen rechten Winkel bei C.
Erläutern Sie dazu die Bezeichnungen aus der Abbildung und verwenden Sie das Skalarprodukt.

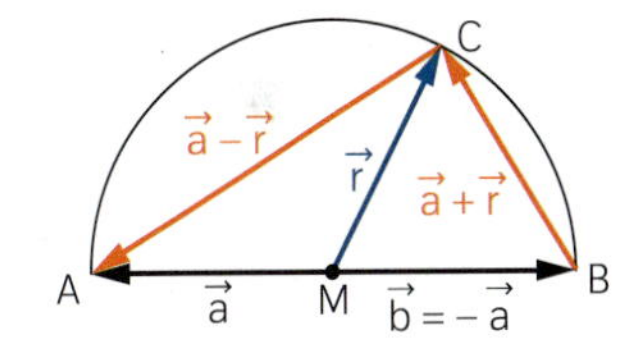

19 Beweisen Sie für ein rechtwinkliges Dreieck mit den Bezeichnungen wie in der Abbildung.

a) Höhensatz des Euklid: $|\vec{h}|^2 = |\vec{p}| \cdot |\vec{q}|$
Stellen Sie dazu $\vec{a}$ und $\vec{b}$ mithilfe von $\vec{p}$, $\vec{q}$ und $\vec{h}$ dar und verwenden Sie das Skalarprodukt.

b) Kathetensatz des Euklid: $|\vec{b}|^2 = |\vec{c}| \cdot |\vec{q}|$, wobei $\vec{c} = \vec{b} - \vec{a}$

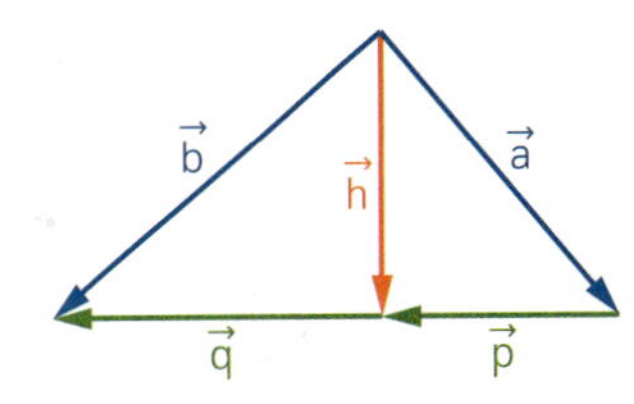

20 Beweisen Sie folgende Aussage mit Vektoren:
In einem Parallelogramm ABCD gilt: $|AC|^2 + |BD|^2 = |AB|^2 + |BC|^2 + |CD|^2 + |DA|^2$

Das kann ich noch!

A Die Abbildung zeigt die Graphen einer ganzrationalen Funktion f und einer ihrer Stammfunktionen F.

1) Welche Aussagen können Sie zum Grad der Funktion f bzw. F machen?

2) Zeigen Sie an charakteristischen Punkten, dass die Funktion F eine Stammfunktion von f ist.

3) Berechnen Sie mithilfe des Graphen von F näherungsweise das Integral $\int_0^5 f(x)\,dx$.

4) Verdeutlichen Sie den Wert des Integrals am Graphen von f.

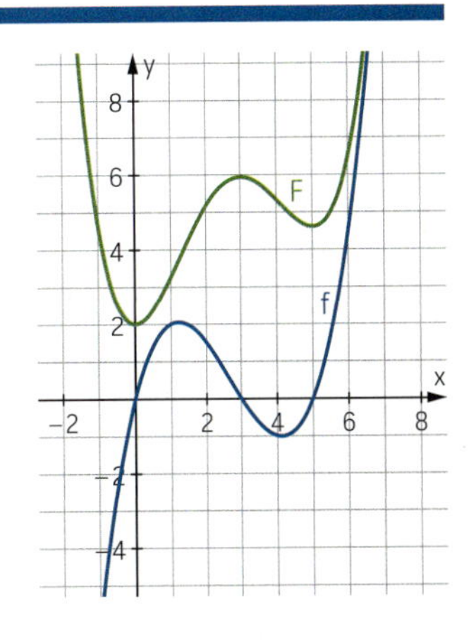

4.2 Winkel zwischen Vektoren

Einstieg

Erkunden Sie mit einer dynamischen Geometrie-Software, wie das Skalarprodukt zweier Vektoren $\vec{a}$ und $\vec{b}$ in der x_1x_2-Ebene mit dem Winkel zwischen ihnen zusammenhängt.

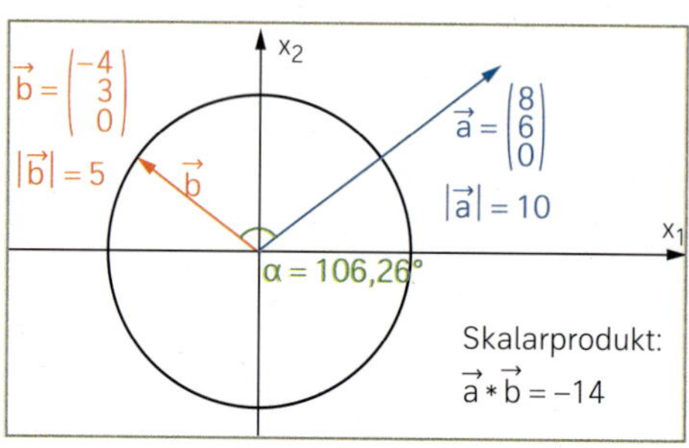

Lassen Sie dazu den Vektor $\vec{a}$ unverändert und bewegen Sie den Vektor $\vec{b}$ auf einem Kreis um den Koordinatenursprung.
Bei welchen Winkeln ist das Skalarprodukt positiv, bei welchen ist es negativ?
Wann ist der Betrag des Skalarprodukts am größten und wie hängt dieser Betrag mit den Längen von $\vec{a}$ und $\vec{b}$ zusammen?

Aufgabe mit Lösung

Zusammenhang zwischen Skalarprodukt und Winkel

Die Vektoren $\vec{u}$ und $\vec{v}$ schließen einen Winkel $\alpha < 90°$ ein.
Entwickeln Sie mithilfe des Skalarprodukts eine Formel für α.

Lösung

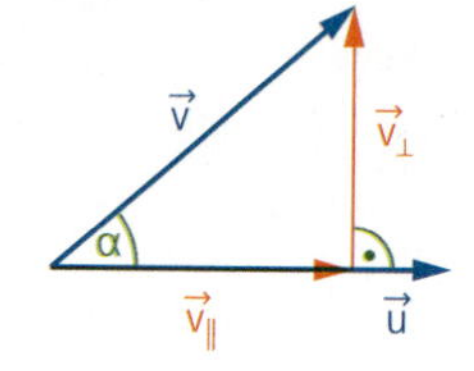

Der Winkel α lässt sich mithilfe der beiden Vektoren $\vec{v}_\parallel$ und $\vec{v}_\perp$ über die Definition des Kosinus bestimmen: $\cos(\alpha) = \frac{|\vec{v}_\parallel|}{|\vec{v}|}$

Es gilt:
$$\begin{aligned}
\vec{u} * \vec{v} &= \vec{u} * (\vec{v}_\parallel + \vec{v}_\perp) && (\text{da } \vec{v} = \vec{v}_\parallel + \vec{v}_\perp) \\
&= \vec{u} * \vec{v}_\parallel + \vec{u} * \vec{v}_\perp && (\text{Distributivgesetz für das Skalarprodukt}) \\
&= \vec{u} * \vec{v}_\parallel && (\text{da } \vec{u} * \vec{v}_\perp = 0) \\
&= |\vec{u}| \cdot |\vec{v}_\parallel| && (\text{da } \vec{v}_\parallel \text{ und } \vec{u} \text{ parallel und gleich gerichtet})
\end{aligned}$$

Es folgt $|\vec{v}_\parallel| = \frac{\vec{u} * \vec{v}}{|\vec{u}|}$ und damit $\cos(\alpha) = \frac{\vec{u} * \vec{v}}{|\vec{u}| \cdot |\vec{v}|}$.

Zeigen Sie, dass die Formel auch für Winkel $\alpha > 90°$ gültig ist.

Lösung

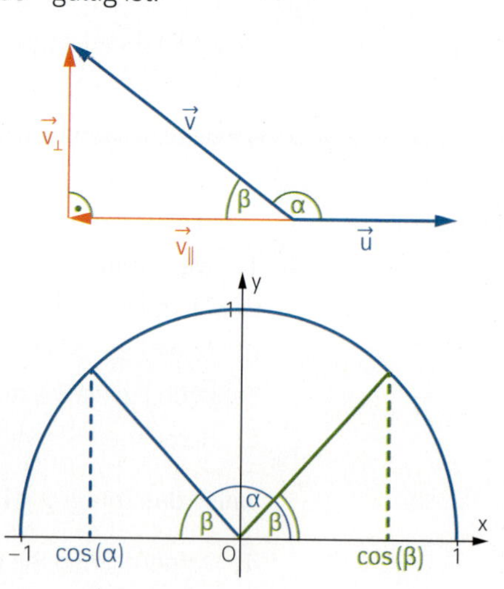

Für $\alpha > 90°$ ist $\beta = 180° - \alpha < 90°$ und damit $\cos(\beta) = \frac{|\vec{v}_\parallel|}{|\vec{v}|}$.

Am Einheitskreis erkennt man, dass $\cos(\beta) = -\cos(\alpha)$.

Daher gilt: $\cos(\alpha) = -\cos(\beta) = -\frac{|\vec{v}_\parallel|}{|\vec{v}|}$ (★)

Wie oben erhält man die Gleichung $\vec{u} * \vec{v} = \vec{u} * \vec{v}_\parallel$.

Dieser Term ist für $\alpha > 90°$ aber gleich $-|\vec{u}| \cdot |\vec{v}_\parallel|$, da $\vec{v}_\parallel$ und $\vec{u}$ parallel zueinander und entgegengesetzt gerichtet sind.

Also folgt: $|\vec{v}_\parallel| = -\frac{\vec{u} * \vec{v}}{|\vec{u}|}$

Setzt man dies in Gleichung (★) ein, so erhält man $\cos(\alpha) = \frac{\vec{u} * \vec{v}}{|\vec{u}| \cdot |\vec{v}|}$.

Information

Winkel zwischen zwei Vektoren

Definition

Der **Winkel** zwischen zwei Vektoren $\vec{u} \neq \vec{o}$ und $\vec{v} \neq \vec{o}$ ist der Winkel $\alpha \leq 180°$, der von zwei Pfeilen zu $\vec{u}$ und $\vec{v}$ mit einem gemeinsamen Anfangspunkt eingeschlossen wird.

Satz

Für den Winkel α zwischen zwei Vektoren $\vec{u}$ und $\vec{v}$ gilt:

$$\cos(\alpha) = \frac{\vec{u} * \vec{v}}{|\vec{u}| \cdot |\vec{v}|}$$

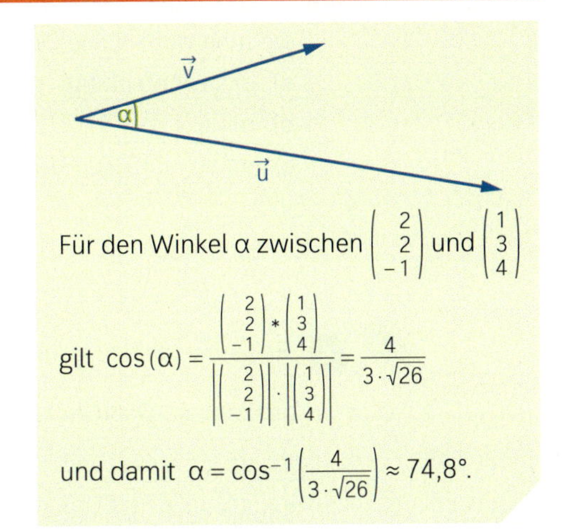

Für den Winkel α zwischen $\begin{pmatrix} 2 \\ 2 \\ -1 \end{pmatrix}$ und $\begin{pmatrix} 1 \\ 3 \\ 4 \end{pmatrix}$

gilt $\cos(\alpha) = \frac{\begin{pmatrix} 2 \\ 2 \\ -1 \end{pmatrix} * \begin{pmatrix} 1 \\ 3 \\ 4 \end{pmatrix}}{\left|\begin{pmatrix} 2 \\ 2 \\ -1 \end{pmatrix}\right| \cdot \left|\begin{pmatrix} 1 \\ 3 \\ 4 \end{pmatrix}\right|} = \frac{4}{3 \cdot \sqrt{26}}$

und damit $\alpha = \cos^{-1}\left(\frac{4}{3 \cdot \sqrt{26}}\right) \approx 74{,}8°$.

Üben

1 Berechnen Sie den Winkel, den die gegebenen Vektoren miteinander einschließen.

a) $\vec{u} = \begin{pmatrix} 2 \\ -1 \\ 2 \end{pmatrix}$; $\vec{v} = \begin{pmatrix} 4 \\ 0 \\ -3 \end{pmatrix}$

b) $\vec{u} = \begin{pmatrix} 1 \\ 1 \\ 1 \end{pmatrix}$; $\vec{v} = \begin{pmatrix} -5 \\ 3 \\ -1 \end{pmatrix}$

c) $\vec{u} = \begin{pmatrix} -3 \\ -2 \\ 5 \end{pmatrix}$; $\vec{v} = \begin{pmatrix} 7 \\ 1 \\ -4 \end{pmatrix}$

d) $\vec{u} = \begin{pmatrix} 2 \\ -1 \\ 5 \end{pmatrix}$; $\vec{v} = \begin{pmatrix} 6 \\ 7 \\ 2 \end{pmatrix}$

e) $\vec{u} = \begin{pmatrix} 12 \\ 3 \\ 5 \end{pmatrix}$; $\vec{v} = \begin{pmatrix} 6 \\ 1 \\ -9 \end{pmatrix}$

f) $\vec{u} = \begin{pmatrix} 1 \\ -2 \\ -3 \end{pmatrix}$; $\vec{v} = \begin{pmatrix} -3 \\ 3 \\ 1 \end{pmatrix}$

2 Auf dem Dach eines alten Bauernhauses wurde eine Photovoltaik-Anlage installiert. Bei der Planung der Anlage wurde auch der Winkel am Giebel bestimmt.
Drei Eckpunkte der Dachflächen sind in einem Koordinatensystem mit der Einheit Meter durch A(−7|5|3), B(7,5|5|4,5) und C(3|5|6) gegeben.

Berechnen Sie den Winkel, den die Dachkanten im Eckpunkt C miteinander einschließen.

3 Sven sagt: „Wenn das Skalarprodukt zweier Vektoren einen negativen Wert ergibt, so ist der eingeschlossene Winkel ein stumpfer Winkel. Ist der Wert dagegen positiv, so ist es ein spitzer Winkel."
Begründen Sie seine Aussage.

4 Übertragen Sie die Skizze in Ihr Heft.
Begründen Sie, dass für den Vektor $\vec{x}$ die Gleichung
$\vec{u} * \vec{x} = \vec{u} * \vec{v}$ gilt.
Zeichnen Sie weitere Vektoren $\vec{x}$, für die diese Gleichung gilt.

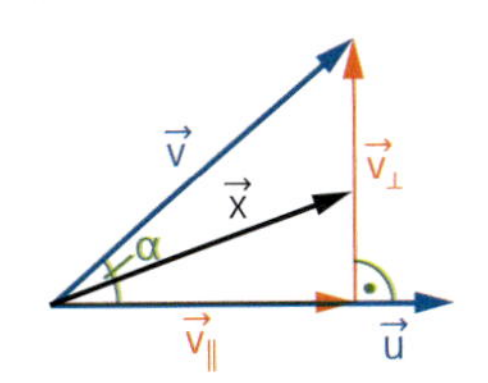

5 Bestimmen Sie die Längen der Dreiecksseiten und die Innenwinkel des Dreiecks ABC
a) in der Abbildung;
b) mit A(1|0|−4), B(2|−2|0) und C(4|4|5);
c) mit A(−1|0|0), B(0|1|0) und C(−4|3|−2).

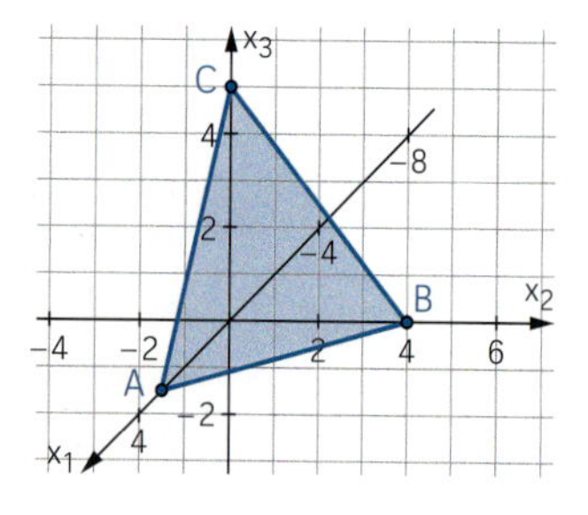

6 Laura soll den Winkel α im Dreieck ABC mit A(1|2|3), B(2|1|3) und C(3|5|4) bestimmen. Dazu rechnet sie den Winkel zwischen $\overrightarrow{AC} = \begin{pmatrix} 2 \\ 3 \\ 1 \end{pmatrix}$ und $\overrightarrow{BA} = \begin{pmatrix} -1 \\ 1 \\ 0 \end{pmatrix}$ aus und erhält $\alpha \approx 79{,}5°$.
Sophie sagt: „Ich habe $\alpha \approx 101{,}5°$ herausbekommen."
Erklären Sie, welchen Fehler Laura gemacht hat.

Untersuchen geometrischer Figuren

7 Bestimmen Sie die Innenwinkel des Dreiecks PQR in der abgebildeten Figur.

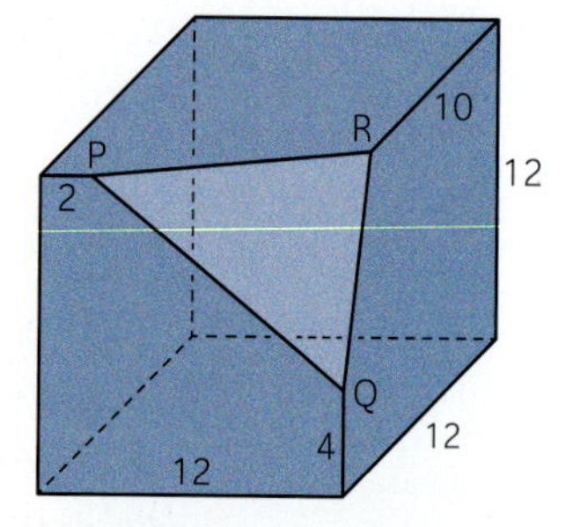

8 Ein Viereck hat die Eckpunkte A(−3|2|5), B(4|−2|1), C(5|6|8) und D(−2|10|12).
a) Zeigen Sie, dass das Viereck ein Parallelogramm ist.
b) Berechnen Sie die Seitenlängen und die Größe der Innenwinkel.

Weiterüben

9 Der abgebildete Würfel hat eine Kantenlänge von 4 dm.
Untersuchen Sie, in welchem Winkel sich jeweils zwei Raumdiagonalen schneiden und ob die Schnittwinkel verschieden groß sind.
Schätzen Sie zunächst.

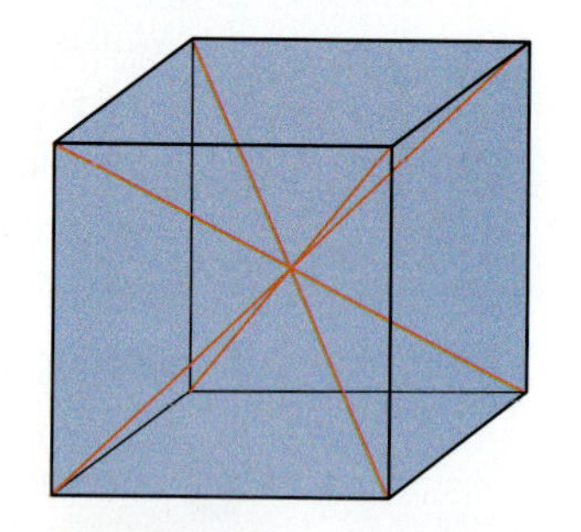

10 Lena zieht einen Schlitten mit ihrer Schwester Hanna 300 m weit über eine schiefe ebene Schneefläche. Sie bringt dabei eine konstante Kraft von 240 N auf. Die entstehenden Reibungskräfte können vernachlässigt werden.
Bestimmen Sie, wie groß die Kraft ist, die in Wegrichtung wirksam wird. Berechnen Sie die verrichtete Arbeit und erklären Sie, dass man sie als Skalarprodukt deuten kann.

4.3 Geraden im Raum

Einstieg

Ein Tauchboot startet im Punkt A(10|12|0) und bewegt sich konstant pro Minute um den Vektor $\vec{v} = \begin{pmatrix} 74 \\ 65 \\ -4 \end{pmatrix}$ vorwärts. Die Angaben beziehen sich auf ein Koordinatensystem mit der Einheit Meter. Erläutern Sie, wie man die Koordinaten eines beliebigen Punktes des Tauchbootkurses erhalten kann.

Aufgabe mit Lösung

Geraden im Raum mit Vektoren beschreiben

Ein Flugzeug wird bezüglich eines Koordinatensystems mit der Einheit Kilometer von einer Radarstation im Punkt P(14|−26|4) geortet. Eine Minute später befindet es sich im Punkt Q(−16|30|5). Dabei wird vorausgesetzt, dass das Flugzeug seine Richtung und Geschwindigkeit nicht ändert.

→ Wo befindet sich das Flugzeug drei Minuten nach Beobachtungsbeginn, wo befand es sich eine halbe Minute vor Beobachtungsbeginn?

Lösung

Die Flugrichtung kann durch den Vektor $\vec{u} = \overrightarrow{PQ} = \begin{pmatrix} -16-14 \\ 30+26 \\ 5-4 \end{pmatrix} = \begin{pmatrix} -30 \\ 56 \\ 1 \end{pmatrix}$ beschrieben werden.

Drei Minuten nach Beobachtungsbeginn hat sich das Flugzeug 3-mal so weit von P entfernt und befindet sich im Punkt R. Den zurückgelegten Weg kann man durch den Vektor $3 \cdot \begin{pmatrix} -30 \\ 56 \\ 1 \end{pmatrix}$ beschreiben.

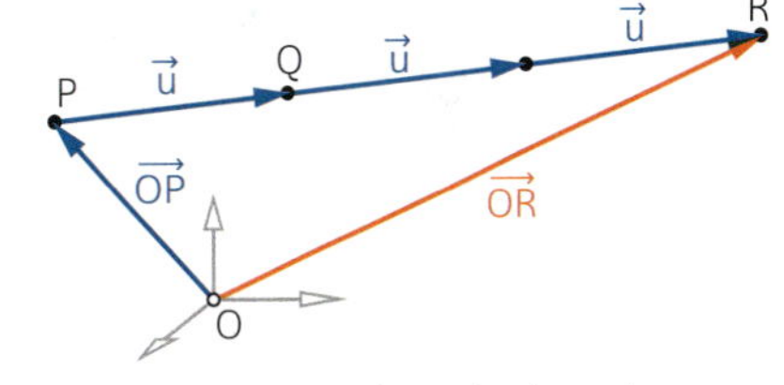

Für den Punkt R gilt also: $\overrightarrow{OR} = \overrightarrow{OP} + 3 \cdot \vec{u} = \begin{pmatrix} 14 \\ -26 \\ 4 \end{pmatrix} + 3 \cdot \begin{pmatrix} -30 \\ 56 \\ 1 \end{pmatrix} = \begin{pmatrix} 14 \\ -26 \\ 4 \end{pmatrix} + \begin{pmatrix} -90 \\ 168 \\ 3 \end{pmatrix} = \begin{pmatrix} -76 \\ 142 \\ 7 \end{pmatrix}$

Das Flugzeug befindet sich drei Minuten nach Beobachtungsbeginn im Punkt R(−76|142|7).

Entsprechend kann der in einer halben Minute zurückgelegte Weg durch den Vektor $\frac{1}{2} \cdot \vec{u} = \frac{1}{2} \cdot \begin{pmatrix} -30 \\ 56 \\ 1 \end{pmatrix}$ beschrieben werden.

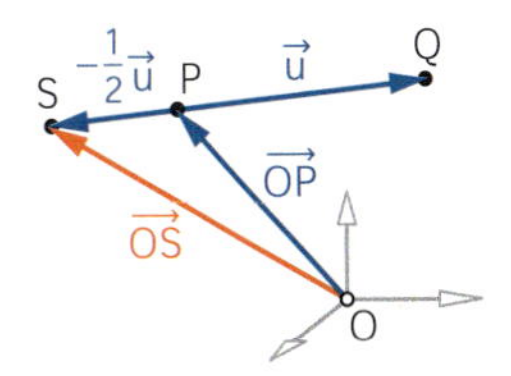

Um den Punkt S zu erreichen, in dem sich das Flugzeug eine halbe Minute vor Beobachtungsbeginn befand, muss man in die entgegengesetzte Richtung gehen:

$$\overrightarrow{OS} = \overrightarrow{OP} - \frac{1}{2} \cdot \vec{u} = \begin{pmatrix} 14 \\ -26 \\ 4 \end{pmatrix} - \frac{1}{2} \cdot \begin{pmatrix} -30 \\ 56 \\ 1 \end{pmatrix} = \begin{pmatrix} 14 \\ -26 \\ 4 \end{pmatrix} - \begin{pmatrix} -15 \\ 28 \\ 0{,}5 \end{pmatrix} = \begin{pmatrix} 29 \\ -54 \\ 3{,}5 \end{pmatrix}$$

Das Flugzeug befand sich eine halbe Minute vor Beobachtungsbeginn im Punkt S(29|−54|3,5).

→ Später wird das Flugzeug in den Punkten A(−166|310|10) und B(−226|534|12) geortet. Hat das Flugzeug seine Richtung beibehalten?

Lösung

Wenn das Flugzeug seine Richtung $\vec{u}$ beibehält, kann die Flugbahn durch eine Gerade beschrieben werden, auf der die Punkte P, A und B liegen müssten.

Falls A auf dieser Geraden liegt, so müsste man A von P aus erreichen, indem man ein Vielfaches von $\vec{u}$ an $\overrightarrow{OP}$ anträgt, also:

$\overrightarrow{OA} = \overrightarrow{OP} + k \cdot \vec{u}$

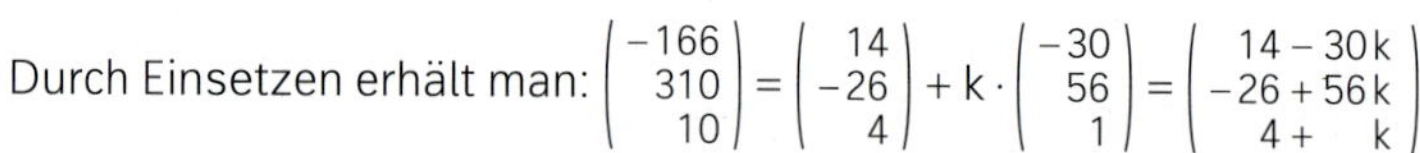

Durch Einsetzen erhält man: $\begin{pmatrix} -166 \\ 310 \\ 10 \end{pmatrix} = \begin{pmatrix} 14 \\ -26 \\ 4 \end{pmatrix} + k \cdot \begin{pmatrix} -30 \\ 56 \\ 1 \end{pmatrix} = \begin{pmatrix} 14 - 30k \\ -26 + 56k \\ 4 + k \end{pmatrix}$

Das heißt, k müsste das folgende lineare Gleichungssystem erfüllen: $\begin{vmatrix} -166 = 14 - 30k \\ 310 = -26 + 56k \\ 10 = 4 + k \end{vmatrix}$

Durch Vereinfachen ergibt sich daraus: $\begin{vmatrix} k = 6 \\ k = 6 \\ k = 6 \end{vmatrix}$

Für den Ortsvektor $\overrightarrow{OA}$ gilt somit: $\overrightarrow{OA} = \overrightarrow{OP} + 6 \cdot \vec{u}$

Das Flugzeug erreicht also den Punkt A, ohne seine Richtung zu ändern.

Falls B auf der Geraden liegt, so müsste es ein k geben, das das lineare Gleichungssystem

$\begin{vmatrix} -226 = 14 - 30k \\ 534 = -26 + 56k \\ 12 = 4 + k \end{vmatrix}$ erfüllt. Durch Vereinfachen erhält man: $\begin{vmatrix} k = 8 \\ k = 10 \\ k = 8 \end{vmatrix}$

Es gibt also kein k, sodass gilt: $\overrightarrow{OB} = \overrightarrow{OP} + k \cdot \vec{u}$. Der Punkt B liegt nicht auf der Geraden durch P und Q.

Somit hat das Flugzeug zwischen den Punkten A und B seine Richtung geändert.

Information

Parameterdarstellung einer Geraden

Durch einen Punkt A und einen Vektor $\vec{u} \neq \vec{o}$ ist eine Gerade g bestimmt.

Für jeden Punkt X auf der Geraden g gibt es eine Zahl $k \in \mathbb{R}$, sodass gilt:

$\overrightarrow{OX} = \overrightarrow{OA} + k \cdot \vec{u}$.

Für Punkte außerhalb der Geraden g gibt es eine solche Zahl k nicht.

Diese Vektorgleichung bezeichnet man als **Parameterdarstellung** der Geraden g mit dem **Parameter** k.

Den Vektor $\overrightarrow{OA}$ bezeichnet man als **Stützvektor** von g, den Vektor $\vec{u}$ als **Richtungsvektor** von g.

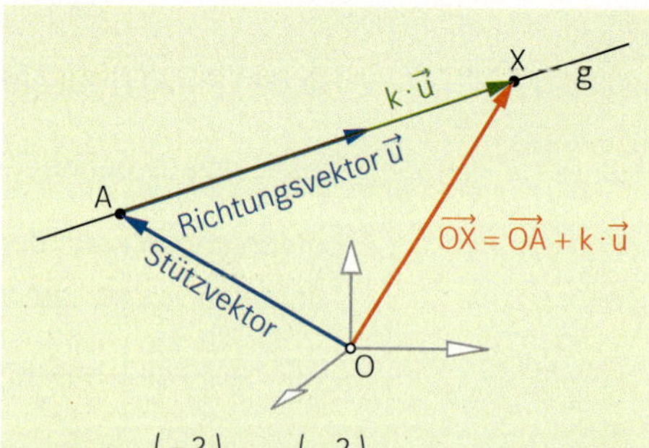

g: $\overrightarrow{OX} = \begin{pmatrix} -2 \\ 3 \\ 1 \end{pmatrix} + k \cdot \begin{pmatrix} 2 \\ -5 \\ 7 \end{pmatrix}$

Für $k = 3$ ergibt sich:

$\overrightarrow{OX} = \begin{pmatrix} -2 \\ 3 \\ 1 \end{pmatrix} + 3 \cdot \begin{pmatrix} 2 \\ -5 \\ 7 \end{pmatrix} = \begin{pmatrix} 4 \\ -12 \\ 22 \end{pmatrix}$

Also liegt der Punkt P(4|−12|22) auf der Geraden g.

Anmerkungen:

(1) Damit man alle Punkte der Geraden erhält, muss der Parameter k alle reellen Zahlen durchlaufen.

(2) Für den Ortsvektor $\overrightarrow{OA}$ eines Punktes A schreibt man kürzer nur $\vec{a}$.
Die Gleichung $\overrightarrow{OX} = \overrightarrow{OA} + k \cdot \vec{u}$ kann man dann kürzer schreiben als $\vec{x} = \vec{a} + k \cdot \vec{u}$.

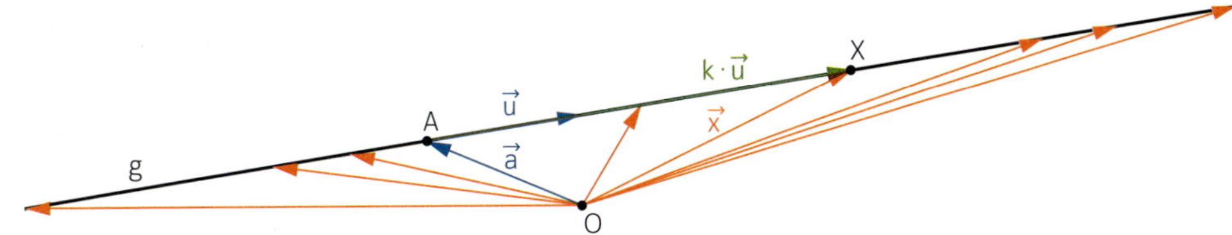

Üben

1 Gegeben sind der Punkt P(1|−2|4) und der Vektor $\vec{v} = \begin{pmatrix} 4 \\ -5 \\ 3 \end{pmatrix}$.
Stellen Sie eine Gleichung der Geraden g auf, die durch den Punkt P in Richtung des Vektors $\vec{v}$ verläuft.
Berechnen Sie die Koordinaten der Punkte auf g, die man für $k = -2; -1; 0; 1; 2; 3$ erhält.

2 Bestimmen Sie drei verschiedene Parameterdarstellungen für die Gerade durch die Punkte A und B.

a) A(−3|6|12); B(5|0|1)

b) A(−5|7|4); B(1|−4|6)
c) A(9|0|−5); B(0|0|0)
d) A(0|0|0); B(7|7|8)

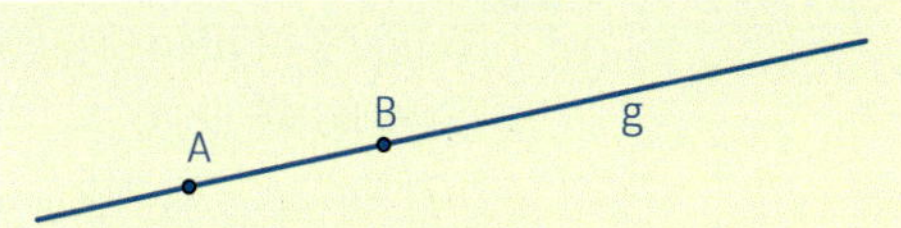

Mögliche Richtungsvektoren für die Gerade g:
$\overrightarrow{AB}; \overrightarrow{BA}; 2 \cdot \overrightarrow{AB}; -0{,}5 \cdot \overrightarrow{AB}$ ...

3 Gegeben ist die Gerade g mit g: $\overrightarrow{OX} = \begin{pmatrix} -7 \\ 4 \\ 3 \end{pmatrix} + k \cdot \begin{pmatrix} 8 \\ 6 \\ -8 \end{pmatrix}$.

a) Zeigen Sie, dass durch die Parameterdarstellung $\overrightarrow{OX} = \begin{pmatrix} 1 \\ 10 \\ -5 \end{pmatrix} + k \cdot \begin{pmatrix} -8 \\ -6 \\ 8 \end{pmatrix}$ mit $k \in \mathbb{R}$ dieselbe Gerade beschrieben wird.

b) Geben Sie eine weitere Parameterdarstellung für die Gerade g an.

4 Jana will die Parameterdarstellung der Geraden g: $\vec{x} = \begin{pmatrix} 3 \\ -6 \\ 9 \end{pmatrix} + k \cdot \begin{pmatrix} -2 \\ 4 \\ -8 \end{pmatrix}$ mit $k \in \mathbb{R}$ vereinfachen. Untersuchen Sie, ob ihr Vorgehen korrekt ist.

Für die Lage einer Geraden im Raum ist die Richtung, aber nicht die Länge der Vektoren entscheidend. Daher „kürze" ich die Vektoren:
g: $\vec{x} = \begin{pmatrix} 1 \\ -2 \\ 3 \end{pmatrix} + k \cdot \begin{pmatrix} 1 \\ -2 \\ 4 \end{pmatrix}$

5 Prüfen Sie, ob die Punkte A, B und C auf der Geraden g liegen.

a) g: $\vec{x} = \begin{pmatrix} 0 \\ 3 \\ 1 \end{pmatrix} + k \cdot \begin{pmatrix} 2 \\ 1 \\ -2 \end{pmatrix}$
A(−4|1|5); B(2|4|2); C(10|8|−9)

b) g: $\vec{x} = \begin{pmatrix} 1 \\ -2 \\ 5 \end{pmatrix} + k \cdot \begin{pmatrix} -1 \\ 1 \\ -1 \end{pmatrix}$
A(4|−5|8); B(2|−1|4); C(−4|1|2)

6 Eine Gerade durch den Koordinatenursprung heißt *Ursprungsgerade*.

a) Geben Sie drei verschiedene Parameterdarstellungen für die Ursprungsgerade durch den Punkt A(3 | −2 | 4) an.

b) Zeigen Sie, dass auch die Parameterdarstellung $\overrightarrow{OX} = \begin{pmatrix} -9 \\ 6 \\ -12 \end{pmatrix} + k \cdot \begin{pmatrix} 3 \\ -2 \\ 4 \end{pmatrix}$ diese Ursprungsgerade beschreibt.

c) Erläutern Sie, wie man an der Parameterdarstellung einer Geraden feststellen kann, ob es sich um eine Ursprungsgerade handelt.

7 Zur Planung einer Lasershow muss genau bekannt sein, auf welche Punkte ein bestimmter Laserstrahl trifft. In einem örtlichen Koordinatensystem wird ein Laserstrahl vom Punkt A(1 | 0 | 3) ausgesandt. Seine Richtung lässt sich durch den Vektor $\vec{v} = \begin{pmatrix} 2 \\ -1 \\ 4 \end{pmatrix}$ beschreiben. Geben Sie alle Punkte an, die von diesem Laserstrahl erreicht werden.

Beschreibung von Strecken

8 Die Gerade g verläuft durch die Punkte A und B. Prüfen Sie, ob der Punkt P auf der Strecke $\overline{AB}$ liegt.

a) A(−2 | 5 | 3); B(2 | −3 | 1); P(−14 | 29 | 9)

b) A(5 | −3 | −1); B(2 | −1 | 2); P(−1 | 1 | 6)

c) A(3,5 | 3,5 | 2,5); B(−0,5 | 7,5 | −1,5); P(3 | 3 | 3)

d) $A\left(\frac{1}{3} \middle| \frac{1}{6} \middle| \frac{1}{2}\right)$; $B\left(\frac{1}{6} \middle| \frac{1}{2} \middle| \frac{1}{3}\right)$; P(0 | 1 | 0)

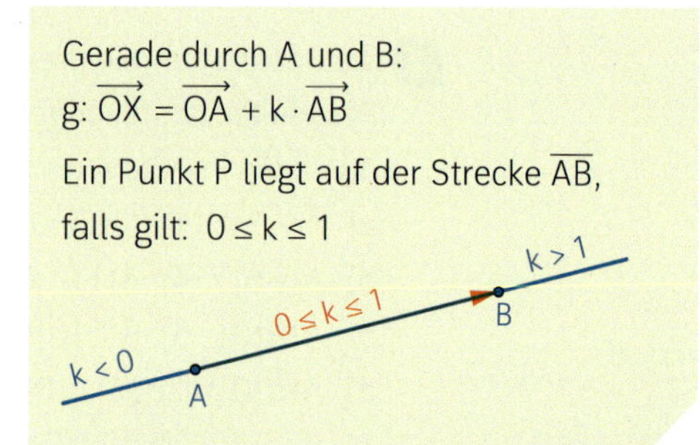

9 Das Foto zeigt eine Tunnelbohrmaschine. Bei einem Tunnelbau wird vom Tunnelanfang A(250 | 780 | 1030) aus der Bohrkopf täglich um den Vektor $\vec{v} = \begin{pmatrix} 4 \\ 4 \\ -2 \end{pmatrix}$ vorangetrieben, in einem Koordinatensystem mit der Einheit Meter.

a) Wie viel Meter schafft die Bohrmaschine pro Tag?

b) Nach 10 Tagen ist die Bohrung beendet. Geben Sie die Koordinaten des Tunnelendes an.

c) Erläutern Sie, warum die Parameterdarstellung $\overrightarrow{OX} = \begin{pmatrix} 250 \\ 780 \\ 1030 \end{pmatrix} + k \cdot \begin{pmatrix} 4 \\ 4 \\ -2 \end{pmatrix}$ mit $k \in \mathbb{R}$ und $0 \le k \le 10$ die Strecke beschreibt, die der Bohrkopf zurückgelegt hat.
Geben Sie drei Punkte an, die auf dieser Strecke liegen.

10 Welche Punkte werden durch die folgende Parameterdarstellung beschrieben?

a) $\vec{x} = \begin{pmatrix} -2 \\ 0 \\ 3 \end{pmatrix} + k \cdot \begin{pmatrix} 1 \\ 3 \\ 0 \end{pmatrix}$; $k \in \mathbb{R}$ und $-2 \le k \le 3$

b) $\vec{x} = \begin{pmatrix} 0 \\ 2 \\ -5 \end{pmatrix} + k \cdot \begin{pmatrix} 4 \\ -2 \\ 1 \end{pmatrix}$; $k \in \mathbb{R}$ und $1 < k < 5$

11 Zeigen Sie, dass die Punkte P(−4|2|−2), Q(−6|−2|2), R(−1|8|−8) auf einer Geraden liegen. Welcher der drei Punkte liegt zwischen den beiden anderen? Begründen Sie.

12 Gegeben sind die Punkte A(9|−1|4) und B(3|−3|0).

a) Stellen Sie eine Gleichung der Geraden g auf, die durch die Punkte A und B verläuft. Geben Sie die Koordinaten zweier Punkte auf g an, die zwischen A und B liegen.

b) Untersuchen Sie, ob es einen Punkt mit drei gleichen Koordinaten auf g gibt.

13 Prüfen Sie, ob die Punkte A und B auf der Geraden g liegen. Falls ja, beschreiben Sie die Strecke $\overline{AB}$ mithilfe der Parameterdarstellung von g.

$g: \vec{x} = \begin{pmatrix} -2 \\ 1 \\ 3 \end{pmatrix} + k \cdot \begin{pmatrix} -4 \\ -4 \\ 2 \end{pmatrix}$; A(−14|−11|9); B(18|21|−7)

Spurpunkte einer Geraden

14 Im abgebildeten Koordinatensystem ist die Gerade $g: \overrightarrow{OX} = \begin{pmatrix} 2 \\ 2 \\ 1 \end{pmatrix} + k \cdot \begin{pmatrix} 1 \\ 2 \\ -1 \end{pmatrix}$ dargestellt. Ihre Lage im Raum ist aus dieser Abbildung nicht gut erkennbar. Berechnen Sie, in welchen Punkten die Gerade die Koordinatenebenen durchstößt, und beschreiben Sie damit die Lage der Geraden im Raum.

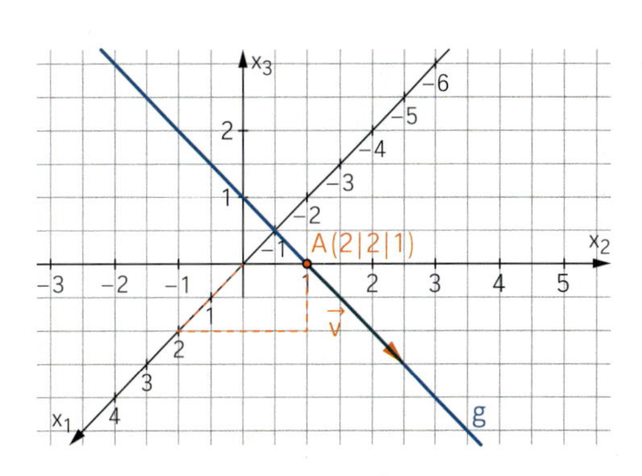

Information

Spurpunkte einer Geraden

Die Schnittpunkte einer Geraden mit den Koordinatenebenen bezeichnet man als **Spurpunkte der Geraden**. Mithilfe der Spurpunkte erhält man eine gute Vorstellung von der Lage der Geraden im Koordinatensystem.

Eine Gerade, die nicht in einer Koordinatenebene liegt, kann drei, zwei oder einen Spurpunkt besitzen.

Für den Spurpunkt S_{12} einer Geraden mit der x_1x_2-Ebene wird in der Parameterdarstellung der Parameter so bestimmt, dass die dritte Koordinate 0 wird. Entsprechend geht man zur Bestimmung von S_{13} und S_{23} vor.

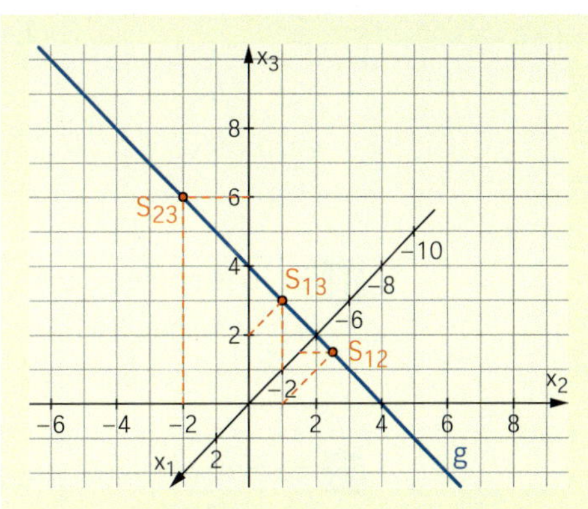

$g: \vec{x} = \begin{pmatrix} -3 \\ 1 \\ 0 \end{pmatrix} + k \cdot \begin{pmatrix} 1 \\ -1 \\ 2 \end{pmatrix}$

$S_{12}(-3|1|0)$ kann man hier direkt aus der Gleichung ablesen.

$S_{23}(0|-2|6)$ ergibt sich für $k = 3$ und $S_{13}(-2|0|2)$ für $k = 1$.

15 Ermitteln Sie die Spurpunkte der Geraden g und zeichnen Sie damit die Gerade in ein Koordinatensystem. Beschreiben Sie die Lage der Geraden.

a) $g: \vec{x} = \begin{pmatrix} -4 \\ 8 \\ 9 \end{pmatrix} + k \cdot \begin{pmatrix} -2 \\ 3 \\ 3 \end{pmatrix}$ **b)** $g: \vec{x} = \begin{pmatrix} 10 \\ -4 \\ 9 \end{pmatrix} + k \cdot \begin{pmatrix} 0 \\ 2 \\ -3 \end{pmatrix}$ **c)** $g: \vec{x} = \begin{pmatrix} 2 \\ 2 \\ 2 \end{pmatrix} + k \cdot \begin{pmatrix} -1 \\ 1 \\ -1 \end{pmatrix}$

16 Bestimmen Sie alle Spurpunkte der Geraden g. Zeichnen Sie die Gerade g mithilfe der Spurpunkte in ein Koordinatensystem und beschreiben Sie die Lage von g im Koordinatensystem. Welcher besondere Fall liegt vor?

a) $g: \vec{x} = \begin{pmatrix} -18 \\ 8 \\ 20 \end{pmatrix} + r \cdot \begin{pmatrix} 6 \\ -2 \\ -5 \end{pmatrix}$ **b)** $g: \vec{x} = \begin{pmatrix} 4 \\ 1 \\ 3 \end{pmatrix} + r \cdot \begin{pmatrix} 2 \\ 0 \\ 1 \end{pmatrix}$ **c)** $g: \vec{x} = \begin{pmatrix} -2 \\ 2 \\ 1 \end{pmatrix} + r \cdot \begin{pmatrix} 1 \\ 2 \\ 0 \end{pmatrix}$

17 Beschreiben Sie die Lage der Geraden g im Koordinatensystem. Geben Sie für g eine weitere Parameterdarstellung mit einem anderen Stützvektor an.

a) $g: \vec{x} = k \cdot \begin{pmatrix} 1 \\ 1 \\ 0 \end{pmatrix}$ **b)** $g: \vec{x} = r \cdot \begin{pmatrix} 0 \\ 1 \\ 0 \end{pmatrix}$ **c)** $g: \vec{x} = s \cdot \begin{pmatrix} 0 \\ 1 \\ -1 \end{pmatrix}$ **d)** $g: \vec{x} = \begin{pmatrix} 1 \\ 0 \\ 2 \end{pmatrix} + t \cdot \begin{pmatrix} 1 \\ 0 \\ 1 \end{pmatrix}$

18 Die Gerade g verläuft parallel zur x_1x_2-Ebene.
Bestimmen Sie eine Parameterdarstellung der Geraden g und geben Sie die Koordinaten der Spurpunkte an.

a)

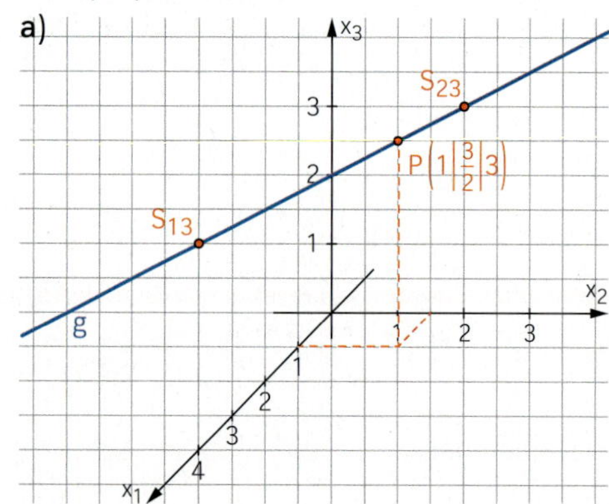

b)

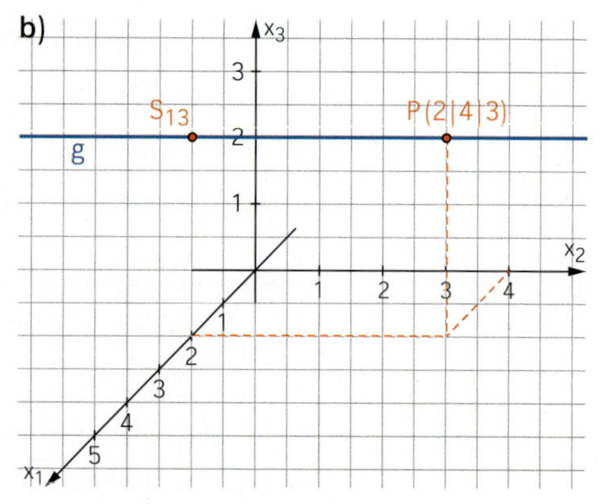

19 Bestimmen Sie eine Parameterdarstellung einer Geraden g, die

a) nur einen Spurpunkt besitzt;
b) parallel zur x_1x_2-Ebene ist;
c) orthogonal zur x_2x_3-Ebene ist;
d) genau zwei Spurpunkte besitzt.

20 Bestimmen Sie für die eingezeichneten Geraden jeweils eine Parameterdarstellung. Legen Sie dazu ein geeignetes Koordinatensystem fest.

a) Der Punkt L ist der Mittelpunkt der Grundfläche. Die Punkte P und Q sind die Seitenmitten der Kanten.

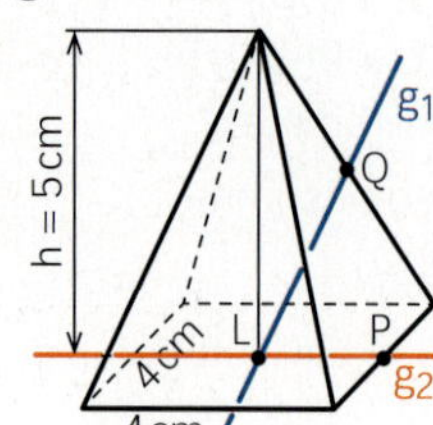

b) Die Punkte P, Q und R sind die Seitenmitten der Kanten.

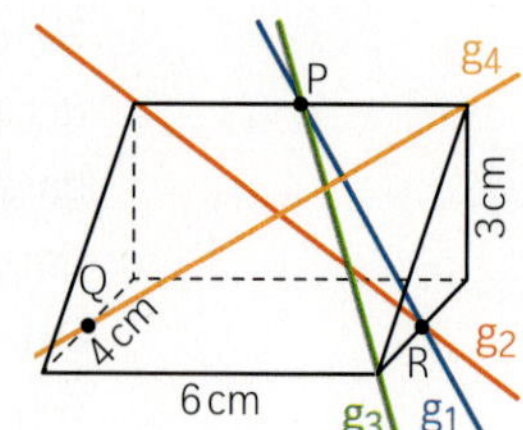

21 ≡ Ein Tauchboot startet im Punkt A(−6713 | 4378 | −236) eines Koordinatensystems mit der Einheit Meter.
Es fährt auf einem Kurs in Richtung des Vektors $\vec{u} = \begin{pmatrix} 63 \\ -71 \\ -8 \end{pmatrix}$ und sucht nach einem Wrack in etwa 500 m Tiefe.
Die x_1x_2-Ebene beschreibt die Meeresoberfläche.

a) In welchem Punkt P erreicht das Tauchboot diese Tiefe, wenn es seinen Kurs beibehält?

b) Der Suchscheinwerfer des Tauchboots kann Objekte in ca. 100 m Entfernung gerade noch sichtbar machen. Kann die Crew des Tauchboots im Punkt P das Wrack sehen, das sich bei Punkt W(−4565 | 2115 | −508) befindet? Begründen Sie durch eine Rechnung.

22 ≡ Im Landeanflug auf einen Flughafen überprüft der Pilot ständig die Position des Flugzeugs. Zum Zeitpunkt der ersten Beobachtung befindet sich das Flugzeug im Punkt K_0(8045 | −2255 | 1020) eines geradlinigen Kurses, 32 Sekunden später im Punkt K_1(5965 | −1535 | 700).

a) Ermitteln Sie die durchschnittliche Geschwindigkeit des Flugzeugs zwischen den Punkten K_0 und K_1.

b) Das Flugzeug soll auf der Landebahn etwa im Punkt L(1500 | 50 | 0) aufsetzen. Erreicht es den Punkt L ohne Kurskorrektur? Begründen Sie durch eine Rechnung. Wie müsste der Pilot im Punkt K_1 gegebenenfalls seinen Kurs ändern?

Weiterüben

23 ≡ Max behauptet: „Eine Gerade, die parallel zur x_1-Achse verläuft, hat nur einen Spurpunkt, und zwar mit der x_2x_3-Ebene."
Emma entgegnet: „Das ist falsch. Sie kann auch zwei oder drei Koordinatenebenen treffen."
Entscheiden Sie, wer recht hat.

24 ≡ Die Gerade g wird an der x_1x_3-Ebene gespiegelt. Bestimmen Sie eine Parameterdarstellung der Bildgeraden.

a) $\vec{x} = \begin{pmatrix} 4 \\ 3 \\ 2 \end{pmatrix} + k \cdot \begin{pmatrix} 1 \\ -1 \\ -2 \end{pmatrix}$ **b)** $\vec{x} = \begin{pmatrix} -5 \\ 2 \\ -2 \end{pmatrix} + r \cdot \begin{pmatrix} 0 \\ 1 \\ -1 \end{pmatrix}$ **c)** $\vec{x} = \begin{pmatrix} 2 \\ 2 \\ 1 \end{pmatrix} + s \cdot \begin{pmatrix} -2 \\ 0 \\ 3 \end{pmatrix}$ **d)** $\vec{x} = \begin{pmatrix} 2 \\ -3 \\ 1 \end{pmatrix} + t \cdot \begin{pmatrix} 1 \\ 2 \\ -1 \end{pmatrix}$

25 ≡ Bestimmen Sie eine Parameterdarstellung der Geraden g mit den Eigenschaften.

a) Die Gerade g liegt auf der x_2-Achse.

b) Die Gerade g verläuft parallel zur x_3-Achse durch den Punkt A(7 | 4 | 6).

c) Die Gerade g liegt in der x_2x_3-Ebene und die 2. und 3. Koordinate aller Punkte auf g sind gleich.

d) Die Gerade g verläuft parallel im Abstand 3 zur x_1x_2-Ebene, schneidet die x_3-Achse und verläuft durch den Punkt P(3 | 3 | 3).

e) Die Gerade g schneidet die x_2x_3-Ebene im Punkt P(0 | 5 | −2) und verläuft parallel zur x_1-Achse.

26 ≡ Zeigen Sie, dass für $t \in \mathbb{R}$ die Punkte $P_t(3 + 2t \mid 5t \mid -2 - 4t)$ auf einer Geraden liegen, und bestimmen Sie eine Parameterdarstellung dieser Geraden.
Untersuchen Sie, ob die Punkte $A_t(2t - 3 \mid 4 - 2t \mid t^2)$ ebenfalls auf einer Geraden liegen.

4.4 Lagebeziehungen zwischen Geraden

Einstieg

Bezogen auf ein Koordinatensystem mit Einheit km werden die Flugrouten zweier Flugzeuge durch die Geraden g und h mit

$g: \overrightarrow{OX} = \begin{pmatrix} 9{,}2 \\ -4 \\ 2 \end{pmatrix} + s \cdot \begin{pmatrix} 1{,}2 \\ -2{,}4 \\ 1 \end{pmatrix}$ und

$h: \overrightarrow{OX} = \begin{pmatrix} 7{,}6 \\ -3{,}2 \\ 1 \end{pmatrix} + t \cdot \begin{pmatrix} 2{,}2 \\ -2 \\ 1{,}5 \end{pmatrix}$ beschrieben.

Untersuchen Sie, ob es auf diesen Routen zu einer Kollision kommen kann.

Aufgabe mit Lösung

Lage von Geraden im Raum

Gegeben sind die Geraden $g: \overrightarrow{OX} = \begin{pmatrix} 2 \\ -1 \\ 1 \end{pmatrix} + s \cdot \begin{pmatrix} 1 \\ -1 \\ 2 \end{pmatrix}$ und $h: \overrightarrow{OX} = \begin{pmatrix} 6 \\ -4 \\ 7 \end{pmatrix} + t \cdot \begin{pmatrix} 0 \\ 1 \\ -2 \end{pmatrix}$.

→ Zeigen Sie, dass die Geraden g und h nicht parallel zueinander sind.

Lösung

Ist ein Vektor $\vec{u}$ ein Vielfaches eines Vektors $\vec{v}$, so zeigt $\vec{u}$ in dieselbe Richtung wie $\vec{v}$ oder genau in die entgegengesetzte, je nachdem, ob der Vervielfachungsfaktor positiv oder negativ ist .

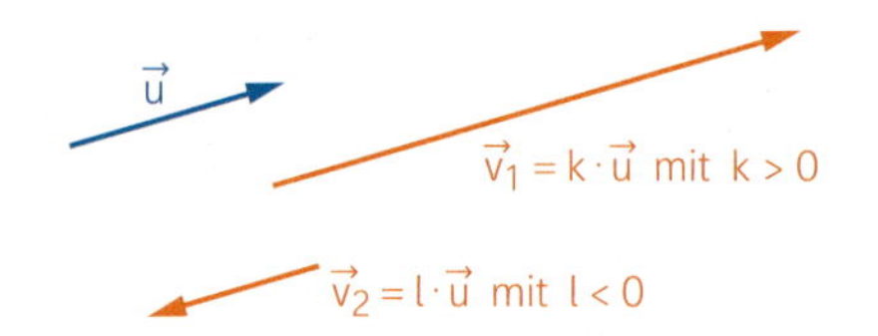

Die Geraden g und h sind somit genau dann parallel zueinander, wenn ihre Richtungsvektoren $\vec{u}$ und $\vec{v}$ Vielfache voneinander sind.

Zu untersuchen ist, ob es einen Vervielfachungsfaktor k mit $\vec{u} = k \cdot \vec{v}$ gibt,

also $\begin{pmatrix} 1 \\ -1 \\ 2 \end{pmatrix} = k \cdot \begin{pmatrix} 0 \\ 1 \\ -2 \end{pmatrix}$ bzw. als Gleichungssystem $\left| \begin{array}{l} 1 = 0 \\ -1 = k \\ 2 = -2k \end{array} \right|$.

Dieses Gleichungssystem hat keine Lösung, wie man an der ersten Zeile erkennt. Daher sind die Geraden g und h nicht parallel zueinander.

→ Untersuchen Sie, ob die Geraden g und h einen Schnittpunkt haben.

Lösung

Wenn die Geraden g und h einen Schnittpunkt S haben, liegt dieser sowohl auf g als auch auf h, das heißt, es gibt Werte für s und t, sodass gilt:

$\overrightarrow{OS} = \begin{pmatrix} 2 \\ -1 \\ 1 \end{pmatrix} + s \cdot \begin{pmatrix} 1 \\ -1 \\ 2 \end{pmatrix}$ und $\overrightarrow{OS} = \begin{pmatrix} 6 \\ -4 \\ 7 \end{pmatrix} + t \cdot \begin{pmatrix} 0 \\ 1 \\ -2 \end{pmatrix}$, also $\begin{pmatrix} 2 \\ -1 \\ 1 \end{pmatrix} + s \cdot \begin{pmatrix} 1 \\ -1 \\ 2 \end{pmatrix} = \begin{pmatrix} 6 \\ -4 \\ 7 \end{pmatrix} + t \cdot \begin{pmatrix} 0 \\ 1 \\ -2 \end{pmatrix}$

Als Gleichungssystem geschrieben bedeutet das

$\left| \begin{array}{l} 2 + s = 6 \\ -1 - s = -4 + t \\ 1 + 2s = 7 - 2t \end{array} \right|$, also $\left| \begin{array}{c} s = 4 \\ -1 - 4 = -4 + t \\ 1 + 8 = 7 - 2t \end{array} \right|$; d.h. $\left| \begin{array}{l} s = 4 \\ -1 = t \\ 9 = 7 - 2 \cdot (-1) \end{array} \right|$, also $\left| \begin{array}{l} s = 4 \\ t = -1 \\ 9 = 9 \end{array} \right|$.

Somit gilt: $\overrightarrow{OS} = \begin{pmatrix} 2 \\ -1 \\ 1 \end{pmatrix} + 4 \cdot \begin{pmatrix} 1 \\ -1 \\ 2 \end{pmatrix} = \begin{pmatrix} 6 \\ -5 \\ 9 \end{pmatrix}$

Die Geraden g und h schneiden sich folglich im Punkt $S(6 \mid -5 \mid 9)$.

Information

Untersuchung der Lage von zwei Geraden zueinander

(1) Sind die Richtungsvektoren der beiden Geraden Vielfache voneinander, so sind die beiden Geraden **parallel zueinander**.

(1a) Liegt zusätzlich ein Punkt der einen Geraden auf der anderen Geraden, so sind die Geraden sogar **identisch**.

(1b) Ist dies nicht der Fall, so sind die Geraden parallel zueinander, aber nicht identisch.

(2) Sind die Richtungsvektoren keine Vielfachen voneinander, so stellt man fest, ob die beiden Geraden gemeinsame Punkte haben. Dazu setzt man die Parameterdarstellungen gleich und erhält ein lineares Gleichungssystem.

(2a) Hat das Gleichungssystem genau eine Lösung, so schneiden sich die Geraden in einem **Schnittpunkt**.

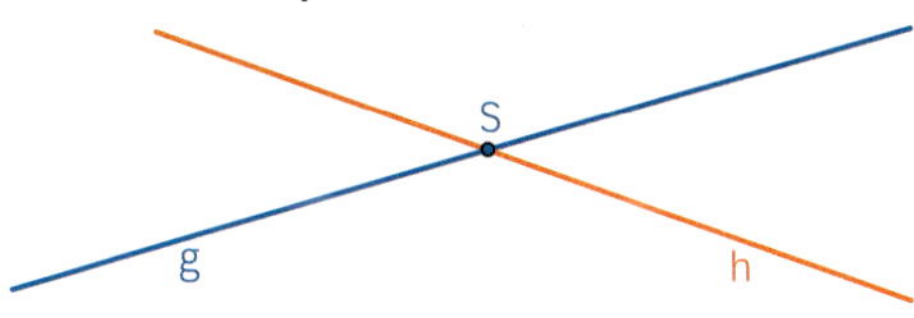

(2b) Hat das Gleichungssystem keine Lösung, so haben die beiden Geraden keinen gemeinsamen Punkt, sind aber nicht parallel zueinander. Die beiden Geraden sind **windschief** zueinander.

$g\colon \vec{x} = \begin{pmatrix} 2 \\ -1 \\ 3 \end{pmatrix} + s \cdot \begin{pmatrix} 1 \\ 4 \\ -2 \end{pmatrix}$

Lage von g zu anderen Geraden

(1a) $h\colon \vec{x} = \begin{pmatrix} 3 \\ 3 \\ 1 \end{pmatrix} + t \cdot \begin{pmatrix} -2 \\ -8 \\ 4 \end{pmatrix}$

Der Richtungsvektor von h ist das (-2)-Fache des Richtungsvektors von g.
Für $s = 1$ liegt der Punkt $(3|3|1)$ auf g.
Also ist $g = h$.

(1b) $i\colon \vec{x} = \begin{pmatrix} 5 \\ 1 \\ 3 \end{pmatrix} + t \cdot \begin{pmatrix} -2 \\ -8 \\ 4 \end{pmatrix}$

Der Richtungsvektor von i ist das (-2)-Fache des Richtungsvektors von g.
Die Gleichung $\begin{pmatrix} 2 \\ -1 \\ 3 \end{pmatrix} + s \cdot \begin{pmatrix} 1 \\ 4 \\ -2 \end{pmatrix} = \begin{pmatrix} 5 \\ 1 \\ 3 \end{pmatrix}$ ist nicht lösbar, da aus dem Vergleich der ersten Koordinaten $s = 3$ folgt und aus dem der zweiten $s = \frac{1}{2}$.

(2a) $j\colon \vec{x} = \begin{pmatrix} 5 \\ 1 \\ 3 \end{pmatrix} + t \cdot \begin{pmatrix} 1 \\ -1 \\ 1 \end{pmatrix}$

Der Richtungsvektor von j ist kein Vielfaches des Richtungsvektors von g.
Gleichsetzen liefert:

$$\text{linSolve}\left(\begin{cases} 2+s=5+t \\ -1+4\cdot s=1-t \\ 3-2\cdot s=3+t \end{cases}, \{s,t\}\right) \qquad \{1,-2\}$$

Also schneiden sich g und j.
Durch Einsetzen von $s = 1$ oder $t = -2$ ergibt sich der Schnittpunkt $S(3|3|1)$.

(2b) $k\colon \vec{x} = \begin{pmatrix} 5 \\ 1 \\ 3 \end{pmatrix} + t \cdot \begin{pmatrix} 1 \\ 1 \\ -1 \end{pmatrix}$

Der Richtungsvektor von k ist kein Vielfaches des Richtungsvektors von g.
Gleichsetzen liefert:

$$\text{linSolve}\left(\begin{cases} 2+s=5+t \\ -1+4\cdot s=1+t \\ 3-2\cdot s=3-t \end{cases}, \{s,t\}\right)$$

"Keine Lösung gefunden"

Also sind g und k windschief zueinander.

Üben

1 Untersuchen Sie die Lage der Geraden g und h zueinander.

a) $g: \vec{x} = \begin{pmatrix} -1 \\ 3 \\ 2 \end{pmatrix} + r \cdot \begin{pmatrix} 2 \\ 1 \\ -1 \end{pmatrix}$

$h: \vec{x} = \begin{pmatrix} -2 \\ 1 \\ 7 \end{pmatrix} + s \cdot \begin{pmatrix} 1 \\ 0 \\ 1 \end{pmatrix}$

b) $g: \vec{x} = \begin{pmatrix} -5 \\ 1 \\ 2 \end{pmatrix} + r \cdot \begin{pmatrix} -2 \\ 3 \\ -1 \end{pmatrix}$

$h: \vec{x} = \begin{pmatrix} 2 \\ 5 \\ 3 \end{pmatrix} + s \cdot \begin{pmatrix} 4 \\ -6 \\ 2 \end{pmatrix}$

c) $g: \vec{x} = \begin{pmatrix} 4 \\ 1 \\ -2 \end{pmatrix} + r \cdot \begin{pmatrix} 1 \\ -3 \\ 2 \end{pmatrix}$

$h: \vec{x} = \begin{pmatrix} 17 \\ -38 \\ 24 \end{pmatrix} + s \cdot \begin{pmatrix} -5 \\ 15 \\ -10 \end{pmatrix}$

d) $g: \vec{x} = \begin{pmatrix} 5 \\ 0 \\ 3 \end{pmatrix} + r \cdot \begin{pmatrix} 1 \\ 2 \\ -1 \end{pmatrix}$

$h: \vec{x} = \begin{pmatrix} -1 \\ -2 \\ 6 \end{pmatrix} + s \cdot \begin{pmatrix} 4 \\ -2 \\ -1 \end{pmatrix}$

e) $g: \vec{x} = \begin{pmatrix} 3 \\ 6 \\ 4 \end{pmatrix} + r \cdot \begin{pmatrix} 2 \\ 4 \\ 1 \end{pmatrix}$

$h: \vec{x} = \begin{pmatrix} 1 \\ 0 \\ 3 \end{pmatrix} + s \cdot \begin{pmatrix} 2 \\ 3 \\ -1 \end{pmatrix}$

f) $g: \vec{x} = \begin{pmatrix} 1 \\ 0 \\ 2 \end{pmatrix} + r \cdot \begin{pmatrix} 1 \\ -1 \\ 1 \end{pmatrix}$

$h: \vec{x} = \begin{pmatrix} 3 \\ -2 \\ 4 \end{pmatrix} + s \cdot \begin{pmatrix} 4 \\ 6 \\ 0 \end{pmatrix}$

2 Lena hat den Schnittpunkt von g und h berechnet. Was hat sie dabei falsch gemacht?

$g: \vec{x} = \begin{pmatrix} 3 \\ 3 \\ 1 \end{pmatrix} + t \cdot \begin{pmatrix} 2 \\ 3 \\ 1 \end{pmatrix}; \quad h: \vec{x} = \begin{pmatrix} 3 \\ 0 \\ 1 \end{pmatrix} + k \cdot \begin{pmatrix} 1 \\ 3 \\ 1 \end{pmatrix}$

$\begin{vmatrix} 3 + 2t = 3 + k \\ 3 + 3t = 3k \\ 1 + t = 1 + k \end{vmatrix}$ Aus der ersten Gleichung erhalte ich $k = 2t$. Dies setze ich in die zweite Gleichung ein.

Löse ich dann die zweite Gleichung nach t auf, so erhalte ich $t = 1$.
Setze ich $t = 1$ in die Parameterdarstellung von g ein, so erhalte ich den Schnittpunkt $S(5|6|2)$ der beiden Geraden.

3 Untersuchen Sie die Lage der Geraden zueinander, ohne einen Rechner zu verwenden.

a) $g: \vec{x} = \begin{pmatrix} 2 \\ 0 \\ 1 \end{pmatrix} + r \cdot \begin{pmatrix} 1 \\ 1 \\ 0 \end{pmatrix}; \; h: \vec{x} = \begin{pmatrix} 1 \\ -1 \\ 2 \end{pmatrix} + s \cdot \begin{pmatrix} 1 \\ 1 \\ 0 \end{pmatrix}$

b) $g: \vec{x} = \begin{pmatrix} 1 \\ 0 \\ 2 \end{pmatrix} + r \cdot \begin{pmatrix} 1 \\ 1 \\ 0 \end{pmatrix}; \; h: \vec{x} = \begin{pmatrix} 0 \\ 1 \\ 0 \end{pmatrix} + s \cdot \begin{pmatrix} -1 \\ -1 \\ 0 \end{pmatrix}$

c) $g: \vec{x} = \begin{pmatrix} 0 \\ 1 \\ 1 \end{pmatrix} + r \cdot \begin{pmatrix} 1 \\ 2 \\ 0 \end{pmatrix}; \; h: \vec{x} = \begin{pmatrix} -1 \\ -1 \\ 1 \end{pmatrix} + s \cdot \begin{pmatrix} 0 \\ 1 \\ 1 \end{pmatrix}$

d) $g: \vec{x} = \begin{pmatrix} 1 \\ 0 \\ 1 \end{pmatrix} + r \cdot \begin{pmatrix} 1 \\ -1 \\ 0 \end{pmatrix}; \; h: \vec{x} = \begin{pmatrix} 0 \\ 1 \\ 0 \end{pmatrix} + s \cdot \begin{pmatrix} 0 \\ 1 \\ 1 \end{pmatrix}$

4 Gegeben sind die Geraden g und h mit $g: \vec{x} = \begin{pmatrix} 3 \\ 3 \\ 4 \end{pmatrix} + s \cdot \begin{pmatrix} 1 \\ 1 \\ 2 \end{pmatrix}$ und $h: \vec{x} = \begin{pmatrix} 2 \\ 2 \\ 3 \end{pmatrix} + t \cdot \begin{pmatrix} 0 \\ 1 \\ -1 \end{pmatrix}$.

a) Bestimmen Sie die Spurpunkte der Geraden und zeichnen Sie die Geraden in ein Koordinatensystem.

b) Zeigen Sie, dass die beiden Geraden g und h windschief zueinander sind, auch wenn dies in der Zeichnung nicht so aussieht.

5 Geben Sie eine Parameterdarstellung der Geraden h an, die parallel zur Geraden g durch den Punkt P verläuft.

a) $g: \vec{x} = \begin{pmatrix} 3 \\ 8 \\ 4 \end{pmatrix} + k \cdot \begin{pmatrix} -2 \\ -3 \\ 5 \end{pmatrix}; \; P(15|26|31)$

b) $g: \vec{x} = \begin{pmatrix} -2 \\ 3 \\ 1 \end{pmatrix} + k \cdot \begin{pmatrix} 1 \\ -4 \\ 0 \end{pmatrix}; \; P(8|16|5)$

6 Fabian hat die Lage der Geraden g und h untersucht. Überprüfen Sie seine Lösung und korrigieren Sie seine Fehler.

$g: \vec{x} = \begin{pmatrix} -2 \\ 6 \\ -3 \end{pmatrix} + k \cdot \begin{pmatrix} 3 \\ -2 \\ 2 \end{pmatrix}$; $h: \vec{x} = \begin{pmatrix} 7 \\ 4 \\ -4 \end{pmatrix} + k \cdot \begin{pmatrix} 1 \\ -2 \\ 3 \end{pmatrix}$

(1) Die Richtungsvektoren $\begin{pmatrix} 3 \\ -2 \\ 2 \end{pmatrix}$ und $\begin{pmatrix} 1 \\ -2 \\ 3 \end{pmatrix}$ von g und h sind keine Vielfachen, also sind g und h nicht parallel zueinander.

(2) $\left| \begin{matrix} -2 + 3k = 7 + k \\ 6 - 2k = 4 - 2k \\ -3 + 2k = -4 + 3k \end{matrix} \right|$, also $\left| \begin{matrix} 2k = 9 \\ 0 = -2 \\ -k = -1 \end{matrix} \right|$

g und h sind windschief zueinander.

7 Gegeben ist die Gerade g mit der Parameterdarstellung $g: \vec{x} = \begin{pmatrix} 1 \\ 1 \\ 0 \end{pmatrix} + t \cdot \begin{pmatrix} 4 \\ 2 \\ 1 \end{pmatrix}$.

Geben Sie eine Parameterdarstellung einer Geraden an, die

a) zu g windschief ist;
b) zu g parallel ist;
c) identisch mit g ist;
d) g schneidet.

8 Bezogen auf ein Koordinatensystem mit der Einheit Meter kann die Flugroute eines Sportflugzeugs nach dem Start näherungsweise durch die Gerade g mit

$g: \vec{x} = \begin{pmatrix} 420 \\ -630 \\ 120 \end{pmatrix} + r \cdot \begin{pmatrix} 40 \\ 50 \\ 11 \end{pmatrix}$ angegeben werden.

In der Nähe des Flugplatzes steht ein Windrad. Der höchste Punkt des Windrads hat die Koordinaten P(1380|570|170).

Überprüfen Sie, ob das Flugzeug bei gleichbleibendem Kurs genau über das Windrad hinweg fliegt. Falls ja, in welchem Abstand überfliegt es das Windrad?

9 Die Positionen von Flugzeugen im Luftraum kann man durch Punkte in einem räumlichen Koordinatensystem mit der Einheit km beschreiben, bei dem die als Ebene betrachtete Erdoberfläche in der x_1x_2-Ebene liegt.

Ein Passagierflugzeug bewegt sich auf einem als geradlinig angenommenen Kurs vom Punkt P(8,5|−28|7,5) pro Sekunde um $\begin{pmatrix} -0{,}12 \\ 0{,}175 \\ 0 \end{pmatrix}$.

Zum gleichen Zeitpunkt, in dem sich das Passagierflugzeug im Punkt P befindet, fliegt ein zweites Flugzeug vom Punkt Q(22|15,5|7,3) aus geradlinig so weiter, dass es sich pro Sekunde um den Vektor $\begin{pmatrix} 0{,}1 \\ -0{,}05 \\ 0{,}001 \end{pmatrix}$ bewegt.

a) Untersuchen Sie, ob es auf den beiden Flugbahnen zu einer Kollision kommen kann.

b) Geben Sie die Geschwindigkeiten der beiden Flugzeuge an.

10 Gegeben sind die Gerade g mit der Parameterdarstellung $g\colon \vec{x} = \begin{pmatrix} 2 \\ 1 \\ 8 \end{pmatrix} + r \cdot \begin{pmatrix} 2 \\ 0 \\ -1 \end{pmatrix}$ und die Punkte $A(3|1|4)$, $B(-2|4|1)$, $C(-2|1|3)$ und $D(3|-2|6)$.

a) Untersuchen Sie, wie die Gerade g und die Gerade durch die Punkte A und B zueinander liegen. Zeichnen Sie die Geraden in ein Koordinatensystem.

b) Zeigen Sie, dass die vier Punkte A, B, C und D Eckpunkte eines Parallelogramms sind. In welchem Punkt schneiden sich die Diagonalen dieses Parallelogramms?

11 Prüfen Sie, ob sich die beiden Geraden g und h schneiden. Falls ja: Sind sie orthogonal zueinander?

a) $g\colon \vec{x} = \begin{pmatrix} 2 \\ 4 \\ -3 \end{pmatrix} + r \cdot \begin{pmatrix} -2 \\ 1 \\ 3 \end{pmatrix}$ $\quad h\colon \vec{x} = \begin{pmatrix} 2 \\ 4 \\ -3 \end{pmatrix} + s \cdot \begin{pmatrix} 1 \\ -1 \\ 1 \end{pmatrix}$

b) $g\colon \vec{x} = \begin{pmatrix} 1 \\ 4 \\ 6 \end{pmatrix} + r \cdot \begin{pmatrix} -1 \\ 3 \\ 5 \end{pmatrix}$ $\quad h\colon \vec{x} = \begin{pmatrix} -5 \\ 2 \\ -1 \end{pmatrix} + s \cdot \begin{pmatrix} 7 \\ -1 \\ 2 \end{pmatrix}$

12 Untersuchen Sie, ob die Geraden g, h und l ein Dreieck bilden.
Berechnen Sie gegebenenfalls die Koordinaten der Eckpunkte und die Längen der Seiten des Dreiecks.

a) $g\colon \vec{x} = \begin{pmatrix} -11 \\ 16 \\ -7 \end{pmatrix} + r \cdot \begin{pmatrix} 6 \\ -5 \\ 5 \end{pmatrix}$ $\quad h\colon \vec{x} = \begin{pmatrix} 7 \\ -18 \\ 6 \end{pmatrix} + s \cdot \begin{pmatrix} 2 \\ -1 \\ 8 \end{pmatrix}$ $\quad l\colon \vec{x} = \begin{pmatrix} 15 \\ 7 \\ 16 \end{pmatrix} + k \cdot \begin{pmatrix} 4 \\ 3 \\ 4 \end{pmatrix}$

b) $g\colon \vec{x} = \begin{pmatrix} -14 \\ -17 \\ -28 \end{pmatrix} + r \cdot \begin{pmatrix} 10 \\ 13 \\ 26 \end{pmatrix}$ $\quad h\colon \vec{x} = \begin{pmatrix} -3 \\ -2 \\ -5 \end{pmatrix} + s \cdot \begin{pmatrix} 1 \\ 2 \\ -3 \end{pmatrix}$ $\quad l\colon \vec{x} = \begin{pmatrix} 8 \\ 12 \\ 26 \end{pmatrix} + k \cdot \begin{pmatrix} 2 \\ 3 \\ 2 \end{pmatrix}$

Schnittwinkel zwischen zwei Geraden

13 Untersuchen Sie, ob sich die beiden Geraden g und h schneiden. Berechnen Sie gegebenenfalls den Schnittwinkel der beiden Geraden.

a) $g\colon \vec{x} = \begin{pmatrix} 1 \\ 1 \\ 1 \end{pmatrix} + r \cdot \begin{pmatrix} -2 \\ 3 \\ 1 \end{pmatrix}$

$h\colon \vec{x} = \begin{pmatrix} 3 \\ -2 \\ 0 \end{pmatrix} + s \cdot \begin{pmatrix} 1 \\ 0 \\ 4 \end{pmatrix}$

b) $g\colon \vec{x} = \begin{pmatrix} 1 \\ 3 \\ 1 \end{pmatrix} + r \cdot \begin{pmatrix} 1 \\ -4 \\ 6 \end{pmatrix}$

$h\colon \vec{x} = \begin{pmatrix} 3 \\ -2 \\ 1 \end{pmatrix} + s \cdot \begin{pmatrix} -5 \\ 1 \\ 7 \end{pmatrix}$

c) $g\colon \vec{x} = r \cdot \begin{pmatrix} -6 \\ 1 \\ -2 \end{pmatrix}$

$h\colon \vec{x} = \begin{pmatrix} 2 \\ -4 \\ 6 \end{pmatrix} + s \cdot \begin{pmatrix} -1 \\ 2 \\ -3 \end{pmatrix}$

d) $g\colon \vec{x} = \begin{pmatrix} 2 \\ 1 \\ 4 \end{pmatrix} + r \cdot \begin{pmatrix} 2 \\ 1 \\ -2 \end{pmatrix}$

$h\colon \vec{x} = \begin{pmatrix} -2 \\ -1 \\ 8 \end{pmatrix} + s \cdot \begin{pmatrix} 2 \\ -1 \\ 2 \end{pmatrix}$

Den kleinsten von zwei Geraden eingeschlossenen Winkel bezeichnet man als den **Schnittwinkel** der beiden Geraden.
Man berechnet ihn mithilfe der Richtungsvektoren der beiden Geraden.

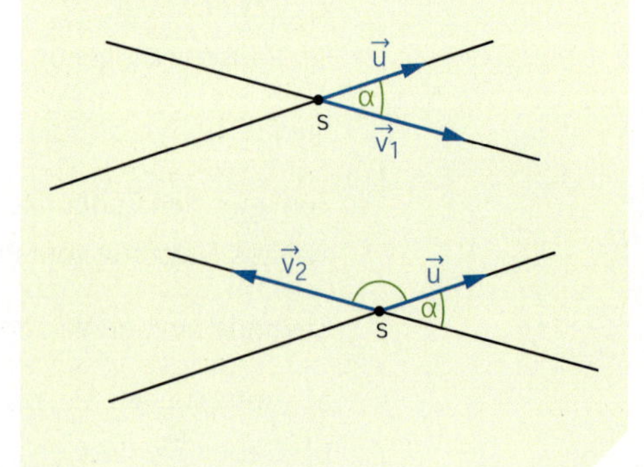

Weiterüben

14 Ein Spat wie in der Abbildung ist gegeben durch die Punkte A(3|4|2), B(5|4|1), D(3|5|1) und E(4|5|2).

a) Bestimmen Sie die Koordinaten der restlichen Eckpunkte des Spats.

b) Untersuchen Sie, ob die Raumdiagonalen AG und EC windschief zueinander sind.

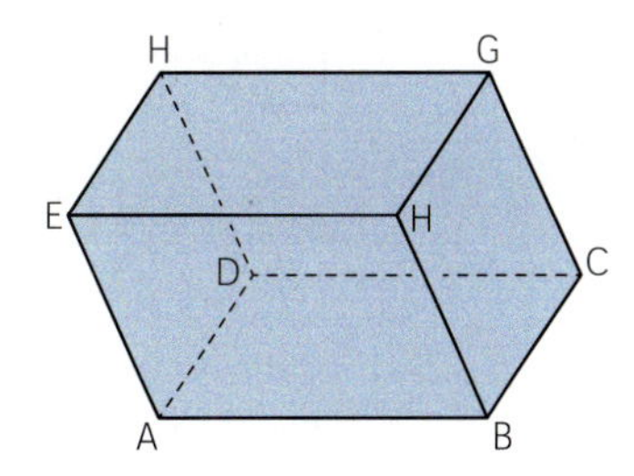

15 Gegeben sind die zwei Geraden g und h mit den Parameterdarstellungen

$g: \vec{x} = \begin{pmatrix} 0 \\ -1 \\ 0 \end{pmatrix} + s \cdot \begin{pmatrix} 2 \\ 1 \\ 1 \end{pmatrix}$ und $h: \vec{x} = \begin{pmatrix} 3 \\ 1 \\ 1 \end{pmatrix} + t \cdot \begin{pmatrix} 1 \\ 0 \\ 1 \end{pmatrix}$.

a) Bestimmen Sie die Spurpunkte der Geraden und zeichnen Sie die Geraden in ein Koordinatensystem. Zeichnen Sie außerdem den Schnittpunkt S der Geraden g und h ein.

b) Berechnen Sie die Koordinaten des Schnittpunktes S.
Geben Sie drei weitere Punkte an, die im Schrägbild des Koordinatensystems an derselben Stelle wie S liegen.

16 Von dem abgebildeten Pyramidenstumpf sind die Punkte A(6|0|0), B(6|6|0), C(0|6|0), E(4|2|5) und F(4|4|5) gegeben.
Die Deckfläche EFGH ist ein Quadrat.
Die Punkte P und Q sind die Mittelpunkte der Seiten $\overline{BC}$ und $\overline{FG}$.

a) Ermitteln Sie die Koordinaten der Punkte G und H.
Zeichnen Sie das Schrägbild des Pyramidenstumpfes in ein Koordinatensystem.

b) Untersuchen Sie die Lage der drei Geraden AQ, BH und EP zueinander.

c) Ergänzen Sie den Pyramidenstumpf zu einer Pyramide und bestimmen Sie die Koordinaten der Pyramidenspitze S.

17 Die Geradenschar g_t ist durch $g_t: \vec{x} = \begin{pmatrix} 5 + t \\ -10 - 3t \\ 33 + 11t \end{pmatrix} + k \cdot \begin{pmatrix} 2 \\ -1 \\ 2 \end{pmatrix}$ mit $t \in \mathbb{R}$ gegeben.

a) Untersuchen Sie die Lage der Geraden dieser Geradenschar zueinander.

b) Für welchen Wert des Parameters t schneidet die zugehörige Gerade g_t die x_3-Achse?

c) Bestimmen Sie den Parameter t so, dass der Punkt A(−10|−15|68) auf der zugehörigen Geraden g_t liegt.
Bestimmen Sie die Koordinaten eines Punktes B auf dieser Geraden, sodass die Punkte A und B den Abstand 12 haben.

18 Gegeben sind die Gerade g und die Geradenschar h_t mit den Parameterdarstellungen

$g: \vec{x} = \begin{pmatrix} 2 \\ 1 \\ -1 \end{pmatrix} + r \cdot \begin{pmatrix} -1 \\ 2 \\ 1 \end{pmatrix}$ und $h_t: \vec{x} = \begin{pmatrix} 1 - t \\ 3 + 2t \\ 1 + t \end{pmatrix} + s \cdot \begin{pmatrix} 1 \\ -2 \\ -2 \end{pmatrix}$; $t \in \mathbb{R}$.

a) Zeigen Sie, dass jede Gerade der Geradenschar h_t die Gerade g in einem Punkt S_t schneidet. Bestimmen Sie die Koordinaten des Schnittpunktes.

b) Bestimmen Sie den Parameter t so, dass die zugehörige Gerade h_t die Gerade g im Punkt S(−13|31|14) schneidet.

Parameterdarstellung einer Kurve

Achterbahnen vollführen in rasantem Tempo Loopings und Schrauben und bieten für viele einen besonderen Nervenkitzel. Der Verlauf einer Achterbahnstrecke kann mathematisch jedoch nicht durch eine reelle Funktion modelliert werden.

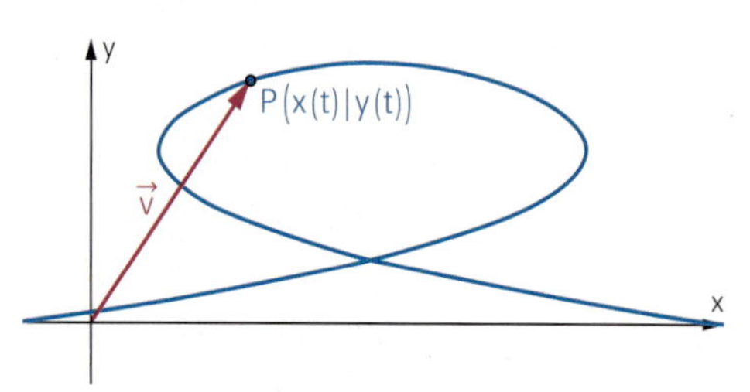

Die **Parameterdarstellung einer Kurve** beschreibt einen solchen Bahnverlauf durch die Spur des Endpunktes P eines Vektors $\vec{v}$. Länge, Richtung und Orientierung des Vektors $\vec{v}$ hängen vom Wert eines Parameters t ab.

Kurven in der Ebene

1 Leiten Sie her, dass die Bahn eines Punktes P auf einem Kreis mit Radius 1 durch den Ortsvektor $\vec{v} = \overrightarrow{OP} = \begin{pmatrix} \cos(t) \\ \sin(t) \end{pmatrix}$ mit $0 \le t \le 2\pi$ beschrieben wird.

Die Funktionsgleichung f für einen Halbkreis mit Radius r lautet:
- $f(x) = \sqrt{r^2 - x^2}$ oberhalb der x-Achse
- $f(x) = -\sqrt{r^2 - x^2}$ unterhalb der x-Achse

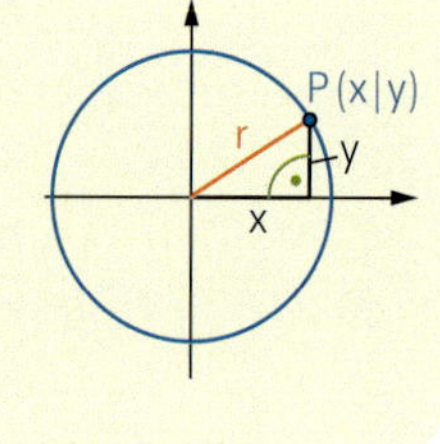

2 Rechner können zu gegebenen Parameterdarstellungen die Kurven zeichnen.

a) Zeichnen Sie mit einem Rechner den Kreis mit der Parameterdarstellung $\vec{v} = \overrightarrow{OP} = \begin{pmatrix} \cos(t) \\ \sin(t) \end{pmatrix}$; $0 \le t < 2\pi$.

b) Verschieben Sie den Kreis so, dass dessen Mittelpunkt im Punkt (2|4) liegt. Geben Sie eine entsprechende Parameterdarstellung an.

c) Erläutern Sie: „Das Verschieben funktioniert genauso wie bei Geraden im Raum."

Variationen von Kurven

3 Der Verlauf einer Kurve kann durch Faktoren in der Parametergleichung beeinflusst werden.

a) Erläutern Sie, wie sich Änderungen der Faktoren a_1 und a_2 mit $a_1, a_2 \neq 0$ auf die Kurve $\overrightarrow{OP} = \begin{pmatrix} a_1 \cdot \cos(t) \\ a_2 \cdot \sin(t) \end{pmatrix}$; $0 \le t \le 2\pi$; auswirken. Geben Sie eine entsprechende Parameterdarstellung des Kreises mit Radius 3 und Mittelpunkt (2|−2) an.

b) Eine Kurve ist gegeben durch $\overrightarrow{OP} = \begin{pmatrix} \cos(b_1 \cdot t) \\ \sin(b_2 \cdot t) \end{pmatrix}$ mit $0 \le t \le 4\pi$ und $b_1, b_2 \neq 0$. Untersuchen Sie, wie sich die Kurve verändert, wenn Sie die Faktoren b_1 und b_2 variieren.

Anmerkung: Man kann bei den Variationen statt fester reeller Zahlen auch den Parameter t selbst verwenden. So verändern sich Verschiebung und Streckung **dynamisch** in Abhängigkeit des Parameters.

4 Die Abbildung zeigt ein Beispiel einer solchen Kurve für den Parameter t mit $0 \leq t \leq 4\pi$ mit der Parameterdarstellung $\overrightarrow{OP} = \begin{pmatrix} 2 \cdot \cos(3 \cdot t) + t \\ t \cdot \sin(t+2) \end{pmatrix}$.
Erzeugen Sie durch entsprechende Variationen mit dem Parameter t eigene Kurven mit dem Rechner.

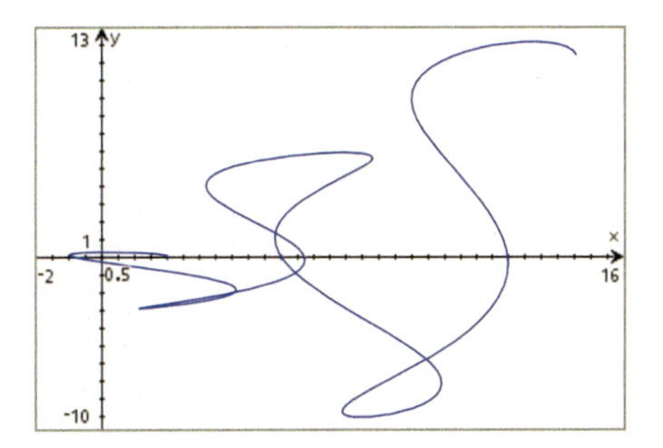

Kurven im Raum

Die Darstellung von Kurven ist nicht auf die ebene Geometrie beschränkt.
Durch Hinzufügen einer dritten Koordinate im Ortsvektor des Punktes P entsteht ein dreidimensionaler Vektor.

5 Zu den gegebenen Parameterdarstellungen für den Parameter t mit $t \in \mathbb{R}$ und $0 \leq t \leq 20$ wurden die abgebildeten Kurven mit einem Rechner gezeichnet. Ordnen Sie die Parameterdarstellungen den Kurven begründet zu.

(1) $\overrightarrow{OP} = \begin{pmatrix} \cos(t) \\ \sin(t) \\ 5 \end{pmatrix}$ (2) $\overrightarrow{OP} = \begin{pmatrix} \cos(t) \\ \sin(t) \\ 0{,}2t \end{pmatrix}$ (3) $\overrightarrow{OP} = \begin{pmatrix} 0{,}1t \cdot \cos(t) \\ 0{,}1t \cdot \sin(t) \\ 0{,}2t \end{pmatrix}$

(A)

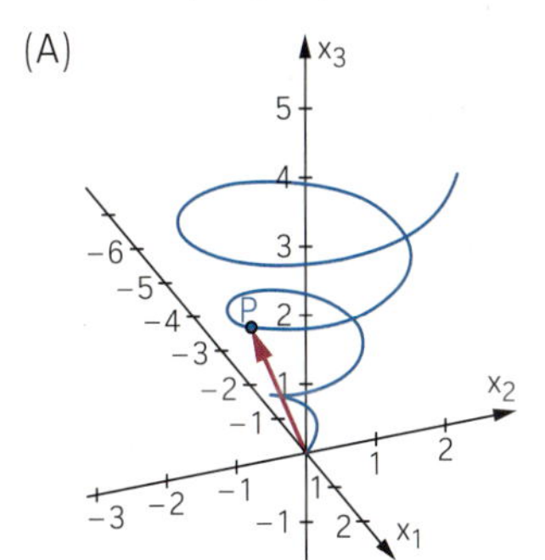

(B)

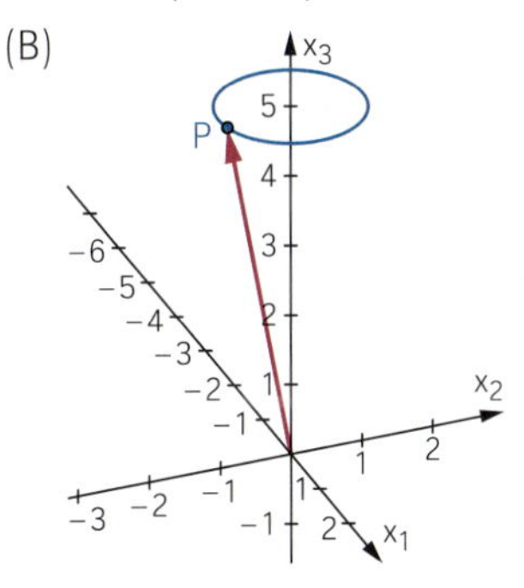

(C)

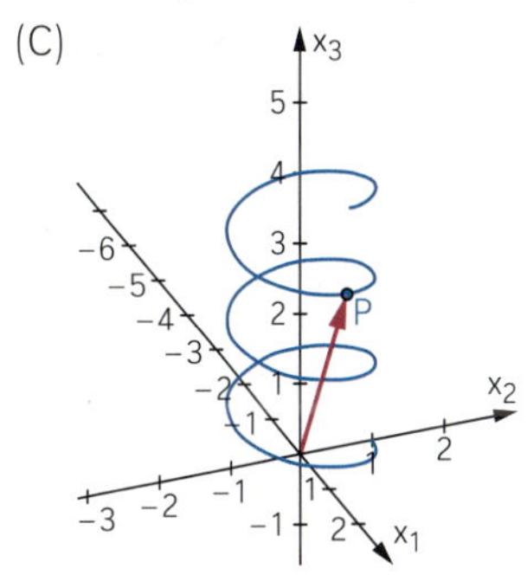

6 Federn in z. B. Stoßdämpfern spielen in der Technik eine bedeutende Rolle. Der Abstand zwischen den einzelnen Windungen einer Feder in x_3-Richtung wird als *Windungssteigung* bezeichnet. Von dieser ist das Federverhalten direkt abhängig. Bei ansonsten gleichen Federn weist diejenige mit der größeren Windungssteigung die stärkere Dämpfung auf.
Modellieren Sie eine Feder mit starker und eine Feder mit schwacher Dämpfung.

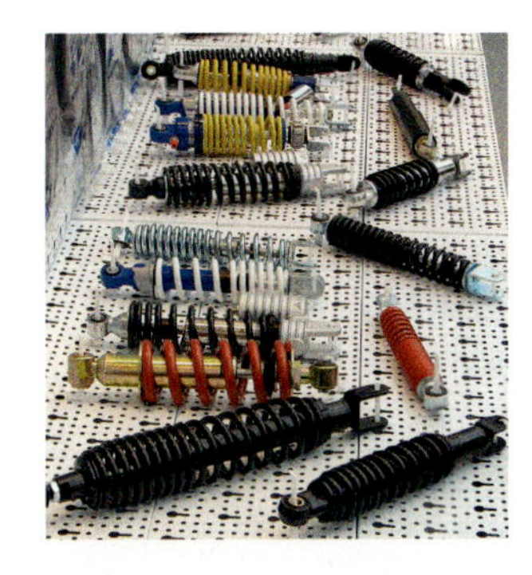

4.5 Parameterdarstellung einer Ebene

Einstieg

Familie Jost möchte ihren Balkon wie auf dem Foto mit einer Markise versehen. In einem Koordinatensystem hat die Markisenecke A die Koordinaten A(0|0|3). Die Markise wird durch die Vektoren $\vec{u} = \begin{pmatrix} -1 \\ 2 \\ 0 \end{pmatrix}$ und $\vec{v} = \begin{pmatrix} -1 \\ -0{,}5 \\ 1 \end{pmatrix}$ aufgespannt. Erläutern Sie, wie man die Koordinaten eines beliebigen Punktes der Markise erhalten kann.

Aufgabe mit Lösung

Eine Ebene im Raum beschreiben

Auf dem Dach eines Hauses befindet sich eine Solaranlage. In einem Koordinatensystem hat die linke Ecke der Solaranlage die Koordinaten A(0|0|4). Ein Kollektor kann durch die Vektoren $\vec{u} = \begin{pmatrix} 0 \\ 0{,}8 \\ 0 \end{pmatrix}$ und $\vec{v} = \begin{pmatrix} -0{,}8 \\ 0 \\ 0{,}6 \end{pmatrix}$ beschrieben werden.

→ Bestimmen Sie die Koordinaten des im Bild eingezeichneten Punktes B.

Lösung

Man erhält die Koordinaten des Punktes B, indem man am Punkt A sechsmal den Vektor $\vec{u}$ und dann einmal den Vektor $\vec{v}$ anträgt.

Es gilt: $\overrightarrow{OB} = \overrightarrow{OA} + 6 \cdot \vec{u} + 1 \cdot \vec{v}$

$$= \begin{pmatrix} 0 \\ 0 \\ 4 \end{pmatrix} + 6 \cdot \begin{pmatrix} 0 \\ 0{,}8 \\ 0 \end{pmatrix} + 1 \cdot \begin{pmatrix} -0{,}8 \\ 0 \\ 0{,}6 \end{pmatrix} = \begin{pmatrix} -0{,}8 \\ 4{,}8 \\ 4{,}6 \end{pmatrix}$$

Der Punkt B hat die Koordinaten B(−0,8|4,8|4,6).

→ Geben Sie den Ortsvektor eines beliebigen Punktes X auf der Solaranlage an.

Lösung

Man kann jeden Punkt X dieser Ebene erreichen, indem man vom Punkt A aus zunächst ein Vielfaches des Vektors $\vec{u}$ zurücklegt und danach ein Vielfaches des Vektors $\vec{v}$.

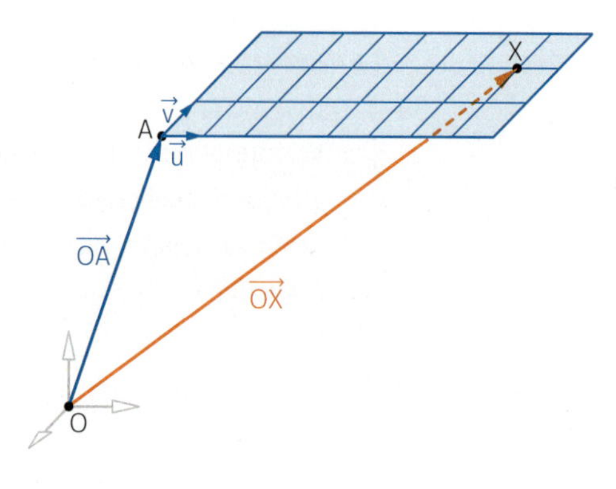

Für jeden Punkt X der Ebene gibt es also zwei Zahlen s und t, für die gilt:

$\overrightarrow{OX} = \overrightarrow{OA} + s \cdot \vec{u} + t \cdot \vec{v}$

Wegen der Anzahl der Solarmodule gilt $0 \le s \le 8$ und $0 \le t \le 3$.

Information

Parameterdarstellung einer Ebene

Durch einen Punkt A und zwei Vektoren $\vec{u} \neq \vec{o}$ und $\vec{v} \neq \vec{o}$, die nicht parallel zueinander sind, ist eine Ebene E bestimmt.

Für jeden Punkt X der Ebene E gilt:
$\overrightarrow{OX} = \overrightarrow{OA} + s \cdot \vec{u} + t \cdot \vec{v}$ mit $s, t \in \mathbb{R}$

Eine solche Vektorgleichung bezeichnet man als **Parameterdarstellung der Ebene E** mit den **Parametern** s und t.

Andere Schreibweise:
$E: \vec{x} = \overrightarrow{OA} + s \cdot \vec{u} + t \cdot \vec{v}$

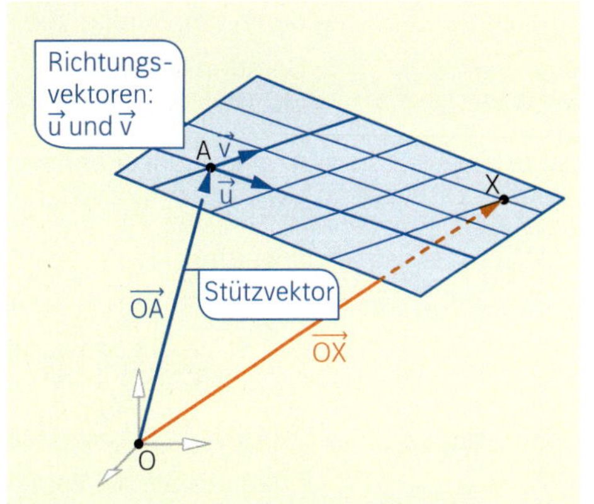

$A(2|-1|3)$; $\vec{u} = \begin{pmatrix} 1 \\ 0 \\ -2 \end{pmatrix}$; $\vec{v} = \begin{pmatrix} -6 \\ 5 \\ 9 \end{pmatrix}$

Da $\vec{u}$ und $\vec{v}$ nicht parallel zueinander sind, spannen sie die Ebene E auf.

$E: \overrightarrow{OX} = \begin{pmatrix} 2 \\ -1 \\ 3 \end{pmatrix} + s \cdot \begin{pmatrix} 1 \\ 0 \\ -2 \end{pmatrix} + t \cdot \begin{pmatrix} -6 \\ 5 \\ 9 \end{pmatrix}$

Setzt man für s und t zwei beliebige Zahlen in die Parameterdarstellung der Ebene E ein, so ergibt sich der Ortsvektor $\overrightarrow{OX}$ eines Punktes X der Ebene E.

Für $s = 2$ und $t = 1$ ergibt sich aus der Parameterdarstellung der Punkt $P(-2|4|8)$:

$\begin{pmatrix} 2 \\ -1 \\ 3 \end{pmatrix} + 2 \cdot \begin{pmatrix} 1 \\ 0 \\ -2 \end{pmatrix} + 1 \cdot \begin{pmatrix} -6 \\ 5 \\ 9 \end{pmatrix} = \begin{pmatrix} -2 \\ 4 \\ 8 \end{pmatrix}$

Üben

1 Gegeben ist die Parameterdarstellung der Ebene $E: \vec{x} = \begin{pmatrix} 3 \\ -5 \\ 10 \end{pmatrix} + s \cdot \begin{pmatrix} -1 \\ 6 \\ 2 \end{pmatrix} + t \cdot \begin{pmatrix} 3 \\ -0{,}5 \\ 12 \end{pmatrix}$.

Bestimmen Sie die Punkte der Ebene zu den folgenden Parameterwerten.
(1) $s = 2$; $t = 3$ (2) $s = -4$; $t = 12$ (3) $s = 0{,}6$; $t = -2{,}4$ (4) $s = \frac{1}{5}$; $t = -\frac{3}{8}$

2 Betrachten Sie die Abbildung.
Bestimmen Sie die Ortsvektoren der Punkte B, C und D in der Ebene E mithilfe der Vektoren $\overrightarrow{OA}$, $\vec{u}$ und $\vec{v}$.

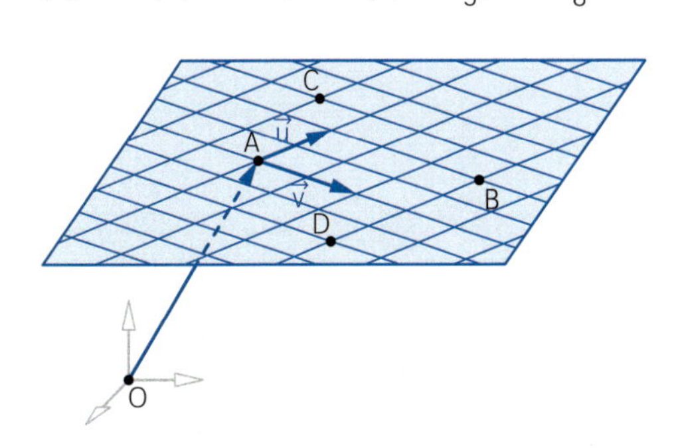

3 Begründen Sie, dass durch die angegebene Parameterdarstellung keine Ebene bestimmt wird.

$\vec{x} = \begin{pmatrix} -3 \\ 2 \\ 6 \end{pmatrix} + s \cdot \begin{pmatrix} 4 \\ 16 \\ -12 \end{pmatrix} + t \cdot \begin{pmatrix} -1 \\ -4 \\ 3 \end{pmatrix}$

Ändern Sie den zweiten Richtungsvektor in der Parameterdarstellung so, dass durch die Parameterdarstellung eine Ebene bestimmt ist, die den Punkt $P(0|0|-9)$ enthält.

4 Eine Ebene kann festgelegt werden durch drei Punkte, die nicht auf einer Geraden liegen.
Maren und Janik haben Parameterdarstellungen für die Ebene E durch die drei Punkte A(2|3|−2), B(−2|5|6) und C(7|0|−7) bestimmt.

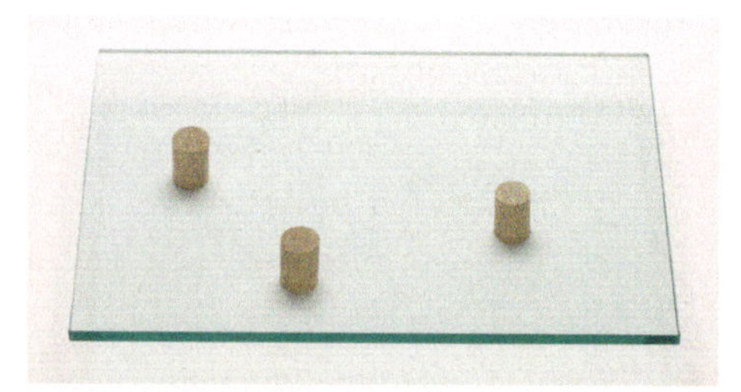

Maren:
$$E: \vec{x} = \begin{pmatrix} 2 \\ 3 \\ -2 \end{pmatrix} + s \cdot \begin{pmatrix} -4 \\ 2 \\ 8 \end{pmatrix} + t \cdot \begin{pmatrix} 5 \\ -3 \\ -5 \end{pmatrix}$$

Janik:
$$E: \vec{x} = \begin{pmatrix} -2 \\ 5 \\ 6 \end{pmatrix} + s \cdot \begin{pmatrix} 2 \\ -1 \\ -4 \end{pmatrix} + t \cdot \begin{pmatrix} 9 \\ -5 \\ -13 \end{pmatrix}$$

Erläutern Sie die Vorgehensweise der beiden. Geben Sie selbst zwei weitere Parameterdarstellungen für die Ebene E an.

5 Kim hat zu drei gegebenen Punkten A, B und C eine Parameterdarstellung einer Ebene aufgestellt, in der diese drei Punkte liegen. Beurteilen Sie die Lösung.

A(2|4|0); B(5|7|−2); C(11|13|−6)
$$\overrightarrow{OX} = \begin{pmatrix} 2 \\ 4 \\ 0 \end{pmatrix} + r \cdot \begin{pmatrix} 5-2 \\ 7-4 \\ -2-0 \end{pmatrix} + s \cdot \begin{pmatrix} 11-2 \\ 13-4 \\ -6-0 \end{pmatrix} = \begin{pmatrix} 2 \\ 4 \\ 0 \end{pmatrix} + r \cdot \begin{pmatrix} 3 \\ 3 \\ -2 \end{pmatrix} + s \cdot \begin{pmatrix} 9 \\ 9 \\ -6 \end{pmatrix}$$

6 Untersuchen Sie, ob die Punkte A, B und C in der Ebene E liegen.

a) $E: \vec{x} = \begin{pmatrix} 1 \\ 5 \\ -1 \end{pmatrix} + r \cdot \begin{pmatrix} 2 \\ -3 \\ 6 \end{pmatrix} + s \cdot \begin{pmatrix} 0 \\ 1 \\ 4 \end{pmatrix}$

A(5|−3|9)
B(3|5|17)
C(6|−10|29)

b) $E: \vec{x} = \begin{pmatrix} 1 \\ 2 \\ 0 \end{pmatrix} + r \cdot \begin{pmatrix} -2 \\ 4 \\ 5 \end{pmatrix} + s \cdot \begin{pmatrix} 2 \\ 3 \\ -4 \end{pmatrix}$

A(9|14|−16)
B(3|19|−2)
C(4|15|29)

$E: \vec{x} = \begin{pmatrix} 2 \\ 0 \\ -1 \end{pmatrix} + r \cdot \begin{pmatrix} -1 \\ 1 \\ 3 \end{pmatrix} + s \cdot \begin{pmatrix} 2 \\ 1 \\ 0 \end{pmatrix}$

A(4|15|29)

Punktprobe: Falls A in E liegt, gibt es Zahlen r und s, sodass gilt:

$$\begin{pmatrix} 2 \\ 0 \\ -1 \end{pmatrix} + r \cdot \begin{pmatrix} -1 \\ 1 \\ 3 \end{pmatrix} + s \cdot \begin{pmatrix} 2 \\ 1 \\ 0 \end{pmatrix} = \begin{pmatrix} 4 \\ 15 \\ 29 \end{pmatrix}$$

Dies führt auf das Gleichungssystem

$\left| \begin{array}{r} 2 - r + 2s = 4 \\ r + s = 15 \\ -1 + 3r = 29 \end{array} \right|$, das keine Lösung hat.

Somit liegt A nicht in E.

7 Timo hat überprüft, ob der Punkt P(5|0|11) in der Ebene mit der Parameterdarstellung $\vec{x} = \begin{pmatrix} 3 \\ 1 \\ 4 \end{pmatrix} + s \cdot \begin{pmatrix} -2 \\ 3 \\ 1 \end{pmatrix} + t \cdot \begin{pmatrix} 0 \\ 1 \\ 3 \end{pmatrix}$ liegt. Erläutern Sie, was er falsch gemacht hat.

$$\begin{pmatrix} 5 \\ 0 \\ 11 \end{pmatrix} = \begin{pmatrix} 3 \\ 1 \\ 4 \end{pmatrix} + s \cdot \begin{pmatrix} -2 \\ 3 \\ 1 \end{pmatrix} + t \cdot \begin{pmatrix} 0 \\ 1 \\ 3 \end{pmatrix}, \text{ also } \left| \begin{array}{rl} 2 = & -2s \\ -1 = & 3s + t \\ 7 = & s + 3t \end{array} \right|$$

Aus der ersten Zeile erhalte ich $s = -1$. Eingesetzt in die zweite Zeile erhalte ich daraus $t = 2$. Also liegt P in der Ebene.

8 Untersuchen Sie, ob die gegebenen vier Punkte ein *ebenes Viereck* bestimmen, also ein Viereck, das in einer Ebene liegt.
Erläutern Sie, wie Sie dabei vorgegangen sind.

a) $P_1(7|2|-1)$ $P_2(-1|2|3)$ $P_3(0|-2|2)$ $P_4(3|2|1)$

b) $P_1(2|1|3)$ $P_2(-2|2|1)$ $P_3(0|0|4)$ $P_4(-2|-1|5)$

9 Gegeben ist die Parameterdarstellung einer Ebene $E: \vec{x} = \begin{pmatrix} -2 \\ 0 \\ 1 \end{pmatrix} + s \cdot \begin{pmatrix} 1 \\ 1 \\ 1 \end{pmatrix} + t \cdot \begin{pmatrix} -1 \\ 2 \\ 0 \end{pmatrix}$.

Wählen Sie drei Punkte in der Ebene. Ermitteln Sie aus den Koordinaten dieser drei Punkte eine andere Parameterdarstellung der Ebene.

10 Die Punkte $A(1|4|3)$, $B(2|3|8)$ und $C(4|5|2)$ sind die Eckpunkte des Parallelogramms ABCD.

a) Bestimmen Sie die Koordinaten des Punktes D.

b) Untersuchen Sie, ob die Punkte $F(2{,}5|4{,}5|2{,}5)$ und $P(-1|-2|25)$ im Parallelogramm ABCD liegen.

Ein Punkt P liegt dann in einem Parallelogramm ABCD, das von den Vektoren $\vec{u}$ und $\vec{v}$ vom Punkt A aufgespannt wird, wenn gilt:

$\overrightarrow{OP} = \overrightarrow{OA} + r \cdot \vec{u} + s \cdot \vec{v}$

mit $0 \le r \le 1$ und $0 \le s \le 1$

11 Geben Sie eine Parameterdarstellung für die Ebene an, in der das Dreieck bzw. das Viereck liegt.
Die Punkte liegen entweder in den Koordinatenebenen oder ihr Abstand von der x_1x_2-Ebene ist eingezeichnet. Eine Kästchenlänge entspricht einer Koordinateneinheit.

a)

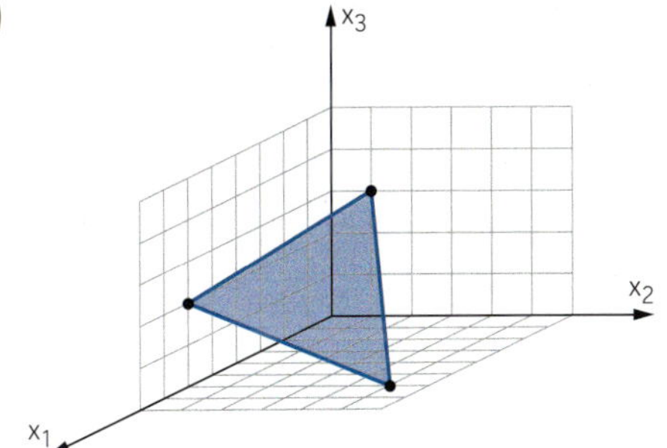

b)

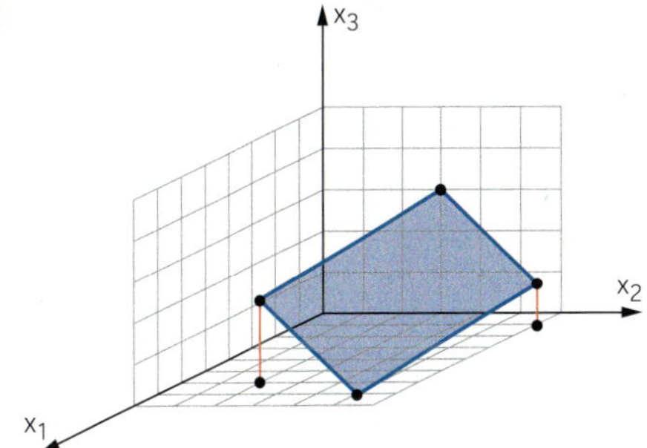

12 Das Dach einer Kirche hat die Form einer geraden quadratischen Pyramide mit einer Höhe von 12 m und einer Breite von 5 m.
Legen Sie ein Koordinatensystem fest, in dem die Pyramide liegen soll. Bestimmen Sie Parameterdarstellungen für die Ebenen, in denen jeweils eine der vier Seitenflächen oder die Grundfläche der Pyramide liegen.

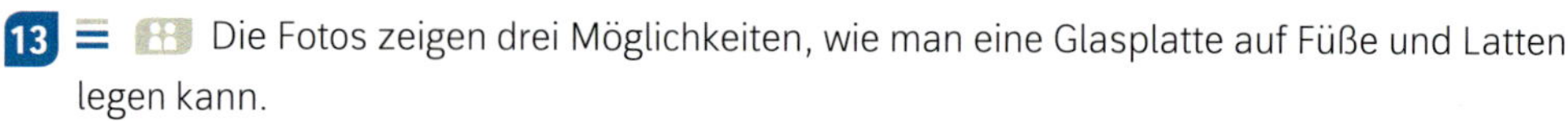

13 Die Fotos zeigen drei Möglichkeiten, wie man eine Glasplatte auf Füße und Latten legen kann.

(1)

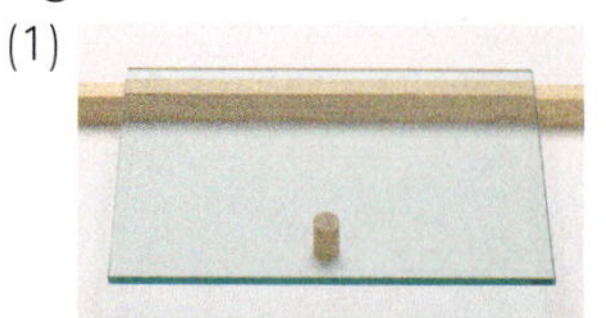

(2)

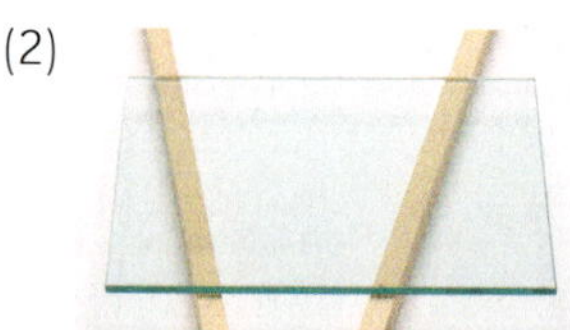

(3)

a) Unterscheiden Sie die drei Fälle voneinander und erläutern Sie, wie man jeweils eine Parameterdarstellung der durch die Glasplatte dargestellten Ebene erhält.

b) Geben Sie eine Parameterdarstellung der Ebene E an, die durch die Gerade g und den Punkt P festgelegt wird.

$g\colon \vec{x} = \begin{pmatrix} 4 \\ 0 \\ 2 \end{pmatrix} + s \cdot \begin{pmatrix} 3 \\ -1 \\ -3 \end{pmatrix}$; $\quad P(1\,|\,4\,|\,-1)$

c) Zeigen Sie, dass sich die Geraden g und h schneiden, und geben Sie eine Parameterdarstellung der Ebene E an, die durch g und h festgelegt wird.

$g\colon \vec{x} = \begin{pmatrix} -3 \\ 2 \\ -1 \end{pmatrix} + s \cdot \begin{pmatrix} -1 \\ 2 \\ 1 \end{pmatrix}$; $\quad h\colon \vec{x} = \begin{pmatrix} -2 \\ 0 \\ -2 \end{pmatrix} + t \cdot \begin{pmatrix} 2 \\ 1 \\ -1 \end{pmatrix}$

d) Zeigen Sie, dass die Geraden g und h parallel zueinander sind, und geben Sie eine Parameterdarstellung der Ebene E an, in der g und h liegen.

$g\colon \vec{x} = \begin{pmatrix} 5 \\ 0 \\ 2 \end{pmatrix} + s \cdot \begin{pmatrix} 3 \\ -1 \\ 4 \end{pmatrix}$; $\quad h\colon \vec{x} = \begin{pmatrix} 0 \\ -1 \\ -1 \end{pmatrix} + t \cdot \begin{pmatrix} -3 \\ 1 \\ -4 \end{pmatrix}$

14 Geben Sie eine Parameterdarstellung der Ebene an, die

a) durch die x_1- und die x_2-Achse aufgespannt wird (x_1x_2-Koordinatenebene);

b) durch die x_2- und die x_3-Achse aufgespannt wird (x_2x_3-Koordinatenebene);

c) durch $P(3\,|\,1\,|\,-2)$ verläuft und parallel zur x_1x_3-Koordinatenebene ist;

d) zur x_1- und zur x_2-Achse parallel ist und die x_3-Achse an der Stelle 2 schneidet;

e) die x_1-Achse an der Stelle 3, die x_2-Achse an der Stelle 1 und die x_3-Achse an der Stelle −1 schneidet;

f) mit der x_1x_2-Koordinatenebene die Punkte $P(3\,|\,0\,|\,0)$ und $Q(0\,|\,-2\,|\,0)$ gemeinsam hat und die x_3-Achse an der Stelle 4 schneidet;

g) die x_3-Achse enthält und mit der x_1x_2-Ebene die Gerade $g\colon \vec{x} = t \cdot \begin{pmatrix} 1 \\ 2 \\ 0 \end{pmatrix}$ gemeinsam hat.

15 Prüfen Sie, ob durch die Angabe eine Ebene festgelegt ist. Formulieren Sie die zu prüfenden Kriterien.

a) Gegeben sind drei Punkte P, Q und R.

(1) $P(1\,|\,2\,|\,3)$; $Q(2\,|\,3\,|\,4)$; $R(3\,|\,4\,|\,5)$ (2) $P(4\,|\,0\,|\,1)$; $Q(-1\,|\,0\,|\,-2)$; $R(-6\,|\,0\,|\,-5)$

b) Gegeben sind eine Gerade g und ein Punkt P.

(1) $g\colon \vec{x} = \begin{pmatrix} 1 \\ 0 \\ 0 \end{pmatrix} + s \cdot \begin{pmatrix} 5 \\ 2 \\ -3 \end{pmatrix}$; $P(14\,|\,6\,|\,9)$ (2) $g\colon \vec{x} = \begin{pmatrix} 1 \\ -1 \\ 2 \end{pmatrix} + s \cdot \begin{pmatrix} -1 \\ 0 \\ 3 \end{pmatrix}$; $P(-9\,|\,-1\,|\,32)$

c) Gegeben sind zwei Geraden g_1 und g_2.

(1) $g_1\colon \vec{x} = \begin{pmatrix} 2 \\ 1 \\ 4 \end{pmatrix} + s \cdot \begin{pmatrix} 3 \\ 0 \\ 1 \end{pmatrix}$; $g_2\colon x = \begin{pmatrix} 1 \\ 2 \\ 3 \end{pmatrix} + t \cdot \begin{pmatrix} -1 \\ 2 \\ 1 \end{pmatrix}$ (2) $g_1\colon \vec{x} = s \cdot \begin{pmatrix} 2 \\ -1 \\ 0 \end{pmatrix}$; $g_2\colon \vec{x} = \begin{pmatrix} 2 \\ 3 \\ 1 \end{pmatrix} + t \cdot \begin{pmatrix} 4 \\ -2 \\ 0 \end{pmatrix}$

16 Gegeben sind die Geraden g und h mit g: $\vec{x} = \begin{pmatrix} 5 \\ 6 \\ -1 \end{pmatrix} + r \cdot \begin{pmatrix} -3 \\ 1 \\ -4 \end{pmatrix}$ und h: $\vec{x} = \begin{pmatrix} 4 \\ 5 \\ 0 \end{pmatrix} + s \cdot \begin{pmatrix} 3 \\ 2 \\ -1 \end{pmatrix}$.

Begründen Sie, dass die Geraden g und h keine Ebene aufspannen können.
Verallgemeinern Sie das Ergebnis.

Eine Ebene mithilfe ihrer Spurpunkte zeichnen

17 Die Schnittpunkte einer Ebene mit den Koordinatenachsen heißen **Spurpunkte der Ebene**.

a) Clara hat die Ebene E mithilfe der Spurpunkte gezeichnet. Erläutern Sie, wie Clara den Spurpunkt S_1 bestimmt hat.

b) Berechnen Sie auf die gleiche Weise die Koordinaten der Spurpunkte S_2 und S_3 der Ebene E.

c) Bestimmen Sie die Spurpunkte der Ebene F und zeichnen Sie anschließend mithilfe eines Dreiecks die Ebene im Koordinatensystem.

F: $\vec{x} = \begin{pmatrix} 3 \\ 0 \\ 1 \end{pmatrix} + r \cdot \begin{pmatrix} -2 \\ 3 \\ 0 \end{pmatrix} + s \cdot \begin{pmatrix} 1 \\ 0 \\ 1 \end{pmatrix}$

d) Beschreiben Sie die Lage einer Ebene E, die den Spurpunkt $S_3(0|0|-5)$ und sonst keine weiteren Spurpunkte hat.
Geben Sie eine Parameterdarstellung für die Ebene E an.

E: $\vec{x} = \begin{pmatrix} 3 \\ 4 \\ 3 \end{pmatrix} + r \cdot \begin{pmatrix} 6 \\ 4 \\ 9 \end{pmatrix} + s \cdot \begin{pmatrix} 6 \\ -4 \\ 3 \end{pmatrix}$

Beim Spurpunkt S_1 sind die zweite und die dritte Koordinate gleich null, daraus ergibt sich

$$\left| \begin{array}{l} 4 + 4r - 4s = 0 \\ 3 + 9r + 3s = 0 \end{array} \right|$$

mit der eindeutigen Lösung $r = -0{,}5$ und $s = 0{,}5$ und somit $S_1(3 \mid 0 \mid 0)$.

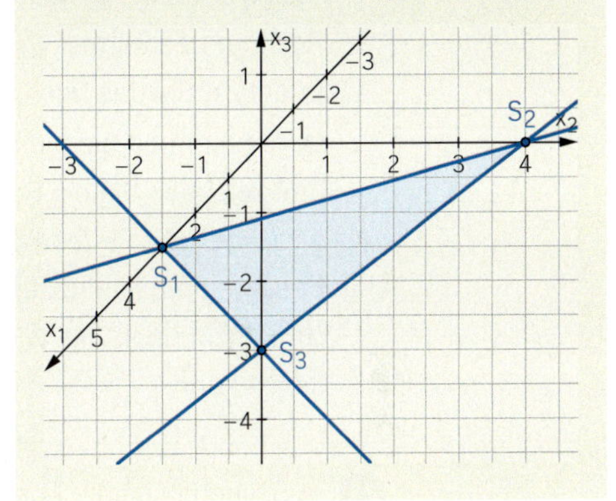

18 Die Schnittgeraden einer Ebene mit den Koordinatenebenen heißen **Spurgeraden** der Ebene.
Bestimmen Sie alle Spurpunkte und Spurgeraden der Ebene E.

a) E: $\vec{x} = \begin{pmatrix} 0 \\ 5 \\ 0 \end{pmatrix} + r \cdot \begin{pmatrix} 8 \\ -5 \\ 0 \end{pmatrix} + s \cdot \begin{pmatrix} 0 \\ 0 \\ 1 \end{pmatrix}$

b) E: $\vec{x} = \begin{pmatrix} 7 \\ 0 \\ 0 \end{pmatrix} + r \cdot \begin{pmatrix} 0 \\ 3 \\ 0 \end{pmatrix} + s \cdot \begin{pmatrix} -7 \\ 0 \\ 5 \end{pmatrix}$

c) E: $\vec{x} = \begin{pmatrix} 0 \\ 0 \\ 10 \end{pmatrix} + r \cdot \begin{pmatrix} -2 \\ 0 \\ -10 \end{pmatrix} + s \cdot \begin{pmatrix} 0 \\ 2 \\ 0 \end{pmatrix}$

d) E: $\vec{x} = \begin{pmatrix} 0 \\ -8 \\ 0 \end{pmatrix} + r \cdot \begin{pmatrix} -5 \\ 0 \\ 0 \end{pmatrix} + s \cdot \begin{pmatrix} 0 \\ 8 \\ 8 \end{pmatrix}$

E: $\vec{x} = \begin{pmatrix} 1 \\ -2 \\ 3 \end{pmatrix} + r \cdot \begin{pmatrix} 3 \\ 4 \\ 0 \end{pmatrix} + s \cdot \begin{pmatrix} 6 \\ -4 \\ 3 \end{pmatrix}$

Man kann eine Spurgerade wie folgt bestimmen:

- mithilfe zweier Spurpunkte festlegen
- z. B.: Spurgerade mit der x_1x_2-Ebene bestimmen
  Die x_3-Koordinate muss null sein:
  $0 = 3 + 0 \cdot r + 3 \cdot s$
  Die Lösung $r \in \mathbb{R}$ und $s = -1$ wird in die Ebenengleichung eingesetzt:
  g_{12}: $\vec{x} = \begin{pmatrix} -5 \\ 2 \\ 0 \end{pmatrix} + r \cdot \begin{pmatrix} 3 \\ 4 \\ 0 \end{pmatrix}$

19 Bestimmen Sie eine Parameterdarstellung für die Ebene, deren Spurpunkte und Spurgeraden abgebildet sind.

a)
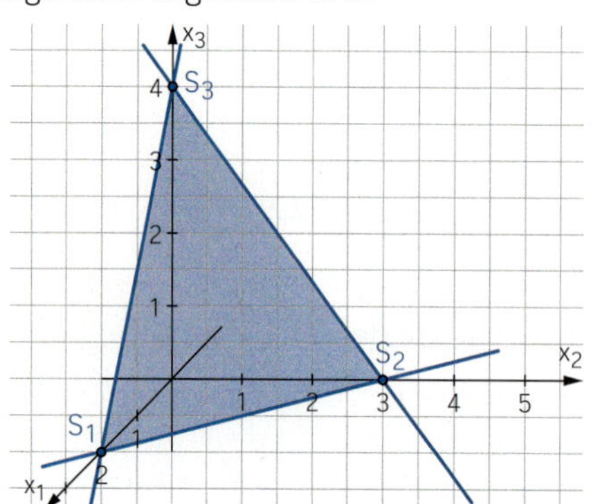

b)
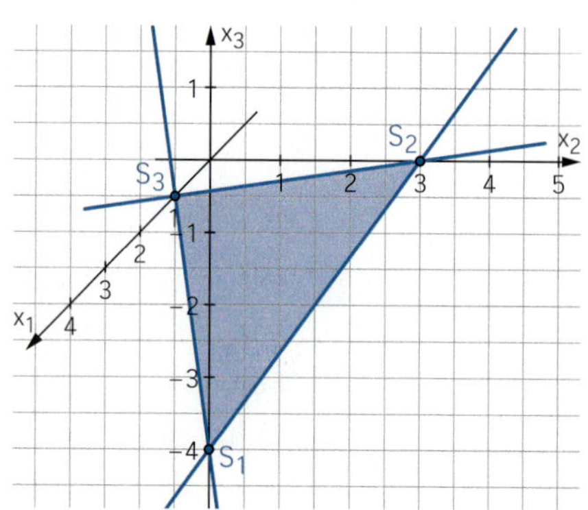

20 Gegeben ist die Ebene $E: \vec{x} = \begin{pmatrix} 2 \\ 3 \\ 10 \end{pmatrix} + r \cdot \begin{pmatrix} -2 \\ 3 \\ 0 \end{pmatrix} + t \cdot \begin{pmatrix} 4 \\ -6 \\ 5 \end{pmatrix}$.

a) Hannes hat den Spurpunkt der Ebene E mit der x_3-Achse mit seinem Rechner bestimmt.
Erläutern Sie das Rechnerfenster.

$$\text{linSolve}\left(\begin{cases} 0=2-2\cdot r+4\cdot t \\ 0=3+3\cdot r-6\cdot t \\ s=10+5\cdot t \end{cases}, \{r,s,t\}\right)$$

"Keine Lösung gefunden"

b) Bestimmen Sie die Spurpunkte der Ebene E mit den beiden anderen Koordinatenachsen und zeichnen Sie ein Schrägbild von E in ein Koordinatensystem.

c) Geben Sie für jede Spurgerade der Ebene E eine Parameterdarstellung an.
Beschreiben Sie die Lage der Ebene im Koordinatensystem.

d) Beschreiben Sie, wie eine Ebene, die nur zwei Spurpunkte hat, im Koordinatensystem liegen kann.

21 Gegeben ist die Ebene $E: \vec{x} = \begin{pmatrix} 6 \\ -10 \\ 3 \end{pmatrix} + r \cdot \begin{pmatrix} 2 \\ 0 \\ 0 \end{pmatrix} + t \cdot \begin{pmatrix} 0 \\ 5 \\ 0 \end{pmatrix}$.

a) Zeigen Sie, dass die Ebene E nur einen Spurpunkt hat und dass sie parallel zur x_1x_2-Ebene verläuft. Zeichnen Sie die Ebene E in ein Koordinatensystem.

b) Beschreiben Sie, wie eine Ebene, die nur einen Spurpunkt hat, im Koordinatensystem liegen kann.

22 Bestimmen Sie eine Parameterdarstellung der Ebene E mit den angegebenen Eigenschaften.

a) E hat den Spurpunkt $S_2(0|5|0)$. Weitere Spurpunkte gibt es nicht.

b) E hat die beiden Spurpunkte $S_1(6|0|0)$ und $S_3(0|0|7)$. Weitere Spurpunkte gibt es nicht.

c) E hat nur eine Spurgerade $g: \vec{x} = \begin{pmatrix} 0 \\ 0 \\ 3 \end{pmatrix} + r \cdot \begin{pmatrix} 0 \\ 3 \\ -3 \end{pmatrix}$.

23 Geben Sie eine Parameterdarstellung für eine Ebene an.
Bestimmen Sie dann drei Punkte, die in der Ebene liegen, und drei Punkte, die nicht in der Ebene liegen. Beschreiben Sie Ihr Vorgehen.

Weiterüben

24 Die im Foto sichtbare Dachfläche eines Hauses liegt in einer Ebene, zu der in einem Koordinatensystem mit Einheit Meter der Punkt A(0|7|4) und die Richtungsvektoren $\vec{u} = \begin{pmatrix} 0 \\ -2 \\ 0 \end{pmatrix}$ und $\vec{v} = \begin{pmatrix} -2 \\ 0 \\ 2 \end{pmatrix}$ gehören.

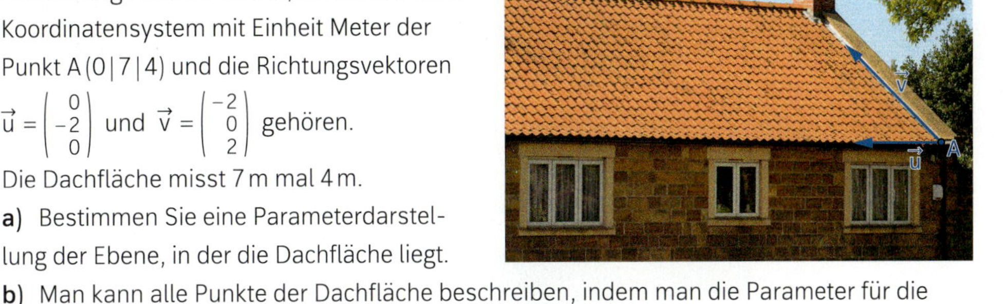

Die Dachfläche misst 7 m mal 4 m.

a) Bestimmen Sie eine Parameterdarstellung der Ebene, in der die Dachfläche liegt.

b) Man kann alle Punkte der Dachfläche beschreiben, indem man die Parameter für die Ebene einschränkt. Führen Sie dies durch.

c) Geben Sie die Koordinaten aller Eckpunkte der Dachfläche an.
Bestimmen Sie drei Punkte, die außerhalb der Dachfläche, aber in derselben Ebene wie die Dachfläche liegen.

25 Eine Ebenenschar E_a ist durch $E_a: \vec{x} = \begin{pmatrix} 2 \\ 1 \\ a \end{pmatrix} + s \cdot \begin{pmatrix} 3 \\ 5 \\ -1 \end{pmatrix} + t \cdot \begin{pmatrix} 2 \\ -2 \\ 0 \end{pmatrix}$ gegeben.

a) Beschreiben Sie die Lage der Ebenen E_a zueinander.

b) Gegeben sind die beiden Geraden g_1 und g_2 mit den Parameterdarstellungen

$g_1: \vec{x} = \begin{pmatrix} 2 \\ 1 \\ 5 \end{pmatrix} + r \cdot \begin{pmatrix} 2 \\ -2 \\ 0 \end{pmatrix}$ und $g_2: \vec{x} = \begin{pmatrix} 2 \\ 1 \\ 8 \end{pmatrix} + k \cdot \begin{pmatrix} 3 \\ 5 \\ -1 \end{pmatrix}$.

Zeigen Sie, dass jede Gerade in einer Ebene E_a liegt, und begründen Sie, dass g_1 und g_2 windschief zueinander sind.

26 Von einem Würfel der Kantenlänge 4 wird eine Ecke abgeschnitten.

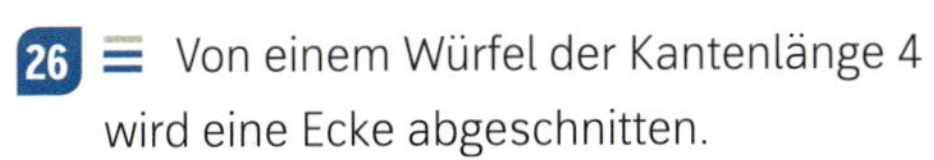

a) Geben Sie eine Parameterdarstellung für die Ebene an, in der die Schnittfläche liegt.

b) Welche Einschränkungen sind für die Parameter vorzunehmen, damit die Gleichung die dreieckige Schnittfläche beschreibt?

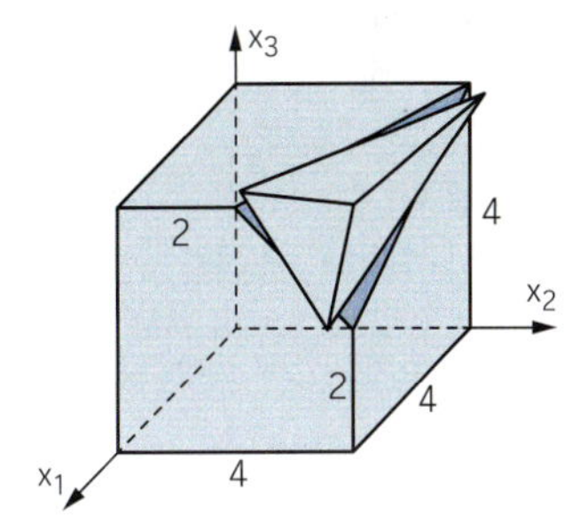

27 Begründen Sie ohne Rechnung, warum die angegebenen Geraden in der Ebene E liegen.

a) Gegeben ist die Ebene $E: \vec{x} = \begin{pmatrix} 3 \\ 1 \\ 4 \end{pmatrix} + r \cdot \begin{pmatrix} -1 \\ 2 \\ 2 \end{pmatrix} + s \cdot \begin{pmatrix} 3 \\ 1 \\ -1 \end{pmatrix}$.

(1) $g: \vec{x} = \begin{pmatrix} 3 \\ 1 \\ 4 \end{pmatrix} + t \cdot \begin{pmatrix} -1 \\ 2 \\ 2 \end{pmatrix}$

(2) $g: \vec{x} = \begin{pmatrix} 3 \\ 1 \\ 4 \end{pmatrix} + t \cdot \begin{pmatrix} 3 \\ 1 \\ -1 \end{pmatrix}$

b) Gegeben ist die Ebene $E: \vec{x} = \vec{a} + r \cdot \vec{u} + s \cdot \vec{v}$.

(1) $g: \vec{x} = \vec{a} + t \cdot \vec{u}$

(2) $g: \vec{x} = \vec{a} + t \cdot \vec{v}$

(3) $g: \vec{x} = \vec{a} + \vec{u} + t \cdot \vec{v}$

(4) $g: \vec{x} = \vec{a} + 3\vec{v} + t \cdot \vec{u}$

4.6 Normalenform und Koordinatenform einer Ebene

Einstieg

Der Schattenstab einer Sonnenuhr hat die Richtung des Vektors $\vec{n} = \begin{pmatrix} 1 \\ 1 \\ 2 \end{pmatrix}$ und steht im Punkt $A(-3|2|2)$ orthogonal auf der Ebene E, in der das Ziffernblatt der Sonnenuhr liegt. Ein Punkt auf dem Ziffernblatt hat die Koordinaten $B(-2|3|1)$.
Überprüfen Sie, ob die Punkte $C(-1|-2|3)$ und $D(1|1|0)$ ebenfalls in dieser Ebene liegen. Beschreiben Sie Ihr Vorgehen.

Aufgabe mit Lösung

Normalenform einer Ebene

Die Gerade g mit dem Richtungsvektor $\vec{n} = \begin{pmatrix} 2 \\ 1 \\ 2 \end{pmatrix}$ verläuft durch den Ursprung.

Die Ebene E ist orthogonal zur Geraden g und schneidet diese im Punkt $P(4|2|4)$.

→ Untersuchen Sie, ob die Punkte $Q(3|16|-2)$ und $R(-1|8|5)$ in der Ebene E liegen.

Lösung

Der Punkt P liegt in der Ebene E.
Falls der Punkt Q auch in E liegt, so müsste der Vektor $\overrightarrow{PQ}$ orthogonal zum Richtungsvektor der Geraden g sein.

Dies ist der Fall: $\begin{pmatrix} 2 \\ 1 \\ 2 \end{pmatrix} * \overrightarrow{PQ} = \begin{pmatrix} 2 \\ 1 \\ 2 \end{pmatrix} * \begin{pmatrix} -1 \\ 14 \\ -6 \end{pmatrix} = 0$

Also liegt Q in E.

Entsprechend erhält man: $\begin{pmatrix} 2 \\ 1 \\ 2 \end{pmatrix} * \overrightarrow{PR} = \begin{pmatrix} 2 \\ 1 \\ 2 \end{pmatrix} * \begin{pmatrix} -5 \\ 6 \\ 1 \end{pmatrix} = -2 \neq 0$

Der Vektor $\overrightarrow{PR}$ ist nicht orthogonal zum Richtungsvektor von g. Damit liegt R nicht in E.

→ Beschreiben Sie ein Kriterium, mit dessen Hilfe man untersuchen kann, ob ein Punkt X in der Ebene E liegt oder nicht.

Lösung

Ist $X(x_1|x_2|x_3)$ ein Punkt der Ebene E, so ist der Vektor $\overrightarrow{PX}$ orthogonal zu $\vec{n}$.

Es gilt $\vec{n} * \overrightarrow{PX} = \vec{n} * \left(\overrightarrow{OX} - \overrightarrow{OP}\right) = 0$, also $\begin{pmatrix} 2 \\ 1 \\ 2 \end{pmatrix} * \left(\begin{pmatrix} x_1 \\ x_2 \\ x_3 \end{pmatrix} - \begin{pmatrix} 4 \\ 2 \\ 4 \end{pmatrix}\right)$.

Daraus folgt $\begin{pmatrix} 2 \\ 1 \\ 2 \end{pmatrix} * \begin{pmatrix} x_1 \\ x_2 \\ x_3 \end{pmatrix} - \begin{pmatrix} 2 \\ 1 \\ 2 \end{pmatrix} * \begin{pmatrix} 4 \\ 2 \\ 4 \end{pmatrix} = 0$ und damit $2x_1 + x_2 + 2x_3 - 18 = 0$.

Ein Punkt $X(x_1|x_2|x_3)$ liegt also in der Ebene E, wenn seine Koordinaten die Gleichung $2x_1 + x_2 + 2x_3 = 18$ erfüllen, sonst nicht.

Information

Normalenvektor einer Ebene

Definition: Ein Vektor $\vec{n} \neq \vec{o}$ heißt **Normalenvektor** einer Ebene E, wenn er orthogonal zur Ebene E ist.

Ein Normalenvektor einer Ebene ist also orthogonal zu allen Richtungsvektoren der Ebene. Alle Normalenvektoren einer Ebene sind Vielfache voneinander.

Normalenform einer Ebene

Jeder Punkt einer Ebene E ist durch einen Punkt A in E und einen Normalenvektor $\vec{n}$ von E festgelegt.
Ein Punkt X liegt in E, wenn der Vektor $\overrightarrow{AX}$ orthogonal zum Normalenvektor $\vec{n}$ ist, d. h., wenn die Gleichung $\vec{n} * \left(\overrightarrow{OX} - \overrightarrow{OA}\right) = 0$ gilt, sonst nicht.
Mit $\vec{x} = \overrightarrow{OX}$ und $\vec{a} = \overrightarrow{OA}$ schreibt man diese Gleichung dann als:
$E: \vec{n} * (\vec{x} - \vec{a}) = 0$
Eine solche Vektorgleichung bezeichnet man als **Normalenform der Ebene E**.

Koordinatenform einer Ebene

Die Normalenform $\vec{n} * (\vec{x} - \vec{a}) = 0$ kann man umformen zu $\vec{n} * \vec{x} - \vec{n} * \vec{a} = 0$;
also $\vec{n} * \vec{x} = \vec{n} * \vec{a}$.
Mit $\vec{x} = \begin{pmatrix} x_1 \\ x_2 \\ x_3 \end{pmatrix}$; $\vec{n} = \begin{pmatrix} n_1 \\ n_2 \\ n_3 \end{pmatrix}$ und $\vec{n} * \vec{a} = c$
lässt sich dies als lineare Gleichung für die Koordinaten von $\vec{x}$ schreiben:
$E: n_1 x_1 + n_2 x_2 + n_3 x_3 = c$
Eine solche Gleichung bezeichnet man als **Koordinatenform der Ebene E**.

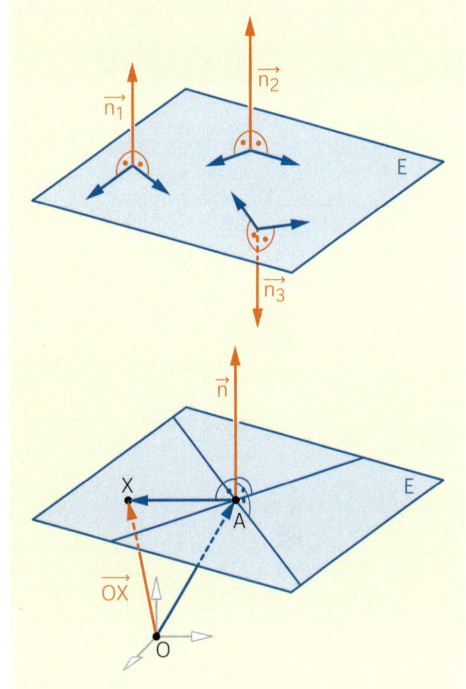

Normalenform:
$E: \begin{pmatrix} 2 \\ -3 \\ 4 \end{pmatrix} * \left(\vec{x} - \begin{pmatrix} -6 \\ 5 \\ 7 \end{pmatrix}\right) = 0$

Umformen in Koordinatenform:
$\begin{pmatrix} 2 \\ -3 \\ 4 \end{pmatrix} * \vec{x} - \begin{pmatrix} 2 \\ -3 \\ 4 \end{pmatrix} * \begin{pmatrix} -6 \\ 5 \\ 7 \end{pmatrix} = 0$

$\begin{pmatrix} 2 \\ -3 \\ 4 \end{pmatrix} * \vec{x} = \begin{pmatrix} 2 \\ -3 \\ 4 \end{pmatrix} * \begin{pmatrix} -6 \\ 5 \\ 7 \end{pmatrix}$; also

$E: 2x_1 - 3x_2 + 4x_3 = 1$

Der Punkt X(2|1|0) liegt in E:
$2 \cdot 2 - 3 \cdot 1 + 4 \cdot 0 = 1$

Der Punkt Y(3|4|2) liegt nicht in E:
$2 \cdot 3 - 3 \cdot 4 + 4 \cdot 2 = 2 \neq 1$

Üben

1 Bestimmen Sie eine Normalen- und eine Koordinatenform der Ebene E, die den Punkt P enthält und den Normalenvektor $\vec{n}$ hat. Prüfen Sie, ob der Punkt Q(−3|−27|0) in E liegt.

a) P(3|−5|2) $\quad \vec{n} = \begin{pmatrix} 3 \\ -1 \\ 2 \end{pmatrix}$

b) P(−1|−1|4) $\quad \vec{n} = \begin{pmatrix} 2 \\ 0 \\ -1 \end{pmatrix}$

c) P(0|0|0) $\quad \vec{n} = \begin{pmatrix} 2 \\ 1 \\ -2 \end{pmatrix}$

d) P(7|−20|−3) $\quad \vec{n} = \begin{pmatrix} 1 \\ -1 \\ -1 \end{pmatrix}$

2 Geben Sie die zugehörige Koordinatenform der Ebene E an und bestimmen Sie die Koordinaten zweier Punkte, die in E liegen.

a) $E: \begin{pmatrix} 2 \\ -3 \\ 1 \end{pmatrix} * \left[\vec{x} - \begin{pmatrix} 4 \\ 0 \\ -5 \end{pmatrix}\right] = 0$

b) $E: \begin{pmatrix} 2 \\ -1 \\ 1 \end{pmatrix} * \vec{x} = 5$

c) $E: \begin{pmatrix} 3 \\ -1 \\ 2 \end{pmatrix} * \vec{x} = \begin{pmatrix} 3 \\ -1 \\ 2 \end{pmatrix} * \begin{pmatrix} -5 \\ 4 \\ 2 \end{pmatrix}$

d) $E: \begin{pmatrix} 1 \\ 2 \\ -4 \end{pmatrix} * \vec{x} = 0$

e) $E: \begin{pmatrix} 2 \\ 0 \\ -3 \end{pmatrix} * \vec{x} = \begin{pmatrix} 2 \\ 0 \\ -3 \end{pmatrix} * \begin{pmatrix} 4 \\ -2 \\ 1 \end{pmatrix}$

f) $E: \begin{pmatrix} 4 \\ 0 \\ 0 \end{pmatrix} * \vec{x} = 10$

3 Bestimmen Sie ohne Rechner eine Koordinatenform der Ebene E.

a) $E: \vec{x} = \begin{pmatrix} 3 \\ 0 \\ 0 \end{pmatrix} + r \cdot \begin{pmatrix} 2 \\ 1 \\ 0 \end{pmatrix} + s \cdot \begin{pmatrix} -1 \\ -2 \\ 1 \end{pmatrix}$

b) $E: \vec{x} = \begin{pmatrix} 1 \\ 1 \\ -3 \end{pmatrix} + r \cdot \begin{pmatrix} -3 \\ 1 \\ 0 \end{pmatrix} + s \cdot \begin{pmatrix} 1 \\ -3 \\ 1 \end{pmatrix}$

c) $E: \vec{x} = \begin{pmatrix} 5 \\ -1 \\ 2 \end{pmatrix} + r \cdot \begin{pmatrix} 3 \\ 1 \\ -1 \end{pmatrix} + s \cdot \begin{pmatrix} -2 \\ 1 \\ 2 \end{pmatrix}$

d) $E: \vec{x} = \begin{pmatrix} 7 \\ 2 \\ -5 \end{pmatrix} + r \cdot \begin{pmatrix} 0 \\ 1 \\ 0 \end{pmatrix} + s \cdot \begin{pmatrix} 0 \\ 0 \\ 1 \end{pmatrix}$

$E: x = \begin{pmatrix} -4 \\ 2 \\ 5 \end{pmatrix} + r \cdot \begin{pmatrix} 2 \\ 0 \\ -1 \end{pmatrix} + s \cdot \begin{pmatrix} 1 \\ 2 \\ -1 \end{pmatrix}$

Bestimmen eines Normalenvektors $\vec{n}$ der Ebene E:

(1) $\vec{n} * \begin{pmatrix} 2 \\ 0 \\ -1 \end{pmatrix} = 0$; also $2n_1 - n_3 = 0$

(2) $\vec{n} * \begin{pmatrix} 1 \\ 2 \\ -1 \end{pmatrix} = 0$; also $n_1 + 2n_2 - n_3 = 0$

Da nur eine der unendlich vielen Lösungen dieses linearen Gleichungssystems benötigt wird, setzt man z. B. $n_1 = 1$ und erhält:

(1) $n_3 = 2$

(2) $n_2 = 0{,}5$

Aus $\vec{n} = \begin{pmatrix} 1 \\ 0{,}5 \\ 2 \end{pmatrix}$ und $\begin{pmatrix} 1 \\ 0{,}5 \\ 2 \end{pmatrix} * \begin{pmatrix} -4 \\ 2 \\ 5 \end{pmatrix} = 7$

ergibt sich die Koordinatenform

$E: x_1 + 0{,}5x_2 + 2x_3 = 7.$

4 Die Ebene E enthält die Punkte A, B und C. Bestimmen Sie eine Parameterform, eine Normalenform und eine Koordinatenform von E.

a) A(1|0|3); B(0|2|1); C(2|2|4)

b) A(0|1|2); B(3|3|3); C(−1|1|4)

c) A(0|0|0); B(1|0|3); C(−1|2|0)

d) A(2|2|2); B(5|2|1); C(3|2|4)

5 Bestimmen Sie eine Koordinatenform der Ebene E mit den angegebenen Eigenschaften.

a) E hat die Spurpunkte $S_1(4|0|0)$, $S_2(0|-2|0)$ und $S_3(0|0|3)$.

b) E ist die x_1x_3-Ebene.

c) E ist parallel zur x_2x_3-Ebene und schneidet die x_1-Achse im Punkt (4|0|0).

d) E ist orthogonal zur x_1-Achse und enthält den Punkt (2|1|2).

6 Prüfen Sie, welche der folgenden Gleichungen dieselbe Ebene beschreiben.

(1) $\begin{pmatrix} 1 \\ -1 \\ 2 \end{pmatrix} * \left[\vec{x} - \begin{pmatrix} 4 \\ 2 \\ -2 \end{pmatrix}\right] = 0$

(2) $\begin{pmatrix} -1 \\ 1 \\ 2 \end{pmatrix} * \left[\vec{x} - \begin{pmatrix} 1 \\ 1 \\ 2 \end{pmatrix}\right] = 0$

(3) $\vec{x} = \begin{pmatrix} 3 \\ 3 \\ 2 \end{pmatrix} + r \cdot \begin{pmatrix} 2 \\ 0 \\ -1 \end{pmatrix} + s \cdot \begin{pmatrix} 4 \\ 6 \\ 1 \end{pmatrix}$

(4) $\vec{x} = \begin{pmatrix} 1 \\ 1 \\ 2 \end{pmatrix} + r \cdot \begin{pmatrix} 1 \\ -2 \\ 1 \end{pmatrix} + s \cdot \begin{pmatrix} 4 \\ 0 \\ -4 \end{pmatrix}$

(5) $x_1 - x_2 + 2x_3 = 6$

(6) $2x_1 - 2x_2 + 4x_3 = 8$

7 Geben Sie einen Normalenvektor zur die durch die Gleichung festgelegte Ebene an und beschreiben Sie damit die Lage der Ebene im Koordinatensystem.

a) $x_2 = 3$ b) $x_2 + 3x_3 = 2$ c) $x_1 - 3x_2 = -3$ d) $x_1 + x_2 + 3x_3 = 0$

8 Geben Sie eine Koordinatenform zur dargestellten Ebene an.

a)
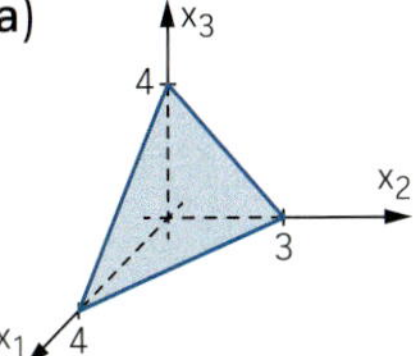

b)
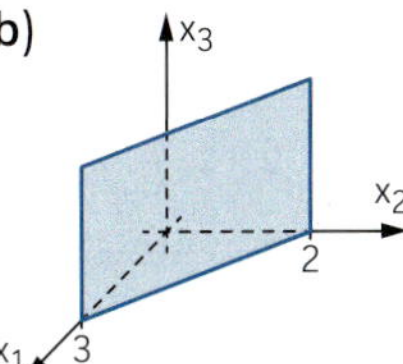

c)
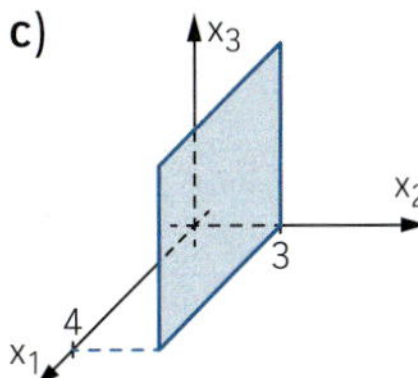

d)
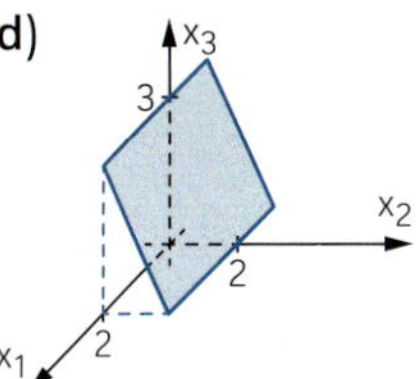

Lage von Ebenen zueinander

9 Gegeben sind die vier Ebenen E_1: $2x_1 + 5x_2 - x_3 = -8$; E_2: $3x_1 - x_2 + 2x_3 = 12$; E_3: $-8x_1 - 20x_2 + 4x_3 = 32$ und E_4: $6x_1 + 15x_2 - 3x_3 = 27$.
Untersuchen Sie die Lage von jeweils zwei der Ebenen zueinander. Erläutern Sie, wie man an den Koordinatenformen erkennt, wie die Ebenen zueinander liegen.

Information

Untersuchung der Lage von zwei Ebenen zueinander

Folgende drei Fälle sind möglich:

(1) Die Normalenvektoren sind nicht parallel zueinander, also keine Vielfachen voneinander: Die Ebenen **schneiden sich in einer Geraden**.

(2) Die Normalenvektoren sind parallel zueinander, die Ebenen haben aber keine gemeinsamen Punkte: Die Ebenen sind **parallel zueinander und verschieden**.

In diesem Fall sind die Normalenvektoren Vielfache voneinander, aber die Koordinatenformen der Ebenen keine Vielfachen voneinander.

(3) Die Normalenvektoren sind parallel zueinander und die Ebenen haben einen gemeinsamen Punkt: Die Ebenen sind **identisch**.

In diesem Fall sind die Koordinatenformen der Ebenen Vielfache voneinander.

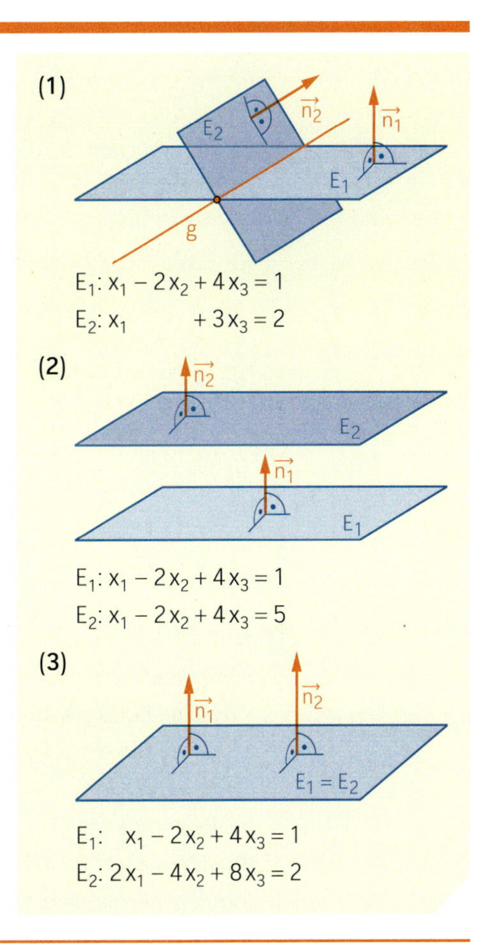

10 Untersuchen Sie, wie die Ebenen E_1 und E_2 zueinander liegen.

a) $E_1\colon 6x_1 + 3x_2 - 9x_3 = 15$ $\quad E_2\colon -2x_1 - x_2 + 3x_3 + 5 = 0$

b) $E_1\colon 3x_1 - 12x_2 + 6x_3 = -18$ $\quad E_2\colon -2x_1 + 8x_2 - 4x_3 + 12 = 0$

c) $E_1\colon 4x_1 + 2x_2 + x_3 = 10$ $\quad E_2\colon -x_1 - 3x_2 + 4x_3 + 6 = 0$

d) $E_1\colon \vec{x} = \begin{pmatrix} -1 \\ 2 \\ 2 \end{pmatrix} + r \cdot \begin{pmatrix} -2 \\ 3 \\ 2 \end{pmatrix} + s \cdot \begin{pmatrix} 6 \\ -5 \\ 2 \end{pmatrix}$ $\quad E_2\colon 2x_1 + 2x_2 - x_3 - 4 = 0$

11 Bestimmen Sie eine Koordinatenform der Ebene E, die durch die Punkte A, B und C festgelegt ist. Geben Sie anschließend eine Koordinatenform der Ebene F an, die parallel zur Ebene E ist und den Punkt P enthält.

a) A(0|1|2); B(2|0|4); C(4|8|0)
P(3|−4|1)

b) A(3|1|−1); B(4|1|1); C(−2|−2|3)
P(5|−2|2)

12 Bestimmen Sie eine Parameterdarstellung der Schnittgeraden beider Ebenen.

a) $E_1\colon x_1 + x_2 - x_3 = 1$
$E_2\colon 4x_1 - x_2 - x_3 = 3$

b) $E_1\colon -2x_1 + 3x_2 - 4x_3 = 12$
$E_2\colon -x_1 + 4x_2 - 3x_3 = 0$

c) $E_1\colon 3x_1 - 2x_2 + x_3 = 4$
$E_2\colon x_1 - 2x_3 = -1$

$E_1\colon x_1 - 2x_2 + 4x_3 = 1$
$E_2\colon x_1 + 3x_3 = 2$

Die Normalenvektoren $\begin{pmatrix} 1 \\ -2 \\ 4 \end{pmatrix}$ und $\begin{pmatrix} 1 \\ 0 \\ 3 \end{pmatrix}$ sind keine Vielfachen voneinander.
Die Ebenen E_1 und E_2 schneiden sich in einer Geraden g.
Die Koordinaten jedes gemeinsamen Punktes erfüllen beide Koordinatengleichungen, sind also eine Lösung des linearen Gleichungssystems

$$\begin{vmatrix} x_1 - 2x_2 + 4x_3 = 1 \\ x_1 + 0x_2 + 3x_3 = 2 \end{vmatrix}.$$

Für $t \in \mathbb{R}$ ergeben sich die Lösungen
$x_1 = 2 - 3t;\ x_2 = 0{,}5 + 0{,}5t;\ x_3 = t.$
Daraus erhält man durch Übertragen in die Vektorschreibweise eine Parameterdarstellung der Schnittgeraden:

$$g\colon \vec{x} = \begin{pmatrix} 2 \\ 0{,}5 \\ 0 \end{pmatrix} + t \cdot \begin{pmatrix} -3 \\ 0{,}5 \\ 1 \end{pmatrix}$$

13 Untersuchen Sie die Lage der Ebenen zueinander. Bestimmen Sie gegebenenfalls die Schnittgerade.

a) $E_1\colon 6x_1 + 3x_2 - 9x_3 = 15$
$E_2\colon -2x_1 - x_2 + 3x_3 = -5$
$E_3\colon 4x_1 + 2x_2 + 6x_3 = 5$

b) $E_1\colon 2x_1 + x_2 = 5$
$E_2\colon 4x_1 + 2x_2 + x_3 = 10$
$E_3\colon 4x_1 + 2x_2 = 3$

c) $E_1\colon x_1 = 1$
$E_2\colon x_1 = -1$
$E_3\colon x_1 = 0$

14 Das Dach eines Turms hat die Form einer quadratischen Pyramide, deren Grundkanten die Länge 6 m haben. Die Höhe der Pyramide beträgt 4 m.

a) Legen Sie ein geeignetes Koordinatensystem fest und zeichnen Sie das Dach ein.

b) Bestimmen Sie Koordinatenformen für die Ebenen, in denen jeweils eine der vier Seitenflächen des Dachs liegen. Vergleichen Sie Ihre Ergebnisse miteinander.

15 In einem Würfel der Kantenlänge 6 liegt der Punkt P auf der Kante $\overline{BF}$ zwischen den Eckpunkten B und F.

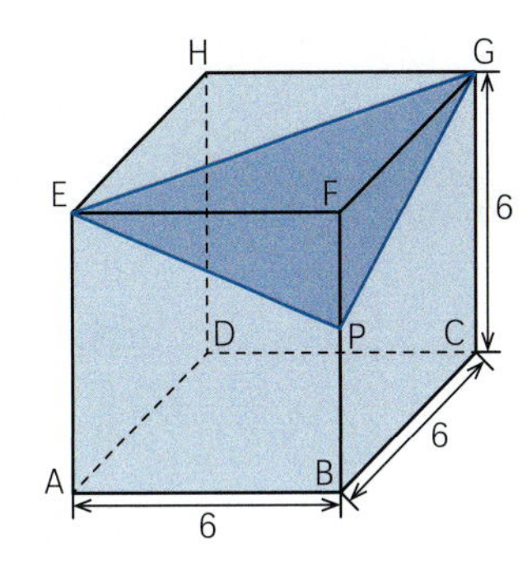

a) Legen Sie ein geeignetes Koordinatensystem fest und zeichnen Sie den Würfel ein.

b) Die Ebene E enthält die Punkte E, P und G. Bestimmen Sie eine Koordinatenform von E, wenn der Punkt P der Mittelpunkt der Strecke $\overline{BF}$ ist.

c) Bestimmen Sie die Koordinaten von P so, dass der Vektor $\begin{pmatrix} 3 \\ 3 \\ 4 \end{pmatrix}$ ein Normalenvektor von E ist. Berechnen Sie für diesen Fall den Umfang des Dreiecks EPG.

Weiterüben

16 Ein regelmäßiges Oktaeder hat acht kongruente gleichseitige Dreiecke als Seitenflächen.

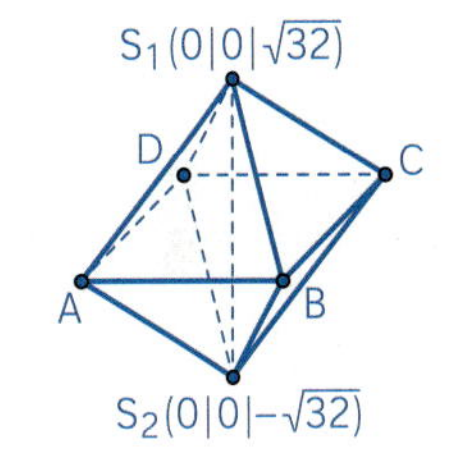

A(4|−4|0) B(4|4|0)
C(−4|4|0) D(−4|−4|0)

a) Weisen Sie nach, dass es sich bei dem abgebildeten Körper um ein Oktaeder handelt.

b) Welche Dreiecksflächen in der Abbildung sind parallel bzw. orthogonal zueinander? Stellen Sie jeweils eine Vermutung auf.

c) Weisen Sie Ihre Vermutungen aus Teilaufgabe b) nach. Verwenden Sie dazu die Normalen- bzw. die Koordinatenformen der Ebenen, in denen die Dreiecke liegen.

17 Emilia betrachtet die Ebene E mit der Koordinatengleichung E: $x_1 + 2x_2 + 3x_3 = 7$. Sie sagt:

„Wenn also $A(a_1|a_2|a_3)$ in E liegt, dann hat das Skalarprodukt von $\vec{n} = \begin{pmatrix} 1 \\ 2 \\ 3 \end{pmatrix}$ mit $\vec{a} = \begin{pmatrix} a_1 \\ a_2 \\ a_3 \end{pmatrix}$ immer den Wert 7. Aber was bedeutet das geometrisch?"

Erklären Sie diesen Sachverhalt mithilfe der Gleichung $\vec{n} * \vec{a} = \vec{n} * \vec{a}_{\parallel}$. Der Vektor $\vec{a}_{\parallel}$ bezeichnet dabei die Komponente des Vektors $\vec{a}$, die in Richtung von $\vec{n}$ verläuft.

E: $x_1 + 2x_2 + 3x_3 = 7$

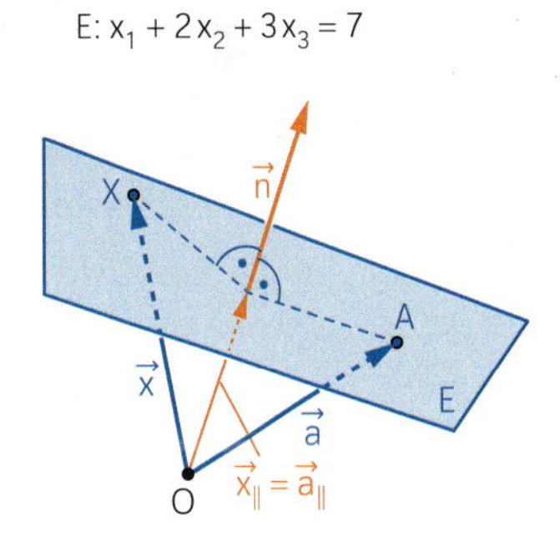

Das kann ich noch!

Betrachten Sie die Funktionen f_a mit $f_a(x) = 2x^3 + ax + 1$ in Abhängigkeit vom Parameter a.

1) Begründen Sie, dass sich für keinen Wert des Parameters der abgebildete Graph ergibt.

2) Ermitteln Sie, für welche Werte von a der Graph der Funktion f_a keine waagerechten Tangenten hat.

3) Untersuchen Sie, ob es einen Wert für den Parameter a gibt, sodass der Graph von f_a einen Sattelpunkt hat.

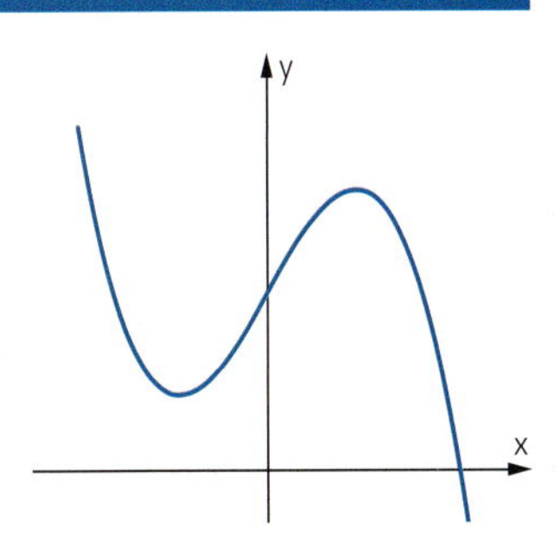

4.7 Vektorprodukt

Einstieg

Bewegen sich elektrisch negativ geladene Teilchen in einem Magnetfeld quer zu dessen Feldlinien, so werden sie durch die *Lorentzkraft* abgelenkt. Diese ist sowohl zu den Feldlinien als auch zur Bewegungsrichtung orthogonal. Ihre Richtung kann man mit der *Linke-Hand-Regel* bestimmen.

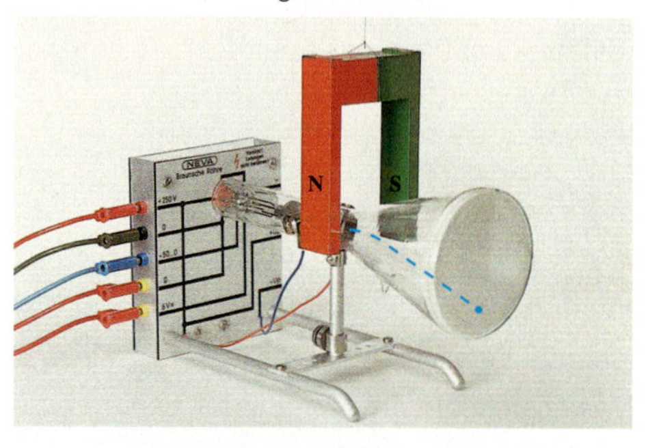

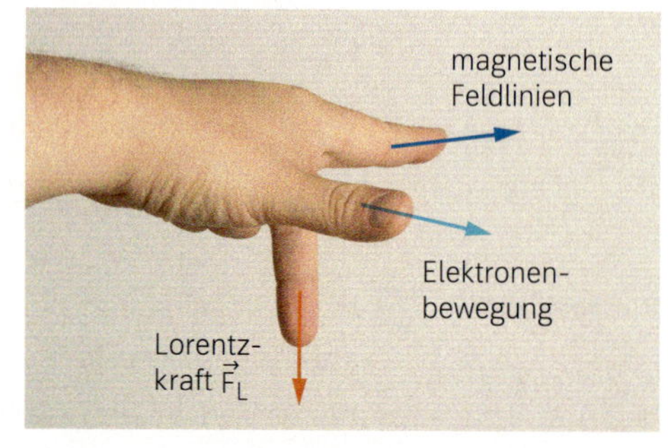

Bestimmen Sie einen Vektor, der orthogonal zu den beiden Vektoren $\begin{pmatrix} 3 \\ 5 \\ -2 \end{pmatrix}$ und $\begin{pmatrix} 0 \\ -1 \\ 3 \end{pmatrix}$ ist.

Aufgabe mit Lösung

Vektoren, die zu zwei Vektoren orthogonal sind

Bestimmen Sie alle Vektoren $\vec{c}$, die sowohl zu $\vec{a} = \begin{pmatrix} 2 \\ -3 \\ 1 \end{pmatrix}$ als auch zu $\vec{b} = \begin{pmatrix} 1 \\ 2 \\ -1 \end{pmatrix}$ orthogonal sind. Verallgemeinern Sie dann auf beliebige Vektoren $\vec{a} = \begin{pmatrix} a_1 \\ a_2 \\ a_3 \end{pmatrix}$ und $\vec{b} = \begin{pmatrix} b_1 \\ b_2 \\ b_3 \end{pmatrix}$.

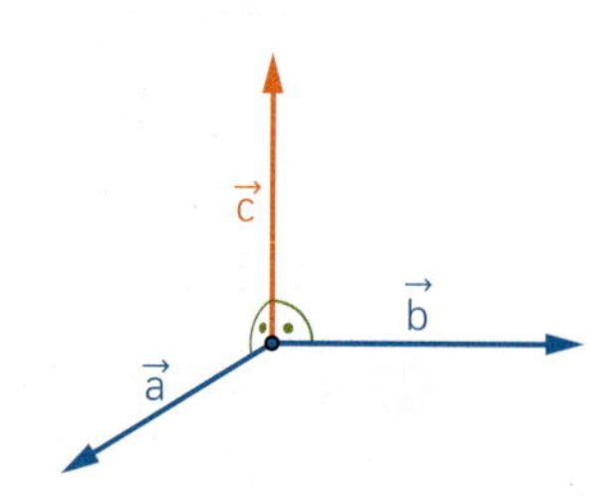

Lösung

Für die gesuchten Vektoren $\vec{c} = \begin{pmatrix} c_1 \\ c_2 \\ c_3 \end{pmatrix}$ muss gelten $\vec{a} * \vec{c} = 0$ und $\vec{b} * \vec{c} = 0$, also

$$\left| \begin{array}{l} 2c_1 - 3c_2 + c_3 = 0 \\ c_1 + 2c_2 - c_3 = 0 \end{array} \right|$$

$$\left| \begin{array}{l} 2c_1 - 3c_2 = -c_3 \\ c_1 + 2c_2 = c_3 \end{array} \right| \begin{array}{l} \cdot 2 \quad \cdot(-2) \\ \cdot 3 \end{array}$$

$$\left| \begin{array}{l} 7c_1 = c_3 \\ -7c_2 = -3c_3 \end{array} \right|$$

$$\left| \begin{array}{l} c_1 = \frac{1}{7}c_3 \\ c_2 = \frac{3}{7}c_3 \end{array} \right|$$

$$\left| \begin{array}{l} a_1c_1 + a_2c_2 + a_3c_3 = 0 \\ b_1c_1 + b_2c_2 + b_3c_3 = 0 \end{array} \right|$$

$$\left| \begin{array}{l} a_1c_1 + a_2c_2 = -a_3c_3 \\ b_1c_1 + b_2c_2 = -b_3c_3 \end{array} \right| \begin{array}{l} \cdot b_1 \quad \cdot b_2 \\ \cdot(-a_2) \quad \cdot(-a_1) \end{array}$$

$$\left| \begin{array}{l} (a_1b_2 - a_2b_1)c_1 = (a_2b_3 - a_3b_2)c_3 \\ (a_2b_1 - a_1b_2)c_2 = (a_1b_3 - a_3b_1)c_3 \end{array} \right|$$

$$\left| \begin{array}{l} c_1 = \frac{a_2b_3 - a_3b_2}{a_1b_2 - a_2b_1} \cdot c_3 \\ c_2 = \frac{a_3b_1 - a_1b_3}{a_1b_2 - a_2b_1} \cdot c_3 \end{array} \right|, \text{ falls } a_1b_2 - a_2b_1 \neq 0$$

Für jede beliebige Wahl von c_3 erhält man einen Vektor, der zu $\vec{a}$ und $\vec{b}$ orthogonal ist. Dieser lässt sich mit $c_3 = 7t$ bzw. allgemein $c_3 = (a_1b_2 - a_2b_1) \cdot t$ schreiben als:

$$\vec{c} = t \cdot \begin{pmatrix} 1 \\ 3 \\ 7 \end{pmatrix}, \ t \in \mathbb{R}, \ t \neq 0$$

$$\vec{c} = t \cdot \begin{pmatrix} a_2b_3 - a_3b_2 \\ a_3b_1 - a_1b_3 \\ a_1b_2 - a_2b_1 \end{pmatrix}, \ t \in \mathbb{R}, \ t \neq 0$$

Auch wenn obige Umformungen nur für a_1, a_2, b_1, b_2 ungleich 0 durchgeführt werden können, ist der berechnete Vektor $\vec{c}$ in jedem Fall eine Lösung des Gleichungssystems, wie man durch Einsetzen überprüfen kann.

Information

Vektorprodukt

Gelesen:
a Kreuz b

Definition

Das **Vektorprodukt** $\vec{a} \times \vec{b}$ zweier Vektoren

$\vec{a} = \begin{pmatrix} a_1 \\ a_2 \\ a_3 \end{pmatrix}$ und $\vec{b} = \begin{pmatrix} b_1 \\ b_2 \\ b_3 \end{pmatrix}$ ist der Vektor

$$\vec{a} \times \vec{b} = \begin{pmatrix} a_2 b_3 - a_3 b_2 \\ a_3 b_1 - a_1 b_3 \\ a_1 b_2 - a_2 b_1 \end{pmatrix}.$$

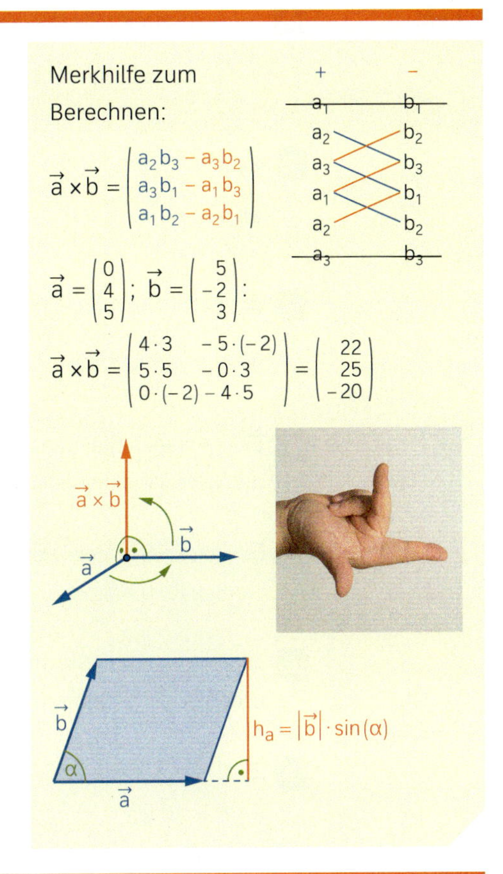

Geometrische Deutung

1) Sind die Vektoren $\vec{a}$ und $\vec{b}$ verschieden vom Nullvektor und keine Vielfachen voneinander, so ist der Vektor $\vec{a} \times \vec{b}$ sowohl zu $\vec{a}$ als auch zu $\vec{b}$ orthogonal.
Er bildet mit ihnen ein *Rechtssystem*.

2) Die Länge des Vektorprodukts $\vec{a} \times \vec{b}$ ist der Flächeninhalt des von den Vektoren $\vec{a}$ und $\vec{b}$ aufgespannten Parallelogramms:
$|\vec{a} \times \vec{b}| = |\vec{a}| \cdot |\vec{b}| \cdot \sin(\alpha)$;
dabei ist α der von den Vektoren $\vec{a}$ und $\vec{b}$ eingeschlossene Winkel.

Anmerkungen:

(1) **Herleitung von Teil 2):** Für das Quadrat der Länge des Vektors $\vec{a} \times \vec{b}$ gilt:

$$\begin{aligned} |\vec{a} \times \vec{b}|^2 &= (a_2 b_3 - a_3 b_2)^2 + (a_3 b_1 - a_1 b_3)^2 + (a_1 b_2 - a_2 b_1)^2 \\ &= (a_2 b_3)^2 + (a_3 b_2)^2 + (a_1 b_3)^2 + (a_3 b_1)^2 + (a_1 b_2)^2 + (a_2 b_1)^2 \\ &\quad - 2 \cdot (a_2 a_3 b_2 b_3 + a_1 a_3 b_1 b_3 + a_1 a_2 b_1 b_2) \\ &= (a_1^2 + a_2^2 + a_3^2) \cdot (b_1^2 + b_2^2 + b_3^2) - (a_1 b_1 + a_2 b_2 + a_3 b_3)^2 \\ &= |\vec{a}|^2 \cdot |\vec{b}|^2 - (\vec{a} * \vec{b})^2 \\ &= |\vec{a}|^2 \cdot |\vec{b}|^2 - |\vec{a}|^2 \cdot |\vec{b}|^2 \cdot \cos^2(\alpha) = |\vec{a}|^2 \cdot |\vec{b}|^2 \cdot (1 - \cos^2(\alpha)) \\ &= |\vec{a}|^2 \cdot |\vec{b}|^2 \cdot \sin^2(\alpha) = (|\vec{a}| \cdot |\vec{b}| \cdot \sin(\alpha))^2 \end{aligned}$$

Diese Gleichheit kann durch Ausmultiplizieren überprüft werden.

$\sin^2(\alpha) + \cos^2(\alpha) = 1$

Wegen $0° < \alpha < 180°$ ist $\sin(\alpha) > 0$.
Für die Länge des Vektors $\vec{a} \times \vec{b}$ erhält man somit $|\vec{a} \times \vec{b}| = |\vec{a}| \cdot |\vec{b}| \cdot \sin(\alpha)$.
Dies entspricht aber gerade dem Flächeninhalt des Parallelogramms, das von den Vektoren $\vec{a}$ und $\vec{b}$ aufgespannt wird.

(2) Viele Rechner besitzen zur Berechnung des Vektorprodukts zweier Vektoren $\vec{a}$ und $\vec{b}$ einen vordefinierten Befehl *crossP*.
Dieser Befehl liefert den Vektor $\vec{a} \times \vec{b}$.

$\text{crossP}\left(\begin{bmatrix} 0 \\ 4 \\ 5 \end{bmatrix}, \begin{bmatrix} 5 \\ -2 \\ 3 \end{bmatrix}\right) \quad \begin{bmatrix} 22 \\ 25 \\ -20 \end{bmatrix}$

Üben

1 Bestimmen Sie drei Vektoren, die sowohl zum Vektor $\vec{u} = \begin{pmatrix} 3 \\ 5 \\ -2 \end{pmatrix}$ als auch zum Vektor $\vec{v} = \begin{pmatrix} 0 \\ -1 \\ 3 \end{pmatrix}$ orthogonal sind.

2 Berechnen Sie das Vektorprodukt der Vektoren $\vec{a}$ und $\vec{b}$.

a) $\vec{a} = \begin{pmatrix} 3 \\ -1 \\ 2 \end{pmatrix}$; $\vec{b} = \begin{pmatrix} 4 \\ 2 \\ -3 \end{pmatrix}$ b) $\vec{a} = \begin{pmatrix} 0 \\ -5 \\ 2 \end{pmatrix}$; $\vec{b} = \begin{pmatrix} 3 \\ 2 \\ -4 \end{pmatrix}$ c) $\vec{a} = \begin{pmatrix} 2 \\ -1 \\ 1 \end{pmatrix}$; $\vec{b} = \begin{pmatrix} 1 \\ 0 \\ 4 \end{pmatrix}$

3 Bestimmen Sie einen Vektor der Länge 1, der zu den Vektoren $\vec{u}$ und $\vec{v}$ orthogonal ist.

a) $\vec{u} = \begin{pmatrix} 0 \\ 14 \\ 2 \end{pmatrix}$; $\vec{v} = \begin{pmatrix} 0 \\ 1 \\ 0 \end{pmatrix}$ b) $\vec{u} = \begin{pmatrix} 2 \\ -1 \\ 1 \end{pmatrix}$; $\vec{v} = \begin{pmatrix} 1 \\ 0 \\ 1 \end{pmatrix}$ c) $\vec{u} = \begin{pmatrix} -3 \\ -1 \\ 2 \end{pmatrix}$; $\vec{v} = \begin{pmatrix} 2 \\ -2 \\ 1 \end{pmatrix}$

4 Beweisen Sie, dass das Vektorprodukt zweier vom Nullvektor verschiedener Vektoren, die keine Vielfachen voneinander sind, orthogonal zu diesen ist.

5 Zeigen Sie: Zwei Vektoren $\vec{u} \neq \vec{o}$ und $\vec{v} \neq \vec{o}$ sind genau dann parallel zueinander, wenn gilt: $\vec{u} \times \vec{v} = \vec{o}$.

6 Untersuchen Sie am Beispiel der Vektoren $\vec{u} = \begin{pmatrix} 2 \\ -1 \\ 3 \end{pmatrix}$ und $\vec{v} = \begin{pmatrix} 3 \\ 5 \\ -2 \end{pmatrix}$, ob das Vektorprodukt $\vec{u} \times \vec{v}$ kommutativ ist.

7 Beweisen Sie das Antikommutativgesetz für das Vektorprodukt:
$\vec{a} \times \vec{b} = -\vec{b} \times \vec{a}$

Koordinatengleichung einer Ebene mit dem Vektorprodukt bestimmen

8 Bestimmen Sie eine Koordinatengleichung der Ebene E, der durch eine Parameterdarstellung gegeben ist.

a) $E: \vec{x} = \begin{pmatrix} 3 \\ 0 \\ 0 \end{pmatrix} + s \cdot \begin{pmatrix} 2 \\ 1 \\ 0 \end{pmatrix} + t \cdot \begin{pmatrix} -1 \\ -2 \\ 1 \end{pmatrix}$

b) $E: \vec{x} = \begin{pmatrix} 1 \\ 1 \\ -3 \end{pmatrix} + s \cdot \begin{pmatrix} -3 \\ 1 \\ 0 \end{pmatrix} + t \cdot \begin{pmatrix} 1 \\ -3 \\ 1 \end{pmatrix}$

c) $E: \vec{x} = \begin{pmatrix} 0 \\ -1 \\ 2 \end{pmatrix} + s \cdot \begin{pmatrix} 0 \\ 2 \\ 3 \end{pmatrix} + t \cdot \begin{pmatrix} 0 \\ -3 \\ 1 \end{pmatrix}$

d) $E: \vec{x} = \begin{pmatrix} 1 \\ -2 \\ 1 \end{pmatrix} + s \cdot \begin{pmatrix} 1 \\ -4 \\ -1 \end{pmatrix} + t \cdot \begin{pmatrix} 0 \\ 7 \\ 1 \end{pmatrix}$

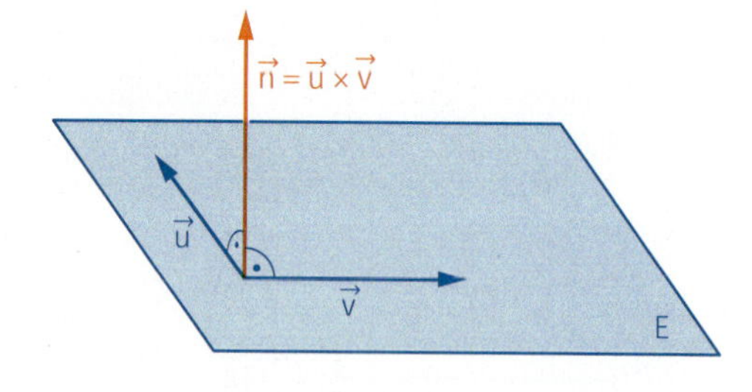

9 Untersuchen Sie mithilfe des Vektorprodukts, ob die beiden Ebenen E_1 und E_2 parallel zueinander sind.

a) $E_1: \vec{x} = \begin{pmatrix} 2 \\ -1 \\ 1 \end{pmatrix} + r \cdot \begin{pmatrix} 1 \\ -2 \\ 3 \end{pmatrix} + s \cdot \begin{pmatrix} -4 \\ 0 \\ 2 \end{pmatrix}$

$E_2: \vec{x} = \begin{pmatrix} -1 \\ 1 \\ 0 \end{pmatrix} + k \cdot \begin{pmatrix} -2 \\ 4 \\ -4 \end{pmatrix} + t \cdot \begin{pmatrix} 1 \\ 6 \\ -8 \end{pmatrix}$

b) $E_1: \vec{x} = \begin{pmatrix} 2 \\ 0 \\ 1 \end{pmatrix} + r \cdot \begin{pmatrix} -2 \\ 1 \\ -1 \end{pmatrix} + s \cdot \begin{pmatrix} 1 \\ 0 \\ 1 \end{pmatrix}$

$E_2: \vec{x} = \begin{pmatrix} 0 \\ -2 \\ 1 \end{pmatrix} + k \cdot \begin{pmatrix} -7 \\ 2 \\ -5 \end{pmatrix} + t \cdot \begin{pmatrix} 4 \\ -1 \\ 3 \end{pmatrix}$

10 ≡ Begründen Sie: Für den Flächeninhalt eines Dreiecks ABC gilt $A = \frac{1}{2} \cdot \left|\overrightarrow{AB} \times \overrightarrow{AC}\right|$. Berechnen Sie mit dieser Formel jeweils den Flächeninhalt des Dreiecks PQR.
(1) P(−3|1|4); Q(2|−5|8); R(6|8|−5)
(2) P(−4|−5|3); Q(0|2|−4); R(−1|7|12)

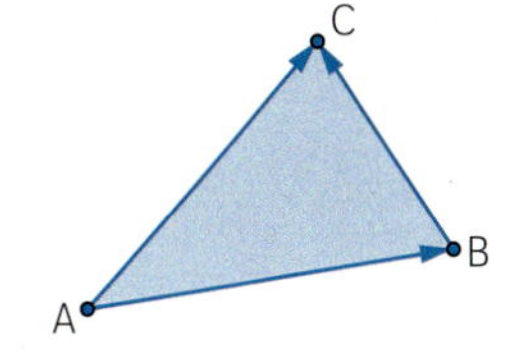

11 ≡ Gegeben sind die Punkte A(−1|3|5), B(2|5|5), C(4|3|2) und D(10|−6|12). Zeigen Sie, dass die Punkte A, B, C und D die Eckpunkte einer Pyramide mit dreieckigen Flächen sind. Bestimmen Sie den Oberflächeninhalt der Pyramide.

12 ≡ Die Punkte A(3|1|2), B(5|2|4) und D(4|2|0) sind Eckpunkte eines Parallelogramms. Ermitteln Sie die Koordinaten des fehlenden Eckpunktes C und bestimmen Sie den Flächeninhalt des Parallelogramms.

Weiterüben

13 ≡ Die Ebene E schneidet einen Würfel mit Kantenlänge 10. Dabei entsteht das Viereck PQRS.
a) Bestimmen Sie die Koordinaten des Punktes R und bestimmen Sie eine Parameterdarstellung für die Ebene E.
b) Berechnen Sie den Flächeninhalt des Vierecks PQRS.
c) Bestimmen Sie die Innenwinkel des Vierecks.

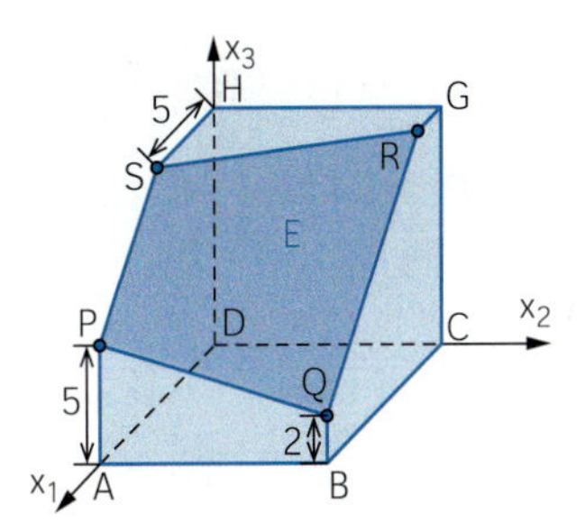

14 ≡ Für jedes t enthält die Ebene E_t die Punkte A(−1|1|−1), B_t(−1|2|2t+1) und C_t(5|3t+1|−1). Die Gerade g_t ist für jedes t orthogonal zur Ebene E_t und verläuft durch den Punkt P(7|−11|4).
a) Für welchen Wert von t verläuft g_t parallel zu einer Koordinatenachse?
b) Berechnen Sie für diesen Wert von t den Flächeninhalt des Dreiecks AB_tC_t.

15 ≡ Ein *Spat* ist ein vierseitiges Prisma, das als Grundfläche ein Parallelogramm hat.
a) Berechnen Sie das Volumen des Spats, der durch die Vektoren $\vec{a}$, $\vec{b}$ und $\vec{c}$ mit $\vec{a} = \begin{pmatrix} 2 \\ -3 \\ 1 \end{pmatrix}$, $\vec{b} = \begin{pmatrix} 1 \\ 2 \\ -1 \end{pmatrix}$ und $\vec{c} = \begin{pmatrix} 5 \\ -2 \\ 1 \end{pmatrix}$ aufgespannt wird.
b) Beweisen Sie allgemein, dass für das Volumen des von den Vektoren $\vec{a}$, $\vec{b}$ und $\vec{c}$ aufgespannten Spats gilt: $V = \left|\left(\vec{a} \times \vec{b}\right) * \vec{c}\right|$

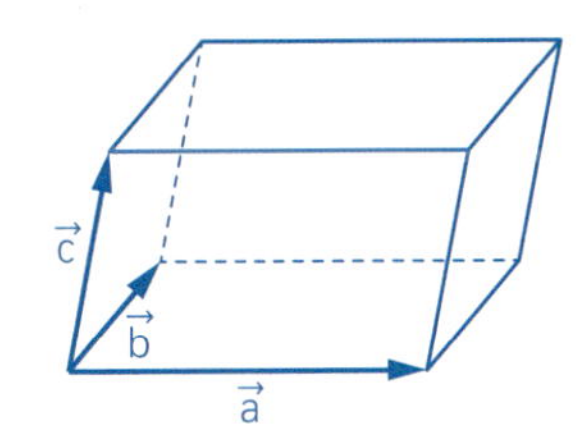

16 ≡ Durch die drei Vektoren $\vec{a}$, $\vec{b}$ und $\vec{c}$ wird eine Pyramide mit dreieckigen Flächen aufgespannt.
Zeigen Sie, dass für das Volumen dieser Pyramide gilt:
$V = \frac{1}{6} \cdot \left|\left(\vec{a} \times \vec{b}\right) * \vec{c}\right|$

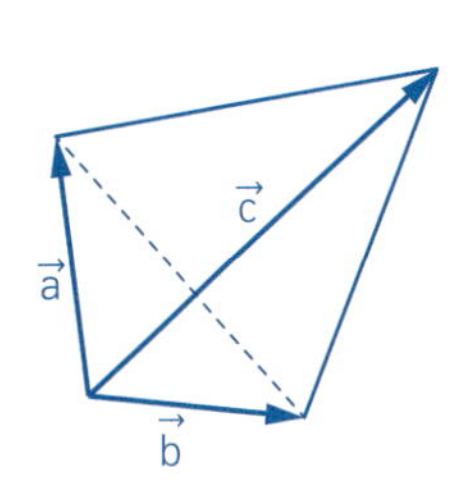

4.8 Lagebeziehungen zwischen Geraden und Ebenen

Einstieg

Ein Hanggleiter fliegt für kurze Zeit in Richtung des Vektors $\vec{v} = \begin{pmatrix} -1{,}5 \\ 3 \\ 1 \end{pmatrix}$ über eine Bergwiese, die in der Ebene
$E\colon \vec{x} = 2x_1 - 2x_2 + 9x_3 = 7$ liegt.
Wie kann man rechnerisch zeigen, dass er parallel zur Bergwiese fliegt?
Im Punkt $A(-0{,}5\,|\,3\,|\,2)$ ändert der Gleiter seine Richtung in $\vec{u} = \begin{pmatrix} -1 \\ 3 \\ 0 \end{pmatrix}$, um zu landen.
In welchem Punkt trifft er auf die Wiese?

Aufgabe mit Lösung

Lage von Gerade und Ebene

Eine neue Technologie ermöglicht es, Offshore-Windkrafträder auf schwimmenden Plattformen zu errichten. Die Plattformen werden auf dem Meeresboden verankert. In einem Koordinatensystem mit der Meeresoberfläche als x_1x_2-Ebene und der Einheit Meter liegt ein Punkt $P(826\,|\,722\,|\,-12)$ am Boden einer Plattform.
Von P aus soll ein Stahlseil zur Verankerung auf dem Meeresboden befestigt werden.
Aus statischen Gründen soll dies in Richtung des Vektors $\vec{v} = \begin{pmatrix} 37 \\ 39 \\ -280 \end{pmatrix}$ verlaufen.
Der Meeresboden in diesem Bereich wird modelliert durch eine Ebene E mit der Gleichung
$E\colon -5x_1 + 7x_2 + 11x_3 = -2200$.

→ Berechnen Sie den Punkt S, in dem das Stahlseil auf dem Meeresboden verankert wird.

Lösung

Das Stahlseil wird durch die Gerade g mit $g\colon \vec{x} = \begin{pmatrix} 826 \\ 722 \\ -12 \end{pmatrix} + r \cdot \begin{pmatrix} 37 \\ 39 \\ -280 \end{pmatrix}$ modelliert.
Der gesuchte Punkt S ist der Schnittpunkt der Geraden g mit der Ebene E.
Da der Punkt S auf der Geraden g liegt, gilt für seine Koordinaten:
$s_1 = 826 + 37r,\ s_2 = 722 + 39r,\ s_3 = -12 - 280r$
Außerdem liegt der Punkt S in der Ebene E, somit erfüllen seine Koordinaten auch die Koordinatengleichung der Ebene: $-5s_1 + 7s_2 + 11s_3 = 2200$
Eingesetzt ergibt sich daraus die Gleichung
$-5 \cdot (826 + 37r) + 7 \cdot (722 + 39r) + 11 \cdot (-12 - 280r) = -2200$.
Zusammengefasst erhält man $792 - 2992r = -2200$ mit der Lösung $r = 1$. Setzt man $r = 1$ in die Parameterdarstellung von g ein, ergibt sich der Schnittpunkt $S(863\,|\,761\,|\,-292)$.

→ Um den Meeresboden zu scannen, wird ein Tauchroboter eingesetzt, der sich in Richtung des Vektors $\vec{u} = \begin{pmatrix} 14 \\ 10 \\ 0 \end{pmatrix}$ bewegt. Erläutern Sie an einer Skizze, wie man rechnerisch nachweisen kann, dass sich der Roboter parallel zum Meeresboden bewegt.

Lösung

Der Meeresboden liegt in der Ebene E mit dem Normalenvektor $\vec{n} = \begin{pmatrix} -5 \\ 7 \\ 11 \end{pmatrix}$. Gilt die Gleichung $\vec{u} * \vec{n} = 0$, so sind die Vektoren $\vec{u}$ und $\vec{n}$ orthogonal zueinander und $\vec{u}$ liegt parallel zur Ebene E.

Einsetzen der Koordinaten ergibt: $14 \cdot (-5) + 10 \cdot 7 + 0 \cdot 11 = 0$

Der Roboter bewegt sich somit parallel zum Meeresboden.

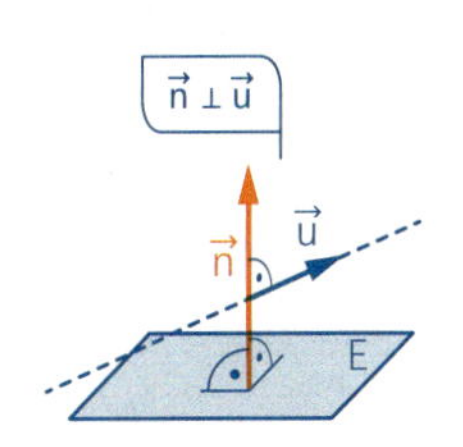

Information

Untersuchung der Lage von Gerade und Ebene zueinander

Eine Ebene E mit Normalenvektor $\vec{n}$ und eine Gerade g mit Richtungsvektor $\vec{u}$ sind gegeben.

Drei Fälle sind möglich:

(1) Es gilt $\vec{n} * \vec{u} \neq 0$.

Dann schneidet die Gerade g die Ebene E in einem Punkt S.

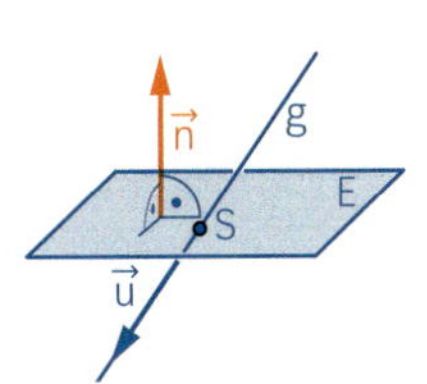

Durch Einsetzen der Koordinaten der Geradenpunkte in die Ebenengleichung lässt sich der Parameter und damit der Schnittpunkt bestimmen.

(2) Es gilt $\vec{n} * \vec{u} = 0$ und ein beliebiger Punkt der Geraden g liegt nicht in der Ebene E.

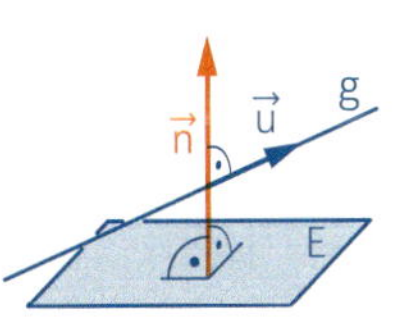

Dann verläuft die Gerade g parallel zur Ebene E und hat mit dieser keine gemeinsamen Punkte.

(3) Es gilt $\vec{n} * \vec{u} = 0$ und ein beliebiger Punkt der Geraden g liegt in der Ebene E.

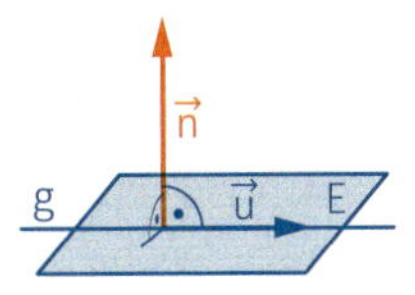

Dann liegt die Gerade g in der Ebene E.

$E: 2x_1 - 6x_2 + x_3 = 7$

Lage von E zu verschiedenen Geraden

(1) $g_1: \vec{x} = \begin{pmatrix} 9 \\ 1 \\ 7 \end{pmatrix} + t \cdot \begin{pmatrix} 5 \\ 5 \\ 0 \end{pmatrix}$

Es gilt $\begin{pmatrix} 2 \\ -6 \\ 1 \end{pmatrix} * \begin{pmatrix} 5 \\ 5 \\ 0 \end{pmatrix} = -20 \neq 0$.

Also schneiden sich g_1 und E in einem Punkt S.

Aus $2 \cdot (9 + 5t) - 6 \cdot (1 + 5t) + 7 = 7$ folgt $t = 0{,}6$ und damit $S(12|4|7)$.

(2) $g_2: \vec{x} = \begin{pmatrix} 9 \\ 1 \\ 7 \end{pmatrix} + t \cdot \begin{pmatrix} 6 \\ 2 \\ 0 \end{pmatrix}$

Es gilt $\begin{pmatrix} 2 \\ -6 \\ 1 \end{pmatrix} * \begin{pmatrix} 6 \\ 2 \\ 0 \end{pmatrix} = 0$.

Der Punkt $A(9|1|7)$ liegt nicht in E, da $2 \cdot 9 - 6 \cdot 1 + 7 = 19 \neq 7$.

Also sind g_2 und E parallel zueinander und haben keine gemeinsamen Punkte.

(3) $g_3: \vec{x} = \begin{pmatrix} 0 \\ 0 \\ 7 \end{pmatrix} + t \cdot \begin{pmatrix} 6 \\ 2 \\ 0 \end{pmatrix}$

Es gilt $\begin{pmatrix} 2 \\ -6 \\ 1 \end{pmatrix} * \begin{pmatrix} 6 \\ 2 \\ 0 \end{pmatrix} = 0$.

Der Punkt $B(0|0|7)$ liegt in E, da $2 \cdot 0 - 6 \cdot 0 + 7 = 7$.

Also liegt g_3 in E.

Üben

1 Prüfen Sie, wie die Gerade g und die Ebene E zueinander liegen.

a) g: $\vec{x} = \begin{pmatrix} 2 \\ 1 \\ 4 \end{pmatrix} + r \cdot \begin{pmatrix} 3 \\ 1 \\ 2 \end{pmatrix}$; E: $x_1 + x_2 - 2x_3 = 3$

b) g: $\vec{x} = \begin{pmatrix} 3 \\ 2 \\ 1 \end{pmatrix} + r \cdot \begin{pmatrix} 1 \\ -1 \\ 0 \end{pmatrix}$; E: $2x_1 + 3x_2 - 7x_3 = 11$

c) g: $\vec{x} = \begin{pmatrix} 0 \\ 1 \\ -1 \end{pmatrix} + r \cdot \begin{pmatrix} 3 \\ -2 \\ -1 \end{pmatrix}$; E: $x_1 + 2x_2 - x_3 = 3$

d) g verläuft durch die Punkte A(3|−2|−1) und B(6|1|−7);
E: $x_1 - x_2 + x_3 = 2$

2 Die Gerade g verläuft durch den Punkt A und hat den Richtungsvektor $\vec{u}$.
Bestimmen Sie alle gemeinsamen Punkte der Geraden g und der Ebene E.

a) A(1|2|3); $\vec{u} = \begin{pmatrix} 1 \\ 2 \\ -3 \end{pmatrix}$
E: $x_1 - 2x_2 - 3x_3 = 6$

b) A(0|3|2); $\vec{u} = \begin{pmatrix} 1 \\ 2 \\ 3 \end{pmatrix}$
E: $2x_1 - 2x_2 - 2x_3 = 3$

c) A(2|−1|1); $\vec{u} = \begin{pmatrix} -1 \\ 3 \\ 1 \end{pmatrix}$
E: $x_1 + x_2 - 3x_3 = 1$

d) A(3|−2|−1); $\vec{u} = \begin{pmatrix} 1 \\ 1 \\ -2 \end{pmatrix}$
E: $-x_1 + x_2 - x_3 = -2$

3 Ermitteln Sie die Lage der Geraden g und der Ebene E zueinander. Ändern Sie dann die Gleichung von g so, dass g in E liegt.

a) g: $\vec{x} = \begin{pmatrix} 2 \\ 9 \\ -4 \end{pmatrix} + r \cdot \begin{pmatrix} 1 \\ 2 \\ 3 \end{pmatrix}$
E: $x_1 + 2x_2 + 3x_3 = 8$

b) g: $\vec{x} = \begin{pmatrix} 3 \\ 5 \\ 2 \end{pmatrix} + r \cdot \begin{pmatrix} 1 \\ 3 \\ 2 \end{pmatrix}$
E: $2x_2 - 3x_3 = 8$

4 Gegeben sind eine Ebene E: $-2x_1 + 5x_2 - x_3 = 10$ und ein Punkt A(1|−2|4).
Geben Sie die Parameterdarstellung einer Geraden an, die

a) durch A verläuft und E schneidet;

b) durch A verläuft und E nicht schneidet;

c) in E liegt.

5 Lina untersucht die Lage der Geraden g und der Ebene E mit
g: $\vec{x} = \begin{pmatrix} 3 \\ 1 \\ -1 \end{pmatrix} + k \cdot \begin{pmatrix} 1 \\ -1 \\ 2 \end{pmatrix}$ und
E: $2x_1 - 4x_2 + x_3 = 9$.

Ich setze die drei Koordinaten $x_1 = 3 + k$, $x_2 = 1 - k$ und $x_3 = -1 + 2k$ in die Koordinatenform von E ein.
An der Lösungsmenge der Gleichung kann ich sofort erkennen, welcher Fall vorliegt.

a) Erläutern Sie Linas Überlegung und überprüfen Sie damit die Lagebeziehung zwischen E und g.

b) Untersuchen Sie auf die gleiche Weise die Lage von E und der Geraden h mit
h: $\vec{x} = \begin{pmatrix} -5 \\ -2 \\ 11 \end{pmatrix} + r \cdot \begin{pmatrix} 3 \\ 2 \\ 2 \end{pmatrix}$.

6 Die Lage einer Aussichtsplattform, die durch schräg stehende Stützen getragen wird, kann durch die Ebenengleichung $2x_1 - 3x_2 + 5x_3 = 13$ beschrieben werden. Eine der schrägen Stützen verläuft entlang der Geraden $g\colon \vec{x} = \begin{pmatrix} 2 \\ -2 \\ 1 \end{pmatrix} + r \cdot \begin{pmatrix} 1 \\ 2 \\ 1 \end{pmatrix}$.

Bestimmen Sie die Koordinaten des Punktes, in dem die Stütze die Aussichtsplattform duchstößt.

Lage von Gerade und Ebene in Parameterdarstellung untersuchen

7 Untersuchen Sie, ob die Gerade g und die Ebene E gemeinsame Punkte haben.

(1) $g\colon \vec{x} = \begin{pmatrix} 3 \\ 2 \\ 1 \end{pmatrix} + r \cdot \begin{pmatrix} 1 \\ -1 \\ 0 \end{pmatrix}$;

$E\colon \vec{x} = \begin{pmatrix} 2 \\ 0 \\ -1 \end{pmatrix} + s \cdot \begin{pmatrix} 2 \\ 1 \\ 1 \end{pmatrix} + t \cdot \begin{pmatrix} -1 \\ 3 \\ 1 \end{pmatrix}$

(2) $g\colon \vec{x} = \begin{pmatrix} -1 \\ -2 \\ 4 \end{pmatrix} + r \cdot \begin{pmatrix} 1 \\ 0 \\ 1 \end{pmatrix}$;

$E\colon \vec{x} = \begin{pmatrix} 4 \\ -1 \\ 3 \end{pmatrix} + s \cdot \begin{pmatrix} 2 \\ 1 \\ -1 \end{pmatrix} + t \cdot \begin{pmatrix} 3 \\ 1 \\ 0 \end{pmatrix}$

(3) $E\colon \vec{x} = \begin{pmatrix} 2 \\ -3 \\ 5 \end{pmatrix} + r \cdot \begin{pmatrix} 12 \\ -3 \\ -9 \end{pmatrix} + s \cdot \begin{pmatrix} 2 \\ -3 \\ 4 \end{pmatrix}$;

g verläuft durch den Punkt $A(2|-3|5)$ in Richtung des Vektors $\vec{v} = \begin{pmatrix} 4 \\ -1 \\ -3 \end{pmatrix}$

Wie viele Lösungen hat das Gleichungssystem, wenn die Gerade parallel zur Ebene verläuft bzw. in der Ebene liegt?

$E\colon \vec{x} = \begin{pmatrix} 1 \\ 2 \\ -1 \end{pmatrix} + s \cdot \begin{pmatrix} 3 \\ -2 \\ 1 \end{pmatrix} + t \cdot \begin{pmatrix} 1 \\ -1 \\ 4 \end{pmatrix}$

$g\colon \vec{x} = \begin{pmatrix} 5 \\ 1 \\ -2 \end{pmatrix} + r \cdot \begin{pmatrix} 0 \\ -1 \\ 3 \end{pmatrix}$

Ein Schnittpunkt S liegt sowohl auf der Geraden g als auch in der Ebene E. Man setzt also die Terme der beiden Parameterdarstellungen gleich und erhält das lineare Gleichungssystem

$$\left|\begin{array}{l} 1 + 3s + t = 5 \\ 2 - 2s - t = 1 - r \\ -1 + s + 4t = -2 + 3r \end{array}\right|$$

mit der Lösung $r = 2$, $s = 1$ und $t = 1$.
Durch z. B. Einsetzen von $r = 2$ in die Geradengleichung ergibt sich der Schnittpunkt S.
Die Gerade g schneidet die Ebene E im Punkt $S(5|-1|4)$.

8 Auf einen Schneehang soll mithilfe von Laserstrahlen ein Bild projiziert werden. Dabei soll vom Punkt $P(8|2|-1)$ aus ein Laserstrahl in Richtung des Vektors $\vec{u} = \begin{pmatrix} -8 \\ 4 \\ 2 \end{pmatrix}$ verlaufen.
Der Hang stellt einen Ausschnitt der Ebene $E\colon \vec{x} = \begin{pmatrix} 2 \\ 0 \\ 0 \end{pmatrix} + r \cdot \begin{pmatrix} -2 \\ 0 \\ 2 \end{pmatrix} + s \cdot \begin{pmatrix} 0 \\ 3 \\ 0 \end{pmatrix}$ dar.
Bestimmen Sie die Koordinaten des Punktes, in dem der Laserstrahl auf den Hang trifft.

9 Carlotta hat die Lage der Geraden g und der Ebene E zueinander untersucht. Erläutern Sie, was sie dabei falsch gemacht hat.

$g: \vec{x} = \begin{pmatrix} -1 \\ -1 \\ 4 \end{pmatrix} + r \cdot \begin{pmatrix} 2 \\ 3 \\ -3 \end{pmatrix}$; $E: \vec{x} = \begin{pmatrix} 0 \\ 16 \\ -1 \end{pmatrix} + r \cdot \begin{pmatrix} -1 \\ 1 \\ -2 \end{pmatrix} + s \cdot \begin{pmatrix} 2 \\ -1 \\ 0 \end{pmatrix}$

Gleichsetzen führt auf $r \cdot \begin{pmatrix} -3 \\ -2 \\ 1 \end{pmatrix} + s \cdot \begin{pmatrix} 2 \\ -1 \\ 0 \end{pmatrix} = \begin{pmatrix} -1 \\ -17 \\ 5 \end{pmatrix}$; also $\left| \begin{array}{rcl} -3r + 2s &=& -1 \\ -2r - s &=& -17 \\ r &=& 5 \end{array} \right|$.

Das Gleichungssystem hat die einzige Lösung $r = 5$, $s = 7$.

Damit ergibt sich für den gesuchten Schnittpunkt S der Ortsvektor:

$\overrightarrow{OS} = \begin{pmatrix} -1 \\ -1 \\ 4 \end{pmatrix} + 5 \cdot \begin{pmatrix} 2 \\ 3 \\ -3 \end{pmatrix} = \begin{pmatrix} 9 \\ 14 \\ -11 \end{pmatrix}$

10 Gegeben sind die beiden Geraden g und h mit den Parameterdarstellungen

$g: \vec{x} = \begin{pmatrix} 2 \\ -4 \\ 5 \end{pmatrix} + r \cdot \begin{pmatrix} -1 \\ 3 \\ 2 \end{pmatrix}$ und $h: \vec{x} = \begin{pmatrix} 6 \\ 4 \\ -2 \end{pmatrix} + s \cdot \begin{pmatrix} 4 \\ 2 \\ -1 \end{pmatrix}$.

a) Zeigen Sie, dass g und h windschief zueinander sind.

b) Bestimmen Sie eine Koordinatenform einer Ebene E, die g enthält und parallel zu h ist.

11 Die Gerade g verläuft auf der x_2-Achse.

a) Geben Sie eine Parameterdarstellung einer Ebene an, sodass A(0|2|0) der Schnittpunkt der Geraden g mit dieser Ebene ist.

b) Geben Sie eine Parameterdarstellung einer Ebene an, zu der g parallel ist.

12 In einem Würfel der Kantenlänge 6 sind die Punkte P und Q die Mittelpunkte der Kanten $\overline{EH}$ bzw. $\overline{GH}$.

a) Die Ebene E enthält die Punkte A, C, Q und P. Bestimmen Sie eine Koordinatenform von E.

b) Der Punkt M ist der Mittelpunkt der Deckfläche EFGH. Untersuchen Sie, ob die Gerade durch die Punkte B und M parallel zu E ist oder nicht. Berechnen Sie gegebenenfalls die Koordinaten des Schnittpunktes von E und g.

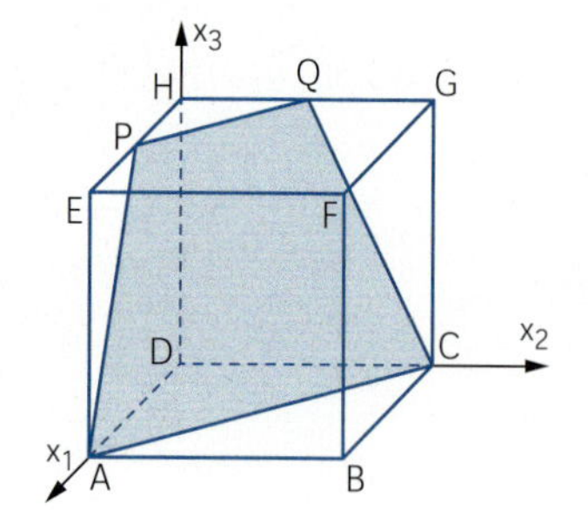

13 Eine gerade quadratische Pyramide hat die Grundkantenlänge 4 und die Höhe 8. Die Punkte P, Q, R und S liegen auf den Seitenkanten.
Der Punkt P hat die x_3-Koordinate 2. Die Punkte Q und R haben die x_3-Koordinate 4.
Die Ebene E enthält die Punkte P, Q und R.
Bestimmen Sie die Koordinaten des Punktes S so, dass auch S in E liegt.

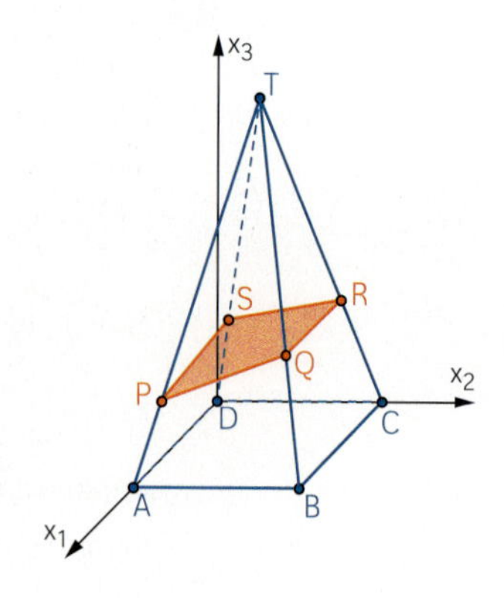

14 Gegeben sind die Gerade g mit der Parameterdarstellung $g: \vec{x} = \begin{pmatrix} 2 \\ -3 \\ 5 \end{pmatrix} + t \cdot \begin{pmatrix} 4 \\ -1 \\ -3 \end{pmatrix}$ und die Punkte A(1|2|0), B(3|5|0) und D(1|4|6).

Ergänzen Sie den Punkt C so, dass ABCD ein Parallelogramm ist. Untersuchen Sie, ob die Gerade g das Parallelogramm ABCD trifft.

Weiterüben

15 Bestimmen Sie den Wert des Parameters a so, dass die zugehörige Gerade g_a mit der Ebene E keine gemeinsamen Punkte hat.

$g_a: \vec{x} = \begin{pmatrix} 1 \\ -6 \\ -3 \end{pmatrix} + t \cdot \begin{pmatrix} 0 \\ -3 \\ a \end{pmatrix}$; $E: \vec{x} = \begin{pmatrix} -1 \\ 3 \\ 2 \end{pmatrix} + r \cdot \begin{pmatrix} 1 \\ -1 \\ 0 \end{pmatrix} + s \cdot \begin{pmatrix} 2 \\ 1 \\ 1 \end{pmatrix}$

16 Bei der Planung und dem Bau eines Daches sind viele Berechnungen erforderlich. Die Maßangaben in der Zeichnung sind in Meter angegeben.

a) Erstellen Sie für die Dachflächen E_1 und E_2 jeweils eine Parameterdarstellung.

b) Ermitteln Sie für das Schornsteinrohr die Koordinaten des Punktes, an dem es die Dachfläche E_1 durchstößt.
Der Durchmesser des Schornsteinrohres soll dabei vernachlässigt werden.

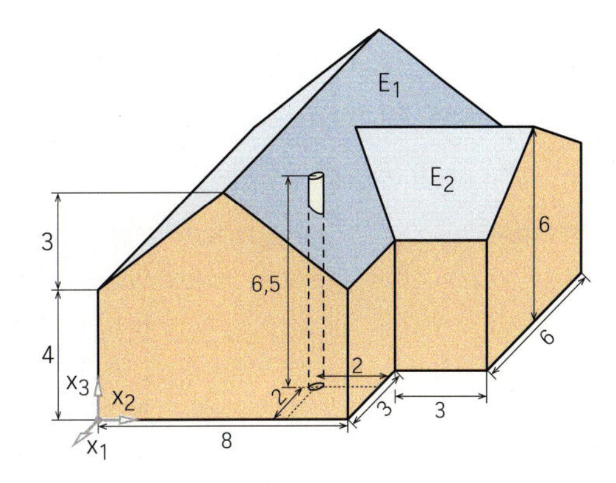

17 Gegeben sind die Geradenschar $g_t: \vec{x} = \begin{pmatrix} 2 \\ 1 \\ 1 \end{pmatrix} + k \cdot \begin{pmatrix} 1+t \\ 1-t \\ 2t \end{pmatrix}$ für $t \in \mathbb{R}$ und die Ebene $E: 2x_1 + x_3 - 3 = 0$.

a) Für welchen Wert des Parameters t ist die zugehörige Gerade g_t parallel zur Ebene E? Liegt g_t in diesem Fall in E?

b) Untersuchen Sie, ob es Geraden der Schar gibt, die orthogonal zur Ebene E sind.

18 Gegeben sind die Geradenschar $g_t: \vec{x} = \begin{pmatrix} 1 \\ 0 \\ -1 \end{pmatrix} + k \cdot \begin{pmatrix} 3t \\ -3t \\ 8 \end{pmatrix}$ für $t \in \mathbb{R}$ und die Ebene $E: x_1 + x_2 + x_3 - 8 = 0$.

a) Untersuchen Sie, ob es Geraden der Schar gibt, die parallel oder orthogonal zur Ebene E sind.

b) Berechnen Sie den Schnittpunkt S_t einer Geraden g_t mit der Ebene E.
Welcher der Schnittpunkte S_t hat vom Ursprung die geringste Entfernung?

19 Fassen Sie die Geraden g und h mit

$g: \vec{x} = \begin{pmatrix} 1 \\ 1 \\ 3 \end{pmatrix} + r \cdot \begin{pmatrix} -1 \\ 1 \\ 2 \end{pmatrix}$ und

$h: \vec{x} = \begin{pmatrix} 3 \\ 1 \\ -2 \end{pmatrix} + s \cdot \begin{pmatrix} -1 \\ 1 \\ 2 \end{pmatrix}$ als Schnittgeraden

der abgebildeten Figur auf.
Geben Sie drei geeignete Ebenen an.

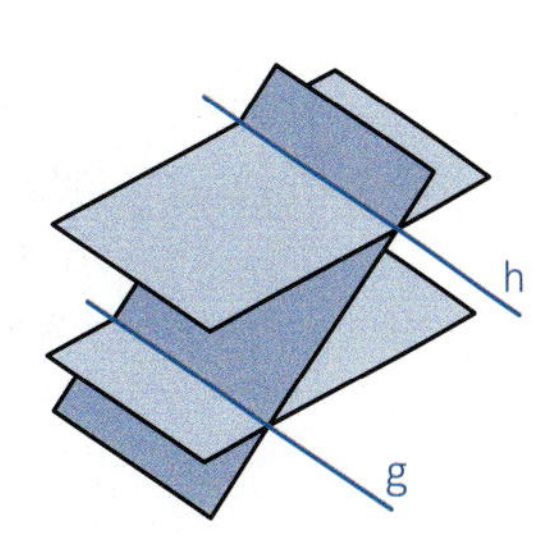

Licht und Schatten

Wenn Licht auf einen Gegenstand fällt, dann entsteht am Boden oder an der nebenstehenden Wand ein Schatten. Dabei unterscheidet man zwei Fälle:

Fällt das Licht parallel ein (z. B. Sonnenlicht), spricht man von **Parallelprojektion**.

Geht das Licht von einer punktförmigen Lichtquelle aus, spricht man von **Zentralprojektion**.

In vielen Bereichen der Computeranimation werden Lichteffekte mit den entsprechenden Schatten eingesetzt. Wie berechnet man solche Schattenbilder?

Beispiel

Ein quaderförmiges Kunstobjekt wird tagsüber von der Sonne angestrahlt und nachts von einem Scheinwerfer beleuchtet. Wie berechnet und zeichnet man jeweils den Schatten?

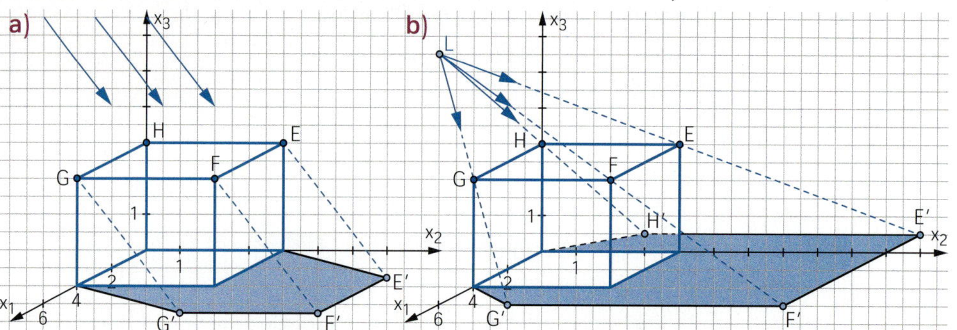

Der Quader hat eine Grundfläche von 4 m × 4 m und eine Höhe von 3 m.
Eine Ecke liegt im Koordinatenursprung.

a) Die parallelen Sonnenstrahlen treffen mit der Richtung $\vec{v} = \begin{pmatrix} 2 \\ 3 \\ -2 \end{pmatrix}$ auf den Quader.

Der Abbildung kann man entnehmen, dass die Eckpunkte G, F und E den Schatten bestimmen. Der Lichtstrahl durch den Punkt G kann als Gerade mit dem Richtungsvektor $\vec{v}$ beschrieben werden. Er trifft die x_1x_2-Ebene im Punkt G′, d. h., für G′ gilt $x_3 = 0$.

Der Punkt G′ liegt auf der Geraden mit $\overrightarrow{OX} = \begin{pmatrix} 4 \\ 0 \\ 3 \end{pmatrix} + s \cdot \begin{pmatrix} 2 \\ 3 \\ -2 \end{pmatrix}$ mit der Bedingung $x_3 = 0$,

also $0 = 3 - 2s$. Daraus folgt $s = 1{,}5$.

Setzt man diesen Wert in die Geradengleichung ein, so ergibt sich G′(7 | 4,5 | 0). Durch analoges Vorgehen erhält man die anderen Schattenpunkte F′(7 | 8,5 | 0) und E′(3 | 8,5 | 0).

b) Die Lichtquelle L befindet sich an der Position L (2 | −2 | 6). In diesem Fall hat jeder Lichtstrahl einen anderen Richtungsvektor. Beispielsweise liegt der Schattenpunkt G auf der Geraden LG mit $\overrightarrow{OX} = \begin{pmatrix} 2 \\ -2 \\ 6 \end{pmatrix} + t \cdot \begin{pmatrix} 4-2 \\ 0+2 \\ 3-6 \end{pmatrix} = \begin{pmatrix} 2 \\ -2 \\ 6 \end{pmatrix} + t \cdot \begin{pmatrix} 2 \\ 2 \\ -3 \end{pmatrix}$.

Aus der Bedingung $x_3 = 0$ bestimmt man $t = 2$ und somit G′(6 | 2 | 0).

Die anderen Schattenpunkte sind F′(6 | 10 | 0), E′(−2 | 10 | 0) und H′(−2 | 2 | 0).

1 In Wohngebieten und auf Landstraßen werden bewegliche Schatten als störend empfunden. Die Schatten sind besonders lang, wenn die Sonne weit östlich oder westlich am Himmel steht.
Große Windräder können eine Gesamthöhe von 200 m haben.

Berechnen Sie die Schattenlängen einer solchen Anlage für Sonnenstrahlen, die mit den folgenden beiden Richtungen auf das Windrad treffen: $\vec{v} = \begin{pmatrix} 1 \\ 4 \\ -1 \end{pmatrix}$ und $\vec{u} = \begin{pmatrix} 2 \\ -6 \\ -1 \end{pmatrix}$

2 Vor einer Wand steht eine gerade quadratische Pyramide mit der Kantenlänge 4 und der Höhe 5.

a) Die Pyramide wird von der Sonne beschienen. Die Sonnenstrahlen treffen mit der Richtung $\vec{v} = \begin{pmatrix} 2 \\ 3 \\ -2 \end{pmatrix}$ auf die Pyramide.
Berechnen und zeichnen Sie den Schatten am Boden.

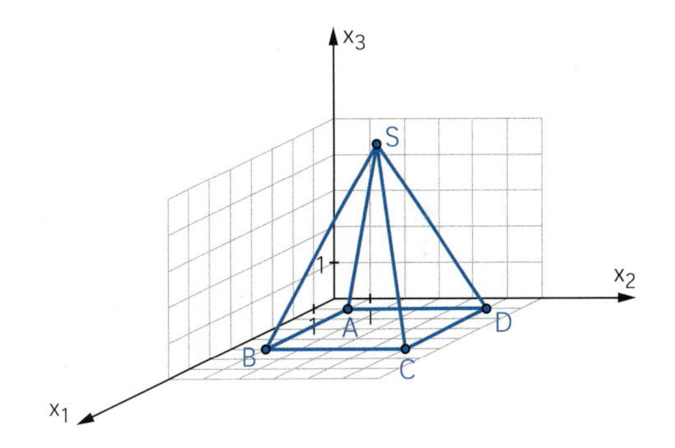

b) Parallele Lichtstrahlen fallen mit der Richtung $\vec{v} = \begin{pmatrix} 0{,}5 \\ -2 \\ -1 \end{pmatrix}$ auf die Pyramide.
Berechnen und zeichnen Sie den Schatten, der am Boden und an der Wand in der x_1x_3-Ebene entsteht.
Hinweis: Berechnen Sie zunächst den Schattenpunkt von S am Boden, um die „Knickstellen" an der x_1-Achse zu erhalten.

c) Berechnen und zeichnen Sie den Schatten am Boden für eine Zentralprojektion mit einer Lichtquelle in L (0|2|10).

3 Vor einer Wand in der x_2x_3-Ebene steht ein kleiner Turm mit quadratischer Grundfläche und der Höhe 6 m.

a) Bestimmen Sie die Eckpunkte.

b) Der Turm wirft einen Schatten auf die Wand und den Boden.
Berechnen Sie die Schattenpunkte, wenn die Richtung der Sonnenstrahlen durch $\vec{v} = \begin{pmatrix} -5 \\ 3 \\ -3 \end{pmatrix}$ gegeben ist.

c) Berechnen und zeichnen Sie den Schatten für den Fall, dass der Turm von einer Lichtquelle in L (2|0|10) beleuchtet wird.

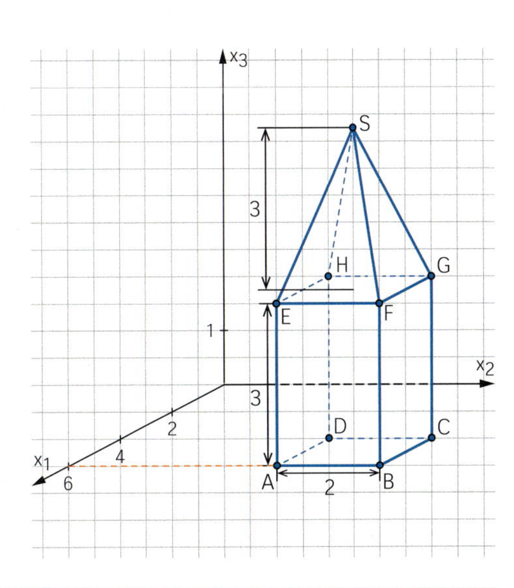

Das Wichtigste auf einen Blick

Skalarprodukt

Das **Skalarprodukt** zweier Vektoren $\vec{u}$ und $\vec{v}$ wird wie folgt berechnet:

$$\vec{u} * \vec{v} = \begin{pmatrix} u_1 \\ u_2 \\ u_3 \end{pmatrix} * \begin{pmatrix} v_1 \\ v_2 \\ v_3 \end{pmatrix} = u_1 v_1 + u_2 v_2 + u_3 v_3$$

Das Skalarprodukt eines Vektors mit sich selbst ist das Quadrat seiner Länge:
$\vec{u} * \vec{u} = |\vec{u}|^2$

$\vec{u} = \begin{pmatrix} -2 \\ 3 \\ 1 \end{pmatrix}$; $\vec{v} = \begin{pmatrix} 4 \\ -1 \\ 8 \end{pmatrix}$

$\vec{u} * \vec{v} = (-2) \cdot 4 + 3 \cdot (-1) + 1 \cdot 8 = -3$

$\begin{pmatrix} -2 \\ 3 \\ 1 \end{pmatrix} * \begin{pmatrix} -2 \\ 3 \\ 1 \end{pmatrix} = 14 = \left|\begin{pmatrix} -2 \\ 3 \\ 1 \end{pmatrix}\right|^2$

Orthogonalität von Vektoren

Zwei Vektoren $\vec{u}$ und $\vec{v}$ mit $\vec{u} \neq \vec{o}$ und $\vec{v} \neq \vec{o}$ sind **orthogonal** zueinander, wenn ihr Skalarprodukt den Wert 0 hat, sonst nicht.

$\vec{u} = \begin{pmatrix} -2 \\ 3 \\ 1 \end{pmatrix}$; $\vec{v} = \begin{pmatrix} 4 \\ 0 \\ 8 \end{pmatrix}$

$\vec{u} * \vec{v} = (-2) \cdot 4 + 3 \cdot 0 + 1 \cdot 8 = 0$,
also $\vec{u} \perp \vec{v}$

Winkel zwischen zwei Vektoren

Für den Winkel α mit $0° \leq \alpha \leq 180°$ zwischen zwei Vektoren $\vec{u} \neq \vec{o}$ und $\vec{v} \neq \vec{o}$ gilt:

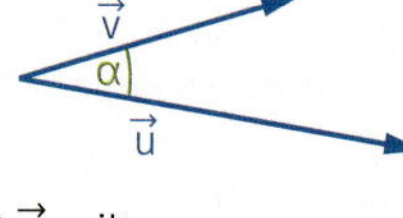

$$\cos(\alpha) = \frac{\vec{u} * \vec{v}}{|\vec{u}| \cdot |\vec{v}|}$$

$\vec{u} = \begin{pmatrix} -2 \\ 3 \\ 1 \end{pmatrix}$; $\vec{v} = \begin{pmatrix} 4 \\ -1 \\ 8 \end{pmatrix}$; $\vec{u} * \vec{v} = -3$

$\cos(\alpha) = \frac{-3}{\sqrt{14} \cdot 9}$;

$\alpha = \cos^{-1}\left(\frac{-3}{\sqrt{14} \cdot 9}\right) \approx 95°$

Parameterdarstellung einer Geraden

Eine Gerade g durch einen Punkt A mit einem Richtungsvektor $\vec{u} \neq \vec{o}$ kann durch eine **Parameterdarstellung** mit dem **Parameter k** beschrieben werden:
g: $\overrightarrow{OX} = \overrightarrow{OA} + k \cdot \vec{u}$ mit $k \in \mathbb{R}$

Eine Gerade kann durch verschiedene Parameterdarstellungen beschrieben werden.

$A(6|6|-1)$; $\vec{u} = \begin{pmatrix} 3 \\ 2 \\ -1 \end{pmatrix}$

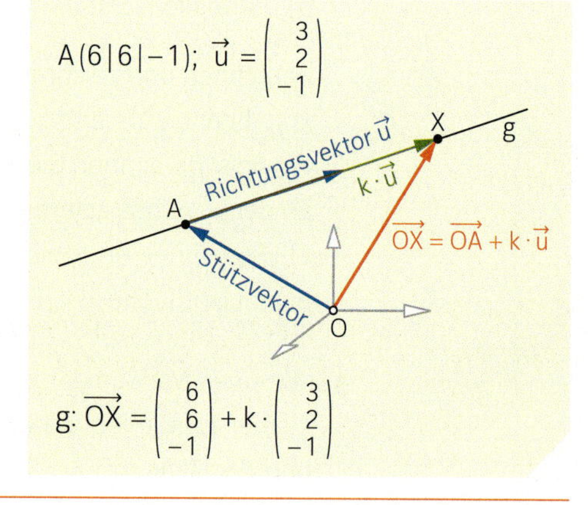

g: $\overrightarrow{OX} = \begin{pmatrix} 6 \\ 6 \\ -1 \end{pmatrix} + k \cdot \begin{pmatrix} 3 \\ 2 \\ -1 \end{pmatrix}$

Parameterdarstellung einer Ebene

Durch einen Punkt A und zwei Vektoren $\vec{u} \neq \vec{o}$ und $\vec{v} \neq \vec{o}$, die nicht parallel zueinander sind, ist eine Ebene E bestimmt. Diese Ebene E kann durch eine **Parameterdarstellung** mit den **Parametern s und t** beschrieben werden:
E: $\overrightarrow{OX} = \overrightarrow{OA} + s \cdot \vec{u} + t \cdot \vec{v}$ mit $s, t \in \mathbb{R}$

Eine Ebene kann durch verschiedene Parameterdarstellungen beschrieben werden.

$A(1|2|-1)$;

$\vec{u} = \begin{pmatrix} 3 \\ -2 \\ 1 \end{pmatrix}$;

$\vec{v} = \begin{pmatrix} 1 \\ -1 \\ 4 \end{pmatrix}$

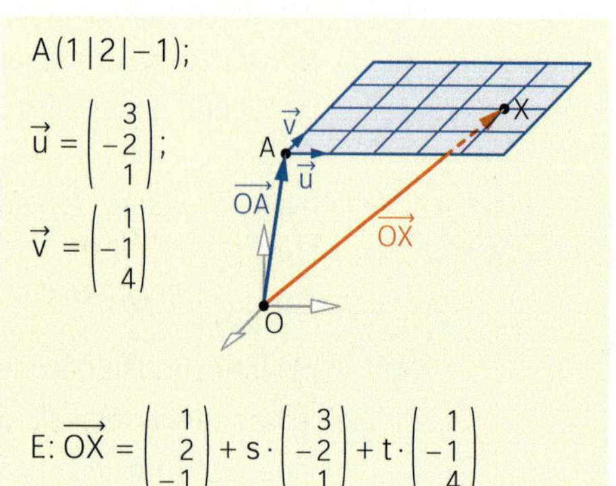

E: $\overrightarrow{OX} = \begin{pmatrix} 1 \\ 2 \\ -1 \end{pmatrix} + s \cdot \begin{pmatrix} 3 \\ -2 \\ 1 \end{pmatrix} + t \cdot \begin{pmatrix} 1 \\ -1 \\ 4 \end{pmatrix}$

Das Wichtigste auf einen Blick

Lagebeziehungen von Geraden

Für die Lage zweier Geraden g und h zueinander sind vier Fälle möglich:

	Richtungsvektoren von g und h sind Vielfache voneinander	Richtungsvektoren von g und h sind keine Vielfachen voneinander
g und h haben gemeinsame Punkte	**Fall (1)** g und h sind **identisch**; g = h	**Fall (3)** g und h **schneiden sich** in einem Punkt
g und h haben keine gemeinsamen Punkte	**Fall (2)** g und h sind **parallel** und nicht identisch	**Fall (4)** g und h sind **windschief**

Um gemeinsame Punkte zu bestimmen, setzt man die Parameterdarstellungen von g und h gleich. Man erhält ein lineares Gleichungssystem.
Im Fall (1) hat dieses Gleichungssystem unendlich viele Lösungen, im Fall (3) genau eine Lösung und in den Fällen (2) und (4) keine Lösung.

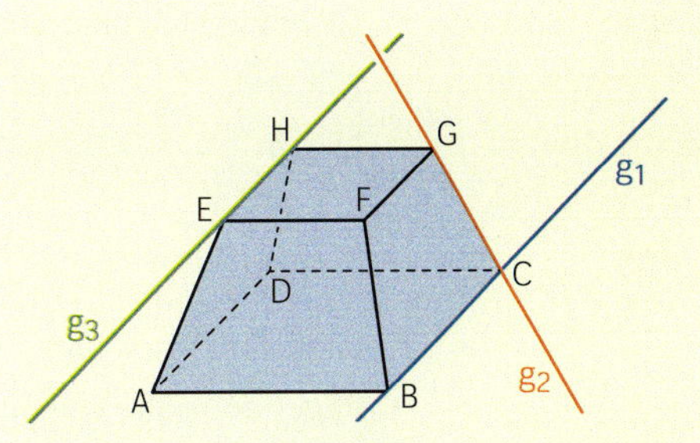

Fall (2): $g_1 \parallel g_3$ und $g_1 \neq g_3$
Fall (3): g_1 und g_2 schneiden sich in C
Fall (4): g_2 und g_3 sind windschief

Schnittpunkt bestimmen:

$$g: \vec{x} = \begin{pmatrix} 1 \\ 0 \\ 2 \end{pmatrix} + r \cdot \begin{pmatrix} 1 \\ 3 \\ -2 \end{pmatrix}$$

$$h: \vec{x} = \begin{pmatrix} 2 \\ 3 \\ 0 \end{pmatrix} + s \cdot \begin{pmatrix} 1 \\ 2 \\ 4 \end{pmatrix}$$

$$\text{linSolve}\left(\begin{cases} 1+r=2+s \\ 3\cdot r=3+2\cdot s \\ 2-2\cdot r=4\cdot s \end{cases}, \{r,s\}\right) \qquad \{1,0\}$$

Durch Einsetzen von $r = 1$ oder $s = 0$ in die zugehörige Parameterdarstellung ergibt sich der Schnittpunkt $S(2|3|0)$.

Normalenvektor, Normalenform und Koordinatenform einer Ebene

Ein **Normalenvektor** $\vec{n}$ einer Ebenen E ist orthogonal zu E und somit orthogonal zu allen Richtungsvektoren von E.

Ist $A(a_1|a_2|a_3)$ ein Punkt der Ebene E und $\vec{n} = \begin{pmatrix} n_1 \\ n_2 \\ n_3 \end{pmatrix}$ ein Normalenvektor von E, dann erfüllen die Koordinaten jeden Punktes $X(x_1|x_2|x_3)$ der Ebene E die **Normalenform**:

$$E: \vec{n} * \left(\overrightarrow{OX} - \overrightarrow{OA}\right) = 0$$

Mit $c = \vec{n} * \overrightarrow{OA}$ erhält man daraus die **Koordinatenform:**

$$E: n_1x_1 + n_2x_2 + n_3x_3 = c$$

Die Koordinaten von Punkten, die nicht in E liegen, erfüllen diese Gleichungen nicht.

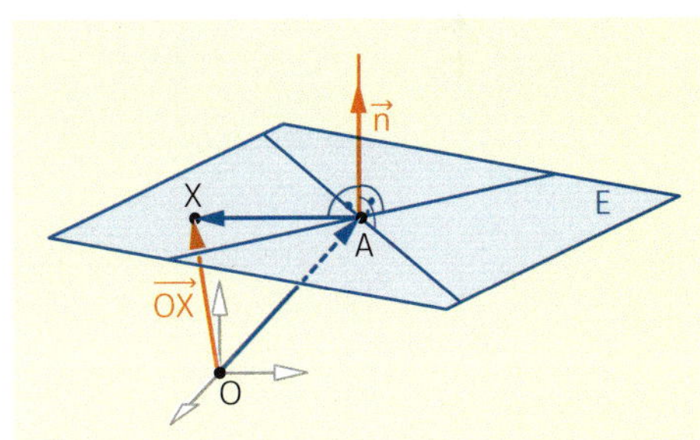

$A(1|2|-1)$; $\vec{n} = \begin{pmatrix} 7 \\ 11 \\ 1 \end{pmatrix}$

Normalenform:

$$E: \begin{pmatrix} 7 \\ 11 \\ 1 \end{pmatrix} * \left(\overrightarrow{OX} - \begin{pmatrix} 1 \\ 2 \\ -1 \end{pmatrix}\right) = 0$$

Koordinatenform:

$$E: 7x_1 + 11x_2 + x_3 = 28$$

Der Punkt $P(3|0|7)$ liegt in E, da $7 \cdot 3 + 11 \cdot 0 + 7 = 28$.
Der Punkt $Q(1|2|4)$ liegt nicht in E.

Das Wichtigste auf einen Blick

Lagebeziehungen zwischen Gerade und Ebene

Gegeben sind eine Gerade g mit
g: $\vec{x} = \vec{a} + t \cdot \vec{u}$ und eine Ebene E mit
E: $n_1 x_1 + n_2 x_2 + n_3 x_3 = c$.

Mithilfe der Vektoren $\vec{n} = \begin{pmatrix} n_1 \\ n_2 \\ n_3 \end{pmatrix}$; $\vec{u}$ und $\vec{a}$ lässt sich feststellen, welcher der drei folgenden Fälle vorliegt:

(1) Wenn $\vec{n} * \vec{u} \neq 0$, dann schneidet die Gerade g die Ebene E in einem Punkt S.

Durch Einsetzen der Koordinaten von g in die Gleichung von E lässt sich der Parameter und damit der Schnittpunkt bestimmen.

(2) Wenn $\vec{n} * \vec{u} = 0$ und $\vec{a} * \vec{n} \neq c$, dann verläuft die Gerade g parallel zur Ebene E, liegt aber nicht in E.

(3) Wenn $\vec{n} * \vec{u} = 0$ und $\vec{a} * \vec{n} = c$, dann liegt die Gerade g in der Ebene E.

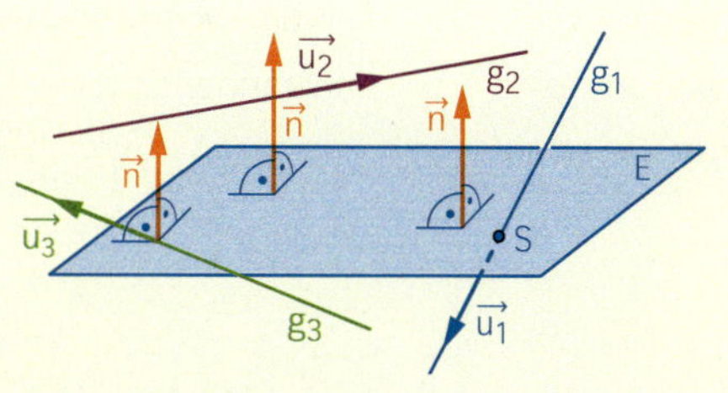

E: $3x_1 - 2x_2 + x_3 = 4$

(1) g_1: $\vec{x} = \begin{pmatrix} 9 \\ 1 \\ 7 \end{pmatrix} + t \cdot \begin{pmatrix} 5 \\ 5 \\ 0 \end{pmatrix}$

Es ist $\vec{n} * \vec{u} = 5 \neq 0$.
g_1 schneidet E in $S(-19|-27|7)$.

(2) g_2: $\vec{x} = \begin{pmatrix} 9 \\ 1 \\ 7 \end{pmatrix} + t \cdot \begin{pmatrix} 2 \\ 3 \\ 0 \end{pmatrix}$

Es ist $\vec{n} * \vec{u} = 0$, aber $\vec{a} * \vec{n} = 32 \neq 4$.
g_2 ist parallel zu E.

(3) g_3: $\vec{x} = \begin{pmatrix} 0 \\ 0 \\ 4 \end{pmatrix} + t \cdot \begin{pmatrix} 2 \\ 3 \\ 0 \end{pmatrix}$

Es ist $\vec{n} * \vec{u} = 0$ und $\vec{a} * \vec{n} = 4$.
g_3 liegt in E.

Lagebeziehungen von Ebenen

Gegeben sind zwei Ebenen E_1 und E_2. Mithilfe der Normalenvektoren $\vec{n_1}$ und $\vec{n_2}$ lässt sich feststellen, welcher der folgenden drei Fälle vorliegt:

(1) Wenn $\vec{n_1}$ und $\vec{n_2}$ keine Vielfachen voneinander sind, dann schneiden sich E_1 und E_2 in einer Geraden g.

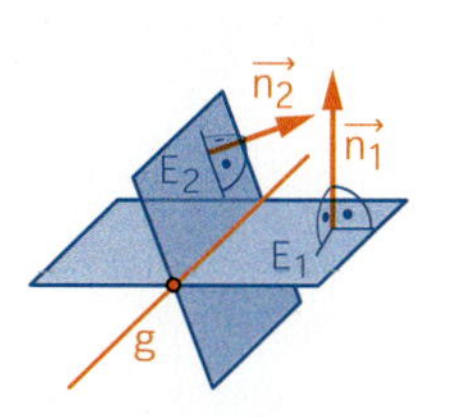

(2) Wenn $\vec{n_1}$ und $\vec{n_2}$ Vielfache voneinander sind, aber die beiden Koordinatengleichungen nicht, dann sind E_1 und E_2 parallel zueinander und verschieden.

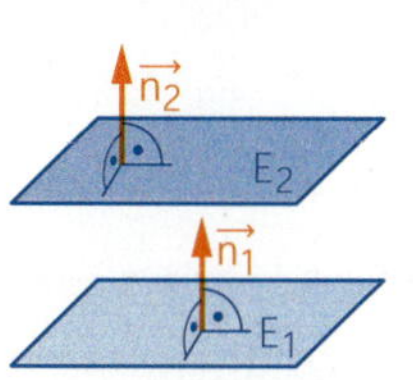

(3) Wenn sowohl $\vec{n_1}$ und $\vec{n_2}$ als auch die beiden Koordinatengleichungen Vielfache voneinander sind, dann sind E_1 und E_2 identisch.

(1) E_1: $3x_1 - 2x_2 + x_3 = 4$
E_2: $x_1 + 3x_3 = 2$

$\vec{n_1}$ und $\vec{n_2}$ sind keine Vielfachen voneinander.
Die Schnittgerade g ergibt sich aus der Lösung des linearen Gleichungssystems, das die beiden Koordinatengleichungen von E_1 und E_2 bilden.

g: $\vec{x} = \begin{pmatrix} 2 \\ 1 \\ 0 \end{pmatrix} + r \cdot \begin{pmatrix} -3 \\ -4 \\ 1 \end{pmatrix}$

(2) E_1: $3x_1 - 2x_2 + x_3 = 4$
E_2: $9x_1 - 6x_2 + 3x_3 = 10$

Es ist $3 \cdot \vec{n_1} = \vec{n_2}$, aber $3 \cdot 4 \neq 10$.
E_1 und E_2 sind parallel zueinander, aber nicht identisch.

(3) E_1: $3x_1 - 2x_2 + x_3 = 4$
E_2: $-6x_1 + 4x_2 - 2x_3 = -8$

Es ist $(-2) \cdot \vec{n_1} = \vec{n_2}$ und $(-2) \cdot 4 = -8$.
E_1 und E_2 sind identisch.

Teil A **Lösen Sie die folgenden Aufgaben ohne Formelsammlung und ohne Taschenrechner.**

1 Eine Gerade g ist gegeben durch $g: \vec{x} = \begin{pmatrix} 2 \\ -3 \\ 4 \end{pmatrix} + k \cdot \begin{pmatrix} 4 \\ 1 \\ -2 \end{pmatrix}$.

a) Geben Sie eine zweite Parameterdarstellung von g an.

b) Zeigen Sie, dass durch $\vec{x} = \begin{pmatrix} 86 \\ 18 \\ -38 \end{pmatrix} + r \cdot \begin{pmatrix} -20 \\ -5 \\ 10 \end{pmatrix}$ die Gerade g ebenfalls dargestellt wird.

2 Die Gerade g verläuft durch die Punkte $P(-5|-11|6)$ und $Q(10|10|-3)$.

a) Bestimmen Sie die Koordinaten der Spurpunkte von g, d. h. die Koordinaten der Schnittpunkte von g mit den Koordinatenebenen.

b) Zeichnen Sie die Gerade g in ein Koordinatensystem.

3 **a)** Welche der folgenden Vektoren sind orthogonal zueinander? Begründen Sie.

$\vec{u} = \begin{pmatrix} 1 \\ -2 \\ 3 \end{pmatrix}$; $\vec{v} = \begin{pmatrix} 2 \\ 1 \\ 3 \end{pmatrix}$; $\vec{w} = \begin{pmatrix} -1 \\ 1 \\ 1 \end{pmatrix}$

b) Bestimmen Sie einen Vektor $\vec{a}$, der sowohl zu $\vec{u}$ als auch zu $\vec{v}$ orthogonal ist.

4 Gegeben sind die Punkte $A(3|-1|4)$, $B(7|3|1)$, $C(5|4|2)$ und $D(1|0|5)$.

a) Zeigen Sie, dass die vier Punkte die Eckpunkte eines Parallelogramms sind.

b) Prüfen Sie, ob das Parallelogramm eine Raute ist.

c) Bestimmen Sie die Koordinaten des Schnittpunktes der beiden Diagonalen.

5 Ermitteln Sie eine Koordinatengleichung der dargestellten Ebene.

a)

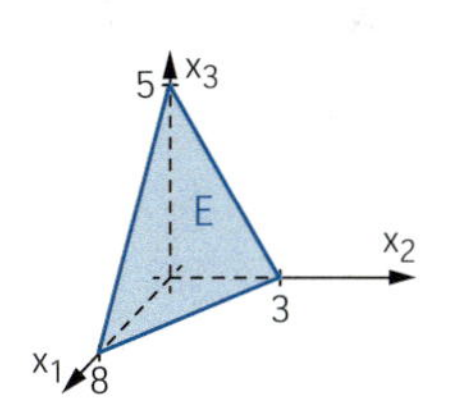

b)

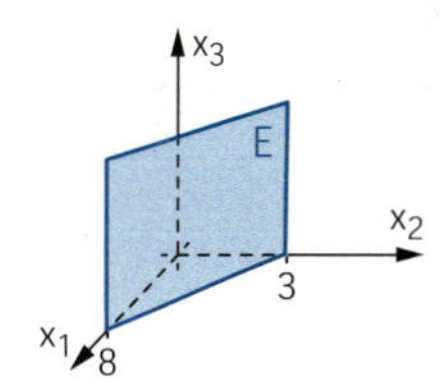

6 Eine Ebene E ist parallel zur x_1-Achse und enthält die Punkte $A(12{,}5|3|4)$ und $B(2{,}5|6|0)$.

a) Stellen Sie eine Koordinatengleichung von E auf.

b) Bestimmen Sie eine Parameterdarstellung derjenigen Geraden g, die in E liegt und im Punkt B orthogonal zur Geraden AB ist.

7 Untersuchen Sie die Lage der Ebenen zueinander. Bestimmen Sie ggf. die Schnittgerade.

a) $E_1: 6x_1 + 3x_2 - 9x_3 = 15$; $E_2: -2x_1 - x_2 + 3x_3 = -5$; $E_3: 4x_1 + 2x_2 + 6x_3 = 5$

b) $E_1: 2x_1 + x_2 = 5$; $E_2: 4x_1 + 2x_2 + x_3 = 10$; $E_3: 4x_1 + 2x_2 = 3$

8 Gegeben sind die Ebene $E: 2x_1 - x_3 = 4$ und der Punkt $P(4|2|-1)$.

a) Geben Sie eine Parameterdarstellung einer Geraden g an, die

(1) parallel zu E durch P verläuft; (2) orthogonal zu E durch P verläuft.

b) Beschreiben Sie die Lage aller möglichen Geraden, die parallel zur Ebene E sind und durch den Punkt P gehen.

Teil B **Bei der Lösung dieser Aufgaben können Sie die Formelsammlung und den Taschenrechner verwenden.**

9 Ein Heißluftballon bewegt sich nach dem Start einige Minuten lang konstant pro Sekunde um den Vektor $\vec{v} = \begin{pmatrix} 1{,}2 \\ -1{,}8 \\ 0{,}5 \end{pmatrix}$ vorwärts; dabei sind die Koordinaten in Meter angegeben.

a) Geben Sie die Geschwindigkeit des Ballons in $\frac{km}{h}$ an.

b) Der Start des Ballons befand sich im Punkt $P_1(232|98|159)$.
Bestimmen Sie die Koordinaten des Punktes P_2, in dem sich der Ballon zwei Minuten nach dem Start befindet.

c) Prüfen Sie, ob der Ballon auf dem Weg von P_1 nach P_2 den Punkt $Q(340|-80|204)$ passiert.

10 In einem kartesischen Koordinatensystem sind die Punkte $A(2|1|-1)$, $B(6|4|-2)$, $C(5|6|0)$, $D(1|3|1)$, $F(4|6|4)$ und $H(-1|5|7)$ gegeben.
Die Punkte A, B, C, D, E, F, G und H sind Eckpunkte eines schiefen Prismas mit der Grundfläche ABCD.

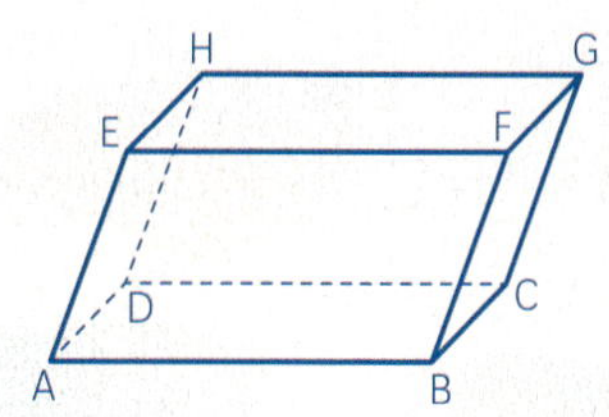

a) Geben Sie die Koordinaten der Punkte G und E an.

b) Weisen Sie nach, dass die Grundfläche des Prismas ein Rechteck ist.

c) Zeigen Sie, dass sich alle vier Raumdiagonalen des Prismas in genau einem Punkt schneiden.

11 Betrachten Sie die Abbildung.
Die roten Punkte sollen in den Koordinatenebenen liegen.
Schneidet die Gerade die Ebene?
Begründen Sie.

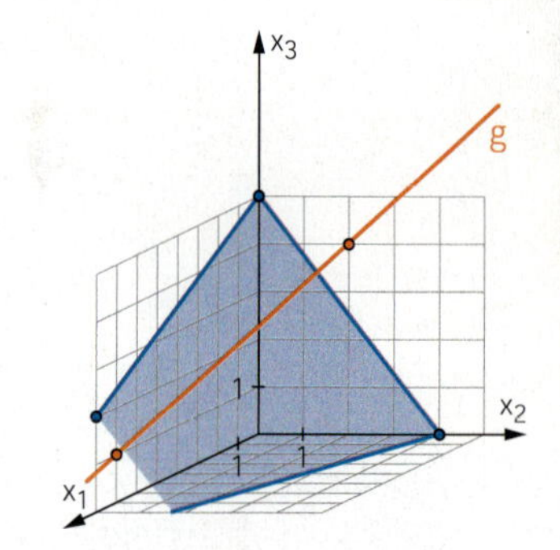

12 Bestimmen Sie die Schnittpunkte der Ebene E mit den Koordinatenachsen (Spurpunkte) und stellen Sie die Ebene E in einem Koordinatensystem dar.

$$E: \vec{x} = \begin{pmatrix} 2 \\ 1 \\ 0 \end{pmatrix} + s \cdot \begin{pmatrix} -2 \\ 1 \\ 0 \end{pmatrix} + t \cdot \begin{pmatrix} -0{,}8 \\ 0 \\ 1 \end{pmatrix}$$

13 Gegeben sind die Geraden g und h mit $g: \vec{x} = \begin{pmatrix} 2 \\ -3 \\ 4 \end{pmatrix} + k \cdot \begin{pmatrix} 4 \\ 1 \\ -2 \end{pmatrix}$ und $h: \vec{x} = \begin{pmatrix} -6 \\ -5 \\ 8 \end{pmatrix} + t \cdot \begin{pmatrix} 3 \\ 2 \\ 1 \end{pmatrix}$.

a) Bestimmen Sie den Schnittpunkt der Geraden g mit der Geraden h.
Bestimmen Sie den Schnittwinkel, den beide Geraden miteinander einschließen.

b) Zeigen Sie, dass der Punkt $P(3|1|11)$ auf der Geraden h liegt.
Bestimmen Sie eine Gerade g_2 durch P, die parallel zur Geraden g verläuft.

Winkel und Abstände im Raum

5

▲ *Für die Planung und Konstruktion von Bauwerken, wie hier dem Gebäude des staatlichen Fernsehens Chinas in Peking, müssen Winkel und Abstände zwischen Flächen und Kanten bestimmt werden.*

In diesem Kapitel
lernen Sie, wie man Winkel und Abstände im Raum berechnen kann. ▸

5.1 Winkel im Raum

Einstieg

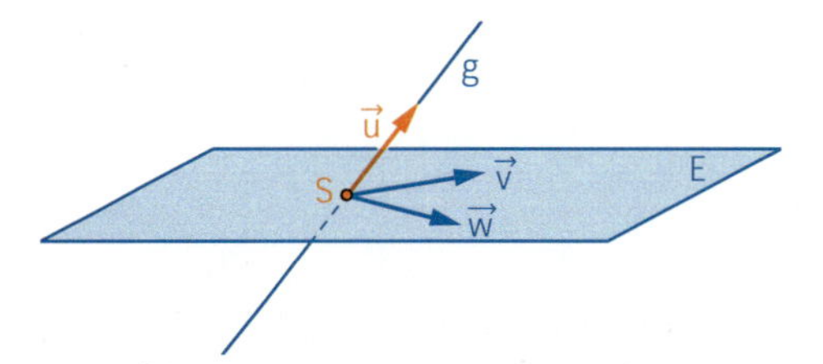

Daniel behauptet: „Wenn die Gerade g die Ebene E schneidet, erhalte ich den Schnittwinkel zwischen Gerade und Ebene, indem ich den Winkel zwischen dem Richtungsvektor von g und einem der Richtungsvektoren von E berechne."

Begründen Sie, weshalb Daniels Behauptung im Allgemeinen falsch ist.
Erläutern Sie mithilfe eines Buches, eines Stiftes und eines Geodreiecks, wie man den Schnittwinkel zwischen einer Ebene und einer Geraden definieren kann.

Aufgabe mit Lösung

Winkel im Raum berechnen

Der Wirkungsgrad einer Solaranlage ist vom Einfallswinkel der Sonnenstrahlen auf das Hausdach abhängig.
Ein Dach kann durch die Ebene E und ein Sonnenstrahl durch die Gerade g modelliert werden:

E: $2x_1 - 2x_2 + 5x_3 = 18$

g: $\vec{x} = \begin{pmatrix} 2 \\ 3 \\ 5 \end{pmatrix} + t \cdot \begin{pmatrix} -4 \\ 3 \\ -1 \end{pmatrix}$

→ Erläutern Sie, wie man den Winkel zwischen einer Ebene E und einer Geraden g bestimmen kann. Berechnen Sie damit den Winkel α, mit dem der Sonnenstrahl auf das Dach trifft.

Lösung

Der Schnittwinkel α zwischen einer Ebene E und einer Geraden g liegt in der Ebene, die von einem Normalenvektor $\vec{n}$ der Ebene E und dem Richtungsvektor $\vec{v}$ der Geraden g aufgespannt wird. In dieser Ebene liegt auch der Winkel β und es gilt: $\alpha = 90° - \beta$

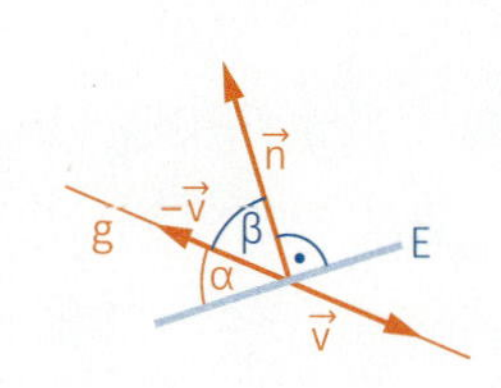

Der Winkel β ist der Winkel zwischen dem Richtungsvektor $-\vec{v}$ der Geraden g und einem Normalenvektor $\vec{n}$ der Ebene E.

Es gilt also: $\cos(\beta) = \frac{-\vec{v} * \vec{n}}{|\vec{v}| \cdot |\vec{n}|} = \frac{19}{\sqrt{33} \cdot \sqrt{26}} \approx 0{,}6486$

Daraus ergeben sich $\beta \approx 49{,}6°$ und damit $\alpha = 90° - \beta \approx 40{,}4°$ als Schnittwinkel zwischen Sonnenstrahl und Hausdach.

→ Die Effektivität einer Solaranlage hängt auch vom Neigungswinkel γ der Dachfläche ab. Dieser Winkel wird zwischen der Dachebene E und der Dachbodenebene F des Hauses gemessen.

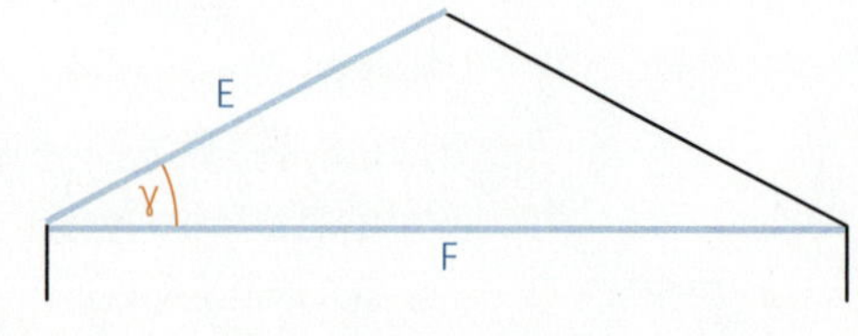

Erläutern Sie, wie man den Winkel γ zwischen zwei Ebenen E und F bestimmen kann, und berechnen Sie den Neigungswinkel der Dachebene E.

Lösung

Der Winkel γ zwischen zwei Ebenen E und F liegt in einer Ebene, die orthogonal zur Schnittgeraden g von E und F liegt.
Der gesuchte Winkel γ ist genauso groß wie der Winkel zwischen den beiden Normalenvektoren $\vec{n}$ und $\vec{m}$ der beiden Ebenen.

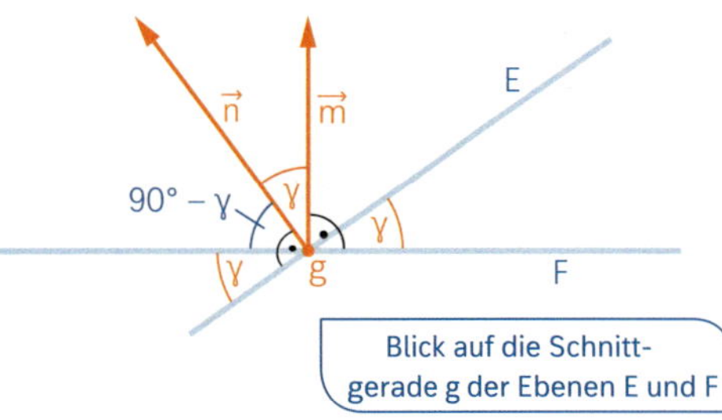

Wegen $\vec{m} = \begin{pmatrix} 0 \\ 0 \\ 1 \end{pmatrix}$ und $\vec{n} = \begin{pmatrix} 2 \\ -2 \\ 5 \end{pmatrix}$ gilt somit: $\cos(\gamma) = \frac{\vec{m} * \vec{n}}{|\vec{m}| \cdot |\vec{n}|} = \frac{5}{\sqrt{33}} \approx 0{,}8704$

Damit ergibt sich $\gamma \approx 29{,}5°$ für den Neigungswinkel des Daches.

Information

Schnittwinkel zwischen einer Geraden und einer Ebene

Den **Schnittwinkel** α zwischen einer Geraden g und einer Ebene E kann man wie folgt bestimmen:

(1) Man berechnet den Winkel β zwischen dem Richtungsvektor $\vec{v}$ von g und einem Normalenvektor $\vec{n}$ von E:

$\cos(\beta) = \frac{|\vec{v} * \vec{n}|}{|\vec{v}| \cdot |\vec{n}|}$ mit $0° \le \beta \le 90°$

(2) Der Schnittwinkel α zwischen g und E ergibt sich aus $\alpha = 90° - \beta$.

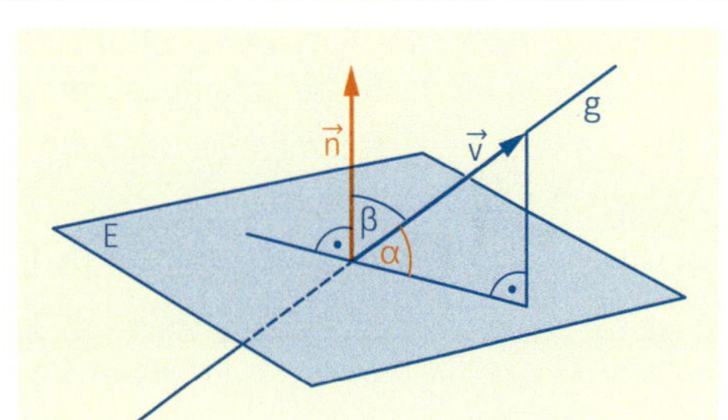

E: $x_1 + x_2 + 2x_3 = 22$; g: $\vec{x} = \begin{pmatrix} 3 \\ 4 \\ 2 \end{pmatrix} + r \cdot \begin{pmatrix} 2 \\ 1 \\ 0 \end{pmatrix}$

$\cos(\beta) = \frac{3}{\sqrt{30}} \approx 0{,}5477$

Also: $\beta \approx 56{,}8°$; $\alpha = 90° - \beta \approx 33{,}2°$

Schnittwinkel zwischen zwei Ebenen

Den Schnittwinkel α zwischen zwei Ebenen E_1 und E_2 berechnet man mit den zugehörigen Normalenvektoren $\vec{n}_1$ und $\vec{n}_2$ der Ebenen aus:

$\cos(\alpha) = \frac{|\vec{n}_1 * \vec{n}_2|}{|\vec{n}_1| \cdot |\vec{n}_2|}$ mit $0° \le \alpha \le 90°$

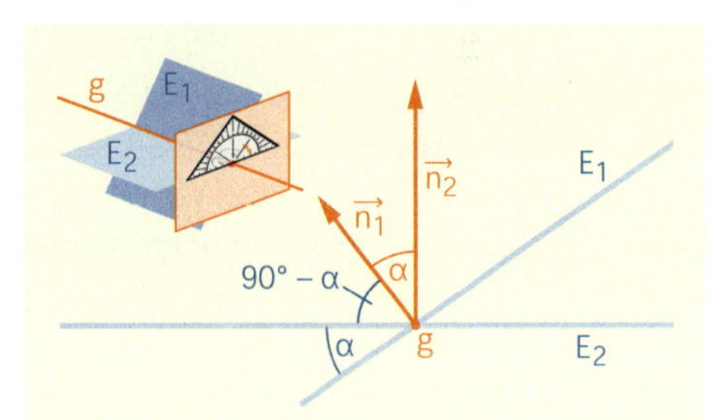

E_1: $x_1 - 8x_2 + 4x_3 = 25$

E_2: $6x_1 + 9x_2 - 2x_3 = 17$

$\cos(\alpha) = \frac{|-74|}{\sqrt{81} \cdot \sqrt{121}} = \frac{74}{99} \approx 0{,}7475$

Also: $\alpha \approx 41{,}6°$

Bemerkung: Oft ist nicht ersichtlich, ob der gesuchte Winkel $\alpha \le 90°$ von den gegebenen Vektoren oder von einem Vektor und einem Gegenvektor der gegebenen Vektoren eingeschlossen wird. Um diesem Problem aus dem Weg zu gehen, kann man einfach den Betrag des Skalarprodukts der beiden Vektoren verwenden.

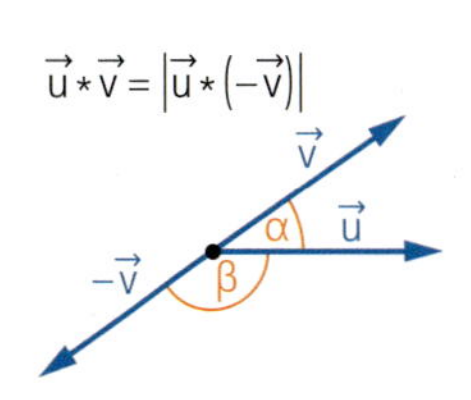

Üben

1 Zeigen Sie, dass sich die Ebene E und die Gerade g schneiden. Bestimmen Sie ihren Schnittwinkel.

a) $g: \vec{x} = \begin{pmatrix} 4 \\ -1 \\ 3 \end{pmatrix} + s \cdot \begin{pmatrix} 0 \\ -2 \\ 1 \end{pmatrix}$
$E: 5x_1 + x_2 + 3x_3 = 3$

b) $g: \vec{x} = \begin{pmatrix} 3 \\ 1 \\ 2 \end{pmatrix} + t \cdot \begin{pmatrix} -2 \\ 5 \\ 8 \end{pmatrix}$
$E: x_1 + 2x_3 = 6$

c) $g: \vec{x} = \begin{pmatrix} 1 \\ 4 \\ -1 \end{pmatrix} + r \cdot \begin{pmatrix} 0 \\ -1 \\ 0 \end{pmatrix}$
$E: 3x_1 + 2x_2 + x_3 = -4$

d) $g: \vec{x} = \begin{pmatrix} -7 \\ 28 \\ 34{,}6 \end{pmatrix} + t \cdot \begin{pmatrix} 1 \\ \sqrt{2} \\ -1 \end{pmatrix}$
$E: 4x_1 + 3x_3 = 99$

2 Mario berechnet den Winkel zwischen der Geraden g und der Ebene E mit
$g: \vec{x} = \begin{pmatrix} 1 \\ 2 \\ 3 \end{pmatrix} + t \cdot \begin{pmatrix} -1 \\ 1 \\ 1 \end{pmatrix}$ und $E: 2x_1 - x_2 + 3x_3 = 12$.
Seine Lösung lautet: „g und E schneiden sich in einem Winkel von 0°“.
Nehmen Sie Stellung.

3 Berechnen Sie den Schnittpunkt sowie den Schnittwinkel der Geraden g und der Ebene E. Ermitteln Sie dann eine Gleichung der Geraden g′, die in E verläuft und durch die *orthogonale Projektion* von g auf E entsteht.

Bei einer **orthogonalen Projektion** in eine Ebene bildet jede Verbindungslinie von Punkt und Bildpunkt einen rechten Winkel mit der Ebene.

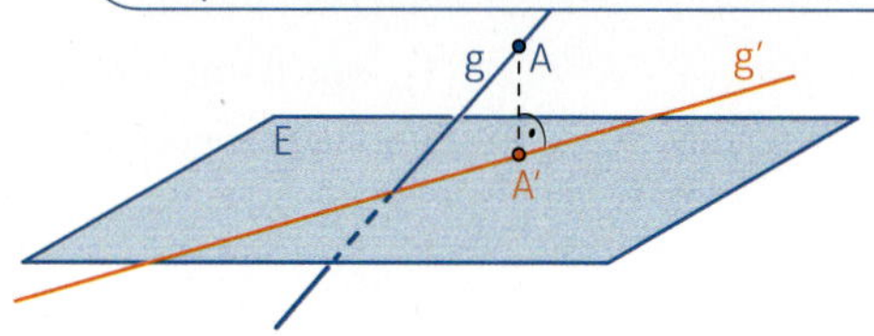

a) $g: \vec{x} = \begin{pmatrix} 2 \\ 1 \\ 3 \end{pmatrix} + t \cdot \begin{pmatrix} -2 \\ 1 \\ 1 \end{pmatrix}$
$E: x_1 + x_2 + x_3 = 6$

b) $g: \vec{x} = \begin{pmatrix} 1 \\ -2 \\ 1 \end{pmatrix} + t \cdot \begin{pmatrix} 1 \\ 2 \\ -3 \end{pmatrix}$
$E: \vec{x} = \begin{pmatrix} -4 \\ -6 \\ 4 \end{pmatrix} + r \cdot \begin{pmatrix} 5 \\ 2 \\ 3 \end{pmatrix} + s \cdot \begin{pmatrix} 1 \\ 1 \\ 1 \end{pmatrix}$

4 Beweisen Sie folgende Formel aus einer Formelsammlung.

Für den **Schnittwinkel** α zwischen einer Geraden g mit dem Richtungsvektor $\vec{u}$ und einer Ebene E mit dem Normalenvektor $\vec{n}$ gilt:
$\sin(\alpha) = \frac{|\vec{u} * \vec{n}|}{|\vec{u}| \cdot |\vec{n}|}$

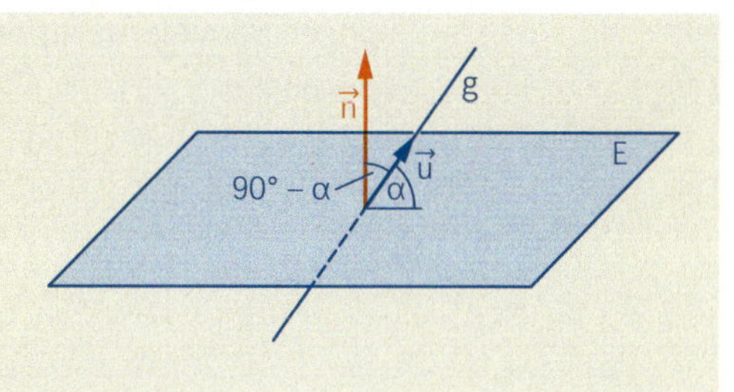

Bestimmen Sie den Schnittwinkel der Geraden g und der Ebene E wie in der Information eingeführt und anschließend mit der Formel aus der Formelsammlung.
$E: 4x + 8y - z = 5$; $g: \vec{x} = \begin{pmatrix} 2 \\ -1 \\ 4 \end{pmatrix} + r \cdot \begin{pmatrix} 2 \\ -9 \\ 6 \end{pmatrix}$

5 Bestimmen Sie die Spurpunkte der Ebene E und stellen Sie die Spurpunkte und die Ebene E in einem Koordinatensystem dar. Bestimmen Sie dann die Winkel zwischen der Ebene E und den drei Koordinatenachsen.

a) $E: 3x_1 - 2x_2 + x_3 = 2$

b) $E: x_1 - x_2 + 2x_3 = 0$

6 Bestimmen Sie die Winkel zwischen der Geraden g und den drei Koordinatenebenen.

a) $g: \vec{x} = s \cdot \begin{pmatrix} -2 \\ 1 \\ 2 \end{pmatrix}$

b) $g: \vec{x} = \begin{pmatrix} 1 \\ 1 \\ -1 \end{pmatrix} + s \cdot \begin{pmatrix} 0 \\ 5 \\ -2 \end{pmatrix}$

7 Bestimmen Sie den Schnittwinkel zwischen den Ebenen E_1 und E_2.

a) $E_1: x_1 + x_2 + x_3 = 3$; $E_2: x_1 - x_2 + x_3 = 3$

b) $E_1: x_1 - x_2 = 1$; $E_2: x_1 + x_3 = 2$

c) $E_1: x_1 - x_3 = 0$; $E_2: \vec{x} = \begin{pmatrix} 1 \\ 1 \\ 1 \end{pmatrix} + r \cdot \begin{pmatrix} 1 \\ 3 \\ 3 \end{pmatrix} + s \cdot \begin{pmatrix} 2 \\ -1 \\ 2 \end{pmatrix}$

d) $E_1: \vec{x} = \begin{pmatrix} 1 \\ 2 \\ 3 \end{pmatrix} + r \cdot \begin{pmatrix} 1 \\ 1 \\ -1 \end{pmatrix} + s \cdot \begin{pmatrix} 2 \\ 1 \\ 0 \end{pmatrix}$; $E_2: \vec{x} = \begin{pmatrix} 1 \\ 2 \\ 3 \end{pmatrix} + r \cdot \begin{pmatrix} 2 \\ 2 \\ 1 \end{pmatrix} + s \cdot \begin{pmatrix} 1 \\ 3 \\ -2 \end{pmatrix}$

e) E_1 enthält die Punkte $A(1|5|9)$, $B(5|3|5)$ und $C(3|7|1)$;
E_2 die Punkte $P(8|9|0)$, $Q(1|1|12)$ und $R(6|6|5)$

f) E_1 enthält den Punkt $P(0|3|4)$ und die Gerade $g: \vec{x} = \begin{pmatrix} 2 \\ 2 \\ 1 \end{pmatrix} + r \cdot \begin{pmatrix} 1 \\ -1 \\ 1 \end{pmatrix}$;
E_2 ist parallel zur x_1x_3-Ebene und enthält den Punkt $Q(-3|2|-4)$

8 In welchen Winkeln schneidet die Ebene E die drei Koordinatenebenen?
Bestimmen Sie auch die Koordinaten der Spurpunkte von E und zeichnen Sie damit einen Ausschnitt der Ebene.

a) $E: x_1 - x_2 - 2x_3 = 6$

b) $E: x_1 + 3x_2 - 4x_3 - 12 = 0$

c) $E: \vec{x} = \begin{pmatrix} 2 \\ 1 \\ 1 \end{pmatrix} + r \cdot \begin{pmatrix} 1 \\ 2 \\ 1 \end{pmatrix} + s \cdot \begin{pmatrix} -1 \\ 3 \\ 2 \end{pmatrix}$

d) $E: \vec{x} = \begin{pmatrix} -9 \\ 5 \\ 5 \end{pmatrix} + r \cdot \begin{pmatrix} 3 \\ -1 \\ -1 \end{pmatrix} + s \cdot \begin{pmatrix} 9 \\ -3 \\ -5 \end{pmatrix}$

9 Bestimmen Sie den Winkel zwischen den eingezeichneten Raumdiagonalen des Quaders.
Wie groß sind die Winkel, den die Raumdiagonalen mit der Deckfläche und der rechten Seitenfläche des Quaders einschließen?

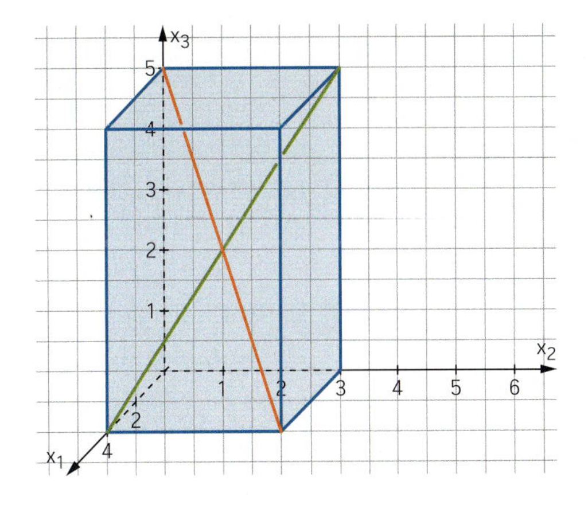

10 Die Punkte $A(-4|-1|6)$, $B(0|-3|2)$, $C(-2|1|-2)$ und D bilden die Grundfläche einer geraden quadratischen Pyramide mit der Spitze S und der Höhe 9. Die Spitze liegt oberhalb der x_1x_2-Ebene.

a) Geben Sie die Koordinaten des Eckpunktes D und der Spitze S an.

b) Bestimmen Sie den Winkel, den eine Seitenkante mit der Grundfläche einschließt.

c) Ermitteln Sie den Winkel zwischen Seitenflächen und Pyramidenhöhe.

11 ≡ In einem Würfel liegt der Punkt P auf der Kante $\overline{AE}$ zwischen A und E.

a) Die Ebene T enthält die Punkte P, F und H. Untersuchen Sie, wie sich der Winkel zwischen der Ebene T und der Kante $\overline{AE}$ verändert, wenn P von A nach E wandert.

b) Wie verändert sich dabei der Innenwinkel des Dreiecks an der Ecke P?

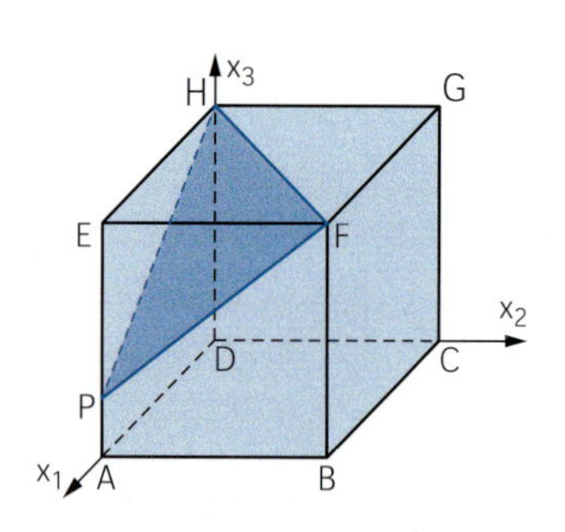

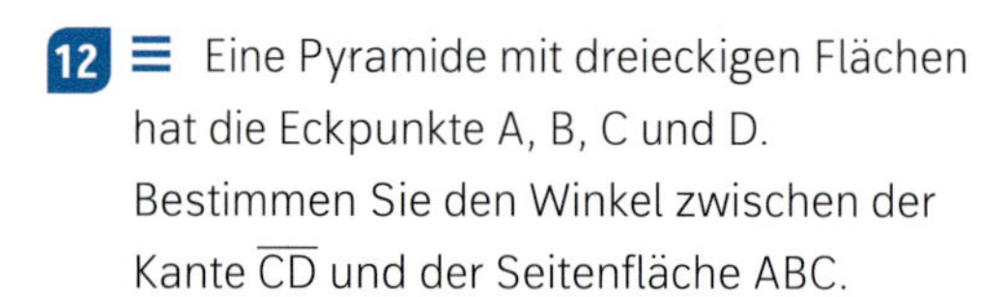

12 ≡ Eine Pyramide mit dreieckigen Flächen hat die Eckpunkte A, B, C und D. Bestimmen Sie den Winkel zwischen der Kante $\overline{CD}$ und der Seitenfläche ABC.

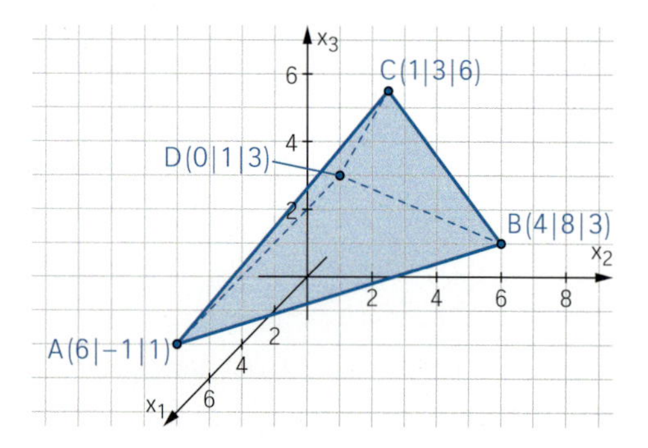

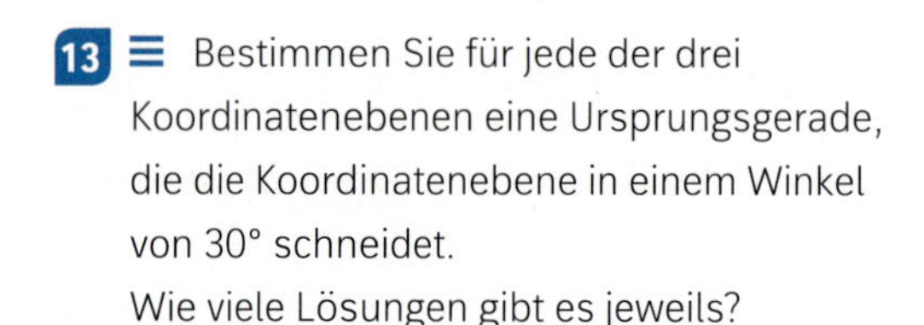

13 ≡ Bestimmen Sie für jede der drei Koordinatenebenen eine Ursprungsgerade, die die Koordinatenebene in einem Winkel von 30° schneidet.
Wie viele Lösungen gibt es jeweils?

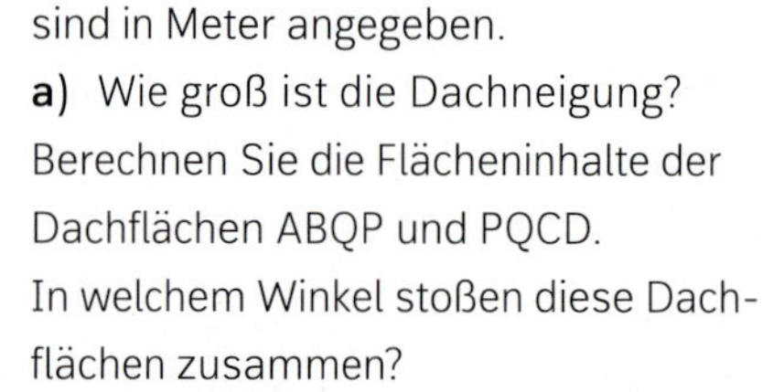

14 ≡ Die Abbildung zeigt ein Haus. Die Maße sind in Meter angegeben.

a) Wie groß ist die Dachneigung? Berechnen Sie die Flächeninhalte der Dachflächen ABQP und PQCD. In welchem Winkel stoßen diese Dachflächen zusammen?

b) Wie lang ist die Dachkehle $\overline{PQ}$?

c) Im Punkt K(3|10|z) der Dachfläche PQCD ragt ein Edelstahlschornstein 2 m weit aus dem Dach. Bestimmen Sie die Koordinaten der Schornsteinspitze. Welchen Winkel schließen Schornstein und Dachfläche ein?

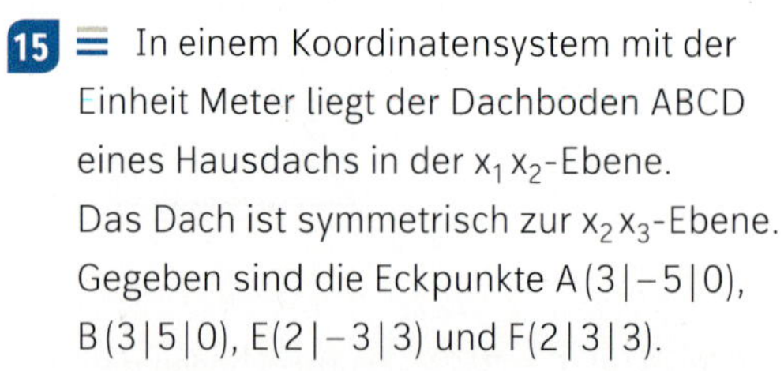

15 ≡ In einem Koordinatensystem mit der Einheit Meter liegt der Dachboden ABCD eines Hausdachs in der x_1x_2-Ebene. Das Dach ist symmetrisch zur x_2x_3-Ebene. Gegeben sind die Eckpunkte A(3|−5|0), B(3|5|0), E(2|−3|3) und F(2|3|3).

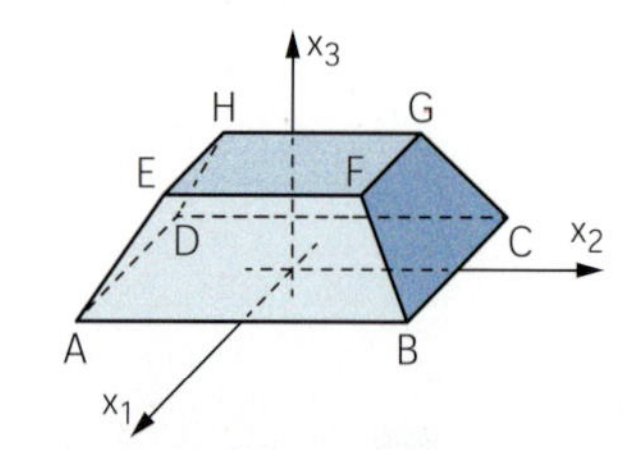

a) Geben Sie die Koordinaten der übrigen Eckpunkte des Dachs an und zeichnen Sie ein Schrägbild des Dachs in ein Koordinatensystem. Bestimmen Sie die Neigungswinkel der Seitenflächen des Dachs.

b) Im Punkt P(0|4|0) steht ein 5 Meter langer Mast orthogonal auf dem Dachboden. Wie weit ragt der Mast aus dem Dach heraus?

16 ≡ Die abgebildete Sonnenuhr zeigt ein geneigtes Ziffernblatt als Teilkreis in der Ebene des Äquators.
Am Meridian, dem Kreisbogen durch Nord- und Südpol, ist die Polachse befestigt; bei Sonneneinstrahlung gibt der Schatten der Polachse die Uhrzeit auf dem Ziffernblatt an.
Diese Sonnenuhr wird in einem Koordinatensystem modelliert.
Die Punkte $A(6\,|-5\,|\,1)$ und $B(6\,|\,5\,|\,1)$ liegen auf dem Ziffernblatt. Die Polachse verläuft durch den Mittelpunkt des Ziffernblattes $M(3\,|\,0\,|\,3)$.

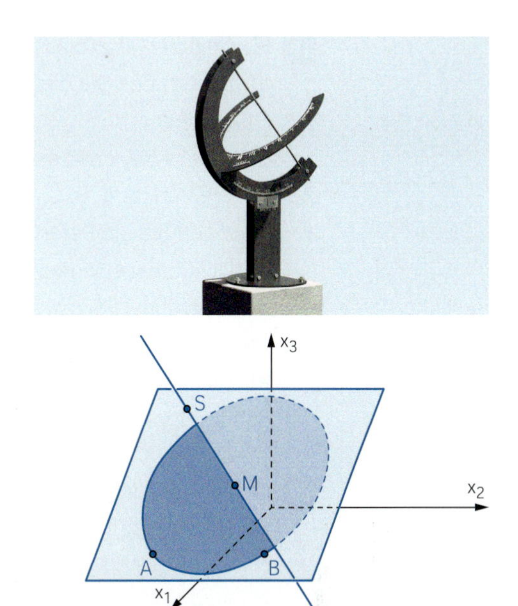

a) Bestimmen Sie eine Gleichung der Ebene des Ziffernblattes in Normalenform.

b) Das Ziffernblatt ist gegenüber der Horizontalen geneigt. Bestimmen Sie den Neigungswinkel α.

c) In Abhängigkeit vom Standort der Sonnenuhr gilt $\alpha + \beta = 90°$, wobei β den Breitengrad des Standortes bezeichnet. Ermitteln Sie den Breitengrad des Standortes der Sonnenuhr.

d) Die Polachse ist an der Meridianachse an der Stelle $S(5\,|\,0\,|\,6)$ befestigt. Zeigen Sie, dass die Polachse orthogonal zum Ziffernblatt steht.

17 ≡ Gegeben sind die Punkte $P(5\,|\,4\,|-6)$, $Q(3\,|\,8\,|\,1)$ und $R_t(2t+5\,|\,2-t\,|\,t-3)$ für $t \in \mathbb{R}$.

a) Bestimmen Sie eine Gleichung der Geraden g, auf der alle Punkte R_t liegen.
Berechnen Sie die Koordinaten des Schnittpunktes von g mit der x_1x_3-Ebene und den Schnittwinkel zwischen g und der x_1x_3-Ebene.

b) Ermitteln Sie denjenigen Wert von t, für den der Punkt R_t einen minimalen Abstand vom Punkt Q hat.

c) Die Punkte P, Q und R_t sind die Eckpunkte eines Dreiecks.
Untersuchen Sie, für welche Werte von t das Dreieck PQR_t rechtwinklig ist.

d) Berechnen Sie im Fall, dass der rechte Winkel bei P liegt, die Längen der Dreiecksseiten und die Größen der Innenwinkel.

Weiterüben

18 ≡ Bestimmen Sie den Winkel, den zwei benachbarte Seitenflächen eines regelmäßigen Oktaeders mit der Kantenlänge a miteinander einschließen.

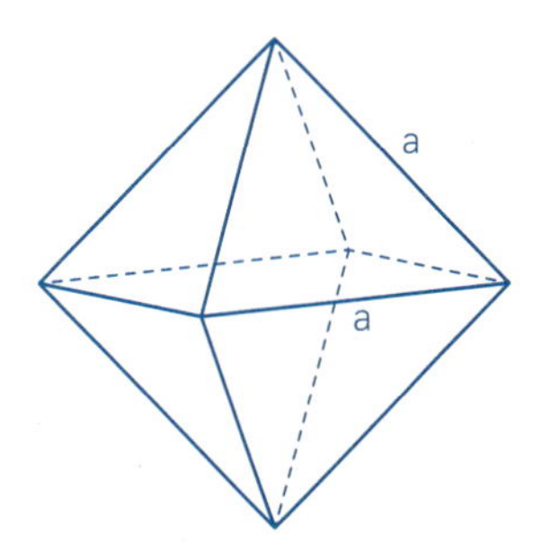

19 ☰ Gegeben sind die Punkte A(3|−3|0), B(3|3|0), C(−3|3|0) und S(0|0|4).

a) Bestimmen Sie die Koordinaten eines Punktes D so, dass das Viereck ABCD ein Quadrat ist.

b) Zeigen Sie, dass die Geraden AB und SC windschief sind.

c) Die Punkte A, B, C, D und S sind Eckpunkte einer geraden quadratischen Pyramide. Zeichnen Sie die Pyramide in ein Koordinatensystem ein.

d) Die Ebene E_1 enthält die Seitenfläche ABS. Die Ebene E_2 enthält die benachbarte Seitenfläche BCS.
Welchen Winkel schließen E_1 und E_2 ein?

e) Die Ebene E* ist orthogonal zu den Ebenen E_1 und E_2 und enthält den Ursprung. Bestimmen Sie eine Koordinatengleichung von E*.

20 ☰ Ein Hang liegt in einer Ebene E, die in einem Koordinatensystem mit der Einheit Meter durch die Koordinatenform
$E: 3x_1 + 4x_2 + 6x_3 = 12$ beschrieben werden kann.
Im Punkt F(2|−3|3) des Hangs steht ein 3 Meter hoher Mast.

a) Berechnen Sie den Winkel zwischen Mast und Hang.

b) Am frühen Vormittag fallen die Sonnenstrahlen in Richtung des Vektors $\vec{u} = \begin{pmatrix} -4 \\ 6 \\ -5 \end{pmatrix}$ auf den Hang. Berechnen Sie die Länge des Schattens, den der Mast wirft.
In welchem Winkel treffen die Sonnenstrahlen auf den Hang?

c) Einige Zeit später liegt die Spitze des Schattens im Punkt R(−1|0|2,5) des Hangs. Wie lang ist der Schatten jetzt?
Um wie viel Grad ist der Schatten weitergewandert?

21 ☰ Das Schweißen mit Laserstrahlen wird in der Automobilindustrie für sogenannte Fügeaufgaben beim Zusammenfügen von Blechbauteilen praktiziert. Aufgrund der berührungslosen Wirkungsweise eignet sich dieses Verfahren zur Automatisierung der Herstellungsprozesse mithilfe von Robotern.

Eine Arbeitsfläche, auf der geschweißt werden soll, liegt in einer Ebene E mit der Koordinatengleichung $E: 2x_1 + 3x_2 + x_3 = 0$. Ein Laserstrahl soll auf den Koordinatenursprung, welcher in der Fläche liegt, auftreffen. Der Winkel zur Fläche soll dabei 30° betragen.

a) Bestimmen Sie einen Richtungsvektor für die Gerade g, auf der der Laserstrahl verlaufen kann.

b) Der Laser soll einen Abstand von 25 cm vom Schweißpunkt haben.
Wo kann der Laser in einem Koordinatensystem mit der Einheit cm liegen?

5.2 Abstände mit Ebenen

Einstieg

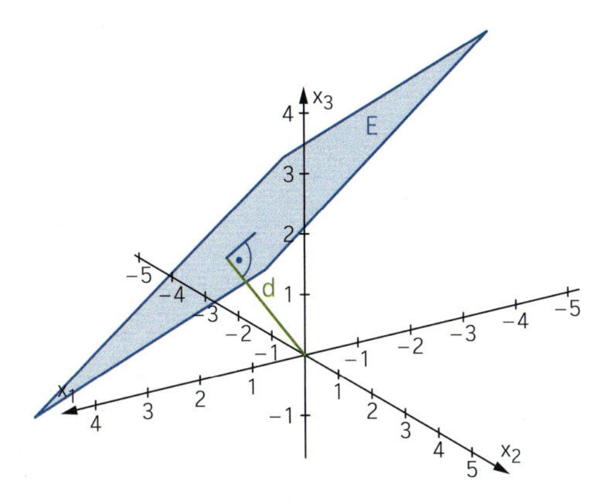

Ermitteln Sie jeweils den Abstand d der Ebene E_c mit E_c: $\begin{pmatrix} 1 \\ -2 \\ 2 \end{pmatrix} * \overrightarrow{OX} = c$ vom Koordinatenursprung für die Fälle $c = -15; -6; -3; 3; 6; 15$.
Vergleichen Sie Ihre Ergebnisse und äußern Sie eine Vermutung.

Aufgabe mit Lösung

Abstand einer Ebene vom Koordinatenursprung

Der Abstand der abgebildeten Ebene E vom Koordinatenursprung ist die Länge des kürzesten Ortsvektors $\vec{d} = \overrightarrow{OD}$ eines Punktes D in E.

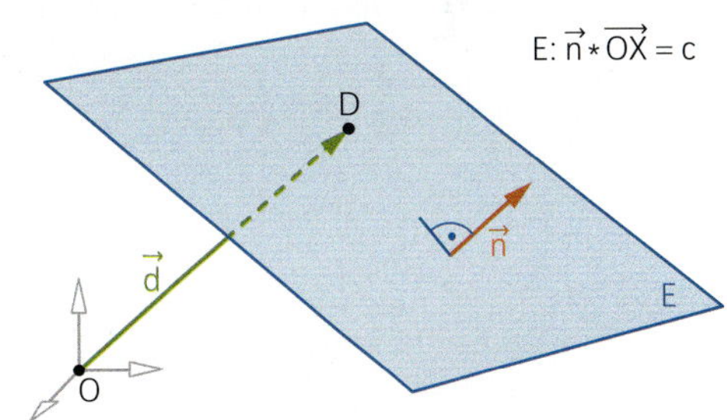

→ Beschreiben Sie, wie $\vec{d}$ verlaufen muss, damit $|\vec{d}|$ den Abstand angibt.
Entwickeln Sie eine Formel für $|\vec{d}|$.

Lösung

Der „Abstandsvektor" $\vec{d}$ muss orthogonal zur Ebene E, also parallel zu $\vec{n}$ verlaufen.
Da $\vec{d}$ Ortsvektor eines Punktes der Ebene E ist, gilt $\vec{n} * \vec{d} = c$.
Außerdem gilt $\vec{n} * \vec{d} = |\vec{n}| \cdot |\vec{d}|$, da $\vec{d}$ parallel zu $\vec{n}$ ist und bei der abgebildeten Ebene E in gleicher Richtung wie $\vec{n}$ verläuft.
Daraus folgt $c = |\vec{n}| \cdot |\vec{d}|$. Der Abstand der Ebene E vom Ursprung beträgt somit $|\vec{d}| = \frac{c}{|\vec{n}|}$.
In diesem Fall ist also insbesondere $c > 0$, da $|\vec{d}|$ und $|\vec{n}|$ positiv sind.

→ Beschreiben Sie, wie die Formel für den Abstand $|\vec{d}|$ einer Ebene E vom Koordinatenursprung angepasst werden muss, wenn in der Gleichung E: $\vec{n} * \overrightarrow{OX} = c$ der Fall $c < 0$ auftritt.

Lösung

Wegen $\vec{n} * \vec{d} = c < 0$ verläuft in diesem Fall $\vec{d}$ in entgegengesetzter Richtung zu $\vec{n}$.
Also ist $\vec{n} * \vec{d} = -|\vec{n}| \cdot |\vec{d}|$ und damit $c = -|\vec{n}| \cdot |\vec{d}|$.
Für den Fall $c < 0$ lautet die Formel für den Abstand der Ebene E vom Koordinatenursprung $|\vec{d}| = \frac{-c}{|\vec{n}|}$.

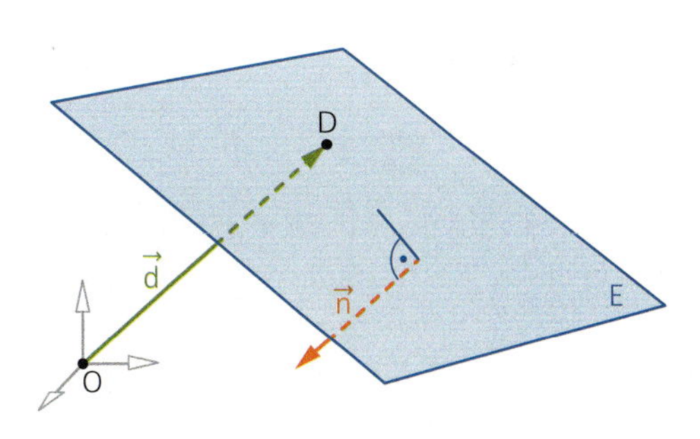

Information

Abstand einer Ebene vom Koordinatenursprung

Der Abstand d einer Ebene E mit
E: $\vec{n} * \overrightarrow{OX} = c$ vom Koordinatenursprung ist die Länge des Abstandsvektors $\vec{d}$, der durch einen Pfeil vom Koordinatenursprung aus orthogonal zur Ebene E dargestellt werden kann.

Im Fall $c > 0$ verlaufen Abstandsvektor $\vec{d}$ und Normalenvektor $\vec{n}$ in gleicher Richtung, und es gilt:
$d = |\vec{d}| = \frac{c}{|\vec{n}|}$

Im Fall $c < 0$ verlaufen Abstandsvektor $\vec{d}$ und Normalenvektor $\vec{n}$ in entgegengesetzter Richtung, und es gilt:
$d = |\vec{d}| = \frac{-c}{|\vec{n}|}$

Man kann die Formeln dieser beiden Fälle zusammenfassen zu der Formel:
$\mathbf{d = |\vec{d}| = \frac{|c|}{|\vec{n}|}}$

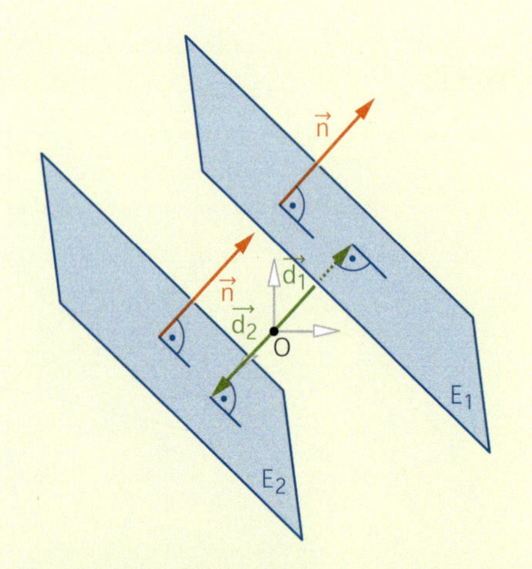

E_1: $-2x_1 + x_2 + 2x_3 = 6$

$d_1 = \frac{6}{\sqrt{9}} = \frac{|6|}{\sqrt{9}} = 2$

E_2: $-2x_1 + x_2 + 2x_3 = -4$

$d_2 = \frac{-(-4)}{\sqrt{9}} = \frac{4}{\sqrt{9}} = \frac{|4|}{\sqrt{9}} = \frac{4}{3}$

Üben

1 Bestimmen Sie den Abstand der Ebene E vom Koordinatenursprung.

a) E: $\begin{pmatrix} 6 \\ -1 \\ 5 \end{pmatrix} * \overrightarrow{OX} = -7$

b) E: $-2x_1 + x_2 - 3x_3 = -2$

c) E: $x_1 - x_3 = 4$

d) E: $x_2 = 5$

2 Eine Pyramide hat die dreieckige Grundfläche ABC mit A(10|2|−10), B(6|6|−10), C(10|6|−5) und die Spitze S im Koordinatenursprung.
Berechnen Sie die Höhe der Pyramide.

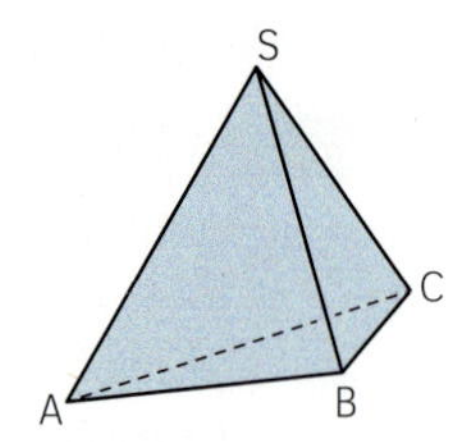

3 Gegeben ist die Ebene E mit E: $\begin{pmatrix} 4 \\ -4 \\ 2 \end{pmatrix} * \overrightarrow{OX} = 18$.

a) Berechnen Sie den Abstand des Koordinatenursprungs von der Ebene E.
Stellen Sie die Ebene E mithilfe ihrer Spurpunkte im Koordinatensystem dar. Ermitteln Sie den Abstandsvektor $\vec{d}$ und zeichnen Sie ihn ein.

b) Der Koordinatenursprung wird an der Ebene E gespiegelt. Bestimmen Sie den Spiegelpunkt.

Aufgabe mit Lösung

Abstand eines Punktes von einer Ebene

Gesucht ist der Abstand eines Punktes P von der Ebene E mit E: $\begin{pmatrix} 2 \\ -1 \\ 2 \end{pmatrix} * \overrightarrow{OX} = 6$.
Dazu kann folgende Strategie verwendet werden:

- Man betrachtet eine zur Ebene E parallele Hilfsebene E_P durch den Punkt P.
- Man nutzt die Kenntnisse über den Abstand von Ebenen zum Ursprung.

→ Berechnen Sie den Abstand des Punktes P(6|2|4) von der Ebene E mit dieser Strategie.

Lösung

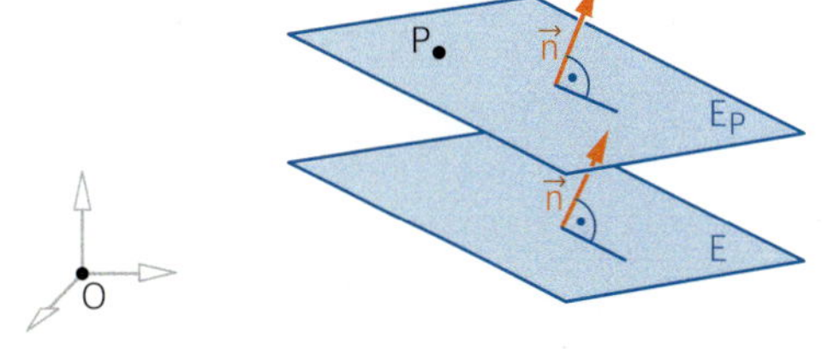

Die Ebene E_P hat die Gleichung

$$\begin{pmatrix} 2 \\ -1 \\ 2 \end{pmatrix} * \overrightarrow{OX} = \begin{pmatrix} 2 \\ -1 \\ 2 \end{pmatrix} * \begin{pmatrix} 6 \\ 2 \\ 4 \end{pmatrix} = 18.$$

Mit $|\vec{n}| = \sqrt{2^2 + (-1)^2 + 2^2} = 3$ ist der Abstand von E_P zum Ursprung $d_P = \frac{18}{3} = 6$.

Der Abstand von E zum Ursprung ist $d = \frac{6}{3} = 2$. Damit haben die beiden Ebenen den Abstand $6 - 2 = 4$ voneinander.

Der Abstand des Punktes P zur Ebene E ist also ebenfalls 4.

→ Berechnen Sie den Abstand des Punktes R(−1|−1|−1) von der Ebene E.

Lösung

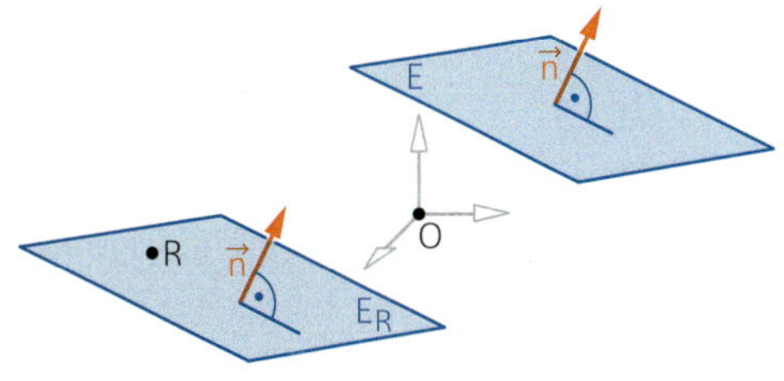

Die Ebene E_R hat die Gleichung

$$\begin{pmatrix} 2 \\ -1 \\ 2 \end{pmatrix} * \overrightarrow{OX} = \begin{pmatrix} 2 \\ -1 \\ 2 \end{pmatrix} * \begin{pmatrix} -1 \\ -1 \\ -1 \end{pmatrix} = -3.$$

Der Abstand von E_R zum Ursprung ist

$d_R = \frac{|-3|}{3} = 1$.

Damit haben E und E_R den Abstand $2 + 1 = 3$ voneinander, denn der Ursprung liegt zwischen E und E_R. Der Abstand des Punktes R von der Ebene E ist also ebenfalls 3.
Berücksichtigt man bei der Berechnung des Abstandes von E_R zum Ursprung das Vorzeichen, so kann man den Abstand der Ebenen voneinander auch in diesem Fall als Differenz berechnen: $2 - (-1) = 3$

Information

Abstand eines Punktes von einer Ebene

Der Abstand eines Punktes P von einer Ebene E lässt sich wie folgt berechnen:

(1) Man betrachtet eine zur Ebene E parallele Hilfsebene E_P durch den Punkt P.

(2) Man führt den Abstand von E zu P auf die jeweiligen Abstände von E und E_P zum Koordinatenursprung zurück.

Hat E die Gleichung $\vec{n} * \overrightarrow{OX} = c$, so ergibt sich für den Abstand d von E zu P:

$$d = \frac{|\vec{n} * \overrightarrow{OP} - c|}{|\vec{n}|}$$

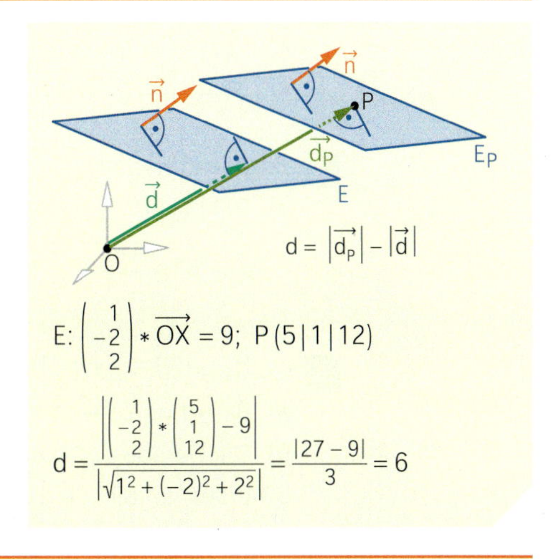

Begründung der Abstandsformel:
Der Abstand d des Punktes P von der Ebene E ergibt sich als Differenz bzw. Summe der Abstände der Ebenen E und E_P zum Koordinatenursprung, je nach Lage von P und E bezüglich des Koordinatenursprungs.

1. Fall: E und E_P liegen vom Ursprung aus gesehen auf der gleichen Seite.

In diesem Fall ergibt sich d als Differenz der Abstände $\frac{|c|}{|\vec{n}|}$ und $\frac{|\vec{n} * \overrightarrow{OP}|}{|\vec{n}|}$:

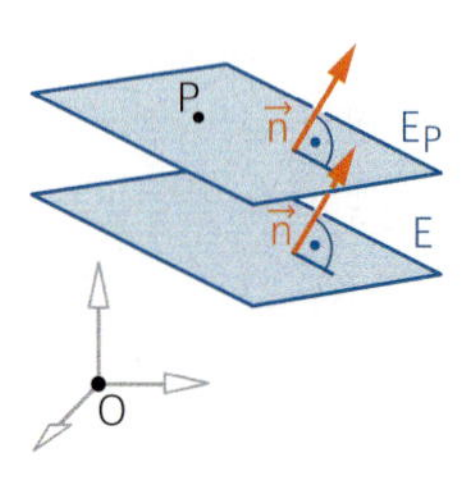

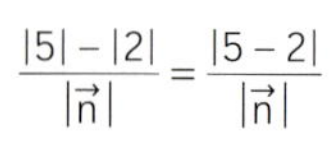

- $d = \frac{|\vec{n} * \overrightarrow{OP}| - |c|}{|\vec{n}|}$; falls $|\vec{n} * \overrightarrow{OP}| > |c|$
- $d = \frac{|c| - |\vec{n} * \overrightarrow{OP}|}{|\vec{n}|}$; falls $|c| > |\vec{n} * \overrightarrow{OP}|$

Das lässt sich zusammenfassen zu
$d = \frac{|\vec{n} * \overrightarrow{OP} - c|}{|\vec{n}|}$, da $\vec{n} * \overrightarrow{OP}$ und c dasselbe Vorzeichen haben.

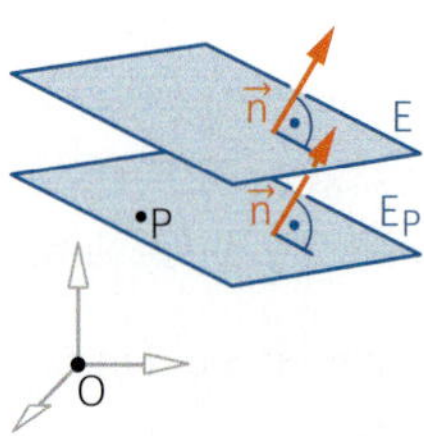

$$\frac{|4| - |3|}{|\vec{n}|} = \frac{|3 - 4|}{|\vec{n}|}$$

2. Fall: Der Ursprung liegt zwischen den Ebenen E und E_P.

In diesem Fall ergibt sich d als Summe der Abstände $\frac{|c|}{|\vec{n}|}$ und $\frac{|\vec{n} * \overrightarrow{OP}|}{|\vec{n}|}$, also
$d = \frac{|\vec{n} * \overrightarrow{OP}| + |c|}{|\vec{n}|}$.

Das lässt sich ebenfalls schreiben als
$d = \frac{|\vec{n} * \overrightarrow{OP} - c|}{|\vec{n}|}$, da $\vec{n} * \overrightarrow{OP}$ und c verschiedene Vorzeichen haben.

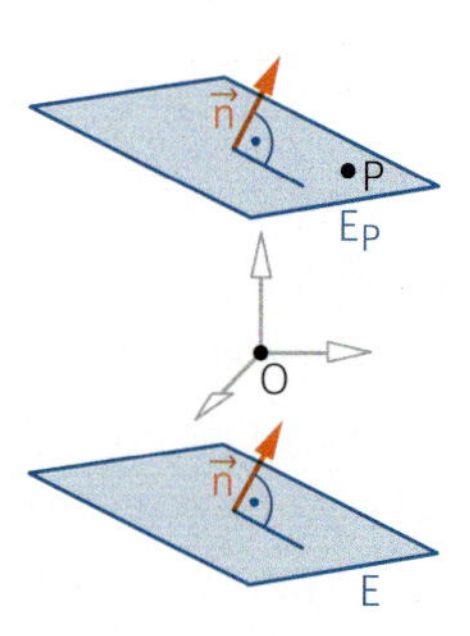

$$\frac{|5| + |-2|}{|\vec{n}|} = \frac{|5 - (-2)|}{|\vec{n}|}$$

4 Berechnen Sie den Abstand des Punktes P von der Ebene E.

a) $P(2|-1|2)$; E: $2x_1 + x_2 + 2x_3 = 6$
b) $P(-1|8|6)$; E: $8x_1 + 4x_2 + x_3 - 27 = 0$
c) $P(0|0|0)$; E: $12x_1 - 4x_2 + 3x_3 + 26 = 0$
d) $P(0|1|2)$; E: $x_1 = 7$

5 Berechnen Sie den Abstand des Punktes P von der Ebene E.

a) $P(1|1|1)$
E: $\vec{x} = \begin{pmatrix} 1 \\ 0 \\ 1 \end{pmatrix} + r \cdot \begin{pmatrix} -2 \\ 1 \\ 1 \end{pmatrix} + s \cdot \begin{pmatrix} 1 \\ 1 \\ 0 \end{pmatrix}$

b) $P(1|-2|0)$
E: $\vec{x} = r \cdot \begin{pmatrix} 2 \\ 1 \\ -1 \end{pmatrix} + s \cdot \begin{pmatrix} 0 \\ 1 \\ 0 \end{pmatrix}$

6 Gegeben sind die Punkte $P(2|1|3)$ und $Q(3|-2|4)$ sowie die Ebene E: $3x_1 - x_3 = 4$.

a) Berechnen Sie den Abstand des Punktes P von der Ebene E.
b) Die Gerade durch die Punkte P und Q schneidet die Ebene E im Punkt S.
Untersuchen Sie, ob S zwischen P und Q liegt.

7 ≡ In einem Baugebiet muss nach den gültigen Richtlinien der Schornstein den First um 0,5 m überragen oder die Ausströmöffnung (Schornsteinoberkante) muss von der Dachfläche einen Mindestabstand von 1 m besitzen.

In einem Koordinatensystem mit der Einheit Meter, das durch die Bodenplatte des Hauses und eine Vertikale bestimmt wird, kann die Dachfläche durch eine Ebene mit der Gleichung $3x_1 + 4x_3 = 12$ beschrieben werden. Der höchste Punkt P des Schornsteins hat die Koordinaten $P(-2|3|6)$. Die Firstlinie verläuft durch die Punkte $S(-4|0|6)$ und $T(-4|6|6)$.

a) Untersuchen Sie, ob der Schornstein mit der Ausströmöffnung den First überragt.

b) Überprüfen Sie, ob der Punkt P den erforderlichen Abstand von der Dachfläche hat.

Abstand zueinander paralleler Ebenen

8 ≡ Gegeben sind die Ebenen E_1: $2x_1 - 2x_2 + x_3 = 4$ und E_2: $-4x_1 + 4x_2 - 2x_3 = -50$.

a) Zeigen Sie, dass E_1 und E_2 parallel zueinander, aber nicht identisch sind.

b) Berechnen Sie den Abstand der Ebenen E_1 und E_2. Nutzen Sie die gleiche Strategie, die Sie für den Abstand eines Punktes von einer Ebene verwendet haben.

c) Begründen Sie:

> Für den Abstand d zweier paralleler Ebenen E_1 und E_2 mit den Gleichungen
> $\vec{n} * \overrightarrow{OX} = c_1$ und $\vec{n} * \overrightarrow{OX} = c_2$ gilt: $d = \frac{|c_1 - c_2|}{|\vec{n}|}$

9 ≡ Timon hat den Abstand der Ebenen
E_1: $x_1 + 2x_2 - 4x_3 = 5$ und
E_2: $3x_1 + 6x_2 - 12x_3 = -12$ voneinander berechnet.

$$d = \frac{|c_1 - c_2|}{|\vec{n}|} = \frac{5-(-12)}{\left|\begin{pmatrix} 1 \\ 2 \\ -4 \end{pmatrix}\right|} = \frac{17}{\sqrt{21}}$$

Was hat er dabei falsch gemacht? Korrigieren Sie seine Berechnungen.

10 ≡ Zeigen Sie, dass die Ebenen E_1 und E_2 parallel zueinander sind, und berechnen Sie ihren Abstand.

a) E_1: $3x_1 - x_2 + 2x_3 = 6$; E_2: $-9x_1 + 3x_2 - 6x_3 = 24$

b) E_1: $4x_1 - 8x_2 = 3$; E_2: $-x_1 + 2x_2 = 3$

c) E_1: $\vec{x} = \begin{pmatrix} -1 \\ 1 \\ 3 \end{pmatrix} + r \cdot \begin{pmatrix} 1 \\ 1 \\ -1 \end{pmatrix} + s \cdot \begin{pmatrix} -1 \\ 2 \\ 0 \end{pmatrix}$; E_2: $\vec{x} = \begin{pmatrix} 4 \\ 3 \\ 5 \end{pmatrix} + k \cdot \begin{pmatrix} -3 \\ 3 \\ 1 \end{pmatrix} + t \cdot \begin{pmatrix} 5 \\ -4 \\ -2 \end{pmatrix}$

11 ≡ Zeigen Sie, dass die Ebenen E_1: $6x_1 - 6x_2 - 9x_3 = 3$ und E_2: $2x_1 - 2x_2 - 3x_3 - 5 = 0$ parallel zueinander sind, und bestimmen Sie ihren Abstand.
Geben Sie dann eine Gleichung der Ebene E_3 an, die genau in der Mitte zwischen den beiden Ebenen liegt und zu ihnen parallel ist.

12 Ein Oktaeder hat die Eckpunkte $A(0|0|0)$, $B(4|0|0)$, $C(4|4|0)$, $D(0|4|0)$, $E(2|2|\sqrt{8})$ und $F(2|2|-\sqrt{8})$.

Zeigen Sie, dass es Dreiecksflächen gibt, die parallel zueinander sind, und bestimmen Sie den Abstand, den diese Dreiecksflächen voneinander haben.

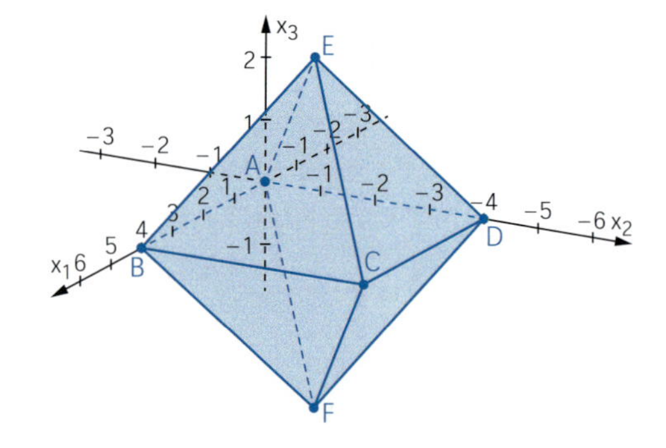

Abstand einer Geraden von einer zu ihr parallelen Ebene

13 Gegeben sind die Gerade $g: \vec{x} = \begin{pmatrix} 3 \\ 0 \\ 13 \end{pmatrix} + r \cdot \begin{pmatrix} 6 \\ -4 \\ 1 \end{pmatrix}$ und die Ebene $E: 4x_1 + 3x_2 - 12x_3 = 25$.

a) Zeigen Sie, dass g parallel zu E verläuft, aber nicht in E liegt.

b) Beschreiben Sie anhand der Skizze, wie man den Abstand einer Geraden g zu einer zu ihr parallelen Ebene E berechnen kann.

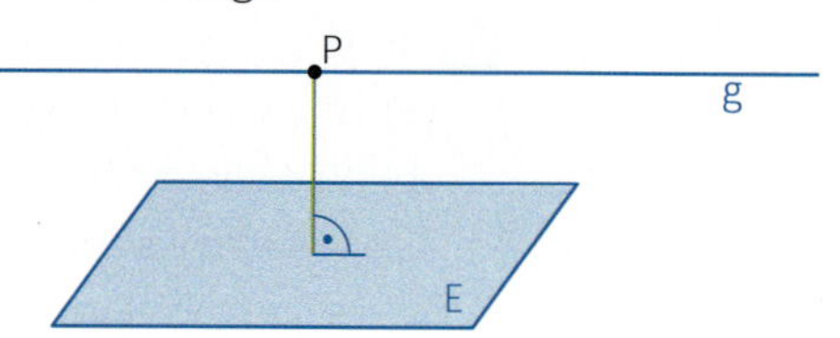

c) Führen Sie dieses Verfahren am Beispiel der Ebene E und der Geraden g durch.

14 Zeigen Sie, dass die Gerade g und die Ebene E parallel zueinander sind. Bestimmen Sie ihren Abstand.

a) $g: \vec{x} = \begin{pmatrix} 3 \\ -1 \\ 2 \end{pmatrix} + r \cdot \begin{pmatrix} 2 \\ 1 \\ 3 \end{pmatrix}$; $E: x_1 + x_2 - x_3 = 5$

b) $g: \vec{x} = \begin{pmatrix} 1 \\ -2 \\ 1 \end{pmatrix} + k \cdot \begin{pmatrix} 2 \\ -1 \\ 0 \end{pmatrix}$; $E: \vec{x} = \begin{pmatrix} 3 \\ 0 \\ 4 \end{pmatrix} + r \cdot \begin{pmatrix} 1 \\ 3 \\ 2 \end{pmatrix} + s \cdot \begin{pmatrix} -1 \\ 4 \\ 2 \end{pmatrix}$

Alternative Abstandsberechnung: Lotfußpunktverfahren

15 Der Abstand des Punktes $P(6|-5|7)$ von der Ebene E mit $E: 2x_1 - 3x_2 + x_3 = 6$ soll berechnet werden. Clara hat dazu die Gerade g mit $g: \vec{x} = \begin{pmatrix} 6 \\ -5 \\ 7 \end{pmatrix} + r \cdot \begin{pmatrix} 2 \\ -3 \\ 1 \end{pmatrix}$ bestimmt, die orthogonal zu E durch den Punkt P verläuft.

Beschreiben Sie, wie Clara mithilfe der Geraden g und des zugehörigen Lotfußpunktes F den Abstand des Punktes P von der Ebene E berechnet.
Beurteilen Sie Claras Verfahren und berechnen Sie damit den Abstand.

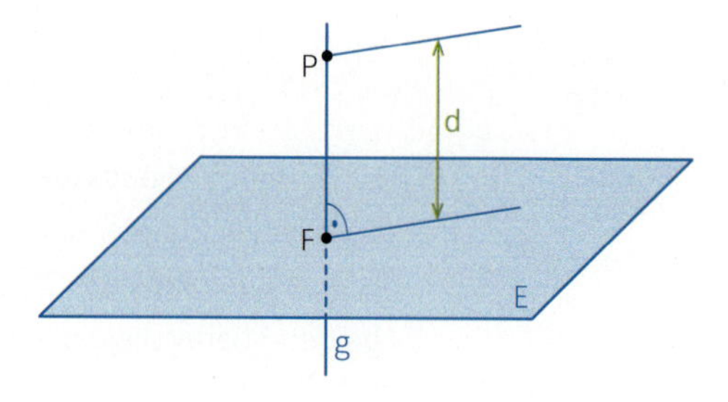

16 Berechnen Sie den Abstand des Punktes P von der Ebene E mit dem Lotfußpunktverfahren.

a) $P(2|-2|-8)$
$E: -2x_1 + x_2 - 2x_3 = 1$

b) $P(10|4|-5)$
$E: 2x_1 - 2x_2 + x_3 = -2$

c) $P(3|1|-1)$
$E: \begin{pmatrix} 2 \\ 2 \\ -1 \end{pmatrix} * \left(\vec{x} - \begin{pmatrix} 5 \\ 3 \\ -2 \end{pmatrix}\right) = 0$

d) $P(-2|2|3)$
$E: \begin{pmatrix} 4 \\ 5 \\ 1 \end{pmatrix} * \vec{x} = -5$

17 Das Viereck ABCD mit $A(1|2|3)$, $B(5|0|-1)$, $C(3|4|-5)$ und $D(-1|6|-1)$ ist die Grundfläche einer Pyramide mit der Spitze $S(6|7|1)$.
Zeigen Sie, dass die Pyramide ABCDS eine gerade quadratische Pyramide ist, und berechnen Sie ihr Volumen.

Spiegeln an Ebenen

18 Erläutern Sie anhand der Skizze, wie man den Spiegelpunkt P′ zum Punkt P bestimmen kann.
Berechnen Sie mithilfe dieser Methode die Koordinaten des Spiegelpunktes P′ vom Punkt P.

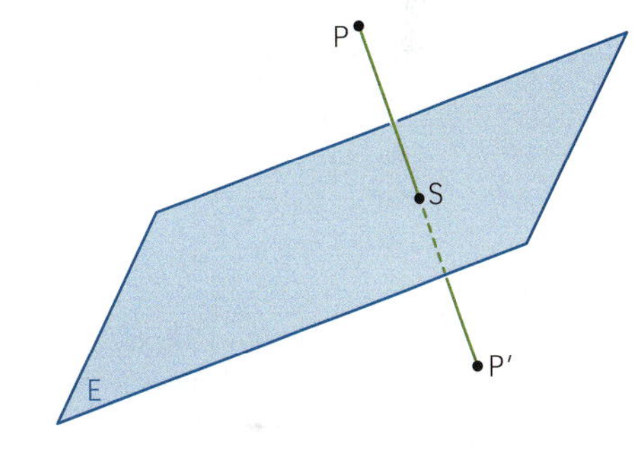

(1) $E: 3x_1 - x_2 + 2x_3 = 12$; $P(-8|0|4)$

(2) $E: \vec{x} = \begin{pmatrix} 3 \\ 0 \\ 0 \end{pmatrix} + r \cdot \begin{pmatrix} 2 \\ 1 \\ 0 \end{pmatrix} + s \cdot \begin{pmatrix} -1 \\ -2 \\ 1 \end{pmatrix}$; $P(1|11|6)$

19 Die Gerade g wird an der Ebene E mit $E: 2x_1 - x_2 + 3x_3 = 6$ gespiegelt.
Ermitteln Sie eine Gleichung der gespiegelten Geraden g′. Beachten Sie dabei die unterschiedlichen Lagen von g und E.
Bestimmen Sie außerdem, falls möglich, den Winkel zwischen den Geraden g und g′.

a) $g: \vec{x} = \begin{pmatrix} -3 \\ 1 \\ -7 \end{pmatrix} + r \cdot \begin{pmatrix} 2 \\ -1 \\ 4 \end{pmatrix}$

b) $g: \vec{x} = \begin{pmatrix} 4 \\ 2 \\ -2 \end{pmatrix} + r \cdot \begin{pmatrix} 2 \\ -1 \\ 3 \end{pmatrix}$

c) $g: \vec{x} = \begin{pmatrix} 3 \\ 0 \\ 4 \end{pmatrix} + r \cdot \begin{pmatrix} -2 \\ 2 \\ 2 \end{pmatrix}$

d) $g: \vec{x} = \begin{pmatrix} 1 \\ -1 \\ 1 \end{pmatrix} + r \cdot \begin{pmatrix} 1 \\ -1 \\ -1 \end{pmatrix}$

20 Bei einer Lasershow werden Lichtstrahlen an einem Spiegel reflektiert, der in der Ebene $E: 2x_1 - x_2 + 2x_3 = 10$ liegt.
Ein Lichtstrahl geht vom Punkt $L(6|-4|6)$ aus und trifft den Spiegel im Punkt $P(2|-4|1)$.
Bestimmen Sie eine Gleichung der Geraden, auf der der reflektierte Strahl verläuft.

21 Der Punkt $P(-4|3|8)$ wird durch eine Spiegelung an der Ebene E auf den Punkt $Q(2|-5|-2)$ abgebildet.
Bestimmen Sie eine Gleichung der Ebene E.

Weiterüben

22 Berechnen Sie den Abstand der Ebene $E: 8x_1 + 4x_2 - x_3 = 30$
a) vom Punkt $P(5|8|11)$;
b) von der zu ihr parallelen Geraden $g: \vec{x} = \begin{pmatrix} 3 \\ 0 \\ 13 \end{pmatrix} + r \cdot \begin{pmatrix} 3 \\ -4 \\ 8 \end{pmatrix}$;
c) von der zu ihr parallelen Ebene $F: 8x_1 + 4x_2 - x_3 = -3$.

23 Eine Pyramide hat die dreieckige Grundfläche ABC mit $A(13|-1|5)$, $B(9|3|5)$, $C(13|3|10)$ und die Spitze $S(3|-3|15)$.
Zeigen Sie, dass das Dreieck ABC gleichschenklig ist, und berechnen Sie die Höhe und das Volumen der Pyramide.

24 Beschreiben Sie, wo alle Punkte liegen, die von der Ebene $E: 2x_1 - 5x_2 + x_3 = 13$ den Abstand 3 haben.

25 Gegeben sind die Ebene E und die Gerade g mit $E: 2x_1 + x_2 + 2x_3 + 20 = 0$ und $g: \vec{x} = \begin{pmatrix} 11 \\ -7 \\ 5 \end{pmatrix} + k \cdot \begin{pmatrix} 3 \\ -1 \\ 5 \end{pmatrix}$.
a) Zeigen Sie, dass g die Ebene schneidet, und bestimmen Sie die Koordinaten des Schnittpunktes.
b) Ermitteln Sie die Koordinaten der Punkte auf g, deren Abstand von der Ebene 5 beträgt.

26 In einem am Hang liegenden Kletterwald soll eine Plattform vom Punkt $P(6|2|7)$ aus durch ein möglichst kurzes Stahlseil mit dem Berghang verbunden werden.
Der Hang kann durch eine Ebene E mit der Gleichung $E: 2x_1 + x_2 - 2x_3 = 12$ beschrieben werden.
Berechnen Sie die notwendige Seillänge und ermitteln Sie, in welchem Punkt F das Seil am Hang verankert werden muss.

27 Gegeben ist die Ebene $E: 5x_1 + x_2 + 3x_3 = -7$.
a) Zeigen Sie, dass der Punkt $P(12|-3|2)$ nicht in der Ebene E liegt.
Berechnen Sie die Koordinaten des Spiegelpunktes P′ vom Punkt P an der Ebene E.
b) Berechnen Sie den Abstand der Ebene E vom Koordinatenursprung.
c) Die Ebene E gehört zur Ebenenschar $E_a: (a+1) \cdot x_1 + x_2 + (a-1) \cdot x_3 = -3 - a;\ a \in \mathbb{R}$.
Ermitteln Sie, für welchen Wert von a die zugehörige Ebene E_a orthogonal zu E verläuft.
d) Bestimmen Sie a so, dass E_a vom Ursprung den Abstand $\sqrt{3}$ hat.

5.3 Abstände mit Geraden

Einstieg

Ein Tauchboot startet für die Suche nach einem Wrack im Punkt A(6|10|−1) eines örtlichen Koordinatensystems mit der Einheit m. Der Kurs des Bootes kann durch die Gerade $g: \vec{x} = \begin{pmatrix} 6 \\ 10 \\ -1 \end{pmatrix} + r \cdot \begin{pmatrix} 2 \\ -3 \\ -4 \end{pmatrix}$, $r \geq 0$, beschrieben werden. Die Sichtweite unter Wasser beträgt höchstens 12 m.

Begründen Sie, dass die Besatzung des Tauchbootes das Wrack, das sich bei Punkt W(10|12|−15) befindet, vom Punkt A aus nicht sehen kann. Bestimmen Sie die kleinste Entfernung zum Punkt W, die das Boot auf seinem Kurs hat. Kann die Besatzung von dort aus das Wrack sehen?

Aufgabe mit Lösung

Abstand eines Punktes von einer Geraden

Berechnen Sie den Abstand des Punktes P(−2|3|3) von der Geraden g mit $g: \vec{x} = \begin{pmatrix} 6 \\ 3 \\ 5 \end{pmatrix} + t \cdot \begin{pmatrix} 3 \\ 1 \\ 2 \end{pmatrix}$ mithilfe einer zu g orthogonalen Ebene E durch den Punkt P.

Lösung

Der Abstand des Punktes P von der Geraden g ist die Länge der Strecke $\overline{PF}$, die in F orthogonal zur Geraden g ist.
Die Strecke $\overline{PF}$ liegt damit in einer Ebene E, die orthogonal zu g ist und die Punkte P und F enthält. Der Richtungsvektor von g ist ein Normalenvektor dieser Ebene E.

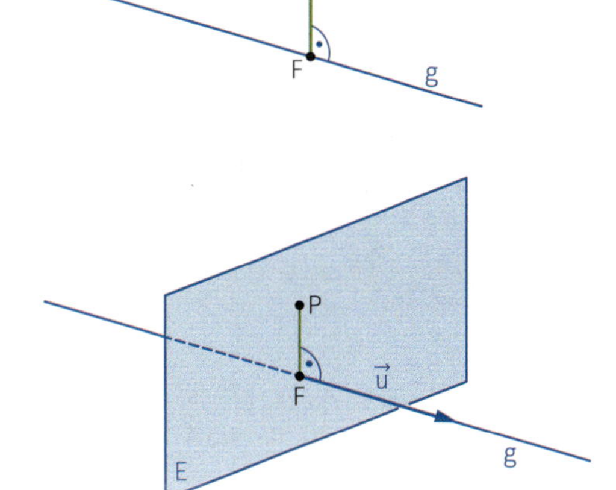

Mit dem Punkt P ergibt sich: $\begin{pmatrix} 3 \\ 1 \\ 2 \end{pmatrix} * \begin{pmatrix} -2 \\ 3 \\ 3 \end{pmatrix} = -6 + 3 + 6 = 3$

Somit erhält man als Gleichung der Ebene $E: \begin{pmatrix} 3 \\ 1 \\ 2 \end{pmatrix} * \vec{x} = 3$.

Der Punkt F ist der Schnittpunkt der Ebene E mit der Geraden g. Man ermittelt ihn durch Einsetzen von g in E und Berechnen des Parameters t:

$\begin{pmatrix} 3 \\ 1 \\ 2 \end{pmatrix} * \begin{pmatrix} 6+3t \\ 3+t \\ 5+2t \end{pmatrix} = 3$; also $3 \cdot (6+3t) + 1 \cdot (3+t) + 2 \cdot (5+2t) = 3$ oder vereinfacht $14t + 31 = 3$

Die Lösung dieser Gleichung ist $t = -2$. Damit gilt $\overrightarrow{OF} = \begin{pmatrix} 6 \\ 3 \\ 5 \end{pmatrix} - 2 \cdot \begin{pmatrix} 3 \\ 1 \\ 2 \end{pmatrix} = \begin{pmatrix} 0 \\ 1 \\ 1 \end{pmatrix}$; also F(0|1|1).

Der Abstand d des Punktes P von der Geraden g beträgt somit:

$$d = |\overrightarrow{PF}| = \left| \begin{pmatrix} 0 \\ 1 \\ 1 \end{pmatrix} - \begin{pmatrix} -2 \\ 3 \\ 3 \end{pmatrix} \right| = \left| \begin{pmatrix} 2 \\ -2 \\ -2 \end{pmatrix} \right| = \sqrt{12}$$

Information

Abstand eines Punktes von einer Geraden

Um den Abstand d eines Punktes P von einer Geraden g zu berechnen, bestimmt man eine Gleichung der Ebene E, die orthogonal zu g ist und P enthält.
Ist F der Schnittpunkt von E und g, so ist $d = |\overrightarrow{PF}|$ der Abstand des Punktes P von der Geraden g.

Vorgehen:

(1) Aufstellen der Gleichung der zu g orthogonalen Ebene E durch P mit dem Richtungsvektor $\vec{u}$ von g als Normalenvektor:
$E: \vec{u} * \overrightarrow{OX} = \vec{u} * \overrightarrow{OP}$

(2) Bestimmen des Schnittpunktes F von E und g durch Einsetzen des Terms für g in die Ebenengleichung

(3) Berechnen des Abstandes von P und F

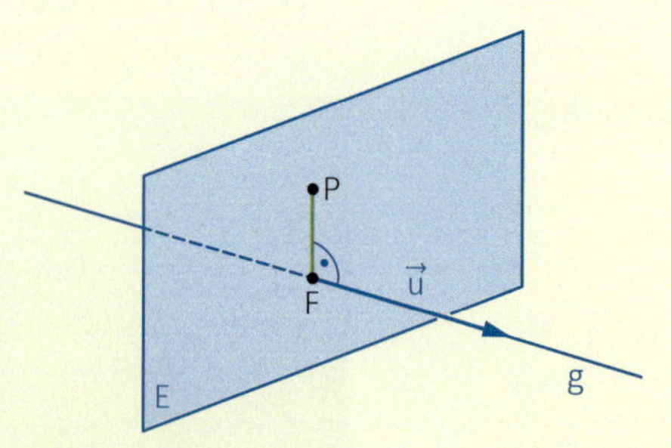

$P(4|6|2)$; $g: \vec{x} = \begin{pmatrix} -1 \\ 5 \\ 3 \end{pmatrix} + t \cdot \begin{pmatrix} 2 \\ 1 \\ -1 \end{pmatrix}$

(1) $E: \begin{pmatrix} 2 \\ 1 \\ -1 \end{pmatrix} * \vec{x} = \begin{pmatrix} 2 \\ 1 \\ -1 \end{pmatrix} * \begin{pmatrix} 4 \\ 6 \\ 2 \end{pmatrix} = 12$

(2) $\begin{pmatrix} 2 \\ 1 \\ -1 \end{pmatrix} * \begin{pmatrix} -1+2t \\ 5+t \\ 3-t \end{pmatrix} = 12$; also $t = 2$

$\overrightarrow{OF} = \begin{pmatrix} -1 \\ 5 \\ 3 \end{pmatrix} + 2 \cdot \begin{pmatrix} 2 \\ 1 \\ -1 \end{pmatrix} = \begin{pmatrix} 3 \\ 7 \\ 1 \end{pmatrix}$;
also $F(3|7|1)$

(3) $d = |\overrightarrow{PF}| = \left| \begin{pmatrix} 3 \\ 7 \\ 1 \end{pmatrix} - \begin{pmatrix} 4 \\ 6 \\ 2 \end{pmatrix} \right| = \left| \begin{pmatrix} -1 \\ 1 \\ -1 \end{pmatrix} \right| = \sqrt{3}$

Üben

1 Berechnen Sie den Abstand des Punktes P von der Geraden g.

a) $g: \vec{x} = \begin{pmatrix} 0 \\ -1 \\ 1 \end{pmatrix} + t \cdot \begin{pmatrix} 2 \\ 1 \\ 0 \end{pmatrix}$; $P(4|1|4)$

b) $g: \vec{x} = \begin{pmatrix} 3 \\ 1 \\ 0 \end{pmatrix} + t \cdot \begin{pmatrix} 4 \\ 1 \\ 2 \end{pmatrix}$; $P(1|2|2)$

c) g verläuft durch $A(1|1|0)$ und $B(1|3|2)$; $P(2|1|4)$

d) g verläuft durch $A(6|2|1)$ und $B(2|1|11)$; $P(1|1|14)$

2 Kurz nach dem Start fliegt ein Flugzeug eine Zeit lang auf einem Kurs, der näherungsweise durch die Gerade g mit
$g: \vec{x} = \begin{pmatrix} 2 \\ 0 \\ 0 \end{pmatrix} + t \cdot \begin{pmatrix} 2 \\ 2 \\ 1 \end{pmatrix}$ mit $t \geq 0$ in einem Koordinatensystem mit der Einheit km beschrieben werden kann.

Die Spitze der Antenne des höchsten Bürohauses der Stadt hat die Koordinaten $B(8|7{,}4|0{,}2)$. Berechnen Sie die minimale Entfernung des Flugzeugs zur Antennenspitze B.

3 Gegeben ist das Dreieck ABC mit $A(-3|0|2)$, $B(4|6|-3)$ und $C(6|6|5)$.
Berechnen Sie im Dreieck ABC die Länge der Höhe zur Seite $\overline{AC}$.

Abstand zueinander paralleler Geraden

4 Erläutern Sie mithilfe einer Skizze, wie man den Abstand von zwei parallelen Geraden bestimmen kann, und bestimmen Sie den Abstand der parallelen Geraden g und h mit

$g\colon \vec{x} = \begin{pmatrix} 4 \\ 0 \\ -2 \end{pmatrix} + r \cdot \begin{pmatrix} 1 \\ 1 \\ -4 \end{pmatrix}$ und $h\colon \vec{x} = \begin{pmatrix} 9 \\ 5 \\ -4 \end{pmatrix} + s \cdot \begin{pmatrix} 1 \\ 1 \\ -4 \end{pmatrix}$.

5 Zeigen Sie, dass die beiden Geraden g und h parallel zueinander sind, und berechnen Sie ihren Abstand.

a) $g\colon \vec{x} = \begin{pmatrix} 4 \\ 0 \\ 3 \end{pmatrix} + s \cdot \begin{pmatrix} 2 \\ -1 \\ 2 \end{pmatrix}$; $h\colon \vec{x} = \begin{pmatrix} -5 \\ -3 \\ 4 \end{pmatrix} + t \cdot \begin{pmatrix} 4 \\ -2 \\ 4 \end{pmatrix}$

b) $g\colon \vec{x} = \begin{pmatrix} 6 \\ 1 \\ 4 \end{pmatrix} + s \cdot \begin{pmatrix} 3 \\ -3 \\ 4 \end{pmatrix}$; $h\colon \vec{x} = \begin{pmatrix} -8 \\ 4 \\ 2 \end{pmatrix} + t \cdot \begin{pmatrix} -6 \\ 6 \\ -8 \end{pmatrix}$

Aufgabe mit Lösung

Abstand zueinander windschiefer Geraden

In einem örtlichen Koordinatensystem mit der Einheit km kann die Flugroute eines Sportflugzeugs durch die Gerade g und die Flugroute eines Verkehrsflugzeugs durch die dazu windschiefe Gerade h beschrieben werden.

$g\colon \vec{x} = \begin{pmatrix} -2 \\ 3 \\ 5 \end{pmatrix} + r \cdot \begin{pmatrix} 1 \\ 2 \\ 0 \end{pmatrix}$; $h\colon \vec{x} = \begin{pmatrix} 1 \\ -6 \\ 2 \end{pmatrix} + s \cdot \begin{pmatrix} 2 \\ 6 \\ 1 \end{pmatrix}$

→ Berechnen Sie den Abstand dieser beiden Flugrouten zueinander.

Lösung

Als kürzeste Verbindung zwischen g und h müsste es eine Strecke geben, die sowohl zu g als auch zu h orthogonal ist. Diese kann man bestimmen, indem man zwei zueinander parallele Ebenen festlegt, in denen g und h liegen. Der Abstand d dieser beiden Ebenen zueinander ist dann der Abstand der beiden Geraden.

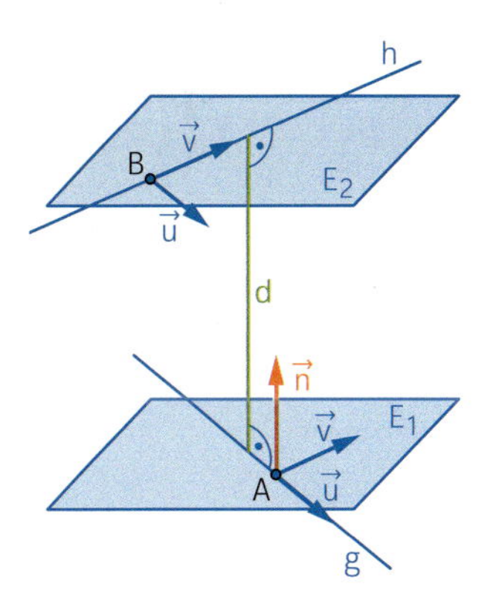

Die beiden Ebenen kann man durch die Ortsvektoren und Richtungsvektoren der beiden Geraden beschreiben:

$E_g\colon \vec{x} = \begin{pmatrix} -2 \\ 3 \\ 5 \end{pmatrix} + r \cdot \begin{pmatrix} 1 \\ 2 \\ 0 \end{pmatrix} + s \cdot \begin{pmatrix} 2 \\ 6 \\ 1 \end{pmatrix}$; $E_h\colon \vec{x} = \begin{pmatrix} 1 \\ -6 \\ 2 \end{pmatrix} + t \cdot \begin{pmatrix} 1 \\ 2 \\ 0 \end{pmatrix} + k \cdot \begin{pmatrix} 2 \\ 6 \\ 1 \end{pmatrix}$

Zur Abstandsberechnung formt man diese Gleichungen in die Normalenform um. Einen Normalenvektor $\vec{n}$, der zu beiden Richtungsvektoren orthogonal ist, bestimmt man z. B. mithilfe des Vektorprodukts: $\vec{n} = \begin{pmatrix} 1 \\ 2 \\ 0 \end{pmatrix} \times \begin{pmatrix} 2 \\ 6 \\ 1 \end{pmatrix} = \begin{pmatrix} 2 \\ -1 \\ 2 \end{pmatrix}$

Damit erhält man:

$E_g\colon \begin{pmatrix} 2 \\ -1 \\ 2 \end{pmatrix} * \vec{x} = \begin{pmatrix} 2 \\ -1 \\ 2 \end{pmatrix} * \begin{pmatrix} -2 \\ 3 \\ 5 \end{pmatrix} = 3$; $E_h\colon \begin{pmatrix} 2 \\ -1 \\ 2 \end{pmatrix} * \vec{x} = \begin{pmatrix} 2 \\ -1 \\ 2 \end{pmatrix} * \begin{pmatrix} 1 \\ -6 \\ 2 \end{pmatrix} = 12$ und $d = \frac{12 - 3}{\left|\begin{pmatrix} 2 \\ -1 \\ 2 \end{pmatrix}\right|} = \frac{9}{3} = 3$

Der Abstand der beiden Flugrouten beträgt 3 km.

Information

Abstand zueinander windschiefer Geraden

Um den Abstand d zweier zueinander windschiefer Geraden g und h zu berechnen, bestimmt man eine Gleichung der Ebene E, die g enthält und parallel zu h ist. Der Abstand jedes Punktes auf h von dieser Ebene ist der Abstand der beiden zueinander windschiefen Geraden g und h.

Vorgehen:

(1) Bestimmen eines Normalenvektors der Ebene E, die g enthält und parallel zu h ist, aus den Richtungsvektoren der beiden Geraden

(2) Aufstellen einer Ebenengleichung von E in Normalenform

(3) Berechnen des Abstandes von E und h

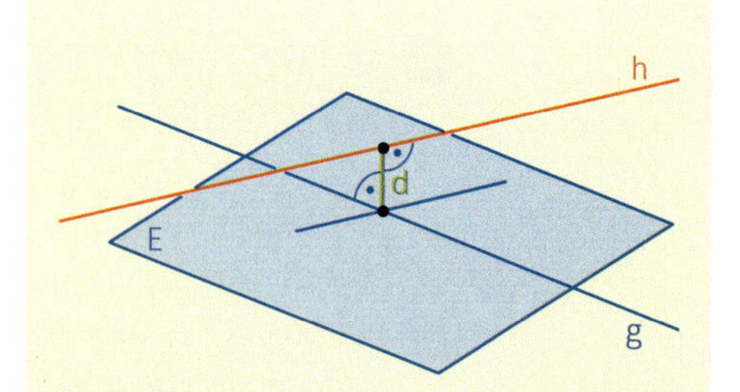

$g\colon \vec{x} = \begin{pmatrix} 1 \\ -4 \\ 2 \end{pmatrix} + r \cdot \begin{pmatrix} 0 \\ 1 \\ 1 \end{pmatrix};$

$h\colon \vec{x} = \begin{pmatrix} -3 \\ 3 \\ -2 \end{pmatrix} + s \cdot \begin{pmatrix} 5 \\ 0 \\ 1 \end{pmatrix}$

g und h sind windschief zueinander.

(1) $\vec{n} = \begin{pmatrix} 0 \\ 1 \\ 1 \end{pmatrix} \times \begin{pmatrix} 5 \\ 0 \\ 1 \end{pmatrix} = \begin{pmatrix} 1 \\ 5 \\ -5 \end{pmatrix}$

(2) $\begin{pmatrix} 1 \\ 5 \\ -5 \end{pmatrix} * \vec{x} = \begin{pmatrix} 1 \\ 5 \\ -5 \end{pmatrix} * \begin{pmatrix} 1 \\ -4 \\ 2 \end{pmatrix} = -29$

(3) $d = \frac{\left| \begin{pmatrix} 1 \\ 5 \\ -5 \end{pmatrix} * \begin{pmatrix} -3 \\ 3 \\ -2 \end{pmatrix} + 29 \right|}{\left| \begin{pmatrix} 1 \\ 5 \\ -5 \end{pmatrix} \right|} = \frac{51}{\sqrt{51}} = \sqrt{51}$

Der Abstand von g und h ist $\sqrt{51}$.

---

6 Bestimmen Sie den Abstand der zueinander windschiefen Geraden g und h mit

$g\colon \vec{x} = \begin{pmatrix} 3 \\ 2 \\ 1 \end{pmatrix} + r \cdot \begin{pmatrix} -2 \\ 1 \\ 2 \end{pmatrix}$ und $h\colon \vec{x} = \begin{pmatrix} 4 \\ 3 \\ 3 \end{pmatrix} + s \cdot \begin{pmatrix} 3 \\ -2 \\ -2 \end{pmatrix}$.

7 Zeigen Sie, dass die beiden Geraden g und h windschief zueinander sind, und berechnen Sie ihren Abstand.

a) $g\colon \vec{x} = \begin{pmatrix} 2 \\ 7 \\ -6 \end{pmatrix} + r \cdot \begin{pmatrix} 2 \\ 3 \\ 0 \end{pmatrix};\ h\colon \vec{x} = \begin{pmatrix} 2 \\ -3 \\ 7 \end{pmatrix} + s \cdot \begin{pmatrix} 2 \\ 0 \\ -1 \end{pmatrix}$

b) $g\colon \vec{x} = \begin{pmatrix} -1 \\ -3 \\ 2 \end{pmatrix} + r \cdot \begin{pmatrix} 1 \\ 2 \\ -3 \end{pmatrix};\ h\colon \vec{x} = \begin{pmatrix} 12 \\ 4 \\ 3 \end{pmatrix} + s \cdot \begin{pmatrix} 2 \\ -3 \\ 0 \end{pmatrix}$

8 Gegeben sind die Geraden g und h mit den Parameterdarstellungen

$g\colon \vec{x} = \begin{pmatrix} 3 \\ 4 \\ 6 \end{pmatrix} + r \cdot \begin{pmatrix} 2 \\ -3 \\ 0 \end{pmatrix}$ und $h\colon \vec{x} = \begin{pmatrix} -2 \\ 1 \\ 14 \end{pmatrix} + s \cdot \begin{pmatrix} -4 \\ 1 \\ 0 \end{pmatrix}$.

Tina behauptet: „Die Geraden sind zueinander windschief und ihr Abstand beträgt 14 – 6 = 8. Das kann ich direkt aus den Parameterdarstellungen ablesen."
Erläutern Sie Tinas Überlegung. Hat sie recht?

9 Eine Flugüberwachung ortet ein Verkehrsflugzeug. Bezogen auf ein lokales Koordinatensystem mit der Einheit km, in dessen Ursprung sich die Flugüberwachung befindet, kann die Flugroute des Verkehrsflugzeugs durch die Gerade g angegeben werden. Zum gleichen Zeitpunkt erfasst die Flugüberwachung ein Sportflugzeug, dessen Kurs durch die Gerade h beschrieben werden kann.

$g: \vec{x} = \begin{pmatrix} -2 \\ 3 \\ 2 \end{pmatrix} + r \cdot \begin{pmatrix} 3 \\ -5 \\ 1 \end{pmatrix}$; $h: \vec{x} = \begin{pmatrix} 1 \\ 4 \\ 3 \end{pmatrix} + s \cdot \begin{pmatrix} -2 \\ -2 \\ 0 \end{pmatrix}$

Untersuchen Sie, ob die beiden Flugzeuge auf diesen Routen jederzeit einen geforderten Mindestabstand von 600 m einhalten.

Alternative Abstandsberechnungen eines Punktes von einer Geraden

Weiterüben

10 Erläutern Sie das dargestellte Verfahren.

$g: \vec{x} = \begin{pmatrix} 6 \\ 3 \\ -2 \end{pmatrix} + t \cdot \begin{pmatrix} 3 \\ 1 \\ -1 \end{pmatrix}$; $P(2|-2|3)$

(1) $F(6+3t|3+t|-2-t)$; also $\overrightarrow{PF} = \begin{pmatrix} 4+3t \\ 5+t \\ -5-t \end{pmatrix}$

(2) Setze $\overrightarrow{PF} * \begin{pmatrix} 3 \\ 1 \\ -1 \end{pmatrix} = 0$; also $11t + 22 = 0$.

Damit gilt: $t = -2$ und $F(0|1|0)$

(3) $d = |\overrightarrow{PF}| = \left|\begin{pmatrix} -2 \\ 3 \\ -3 \end{pmatrix}\right| = \sqrt{22}$

Berechnen Sie mit diesem Verfahren den Abstand des Punktes P von der Geraden g.

$g: \vec{x} = \begin{pmatrix} 13 \\ 1 \\ -8 \end{pmatrix} + r \cdot \begin{pmatrix} 2 \\ 1 \\ -2 \end{pmatrix}$; $P(6|2|8)$

11 **Abstandsberechnung mithilfe des Vektorprodukts**

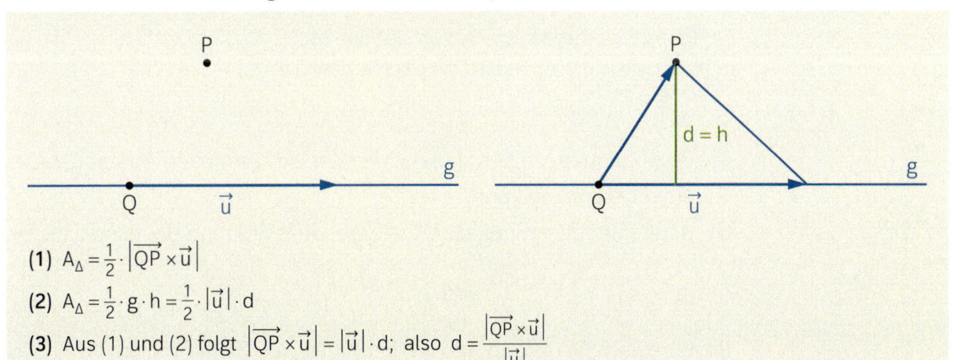

(1) $A_\Delta = \frac{1}{2} \cdot |\overrightarrow{QP} \times \vec{u}|$

(2) $A_\Delta = \frac{1}{2} \cdot g \cdot h = \frac{1}{2} \cdot |\vec{u}| \cdot d$

(3) Aus (1) und (2) folgt $|\overrightarrow{QP} \times \vec{u}| = |\vec{u}| \cdot d$; also $d = \frac{|\overrightarrow{QP} \times \vec{u}|}{|\vec{u}|}$

Erläutern Sie das dargestellte Verfahren und berechnen Sie damit den Abstand des Punktes $P(4|-5|8)$ von der Geraden $g: \vec{x} = \begin{pmatrix} 6 \\ 1 \\ 6 \end{pmatrix} + r \cdot \begin{pmatrix} 3 \\ -2 \\ 4 \end{pmatrix}$.

12 ≡ **Abstandsberechnung mit Hilfsmitteln der Analysis**

a) Alina soll den Abstand des Punktes $P(-5|20|-1)$ von der Geraden g mit der Parameterdarstellung $g: \vec{x} = \begin{pmatrix} -2 \\ 3 \\ 1 \end{pmatrix} + t \cdot \begin{pmatrix} 2 \\ -1 \\ 2 \end{pmatrix}$ berechnen. Dazu überlegt sie:

Der Abstand von P zu g ist die kleinste unter allen möglichen Entfernungen eines Punktes Q_t auf g zu P. Also muss ich t so bestimmen, dass $|\overrightarrow{Q_tP}|$ möglichst klein wird.
Mit $\overrightarrow{Q_tP} = \begin{pmatrix} -3-2t \\ 17+t \\ -2-2t \end{pmatrix}$ ist $|\overrightarrow{Q_tP}| = \sqrt{(-3-2t)^2 + (17+t)^2 + (-2-2t)^2}$.
Das kann ich als Funktion von t auffassen, also
$d(t) = \sqrt{(-3-2t)^2 + (17+t)^2 + (-2-2t)^2}$.
Um ein Minimum von d zu finden, genügt es, den Term unter der Wurzel zu minimieren ...

Führen Sie Alinas Überlegungen zu Ende und bestimmen Sie den gesuchten Abstand.

b) Clara soll den Abstand des Punktes $P(-5|-3|19)$ von der Geraden g mit der Parameterdarstellung $g: \vec{x} = \begin{pmatrix} 1 \\ 0 \\ 7 \end{pmatrix} + t \cdot \begin{pmatrix} 2 \\ 1 \\ -4 \end{pmatrix}$ berechnen. Sie rechnet wie Alina und erhält $t = -3$ und damit das Ergebnis 0. Wie ist dies zu erklären?

Alternative Abstandsberechnung zueinander windschiefer Geraden

13 ≡ Begründen Sie, dass man mit dem folgenden Verfahren den Abstand zueinander windschiefer Geraden berechnen kann.

$g: \vec{x} = \vec{a} + r \cdot \vec{u}$ und $h: \vec{x} = \vec{b} + s \cdot \vec{v}$ sind windschief zueinander.

P ist ein Punkt auf g und Q ein Punkt auf h. $\overrightarrow{PQ}$ muss orthogonal zu g und zu h sein, also erhält man das lineare Gleichungssystem $\overrightarrow{PQ} * \vec{u} = 0$ und $\overrightarrow{PQ} * \vec{v} = 0$.

Mit seiner Lösung bestimmt man die Punkte P und Q sowie den Abstand d der Geraden g und h mit $d = |\overrightarrow{PQ}|$.

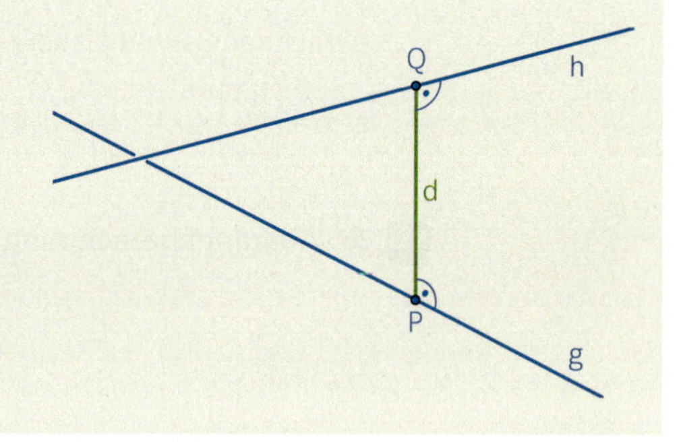

a) Begründen Sie, dass man mit diesem Verfahren den Abstand zueinander windschiefer Geraden berechnen kann.

b) Berechnen Sie mit diesem Verfahren den Abstand der windschiefen Geraden g und h mit $g: \vec{x} = \begin{pmatrix} 2 \\ 7 \\ -6 \end{pmatrix} + r \cdot \begin{pmatrix} 2 \\ 3 \\ 0 \end{pmatrix}$ und $h: \vec{x} = \begin{pmatrix} 2 \\ -3 \\ 7 \end{pmatrix} + s \cdot \begin{pmatrix} 2 \\ 0 \\ -1 \end{pmatrix}$.
Beschreiben Sie den Unterschied zur Abstandsbestimmung in der Information auf Seite 252.

c) Bestimmen Sie eine Parameterdarstellung einer Geraden k, die parallel zur Geraden g verläuft, die Gerade h schneidet und den geringsten Abstand zur Geraden g hat.

Weiterüben

14 Berechnen Sie den Abstand der Geraden g von jeder Koordinatenachse. Bestimmen Sie die Punkte P auf g und Q auf der jeweiligen Koordinatenachse, die den geringsten Abstand voneinander haben.

a) $g: \vec{x} = \begin{pmatrix} 3 \\ 1 \\ -2 \end{pmatrix} + r \cdot \begin{pmatrix} 1 \\ -1 \\ 2 \end{pmatrix}$ **b)** $g: \vec{x} = \begin{pmatrix} 1 \\ 2 \\ 1 \end{pmatrix} + r \cdot \begin{pmatrix} -2 \\ 1 \\ 3 \end{pmatrix}$

15 Ein Verkehrsflugzeug fliegt über einer nahezu ebenen Landschaft, die in einem lokalen Koordinatensystem mit der Einheit km durch die $x_1 x_2$-Ebene beschrieben werden kann. Es fliegt mit konstanter Geschwindigkeit und auf geradlinigem Kurs innerhalb von 5 min von $P_1(-225\,|\,317\,|\,1{,}1)$ nach $P_2(-200\,|\,257\,|\,1{,}6)$.

a) Das Flugzeug fliegt danach auf diesem Kurs weiter. Wann erreicht es eine Höhe von 4 km? Wie groß ist die Geschwindigkeit des Flugzeugs?

b) Zum gleichen Zeitpunkt, an dem das Verkehrsflugzeug den Punkt P_2 passiert, befindet sich ein Sportflugzeug im Punkt $Q_1(-198\,|\,251\,|\,2{,}3)$. Dieses passiert 3 min später den Punkt $Q_2(-204\,|\,242\,|\,1{,}8)$.
Untersuchen Sie, ob es auf den beiden Flugbahnen zu einer Kollision kommen kann, vorausgesetzt, dass auch das Sportflugzeug mit konstanter Geschwindigkeit und auf geradlinigem Kurs fliegt.
Bestimmen Sie die minimale Entfernung der beiden Flugbahnen.

c) Zu welchem Zeitpunkt sind sich die beiden Flugzeuge tatsächlich am nächsten? Welche Entfernung haben sie zu diesem Zeitpunkt?

16 Gegeben ist die Gerade g mit $g: \vec{x} = \begin{pmatrix} -2 \\ 1 \\ 3 \end{pmatrix} + r \cdot \begin{pmatrix} 4 \\ -2 \\ 1 \end{pmatrix}$.

Überlegen Sie, wie man eine Gerade h finden kann, die windschief zu g ist und von g den Abstand 10 hat. Fertigen Sie dazu Skizzen an, mit deren Hilfe Sie Ihr Vorgehen beschreiben. Vergleichen Sie Ihre Lösungsstrategien miteinander.

17 Ein schiefes Prisma mit quadratischer Grundfläche ABCD und der Deckfläche EFGH hat die Eckpunkte $A(4\,|\,0\,|\,0)$, $D(0\,|\,0\,|\,0)$, $C(0\,|\,4\,|\,0)$, $E(4\,|\,2\,|\,6)$.

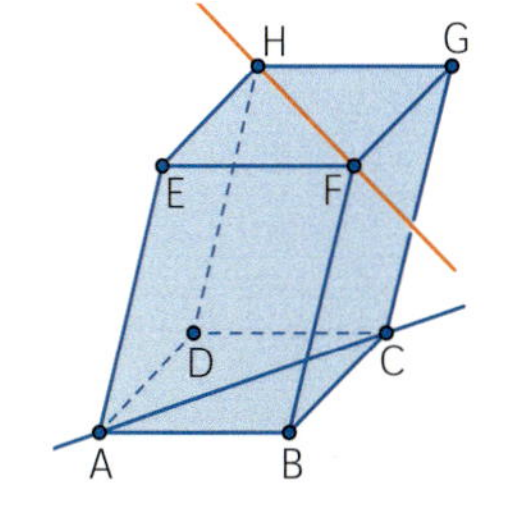

a) Bestimmen Sie die Koordinaten der fehlenden Eckpunkte und zeichnen Sie das Prisma in ein Koordinatensystem.

b) Begründen Sie, dass die Geraden FH und AC zueinander windschief sind. Welchen Abstand haben sie voneinander? Welche Bedeutung hat dieser Abstand für das Prisma?

c) Beschreiben Sie, wie man die kürzeste Verbindung zweier zueinander windschiefer Geraden bestimmen kann.

Das Wichtigste auf einen Blick

Winkel im Raum

Schnittwinkel zwischen Gerade und Ebene

Für den Schnittwinkel α einer Geraden g mit Richtungsvektor $\vec{v}$ und einer Ebene E mit Normalenvektor $\vec{n}$ gilt:

$\alpha = 90° - \beta$, wobei

$$\cos(\beta) = \frac{|\vec{v} * \vec{n}|}{|\vec{v}| \cdot |\vec{n}|} \text{ und } 0° \leq \beta \leq 90°$$

Schnittwinkel zwischen zwei Ebenen

Für den Schnittwinkel α zweier Ebenen E_1 und E_2 mit Normalenvektoren $\vec{n}_1$ und $\vec{n}_2$ gilt:

$$\cos(\alpha) = \frac{|\vec{n}_1 * \vec{n}_2|}{|\vec{n}_1| \cdot |\vec{n}_2|} \text{ und } 0° \leq \alpha \leq 90°$$

$E: 2x_1 - 2x_2 + 5x_3 = 25;$

$g: \vec{x} = \begin{pmatrix} 1 \\ -5 \\ 0 \end{pmatrix} + t \cdot \begin{pmatrix} -4 \\ 3 \\ -1 \end{pmatrix}$

$\cos(\beta) = \frac{|-19|}{\sqrt{33} \cdot \sqrt{26}} \approx 0{,}6486;$

also $\beta \approx 49{,}6°$ und $\alpha \approx 40{,}4°$.

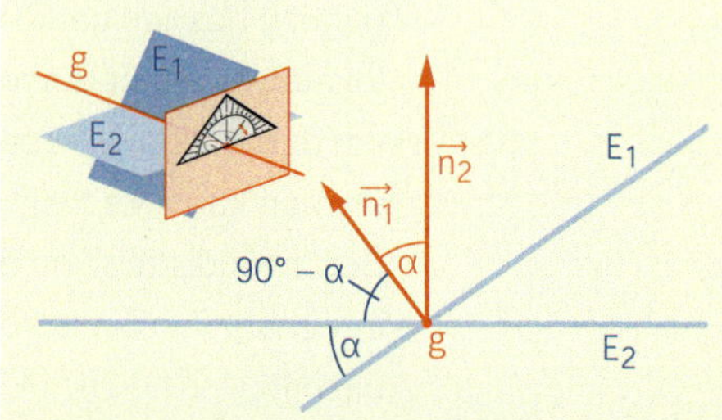

$E_1: x_1 + 4x_2 - 8x_3 = 13;$

$E_2: 6x_1 - 2x_2 + 9x_3 = 4$

$\cos(\alpha) = \frac{|-74|}{\sqrt{81} \cdot \sqrt{121}} = \frac{74}{99} \approx 0{,}7475;$

also $\alpha \approx 41{,}6°$

Abstand einer Ebene vom Koordinatenursprung

Der Abstand d einer Ebene $E: \vec{n} * \vec{x} = c$ vom Koordinatenursprung ist die Länge des Abstandsvektors $\vec{d}$, der durch einen Pfeil vom Koordinatenursprung aus orthogonal zur Ebene E dargestellt werden kann.

Es gilt: $d = |\vec{d}| = \frac{|c|}{|\vec{n}|}$

$E: 3x_1 - 5x_2 + x_3 = -6;\ d = \frac{6}{\sqrt{35}} \approx 1{,}52$

Abstand zweier paralleler Ebenen zueinander

Der Abstand d zweier paralleler Ebenen $E_1: \vec{n} * \vec{x} = c_1$ und $E_2: \vec{n} * \vec{x} = c_2$ ergibt sich aus ihren Abständen zum Koordinatenursprung.

In beiden abgebildeten Fällen gilt:

$$d = \frac{|c_1 - c_2|}{|\vec{n}|}$$

In beiden Ebenengleichungen muss derselbe Normalenvektor verwendet werden, d. h., die linken Seiten der Koordinatengleichungen müssen identisch sein.

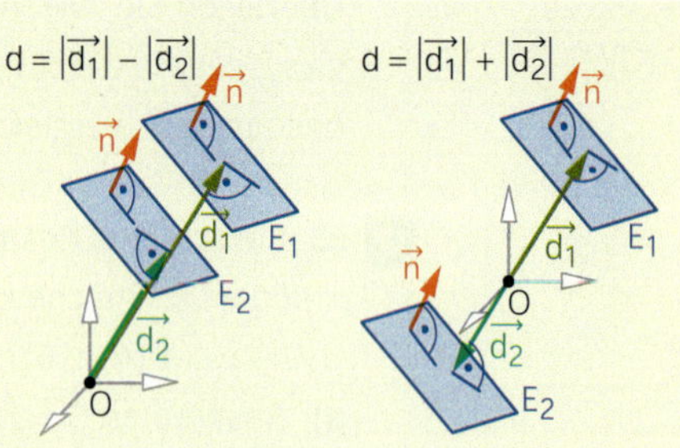

$E_1: x_1 + 2x_2 - 3x_3 = 5;$

$E_2: 3x_1 + 6x_2 - 9x_3 = -21$

Die Gleichung von E_2 wird auf beiden Seiten durch 3 dividiert:

$E_2: x_1 + 2x_2 - 3x_3 = -7$

Damit: $d = \frac{|5 - (-7)|}{\sqrt{14}} = \frac{12}{\sqrt{14}} \approx 3{,}21$

Das Wichtigste auf einen Blick

Abstand eines Punktes oder einer Geraden von einer Ebene

(1) Den Abstand eines Punktes P von einer Ebene $E: \vec{n} * \overrightarrow{OX} = c$ kann man mithilfe der Hilfsebene E_P bestimmen.
E_P ist parallel zu E und enthält den Punkt P, also $E_P: \vec{n} * \overrightarrow{OX} = \vec{n} * \overrightarrow{OP}$.
Der Abstand d des Punktes P von E ist gleich dem Abstand der Ebenen E und E_P.
Es gilt: $d = \frac{|\vec{n} * \overrightarrow{OP} - c|}{|\vec{n}|}$

(2) Der Abstand einer parallelen Geraden g von E ist gleich dem Abstand eines beliebigen Punktes P der Geraden von E.

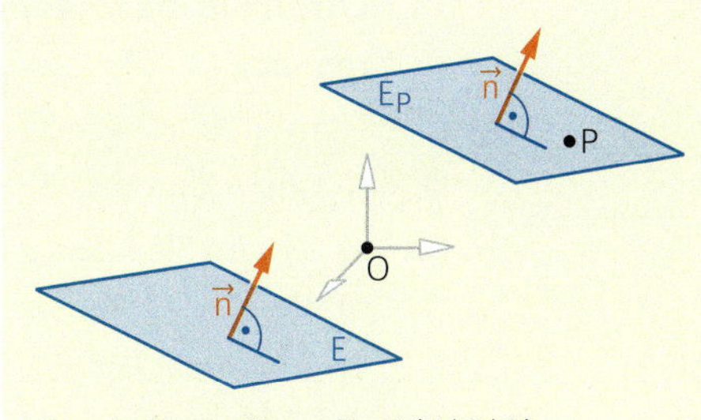

$E: x_1 + 2x_2 - 3x_3 = 5;\ P(4|3|0)$
$E_P: x_1 + 2x_2 - 3x_3 = 10;$
also $d = \frac{|10-5|}{\sqrt{14}} = \frac{5}{\sqrt{14}} \approx 1{,}34$

Abstand eines Punktes von einer Geraden, Abstand zweier paralleler Geraden

(1) Um den Abstand d eines Punktes P von einer Geraden $g: \vec{x} = \vec{a} + t \cdot \vec{u}$ zu berechnen, bestimmt man eine Gleichung der Hilfsebene E, die orthogonal zu g ist und P enthält.
Also: $E: \vec{u} * \overrightarrow{OX} = \vec{u} * \overrightarrow{OP}$
Man bstimmt damit den Schnittpunkt F der Hilfsebene E mit der Geraden g. Der Abstand d des Punktes P von der Geraden g ist $d = |\overrightarrow{PF}|$.

(2) Der Abstand zweier paralleler Geraden voneinander ist gleich dem Abstand eines beliebigen Punktes auf der einen Gerade zu der anderen Geraden.

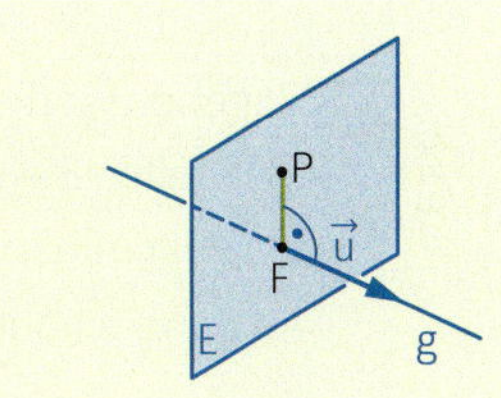

$g: \vec{x} = \begin{pmatrix} 2 \\ -4 \\ 1 \end{pmatrix} + t \cdot \begin{pmatrix} 2 \\ -1 \\ 2 \end{pmatrix};\ P(4|5|-1)$

$E: \begin{pmatrix} 2 \\ -1 \\ 2 \end{pmatrix} * \vec{x} = \begin{pmatrix} 2 \\ -1 \\ 2 \end{pmatrix} * \begin{pmatrix} 4 \\ 5 \\ -1 \end{pmatrix} = 1$

Setzt man g in E ein, erhält man

$\begin{pmatrix} 2 \\ -1 \\ 2 \end{pmatrix} * \begin{pmatrix} 2+2t \\ -4-t \\ 1+2t \end{pmatrix} = 1,$

also $t = -1$ und $F(0|-3|-1)$.

Damit: $d = |\overrightarrow{PF}| = \left|\begin{pmatrix} -4 \\ -8 \\ 0 \end{pmatrix}\right| = \sqrt{80}$

Abstand zweier windschiefer Geraden

Den Abstand zweier windschiefer Geraden $g: \vec{x} = \vec{a} + t \cdot \vec{u}$ und $h: \vec{x} = \vec{b} + r \cdot \vec{v}$ kann man wie folgt bestimmen:

(1) Man verwendet eine Hilfsebene E, die parallel zu h verläuft und g enthält.
Also: $E: \vec{n} * \overrightarrow{OX} = \vec{n} * \vec{a}$ mit $\vec{n} = \vec{u} \times \vec{v}$

(2) Der Abstand d der beiden Geraden g und h voneinander ist gleich dem Abstand der Geraden h von der Hilfsebene E.
Es gilt:
$d = \frac{|\vec{n} * \vec{a} - \vec{n} * \vec{b}|}{|\vec{n}|} = \frac{|\vec{n} * (\vec{a} - \vec{b})|}{|\vec{n}|}$

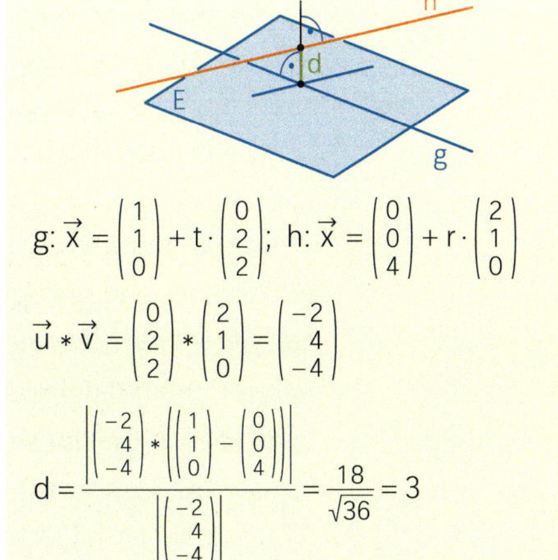

$g: \vec{x} = \begin{pmatrix} 1 \\ 1 \\ 0 \end{pmatrix} + t \cdot \begin{pmatrix} 0 \\ 2 \\ 2 \end{pmatrix};\ h: \vec{x} = \begin{pmatrix} 0 \\ 0 \\ 4 \end{pmatrix} + r \cdot \begin{pmatrix} 2 \\ 1 \\ 0 \end{pmatrix}$

$\vec{u} * \vec{v} = \begin{pmatrix} 0 \\ 2 \\ 2 \end{pmatrix} * \begin{pmatrix} 2 \\ 1 \\ 0 \end{pmatrix} = \begin{pmatrix} -2 \\ 4 \\ -4 \end{pmatrix}$

$d = \frac{\left|\begin{pmatrix} -2 \\ 4 \\ -4 \end{pmatrix} * \left(\begin{pmatrix} 1 \\ 1 \\ 0 \end{pmatrix} - \begin{pmatrix} 0 \\ 0 \\ 4 \end{pmatrix}\right)\right|}{\left|\begin{pmatrix} -2 \\ 4 \\ -4 \end{pmatrix}\right|} = \frac{18}{\sqrt{36}} = 3$

Teil A **Lösen Sie die folgenden Aufgaben ohne Formelsammlung und ohne Taschenrechner.**

1 Gegeben sind die Ebene $E: 4x_1 - 8x_2 - 10x_3 = 80$ und die Gerade $g: \vec{x} = \begin{pmatrix} 1 \\ 3 \\ -1 \end{pmatrix} + t \cdot \begin{pmatrix} -1 \\ 2 \\ -2 \end{pmatrix}$.

a) Zeigen Sie, dass g parallel zu E ist, aber nicht in E liegt.

b) Berechnen Sie den Abstand der Geraden g von der Ebene E.

c) Der Punkt $P(1|3|-1)$ wird an der Ebene E gespiegelt. Bestimmen Sie die Koordinaten des Bildpunktes.

2 Gegeben sind die Gerade $g: \vec{x} = \begin{pmatrix} 8 \\ 3 \\ -1 \end{pmatrix} + k \cdot \begin{pmatrix} -2 \\ 2 \\ 1 \end{pmatrix}$ und der Punkt $P(3|5|3)$.

a) Bestimmen Sie eine Koordinatenform der Ebene E, die g und P enthält.

b) Berechnen Sie den Abstand des Punktes P von der Geraden g.

3 Gegeben ist die Ebene $E: 3x_2 + 4x_3 = 12$.

a) Stellen Sie die Ebene in einem Koordinatensystem dar.

b) Bestimmen Sie die Koordinaten derjenigen Punkte auf der x_2-Achse, die von E den Abstand 6 haben.

4 Gegeben sind die Ebene $E: 3x_2 + 4x_3 = 18$ und der Punkt $P(4|15|-3)$.

a) Berechnen Sie den Abstand des Punktes P von der Ebene E.

b) Der Punkt $S(-1|2|3)$ liegt auf E.
Bestimmen Sie den Punkt Q auf der Geraden durch die Punkte S und P, der genauso weit von E entfernt ist wie der Punkt P.

Teil B **Bei der Lösung dieser Aufgaben können Sie die Formelsammlung und den Taschenrechner verwenden.**

5 Gegeben sind die Geraden $g: \vec{x} = \begin{pmatrix} 1 \\ -4 \\ 3 \end{pmatrix} + r \cdot \begin{pmatrix} -4 \\ -1 \\ 2 \end{pmatrix}$ und $h: \vec{x} = \begin{pmatrix} -7 \\ -6 \\ 7 \end{pmatrix} + s \cdot \begin{pmatrix} 3 \\ 2 \\ 1 \end{pmatrix}$.

a) Weisen Sie nach, dass sich die Geraden g und h schneiden, und berechnen Sie die Größe des Schnittwinkels.

b) Zeigen Sie, dass der Punkt $P(2|0|10)$ auf der Geraden h liegt.
Bestimmen Sie eine Gerade k durch den Punkt P, die parallel zur Geraden g verläuft.

c) Berechnen Sie den Abstand der Geraden g und k.

6 Eine quadratische Pyramide hat die Grundfläche ABCD mit $A(4|0|0)$, $B(0|4|0)$, $C(-4|0|0)$, $D(0|-4|0)$ und die Spitze $S(0|0|8)$.

a) Berechnen Sie das Volumen der Pyramide.

b) Im Inneren der Pyramide gibt es einen Punkt, der von allen Flächen der Pyramide den gleichen Abstand hat. Bestimmen Sie seine Koordinaten.

c) Der Punkt S_t ist ein Punkt der Geraden $s: \vec{x} = \begin{pmatrix} 0 \\ 0 \\ 8 \end{pmatrix} + t \cdot \begin{pmatrix} 2 \\ 1 \\ 0 \end{pmatrix}$.
Begründen Sie: Alle Pyramiden ABCD mit der Spitze S_t haben das gleiche Volumen.

7 Ein Flugzeug befindet sich um 12:37 Uhr im Punkt $A_1(3\,|\,-2\,|\,8)$ bezüglich eines lokalen Koordinatensystems mit der Einheit km. Zum gleichen Zeitpunkt erfasst die Flugüberwachung ein zweites Flugzeug im Punkt $B_1(-1\,|\,2\,|\,5)$. Beide Flugzeuge sind während der nächsten Minuten mit konstanter Geschwindigkeit nahezu geradlinig unterwegs.

a) Drei Minuten später ist das erste Flugzeug im Punkt $A_2(27\,|\,25\,|\,8)$.
Nach einer weiteren Minute beobachtet der Fluglotse das zweite Flugzeug im Punkt $B_2(27\,|\,26\,|\,7)$.
Mit welcher Geschwindigkeit sind die beiden Flugzeuge im Beobachtungszeitraum unterwegs? Wie lange dauert es, bis das zweite Flugzeug die Höhe des ersten Flugzeugs erreicht hat?

b) Zeigen Sie, dass sich die beiden Flugrouten nicht schneiden. Wie groß ist der minimale Abstand der beiden Flugrouten?

c) Warum sind die beiden Flugzeuge tatsächlich weiter voneinander entfernt?
Wie groß ist der minimale Abstand der beiden Flugzeuge, wenn sie ihre Flugrouten einhalten? Zu welchem Zeitpunkt besteht dieser minimale Abstand?

8 Für jedes $a \in \mathbb{R}$ ist eine Schar von Ebenen E_a durch $E_a\colon a \cdot x_1 + (a+6) \cdot x_3 - (11a + 30) = 0$ gegeben.

a) Zeigen Sie, dass sich alle Ebenen der Schar in einer gemeinsamen Geraden s schneiden. Geben Sie eine Gleichung von s an.

b) Bestimmen Sie einen Wert a_0 so, dass die Gerade g mit $g\colon \vec{x} = \begin{pmatrix} 4 \\ 7 \\ -5 \end{pmatrix} + k \cdot \begin{pmatrix} 0 \\ 1 \\ 0 \end{pmatrix}$ in der Ebene E_{a_0} liegt.

c) Begründen Sie: Die Gerade g ist zu allen übrigen Ebenen E_a der Schar echt parallel.

9 Eine Schar von Ebenen E_t ist gegeben durch $E_t\colon 3x_1 + 4t \cdot x_2 + 6t^2 \cdot x_3 - 12t = 0$ mit $t \neq 0$.

a) Bestimmen Sie die Koordinaten der Spurpunkte von E_t.
Die drei Spurpunkte jeder Ebene der Schar bilden zusammen mit dem Koordinatenursprung eine Pyramide mit dreiseitigen Flächen. Zeigen Sie, dass für jeden Wert von t das Volumen dieser Pyramide unabhängig von t ist.

b) Untersuchen Sie, welche Ebenen der Schar vom Koordinatenursprung einen minimalen oder maximalen Abstand haben.

10 Im Punkt $L(1\,|\,2\,|\,1)$ befindet sich eine Lichtquelle. Die Lichtstrahlen treffen in den Punkten $S_t(3t\,|\,4\,|\,2t)$ und $S_k(2\,|\,3k\,|\,k)$ auf eine Spiegelebene.

a) Bestimmen Sie die beiden Geradenscharen, die die einfallenden Lichtstrahlen beschreiben.

b) Geben Sie eine Koordinatengleichung der Spiegelebene an.

c) Bestimmen Sie die beiden Geradenscharen, die die reflektierten Strahlen beschreiben.

11 Für $t \in \mathbb{R}$ ist die Geradenschar g_t mit $g_t: \vec{x} = \begin{pmatrix} 4 \\ 1-2t \\ 0 \end{pmatrix} + k \cdot \begin{pmatrix} 11 \\ 9 \\ 2t+1 \end{pmatrix}$ gegeben.

a) Untersuchen Sie, ob die Geraden h_1 und h_2 Geraden dieser Schar sind.

$h_1: \vec{x} = \begin{pmatrix} 26 \\ 15 \\ 10 \end{pmatrix} + r \cdot \begin{pmatrix} 11 \\ 9 \\ 5 \end{pmatrix}$; $h_2: \vec{x} = \begin{pmatrix} 37 \\ 25 \\ -1 \end{pmatrix} + s \cdot \begin{pmatrix} 11 \\ 9 \\ -2 \end{pmatrix}$

b) Zeigen Sie, dass die Geraden h_1 und h_2 windschief zueinander sind.

12 Gegeben sind eine Ebene E mit $E: 2x_1 - 4x_2 + x_3 = -5$ und eine Schar von Geraden g_a mit $g_a: \vec{x} = \begin{pmatrix} 0 \\ 1 \\ 2 \end{pmatrix} + t \cdot \begin{pmatrix} 0{,}5 \\ 0{,}5 \\ a \end{pmatrix}$; $t, a \in \mathbb{R}$.

a) Für welchen Wert des Parameters a verläuft g_a parallel zur Ebene E?

b) Zeigen Sie, dass keine Gerade g_a der Schar in der Ebene E liegt.

c) Bestimmen Sie die Koordinaten der Schnittpunkte der Geraden g_a mit der Ebene E in Abhängigkeit von a.

13 Gegeben sind die Punkte $A(3|-2|1)$, $B(3|3|1)$ und $C(6|3|5)$.

a) Geben Sie eine Koordinatenform der Ebene E durch die Punkte A, B, C an.

b) Begründen Sie die folgende Aussage anhand einer Rechnung:
Ein weiterer Punkt D kann so gewählt werden, dass das Viereck ABCD ein Quadrat ist.
Berechnen Sie die Koordinaten des Punktes D.

c) Für $k \in \mathbb{R}$ ist der Punkt $S_k(3k|3+5k|9{,}5+4k)$ gegeben.
Weisen Sie nach, dass die Punkte S_k für alle Werte von k auf einer Geraden g liegen, und geben Sie eine Gleichung dieser Geraden an.
Zeigen Sie, dass g parallel zu E verläuft, und bestimmen Sie den Abstand von g zu E.

d) Der Punkt F ist der Schnittpunkt der Diagonalen des Quadrats ABCD.
Zeigen Sie: Es gibt einen Wert k_0 so, dass die Gerade FS_{k_0} orthogonal zur Ebene E ist.
Berechnen Sie die Koordinaten des Punktes S_{k_0}.

14 In einem Koordinatensystem sind die Ebene E durch die Gleichung $4x_1 + 8x_2 + x_3 = 8$ und der Punkt $P(11|15|6)$ gegeben. Die Geradenschar g_a wird für $a \in \mathbb{R}$ durch die Gleichung $g_a: \vec{x} = \begin{pmatrix} -2a \\ 1 \\ 8a \end{pmatrix} + t \cdot \begin{pmatrix} 1 \\ -1 \\ 4 \end{pmatrix}$ mit $t \in \mathbb{R}$ festgelegt.

a) Stellen Sie die Ebene E in einem Koordinatensystem durch ihre Spurgeraden dar.

b) Bestimmen Sie den Abstand des Ursprungs $O(0|0|0)$ von der Ebene E. In welchem Punkt schneidet die orthogonale Gerade zu E durch den Punkt P die Ebene E?
Der Punkt P* ist Spiegelpunkt von P an der Ebene E. Geben Sie die Koordinaten von P* an.

c) Die Gerade h verläuft durch alle Punkte $P_a(-2a|1|8a)$ der Schar g_a.
Geben Sie eine Gleichung von h an. Begründen Sie, dass die Gerade h jede Schargerade unter einem konstanten Winkel α schneidet. Bestimmen Sie die Größe des Winkels α.

d) Zeichnen Sie die Gerade g_1 in das Koordinatensystem ein. Der Punkt P′ ist Spiegelpunkt von P bezüglich der Geraden g_1. Geben Sie die Koordinaten von P′ an.

e) Der Punkt $R(3|-1|4)$ liegt auf der zu $\bar{a}$ gehörenden Geraden $g_{\bar{a}}$.
Bestimmen Sie den Paramter $\bar{a}$. Wie groß ist der Abstand zwischen g_1 und $g_{\bar{a}}$?

f) Untersuchen Sie, ob das Dreieck PP*P′ rechtwinklig ist..

Wahrscheinlichkeits-verteilungen

6

▲ *Albino-Eichhörnchen sind sehr selten zu sehen. Eine Genmutation, durch welche die Bildung von Farbstoffen für Haut, Haare und Augen gestört ist, kommt etwa bei einem von 100 000 Tieren vor.*

In diesem Kapitel
verwenden Sie neue Kenngrößen für Häufigkeits- und Wahrscheinlichkeitsverteilungen, um diese besser beurteilen zu können. Außerdem lernen Sie eine besondere Wahrscheinlichkeitsverteilung kennen, bei der nur die Ereignisse „Erfolg“ und „Misserfolg“ betrachtet werden. ▶

6.1 Arithmetisches Mittel und empirische Standardabweichung

Einstieg

Jedes Jahr im Winter rufen der Naturschutzbund Deutschland (NABU) und der Landesbund für Vogelschutz (LBV) zur „Stunde der Wintervögel" auf. Eine Stunde lang werden Vögel z. B. im Garten oder vor dem Fenster gezählt.

Das Diagramm zeigt für jede Anzahl von Vögeln die relative Häufigkeit von Beobachtern, die diese Anzahl von Vögeln in einer Stunde gesehen haben. Hierbei haben z. B. $0{,}1 = \frac{1}{10} = 10\,\%$ aller Beobachter genau 3 Vögel in der Beobachtungsstunde gesehen.

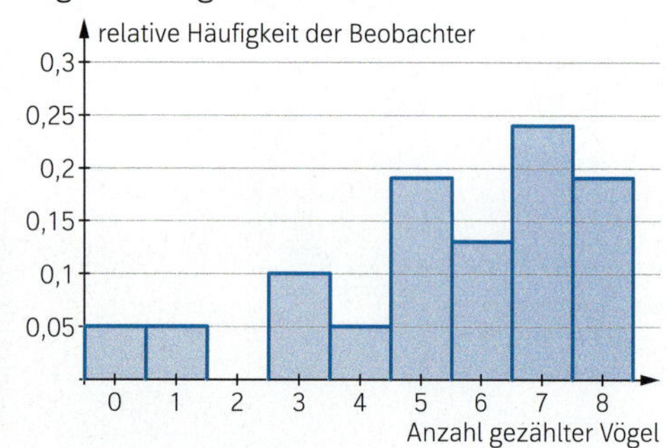

Bestimmen Sie, wie viele Vögel durchschnittlich in einer Stunde beobachtet wurden.

Aufgabe mit Lösung

Mittelwert einer Häufigkeitsverteilung mit relativen Häufigkeiten

In einer Großstadt wurde eine Verkehrszählung durchgeführt. Gezählt wurde, mit wie vielen Personen die beobachteten Pkw jeweils besetzt waren.

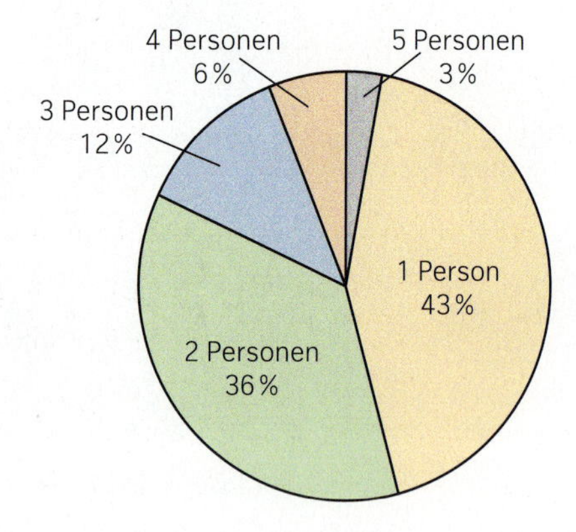

→ Bestimmen Sie, wie viele Personen durchschnittlich in einem Fahrzeug saßen.

Lösung

Stellt man sich vor, dass 100 Pkw beobachtet wurden, so berechnet man das arithmetische Mittel, indem man zunächst die Gesamtanzahl aller Pkw-Insassen berechnet und dann durch 100 dividiert:

$$\overline{x} = \frac{1 \cdot 43 + 2 \cdot 36 + 3 \cdot 12 + 4 \cdot 6 + 5 \cdot 3}{100} = 1{,}9$$

Diesen Term kann man auch so umformen, dass er die relativen Häufigkeiten enthält:

$$\overline{x} = 1 \cdot 0{,}43 + 2 \cdot 0{,}36 + 3 \cdot 0{,}12 + 4 \cdot 0{,}06 + 5 \cdot 0{,}03 = 1{,}9$$

$0{,}43 = \frac{43}{100} = 43\,\%$

Die Anzahl der Pkw wird also zur Berechnung nicht benötigt.

Die mittlere Personenzahl pro Fahrzeug betrug somit etwa zwei Personen.

Information

Häufigkeitsverteilung

Erfasst man, wie oft die Werte $x_1, x_2, ..., x_m$ jeweils auftreten, so kann man diese Werte und ihre relativen Häufigkeiten übersichtlich in einer Tabelle notieren.
Die Zuordnung, die jedem Wert seine (relative) Häufigkeit zuordnet, heißt **Häufigkeitsverteilung**.
Die Summe aller relativen Häufigkeiten ist $1 = 100\,\%$.

Im Alltag ist oft vom „Durchschnitt" oder „Mittelwert" die Rede; gemeint ist meistens das arithmetische Mittel.

Arithmetisches Mittel einer Häufigkeitsverteilung

Treten die Werte $x_1, x_2, ..., x_m$ mit den relativen Häufigkeiten $h(x_1), h(x_2), ..., h(x_m)$ auf, so erhält man das **arithmetische Mittel** der Häufigkeitsverteilung, indem man jeden Wert mit der zugehörigen relativen Häufigkeit multipliziert und die Summe der Produkte bildet:

$\bar{x} = x_1 \cdot h(x_1) + x_2 \cdot h(x_2) + ... + x_m \cdot h(x_m)$

Anzahl der Eier des Sperlings im Nest.

Anzahl x der Eier	relative Häufigkeit h(x) der Nester mit x Eiern
1	0,04
2	0,09
3	0,13
4	0,43
5	0,31

Die durchschnittliche Anzahl der Eier pro Sperling-Nest beträgt

$\bar{x} = 1 \cdot 0{,}04 + 2 \cdot 0{,}09 + 3 \cdot 0{,}13 + 4 \cdot 0{,}43 + 5 \cdot 0{,}31 = 3{,}75$

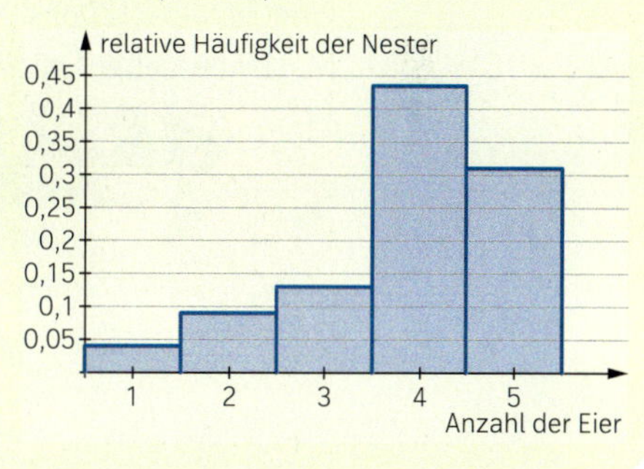

Üben

1 In einer statistischen Erhebung wurde die Anzahl der Computer (PCs oder Laptops) in den Haushalten einer Region erfasst. Stellen Sie die Daten in Form eines Säulendiagramms dar und berechnen Sie das arithmetische Mittel.

Anzahl der Computer im Haushalt	0	1	2	3	4	5
relative Häufigkeit der Haushalte	0,07	0,2	0,5	0,15	0,07	0,01

2 In einer Klasse wurden Umfragen zu Freizeitbeschäftigungen der Schülerinnen und Schüler durchgeführt. Überlegen Sie anhand der abgebildeten Diagramme, welche Freizeitbeschäftigung, Schwimmbad- oder Kinobesuche, in dieser Klasse beliebter ist.

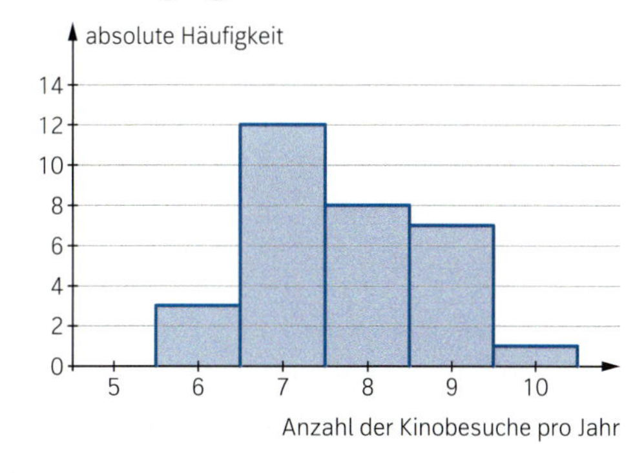

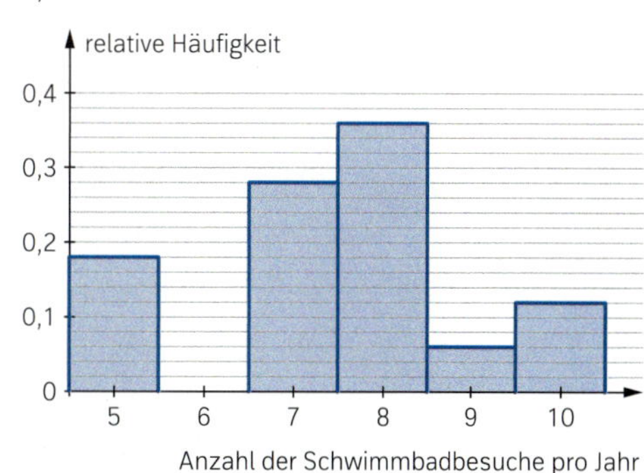

3 Erheben Sie in Ihrem Kurs Daten zur Anzahl der Geschwister der Schülerinnen und Schüler. Zur weiteren Auswertung kann eine Tabelle hilfreich sein.

Anzahl x_i der Geschwister	0	1	2	...	Summe
absolute Häufigkeit					Kontrolle: Stichprobengröße
relative Häufigkeit $h(x_i)$					Kontrolle: 1
Produkte $x_i \cdot h(x_i)$					$\bar{x} =$

a) Berechnen Sie die relativen Häufigkeiten, mit denen die jeweilige Anzahl an Geschwistern in Ihrem Kurs auftritt.

b) Berechnen Sie die mittlere Anzahl an Geschwistern in Ihrem Kurs.

Aufgabe mit Lösung

Streuung um das arithmetische Mittel

In einer Firma füllen drei Maschinen Blumensamen in Tüten ab. Im Rahmen einer Qualitätskontrolle werden von allen Maschinen abgefüllte Tüten nachgewogen.

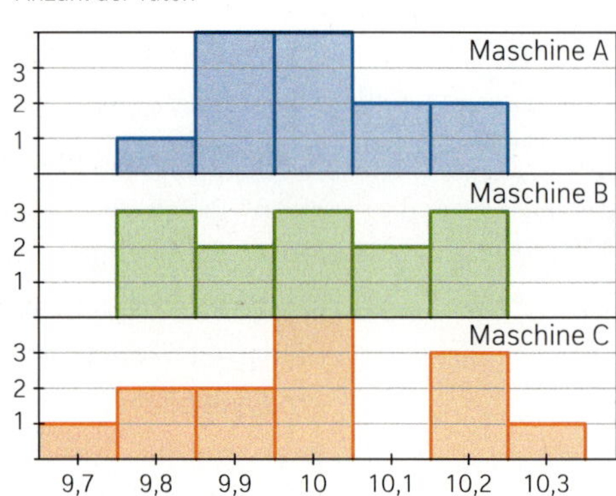

→ Berechnen Sie das arithmetische Mittel der Tütengewichte.

Lösung

Maschine A: $\bar{x}_A = \frac{9{,}8\,g \cdot 1 + 9{,}9\,g \cdot 4 + 10\,g \cdot 4 + 10{,}1\,g \cdot 2 + 10{,}2\,g \cdot 2}{13} = 10{,}0\,g$

Maschine B: $\bar{x}_B = \frac{9{,}8\,g \cdot 3 + 9{,}9\,g \cdot 2 + 10\,g \cdot 3 + 10{,}1\,g \cdot 2 + 10{,}2\,g \cdot 3}{13} = 10{,}0\,g$

Maschine C: $\bar{x}_C = \frac{9{,}7\,g \cdot 1 + 9{,}8\,g \cdot 2 + 9{,}9\,g \cdot 2 + 10\,g \cdot 4 + 10{,}2\,g \cdot 3 + 10{,}3\,g \cdot 1}{13} = 10{,}0\,g$

Bei allen drei Maschinen beträgt das arithmetische Mittel der Tütenfüllungen 10,0 g.

→ Berechnen Sie für alle drei Maschinen die Differenz zwischen dem kleinsten und dem größten auftretenden Tütengewicht, die sogenannte *Spannweite*.

Lösung

Maschine A: $10{,}2\,g - 9{,}8\,g = 0{,}4\,g$
Maschine B: $10{,}2\,g - 9{,}8\,g = 0{,}4\,g$
Maschine C: $10{,}3\,g - 9{,}7\,g = 0{,}6\,g$

Die Maschinen A und B haben mit 0,4 g die gleiche Spannweite, die Spannweite der Maschine C beträgt 0,6 g, ist also 0,2 g größer.

→ Trotz gleicher Spannweiten scheint Maschine A genauer zu arbeiten als Maschine B, da sich bei A mehr Werte in der Nähe des arithmetischen Mittels befinden. Berechnen Sie daher das arithmetische Mittel der Abweichungen der Tütenfüllungen von 10,0 g.

Lösung

Maschine A: $\frac{(9{,}8-10)\cdot 1+(9{,}9-10)\cdot 4+(10-10)\cdot 4+(10{,}1-10)\cdot 2+(10{,}2-10)\cdot 2}{13}=0$

Maschine B: $\frac{(9{,}8-10)\cdot 3+(9{,}9-10)\cdot 2+(10-10)\cdot 3+(10{,}1-10)\cdot 2+(10{,}2-10)\cdot 3}{13}=0$

Maschine C: $\frac{(9{,}7-10)\cdot 1+(9{,}8-10)\cdot 2+(9{,}9-10)\cdot 2+(10-10)\cdot 4+(10{,}2-10)\cdot 3+(10{,}3-10)\cdot 1}{13}=0$

Das arithmetische Mittel der Abweichungen aller drei Maschinen beträgt 0, da sich positive und negative Abweichungen jeweils aufheben.

→ Das arithmetische Mittel der Abweichungen ist also ungeeignet, um die Streuung der Füllmengen zu beschreiben. Um zu verhindern, dass sich positive und negative Abweichungen aufheben, könnte man die Beträge der Abweichungen bilden. Üblich ist es jedoch, die Abweichungen zu quadrieren und das arithmetische Mittel der quadrierten Abweichungen zu bilden. Anschließend zieht man daraus die Wurzel, um ein Ergebnis in derselben Maßeinheit (hier: Gramm wie die Füllmengen) zu erhalten. Berechnen Sie für alle drei Maschinen dieses Streuungsmaß, die sogenannte *empirische Standardabweichung*.

Lösung

Maschine A: $\sqrt{\frac{(9{,}8-10)^2\cdot 1+(9{,}9-10)^2\cdot 4+(10-10)^2\cdot 4+(10{,}1-10)^2\cdot 2+(10{,}2-10)^2\cdot 2}{13}}=0{,}117$

Maschine B: $\sqrt{\frac{(9{,}8-10)^2\cdot 3+(9{,}9-10)^2\cdot 2+(10-10)^2\cdot 3+(10{,}1-10)^2\cdot 2+(10{,}2-10)^2\cdot 3}{13}}=0{,}148$

Maschine C: $\sqrt{\frac{(9{,}7-10)^2+(9{,}8-10)^2\cdot 2+(9{,}9-10)^2\cdot 2+(10-10)^2\cdot 4+(10{,}2-10)^2\cdot 3+(10{,}3-10)^2}{13}}$

$=0{,}175$

Aus diesen drei Vergleichswerten erkennt man: Bei Maschine A streuen die Abfüllmengen am wenigsten, bei Maschine B etwas mehr und bei Maschine C am stärksten.

Information

Empirische Standardabweichung einer Häufigkeitsverteilung

Die **(empirische) Standardabweichung $\overline{s}$** ist ein Maß für die Streuung einer Häufigkeitsverteilung um ihr arithmetisches Mittel $\overline{x}$. Hat die Häufigkeitsverteilung die Werte $x_1, \ldots, x_m$ mit den relativen Häufigkeiten $h(x_1), \ldots, h(x_m)$, so wird festgelegt:

$$\overline{s}=\sqrt{(x_1-\overline{x})^2\cdot h(x_1)+\ldots+(x_m-\overline{x})^2\cdot h(x_m)}$$

Man kann die Standardabweichung auch schrittweise berechnen, indem man die **mittlere quadratische Abweichung $\overline{s}^2$** berechnet und daraus die Wurzel zieht: $\overline{s}=\sqrt{\overline{s}^2}$

σ (Sigma): griechischer Buchstabe

Im Basketball-Training werfen Kinder zweimal auf den Korb.

Anzahl x_i der Treffer	0	1	2
$h(x_i)$ dieser Trefferzahl	0,2	0,3	0,5

Das arithmetische Mittel der Trefferzahl ist $\overline{x}=0\cdot 0{,}2+1\cdot 0{,}3+2\cdot 0{,}5=1{,}3$.

Mittlere quadratische Abweichung:
$\overline{s}^2=(0-1{,}3)^2\cdot 0{,}2+(1-1{,}3)^2\cdot 0{,}3+(2-1{,}3)^2\cdot 0{,}5=0{,}61$
Standardabweichung: $\overline{s}=\sqrt{0{,}61}\approx 0{,}78$

Mit den Befehlen σ_n bzw. σ_x kann man die Standardabweichung mit einem Rechner bestimmen.

4 Ein Tierheim hat ein Jahr lang über alle Katzengeburten im Heim Buch geführt. Notiert wurde, wie viele junge Kätzchen eine Katzenmutter zur Welt brachte.

Bestimmen Sie die empirische Standardabweichung dieser Häufigkeitsverteilung.

Anzahl x_i der Babys bei einer Geburt (Wurf)	1	2	3	4	5	6	7
Anzahl $H(x_i)$ der Katzenmütter mit x_i Babys	0	1	2	6	5	3	1

5 Die Tabelle zeigt Wertungen der beiden erstplatzierten Paare in acht Folgen einer Tanzshow im Fernsehen. Untersuchen Sie, welches Paar die konstantere Leistung zeigte.

	Wertungen für die gezeigten Tänze							
Paar 1	24	26	20	25	18	29	30	23
Paar 2	25	29	19	23	17	22	18	29

6 Ein Lebensmittelhändler möchte Aprikosen von möglichst gleichmäßiger Qualität verkaufen. Er vergleicht je eine Stichprobe zweier Anbieter.

Gewicht x_i in g	34	35	36	37	38	39	40	41	42	43
$h(x_i)$	0,06	0,1	0,12	0,15	0,13	0,14	0,11	0,08	0,07	0,04

Gewicht x_i in g	33	34	35	36	37	38	39	40	41	42
$h(x_i)$	0,01	0,03	0,06	0,09	0,13	0,21	0,21	0,17	0,07	0,02

Vergleichen Sie das mittlere Gewicht und die Standardabweichung der Aprikosen beider Anbieter. Beurteilen Sie damit, für welchen Anbieter sich der Händler entscheiden sollte.

7 Bei Lebensmitteln stimmen die angegebenen Inhaltsmengen oft nicht genau. Eine Überprüfung der Inhalte von Kakaopackungen ergab folgende relative Häufigkeiten:

Inhalt in g	491	492	493	494	495	496	497	498	499	500
Sorte A	0,00	0,02	0,00	0,04	0,08	0,09	0,05	0,09	0,08	0,10
Sorte B	0,01	0,00	0,03	0,04	0,08	0,05	0,07	0,09	0,06	0,07

Inhalt in g	501	502	503	504	505	506	507	508	509	510
Sorte A	0,09	0,13	0,10	0,08	0,01	0,00	0,03	0,00	0,00	0,01
Sorte B	0,08	0,10	0,11	0,09	0,05	0,04	0,01	0,00	0,02	0,00

Vergleichen Sie die Inhaltsmengen der beiden Sorten mithilfe des arithmetischen Mittels und der empirischen Standardabweichung.

mittleres Temperaturmaximum: Mittelwert der täglichen Temperaturmaxima

8 Die Tabelle zeigt die langjährigen mittleren Temperaturmaxima der Städte Berlin und Bonn in den einzelnen Monaten.

°C	Jan.	Feb.	Mär.	Apr.	Mai	Jun.	Jul.	Aug.	Sep.	Okt.	Nov.	Dez.
Berlin	1,7	3,0	7,9	13,5	19,1	22,3	23,8	23,3	19,4	13,3	7,0	3,2
Bonn	4,7	6,1	9,9	14,1	18,6	21,8	23,2	22,8	19,8	14,7	9,0	5,8

Vergleichen Sie die Städte mithilfe des arithmetischen Mittels und der Standardabweichung.

9 ≡ Nathan Chen wurde bei der WM 2019 Weltmeister im Eiskunstlauf.
Die Tabelle zeigt die Bewertung der einzelnen Programmkomponenten seiner Kür durch die neun Jurymitglieder.

Programmkomponente \ Juror	J1	J2	J3	J4	J5	J6	J7	J8	J9
Scating Skills (Eislauffertigkeit)	9,75	9,50	9,50	9,50	9,25	9,75	9,50	9,50	9,25
Transitions (Verbindungselemente)	9,50	9,00	9,50	9,25	9,00	9,75	8,75	9,25	9,00
Performance (Durchführung)	9,50	9,50	9,50	9,75	9,75	10,00	9,00	9,75	9,50
Composition (Choreografie)	9,50	9,25	9,75	9,50	9,50	9,75	9,25	9,75	9,25
Interpretation	9,50	9,75	9,50	9,50	9,50	9,75	9,00	9,75	9,50

a) Bestimmen Sie arbeitsteilig
(1) das arithmetische Mittel der Punkte für jede Programmkomponente;
(2) die empirische Standardabweichung für jede Programmkomponente.
b) Tragen Sie die Ergebnisse zusammen. Bei welcher Programmkomponente waren sich die Juroren besonders uneinig, bei welcher besonders einig?

Weiterüben

10 ≡ Die Schülerinnen und Schüler eines Kurses haben mit einem Videofilm zu Situationen im Straßenverkehr ihre Reaktionszeiten auf ein unerwartetes Ereignis gemessen:

1,02 s; 1,15 s; 1,10 s; 1,26 s; 1,19 s; 1,11 s; 1,06 s; 1,13 s; 1,15 s; 1,18 s;
1,22 s; 1,04 s; 1,11 s; 1,16 s; 1,17 s; 1,24 s; 1,07 s; 1,21 s; 1,09 s; 1,14 s

a) Begründen Sie, dass man kein aussagekräftiges Säulendiagramm erhält, wenn man diese Daten so darstellt.
b) Fassen Sie daher die Daten in Klassen zusammen: $1{,}00 \le t < 1{,}05$; $1{,}05 \le t < 1{,}10$; ...
Zeichnen Sie für die so klassierten Daten ein Säulendiagramm.
c) Berechnen Sie zunächst das arithmetische Mittel der Originaldaten.
Bei manchen Erhebungen werden nur die schon zu Klassen zusammengefassten Werte veröffentlicht. Auch aus ihnen lässt sich näherungsweise das arithmetische Mittel berechnen, indem man ersatzweise für alle Daten einer Klasse die Klassenmitte wählt. Führen Sie dies zum Vergleich für die klassierten Daten durch.
d) Berechnen Sie für sowohl die Originaldaten als auch die klassierten Daten die empirische Standardabweichung und vergleichen Sie die Ergebnisse.

11 ≡ Das Statistische Bundesamt veröffentlichte auf Basis des Mikrozensus 2017 folgende Daten zur Anzahl der Kinder in Familien in Deutschland:

Anzahl k der Kinder	1	2	3	4	5 und mehr
Anteil h(k) der Familien mit k Kindern	51,4 %	36,6 %	9,3 %	2,0 %	0,7 %

Prüfen Sie die Aussage des Zeitungsartikels.

In Deutschland wieder mehr Kinder
Mit durchschnittlich 1,64 Kindern pro Familie hält die Trendwende zu wieder mehr Kindern in Deutschland im Jahr 2017 an.

6.2 Klassieren von Daten

Ziel

In diesem Abschnitt lernen Sie, wie man klassierte Daten grafisch darstellt.

Aufgabe mit Lösung

Zeichnerische Darstellung bei unterschiedlich breiten Klassen

Berufstätige in Deutschland haben teilweise lange Wege zur Arbeitsstätte.

Länge des Wegs in km	0 bis unter 10	10 bis unter 20	20 bis unter 50	50 bis unter 100
Anteil der Berufstätigen in %	47	27	21	5

→ Vergleichen Sie die grafischen Darstellungen zu diesen Daten.

(1)

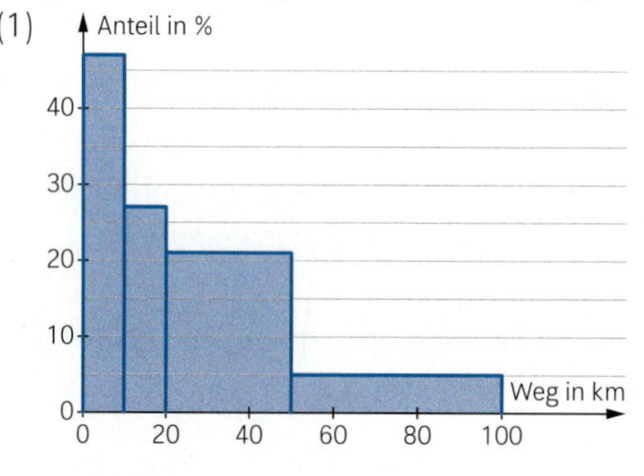

(2)

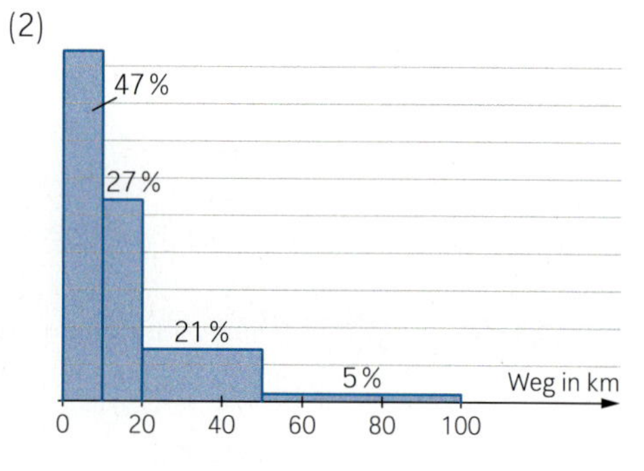

Lösung

Bei Darstellung (1) wurden trotz unterschiedlich breiter Klassen die Säulenhöhen entsprechend den relativen Häufigkeiten gezeichnet. Dadurch erscheint der Anteil der Berufstätigen mit einem Weg von 20 bis 50 km wesentlich größer als der mit einem Weg von 10 bis 20 km, da man sich intuitiv am Flächeninhalt orientiert.

Bei Darstellung (2) wurde die Höhe der gegenüber den ersten beiden dreimal so breiten Klasse von 20 bis 50 km auf ein Drittel verringert, die der fünfmal so breiten Klasse auf ein Fünftel. Die Anteile sind somit proportional zu ihrem Flächeninhalt dargestellt und vermitteln optisch einen angemesseneren Eindruck von ihrer Größe.

Information

Histogramme

Liegen statistische Daten klassiert vor, wird die Häufigkeitsverteilung oft als **Histogramm** dargestellt. Die Breite jeder Säule wird durch die Klasse bestimmt und ihr Flächeninhalt ist proportional zu der zugehörigen Häufigkeit.

Um Fehlinterpretationen beim „Lesen" eines Histogramms zu vermeiden, werden keine Werte an die y-Achse, sondern die relativen Häufigkeiten in bzw. an die Säulen geschrieben.

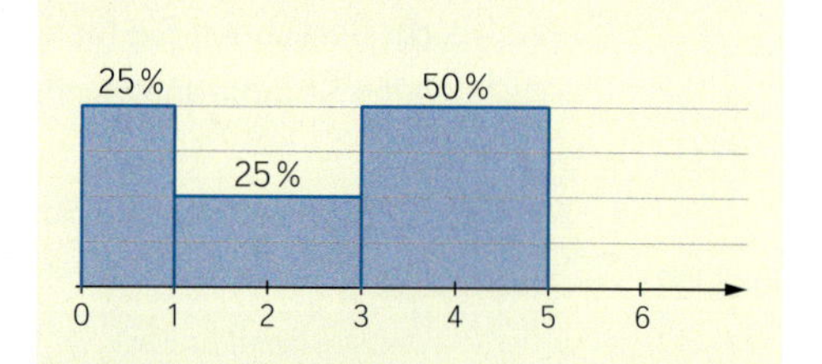

Hinweis: Ein Säulendiagramm ist ein Spezialfall eines Histogramms, eines mit der speziellen Eigenschaft gleich breiter Klassen.

Üben

1 Wer unfallfrei fährt, zahlt im Laufe der Zeit niedrigere Versicherungsprämien. Die Versicherungen erfassen dazu die Anzahl der (ununterbrochen) schadenfreien Jahre. Die Tabelle zeigt, wie viele Versicherte wie lange schon schadenfrei fahren.

Anzahl schadenfreier Jahre	0 – 1	1 – 2	2 – 3	3 – 4	4 – 5	5 – 6	6 – 8	8 – 10	10 – 14	14 – 17	17 – 25
Anteil der Versicherten in %	9,3	4,8	4,8	4,7	5,0	5,1	9,7	10,1	16,2	9,4	20,9

Zeichnen Sie ein Histogramm.

Arithmetisches Mittel klassierter Daten

Das arithmetische Mittel klassierter Daten berechnet man ersatzweise mithilfe der Klassenmitten der Klassen.

Länge in cm	0 bis unter 10	10 bis unter 40
Anteil in %	40	60

$\bar{x} = 5 \cdot 0{,}4 + 25 \cdot 0{,}6 = 17$

2 Je nach zulässigem Gesamtgewicht werden Pkw in entsprechende Gewichtsklassen eingeteilt. Pkw, die gleichen steuerlichen und rechtlichen Regeln unterliegen, gehören dabei zu einer Klasse. Die Tabelle enthält statistische Angaben zum zulässigen Gesamtgewicht von in Deutschland zugelassenen Pkw.

zulässiges Gesamtgewicht in kg	0 bis unter 1000	1000 bis unter 1400	1400 bis unter 1700	1700 bis unter 2000	2000 bis unter 2800	2800 bis unter 3500
Anteil in %	0,8	21,5	39,0	26,4	11,5	0,8

a) Stellen Sie die Daten in einem Histogramm dar.

b) Berechnen Sie das arithmetische Mittel der zulässigen Gesamtgewichte.

3 Die Tabelle gibt einen Überblick darüber, wie viele Gemeinden bestimmter Einwohnerzahl es im Jahr 2020 in Deutschland gab.

Einwohnerzahl	bis 200	201 bis 999	1000 bis 2999	3000 bis 9999	10 000 bis 49 999	50 000 bis 199 999	ab 200 000
Anzahl Gemeinde	667	3 156	2 834	2 537	1 407	153	40

Die oberste Klasse ist nach oben offen angegeben. Überlegen Sie, wie Sie dennoch das arithmetische Mittel der Einwohnerzahlen der Gemeinden berechnen können, und führen Sie die Berechnung durch.

4 Nach Angaben des Statistischen Bundesamtes verfügten Privathaushalte im Jahr 2018 in Deutschland über folgende monatliche Nettoeinkommen:

monatliches Haushaltsnettoeinkommen in €	unter 1300	1300 bis unter 2600	2600 bis unter 3600	3600 bis unter 5000	ab 5000
Anteil der Haushalte in %	13,4	29,7	17,8	16,9	22,2

a) Stellen Sie die Daten in einem Histogramm dar.

b) Bestimmen Sie das mittlere monatliche Haushaltsnettoeinkommen der Privathaushalte im Jahr 2018. Vergleichen Sie Ihre Ergebnisse untereinander und beurteilen Sie die Genauigkeit des Verfahrens.

Boxplots

Zum Vergleich der Leistungen der Schülerinnen und Schüler in verschiedenen Ländern (PISA-Studie) oder Klassen werden Tests geschrieben. Die Veröffentlichung aller Einzelergebnisse ist oft zu umfangreich. Die bloße Angabe eines Mittelwerts dagegen zeigt viele Besonderheiten nicht. Daher zeichnet man oft sogenannte Boxplots.

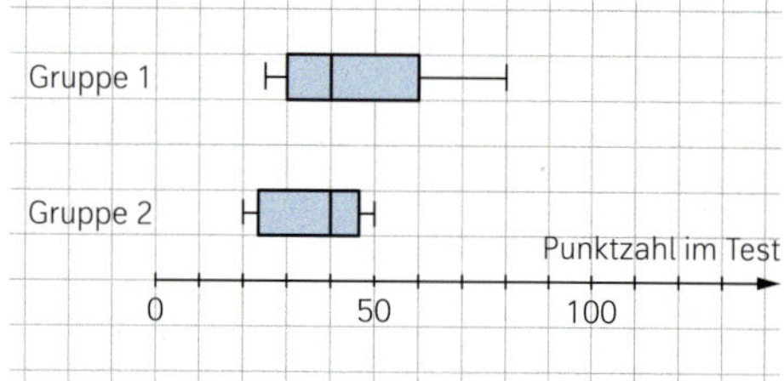

Ein **Boxplot** ist folgendermaßen aufgebaut:

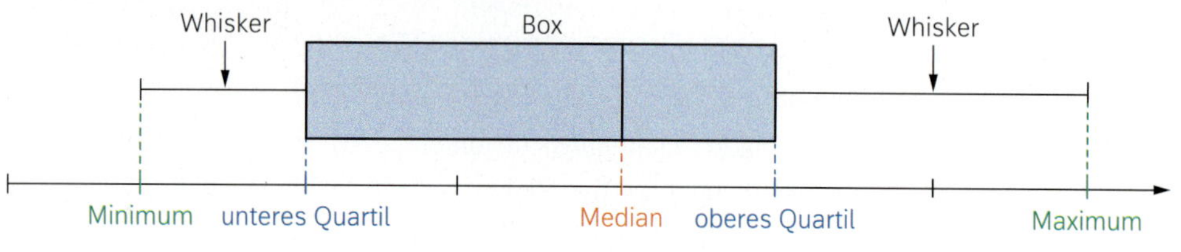

Median: in der Mitte stehender Wert einer Datenreihe, die der Größe nach geordnet ist

Im Bereich der Box befindet sich die Hälfte der Werte. Der Median aller Daten ist zusätzlich gekennzeichnet. Die Whisker verbinden die Box mit dem kleinsten und dem größten Wert. Der Median der unteren Hälfte der Daten wird als **unteres Quartil** bezeichnet, der Median der oberen Hälfte als **oberes Quartil**.
Die Differenz von oberem und unterem Quartil heißt **Quartilsabstand**.

1 Vergleichen Sie die in den Boxplots dargestellten Leistungen der beiden Gruppen.

2 Bei einem Reaktionstest ergaben sich Daten, die mithilfe eines Boxplots dargestellt werden können.
Welche Informationen lassen sich dem Diagramm entnehmen?

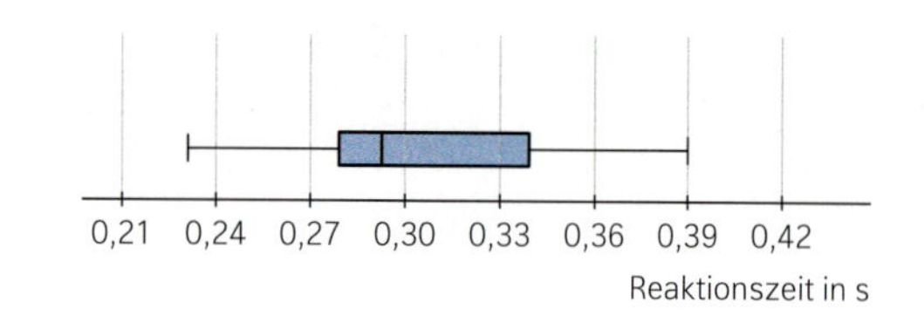

3 In einer Studie wurde das Körpergewicht von 74 Sportlerinnen und 102 Sportlern erfasst. Die Grafik zeigt die Boxplots dazu im Vergleich.
Werten Sie die Grafik möglichst umfassend aus, indem Sie sämtliche mögliche Daten entnehmen und zueinander in Beziehung setzen.

Boxplots werden wie hier auch häufig vertikal dargestellt.

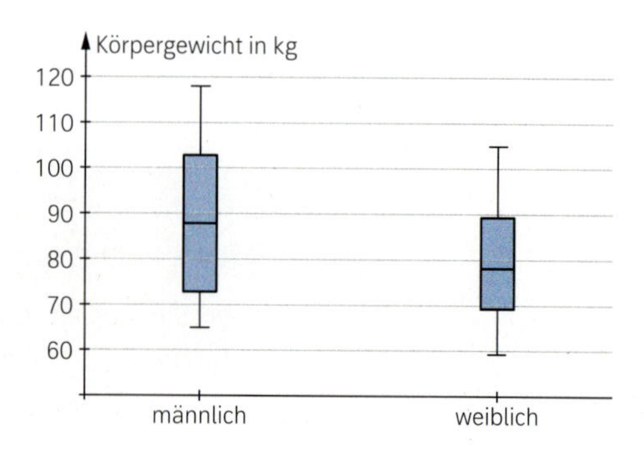

4 Alex trainiert für den 7,5-km-Stadtlauf. Er läuft mit einer Trainingsapp auf seinem Smartphone, die die gelaufenen Zeiten in Minuten festhält:
49; 40; 40; 39; 37; 40; 38; 42; 35; 38; 37; 44; 41
Ermitteln Sie die Kennwerte der Datenreihe und zeichnen Sie den zugehörigen Boxplot.

5 Eine Autozeitschrift hat ein Automodell von 14 Frauen und 18 Männern auf den Benzinverbrauch in Liter pro 100 km testen lassen.
Frauen: 7,0; 4,8; 6,1; 8,8; 4,5; 5,7; 7,9; 5,7; 7,4; 4,8; 5,6; 7,2; 5,3; 5,4
Männer: 6,3; 8,9; 9,0; 5,4; 9,4; 8,9; 7,6; 5,3; 7,3; 7,2; 6,3; 7,9; 4,6; 6,0; 9,8; 6,5
Vergleichen Sie die Stichproben anhand von Boxplots.

6 Ordnen Sie die Säulendiagramme zum Taschengeld pro Monat in Euro bei 100 befragten Schülerinnen und Schülern den zugehörigen Boxplots zu.

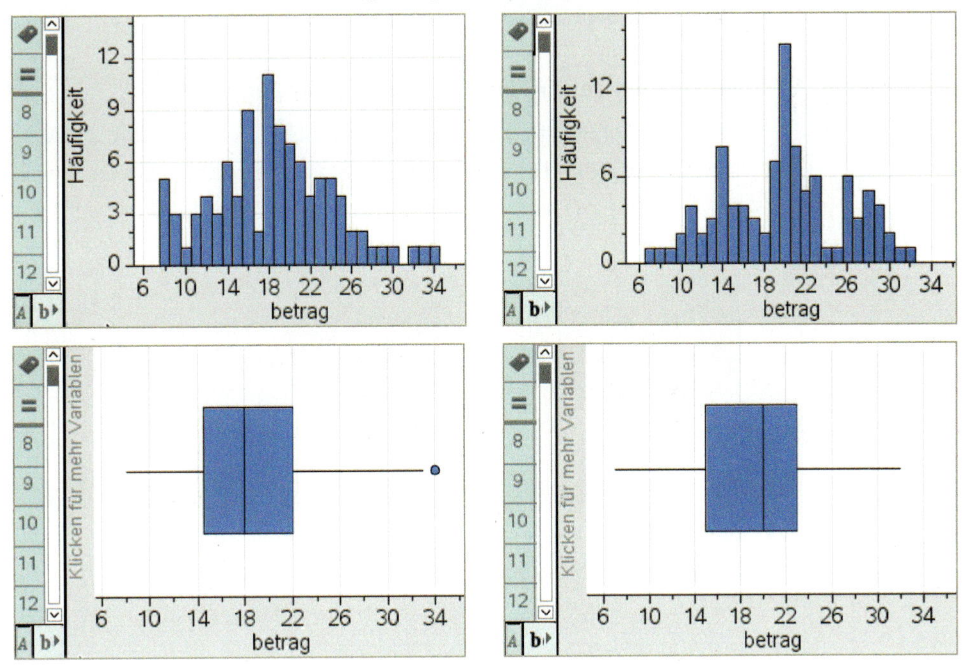

7 Die Grafiken zeigen die Anzahl der Milchzähne bei zwei Gruppen von 100 untersuchten Kindern unter drei Jahren. Zeichnen Sie jeweils einen passenden Boxplot.

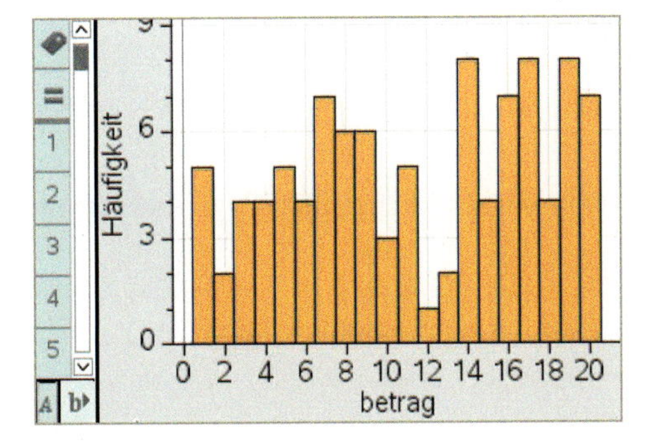

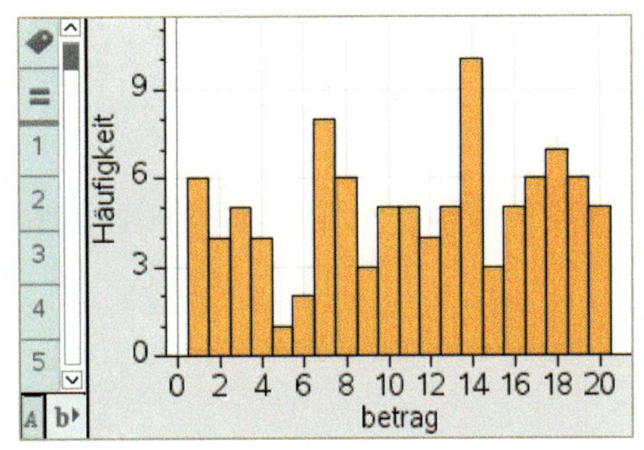

6.3 Wahrscheinlichkeitsverteilung – Erwartungswert einer Zufallsgröße

Einstieg

Bei einem Würfelspiel mit zwei Würfeln beträgt der Einsatz 2 €. Würfelt man einen Pasch oder ein „Mäxchen" (eine 2 und eine 1), so erhält man folgende Auszahlung:

Pasch und Mäxchen gewinnen:						
11	22	33	44	55	66	21
1€	2€	3€	4€	5€	6€	10€

Wie hoch ist der zu erwartende Gewinn oder Verlust?

Aufgabe mit Lösung

Bestimmen des Erwartungswertes einer Zufallsgröße

Bei einem Schulfest möchte die Q1 ein Glücksspiel zugunsten der Abikasse anbieten: Die Kunden drehen an zwei Glücksrädern und erhalten beim Erscheinen der entsprechenden Symbole im Gewinnfeld eine Auszahlung. Der Einsatz beträgt 1 €.

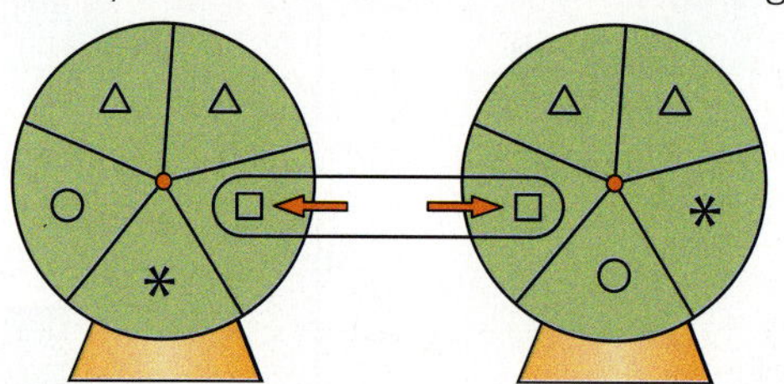

Spielen und gewinnen!
5 € bei zwei Quadraten
2 € bei zwei anderen gleichen Symbolen
1 € bei genau einem Kreis
Teilnahme nur 1 €

Kann die Q1 mit diesem Glücksspiel Einnahmen für die Abikasse erwarten?

Lösung

Mit einem zweistufigen Baumdiagramm ermittelt man:

P (zwei Quadrate) $= \frac{1}{5} \cdot \frac{1}{5} = \frac{1}{25}$

P (zwei andere gleiche Symbole) $= 2 \cdot \frac{1}{5} \cdot \frac{1}{5} + \frac{2}{5} \cdot \frac{2}{5} = \frac{6}{25}$

P (genau ein Kreis) $= \frac{1}{5} \cdot \frac{4}{5} + \frac{4}{5} \cdot \frac{1}{5} = \frac{8}{25}$

P (Verlust) $= 1 - \frac{1}{25} - \frac{6}{25} - \frac{8}{25} = \frac{10}{25} = \frac{2}{5}$

Damit ergibt sich folgende Wahrscheinlichkeitsverteilung:

Auszahlung	5€	2€	1€	0€
Wahrscheinlichkeit	$\frac{1}{25}$	$\frac{6}{25}$	$\frac{8}{25}$	$\frac{2}{5}$

Diese Wahrscheinlichkeiten sind Schätzwerte für die relativen Häufigkeiten, wenn man das Zufallsexperiment oft durchführt. Berechnet man das arithmetische Mittel dieser Häufigkeitsverteilung, so erhält man als durchschnittlich zu erwartende Auszahlung:

$5\,€ \cdot \frac{1}{25} + 2\,€ \cdot \frac{6}{25} + 1\,€ \cdot \frac{8}{25} = \frac{25}{25}\,€ = 1\,€$

Da dies mit dem Spieleinsatz von 1 € übereinstimmt, kann die Q1 auf lange Sicht weder Einnahmen noch Verluste erwarten. Um einen Gewinn zu erzielen, sollte sie den Teilnahmepreis erhöhen oder die Gewinne verringern oder die Gewinnregel verändern.

Information

Zufallsgrößen und deren Wahrscheinlichkeitsverteilung

Eine **Zufallsgröße X** ordnet jedem Ergebnis eines Zufallsexperiments eine reelle Zahl k zu.

Alle Ergebnisse, denen die Zahl k zugeordnet wird, kann man zu einem Ereignis zusammenfassen. Dieses Ereignis beschreibt man durch $X = k$.

Die **Wahrscheinlichkeitsverteilung** einer Zufallsgröße X ordnet jedem Wert k der Zufallsgröße seine Wahrscheinlichkeit $P(X = k)$ zu.

Eine Münze wird dreimal geworfen. Je Wappen beträgt der Gewinn 1 €, je Zahl ist 1 € zu zahlen.

Zufallsgröße X: *Gewinn/Verlust beim dreifachen Münzwurf*

Ergebnis	Gewinn k	Ereignis	P(X = k)
WWW	3	X = 3	$P(X=3) = \frac{1}{2}\cdot\frac{1}{2}\cdot\frac{1}{2} = \frac{1}{8}$
WWZ	1	X = 1	$P(X=1) = 3\cdot\left(\frac{1}{2}\cdot\frac{1}{2}\cdot\frac{1}{2}\right) = \frac{3}{8}$
WZW	1		
ZWW	1		
WZZ	−1	X = −1	$P(X=-1) = 3\cdot\left(\frac{1}{2}\cdot\frac{1}{2}\cdot\frac{1}{2}\right) = \frac{3}{8}$
ZWZ	−1		
ZZW	−1		
ZZZ	−3	X = −3	$P(X=-3) = \frac{1}{2}\cdot\frac{1}{2}\cdot\frac{1}{2} = \frac{1}{8}$

Der Erwartungswert für den Gewinn beträgt

$E(X) = 3\cdot\frac{1}{8} + 1\cdot\frac{3}{8} + (-1)\cdot\frac{3}{8} + (-3)\cdot\frac{1}{8} = 0$

Man kann erwarten, in dem Spiel langfristig weder Geld zu gewinnen noch Geld zu verlieren. Man sagt: Das Spiel ist *fair*.

Erwartungswert einer Zufallsgröße

Eine Zufallsgröße X nimmt die Werte $a_1, ..., a_m$ mit den Wahrscheinlichkeiten $P(X = a_1), ..., P(X = a_m)$ an.
Der **Erwartungswert** der Zufallsgröße X ist:

$$E(X) = a_1 \cdot P(X = a_1) + ... + a_m \cdot P(X = a_m)$$

Er beschreibt das zu erwartende arithmetische Mittel der aufgetretenen Werte der Zufallsgröße bei häufiger Versuchsdurchführung.

Für den Erwartungswert einer Zufallsgröße X schreibt man auch μ statt E(X).

Ein Spiel ist **fair**, wenn der Erwartungswert des Gewinns gleich 0 ist.

Üben

1 Übertragen Sie die Tabelle in Ihr Heft und bestimmen Sie den Erwartungswert der Zufallsgröße X.

k	10	25	40	80	Summe
P(X = k)	0,41	0,33	0,17	0,09	
k · P(X = k)					

2 Bestimmen Sie die Wahrscheinlichkeitsverteilung der Zufallsgröße X und berechnen Sie deren Erwartungswert.

a) X: *Augensumme beim zweifachen Werfen eines Würfels*

b) X: *Augenprodukt beim zweifachen Werfen eines Würfels*

c) X: *größtmögliche Zahl, die sich ergibt, wenn man die beim zweifachen Werfen eines Würfels gewürfelten Zahlen als Ziffern einer zweistelligen Zahl notiert*

3 Ein Wurf bei einer Hunderasse umfasst ein bis zwölf Welpen.
Bestimmen Sie den Erwartungswert der Zufallsgröße X: *Anzahl der Welpen pro Wurf*.

Wurfgröße k	1	2	3	4	5	6	7	8	9	10	11	12
P(X = k)	0,01	0,01	0,02	0,06	0,15	0,25	0,25	0,15	0,06	0,02	0,01	0,01

4 Ein Ikosaeder ist ein regelmäßiger Körper mit 20 Flächen. Als Zufallsgerät wird er mit den Zahlen 1 bis 20 beschriftet.
Die Zufallsgröße X gibt die Quersumme der damit gewürfelten Zahl an.

a) Bestimmen Sie die Wahrscheinlichkeitsverteilung der Zufallsgröße X mithilfe einer Tabelle wie hier abgebildet.

Quersumme k	1	2	…
zugehörige Ergebnisse	1; 10	2; 20; 11	…
P(X = k)	…	…	…

b) Bestimmen Sie den Erwartungswert der Zufallsgröße X.

5 Bei einem Spielautomaten wird jedem Ergebnis eine Auszahlung zugeordnet.
Eine Firma hat einen Automaten so eingestellt, dass er pro Spiel in 25 % der Fälle kein Geld ausschüttet, in 40 % der Fälle 50 Cent, in 23 % der Fälle 1 €, in 10 % der Fälle 2 € und in 2 % der Fälle 5 €.
Der Einsatz pro Spiel beträgt 1 €. Ermitteln Sie, welche Auszahlung bei diesem Spielautomaten im Mittel auf lange Sicht zu erwarten ist.

6 Ordnen Sie Zufallsexperiment und Wahrscheinlichkeitsverteilung einander begründet zu.

(1)
Ein Würfel mit den Zahlen 1, 1, 1, 2, 2, 2 wird dreimal geworfen und die Augensumme gebildet.

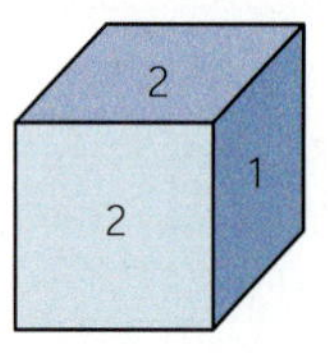

(2)
Die abgebildeten Glücksräder werden gedreht und die Augensumme wird gebildet.

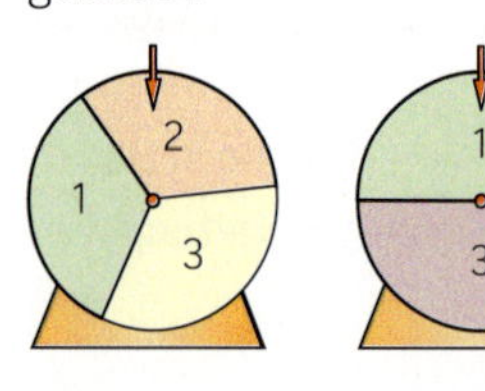

(3)
Aus den abgebildeten Spielkarten werden zwei ohne Zurücklegen gezogen und die Zahlen multipliziert.

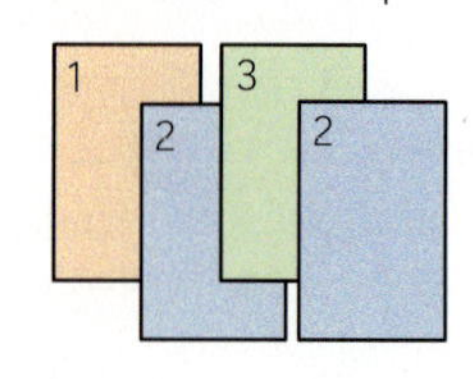

(A)

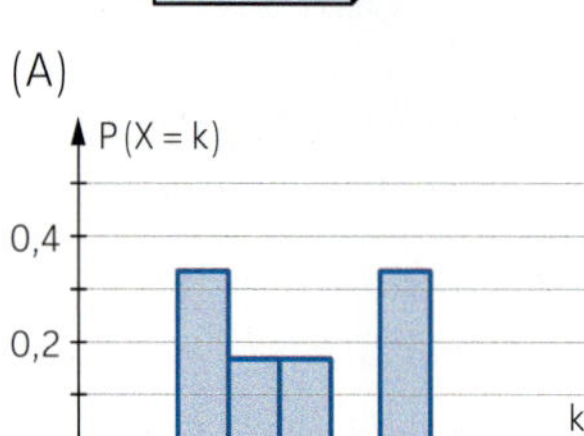

(B)

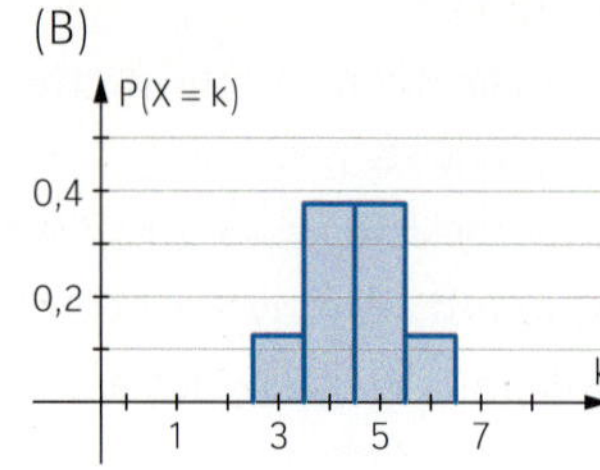

(C)

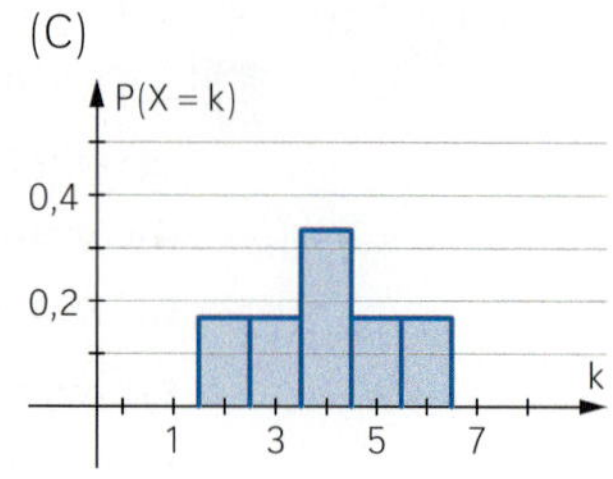

7 ≡ In einem Spielautomaten drehen sich zwei Räder, auf denen jeweils die vier Symbole ♠, ♣, ♥, ♦ mehrfach, aber gleich oft aufgetragen sind.

a) Welche Auszahlung kann man im Mittel pro Spiel erwarten?

b) Untersuchen Sie, bei welchem Spieleinsatz das Spiel fair ist.

Ergebnis	Auszahlung
♣♠, ♠♣	0€
♦♣, ♣♦, ♠♦, ♦♠	0,10€
♥♣, ♣♥, ♥♠, ♠♥	0,20€
♣♣, ♠♠, ♦♦	0,30€
♥♦, ♦♥	0,40€
♥♥	0,50€

8 ≡ Das abgebildete Glücksrad wird gedreht. Bleibt der Zeiger auf Rot stehen, erhält der Spieler eine Auszahlung von 2€. Der Spieleinsatz beträgt 1€.
Verändern Sie das Glücksspiel so, dass es ein faires Spiel wird, indem Sie

a) den Einsatz verändern;

b) die Auszahlung verändern;

c) die Größe bzw. Anzahl der Sektoren auf dem Glücksrad verändern.

9 ≡ Ein mobiler Crêpe-Verkäufer hat folgende Erfahrungswerte:
In der Innenstadt nimmt er täglich 200€ ein; im Stadtpark nimmt er an Sonnentagen sogar 600€ ein, bei viel Regen 0€ und sonst 70€.
Nach einer neuen Verordnung der Stadt darf er seinen Verkaufswagen nur noch an einem festen Standort aufstellen.

Laut Wetterstatistik scheint in der Region an 30 von 100 Tagen die Sonne und an 34 von 100 Tagen regnet es viel.
Bestimmen Sie anhand der Erfahrungen, die der Crêpe-Verkäufer gemacht hat, für welchen Standort er sich entscheiden sollte.

10 ≡ Der Bäckermeister einer Bäckerei stellt täglich 400 Brezeln her, die aber nie vollständig verkauft werden. Erfahrungsgemäß bleiben an 30 % der Tage 20 Brezeln, an 30 % der Tage 40 Brezeln, an 10 % der Tage 60 Brezeln, an 20 % der Tage 80 Brezeln und an den restlichen Tagen 100 Brezeln übrig.
Jede verkaufte Brezel bringt 30 Cent Gewinn, jede nicht verkaufte 40 Cent Verlust.

a) Bestimmen Sie den Erwartungswert für die Zahl der verkauften Brezeln.

b) Bestimmen Sie den Erwartungswert für den Gewinn.

c) Um einen größeren Gewinn zu erzielen, will die Bäckerei künftig weniger Brezeln backen.
Ermitteln Sie die optimale Anzahl unter den gegebenen Bedingungen.
Hinweis: Hier hilft eine Tabellenkalkulation.

11 ≡ Die Herstellung von Keksen in einer Fabrik ist aufgrund vieler Faktoren, z. B. der Schwankung der Ofentemperatur oder der Rohstoffunterschiede, ein schwieriges Unterfangen, das eine umfangreiche Qualitätskontrolle notwendig macht. Im Laufe des Produktionsprozesses entscheidet die Kontrolle zweimal: Die erste Entscheidung erfolgt nach dem Backen der Kekse, die zweite wird nach dem Schokoladenüberzug getroffen.

- 23 % der Kekse werden bei der ersten Qualitätskontrolle beanstandet. Von diesen erhalten noch 60 % anschließend einen Schokoladenüberzug und werden als Kekse 2. Wahl verkauft. Die anderen werden als Ausschuss deklariert.
- 85 % der zuvor nicht beanstandeten Kekse werden nach dem Schokoladenüberzug als Kekse 1. Wahl in den Verkauf gebracht, die übrigen als Kekse 2. Wahl eingestuft.

a) Stellen Sie den Prüfvorgang mithilfe eines Baumdiagramms dar.
Bestimmen Sie die Wahrscheinlichkeit, dass ein zufällig gewählter Keks als 1. Wahl, 2. Wahl oder Ausschuss deklariert wird.

b) Pro Kilogramm Kekse mit Schokoladenüberzug entstehen dem Hersteller Kosten von 1,30 €, ohne Schokoladenüberzug 0,80 €.
Kekse 1. Wahl werden zu einem Preis von 10 € pro Kilogramm verkauft, Kekse 2. Wahl zu einem Preis von 6,50 € pro Kilogramm. Der Ausschuss wird an einen Resteverwerter für 1,80 € pro Kilogramm verkauft.
Bestimmen Sie den zu erwartenden Gewinn pro Kilogramm Kekse.

12 ≡ Ein Feinkosthändler führt in seinem Angebot Packungen selbst hergestellter, leicht verderblicher Sushi, die am Tage der Herstellung verkauft werden müssen.
Durch Beobachtung stellt er fest, dass er

- an 5 % der Tage 10 Packungen,
- an 15 % der Tage 11 Packungen,
- an 30 % der Tage 12 Packungen,
- an 25 % der Tage 13 Packungen,
- an 15 % der Tage 14 Packungen und
- an 10 % der Tage sogar 15 Packungen verkaufen kann.

An einer verkauften Packung verdient er 4 €, während eine nicht verkaufte Packung ihm 6 € Verlust einbringt.

a) Berechnen Sie den Gewinn, den der Feinkosthändler erwarten kann, wenn er pro Tag 15 Packungen Sushi herstellt.

b) Stellt der Feinkosthändler pro Tag nur 14 Packungen Sushi her, kann es in 10 % der Fälle vorkommen, dass ein Kunde vergeblich in das Geschäft kommt, weil das Sushi ausverkauft ist.
Berechnen Sie den zu erwartenden Gewinn für diese Situation.

c) Untersuchen Sie, bei welcher Herstellungsmenge an Sushi-Packungen der Feinkosthändler maximalen Gewinn erwarten kann.

13 ≡ Bei einem Gewinnspiel werden alle Auszahlungen

a) verdoppelt; **b)** um 20 % erhöht.

Wie ändert sich der Erwartungswert der Zufallsgröße X: *Höhe der Auszahlung*?

14 ≡ Berechnen Sie die Erwartungswerte für die Augensumme beim Würfeln mit einem, zwei bzw. drei Würfeln. Was fällt auf? Erklären Sie Ihre Beobachtungen.

Weiterüben

15 ≡ Bei einem Glücksspiel mit einem Glücksrad kann man auf Rot, Blau oder Gelb setzen.
Das Glücksrad wird dreimal gedreht. Der Einsatz beträgt 1 €.
Je nachdem, wie oft der Zeiger auf einer Farbe stehen bleibt, auf die man gesetzt hat, wird ein Betrag nach dem angegebenen Plan ausgezahlt.

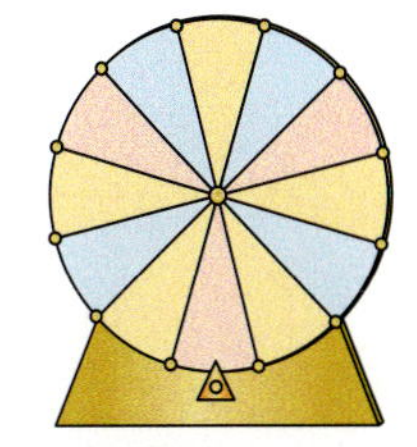

Berechnen Sie den Erwartungswert der Zufallsgröße X: *Höhe des Gewinns*. Ermitteln Sie dazu mithilfe eines Baumdiagramms die benötigten Wahrscheinlichkeiten.
Auf welche Farbe würden Sie setzen?

	Gelb	Blau	Rot
0-mal	0 €	0 €	0 €
1-mal	0,50 €	0,50 €	1 €
2-mal	1,50 €	2 €	2,50 €
3-mal	3 €	5 €	4 €

16 ≡ Bei einem Gewinnspiel wird mit einem Würfel gewürfelt. Der Spielbetreiber bietet zwei Spielvarianten an.

~ Auszahlung ~

Variante 1: Augenzahl in €

Variante 2: 4 € bei Augenzahl 1, 2 oder 3; 1 € bei Augenzahl 4, 5 oder 6

a) Vergleichen Sie die beiden Spielvarianten anhand ihrer Erwartungswerte.

b) Die Zufallsgrößen X_1 und X_2 geben die Auszahlungsbeträge bei Variante 1 bzw. Variante 2 an.
Übertragen Sie die Tabelle in Ihr Heft und vervollständigen Sie diese.
Erläutern Sie die Bedeutung der Zufallsgröße $X_1 + X_2$.
Wie hängen die Erwartungswerte von X_1, X_2 und $X_1 + X_2$ zusammen?

Augenzahl	X_1	X_2	$X_1 + X_2$
1	1	4	
2	2	4	
3	3	4	
4	4	1	
5	5	1	
6	6	1	
Summe			
Erwartungswert			

c) Beweisen Sie folgende allgemeine Regel mithilfe der Bezeichnungen aus der Tabelle:

Additivität des Erwartungswertes

Sind zwei Zufallsgrößen X_1 und X_2 auf der gleichen Ergebnismenge eines Zufallsexperiments definiert, so gilt:

$E(X_1 + X_2) = E(X_1) + E(X_2)$

Ergebnis	Wahrscheinlichkeit	X_1	X_2	$X_1 + X_2$
e_1	p_1	a_1	b_1	$a_1 + b_1$
e_2	p_2	a_2	b_2	$a_2 + b_2$
e_3	p_3	a_3	p_3	$a_3 + p_3$
...	...	...	...	...
e_n	p_n	a_n	b_n	$a_n + b_n$

6.4 Standardabweichung einer Zufallsgröße

Einstieg

Ein Roulette-Kessel ist in 37 gleich große Felder unterteilt. Davon sind die Felder 1 bis 36 abwechselnd schwarz und rot gefärbt; das 37. Feld ist grün und trägt die Ziffer 0.
Beim Spiel wird eine Kugel in den sich drehenden Kessel geworfen und bleibt dann zufällig in einem der Felder liegen. Setzt man auf eine konkrete Zahl, so erhält man im Gewinnfall das 36-Fache des Einsatzes ausgezahlt. Setzt man auf die Farbe Schwarz oder Rot, so gibt es den doppelten Einsatz als Auszahlung.
Ein Spieler setzt auf Schwarz, der andere auf die Zahl 13. Welchen Gewinn haben die beiden zu erwarten? Bei welcher Variante streuen die Gewinne stärker um den Erwartungswert?

Aufgabe mit Lösung

Streuung der Werte um den Erwartungswert einer Zufallsgröße

Der Einsatz an zwei Spielautomaten beträgt jeweils 0,20 €. Die Ausschüttung erfolgt nach den folgenden Plänen:

Automat A:

Betrag in €	0	0,20	0,50	1	2
Wahrscheinlichkeit	0,79	0,10	0,05	0,04	0,02

Automat B:

Betrag in €	0	0,10	0,20	0,50	1	2
Wahrscheinlichkeit	0,60	0,20	0,10	0,05	0,04	0,01

→ Vergleichen Sie den Erwartungswert der Auszahlungsbeträge an beiden Automaten.

Lösung

Für jeden Automaten berechnet man den Erwartungswert der Zufallsgröße.

X_A: *Auszahlungsbetrag bei Automat A in €*

X_B: *Auszahlungsbetrag bei Automat B in €*

$\mu_A = E(X_A) = 0 \cdot 0{,}79 + 0{,}20 \cdot 0{,}1 + 0{,}50 \cdot 0{,}05 + 1 \cdot 0{,}04 + 2 \cdot 0{,}02 = 0{,}125$

$\mu_B = E(X_B) = 0 \cdot 0{,}6 + 0{,}10 \cdot 0{,}2 + 0{,}20 \cdot 0{,}1 + 0{,}50 \cdot 0{,}05 + 1 \cdot 0{,}04 + 2 \cdot 0{,}01 = 0{,}125$

Bei beiden Automaten beträgt der zu erwartende Auszahlungsbetrag 0,125 € = 12,5 Cent pro Spiel.

→ Untersuchen Sie das Streuverhalten der Auszahlungsbeträge um den Erwartungswert.

Lösung

Die Wahrscheinlichkeiten für die einzelnen Auszahlungsbeträge sind Schätzwerte für die relativen Häufigkeiten, wenn man das Zufallsexperiment oft durchführt.
Man erhält also einen Schätzwert für die empirische Standardabweichung in einer großen Stichprobe, wenn man in der Formel die relativen Häufigkeiten durch die Wahrscheinlichkeiten und das arithmetische Mittel durch den Erwartungswert ersetzt.

Damit ergibt sich für die Standardabweichung vom Erwartungswert 0,125 €

- beim Automaten A:
  $\sqrt{(0\,€ - 0{,}125\,€)^2 \cdot 0{,}79 + (0{,}20\,€ - 0{,}125\,€)^2 \cdot 0{,}1 + \ldots + (2\,€ - 0{,}125\,€)^2 \cdot 0{,}02} = 0{,}348\,€$
- beim Automaten B:
  $\sqrt{(0\,€ - 0{,}125\,€)^2 \cdot 0{,}6 + (0{,}10\,€ - 0{,}125\,€)^2 \cdot 0{,}2 + \ldots + (2\,€ - 0{,}125\,€)^2 \cdot 0{,}01} = 0{,}288\,€$

Beim Automaten A streuen die ausgezahlten Beträge stärker um den Erwartungswert 0,125 € als beim Automaten B. Ein Grund dafür ist, dass beim Automaten A die Wahrscheinlichkeit für den Hauptgewinn mit 2 € doppelt so groß ist wie beim Automaten B.
Hieraus ergibt sich, dass beim Automaten A höhere Gewinne, aber auch stärkere Verluste wahrscheinlicher sind als beim Automaten B. Ein vorsichtiger Spieler wird also am Automaten B spielen, ein risikoreicherer Spieler am Automaten A. Auf lange Sicht verliert man an beiden Automaten ohnehin 20 Cent − 12,5 Cent = 7,5 Cent pro Spiel.

Information

Standardabweichung einer Zufallsgröße

Eine Zufallsgröße X nimmt die Werte $a_1, \ldots, a_m$ mit den Wahrscheinlichkeiten $P(X = a_1), \ldots, P(X = a_m)$ an und hat den Erwartungswert $\mu = E(X)$.
Die **Standardabweichung σ** der Zufallsgröße X ist:

$$\sigma = \sqrt{(a_1 - \mu)^2 \cdot P(X = a_1) + \ldots + (a_m - \mu)^2 \cdot P(X = a_m)}$$

Sie ist ein Maß für die Streuung der Wahrscheinlichkeitsverteilung um μ.

Man kann beim Berechnen der Standardabweichung zunächst die **mittlere quadratische Abweichung σ^2** oder auch **Varianz** ermitteln:

$$\sigma^2 = (a_1 - \mu)^2 \cdot P(X = a_1) + \ldots + (a_m - \mu)^2 \cdot P(X = a_m)$$

Statt σ^2 schreibt man auch V(X).

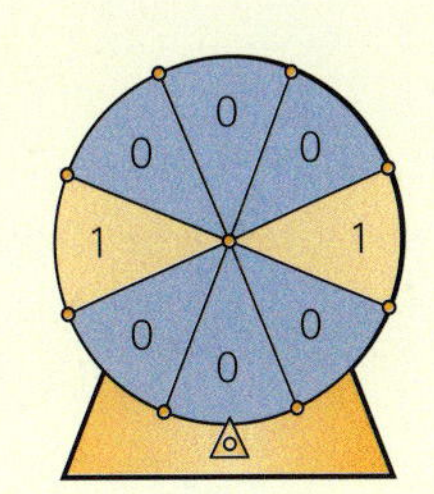

X: *Auszahlung in €*

$\mu = E(X) = 0 \cdot 0{,}75 + 1 \cdot 0{,}25$
$= 0{,}25$

$\sigma = \sqrt{(-0{,}25)^2 \cdot 0{,}75 + 0{,}75^2 \cdot 0{,}25}$
$= \sqrt{0{,}1875} \approx 0{,}43$

Hinweise:
(1) Das Berechnen der Standardabweichung lässt sich gut in einer Tabelle schrittweise organisieren.
(2) Mit einem Rechner lässt sich die Standardabweichung von Zufallsgrößen ebenfalls berechnen. Informieren Sie sich über die Vorgehensweise bei Ihrem Rechnermodell.

k	...	
P(X = k)	...	Summe = 1
k · P(X = k)	...	E(X) = ...
k − μ	...	
$(k - \mu)^2$	...	
$(k - \mu)^2 \cdot P(X = k)$	...	V(X) = ...
		$\sigma = \sqrt{V(X)} = \ldots$

Üben

1 Neben fairen Würfeln werden auch gezinkte Würfel zum Kauf angeboten.

fairer Würfel

Augenzahl	1	2	3	4	5	6
Wahrschein-lichkeit	$\frac{1}{6}$	$\frac{1}{6}$	$\frac{1}{6}$	$\frac{1}{6}$	$\frac{1}{6}$	$\frac{1}{6}$

gezinkter Würfel

Augenzahl	1	2	3	4	5	6
Wahrschein-lichkeit	$\frac{1}{12}$	$\frac{1}{6}$	$\frac{1}{4}$	$\frac{1}{4}$	$\frac{1}{6}$	$\frac{1}{12}$

Stellen Sie beide Verteilungen grafisch dar und bestimmen Sie für beide Würfel Erwartungswert und Standardabweichung.
Erläutern Sie anhand der Diagramme die Bedeutung beider Werte.

2 Ein Spielautomat ist so programmiert, dass er verschiedene Beträge mit den angegebenen Wahrscheinlichkeiten auswirft.
Der Spieleinsatz beträgt 1 €.

Auszahlung in €	1	2	3	4
Wahrscheinlichkeit der Auszahlung	$\frac{1}{4}$	$\frac{1}{9}$	$\frac{1}{15}$	$\frac{1}{20}$

Bestimmen Sie den Erwartungswert und die Standardabweichung der Zufallsgröße
X: Gewinn bei einem Spiel mit dem Spielautomaten.

3 Eine Firma fertigt Holzstifte zur Verbindung von Möbelteilen. Angestrebt wird ein Durchmesser von 5 mm. Bei Abweichungen von mehr als 0,2 mm sind die Stifte nicht zu gebrauchen. Die Zufallsgröße X beschreibt die Abweichung in mm.

Abweichung a_i in mm	−0,4	−0,2	0,0	0,2	0,4
$P(X = a_i)$	0,15	0,18	0,27	0,22	0,18

Bestimmen Sie den Erwartungswert und die Standardabweichung.

4 Gegeben ist ein fairer Würfel.

a) Bestimmen Sie die Standardabweichung der Augenzahlen beim Würfeln.

b) Würfeln Sie einen solchen Würfel 20-mal und notieren Sie Ihre Häufigkeitsverteilung.

c) Summieren Sie die Werte aus Teilaufgabe b) für Ihren gesamten Kurs und stellen Sie die Daten in einem Histogramm dar.

d) Vergleichen Sie Ihr Ergebnis aus Teilaufgabe b) mit dem aus Teilaufgabe a), also Realität und Modell, und diskutieren Sie die Bedeutung der Kenngrößen im Sachzusammenhang.

5 Die Fluggesellschaft Budgetfly bietet generell mehr Tickets pro Flug zum Verkauf an, als Plätze im Flugzeug vorhanden sind, da erfahrungsgemäß nicht alle gebuchten Flüge angetreten werden. So lassen sich Kosten sparen.
Eine Maschine verfügt über 150 Plätze; angeboten werden 155 Tickets.
Bekommen Passagiere keinen Platz im gebuchten Flugzeug, steht ihnen eine Erstattung des Flugpreises von 250 € zu.
Die empirisch ermittelte Wahrscheinlichkeit, dass zu viele Budgetfly-Passagiere ihren Flug wirklich antreten, ist in der Tabelle dargestellt.

überzählige Fluggäste	0	1	2	3	4	5
Wahrscheinlichkeit	0,68	0,17	0,08	0,04	0,02	0,01

Bestimmen Sie den Erwartungswert und die Standardabweichung der Erstattungssumme.

6 Bei einer Kalkulation für einen neuen Versicherungstarif für Pkw werden Schäden in grobe Kategorien eingeteilt. Aus den in der Vergangenheit gemeldeten Daten werden die Wahrscheinlichkeiten der Schadenshöhen prognostiziert. Für die Laufzeit von 24 Monaten ergibt sich pro Versicherungsvertrag folgende Wahrscheinlichkeitsverteilung:

Höhe des Schadens in €	150	300	500	1000	1500	2500	5000
Wahrscheinlichkeit	0,29	0,27	0,12	0,12	0,09	0,06	0,05

a) Bestimmen Sie die nach diesen Daten auf lange Sicht entstehende Schadenssumme in 24 Monaten pro Versicherungsvertrag. Ermitteln Sie, ob der geplante Monatsbeitrag von 35 € ausreichend ist.

b) Nach einigen Monaten wird klar, dass der in Teilaufgabe a) angegebene Monatsbeitrag viel zu knapp bemessen ist. Legen Sie einen neuen Monatsbeitrag fest und erläutern Sie Ihre Entscheidung.

c) Berechnen Sie die Standardabweichung der Zufallsgröße X: *Höhe des Schadens*.

Weiterüben

7 In einem Supermarkt werden pro Tag 3 kg von einer Bio-Frucht angeboten. Pro Kilogramm zahlt der Supermarkt an den Erzeuger 4,20 € und verkauft es für 6,50 €. Verdorbenes Obst muss an jedem Abend entsorgt werden. Der Geschäftsführer nutzt die bisherigen Verkaufszahlen für seine Planungen.

Nachfrage pro Tag in kg	0	1	2	3	4
Wahrscheinlichkeit	0,12	0,34	0,37	0,11	0,06

Der Geschäftsführer muss entscheiden, ob er die Frucht weiterhin anbieten soll. Dazu bestimmt er die zu erwartende Verkaufsmenge. Weiterhin ist es geschäftsschädigend, wenn die Frucht ausverkauft ist, da dann die Kunden zu einem Konkurrenten wechseln könnten. Mit welcher Streuung der Nachfrage muss der Geschäftsführer kalkulieren? Bestimmen Sie die Menge an Obst, die er dann vorhalten muss. Lohnt sich der Verkauf dieser Frucht?

8 Bei vier Glücksrädern werden die Gewinnbeträge wie in den Histogrammen gezeigt ausgeschüttet. Ordnen Sie die Glücksräder ohne weitere Rechnung nach der Größe ihrer Standardabweichung. Begründen Sie Ihr Ergebnis.

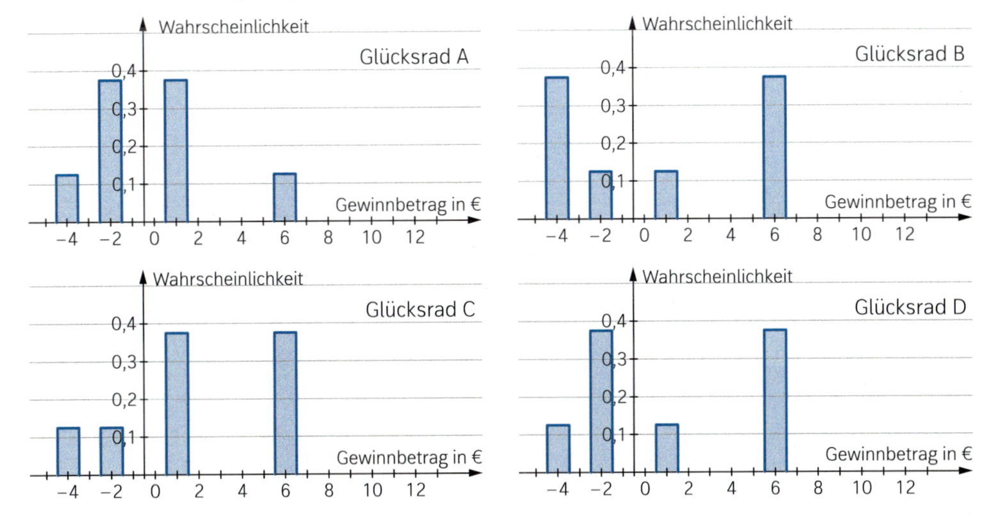

6.5 Binomialkoeffizienten

Einstieg

Ein Beutel enthält die abgebildeten 6 Buchstaben. Es werden zufällig 3 Buchstaben ohne Zurücklegen aus dem Beutel gezogen. Untersuchen Sie, wie viele Ergebnisse möglich sind, wenn man die Reihenfolge der Buchstaben beachtet.
Wie verändert sich diese Anzahl, wenn die Reihenfolge nicht beachtet wird?
Bestimmen Sie damit die Wahrscheinlichkeit, die Buchstaben H, A, I in beliebiger Reihenfolge zu ziehen.

Aufgabe mit Lösung

Anzahl der möglichen Lottoergebnisse

Auf einem Schulfest wird das Lottospiel „3 aus 5" veranstaltet. In einem Behälter befinden sich 5 Kugeln, die mit den Ziffern 1 bis 5 beschriftet sind. Nacheinander werden zufällig 3 Kugeln ohne Zurücklegen gezogen. Man gewinnt, wenn man alle drei gezogenen Zahlen angekreuzt hat.

→ Notieren Sie systematisch alle Reihenfolgen, in der die 3 Kugeln gezogen werden können.

Lösung

Da jede Zahl nur einmal im Behälter enthalten ist, gibt es für den ersten Zug 5 Möglichkeiten, für den zweiten noch 4 Möglichkeiten und für den dritten nur noch 3 Möglichkeiten. Auf diese Weise erhält man die folgenden $5 \cdot 4 \cdot 3 = 60$ möglichen Reihenfolgen:

1, 2, 3	1, 2, 4	1, 2, 5	1, 3, 4	1, 3, 5	1, 4, 5	2, 3, 4	2, 3, 5	2, 4, 5	3, 4, 5
1, 3, 2	1, 4, 2	1, 5, 2	1, 4, 3	1, 5, 3	1, 5, 4	2, 4, 3	2, 5, 3	2, 5, 4	3, 5, 4
2, 1, 3	2, 1, 4	2, 1, 5	3, 1, 4	3, 1, 5	4, 1, 5	3, 2, 4	3, 2, 5	4, 2, 5	4, 3, 5
2, 3, 1	2, 4, 1	2, 5, 1	3, 4, 1	3, 5, 1	4, 5, 1	3, 4, 2	3, 5, 2	4, 5, 2	4, 5, 3
3, 1, 2	4, 1, 2	5, 1, 2	4, 1, 3	5, 1, 3	5, 1, 4	4, 2, 3	5, 2, 3	5, 2, 4	5, 3, 4
3, 2, 1	4, 2, 1	5, 2, 1	4, 3, 1	5, 3, 1	5, 4, 1	4, 3, 2	5, 3, 2	5, 4, 2	5, 4, 3

mögliche Anordnungen der Zahlen 1, 2, 3

mögliche Anordnungen der Zahlen 3, 4, 5

→ Beim Lottospiel kommt es nicht auf die Reihenfolge der gezogenen Zahlen an.
Wie viele unterschiedlich ausgefüllte Lottoscheine sind möglich? Berechnen Sie damit die Wahrscheinlichkeit, die drei gezogenen Zahlen angekreuzt zu haben.

Lösung

In den Spalten der Tabelle erkennt man, dass es $3 \cdot 2 \cdot 1 = 6$ Möglichkeiten gibt, drei verschiedene Zahlen anzuordnen. Da die Reihenfolge nicht interessiert, erhält man somit $\frac{5 \cdot 4 \cdot 3}{3 \cdot 2 \cdot 1} = \frac{60}{6} = 10$ unterschiedlich ausgefüllte Lottoscheine.
Die Wahrscheinlichkeit, die drei gezogenen Zahlen angekreuzt zu haben, beträgt also $\frac{1}{10}$.

Information

Fakultät

Das Produkt der natürlichen Zahlen von 1 bis n wird als n **Fakultät** bezeichnet.
Man schreibt: n!
$n! = n \cdot (n-1) \cdot \ldots \cdot 2 \cdot 1$ gibt die Anzahl der Möglichkeiten an, n verschiedene Objekte anzuordnen.

$1! = 1$
$2! = 2 \cdot 1 = 2$
$3! = 3 \cdot 2 \cdot 1 = 6$
$4! = 4 \cdot 3 \cdot 2 \cdot 1 = 24$
usw.
Weiterhin vereinbart man: $0! = 1$

Anzahl der Möglichkeiten beim Ziehen ohne Zurücklegen – Binomialkoeffizient

Sollen k Elemente ohne Zurücklegen aus n verschiedenen Objekten gezogen werden, so unterscheidet man zwei Fälle.

(1) mit Beachtung der Reihenfolge
Die Anzahl der Möglichkeiten beträgt:
$n \cdot (n-1) \cdot \ldots \cdot (n-(k-1)) = \frac{n!}{(n-k)!}$

(2) ohne Beachtung der Reihenfolge
Die Anzahl der Anordnungen von k verschiedenen Objekten beträgt k!. Also ergibt sich die Anzahl der Möglichkeiten aus $\frac{n!}{k! \cdot (n-k)!}$. Dieser Term wird mit $\binom{n}{k}$ bezeichnet und heißt **Binomialkoeffizient**.

$\binom{n}{k}$ wird gelesen: n über k

Anzahl der Möglichkeiten beim Ziehen von 4 Elementen ohne Zurücklegen aus 7 verschiedenen Objekten:

(1) mit Beachtung der Reihenfolge
$$7 \cdot 6 \cdot 5 \cdot 4 = \frac{7 \cdot 6 \cdot 5 \cdot 4 \cdot 3 \cdot 2 \cdot 1}{3 \cdot 2 \cdot 1} = \frac{7!}{3!} = \frac{7!}{(7-4)!} = 840$$

(2) ohne Beachtung der Reihenfolge
Es gibt $4! = 24$ Möglichkeiten, 4 verschiedene Objekte anzuordnen.
Man erhält also:
$$\binom{7}{4} = \frac{7!}{4! \cdot (7-4)!} = \frac{840}{24} = 35$$
Rechnerbefehl: nCr(7,4)

Üben

1 Berechnen Sie durch geschicktes Kürzen.
a) $\binom{7}{5}$
b) $\binom{9}{6}$
c) $\binom{8}{3}$
d) $\binom{10}{2}$

$$\binom{6}{4} = \frac{6!}{4! \cdot (6-4)!} = \frac{6 \cdot 5 \cdot 4 \cdot 3 \cdot 2 \cdot 1}{4 \cdot 3 \cdot 2 \cdot 1 \cdot 2 \cdot 1} = \frac{6 \cdot 5}{2 \cdot 1} = 3 \cdot 5 = 15$$

2 Es existieren viele verschiedene Lottovarianten.
Vergleichen Sie die Chancen, alle gezogenen Zahlen angekreuzt zu haben.

Land	Variante	Land	Variante
Deutschland	6 aus 49	Italien	6 aus 90
Schweden	7 aus 35	Polen	5 aus 42
Vereinigte Staaten	5 aus 55	Litauen	6 aus 30

3 Zieht man k Elemente ohne Zurücklegen, aber mit Beachtung der Reihenfolge aus n verschiedenen Objekten, so gilt laut der Information für die Anzahl der Möglichkeiten die Gleichung $n \cdot (n-1) \cdot \ldots \cdot (n-(k-1)) = \frac{n!}{(n-k)!}$.
a) Vollziehen Sie die Gültigkeit der Gleichung an drei selbst gewählten Beispielen nach.
b) Weisen Sie die Gültigkeit der Gleichung allgemein nach.

4 Aus den 32 Karten eines gut gemischten Skatspiels werden acht gezogen. Wie groß ist die Wahrscheinlichkeit dafür, dass diese
a) die acht Kreuz-Karten;
b) vier Kreuz- und vier Pik-Karten;
c) acht schwarze Karten sind?

5 Beim uruguayanischen Lottospiel „5 de oro" werden 5 aus 44 Kugeln gezogen. Finden Sie den Fehler in den folgenden Aussagen.
(1) Es gibt $44 \cdot 43 \cdot 42 \cdot 41 \cdot 40 = 130\,320\,960$ mögliche Lottoergebnisse in Uruguay.
(2) Da $44 - 5 = 39$, gibt es $\frac{44 \cdot 43 \cdot \ldots \cdot 39}{5 \cdot 4 \cdot 3 \cdot 2 \cdot 1}$ mögliche Lottoergebnisse in Uruguay.

6 Begründen Sie die Aussage für einen konkreten Wert von n. Zeigen Sie anschließend die allgemeine Gültigkeit der Aussage.
a) $\binom{n}{0} = 1$ **b)** $\binom{n}{n} = 1$ **c)** $\binom{n}{1} = n$ **d)** $\binom{n}{1} = \binom{n}{n-1}$

7 In einer Klasse sind 14 Mädchen und 12 Jungen. Für eine Präsentation sollen durch ein Losverfahren drei Schülerinnen oder Schüler ausgewählt werden.
Bestimmen Sie die Wahrscheinlichkeitsverteilung für die Anzahl der durch Losverfahren ausgewählten Mädchen.

8 Von den 32 Karten eines Skatspiels werden je 10 Karten an die drei Spieler verteilt, die übrigen 2 Karten werden im sogenannten Skat abgelegt.
Bestimmen Sie die Wahrscheinlichkeitsverteilung für die Anzahl der Buben im Skat.

Weiterüben

9 In einem Behälter sind 4 rote und 5 schwarze Kugeln. Es werden 3 Kugeln ohne Zurücklegen gezogen.
a) Johanna und Sebastian interessieren sich für die Wahrscheinlichkeit des Ereignisses E: *Keine rote Kugel*.
Wer rechnet korrekt? Begründen Sie Ihre Antwort und bestätigen Sie diese an einem Baumdiagramm.

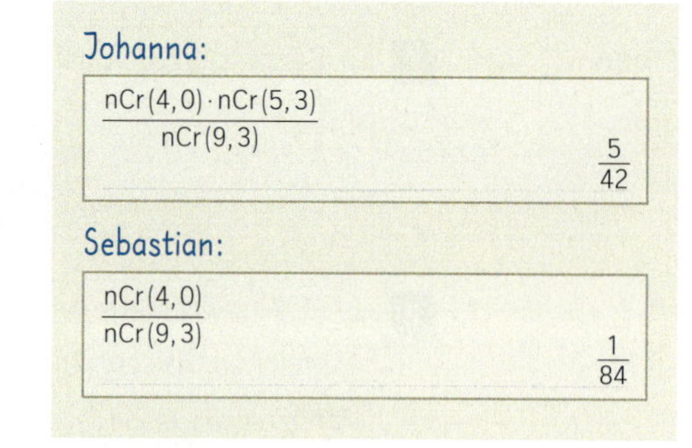

b) Ermitteln Sie die Wahrscheinlichkeitsverteilung der Zufallsgröße X: *Anzahl der roten Kugeln*.

10 Die Tabelle zeigt die Wahrscheinlichkeiten für jede mögliche Anzahl an Richtigen beim Lottospiel „6 aus 49". Begründen Sie diese Zahlen.

Anzahl der Richtigen	0	1	2	3	4	5	6
Wahrscheinlichkeit	$\frac{6096454}{13983816}$	$\frac{5775588}{13983816}$	$\frac{1851150}{13983816}$	$\frac{246820}{13983816}$	$\frac{13545}{13983816}$	$\frac{258}{13983816}$	$\frac{1}{13983816}$

Pascal'sches Dreieck

Blaise Pascal
(1623 – 1662)

Das als Pascal'sches Dreieck bezeichnete Zahlenschema wurde in Europa durch Blaise Pascals Schrift *Traité du triangle arithmétique* (Abhandlung über das arithmetische Dreieck, 1654) bekannt und trägt wegen der ausführlichen Darstellungen mit Recht seinen Namen.

Konstruktionsprinzip

Das Zahlenschema kann mit den folgenden beiden Regeln konstruiert werden:

- Am Anfang und am Ende einer Zeile steht immer eine 1.
- Eine Zahl im Inneren einer Zeile ist die Summe der zwei Zahlen, die in der Zeile darüber stehen.

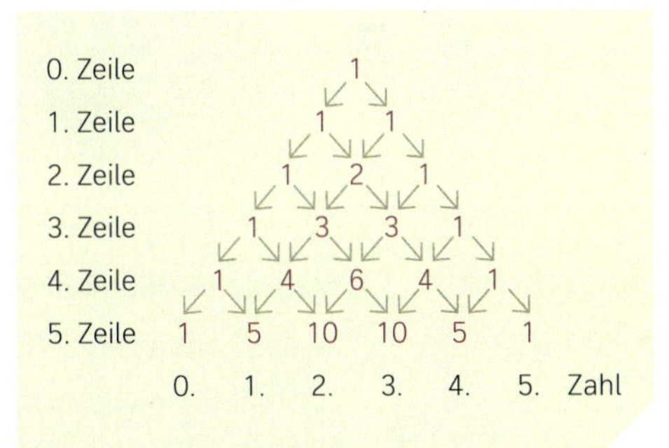

1 Schreiben Sie das Pascal'sche Dreieck bis zur 8. Zeile auf und begründen Sie:
(1) Das Pascal'sche Dreieck ist symmetrisch.
(2) Die Summe der Zahlen einer Zeile verdoppelt sich beim Übergang in die nächste Zeile.
(3) Die Summe der Zahlen in Zeile n beträgt 2^n.

Zusammenhang zu den Binomialkoeffizienten

Satz: Im Pascal'schen Dreieck stimmt die k-te Zahl in der n-ten Zeile mit dem Binomialkoeffizienten $\binom{n}{k}$ überein.

2 Überprüfen Sie den Satz für einige konkrete Einträge.
Begründen Sie den Satz mithilfe der folgenden Eigenschaften des Binomialkoeffizienten.

(1) Für jedes n gilt $\binom{n}{0} = \binom{n}{n} = 1$.
(2) Für jedes n und $k = 0, 1, 2, \ldots, n-1$ gilt $\binom{n}{k} + \binom{n}{k+1} = \binom{n+1}{k+1}$.

3 Begründen Sie die in Aufgabe 2 genutzten Eigenschaften (1) und (2).

Hilfestellung zur Begründung von (2):
Zieht man $k + 1$ Elemente ohne Zurücklegen und ohne Beachtung der Reihenfolge aus $n + 1$ verschiedenen Objekten $a_1, a_2, \ldots, a_n, a_{n+1}$, so gibt es zwei Fälle:
1. Fall: Das Element a_{n+1} ist in der Auswahl enthalten.
Dann wurden die restlichen k Elemente aus den Objekten $a_1, a_2, \ldots, a_n$ gezogen.
2. Fall: Das Element a_{n+1} ist in der Auswahl nicht enthalten.
Dann wurden die $k + 1$ Elemente aus den restlichen Objekten $a_1, a_2, \ldots, a_n$ gezogen.

6.6 Binomialverteilung

Einstieg

Ein Hersteller von Erfrischungsgetränken wirbt damit, dass im Deckel jeder siebten Flasche ein Gewinncode abgedruckt ist. Joris kauft drei Flaschen des Erfrischungsgetränks. Stellen Sie jeweils einen Term für die Wahrscheinlichkeit auf, dass Joris keinen, genau einen, zwei bzw. drei Gewinncodes erhält..

Aufgabe mit Lösung

Wahrscheinlichkeitsverteilung einer 3-stufigen Bernoulli-Kette

Julia schafft es im Schnitt nur an einem von fünf Schultagen, morgens beim ersten Klingeln aufzustehen. Die Zufallsgröße X gibt an, wie oft Julia an drei aufeinanderfolgenden Tagen beim ersten Klingeln aufsteht.

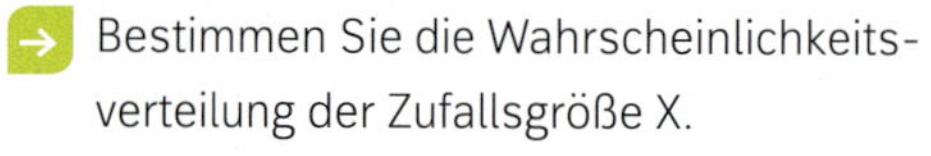

→ Bestimmen Sie die Wahrscheinlichkeitsverteilung der Zufallsgröße X.

Lösung

Auf jeder Stufe des dreistufigen Zufallsexperiments interessiert nur, ob Julia direkt aufsteht (Erfolg) oder nicht (Misserfolg). Man erhält die folgenden Wahrscheinlichkeiten:

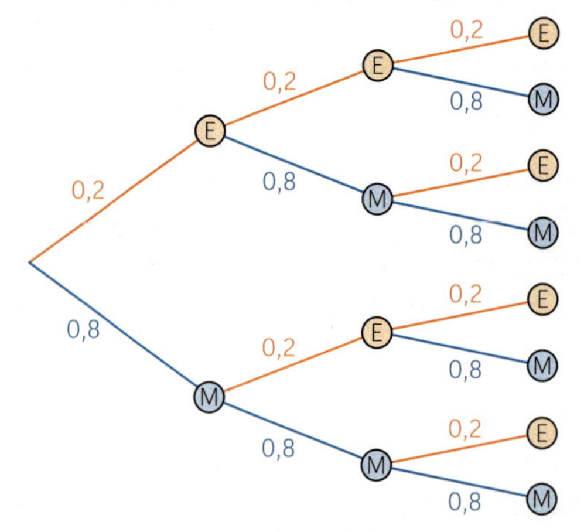

- drei Erfolge:
  $P(E|E|E) = 0{,}2^3$
- zwei Erfolge:
  $P(E|E|M) = P(E|M|E) = P(M|E|E)$
  $= 0{,}2^2 \cdot 0{,}8$
- einen Erfolg:
  $P(E|M|M) = P(M|E|M) = P(M|M|E)$
  $= 0{,}2 \cdot 0{,}8^2$
- keinen Erfolg:
  $P(M|M|M) = 0{,}8^3$

Für die Wahrscheinlichkeitsverteilung der Zufallsgröße X ergibt sich damit:

Anzahl k der Erfolge	Anzahl der Pfade	Wahrscheinlichkeit eines Pfades	Wahrscheinlichkeit P (X = k) für k Erfolge
3	1	$0{,}2^3 \cdot 0{,}8^0$	$1 \cdot 0{,}2^3 \cdot 0{,}8^0 = 0{,}008$
2	3	$0{,}2^2 \cdot 0{,}8^1$	$3 \cdot 0{,}2^2 \cdot 0{,}8^1 = 0{,}096$
1	3	$0{,}2^1 \cdot 0{,}8^2$	$3 \cdot 0{,}2^1 \cdot 0{,}8^2 = 0{,}384$
0	1	$0{,}2^0 \cdot 0{,}8^3$	$1 \cdot 0{,}2^0 \cdot 0{,}8^3 = 0{,}512$

 Leiten Sie eine Formel zur Berechnung der Wahrscheinlichkeit für *k-mal Erfolg* her.

Lösung

Die Wahrscheinlichkeit irgendeines Pfades mit k Erfolgen beträgt $0{,}2^k \cdot (1-0{,}2)^{3-k}$.
Da es nicht interessiert, ob ein Erfolg am ersten, zweiten oder dritten Tag auftritt, handelt es sich beim Verteilen der k Erfolge auf die drei Tage um ein dreifaches Ziehen ohne Zurücklegen ohne Beachtung der Reihenfolge. Die Anzahl der Pfade mit k Erfolgen kann man also mit dem Binomialkoeffizienten $\binom{3}{k}$ berechnen.
Somit erhält man die folgende Formel: $P(X=k) = \binom{3}{k} \cdot 0{,}2^k \cdot 0{,}8^{3-k}$

Information

Jakob I Bernoulli (1655 – 1705)

Bernoulli-Experiment

Ein Zufallsexperiment mit nur zwei möglichen Ergebnissen heißt **Bernoulli-Experiment**. Die Ergebnisse nennt man **Erfolg** bzw. **Misserfolg**.
Die Erfolgswahrscheinlichkeit bezeichnet man mit p. Die Wahrscheinlichkeit für einen Misserfolg ist dann 1 – p.

Bernoulli-Kette und Binomialverteilung

Wird ein Bernoulli-Experiment n-mal durchgeführt und ändert sich die Erfolgswahrscheinlichkeit nicht, so spricht man von einer n-stufigen **Bernoulli-Kette**.
In der Regel wird dabei die Zufallsgröße X betrachtet, die die Anzahl der Erfolge angibt. Die Verteilung der Zufallsgröße X nennt man **Binomialverteilung**.

Binomialkoeffizient

Die Anzahl der Pfade mit genau k Erfolgen in einer n-stufigen Bernoulli-Kette berechnet man mit dem Binomialkoeffizienten $\binom{n}{k}$.

Bernoulli-Formel

Satz

Für eine n-stufige Bernoulli-Kette mit der Erfolgswahrscheinlichkeit p gilt für die Wahrscheinlichkeit für genau k Erfolge:

$$P(X=k) = \binom{n}{k} \cdot p^k \cdot (1-p)^{n-k}$$

Wahrscheinlichkeit für genau k Erfolge — Anzahl der Pfade mit genau k Erfolgen — Wahrscheinlichkeit eines Pfades mit genau k Erfolgen

Bernoulli-Experiment: Würfelwurf

Zum Beispiel wird eine Sechs als Erfolg angesehen. Alle anderen Augenzahlen gelten dann als Misserfolg.

Erfolgswahrscheinlichkeit: $p = \frac{1}{6}$

Misserfolgswahrscheinlichkeit: $1 - p = \frac{5}{6}$

Wirft man den Würfel 5-mal, so handelt es sich um eine 5-stufige Bernoulli-Kette.

Die Zufallsgröße X gibt nun die Anzahl der Sechsen an und kann die Werte 0, 1, 2, 3, 4, 5 annehmen.
Die Verteilung von X ist eine Binomialverteilung.

In diesem Fall gibt es
$\binom{5}{3} = 10$ Pfade
mit dem Ereignis *Genau 3-mal Sechs*.

k	P(X = k)
0	$P(X=0) = \binom{5}{0} \cdot \left(\frac{1}{6}\right)^0 \cdot \left(\frac{5}{6}\right)^5 = 0{,}40188$
1	$P(X=1) = \binom{5}{1} \cdot \left(\frac{1}{6}\right)^1 \cdot \left(\frac{5}{6}\right)^4 = 0{,}40188$
2	$P(X=2) = \binom{5}{2} \cdot \left(\frac{1}{6}\right)^2 \cdot \left(\frac{5}{6}\right)^3 = 0{,}16075$
3	$P(X=3) = \binom{5}{3} \cdot \left(\frac{1}{6}\right)^3 \cdot \left(\frac{5}{6}\right)^2 = 0{,}03215$
4	$P(X=4) = \binom{5}{4} \cdot \left(\frac{1}{6}\right)^4 \cdot \left(\frac{5}{6}\right)^1 = 0{,}00322$
5	$P(X=5) = \binom{5}{5} \cdot \left(\frac{1}{6}\right)^5 \cdot \left(\frac{5}{6}\right)^0 = 0{,}00013$

Üben

1 Entscheiden Sie, ob es sich bei dem Zufallsexperiment um eine Bernoulli-Kette handelt. Begründen Sie Ihre Entscheidung.

a) Ein Würfel wird achtmal geworfen. Es wird die Augenzahl notiert.

b) Aus einem Behälter mit 20 schwarzen und 10 weißen Kugeln werden 12 Kugeln gezogen. Die gezogenen Kugeln werden jedes Mal in die Urne zurückgelegt. Die Anzahl der gezogenen weißen Kugeln wird gezählt.

c) Zwei Münzen werden geworfen. Wenn beide Münzen das gleiche Ergebnis zeigen, gewinnt man.

d) Aus einer Kiste mit Schrauben werden nacheinander 10 Stück herausgenommen, auf ihre Brauchbarkeit überprüft und wieder zurückgelegt. Die Anzahl der brauchbaren Schrauben wird gezählt.

2 Erläutern Sie die Bedeutung des Terms an einem passenden Sachzusammenhang.

a) $\binom{10}{4} \cdot \left(\frac{1}{6}\right)^4 \cdot \left(\frac{5}{6}\right)^6$ **b)** $\binom{20}{5} \cdot \left(\frac{1}{3}\right)^5 \cdot \left(\frac{2}{3}\right)^{15} + \binom{20}{6} \cdot \left(\frac{1}{3}\right)^6 \cdot \left(\frac{2}{3}\right)^{14}$

3 Definieren Sie eine Zufallsgröße X so, dass das Zufallsexperiment als Bernoulli-Kette aufgefasst werden kann.

a) Aus einem Skatblatt werden nacheinander vier Karten gezogen, wobei die gezogene Karte jeweils sofort zurückgelegt wird.

b) Auf einer Website wird zufällig einer von insgesamt acht verschiedenen Werbebannern eingeblendet.

c) Bei einem Medikament treten bei 12 % der Patientinnen und Patienten die in der Packungsbeilage genannten Nebenwirkungen auf.

d) Bei einem Autohersteller wird jedes Auto nach der Fertigstellung einer Qualitätskontrolle unterzogen, ob es in diesem Zustand ausgeliefert werden kann. Bei etwa 5 % der Autos sind Nachbesserungen nötig.

4 Der britische Naturforscher Sir Francis Galton (1822–1911) hatte die Idee, Kugeln durch ein Feld mit gleichmäßig angeordneten Nägeln laufen zu lassen.
Unten fallen die Kugeln in verschiedene nebeneinander angeordnete Fächer (Galton-Brett).
Erläutern Sie, unter welchen Bedingungen eine solche Versuchsanordnung durch eine Bernoulli-Kette beschrieben werden kann.

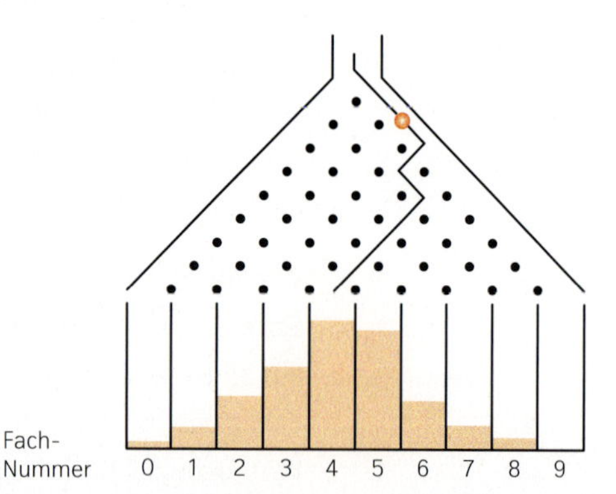

5 Bei einer Umfrage in den USA gaben 44 % der Jugendlichen und 41 % der Erwachsenen an, an Geister zu glauben.
Wie groß ist die Wahrscheinlichkeit dafür, dass unter 24 in den USA zufällig ausgesuchten
(1) Jugendlichen genau 10 an Geister glauben;
(2) Erwachsenen genau 8 an Geister glauben?

Wahrscheinlichkeiten einer binomialverteilten Zufallsgröße mit dem Rechner berechnen

6 Im Menü des Taschenrechners findet man unter den Wahrscheinlichkeitsverteilungen auch die Binomialverteilung.
Der Befehl zur Berechnung von $P(X = k)$ lautet *binomPdf(n, p, k)*.

a) Ein Oktaederwürfel wird sechsmal geworfen.
Berechnen Sie mit dem Taschenrechner die Wahrscheinlichkeitsverteilung der Zufallsgröße X: *Man wirft eine Drei oder eine Vier*.

b) Trägt man in der 1. Spalte einer Tabelle alle möglichen Werte der Zufallsgröße und in der 2. Spalte die zugehörigen Wahrscheinlichkeiten ein, so lässt sich das zugehörige Histogramm erzeugen.

Zeichnen Sie für die Verteilung der Zufallsgröße X aus Teilaufgabe a) das Histogramm mit dem Taschenrechner.

Berechnen der Werte einer binomialverteilten Zufallsgröße X mit $n = 5$ und $p = 0{,}4$:

$P(X = 2) = \binom{5}{2} \cdot 0{,}4^2 \cdot (1 - 0{,}4)^3$

```
binomPdf(5, 0.4, 2)
                                   0.3456
```

Gibt man keinen Wert für k ein, so erhält man die Wahrscheinlichkeiten für alle Werte von 0 bis n:

```
binomPdf(5, 0.4)
        {0.07776, 0.2592, 0.3456, 0.2304,
                           0.0768, 0.01024}
```

Darstellung im Histogramm:

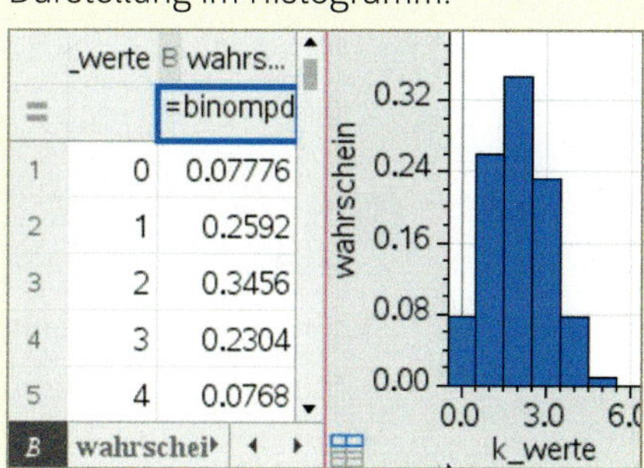

7 Stellen Sie einen Term zur Berechnung der gesuchten Wahrscheinlichkeit auf und berechnen Sie diese anschließend.

a)
Ein Würfel wird 6-mal geworfen.

Mit welcher Wahrscheinlichkeit tritt die Augenzahl 6
(1) genau 2-mal;
(2) genau 4-mal
auf?

b)
Ein reguläres Oktaeder wird 8-mal geworfen.

Mit welcher Wahrscheinlichkeit tritt die Augenzahl 3
(1) genau 1-mal;
(2) genau 2-mal
auf?

c)
Ein reguläres Dodekaeder wird 12-mal geworfen.

Mit welcher Wahrscheinlichkeit tritt die Augenzahl 12
(1) genau 3-mal;
(2) genau 4-mal
auf?

d)
Ein reguläres Ikosaeder wird 20-mal geworfen.

Mit welcher Wahrscheinlichkeit tritt die Augenzahl 5
(1) genau 2-mal;
(2) genau 4-mal
auf?

8 Verbalisieren Sie die Bedeutung der gegebenen Werte einer Bernoulli-Kette und bestimmen Sie die Wahrscheinlichkeit.

a) $n = 50;\ p = 0{,}3;\ P(X = 15)$

b) $n = 150;\ p = 0{,}1;\ P(X = 16)$

c) $n = 200;\ p = 0{,}23;\ P(X = 50)$

d) $n = 800;\ p = 0{,}6;\ P(X = 49) + P(X = 50)$

9 Die Wahrscheinlichkeit, dass ein Neugeborenes ein Junge ist, beträgt etwa 0,514.

a) In einem Krankenhaus werden an einem Tag 12 Kinder geboren.
Bestimmen Sie die Wahrscheinlichkeit, dass es genau 6 Jungen und 6 Mädchen sind.

b) Bestimmen Sie die Verteilung der Zufallsgröße X: *Anzahl der Mädchen in einer Familie mit 4 Kindern*.

c) Mit welcher Wahrscheinlichkeit sind in einer Familie mit 6 Kindern mehr Jungen als Mädchen?

10 25 % aller Wahlberechtigten sind jünger als 30 Jahre, 75 % sind jünger als 60 Jahre.

a) Wie groß ist die Wahrscheinlichkeit dafür, dass unter 8 zufällig ausgesuchten Wahlberechtigten

(1) genau 2 Personen jünger als 30 Jahre sind;

(2) genau 6 Personen jünger als 60 Jahre sind?

b) Bestimmen Sie die Binomialverteilung für (1) $p = 0{,}25$ und (2) $p = 0{,}75$
bei einer Zufallsauswahl von 10 wahlberechtigten Personen. Stellen Sie diese Verteilung grafisch dar.

11 Zeichnen Sie das Histogramm einer Binomialverteilung mit $n = 10$ und $p = 0{,}5$.
Nennen Sie Eigenschaften des Histogramms und erörtern Sie diese.
Erläutern Sie, welche Auswirkungen eine höhere bzw. geringere Erfolgswahrscheinlichkeit p bei unveränderter Stufenzahl n auf die Gestalt des Histogramms hat.

12 Die Zufallsgröße X ist binomialverteilt mit $n = 50$ und $p_1 = 0{,}61$, die Zufallsgröße Y binomialverteilt mit $n = 50$ und $p_2 = 0{,}39$.
Begründen Sie, dass gilt: $P(X = 30) = P(Y = 20)$

13 Begründen Sie:
Man erhält das Histogramm einer Binomialverteilung für $p_2 = 1 - p_1$, indem man das Histogramm für p_1 an der Parallelen zur P-Achse durch $k = \frac{n}{2}$ spiegelt.

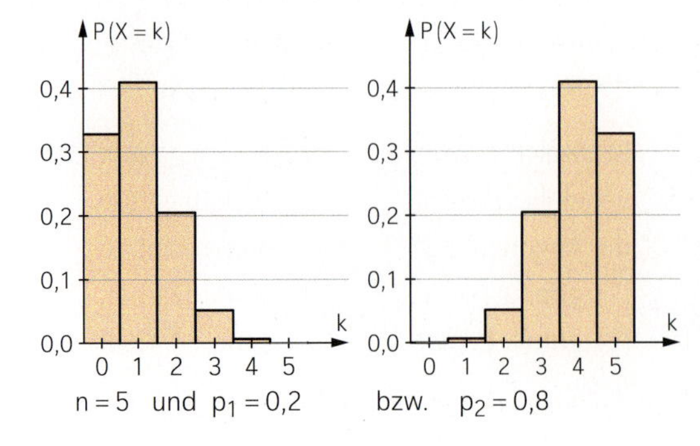

$n = 5$ und $p_1 = 0{,}2$ bzw. $p_2 = 0{,}8$

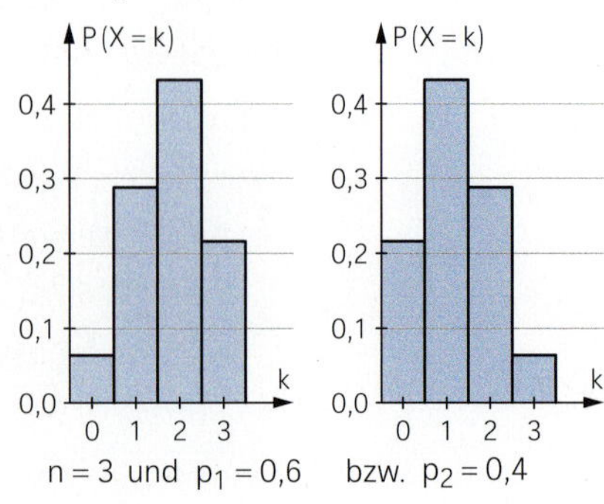

$n = 3$ und $p_1 = 0{,}6$ bzw. $p_2 = 0{,}4$

14 Hütchenspiel

In größeren Städten und Tourismuszentren trifft man an öffentlichen Plätzen oft sogenannte Hütchenspieler. Bei einem Hütchenspiel versteckt der Spielbetreiber eine Kugel unter einem von drei „Hütchen" und verschiebt dann die Hütchen schnell untereinander. Der Spieler gewinnt, wenn er nach dem Verschieben auf das Hütchen mit der Kugel zeigen kann.
Das Hütchenspiel ist eine Form des Trickbetrugs: Dem Spieler wird vermittelt, er könne bei aufmerksamer Betrachtung die Verschiebungen verfolgen und das richtige Hütchen identifizieren, was jedoch durch Manipulationen vom Spielbetreiber nicht der Fall ist.

Isabell und Oskar spielen 4 Runden eines fairen, also nicht manipulierten Hütchenspiels und tippen einfach per Zufall auf eines der Hütchen.

a) Isabell sagt: „Mit dieser Methode ist es nach drei Misserfolgen sehr wahrscheinlich, beim vierten Tipp zu gewinnen."
Nehmen Sie Stellung zu der Aussage.

b) Ermitteln Sie die Wahrscheinlichkeitsverteilung der Zufallsgröße X: *Anzahl der Erfolge*. Stellen Sie diese Wahrscheinlichkeitsverteilung grafisch dar.

c) Oskar meint: „Es ist wahrscheinlicher, keinmal Erfolg zu haben als 3- oder 4-mal Erfolg." Überprüfen Sie die Behauptung.

15 Bei einem Spiel wird mit fünf Würfeln geworfen.
Man gewinnt, wenn mindestens zwei Sechsen fallen. Der Einsatz beträgt 0,10 €.

a) Die Tabelle zeigt den Plan für die Auszahlung. Bestimmen Sie den Erwartungswert des Gewinns.

Anzahl der Sechsen	2	3	4	5
Auszahlung in €	0,20	0,50	1	5

b) Um mehr Spielteilnehmer anzulocken, ergänzt der Spielbetreiber den Plan um eine weitere Klasse: *Der Einsatz wird zurückgezahlt, wenn genau einer der fünf Würfel eine Sechs zeigt.* Lohnt sich das Spiel für den Spielbetreiber noch?

c) Ändern Sie den Plan so, dass dies ein faires Spiel wird.

16 Ein Hersteller spezieller Elektronikbauteile muss trotz eigener Warenkontrolle damit rechnen, dass 1 % der ausgelieferten Bauteile defekt ist. Die Bauteile werden in Packungen von 100 Stück geliefert. Da es zu aufwendig ist, defekte Bauteile zurückzuschicken, entsorgen die Abnehmer der Ware sie selbst und dürfen im Ausgleich je nach Anteil defekter Bauteile den eigentlichen Stückpreis von 4,90 € für die gesamte Lieferung reduzieren.
Der Hersteller schlägt die folgenden zwei Regelungen vor:

(1)

Anzahl defekter Bauteile	1, 2, 3	> 3
Preisminderung in €	0,30	0,90

(2)

Anzahl defekter Bauteile	1	2	3	4	5	> 5
Preisminderung in €	0,10	0,20	0,30	0,40	0,50	0,90

Ermitteln Sie jeweils den zu erwartenden Stückpreis. Vergleichen Sie die Ergebnisse.

17 Ein Discounter wirbt damit, dass die Pflanzen, die er im Angebot hat, eine 90 %ige Anwachsgarantie haben. Familie Friedrich kauft fünf Pflanzen.
Die Zufallsgröße X gibt die Anzahl der angewachsenen Pflanzen an.
Bestimmen Sie die Wahrscheinlichkeitsverteilung der Zufallsgröße X und zeichnen Sie das zugehörige Histogramm.

18 Bei einem Glücksspiel wird mit zwei Würfeln geworfen, deren Würfelnetze abgebildet sind. Es wird immer das Produkt der Augenzahlen gebildet.

a) Bestimmen Sie die Wahrscheinlichkeitsverteilung der Zufallsgröße X: *Anzahl des Ergebnisses 0 bei 10 Würfen*.

b) Zeichnen Sie das zugehörige Histogramm.

c) Wirft der Spieler das Produkt 0, so muss er 3 € an die Bank zahlen. Legen Sie Gewinnsummen für die anderen möglichen Produkte fest, sodass das Spiel fair ist.

19 Bei einer binomialverteilten Zufallsgröße X ist die Erfolgswahrscheinlichkeit p unbekannt, dafür sind die Anzahl n der Durchführungen, die Anzahl k der Erfolge und die Wahrscheinlichkeit für *Genau k Erfolge* gegeben.

a) Die Werte betragen $n = 200$, $k = 48$ und $P(X = k) = 0{,}04$.
Erläutern Sie das im Rechnerfenster dargestellte Vorgehen zur Ermittlung der Erfolgswahrscheinlichkeit p.

b) Ermitteln Sie die Erfolgswahrscheinlichkeit p für das Bernoulli-Experiment mit $n = 400$, $k = 38$ und $P(X = k) = 0{,}226$.

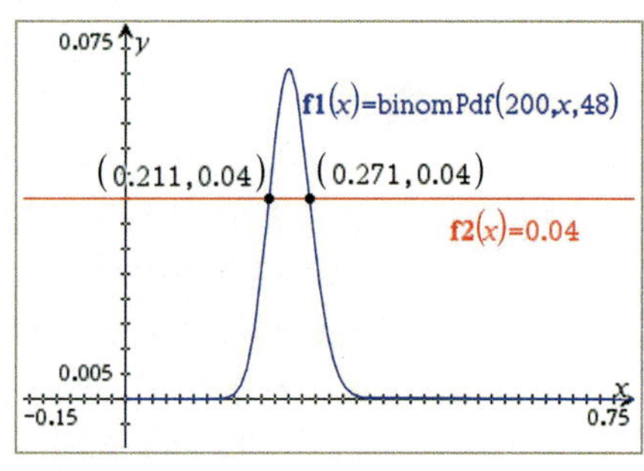

20 Von einem kreisrunden Glücksrad ist Folgendes bekannt:
Wenn man das Glücksrad 10-mal dreht, beträgt die Wahrscheinlichkeit dafür, dass man genau 5-mal gewinnt, 4,39 %.
Ermitteln Sie den Anteil der Gewinnfläche am ganzen Glücksrad.

Weiterüben

21 Drei Münzen werden 6-mal geworfen. Bestimmen Sie die Wahrscheinlichkeit für das Ereignis.

a) 4-mal 2 Wappen

b) 5-mal mindestens 1 Wappen

c) 2-mal lauter Wappen

d) 3-mal höchstens 1 Wappen

e) 1-mal kein Wappen

Ereignis E_0:
2 Wappen beim Wurf von 3 Münzen
$p_0 = P(E_0) = \binom{3}{2} \cdot 0{,}5^2 \cdot 0{,}5^1 = 0{,}375$

Ereignis E:
3-mal 2 Wappen beim 6-fachen Wurf von 3 Münzen
$P(E) = \binom{6}{3} \cdot p_0^3 \cdot (1 - p_0)^{6-3} \approx 0{,}257$

22 ☰ Eine Firma produziert in verschiedenen Werken Buntstifte.
In Werk A beträgt der Anteil der Buntstifte mit gebrochenen Minen 2 %, in Werk B beträgt der Anteil 5 %.
Berechnen Sie die Wahrscheinlichkeit, in einer Packung mit 20 Buntstiften aus Werk A und 10 Buntstiften aus Werk B genau einen Buntstift mit gebrochener Mine zu finden.

23 ☰ Ein Kontrolleur prüft 58 Autos auf einem Parkplatz mit Parkscheinautomaten auf abgelaufene Parkscheine. Aus Erfahrung weiß er, dass die Quote an überzogenen Parkzeiten etwa 4 % beträgt.
Anschließend kontrolliert er 95 Autos entlang einer Straße mit Parkscheibenpflicht, an der im Schnitt mit 5 % Verstößen zu rechnen ist.

a) Berechnen Sie die Wahrscheinlichkeit des Ereignisses, dass genau sechs Parkverstöße, nämlich drei auf dem Parkplatz und drei entlang der Straße, auftreten.
b) Berechnen Sie die Wahrscheinlichkeit dafür, dass der Kontrolleur am Ende seiner Tour genau einen Parkverstoß registriert hat.

24 ☰ In einem Kurs sind 15 Mädchen und 12 Jungen.
Für ein Interview sollen drei Jugendliche zufällig ausgewählt werden.
a) Die Zufallsauswahl geschieht durch ein Losverfahren, also durch Ziehen ohne Zurücklegen. Bestimmen Sie die Wahrscheinlichkeitsverteilung der Zufallsgröße
X: *Anzahl der durch Losverfahren für das Interview ausgewählten Mädchen.*
b) Wenn die Zufallsauswahl als Ziehen mit Zurücklegen erfolgen würde, könnte es vorkommen, dass eine Person mehr als einmal ausgewählt würde. Andererseits ist dann die Bestimmung der Wahrscheinlichkeitsverteilung weniger aufwendig.
Vergleichen Sie die Wahrscheinlichkeitsverteilung der Zufallsgröße X aus Teilaufgabe a) mit der Wahrscheinlichkeitsverteilung der Zufallsgröße
Y: *Anzahl der durch ein Glücksrad für das Interview ausgewählten Mädchen.*
c) Die Zufallsauswahl von drei Jugendlichen erfolgt nun in der Jahrgangsstufe, die von 150 Mädchen und 120 Jungen besucht wird.
Bestimmen Sie die beiden Wahrscheinlichkeitsverteilungen der oben genannten Zufallsgrößen X und Y.
d) Erläutern Sie aufgrund der berechneten Wahrscheinlichkeiten in den Teilaufgaben a), b) und c) die folgende Regel:

Binomialansatz bei Stichprobennahmen

Zieht man aus einer großen Gesamtheit nur wenige Elemente zufällig heraus, so ergeben sich annähernd gleiche Wahrscheinlichkeitswerte beim Ziehen mit oder ohne Zurücklegen.

6.7 Kumulierte Binomialverteilung

Einstieg

In einem Supermarkt werden Äpfel 2. Wahl zu einem Sonderpreis in Tüten zu je 8 Äpfeln verkauft. Leider hat in diesen Tüten durchschnittlich einer von vier Äpfeln eine Druckstelle.
Ermitteln Sie die Wahrscheinlichkeit dafür,
(1) höchstens 4; (2) weniger als 3;
(3) mehr als 6; (4) mindestens 5;
(5) mindestens 2 und höchstens 5
Äpfel mit Druckstellen in einer Tüte zu finden. Erläutern Sie Ihr Vorgehen am Diagramm der Verteilung.

Aufgabe mit Lösung

Summation von Wahrscheinlichkeiten

Mit ca. 56 % aller Reparaturen bei Smartphones ist der Bruch des Displays, z. B. durch Herunterfallen, der häufigste Defekt. Es wird zufällig eine Stichprobe von 8 defekten Smartphones untersucht.

→ Berechnen Sie die Wahrscheinlichkeit, dass höchstens 5 Smartphones in der Stichprobe einen Displayschaden haben. Veranschaulichen Sie Ihr Vorgehen am Histogramm.

Lösung

Die Wahrscheinlichkeiten für 0, 1, 2, 3, 4 und 5 Smartphones mit Displayschaden werden addiert $(n = 8;\ p = 0{,}56)$:

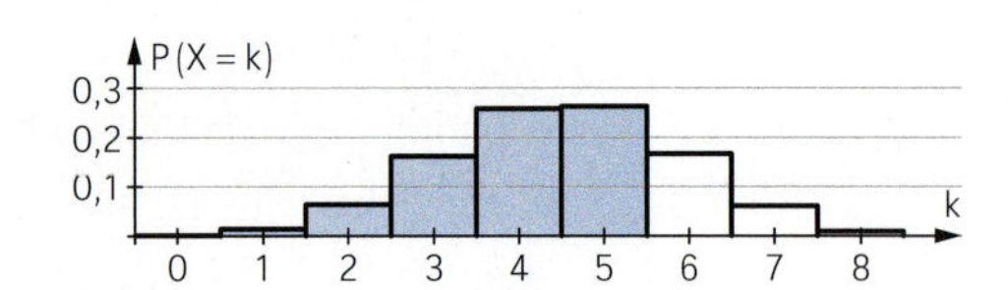

$$P(X \le 5) = P(X = 0) + P(X = 1) + P(X = 2) + P(X = 3) + P(X = 4) + P(X = 5)$$
$$\approx 0{,}001 + 0{,}014 + 0{,}064 + 0{,}162 + 0{,}258 + 0{,}263$$
$$= 0{,}762$$

→ Um nicht alle Wahrscheinlichkeiten für 0 bis 5 Erfolge einzeln addieren zu müssen, gibt es einen Taschenrechnerbefehl.

```
binomCdf(8,0.56,0,5)
                    0.762352
```

Nutzen Sie entsprechende Befehle zur Berechnung der Wahrscheinlichkeit, dass
(1) weniger als 4; (2) mindestens 6;
(3) mehr als 2; (4) mindestens 2 und höchstens 7
Smartphones einen Displayschaden haben.
Veranschaulichen Sie dies jeweils an einem Histogramm.

Lösung

(1) Da „weniger als 4" gleichbedeutend mit „höchstens 3" ist, wird $P(X \le 3)$ berechnet:

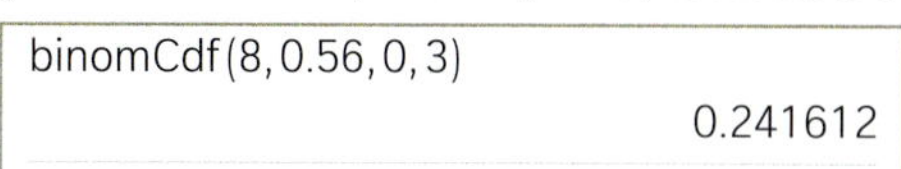

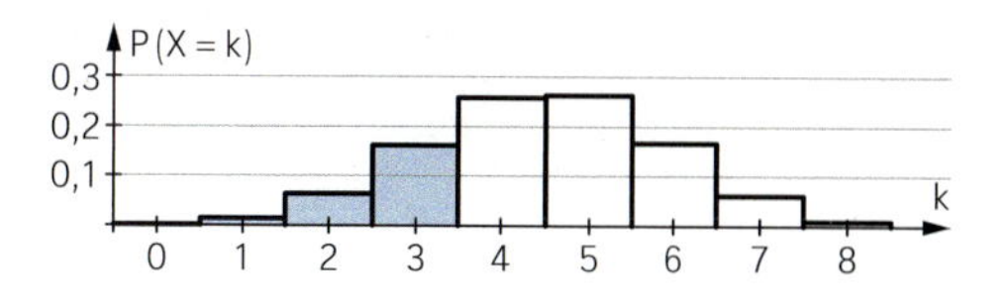

(2) Es wird $P(X \ge 6)$ berechnet:

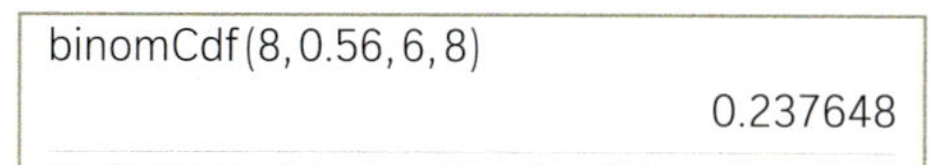

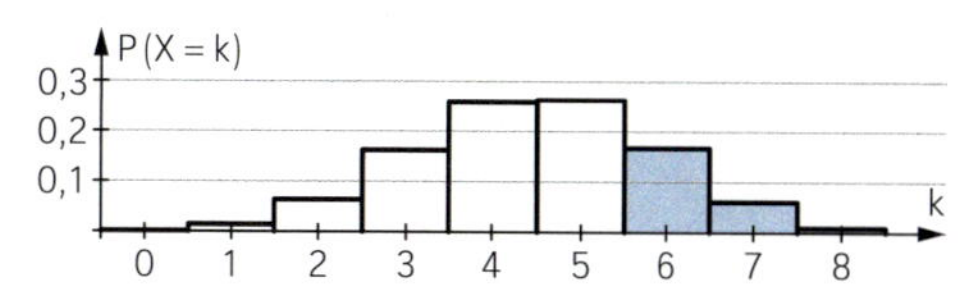

$X \ge 6$ ist das Gegenereignis von $X \le 5$.
Also ist $P(X \ge 6) = 1 - P(X \le 5)$.

(3) Da „mehr als 2" gleichbedeutend mit „mindestens 3" ist, wird $P(X \ge 3)$ berechnet:

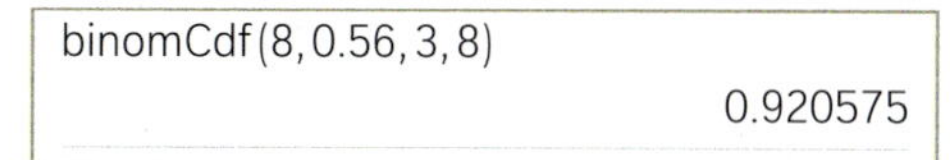

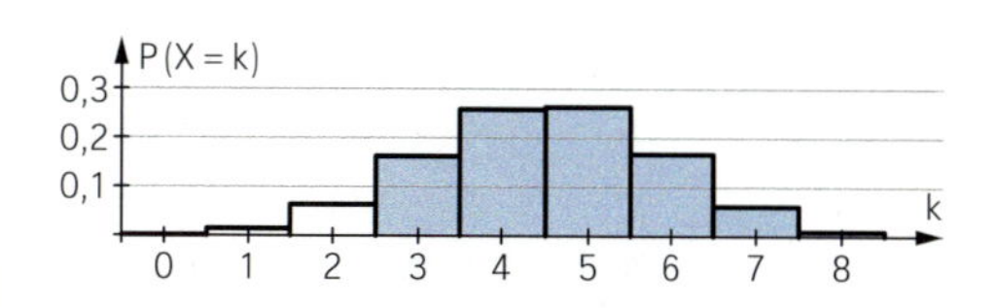

(4) Es wird $P(2 \le X \le 7)$ berechnet:

binomCdf(8, 0.56, 2, 7)
0.97462

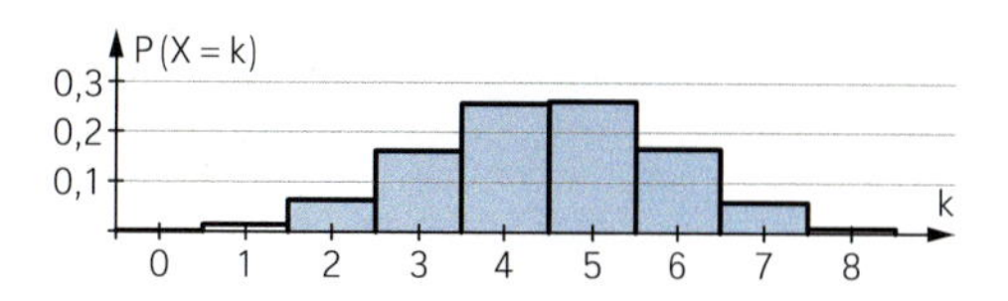

Information

Kumulierte Binomialverteilung

Das Aufsummieren von Wahrscheinlichkeiten wird als **Kumulieren** bezeichnet.
Für eine binomialverteilte Zufallsgröße X nennt man die Wahrscheinlichkeit
$P(X \le k) = P(X = 0) + P(X = 1) + \ldots + P(X = k)$
kumulierte Wahrscheinlichkeit.
Die **kumulierte Wahrscheinlichkeitsverteilung** ordnet jedem k die Wahrscheinlichkeit $P(X \le k)$ zu.

Kumulierte Binomialverteilung für $n = 5$ und $p = 0,4$:

k	$P(X = k)$	kumulierte Wahrscheinlichkeit $P(X \le k)$
0	0,078	$P(X = 0) = 0,078$
1	0,259	$P(X \le 1) = 0,078 + 0,259 = 0,337$
2	0,346	$P(X \le 2) = 0,337 + 0,346 = 0,683$
3	0,230	$P(X \le 3) = 0,683 + 0,230 = 0,913$
4	0,077	$P(X \le 4) = 0,913 + 0,077 = 0,990$
5	0,010	$P(X \le 5) = 0,990 + 0,010 = 1$

Intervallwahrscheinlichkeiten

Folgende Wahrscheinlichkeiten werden bei Binomialverteilungen häufig berechnet:

Ereignis	Wahrscheinlichkeit
höchstens k Erfolge	$P(X \le k)$
weniger als k Erfolge	$P(X < k)$
mehr als k Erfolge	$P(X > k)$
mindestens k Erfolge	$P(X \ge k)$
mindestens a und höchstens b Erfolge	$P(a \le X \le b)$

Die gesuchten Wahrscheinlichkeiten lassen sich mit einem Rechner direkt berechnen.

Wahrscheinlichkeit	Rechnerbefehl
$P(X \le 2)$	binomCdf(5, 0.4, 0, 2)
$P(X < 2)$	binomCdf(5, 0.4, 0, 1)
$P(X > 3)$	binomCdf(5, 0.4, 4, 5)
$P(X \ge 3)$	binomCdf(5, 0.4, 3, 5)
$P(1 \le X \le 4)$	binomCdf(5, 0.4, 1, 4)

Üben

1 Ein Multiple-Choice-Test besteht aus 50 sogenannte Items (Aufgaben) mit jeweils 5 Antworten, von denen jeweils nur eine richtig ist. Mit welcher Wahrscheinlichkeit kann man durch bloßes Raten

(1) mehr als 20 Items;
(2) genau 15 Items;
(3) weniger als 10 Items;
(4) mindestens 10 und höchstens 20 Items richtig beantworten?

2 Das „German Wunderkind" Dirk Nowitzki spielte vom Jahr 1998 bis zum Jahr 2019 für die Dallas Mavericks in der nordamerikanischen Basketball-Liga NBA. Seine Quote erfolgreicher Freiwürfe während seiner NBA-Karriere liegt bei ca. 88 %.
Berechnen Sie die Wahrscheinlichkeit, dass bei 10 zufällig aus seiner aktiven Zeit ausgewählten Freiwürfen

(1) genau 8 Treffer;
(2) mindestens 9 Treffer;
(3) höchstens 7 Treffer;
(4) mehr als 5 und weniger als 10 Treffer waren.

3 Geben Sie das Intervall mithilfe der Zufallsgröße X an, dessen Wahrscheinlichkeit durch die eingefärbten Säulen dargestellt ist.

(1)

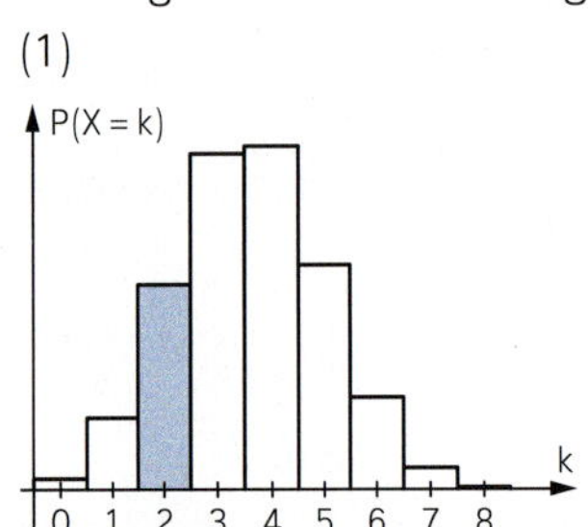

(2)

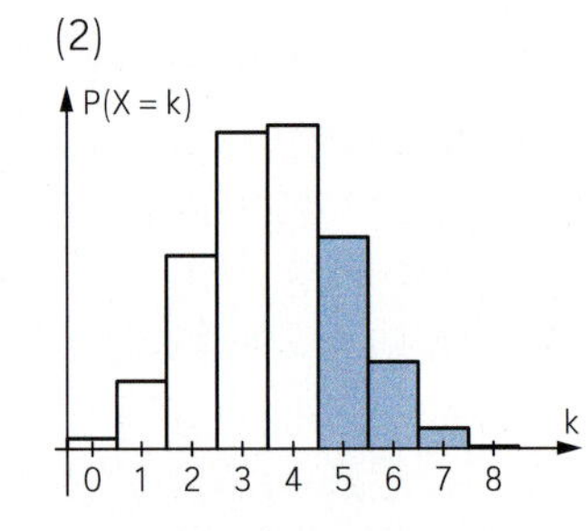

(3)

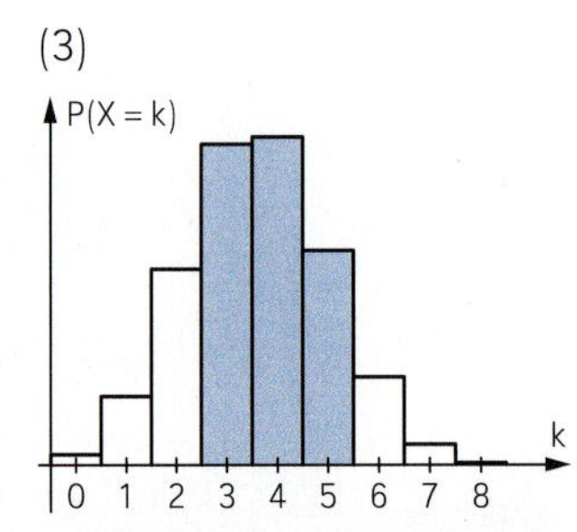

4 In Schweden ist es eine Tradition, dass Weihnachten Milchreis zum Dessert serviert wird. In einem der Schälchen findet sich versteckt eine Mandel. Derjenige, der diese findet, bekommt ein zusätzliches Geschenk.
Die Familie Sigurdsson feiert das Weihnachtsfest stets mit insgesamt 8 Personen. Eine dieser Personen ist der 7-jährige Ole.

Bestimmen Sie die Wahrscheinlichkeit dafür, dass Ole in den nächsten zehn Jahren

(1) nie eine Mandel findet;
(2) mindestens fünf- und höchstens siebenmal eine Mandel findet;
(3) weniger als sieben Mandeln findet;
(4) mehr als zwei Mandeln findet;
(5) nur in genau fünf Jahren eine Mandel findet.

5 Ein Würfel wird 20-mal geworfen. Geben Sie jeweils das Gegenereignis an und bestimmen Sie die Wahrscheinlichkeit des Gegenereignisses.

(1) Mehr als 3-mal Augenzahl 2
(2) Höchstens 8-mal Augenzahl 5 oder 6
(3) Weniger als 6-mal eine Augenzahl kleiner als 5
(4) Mindestens 10-mal eine Augenzahl größer als 1
(5) Mehr als 4-mal, aber weniger als 9-mal Augenzahl 2 oder 3
(6) Mindestens 11-mal und höchstens 14-mal keine Sechs

6 Berechnen Sie die gesuchten Werte mit der Tabelle.

(1) $P(X \leq 2)$ (2) $P(X > 2)$
(3) $P(3 \leq X)$ (4) $P(2 \leq X \leq 4)$
(5) $P(X \leq a) \approx 0{,}985$ (6) $P(a \leq X \leq b) \approx 0{,}75$

Zeichnen Sie außerdem das zugehörige Diagramm für $P(X \leq k)$.

k	P(X = k)
0	0,237305
1	0,395508
2	0,263672
3	0,087891
4	0,014648
5	0,000977

7 Von einer Lampe ist nicht bekannt, mit welcher Wahrscheinlichkeit sie nach zwei Jahren noch funktioniert.

a) Bestimmen Sie mit der Tabelle die Wahrscheinlichkeit, dass von 10 Lampen nach zwei Jahren

(1) weniger als 3 Lampen defekt sind, wenn die Wahrscheinlichkeit für einen Defekt in den zwei Jahren 0,2 beträgt.

(2) zwischen 4 und 7 Lampen defekt sind, wenn die Wahrscheinlichkeit für einen Defekt in den zwei Jahren 0,3 beträgt.

(3) mindestens 6 Lampen defekt sind, wenn die Wahrscheinlichkeit für einen Defekt in den zwei Jahren 0,5 beträgt.

		p				
n	k	0,1	0,2	0,3	0,4	0,5
10	0	0,3487	0,1074	0,0282	0,0060	0,0010
	1	0,7361	0,3758	0,1493	0,0464	0,0107
	2	0,9298	0,6778	0,3828	0,1673	0,0547
	3	0,9872	0,8791	0,6496	0,3823	0,1719
	4	0,9884	0,9672	0,8497	0,6331	0,3770
	5	0,9999	0,9936	0,9527	0,8338	0,6230
	6	1,0000	0,9991	0,9894	0,9452	0,8281
	7	1,0000	0,9999	0,9984	0,9877	0,9453
	8	1,0000	1,0000	0,9999	0,9983	0,9893
	9	1,0000	1,0000	1,0000	0,9999	0,9990

b) Erläutern Sie: Die Wahrscheinlichkeit, dass bei einer Defektwahrscheinlichkeit von 0,7 nach zwei Jahren von 10 Lampen höchstens 5 defekt sind, beträgt 1 – 0,8497.

8 Bei der Seitenwahl in einer Fußball-Liga wird immer die Auswärtsmannschaft zuerst gefragt, ob sie die farbige oder die schwarze Seite der Münze wählt.

a) Der Kapitän vom FCP wählt bei Auswärtsspielen immer die schwarze Seite. Berechnen Sie die Wahrscheinlichkeit, dass er bei insgesamt 18 Saisonspielen die Seitenwahl

(1) genau 7-mal gewinnt;
(2) mindestens 12-mal und höchstens 14-mal gewinnt;
(3) mehr als 9-mal gewinnt;
(4) weniger als 10-mal gewinnt.

b) Begründen Sie, warum die Wahrscheinlichkeit, dass der Kapitän die Seitenwahl 2-mal gewinnt, genau so groß ist wie jene, dass er sie 16-mal gewinnt.

9 ≡ Von den 100 Beschäftigten eines Betriebs kommen durchschnittlich 40 % mit dem Auto zur Arbeit.
Mit welcher Wahrscheinlichkeit genügt ein Parkplatz mit 50 Plätzen? Wie viele Plätze müssen zur Verfügung stehen, damit diese mit einer Wahrscheinlichkeit von mindestens 90 % ausreichen? Welche Annahme muss gemacht werden, damit dieser Vorgang als Bernoulli-Kette modelliert werden kann?

10 ≡ **Bei Überbuchung Bares**

Sogenannte No-Show-Passagiere, die ihren Flug nicht antreten, veranlassen die Airlines, ihre Flüge um 10 bis 15 Prozent zu überbuchen. Erscheinen mehr Passagiere als erwartet, können die überzähligen Passagiere nicht an Bord gehen.
Oft wird eingecheckten Passagieren mit Bargeld der freiwillige Verzicht auf den Flug schmackhaft gemacht.
Geboten werden z. B. Lockprämien zwischen 100 Euro bei Inlandsflügen (mit garantiertem Sitzplatz in der nächsten Maschine) bis zu 200 Euro bei Interkontinentalflügen inklusive Übernachtung am jeweiligen Abflugort plus Sitzplatz in der Business Class auf dem Flug am darauffolgenden Tag.
Sitzen gebliebene Passagiere haben zudem nach EU-Recht Anspruch auf Entschädigung. Auch die notwendigen Übernachtungen und Spesen muss die Fluggesellschaft bezahlen.

Ein Airbus A 320 hat 168 Sitzplätze.
Angenommen, die Fluggesellschaft lässt eine Überbuchung von 12 % zu.
Erfahrungsgemäß treten 85 % der Passagiere ihren gebuchten Flug an.
Wie groß ist die Wahrscheinlichkeit, dass keiner der Passagiere, die den Flug antreten, zurückgewiesen werden muss?

11 ≡ Aus Studienergebnissen weiß man, dass in 80 % der Haushalte in Deutschland ein Fahrrad vorhanden ist. In einer Stichprobe werden Befragungen in 30 Haushalten durchgeführt. Die Zufallsgröße X gibt die Anzahl der Haushalte mit Fahrrad an.
Bestimmen Sie den Wert für k, sodass gilt: (1) $P(X \leq k) > 0{,}3$ (2) $P(X > k) \leq 0{,}5$

12 ≡ Die Zufallsgröße X ist binomialverteilt mit $n = 20$.
Bestimmen Sie mithilfe der Gleichung $P(7 \leq X \leq 10) = 0{,}53$ mögliche Erfolgswahrscheinlichkeiten der Zufallsgröße X.
Begründen Sie, warum es mehr als eine mögliche Erfolgswahrscheinlichkeit gibt.

Weiterüben

13 ≡ Für die Verbesserung des Kundendienstes soll eine Befragung von mindestens 100 Kunden durchgeführt werden. Allerdings ist ein solches Interview 50 % der angesprochenen Personen lästig und wird abgelehnt.
a) Untersuchen Sie, mit welcher Wahrscheinlichkeit 200, 210, 220 bzw. 230 Personen für das Finden der Interview-Teilnehmer ausreichen. Stellen Sie die Zuordnung *Anzahl der Personen → Wahrscheinlichkeit für mindestens 100 Interview-Teilnehmer* grafisch dar.
b) Durch das Verteilen von Gutscheinen wird die Interview-Bereitschaft der Personen auf 75 % erhöht. Wie viele Personen muss man nun ansprechen, wenn die Wahrscheinlichkeit für mindestens 100 Interview-Teilnehmer mindestens 90 % betragen soll?

14 ≡ Um Innenstadt-Parkhäuser möglichst gut auszulasten, vermieten die Betreiber der Parkhäuser Dauerstellplätze.
Für Parkgäste, die keinen Anspruch auf einen festen Stellplatz haben, aber eine feste Monatsgebühr von 120 €, also pro Tag 4 €, für das Parken bezahlen, sind Bereiche im Parkhaus reserviert. Sollten sie wider Erwarten keinen Parkplatz finden, so steht ihnen ein Nachlass von jeweils 6 € pro Tag ohne Parkplatz zu.
In einem Parkhaus hat der Betreiber einen Bereich von 40 Monatsstellplätzen eingerichtet. Gebucht worden sind 50 Monatsstellplätze.

a) Begründen Sie, dass die Belegung der Monatsstellplätze durch eine Binomialverteilung mit $p = 0{,}8$ modelliert werden kann.

b) Bestimmen Sie die zu erwartenden Tageseinnahmen durch die Vermietung der 50 Monatsstellplätze.

c) Untersuchen Sie, wie sich der Erwartungswert für die Einnahmen verändert, wenn die Anzahl der angenommenen Reservierungen verringert oder vermehrt wird.
Bei welcher Anzahl sind die zu erwartenden Tageseinnahmen aus den Monatsstellplätzen maximal?

15 ≡ Deutsche Euro-Münzen werden an fünf Standorten geprägt. 21 % aller Münzen tragen ein „J", was auf die Prägung in Hamburg hinweist.
Mohammed hat 46 Münzen in seiner Spardose. Die Zufallsgröße X zählt die Anzahl der in Hamburg geprägten Münzen in der Spardose und wird als binomialverteilt angenommen.

a) Unter welcher Voraussetzung ist die Annahme, dass die Zufallsgröße X binomialverteilt ist, angemessen?

b) Berechnen Sie die Wahrscheinlichkeit dafür, dass genau 10 Münzen aus Hamburger Prägung in der Spardose enthalten sind.
Berechnen Sie die Wahrscheinlichkeit dafür, dass mehr als 7 und höchstens 10 Münzen aus Hamburger Prägung in der Spardose enthalten sind.

Zwei weitere Prägeanstalten befinden sich in Karlsruhe und Stuttgart.

c) Es ist bekannt, dass die Wahrscheinlichkeit, dass sich unter den 46 Münzen mindestens 5 Münzen aus Karlsruher Prägung befinden, 79,04 % beträgt.
Bestimmen Sie auf Basis dieser Angabe die Wahrscheinlichkeit dafür, dass eine deutsche Euro-Münze aus Karlsruhe stammt.

d) 2 €-Münzen werden von Banken in Rollen von 25 Stück verpackt.
Es ist bekannt, dass die Wahrscheinlichkeit, dass von 20 Rollen mindestens 10 Rollen mindestens 6 Münzen aus Stuttgarter Prägung enthalten, 82,17 % beträgt.
Bestimmen Sie auf Basis dieser Angabe die Wahrscheinlichkeit dafür, dass eine 2 €-Münze aus Stuttgart stammt.

6.8 Auslastungsmodell

Einstieg

In einer Bank sollen im Vorraum Automaten zum Ausdrucken von Kontoauszügen aufgestellt werden. Das Drucken dauert im Mittel eine Minute. Während der Hauptgeschäftszeit benutzen in einer Stunde 120 Kunden einen Automaten. Berechnen Sie die Wahrscheinlichkeit, dass die Ausstattung mit zwei, drei bzw. vier Automaten ausreicht. Überlegen Sie, welche Gesichtspunkte in einer solchen Modellierung nicht berücksichtigt werden.

Aufgabe mit Lösung

Auslastung von Maschinen als Bernoulli-Experiment

Beim Wechsel der Räder an einem Auto kann es notwendig sein, diese auszuwuchten. In einer Werkstatt benötigt dieser Vorgang im Mittel zehn Minuten. Man geht davon aus, dass während der Reifenwechselphase pro Stunde 5 Aufträge zum Wuchten der Räder vorliegen werden. Damit keine allzu langen Wartezeiten an den Wuchtmaschinen entstehen, muss die voraussichtliche Auslastung der Maschinen untersucht und hieraus eine sinnvolle Anzahl an Maschinen ermittelt werden.

→ Erläutern Sie, welche vereinfachenden Annahmen notwendig sind, damit der Vorgang als 5-stufiges Bernoulli-Experiment mit Erfolgswahrscheinlichkeit $p = \frac{1}{6}$ modelliert werden kann. Nennen Sie Gesichtspunkte, die bei einer solchen Modellierung nicht berücksichtigt bzw. vernachlässigt werden.

Lösung

Eine Modellierung als 5-stufiges Bernoulli-Experiment setzt voraus, dass die 5 Aufträge unabhängig voneinander in der Werkstatt eintreffen. Der Ansatz von $p = \frac{1}{6}$ ist angemessen, wenn man die durchschnittliche Dauer eines Vorgangs betrachtet. Man betrachtet dann irgendeine dieser 6 Zeiteinheiten von je zehn Minuten. Das Ereignis *„Ein Auftrag kommt in dieser Zeiteinheit an"* wird als Erfolg interpretiert und hat daher die Erfolgswahrscheinlichkeit $p = \frac{1}{6}$ und die Misserfolgswahrscheinlichkeit $1 - p = \frac{5}{6}$.
Dann ist die Zufallsgröße X: *Anzahl der in einer Zeiteinheit eintreffenden Aufträge* binomialverteilt mit $n = 5$ und $p = \frac{1}{6}$.
Die vorgenommenen Vereinfachungen beschreiben die Realität nicht immer in ausreichendem Maße:

- Oft treffen Aufträge nicht einzeln und unabhängig voneinander ein. Beispielsweise gibt es Häufungen, wenn die Witterung einen Radwechsel erfordert.
- Bei der Modellierung werden Zeitintervalle berücksichtigt, aber die Situation so vereinfacht, dass die Aufträge immer zu Beginn eines solchen Zeitintervalls eintreffen.
- Das Modell geht von Durchschnittswerten für die benötigte Dauer der Nutzung und für die Anzahl der Aufträge aus. In der Realität kann es Abweichungen davon geben.

→ Berechnen Sie die Wahrscheinlichkeit, dass die Ausstattung der Werkstatt mit einer, zwei bzw. drei Maschinen ausreicht.

Lösung

- $P(X \le 1) \approx 0{,}80$, also $P(X > 1) = 1 - P(X \le 1) = 0{,}20$
  Ist die Werkstatt nur mit einer Maschine ausgestattet, könnte das in 80 % der Fälle ausreichend sein, da mit einer Wahrscheinlichkeit von 80 % höchstens ein Auftrag vorliegt. In 20 % der Fälle würden aber Verzögerungen durch eine belegte Maschine entstehen.
- $P(X \le 2) \approx 0{,}96$, also $P(X > 2) = 1 - P(X \le 2) = 0{,}04$
  Zwei Maschinen würden in 96 % der Fälle ausreichen, in 4 % der Fälle allerdings nicht.
- $P(X \le 3) \approx 1$
  Sind drei Maschinen vorhanden, kann man davon ausgehen, dass diese Anzahl nahezu immer ausreicht.

Information

Auslastung von Ressourcen mithilfe eines Binomialmodells beurteilen

Die Auslastung von Maschinen, Geräten, Personen oder anderen Ressourcen lässt sich mit starken Vereinfachungen als Bernoulli-Kette modellieren:

Man nimmt an, dass eine einmalige Nutzung z. B. einer Maschine im Mittel die Dauer d hat. Die Wahrscheinlichkeit, dass die einmalige Nutzung einer Maschine während eines Zeitraums Z in einem bestimmten Zeitintervall der Länge d liegt, ist dann $p = \frac{d}{Z}$.

Soll die Maschine in dem betrachteten Zeitraum n-mal genutzt werden, kann die Zufallsgröße X, die die Anzahl der Nutzungen der Maschine in diesem Zeitraum angibt, als binomialverteilt mit der Erfolgswahrscheinlichkeit p angenommen werden. $P(X \le k)$ gibt dann die Wahrscheinlichkeit an, mit der im betrachteten Zeitraum k Maschinen für die Nutzung ausreichen.

In einer Werkstatt nutzen fünf Angestellte eine Maschine mehrfach in einer Stunde für jeweils eine Minute. Insgesamt nutzt jeder von ihnen die Maschine durchschnittlich 8-mal.

Dabei wird vereinfachend so getan, als würden $5 \cdot 8 = 40$ Personen unabhängig voneinander die Maschine benutzen.

Man kann den Vorgang also als 40-stufiges Bernoulli-Experiment mit $p = \frac{1}{60}$ modellieren.

Für die Auslastung einer Maschine ergibt sich mithilfe der kumulierten Wahrscheinlichkeit:
$P(X \le 1) \approx 0{,}86$

Das heißt, in 86 % aller Fälle reicht eine Maschine aus, in 14 % der Fälle reicht eine Maschine nicht aus.

Üben

1 Ein Unternehmen will für seine Mitarbeiter Netzwerkdrucker zur Verfügung stellen. Erfahrungsgemäß dauert es im Mittel 30 Sekunden, bis ein Druckauftrag abgeschlossen ist. Innerhalb von 10 Minuten gehen durchschnittlich 45 Druckaufträge ein.
Geben Sie eine geeignete Modellierung an, mit deren Hilfe überlegt werden kann, wie viele Netzwerkdrucker installiert werden sollten. Gehen Sie auf die Vereinfachungen ein, die bei der Modellierung gemacht wurden.

2 Im Jahr 2021 wurden in den Bundesländern wegen der Corona-Pandemie Impfzentren eingerichtet, in denen man sich gegen das Virus Covid-19 impfen lassen konnte.
Die Impfungen erfolgen zeitlich gestuft für unterschiedliche Personengruppen.

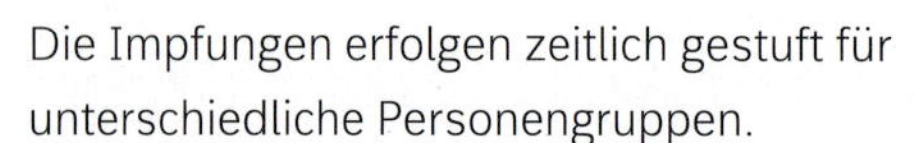

Im Bundesland Mecklenburg-Vorpommern wurden die jeweiligen Personengruppen angeschrieben. Über eine Telefon-Hotline konnten sie dann einen Impftermin vereinbaren. Eine telefonische Terminvereinbarung dauerte im Mittel 40 Sekunden. Innerhalb einer Stunde gingen durchschnittlich 450 Anrufe ein.
Untersuchen Sie, wie viele Mitarbeiter für die Terminvergabe benötigt wurden, damit in über 85 % der Anrufe ein Termin vereinbart werden konnte.

3 Auf einem Kundenparkplatz können 30 Autos parken. Innerhalb der Öffnungszeiten von 9 bis 12 Uhr bleiben die Kunden in der Regel 12 Minuten.
Verkraftet der Parkplatz 100 Kunden im Laufe des Vormittags? Welche Vereinfachungen müssen für die Modellierung gemacht werden?

4 In einem Callcenter eines Herstellers von Haushaltgeräten werden telefonische Anfragen in durchschnittlich 5 Minuten beantwortet oder andernfalls an Experten weitergeleitet. Im Laufe eines Nachmittags erfolgen stündlich im Mittel 100 Anfragen.

a) Ein eingehendes Gespräch soll nur in 10 % der Fälle in eine Warteschleife weitergeleitet werden.
Untersuchen Sie, wie viele Mitarbeiter nachmittags für die Arbeit im Callcenter zur Verfügung stehen sollten, um die Anrufe entgegenzunehmen.

b) Durch Trainingsprogramme gelingt es, die Mitarbeiter im Callcenter so fit zu machen, dass die durchschnittliche Zeit einer Kundenbetreuung nur noch 4 Minuten dauert.
Untersuchen Sie, wie sich dies auf die notwendige Personalausstattung des Callcenters auswirkt.

6.9 Mindestzahl an Versuchen für mindestens k Erfolge

Einstieg

Zu Beginn des Spiels *Mensch ärgere dich nicht* müssen die Spielteilnehmer eine Sechs würfeln, um eine Spielfigur ins Spiel zu bringen. Wie oft muss man mindestens würfeln, damit mit einer Wahrscheinlichkeit von mindestens 90 % mindestens eine Sechs dabei ist?

Aufgabe mit Lösung

Mindestens ein Erfolg

Der Autor Mark Burnett untersuchte in seinem Buch *Perfect Passwords* 6 Millionen Accounts und erstellte aus den Daten eine Liste der 1000 beliebtesten Passwörter. In einer Liste der beliebtesten Passwörter von 2016 liegt 123456 auf dem ersten Platz. Gut 4 % aller untersuchten Nutzerkonten verwenden dieses Passwort.

Worst passwords of 2016

1. 123456
2. password
3. 12345
4. 12345678
5. football
6. qwerty
7. 1234567890
8. 1234567
9. princess
10. 1234

Bei Attacken auf Internetkonten werden oft einfach sehr viele Passwörter ausprobiert, um Zugang zu einem Konto zu erhalten. Wie viele Konten muss ein Angreifer mindestens attackieren, damit mit einer Wahrscheinlichkeit von mindestens 95 % mindestens ein Passwort darunter 123456 lautet?

Lösung

Die Zufallsgröße X beschreibt die Anzahl der Nutzerkonten mit dem Passwort 123456 bei insgesamt n Konten. Die Erfolgswahrscheinlichkeit ist $p = 0{,}04$, damit ist $1 - p = 0{,}96$.
Gesucht wird der kleinste Wert n, sodass für das Ereignis $X \geq 1$ gilt:

$P(X \geq 1) = 1 - P(X = 0) = 1 - 0{,}96^n \geq 0{,}95$; also $0{,}96^n \leq 0{,}05$

Mit einem Rechner findet man durch Probieren folgende Werte:

n	60	70	75	**74**	73
$0{,}96^n$	0,08635	0,05741	0,04681	**0,04876**	0,05079

Der kleinste Wert n, für den $0{,}96^n \leq 0{,}05$ gilt, ist $n = 74$.

Man kann die Gleichung auch mit einem Rechner nach n lösen.

```
nSolve((0.96)^n=0.05,n)
                                73.3853
```

Es genügt also schon, mindestens 74 Benutzerkonten zu attackieren, damit mit einer Wahrscheinlichkeit von mindestens 95 % mindestens ein Benutzerkonto darunter mit dem Passwort 123456 ist. Die „Ungewöhnlichkeit“ eines Passworts ist also ein wichtiger Sicherheitsfaktor.

Information

Da in der Aufgabenstellung dreimal das Wort „mindestens“ vorkommt, werden Aufgaben dieses Typs oft als **Dreimal-mindestens-Aufgaben** bezeichnet.

Mindestzahl an Versuchen für mindestens einen Erfolg

Manchmal tritt die Frage auf, wie oft man ein Bernoulli-Experiment mit der Erfolgswahrscheinlichkeit p mindestens durchführen muss, um mit einer Mindestwahrscheinlichkeit m mindestens einen Erfolg zu haben.

Aus der Bedingung $P(X \geq 1) \geq m$ ergibt sich nach der Komplementärregel $1 - P(X = 0) \geq m$ und somit $P(X = 0) \leq 1 - m$.
Gesucht ist also ein Mindestwert für n, sodass $(1 - p)^n \leq 1 - m$ gilt.

Wie oft muss man mit zwei Würfeln mindestens würfeln, um mit einer Wahrscheinlichkeit von mindestens 90 % mindestens einmal einen Sechser-Pasch zu würfeln?

$$\left(1 - \frac{1}{36}\right)^n \leq 1 - 0{,}9$$

$$\left(\frac{35}{36}\right)^n \leq 0{,}1$$

$$\text{nSolve}\left(\left(\frac{35}{36}\right)^n = 0.1, n\right) \quad 81.7364$$

Man muss mindestens 82-mal würfeln.

Üben

1 Nach den Ergebnissen der Verbraucherstichprobe verfügt mittlerweile jeder zehnte Haushalt in Deutschland über einen Pay-TV-Anschluss.
Wie viele Haushalte müsste man mindestens für eine Stichprobe auswählen, damit in dieser Stichprobe mit einer Wahrscheinlichkeit von mindestens 95 % mindestens ein Haushalt mit Pay-TV-Anschluss ist?

2 Beim verbotenen Schneeballwerfen auf dem Schulhof treffen nur zwei von zehn Schneebällen ihr Ziel. Die Q1 fragt sich, wie viele Schneebälle mindestens geworfen werden müssen, damit das Ziel mit einer Wahrscheinlichkeit von mindestens 95 % mindestens einmal getroffen wird.

a) Maximilian hat die Aufgabe grafisch gelöst. Erläutern Sie sein Vorgehen.

b) Treffen Sie mit dieser Methode jeweils eine Aussage, wie sich die benötigte Mindestzahl der Würfe verändert,
(1) wenn sich die Trefferquote verbessert;
(2) wenn man eine kleinere Wahrscheinlichkeit für mindestens einen Treffer wählt.

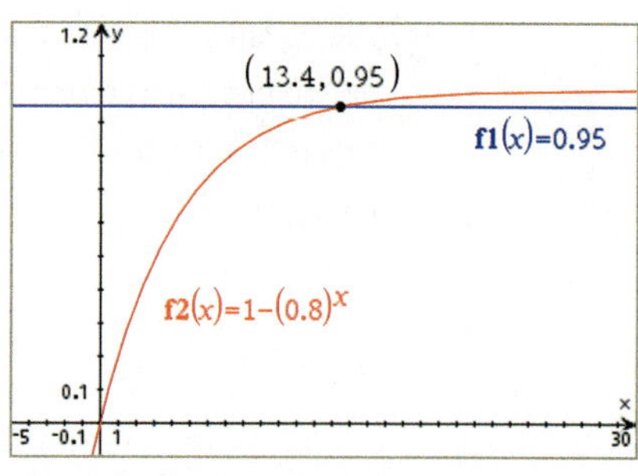

3 Ein Spieler setzt beim Roulette mit 37 Fächern auf seine Lieblingszahl 1.

a) Wie groß ist die Wahrscheinlichkeit, dass die Kugel
(1) erst in der siebten Runde auf der 1 liegen bleibt;
(2) in sieben Runden nicht auf der 1 liegen geblieben ist?

b) Wie viele Runden müssen mindestens durchgeführt werden, damit man die Aussage *„Die Kugel wird mindestens einmal auf der 1 liegen bleiben“* mit einer Wahrscheinlichkeit von mindestens 90 % machen kann?

Mindestzahl für zwei oder mehr Erfolge

4 3,8 % der Haushalte in Deutschland verfügen über ein geleastes Auto.

a) Wie viele Haushalte muss man mindestens für eine Stichprobe auswählen, damit in dieser Stichprobe mit einer Wahrscheinlichkeit von mindestens 90 % mindestens ein Haushalt ist, der über ein geleastes Fahrzeug verfügt?

b) Interpretieren Sie die Ungleichung $P(X \geq 2) = 1 - P(X \leq 1) \geq 0{,}9$ im Sachkontext und ermitteln Sie die Lösung durch Probieren.

Information

Mindestzahl an Versuchen für mehr als einen Erfolg

Wie oft man ein Bernoulli-Experiment mit der Erfolgswahrscheinlichkeit p mindestens durchführen muss, um mit einer Mindestwahrscheinlichkeit m mindestens k Erfolge zu haben, ermittelt man aus der Bedingung

$P(X \geq k) = 1 - P(X \leq k - 1) \geq m$.

Diese Ungleichung lässt sich nicht durch Umformen oder den *nSolve*-Befehl lösen.

Man kann die Lösung aber mithilfe einer Wertetabelle finden, die zu jedem n die Wahrscheinlichkeit $P(X \geq k)$ angibt.

Wie oft muss man mit einem Würfel mindestens würfeln, um mit einer Wahrscheinlichkeit von mindestens 95 % mindestens 3 Sechsen zu würfeln?

x	f1(x):= 1-binomCdf(x,1/6,2)
34.	0.938564
35.	0.946163
36.	0.952878
37.	0.958804
38.	0.964024

Mit dem Rechner muss man als Variable x statt n verwenden.

Man benötigt mindestens 36 Würfe, damit die Wahrscheinlichkeit über 95 % liegt.

5 Die Jackfruit wird in allen tropischen Ländern der Welt angebaut. Ihr Fruchtfleisch wird unter anderem als Fleischersatzprodukt genutzt.
8 % der Deutschen geben an, dieses schon probiert zu haben.

Bestimmen Sie, wie viele Personen man mindestens befragen muss, damit man mit einer Wahrscheinlichkeit von mindestens 90 % mindestens 5 Personen findet, die Jackfruit als Fleischersatz probiert haben.

Weiterüben

6 Berechnen Sie für einen fairen Würfel

a) die Wahrscheinlichkeit, erst im 5. Wurf eine Sechs zu würfeln;

b) die Wahrscheinlichkeit, nach 10 Würfen immer noch keine Sechs gewürfelt zu haben;

c) die Wahrscheinlichkeit, nach spätestens 6 Würfen eine Sechs zu würfeln;

d) die Wahrscheinlichkeit, nach genau 8 Würfen genau zwei Sechsen gewürfelt zu haben.

Simulation von Bernoulli-Ketten

1 GTR verfügen über den Befehl *randsamp*, mit dem man das Ziehen mit Zurücklegen simulieren kann. Auf diese Weise kann die Verteilung der Zufallsgröße X: *Anzahl der Erfolge* näherungsweise bestimmt werden.

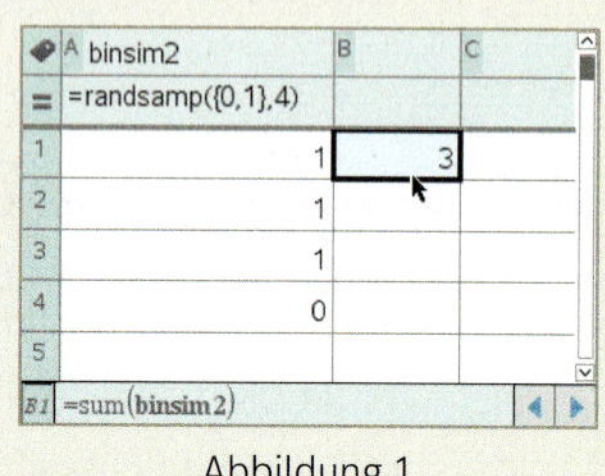

Abbildung 1

A binsim6	B	C
=randsamp({0,0,0,0,0,1},5)		
1	2	
0		
1		
0		
0		
B1 =sum(binsim6)		

Abbildung 2

Abbildung 1 zeigt die Simulation des 4-fachen Werfens einer Münze.

Abbildung 2 zeigt die Simulation des 5-fachen Würfelns mit Augenzahl 1 als Erfolg.

a) Erläutern Sie den Aufbau des *randsamp*-Befehls für die beiden Simulationen.

b) Simulieren Sie das 3-fache Würfeln, wobei das Auftreten von Augenzahl 1 oder 2 als Erfolg gewertet wird. Führen Sie diesen Versuch 100-mal durch und bestimmen Sie eine Häufigkeitsverteilung für die Anzahl der Erfolge.

2 Zusätzlich verfügen GTR über den Befehl *randBin*, mit dem man die Anzahl der Erfolge bei Bernoulli-Ketten simulieren kann.

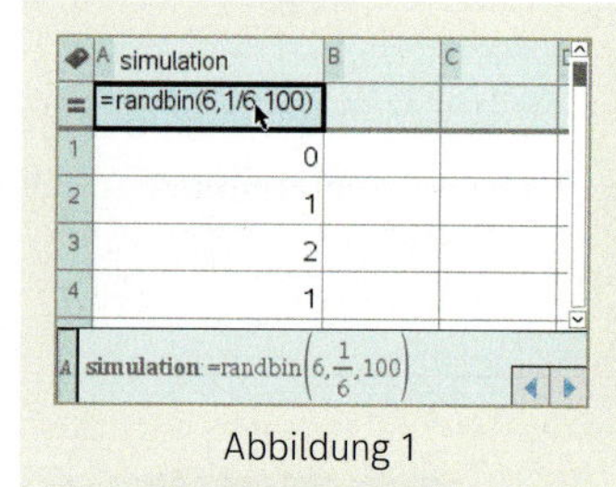

Abbildung 1

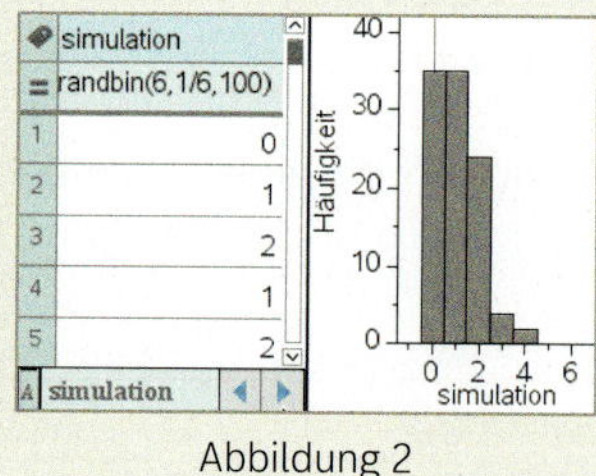

Abbildung 2

Abbildung 1 zeigt die Anzahl der Erfolge bei den ersten 4 von 100 Simulationen des 6-fachen Würfelns mit $p = \frac{1}{6}$.

Die Auswertung der gesamten Simulation ist in Abbildung 2 zu sehen.

a) Führen Sie die 100-fache Simulation des Zufallsversuchs selbst durch.

b) Verdoppeln Sie die Anzahl der Simulationen.

Vergleichen Sie das Histogramm der Häufigkeitsverteilung mit dem aus Teilaufgabe a).

3 **Vergleich einer Binomialverteilung mit der Simulation der Verteilung**

a)

- Bestimmen Sie die Binomialverteilung für die Zufallsgröße X: *Anzahl der Wappen beim 5-fachen Münzwurf*. Zeichnen Sie das Histogramm der Verteilung. Wie viele Versuche mit $k = 0, 1, 2, \ldots, 5$ Wappen sind bei 100-maliger Durchführung des 5-fachen Münzwurfs zu erwarten?
- Führen Sie eine 100-fache Simulation des Bernoulli-Experiments durch. Vergleichen Sie mit Ihren errechneten Werten.

b)

- Simulieren Sie das 60-fache Werfen eines Würfels.
- Bestimmen Sie damit einen Schätzwert für die Wahrscheinlichkeit, dass genau 10-mal Augenzahl 6 fällt.
- Vergleichen Sie die in der Simulation bestimmte relative Häufigkeit mit der durch die Bernoulli-Formel berechneten Wahrscheinlichkeit.

Das Wichtigste auf einen Blick

Histogramm einer Häufigkeitsverteilung

Eine Häufigkeitsverteilung lässt sich in einem **Histogramm** darstellen. Dabei ist der Flächeninhalt eines Rechtecks gleich der relativen Häufigkeit des zugehörigen x-Wertes oder der Klasse.
Die Summe der Flächeninhalte aller Rechtecke ist gleich 1.

Arithmetisches Mittel einer Häufigkeitsverteilung

Für Werte $x_1, x_2, \ldots, x_m$ mit den relativen Häufigkeiten $h(x_1), h(x_2), \ldots, h(x_m)$ berechnet man das **arithmetische Mittel $\overline{x}$** der Häufigkeitsverteilung wie folgt:
$\overline{x} = x_1 \cdot h(x_1) + x_2 \cdot h(x_2) + \ldots + x_m \cdot h(x_m)$

Empirische Standardabweichung einer Häufigkeitsverteilung

Das Streuverhalten der Werte um den Mittelwert einer Häufigkeitsverteilung kann durch die **empirische Standardabweichung $\overline{s}$** angegeben werden:
$\overline{s} = \sqrt{(x_1 - \overline{x})^2 \cdot h(x_1) + \ldots + (x_m - \overline{x})^2 \cdot h(x_m)}$

50 Pkw wurden bei der Hauptuntersuchung auf Mängel überprüft.

Anzahl x_i der Mängel	Anteil $h(x_i)$ der Pkw mit x_i Mängeln	gewichteter Wert $x_i \cdot h(x_i)$
0	0,42	$0 \cdot 0{,}42 = 0{,}42$
1	0,22	$1 \cdot 0{,}22 = 0{,}22$
2	0,16	$2 \cdot 0{,}16 = 0{,}32$
3	0,15	$3 \cdot 0{,}15 = 0{,}45$
4	0,05	$4 \cdot 0{,}05 = 0{,}20$
Summe	1	$\overline{x} = 1{,}61$

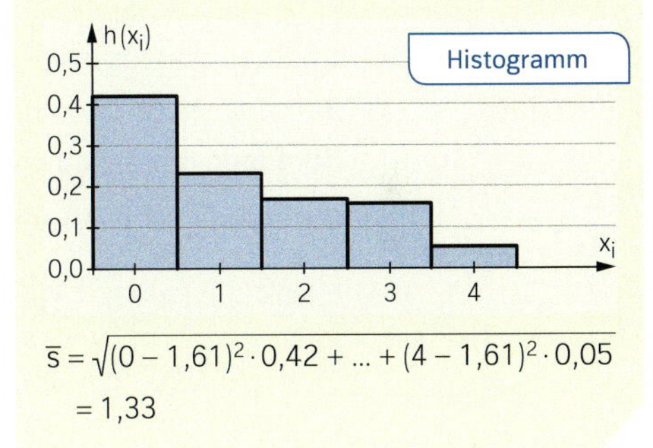

$\overline{s} = \sqrt{(0 - 1{,}61)^2 \cdot 0{,}42 + \ldots + (4 - 1{,}61)^2 \cdot 0{,}05}$
$= 1{,}33$

Zufallsgröße und deren Wahrscheinlichkeitsverteilung

Eine **Zufallsgröße X** ordnet jedem Ergebnis eines Zufallsexperiments eine reelle Zahl zu. Mit **P (X = k)** bezeichnet man die Wahrscheinlichkeit des Ereignisses, dass die Zufallsgröße X den Wert k annimmt.

Die **Wahrscheinlichkeitsverteilung** einer Zufallsgröße erhält man, indem man allen möglichen Werten der Zufallsgröße die zugehörigen Wahrscheinlichkeiten zuordnet.

Erwartungswert einer Zufallsgröße

Nimmt die Zufallsgröße X die Werte $a_1, a_2, \ldots, a_m$ mit den Wahrscheinlichkeiten $P(X = a_1), P(X = a_2), \ldots, P(X = a_m)$ an, dann ist der **Erwartungswert $E(X) = \mu$** der Zufallsgröße X:
$\mu = a_1 \cdot P(X = a_1) + \ldots + a_m \cdot P(X = a_m)$

Standardabweichung einer Zufallsgröße

Die **Standardabweichung σ** einer Zufallsgröße X mit dem Erwartungswert $\mu = E(X)$ ist wie folgt definiert:
$\sigma = \sqrt{(a_1 - \mu)^2 \cdot P(X = a_1) + \ldots + (a_m - \mu)^2 \cdot P(X = a_m)}$

X: *Anzahl von Wappen beim Werfen dreier Münzen*

a_i	$P(X = a_i)$	$a_i \cdot P(X = a_i)$
0	$\frac{1}{8}$	0
1	$\frac{3}{8}$	$\frac{3}{8}$
2	$\frac{3}{8}$	$\frac{6}{8}$
3	$\frac{1}{8}$	$\frac{3}{8}$
Summe	1	$E(X) = 1{,}5$

a_i	$P(X = a_i)$	$(a_i - \mu)^2 \cdot P(X = a_i)$
0	$\frac{1}{8}$	$(0 - 1{,}5)^2 \cdot \frac{1}{8}$
1	$\frac{3}{8}$	$(1 - 1{,}5)^2 \cdot \frac{3}{8}$
2	$\frac{3}{8}$	$(2 - 1{,}5)^2 \cdot \frac{3}{8}$
3	$\frac{1}{8}$	$(3 - 1{,}5)^2 \cdot \frac{1}{8}$
Summe	1	$\sigma = \sqrt{\frac{3}{4}} \approx 0{,}866$

Das Wichtigste auf einen Blick

Bernoulli-Experiment, Bernoulli-Kette

Ein Zufallsexperiment mit nur zwei möglichen Ergebnissen (Erfolg bzw. Misserfolg) heißt **Bernoulli-Experiment**.
Die Wahrscheinlichkeit für einen Erfolg ist die Erfolgswahrscheinlichkeit p. Die Misserfolgswahrscheinlichkeit ist dann 1 – p.
Wird ein Bernoulli-Experiment n-mal wiederholt und ändert sich die Erfolgswahrscheinlichkeit p von Stufe zu Stufe nicht, so spricht man von einer n-stufigen **Bernoulli-Kette**.

Ziehen einer Karte aus einem Skatblatt mit 32 Karten
Erfolg: *Es wird ein Ass gezogen*
Misserfolg: *Es wird kein Ass gezogen*
$p = \frac{4}{32} = \frac{1}{8}$; $1 - p = 1 - \frac{1}{8} = \frac{7}{8}$
10-stufige Bernoulli-Kette:
Es werden nacheinander mit Zurücklegen 10 Karten aus dem Skatblatt gezogen.

Binomialkoeffizient

Im Baumdiagramm einer n-stufigen Bernoulli-Kette berechnet man die Anzahl der Pfade mit genau k Erfolgen mit dem **Binomialkoeffizienten** $\binom{n}{k}$.
Es gilt: $\binom{n}{k} = \frac{n!}{k! \cdot (n-k)!}$
Man kann den Binomialkoeffizienten auch mit dem Taschenrechnerbefehl *nCr* bestimmen.

Würfelwurf; Erfolg: *Augenzahl 6*; n = 5
Pfade im Baumdiagramm mit genau drei Sechsen:

– E – E – E – M – M
– E – E – M – E – M
– E – E – M – M – E
– E – M – E – E – M
– E – M – E – M – E
– E – M – M – E – E
– M – E – E – M – E
– M – E – E – E – M
– M – E – M – E – E
– M – M – E – E – E

E: Erfolg; M: Misserfolg

$\binom{5}{3} = 10$

nCr(5,3)

Bernoulli-Formel, Binomialverteilung

Für eine n-stufige Bernoulli-Kette mit der Erfolgswahrscheinlichkeit p kann die Wahrscheinlichkeit, dass die Zufallsgröße X den Wert k annimmt, berechnet werden durch:
$P(X = k) = \binom{n}{k} \cdot p^k \cdot (1 - p)^{n-k}$
Die zu einer Bernoulli-Kette gehörende Wahrscheinlichkeitsverteilung heißt **Binomialverteilung**.

Gesucht ist die Wahrscheinlichkeit, beim 10-maligen Ziehen einer Karte aus einem Skatblatt (mit Zurücklegen) 3 Asse zu ziehen.
X: *Anzahl der Asse*
$n = 10$; $p = \frac{1}{8}$; $k = 3$
$P(X = 3) = \binom{10}{3} \cdot \left(\frac{1}{8}\right)^3 \cdot \left(\frac{7}{8}\right)^7 = 0{,}092$

Mindestzahl an Versuchen für mindestens einen Erfolg

Wie hoch die Anzahl n an Versuchen mindestens sein muss, damit bei einer Bernoulli-Kette mit der Erfolgswahrscheinlichkeit p gilt $P(X \geq 1) \geq m$, wobei m eine vorgegebene Mindestwahrscheinlichkeit ist, lässt sich anhand der Formel $1 - q^n \geq m$ bestimmen.

Wie oft muss man *mindestens* würfeln, um mit einer Wahrscheinlichkeit von *mindestens* 90 % *mindestens* eine 6 zu würfeln?
$P(X \geq 1) = 1 - \left(\frac{5}{6}\right)^n \geq 0{,}9$
Für $n = 13$ gilt erstmals $1 - \left(\frac{5}{6}\right)^n \geq 0{,}9$.
Man muss also mindestens 13-mal würfeln.

Das Wichtigste auf einen Blick

Kumulierte Binomialverteilung

Für eine n-stufige Bernoulli-Kette mit der Erfolgswahrscheinlichkeit p kann man folgende Fälle betrachten:

- höchstens k Erfolge:
  $P(X \le k) = P(0 \le X \le k)$
- weniger als k Erfolge:
  $P(X < k) = P(0 \le X \le k - 1)$
- mehr als k Erfolge:
  $P(X > k) = P(k + 1 \le X \le n)$
- mindestens k Erfolge:
  $P(X \ge k) = P(k \le X \le n)$
- mindestens a, höchstens b Erfolge:
  $P(a \le X \le b)$

$n = 5;\ p = 0{,}4$

$P(X \le 3) \approx 0{,}91296$

```
binomCdf(5,0.4,0,3)
                         0.91296
```

Wahrscheinlichkeit	Rechnerbefehl
$P(X < 2)$	binomCdf(5,0.4,0,1)
$P(X > 3)$	binomCdf(5,0.4,4,5)
$P(X \ge 3)$	binomCdf(5,0.4,3,5)
$P(1 \le X \le 4)$	binomCdf(5,0.4,1,4)

Klausurtraining

Lösungen im Anhang

Teil A

Lösen Sie die folgenden Aufgaben ohne Formelsammlung und ohne Taschenrechner.

1 Einige Profi-Fußballvereine und Fußballschulen in Europa verwenden zum Torwarttraining eine *Football Passing Machine* als Torschussmaschine. Ein Forscherteam hat eine Maschine so umkonstruiert, dass der Ball zufällig in die linke oder die rechte Torecke und dabei zufällig flach oder hoch geschossen wird.
Erläutern Sie, warum sich das Training mit der Maschine als Bernoulli-Kette auffassen lässt, und geben Sie verschiedene Möglichkeiten an, was dabei als „Erfolg" interpretiert werden kann.

2 In einem Gefäß sind 1 rote, 2 grüne und 3 blaue Kugeln.
Bei einem Spiel werden nacheinander Kugeln ohne Zurücklegen gezogen – so lange, bis von jeder Farbe mindestens eine Kugel gezogen wurde.
a) Welche Werte kann die Zufallsgröße X: *Anzahl der notwendigen Ziehungen* annehmen? Überlegen Sie jeweils, welche Spielverläufe zu diesen Werten gehören.
b) Bestimmen Sie die Wahrscheinlichkeitsverteilung von X.
c) Wie viele Ziehungen sind im Mittel notwendig?

3 Ein Würfel wird sechsmal geworfen. Als Erfolg wird jede Augenzahl größer als 4 gewertet. Begründen Sie mithilfe der Bernoulli-Formel, warum
(1) die Wahrscheinlichkeit für 1 Erfolg dreimal so groß ist wie die für 0 Erfolge;
(2) die Wahrscheinlichkeit für 2 Erfolge viermal so groß ist wie die für 4 Erfolge;
(3) die Wahrscheinlichkeit für 4 Erfolge fünfmal so groß ist wie die für 5 Erfolge.

Teil B **Bei der Lösung dieser Aufgaben können Sie die Formelsammlung und den Taschenrechner verwenden.**

4 Eine Basketball-Mannschaft der amerikanischen NBA besteht aus 30 Spielern.
Ihre Körpergrößen in cm sind in der folgenden Tabelle dargestellt:

206	213	201	193	185	188	193	198	193	198
196	208	191	206	196	203	185	211	185	201
211	203	183	198	208	203	201	211	213	201

Berechnen Sie die mittlere Größe der Basketballspieler sowie die Standardabweichung.

5 20 % der Einwohner Deutschlands sind jünger als 20 Jahre.
Wie groß ist die Wahrscheinlichkeit dafür, dass unter 100 zufällig ausgewählten Personen
(1) genau 17 Personen jünger als 20 Jahre sind;
(2) mindestens 15, höchstens 25 Personen jünger als 20 Jahre sind;
(3) mehr als 80 Personen mindestens 20 Jahre alt sind;
(4) höchstens 75 Personen mindestens 20 Jahre alt sind?

6 Ein Unternehmen beteiligt sich an der Sommeraktion „Mit dem Rad zur Arbeit" der AOK und des ADFC unter der Schirmherrschaft des Bundesministeriums für Verkehr, Bau und Stadtentwicklung.
Da die Radwege vor Ort gut ausgebaut sind, erwartet die Unternehmensleitung, dass durchschnittlich 30 % der 50 Angestellten mit dem Fahrrad zur Arbeit kommen. Um die Aktion zu unterstützen, soll ein abschließbarer Fahrradunterstand gebaut werden.
a) Geben Sie geeignete Modellannahmen an, damit dieser Vorgang als Bernoulli-Kette interpretiert werden kann.
b) Untersuchen Sie, mit welcher Wahrscheinlichkeit 20 Fahrradständer genügen.
c) Ermitteln Sie, wie viele Fahrradständer zur Verfügung stehen sollten, damit diese mit einer Wahrscheinlichkeit von mindestens 90 % ausreichen.

7 In einem Warenlager stehen 5 Mitarbeiter für die Ausgabe von Geräten zur Verfügung.
Für die Ausführung eines Auftrages benötigen sie durchschnittlich 10 Minuten. Während der Öffnungszeiten am Vormittag von 8 bis 12 Uhr kommen im Mittel 100 Kunden.
Kommt es oft vor, dass Kunden warten müssen? Begründen Sie.
Welche vereinfachenden Annahmen müssen für die Modellierung gemacht werden?

8 Bei der Produktion von Leuchtdioden muss man mit einem konstanten Ausschussanteil von 4 % rechnen. Eine bestimmte Sorte wird vom Hersteller zum Stückpreis von 1,60 € in Einheiten von 50 Stück geliefert. Falls in einer Lieferung defekte Leuchtdioden enthalten sind, wird der Stückpreis für die gesamte Einheit reduziert, und zwar
- um 0,10 €, wenn in der Einheit 1 oder 2 Leuchtdioden defekt sind;
- um 0,20 €, wenn mehr als 2 Leuchtdioden defekt sind.

Bestimmen Sie den zu erwartenden tatsächlichen Gesamtpreis für eine Einheit von 50 Leuchtdioden.

Beurteilende Statistik

7

▲ *Bei der 59. Präsidentschaftswahl in den USA im Jahr 2020 gaben über 100 Millionen Wahlberechtigte ihre Stimme ab.*
Die Demokratische Partei mit ihren Kandidaten Joe Biden und Kamala Harris gewann die Wahl mit 306 Wahlleuten und erhielt 51,3 % der Stimmen.

In diesem Kapitel
lernen Sie Regeln kennen, mit deren Hilfe Sie Prognosen treffen und Aussagen überprüfen können, die sich auf Zusammensetzung einer Grundgesamtheit (z. B. Wählerschaft) beziehen.
Außerdem beschreiben Sie zufällige Veränderungen von Häufigkeitsverteilungen mathematisch mithilfe von Matrizen. ▶

7.1 Erwartungswert und Standardabweichung einer Binomialverteilung

Einstieg

Nach Herstellerangaben sind ca. 30 % aller produzierten Gummibärchen rot.
Die Zufallsgröße X gibt für eine Mini-Packung mit 12 Gummibärchen die Anzahl der roten Gummibärchen an.
Stellen Sie eine begründete Vermutung für den Erwartungswert von X auf. Berechnen Sie dann den Erwartungswert und vergleichen Sie mit Ihrer Vermutung.
Berechnen Sie außerdem die Standardabweichung und zeigen Sie, dass diese mit dem Wert $\sqrt{12 \cdot 0{,}3 \cdot 0{,}7}$ übereinstimmt.

Aufgabe mit Lösung

Erwartungswert und Standardabweichung einer Binomialverteilung

Ein Dartwerfer trifft mit einer Wahrscheinlichkeit von 20 % das sogenannte *Bull's Eye*, das sich in der Mitte der Dartscheibe befindet. Er wirft 5-mal auf die Scheibe.

→ Stellen Sie eine begründete Vermutung für den Erwartungswert μ für die Anzahl der Treffer auf.

Lösung

Der Dartwerfer trifft durchschnittlich 20 % seiner Würfe. Daher wird er bei 5 Versuchen im Schnitt etwa 20 % seiner 5 Würfe treffen, was den Erwartungswert $\mu = 0{,}2 \cdot 5 = 1$ ergibt.

→ Berechnen Sie μ mithilfe der Definition und bestätigen Sie damit obige Vermutung.

Lösung

Mit der Formel von Bernoulli oder dem Rechner für $n = 5$ und $p = 0{,}2$ erhält man:

k	0	1	2	3	4	5	Summe
P (X = k)	0,32768	0,4096	0,2048	0,0512	0,0064	0,00032	1
k · P (X = k)	0	0,4096	0,4096	0,1536	0,0256	0,0016	μ = 1

Es ergibt sich also mithilfe der Definition tatsächlich der Erwartungswert 1.

→ Berechnen Sie die Standardabweichung σ mithilfe der Definition und zeigen Sie, dass das Ergebnis mit dem Wert $\sqrt{5 \cdot 0{,}2 \cdot 0{,}8}$ übereinstimmt.

Lösung

Es gilt: $\sigma^2 = (0-1)^2 \cdot 0{,}32768 + (1-1)^2 \cdot 0{,}4096 + (2-1)^2 \cdot 0{,}2048$
$+ (3-1)^2 \cdot 0{,}0512 + (4-1)^2 \cdot 0{,}0064 + (5-1)^2 \cdot 0{,}00032$

Damit ergibt sich $\sigma^2 = 0{,}8$ und $\sigma = \sqrt{0{,}8}$. Dies stimmt mit $\sqrt{5 \cdot 0{,}2 \cdot 0{,}8}$ überein.

Berechnen Sie für eine binomialverteilte Zufallsgröße X mit einer beliebigen Erfolgswahrscheinlichkeit p in den beiden Fällen $n = 1$ sowie $n = 2$ den Erwartungswert μ und die Standardabweichung σ. Stellen Sie eine Vermutung für den allgemeinen Fall auf.

Lösung

Im Fall $n = 1$ gilt:

$\mu = 0 \cdot (1 - p) + 1 \cdot p = \mathbf{p}$ und

$\sigma = \sqrt{(0 - \mathbf{p})^2 \cdot (1 - p) + (1 - \mathbf{p})^2 \cdot p}$

$= \sqrt{p^2 \cdot (1 - p) + p \cdot (1 - p)^2}$

Ausklammern von $p \cdot (1 - p)$ ergibt:

$\sigma = \sqrt{p \cdot (1 - p) \cdot (p + (1 - p))} = \sqrt{p \cdot (1 - p)}$

Im Fall $n = 2$ erhält man:

$\mu = 0 \cdot (1 - p)^2 + 1 \cdot 2p \cdot (1 - p) + 2 \cdot p^2$

$= 2p - 2p^2 + 2p^2 = \mathbf{2p}$

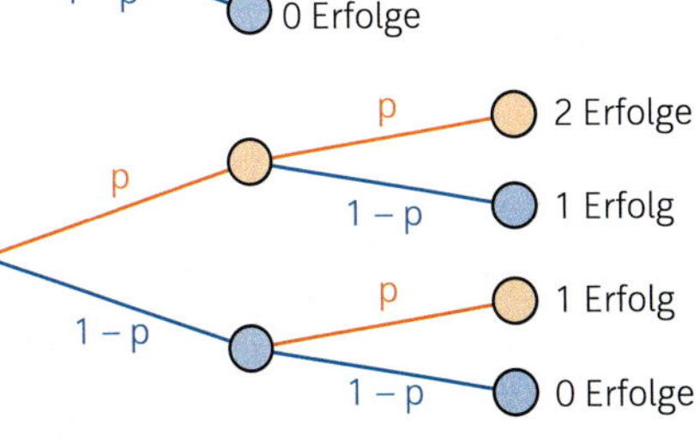

$\sigma = \sqrt{(0 - \mathbf{2p})^2 \cdot (1 - p)^2 + (1 - \mathbf{2p})^2 \cdot 2p \cdot (1 - p) + (2 - \mathbf{2p})^2 \cdot p^2}$

$= \sqrt{4p^2 \cdot (1 - p)^2 + 2p \cdot (1 - p) \cdot (1 - 2p)^2 + 4p^2 \cdot (1 - p)^2}$ — Ausklammern von $2p \cdot (1 - p)$

$= \sqrt{2p \cdot (1 - p) \cdot \underbrace{(2p \cdot (1 - p) + (1 - 2p)^2 + 2p \cdot (1 - p))}_{= 2p - 2p^2 + 1 - 4p + 4p^2 + 2p - 2p^2 = 1}}$

$= \sqrt{2p \cdot (1 - p)}$

Für den allgemeinen Fall kann man somit vermuten: $\mu = n \cdot p$ und $\sigma = \sqrt{n \cdot p \cdot (1 - p)}$

Information

Erwartungswert einer Binomialverteilung

Satz: Für den Erwartungswert μ einer binomialverteilten Zufallsgröße gilt:

$\mu = n \cdot p$

Dabei gibt n die Anzahl der Versuche und p die Erfolgswahrscheinlichkeit an.

Standardabweichung einer Binomialverteilung

Satz: Für die Standardabweichung σ einer binomialverteilten Zufallsgröße gilt:

$\sigma = \sqrt{n \cdot p \cdot (1 - p)}$

X: Anzahl von Blau beim 12-maligen Drehen des Glücksrads

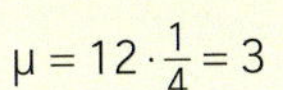

$\mu = 12 \cdot \frac{1}{4} = 3$

Im Mittel erhält man 3-mal Blau bei 12 Drehungen.

$\sigma = \sqrt{12 \cdot \frac{1}{4} \cdot \frac{3}{4}} = \sqrt{\frac{9}{4}} = \frac{3}{2} = 1{,}5$

Die Standardabweichung beträgt 1,5.

Bemerkung: Die Formel $\mu = n \cdot p$ lässt sich mithilfe der *Additivität des Erwartungswertes* beweisen (Seite 277 Aufgabe 16). Bei einem n-stufigen Bernoulli-Experiment definiert man die Zufallsgrößen $X_1, X_2, \ldots, X_n$ so: Sie haben jeweils den Wert 1 bei Erfolg und den Wert 0 bei Misserfolg auf der jeweiligen Stufe.

Dann gilt: $X = X_1 + X_2 + \ldots + X_n$ und $E(X_1) = \ldots = E(X_n) = 0 \cdot (1 - p) + 1 \cdot p = p$

Damit folgt: $\mu = E(X) = E(X_1 + X_2 + \ldots + X_n) = E(X_1) + E(X_2) + \ldots + E(X_n) = p + p + \ldots + p = n \cdot p$

Üben

1 Die Zufallsgröße X gibt die Anzahl der Einsen beim 6-fachen Werfen eines regelmäßigen Tetraeders an.
Berechnen Sie den Erwartungswert und die Standardabweichung von X mithilfe der Definitionen und vergleichen Sie mit den Werten, die sich aus den Formeln in der Information (Seite 313) ergeben.

2 Berechnen Sie die fehlenden Werte für folgende Binomialverteilungen.

(1) $n = 50;\ p = 30\,\%;\ \mu = \square;\ \sigma = \square$

(2) $n = 120;\ p = 0{,}65;\ \mu = \square;\ \sigma = \square$

(3) $n = 500;\ p = 10\,\%;\ \mu = \square;\ \sigma = \square$

(4) $n = \square;\ p = 25\,\%;\ \mu = 2{,}75;\ \sigma = \square$

3 Die Abbildung zeigt die Histogramme für Binomialverteilungen mit $p = 0{,}3$ und verschiedenen Werten für n.

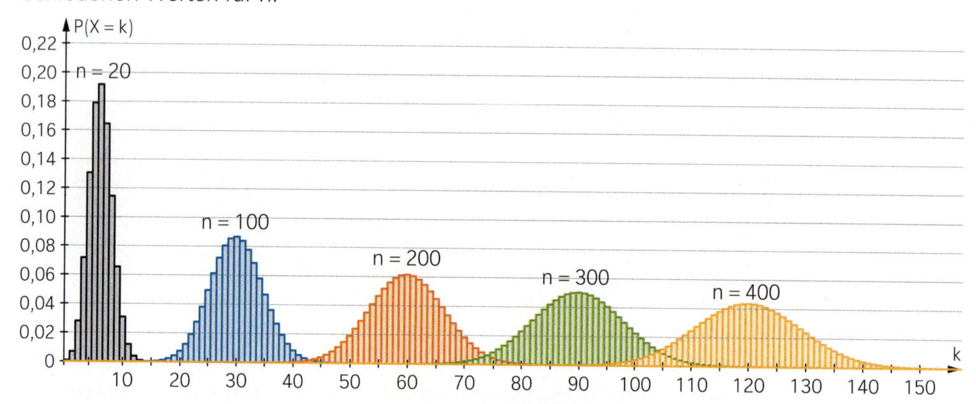

a) Beschreiben Sie, wie sich die Histogramme in Abhängigkeit von n verändern.

b) Wie verändern sich μ und σ in Abhängigkeit von n? Wie verändern sich μ und σ, wenn sich n vervierfacht?

4 Die Abbildung zeigt die Histogramme für Binomialverteilungen mit $n = 60$ und verschiedenen Werten für p.

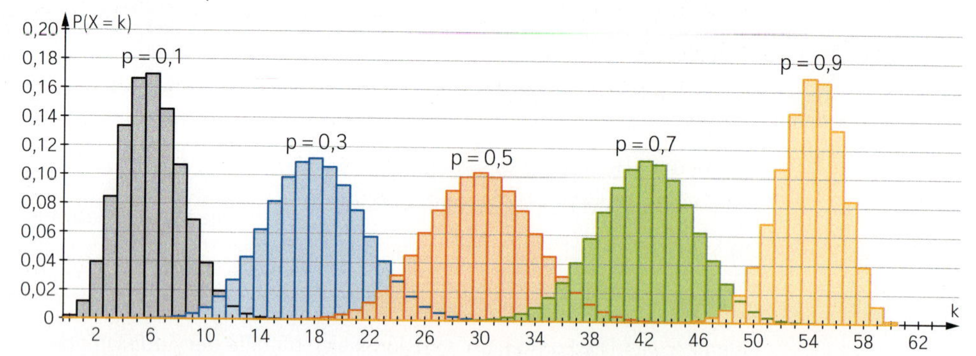

a) Beschreiben Sie, wie sich die Histogramme in Abhängigkeit von p verändern.

b) Wie verändert sich μ in Abhängigkeit von p? Wie verändert sich μ, wenn sich p verdreifacht?

c) Wie verändert sich σ in Abhängigkeit von p?
Für welches p ist σ am größten? Begründen Sie das Ergebnis.

5 ≡ Bei den Olympischen Winterspielen 2018 im südkoreanischen Pyeongchang konnte der Biathlet Arnd Peiffer die Goldmedaille in der Disziplin Sprint gewinnen. Dabei müssen auf einer 10 km langen Langlauf-Strecke zwei Schießübungen (liegend, stehend) mit jeweils 5 Schüssen bewältigt werden.
Peiffer traf jeden seiner Schüsse.

Basierend auf den Daten der Saison 2017/2018 trifft Peiffer 86,47 % seiner Schüsse.

a) Berechnen Sie, wie viele Treffer man vor dem olympischen Sprint-Wettkampf von Peiffer erwarten konnte.

b) Wie groß war die Wahrscheinlichkeit für diese Anzahl an Treffern? Vergleichen Sie mit der Wahrscheinlichkeit für die erzielten 10 Treffer.

c) Berechnen Sie die Standardabweichung.

6 ≡ Gegeben sind zwei Binomialverteilungen mit den abgebildeten Histogrammen.

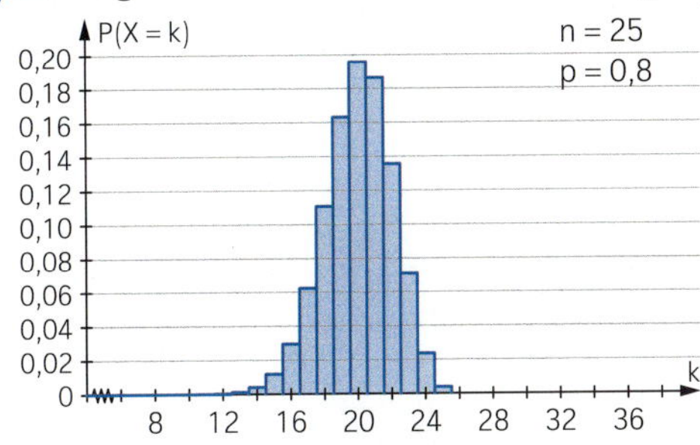

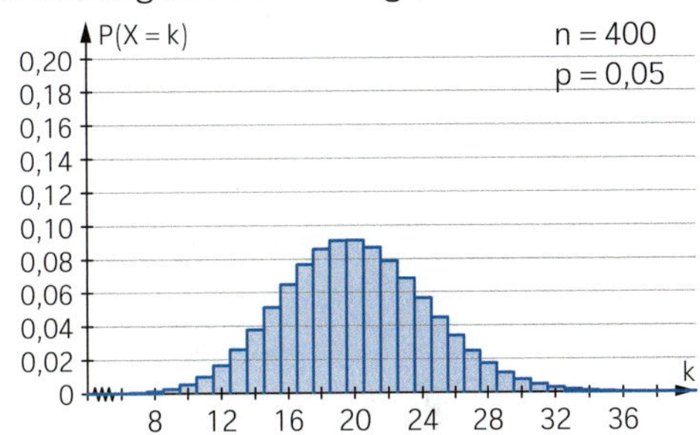

a) Beschreiben Sie Gemeinsamkeiten und Unterschiede der beiden Wahrscheinlichkeitsverteilungen.

b) Erklären Sie, woran man ohne Rechnung erkennen kann, welche der beiden Binomialverteilungen die größere Standardabweichung besitzt. Überprüfen Sie Ihre Aussage rechnerisch.

c) Geben Sie drei weitere Binomialverteilungen an, die denselben Erwartungswert besitzen und sich in ihrer Standardabweichung unterscheiden. Überprüfen Sie, indem Sie mit dem Rechner die entsprechenden Histogramme zeichnen lassen, ob Sie auch hier die Größe der Standardabweichung grafisch unterscheiden können.

7 ≡ Zwei Glücksspiele werden für einen Einsatz von jeweils 2 € angeboten.

(1) Bei einem gewöhnlichen Kartenspiel wird 8-mal mit Zurücklegen gezogen und man erhält für jede Karokarte 1 €.

(2) Aus der abgebildeten Urne wird 10-mal mit Zurücklegen gezogen und man erhält für jede blaue Kugel 1 €.

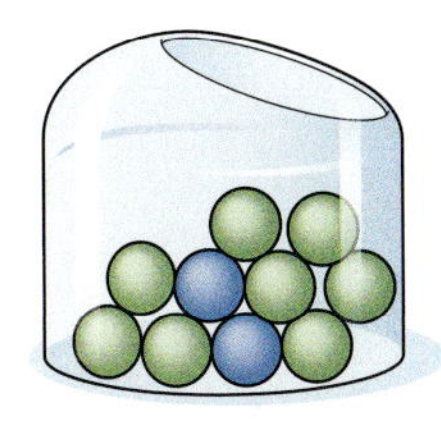

Vergleichen Sie die beiden Spiele mithilfe von Erwartungswert und Standardabweichung.

8 Gegeben ist eine n-stufige Bernoulli-Kette mit Erfolgswahrscheinlichkeit p. Untersuchen Sie mithilfe eines Rechners, welche Anzahl der Erfolge die größte Wahrscheinlichkeit hat, und vergleichen Sie diese mit dem Erwartungswert μ.

a) $n = 20;\ p = 0{,}3$ **b)** $n = 19;\ p = 0{,}4$ **c)** $n = 11;\ p = 0{,}6$
d) $n = 31;\ p = 0{,}25$ **e)** $n = 32;\ p = 0{,}25$ **f)** $n = 50;\ p = 0{,}1$

9 Die Abbildung zeigt eine Binomialverteilung mit $n = 12$. Geben Sie ein mögliches p an.

a)
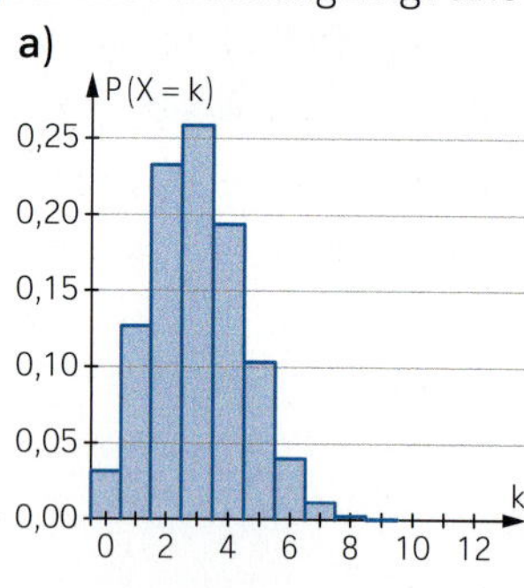

b)
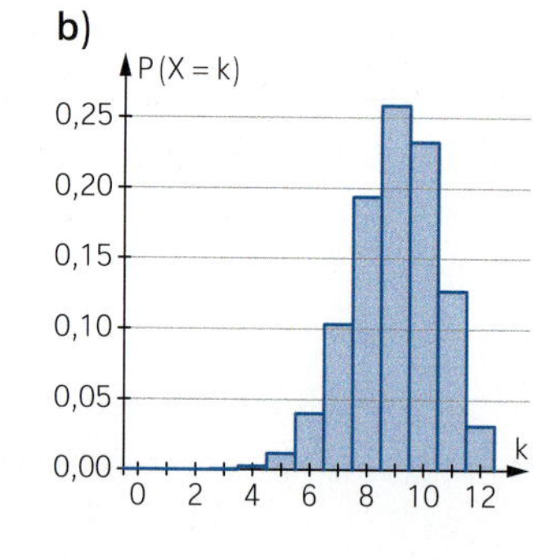

c)
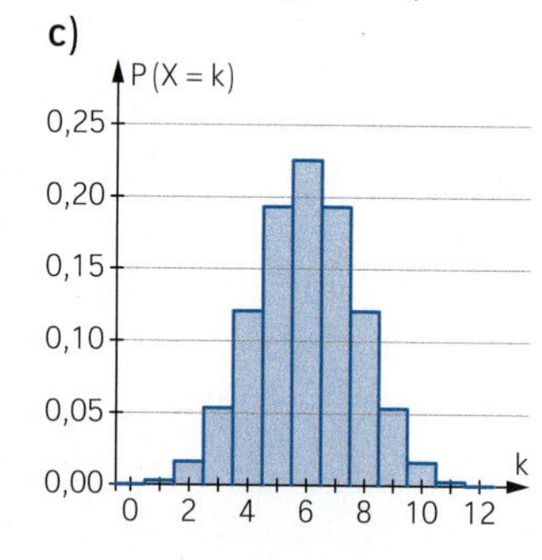

10 Die Abbildung zeigt eine Binomialverteilung mit $p = 0{,}36$. Geben Sie ein mögliches n an.

a)
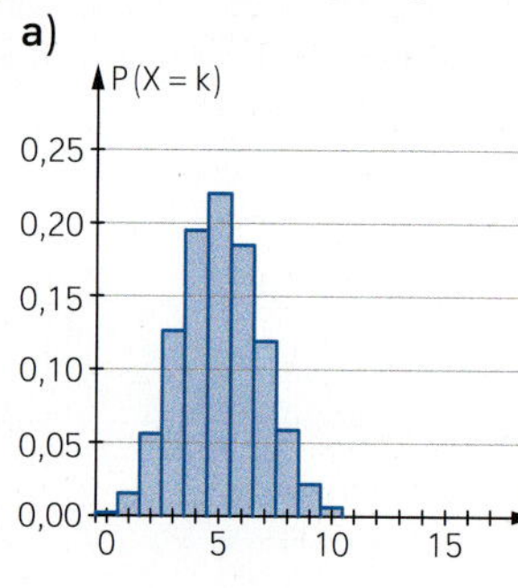

b)
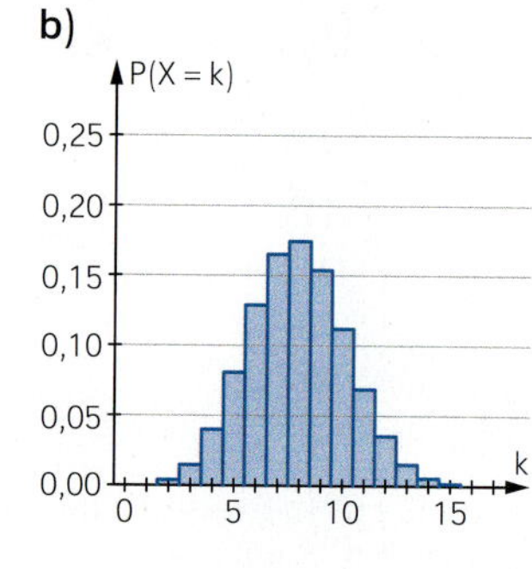

c)
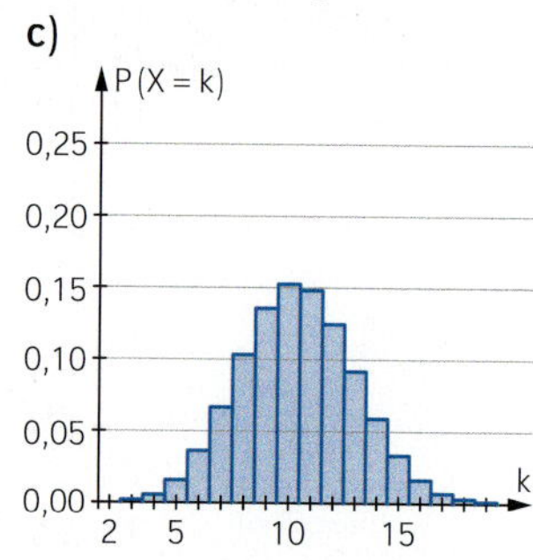

11 Ordnen Sie den Histogrammen (A), (B), (C) die Binomialverteilungen (1), (2), (3) zu. Begründen Sie Ihre Entscheidung.

(1) $n = 400;\ p = 0{,}1$ (2) $n = 50;\ p = 0{,}8$ (3) $n = 100;\ p = 0{,}4$

(A)
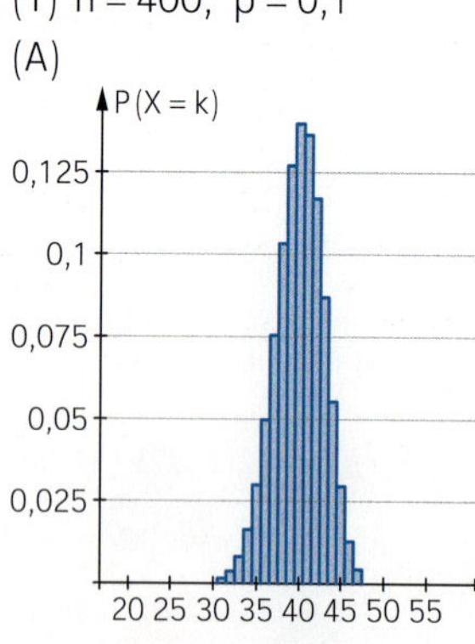

(B)
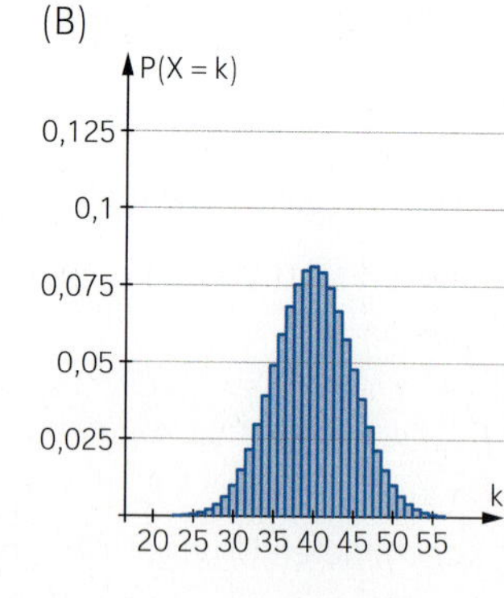

(C)
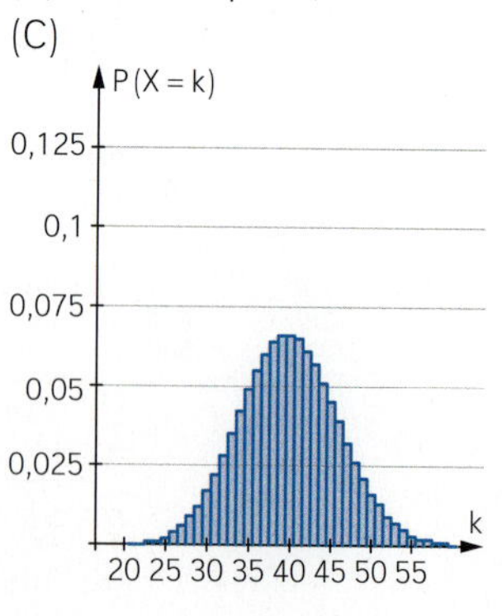

12 Berechnen Sie den Erwartungswert μ der Binomialverteilung aus den Angaben.

a) $\sigma = 10;\ n = 625$ **b)** $\sigma = \sqrt{3};\ p = 0{,}25$ **c)** $\sigma^2 = 12;\ n = 75$

13 Singlespeed-Fahrräder werden insbesondere in Großstädten unter Jugendlichen immer beliebter. Bei diesen Eingangrädern wird absichtlich auf Schaltung und sonstigen Komfort verzichtet. Der Anteil verkaufter Singlespeed-Fahrräder bei einem Fahrrad-Großhändler beträgt 8,5 %.

a) Geben Sie eine Prognose ab, wie hoch im Mittel die Anzahl der verkauften Singlespeed-Fahrräder unter insgesamt 100, 500, 1000, 1500 verkauften Fahrrädern ist.

b) Die Zufallsgröße X: *Anzahl der verkauften Singlespeed-Fahrräder* wird als binomialverteilt angeommen. Vergleichen Sie jeweils den Mittelwert aus der Prognose mit dem Wert der zugehörigen Binomialverteilung, der die größte Wahrscheinlichkeit hat.

14 Bestimmen Sie für die Binomialverteilung die Werte von n und p aus den Angaben.

a) $\mu = 25{,}2;\ \sigma = 4{,}2$
b) $\mu = 72{,}9;\ \sigma = 2{,}7$
c) $\mu = 12{,}8;\ \sigma = 3{,}2$
d) $\mu = 12;\ \sigma = 3$
e) $\mu = 57{,}6;\ \sigma = 4{,}8$
f) $\mu = 72;\ \sigma = 6$

15 Begründen Sie mithilfe der Abbildungen, warum eine Binomialverteilung mit n und p und eine Binomialverteilung mit n und 1 – p dieselbe Standardabweichung haben.

(1)

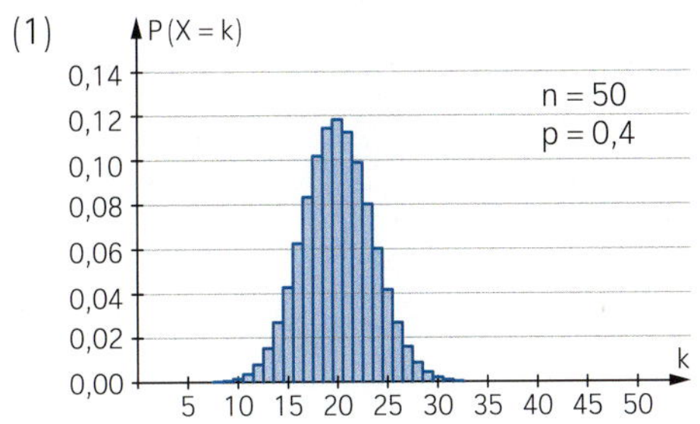

(2)

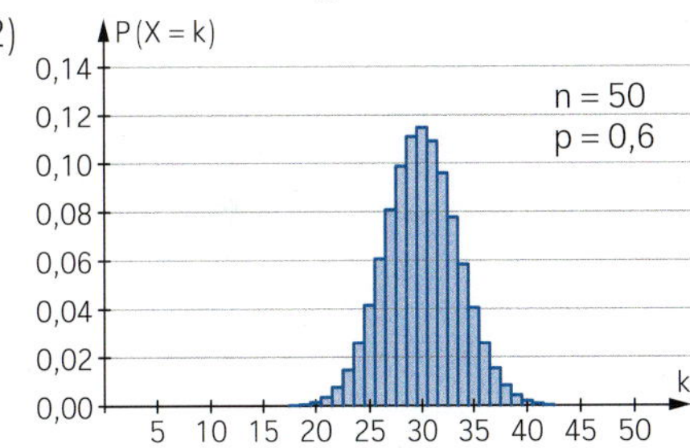

Weiterüben

16 Zeigen Sie, dass es keine Binomialverteilung mit $\mu = 12$ und $\sigma = 4$ geben kann. Untersuchen Sie anschließend, ob bei einer binomialverteilten Zufallsgröße der Erwartungswert und die Standardabweichung denselben Wert annehmen können.

17 Gegeben ist eine binomialverteilte Zufallsgröße X: *Anzahl der Erfolge*.

a) Finden Sie durch systematisches Probieren für ein festes n und verschiedene Werte von p die am stärksten streuende Verteilung. Vergleichen Sie mit Ihren Mitschülerinnen und Mitschülern.

b) Zeichnen Sie den Graphen der Funktion f mit $f(p) = n \cdot p \cdot (1 - p)$ für einen selbst gewählten Wert von n.

c) Beweisen Sie durch eine Untersuchung der Funktion f:

> Die Standardabweichung einer binomialverteilten Zufallsgröße mit fester Versuchsanzahl ist für eine Erfolgswahrscheinlichkeit von 0,5 am größten.

7.2 Sigma-Regeln – Prognoseintervalle

Einstieg

Berechnen Sie für jedes Zufallsexperiment den Erwartungswert μ und die Standardabweichung σ von X. Berechnen Sie anschließend mit dem Rechner folgende Wahrscheinlichkeiten:

- $P(\mu - \sigma \le X \le \mu + \sigma)$
- $P(\mu - 2\sigma \le X \le \mu + 2\sigma)$
- $P(\mu - 3\sigma \le X \le \mu + 3\sigma)$

Was fällt auf?

Aufgabe mit Lösung

Sigma-Regeln

Beschreiben Sie die Diagramme von drei Binomialverteilungen. Stellen Sie einen Bezug zu den Erwartungswerten und Standardabweichungen her.

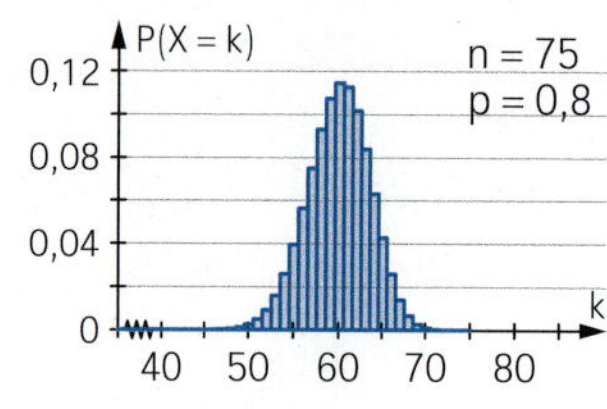

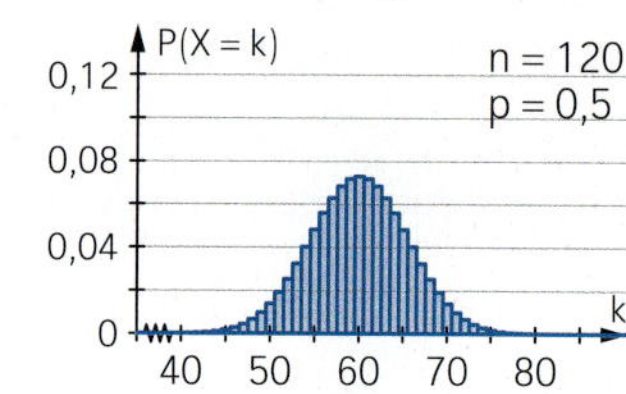

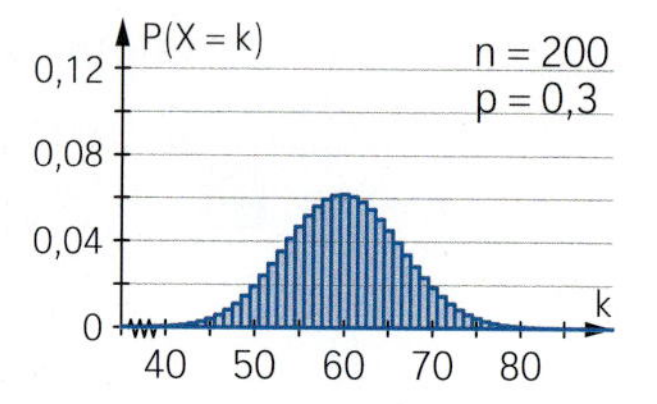

Lösung

Alle drei Diagramme haben ihre höchste Säule bei 60 Erfolgen. Dies passt zu den Erwartungswerten:

(1) $\mu = 75 \cdot 0{,}8 = 60$ (2) $\mu = 120 \cdot 0{,}5 = 60$ (3) $\mu = 200 \cdot 0{,}3 = 60$

Das erste Diagramm hat die höchsten Säulen und ist am wenigsten breit; das dritte hat die kleinsten Säulen und ist am breitesten. Dies passt zu den Standardabweichungen:

(1) $\sigma = \sqrt{75 \cdot 0{,}8 \cdot 0{,}2} \approx 3{,}10$ (2) $\sigma = \sqrt{120 \cdot 0{,}5 \cdot 0{,}5} \approx 5{,}48$ (3) $\sigma = \sqrt{200 \cdot 0{,}3 \cdot 0{,}7} \approx 6{,}48$

Um ein besseres Verständnis der Standardabweichung zu gewinnen, berechnen Sie für alle drei Binomialverteilungen folgende Wahrscheinlichkeiten:

$P(\mu - \sigma \le X \le \mu + \sigma)$ $P(\mu - 2\sigma \le X \le \mu + 2\sigma)$ $P(\mu - 3\sigma \le X \le \mu + 3\sigma)$

Lösung

Diese Intervallwahrscheinlichkeiten werden mit einem Rechner berechnet:

> $P(56{,}9 \le X \le 63{,}1) = P(57 \le X \le 63)$, da X nur ganzzahlige Werte annimmt.

n	p	1σ-Umgebung: $P(\mu - \sigma \le X \le \mu + \sigma)$	2σ-Umgebung: $P(\mu - 2\sigma \le X \le \mu + 2\sigma)$	3σ-Umgebung: $P(\mu - 3\sigma \le X \le \mu + 3\sigma)$
75	0,8	$P(56{,}9 \le X \le 63{,}1) = 0{,}688$	$P(53{,}8 \le X \le 66{,}2) = 0{,}941$	$P(50{,}7 \le X \le 69{,}3) = 0{,}994$
120	0,5	$P(54{,}5 \le X \le 65{,}5) = 0{,}685$	$P(49{,}05 \le X \le 70{,}95) = 0{,}945$	$P(43{,}5 \le X \le 76{,}5) = 0{,}998$
200	0,3	$P(53{,}5 \le X \le 66{,}5) = 0{,}684$	$P(47{,}04 \le X \le 72{,}96) = 0{,}947$	$P(40{,}5 \le X \le 79{,}5) = 0{,}997$
allgemein:		≈ 68 %	≈ 95 %	≈ 99,5 %

Für alle drei Binomialverteilungen ist die Intervallwahrscheinlichkeit der 1σ-Umgebungen um den Erwartungswert μ nahezu gleich, dasselbe gilt für die 2σ- und die 3σ-Umgebungen. Die Standardabweichung σ macht die Streuung der Verteilungen gut vergleichbar.

Information

$\sigma > 3$ ist die sogenannte **Laplace-Bedingung**.

Sigma-Regeln

Für Binomialverteilungen, deren Standardabweichung σ größer als 3 ist, ist die Wahrscheinlichkeit

$P(\mu - z\sigma \leq X \leq \mu + z\sigma)$

für alle Erfolgswahrscheinlichkeiten p und Stufenzahlen n ungefähr gleich.

Für eine binomialverteilte Zufallsgröße X mit $\sigma > 3$ gilt näherungsweise:

$z\sigma$-Umgebung	$P(\mu - z\sigma \leq X \leq \mu + z\sigma)$
1σ	$\approx 68\,\%$
2σ	$\approx 95{,}5\,\%$
3σ	$\approx 99{,}7\,\%$

Häufiger wählt man nicht die Vorfaktoren von σ „glatt“, sondern die Intervallwahrscheinlichkeiten:

- Mit einer Wahrscheinlichkeit von ca. 90 % liegt die Anzahl der Erfolge im Intervall zwischen $\mu - 1{,}64\sigma$ und $\mu + 1{,}64\sigma$ (**$1{,}64\sigma$-Umgebung von μ**).
- Mit einer Wahrscheinlichkeit von ca. 95 % liegt die Anzahl der Erfolge im Intervall zwischen $\mu - 1{,}96\sigma$ und $\mu + 1{,}96\sigma$ (**$1{,}96\sigma$-Umgebung von μ**).
- Mit einer Wahrscheinlichkeit von ca. 99 % liegt die Anzahl der Erfolge im Intervall zwischen $\mu - 2{,}58\sigma$ und $\mu + 2{,}58\sigma$ (**$2{,}58\sigma$-Umgebung von μ**).

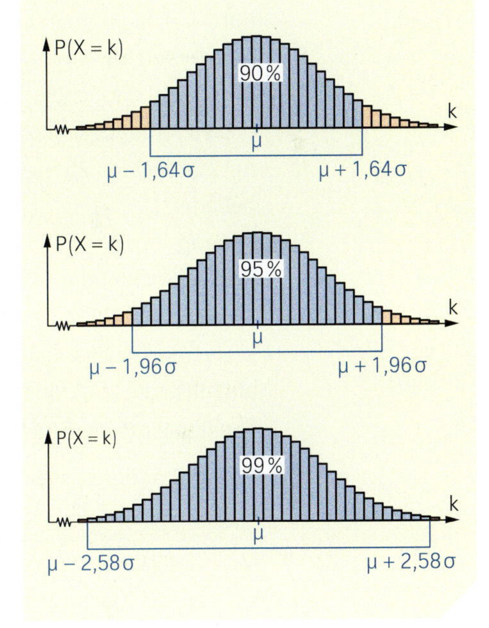

Üben

1 Eine Münze und ein Würfel werden je n-mal geworfen.
Bestimmen Sie für die Münze und den Würfel die 1σ-, 2σ- und 3σ-Intervalle.

a) $n = 240$ **b)** $n = 600$ **c)** $n = 1200$ **d)** $n = 1800$

2 Berechnen Sie für die gegebenen Binomialverteilungen die Wahrscheinlichkeiten $P(\mu - z\sigma \leq X \leq \mu + z\sigma)$ für $z = 1$, $z = 2$ und $z = 3$. Überprüfen Sie die Ergebnisse mit den Sigma-Regeln.

(1) $p = 0{,}5$ und $n = 8$ (2) $p = 0{,}5$ und $n = 10$

3 Überprüfen Sie mit einem Rechner die Sigma-Regeln aus der Information für $n = 100$ und $p = 0{,}1;\ 0{,}2;\ 0{,}25;\ 0{,}3;\ 0{,}4;\ 0{,}5$.
Warum ist dies auch eine Bestätigung der Regeln für $p = 0{,}6;\ 0{,}7;\ 0{,}75;\ 0{,}8;\ 0{,}9$?
Welche Wahrscheinlichkeit hat die $2{,}58\sigma$-Umgebung von μ?

4 Das Glücksrad wird n-mal gedreht.
Die Zufallsgröße X gibt die Anzahl der gedrehten Zweien an.
Geben Sie die Intervalle um den Erwartungswert μ für ca. 90 %ige, 95 %ige und 99 %ige Wahrscheinlichkeit an.

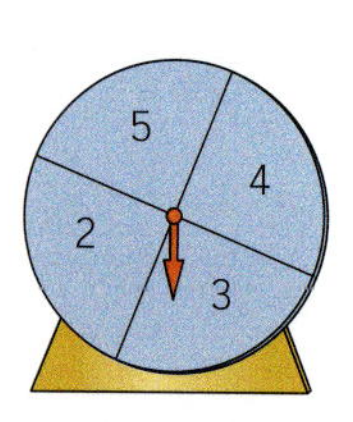

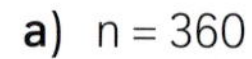

a) $n = 360$ **b)** $n = 800$ **c)** $n = 1600$

Aufgabe mit Lösung

Prognose einer zu erwartenden Häufigkeit

Das Kreisdiagramm zeigt die Marktanteile der Betriebssysteme von Smartphones in Deutschland für das Jahr 2020.

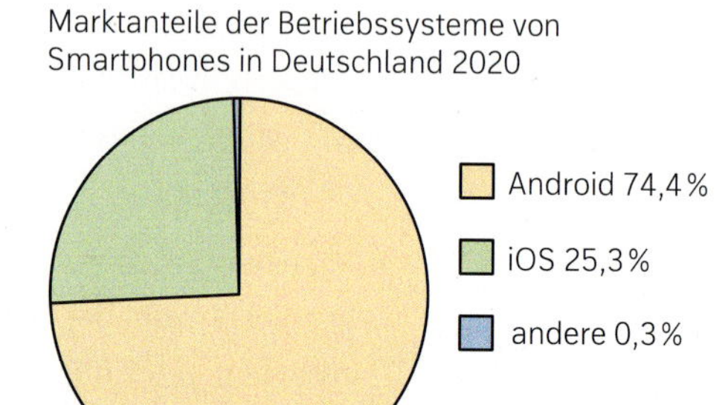

→ Der Oberstufen-Jahrgang Q1 einer Schule hat 93 Schülerinnen und Schüler. Bestimmen Sie ein Intervall, in dem sich die Anzahl der Schülerinnen und Schüler dieses Jahrgangs mit Android-Smartphone mit mindestens 95 %iger Wahrscheinlichkeit befindet.

Lösung

Man betrachtet die Zufallsgröße *X: Anzahl der Schülerinnen und Schüler mit Android-Smartphone*.

Wenn man davon ausgeht, dass jede Schülerin und jeder Schüler ein Smartphone besitzt und dass die Marktanteile auch für diese Altersgruppe zutreffen, ergibt sich eine Binomialverteilung mit der Stufenzahl $n = 93$ und der Erfolgswahrscheinlichkeit $p = 0{,}744$.

Da die Standardabweichung $\sigma = \sqrt{93 \cdot 0{,}744 \cdot (1 - 0{,}744)} = 4{,}19 > 3$ ist, können die Sigma-Regeln angewendet werden.

Mit einer Wahrscheinlichkeit von ca. 95 % gilt:

$\mu - 1{,}96\sigma \le X \le \mu + 1{,}96\sigma$

$69{,}2 - 1{,}96 \cdot 4{,}19 \le X \le 69{,}2 + 1{,}96 \cdot 4{,}19$

$60{,}99 \le X \le 77{,}41$

$60 \le X \le 78$

Zur Vergrößerung der Wahrscheinlichkeit des Intervalls wird nach außen gerundet.

Also macht man die Prognose, dass mindestens 60 und höchstens 78 Schülerinnen und Schüler des 11. Jahrgangs ein Smartphone mit dem Betriebssystem Android besitzen.

→ Das mit den Sigma-Regeln bestimmte Prognoseintervall wurde zur Sicherheit beim Runden vergrößert. Berechnen Sie die genaue Wahrscheinlichkeit dieses Intervalls und prüfen Sie, ob man es beidseitig verkleinern kann.

Lösung

Mit einem Rechner ermittelt man:

$P(60 \le X \le 78) = 0{,}9768$ $P(61 \le X \le 77) = 0{,}9575$ $P(62 \le X \le 76) = 0{,}9261$

Man kann also mit $61 \le X \le 77$ sogar ein kleineres Intervall angeben, in dem die Anzahl der Schülerinnen und Schüler des 11. Jahrgangs mit einem Android-Smartphone mit 95 %iger Wahrscheinlichkeit liegt.

Information

Schluss von der Gesamtheit auf die Stichprobe – Prognoseintervalle

Für eine n-stufige Bernoulli-Kette mit Erfolgswahrscheinlichkeit p kann man folgende Prognosen über die erwartete Anzahl an Erfolgen abgeben:

- **Punktschätzung:** Man berechnet den Erwartungswert $\mu = n \cdot p$.
- **Prognoseintervall:** Man gibt ein zum Erwartungswert μ symmetrisches Intervall an, in dem die Anzahl der Erfolge mit einer vorgegebenen Sicherheitswahrscheinlichkeit liegen wird.

Falls die Standardabweichung $\sigma > 3$ ist (Laplace-Bedingung), können die Sigma-Regeln verwendet werden:

(1) In 90 % aller Fälle gilt:
$\mu - 1{,}64\,\sigma \le X \le \mu + 1{,}64\,\sigma$

(2) In 95 % aller Fälle gilt:
$\mu - 1{,}96\,\sigma \le X \le \mu + 1{,}96\,\sigma$

(3) In 99 % aller Fälle gilt:
$\mu - 2{,}58\,\sigma \le X \le \mu + 2{,}58\,\sigma$

Dieses Verfahren heißt auch **Schluss von der Gesamtheit auf die Stichprobe**. Zur Kontrolle kann man die Wahrscheinlichkeit des Prognoseintervalls mit der Binomialverteilung berechnen.

In Deutschland beträgt der Anteil der Linkshänder 10,6 %.
Wie viele Linkshänder kann man an einer Schule mit 400 Schülerinnen und Schülern erwarten?

X: *Anzahl der Linkshänder*
$n = 400;\ p = 0{,}106$

Der Erwartungswert μ beträgt
$400 \cdot 0{,}106 = 42{,}4$.
Man erwartet 42 Linkshänder.

$\sigma = \sqrt{400 \cdot 0{,}106 \cdot (1 - 0{,}106)} = 6{,}16 > 3$
Die Laplace-Bedingung ist erfüllt.

In 99 % aller Fälle gilt für die Anzahl der Linkshänder:
$\mu - 2{,}58\,\sigma \le X \le \mu + 2{,}58\,\sigma$
$42{,}4 - 2{,}58 \cdot 6{,}16 \le X \le 42{,}4 + 2{,}58 \cdot 6{,}16$
$26{,}51 \le X \le 58{,}29$
$26 \le X \le 59$

Zur Vergrößerung der Wahrscheinlichkeit des Intervalls wird nach außen gerundet.

Kontrolle mit einem Rechner:
$P(26 \le X \le 59) \approx 0{,}9943$
Wegen $P(27 \le X \le 58) \approx 0{,}9908$, aber $P(28 \le X \le 57) \approx 0{,}9854$ ist $27 \le X \le 58$ das kleinste Prognoseintervall für 99 % Sicherheit.

Signifikante und hochsignifikante Abweichungen

Ergebnisse, die nur in höchstens 5 % der Fälle auftreten, treten selten auf.
Man spricht dann von einer **signifikanten Abweichung** vom Erwartungswert μ.
Diese Ergebnisse liegen außerhalb der 1,96σ-Umgebung von μ.

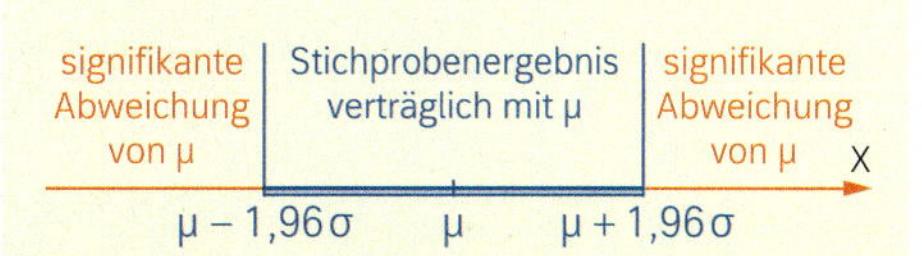

Ergebnisse, die nur in höchstens 1 % der Fälle auftreten, nennt man **hochsignifikant abweichend** von μ. Sie liegen sogar außerhalb der 2,58σ-Umgebung von μ.

Findet man in einer Stichprobe von 400 Personen weniger als 27 oder mehr als 59 Linkshänder, so spricht man davon, dass in dieser Stichprobe der Anteil der Linkshänder hochsignifikant vom Anteil in Deutschland abweicht.

Üben

5 Nach Veröffentlichungen des Statistischen Bundesamtes verfügen 97 % der Haushalte über ein Mobiltelefon, 85 % der Haushalte über ein Flachbild-TV und 77 % der Haushalte über einen Pkw.
Eine Stichprobe vom Umfang 720 wird durchgeführt.
Untersuchen Sie, in wie vielen Haushalten man
a) ein Mobiltelefon **b)** ein Flachbild-TV **c)** einen Pkw finden wird.
Geben Sie Intervalle an, in denen die Anzahl mit 90 % Wahrscheinlichkeit liegen wird.
Führen Sie Kontrollrechnungen mit einem Rechner durch.

6 Bis zum 34. Spieltag der Bundesliga-Saison 2020/21 wurden seit der Saison 1963/64 insgesamt 18 820 Spiele ausgetragen. Davon endeten 9434 mit einem Heimsieg, 5040-mal war die Auswärtsmannschaft erfolgreich. Eine Bundesliga-Saison hat 306 Spiele.
Geben Sie ein zum Erwartungswert symmetrisches Intervall an, in dem die Anzahl der Unentschieden in der kommenden Saison mit 95 % Wahrscheinlichkeit liegen wird.

7 Eine Schulleiterin will jeder Abiturientin und jedem Abiturienten mit Einser-Abitur ein Buchgeschenk machen. Der Abiturjahrgang umfasst 121 Personen. Aus der Presse ist bekannt, dass der Anteil der Einser-Abiture in NRW im Vorjahr bei 22 % lag.
a) Ermitteln Sie, mit wie vielen Buchgeschenken die Schulleiterin rechnen muss, wenn sie eine Sicherheitswahrscheinlichkeit von 95 % zugrunde legt.
b) Ab welcher Anzahl von Einser-Abituren kann die Schulleiterin sagen, dass sich der Anteil von Einser-Abituren an ihrer Schule (hoch)signifikant vom Landesschnitt abweicht?

8 Im Internet gibt es tagesaktuelle Statistiken, wie oft die einzelnen Lottozahlen bisher gezogen wurden. Die folgende Grafik zeigt, wie oft jede der 49 Zahlen in allen Ziehungen seit 1955 vorkam (Stand: 07.08.2021).

1	2	3	4	5	6	7	8	9	10
750	744	772	743	732	797	741	702	744	722
11	**12**	**13**	**14**	**15**	**16**	**17**	**18**	**19**	**20**
760	714	678	716	707	747	733	745	739	698
21	**22**	**23**	**24**	**25**	**26**	**27**	**28**	**29**	**30**
691	759	726	734	770	780	760	690	728	722
31	**32**	**33**	**34**	**35**	**36**	**37**	**38**	**39**	**40**
785	740	764	721	731	743	725	791	733	724
41	**42**	**43**	**44**	**45**	**46**	**47**	**48**	**49**	
763	753	780	733	675	710	751	736	766	

Berechnen Sie 90 %-, 95 %- und 99 %-Prognoseintervalle für die Ziehungshäufigkeit einer Gewinnzahl. Zählen Sie jeweils aus, wie viele Gewinnzahlen außerhalb des jeweiligen Prognoseintervalls liegen, und bewerten Sie das Ergebnis.

9 Ein Hersteller von Kartoffelchips versteckt in seinen Verpackungen derzeit separat verpackte Puzzlestücke. Von jedem der 25 verschiedenen Puzzlestücke gibt es gleich viele Exemplare. Auf einem Puzzlestück ist das Herstellerlogo aufgedruckt.
Die Zufallsgröße X zählt die Anzahl der Puzzlestücke mit dem Herstellerlogo und ist als binomialverteilt anzusehen.

a) Berechnen Sie die Wahrscheinlichkeit dafür, dass in acht Tüten mindestens einmal ein Puzzlestück mit dem Herstellerlogo zu finden ist.

b) Bestimmen Sie ein um den Erwartungswert symmetrisches Intervall, in dem mit einer Wahrscheinlichkeit von 95 % die Anzahl der Puzzlestücke mit Herstellerlogo bei 150 gekauften Chipstüten liegt.

c) Geben Sie die Bedeutung des folgenden Intervalls an:

$$\left[800 \cdot 0{,}04 - 2{,}58 \cdot \sqrt{800 \cdot 0{,}04 \cdot 0{,}96};\ \ 800 \cdot 0{,}04 + 2{,}58 \cdot \sqrt{800 \cdot 0{,}04 \cdot 0{,}96}\right]$$

10 **Roulette-Gaunerei**

Ein manipulierter Roulette-Kessel stand am Anfang der Spielbank-Affäre in Hittfeld. Die Staatsanwaltschaft Lüneburg ermittelte monatelang wegen Betrugs. Bereits 1998 war eine Zahlenhäufung an einem der Zahlenkessel aufgefallen. Daraufhin legte die Spielbankenaufsicht das Gerät still und ordnete eine Prüfung durch den TÜV an. Dieser fand keine Spuren, und so wurde das Gerät wieder in Betrieb genommen. Zunächst waren die Ergebnisse normal, zur Jahreswende allerdings fielen einige Zahlen wieder deutlich häufiger als normal.

Zur Kontrolle eines Roulette-Kessels sollen auf diesem 3700 Spiele durchgeführt werden. Bestimmen Sie den Bereich, in dem mit hoher Wahrscheinlichkeit die absoluten Häufigkeiten der einzelnen Ergebnisse liegen müssen. Welche Ergebnisse würde man als signifikant abweichend bezeichen?

Prognoseintervalle für relative Häufigkeiten

11 Die Wahlbeteiligung bei der Wahl zum Deutschen Bundestag 2017 betrug 76,2 %. In einer Umfrage an 1000 Personen soll festgestellt werden, ob Personen, die nicht gewählt haben, dies auch zugeben.

Bestimmen Sie den Anteil an Nichtwählern, der mit einer Wahrscheinlichkeit von 95 % in der Stichprobe zu erwarten ist.

Schätzen zu erwartender absoluter Häufigkeiten mit 95 %:
$\mu - 1{,}96\,\sigma \le X \le \mu + 1{,}96\,\sigma$

Die Division dieser Ungleichung durch n liefert:

Schätzen zu erwartender relativer Häufigkeiten mit 95 %:
$p - 1{,}96\,\frac{\sigma}{n} \le \frac{X}{n} \le p + 1{,}96\,\frac{\sigma}{n}$

12 15,8 % der volljährigen Bundesbürger sind unter 30 Jahre alt.
Für eine Umfrage werden 800 Bundesbürger über 18 Jahre zufällig ausgewählt.
a) Machen Sie eine Punktschätzung und eine Intervallschätzung mit Sicherheitswahrscheinlichkeit 95 %, wie viele der 800 ausgewählten Personen unter 30 Jahre sind.
b) Berechnen Sie aus dem in Teilaufgabe a) ermittelten Intervall ein Intervall mit relativen Häufigkeiten, d. h., geben Sie mit einer Sicherheitswahrscheinlichkeit von 95 % den Anteil der Personen unter 30 Jahre in der Stichprobe an.

13 Nach Daten des Statistischen Bundesamtes fühlen sich 13 % der Bevölkerung durch die monatlichen Wohnkosten stark belastet. Eine Bürgerinitiative einer Kleinstadt mit 12 000 Einwohnern möchte Zahlen haben, wie hoch dieser Prozentsatz in ihrer Stadt sein könnte. Als Sicherheitswahrscheinlichkeit wünscht sie 95 %.
Führen Sie die erforderlichen Berechnungen durch.
Geben Sie an, welche Anteile als signifikant abweichend bezeichnet werden können.

14 Nach dem Gesetz der großen Zahlen erwartet man, dass die relativen Häufigkeiten eines Ergebnisses mit zunehmender Versuchsanzahl immer weniger um dessen Wahrscheinlichkeit schwanken.
Betrachten Sie die Augenzahl 1 beim Werfen eines Würfels.
Bestimmen Sie dafür 95 %-Umgebungen für die relativen Häufigkeiten nach 100, 200, 300, 400 bzw. 500 Würfen und stellen Sie diese grafisch dar.

Weiterüben

15 Vor dem Abfüllen von Getränken in Mehrwegflaschen werden die gereinigten Flaschen einer vollautomatischen Flaschenkontrolle auf z. B. Reinigungsrückstände oder Beschädigungen unterzogen. Diese Kontrollmaschinen arbeiten mit einer hohen Genauigkeit, einer geringen Fehlerquote und der vollen Leistung von 48 000 Flaschen pro Stunde. Durch einen Defekt am Sensor steigt die Fehlerquote einer Kontrollmaschine für 20 Minuten auf 15 % an.
Schätzen Sie ab, wie viele defekte Flaschen mit einer Wahrscheinlichkeit von mindestens 90 %, 95 % bzw. 99 % nicht erkannt und somit befüllt wurden, wenn zu dieser Zeit die Leistung der Maschine nur ein Viertel betrug.

16 Die Deutsche Bahn AG führt regelmäßig Befragungen unter ihren ICE-Fahrgästen durch. Allerdings sind nur 56 % der angesprochenen Personen bereit, einen Fahrgastbogen auszufüllen.

a) Bei einer Aktion werden 800 Fahrgäste angesprochen.
Machen Sie eine Prognose auf dem 90 %-Niveau, wie viele Personen den Bogen ausfüllen.
b) Für die Auswertung sollten möglichst 500 ausgefüllte Bögen vorliegen.
Untersuchen Sie, wie viele Fahrgäste angesprochen werden müssen, damit mit einer Wahrscheinlichkeit von mindestens 95 % tatsächlich genügend viele ausgefüllte Bögen vorliegen.

7.3 Testen von zweiseitigen Hypothesen

Einstieg

Ein Würfel-Hersteller formt seine Würfel nicht regelmäßig, sondern als asymmetrische Trapezoeder, verspricht aber, dass diese Würfel genauso fair wie gewöhnliche Würfel sind.
Zur Überprüfung der Aussage wird ein solcher Würfel von verschiedenen Gruppen 120-mal geworfen.

Wie würden Sie das Versuchsergebnis *15-mal Augenzahl 1*, wie das Versuchsergebnis *29-mal Augenzahl 1* beurteilen?

Aufgabe mit Lösung

Zweiseitiger Hypothesentest – Entscheidungsregel

Fußballer kennen das Spiel vor dem Spiel: den Münzwurf des Schiedsrichters. Zahl oder Wappen entscheidet über die Seitenwahl und darüber, welche Mannschaft Anstoß hat.
Seit mehr als 100 Jahren ist das so, ohne dass es damit Probleme gab – bis zur Einführung der Euro-Münzen. Bundesadler kommt zu oft – sagt der DFB.

Bisher wurde angenommen, dass beim Münzwurf die Wahrscheinlichkeit für Wappen gleich 0,5 ist. Durch ein Zufallsexperiment soll überprüft werden, ob dies für eine Ein-Euro-Münze zutrifft. Dazu wird eine Ein-Euro-Münze 200-mal geworfen und die Anzahl der auftretenden Adler bestimmt.

Es wird davon ausgegangen, dass die Ein-Euro-Münze die Erfolgswahrscheinlichkeit $p = 0{,}5$ für das Ereignis *Adler* hat.
Bestimmen Sie ein Intervall um den Erwartungswert, in dem die Anzahl der Adler mit einer Wahrscheinlichkeit von mindestens 95 % liegen wird.

Lösung

Für eine Münze mit $p = 0{,}5$ kann man mithilfe der $1{,}96\sigma$-Umgebung von μ den Bereich beschreiben, in dem mit 95 % Wahrscheinlichkeit die Anzahl der Adler liegt:

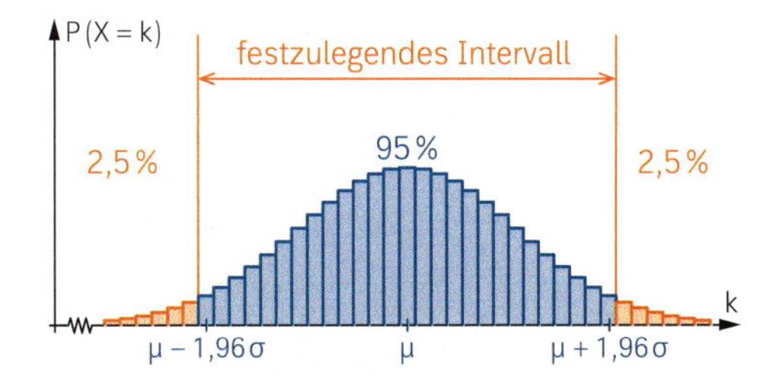

$\mu = 200 \cdot 0{,}5 = 100;$

$\sigma = \sqrt{200 \cdot 0{,}5 \cdot 0{,}5} \approx 7{,}07 > 3$

Damit bestimmt man $1{,}96\sigma \approx 13{,}86$; also $\mu - 1{,}96\sigma \approx 86{,}14$ und $\mu + 1{,}96\sigma \approx 113{,}86$.
Mit einem Rechner erhält man:
$P(87 \le X \le 113) \approx 0{,}944 < 95\,\%$ und $P(86 \le X \le 114) \approx 0{,}960 > 95\,\%$
Wenn $p = 0{,}5$ gilt, dann liegt die Anzahl der Adler mit einer Wahrscheinlichkeit von mindestens 95 % im Intervall [86; 114].

→ Das Testergebnis beträgt 117. Die Annahme $p = 0,5$ wird abgelehnt, weil das Ergebnis außerhalb des Intervalls [86; 114] liegt. Ist die Annahme $p = 0,5$ deshalb falsch?

Lösung

Es gibt es zwei Möglichkeiten:

- Die Annahme $p = 0,5$ ist richtig, aber es handelt sich um ein ungewöhnliches Versuchsergebnis und $p = 0,5$ wird fälschlicherweise abgelehnt. Die Wahrscheinlichkeit dafür liegt aber unter 5 %, da die Sicherheitswahrscheinlichkeit mindestens 95 % betragen sollte.
- Die Annahme $p = 0,5$ ist falsch, d. h., der Zufallsversuch hat eine andere Erfolgswahrscheinlichkeit. In diesem Fall war es richtig, $p = 0,5$ abzulehnen.

→ Das Testergebnis beträgt 96 und liegt im Intervall [86; 114]. Ist damit $p = 0,5$ bewiesen?

Lösung

Das Testergebnis 96 ist mit der Annahme $p = 0,5$ verträglich. Man hat also keinen Anlass, an $p = 0,5$ zu zweifeln. Trotzdem könnte $p = 0,5$ falsch sein: Alle Testergebnisse im Intervall [106; 114] sind sowohl mit $p = 0,5$ als auch z. B. mit $p = 0,6$ verträglich.
Für $n = 200$ und $p = 0,6$ gilt nämlich: $\mu - 1,96\sigma \approx 106,5$ und $\mu + 1,96\sigma \approx 133,5$

Information

Zweiseitiger Hypothesentest mit der Binomialverteilung

Nullhypothese

Ein **zweiseitiger Hypothesentest** wird durchgeführt, wenn man vermutet, dass die tatsächliche Erfolgswahrscheinlichkeit p von einer behaupteten Erfolgswahrscheinlichkeit p_0 abweicht. Beim Test geht man von der **Nullhypothese H_0**: $p = p_0$ aus und hofft, diese durch das Testergebnis verwerfen zu können.

Entscheidungsregel

Für den Test legt man den Stichprobenumfang n und ein **Signifikanzniveau α** fest. Damit bestimmt man ein Intervall $[k_u; k_o]$ um den Erwartungswert so, dass die Wahrscheinlichkeit, außerhalb des Intervalls zu liegen, höchstens α beträgt. Daraus ergibt sich die **Entscheidungsregel**:

- Liegt das Testergebnis außerhalb des Intervalls $[k_u; k_o]$, im sogenannten **Verwerfungsbereich**, so wird H_0 verworfen.
- Liegt das Testergebnis im Intervall $[k_u; k_o]$, so ist es mit H_0 verträglich. Es gibt also keinen Anlass, an H_0 zu zweifeln.

Man nennt $[k_u; k_o]$ auch **Annahmebereich**.

23 % der Wahlberechtigten stimmten bei der letzten Wahl für den Kandidaten der Partei A. Man vermutet, dass sich dieser Anteil geändert hat.

H_0: $p = 0,23$; $n = 300$; $\alpha = 5\,\%$

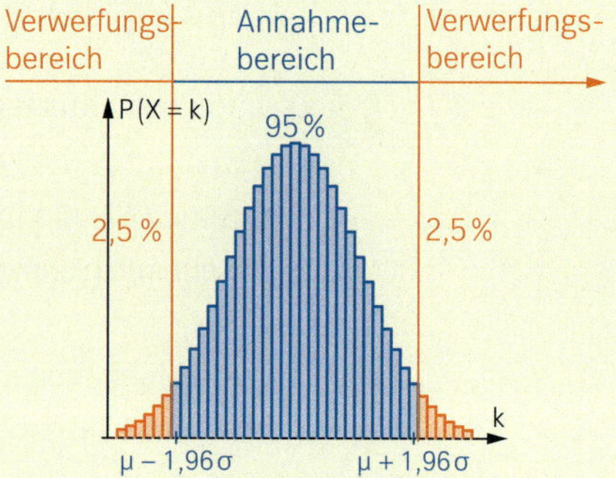

$\mu = 69$; $\sigma = \sqrt{300 \cdot 0,23 \cdot 0,77} \approx 7,3 > 3$;
$\mu - 1,96 \cdot \sigma \approx 54,7$; $\mu + 1,96 \cdot \sigma \approx 83,3$

$P(54 \le X \le 84) \approx 0,967 > 95\,\%$
$P(55 \le X \le 83) \approx 0,954 > 95\,\%$

$k_u = 55$; $k_o = 83$

Die Hypothese $p = 0,23$ wird verworfen, falls das Testergebnis kleiner als 55 oder größer als 83 ist.

Information

Fehler beim Testen von Hypothesen

Fehler 1. Art

Eine richtige Nullhypothese wird verworfen, weil das Testergebnis zufällig im Verwerfungsbereich liegt.
Die Wahrscheinlichkeit für diesen Fehler wird jedoch durch das Signifikanzniveau α begrenzt.

Fehler 1. Art:
Der Anteil der Wahlberechtigten, die Partei A wählen würden, beträgt tatsächlich 23 %. Der Test liefert aber ein Ergebnis, das kleiner als 55 oder größer als 83 ist, weshalb die Nullhypothese $p = 0{,}23$ verworfen wird.
Die Wahrscheinlichkeit für einen solchen Fehler wurde auf höchstens $\alpha = 5\,\%$ begrenzt und beträgt $1 - P(55 \le X \le 83) \approx 1 - 0{,}954 \approx 0{,}046$.

Fehler 2. Art

Eine falsche Nullhypothese wird nicht verworfen, weil das Testergebnis zufällig im Annahmebereich liegt.
Die Wahrscheinlichkeit für diesen Fehler ist unbekannt. Man kann sie nur berechnen, wenn man die tatsächliche Erfolgswahrscheinlichkeit p kennt.

Fehler 2. Art:
Der Anteil der Wahlberechtigten, die Partei A wählen würden, beträgt nicht 23 %. Die Nullhypothese wird aber nicht verworfen, weil das Testergebnis im Intervall [55; 83] liegt.

Üben

1 Ein Bernoulli-Experiment wird 300-mal durchgeführt. Bestimmen Sie den Verwerfungsbereich für die Hypothese $p = 0{,}2$ bei einem Signifikanzniveau $\alpha = 5\,\%$.

2 Bei einem Signifikanzniveau von 1 % soll die Hypothese $p = 0{,}85$ getestet werden. Bestimmen Sie das Intervall $[k_u; k_o]$ für einen Test, bei dem das Bernoulli-Experiment
(1) 500-mal; (2) 800-mal; (3) 1000-mal; (4) 1 200-mal
durchgeführt wird.

3 Es wird behauptet, dass 20 % aller Autos bei der Hauptuntersuchung keine HU-Plakette erhalten.
Beschreiben Sie, wie man diese Behauptung testen kann.
Geben Sie den Stichprobenumfang n und ein Signifikanzniveau α selbst vor und ermitteln Sie den Verwerfungsbereich für den Test.

4 In einem Monat wurden beim Straßenverkehrsamt einer Stadt 5239 Fahrzeuge angemeldet, darunter 1774 eines bestimmten Herstellers. In den ersten 2 Tagen des darauffolgenden Monats wurden 449 Fahrzeuge angemeldet.
Untersuchen Sie auf dem Signifikanzniveau $\alpha = 5\,\%$, bei welcher Zahl von Fahrzeugen des betreffenden Herstellers man sagen würde, dass sich der Anteil der Neuzulassungen geändert hat.

5 Eine Münze wird 100-mal geworfen. Dabei erscheint 49-mal Zahl.
Samuel sagt: „Damit ist bewiesen, dass es sich um eine faire Münze handelt."
Nehmen Sie Stellung.

6 Mila und Dominik haben mithilfe der Sigma-Regeln für die Nullhypothese $p = 0{,}3$ und einen Stichprobenumfang von $n = 120$ folgende Entscheidungsregel aufgestellt:
Verwirf die Nullhypothese, wenn weniger als 26 oder mehr als 46 Erfolge auftreten.

a) Mit welchem Signifikanzniveau α haben Mila und Dominik gerechnet?

b) Bestimmen Sie die Wahrscheinlichkeit für den Fehler 1. Art und erläutern Sie den Unterschied zwischen diesem Fehler und α.

7 Von einem 7er-Würfel (5-seitiges Prisma) behauptet die Herstellerfirma, dass die Augenzahlen von 1 bis 7 mit gleicher Wahrscheinlichkeit auftreten, d. h. also, dass es sich um einen Laplace-Würfel handelt.

a) Beschreiben Sie, wie man vorgehen kann, um diese Behauptung bei einem Signifikanzniveau von $\alpha = 5\,\%$ zu überprüfen.

b) Beschreiben Sie jeweils, welche Auswirkungen Fehler 1. Art und Fehler 2. Art hätten.

c) Die tatsächliche Wahrscheinlichkeit, die „7" zu würfeln, beträgt $p = 0{,}28$.
Bestimmen Sie die Wahrscheinlichkeit für einen Fehler 2. Art.

8 Häufig hört man Gerüchte, 9 Monate nach Karneval würden besonders viele Kinder geboren. Andere Monate werden mit ähnlichen Begründungen als besonders geburtenschwache oder geburtenstarke Monate bezeichnet.

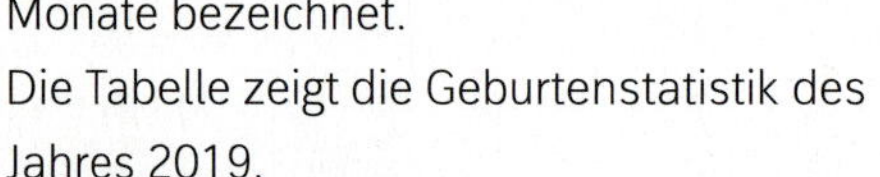

Die Tabelle zeigt die Geburtenstatistik des Jahres 2019.

Monat	Januar	Februar	März	April	Mai	Juni
Anzahl der Geburten	63275	57184	61679	62634	64942	66716

Monat	Juli	August	September	Oktober	November	Dezember
Anzahl der Geburten	72660	71562	70057	66830	60560	59991

Wählen Sie eine Nullhypothese und untersuchen Sie diese mit einem angemessenen Hypothesentest. Beachten Sie dabei, dass die Monate unterschiedlich viele Tage haben.

9 Eine Münze wird n-mal geworfen. Dabei testet man die Nullhypothese H_0: $p = 0{,}5$.
Untersuchen Sie, ob bei der folgenden Entscheidungsregel die Wahrscheinlichkeit, dass das Testergebnis im Verwerfungsbereich liegt, unter 5 % beträgt:
Verwirf die Nullhypothese, falls bei weniger als 45 % oder mehr als 55 % der Würfe des Zufallsexperiments Wappen auftritt.

a) $n = 50$ **b)** $n = 100$ **c)** $n = 150$ **d)** $n = 20$

10 Rinks und lechts

Wageningen – An den niederländischen Stränden würden mehr linke als rechte Schuhe angespült; in Schottland sei es umgekehrt. Das habe eine Untersuchung niederländischer Biologen ergeben, teilte das Institut für Wald- und Naturforschung in Wageningen am Freitag mit.
Die Wissenschaftler hätten auf der niederländischen Nordseeinsel Texel 68 linke und 39 rechte Schuhe gefunden, auf den schottischen Shetlandinseln dagegen 63 linke und 93 rechte Schuhe. Mit der Untersuchung wollte der Biologe Mardik Leopold beweisen, dass zwei ähnliche Gegenstände mit unterschiedlicher Form im Meer in verschiedene Richtungen treiben. Deswegen spülten an bestimmten Stränden auch mehr rechte und an anderen mehr linke Muschelhälften an.

Beachten Sie: In den Niederlanden wurden 107 Schuhe gefunden, in Schottland 156.

Überprüfen Sie folgende Hypothese anhand der Daten aus dem Zeitungsartikel:
Es spielt keine Rolle, ob es sich um einen linken oder rechten Schuh handelt, der im Meer verloren geht.

11 Bei einem Glücksspielautomat ist die Gewinnwahrscheinlichkeit angeblich 30 %. Dies soll in 500 Spielrunden überprüft werden.

a) Geben Sie eine Entscheidungsregel für ein Signifikanzniveau von 10 % an.

b) Bestimmen Sie die Wahrscheinlichkeit für einen Fehler 2. Art, wenn die tatsächliche Gewinnwahrscheinlichkeit 25 % beträgt.

12 In Spielwarengeschäften werden Zehnerwürfel angeboten. Es handelt sich dabei um doppelte 5-seitige Prismen mit abgerundeten Kanten. Wenn dies tatsächlich Laplace-Würfel sind, dann ist die Wahrscheinlichkeit dafür, dass eine ungerade Primzahl fällt, gleich 0,3.

Bestimmen Sie Annahmebereich und Verwerfungsbereich der Hypothese $p = 0{,}3$ für eine Stichprobe vom Umfang $n = 180$ und ein Signifikanzniveau von

a) $\alpha = 5\,\%$; **b)** $\alpha = 2\,\%$; **c)** $\alpha = 1\,\%$.

13 Es gibt Waschpulver, das aus zwei verschiedenfarbigen, körnigen Substanzen besteht. Die Mischung soll 20 % der einen und 80 % der anderen Substanz enthalten.
Zur Kontrolle der Mischung werden mit einem kleinen Gefäß stichprobenweise Körner entnommen. Ungewöhnliche Abweichungen vom Erwartungswert weisen auf eine schlechte Mischung hin.

a) Stellen Sie eine Entscheidungsregel auf dem Signifikanzniveau $\alpha = 5\,\%$ für den Fall auf, dass man eine Stichprobe mit 400 Körner entnimmt.

b) In einer Stichprobe findet man 17 Körner der ersten und 110 der zweiten Sorte. Beurteilen Sie die Qualität der Mischung.

Weiterüben

14 Welche Aussagen sind wahr, welche falsch?
Bei einem Signifikanzniveau von 5 % beträgt die Wahrscheinlichkeit,
(1) eine wahre Hypothese zu verwerfen, höchstens 5 %.
(2) dass die Hypothese falsch ist, höchstens 5 %.
(3) einen Fehler zu machen, höchstens 5 %.
(4) dass der Test das richtige Ergebnis liefert, mindestens 95 %.

15 Bei einem zweiseitigen Hypothesentest mit der Nullhypothese H_0: $p = p_0$ wird ein Intervall $[k_u; k_o]$ bestimmt. Die Wahrscheinlichkeit für den zugehörigen Fehler 2. Art ist die Wahrscheinlichkeit, mit der das Testergebnis im Intervall $[k_u; k_o]$ liegt, berechnet mit der tatsächlichen Erfolgswahrscheinlichkeit p. Die tatsächliche Erfolgswahrscheinlichkeit p ist jedoch meistens unbekannt.
Man kann aber p als Variable betrachten und jedem möglichen Wert von p die Wahrscheinlichkeit des Intervalls $[k_u; k_o]$ zuordnen. Die so erhaltene Funktion nennt man *Operationscharakteristik* des Tests.

a) Erläutern Sie, wie im dargestellten Beispiel die Operationscharakteristiken mit einem Rechner bestimmt wurden.

b) Vergleichen Sie die beiden Graphen der Operationscharakteristiken aus dem Beispiel.
Beschreiben Sie, was die Verdopplung des Stichprobenumfangs bewirkt.

c) Erstellen Sie mit einem Rechner Operationscharakteristiken für die Nullhypothese $p = 0{,}3$ bei einem Signifikanzniveau $\alpha = 5\,\%$. Wählen Sie verschiedene Werte für n, zeichnen Sie die Graphen und vergleichen Sie diese miteinander.

Nullhypothese: $p = 0{,}6$; $\alpha = 5\,\%$
(1) Für $n = 100$ erhält man [50; 70].
(2) Für $n = 200$ erhält man [106; 134].

oc1 (*x*) := binomCdf(100, *x*, 50, 70)
Fertig
oc2 (*x*) := binomCdf(200, *x*, 106, 134)
Fertig

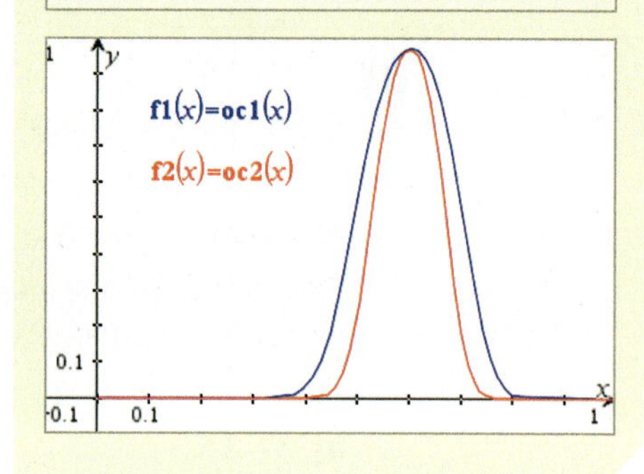

Das kann ich noch!

A Lösen Sie das lineare Gleichungssystem ohne Hilfsmittel.

1) $\left|\begin{array}{l} x + y + z = 6 \\ -x + 2y - z = -3 \\ 2x - 2y + z = 1 \end{array}\right|$ 2) $\left|\begin{array}{l} -x + 2y - z = -3 \\ x + 4y + z = 5 \\ x + y + z = 6 \end{array}\right|$ 3) $\left|\begin{array}{l} 2x + 5y + 2z = 24 \\ x + y + z = 6 \\ -x + 2y - z = -3 \end{array}\right|$

B Untersuchen Sie, wie die drei Geraden zueinander liegen.

$g: \overrightarrow{OX} = \begin{pmatrix} -2 \\ 8 \\ 8 \end{pmatrix} + r \cdot \begin{pmatrix} 2 \\ -6 \\ -4 \end{pmatrix}$ $h: \overrightarrow{OX} = \begin{pmatrix} 2 \\ -4 \\ 5 \end{pmatrix} + s \cdot \begin{pmatrix} -3 \\ 9 \\ 6 \end{pmatrix}$ $i: \overrightarrow{OX} = \begin{pmatrix} 10 \\ 2 \\ -12 \end{pmatrix} + t \cdot \begin{pmatrix} 8 \\ 6 \\ -12 \end{pmatrix}$

7.4 Testen von einseitigen Hypothesen

Einstieg

Ein Hersteller von Laufschuhen ist davon überzeugt, dass mehr als 30 % aller Jugendlichen zwischen 14 und 21 Jahren seine Produktmarke kennen.
Bei einer Befragung von 200 Jugendlichen gaben 67 an, dass sie die Marke kennen.
Ist mit diesem Ergebnis die Behauptung des Herstellers nachgewiesen?

Aufgabe mit Lösung

Einseitiger Hypothesentest

Aus umfangreichen Untersuchungen weiß man, dass 11 % der 6- bis 10-jährigen Mädchen manuelle Tätigkeiten eher mit der linken Hand durchführen.
Obwohl es heutzutage kaum noch vorkommt, dass linkshändige Kinder zur Rechtshändigkeit gezwungen werden, hat man die Vermutung, dass der Anteil p der Linkshänder mit den Lebensjahren abnimmt.

Zur Untersuchung dieser Vermutung will man eine Stichprobe vom Umfang 1000 unter 13-jährigen Mädchen durchführen.

Erläutern Sie mithilfe des Histogramms, wie man die Hypothese *„Mindestens 11 % der Mädchen führen manuelle Tätigkeiten mit der linken Hand aus“* testen kann.
Geben Sie außerdem eine Entscheidungsregel an.

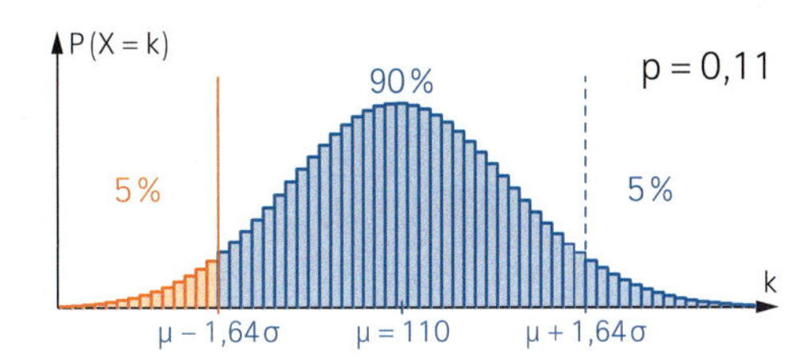

Lösung

Die Nullhypothese $p \geq 0{,}11$ wird nur dann verworfen, wenn das Testergebnis deutlich nach unten abweicht.
Um den Verwerfungsbereich [0; k] zu bestimmen, kann man die 90 %-Sigma-Regel anwenden und schätzt $k \approx \mu - 1{,}64\sigma$.
Mit $p = 0{,}11$ und $n = 1000$ erhält man:
$\mu = 110$; $\sigma = \sqrt{1000 \cdot 0{,}11 \cdot 0{,}89} \approx 9{,}9 > 3$; $\mu - 1{,}64\sigma \approx 93$
Mit einem Rechner ermittelt man:
$P(X \leq 93) \approx 0{,}045 < 5\,\%$ und $P(X \leq 94) \approx 0{,}056 > 5\,\%$
Entscheidungsregel:
Wenn 93 oder weniger Linkshänderinnen in der Stichprobe sind, dann geht man davon aus, dass weniger als 11 % der 13-jährigen Mädchen Linkshänderinnen sind.

Information

Einseitiger Hypothesentest mit der Binomialverteilung

Linksseitiger Test

Ein **linksseitiger Test** wird durchgeführt, wenn die Vermutung besteht, dass die tatsächliche Erfolgswahrscheinlichkeit p kleiner als eine behauptete Erfolgswahrscheinlichkeit p_0 ist. Beim Test geht man von der Nullhypothese $\mathbf{H_0: p \geq p_0}$ aus und hofft, diese durch das Testergebnis verwerfen zu können.

Man testet das Gegenteil der Vermutung.

H_0 verwirft man bei „auffallend kleinen" Testergebnissen. Der Verwerfungsbereich [0; k] wird durch den kritischen Wert k festgelegt. Mit einem Signifikanzniveau α ergibt sich die Bedingung:

$P(X \leq k) \leq \alpha$ für ein möglichst großes k

Rechtsseitiger Test

Der **rechtsseitige Test** verläuft analog zum linksseitigen, nur, dass man hier als Nullhypothese $\mathbf{H_0: p \leq p_0}$ wählt.
Der Verwerfungsbereich liegt am rechten Ende der Verteilung. Man sucht ein möglichst kleines k, sodass $P(X \geq k) \leq \alpha$ gilt.

Linksseitiger Test:
Es wird vermutet, dass der Anteil der 18- bis 29-jährigen Personen, die an Pollenallergie leiden, unter 22 % liegt.

H_0: $p \geq 0,22$; $n = 500$; $\alpha = 5\,\%$

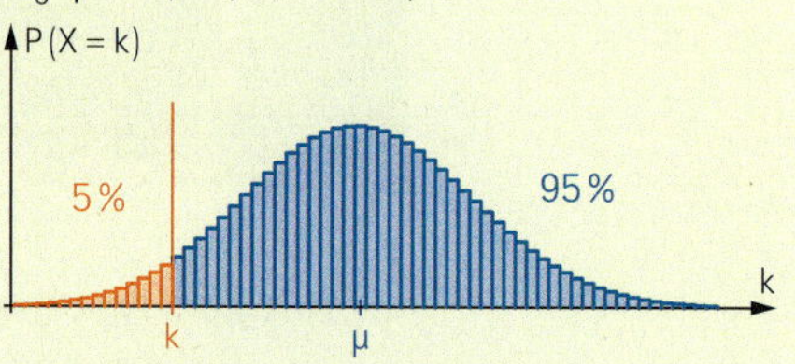

Für $p = 0,22$ ist: $\mu = 110$;
$\sigma = \sqrt{500 \cdot 0,22 \cdot 0,78} \approx 9,26 > 3$;
$k \approx \mu - 1,64\sigma \approx 94,8$
$P(X \leq 94) \approx 0,045 < 5\,\%$
$P(X \leq 95) \approx 0,057 > 5\,\%$
Daher: $k = 94$

Entscheidungsregel: Wenn 94 oder weniger Personen in der Stichprobe an Pollenallergie leiden, dann geht man davon aus, dass weniger als 22 % aller 18- bis 29-jährigen Personen an Pollenallergie leiden.

Üben

1 Bei einer Massenproduktion von Bauteilen konnte man bisher von einem Ausschussanteil von 12 % ausgehen. Nach Veränderungen an der Produktionsanlage geht man davon aus, dass der Ausschussanteil geringer geworden ist.
Durch eine Stichprobe vom Umfang $n = 500$ soll die Nullhypothese $p \geq 0,12$ getestet werden. Geben Sie eine Entscheidungsregel für ein Signifikanzniveau von $\alpha = 5\,\%$ an.

2 Im Jahr 2015 lag der Anteil der mobilen Internetnutzer in Deutschland bei 54 %. Bis zum Jahr 2021 ist dieser Anteil auf 82 % angestiegen. Man vermutet, dass sich dieser Anteil noch weiter erhöht hat, und will dies anhand einer Stichprobe untersuchen.

a) Erläutern Sie, warum man dies als rechtsseitigen Hypothesentest auffassen kann.

b) Stellen Sie eine Entscheidungsregel für eine Stichprobe vom Umfang 2000 bei einem Signifikanzniveau 5 % auf.

c) Angenommen, der Anteil der mobilen Internetnutzer in Deutschland ist tatsächlich auf $p = 83\,\%$ angestiegen. Beschreiben Sie für diesen Fall den Fehler 2. Art und berechnen Sie seine Wahrscheinlichkeit.

3 In einer Erhebung gaben 178 von 468 Personen im Alter zwischen 18 und 34 Jahren an, dass sie beim Einkaufen gern mobil bezahlen möchten. In der Gesamtbevölkerung beträgt der Anteil nur 25 %.

a) Zeigen Sie, dass man die Hypothese *18- bis 34-jährige Personen möchten nicht lieber mobil bezahlen als der Rest der Bevölkerung* auf einem Signifikanzniveau von 5 % verwerfen kann.

b) Untersuchen Sie, auf welchen kleineren Signifikanzniveaus man die Hypothese aus Teilaufgabe a) ebenfalls verwerfen kann.

4 Hängt man Toilettenpapier auf den Halter auf, so gibt es zwei mögliche Orientierungen der Toilettenpapierrolle: Das Toilettenpapier kann hinter oder vor der Rolle hängen.

In dem 1989 veröffentlichten Buch *The First Really Important Survey of American Habits* von Barry Sinrod und Mel Poretz wurde die Frage nach der von Amerikanern bevorzugten Orientierung des Toilettenpapiers gestellt.
In einer Befragung antworteten 68 %, dass sie die Position „vor der Rolle" bevorzugen würden.

In der 1993 veröffentlichten Studie *Practices and Preferences of Toilet Paper Users* wurden 1200 Amerikaner befragt. dabei antworteten 876 der Befragten, dass sie die Position „vor der Rolle" bevorzugen.

Testen Sie auf einem Signifikanzniveau von 5 %, ob man sagen kann, dass sich der Anteil derjenigen, die die Position „vor der Rolle" bevorzugen, seit 1989 erhöht hat.

5 Für einen Stichprobenumfang von $n = 200$ wird die Nullhypothese $p \geq 0{,}15$ getestet. Bei einem Signifikanzniveau von 5 % wird $k = 21$ als kritischer Wert ermittelt.

a) Machen Sie anhand der beiden Grafiken Aussagen zu dem folgenden Fehler 1. Art: Das Testergebnis liegt im Verwerfungsbereich, obwohl tatsächlich $p = 0{,}16$ gilt.

(1) $n = 200$; $p = 0{,}15$; $P(X \leq 21) \approx 0{,}0415$

(2) $n = 200$; $p = 0{,}16$; $P(X \leq 21) \approx 0{,}0175$

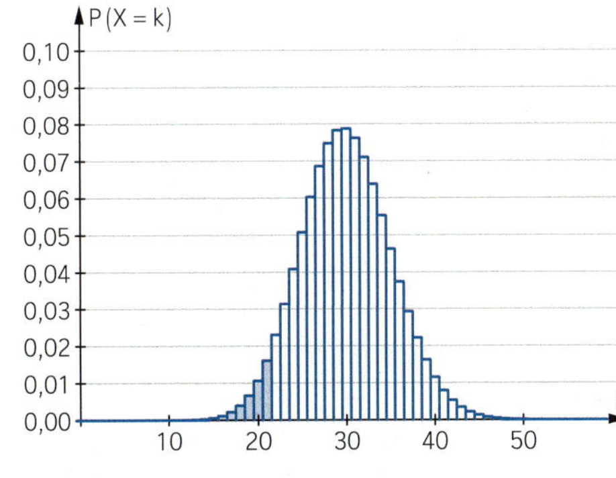

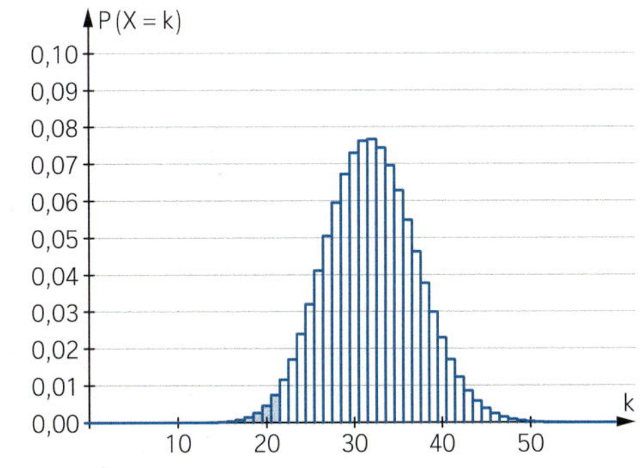

b) Bestimmen Sie $P(X \leq 21)$, falls tatsächlich $p = 0{,}17$ gilt.
Erläutern Sie, warum man bei dem Hypothesentest mit der Nullhypothese $p \geq 0{,}15$ mit dem Ansatz $p = 0{,}15$ arbeiten kann.

Wahl der Hypothese

6 Eine Dachdeckerfirma bestellt häufig Dachziegel bei einem Hersteller. Die Mitarbeiter der Dachdeckerfirma sind der Meinung, dass die Qualität der Ziegel nachgelassen hat.
Der Dachdeckermeister beschwert sich daraufhin beim Chef der Herstellerfirma:
„Früher war die Qualität besser. Heute ist mehr Ausschuss dabei, und das für denselben Preis. Ich möchte deshalb einen günstigeren Preis haben."
Der Chef der Herstellerfirma widerspricht: „An unserer Qualität hat sich nichts geändert. Der Anteil der unbrauchbaren Ziegel beträgt nach wie vor höchstens 8 %."
Der Dachdeckermeister nimmt sich vor, bei den nächsten Lieferungen die Qualität der Ziegel zu testen. Auch der Chef der Herstellerfirma will Stichproben durchführen, da er die Behauptung des Dachdeckermeisters widerlegen möchte.
Machen Sie einen begründeten Vorschlag, welche Hypothese die Herstellerfirma und welche der Dachdeckermeister testen sollte.

Information

Wahl der Hypothese

Unterschiedliche Standpunkte

Wenn man eine Vermutung über einen Anteil p in einer Gesamtheit hat, dann verwendet man das logische Gegenteil der Vermutung als Nullhypothese. Man will nämlich zeigen, dass das Gegenteil dessen, was man vermutet, unter der erhobenen Datenlage nicht plausibel ist.

Bei einem Interessenkonflikt wählt man stets die Behauptung der Gegenseite als Nullhypothese: Kann man die Behauptung der Gegenseite statistisch widerlegen, so kann man ihr logisches Gegenteil als bestätigt ansehen.

Fehlerbegrenzung bei Anwendungen

Die Nullhypothese wird bei kritischen Anwendungen so gewählt, dass der Fehler 1. Art der schlimmere Fehler ist. Die Wahrscheinlichkeit für diesen Fehler kann man nämlich durch das Signifikanzniveau α begrenzen.

Beispiel 1

H_1: *Höchstens 2 % einer Ware sind Ausschuss.*

H_2: *Mindestens 2 % der Ware sind Ausschuss.*

Der Abnehmer der Ware bezweifelt die Hypothese H_1 und würde sie deshalb als Nullhypothese wählen. Der Hersteller der Ware bezweifelt die Hypothese H_2 und würde sie deshalb als Nullhypothese wählen.

Beispiel 2

H_0: *Ein neues Medikament ist nicht besser als ein altes Medikament.*

Wenn die Nullhypothese H_0 richtig ist, aber durch das Testergebnis verworfen wird, würde vermutlich ein schlechteres neues Medikament eingeführt werden. Dieser Fehler ist schlimmer als der, dass ein besseres Medikament nicht als solches erkannt wird.

7 Pestizide bestehen aus Chemikalien und Mikroorganismen und werden unter anderem zur Schädlingsbekämpfung in der Land- und Forstwirtschaft genutzt. Jedoch beeinträchtigen sie oft andere Tier- und Pflanzenarten, die nicht bekämpft werden sollen, und werden deshalb für manchen Artenschwund mitverantwortlich gemacht.

Der Hersteller eines Pestizids ist der Überzeugung, dass ein bestimmtes Präparat aus seiner Produktion in mindestens 90 % der Anwendungsfälle hilft.
An dieser Aussage werden Zweifel geäußert. Der Pestizid-Hersteller ist daraufhin bereit, seine Angaben zu überprüfen.
Welche Hypothese wird er testen? Begründen Sie.

8 Jemand, der nur einzelne Sätze, nicht aber zusammenhängende Texte lesen oder schreiben kann, gilt als funktionaler Analphabet. Die Universität Hamburg unternahm 2013 eine große Studie zum Thema Analphabetismus und kam zu dem erschreckenden Resultat, dass 14 % der erwachsenen deutschen Bevölkerung (funktionale) Analphabeten sind.
In zwei Schulen soll die aktuelle Situation zu diesem Thema durch einen Test untersucht werden. Die beiden Schulen betrachten allerdings verschiedene Hypothesen.

Schule A hat seit 2013 große Anstrengungen unternommen, den Analphabetismus in ihrer Schülerschaft zu bekämpfen. Sie will untersuchen, ob ihre Bemühungen Erfolg hatten. Sie überprüft daher die Literalität von 150 Schülerinnen und Schülern, um folgende Hypothesen zu testen:

H_0: Der Anteil von Analphabeten in unserer Schule ist mindestens genauso hoch wie im Bundesdurchschnitt.
H_1: Der Anteil von Analphabeten an unserer Schule ist signifikant niedriger als im Bundesdurchschnitt.

Literalität: Lese- bzw. Schreibfähigkeit

Schule B liegt in einem sozialen Brennpunkt und hat seit Jahren mit schlechten Abiturergebnissen zu kämpfen. Um vor dem Kultusministerium den Bedarf an zusätzlichen Lehrerstellen zu argumentieren, will sie belegen, dass es besonders viele funktionale Analphabeten in ihrer Schülerschaft gibt. Schule B überprüft die Literalität von 150 Schülerinnen und Schülern, um folgende Hypothesen zu testen:

H_0: Der Anteil von Analphabeten an unserer Schule ist höchstens so hoch wie im Bundesdurchschnitt.
H_1: Der Anteil von Analphabeten an unserer Schule ist signifikant höher als im Bundesdurchschnitt.

a) Entscheiden Sie, welcher Test linksseitig und welcher Test rechtsseitig ist.
Formulieren Sie für jede Schule eine Entscheidungsregel. Das Signifikanzniveau des Tests soll 5 % betragen.
b) Warum wählten die Schulen verschiedene Nullhypothesen? Begründen Sie.

9 ≡ Eine Werbeagentur verpflichtet sich gegenüber einem Waschmittelproduzenten, den Bekanntheitsgrad eines Artikels auf mindestens 70 % zu heben. Nach der Werbekampagne soll nachgeprüft werden, ob das vorgegebene Ziel erreicht wurde. Dazu soll eine Zufallsstichprobe vom Umfang 400 durchgeführt werden.
Über die Auswertung dieser Stichprobe besteht Uneinigkeit.

Die Werbeagentur ist der Überzeugung, dass die Kampagne erfolgreich war. Sie möchte auch den Auftraggeber von diesem Standpunkt überzeugen.	Der Auftraggeber ist misstrauisch, ob die Werbekampagne den gewünschten Erfolg hatte. Er will die Arbeit der Werbeagentur überprüfen und ggf. Korrekturen einfordern.

Es sind zwei Hypothesentests auf einem Signifikanzniveau von 5 % möglich:

Test A: Man wählt $H_0: p \leq 0{,}7$. Dann ist $H_1: p > 0{,}7$.
Test B: Man wählt $H_0: p \geq 0{,}7$. Dann ist $H_1: p < 0{,}7$.

a) Bestimmen Sie zu jedem der möglichen Tests eine Entscheidungsregel.

b) Erläutern Sie die möglichen Fehler bei den Tests unter Bezugnahme auf die Sachsituation.

c) Entscheiden Sie begründet, für welchen der beiden Tests sich jede Seite entscheiden wird. Beachten Sie dabei, dass man mit einem statistischen Test Aussagen lediglich verwerfen, aber nicht beweisen kann. Berücksichtigen Sie auch den Zusammenhang zwischen dem Signifikanzniveau und dem Fehler 1. Art.

Weiterüben

10 ≡ Fußballstatistiker haben ausgerechnet, dass 75 % der Foul-Elfmeter verwandelt werden. In den Spielen der Fußball-Bundesliga der Jahre 1993 bis 2005 wurden insgesamt 102 Foul-Elfmeter vom gefoulten Spieler selbst geschossen.
Wie viele dieser Elfmeter hätten verwandelt werden müssen, damit die Schlagzeile im Zeitungsartikel gerechtfertigt ist?

Gefoulte dürfen selbst Elfmeter schießen

Als Opfer einer Attacke nie selbst zum Foul-Elfmeter antreten, das bringt Unglück: Diese altbekannte Fußballweisheit ist falsch. Wissenschaftler haben errechnet, dass es egal ist, ob der Gefoulte oder ein Mannschaftskamerad den Strafstoß tritt. Allerdings gilt das nur für Profis.

a) Diese Frage kann als zwei- oder als einseitiger Hypothesentest aufgefasst werden. Nehmen Sie hierzu Stellung.

b) Bestimmen Sie jeweils eine Entscheidungsregel auf dem Signifikanzniveau $\alpha = 10\,\%$.

11 ≡ Ein Arzneimittelhersteller wirbt für ein neues Medikament mit dem Hinweis, dass es im Vergleich zu Medikamenten anderer Hersteller, die bei mindestens 10 % der Patientinnen und Patienten Allergien hervorrufen können, besser verträglich sei. In einer Klinik soll das Medikament bei 172 Patientinnen und Patienten testweise eingesetzt werden.

a) Beurteilen Sie, welche Hypothese der Arzneimittelhersteller testen wird. Entwickeln Sie eine Entscheidungsregel bei einem Signifikanzniveau von 5 %.

b) Da das neue Mittel erheblich teurer ist als die gängigen Medikamente, ist die Krankenkasse nicht so leicht von der Einführung des neuen Mittels überzeugt. Beurteilen Sie, welche Hypothese die Krankenkasse testen wird, und entwickeln Sie für diese Hypothese eine Entscheidungsregel.

c) Bei dem Test treten bei 15 Patientinnen und Patienten Nebenwirkungen auf.
Beurteilen Sie die Lage anhand der von Ihnen entwickelten Entscheidungsregeln in den Teilaufgaben a) und b).

12 ≡ Bei einer Rubbellosaktion behauptet der Losbudenbetreiber, dass ein Viertel der Lose Gewinne seien. Als sich nach einiger Zeit auffallend wenige Gewinne einstellen, sollen die Lose überprüft werden. Dazu werden 100 Lose überprüft.

a) Formulieren Sie eine Nullhypothese, die getestet werden soll.

b) Dem Betreiber soll ein weiterer Verkauf der Lose verboten werden, wenn unter den 100 Losen weniger als 18 Gewinne sind. Ermitteln Sie das Signifikanzniveau des Tests.

c) Angenommen, es befinden sich 20 Gewinne unter den 100 Losen. Was bedeutet das für die Nullhypothese?

d) Angenommen, es befinden sich 25 Gewinne unter den 100 Losen. Entscheiden Sie, ob das bedeutet, dass die Gewinnwahrscheinlichkeit tatsächlich 25 % beträgt.

13 ≡ Im Jahr 2013 führten Nicolas Guéguen, Sébastian Meineri und Jacques Fischer-Lokou für die französische Universität de Bretagne-Sud eine Studie durch, in der untersucht werden sollte, ob das Spielen eines Instruments die Attraktivität von Männern auf Frauen vergrößert. Dazu sprach ein 20 Jahre alter Proband dreimal 100 junge Frauen an und fragte sie nach ihrer Telefonnummer.
Bei den ersten hundert Versuchen hatte er eine Gitarre dabei, bei weiteren hundert Versuchen eine Sporttasche und bei weiteren hundert Versuchen gar nichts.
Von den hundert Frauen, die der junge Mann mit Gitarre ansprach, gaben ihm 31 ihre Telefonnummer. Mit Sporttasche bekam er 9 Telefonnummern. Von den hundert Frauen, die er mit nichts in den Händen ansprach, gaben ihm 14 ihre Telefonnummer.

a) Erläutern Sie die folgende Aussage:
„Es ist vernünftig, anzunehmen, dass die Wahrscheinlichkeit, die Telefonnummer einer jungen Frau, die man anspricht, zu erhalten, in der Regel 14 % beträgt."

b) Berechnen Sie die Wahrscheinlichkeit, mindestens so viele Telefonnummern zu bekommen, wie der Proband erhalten hat, als er eine Gitarre dabei hatte. Berechnen Sie ebenfalls die Wahrscheinlichkeit, höchstens so viele Telefonnummern zu bekommen, wie der Proband erhalten hat, als er eine Sporttasche dabei hatte.
Beurteilen Sie mithilfe dieser Wahrscheinlichkeiten die statistischen Daten.

7.5 Stetige Zufallsgrößen

Einstieg

Die Histogramme zeigen die Lebenserwartung eines im Jahr 2015 geborenen Jungen.

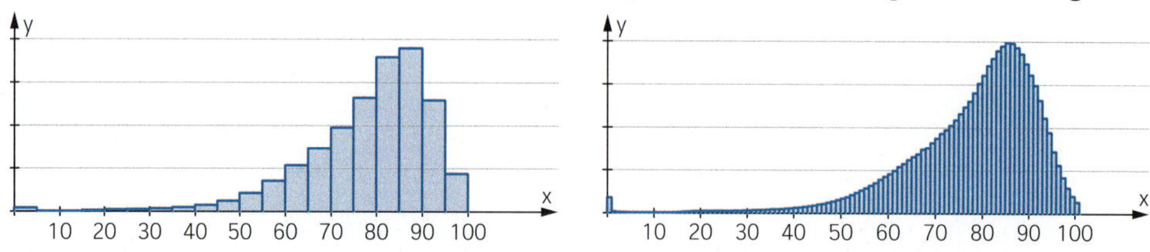

Beschreiben Sie beide Histogramme vergleichend. Begründen Sie, warum eine noch feinere Unterteilung der Zeitachse möglich ist, und beschreiben Sie, wie sich das Histogramm mit immer feiner werdender Unterteilung ändert. Wie erhält man z. B. die Wahrscheinlichkeit, dass der Junge zwischen 80 und 90 Jahre alt wird?

Aufgabe mit Lösung

Dichtefunktion einer stetigen Zufallsgröße

Für die Verwertung als Brennholz werden Holzstücke auf eine maximale Länge von 30 cm gesägt. Dabei bleiben auch Stücke übrig, die kürzer als 30 cm sind. Die linke Häufigkeitsverteilung der Längen beruht auf Erfahrungswerten eines Händlers.

Wenn man beliebig genau messen könnte, würde aus dem Histogramm eine Fläche werden, die ungefähr von dem eingezeichneten Graphen von f und der x-Achse von 0 bis 30 eingeschlossen wird.

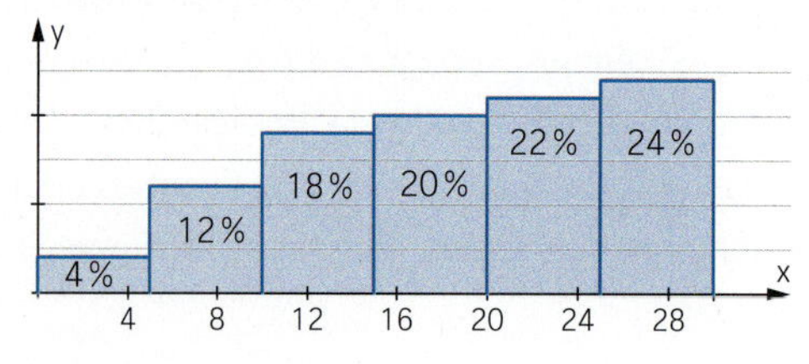

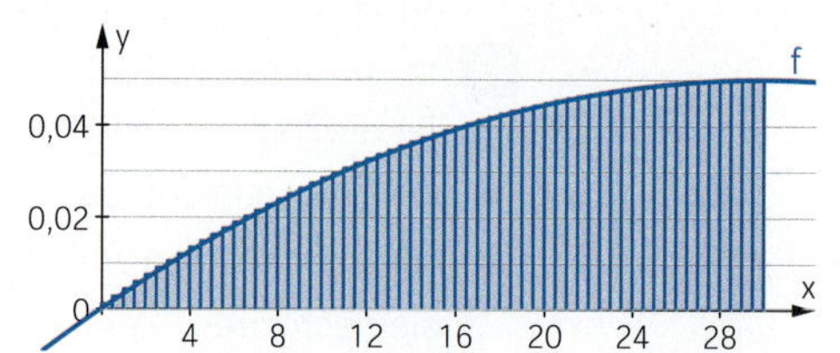

Bestimmen Sie die Parameter a und b für eine passende Funktion f mit $f(x) = a x \cdot (x - b)$.

Lösung

Nach dem Zersägen sind die meisten Holzstücke 30 cm lang. Daher ist es sinnvoll, den Scheitelpunkt der Parabel an der Stelle 30 anzunehmen. Da f wegen der Nullstellen 0 und b den Scheitelpunkt an der Stelle $\frac{b}{2}$ hat, folgt $b = 60$, also $f(x) = a x \cdot (x - 60) = a x^2 - 60 a \cdot x$.
Die Histogramme der Häufigkeitsverteilung haben den Flächeninhalt 1. Damit sollte der Flächeninhalt unter dem Graphen von f im Intervall [0; 30] ebenfalls 1 betragen. Demnach muss f außerdem die Bedingung $\int_0^{30} f(x)\,dx = 1$ erfüllen, also:

$$\int_0^{30} f(x)\,dx = \left[\frac{1}{3} a x^3 - 30 a x^2\right]_0^{30} = 9000 a - 27000 a = -18000 a = 1$$

Daraus erhält man $a = -\frac{1}{18000}$. Eingesetzt in f(x) ergibt sich $f(x) = \frac{60x - x^2}{18000}$.

Deuten Sie am Graphen von f die Wahrscheinlichkeit dafür, dass ein Holzstück eine Länge von 20 cm bis 30 cm hat. Berechnen Sie anschließend mithilfe der Funktion f diese Wahrscheinlichkeit.

Lösung

Die Wahrscheinlichkeit $P(20 \le X \le 30)$ lässt sich wie bei einem Histogramm als Flächeninhalt deuten. Statt die Flächeninhalte der einzelnen Säulen über dem Intervall [20; 30] zu addieren, bestimmt man den Flächeninhalt zwischen dem Graphen von f und der x-Achse über diesem Intervall.

Also: $P(20 \le X \le 30) = \int_{20}^{30} \frac{60x - x^2}{18000}\,dx = \left[\frac{30x^2 - \frac{1}{3}x^3}{18000}\right]_{20}^{30} = 1 - \frac{14}{27} = \frac{13}{27} \approx 0{,}48$

Die Wahrscheinlichkeit, dass ein Holzstück eine Länge von 20 cm bis 30 cm hat, liegt ungefähr bei 48 %.

Information

Dichtefunktion einer stetigen Zufallsgröße

Eine Funktion f heißt **Dichtefunktion**, wenn folgende Eigenschaften erfüllt sind:

(1) Für alle reellen Zahlen x gilt: $f(x) \ge 0$

(2) $\int_{-\infty}^{\infty} f(x)\,dx = 1$

Eine Zufallsgröße X heißt **stetig**, falls es eine geeignete Dichtefunktion gibt, sodass für alle reellen Zahlen a und b gilt:

$P(a \le X \le b) = \int_a^b f(x)\,dx$

$$f(x) = \begin{cases} 0 & \text{für } x \le 0 \\ -\frac{3}{4}x \cdot (x-2) & \text{für } 0 < x < 2 \\ 0 & \text{für } x \ge 2 \end{cases}$$

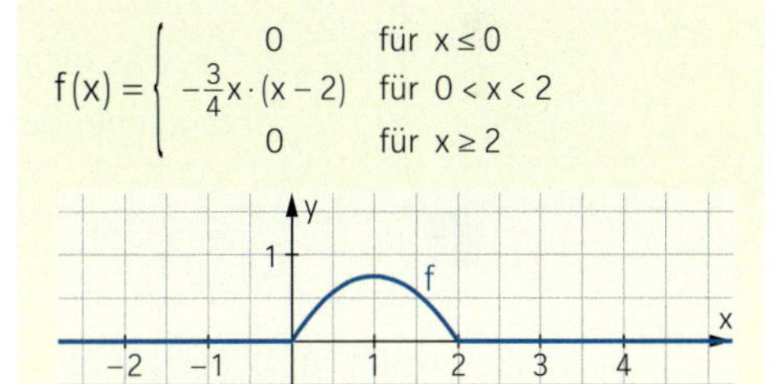

Offensichtlich gilt $f(x) \ge 0$ für alle $x \in \mathbb{R}$.
Weiter gilt:

$$\int_{-\infty}^{\infty} f(x)\,dx = \int_0^2 -\frac{3}{4}x \cdot (x-2)\,dx = \left[-\frac{1}{4}x^3 + \frac{3}{4}x^2\right]_0^2 = -\frac{8}{4} + \frac{12}{4} - 0 = 1$$

Somit ist f eine Dichtefunktion.

Hinweis:
Insbesondere gilt für jede reelle Zahl k bei stetigen Zufallsgrößen

$P(X = k) = \int_k^k f(x)\,dx = 0.$

Daraus folgt dann – anders als bei Binomialverteilungen: $P(X \le k) = P(X < k)$

Üben

1 Zeigen Sie, dass die Funktion f mit $f(x) = \begin{cases} \frac{1}{b-a} & \text{für } a \le x \le b \\ 0 & \text{sonst} \end{cases}$ eine Dichtefunktion ist.

2 Bestimmen Sie den Parameter so, dass die Funktion f eine Dichtefunktion ist.

a) $f(x) = \begin{cases} k \cdot x & \text{für } 0 \le x \le 1 \\ 0 & \text{sonst} \end{cases}$

b) $f(x) = \begin{cases} a \cdot x \cdot (x-2) & \text{für } 0 \le x \le 2 \\ 0 & \text{sonst} \end{cases}$

3 Die Lebenserwartung einer bestimmten Hamsterrasse wird näherungsweise durch die Funktion f mit $f(x) = -\frac{3}{4}x^2 \cdot (x - 2)$ beschrieben.

a) Zeigen Sie, dass f eine Dichtefunktion ist.

b) Ermitteln Sie das im Modell angenommene Höchstalter der Hamster.

c) Berechnen Sie die Wahrscheinlichkeiten dafür, dass einer dieser Hamster
(1) höchstens 1 Jahr alt; (2) mindestens 1,5 Jahre alt; (3) genau 1 Jahr alt wird.

4 Bei der Produktion von Kugellager-Kugeln werden die Abweichungen des Durchmessers vom Sollwert durch positive und negative Längenangaben beschrieben. Ihre Verteilung soll durch eine Funktion f mit $f(x) = \begin{cases} k \cdot (1 - x^2) & \text{für } -0{,}1 \le x \le 0{,}1 \\ 0 & \text{sonst} \end{cases}$ modelliert werden.

a) Bestimmen Sie den Parameter k so, dass f eine Dichtefunktion ist.

b) Auf dem Notizzettel eines Ingenieurs findet man die Bedingung $P(Y > a) = 0{,}1$. Erläutern Sie, was mit dieser Bedingung für den Sachkontext ausgesagt wird. Bestimmen Sie den entsprechenden Wert für den Parameter a.

5 Kevin behauptet: „Der Graph der Dichtefunktion f verläuft durch den Punkt (1,72 | 0,05), also ist die Wahrscheinlichkeit, genau 1,72 m groß zu sein, 5 %."
Sarah entgegnet: „Nein, diese Wahrscheinlichkeit ist null, weil ..."

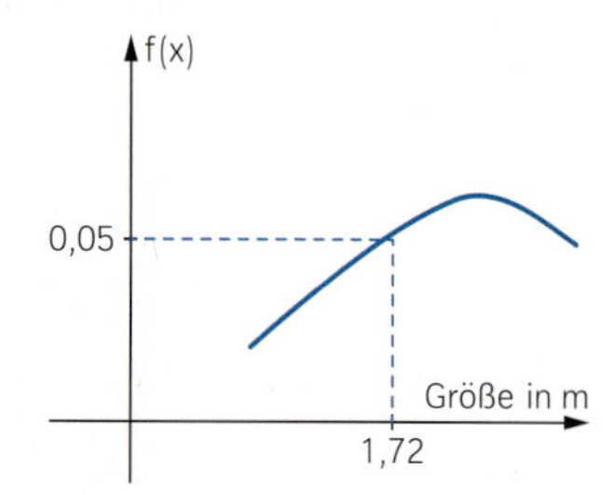

a) Vervollständigen Sie Sarahs Argumentation und nehmen Sie Stellung zu den Behauptungen.

b) Formulieren Sie einen korrekten Berechnungsansatz, um die von Kevin gewünschte Wahrscheinlichkeit für alle Größen, die gerundet 1,72 m ergeben, zu bestimmen.

Weiterüben

6 Bei den Verbraucherzentralen häufen sich die Beschwerden über die Hotline eines Mobilfunkanbieters: Zu oft landen die Anrufer in langen Warteschleifen. Deshalb wurden die Wartezeiten statistisch erfasst und ausgewertet. Die Verteilung der Wartezeiten kann näherungsweise durch die Funktion w mit $w(t) = \begin{cases} 0{,}015 \cdot e^{-0{,}015t} & \text{für } t \ge 0 \\ 0 & \text{für } t < 0 \end{cases}$ beschrieben werden, wobei t für die Wartezeit in Minuten steht.

a) Weisen Sie nach, dass w eine Dichtefunktion ist.

b) Berechnen Sie die Wahrscheinlichkeit, dass ein Anrufer
(1) weniger als 10 Minuten;
(2) zwischen 30 und 60 Minuten;
(3) über 60 Minuten warten muss.

c) Als *Median* einer stetigen Zufallsgröße mit der Dichtefunktion w bezeichnet man die Stelle m, für die $\int_{-\infty}^{m} w(x)\,dx = 0{,}5$ gilt.
Erläutern Sie, welche Idee dieser Festlegung zugrunde liegt.

7.6 Normalverteilung

Einstieg

Auf dem bis Ende 2001 gültigen 10-DM-Schein war der Mathematiker Carl Friedrich Gauß mit der nach ihm benannten Glockenkurve abgebildet.
Diese ist der Graph der Funktion f mit

$f(x) = \frac{1}{\sigma\sqrt{2\pi}} e^{-\frac{1}{2}\cdot\left(\frac{x-\mu}{\sigma}\right)^2}$

und beschreibt die Dichtefunktion einer stetigen Zufallsgröße.

Untersuchen Sie an selbst gewählten Beispielen, wie sich die Parameter μ und σ auf die Graphen dieser Funktionenschar auswirken.

Aufgabe mit Lösung

Dichtefunktion der Normalverteilung

Ein Bäcker will die Genauigkeit seiner neu angeschafften Maschine überprüfen, die Brötchen mit einem Gewicht von 50 g herstellen soll.
Beim Wiegen sehr vieler Brötchen stellt der Bäcker fest: Das Gewicht der meisten Brötchen weicht nur wenig von 50 g ab. Abweichungen vom Sollwert nach oben und unten treten gleich häufig auf. Knapp 16 % der Brötchen wiegen weniger als 49 g.

→ Skizzieren Sie den Graphen der Dichtefunktion f mit $f(x) = \frac{1}{\sqrt{2\pi}} e^{-\frac{1}{2}(x-50)^2}$.
Weisen Sie nach, dass diese Dichtefunktion zu den Beobachtungen des Bäckers passt.

Lösung

Der Graph von f hat sein Maximum an der Stelle 50 und ist achsensymmetrisch zur Geraden mit $x = 50$, da $f(50 + x) = f(50 - x)$ gilt. Die Wahrscheinlichkeit für ein Brötchen mit einem Gewicht unter 49 g erhält man mit einem Rechner:

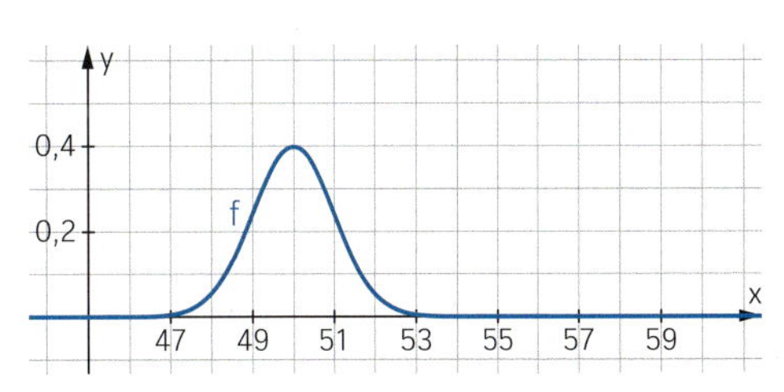

$$P(0 < X < 49) = P(0 \le X \le 49) = \int_0^{49} f(x)\,dx = 0{,}159$$

→ Der Bäcker will nur Brötchen verkaufen, deren Gewicht höchstens 2 g vom Sollwert abweichen. Mit welcher Ausschussquote muss er rechnen?

Lösung

Mit einem Rechner ermittelt man: $P(48 \le X \le 52) = \int_{48}^{52} \frac{1}{\sqrt{2\pi}} e^{-\frac{1}{2}(x-50)^2}\,dx = 0{,}9545$

Der Bäcker kann also mit einer Ausschussquote von etwas weniger als 5 % rechnen.

Information

Normalverteilte Zufallsgrößen

Eine stetige Zufallsgröße X heißt **normalverteilt** mit Erwartungswert μ und Standardabweichung σ, wenn für alle reellen Zahlen a, b mit $a \le b$ gilt:

$$P(a \le X \le b) = \int_a^b \varphi_{\mu;\sigma}(x)\,dx;\ \text{wobei}$$

$$\varphi_{\mu;\sigma}(x) = \frac{1}{\sigma\sqrt{2\pi}}\,e^{-\frac{1}{2}\left(\frac{x-\mu}{\sigma}\right)^2}$$

φ (Phi): griechischer Buchstabe

Die Funktion $\varphi_{\mu;\sigma}$ heißt **Dichtefunktion der Normalverteilung** mit Erwartungswert μ und Standardabweichung σ oder **Gauß'sche Glockenfunktion**.

ϕ: großes Phi

Die Integralfunktion $\phi_{\mu;\sigma}(x) = \int_{-\infty}^{x} \varphi_{\mu;\sigma}(t)\,dt$ nennt man **Gauß'sche Integralfunktion** oder **Verteilungsfunktion** dieser Normalverteilung.

Es gilt: $P(X \le b) = \phi_{\mu;\sigma}(b)$

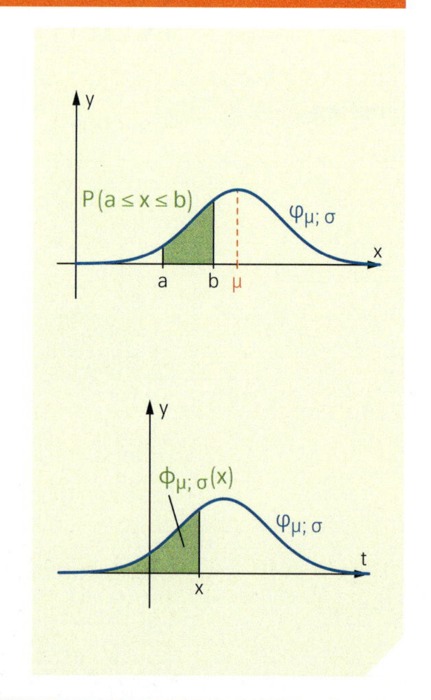

Anmerkungen:

(1) Eigenschaften der Gauß'schen Glockenfunktion

- Der Graph von $\varphi_{\mu;\sigma}$ ist symmetrisch zur Geraden $x = \mu$.
- Für $x \to \infty$ gilt $\varphi_{\mu;\sigma}(x) \to 0$; für $x \to -\infty$ gilt $\varphi_{\mu;\sigma}(x) \to 0$.
- Die Fläche zwischen dem Graphen von $\varphi_{\mu;\sigma}$ und der x-Achse hat den Flächeninhalt 1, also $\int_{-\infty}^{\infty} \varphi_{\mu;\sigma}(x)\,dx = 1$. Auf einen Beweis wird hier verzichtet.

(2) Dichtefunktion und Integralfunktion beim Rechner

Die Funktionswerte von $\varphi_{\mu;\sigma}$ können mit einem Rechner über den Befehl *normPdf* berechnet werden. Der Befehl für die Integralfunktion $\phi_{\mu;\sigma}$ lautet *normCdf*. Der Befehl *normCdf(a, b, μ, σ)* liefert $P(a \le X \le b)$ für die Normalverteilung mit Erwartungswert μ und Standardabweichung σ.

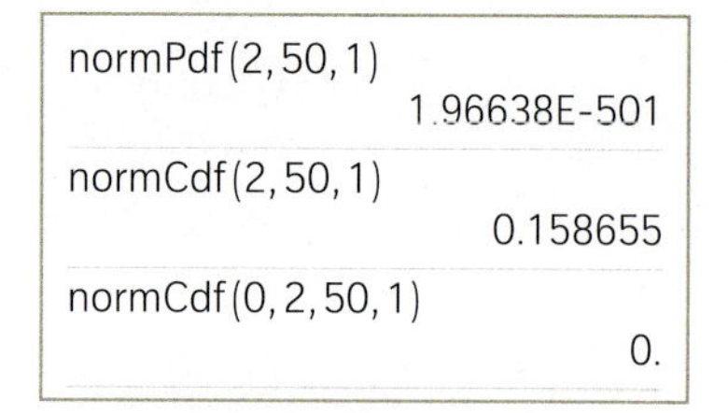
normPdf(2, 50, 1)
1.96638E-501
normCdf(2, 50, 1)
0.158655
normCdf(0, 2, 50, 1)
0.

(3) Bestimmen einer oberen Grenze zu vorgegebener Wahrscheinlichkeit

Mit einem Rechner kann man ohne zu probieren eine obere Intervallgrenze bestimmen, sodass eine bestimmte Wahrscheinlichkeit für $P(X \le b)$ gilt.

Der Befehl *invNorm(p, μ, σ)* liefert die Stelle x, für die $\phi_{\mu;\sigma}(x) = \int_{-\infty}^{x} \varphi_{\mu;\sigma}(t)\,dt = p$ gilt.

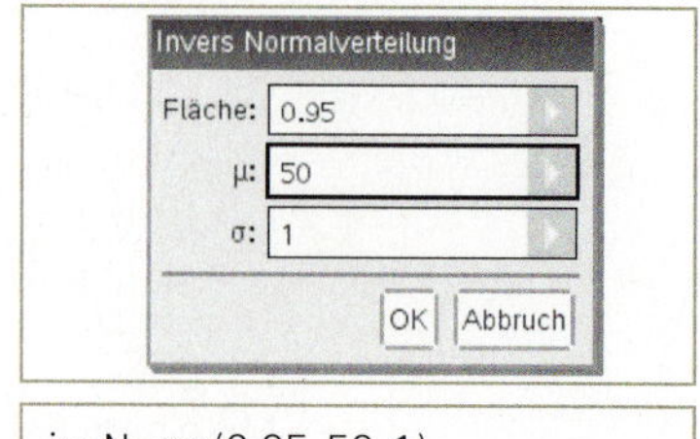
Invers Normalverteilung
Fläche: 0.95
μ: 50
σ: 1
OK Abbruch

invNorm(0.95, 50, 1)
51.6449

Üben

1 Das Gewicht von Eiern frei laufender Hühner auf einem Bauernhof ist normalverteilt mit Erwartungswert $\mu = 55\,g$ und Standardabweichung $\sigma = 5\,g$. Bestimmen Sie die Wahrscheinlichkeit, dass ein beliebig aus diesen Eiern ausgewähltes Ei

(1) mindestens 45 g und höchstens 53 g; (2) mindestens 45 g;
(3) höchstens 50 g; (4) genau 60 g wiegt.

2 Die Länge von Schrauben einer bestimmten Produktion ist normalverteilt mit Erwartungswert $\mu = 40\,mm$ und Standardabweichung $\sigma = 0{,}3\,mm$.

a) Bestimmen Sie die Wahrscheinlichkeit, dass eine beliebig ausgewählte Schraube dieser Produktion

(1) zwischen 39,5 und 40,5 mm; (2) kürzer als 39 mm;
(3) länger als 41 mm; (4) genau 40 mm lang ist.

b) In einer technischen Information soll angegeben werden:

(1) Die Länge von 90 % der Schrauben liegt zwischen ... und ... mm.
(2) 95 % aller Schrauben sind mindestens ... mm lang.

Ermitteln Sie die fehlenden Werte.

3 Eine Firma produziert Stahlbolzen, deren Durchmesser 5 mm betragen soll. Aus einer Qualitätskontrolle weiß man, dass der durchschnittliche Durchmesser der hergestellten Bolzen genau dem Sollwert entspricht – bei einer Standardabweichung von 0,2 mm.

Die Firma teilt die Bolzen nach Güte in 1. Wahl, 2. Wahl und Ausschuss ein.

Qualität	Abweichung des Durchmessers vom Sollwert
1. Wahl	höchstens 0,15 mm
2. Wahl	mehr als 0,15 mm, aber weniger als 0,30 mm
Ausschuss	mehr als 0,30 mm

a) Berechnen Sie die Wahrscheinlichkeit dafür, dass ein zufällig entnommener Bolzen 1. Wahl ist.

b) Es werden täglich 50 000 Stahlbolzen produziert.
Geben Sie eine begründete Prognose dafür an, wie viele Bolzen der einzelnen Qualitätsstufen man in dieser Produktion erwarten kann.

4 Untersuchen Sie die Gauß'sche Glockenfunktion auf Globalverlauf, Symmetrie, Nullstellen, Extrema und Wendepunkte.

5 Eine Zufallsgröße X ist normalverteilt mit Erwartungswert $\mu = 70$ und Standardabweichung $\sigma = 4$.

a) Bestimmen Sie $P(65 \le X \le 75)$.

b) Beschreiben Sie, wie sich die Wahrscheinlichkeit aus Teilaufgabe a) ändert, wenn man bei festem Erwartungswert $\mu = 70$ die Standardabweichung σ verändert.

c) Beschreiben Sie, wie sich die Wahrscheinlichkeit aus Teilaufgabe a) ändert, wenn man bei fester Standardabweichung $\sigma = 4$ den Erwartungswert μ verändert.

6 ☰ Untersuchen Sie, ob die Angaben der beiden Artikel zueinander passen.

Intelligenz beschreibt die gesamte kognitive Leistungsfähigkeit eines Lebewesens. Der Begriff kommt vom lateinischen Verb *intellegere* für verstehen. Dieses Wort ist zusammengesetzt aus der Präposition *inter* für zwischen und dem Verb *legere* für lesen bzw. wählen; es bedeutet wortwörtlich *„zwischen ... wählen"*.
Die Intelligenz kann man mit einem **Intelligenztest** messen, dessen Ergebnis der **Intelligenzquotient** , kurz **IQ**, ist. Intelligenztests werden an großen Stichproben von Versuchspersonen so entwickelt, dass eine Normalverteilung entsteht. Deren Kenngrößen sind Erwartungswert 100 und Standardabweichung 15.

Intelligent, intelligenter, am intelligentesten
Intelligenztests zeigen: Zwei Drittel aller Deutschen haben einen IQ zwischen 85 und 115. 50 Prozent sind intelligenter als der Durchschnitt. Aber nur 2 % sind Hochintelligente mit einem weit überdurchschnittlichen IQ über 130.

Bereiche mit vorgegebener Wahrscheinlichkeit bestimmen

7 ☰ Im Rahmen des zuletzt durchgeführten Mikrozensus ergab sich für die Körpergröße von 18- bis 20-jährigen Frauen ein Mittelwert von 1,68 m bei einer Standardabweichung von 6,5 cm.
Die Körpergröße kann näherungsweise als normalverteilt angesehen werden.

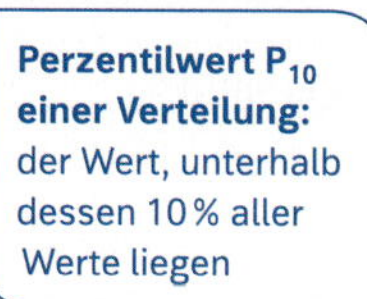
Perzentilwert P_{10} einer Verteilung: der Wert, unterhalb dessen 10 % aller Werte liegen

a) Mit welcher Wahrscheinlichkeit ist eine zufällig ausgewählte Frau der Altersgruppe
(1) größer als 1,63 m; (2) mindestens 1,62 m und höchstens 1,75 m groß?

b) Bestimmen Sie die sogenannten *Perzentilwerte* P_{10}, P_{25}, P_{75}, P_{90}.

8 ☰ Für das Körpergewicht von 18- bis 20-Jährigen ergaben sich folgende Daten:

	μ	σ
Frauen	60,2 kg	9,8 kg
Männer	73,2 kg	11,1 kg

Als 10 %-, 90 %- bzw. 50 %-Perzentilwerte (siehe Aufgabe 7) wurden festgestellt:

	P_{10}	P_{90}	P_{50}
Frauen	50,0 kg	73,9 kg	59,9 kg
Männer	60,0 kg	87,1 kg	72,0 kg

Erläutern Sie, warum man hieran ablesen kann, dass das Körpergewicht, anders als die Körpergröße, auch nicht näherungsweise als normalverteilt angesehen werden kann.

9 Der Benzinverbrauch x eines Pkw-Modells im Stadtverkehr in Liter pro 100 km kann näherungsweise durch eine Normalverteilung mit dem Erwartungswert $\mu = 7{,}8$ bei einer Standardabweichung von $\sigma = 1{,}5$ beschrieben werden.

In welchem symmetrischen Bereich um den Erwartungswert liegt der Benzinverbrauch mit einer Wahrscheinlichkeit von

(1) 50 %; (2) 75 %;
(3) 90 %; (4) 95 %;
(5) 99 %?

Beachten Sie dazu die Grafik.

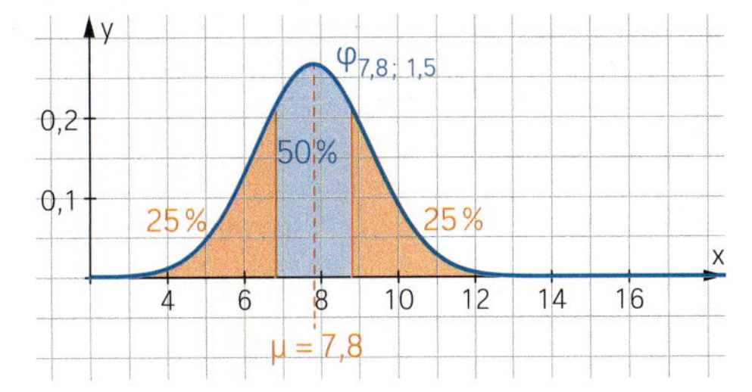

10 Was wurde hier berechnet?
Formulieren Sie eine mögliche Aufgabenstellung.

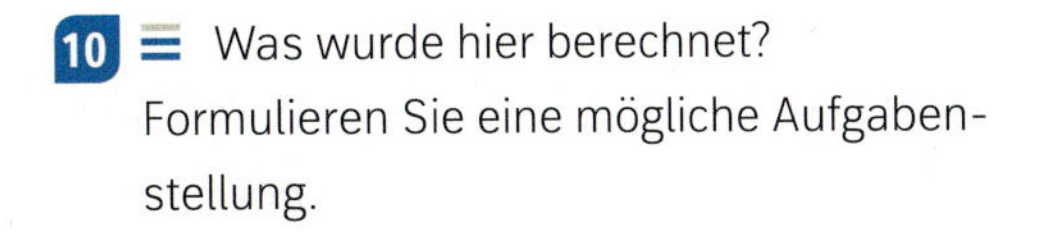

```
invNorm(0.03,0,1)
                     -1.88079
```

Schätzen der Parameter μ und σ aus Häufigkeitsverteilungen

11 Das Wiegen von 100 Erbsen einer Ernte ergab folgende Messwerte:

Gewicht in g	0,11	0,12	0,13	0,14	0,15	0,16	0,17	0,18	0,19
Anzahl	1	7	13	17	24	19	11	6	2

a) Zeichnen Sie ein Histogramm.
b) Ermitteln Sie eine Normalverteilung, die das Gewicht dieser Erbsen annähernd beschreibt.
Zeichnen Sie den Graphen der Dichtefunktion in das Histogramm.

Ist eine große Datenmenge zu einer normalverteilten Zufallsgröße gegeben, so kann das arithmetische Mittel $\bar{x}$ als Schätzwert für den Erwartungswert μ und die empirische Standardabweichung $\bar{s}$ als Schätzwert für die Standardabweichung σ der zugehörigen Wahrscheinlichkeitsverteilung genutzt werden.
Nach Eingabe der Daten in zwei Listen in einem Rechner kann man $\bar{x} \approx \mu$ und $\bar{s} \approx \sigma$ mithilfe des Statistik-Menüs berechnen.

Das kann ich noch!

A Bestimmen Sie ohne Rechner:

1) $\ln(e^2)$ **2)** $\ln\left(\frac{1}{e}\right)$ **3)** $\ln\left(e^{-\frac{1}{2}}\right)$ **4)** $\ln(\sqrt{e})$

B Gegeben sind die Vektoren $\vec{u} = \begin{pmatrix} 1 \\ -2 \\ 3 \end{pmatrix}$ und $\vec{v} = \begin{pmatrix} -4 \\ 2 \\ 5 \end{pmatrix}$. Berechnen Sie:

1) $\vec{u} + \vec{v}$ **2)** $\vec{u} - \vec{v}$ **3)** $\vec{u} * \vec{v}$ **4)** $(-1) \cdot \vec{u}$

12 Aus einem Korb mit Mirabellen wurden 50 zufällig ausgewählt und gewogen:

Gewicht in g	6	7	8	9	10
Anzahl	1	1	4	7	25

Gewicht in g	11	12	13	14
Anzahl	6	3	2	1

a) Ermitteln Sie eine Normalverteilung, die das Gewicht dieser Mirabellen beschreibt.

b) Bestimmen Sie, welcher Anteil der Mirabellen

(1) leichter als 8 g; (2) schwerer als 12 g; (3) von 9 g bis 11 g schwer ist.

13 Aus einer Produktion von Stahlnägeln wurde eine Stichprobe vom Umfang 500 genommen und die Länge x der Nägel in mm bestimmt. Mit h (x) wird die relative Häufigkeit der Nägel der Länge x bezeichnet.

x	h (x)
68,0	0,001
68,1	0,001
68,2	0,003
68,3	0,005
68,4	0,007
68,5	0,013
68,6	0,019

x	h (x)
68,7	0,028
68,8	0,039
68,9	0,051
69,0	0,063
69,1	0,074
69,2	0,085
69,3	0,090

x	h (x)
69,4	0,092
69,5	0,087
69,6	0,079
69,7	0,071
69,8	0,059
69,9	0,043
70,0	0,034

x	h (x)
70,1	0,022
70,2	0,013
70,3	0,011
70,4	0,006
70,5	0,003
70,6	0,001

a) Stellen Sie die empirische Verteilung in einem Histogramm dar.

b) Bestimmen Sie mit einem Rechner Mittelwert und Stichprobenstreuung für diese Häufigkeitsverteilung.

c) Bestimmen Sie eine Normalverteilung, die zu den Daten der Häufigkeitsverteilung passt.

d) Berechnen Sie mithilfe dieser Normalverteilung die Wahrscheinlichkeit, dass ein zufällig aus der Stichprobe gezogener Nagel eine Länge x hat, für die $68{,}85\,\text{mm} < x \leq 70{,}05\,\text{mm}$ gilt. Vergleichen Sie die so bestimmte Wahrscheinlichkeit mit den relativen Häufigkeiten aus der Stichprobe.

Aufgabe mit Lösung

Aus Informationen über Anteile auf die Parameter μ und σ schließen

In bestimmten Altersstufen kann die Körpergröße von Kindern als normalverteilt angesehen werden. Aus dem Diagramm kann man beispielsweise ablesen, dass 3 % der Vierjährigen kleiner als 96 cm und 3 % größer als 111 cm sind.
Bei den Vorsorgeuntersuchungen von Kindern wird geprüft, ob das Kind auffällig groß oder klein ist, d. h., ob es zu den 3 % am oberen oder am unteren Ende der Verteilung gehört.

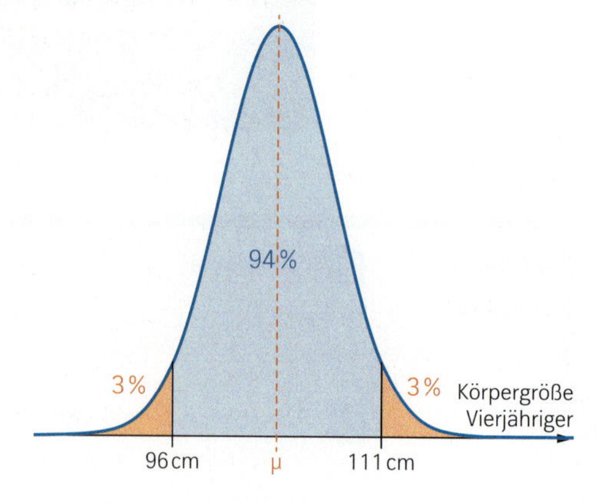

Bestimmen Sie aus diesen Angaben die benötigten Kenngrößen μ und σ.

Lösung

Wegen der Symmetrie der Normalverteilung liegt der Erwartungswert μ in der Mitte zwischen 96 cm und 111 cm. Daraus folgt $\mu = 103{,}5\,\text{cm}$.

Um die Standardabweichung σ zu bestimmen, stellt man folgende Überlegung an:

Die Körpergrößen von 3 % der Vierjährigen liegt im Intervall $[-\infty; 96]$. Man muss also σ so bestimmen, dass $\int_{-\infty}^{96} \varphi_{103{,}5;\,\sigma}(t)\,dt = 0{,}03$ erfüllt ist.

Die Lösung dieser Gleichung ermittelt man grafisch als Schnittpunkt des Graphen der Funktion F mit $F(\sigma) = \int_{-\infty}^{96} \varphi_{103{,}5;\,\sigma}(t)\,dt$ mit der Geraden $y = 0{,}03$.

Es ergibt sich $\sigma \approx 3{,}99$.

Die gesuchte Dichtefunktion ist also $\varphi_{103{,}5;\,3{,}99}$.

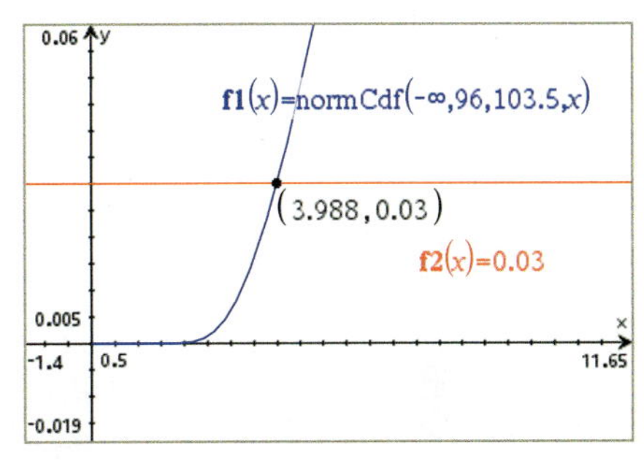

Wie viel Prozent der Vierjährigen sind

(1) größer als 99 cm;

(2) zwischen 99 cm und 102 cm groß?

Lösung

Mit einem Rechner bestimmt man

(1) $P(X > 99) = 1 - P(X \le 99) \approx 0{,}87$

(2) $P(99 \le X \le 102) \approx 0{,}224$

Das heißt, ca. 87 % aller Vierjährigen sind größer als 99 cm und ca. 22,4 % aller Vierjährigen sind zwischen 99 cm und 102 cm groß.

Information

Parameter einer Normalverteilung bestimmen

In Anwendungen kann man den Erwartungswert und die Standardabweichung wie folgt bestimmen:

(1) Aus Stichprobenergebnissen

Das arithmetische Mittel ist ein Schätzwert für den Erwartungswert, die empirische Standardabweichung ein Schätzwert für die Standardabweichung.

(2) Aus der Symmetrie und einer Wahrscheinlichkeit

Die Symmetrieachse der Verteilung liefert den Erwartungswert. Die Standardabweichung wird aus der Wahrscheinlichkeit eines Bereichs bestimmt.

(1) Stichprobe: 3; 4; 6; 7

$$\mu = \bar{x} = \frac{3+4+6+7}{4} = 5$$

$$\sigma = \bar{s} = \sqrt{\frac{(-2)^2 + (-1)^2 + 1^2 + 2^2}{4}} \approx 1{,}6$$

(2)

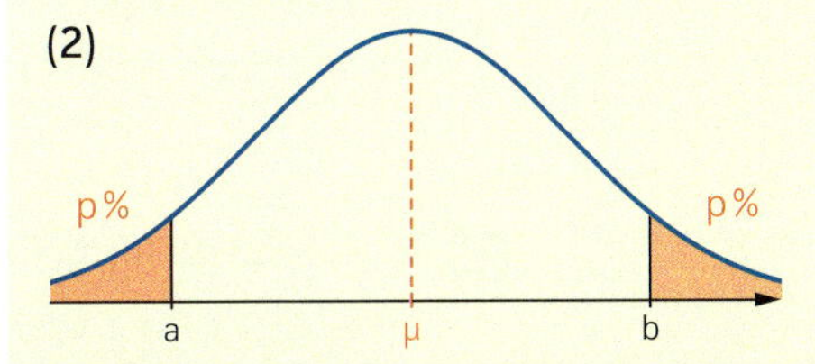

Erwartungswert: $\mu = \frac{a+b}{2}$

Standardabweichung:

Ermitteln von σ aus $\int_{-\infty}^{a} \varphi_{\mu;\sigma}(t)\,dt = p$

14 ≡ In bestimmten Alterstufen kann die Körpergröße von Kindern als normalverteilt angesehen werden.
Bestimmen Sie den Erwartungswert μ und die Standardabweichung σ für die Körpergröße von Kindern mit dem Körpergewicht
(1) 6 kg;
(2) 8 kg.

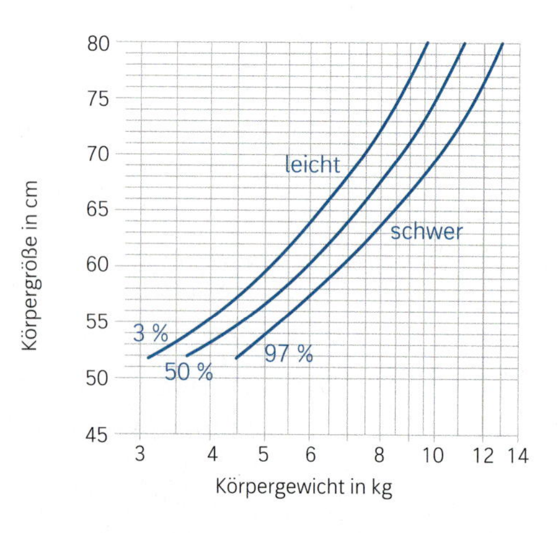

15 ≡ In einer Stichprobe unter 1000 Frauen im Alter zwischen 18 und 20 Jahren fand man für die Körpergröße die in der Tabelle gezeigte Häufigkeitsverteilung.
Bei der Messung wurde auf einen Zentimeter genau gerundet. Körpergrößen können aber beliebig viele Nachkommastellen haben.
a) Zeichnen Sie ein Histogramm der Verteilung und begründen Sie daran, dass man die Körpergröße annähernd als normalverteilt ansehen kann.
b) Bestimmen Sie die Dichtefunktion einer passenden Normalverteilung.
c) Bestimmen Sie die Wahrscheinlichkeit, dass eine Frau zwischen 18 und 20 Jahren
(1) kleiner als 1,50 m;
(2) genau 1,50 m;
(3) zwischen 1,60 m und 1,80 m;
(4) größer als 1,85 m ist.

Körpergröße in cm	relative Häufigkeit
150	0,1 %
151	0,2 %
152	0,3 %
153	0,4 %
154	0,6 %
155	0,8 %
156	1,1 %
157	1,5 %
158	1,9 %
159	2,4 %
160	2,9 %
161	3,4 %
162	4,0 %
163	4,6 %
164	5,1 %
165	5,5 %
166	5,9 %
167	6,2 %
168	6,2 %

Körpergröße in cm	relative Häufigkeit
169	6,2 %
170	5,9 %
171	5,5 %
172	5,1 %
173	4,6 %
174	4,0 %
175	3,4 %
176	2,9 %
177	2,4 %
178	1,9 %
179	1,5 %
180	1,1 %
181	0,8 %
182	0,6 %
183	0,4 %
184	0,3 %
185	0,2 %
186	0,1 %

16 ≡ Bei den Abiturprüfungen der letzten Jahre erreichten die Schülerinnen und Schüler einer Schule die folgenden Gesamtpunktzahlen:

Punkte	< 314	314 – 364	365 – 414	415 – 464	465 – 515	516 – 565
Anzahl	2	19	55	65	70	53

Punkte	566 – 616	617 – 666	667 – 716	717 – 767	> 767
Anzahl	39	27	15	9	2

Kann die Verteilung als normalverteilt angesehen werden? Schätzen Sie gegebenenfalls Erwartungswert und Standardabweichung.

Das e auf Verpackungen steht für **quantité estimée** (frz. für geschätzte, veranschlagte Menge).

17 ☰ Die *EU-Fertigpackungsrichtlinie* (Richtlinie 76/211/EWG) regelt, in welchem Maße die Masse oder das Volumen des Inhalts einer Packung von dem Wert abweichen darf, der auf der Packung aufgedruckt ist. Der Inhalt einer Packung muss folgenden Bestimmungen genügen:

- *Mittelwertprinzip:* Die tatsächliche Menge entspricht im Durchschnitt der angegebenen Menge.
- *Toleranzgrenze 1:* Nur bei einer geringen Zahl von Packungen unterschreitet die tatsächliche Menge die angegebene Menge um mehr als die maximal zulässige Abweichung.
- *Toleranzgrenze 2:* Bei keiner Packung unterschreitet die tatsächliche Menge die angegebene Menge um mehr als das Doppelte der maximal zulässigen Abweichung.

Die maximal nach unten zulässige Abweichung hängt von der Packungsgröße ab.

Masse in g oder Volumen in ml von ...	Masse in g oder Volumen in ml bis ...	maximale Abweichung des angegebenen Packungsinhalts in %	absolute maximale Abweichung in g oder ml
5	50	9	–
50	100	–	4,5
100	200	4,5	–
200	300	–	9
300	500	3	–
500	1000	–	15
1000	20000	1,5	–

In einer Info-Broschüre der Eichämter heißt es:

> Eine Fertigpackung mit einer Nennfüllmenge von 1000 g darf um bis zu 15 g zu leicht sein, wenn sie durch andere übergewichtige Packungen ausgeglichen wird. Gewichtswerte zwischen 985 g und 970 g dürfen nur 2 % aller Packungen aufweisen. Unterhalb von 970 g darf keine Packung in Verkehr gebracht werden.

Angenommen, die abgefüllte Menge in einer Fertigpackung ist normalverteilt mit Mittelwert
(1) 1000 g; (2) 500 g; (3) 100 g; (4) 250 ml.
Welche Standardabweichung σ darf maximal vorliegen?

Das kann ich noch!

A Die Grafik zeigt den Graphen einer quadratischen Funktion f.

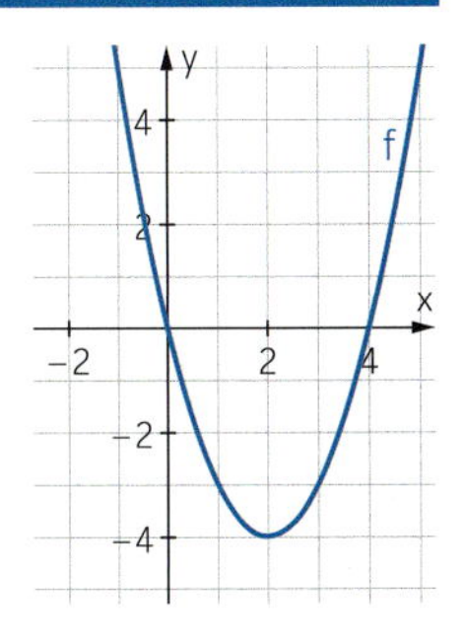

1) Geben Sie eine Funktionsgleichung für den Graphen von f an. Beschreiben Sie Ihr Vorgehen.

2) Erläutern Sie an der Zeichnung, welche Bedeutung der Term $\frac{f(2) - f(1)}{2 - 1}$ hat.

3) Erläutern Sie, welche Bedeutung der Term $\lim\limits_{x \to 1} \frac{f(x) - f(1)}{x - 1}$ hat.

B Bestimmen Sie die erste und die zweite Ableitung der Funktion f

1) $f(x) = e^{-3x}$ **2)** $f(x) = x^3 \cdot e^x$ **3)** $f(x) = e^{x^2 + 3}$ **4)** $f(x) = \frac{e^x}{x}$

7.7 Approximieren der Binomialverteilung durch eine Normalverteilung

Ziel

In diesem Abschnitt lernen Sie den Zusammenhang zwischen Binomialverteilung und Normalverteilung kennen.

Aufgabe mit Lösung

Vergleich von Glockenkurve mit dem Histogramm

Ein Multiple-Choice-Test besteht aus 48 Aufgaben. Bei jeder Aufgabe sind 4 mögliche Antworten vorgegeben, von denen genau eine richtig ist.

→ Betrachten Sie die Zufallsgröße, die die Anzahl der richtigen Antworten durch bloßes Raten angibt. Begründen Sie, dass diese Zufallsgröße binomialverteilt ist.

Lösung

Die Wahrscheinlichkeit, bei einer Aufgabe durch bloßes Raten die richtige Antwort zu finden, beträgt $\frac{1}{4}$.
Diese Wahrscheinlichkeit bleibt von Aufgabe zu Aufgabe gleich. Also liegt eine 48-stufige Bernoulli-Kette mit Erfolgswahrscheinlichkeit $p = \frac{1}{4}$ vor.

→ Zeichnen Sie ein Histogramm dieser Binomialverteilung.
Bestimmen Sie anschließend die Dichtefunktion der Normalverteilung, indem Sie Erwartungswert μ und Standardabweichung σ der Binomialverteilung nutzen. Zeichnen Sie deren Graphen zum Vergleich in das Histogramm.

Lösung

Die Binomialverteilung hat den Erwartungswert $\mu = 48 \cdot \frac{1}{4} = 12$ und die Standardabweichung $\sigma = \sqrt{48 \cdot \frac{1}{4} \cdot \frac{3}{4}} = 3$.
Der Graph der Dichtefunktion $\varphi_{12;\,3}$ markiert den Umriss des Histogramms gut.

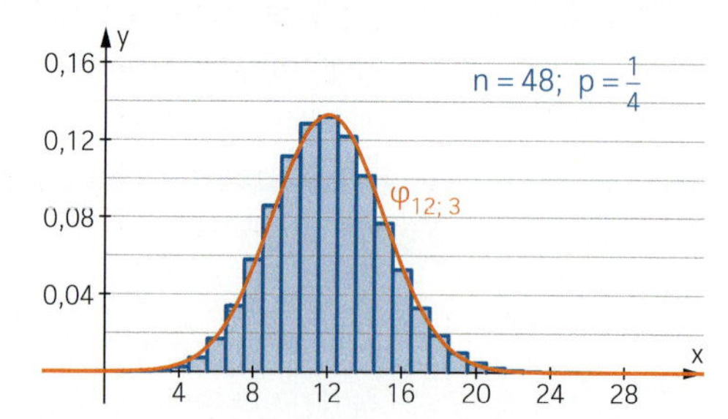

→ Bestimmen Sie exakt mit der Binomialverteilung und näherungsweise mithilfe der Normalverteilung die Wahrscheinlichkeit, durch bloßes Raten 15 richtige Antworten zu erhalten.

Lösung

Für die Binomialverteilung ergibt sich: $P(X = 15) = \binom{48}{15} \cdot \left(\frac{1}{4}\right)^{15} \cdot \left(\frac{3}{4}\right)^{25} \approx 0{,}077 = 7{,}7\,\%$

Für die Annäherung mithilfe der Normalverteilung gibt es zwei Möglichkeiten:

(1) Funktionswert der Dichtefunktion

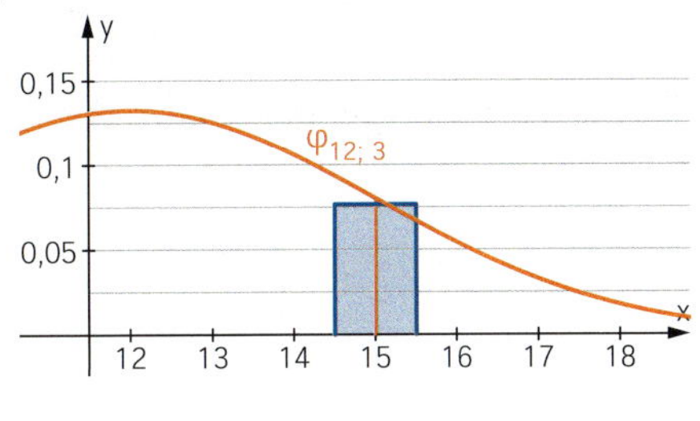

$P(X = 15) \approx \varphi_{12;\,3}(15) \approx 0{,}081 = 8{,}1\,\%$

(2) Flächeninhalt unter dem Graphen

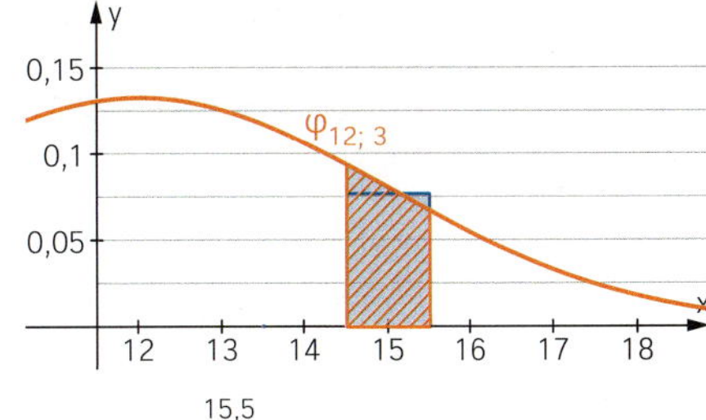

$P(X = 15) \approx \int_{14,5}^{15,5} \varphi_{12;\,3}(x)\,dx \approx 0{,}081 = 8{,}1\,\%$

Information

Approximation der Binomialverteilung durch die Normalverteilung

Das Histogramm einer Binomialverteilung mit Erwartungswert μ und Standardabweichung σ lässt sich durch den Graphen der Dichtefunktion $\varphi_{\mu;\sigma}$ der Normalverteilung annähern, falls die Laplace-Bedingung $\sigma > 3$ erfüllt ist.

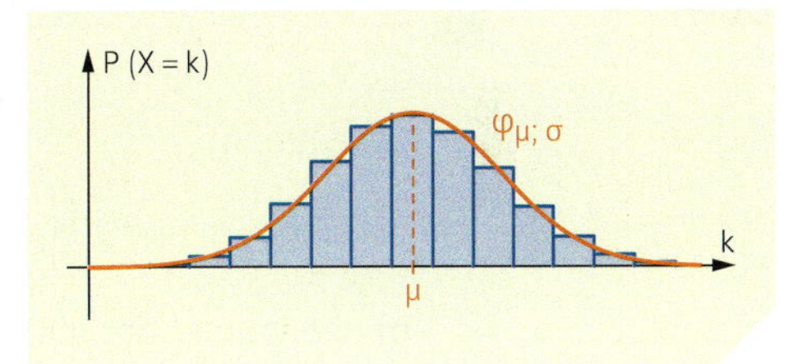

Abraham de Moivre (1667 – 1754)

Lokale Näherungsformel von de Moivre und Laplace

Für eine binomialverteilte Zufallsgröße X mit Standardabweichung $\sigma > 3$ lässt sich die Wahrscheinlichkeit für genau k Erfolge näherungsweise mit der Normalverteilung berechnen:

$\mathbf{P(X = k) \approx \varphi_{\mu;\,\sigma}(k)}$

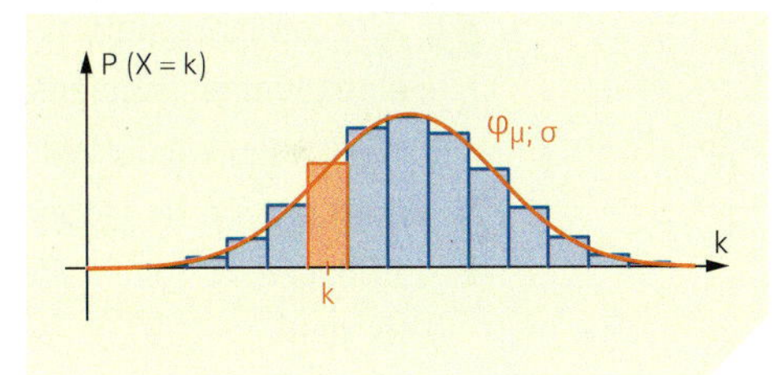

Integrale Näherungsformel von de Moivre und Laplace

Für eine binomialverteilte Zufallsgröße X mit Standardabweichung $\sigma > 3$ lässt sich die Wahrscheinlichkeit für mindestens a und höchstens b Erfolge näherungsweise berechnen durch:

$$P(a \le X \le b) \approx \int_{a-0,5}^{b+0,5} \varphi_{\mu;\,\sigma}(x)\,dx$$

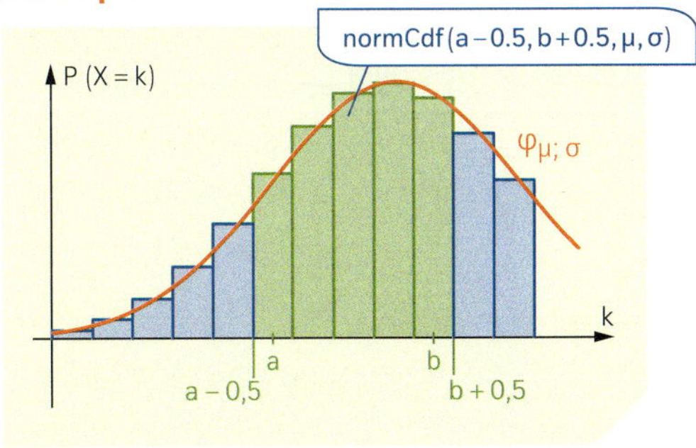

Anmerkung:
Bei der näherungsweisen Berechnung ist zu beachten, dass die Säulen der Histogramme bei der Binomialverteilung symmetrisch zur Stelle k eingezeichnet werden.
Das heißt: Die Säule, die zum Wert $X = k$ gehört, liegt zwischen $k - 0{,}5$ und $k + 0{,}5$.

Sigma-Regeln bei normalverteilten Zufallsgrößen

Die bereits bekannten Sigma-Regeln für Binomialverteilungen mit $\sigma > 3$ gehen darauf zurück, dass diese Binomialverteilungen durch die Normalverteilung angenähert werden können und dass die Normalverteilung – sogar für beliebiges σ – folgende Eigenschaft hat:

Bei einer normalverteilten Zufallsgrößen X mit Erwartungswert μ und Standardabweichung σ gilt:

„glatte" Intervalle	„glatte" Wahrscheinlichkeiten
$P(\mu - 1\sigma \le X \le \mu + 1\sigma) \approx 0{,}683$	$P(\mu - 1{,}64\sigma \le X \le \mu + 1{,}64\sigma) \approx 0{,}90$
$P(\mu - 2\sigma \le X \le \mu + 2\sigma) \approx 0{,}955$	$P(\mu - 1{,}96\sigma \le X \le \mu + 1{,}96\sigma) \approx 0{,}95$
$P(\mu - 3\sigma \le X \le \mu + 3\sigma) \approx 0{,}997$	$P(\mu - 2{,}58\sigma \le X \le \mu + 2{,}58\sigma) \approx 0{,}99$

Üben

1 Für eine binomialverteilte Zufallsgröße X mit Standardabweichung $\sigma > 3$ kann man die Wahrscheinlichkeit für genau k Erfolge auch mithilfe der integralen Näherungsformel bestimmen.

a) Erläutern Sie: $P(X = k) \approx \Phi_{\mu;\sigma}(k + 0{,}5) - \Phi_{\mu;\sigma}(k - 0{,}5) = \int_{k-0{,}5}^{k+0{,}5} \varphi_{\mu;\sigma}(t)\,dt$

b) Bestimmen Sie mithilfe von Teilaufgabe a) näherungsweise die Wahrscheinlichkeit für *Genau 14-mal Augenzahl 6* beim 100-fachen Würfeln.

2 Die Wahrscheinlichkeit für die Geburt eines Jungen ist ungefähr 0,514.
Berechnen Sie die Wahrscheinlichkeit dafür, dass unter n Neugeborenen genau k Jungen sind, exakt und mithilfe der Näherungsformel.

a) $n = 324;\ k = 160$ **b)** $n = 215;\ k = 134$
c) $n = 192;\ k = 101$ **d)** $n = 312;\ k = 169$

3 Erläutern Sie:
Für die näherungsweise Berechnung von Wahrscheinlichkeiten einer kumulierten Binomialverteilung mit Erwartungswert μ und Standardabweichung $\sigma > 3$ gilt:

$$P(X \le k) \approx \Phi_{\mu;\sigma}(k + 0{,}5) = \int_{-\infty}^{k+0{,}5} \varphi_{\mu;\sigma}(t)\,dt$$

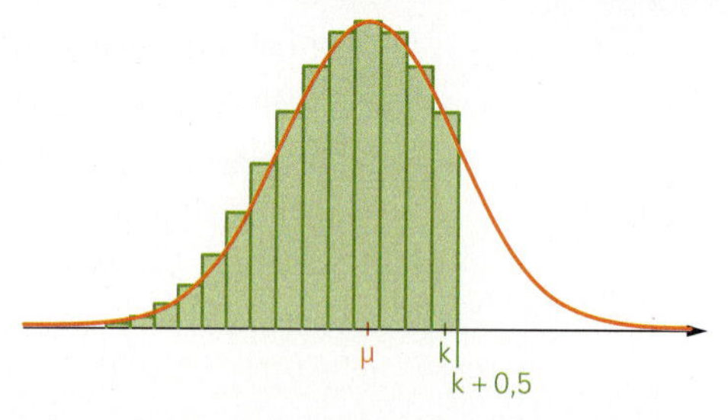

Berechnen Sie damit näherungsweise die Wahrscheinlichkeit für *Höchstens 20-mal Augenzahl 6* beim 100-fachen Würfeln. Welche Zahl kann als untere Intervallgrenze eingesetzt werden?

4 Begründen Sie die Sigma-Regeln für die Binomialverteilung mithilfe der integralen Näherungsformel von de Moivre und Laplace.

5 ≡ Bei Meinungsbefragungen werden erfahrungsgemäß nur ca. 80 % der ausgesuchten Personen angetroffen. Berechnen Sie exakt und mithilfe der Näherungsformel die Wahrscheinlichkeit dafür, dass man von 1200 Personen

(1) mehr als 900; (2) mindestens 900;
(3) höchstens 950; (4) mindestens 970, höchstens 1000 antrifft.

6 ≡ Bestimmen Sie näherungsweise mithilfe der Normalverteilung die Wahrscheinlichkeit für die Anzahl X der Sechsen beim 300-fachen Würfeln. Vergleichen Sie mit dem Wert der Binomialverteilung.

a) $P(X = 50)$ **b)** $P(40 \le X \le 53)$ **c)** $P(X \ge 70)$ **d)** $P(X < 40)$

7 ≡ Von den 230 Mitarbeiterinnen und Mitarbeitern einer Firma kommen durchschnittlich 40 % mit dem Auto zur Arbeit.

a) Mit welcher Wahrscheinlichkeit genügt ein Parkplatz mit 100 Einstellplätzen?

b) Wie viele Einstellplätze müssen zur Verfügung stehen, damit diese mit einer Wahrscheinlichkeit von 90 % ausreichen?

8 ≡ Gegeben ist die Binomialverteilung mit Stufenzahl n und Erfolgswahrscheinlichkeit p.
Bestimmen Sie unter Verwendung der Annäherung durch die Normalverteilung die symmetrische Umgebung um den Erwartungswert μ mit der angegebenen Wahrscheinlichkeit a.

a) $n = 75;\ p = 0{,}6;\ a = 80\,\%$

b) $n = 90;\ p = 0{,}2;\ a = 60\,\%$

c) $n = 120;\ p = 0{,}3;\ a = 75\,\%$

d) $n = 250;\ p = 0{,}2;\ a = 98\,\%$

$n = 150;\ p = 0{,}4$

Gesucht: 70 %-Umgebung von $\mu = 60$

$\sigma = \sqrt{150 \cdot 0{,}4 \cdot 0{,}6} = 6 > 3$

Annäherung durch Normalverteilung:

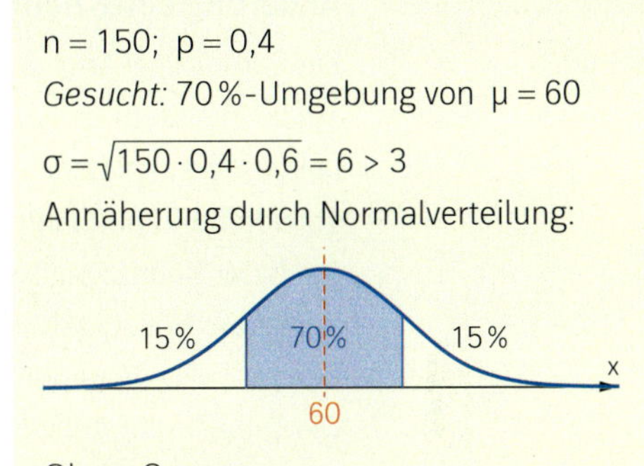

Obere Grenze:

```
invNorm(0.85, 60, 6)
                 66.2186
```

Untere Grenze: $60 - (66{,}2 - 60) = 53{,}8$

70 %-Umgebung von μ: [54; 66]

Kontrolle:

```
binomCdf(150, 0.4, 54, 66)
                 0.72141
```

9 ≡ 51,4 % aller Schulkinder sind männlich. Bestimmen Sie eine symmetrische Umgebung um den Erwartungswert, in der sich mit 80 %iger Sicherheit die Anzahl der Jungen an einem Gymnasium mit 1000 Schülerinnen und Schülern befindet.

Weiterüben

10 ≡ Mithilfe der Approximation der Binomialverteilung durch die Normalverteilung kann man Sigma-Regeln für andere Vorfaktoren als für 1; 2; 3 sowie 1,64; 1,96 und 2,58 bestimmen.

a) Ermitteln Sie jeweils die Wahrscheinlichkeit der $0{,}5\,\sigma$- und der $2{,}5\,\sigma$-Umgebung des Erwartungswertes.

b) Ermitteln Sie, welchen Sigma-Umgebungen eine Wahrscheinlichkeit von 60 % bzw. von 80 % zukommt.

7.8 Stochastische Matrizen

Einstieg

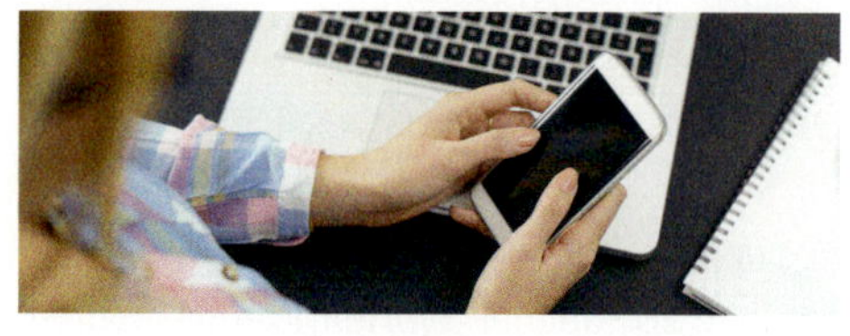

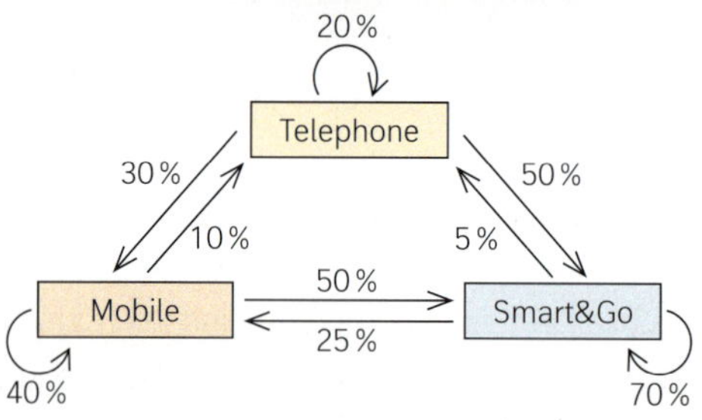

Drei Mobilfunkanbieter versuchen durch neue Smartphones, Zusatzleistungen und Tarifanpassungen Jahr für Jahr, ihre Kunden zu halten und anderen Anbietern Kunden abzuwerben.
Das Diagramm zeigt das Wechselverhalten der Kunden für ein Jahr. Es wechseln z. B. 30 % der Telephone-Kunden im Folgejahr zu Mobile. Derzeit betragen die Kundenanteile von Telephone 45 %, von Mobile 20 % und von Smart&Go 35 %.
Ermitteln Sie die Kundenanteile der Anbieter im Folgejahr.

Aufgabe mit Lösung

Änderung einer Häufigkeitsverteilung bestimmen

Ein Carsharing-Anbieter verfügt über Fahrzeuge, die an drei über das Stadtgebiet verteilten Abstellplätzen A, B und C tageweise gemietet und abgeholt werden können.
Nach der Benutzung kann das Fahrzeug auf einem beliebigen der drei Abstellplätze wieder zurückgegeben werden.
Die Tabelle gibt Aufschluss über die Wechsel der Fahrzeuge zwischen den Abstellplätzen an einem Tag. Zu Beginn eines Tages stehen 36 % der Fahrzeuge auf dem Platz A, 25 % auf B und 39 % auf C.

Wechsel der Abstellplätze		Ausleihe		
		von A	von B	von C
Rückgabe	bei A	0,3	0,2	0,3
	bei B	0,2	0,3	0,6
	bei C	0,5	0,5	0,1

Die Wahrscheinlichkeit, dass ein Fahrzeug von B am nächsten Tag bei C steht, beträgt 50 %.

→ Wie sind die Fahrzeuge voraussichtlich am Folgetag auf den drei Abstellplätzen A, B und C verteilt?

Lösung

Zunächst wird der Anteil der Fahrzeuge ermittelt, die nach einem Tag am Abstellplatz A abgegeben werden. Von den 36 % der Fahrzeugen auf dem Abstellplatz A bleiben 30 % dort bzw. werden wieder dort abgestellt.
20 % der Fahrzeuge vom Platz B und 30 % vom Platz C wechseln zum Platz A,
also insgesamt: $0{,}3 \cdot 0{,}36 + 0{,}2 \cdot 0{,}25 + 0{,}3 \cdot 0{,}39 = 0{,}275$
Für Platz B ergibt sich entsprechend: $0{,}2 \cdot 0{,}36 + 0{,}3 \cdot 0{,}25 + 0{,}6 \cdot 0{,}39 = 0{,}381$
Für Platz C erhält man: $0{,}5 \cdot 0{,}36 + 0{,}5 \cdot 0{,}25 + 0{,}1 \cdot 0{,}39 = 0{,}344$
Am Folgetag befinden sich voraussichtlich 27,5 % der Fahrzeuge auf dem Abstellplatz A, 38,1 % auf B und 34,4 % auf C.

Information

Stochastische Prozesse

Ändert sich eine Häufigkeitsverteilung zufällig innerhalb einer festgelegten Zeiteinheit, so spricht man von einem **stochastischen Prozess**.
Die **Übergangswahrscheinlichkeiten** für solche Änderungen können in einem Diagramm oder einer Tabelle notiert werden.

Stochastische Matrizen

Definition

Eine **n × n-Matrix A** ist eine Zahlentabelle aus n Zeilen und n Spalten.
Die Zahlen $a_{ij} \in \mathbb{R}$ in der i-ten Zeile von oben und der j-ten Spalte von links heißen **Elemente** der Matrix.

Gelesen: n Kreuz n Matrix

$$\mathbf{A} = \begin{pmatrix} a_{11} & a_{12} & \cdots & a_{1n} \\ a_{21} & a_{22} & \cdots & a_{2n} \\ \vdots & \vdots & \vdots & \vdots \\ a_{n1} & a_{n2} & \cdots & a_{nn} \end{pmatrix}$$

a_{23} wird gelesen „a zwei drei" und steht in der **2. Zeile** und der **3. Spalte**. *Merke:* Zeilen zuerst

Eine n × n-Matrix, die nur aus nicht-negativen Zahlen besteht und deren Spaltensummen jeweils den Wert 1 haben, heißt **stochastische Matrix** oder **Übergangsmatrix**.

Multiplikation einer Matrix mit einem Vektor

Ein Zustandsvektor $\vec{z_0} = \begin{pmatrix} z_1 \\ \vdots \\ z_n \end{pmatrix}$ beschreibt die aktuelle Häufigkeitsverteilung.
Der neue Zustandsvektor $\vec{z_1}$ ergibt sich aus dem **Produkt** der zugehörigen Übergangsmatrix **M** mit dem Vektor $\vec{z_0}$ und wird wie folgt berechnet:

$$\vec{z_1} = \mathbf{M} \cdot \vec{z_0}$$

$$= \begin{pmatrix} m_{11} & m_{12} & \cdots & m_{1n} \\ m_{21} & m_{22} & \cdots & m_{2n} \\ \vdots & \vdots & \vdots & \vdots \\ m_{n1} & m_{n2} & \cdots & m_{nn} \end{pmatrix} \cdot \begin{pmatrix} z_1 \\ \vdots \\ z_n \end{pmatrix}$$

$$= \begin{pmatrix} m_{11} \cdot z_1 + m_{12} \cdot z_2 + \ldots + m_{1n} \cdot z_n \\ m_{21} \cdot z_1 + m_{22} \cdot z_2 + \ldots + m_{2n} \cdot z_n \\ \vdots \\ m_{n1} \cdot z_1 + m_{n2} \cdot z_2 + \ldots + m_{nn} \cdot z_n \end{pmatrix}$$

Leihfahrzeuge können an drei Standorten E_1, E_2 und E_3 ausgeliehen werden. Innerhalb eines Tages können sich die Häufigkeitsverteilung der Fahrzeuge an den Standorten zufällig ändern.

Übergangsdiagramm:

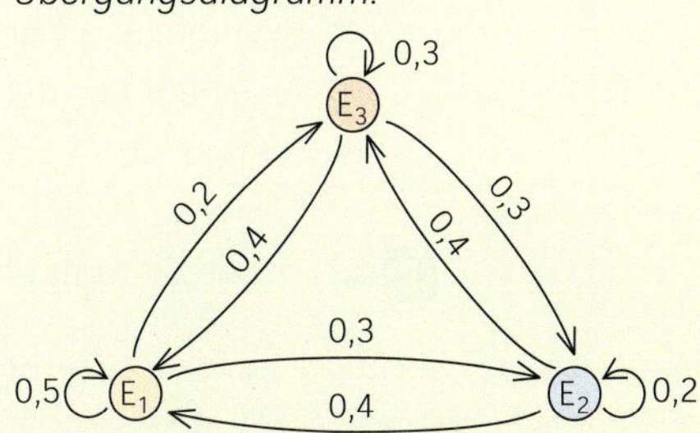

Übergangstabelle:

		Wechsel von		
		E_1	E_2	E_3
Wechsel nach	E_1	0,5	0,4	0,4
	E_2	0,3	0,2	0,3
	E_3	0,2	0,4	0,3
Summe		1	1	1

Die Spaltensumme ist 1, weil in einer Spalte die Wahrscheinlichkeiten für alle möglichen Wechsel stehen.

Übergangsmatrix:

$$\mathbf{M} = \begin{pmatrix} 0{,}5 & 0{,}4 & 0{,}4 \\ 0{,}3 & 0{,}2 & 0{,}3 \\ 0{,}2 & 0{,}4 & 0{,}3 \end{pmatrix}$$

Die Wahrscheinlichkeit beträgt 40 %, dass ein Fahrzeug von E_3 nach E_1 wechselt.

$m_{23} = 0{,}3$;
$m_{32} = 0{,}4$

Zustandsvektor:

$$\vec{z_0} = \begin{pmatrix} 0{,}2 \\ 0{,}5 \\ 0{,}3 \end{pmatrix}$$

20 % stehen bei E_1, 50 % bei E_2, 30 % bei E_3

Neuer Zustandsvektor:

$$\vec{z_1} = \mathbf{M} \cdot \vec{z_0}$$

$$= \begin{pmatrix} 0{,}5 & 0{,}4 & 0{,}4 \\ 0{,}3 & 0{,}2 & 0{,}3 \\ 0{,}2 & 0{,}4 & 0{,}3 \end{pmatrix} \cdot \begin{pmatrix} 0{,}2 \\ 0{,}5 \\ 0{,}3 \end{pmatrix}$$

$$= \begin{pmatrix} 0{,}5 \cdot 0{,}2 + 0{,}4 \cdot 0{,}5 + 0{,}4 \cdot 0{,}3 \\ 0{,}3 \cdot 0{,}2 + 0{,}2 \cdot 0{,}5 + 0{,}3 \cdot 0{,}3 \\ 0{,}2 \cdot 0{,}2 + 0{,}4 \cdot 0{,}5 + 0{,}3 \cdot 0{,}3 \end{pmatrix} = \begin{pmatrix} 0{,}42 \\ 0{,}25 \\ 0{,}33 \end{pmatrix}$$

Üben

1 Für einen Tretmobilverleih mit drei Standorten gilt das abgebildete Übergangsdiagramm.

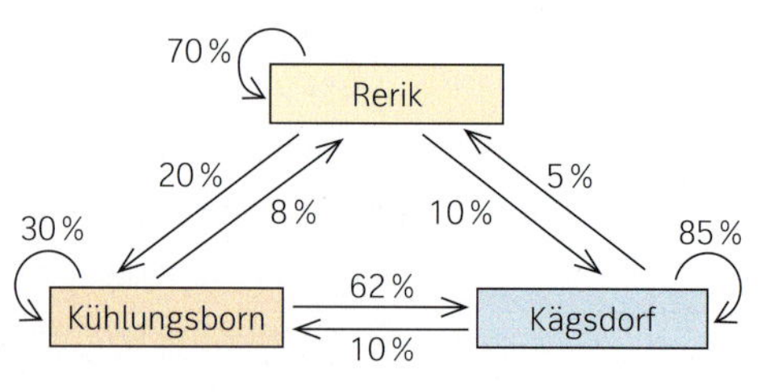

a) Bestimmen Sie die zugehörige Übergangsmatrix.

b) An einem Tag stehen in den drei Standorten jeweils ein Drittel der Tretmobile. Berechnen Sie, wie sich die Tretmobile nach einem Tag auf die drei Standorte verteilen.

2 Geben Sie zum Übergangsdiagramm die zugehörige Übergangsmatrix an.

a)

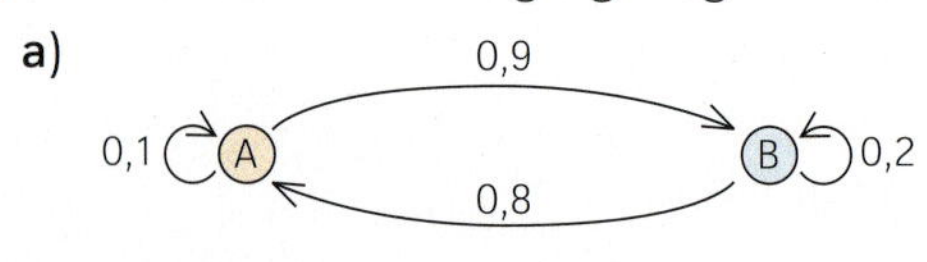

b)

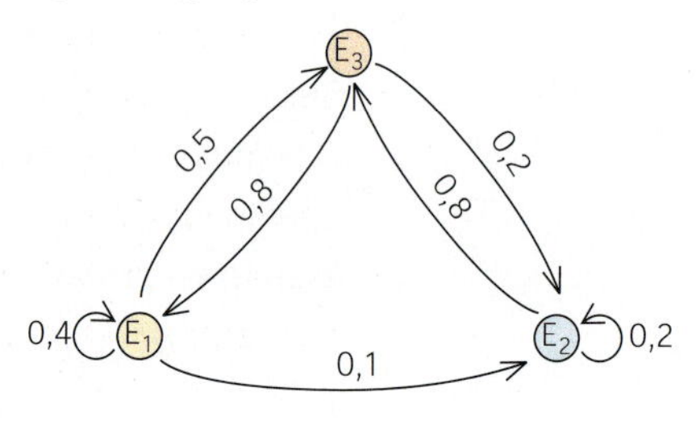

c) 0,7 X —0,3→ Y 1

3 Die Matrix **M** zeigt, mit welchen Übergangswahrscheinlichkeiten sich eine Verteilung auf E_1, E_2 und E_3 für eine feste Zeitspanne zufällig ändert.

$$\mathbf{M} = \begin{pmatrix} 0{,}10 & 0{,}35 & 0{,}60 \\ 0{,}05 & 0{,}45 & 0{,}25 \\ 0{,}85 & 0{,}20 & 0{,}15 \end{pmatrix}$$

a) Begründen Sie, dass **M** eine stochastische Matrix ist.

b) Welcher Übergang hat eine Wahrscheinlichkeit von 25 %?

c) Wie hoch ist die Wahrscheinlichkeit eines Übergangs vom Merkmal E_2 zum Merkmal E_1?

d) Welche Bedeutung hat die Angabe 0,05 in der Matrix **M**?

e) Geben Sie zu der Matrix **M** das zugehörige Übergangsdiagramm an.

4 Berechnen Sie das Produkt aus der Matrix und dem Vektor ohne Rechner.

a) $\begin{pmatrix} 0{,}8 & 0{,}3 \\ 0{,}2 & 0{,}7 \end{pmatrix} \cdot \begin{pmatrix} 0{,}6 \\ 0{,}4 \end{pmatrix}$ **b)** $\begin{pmatrix} 0{,}1 & 0{,}5 & 0{,}3 \\ 0{,}8 & 0{,}5 & 0{,}3 \\ 0{,}1 & 0 & 0{,}4 \end{pmatrix} \cdot \begin{pmatrix} 0{,}3 \\ 0{,}5 \\ 0{,}2 \end{pmatrix}$ **c)** $\begin{pmatrix} 0{,}5 & 0{,}2 & 0{,}4 \\ 0{,}2 & 0{,}4 & 0{,}3 \\ 0{,}3 & 0{,}4 & 0{,}3 \end{pmatrix} \cdot \begin{pmatrix} 10 \\ 12 \\ 8 \end{pmatrix}$

5 Berechnen Sie das Produkt aus der Matrix und dem Vektor ohne Rechner.

a) $\begin{pmatrix} 1 & 0 & 0 \\ 0 & 1 & 0 \\ 0 & 0 & 1 \end{pmatrix} \cdot \begin{pmatrix} a \\ b \\ c \end{pmatrix}$ **b)** $\begin{pmatrix} 0 & 1 & 0 \\ 1 & 0 & 0 \\ 0 & 0 & 1 \end{pmatrix} \cdot \begin{pmatrix} a \\ b \\ c \end{pmatrix}$ **c)** $\begin{pmatrix} 0 & 0 & 1 \\ 0 & 1 & 0 \\ 1 & 0 & 0 \end{pmatrix} \cdot \begin{pmatrix} a \\ b \\ c \end{pmatrix}$

6 Multipliziert man eine stochastische Matrix mit einem Vektor, so ändert sich die Spaltensumme des Vektors nicht.

a) Überprüfen Sie diese Eigenschaft an selbst gewählten Beispielen.

b) Zeigen Sie für eine selbst gewählte stochastische 3×3-Matrix **M** und einen allgemeinen Vektor $\begin{pmatrix} a \\ b \\ c \end{pmatrix}$, dass das Produkt $\mathbf{M} \cdot \begin{pmatrix} a \\ b \\ c \end{pmatrix}$ wieder die Spaltensumme $a + b + c$ hat.

7 Man kann das Produkt einer Matrix mit einem Vektor auch mit einem Taschenrechner bestimmen.
Der Vektor wird dabei wie eine Matrix mit nur einer Spalte eingegeben.

Untersuchen Sie, welche Möglichkeiten Ihr Rechner dafür bietet, und berechnen Sie das Produkt $\mathbf{A} \cdot \vec{v}$.

$a := \begin{bmatrix} 0.2 & 0.1 & 0.3 \\ 0.4 & 0.7 & 0.5 \\ 0.4 & 0.2 & 0.2 \end{bmatrix}$ $\qquad \begin{bmatrix} 0.2 & 0.1 & 0.3 \\ 0.4 & 0.7 & 0.5 \\ 0.4 & 0.2 & 0.2 \end{bmatrix}$

$v := \begin{bmatrix} 0.1 \\ 0.6 \\ 0.3 \end{bmatrix}$ $\qquad \begin{bmatrix} 0.1 \\ 0.6 \\ 0.3 \end{bmatrix}$

$a \cdot v$ $\qquad \begin{bmatrix} 0.17 \\ 0.61 \\ 0.22 \end{bmatrix}$

a) $\mathbf{A} = \begin{pmatrix} 0 & 0{,}2 & 0 \\ 0{,}6 & 0{,}7 & 1 \\ 0{,}4 & 0{,}1 & 0 \end{pmatrix}$; $\vec{v} = \begin{pmatrix} 0{,}3 \\ 0{,}2 \\ 0{,}5 \end{pmatrix}$

b) $\mathbf{A} = \begin{pmatrix} 0{,}1 & 0 & 0{,}3 & 0{,}6 \\ 0{,}2 & 0{,}6 & 0{,}5 & 0 \\ 0{,}4 & 0 & 0{,}1 & 0{,}3 \\ 0{,}3 & 0{,}4 & 0{,}1 & 0{,}1 \end{pmatrix}$; $\vec{v} = \begin{pmatrix} 0{,}25 \\ 0{,}31 \\ 0{,}41 \\ 0{,}03 \end{pmatrix}$

8 Der Zustandsvektor $\vec{z_0}$ beschreibt eine Häufigkeitsverteilung.
Die Übergangsmatrix **M** enthält die Übergangswahrscheinlichkeiten für eine Zeitspanne von einer Woche.
Bestimmen Sie die Zustandsvektoren $\vec{z_1}$, $\vec{z_2}$ und $\vec{z_3}$ nach einer, zwei und drei Wochen unter der Voraussetzung, dass sich die Übergangswahrscheinlichkeiten nicht ändern.

$\vec{z_0} = \begin{pmatrix} 0{,}2 \\ 0{,}3 \\ 0{,}5 \end{pmatrix}$

$\mathbf{M} = \begin{pmatrix} 0{,}5 & 0 & 0{,}8 \\ 0{,}5 & 0{,}6 & 0{,}1 \\ 0 & 0{,}4 & 0{,}1 \end{pmatrix}$

9 In einem Kurort gibt es zwei Warteplätze für den innerstädtischen Taxiverkehr: am Kurhaus und am Bahnhof. Aufträge gehen nur an die beiden Standplätze. Nach Erledigung eines Auftrags fahren die Taxen jeweils zum nächsten Warteplatz.
Durch Beobachtung stellt man fest, dass im Mittel 30 % der Taxen, die morgens am Bahnhof stehen, abends wieder dort stehen. Je 50 % der Taxen, die morgens am Kurhaus stehen, sind am Abend wieder am Kurhaus bzw. am Bahnhof.
Die Taxifahrer kehren morgens an denjenigen Warteplatz zurück, an dem sie am Vorabend ihren Dienst beendet haben.
Am Morgen steht
(1) jeweils die Hälfte der Taxen an den beiden Warteplätzen;
(2) ein Drittel der Taxen am Bahnhof und zwei Drittel am Kurhaus.
Ermitteln Sie jeweils die Verteilung der Taxen am Ende des Tages.

Weiterüben

10 In einer Region gibt es drei Einkaufsmärkte: Modi, A-Kauf und Centy.
Eine Marktstudie beziffert die aktuellen Marktanteile auf 30 % für Modi, 50 % für A-Kauf und 20 % für Centy, der erst seit zwei Jahren in der Region ansässig ist.
Bei der Entwicklung der Anteile für die nächsten Jahre geht man von den dargestellten Übergängen pro Jahr aus.
Das Übergangsverhalten war auch im Vorjahr gleich.
Bestimmen Sie die Marktanteile vor einem Jahr. Beschreiben Sie Ihr Vorgehen bei der Lösung.

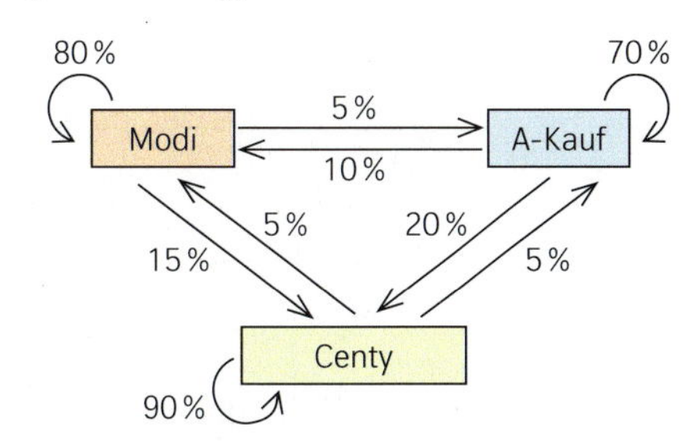

7.9 Potenzen stochastischer Matrizen – stabile Zustände

Einstieg

Ein Fahrradverleih in einer Urlaubsregion hat die Standorte A und B. An beiden Standorten können die Räder ausgeliehen und am Ende eines Tages wieder abgegeben werden. Erfahrungsgemäß werden am Ende eines Tages 75 % der Räder vom Standort A auch dort wieder abgegeben. Von den Rädern, die am Standort B geliehen wurden, kommen nur 30 % wieder dorthin.

Geben Sie eine passende Übergangsmatrix für einen Tag an. Bestimmen Sie die Übergangsmatrix mit den Übergangswahrscheinlichkeiten für eine Zeitspanne von zwei Tagen.

Aufgabe mit Lösung

Matrix mal Matrix

Ein Fläschchen mit Duftöl wird in einen Raum gestellt und geöffnet. Mit einer Wahrscheinlichkeit von 15 % verlässt ein Duftmolekül das Fläschchen innerhalb einer Stunde. Die Wahrscheinlichkeit, dass in dieser Zeit ein Duftmolekül aus dem Raum wieder zurück in das Fläschchen gelangt, liegt nur bei 2 %.

→ Geben Sie eine passende Übergangsmatrix für die Zeitspanne von einer Stunde an.

Lösung

Bezeichnet man den Raum mit R und das Fläschchen mit F, so kann man die folgende Tabelle mit den Übergangswahrscheinlichkeiten aufstellen:

Wechsel eines Duftmoleküls	von F	von R
nach F	0,85	0,02
nach R	0,15	0,98

Direkt daraus erhält man die Übergangsmatrix $\mathbf{M} = \begin{pmatrix} 0{,}85 & 0{,}02 \\ 0{,}15 & 0{,}98 \end{pmatrix}$.

→ Zu Beginn befinden sich alle Duftmoleküle im Fläschchen.
Geben Sie den passenden Zustandsvektor $\overrightarrow{d_0}$ an.
Berechnen Sie die Zustandsvektoren $\overrightarrow{d_1}$ und $\overrightarrow{d_2}$ nach einer bzw. zwei Stunden.

Lösung

$\overrightarrow{d_0} = \begin{pmatrix} 1 \\ 0 \end{pmatrix}$

$\overrightarrow{d_1} = \mathbf{M} \cdot \overrightarrow{d_0} = \mathbf{M} \cdot \begin{pmatrix} 1 \\ 0 \end{pmatrix} = \begin{pmatrix} 0{,}85 \\ 0{,}15 \end{pmatrix}$ $\qquad$ $\overrightarrow{d_2} = \mathbf{M} \cdot \overrightarrow{d_1} = \mathbf{M} \cdot \begin{pmatrix} 0{,}85 \\ 0{,}15 \end{pmatrix} = \begin{pmatrix} 0{,}7525 \\ 0{,}2745 \end{pmatrix}$

→ Bestimmen Sie die Übergangsmatrix, die die Übergangswahrscheinlichkeiten für zwei Stunden angibt. Überprüfen Sie das Ergebnis durch Multiplikation der Matrix mit $\vec{d_0}$.

Lösung

- Um in zwei Stunden von F nach F zu gelangen, gibt es zwei Möglichkeiten für ein Molekül: Entweder es bleibt die ganze Zeit in der Flasche (FFF) oder es wechselt erst in den Raum und dann wieder zurück in die Flasche (FRF). Insgesamt ergibt sich somit $0{,}85 \cdot 0{,}85 + 0{,}15 \cdot 0{,}02 = 0{,}7255$.

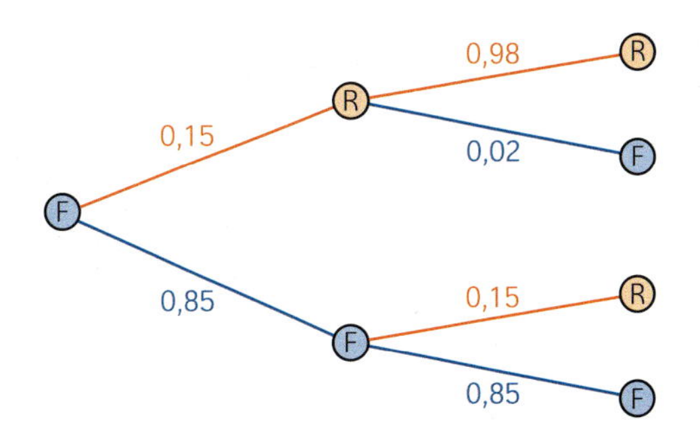

- Für die Wahrscheinlichkeit, dass ein Duftmolekül in zwei Stunden von F nach R gelangt, ergibt sich entsprechend $0{,}85 \cdot 0{,}15 + 0{,}15 \cdot 0{,}95 = 0{,}2745$.
- Die Wahrscheinlichkeit, dass ein Duftmolekül in zwei Stunden von R nach F gelangt, beträgt insgesamt $0{,}02 \cdot 0{,}85 + 0{,}98 \cdot 0{,}02 = 0{,}0366$.

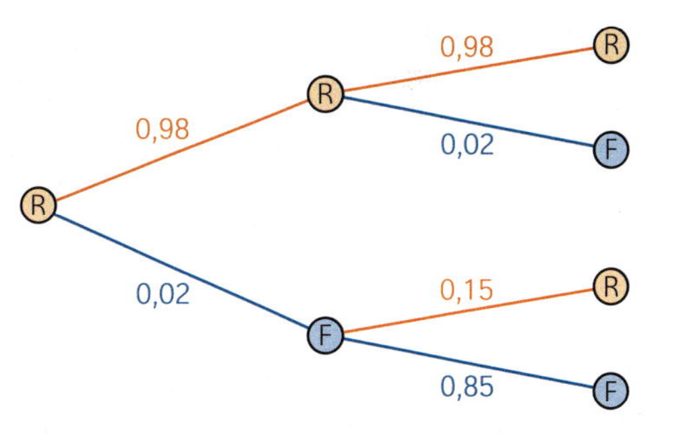

- Mit einer Wahrscheinlichkeit von insgesamt $0{,}02 \cdot 0{,}15 + 0{,}98 \cdot 0{,}98 = 0{,}9634$ bleibt ein Duftmolekül im Raum (RRR) bzw. wechselt vom Raum in die Flasche und wieder zurück (RFR).

Aus diesen Übergangswahrscheinlichkeiten erhält man die Übergangsmatrix für zwei Stunden:

$$\begin{pmatrix} 0{,}85 \cdot 0{,}85 + 0{,}15 \cdot 0{,}02 & 0{,}02 \cdot 0{,}85 + 0{,}98 \cdot 0{,}02 \\ 0{,}85 \cdot 0{,}15 + 0{,}15 \cdot 0{,}98 & 0{,}02 \cdot 0{,}15 + 0{,}98 \cdot 0{,}98 \end{pmatrix} = \begin{pmatrix} 0{,}7255 & 0{,}0366 \\ 0{,}2745 & 0{,}9634 \end{pmatrix}$$

Die Multiplikation dieser Matrix mit dem Zustandsvektor $\vec{d_0}$ ergibt wie erwartet den Zustandsvektor $\vec{d_2}$:

$$\begin{pmatrix} 0{,}7255 & 0{,}0366 \\ 0{,}2745 & 0{,}9634 \end{pmatrix} \cdot \begin{pmatrix} 1 \\ 0 \end{pmatrix} = \begin{pmatrix} 0{,}7525 \\ 0{,}2745 \end{pmatrix} = \vec{d_2}$$

→ Der Vektor $\vec{d_2}$ wurde auf zwei verschiedene Arten berechnet. Vergleichen Sie beide Berechnungen und erläutern Sie daran, warum man die Matrix $\begin{pmatrix} 0{,}7255 & 0{,}0366 \\ 0{,}2745 & 0{,}9634 \end{pmatrix}$ als Produkt $\mathbf{M} \cdot \mathbf{M} = \begin{pmatrix} 0{,}85 & 0{,}02 \\ 0{,}15 & 0{,}98 \end{pmatrix} \cdot \begin{pmatrix} 0{,}85 & 0{,}02 \\ 0{,}15 & 0{,}98 \end{pmatrix}$ verstehen kann.

Lösung

(1) $\vec{d_2} = \mathbf{M} \cdot \left(\mathbf{M} \cdot \begin{pmatrix} 1 \\ 0 \end{pmatrix}\right)$

(2) $\vec{d_2} = \begin{pmatrix} 0{,}7255 & 0{,}0366 \\ 0{,}2745 & 0{,}9634 \end{pmatrix} \cdot \begin{pmatrix} 1 \\ 0 \end{pmatrix}$

Lässt man bei (1) die erste und die letzte Klammer weg, so steht dort $\vec{d_2} = \mathbf{M} \cdot \mathbf{M} \cdot \begin{pmatrix} 1 \\ 0 \end{pmatrix}$.

Bei (2) wird aber der Vektor $\begin{pmatrix} 1 \\ 0 \end{pmatrix}$ nur mit einer Matrix multipliziert. Deshalb kann man diese Matrix auch als Produkt $\mathbf{M} \cdot \mathbf{M}$ verstehen: Dabei ergibt sich die erste bzw. zweite Spalte von $\mathbf{M} \cdot \mathbf{M}$ aus dem Matrix-Vektor-Produkt von $\mathbf{M}$ mit der ersten bzw. zweiten Spalte von $\mathbf{M}$.

Information

Produkt zweier n × n-Matrizen

Das Produkt zweier n × n-Matrizen **A** und **B** ergibt eine n × n-Matrix **C**, die wie folgt berechnet wird:

$\mathbf{C} = \mathbf{A} \cdot \mathbf{B}$

$$= \begin{pmatrix} a_{11} & \cdots & \cdots & a_{1n} \\ \vdots & \vdots & \vdots & \vdots \\ a_{i1} & a_{i2} & \cdots & a_{in} \\ \vdots & \vdots & \vdots & \vdots \end{pmatrix} \cdot \begin{pmatrix} b_{11} & \cdots & b_{1k} & \cdots \\ \vdots & \vdots & b_{2k} & \vdots \\ \vdots & \vdots & \vdots & \vdots \\ b_{n1} & \cdots & b_{nk} & \cdots \end{pmatrix}$$

$$= \begin{pmatrix} c_{11} & \vdots & \vdots & \vdots \\ \cdots & \cdots & c_{ik} & \cdots \\ \vdots & \vdots & \vdots & c_{nn} \end{pmatrix}$$

mit $c_{ik} = a_{i1} \cdot b_{1k} + a_{i2} \cdot b_{2k} + \ldots + a_{in} \cdot b_{nk}$

Die Zeile wird hierbei als Vektor geschrieben.

Die Zahl in der i-ten Zeile und der k-ten Spalte der Produktmatrix **C** ist das Skalarprodukt der i-ten Zeile von **A** mit der k-ten Spalte von **B**.

$$\mathbf{A} = \begin{pmatrix} 0{,}2 & 0{,}1 & 0{,}4 \\ 0{,}3 & 0{,}8 & 0{,}2 \\ 0{,}5 & 0{,}1 & 0{,}4 \end{pmatrix}$$

$$\mathbf{B} = \begin{pmatrix} 0{,}3 & 0{,}6 & 0{,}8 \\ 0{,}7 & 0{,}2 & 0{,}1 \\ 0 & 0{,}2 & 0{,}1 \end{pmatrix}$$

$$\mathbf{C} = \mathbf{A} \cdot \mathbf{B} = \begin{pmatrix} 0{,}2 & 0{,}1 & 0{,}4 \\ 0{,}3 & 0{,}8 & 0{,}2 \\ 0{,}5 & 0{,}1 & 0{,}4 \end{pmatrix} \cdot \begin{pmatrix} 0{,}3 & 0{,}6 & 0{,}8 \\ 0{,}7 & 0{,}2 & 0{,}1 \\ 0 & 0{,}2 & 0{,}1 \end{pmatrix} = \begin{pmatrix} 0{,}13 & 0{,}22 & 0{,}21 \\ 0{,}65 & 0{,}38 & 0{,}34 \\ 0{,}22 & 0{,}40 & 0{,}45 \end{pmatrix}$$

$$0{,}34 = \begin{pmatrix} 0{,}3 \\ 0{,}8 \\ 0{,}2 \end{pmatrix} * \begin{pmatrix} 0{,}8 \\ 0{,}1 \\ 0{,}1 \end{pmatrix} = 0{,}3 \cdot 0{,}8 + 0{,}8 \cdot 0{,}1 + 0{,}2 \cdot 0{,}1$$

Einheitsmatrix

Definition

Eine n × n-Matrix **E** heißt **Einheitsmatrix**, wenn in ihrer Hauptdiagonalen nur Einsen stehen und sonst überall Nullen.

Satz

Für alle n × n-Matrizen **A** und für alle Vektoren $\vec{v}$ mit n Einträgen gilt:

(1) $\mathbf{A} \cdot \mathbf{E} = \mathbf{E} \cdot \mathbf{A} = \mathbf{A}$ (2) $\mathbf{E} \cdot \vec{v} = \vec{v}$

$$\mathbf{E} = \begin{pmatrix} 1 & 0 & 0 \\ 0 & 1 & 0 \\ 0 & 0 & 1 \end{pmatrix}$$

$$\mathbf{A} = \begin{pmatrix} 0{,}2 & 0{,}1 & 0{,}4 \\ 0{,}3 & 0{,}8 & 0{,}2 \\ 0{,}5 & 0{,}1 & 0{,}4 \end{pmatrix}; \quad \vec{v} = \begin{pmatrix} 3 \\ -1 \\ 2 \end{pmatrix}$$

$$\mathbf{A} \cdot \mathbf{E} = \mathbf{E} \cdot \mathbf{A} = \begin{pmatrix} 0{,}2 & 0{,}1 & 0{,}4 \\ 0{,}3 & 0{,}8 & 0{,}2 \\ 0{,}5 & 0{,}1 & 0{,}4 \end{pmatrix}$$

$$\mathbf{E} \cdot \vec{v} = \begin{pmatrix} 1 & 0 & 0 \\ 0 & 1 & 0 \\ 0 & 0 & 1 \end{pmatrix} \cdot \begin{pmatrix} 3 \\ -1 \\ 2 \end{pmatrix} = \begin{pmatrix} 3 \\ -1 \\ 2 \end{pmatrix}$$

Potenzen stochastischer Matrizen

Wird ein stochastischer Prozess durch einen Zustandsvektor $\vec{z_0}$ und eine Übergangsmatrix **M** für eine bestimmte Zeiteinheit beschrieben, so erhält man den nächsten Zustandsvektor $\vec{z_1}$ nach einer Zeiteinheit aus $\vec{z_1} = \mathbf{M} \cdot \vec{z_0}$.

Die Zustandsvektoren nach zwei, drei bzw. r Zeiteinheiten lassen sich mithilfe der Matrixpotenzen $\mathbf{M}^2$, $\mathbf{M}^3$ bzw. $\mathbf{M}^r$ bestimmen:

$$\vec{z_2} = \mathbf{M} \cdot \left(\mathbf{M} \cdot \vec{z_0}\right) = \mathbf{M}^2 \cdot \vec{z_0}$$

$$\vec{z_3} = \mathbf{M} \cdot \left(\mathbf{M} \cdot \left(\mathbf{M} \cdot \vec{z_0}\right)\right) = \mathbf{M}^3 \cdot \vec{z_0}$$

$$\vec{z_r} = \mathbf{M}^r \cdot \vec{z_0}$$

$m := \begin{bmatrix} 0.85 & 0.02 \\ 0.15 & 0.98 \end{bmatrix}$ → $\begin{bmatrix} 0.85 & 0.02 \\ 0.15 & 0.98 \end{bmatrix}$

$z1 := m \cdot \begin{bmatrix} 1 \\ 0 \end{bmatrix}$ → $\begin{bmatrix} 0.85 \\ 0.15 \end{bmatrix}$

$z2 := m \cdot z1$ → $\begin{bmatrix} 0.7255 \\ 0.2745 \end{bmatrix}$

$z3 := m \cdot z2$ → $\begin{bmatrix} 0.622165 \\ 0.377835 \end{bmatrix}$

$z0 := \begin{bmatrix} 1 \\ 0 \end{bmatrix}$ → $\begin{bmatrix} 1 \\ 0 \end{bmatrix}$

$m^3 \cdot z0$ → $\begin{bmatrix} 0.622165 \\ 0.377835 \end{bmatrix}$

m^3 → $\begin{bmatrix} 0.622165 & 0.050378 \\ 0.377835 & 0.949622 \end{bmatrix}$

Üben

1 Berechnen Sie die Matrixprodukte $\mathbf{A} \cdot \mathbf{B}$ und $\mathbf{B} \cdot \mathbf{A}$, ohne einen Rechner zu verwenden. Vergleichen Sie die Ergebnisse. Was fällt auf?

a) $\mathbf{A} = \begin{pmatrix} 0{,}2 & 0 & 0{,}1 \\ 0{,}4 & 0{,}8 & 0{,}6 \\ 0{,}4 & 0{,}2 & 0{,}3 \end{pmatrix}$; $\mathbf{B} = \begin{pmatrix} 0 & 0{,}5 & 0{,}3 \\ 0 & 0{,}3 & 0{,}2 \\ 1 & 0{,}2 & 0{,}5 \end{pmatrix}$

b) $\mathbf{A} = \begin{pmatrix} 0{,}3 & 0{,}5 & 0 \\ 0{,}3 & 0 & 1 \\ 0{,}4 & 0{,}5 & 0 \end{pmatrix}$; $\mathbf{B} = \begin{pmatrix} 0 & 0{,}6 & 0{,}9 \\ 0{,}7 & 0{,}2 & 0 \\ 0{,}3 & 0{,}2 & 0{,}1 \end{pmatrix}$

2 Berechnen Sie die Matrixpotenz $\mathbf{M}^2$, ohne einen Rechner zu verwenden.

a) $\mathbf{M} = \begin{pmatrix} 0{,}5 & 0{,}1 \\ 0{,}5 & 0{,}9 \end{pmatrix}$ b) $\mathbf{M} = \begin{pmatrix} 0 & 0 & 1 \\ 1 & 0 & 0 \\ 0 & 1 & 0 \end{pmatrix}$ c) $\mathbf{M} = \begin{pmatrix} 0 & 0{,}5 & 0{,}3 \\ 0{,}1 & 0 & 0{,}3 \\ 0{,}9 & 0{,}5 & 0{,}4 \end{pmatrix}$ d) $\mathbf{M} = \begin{pmatrix} a & 1-b \\ 1-a & b \end{pmatrix}$

3 Berechnen Sie für die gegebene Matrix $\mathbf{M}$ die Matrixpotenzen $\mathbf{M}^2$, $\mathbf{M}^3$ und $\mathbf{M}^4$, ohne einen Rechner zu verwenden. Was fällt auf?

$\mathbf{M} = \begin{pmatrix} 0 & 1 & 0 \\ 0 & 0 & 1 \\ 1 & 0 & 0 \end{pmatrix}$

4 Berechnen Sie die Matrixpotenzen $\mathbf{M}^3$, $\mathbf{M}^5$ und $\mathbf{M}^{10}$ mit einem Rechner.

a) $\mathbf{M} = \begin{pmatrix} 0{,}3 & 0{,}4 \\ 0{,}7 & 0{,}6 \end{pmatrix}$

b) $\mathbf{M} = \begin{pmatrix} 0{,}8 & 1 & 0 \\ 0 & 0 & 1 \\ 0{,}2 & 0 & 0 \end{pmatrix}$

c) $\mathbf{M} = \begin{pmatrix} 0{,}8 & 0{,}6 & 0{,}4 \\ 0{,}2 & 0 & 0{,}2 \\ 0 & 0{,}4 & 0{,}4 \end{pmatrix}$

d) $\mathbf{M} = \begin{pmatrix} 0{,}4 & 0{,}5 & 0{,}1 & 0{,}2 \\ 0{,}3 & 0{,}2 & 0{,}6 & 0 \\ 0{,}2 & 0 & 0{,}1 & 0{,}4 \\ 0{,}1 & 0{,}3 & 0{,}2 & 0{,}4 \end{pmatrix}$

5 Eine Autoversicherung führt ein neues Tarifmodell ein:

- Unfallfreie Fahrer sind in Klasse A.
- Wer einen Unfall im Jahr verursacht, kommt von Klasse A in Klasse B.
- Wer sogar mehr als einen Unfall pro Jahr baut, kommt direkt in Klasse C.
- Fahrer in Klasse C kommen durch ein unfallfreies Jahr zurück in Klasse B.

- Bleiben Fahrer in Klasse B ein Jahr unfallfrei, kommen sie zurück in Klasse A; bei Unfällen werden sie dagegen sofort in Klasse C zurückgestuft.

In langjährigen Studien wurde herausgefunden, dass 70 % der Autofahrer im Jahr unfallfrei bleiben, 20 % einen Unfall, die restlichen 10 % sogar mehr Unfälle verursachen.

a) Stellen Sie den Sachverhalt in einer Übergangsmatrix $\mathbf{M}$ dar.

b) Im Jahr 2021 befinden sich 70 % der Versicherungskunden in Klasse A, 20 % in Klasse B und 10 % in Klasse C.
Berechnen Sie, welche Anteile an Versicherten sich in den Jahren 2022, 2023 und 2024 jeweils in den Klassen A, B und C befinden.
Berechnen Sie außerdem jeweils die Zahl der Versicherten in den einzelnen Klassen, wenn es konstant 400 000 Versicherte gibt.

c) Begründen Sie, dass sich die Anteile der Versicherten in den drei Schadensklassen im Jahr 2025 auch wie folgt berechnen lassen: $\overrightarrow{x_{2025}} = \mathbf{M}^4 \cdot \overrightarrow{x_{2021}}$

Stabilisierung von Zuständen

6 In einer Kleinstadt können am Bahnhof, am Einkaufszentrum und am Kino tageweise Fahrräder ausgeliehen werden. Die Fahrräder müssen an einer der drei Stationen wieder abgegeben werden.
Das Ausleihen und Zurückstellen der Fahrräder an den verschiedenen Standorten wird in der folgenden Tabelle beschrieben:

Fahrradverleih		Ausleihe bei		
		Bahnhof	Einkaufszentrum	Kino
Rückgabe bei	Bahnhof	0,5	0,1	0,4
	Einkaufszentrum	0,3	0,3	0,2
	Kino	0,2	0,6	0,4

Untersuchen Sie die Verteilung der Fahrräder auf die drei Verleihstandorte nach einer Woche (7 Tagen), 14 Tagen und einem Monat (30 Tagen), wenn zunächst an allen Standorten gleich viele Fahrräder stehen. Was stellen Sie fest?

Information

Stabilisierung von Zuständen

Oft stabilisieren sich die Zustandsvektoren $\vec{z_n} = \mathbf{M}^n \cdot \vec{z_0}$ für eine stochastische Matrix **M** für $n \to \infty$ unabhängig vom Anfangsvektor $\vec{z_0}$.
Mit zunehmendem n ändern sich die Zahlen der Zustandsvektoren und der Matrixpotenzen kaum noch. Alle Spalten der Matrixpotenzen und der Zustandsvektor sind dann näherungsweise gleich.

Satz
Wenn sich bei den Potenzen einer stochastischen Matrix **M** alle Spalten demselben Vektor $\vec{z}$ annähern, so gilt:
$\mathbf{M} \cdot \vec{z} = \vec{z}$
Der Vektor $\vec{z}$ ist dann sogar der einzige Vektor mit Spaltensumme 1, für den dies gilt.

$$m := \begin{bmatrix} 0.2 & 0.1 & 0.3 \\ 0.4 & 0.7 & 0.5 \\ 0.4 & 0.2 & 0.2 \end{bmatrix} \quad \begin{bmatrix} 0.2 & 0.1 & 0.3 \\ 0.4 & 0.7 & 0.5 \\ 0.4 & 0.2 & 0.2 \end{bmatrix}$$

$$m^{20} \cdot \begin{bmatrix} 0.1 \\ 0.6 \\ 0.3 \end{bmatrix} \quad \begin{bmatrix} 0.162791 \\ 0.604651 \\ 0.232558 \end{bmatrix}$$

$$m^{30} \cdot \begin{bmatrix} 0.1 \\ 0.6 \\ 0.3 \end{bmatrix} \quad \begin{bmatrix} 0.162791 \\ 0.604651 \\ 0.232558 \end{bmatrix}$$

$$m^{20} \cdot \begin{bmatrix} 1 \\ 0 \\ 0 \end{bmatrix} \quad \begin{bmatrix} 0.162791 \\ 0.604651 \\ 0.232558 \end{bmatrix}$$

$$m^{30} \quad \begin{bmatrix} 0.162791 & 0.162791 & 0.162791 \\ 0.604651 & 0.604651 & 0.604651 \\ 0.232558 & 0.232558 & 0.232558 \end{bmatrix}$$

$$m \cdot \begin{bmatrix} 0.162791 \\ 0.604651 \\ 0.232558 \end{bmatrix} \quad \begin{bmatrix} 0.162791 \\ 0.604651 \\ 0.232558 \end{bmatrix}$$

7 Bestimmen Sie mithilfe von Matrixpotenzen einen stabilen Zustandsvektor für die gegebene Matrix.

a) $\begin{pmatrix} 0,2 & 0,1 \\ 0,8 & 0,9 \end{pmatrix}$ **b)** $\begin{pmatrix} 0,5 & 0,4 \\ 0,5 & 0,6 \end{pmatrix}$ **c)** $\begin{pmatrix} 0,3 & 0,2 & 0,6 \\ 0,4 & 0,1 & 0,2 \\ 0,3 & 0,7 & 0,2 \end{pmatrix}$ **d)** $\begin{pmatrix} 0,1 & 0,3 & 0,3 \\ 0,4 & 0,2 & 0,4 \\ 0,5 & 0,5 & 0,3 \end{pmatrix}$

8 Berechnen Sie das Produkt der Matrix **A** jeweils mit dem gegebenen Vektor.
Was fällt auf?

$$\mathbf{A} = \begin{pmatrix} 0,3 & 0,3 & 0,3 \\ 0,2 & 0,2 & 0,2 \\ 0,5 & 0,5 & 0,5 \end{pmatrix} \qquad \vec{x} = \begin{pmatrix} 0,2 \\ 0,4 \\ 0,2 \end{pmatrix};\ \vec{z} = \begin{pmatrix} 0,1 \\ 0,6 \\ 0,3 \end{pmatrix};\ \vec{v} = \begin{pmatrix} 0,5 \\ 0 \\ 0,5 \end{pmatrix}$$

9 Mila spielt ein Spiel mit einem Würfel. Wirft sie eine 6, hat sie gewonnen; bei einer 1 hat sie verloren und bei allen anderen Zahlen darf sie weiterwürfeln.
Erstellen Sie für die drei Fälle *Gewonnen*, *Verloren* und *Weiterwürfeln* ein passendes Übergangsdiagramm und die zugehörige Übergangsmatrix.
Untersuchen Sie die Potenzen dieser Matrix. Was fällt auf?

10 Bei den Filialen einer Baumarkt-Kette kann man günstig Anhänger ausleihen, um sperrige Baumaterialien zu transportieren. Als besondere Leistung bietet die Firma an, dass die Rückgabe eines Anhängers auch in den benachbarten Niederlassungen erfolgen kann.
In den drei Filialen A, B und C einer Großstadt sind ursprünglich gleich viele Anhänger vorhanden.
Die über einen gewissen Zeitraum beobachteten Übergänge zwischen den Filialen lassen sich mit der Matrix **M** beschreiben.

$$\mathbf{M} = \begin{pmatrix} 0,75 & 0,08 & 0,04 \\ 0,10 & 0,80 & 0,06 \\ 0,15 & 0,12 & 0,90 \end{pmatrix}$$

Bestimmen Sie eine kostenoptimale Aufteilung der Leihanhänger-Bestände auf die drei Filialen mithilfe von Matrixpotenzen.

11 Bei Marktuntersuchungen wurde das Wechselverhalten von Käufern zwischen vier Sorten Frühstückssaft innerhalb eines Monats untersucht.
Die Beobachtungen ergaben:

- von der Sorte *Fit am Morgen* wechseln 5 % der Käufer zur Sorte *Morgentrunk*, 2 % zur Sorte *Frühstückstrunk* und 3 % zur Sorte *Obst am Morgen*;
- von der Sorte *Morgentrunk* wechseln 10 % der Käufer zur Sorte *Fit am Morgen*, 6 % zur Sorte *Frühstückstrunk* und 8 % zur Sorte *Obst am Morgen*;
- von der Sorte *Frühstückstrunk* wechseln 11 % der Käufer zur Sorte *Morgentrunk*, 5 % zur Sorte *Fit am Morgen* und 20 % zur Sorte *Obst am Morgen*;
- von der Sorte *Obst am Morgen* wechseln 32% der Käufer zur Sorte *Morgentrunk*, 12 % zur Sorte *Frühstückstrunk* und 6 % zur Sorte *Fit am Morgen*;

a) Geben Sie eine passende Übergangsmatrix an.

b) Anfangs kaufen 25 % der Kunden *Fit am Morgen*, 40 % *Morgentrunk*, 20 % *Frühstückstrunk* und 15 % *Obst am Morgen*.
Untersuchen Sie, nach wie vielen Monaten sich die Marktanteile stabilisieren.

12 ≡ Gegeben ist die Matrix $\mathbf{M} = \begin{pmatrix} 0 & 1 \\ 1 & 0 \end{pmatrix}$.

a) Zeigen Sie, dass sich die Zustandsvektoren $\vec{z_n}$ für den Anfangsvektor $\vec{z_0} = \begin{pmatrix} 0{,}2 \\ 0{,}8 \end{pmatrix}$ nicht stabilisieren.

b) Bestimmen Sie einen speziellen stabilen Zustandsvektor $\vec{z}$, für den gilt: $\mathbf{M} \cdot \vec{z} = \vec{z}$

13 ≡ Gegeben ist die Matrix $\mathbf{A} = \begin{pmatrix} 0{,}4 & 0{,}4 & 0 \\ 0{,}6 & 0{,}6 & 0 \\ 0 & 0 & 1 \end{pmatrix}$.

a) Erläutern Sie, warum man mit den Matrixpotenzen in diesem Fall keinen stabilen Zustandsvektor bestimmen kann.

b) Zeigen Sie, dass es dennoch beliebig viele stabile Zustandsvektoren $\vec{x}$ mit $\mathbf{A} \cdot \vec{x} = \vec{x}$ gibt, und geben Sie alle dieser Vektoren an.

14 ≡ Ein Marienkäfer wandert auf dem Drahtmodell eines Tetraeders entlang.
Ist er in einer Ecke angekommen, so wählt er zufällig einen der drei Wege zu den anderen Ecken aus, d. h., er kann auch den Weg wieder zurücklaufen, den er gerade gekommen ist.

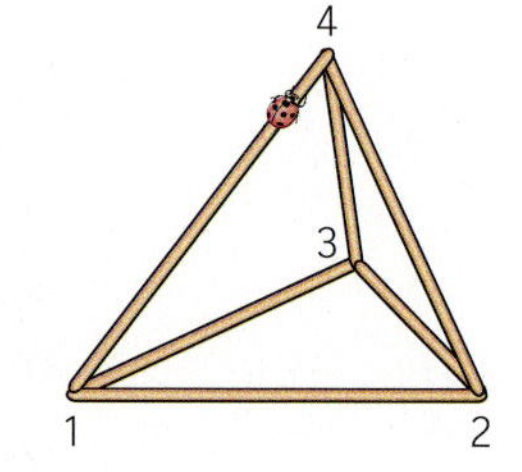

a) Bestimmen Sie die Übergangsmatrix **M** und die Matrixpotenzen $\mathbf{M}^2$, $\mathbf{M}^4$, $\mathbf{M}^8$.

b) Nach einiger Zeit rastlosen Wanderns merkt der Käfer, dass die Wege von den Ecken 1, 2, 3 nach der Ecke 4 beschwerlicher sind als die anderen. Daher entscheidet er sich für diese Wege nur noch halb so oft wie für die beiden anderen Möglichkeiten.
Untersuchen Sie die Veränderung der Übergangsmatrix **M** und ihrer Potenzen.

Weiterüben

15 ≡ Eine Maus kann in zwei Versuchslabyrinthen an den Stellen A, B, C, D und E Futter aufnehmen. Wenn sie eine Futterstelle verlassen hat, wird sofort Futter nachgefüllt.

(1) Im Labyrinth 1 bewegt sich die Maus mit der Wahrscheinlichkeit 0,6 im Uhrzeigersinn von einer Futterstelle zur nächsten, also von A nach E, von E nach D, von D nach C, von C nach B und von B nach A.
Mit der Wahrscheinlichkeit 0,4 bewegt sie sich in entgegengesetzter Richtung.

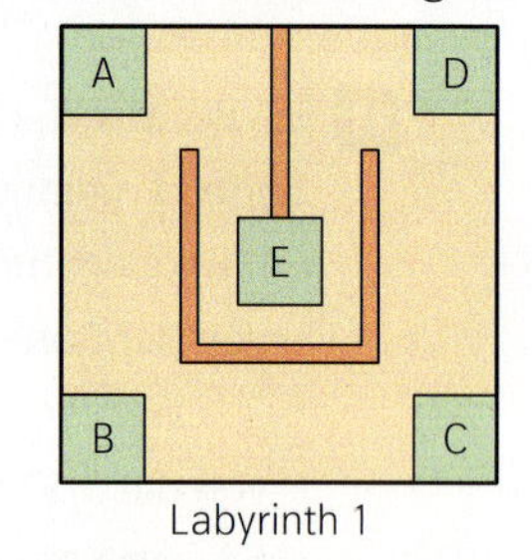

Labyrinth 1

(2) Im Labyrinth 2 geht die Maus mit der Wahrscheinlichkeit 0,5 von einer Futterstelle aus nach links bzw. nach rechts.
Wenn sie an ein Ende des Gangs kommt, kehrt sie jeweils um, d. h., geht sie beispielsweise von A aus nach links, dann ist A auch ihre nächste Futterstelle.

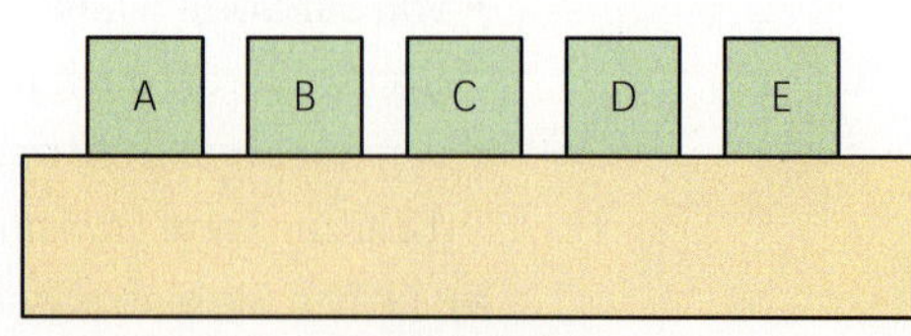

Labyrinth 2

a) Untersuchen Sie, wie viel Futter die Maus auf lange Sicht an den einzelnen Futterstellen aufnehmen wird.

b) Spielt es eine Rolle, wo die Maus startet?

16 Ein Logistikunternehmen hat Standorte in Hamburg, Düsseldorf, Dresden und München. Dem Unternehmen liegen näherungsweise die folgenden Erfahrungswerte für die Übergänge der Fahrzeuge zwischen den Standorten innerhalb eines Arbeitstages vor:

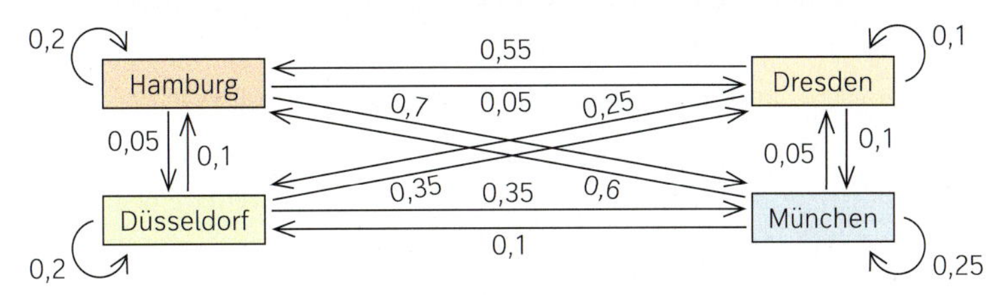

Aufgrund einer vorangegangenen technischen Überprüfung sind zu Beginn der Woche 22 % der Fahrzeuge in Hamburg stationiert, 18 % der Fahrzeuge in Düsseldorf und je 30 % der Fahrzeuge in Dresden und in München.

a) Stellen Sie die gegebenen Übergänge in einer geeigneten Übergangsmatrix **M** dar.

b) Untersuchen Sie die langfristige Verteilung der Fahrzeuge auf die verschiedenen Standorte nach einer Woche (7 Tagen), 14 Tagen und einem Monat (30 Tagen).

c) Um kostenintensive Leerfahrten möglichst zu vermeiden, sollen die Fahrzeuge so auf die vier Standorte verteilt werden, dass sich im Laufe der Zeit möglichst wenig ändert.
Prüfen Sie, ob es eine solche stabile Verteilung $\vec{x_s}$ der Fahrzeuge gibt, die sich im Zeitverlauf nicht ändert, d. h. für die gilt: $\mathbf{M} \cdot \vec{x_s} = \vec{x_s}$

17 Ein Versicherungsunternehmen versichert ein bestimmtes Risiko in drei Tarifklassen SF_0, SF_1 und SF_2. Im Laufe eines Jahres erfolgen aufgrund mehrjähriger Erfahrung folgende Übergänge:

- Von den Versicherungsnehmern der Tarifklasse SF_0 werden 40 % in die Tarifklasse SF_1 umgestuft, 50 % verbleiben in dieser Tarifklasse.
- Von den Versicherungsnehmern der Tarifklasse SF_1 wechseln 20 % in die Tarifklasse SF_0, 40 % verbleiben in dieser Tarifklasse, 30 % wechseln in die Tarifklasse SF_2.
- 50 % der Versicherungsnehmer der Tarifklasse SF_2 verbleiben in ihrer Tarifklasse, 30 % wechseln in die Tarifklasse SF_1 und 10 % in die Tarifklasse SF_0.
- Die übrigen Versicherungsnehmer wechseln den Versicherer.
- Im Laufe eines Jahres erfolgen außerdem etwa 10 000 neue Versicherungsabschlüsse. Davon werden 20 % in die Tarifklasse SF_0 und der Rest in die Tarifklasse SF_1 eingruppiert.

a) Zu Beginn eines Jahres befanden sich von den insgesamt 106 560 Versicherungsnehmern 27,08 % in der Tarifklasse SF_0 und 44,87 % in der Tarifklasse SF_1.
Berechnen Sie jeweils die Anzahl der Versicherungsnehmer in den einzelnen Tarifklassen nach 5 Jahren.

b) Berechnen Sie ausgehend von der in Teilaufgabe a) gegebenen Verteilung die Verteilung des Vorjahres.

c) Untersuchen Sie, ob es eine stabile Verteilung gibt.

Matrizen bei linearen Gleichungssystemen

1 Ein Tierreservat wird durch seine Wasserstellen in drei Regionen A, B und C unterteilt. Das Übergangsdiagramm zeigt, mit welchen Wahrscheinlichkeiten die Kudu-Antilopen zwischen diesen Regionen innerhalb einer Woche wechseln.

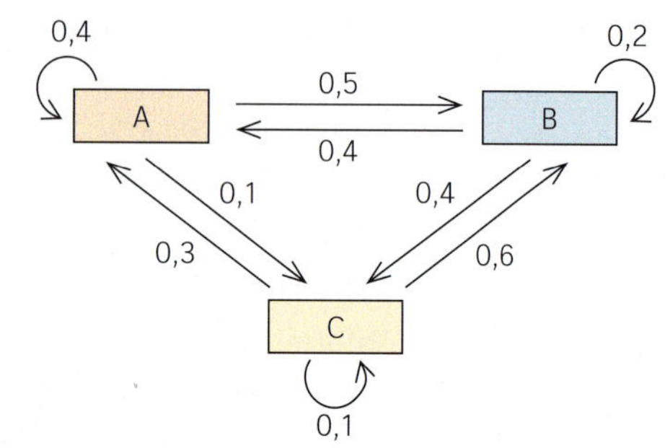

a) Erstellen Sie die zugehörige Übergangsmatrix.

b) In einer Woche halten sich 159 Kudus in der Region A auf, 171 in der Region B und 90 in der Region C.
Bestimmen Sie die Verteilung der Kudus auf die drei Regionen für die Woche davor.
Beschreiben Sie Ihr Vorgehen.

Lineare Gleichungssysteme mithilfe von Matrizen und Vektoren schreiben und lösen

Matrix-Vektor-Schreibweise

Das Beispiel zeigt, wie ein lineares Gleichungssystem in der Form $\mathbf{A} \cdot \vec{x} = \vec{b}$ geschrieben werden kann.
Die Matrix **A** besteht aus den Koeffizienten des Gleichungssystems und der Vektor $\vec{b}$ aus den Zahlen der rechten Seite.

Gesucht wird ein Lösungsvektor $\vec{x}$.

Lineares Gleichungssystem:

$$\left| \begin{array}{l} 2x_1 + 5x_2 - 3x_3 = 11 \\ 4x_1 - x_2 - 6x_3 = 13 \\ 7x_1 - 3x_2 - x_3 = -4 \end{array} \right|$$

Übertragung als Matrix mal Vektor:

$$\begin{pmatrix} 2 & 5 & -3 \\ 4 & -1 & -6 \\ 7 & -3 & -1 \end{pmatrix} \cdot \begin{pmatrix} x_1 \\ x_2 \\ x_3 \end{pmatrix} = \begin{pmatrix} 11 \\ 13 \\ -4 \end{pmatrix}$$

$$\mathbf{A} = \begin{pmatrix} 2 & 5 & -3 \\ 4 & -1 & -6 \\ 7 & -3 & -1 \end{pmatrix}; \ \vec{x} = \begin{pmatrix} x_1 \\ x_2 \\ x_3 \end{pmatrix}; \ \vec{b} = \begin{pmatrix} 11 \\ 13 \\ -4 \end{pmatrix}$$

2 Notieren Sie die linearen Gleichungssysteme in der Matrix-Vektor-Schreibweise.

a) $\left| \begin{array}{l} 3x_1 + 2x_2 = 1 \\ 5x_1 - 3x_2 = -4 \end{array} \right|$ **b)** $\left| \begin{array}{r} 2a - 3b = 4 \\ a + 2b = 1 \end{array} \right|$ **c)** $\left| \begin{array}{l} 2x_1 + 5x_2 + 3x_3 = 3 \\ 4x_1 - 7x_2 - 6x_3 = 13 \\ x_1 + 5x_2 - x_3 = 4 \end{array} \right|$ **d)** $\left| \begin{array}{l} 2a - b + 3c = 11 \\ 4a - 6c = 13 \\ a + 6b - c = 0 \end{array} \right|$

3 Bestimmen Sie den Lösungsvektor $\vec{x}$ durch Lösen des linearen Gleichungssystems mit dem Gauß-Algorithmus, ohne einen Rechner zu verwenden.

a) $\begin{pmatrix} 2 & 5 & 3 \\ 4 & -1 & 6 \\ 7 & -3 & -1 \end{pmatrix} \cdot \begin{pmatrix} x_1 \\ x_2 \\ x_3 \end{pmatrix} = \begin{pmatrix} 3 \\ -5 \\ 13 \end{pmatrix}$ **b)** $\begin{pmatrix} 3 & 5 & -3 \\ 6 & 20 & -6 \\ 1 & -23 & 17 \end{pmatrix} \cdot \begin{pmatrix} x_1 \\ x_2 \\ x_3 \end{pmatrix} = \begin{pmatrix} 6 \\ 12 \\ 20 \end{pmatrix}$

Gleichungssystem mithilfe der inversen Matrix lösen

Für Matrizen ist keine Division definiert. Um also die Gleichung $\mathbf{A} \cdot \vec{x} = \vec{b}$ nach $\vec{x}$ aufzulösen, kann man nicht beide Seiten der Gleichung durch **A** dividieren.

Besitzt aber das lineare Gleichungssystem $\mathbf{A} \cdot \vec{x} = \vec{b}$ genau eine Lösung, so gibt es eine **inverse Matrix $\mathbf{A}^{-1}$**, für die die beiden Produkte $\mathbf{A} \cdot \mathbf{A}^{-1}$ und $\mathbf{A}^{-1} \cdot \mathbf{A}$ immer die Einheitsmatrix **E** ergeben:

$$\mathbf{A} \cdot \mathbf{A}^{-1} = \mathbf{A}^{-1} \cdot \mathbf{A} = \mathbf{E}$$

Multipliziert man beide Seiten der Gleichung $\mathbf{A} \cdot \vec{x} = \vec{b}$ mit $\mathbf{A}^{-1}$, so erhält man:

$$\mathbf{A}^{-1} \cdot \mathbf{A} \cdot \vec{x} = \mathbf{A}^{-1} \cdot \vec{b}$$
$$\mathbf{E} \cdot \vec{x} = \mathbf{A}^{-1} \cdot \vec{b}$$
$$\vec{x} = \mathbf{A}^{-1} \cdot \vec{b}$$

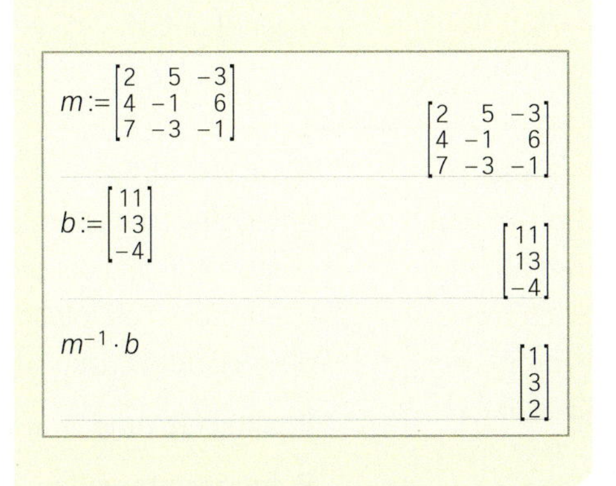

4 Bestimmen Sie den Lösungsvektor $\vec{x}$ mithilfe der inversen Matrix.

a) $\begin{pmatrix} 4 & 2 & 3 \\ 5 & -4 & 0 \\ 3 & -6 & -1 \end{pmatrix} \cdot \begin{pmatrix} x_1 \\ x_2 \\ x_3 \end{pmatrix} = \begin{pmatrix} 12 \\ 8 \\ -6 \end{pmatrix}$

b) $\begin{pmatrix} 6 & -5 & -2 \\ -4 & 9 & 8 \\ 7 & -13 & 27 \end{pmatrix} \cdot \begin{pmatrix} x_1 \\ x_2 \\ x_3 \end{pmatrix} = \begin{pmatrix} 64 \\ 21 \\ 55 \end{pmatrix}$

5 Die Blüten einer Tulpensorte sind rot, rosa oder weiß.
Kreuzt man eine rot blühende Tulpe mit einer ebenfalls rot blühenden Tulpe, so entsteht wieder eine rot blühende Tulpe.
Kreuzt man eine rot blühende Tulpe mit einer rosa blühenden Tulpe, so entstehen in 75 % aller Fälle eine rot blühende und sonst eine rosa blühende Tulpe.
Kreuzt man eine rot blühende Tulpe mit einer weiß blühenden Tulpe, so entsteht in je 50 % aller Fälle eine rot bzw. rosa blühende Tulpe.

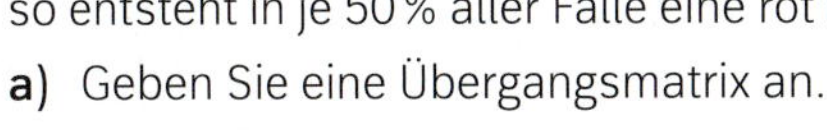

a) Geben Sie eine Übergangsmatrix an.

b) Es werden 50 rot blühende, 20 rosa blühende und 10 weiß blühende Tulpen jeweils mit einer rot blühenden Tulpe gekreuzt.
Berechnen Sie, wie viele Tulpen man von jeder Farbe erwarten kann.

c) Es sollen 100 rot blühende und 40 rosa blühende Tulpen gezüchtet werden.
Bestimmen Sie alle Möglichkeiten, die zu diesem Ergebnis führen.

6 Die Matrix **M** beschreibt die Änderung der Marktanteile von vier Markenprodukten innerhalb eines Zeitabschnitts.
Am Ende eines Teilabschnitts kann die Marktverteilung durch den Vektor $\vec{z}$ beschrieben werden.

$$\mathbf{M} = \begin{pmatrix} 0{,}4 & 0{,}6 & 0{,}8 & 0{,}1 \\ 0{,}2 & 0{,}1 & 0{,}05 & 0{,}3 \\ 0{,}1 & 0{,}1 & 0{,}1 & 0{,}3 \\ 0{,}3 & 0{,}2 & 0{,}05 & 0{,}3 \end{pmatrix} \qquad \vec{z} = \begin{pmatrix} 0{,}53 \\ 0{,}14 \\ 0{,}12 \\ 0{,}21 \end{pmatrix}$$

a) Bestimmen Sie die Marktverteilung zu Beginn des Zeitabschnitts.

b) Machen Sie Aussagen über die weitere Entwicklung der Marktverteilung.

Das Wichtigste auf einen Blick

Erwartungswert und Standardabweichung einer Binomialverteilung

Eine binomialverteilte Zufallsgröße zu einer Bernoulli-Kette mit n Versuchen und der Erfolgswahrscheinlichkeit p hat den Erwartungswert $\mu = n \cdot p$ und die Standardabweichung $\sigma = \sqrt{n \cdot p \cdot (1-p)}$.

In einem Land haben 35 % der Wahlberechtigten die Partei B gewählt.
X: *Anzahl der Wähler von Partei B unter 500 Wahlberechtigten*
$\mu = 500 \cdot 0{,}35 = 175$
$\sigma = \sqrt{500 \cdot 0{,}35 \cdot 0{,}65} \approx 10{,}7 > 3$

Schluss von der Gesamtheit auf die Stichprobe – Prognoseintervalle

Für eine n-stufige Bernoulli-Kette mit der Erfolgswahrscheinlichkeit p, dem Erwartungswert μ und der Standardabweichung $\sigma > 3$ kann man folgende Prognosen über die erwartete Anzahl an Erfolgen machen:

Punktschätzung: $\mu = n \cdot p$

Prognoseintervalle:
(1) Mit 90 % Wahrscheinlichkeit gilt:
$\mu - 1{,}64\sigma \le X \le \mu + 1{,}64\sigma$
(2) Mit 95 % Wahrscheinlichkeit gilt:
$\mu - 1{,}96\sigma \le X \le \mu + 1{,}96\sigma$
(3) Mit 99 % Wahrscheinlichkeit gilt:
$\mu - 2{,}58\sigma \le X \le \mu + 2{,}58\sigma$

Man sagt, ein Stichprobenergebnis **weicht signifikant vom Erwartungswert ab**, wenn es außerhalb der $1{,}96\sigma$-Umgebung von μ liegt. Liegt es außerhalb der $2{,}58\sigma$-Umgebung von μ, nennt man es **hochsignifikant abweichend**.

Man kann unter 500 Wahlberechtigten etwa 175 Wähler der Partei B erwarten.

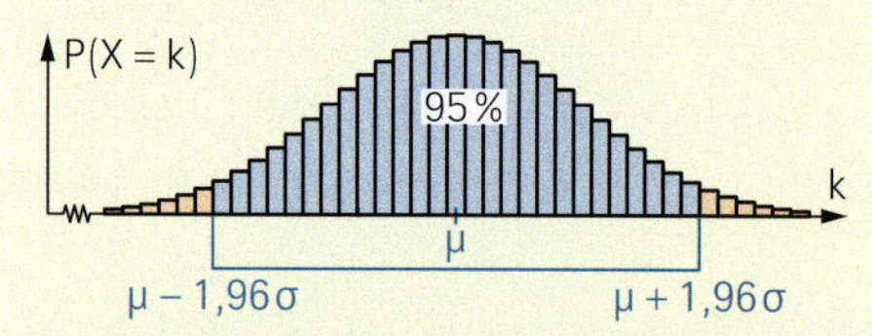

Mit 95 % Wahrscheinlichkeit gilt:
$175 - 1{,}96 \cdot 10{,}7 \le X \le 175 + 1{,}96 \cdot 10{,}7$
$154{,}03 \le X \le 195{,}97$

Diese Schätzung wird nach außen gerundet. Danach prüft man mit einem Rechner, ob auch nach innen gerundet werden kann.

```
binomCdf(500, 0.35, 154, 196)
                         0.956315
binomCdf(500, 0.35, 155, 195)
                         0.945541
```

Mit 95,6 % Wahrscheinlichkeit gilt:
$154 \le X \le 196$

Zweiseitiger Hypothesentest

Besteht die Vermutung, dass für die Erfolgswahrscheinlichkeit $p \neq p_0$ gilt, so geht man zunächst von der **Nullhypothese** H_0: $p = p_0$ aus. Für den Test legt man einen Stichprobenumfang n und ein **Signifikanzniveau** α fest.
Man bestimmt ein Intervall $[k_u; k_o]$ um den Erwartungswert so, dass die Wahrscheinlichkeit für Ergebnisse außerhalb des Intervalls höchstens α beträgt. Daraus ergibt sich die **Entscheidungsregel**: Liegt das Testergebnis außerhalb des Intervalls, im sogenannten **Verwerfungsbereich**, so wird die Nullhypothese verworfen.

Man vermutet, dass sich der Anteil der Wähler von Partei B geändert hat.
H_0: $p = 0{,}35$
$n = 500$; $\alpha = 5\,\%$
Mithilfe der $1{,}96\sigma$-Umgebung findet man das Intervall
$[k_u; k_o] = [154; 196]$

Entscheidungsregel:
Liegt die Anzahl der Wähler von Partei B unter 154 oder über 196, so hat man Anlass zu der Vermutung, dass sich die Zusammensetzung der Wählerschaft geändert hat.

Das Wichtigste auf einen Blick

Fehler beim Testen von Hypothesen

Fehler 1. Art
Die Nullhypothese ist richtig, das Testergebnis liegt aber im Verwerfungsbereich, weshalb die Nullhypothese verworfen wird. Die Wahrscheinlichkeit für diesen Fehler wird durch das Signifikanzniveau begrenzt.

Fehler 2. Art
Die Nullhypothese ist falsch, das Testergebnis liegt aber nicht im Verwerfungsbereich, weshalb die Nullhypothese nicht verworfen wird.

Fehler 1. Art: Der Anteil der Wähler von Partei B beträgt tatsächlich 35 %, das Testergebnis ist aber kleiner als 154 oder größer als 196.
Die Wahrscheinlichkeit dafür beträgt aber höchstens 5 %.

Fehler 2. Art: Der Anteil der Wähler von Partei B beträgt nicht 35 %, das Testergebnis liegt aber im Intervall [154; 196].

Einseitiger Hypothesentest

Ein **rechtsseitiger Test** wird durchgeführt, wenn man $p > p_0$ vermutet. Man geht von der Nullhypothese H_0: $p \le p_0$ aus und sucht ein möglichst kleines k, sodass $P(X \ge k) \le \alpha$ gilt. H_0 wird verworfen, wenn das Testergebnis größer als k ist.

Ein **linksseitiger Test** verläuft analog. Man testet H_0: $p \ge p_0$ und sucht ein möglichst großes k, sodass $P(X \le k) \le \alpha$ gilt. H_0 wird verworfen, wenn das Testergebnis kleiner als k ist. Der Verwerfungsbereich liegt am linken Ende der Verteilung.

Der Anteil der über 60-jährigen Fitnessstudiobesucher lag 2017 bei 12,5 %. Man vermutet, dass der Anteil seit 2017 gestiegen ist.

H_0: $p \le 0{,}125$
$n = 1000$; $\alpha = 5\,\%$
Für $p = 0{,}125$ ist:
$\mu = 125$;
$\sigma \approx 10{,}5 > 3$;
$k \approx 125 + 1{,}64\sigma \approx 143$

P(X = k)
95 %
5 %
μ
k

Die Hypothese H_0 wird verworfen, wenn das Testergebnis größer als 143 ist.

Stetige Zufallsgröße und Dichtefunktion

Eine Funktion f heißt **Dichtefunktion**, falls:
(1) $f(x) \ge 0$ für alle reellen Zahlen x;
(2) $\int_{-\infty}^{\infty} f(x)\,dx = 1$

Eine Zufallsgröße X und deren Verteilung heißen **stetig**, falls es eine geeignete Dichtefunktion f gibt, sodass gilt:

$$P(a \le X \le b) = \int_a^b f(x)\,dx$$

$$f(x) = \begin{cases} 0 & \text{für } x < 0 \\ \frac{4}{27}x \cdot (x-3)^2 & \text{für } 0 \le x \le 3 \\ 0 & \text{für } x > 3 \end{cases}$$

Es gilt:
(1) $f(x) \ge 0$
(2) $\int_{-\infty}^{\infty} f(x)\,dx = 1$

Gauß'sche Glockenfunktion

Die Dichtefunktion $\varphi_{\mu;\sigma}$ mit $\varphi_{\mu;\sigma}(x) = \frac{1}{\sigma\sqrt{2\pi}} e^{-\frac{1}{2}\left(\frac{x-\mu}{\sigma}\right)^2}$ heißt **Gauß'sche Glockenfunktion** mit Erwartungswert μ und Standardabweichung σ.

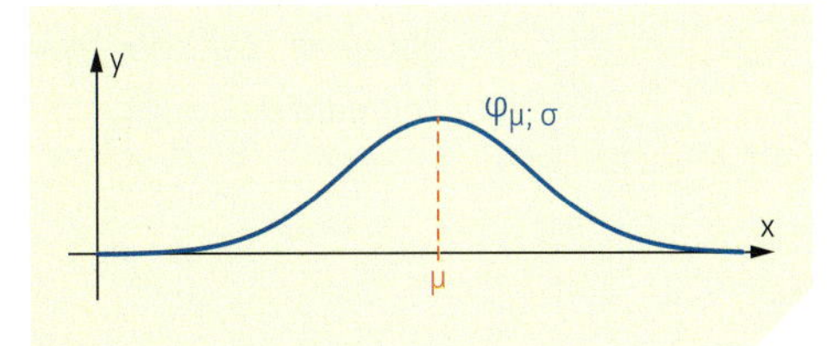

Das Wichtigste auf einen Blick

Normalverteilung

Eine stetige Zufallsgröße X heißt **normalverteilt** mit Erwartungswert μ und Standardabweichung σ, wenn für alle Wahrscheinlichkeiten gilt:

$$P(a \le X \le b) = \int_a^b \varphi_{\mu;\,\sigma}(x)\,dx$$

$\mu = 70;\ \sigma = 0{,}5$

$P(69{,}5 \le X \le 70{,}5) \approx 0{,}68$

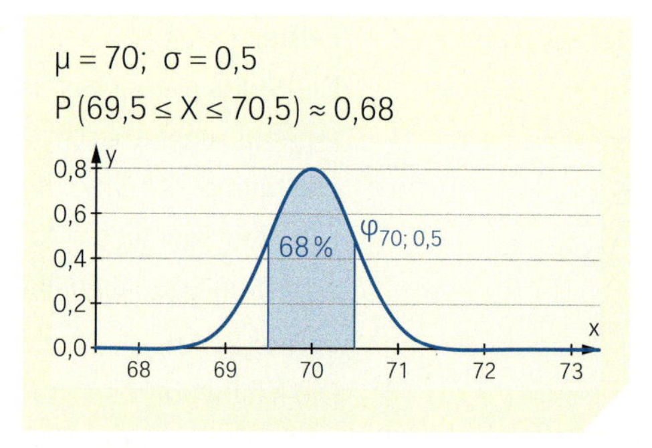

Integrale Näherungsformel von de Moivre und Laplace

Für eine binomialverteilte Zufallsgröße X mit Erwartungswert μ und Standardabweichung σ > 3 gilt:

$$P(a \le X \le b) \approx \int_{a-0{,}5}^{b+0{,}5} \varphi_{\mu;\,\sigma}(x)\,dx$$

X binomialverteilt; σ > 3

$$P(45 \le X \le 60) \approx \int_{44{,}5}^{60{,}5} \varphi_{\mu;\,\sigma}(x)\,dx$$

Stochastische Prozesse

Häufigkeitsverteilungen können sich zufällig innerhalb einer festgelegten Zeiteinheit ändern. Man spricht dann von einem **stochastischen Prozess** und notiert die Übergangswahrscheinlichkeiten in einem Diagramm.

Ein Pay-TV-Sender bietet drei Programmpakete A, B und C an. Das Diagramm zeigt die Wahrscheinlichkeiten, mit denen die Kunden jedes Jahr zwischen den Programmpaketen wechseln.

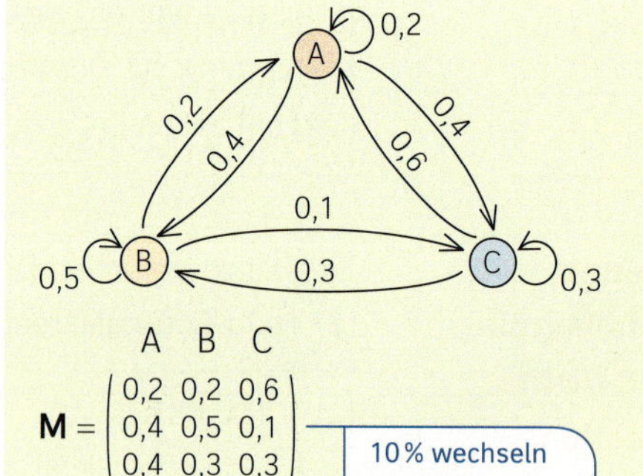

Stochastische Matrix

Eine **stochastische n × n-Matrix** oder auch **Übergangsmatrix** ist eine Zahlentabelle aus n Zeilen und n Spalten, die nur aus nichtnegativen Zahlen besteht und deren Spaltensummen jeweils den Wert 1 haben.

$$\mathbf{M} = \begin{pmatrix} 0{,}2 & 0{,}2 & 0{,}6 \\ 0{,}4 & 0{,}5 & 0{,}1 \\ 0{,}4 & 0{,}3 & 0{,}3 \end{pmatrix} \quad (\text{Spalten: A, B, C})$$

10 % wechseln von C nach B

Alle Wechselwahrscheinlichkeiten von A stehen in der ersten Spalte, von B in der zweiten und von C in der dritten.

Multiplikation einer Matrix mit einem Vektor

Häufigkeitsverteilungen bei stochastischen Prozessen werden oft durch Zustandsvektoren $\vec{z_0} = \begin{pmatrix} z_1 \\ \vdots \\ z_n \end{pmatrix}$ beschrieben.

Der nachfolgende Zustandsvektor $\vec{z_1}$ ergibt sich durch Multiplikation der Übergangsmatrix mit dem Vektor $\vec{z_0}$. Dabei bildet man von jeder Zeile der Matrix das Skalarprodukt mit dem Vektor $\vec{z_0}$.

Zustandsvektor nach einem Jahr:

$\vec{z_1} = \mathbf{M} \cdot \vec{z_0}$

$$\vec{z_1} = \begin{pmatrix} 0{,}2 & 0{,}2 & 0{,}6 \\ 0{,}4 & 0{,}5 & 0{,}1 \\ 0{,}4 & 0{,}3 & 0{,}3 \end{pmatrix} \cdot \begin{pmatrix} 0{,}2 \\ 0{,}5 \\ 0{,}3 \end{pmatrix}$$

20 % A, 50 % B, 30 % C

$$= \begin{pmatrix} 0{,}2 \cdot 0{,}2 + 0{,}2 \cdot 0{,}5 + 0{,}6 \cdot 0{,}3 \\ 0{,}4 \cdot 0{,}2 + 0{,}5 \cdot 0{,}5 + 0{,}1 \cdot 0{,}3 \\ 0{,}4 \cdot 0{,}2 + 0{,}3 \cdot 0{,}5 + 0{,}3 \cdot 0{,}3 \end{pmatrix} = \begin{pmatrix} 0{,}32 \\ 0{,}36 \\ 0{,}32 \end{pmatrix}$$

Das Wichtigste auf einen Blick

Produkt zweier n × n-Matrizen

Das Produkt zweier n × n-Matrizen **A** und **B** ergibt eine n × n-Matrix **C**, die wie folgt berechnet wird:
Die Zahl in der i-ten Zeile und k-ten Spalte der Produktmatrix **C** ist das Skalarprodukt der i-ten Zeile von **A** mit der k-ten Spalte von **B**.

$$\mathbf{A} = \begin{pmatrix} 0{,}2 & 0{,}1 & 0{,}4 \\ 0{,}3 & 0{,}8 & 0{,}2 \\ 0{,}5 & 0{,}1 & 0{,}4 \end{pmatrix};\ \mathbf{B} = \begin{pmatrix} 0{,}3 & 0{,}6 & 0{,}8 \\ 0{,}7 & 0{,}2 & 0{,}1 \\ 0 & 0{,}2 & 0{,}1 \end{pmatrix}$$

$$\mathbf{C} = \mathbf{A} \cdot \mathbf{B} = \begin{pmatrix} 0{,}2 & 0{,}1 & 0{,}4 \\ 0{,}3 & 0{,}8 & 0{,}2 \\ 0{,}5 & 0{,}1 & 0{,}4 \end{pmatrix} \cdot \begin{pmatrix} 0{,}3 & 0{,}6 & 0{,}8 \\ 0{,}7 & 0{,}2 & 0{,}1 \\ 0 & 0{,}2 & 0{,}1 \end{pmatrix} = \begin{pmatrix} 0{,}13 & 0{,}22 & 0{,}21 \\ 0{,}65 & 0{,}38 & 0{,}34 \\ 0{,}22 & 0{,}40 & 0{,}45 \end{pmatrix}$$

$$0{,}34 = 0{,}3 \cdot 0{,}8 + 0{,}8 \cdot 0{,}1 + 0{,}2 \cdot 0{,}1$$

Potenzen stochastischer Matrizen – Stabilisierung von Zuständen

In einem stochastischen Prozess erhält man den Zustandsvektor nach einer, zwei, drei bzw. r Zeiteinheiten mithilfe von Matrixpotenzen:

$\vec{z_1} = \mathbf{M} \cdot \vec{z_0}$

$\vec{z_2} = \mathbf{M} \cdot \left(\mathbf{M} \cdot \vec{z_0}\right) = \mathbf{M}^2 \cdot \vec{z_0}$

$\vec{z_3} = \mathbf{M} \cdot \left(\mathbf{M} \cdot \left(\mathbf{M} \cdot \vec{z_0}\right)\right) = \mathbf{M}^3 \cdot \vec{z_0}$

$\vec{z_r} = \mathbf{M}^r \cdot \vec{z_0}$

Oft stabilisieren sich die Zustandsvektoren $\vec{z_n} = \mathbf{M}^n \cdot \vec{z_0}$ für eine stochastische Matrix **M** für $n \to \infty$ unabhängig vom Anfangsvektor $\vec{z_0}$. Mit zunehmendem n ändern sich die Zahlen der Zustandsvektoren und der Matrixpotenzen kaum noch.

$$m := \begin{bmatrix} 0.2 & 0.2 & 0.6 \\ 0.4 & 0.5 & 0.1 \\ 0.4 & 0.3 & 0.3 \end{bmatrix} \qquad \begin{bmatrix} 0.2 & 0.2 & 0.6 \\ 0.4 & 0.5 & 0.1 \\ 0.4 & 0.3 & 0.3 \end{bmatrix}$$

$$m^5 \cdot \begin{bmatrix} 0.2 \\ 0.5 \\ 0.3 \end{bmatrix} \qquad \begin{bmatrix} 0.333312 \\ 0.333376 \\ 0.333312 \end{bmatrix}$$

$$m^{10} \cdot \begin{bmatrix} 0.2 \\ 0.5 \\ 0.3 \end{bmatrix} \qquad \begin{bmatrix} 0.333333 \\ 0.333333 \\ 0.333333 \end{bmatrix}$$

$$m^{11} \cdot \begin{bmatrix} 0.2 \\ 0.5 \\ 0.3 \end{bmatrix} \qquad \begin{bmatrix} 0.333333 \\ 0.333333 \\ 0.333333 \end{bmatrix}$$

Klausurtraining

Lösungen im Anhang

Teil A

Lösen Sie die folgenden Aufgaben ohne Formelsammlung und ohne Taschenrechner.

1 Machen Sie eine Prognose, in welchen Bereich das Stichprobenergebnis mit einer Sicherheitswahrscheinlichkeit von 90 % auftritt.

a) Anzahl der Wappen beim 400-fachen Münzwurf

b) Anzahl der Würfe mit Augenzahl 6 beim 720-fachen Würfeln

2 **a)** Erläutern Sie, welche Bedeutung die in der Matrix **M** stehende Übergangswahrscheinlichkeit 0,5 hat.

$$\mathbf{M} = \begin{pmatrix} 0{,}1 & \blacksquare & 0{,}5 \\ \blacksquare & 0{,}2 & 0{,}3 \\ 0{,}6 & 0{,}4 & \blacksquare \end{pmatrix}$$

b) Ergänzen Sie die fehlenden Einträge der Matrix.

c) Zeichnen Sie das zu der Matrix **M** gehörende Übergangsdiagramm.

3 Das Glücksrad mit drei gleich großen Feldern wird 450-mal gedreht. Als Erfolg wird gewertet, wenn der Zeiger auf dem gelben Feld steht.

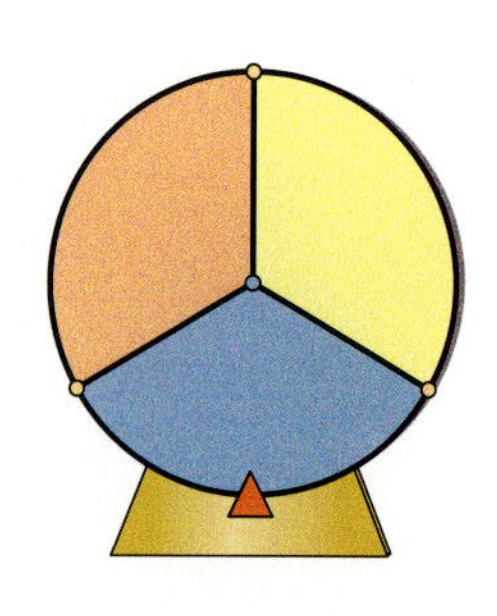

a) Berechnen Sie Erwartungswert und Standardabweichung.

b) Das Glücksrad bleibt bei 450 Drehungen nur 120-mal auf dem gelben Feld stehen.
Weisen Sie nach, dass dies eine hochsignifikante Abweichung vom Erwartungswert darstellt.

c) Um zu prüfen, ob alle drei Felder noch die gleiche Wahrscheinlichkeit haben, wird das Glücksrad wieder 450-mal gedreht. Wenn dabei eine Farbe weniger als 130-mal oder mehr als 170-mal vorkommt, soll das Glücksrad repariert oder ausgetauscht werden.
Erklären Sie, wie man zu dieser Entscheidungsregel gelangen kann.

4 Der Geschäftsführer einer Firma möchte eine Werbeaktion starten, wenn sich bei einer Zufallsstichprobe herausstellen sollte, dass der Bekanntheitsgrad eines Artikels unter 25 % gesunken ist.

a) Welche Hypothesen können in diesem Sachzusammenhang getestet werden?

b) Beschreiben Sie die Auswirkungen eines Fehlers 1. bzw. 2. Art im Sachzusammenhang.

5 Die Abbildung zeigt den Graphen einer Dichtefunktion einer normalverteilten Zufallsgröße.

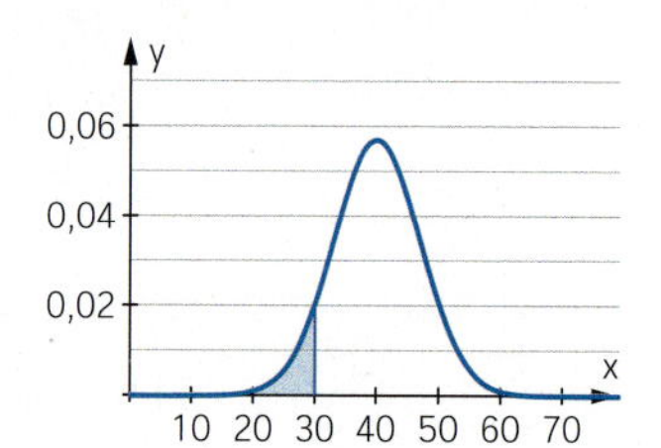

a) Geben Sie den Erwartungswert μ an.

b) Erläutern Sie die Bedeutung des Flächeninhalts des eingefärbten Bereichs.

6 Berechnen Sie das Produkt.

a) $\begin{pmatrix} 0 & 0{,}5 & 0{,}3 \\ 0{,}1 & 0 & 0{,}3 \\ 0{,}9 & 0{,}5 & 0{,}4 \end{pmatrix} \cdot \begin{pmatrix} 0{,}2 \\ 0{,}5 \\ 0{,}3 \end{pmatrix}$

b) $\begin{pmatrix} 0{,}2 & 0{,}1 \\ 0{,}8 & 0{,}9 \end{pmatrix} \cdot \begin{pmatrix} 0{,}2 & 0{,}1 \\ 0{,}8 & 0{,}9 \end{pmatrix}$

c) $\begin{pmatrix} 1 & 0 & 0 \\ 0 & 0 & 1 \\ 0 & 1 & 0 \end{pmatrix} \cdot \begin{pmatrix} a \\ b \\ c \end{pmatrix}$

Teil B

Bei den folgenden Aufgaben können Sie die Formelsammlung und den Taschenrechner verwenden.

7 Die Blutgruppe 0 mit dem Rhesusfaktor positiv ist die häufigste Blutgruppe weltweit. In Deutschland liegt der Anteil der Personen mit dieser Blutgruppe bei 35 %.

a) Bestimmen Sie ein 95 %-Prognoseintervall für eine Stichprobe vom Umfang 200 in Deutschland für die Anzahl der Personen mit dieser Blutgruppe.

b) Bei der Stichprobe vom Umfang 200 gab es nur 50 Personen mit dieser Blutgruppe.
Erläutern Sie, warum dieses Ergebnis hochsignifikant vom Erwartungswert abweicht.

c) Man vermutet, dass der Anteil der Personen mit dieser Blutgruppe in einer Region in Deutschland nicht 35 % beträgt.
Geben Sie die Nullhypothese und eine Entscheidungsregel für einen zweiseitigen Hypothesentest mit einem Signifikanzniveau von 5 % an.

8 **a)** Vergleichen Sie die Bernoulli-Ketten (1) $n = 40;\ p = 0{,}5$ (2) $n = 50;\ p = 0{,}4$ hinsichtlich ihrer Streuung um den Erwartungswert. Bei welcher Bernoulli-Kette liegt die größere Streuung vor? Erläutern Sie an einem konkreten Beispiel, was dies bedeutet.

b) Vervollständigen Sie die folgenden Sätze für jede Bernoulli-Kette aus Teilaufgabe a).

(1) Mit einer Wahrscheinlichkeit von 99 % liegt die Anzahl der Erfolge ...

(2) In 95,5 % aller Fälle gilt ...

(3) $|X - \mu| > 1{,}64\sigma$ gilt nur in ...

9 In 26 % aller Haushalte in Deutschland leben Katzen. Bei 100 zufällig ausgewählten Haushalten wird gefragt, ob dort auch eine Katze lebt.
Geben Sie eine Umgebung um den Erwartungswert an, in der mit einer Wahrscheinlichkeit von 90 % die Anzahl der Haushalte liegt, in denen auch Katzen leben.

10 Bei einem Spiel wird mit drei Würfeln gewürfelt.

a) Begründen Sie: Die Wahrscheinlichkeit dafür, dass dabei drei verschiedene Augenzahlen auftreten, beträgt $p = \frac{5}{9}$.

b) Das Werfen wird 900-mal mithilfe eines Zufallszahlengenerators simuliert.
Stellen Sie eine Entscheidungsregel auf, um zu entscheiden, ob der Zufallszahlengenerator tatsächlich das Laplace-Experiment simuliert. Bestimmen Sie eine Entscheidungsregel bei einem Signifikanzniveau $\alpha = 5\,\%$.

Bei einem **Laplace-Experiment** haben alle Ergebnisse die gleiche Wahrscheinlichkeit.

c) Beschreiben Sie die Auswirkung eines Fehlers 1. bzw. 2. Art zum Zufallsversuch in Teilaufgabe b).

d) Berechnen Sie die Wahrscheinlichkeit für einen Fehler 2. Art, wenn die tatsächliche Erfolgswahrscheinlichkeit $p = 0{,}5$ ist.

11 Tischtennisbälle, die bei Wettkämpfen verwendet werden, müssen hohe Qualitätsanforderungen erfüllen: Der Ball muss aus Zelluloid oder einem ähnlichen Kunststoffmaterial hergestellt sein. Er muss gleichmäßig rund sein mit einem Durchmesser von 40 mm (±0,5 mm) und 2,7 g (±0,3 g) wiegen. Wenn man ihn aus einer Höhe von 30,5 cm auf einen Stahlblock fallen lässt, muss er 24 bis 26 cm hochspringen.

Ein Großhändler bietet einem Sportgeschäft billige Tischtennisbälle an und behauptet, dass mindestens 80 % der gelieferten Tischtennisbälle die Wettkampfbedingungen erfüllen.

a) Der Großhändler vertritt den Standpunkt:
„Meine Aussage gilt, solange nicht das Gegenteil gezeigt ist."
Wann wird man seine Aussage als widerlegt ansehen? Geben Sie eine Entscheidungsregel für ein Signifikanzniveau von 10 % für eine Stichprobe vom Umfang $n = 75$ an.

b) Der Ladenbesitzer misstraut der Aussage des Großhändlers. Sein Misstrauen will er erst ablegen, wenn ihn das Ergebnis einer Stichprobe überzeugt hat.
Wann wird der Ladenbesitzer die Tischtennisbälle kaufen? Geben Sie eine Entscheidungsregel für ein Signifikanzniveau von 10 % für eine Stichprobe vom Umfang $n = 75$ an.

c) Vergleichen Sie die Hypothesen aus Teilaufgabe a) und b). Beschreiben Sie jeweils den Fehler 1. und den Fehler 2. Art.

12 Ein Hersteller von Allergietabletten gibt an, dass sein Medikament in mindestens 90 % aller Anwendungsfälle hilft. An dieser Behauptung wurden Zweifel geäußert. Der Hersteller ist daraufhin bereit, seine Angaben zu überprüfen, und will für 2000 Anwendungsfälle testen, ob der Einsatz des Medikamentes erfolgreich war.

a) Geben Sie begründet an, welche Hypothese der Hersteller testen soll.

b) Geben Sie eine Entscheidungsregel für diesen Test für ein Signifikanzniveau von 5 % an.

c) Beschreiben Sie die Auswirkungen eines Fehlers 1. bzw. 2. Art bei diesem Test für den Sachzusammenhang.

13 Statistiken ergeben, dass in Deutschland 90 % der 45- bis 50-jährigen Männer größer sind als 1,68 m und 90 % kleiner sind als 1,86 m. Die Körpergröße wird als normalverteilt angenommen.

a) Bestimmen Sie Erwartungswert und Standardabweichung für die Gesamtheit aller Männer aus dieser Altersgruppe.

b) Bestimmen Sie, mit welcher Wahrscheinlichkeit man unter 45- bis 50-jährigen Männern jemanden finden wird, der

(1) kleiner als 1,75 m; (2) größer als 1,70 m;

(3) mindestens 1,72 m und höchstens 1,79 m groß ist?

14 Die Länge von Holzstäben wurde gemessen. Die Ergebnisse sind wie folgt:

Länge bis zu ... cm	95	96	97	98	99	100	101	102	103	104	105
Anteil	4 %	8 %	13 %	21 %	32 %	43 %	57 %	68 %	78 %	86 %	92 %

a) Die Stablänge wird als normalverteilt angenommen.
Bestimmen Sie jeweils einen Schätzwert für den Erwartungswert und für die Standardabweichung.

b) Ermitteln Sie, mit welcher Wahrscheinlichkeit die Länge eines zufällig ausgewählten Holzstabs (1) größer als 98,5 cm; (2) mindestens 101,5 cm ist.

15 In einer Kleinstadt gibt es zwei große Einkaufsmärkte für Lebensmittel und einige Einzelhändler. Das monatliche Wechselverhalten der 8200 Haushalte wird durch das abgebildete Übergangsdiagramm veranschaulicht.

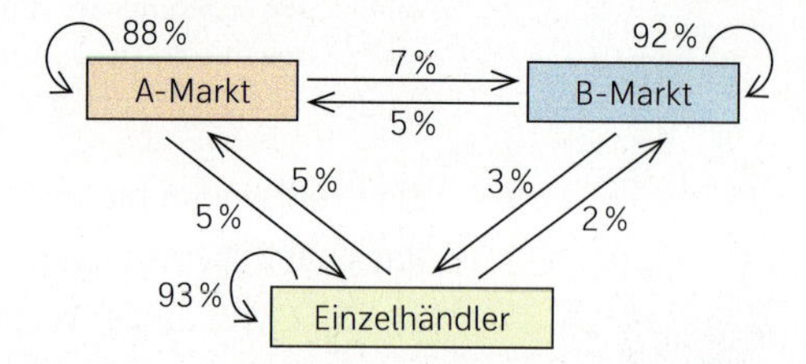

Für die Rechnungen wird angenommen, dass sich die Anzahl der Haushalte nicht verändert.

a) Geben Sie die zugehörige Übergangsmatrix **M** an.

b) Berechnen Sie für eine Anfangsverteilung von 3900 Haushalten, die beim A-Markt, 2700 Haushalten, die beim B-Markt, und 1600 Haushalten, die bei Einzelhändlern einkaufen, die Verteilungen der nächsten drei Monate.
Berechnen Sie außerdem die Verteilung des Vormonats.

c) Untersuchen Sie, ob es eine Verteilung bezüglich des Einkaufsverhaltens der Haushalte gibt, die sich bei dem angegebenen Wechselverhalten in den folgenden Monaten nicht mehr ändert.

Aufgaben zur Vorbereitung auf das Abitur

8

▲ *In der schriftlichen Abiturprüfung müssen Aufgaben sowohl ohne als auch mit Formelsammlung und Taschenrechner gelöst werden.*

In diesem Kapitel
finden Sie Aufgaben wie im Abitur zu den Themengebieten Analysis, vektorielle Geometrie und Stochastik, mit denen Sie sich gezielt auf die Abiturprüfung vorbereiten können. ▶

8.1 Aufgaben ohne Hilfsmittel

Lösen Sie die folgenden Aufgaben ohne Formelsammlung und ohne Taschenrechner.

1 Die Funktion f ist gegeben durch $f(x) = x^3 - 3x^2$.

a) Bestimmen Sie die Nullstellen von f und das Verhalten von f für $x \to \infty$ und $x \to -\infty$.

b) Begründen Sie: Der Graphen von f hat an der Stelle $x = 0$ einen Hochpunkt.

c) Skizzieren Sie den Verlauf des Graphen von f.

d) Zeigen Sie, dass die Wendetangente durch die Gleichung $y = -3x + 1$ beschrieben werden kann.

2 Die Abbildung zeigt den Graphen der Ableitungsfunktion f' einer Funktion f. Untersuchen Sie anhand der Abbildung, an welchen Stellen im Intervall $[-3; 4]$ der Graph der Funktion f Hoch-, Tief- oder Wendepunkte hat. Begründen Sie Ihre Aussagen.

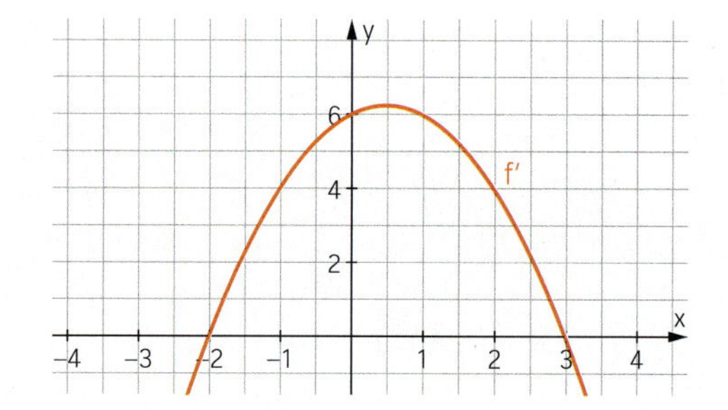

3 Die Abbildung zeigt den Graphen der Ableitungsfunktion f' einer Funktion f.

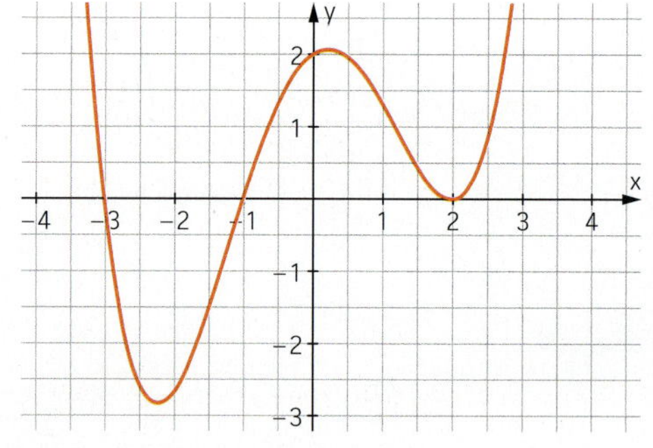

a) Geben Sie die Intervalle an, in denen die Funktion f streng monoton wachsend bzw. streng monoton fallend ist. Begründen Sie.

b) Schließen Sie mithilfe des Graphen von f' auf die Lage und die Art der Extremstellen von f. Geben Sie an, wo ungefähr die Wendestellen von f liegen.

c) Untersuchen Sie, ob die folgenden Aussagen wahr sind:

(1) Die Tangente an den Graphen von f an der Stelle 1 steigt.

(2) $f(0) > f(1)$.

4 Gegeben ist die Funktion f mit $f(x) = x \cdot e^{-0{,}5x^2}$; $x \in \mathbb{R}$.

a) Begründen Sie, dass der Graph von f der blaue Graph ist.

b) Der Graph von f hat im Intervall $[0; 3]$ ein Maximum. Begründen Sie diese Aussage mithilfe des roten Graphen von f'.

c) Berechnen Sie den Flächeninhalt der Fläche, die der Graph von f' im Intervall $[0; 2]$ mit der x-Achse einschließt.

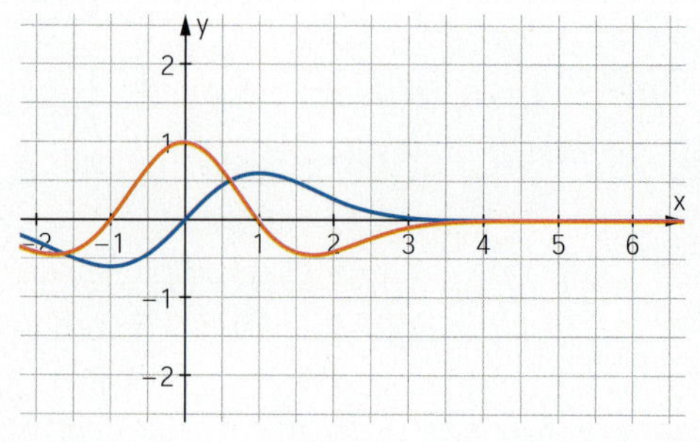

5 Die Abbildungen zeigen die Graphen der drei Funktionen f, F_1 und F_2.

Welche der beiden Funktionen F_1 und F_2 kann eine Stammfunktion der Funktion f sein? Begründen Sie Ihre Entscheidung.

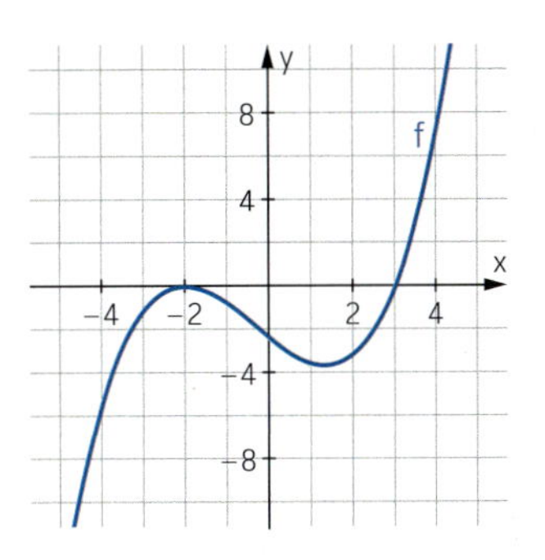

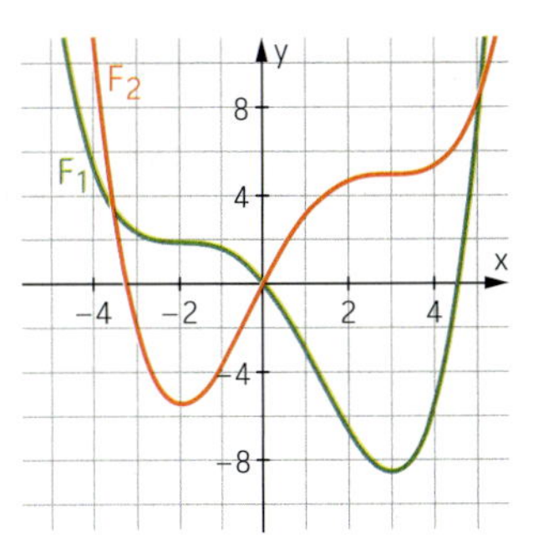

6 Gegeben sind die Funktionen f und g mit $f(x) = -x^2 + 4$ und $g(x) = 2x + 1$.

Berechnen Sie den Flächeninhalt der Fläche, die von den Graphen von f und g eingeschlossen wird.

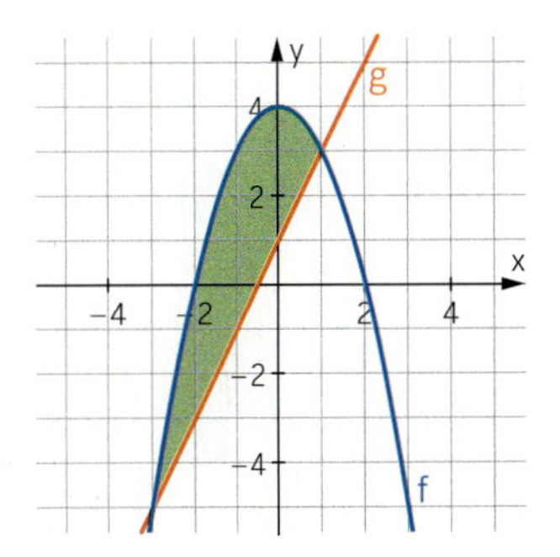

7 Gegeben ist die Funktion f mit $f(x) = 4 \cdot e^{-0,5x}$.

a) Zeigen Sie, dass die Tangente im Schnittpunkt des Graphen von f mit der y-Achse durch die Gleichung $y = -2x + 4$ beschrieben werden kann.

b) Der Graph von f, die Tangente, die x-Achse und die Gerade mit der Gleichung $x = 4$ begrenzen eine Fläche. Bestimmen Sie deren Flächeninhalt.

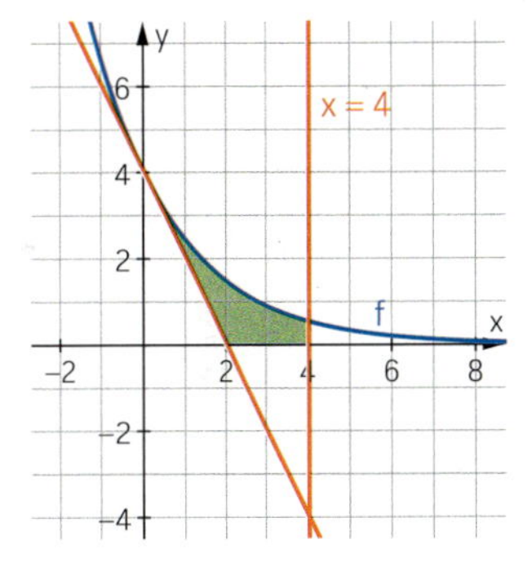

8 Gegeben ist die Funktion f mit $f(x) = (x + 2) \cdot e^{-x}$.

a) Ermitteln Sie die Schnittpunkte des Graphen von f mit den Koordinatenachsen.

b) Weisen Sie rechnerisch nach, dass der Graph von f an der Stelle $x = -1$ einen Hochpunkt hat.

c) Der Graph von f soll so in Richtung der x-Achse verschoben werden, dass er durch den Koordinatenursprung verläuft.
Entscheiden Sie, welche Funktionsgleichung zum verschobenen Graphen gehört.

$a(x) = x \cdot e^{-x}$ $\qquad$ $b(x) = x \cdot e^{-(x-2)}$ $\qquad$ $c(x) = (x - 2) \cdot e^{-x}$

9 Gegeben ist die Funktionenschar f_a mit $f_a(x) = x^2 \cdot (x^2 - a^2)$ für $a > 0$.

a) Zeigen Sie, dass jede der Funktionen der Schar die drei Nullstellen $-a$, 0 und a hat.

b) Bestimmen Sie den Wert für den Parameter a so, dass die linke und die rechte Nullstelle einen Abstand von 5 voneinander haben.

c) Berechnen Sie $\int_0^1 f_3(x)\,dx$.

10 Gegeben sind die Punkte $A(3|2|-1)$ und $B(7|-4|6)$ sowie die Gerade g mit
$g: \vec{x} = \begin{pmatrix} 6 \\ 4 \\ 5 \end{pmatrix} + r \cdot \begin{pmatrix} -2 \\ 1 \\ 2 \end{pmatrix}$. Zeigen Sie, dass der Punkt $C(8|3|3)$ auf der Geraden g liegt und dass das Dreieck ABC einen rechten Winkel bei C hat.

11 Gegeben sind die Gerade g mit $g: \vec{x} = \begin{pmatrix} 0 \\ 0 \\ 3 \end{pmatrix} + r \cdot \begin{pmatrix} 2 \\ 0 \\ -3 \end{pmatrix}$ sowie die Punkte $P(-4|0|9)$ und $Q(-10|7|k)$, $k \in \mathbb{R}$.

a) Beschreiben Sie die besondere Lage der Geraden g im Koordinatensystem und zeigen Sie, dass der Punkt P auf der Geraden g liegt. Untersuchen Sie, ob es einen Punkt mit drei gleichen Koordinaten auf der Geraden g gibt.

b) Ermitteln Sie, für welchen Wert von k die Strecke $\overline{PQ}$ orthogonal zur Geraden g ist.

12 Gegeben sind die Ebenen $E_1: 2x_1 - 7x_2 + 0{,}5x_3 = 5$ und $E_2: -6x_1 + 21x_2 - 1{,}5x_3 = -25$.

a) Begründen Sie, dass die Ebenen E_1 und E_2 parallel zueinander, aber nicht identisch sind.

b) Untersuchen Sie, welche Ebene näher am Koordinatenursprung liegt.

13 Die dargestellte gerade Pyramide hat eine quadratische Grundfläche mit der Kantenlänge 4 und die Höhe 4.

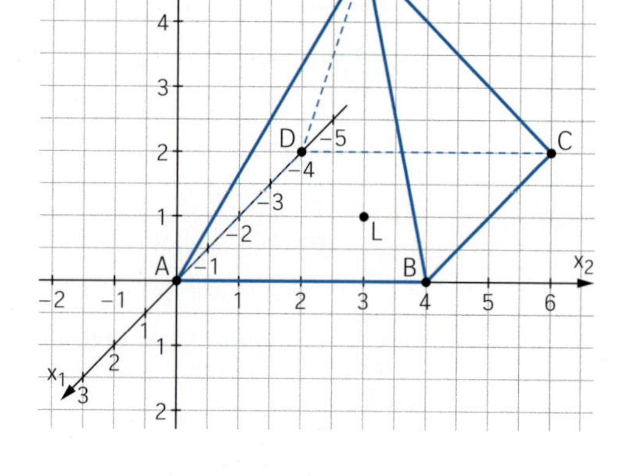

a) Geben Sie die Koordinaten aller Eckpunkte und der Spitze S an.

b) Weisen Sie nach, dass das Dreieck ABS ein gleichschenkliges Dreieck ist.

c) Der Punkt L liegt in der Mitte der Grundfläche. Zeigen Sie, dass der Vektor $\overrightarrow{SL}$ orthogonal zum Vektor $\overrightarrow{AC}$ ist.

d) Geben Sie eine Parameterdarstellung für die Ebene an, in der das Dreieck ABS liegt.

14 **a)** Berechnen Sie die Lösung des linearen Gleichungssystems.

$$\left| \begin{array}{rl} x - 3y + 3z = & 2 \\ 2y + 2z = & 12 \\ 2y - 4z = & 6 \end{array} \right|$$

b) Bestimmen Sie die Werte für den Parameter a so, dass das lineare Gleichungssystem keine Lösung bzw. unendlich viele Lösungen hat.

$$\left| \begin{array}{rl} 2x - 4y + 3z = & 6 \\ 3y - 6z = & 12 \\ 3y - 6z = & 8 - a \end{array} \right|$$

15 Gegeben sind die Geraden g und h mit $g: \vec{x} = \begin{pmatrix} 0{,}5 \\ -1{,}5 \\ 3 \end{pmatrix} + k \cdot \begin{pmatrix} 0 \\ 1 \\ -2 \end{pmatrix}$ und $h: \vec{x} = \begin{pmatrix} 1 \\ -3 \\ 6 \end{pmatrix} + l \cdot \begin{pmatrix} 0 \\ 2 \\ -4 \end{pmatrix}$.

a) Untersuchen Sie, wie die Geraden g und h zueinander liegen.

b) Die Gerade $s: \vec{x} = \begin{pmatrix} 0{,}5 \\ -1{,}5 \\ 3 \end{pmatrix} + r \cdot \begin{pmatrix} 1 \\ 1 \\ -2 \end{pmatrix}$ schneidet die Geraden g und h.

Bestimmen Sie die beiden Schnittpunkte und zeigen Sie, dass der Abstand beider Schnittpunkte voneinander größer als 1 ist.

16 Bei einem Spiel wird das abgebildete Glücksrad zweimal gedreht. Der Zeiger kann auf einem der gleich großen, weiß (w), blau (b) oder gelb (g) gefärbten Sektoren stehen bleiben.

a) Stellen Sie die möglichen Abläufe des Zufallsversuchs in einem Baumdiagramm dar.

b) Bestimmen Sie die Wahrscheinlichkeit für das Ereignis E:
Das Rad bleibt zweimal hintereinander auf einem Sektor mit gleicher Färbung stehen.

c) Der Spielveranstalter plant für das Spiel einen Einsatz von 1 € und man soll 2 € ausgezahlt bekommen, wenn das Ereignis E eintritt. Bewerten Sie diese Spielregel.

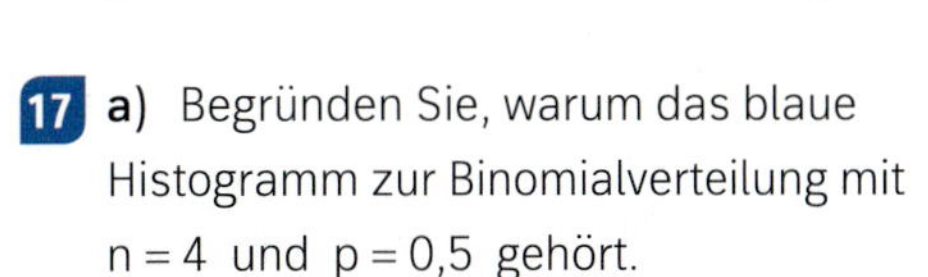

17 **a)** Begründen Sie, warum das blaue Histogramm zur Binomialverteilung mit $n = 4$ und $p = 0{,}5$ gehört.

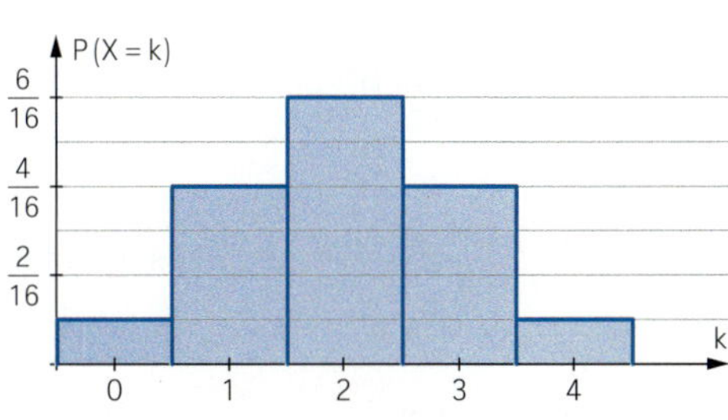

b) Begründen Sie: Wenn die Erfolgswahrscheinlichkeit $p = 0{,}5$ ist, dann ist für jede Stufenzahl n das Histogramm der Binomialverteilung symmetrisch.

c) Auch das Histogramm zu der Binomialverteilung mit $p = 0{,}5$ und $n = 5$ ist symmetrisch. Beschreiben Sie den Unterschied zum Fall $n = 4$.

d) Begründen Sie, warum das rote Histogramm nicht zur Binomialverteilung mit $n = 3$ und $p = 0{,}5$ passt.

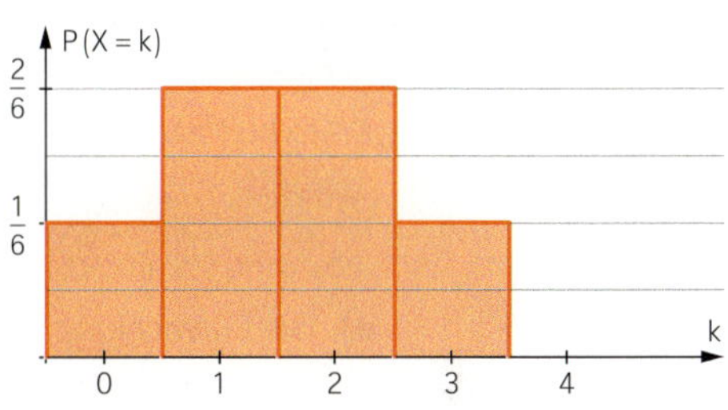

18 Gegeben ist eine Binomialverteilung mit $n = 150$ und $p = 0{,}4$.

a) Berechnen Sie den Erwartungswert und die Standardabweichung zu dieser Wahrscheinlichkeitsverteilung.

b) Bei einem Spiel gewinnt man mit einer Wahrscheinlichkeit von $p = 0{,}4$.
Machen Sie eine Prognose, wie oft man in 150 Spielrunden wohl gewinnen wird.

c) Jemand wettet darauf, dass die Anzahl X der in 150 Runden gewonnenen Spiele im Intervall $54 \le X \le 66$ liegen wird. Beurteilen Sie, ob dies eine günstige Wette ist.

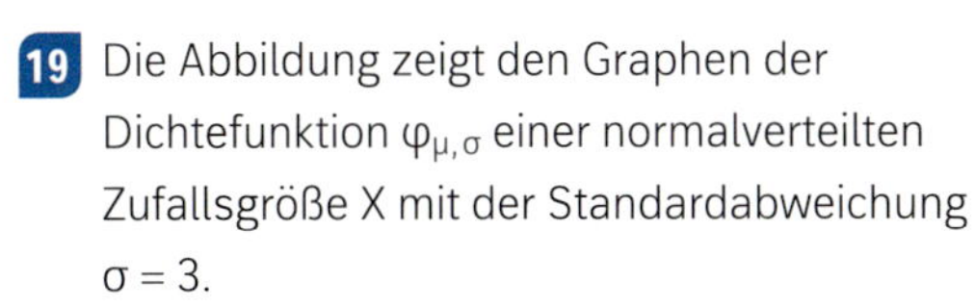

19 Die Abbildung zeigt den Graphen der Dichtefunktion $\varphi_{\mu,\sigma}$ einer normalverteilten Zufallsgröße X mit der Standardabweichung $\sigma = 3$.

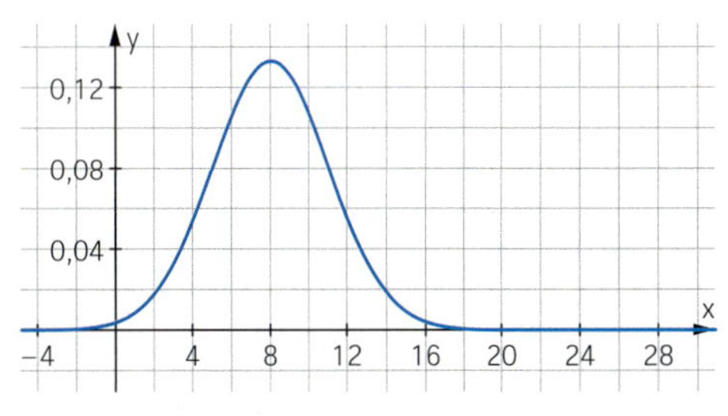

a) Ermitteln Sie den Erwartungswert μ.

b) Stellen Sie die Wahrscheinlichkeit $P(5 < X < 8)$ in der Abbildung dar.

c) Erläutern Sie, ob und gegebenenfalls wie sich die Wahrscheinlichkeit aus Teilaufgabe b) ändert, wenn σ vergrößert wird und μ unverändert bleibt.

8.2 Aufgaben zur Analysis

Bei der Lösung dieser Aufgaben können Sie die Formelsammlung und den Taschenrechner verwenden.

1 Die Höhenveränderungsgeschwindigkeit eines Segelflugzeugs kann durch die Funktion v mit $v(x) = -\frac{1}{60}x^3 + \frac{7}{6}x^2 - \frac{95}{4}x + 150$ beschrieben werden. Dabei wird x in Minuten ab dem Start zum Zeitpunkt 0 und v(x) in Meter pro Minute angegeben.

a) Skizzieren Sie den Graphen der Funktion v für $0 < x < 60$. Geben Sie an, wann das Segelflugzeug sinkt und wann es steigt.

b) Bestimmen Sie die mittlere Steiggeschwindigkeit in den ersten 5 Minuten.
Berechnen Sie die maximale Steiggeschwindigkeit des Segelflugzeugs bei diesem Flug.

c) Geben Sie einen Funktionsterm für die erreichte Flughöhe h(x) in Abhängigkeit von der Zeit x an und skizzieren Sie diesen Graphen.

d) Berechnen Sie die maximale Flughöhe und die Flugdauer.

2 Eine Infektionskrankheit, die durch ein neuartiges Virus hervorgerufen wurde, breitet sich in einem kleinen Land rasch aus. Die Tabelle zeigt die Gesamtzahl der nachgewiesenen Krankheitsfälle zum Ende jeder Woche nach dem ersten Auftreten der Krankheit.

Woche	0	1	2	3	4
Zahl der Fälle	794	1551	3049	5997	11 767

a) Die Entwicklung der Fallzahlen soll durch eine Exponentialfunktion f der Form $f(t) = a \cdot e^{k \cdot t}$ modelliert werden.
Bestimmen Sie die Parameter a und k, indem Sie die Tabellendaten zu den Zeitpunkten $t = 0$ und $t = 4$ verwenden. Runden Sie k auf 3 Stellen nach dem Komma.
[Zur Kontrolle: $f(t) = 794 \cdot e^{0,674t}$]

b) Berechnen Sie mithilfe der Modellfunktion f die Zahl der Krankheitsfälle nach der 2. Woche und ermitteln Sie die prozentuale Abweichung vom Wert in der Tabelle.

c) Bestimmen Sie mithilfe der Modellfunktion f eine Prognose für die Zahl der Erkrankten nach der 6. Woche und ermitteln Sie, wann bei ungebremstem Wachstum mehr als 100 000 Personen erkrankt sein würden.

Eine andere Modellierung geht davon aus, dass sich die Epidemie durch geeignete Maßnahmen zum Infektionsschutz mit der Zeit eindämmen lässt. Für dieses Szenario gibt die Funktion r mit $r(t) = \left(4t - \frac{1}{2}t^2\right) \cdot e^{-\frac{1}{4}t}$ die erwartete Änderungsrate der Krankheitsfälle in 1000 pro Woche an. Der Graph von r ist hier abgebildet.

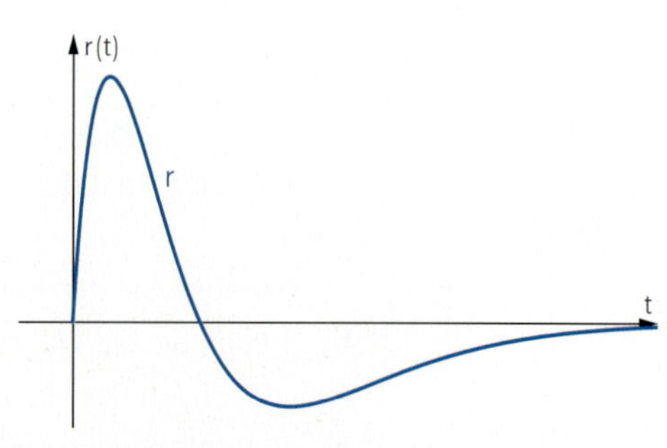

d) Bestimmen Sie die Nullstellen sowie die lokalen Extremstellen des Graphen von r und erklären Sie möglichst genau die Bedeutung dieser Stellen für der Verlauf der Epidemie.

Aus der Änderungsrate r lässt sich eine Funktion g ermitteln, die den prognostizierten Verlauf der Zahl der Krankheitsfälle für jede Woche wiedergibt.

e) Weisen Sie rechnerisch nach, dass r die Änderungsrate der Funktion g mit $g(t) = 2t^2 \cdot e^{-\frac{1}{4}t}$ ist, und geben Sie die Höchstzahl an Fällen an, die nach diesem Modell erreicht wird.

f) Leiten Sie aus dem Funktionsterm der Funktion g eine begründete Aussage über die langfristige Entwicklung der Fallzahlen ab. Bestimmen Sie mithilfe der Funktion g, nach wie vielen Wochen die Zahl der Erkrankten unter 1000 sinkt.

3 Bei einem Rückhaltebecken kann der Zufluss und der Abfluss von Wasser gesteuert werden. Während eines Tages kann die momentane Zuflussrate durch die Funktion f mit $f(t) = 5000t^2 \cdot e^{-\frac{1}{2}t}$, $0 \le t \le 24$, beschrieben werden. Dabei wird t in Stunden und f(t) in m^3 pro Stunde angegeben.

a) (1) Berechnen Sie die momentane Zuflussrate nach 10 Stunden.

(2) Zeigen Sie: $f'(t) = 5000 \cdot \left(-\frac{1}{2}t^2 + 2t\right) \cdot e^{-\frac{1}{2}t}$

(3) Bestimmen Sie rechnerisch die maximale momentane Zuflussrate und den Zeitpunkt, an dem diese erreicht ist.

(4) Bestimmen Sie die Wendestellen des Graphen von f und interpretieren Sie diese im Sachzusammenhang.

b) Ermitteln Sie die insgesamt während des Tages zugeflossene Wassermenge.

c) Die momentane Abflussrate kann während des Tages durch die Funktion g mit $g(t) = 400t^2 \cdot e^{-\frac{1}{4}t}$, $0 \le t \le 24$, beschrieben werden. Dabei wird t in Stunden und g(t) in m^3 pro Stunde angegeben.

(1) Bestimmen Sie den Zeitpunkt, bis zu dem $30\,000\,m^3$ aus dem Becken geflossen sind.

(2) Ermitteln Sie die Schnittstelle t_0 der Graphen von f und g mit $0 < t_0 \le 24$ und die Flächeninhalte der von den Graphen in den Intervallen $[0, t_0]$ und $[t_0, 24]$ eingeschlossenen Flächen. Deuten Sie beide Werte und ihre Differenz im Sachzusammenhang.

4 Der symmetrische Giebel eines Barockhauses ist in der Abbildung in einem Koordinatensystem mit der Einheit Meter dargestellt. Eine ganzrationale Funktion f beschreibt im entsprechenden Intervall den oberen Giebelrand.

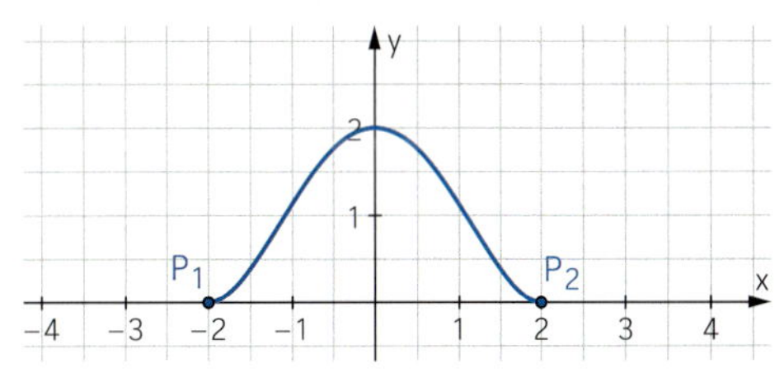

Die x-Achse ist die Tangente an den Graphen von f in den Punkten $P_1(-2|0)$ und $P_2(2|0)$.

a) Begründen Sie, dass f eine Funktion mindestens 4. Grades sein muss.

b) Ermitteln Sie eine Gleichung der Funktion f.

c) Ein Architekt beschreibt einen solchen Giebelrand durch die Funktion g mit $g(x) = \frac{1}{8} \cdot (x^2 - 4)^2$. Dieser Giebel soll durch eine waagerechte Linie in zwei flächeninhaltsgleiche Teile zerlegt werden. Während der untere Teil des Giebels mit Ornamenten verziert wird, ist beabsichtigt, im oberen Teil des Giebels Fenster anzubringen.
Ermitteln Sie auf Dezimeter genau, bis zu welcher Höhe der Giebel mit Ornamenten versehen werden soll.

5 Durch die Einnahme eines Medikamentes zum Zeitpunkt $t = 0$ gelangt ein bestimmter Wirkstoff in das Blut des Patienten. Die Wirkstoffkonzentration, die zum Zeitpunkt $t \in [0; 24]$ im Körper des Patienten ist, kann durch eine Funktion der Form $f_k(t) = 20t \cdot e^{-k \cdot t}$ mit einem Parameter $k > 0$ beschrieben werden. Dabei wird die Zeit t in Stunden und die Wirkstoffkonzentration in mg pro Liter angegeben.
Die Abbildung zeigt einen zeitlichen Verlauf, bei dem die Wirkstoffkonzentration im Blut des Patienten zwei Stunden nach der Einnahme des Medikamentes $26{,}813\,\frac{mg}{l}$ beträgt.

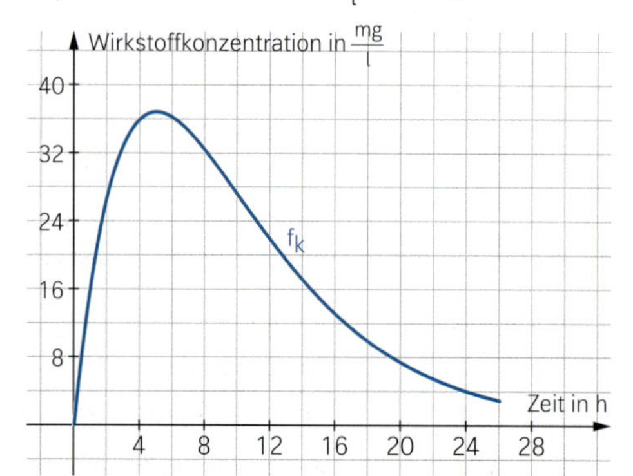

a) Berechnen Sie den Parameter k der Funktion f_k sowie die Höhe der Wirkstoffkonzentration 12 Stunden nach der Einnahme des Medikamentes.
[Zur Kontrolle: $k \approx 0{,}2$]

b) Berechnen Sie den Zeitpunkt und den Wert der maximalen Konzentration des Wirkstoffs im Blut.

c) Weisen Sie nach, dass die Konzentration nach 24 Stunden kleiner als $4\,\frac{mg}{l}$ ist.

d) Berechnen Sie den Zeitpunkt, an dem die Wirkstoffkonzentration am stärksten abnimmt.

e) Untersuchen Sie das Verhalten der Funktion $f_{0,2}$ für $t \to \infty$.
Interpretieren Sie das Ergebnis im Hinblick auf einen langfristigen Abbau des Wirkstoffs.

f) Durch eine entsprechende Dosierung der Einnahmemenge kann man den Parameter k beeinflussen. Innerhalb welcher Grenzen muss k liegen, damit die maximale Wirkstoffkonzentration $50\,\frac{mg}{l}$ nicht übersteigt?

g) Bestimmen Sie für $k > 0$ die Extrempunkte der Funktionenschar f_k und eine Gleichung der Ortskurve der Extrempunkte.

6 In einer Nährlösung vermehren sich Bakterien. Die zum Zeitpunkt $t \geq 0$ von Bakterien bedeckte Fläche lässt sich durch die Funktion f mit $f(t) = e^{0{,}4t - 0{,}1t^2}$ beschreiben. Dabei wird t in Stunden und f(t) in cm^2 angegeben.

a) Ermitteln Sie den Flächeninhalt der anfangs bedeckten Fläche und die maximale Ausbreitung der Bakterienkultur.
Zeichnen Sie den Graphen von f und beschreiben Sie den Verlauf des Bakterienwachstums. Nennen Sie mögliche Gründe für einen solchen Verlauf.

b) Erläutern Sie die Bedeutung des Terms $\frac{f(2) - f(0)}{2}$ im Sachkontext und bestimmen Sie dessen Wert.

c) Verschieben Sie den Graphen von f so, dass das Maximum auf der y- Achse liegt, und geben Sie den Funktionsterm der verschobenen Funktion g an.

d) Beschreiben Sie die Auswirkungen des Parameters a auf die Graphen der Funktionenschar f_a mit $f_a(t) = e^{0{,}4t - a \cdot t^2}$. Zeichnen Sie aussagekräftige Graphen.

e) Der Parameter a wird auch als *Sterberate* bezeichnet.
Interpretieren Sie Bedeutung des Falls $a = 0$ für diesen Sachzusammenhang.

f) Bestimmen Sie die Koordinaten des Maximums in Abhängigkeit von a. Bestimmen Sie die Gleichung der Ortskurve der Maxima.

8.3 Aufgaben zur vektoriellen Geometrie

Bei der Lösung dieser Aufgaben können Sie die Formelsammlung und den Taschenrechner verwenden.

1 Der Würfel OABCDEFG hat die Kantenlänge 6. Drei Kanten des Würfels liegen auf den Koordinatenachsen.
Die Figur ACDF ist eine Pyramide mit vier dreieckigen Seitenflächen.

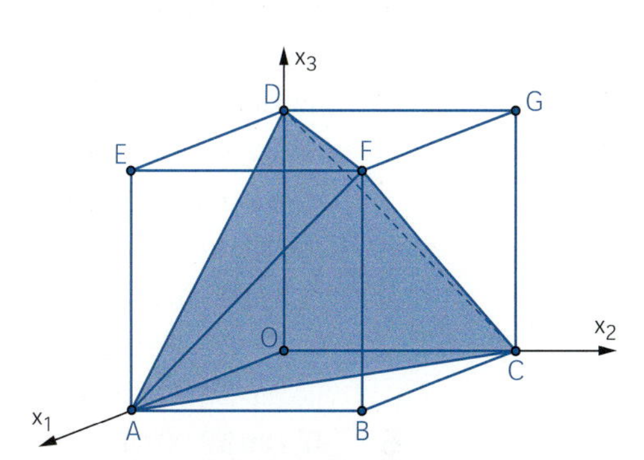

a) Berechnen Sie die Länge der Kante $\overline{AC}$ der Pyramide und begründen Sie, dass die übrigen fünf Kanten der Pyramide die gleiche Länge haben.

b) Zeigen Sie, dass sich die beiden Raumdiagonalen $\overline{BD}$ und $\overline{AG}$ des Würfels schneiden. Berechnen Sie die Größe des Schnittwinkels dieser beiden Raumdiagonalen.

c) Zeigen Sie, dass die Ebene E durch die Punkte A, C und F durch die Koordinatengleichung $E: x_1 + x_2 - x_3 = 6$ beschrieben werden kann.

d) Berechnen Sie das Volumen der Pyramide ACDF.

e) Die Ebene H enthält die Punkte C, D und F. Berechnen Sie den Schnittwinkel der beiden Ebenen E und H.

2 In der Abbildung ist ein Haus dargestellt, dessen Grundfläche ABCD in der x_1x_2-Ebene eines Koordinatensystems mit der Einheit Meter liegt. Der Punkt K hat die Koordinaten $K(4|0|7)$.

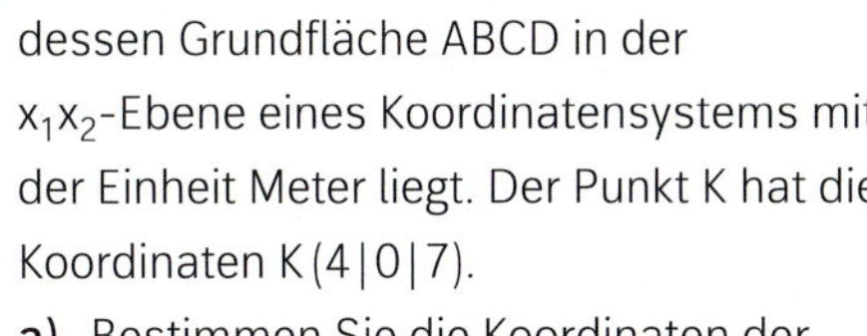

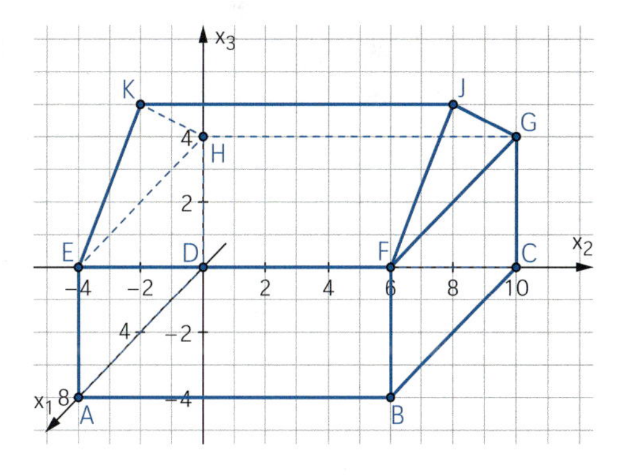

a) Bestimmen Sie die Koordinaten der übrigen Eckpunkte des Hauses.

b) Ermitteln Sie eine Gleichung für die Ebene E, in der die Dachfläche EFKJ liegt, in Parameter- und in Koordinatenform.
Die Dachfläche soll mit Solarpanels bestückt werden. Der optimale Neigungswinkel feststehender Solarmodule gegen die Horizontale liegt zwischen 28° und 30°. Untersuchen Sie, ob die Dachfläche diese Anforderungen erfüllt.

c) Berechnen Sie die Größe der Dachfläche EFKJ.
Die Solarpanels sind 160 cm × 100 cm groß. Berechnen Sie, wie viele Panels maximal installiert werden können, wenn diese entweder alle horizontal oder alle vertikal ausgerichtet werden können.

d) Auf das Dach fällt Sonnenlicht in Richtung des Vektors $\vec{u} = \begin{pmatrix} -2 \\ 5 \\ -2 \end{pmatrix}$.
Der Punkt K* ist der Schattenpunkt des Punktes K in der x_1x_2-Ebene. Berechnen Sie die Koordinaten des Punktes K*.

3 In einem Koordinatensystem mit der Einheit km befindet sich eine Radarstation im Punkt P(61 | −110 | 1).
Ein Verkehrsflugzeug, das über einen längeren Zeitraum mit nahezu konstanter Geschwindigkeit auf geradlinigem Kurs fliegt, wird um 18:37 Uhr vom Radar im Punkt F_1(−9 | −54 | 7) und 5 Minuten später im Punkt F_2(−4 | −99 | 7) erfasst.

a) Bestimmen Sie die Geschwindigkeit des Flugzeugs.

b) Wie weit ist das Flugzeug um 18:51 Uhr von der Radarstation entfernt?

c) Bestimmen Sie den Punkt Q, an dem sich das Flugzeug um 18:44 Uhr befindet.
Zeigen Sie, dass die Vektoren $\overrightarrow{PQ}$ und $\overrightarrow{F_1F_2}$ orthogonal zueinander sind, und interpretieren Sie dies im Sachkontext.

d) Um 19:00 Uhr ändert das Flugzeug seine Richtung und seine Geschwindigkeit. Es wird um 19:05 Uhr von einer zweiten Radarstation im Punkt G_1(14 | −276 | 6) und 10 Minuten später im Punkt G_2(14 | −346 | 4) geortet.
Wenn das Flugzeug diesen geradlinigen Flugkurs beibehält, erreicht es ohne weitere Kurskorrektur den Flughafen, der in 1000 m Höhe liegt. Die Landung des Flugzeugs ist für 19:20 Uhr geplant.
Prüfen Sie, ob dieser Zeitplan eingehalten werden kann.

e) Ein weiteres Flugzeug wird von der zweiten Radarstation um 19:05 Uhr im Punkt G_3(18 | −268 | 5) und um 19:15 im Punkt G_4(17 | −340 | 4) erfasst.
Zeigen Sie, dass sich die beiden Flugbahnen nicht schneiden. Bestimmen Sie den Mindestabstand der beiden Flugzeuge und die zugehörige Uhrzeit.

4 Bei der Planung eines Parkhauses kann ein Parkdeck durch eine Ebene E beschrieben werden. In dem verwendeten Koordinatensystem ist die Ebene E parallel zur x_1x_2-Koordinatenebene und der Punkt A(0 | 0 | 5) liegt in der Ebene E.

a) Geben Sie für die Parkdeck-Ebene E eine Gleichung in Parameterform und eine Gleichung in Koordinatenform an.

b) Der Punkt P(1 | −2 | 3) soll über eine Treppe vom Parkdeck aus erreicht werden.
Zeigen Sie, dass der Punkt P nicht in der Ebene E liegt, und bestimmen Sie seinen Abstand von der Ebene E.

c) Der Punkt P liegt in einer schrägen Ebene H, auf der die Treppe zum Parkdeck führt.
Die Ebene H hat den Normalenvektor $\vec{n} = \begin{pmatrix} 1 \\ 1 \\ 2 \end{pmatrix}$.
Geben Sie eine Gleichung in Koordinatenform für die Ebene H an.

d) Bestimmen Sie die Gleichung der Schnittgeraden g der Ebenen E und H, auf der der Treppenabgang auf dem Parkdeck liegt.

e) Berechnen Sie die Größe des Schnittwinkels zwischen der Parkdeck-Ebene E und der Treppen-Ebene H.

5 Der in der Abbildung skizzierte 4 m breite und 5 m lange Carport ist an der Einfahrt 3 m und am Ende 2,5 m hoch. In einem Koordinatensystem mit der Einheit Meter haben die Punkte F und H die Koordinaten F(4|0|3) und H(0|5|2,5).

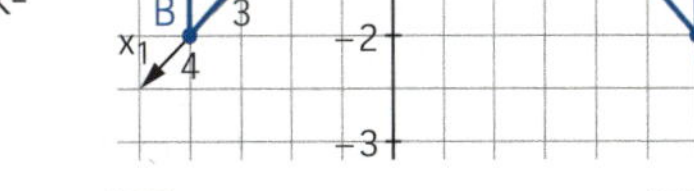

a) Bestimmen Sie die Koordinaten der übrigen Eckpunkte des Carports.

b) Die Punkte P und Q sind die Mittelpunkte der Kanten $\overline{EH}$ und $\overline{FG}$.
Bestimmen Sie ihre Koordinaten.

c) Berechnen Sie die Länge des Dachsparrens $\overline{EH}$ sowie der Stützbalken $\overline{AP}$ und $\overline{PD}$.

d) Berechnen Sie die Winkel, die die Balken $\overline{AP}$ und $\overline{PD}$ mit dem Dachsparren $\overline{EH}$ bilden.

e) Oberhalb des Carports befindet sich im Punkt L(1|−2|4) eine Straßenlaterne.
Bestimmen Sie die Koordinaten des Schattens der Eckpunkte E, F, G und H der Dachfläche auf dem Boden. Folgern Sie, welche geometrische Form der Schatten hat.

f) Eine der Seitenflächen, das Dreiecks BQF, soll mit Brettern verkleidet werden.
Berechnen Sie den Flächeninhalt dieses Dreiecks.

6 Beim Training von zukünftigen Fluglotsinnen und Fluglotsen an einem Simulator werden zwei Flugobjekte, die sich auf geradlinigen Flugbahnen gleichförmig bewegen, in einem Koordinatensystem betrachtet.

Flugobjekt F_1 startet bei Beobachtungsbeginn im Punkt A_1(−1|11|0) und ist auf der Geraden g_1 nach 3 Sekunden im Punkt B_1(0|9|2).
Flugobjekt F_2 beginnt im Punkt A_2(0|0|2) und erreicht auf der Geraden g_2 nach 6 Sekunden den Punkt B_2(2|2|3).

a) Berechnen Sie die Koordinaten des Punktes, den das Flugobjekt F_1 nach 30 Sekunden erreicht hat.

b) Zeigen Sie, dass der Punkt C(−2|13|−2) auf der Geraden g_1 liegt, und begründen Sie, warum dieser Punkt nicht vom Flugobjekt F_1 erreicht wird.

c) Untersuchen Sie, ob die Geraden g_1 und g_2 gemeinsame Punkte haben.

d) (1) Bestimmen Sie die Entfernung zwischen den Startpunkten A_1 und A_2 der beiden Flugobjekte.
Zeigen Sie, dass 6 Sekunden nach Beobachtungsbeginn die Entfernung zwischen den beiden Flugobjekten geringer geworden ist.
(2) Begründen Sie, dass es einen zweiten Zeitpunkt gibt, an dem die beiden Flugobjekte genau so weit voneinander entfernt sind wie zu Beginn der Beobachtung.

8.4 Aufgaben zur Stochastik

Bei der Lösung dieser Aufgaben können Sie die Formelsammlung und den Taschenrechner verwenden.

1 Die Reisebusse eines Reiseunternehmers verfügen über 54 Sitzplätze.

a) Gewöhnlich werden 90 % der gebuchten Fahrten tatsächlich wahrgenommen.
Für eine Busreise sind 54 Plätze verkauft worden. Ermitteln Sie, mit welcher Wahrscheinlichkeit mehr als drei Plätze frei bleiben.

b) Wegen der kurzfristigen Absagen von gebuchten Reisen verkauft der Unternehmer mehr Plätze als vorhanden sind. Für eine Fahrt mit zwei Bussen werden 120 Buchungen angenommen.
Untersuchen Sie, mit welcher Wahrscheinlichkeit der Reiseunternehmer keinen Ärger bekommt.

c) Der Unternehmer ändert die Vertragsbedingungen dahingehend, dass bei kurzfristigen Absagen dennoch 50 % des Reisepreises gezahlt werden müssen. Aufgrund von Rückmeldungen hat er den Eindruck, dass möglicherweise Fahrt-Interessenten durch die verschärften Bedingungen abgeschreckt werden. Bis zur Einführung der neuen Regelung war es so, dass 45 % der Personen, die Prospekte über eine Fahrt angefordert hatten, die Fahrt auch tatsächlich gebucht haben. Mit den nächsten 150 Prospektanforderungen will er testen, wie sich die neue Regelung auswirkt.

(1) Geben Sie an, welche Nullhypothese der Reiseunternehmer testen wird, und ermitteln Sie dazu eine Entscheidungsregel.

(2) Bestimmen Sie die Wahrscheinlichkeit, dass der Eindruck des Reiseunternehmers durch den Test nicht bestätigt wird, obwohl nur noch 37 % der Fahrt-Interessenten die Fahrt auch tatsächlich buchen.

d) Der Unternehmer möchte untersuchen, wie pünktlich seine Busse am Zielort ankommen. Die Daten, die er erhoben hat, legen nahe, dass die Zufallsvariable X: *Verspätung am Zielort in Minuten* näherungsweise normalverteilt mit $\mu = 3$ ist. Dabei kamen nur 2,5 % der Busse mit mehr als 10 Minuten Verspätung am Zielort an.

(1) Lösen Sie die Gleichung $3 + 1{,}96\sigma = 10$ nach σ auf.
Erläutern Sie, warum diese Gleichung dazu geeignet ist, den Parameter σ der Normalverteilung zu bestimmen.

(2) Bestimmen Sie $P(X \le -5)$ und deuten Sie diesen Wert im Sachzusammenhang.

(3) Ermitteln Sie den Anteil der Busse, die zwar verspätet ankamen, aber eine Verspätung von weniger als 5 Minuten hatten.

2 Nach einer Studie des Internationalen Zentralinstituts für das Jugend- und Bildungsfernsehen (IZI) dürfen 60 % der Zweijährigen und 89 % der Dreijährigen regelmäßig fernsehen. Kinder in diesem Alter sind von den bewegten Bildern äußerst fasziniert; sie können jedoch noch nicht zwischen der Welt im Fernsehen und der realen Welt unterscheiden. Daher ist es für die Entwicklung der Kinder sehr wichtig, dass die Eltern den Fernsehkonsum ihrer Kinder kontrollieren und mit ihnen über das Gesehene sprechen.

a) Geben Sie einen Term für die Wahrscheinlichkeit folgender Ereignisse an:

E_1: *In der Stichprobe von 100 Zweijährigen findet man 55 oder 56 Kinder, die regelmäßig fernsehen.*

E_2: *Bei einer Umfrage unter Zweijährigen müssen genau 8 Kinder befragt werden, bis man ein Kind findet, das regelmäßig fernsehen darf.*

E_3: *Unter 10 befragten Dreijährigen findet man genau 2 Kinder, die regelmäßig fernsehen.*

b) Bestimmen Sie die Mindestzahl an Familien mit Dreijährigen, die man auswählen müsste, damit unter diesen mit einer Wahrscheinlichkeit von mindestens 90 % mindestens eine Familie ist, in der das dreijährige Kind nicht regelmäßig fernsehen darf.

c) Nach einer großen Informationskampagne zu den Nachteilen des Fernsehkonsums bei Kleinkindern soll untersucht werden, ob sich der Anteil der regelmäßig fernsehenden Dreijährigen tatsächlich vermindert hat. Mit der Wahl der Nullhypothese $H_0: p \geq 0{,}89$ soll dies anhand einer Stichprobe von 100 Dreijährigen überprüft werden.
Ermitteln Sie eine Entscheidungsregel zu dieser Nullhypothese für ein Signifikanzniveau von $\alpha = 5\,\%$. Beschreiben Sie den Fehler 2. Art im Sachzusammenhang.

3 Personen, die in einem Schaltjahr am 29. Februar geboren wurden, können nur alle vier Jahre „richtig" Geburtstag feiern.

a) Begründen Sie:
Die Wahrscheinlichkeit, am 29.02. geboren worden zu sein, beträgt etwa $\frac{1}{1461}$.

b) Geben Sie einen Schätzwert an, wie viele Personen, die am 29.02. Geburtstag haben, in einer Stadt wie Viersen (77 000 Einwohner) leben.

c) Ermitteln Sie die Wahrscheinlichkeit, dass von 800 Schülerinnen und Schülern
(1) keiner; (2) einer; (3) mehr als einer am 29.02. Geburtstag hat.

d) Bei der Recherche in mehreren Grundschulen eines Kreises bekommt ein Journalist den Eindruck, dass ungewöhnlich viele Kinder am 29.02. Geburtstag haben. Er vermutet, dass bei den werdenden Müttern der Wunsch nach einem „besonderen" Geburtstag für ihr Kind zu einer Häufung der Geburten am Schalttag geführt hat. Der Journalist hat bei seinen Recherchen Grundschulen mit insgesamt 2100 Kindern erfasst.
Geben Sie eine mögliche Anzahl von Kindern mit Geburtstag 29.02. an, die dieser Journalist in der Stichprobe vorgefunden hat, die ihn zu seiner Vermutung veranlasste. Berechnen Sie die Wahrscheinlichkeit, mit der man diese Anzahl oder eine größere rein zufällig antrifft.

e) Von 2100 zufällig ausgewählten Personen wird der Geburtstag erfasst.
Bestimmen Sie die Wahrscheinlichkeit, dass an einem bestimmten Tag des Jahres keine dieser Personen Geburtstag hat.

4 Die 2017 entstandene Gesundheitsstudie der DAK (Deutsche Angestelltenkrankenkasse) hatte das Schwerpunktthema „Schlafstörungen unter Arbeitnehmern". Dabei traten alarmierende Befunde auf. Unter der besonders schweren Schlafstörung Insomnie litten 9,4 % der befragten Arbeitnehmerinnen und Arbeitnehmer.

a) Berechnen Sie, wie viele Mitarbeiterinnen und Mitarbeiter ein Unternehmen mindestens haben muss, damit sich mit einer Wahrscheinlichkeit von mindestens 95 % mindestens eine Person darunter befindet, die unter Insomnie leidet.

b) Die Studie ergab folgende Daten:
9,4 % der Befragten litten an Insomnie.
Von diesen Personen ließen sich 30 % ärztlich wegen Schlafstörungen behandeln.
Von den nicht an Insomnie leidenden Personen ließen sich nur 2,1 % wegen Schlafstörungen behandeln.

(1) Stellen Sie diesen Sachverhalt in einem geeigneten Baumdiagramm dar.

(2) Berechnen Sie den Anteil derjenigen Menschen, die weder an Insomnie leiden noch wegen einer Schlafstörung beim Arzt waren.

(3) Berechnen Sie die Wahrscheinlichkeit, dass jemand, der wegen Schlafproblemen zum Arzt geht, an Insomnie erkrankt ist.

c) Das Verhalten vieler Arbeitnehmerinnen und Arbeitnehmer fördert einen schlechten Schlaf. 12,5 % der Befragten kümmern sich vor dem Einschlafen noch um dienstliche Dinge wie das Checken von E-Mails oder das Planen des nächsten Arbeitstages.
Der Betriebsrat will daher eine umfassende Aufklärungskampagne über die gesundheitsschädlichen Auswirkungen dieses Verhaltens starten. Diese Kampagne soll danach evaluiert werden. Es wäre für den Betriebsrat von Vorteil, wenn die Kampagne ein Erfolg wäre.

(1) Begründen Sie, warum der Betriebsrat die Hypothese H_0: $p \geq 0{,}125$ testen wird.

(2) Bestimmen Sie eine Entscheidungsregel für diesen Hypothesentest für ein Signifikanzniveau von $\alpha = 5\,\%$.

(3) Beschreiben Sie den Fehler 2. Art im Sachkontext.

d) Eine Untersuchung wird durchgeführt, die ermitteln soll, wie die Verteilung der Schlafdauer von Arbeitnehmerinnen und Arbeitnehmern ist. Die Daten legen nahe, dass diese Schlafdauer als näherungsweise normalverteilt mit $\mu = 6{,}1$ Stunden und $\sigma = 1{,}4$ Stunden angesehen werden kann.

(1) Es wird von Ärzten empfohlen, ca. 7 Stunden am Tag zu schlafen.
Bestimmen Sie den Anteil der Personen, die diese Schlafdauer unterschreiten.

(2) Ermitteln Sie die zu erwartende Anzahl von Personen in ein Unternehmen mit 500 Mitarbeiterinnen und Mitarbeitern, die die empfohlene Schlafdauer unterschreiten.

(3) Geben Sie die Schlafdauer an, die nur von 5 % der Personen unterschritten wird.

8.5 Aufgaben im Stil einer Abiturklausur

Teil A Aufgaben ohne Hilfsmittel

a) Die Abbildung zeigt den Graphen einer der drei Funktionen f, g und h mit $f(x) = 0{,}5\,e^{0{,}5x}$, $g(x) = -0{,}25x + 0{,}5$ und $h(x) = 0{,}5\,e^{-0{,}5x}$.

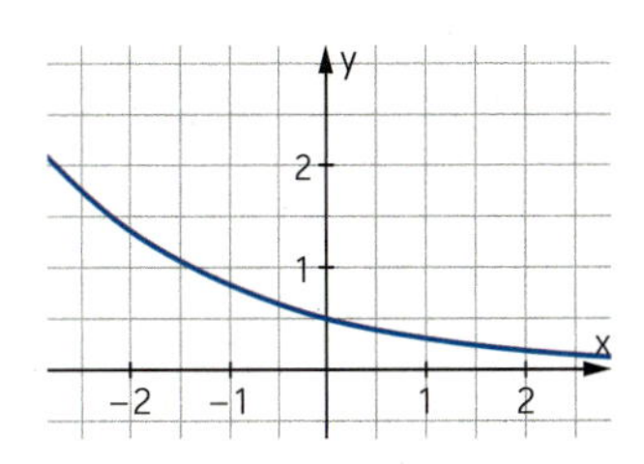

(1) Geben Sie an, welcher der drei Funktionsgraphen abgebildet ist, und begründen Sie, warum der abgebildete Graph nicht zu den anderen beiden Funktionen passt.

(2) Erläutern Sie die Bedeutung der beiden Terme $\frac{h(1) - h(0)}{1}$ und $\lim\limits_{s \to 0} \frac{h(s) - h(0)}{s}$.

b) Gegeben ist die Funktion f mit $f(x) = (2 - x) \cdot e^x$.

(1) Untersuchen Sie die Funktion f auf ihr Verhalten für $x \to \infty$ und $x \to -\infty$.

(2) Zeigen Sie, dass der Graph von f den Wendepunkt W(0 | 2) hat, und bestimmen Sie die Gleichung der Wendetangente.

c) Gegeben ist die Funktionenschar f_a mit $f_a(x) = x^2 - 2a \cdot x$ und $a \in \mathbb{R}$.

(1) Bestimmen Sie die Nullstellen von f_a.

(2) Begründen Sie: Für den Flächeninhalt A_a der Fläche, die die Graphen von f_a jeweils mit der x-Achse einschließen, gilt $A_a = \left|\frac{4}{3}a^3\right|$.

Bestimmen Sie alle Werte für den Parameter a, für die dieser Flächeninhalt 36 beträgt.

d) Gegeben sind die Punkte A(2 | 1 | 3) und B(3 | 2 | 2) sowie die Gerade g mit

$g: \vec{x} = \begin{pmatrix} 5 \\ 6 \\ 8 \end{pmatrix} + r \cdot \begin{pmatrix} 1 \\ 2 \\ 3 \end{pmatrix}$.

(1) Zeigen Sie, dass der Vektor $\overrightarrow{AB}$ orthogonal zu der Geraden g ist.

(2) Geben Sie eine Koordinatengleichung der Ebene E an, die die Gerade g und den Punkt A enthält.

e) Alle drei Abbildungen zeigen dieselbe Dichtefunktion einer normalverteilten Zufallsgröße X. In Abbildung (2) ist die zum markierten Bereich gehörende Wahrscheinlichkeit angegeben. Geben Sie damit für Abbildung (1) und (3) die Wahrscheinlichkeiten an.

(1)

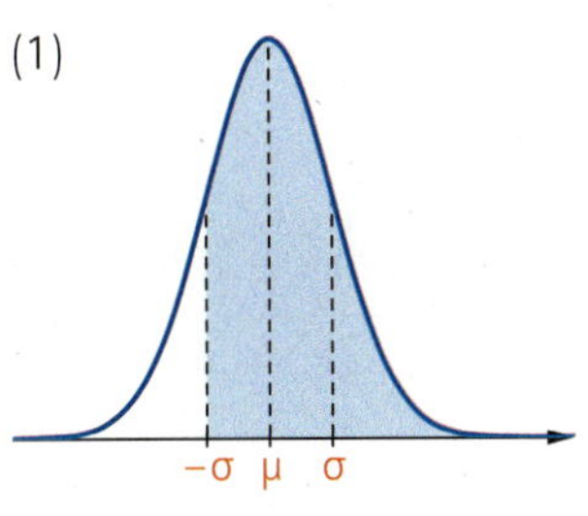

(2)

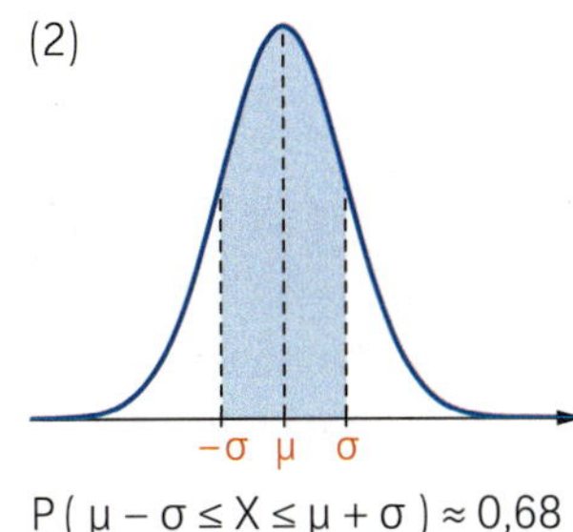

$P(\mu - \sigma \le X \le \mu + \sigma) \approx 0{,}68$

(3)

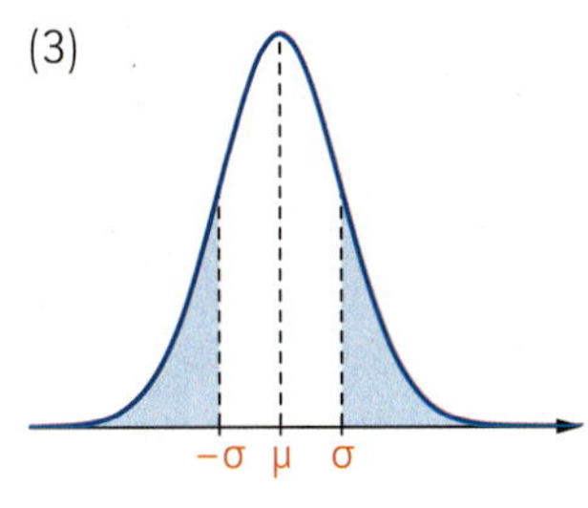

Teil B

Aufgaben mit Hilfsmitteln

1

Methadon ist ein synthetisch hergestelltes Opioid, das in Deutschland hauptsächlich heroinabhängigen Patientinnen und Patienten im Rahmen einer Substitutionstherapie verschrieben wird. In letzter Zeit wird häufig auch über einen Einsatz in der Krebstherapie berichtet, in der das Mittel die Wirkung der Chemotherapie verstärken könnte. Hierzu sind jedoch noch klinische Studien erforderlich.
Die Halbwertszeit für die Konzentration von Methadon im Blut einer Patientin bzw. eines Patienten beträgt ungefähr 24 Stunden. Sie kann aber individuell stark schwanken.

a) Für einen bestimmten Patienten beschreibt die Funktion f mit $f(t) = 10 \cdot e^{-0{,}029t}$ die Konzentration des Medikamentes im Blut nach intravenöser Verabreichung. Dabei wird t in Stunden ab der Injektion und f(t) in mg pro Liter angegeben.
Berechnen Sie die Halbwertszeit für diesen Patienten sowie den Zeitpunkt, zu dem die Konzentration nur noch 2 mg pro Liter beträgt.

b) 10 % der Patientinnen und Patienten sind sogenannte „fast metabolizer", deren Körper bestimmte Substanzen schneller abbaut.
Einer solchen Patientin, bei der von einer Blutmenge von 5 Litern ausgegangen werden kann, werden 60 mg Methadon intravenös verabreicht. Bestimmen Sie die Gleichung einer Funktion g mit $g(t) = a \cdot e^{-b \cdot t}$, die die Konzentration des Medikamentes im Blut beschreibt, wenn man von einer Halbwertszeit von 18 Stunden ausgehen kann.

Bei Verabreichung des Medikamentes in Tablettenform erhöht sich zunächst die Konzentration im Blut, bevor der Abbau einsetzt, weil der Übergang vom Verdauungstrakt in die Blutbahn schneller ist als der Abbau. Ein solcher Verlauf kann für $t > 0$ durch eine Funktion h mit $h(t) = 8t \cdot e^{-0{,}6t}$ beschrieben werden. Dabei wird t in Stunden ab der Einnahme und h(t) in mg pro Liter angegeben.

c) Skizzieren Sie den Verlauf des Graphen der Funktion h für $0 \leq t \leq 10$ anhand einer Wertetabelle.

d) Berechnen Sie die maximale Konzentration des Medikamentes im Blut und den Zeitpunkt, zu dem diese vorhanden ist.
[Zur Kontrolle: $h''(t) = e^{-0{,}6t} \cdot (-9{,}6 + 2{,}88t)$]

e) Erläutern Sie die Bedeutung des Wendepunktes des Graphen der Funktion h im Sachzusammenhang.

f) Abgebildet ist der Graph von h'.
Berechnen Sie $\int_0^4 h'(t)\,dt$.
Drücken Sie diesen Wert unter Nutzung der Zeichnung mithilfe von Flächeninhalten aus und geben Sie seine Bedeutung in Bezug auf die Konzentration des Medikamentes im Blut an.

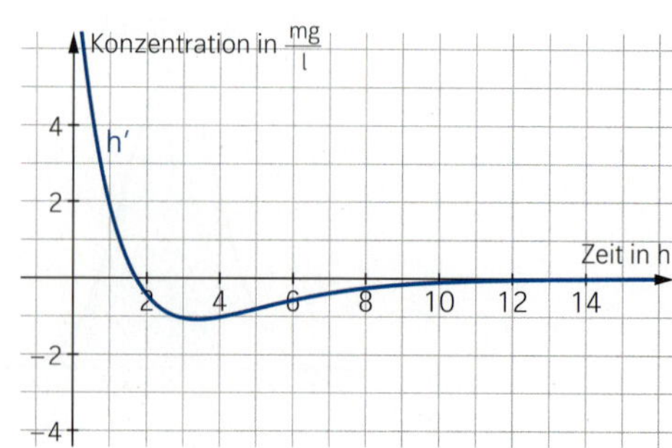

g) Ein Patient nimmt fünf Stunden nach der ersten Einnahme das Medikament in der gleichen Dosierung erneut ein. Es wird vereinfachend angenommen, dass sich dabei die Konzentrationen des Medikamentes im Blut addieren.
Skizzieren Sie den zeitlichen Verlauf der Konzentration im Blut dieses Patienten für $0 \leq t \leq 12$.
Man muss mit starken Nebenwirkungen rechnen, wenn die Konzentration des Medikamentes im Blut 6 mg pro Liter übersteigt.
Entscheiden Sie, ob der Patient gefährdet ist.

h) Für eine andere Therapie wird das Medikament in seiner Zusammensetzung verändert; seine Konzentration im Blut wird nun durch die Funktion k mit $k(t) = a \cdot t \cdot e^{-b \cdot t}$ mit $a > 0$ und $b > 0$ beschrieben. Dabei wird t in Stunden seit der Einnahme und k(t) in mg pro Liter gemessen.
Bestimmen Sie die Parameter a und b so, dass die Konzentration drei Stunden nach der Einnahme mit 10 mg pro Liter ihren größten Wert erreicht.

2 In einem kartesischen Koordinatensystem sind die fünf Eckpunkte $O(0|0|0)$, $A(4|3|0)$ $B(0|3|-3)$, $C(-4|0|-3)$ und $F(-3|0|3)$ eines schiefen Prismas mit der viereckigen Grundfläche OABC gegeben.

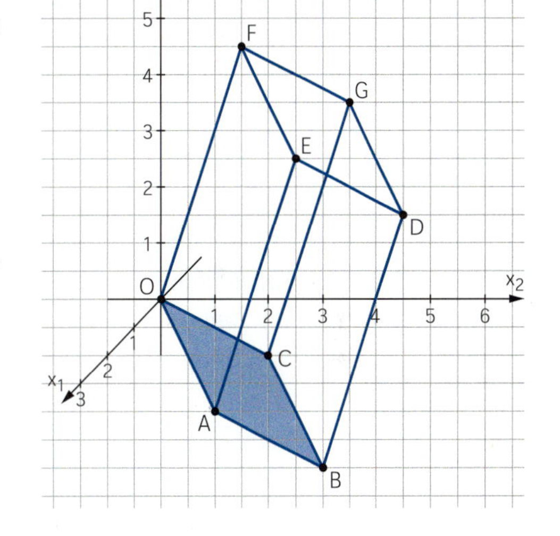

a) Geben Sie eine Parameterform der Geraden g an, die durch die Punkte O und F verläuft. Bestimmen Sie die Koordinaten der Punkte D, E und G.

b) Gegeben ist außerdem die Gerade h mit der Gleichung $\vec{x} = \begin{pmatrix} 3 \\ -8 \\ -5 \end{pmatrix} + r \cdot \begin{pmatrix} -3 \\ 4 \\ 4 \end{pmatrix}$.

(1) Zeigen Sie, dass der Punkt F auf der Geraden h liegt.

(2) Berechnen Sie die Koordinaten des Schnittpunktes S der Geraden h mit der Ebene E, in der die Grundfläche OABC des Prismas liegt. Berechnen Sie außerdem die Länge der Strecke $\overline{FS}$.

c) Zeigen Sie, dass das Viereck OABC eine Raute ist. Berechnen Sie die Größe der Innenwinkel dieser Raute.

d) Das Prisma soll durch eine Ebene in zwei volumengleiche Teile zerlegt werden. Geben Sie zu einer solchen Ebene eine Koordinatengleichung an.

e) Bestimmen Sie das Volumen des Prismas.

f) Auf die Raute DGFE des Prismas soll eine Pyramide mit dem Volumen 10 aufgesetzt werden. Der Schnittpunkt der Diagonalen der Raute ist M. Der Verbindungsvektor $\overrightarrow{MS}$ des Punktes M mit der Pyramidenspitze S ist orthogonal zur Ebene, in der die Raute liegt. Bestimmen Sie die Koordinaten von S.

3 Viele Menschen verzichten inzwischen auf ein eigenes Auto und nutzen stattdessen Carsharing-Angebote. In einer Großstadt stellt ein Anbieter 300 Autos bereit.

a) Durchschnittlich wird jedes Auto an 80 % der Tage gebucht.

(1) Erklären Sie, welche Modellannahmen man treffen muss, um die Anzahl der Buchungen an einem Tag als binomialverteilt mit $p = 0{,}8$ anzunehmen.

(2) Die Anzahl der Buchungen an einem Tag wird als binomialverteilt mit $p = 0{,}8$ angenommen. Bestimmen Sie für einen Tag die Wahrscheinlichkeit folgender Ereignisse:

E_1: *Mindestens 250 Autos werden gebucht.*

E_2: *Es werden weniger als 230 Autos gebucht.*

b) Der Anbieter hat zwei Fahrzeugtypen: Kleinwagen und Vans. Diese werden insgesamt mit einer Wahrscheinlichkeit von 80 % gebucht, die Kleinwagen aber häufiger, nämlich mit einer Wahrscheinlichkeit von 85 %, die Vans nur mit 70 %.

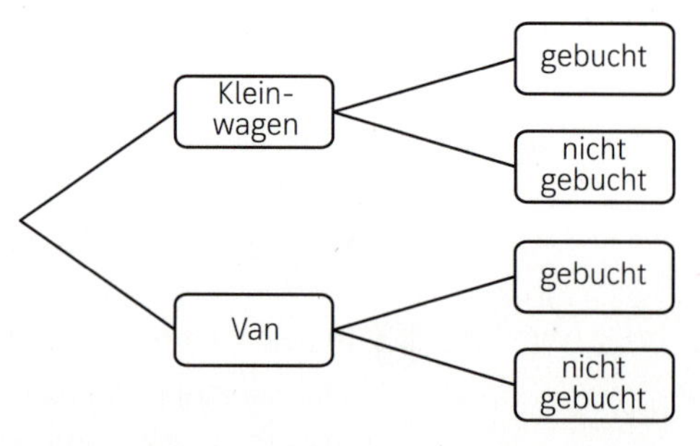

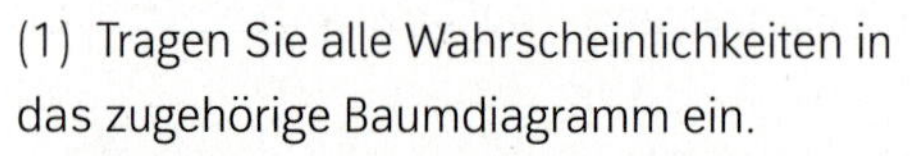

(1) Tragen Sie alle Wahrscheinlichkeiten in das zugehörige Baumdiagramm ein.

(2) Zufällig sehen Sie in der Stadt ein Auto des Anbieters umherfahren. Mit welcher Wahrscheinlichkeit ist es ein Van?

c) Nicht immer bringen die Nutzer geliehene Wagen fristgerecht zurück. Vereinfachend wird angenommen, dass das täglich bei 0,5 % der 240 gebuchten Autos vorkommt.

(1) Ermitteln Sie die Wahrscheinlichkeit dafür, dass an einem Tag mindestens ein solcher Fall eintritt.

(2) Laut Geschäftsbedingungen gilt: „Wenn wir Ihnen das gebuchte Fahrzeug nicht zur Verfügung stellen können, erhalten Sie zur Entschädigung eine Gutschrift von 15 Euro.“ Ermitteln Sie die in der Tabelle fehlenden Wahrscheinlichkeiten.

Anzahl k der gebuchten, nicht vorzufindenden Wagen	1	2	3	4
$P(X = k)$				
zu leistende Entschädigung in €	15	30	45	60

Für eine grobe Kalkulation werden nur die in der Tabelle aufgeführten Fälle betrachtet, weil es recht unwahrscheinlich ist, dass noch mehr gebuchte Wagen fehlen.
Welche zu leistende Entschädigungssumme ist dann täglich zu erwarten?

d) Die Geschäftsführung hat den Eindruck, dass in letzter Zeit die Zuverlässigkeit der Kundschaft nachgelassen hat. Um das zu überprüfen, will sie die Daten der folgenden 2000 Buchungen auswerten. Wenn mehr als 16 Autos nicht fristgerecht zurückgegeben werden, geht die Geschäftsführung davon aus, dass die Zuverlässigkeit der Kundschaft nachgelassen hat und $p = 0{,}5\,\%$ nicht mehr zutreffend ist.

(1) Geben Sie die Nullhypothese an, die die Geschäftsführung testen sollte, und ermitteln Sie dazu eine Entscheidungsregel für den Signifikanzniveau $\alpha = 5\,\%$.

(2) Bestimmen Sie die Wahrscheinlichkeit, dass die Geschäftsführung die Nullhypothese nicht verwirft, obwohl tatsächlich $p = 0{,}6\,\%$ gilt.

Kapitel 1 (Seite 67 – 68)

Teil A

1 a) $f(x) = (2x - 4)^{\frac{1}{2}}$

$f'(x) = \frac{1}{2} \cdot (2x - 4)^{\frac{1}{2} - 1} = \frac{1}{\sqrt{2x - 4}}$

b) $f'(x) = \frac{15}{2} x \cdot \sqrt{x}$

c) $f'(x) = \frac{-3}{2x^2 \cdot \sqrt{x}}$

2 a) Nullstellen:
$x_1 = 0$ doppelte Nullstelle ohne Vorzeichenwechsel,
$x_2 = 2$ einfache Nullstelle mit Vorzeichenwechsel
Globalverlauf:
Für $x \to -\infty$ gilt $f(x) \to -\infty$.
Für $x \to \infty$ gilt $f(x) \to \infty$.

b) Aufgrund des Globalverlaufs muss an der doppelten Nullstelle $x_1 = 0$ ein Hochpunkt liegen, also $H(0|0)$.
Im Intervall $]0; 2[$ sind die Funktionswerte negativ, für $x > 2$ immer positiv. Also muss im Intervall $]0; 2[$ ein Tiefpunkt liegen.
Zwischen dem Hoch- und dem Tiefpunkt liegt ein Wendepunkt. Da die zweite Ableitung f″ eine Funktion der Art $a x^3 - b$ ist, hat die zweite Ableitung nur eine Nullstelle. Es kann also keine weiteren Wendepunkte geben.

c)

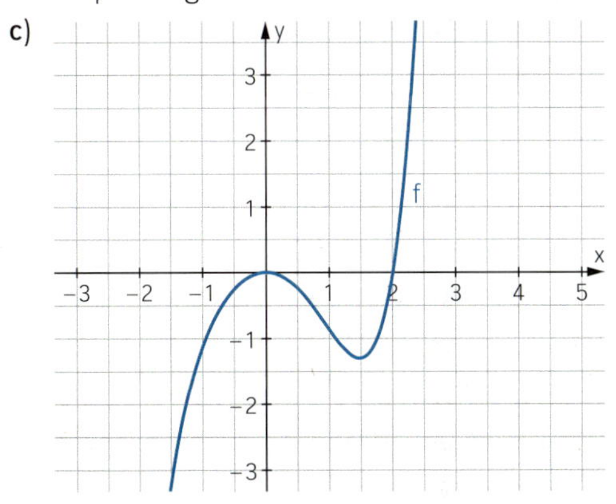

3 $f'(x) = 3x^2 - 12x + 9$; $f''(x) = 6x - 12$
Koordinaten des Wendepunktes: $W(2|-2)$
Ansatz für Gleichung der Wendetangente:
$y = mx + b$
Steigung der Wendetangente: $m = f'(2) = -3$
Einsetzen von $f(2) = -2$ ergibt $-2 = -3 \cdot 2 + b$,
also $b = 4$.

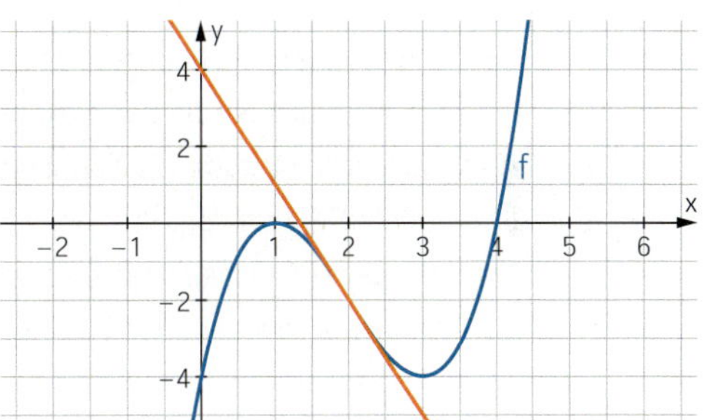

Schnittstelle der Wendetangente mit der x-Achse:
$-3 \cdot x + 4 = 0$, also $x = \frac{4}{3}$
Längen der Katheten des rechtwinkligen Dreiecks:
$a = \frac{4}{3}$; $b = 4$
Flächeninhalt des Dreiecks: $A = \frac{1}{2} \cdot \frac{4}{3} \cdot 4 = \frac{8}{3}$

4 a) $f(x) = 0$ hat die Lösungen $x = 0$ oder
$t \cdot x^2 - 3x + 9 = 0$.
Also: $x_1 = 0$; $x_{2,3} = \frac{3 \pm \sqrt{9 - 36t}}{2t}$

- Ist $9 - 36t = 0$, also $t = \frac{1}{4}$, so hat f zwei Nullstellen $x_1 = 0$; $x_2 = 6$.
- Ist $9 - 36t < 0$, also $t > \frac{1}{4}$, so hat f eine Nullstelle $x_1 = 0$.
- Ist $9 - 36t > 0$ und $t \neq 0$, also $t < \frac{1}{4}$ und $t \neq 0$, so hat f drei Nullstellen $x_1 = 0$; $x_{2,3} = \frac{3 \pm \sqrt{9 - 36t}}{2t}$.
- Ist $t = 0$, so ist $f(x) = -3x^2 + 9x$ und f hat zwei Nullstellen $x_1 = 0$; $x_2 = 3$.

b) $f'(x) = 3t \cdot x^2 - 6x + 9$; $f''(x) = 6t \cdot x - 6$
$f''(x) = 0$ hat die Lösung $x = \frac{1}{t}$.
Der Graph von f hat einen Wendepunkt an der Stelle $x = 3$, falls $t = \frac{1}{3}$.

5 (1) Die Aussage ist richtig.
Da die Ableitungsfunktion f' an der Stelle $x = 2$ eine einfache Nullstelle mit einem Vorzeichenwechsel von – nach + hat, hat die Funktion f dort einen Extrempunkt, an dem die Monotonie von fallend zu wachsend übergeht, also einen Tiefpunkt.
(2) Die Aussage ist richtig, da über diesem Intervall $f'(x) \leq 0$ gilt.
(3) Die Aussage ist richtig.
Außer der Stelle $x = 2$ existiert keine weitere einfache Nullstelle von f' über dem Intervall $[-1; 2{,}5]$.
(4) Die Aussage ist nicht entscheidbar.
An der Stelle $x = 0$ besitzt die Ableitungsfunktion f' einen Extrempunkt und damit die Funktion f dort einen Wendepunkt. Da an der Stelle $x = 0$ zudem noch der Tangentenanstieg 0 beträgt, ist der Wendepunkt sogar ein Sattelpunkt. Somit besitzt die Funktion f an der Stelle $x = 0$ eine Sattelstelle. Aussagen zum Funktionswert an dieser Stelle sind jedoch nicht möglich.
(5) Die Aussage ist falsch, da die Funktion f im Intervall [0; 2] monoton fallend ist.
(6) Die Aussage ist richtig.
Die Funktion f' ist in diesem Intervall monoton wachsend, d.h., die Funktion f'' ist in diesem Intervall positiv. Aus $f''(x) > 0$ folgt, dass der Graph der Funktion f in diesem Intervall linksgekrümmt ist.

6 **a)** $L = \{(1 | 2 | -1)\}$
b) $L = \{(z + 3 | z | z) | z \in \mathbb{R}\}$
c) $L = \{\ \}$

7 Ansatz für die Gleichung der Tangente:
$y = mx + b$
$f'(x) = -\frac{4}{x^3}$
Steigung der Tangente: $m = f'(1) = -4$
Einsetzen von $f(1) = 2$ ergibt $2 = -4 \cdot 1 + b$,
also $b = 6$
Gleichung der Tangente im Punkt P(1 | 2):
$y = -4x + 6$

Teil B

8 **a)** Tiefsttemperatur: ca. 12,0 °C;
Höchsttemperatur: ca. 24 °C
b) Schnittstellen des Graphen von f mit der Geraden mit der Gleichung $y = 20$:
$t_1 \approx 12{,}9$, $t_2 \approx 22{,}1$
Die Temperaturen lagen etwa 9,2 Stunden lang über 20 °C.
c) Die Temperaturen stiegen im Zeitintervall [4,6; 18] und fielen in den Zeitintervallen [0; 4,6] und [18; 24].
d) Der Hochpunkt des Graphen der Ableitungsfunktion f' liegt an der Stelle $t \approx 11{,}3$.
Die maximale momentane Änderungsrate betrug an diesem Tag nach ca. 11,3 Stunden etwa $1{,}3\,\frac{K}{h}$ (Kelvin pro Stunde).

9 **a)** $f(x) = x^3 - \frac{7}{2}x^2 - 6x$; $f'(x) = 3x^2 - 7x - 6$
Nullstellen von f': $x_1 = -\frac{2}{3}$; $x_2 = 3$;
beides einfache Nullstellen mit Vorzeichenwechsel
An der Stelle $x_1 = -\frac{2}{3}$ hat f' einen Vorzeichenwechsel von + nach –, an dieser Stelle hat der Graph von f einen Hochpunkt.
An der Stelle $x_2 = 3$ hat f' einen Vorzeichenwechsel von – nach +, an dieser Stelle hat der Graph von f einen Tiefpunkt.
Nullstellen von f:
Aus $f(x) = x^3 - \frac{7}{2}x^2 - 6x = x \cdot \left(x^2 - \frac{7}{2}x - 6\right) = 0$ erhält man die Nullstellen:
$x_1 = 0$; $x_2 = \frac{7 - \sqrt{145}}{4} \approx -1{,}3$; $x_3 = \frac{7 + \sqrt{145}}{4} \approx 4{,}8$

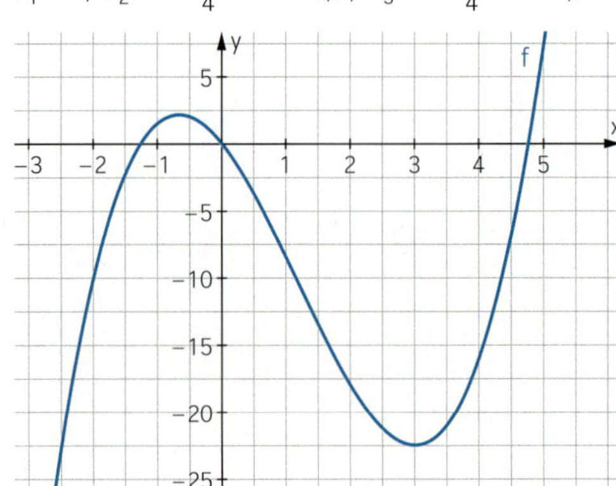

9 **b)** $f(x) = x^4 - 10x^2 + 9$; $f'(x) = 4x^3 - 20 \cdot x$
Nullstellen von f': $x_1 = -\sqrt{5}$; $x_2 = 0$; $x_3 = \sqrt{5}$;
alle drei sind einfache Nullstellen mit Vorzeichenwechsel
An den Stellen $x_1 = -\sqrt{5}$ und $x_3 = \sqrt{5}$ hat f' einen Vorzeichenwechsel von – nach +, an diesen beiden Stellen hat der Graph von f jeweils einen Tiefpunkt.
An der Stelle $x_2 = 0$ hat f' einen Vorzeichenwechsel von + nach –, an dieser Stelle hat der Graph von f einen Hochpunkt.
Nullstellen von f:
Aus $f(x) = 0$ erhält man die Nullstellen:
$x_1 = -3$; $x_2 = -1$; $x_3 = 1$; $x_4 = 3$

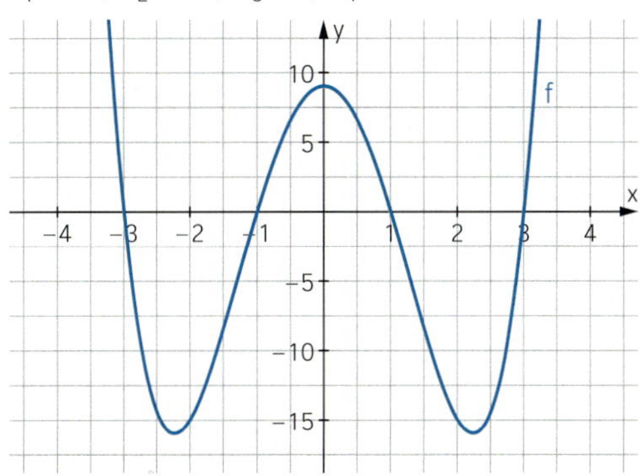

10 $f(x) = a x^3 + b x^2 + c x + d$
Bedingungen:
(1) $f(-1) = 0$
(2) $f''(-2) = 0$
(3) y-Wert des Wendepunktes:
$y = 3 \cdot (-2) + 2{,}5 = -3{,}5$; also $f(-2) = -3{,}5$
(4) $f'(-2) = 3$
Hieraus erhält man das lineare Gleichungssystem

$$\left| \begin{array}{l} -a + b - c + d = 0 \\ -12a + 2b = 0 \\ -8a + 4b - 2c + d = -3{,}5 \\ 12a - 4b + c = 3 \end{array} \right|$$

mit der Lösung $a = 0{,}5$; $b = 3$; $c = 9$; $d = 6{,}5$
Also: $f(x) = 0{,}5x^3 + 3x^2 + 9x + 6{,}5$

11 **a)** Zu Beginn sind keine Personen erkrankt.
Die Anzahl der Erkrankten steigt bis zum 5. Tag an, wobei der Anstieg am 2. Tag (Wendepunkt) am stärksten ist. Nach dem Hochpunkt am 5. Tag mit der Maximalzahl von ca. 640 Erkrankten nimmt die Anzahl erst langsam und dann immer stärker ab, bis am 8. Tag niemand mehr erkrankt ist.
b) Die Gleichung einer ganzrationalen Funktion 4. Grades lautet $f(x) = a x^4 + b x^3 + c x^2 + d x + e$.
Ihre Ableitungen sind
$f'(x) = 4a x^3 + 3b x^2 + 2c x + d$ sowie
$f''(x) = 12a x^2 + 6b x + 2c$.
Der Grafik kann man folgende Bedingungen entnehmen:
$f(0) = 0$; $f(1) = 125$; $f''(2) = 0$; $f'(5) = 0$; $f(8) = 0$
Diese führen zu dem linearen Gleichungssystem

$$\left| \begin{array}{l} e = 0 \\ a + b + c + d + e = 125 \\ 48a + 12b + 2c = 0 \\ 500a + 75b + 10c + d = 0 \\ 4096a + 512b + 64c + 8d + e = 0 \end{array} \right|$$

mit der Lösung
$a = \frac{125}{917}$; $b = -\frac{7500}{917}$; $c = \frac{6000}{131}$; $d = \frac{80000}{917}$; $e = 0$.
Die gesuchte Funktionsgleichung lautet also:
$f(x) = \frac{125}{917}x^4 - \frac{7500}{917}x^3 + \frac{6000}{131}x^2 + \frac{80000}{917}x$
Zeichnen des Graphen mit einem Rechner bestätigt die Lösung.
c) Für den Hochpunkt zum Zeitpunkt $t = 5$ gilt $f(5) \approx 644{,}1$. Es waren also ca. 644 Personen erkrankt.

12 $f'(x) = \frac{3}{2}x^2 + 2t \cdot x + 6$
Aus $f'(x) = 0$ erhält man: $x_{1,2} = \frac{-2t \pm 2 \cdot \sqrt{t^2 - 9}}{3}$
(1) Es gibt keine Punkte mit waagerechter Tangente, falls $t^2 - 9 < 0$, also für $-3 < t < 3$.
(2) Es gibt genau einen Punkt mit waagerechter Tangente, falls $t^2 - 9 = 0$, also für $t = -3$ oder $t = 3$.
Für $t = -3$ ist $x = 2$ eine doppelte Nullstelle von f' ohne Vorzeichenwechsel und damit keine Extremstelle von f.
Für $t = 3$ ist $x = -2$ eine doppelte Nullstelle von f' ohne Vorzeichenwechsel und damit ebenfalls keine Extremstelle von f.

13 Mit x in cm, y in cm, V in cm³ gilt: $V = x^2 \cdot y$
Nebenbedingung: $4x + y = 360$, also $y = 360 - 4x$
Einsetzen der Nebenbedingung ergibt:
$V(x) = x^2 \cdot (360 - 4x) = -4x^3 + 360x^2$
Der Definitionsbereich ergibt sich aus den Bedingungen für y:
$y = 0$: $4x = 360$, also $x < 90$
$y = 200$: $4x + 200 = 360$, also $x \geq 40$
Damit gilt: $40 \leq x < 90$

Aus $V'(x) = -12x^2 + 720x = (-12x + 720) \cdot x = 0$ folgt $x = 0$ oder $x = 60$. Wegen $x \geq 40$ kommt nur $x = 60$ als Lösung infrage.
$V(x)$ hat an der Stelle $x = 60$ ein Maximum.
Das größte Volumen erhält man bei den Maßen 120 cm · 60 cm · 60 cm (Länge · Breite · Höhe).
Das Volumen beträgt dann
$432\,000\,\text{cm}^3 = 0{,}432\,\text{m}^3$.

Kapitel 2 (Seite 120 – 122)

Teil A

1 W bezeichnet das Wasservolumen im Speicher.
$W(60) - W(0) = (-4) \cdot 15 + 5 \cdot 20 - 6 \cdot 10 + 2 \cdot 15$
$= 10$
Das Wasservolumen nimmt innerhalb einer Stunde nach Beginn der Messung um 10 l zu.
$W(60) = W(0) + 10 = 800 + 10 = 810$
Eine Stunde nach Messbeginn befinden sich 810 l Wasser im Speicher.

2 **a)** (1) $A = 2 \cdot 1{,}5 + \frac{1}{2} \cdot 1{,}5 + \frac{1}{2} + 2 = 6{,}25$
(2) $A = \frac{1}{2} \cdot 4 + 0{,}5 + 0{,}5 + 0{,}5 + 1 = 4{,}5$

b) (1) $\int_{-3}^{3} f(x)\,dx = 2 \cdot 1{,}5 + \frac{1}{2} \cdot 1 \cdot 1{,}5 - \frac{1}{2} - 2 = 1{,}25$
(2) $\int_{-3}^{3} f(x)\,dx = \frac{1}{2} \cdot 4 - 0{,}5 - 0{,}5 + 0{,}5 + 1 = 2{,}5$

3 **a)** $\int_{0}^{3} x^2\,dx = \left[\frac{1}{3}x^3\right]_0^3 = 9$

b) $\int_{-10}^{10} 3x^2 - 2x\,dx = \left[x^3 - x^2\right]_{-10}^{10} = 2000$

c) $\int_{-4}^{4} x^3 - x\,dx = \left[\frac{1}{4}x^4 - \frac{1}{2}x^2\right]_{-4}^{4} = 0$

d) $\int_{-1}^{1} 10x^4 - 8x^3\,dx = \left[2x^5 - 2x^4\right]_{-1}^{1} = 4$

4 **a)** Der Graph von f ist punktsymmetrisch zum Koordinatenursprung.
$\int_{-1}^{1} f(x)\,dx = -A_1 + A_2 = 0$, da $A_1 = A_2$.

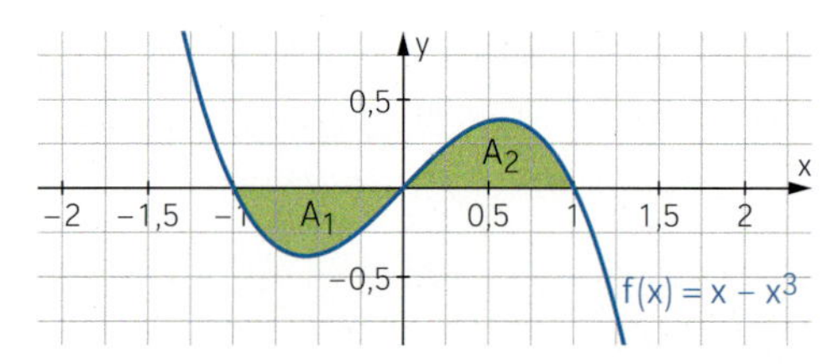

Rechnerischer Nachweis:
$\int_{-1}^{1} f(x)\,dx = \int_{-1}^{1} x - x^3\,dx = \left[\frac{1}{2}x^2 - \frac{1}{4}x^4\right]_{-1}^{1} = 0$

b) $A = 2 \cdot \int_{0}^{1} x - x^3\,dx = 2 \cdot \left[\frac{1}{2}x^2 - \frac{1}{4}x^4\right]_0^1 = \frac{1}{2}$

5 **a)** Aus $f(x) = g(x)$, also $\frac{3}{4}x^2 = -\frac{1}{4}x^2 + 4$, folgt $x^2 - 4 = 0$.
Schnittstellen: $x_1 = -2$; $x_2 = 2$

$A_1 = \int_{-2}^{2} g(x) - f(x)\,dx = \int_{-2}^{2} 4 - x^2\,dx$
$= \left[4x - \frac{1}{3}x^3\right]_{-2}^{2} = \left(8 - \frac{1}{3} \cdot 8\right) - \left(-8 + \frac{1}{3} \cdot 8\right)$
$= 16 - \frac{2}{3} \cdot 8 = \frac{32}{3}$

5 **b)** $A_2 = \int_{-2}^{2} h(x) - f(x)\,dx = \int_{-2}^{2} 2 - \frac{1}{2}x^2\,dx$

$= \left[2x - \frac{1}{6}x^3\right]_{-2}^{2} = \left(4 - \frac{1}{6}\cdot 8\right) - \left(-4 + \frac{1}{6}\cdot 8\right)$

$= 8 - \frac{1}{3}\cdot 8 = \frac{16}{3} = \frac{1}{2}A_1$

Der Graph von h halbiert die von den Graphen von f und g eingeschlossene Fläche.

6 $A_{Dreieck} = \frac{1}{2}\cdot 2a\cdot a^2 = a^3$

$A_{Parabel} = 2\cdot\int_0^a a^2 - x^2\,dx = 2a^3 - 2\cdot\frac{a^3}{3} = \frac{4}{3}a^3$

Das Verhältnis zwischen dem Flächeninhalt des Dreiecks und dem Flächeninhalt der Fläche zwischen dem Graphen von f und der Geraden beträgt immer 3 : 4.

7 Der gesamte Flächeninhalt der eingeschlossenen Fläche beträgt:

$A_{Parabel} = 2\cdot\int_0^3 9 - x^2\,dx = 2\cdot\left[9x - \frac{1}{3}x^3\right]_0^3 = 36$

Um A_1 zu bestimmen, wird die Parabel um h nach unten verschoben. Die Gleichung für die verschobene Parabel lautet: $y = (9 - h) - x^2$

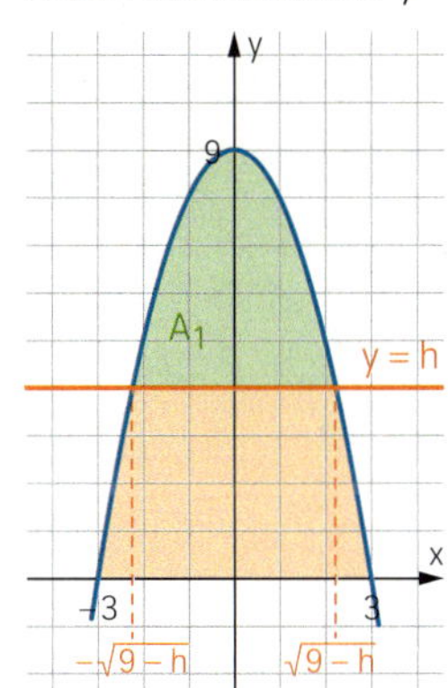

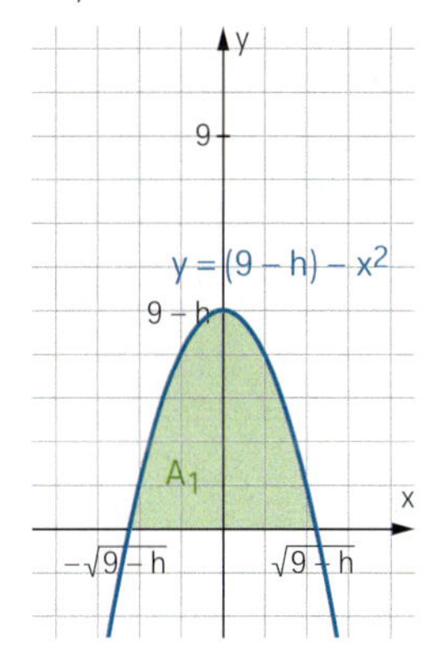

Nach Voraussetzung soll gelten:

$A_{Parabel} = 2\cdot A_1$; also

$36 = 2\cdot\left(2\cdot\int_0^{\sqrt{9-h}} (9-h) - x^2\,dx\right)$

$= 4\cdot\left[(9-h)\cdot x - \frac{1}{3}x^3\right]_0^{\sqrt{9-h}}$

$= 4\cdot\left((9-h)^{\frac{3}{2}} - \frac{1}{3}\cdot(9-h)^{\frac{3}{2}}\right) = \frac{8}{3}\cdot(9-h)^{\frac{3}{2}}$

7 **Fortsetzung:**

Daraus folgt $(9-h)^{\frac{3}{2}} = \frac{27}{2}$ und damit

$9 - h = \sqrt[3]{\frac{1}{4}}\cdot 9$ bzw. $h = 9 - \frac{9}{\sqrt[3]{4}}$

Die Gerade mit der Gleichung $y = 9 - \frac{9}{\sqrt[3]{4}}$ teilt die Fläche zwischen der Parabel und der x-Achse in zwei Flächen mit demselben Flächeninhalt.

8 **a)** Für $b \to \infty$ gilt:

$\int_a^b \frac{1}{x^5}\,dx = \left[\left(-\frac{1}{4}\right)\cdot\frac{1}{x^4}\right]_a^b = -\frac{1}{4}\cdot\left(\frac{1}{b^4} - \frac{1}{a^4}\right) \to \frac{1}{4a^4}$

b) Aus $\frac{1}{4a^4} = 4$ folgt $a = \frac{1}{2}$.

Teil B

9 **a)** Der Wasserzufluss nimmt in den ersten 20 Stunden zu. Bei 20 Stunden erreicht er sein Maximum von etwa 32000 $\frac{m^3}{h}$. Danach nimmt er ständig ab. Nach 60 Stunden liegt er bei null.

b) Der Graph einer quadratischen Funktion ist symmetrisch zu einer Geraden, die durch den Scheitelpunkt der Parabel parallel zur y-Achse verläuft. Dieser Graph ist aber nicht symmetrisch.

c) Aus $w(10) = 25$ ergibt sich

$25 = a\cdot(10-60)^2\cdot 10 = 25000\cdot a$, also $a = \frac{1}{1000}$

d) $w(t) = \frac{1}{1000}\cdot(t-60)^2\cdot t$

$= \frac{1}{1000}\cdot(t^2 - 120t + 3600)\cdot t$

$= 0{,}001\cdot t^3 - 0{,}12t^2 + 3{,}6t$

$W(t) = 0{,}00025\cdot t^4 - 0{,}04t^3 + 1{,}8t^2 + c$

$W(0) = 20$, also $c = 20$

Somit: $W(t) = 0{,}00025t^4 - 0{,}04t^3 + 1{,}8t^2 + 20$

e) Mit einem Rechner erhält man: $W(60) = 1100$

Nach 60 Stunden befinden sich 1100000 m^3 Wasser im Reservoir.

10 Schnittstellen: 0; 2,5

Volumen des Rotationskörpers:

$V = \pi\cdot\int_0^{2{,}5} \left((-2x^2 + 4x + 6) - (-x + 6)\right)^2 dx$

$= \pi\cdot\int_0^{2{,}5} \left(-2x^2 + 5x\right)^2 dx \approx 196{,}35$

11 **a)** A(0|2); B(0|3); C(2|5); D(−4|0); E(4|0)

- Ansatz für Parabel:

$f(x) = a \cdot (x+4) \cdot (x-4) = a \cdot (x^2 - 16)$

$f(0) = 2 = -16a$, also $a = -\frac{1}{8}$

$f(x) = \left(-\frac{1}{8}\right) \cdot (x+4) \cdot (x-4) = -\frac{1}{8}x^2 + 2$

- Ansatz für ganzrationale Funktion 4. Grades unter Ausnutzung der Symmetrie zur y-Achse:

$g(x) = ax^4 + bx^2 + c$

Aus $g(0) = 3$ ergibt sich $c = 3$.

Aus $g(4) = 0$ ergibt sich:

(1) $256a + 16b + 3 = 0$

Aus $g(-2) = 5$ ergibt sich:

(2) $16a + 4b + 3 = 5$

Man löst das lineare Gleichungssystem

$\left|\begin{array}{l} 256a + 16b + 3 = 0 \\ 16a + 4b + 3 = 5 \end{array}\right|$ und erhält

$a = -\frac{11}{192} \approx -0{,}0573$ und $b = \frac{35}{48} \approx 0{,}7292$.

Somit: $g(x) = -\frac{11}{192}x^4 + \frac{35}{48}x^2 + 3$

b) $A_1 = \int_{-4}^{4} g(x) - f(x)\,dx$

$= \int_{-4}^{4} -\frac{11}{192}x^4 + \frac{41}{48}x^2 + 1\,dx$

Mit einem Rechner erhält man $A_1 \approx 21$.

c) $A_2 = \int_{-4}^{4} g(x) - \frac{2}{3}g(x)\,dx = \int_{-4}^{4} \frac{1}{3}g(x)\,dx$

$= \frac{1}{3} \cdot \int_{-4}^{4} -\frac{11}{192}x^4 + \frac{35}{48}x^2 + 3\,dx$

Mit einem Rechner erhält man $A_2 \approx 10{,}5$.

Der Schatzmeister hat recht.

12 **a)** Das Dreieck hat einen rechten Winkel im Punkt R. Nach dem Satz des Pythagoras gilt $r^2 = x^2 + y^2$ und somit $y = \sqrt{r^2 - x^2}$.

b) $A = 2 \cdot \int_{4}^{6} \sqrt{36 - x^2}\,dx \approx 12{,}39$

13 Gleichung der Parabel: $y = \frac{1}{2}x^2 + 2$

Volumen des Rotationskörpers:

$V = \pi \cdot \int_{-2}^{2} \left(\frac{1}{2}x^2 + 2\right)^2 dx \approx 93{,}83$

14 $f'(x) = 3x^2 - 3$; $f''(x) = 6x$

$f'(x) = 0$ für $x = -1$ oder $x = 1$

$f''(-1) = -6 < 0$; $f''(1) = 6 > 0$, also T(1|−2)

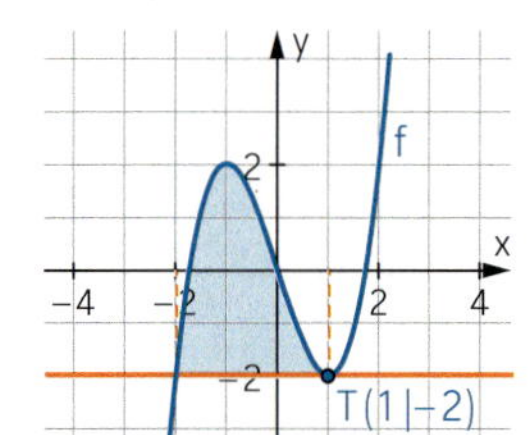

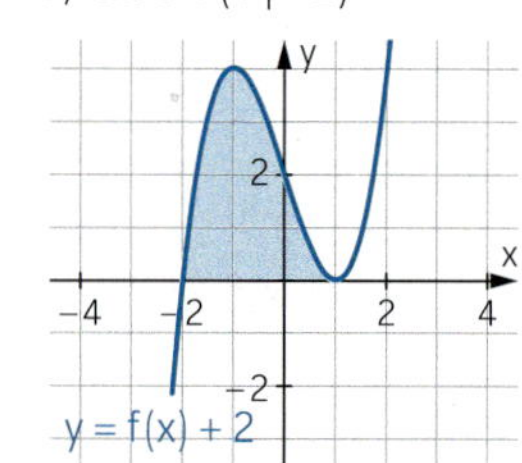

Statt der Rotation des Graphen von f um die Tangente betrachtet man die Rotation des Graphen zu $y = f(x) + 2$ um die x-Achse.

Schnittstellen: −2; 1

$V = \pi \cdot \int_{-2}^{1} (x^3 - 3x + 2)^2\,dx \approx 65{,}435$

15 **a)** Wählt man als Koordinateneinheit Meter, so liegen die Punkte P(−10|5) und Q(10|5) auf der Parabel. Einsetzen in die Funktionsgleichung ergibt $5 = a \cdot 100$, also $a = \frac{5}{100} = 0{,}05$.

Gleichung der Parabel: $y = 0{,}05x^2$

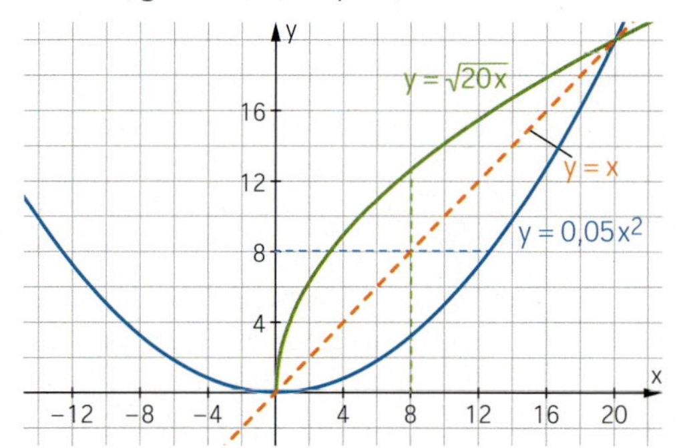

b) Statt der Rotation des Graphen um die y-Achse betrachtet man die Rotation des Graphen der Umkehrfunktion mit $y = \sqrt{20x}$ um die x-Achse.

$V = \pi \cdot \int_{0}^{8} \left(\sqrt{20x}\right)^2 dx \approx 2020{,}62$

16 Da die Sinusfunktion im Intervall [0; π] jeden Funktionswert y mit $0 \le y < 1$ genau zweimal annimmt, könnte man $\mu \approx \frac{1}{2}$ schätzen.

$\mu = \frac{1}{\pi} \cdot \int_{0}^{\pi} \sin(x)\,dx = \frac{2}{\pi} \approx 0{,}6366$

Der Mittelwert liegt deutlich über der Schätzung.

Kapitel 3 (Seite 170 – 172)

Teil A

1 a) $f'(x) = -3 \cdot e^{2-\frac{3}{4}\cdot x}$ b) $f'(x) = \frac{1}{\sqrt{x}} e^{\sqrt{x}}$

c) $f'(x) = \sqrt{5} - 2e^{-2x}$ d) $f'(x) = \frac{2}{2x+1}$

2 a) $\int_0^2 e^x + e^{-x}\,dx = [e^x - e^{-x}]_0^2 = e^2 - e^{-2}$

b) $\int_0^2 e^{1+2x}\,dx = \left[\frac{1}{2}\cdot e^{1+2x}\right]_0^2 = \frac{1}{2}\cdot(e^5 - e)$

c) $\int_0^2 \frac{4}{2x+1}\,dx = [2\cdot\ln(2x+1)]_0^2 = 2\cdot\ln(5)$

d) $\int_{-1}^0 2e^{2x}\,dx = [e^{2x}]_{-1}^0 = 1 - e^{-2}$

3

		Begründung
(A)	(2)	f hat an der Stelle $x = 0$ eine einfache Nullstelle mit Vorzeichenwechsel. Für $x \to \infty$ gilt $f(x) \to \infty$. Für $x \to -\infty$ gilt $f(x) \to 0$.
(B)	(4)	f hat an der Stelle $x = 0$ eine doppelte Nullstelle ohne Vorzeichenwechsel. Für $x \to \infty$ gilt $f(x) \to \infty$. Für $x \to -\infty$ gilt $f(x) \to 0$.
(C)	(3)	f hat an der Stelle $x = 0$ eine einfache Nullstelle mit Vorzeichenwechsel. Für $x \to \infty$ gilt $f(x) \to 0$. Für $x \to -\infty$ gilt $f(x) \to -\infty$.
(D)	(1)	f hat an der Stelle $x = 0$ eine doppelte Nullstelle ohne Vorzeichenwechsel. Für $x \to \infty$ gilt $f(x) \to 0$. Für $x \to -\infty$ gilt $f(x) \to \infty$.

4 a) Für $x \to \infty$ gilt $f(x) \to -\infty$.
Für $x \to -\infty$ gilt $f(x) \to 5$.
Schnittpunkte mit den Koordinatenachsen:
$f(0) = 5 - e^0 = 4$, somit $M(0|4)$
$f(x) = 0$, also $x = \ln(5)$, somit $N(\ln(5)|0)$

b) $A = \int_0^{\ln(5)} 5 - e^x\,dx = [5x - e^x]_0^{\ln(5)} = 5\cdot\ln(5) - 4$

Teil B

5 Aus der Halbwertszeit $t_H = 12{,}3\,a$ ermittelt man die Zerfallskonstante $k = \frac{-\ln(2)}{12{,}3} \approx -0{,}05635$.
Damit ergibt sich das Zerfallsgesetz
$N(t) = N(0)\,e^{-0{,}05635t}$.
Mit $\frac{N(t)}{N(0)} = 30\,\% = 0{,}3$ erhält man daraus
$t = 21{,}37$ Jahre für das Alter des Whiskys.

6 a) Für die momentane Änderungsrate gilt:
$w(t) > 0$ für alle $t \in \mathbb{R}$, d.h., das Wasservolumen nimmt ständig zu.

b) Das Wasservolumen zum Zeitpunkt t wird beschrieben durch die Funktion V mit

$$V(t) = 190 + \int_0^t w(x)\,dx$$
$$= 190 + \left[1{,}36\cdot e^{-0{,}0272\cdot x}\cdot\left(-\frac{1}{0{,}0272}\right)\right]_0^t$$
$$= 190 + [-50\cdot e^{-0{,}0272\cdot x}]_0^t$$
$$= 190 - 50\cdot e^{-0{,}0272\cdot t} - (-50),$$

also $V(t) = 240 - 50\cdot e^{-0{,}0272\cdot t}$
Wasservolumen nach zwei Wochen:
$V(14) \approx 205{,}8$
Zeit, bis $220\,m^3$ Wasser im Behälter sind:
$V(t) = 220$, also $t \approx 33{,}7$
Es dauert ca. 33,7 Tage, bis $220\,m^3$ Wasser im Behälter sind.

c) Für $t \to \infty$ gilt $V(t) \to 240$.
Langfristig ist eine maximale Wassermenge von $240\,m^3$ im Behälter zu erwarten.

7 **a)** Nullstelle: $x = 4$

Extremstelle: $x = 3$, da $f'(x) = \left(\frac{3}{2} - \frac{1}{2}x\right) \cdot e^x$

b) Die Gleichung $f'(x) = \frac{3}{2}$ hat die Lösungen $x_1 = 0$; $x_2 \approx 2{,}82$.

Es gilt: $f(0) = 2$ und $f(2{,}82) \approx 9{,}90$ sowie
$g(0) = 2$ und $g(2{,}82) \approx 6{,}23$

Da $f(2{,}82)$ und $g(2{,}82)$ nicht übereinstimmen, scheidet diese Stelle für den Berührpunkt aus.

Somit ist $B(0|2)$.

c) Schnittstellen der beiden Graphen:

$\left(2 - \frac{1}{2}x\right) \cdot e^x = \frac{3}{2}x + 2$, also $x_1 = 0$; $x_2 \approx 3{,}59$

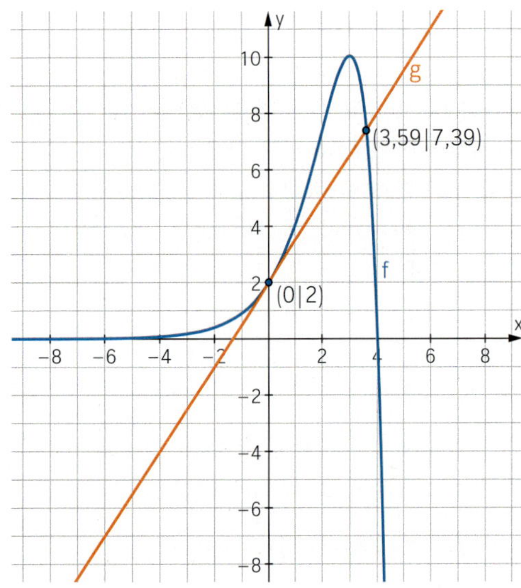

$A \approx \int_0^{3,59} f(x) - \frac{3}{2}x - 2\,dx \approx 6{,}20$

8 **a)** Der Bestand an Fliegen kann durch die Funktion f mit $f(t) = a \cdot e^{k \cdot t}$ mit t in Tagen und $a = f(0) = 50$ beschrieben werden.

$f(8) = 300$, also $50 \cdot e^{8k} = 300$,

also $k = \frac{\ln(6)}{8} \approx 0{,}2240$

Somit: $f(t) = 50 \cdot e^{0{,}224 \cdot t}$

$f(t) = 1\,000$, also $t \approx 13{,}4$

Es dauert ca. 13,4 Tage, bis ca. 1 000 Fliegen vorhanden sind.

8 **b)** Bestand zum Zeitpunkt $t = 10$:

$f(10) = 50 \cdot e^{0{,}224 \cdot 10} \approx 469{,}7$

Nach der Entnahme sind nur noch 40 % dieses Bestands vorhanden, also $0{,}4 \cdot 470 = 188$.

Für $t \geq 10$ kann die Entwicklung des Bestands durch eine Funktion g mit $g(t) = 188 \cdot e^{0{,}224 \cdot t}$ beschrieben werden, mit t in Tagen ab dem Zeitpunkt 10.

Gesucht ist der Zeitpunkt t so, dass gilt

$g(t) = f(10)$,

also $188 \cdot e^{0{,}224 \cdot t} = 470$,

also $e^{0{,}224 \cdot t} = 2{,}5$ bzw. $t = \frac{\ln(2{,}5)}{0{,}224} \approx 4{,}1$

Nach ca. 4,1 Tagen wird der ursprüngliche Bestand wieder erreicht.

9 **a)**

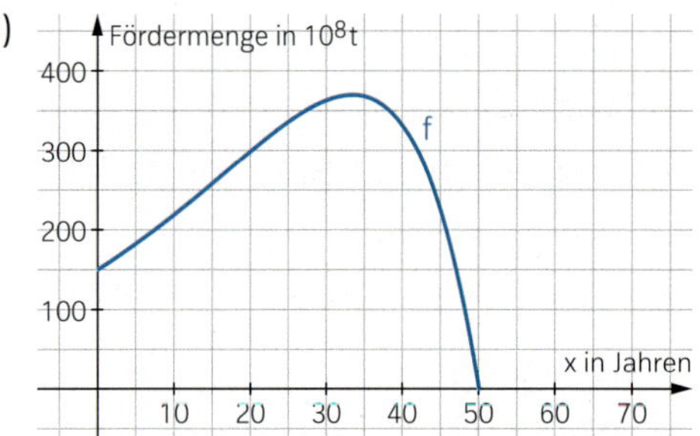

Die Erdölfördermenge nimmt ab dem Jahr 2001 zu bis zur maximalen Fördermenge etwa im Jahr 2034. Danach nimmt die Fördermenge schnell ab, ab etwa dem Jahr 2050 wird kein Erdöl mehr gefördert.

b) $f'(x) = (6 - 0{,}18x) \cdot e^{0{,}06x}$;

$f''(x) = (0{,}18 - 0{,}0108x) \cdot e^{0{,}06x}$

Die Gleichung $f'(x) = 0$ hat die Lösung

$x = \frac{100}{3} \approx 33{,}3$.

$f''\left(\frac{100}{3}\right) = -0{,}18 \cdot e^2 < 0$

Im Jahr 2034 ist die Fördermenge maximal.

$f\left(\frac{100}{3}\right) = 50 \cdot e^2 \approx 369{,}45$

Es werden ca. $369 \cdot 10^8$ Tonnen Erdöl in diesem Jahr gefördert.

f″ hat die einfache Nullstelle $x = \frac{50}{3} \approx 16{,}7$ mit einem Vorzeichenwechsel.

Der Zuwachs der Fördermenge ist etwa im Jahr 2018 maximal.

9 **c)** Die Gleichung $f(x) = 200$ hat die Lösungen $x_1 \approx 7{,}5$; $x_2 \approx 45{,}7$.
Etwa zwischen 2009 und 2046 werden mehr als $200 \cdot 10^8$ Tonnen Erdöl jährlich gefördert.
d) Die Gleichung $f(x) = 0$ hat die Lösung $x = 50$.
Der Gesamtförderzeitraum läuft von 2001 bis 2051.

$$\int_0^{50} f(x)\,dx \approx 13\,404{,}6$$

In diesem Zeitraum werden ca.
$13\,405 \cdot 10^8 \approx 1{,}3 \cdot 10^{12}$ Tonnen Erdöl gefördert.

10 **a)** Verlauf und Eigenschaften von f:
- Der Graph von f beginnt im Punkt $(0|0)$; für $x \to \infty$ gilt $f(x) \to 0$.
- keine Symmetrie erkennbar
- Nullstelle: $x = 0$
- Extrempunkte:

$f'(x) = \left(3 - \frac{3}{2}x\right) \cdot e^{-\frac{1}{2}x}$; $f''(x) = \left(\frac{3}{4}x - 3\right) \cdot e^{-\frac{1}{2}x}$

Nullstelle von f': $x = 2$

$f''(2) = -\frac{3}{2e} < 0$, also Hochpunkt $H\left(2 \middle| \frac{6}{e}\right)$
- Wendepunkte:

Nullstelle von f'':
$x = 4$ Nullstelle mit Vorzeichenwechsel,
also Wendepunkt $W\left(4 \middle| \frac{2}{e2}\right)$

b) Die maximale Konzentration ist nach 2 Stunden erreicht. Sie beträgt $\frac{6}{e} \approx 2{,}21$ mg pro Liter Blut.
Der Abbau ist nach 4 Stunden am stärksten.
c) Schnittstellen des Graphen von f mit der Geraden $y = 0{,}75$: $x_1 \approx 0{,}29$; $x_2 \approx 6{,}52$
Die Wirkungsdauer beträgt ca. 6,23 Stunden, also ca. 6 Stunden 14 Minuten.

11 **a)** $f_t(x) = (x + t) \cdot e^{t-x} = \frac{(x+t) \cdot e^t}{e^x}$
Im Zähler steht eine lineare Funktion.
Die e-Funktion wächst schneller als jede Potenzfunktion, deshalb gilt $f_t(x) \to 0$ für $x \to \infty$ und $f_t(x) \to -\infty$ für $x \to -\infty$.

11 **a) Fortsetzung:**
Wendepunkte:

$f_t'(x) = e^{t-x} - (x + t) \cdot e^{t-x}$

$f_t''(x) = -e^{t-x} - \left(e^{t-x} - (x + t) \cdot e^{t-x}\right)$
$= -2e^{t-x} + (x + t) \cdot e^{t-x}$
$= (-2 + (x + t)) \cdot e^{t-x}$

Aus $f_t''(x) = 0$ folgt $x = 2 - t$.

$f_t'''(x) = 2e^{t-x} + \left(e^{t-x} - (x + t) \cdot e^{t-x}\right)$
$= 3e^{t-x} - (x + t) \cdot e^{t-x}$
$= (3 - (x + t)) \cdot e^{t-x}$

$f_t'''(2 - t) = e^{2t-2} \neq 0$

Also: Wendepunkte $W_t(2 - t \,|\, 2e^{2t-2})$

Gleichung der Ortslinie der Wendepunkte:
Aus $x = 2 - t$ folgt $t = 2 - x$. Einsetzen in die Gleichung $y = 2e^{2t-2}$ führt auf die Gleichung für die Ortslinie der Wendepunkte von f_t:
$y = 2e^{2 \cdot (2-x) - 2} = 2e^{2-2x}$

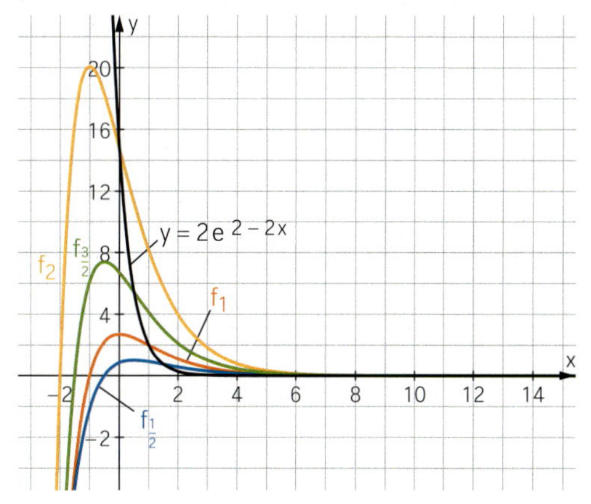

b) Da F_1 eine Stammfunktion von f_1 ist, gilt $F_1' = f_1$.

$f_1(x) = (x + 1) \cdot e^{1-x}$

$F_1'(x) = a \cdot e^{1-x} - (ax + b) \cdot e^{1-x}$
$= (a - b - ax) \cdot e^{1-x}$

Gleichsetzen liefert: $x + 1 = a - b - ax$
Damit erhält man:
$a = -1$ und $a - b = 1$, also $b = -2$

c) Schnittstelle von f_1 mit der x-Achse: $x = -1$
Flächeninhalt der begrenzten Fläche:

$$A = \int_{-1}^{z} f_1(x)\,dx = \left[-(x + 2) \cdot e^{1-x}\right]_{-1}^{z} = e^2 - (z + 2) \cdot e^{1-z}$$

Für $z \to \infty$ gilt $A \to e^2$.

Kapitel 4 (Seite 231 – 232)

Teil A

1 **a)** Für einen beliebigen Wert von k erhält man einen weiteren Punkt der Geraden g, z. B. für $k = 3$ den Punkt $P(14|0|-2)$.
Als Richtungsvektor der Geraden g kann man jedes Vielfache des Vektors $\begin{pmatrix} 4 \\ 1 \\ -2 \end{pmatrix}$ verwenden.
Eine zweite Parameterdarstellung von g ist dementsprechend z. B. $g: \vec{x} = \begin{pmatrix} 14 \\ 0 \\ -2 \end{pmatrix} + k \cdot \begin{pmatrix} -8 \\ -2 \\ 4 \end{pmatrix}$.

b) Es gilt: $\begin{pmatrix} -20 \\ -5 \\ 10 \end{pmatrix} = -5 \cdot \begin{pmatrix} 4 \\ 1 \\ -2 \end{pmatrix}$
Die Richtungsvektoren sind also Vielfache voneinander. Nun muss noch überprüft werden, ob der Punkt $(86|18|-38)$ auf g liegt.
$\begin{pmatrix} 86 \\ 18 \\ -38 \end{pmatrix} = \begin{pmatrix} 2 \\ -3 \\ 4 \end{pmatrix} + k \cdot \begin{pmatrix} 4 \\ 1 \\ -2 \end{pmatrix}$ ist erfüllt für $k = 21$.
Also ist $\vec{x} = \begin{pmatrix} 86 \\ 18 \\ -38 \end{pmatrix} + r \cdot \begin{pmatrix} -20 \\ -5 \\ 10 \end{pmatrix}$ ebenfalls eine Parameterdarstellung von g.

2 **a)** $g: \vec{x} = \begin{pmatrix} -5 \\ -11 \\ 6 \end{pmatrix} + k \cdot \begin{pmatrix} 15 \\ 21 \\ -9 \end{pmatrix}$
Für den Spurpunkt von g mit der x_1x_2-Ebene gilt:
$x_3 = 6 - 9k = 0$, also $k = \frac{2}{3}$
Somit erhält man: $S_{12}(5|3|0)$
Entsprechend erhält man die Spurpunkte mit den beiden anderen Koordinatenebenen: $S_{13}\left(\frac{20}{7}\middle|0\middle|\frac{9}{7}\right)$ und $S_{23}(0|-4|3)$.

b)

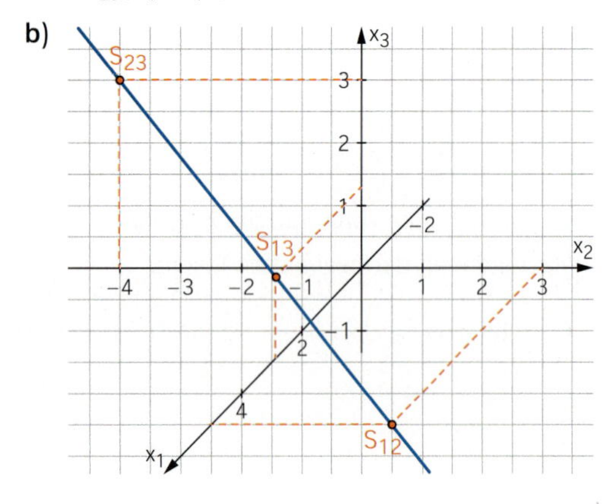

3 **a)** $\vec{u} * \vec{v} = 1 \cdot 2 + (-2) \cdot 1 + 3 \cdot 3 = 9 \neq 0$
$\vec{u} * \vec{w} = 1 \cdot (-1) + (-2) \cdot 1 + 3 \cdot 1 = 0$
$\vec{v} * \vec{w} = 2 \cdot (-1) + 1 \cdot 1 + 3 \cdot 1 = 2 \neq 0$
Es gilt $\vec{u} \perp \vec{w}$.

b) $\vec{a} = \begin{pmatrix} a_1 \\ a_2 \\ a_3 \end{pmatrix}$
$\vec{u} \perp \vec{a}$ genau dann, wenn $\vec{u} * \vec{a} = 0$;
$\vec{v} \perp \vec{a}$ genau dann, wenn $\vec{v} * \vec{a} = 0$.
Wenn $\vec{u} \perp \vec{a}$ und $\vec{v} \perp \vec{a}$ gelten soll, muss also das folgende lineare Gleichungssystem erfüllt sein:
$$\left| \begin{array}{l} a_1 - 2a_2 + 3a_3 = 0 \\ 2a_1 + a_2 + 3a_3 = 0 \end{array} \right|$$
Dieses hat die Lösung $\{(-1{,}8t|0{,}6t|t) \mid t \in \mathbb{R}\}$.
Somit sind alle Vektoren $\vec{a} = \begin{pmatrix} -1{,}8t \\ 0{,}6t \\ t \end{pmatrix}$ mit $t \in \mathbb{R}$ und $t \neq 0$ orthogonal zu $\vec{u}$ und zu $\vec{v}$.
Zum Beispiel ergibt sich
$\vec{a} = \begin{pmatrix} -18 \\ 6 \\ 10 \end{pmatrix}$ für $t = 10$ oder $\vec{a} = \begin{pmatrix} -9 \\ 3 \\ 5 \end{pmatrix}$ für $t = 5$.

4 **a)** $\overrightarrow{AB} = \begin{pmatrix} 4 \\ 4 \\ -3 \end{pmatrix}$; $\overrightarrow{DC} = \begin{pmatrix} 4 \\ 4 \\ -3 \end{pmatrix}$
Die gegenüberliegenden Seiten $\overline{AB}$ und $\overline{DC}$ sind parallel zueinander und gleich lang.
$\overrightarrow{AD} = \begin{pmatrix} -2 \\ 1 \\ 1 \end{pmatrix}$; $\overrightarrow{BC} = \begin{pmatrix} -2 \\ 1 \\ 1 \end{pmatrix}$
Auch die gegenüberliegenden Seiten $\overline{AD}$ und $\overline{BC}$ sind parallel zueinander und gleich lang.
Somit ist das Viereck ABCD ein Parallelogramm.

b) Sind zwei der nicht zueinander parallelen Seiten, z. B. $\overline{AB}$ und $\overline{AD}$, ebenfalls gleich lang, dann ist das Parallelogramm eine Raute.
$|\overrightarrow{AB}| = \left|\begin{pmatrix} 4 \\ 4 \\ -3 \end{pmatrix}\right| = \sqrt{41}$; $\qquad |\overrightarrow{AD}| = \left|\begin{pmatrix} -2 \\ 1 \\ 1 \end{pmatrix}\right| = \sqrt{6}$
Das Parallelogramm ist keine Raute.

c) Der Schnittpunkt der beiden Diagonalen $\overline{AC}$ und $\overline{BD}$ ist der Mittelpunkt der beiden Strecken, also $M(4|1{,}5|3)$.

5 **a)** Spurpunkte von E:

$S_1(8|0|0)$; $S_2(0|3|0)$; $S_3(0|0|5)$

Daraus folgt: $E: \frac{x_1}{8} + \frac{x_2}{3} + \frac{x_3}{5} = 1$; also

$E: 15x_1 + 40x_2 + 24x_3 = 120$

b) Spurpunkte von E:

$S_1(8|0|0)$; $S_2(0|3|0)$

E ist parallel zur x_3-Achse.

Daraus folgt: $E: \frac{x_1}{8} + \frac{x_2}{3} = 1$; also

$E: 3x_1 + 8x_2 = 24$

6 **a)** Eine Parameterdarstellung von E ist z. B.

$E: \vec{x} = \overrightarrow{OB} + r \cdot (\overrightarrow{OB} - \overrightarrow{OA}) + s \cdot \begin{pmatrix} 1 \\ 0 \\ 0 \end{pmatrix}$; also

$E: \vec{x} = \begin{pmatrix} 2{,}5 \\ 6 \\ 0 \end{pmatrix} + r \cdot \begin{pmatrix} 10 \\ -3 \\ 4 \end{pmatrix} + s \cdot \begin{pmatrix} 1 \\ 0 \\ 0 \end{pmatrix}$

Für einen Normalenvektor $\vec{n}$ von E gilt:

$\vec{n} * \begin{pmatrix} 10 \\ -3 \\ 4 \end{pmatrix} = 0$ und $\vec{n} * \begin{pmatrix} 1 \\ 0 \\ 0 \end{pmatrix} = 0$

Daraus erhält man z. B. $\vec{n} = \begin{pmatrix} 0 \\ 4 \\ 3 \end{pmatrix}$ und damit

$E: \begin{pmatrix} 0 \\ 4 \\ 3 \end{pmatrix} * \left(\vec{x} - \begin{pmatrix} 2{,}5 \\ 6 \\ 0 \end{pmatrix} \right) = 0$; also $E: 4x_2 + 3x_3 = 24$.

b) Für den Richtungsvektor $\vec{u}$ von g gilt:

$\vec{u} * \begin{pmatrix} 0 \\ 4 \\ 3 \end{pmatrix} = 0$ und $\vec{u} * \begin{pmatrix} 10 \\ -3 \\ 4 \end{pmatrix} = 0$

Daraus erhält man z. B. $\vec{u} = \begin{pmatrix} 5 \\ 6 \\ -8 \end{pmatrix}$ und damit

$g: \vec{x} = \begin{pmatrix} 2{,}5 \\ 6 \\ 0 \end{pmatrix} + t \cdot \begin{pmatrix} 5 \\ 6 \\ -8 \end{pmatrix}$.

7 **a)** $\vec{n_1} = \begin{pmatrix} 6 \\ 3 \\ -9 \end{pmatrix}$; $\vec{n_2} = \begin{pmatrix} -2 \\ -1 \\ 3 \end{pmatrix}$; $\vec{n_3} = \begin{pmatrix} 4 \\ 2 \\ 6 \end{pmatrix}$

$\vec{n_1}$ und $\vec{n_2}$ sind Vielfache vonaneinder und die beiden Koordinatengleichungen auch, also sind E_1 und E_2 identisch.

$\vec{n_1}$ und $\vec{n_3}$ bzw. $\vec{n_2}$ und $\vec{n_3}$ sind keine Vielfachen vonaneinder, also schneiden sich E_1 und E_3 bzw. E_2 und E_3 in einer Geraden g.

Schnittgerade g:

Mit $x_1 = t$ erhält man das Gleichungssystem

$\left| \begin{array}{l} 3x_2 - 9x_3 = 15 - 6t \\ 2x_2 + 6x_3 = 5 - 4t \end{array} \right|$

mit der Lösung $x_2 = \frac{15}{4} - 2t$; $x_3 = -\frac{5}{12}$.

Damit erhält man: $g: \vec{x} = \begin{pmatrix} 0 \\ \frac{15}{4} \\ -\frac{5}{12} \end{pmatrix} + t \cdot \begin{pmatrix} 1 \\ -2 \\ 0 \end{pmatrix}$

7 **b)** $\vec{n_1} = \begin{pmatrix} 2 \\ 1 \\ 0 \end{pmatrix}$; $\vec{n_2} = \begin{pmatrix} 4 \\ 2 \\ 1 \end{pmatrix}$; $\vec{n_3} = \begin{pmatrix} 4 \\ 2 \\ 0 \end{pmatrix}$

$\vec{n_1}$ und $\vec{n_3}$ sind Vielfache vonaneinder, die beiden Koordinatengleichungen aber nicht, also sind E_1 und E_3 parallel zueinander, aber nicht identisch.

$\vec{n_1}$ und $\vec{n_2}$ sind keine Vielfachen vonaneinder, also schneiden sich E_1 und E_2 in einer Geraden g_1

$\vec{n_2}$ und $\vec{n_3}$ sind keine Vielfachen vonaneinder, also schneiden sich E_2 und E_3 in einer Geraden g_2.

Schnittgerade g_1:

Mit $x_1 = t$ erhält man das Gleichungssystem

$\left| \begin{array}{l} x_2 = 5 - 2t \\ 2x_2 + x_3 = 10 - 4t \end{array} \right|$

mit der Lösung $x_2 = 5 - 2t$; $x_3 = 0$.

Damit erhält man: $g_1\ \vec{x} = \begin{pmatrix} 0 \\ 5 \\ 0 \end{pmatrix} + t \cdot \begin{pmatrix} 1 \\ -2 \\ 0 \end{pmatrix}$

Schnittgerade g_2:

Mit $x_1 = t$ erhält man das das Gleichungssystem

$\left| \begin{array}{l} 2x_2 = 3 - 4t \\ 2x_2 + x_3 = 10 - 4t \end{array} \right|$

mit der Lösung $x_2 = \frac{3}{2} - 2t$; $x_3 = 7$.

Damit erhält man: $g_2: \vec{x} = \begin{pmatrix} 0 \\ \frac{3}{2} \\ 7 \end{pmatrix} + t \cdot \begin{pmatrix} 1 \\ -2 \\ 0 \end{pmatrix}$

8 **a)** $\vec{n} = \begin{pmatrix} 2 \\ 0 \\ -1 \end{pmatrix}$; P liegt nicht in E.

(1) Als Richtungsvektor von g kann man z. B. den Vektor $\begin{pmatrix} 1 \\ 0 \\ 2 \end{pmatrix}$ wählen, da $\begin{pmatrix} 2 \\ 0 \\ -1 \end{pmatrix} * \begin{pmatrix} 1 \\ 0 \\ 2 \end{pmatrix} = 0$.

Also: $g: \vec{x} = \begin{pmatrix} 4 \\ 2 \\ -1 \end{pmatrix} + k \cdot \begin{pmatrix} 1 \\ 0 \\ 2 \end{pmatrix}$

(2) Man wählt als Richtungsvektor von g z. B. den Normalenvektor von E, also

$g: \vec{x} = \begin{pmatrix} 4 \\ 2 \\ -1 \end{pmatrix} + r \cdot \begin{pmatrix} 2 \\ 0 \\ -1 \end{pmatrix}$.

b) Alle Geraden liegen in der Ebene H, die parallel zu E verläuft und den Punkt $P(4|2|-1)$ enthält, also $H: 2x_1 - x_3 = 9$.

Der Punkt P liegt auf allen Geraden und die Richtungsvektoren der Geraden verlaufen orthogonal zum Normalenvektor $\vec{n} = \begin{pmatrix} 2 \\ 0 \\ -1 \end{pmatrix}$.

Teil B

9 **a)** Der Ballon bewegt sich pro Sekunde um die Strecke $|\vec{v}| = \sqrt{1{,}2^2 + (-1{,}8)^2 + 0{,}5^2} \approx 2{,}2$.

Die Einheit ist Meter.

Die Geschwindigkeit des Ballons beträgt

$2{,}2\,\frac{m}{s} = 2{,}2 \cdot \frac{3600}{1000}\,\frac{km}{h} \approx 7{,}9\,\frac{km}{h}$.

b) $\overrightarrow{OP_2} = \overrightarrow{OP_1} + 120 \cdot \vec{v} = \begin{pmatrix} 232 \\ 98 \\ 159 \end{pmatrix} + \begin{pmatrix} 144 \\ -216 \\ 601 \end{pmatrix} = \begin{pmatrix} 376 \\ -118 \\ 219 \end{pmatrix}$

Nach 2 Minuten befindet sich der Ballon im Punkt $P_2(376\,|\,-118\,|\,219)$.

c) Der Ballon passiert den Punkt Q, falls es eine reelle Zahl k gibt, sodass $\overrightarrow{OQ} = \overrightarrow{OP_1} + k \cdot \vec{v}$ gilt.

Also: $\begin{pmatrix} 340 \\ -80 \\ 204 \end{pmatrix} = \begin{pmatrix} 232 \\ 98 \\ 159 \end{pmatrix} + k \cdot \begin{pmatrix} 1{,}2 \\ -1{,}8 \\ 0{,}5 \end{pmatrix} = \begin{pmatrix} 232 + 1{,}2 \cdot k \\ 98 - 1{,}8 \cdot k \\ 159 + 0{,}5 \cdot k \end{pmatrix}$

Vergleicht man die Koordinaten, erhält man aus der ersten Zeile die Gleichung $340 = 232 + 1{,}2 \cdot k$ mit der Lösung $k = 90$.

$\begin{pmatrix} 232 \\ 98 \\ 159 \end{pmatrix} + 90 \cdot \begin{pmatrix} 1{,}2 \\ -1{,}8 \\ 0{,}5 \end{pmatrix} = \begin{pmatrix} 340 \\ -64 \\ 204 \end{pmatrix}$

Der Ballon passiert den Punkt Q nicht.

10 **a)** $\overrightarrow{OE} = \overrightarrow{OA} + \overrightarrow{BF} = \begin{pmatrix} 2 \\ 1 \\ -1 \end{pmatrix} + \begin{pmatrix} -2 \\ 2 \\ 6 \end{pmatrix} = \begin{pmatrix} 0 \\ 3 \\ 5 \end{pmatrix}$,

also $E(0\,|\,3\,|\,5)$

$\overrightarrow{OG} = \overrightarrow{OC} + \overrightarrow{BF} = \begin{pmatrix} 5 \\ 6 \\ 0 \end{pmatrix} + \begin{pmatrix} -2 \\ 2 \\ 6 \end{pmatrix} = \begin{pmatrix} 3 \\ 8 \\ 6 \end{pmatrix}$,

also $G(3\,|\,8\,|\,6)$

b) $\overrightarrow{AD} = \begin{pmatrix} -1 \\ 2 \\ 2 \end{pmatrix}$ $\quad \overrightarrow{BC} = \begin{pmatrix} -1 \\ 2 \\ 2 \end{pmatrix}$

$\overrightarrow{AB} = \begin{pmatrix} 4 \\ 3 \\ -1 \end{pmatrix}$ $\quad \overrightarrow{DC} = \begin{pmatrix} 4 \\ 3 \\ -1 \end{pmatrix}$

Die gegenüberliegenden Seiten sind parallel und gleich lang. Das Viereck ABCD ist also ein Parallelogramm.

$\overrightarrow{AB} * \overrightarrow{AD} = -4 + 6 - 2 = 0$,

d. h., der Winkel bei A ist ein rechter Winkel. Ein Parallelogramm mit einem rechten Winkel ist ein Rechteck.

10 **c)** AG: $\vec{x} = \begin{pmatrix} 2 \\ 1 \\ -1 \end{pmatrix} + r \cdot \begin{pmatrix} 1 \\ 7 \\ 7 \end{pmatrix}$; BH: $\vec{x} = \begin{pmatrix} 6 \\ 4 \\ -2 \end{pmatrix} + s \cdot \begin{pmatrix} -7 \\ 1 \\ 9 \end{pmatrix}$

Untersuchen, ob sich AG und BH schneiden:

$\begin{pmatrix} 2 \\ 1 \\ -1 \end{pmatrix} + r \cdot \begin{pmatrix} 1 \\ 7 \\ 7 \end{pmatrix} = \begin{pmatrix} 6 \\ 4 \\ -2 \end{pmatrix} + s \cdot \begin{pmatrix} -7 \\ 1 \\ 9 \end{pmatrix}$ führt auf

$\left| \begin{array}{l} r + 7s = 4 \\ 7r - s = 3 \\ 7r - 9s = -1 \end{array} \right|$ mit der Lösung $r = \frac{1}{2}$; $s = \frac{1}{2}$.

AG und BH schneiden sich im Punkt $S\left(\frac{5}{2}\,\middle|\,\frac{9}{2}\,\middle|\,\frac{5}{2}\right)$.

Weitere Raumdiagonalen:

EC: $\vec{x} = \begin{pmatrix} 0 \\ 3 \\ 5 \end{pmatrix} + k \cdot \begin{pmatrix} 5 \\ 3 \\ -5 \end{pmatrix}$; DF: $\vec{x} = \begin{pmatrix} 1 \\ 3 \\ 1 \end{pmatrix} + l \cdot \begin{pmatrix} 3 \\ 3 \\ 3 \end{pmatrix}$

Überprüfen, ob S auf EC bzw. DF liegt:

$\begin{pmatrix} \frac{5}{2} \\ \frac{9}{2} \\ \frac{5}{2} \end{pmatrix} = \begin{pmatrix} 0 \\ 3 \\ 5 \end{pmatrix} + k \cdot \begin{pmatrix} 5 \\ 3 \\ -5 \end{pmatrix}$, erfüllt für $k = \frac{1}{2}$;

$\begin{pmatrix} \frac{5}{2} \\ \frac{9}{2} \\ \frac{5}{2} \end{pmatrix} = \begin{pmatrix} 1 \\ 3 \\ 1 \end{pmatrix} + l \cdot \begin{pmatrix} 3 \\ 3 \\ 3 \end{pmatrix}$, erfüllt für $l = \frac{1}{2}$

Alle Raumdiagonalen schneiden sich im Punkt $S\left(\frac{5}{2}\,\middle|\,\frac{9}{2}\,\middle|\,\frac{5}{2}\right)$.

11 Die Gerade g verläuft durch die Punkte $S_{13}(7\,|\,0\,|\,1)$ und $S_{23}(0\,|\,2\,|\,4)$. Daraus ergibt sich z. B. folgende Parameterdarstellung:

g: $\vec{x} = \begin{pmatrix} 7 \\ 0 \\ 1 \end{pmatrix} + t \cdot \begin{pmatrix} 7 \\ -2 \\ -3 \end{pmatrix}$

Die Ebene E hat die Spurpunkte $S_2(0\,|\,4\,|\,0)$ und $S_3(0\,|\,0\,|\,5)$. Ein weiterer Punkt der Ebene ist $P(8\,|\,0\,|\,2)$. Aus diesen drei Punkten kann man eine Parameterdarstellung der Ebene aufstellen.

E: $\vec{x} = \begin{pmatrix} 8 \\ 0 \\ 2 \end{pmatrix} + r \cdot \begin{pmatrix} 8 \\ 0 \\ -3 \end{pmatrix} + s \cdot \begin{pmatrix} 8 \\ -4 \\ 2 \end{pmatrix}$

Mit einem Rechner erhält man:

$\text{linSolve}\left(\begin{cases} 7+7 \cdot t = 8+8 \cdot r+8 \cdot s \\ -2 \cdot t = -4 \cdot s \\ 1-3 \cdot t = 2-3 \cdot r+2 \cdot s \end{cases}, \{t, r, s\} \right)$

$\left\{ \frac{-11}{23}, \frac{-7}{23}, \frac{-11}{46} \right\}$

Für $t = -\frac{11}{23}$ erhält man den Schnittpunkt $S\left(\frac{84}{23}\,\middle|\,\frac{22}{23}\,\middle|\,\frac{56}{23}\right)$ der Geraden g mit der Ebene E.

12 Mit einem Rechner erhält man:

$$\text{linSolve}\left(\begin{cases} a=2-2\cdot s-0.8\cdot t \\ 0=1+s \\ 0=t \end{cases},\{a,s,t\}\right) \quad \{4,-1,0\}$$

$$\text{linSolve}\left(\begin{cases} 0=2-2\cdot s-0.8\cdot t \\ a=1+s \\ 0=t \end{cases},\{a,s,t\}\right) \quad \{2,1,0\}$$

$$\text{linSolve}\left(\begin{cases} 0=2-2\cdot s-0.8\cdot t \\ 0=1+s \\ a=t \end{cases},\{a,s,t\}\right) \quad \{5,-1,5\}$$

Spurpunkte: $S_1(4|0|0)$; $S_2(0|2|0)$; $S_3(0|0|5)$

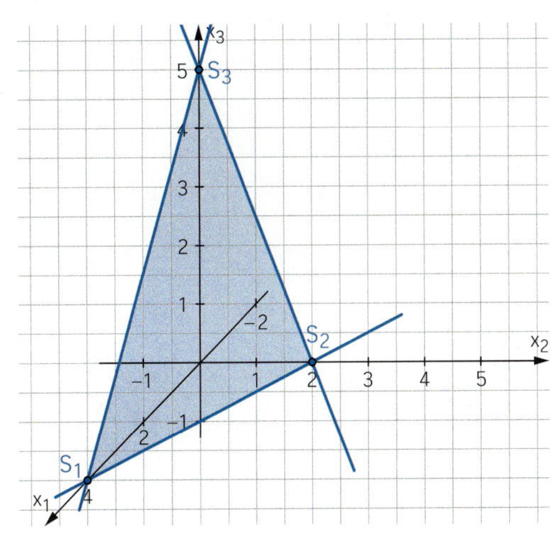

13 **a)** Ansatz:

$$\begin{pmatrix} 2 \\ -3 \\ 4 \end{pmatrix} + k\cdot\begin{pmatrix} 4 \\ 1 \\ -2 \end{pmatrix} = \begin{pmatrix} -6 \\ -5 \\ 8 \end{pmatrix} + t\cdot\begin{pmatrix} 3 \\ 2 \\ 1 \end{pmatrix}$$

Umgestellt als Gleichungssystem:

$$\left|\begin{aligned} 4k-3t &= -8 \\ k-2t &= -2 \\ -2k-t &= 4 \end{aligned}\right|$$

Lösung: $k=-2$; $t=0$

Schnittpunkt: $S(-6|-5|8)$

Schnittwinkel:

$$\cos(\alpha) = \frac{\left|\begin{pmatrix} 4 \\ 1 \\ -2 \end{pmatrix} * \begin{pmatrix} 3 \\ 2 \\ 1 \end{pmatrix}\right|}{\left|\begin{pmatrix} 4 \\ 1 \\ -2 \end{pmatrix}\right|\cdot\left|\begin{pmatrix} 3 \\ 2 \\ 1 \end{pmatrix}\right|} = \frac{12}{\sqrt{21}\cdot\sqrt{14}} \approx 0{,}69985; \text{ also}$$

$\alpha \approx 45{,}58°$

b) Für $t=3$ ergibt sich $P(3|1|11)$ als Punkt der Geraden h.

Da P auf der Geraden g_2 liegt, wählt man z. B. den Vektor $\overrightarrow{OP}$ als Stützvektor der Geraden. Die Gerade g_2 soll parallel zur Geraden g sein, also wählt man z. B. denselben Richtungsvektor.

Damit ergibt sich:

$$g_2\colon \vec{x} = \begin{pmatrix} 3 \\ 1 \\ 11 \end{pmatrix} + t\cdot\begin{pmatrix} 4 \\ 1 \\ -2 \end{pmatrix}.$$

Kapitel 5 (Seite 258 – 260)

Teil A

1 **a)** Es gilt $\begin{pmatrix} 4 \\ -8 \\ -10 \end{pmatrix} * \begin{pmatrix} -1 \\ 2 \\ -2 \end{pmatrix} = 0$ und

$4\cdot 1 - 8\cdot 3 - 10\cdot(-1) = -10 \neq 80$.

Der Normalenvektor von E und der Richtungsvektor von g sind orthogonal zueinander und der Punkt $P(1|3|-1)$ von g liegt nicht in E. Somit ist g parallel zu E und liegt nicht in E.

b) $$d = \frac{\left|\begin{pmatrix} 4 \\ -8 \\ -10 \end{pmatrix} * \begin{pmatrix} 1 \\ 3 \\ -1 \end{pmatrix} - 80\right|}{\left|\begin{pmatrix} 4 \\ -8 \\ -10 \end{pmatrix}\right|} = \frac{90}{\sqrt{180}} = 3\cdot\sqrt{5}$$

1 **c)** Parameterdarstellung der Geraden h durch $P(1|3|-1)$, die orthogonal zu E ist:

$$h\colon \vec{x} = \begin{pmatrix} 1 \\ 3 \\ -1 \end{pmatrix} + t\cdot\begin{pmatrix} 4 \\ -8 \\ -10 \end{pmatrix}$$

Schnittpunkt F von h mit E:

$4\cdot(1+4t) - 8\cdot(3-8t) - 10\cdot(-1-10t)$

$= -10 + 180t = 80$; also $t = 0{,}5$

Damit erhält man $F(3|-1|-6)$.

Daraus folgt:

$$\overrightarrow{PF} = \begin{pmatrix} 2 \\ -4 \\ -5 \end{pmatrix} \text{ und } \overrightarrow{OP'} = \begin{pmatrix} 1 \\ 3 \\ -1 \end{pmatrix} + 2\cdot\begin{pmatrix} 2 \\ -4 \\ -5 \end{pmatrix} = \begin{pmatrix} 5 \\ -5 \\ -11 \end{pmatrix}$$

Der Bildpunkt P' hat die Koordinaten $P'(5|-5|-11)$.

2 **a)** Der Punkt A(8|3|−1) von g liegt in E.
Der Richtungsvektor von g ist auch ein Richtungsvektor von E.
Da P in E liegen soll, ist auch $\overrightarrow{PA} = \begin{pmatrix} 5 \\ -2 \\ -4 \end{pmatrix}$ ein Richtungsvektor von E.
Wegen $\begin{pmatrix} -2 \\ 2 \\ 1 \end{pmatrix} * \begin{pmatrix} 2 \\ 1 \\ 2 \end{pmatrix} = 0$ und $\begin{pmatrix} 5 \\ -2 \\ -4 \end{pmatrix} * \begin{pmatrix} 2 \\ 1 \\ 2 \end{pmatrix} = 0$ ist
$\vec{n} = \begin{pmatrix} 2 \\ 1 \\ 2 \end{pmatrix}$ ein Normalenvektor von E.
Damit ergibt sich: E: $2x_1 + x_2 + 2x_3 = 17$
b) Hilfsebene H durch P, die orthogonal zu g ist:
H: $-2x_1 + 2x_2 + x_3 = 7$
Schnittpunkt S von H und g:
$-2\cdot(8-2k) + 2\cdot(3+2k) + (-1+k) = -11 + 9k = 7$;
also $k = 2$ und S(4|7|1).
$d = |\overrightarrow{PS}| = \sqrt{1^2 + 2^2 + (-2)^2} = 3$

3 **a)** Spurpunkte von E:
$S_2(0|4|0)$; $S_3(0|0|3)$
E ist parallel zur x_1-Achse.

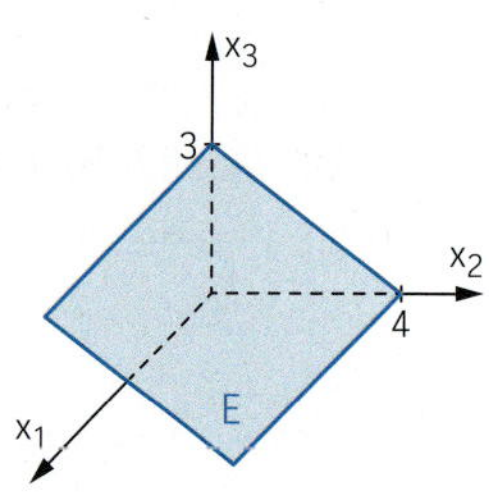

b) Ein Punkt P auf der x_2-Achse hat die Koordinaten P(0|y|0). Der Abstand d von P zu E wird berechnet durch $d = \frac{|3y-12|}{5}$.
Nach Voraussetzung gilt $d = 6$.
Die Gleichung $\frac{|3y-12|}{5} = 6$ hat die Lösungen
$y_1 = -6$; $y_2 = 14$.
Die gesuchten Punkte sind also $P_1(0|-6|0)$ und $P_2(0|14|0)$.

4 **a)** $d = \frac{|3\cdot 15 + 4\cdot(-3) - 18|}{5} = 3$
b) Gerade durch S und P: $x = \begin{pmatrix} -1 \\ 2 \\ 3 \end{pmatrix} + k\cdot\begin{pmatrix} 5 \\ 13 \\ -6 \end{pmatrix}$
Also: $Q(-1+5k|2+13k|3-6k)$
Abstand von Q zu E:
$d = \frac{|3\cdot(2+13k) + 4\cdot(3-6k) - 18|}{5} = \frac{|15k|}{5} = |3k|$
Daraus folgt $|3k| = 3$; also $k_1 = -1$; $k_2 = 1$ und damit $Q_1(-6|-11|9)$; $Q_2(4|15|-3) = P$.
Der gesuchte Punkt ist Q(−6|−11|9).

Teil B

5 **a)** Für $r = 2$ ergibt sich der Punkt S(−7|−6|7), der auch auf g und h liegt.
Schnittwinkel:
$\cos(\alpha) = \frac{-12}{\sqrt{21}\cdot\sqrt{14}} \approx -0{,}69985$; also $\alpha \approx 134{,}4°$
b) Für $s = 3$ ergibt sich der Punkt P.
Parameterdarstellung der Geraden k:
z.B.: k: $\vec{x} = \begin{pmatrix} 2 \\ 0 \\ 10 \end{pmatrix} + t\cdot\begin{pmatrix} -4 \\ -1 \\ 2 \end{pmatrix}$
c) Man bestimmt den Abstand d des Punktes P(2|0|10) von der Geraden g.
Hilfsebene E durch P, die parallel zu g verläuft:
E: $-4x_1 - x_2 + 2x_3 = 12$
Schnittpunkt F von g und E:
$-4(1-4r) - (-4-r) + 2(3+2r) = 6 + 21r = 12$
für $r = \frac{2}{7}$
Damit ergibt sich $F\left(-\frac{1}{7}\middle|-\frac{30}{7}\middle|\frac{25}{7}\right)$.
$d = |\overrightarrow{PF}| = \frac{1}{7}\sqrt{15^2 + 30^2 + 45^2} \approx 8{,}0178$

6 **a)** Länge einer Grundseite:
$a = |\overrightarrow{AB}| = \left|\begin{pmatrix} -4 \\ 4 \\ 0 \end{pmatrix}\right| = \sqrt{32}$
Höhe der Pyramide: $h = |\overrightarrow{OS}| = 8$
Volumen der Pyramide: $V = \frac{1}{3}\cdot a^2\cdot h = \frac{256}{3}$
b) Aufgrund der Symmetrie der Pyramide liegt der gesuchte Punkt P auf der x_3-Achse, also P(0|0|z). Der Punkt P hat von allen Seitenflächen den gleichen Abstand. Man wählt deshalb z.B. die Ebene E, in der die Punkte A, B und S liegen, und bestimmt den Abstand d des Punktes P von E.
E: $2x_1 + 2x_2 + x_3 = 8$ $\quad d = \frac{|z-8|}{3}$
Der Abstand des Punktes P von der Grundfläche der Pyramide ist z, somit gilt: $z = \frac{|z-8|}{3}$
Für $0 < z < 8$ gilt $-(z-8) = 3z$, also $z = 2$.
Der gesuchte Punkt ist P(0|0|2).
c) $\begin{pmatrix} 2 \\ 1 \\ 0 \end{pmatrix} * \begin{pmatrix} 0 \\ 0 \\ 1 \end{pmatrix} = 0$; somit ist s parallel zur x_1x_2-Ebene und hat den Abstand 8 von ihr.
Alle Pyramiden $ABCDS_t$ haben die gleiche Grundfläche und jeweils die Höhe $h = 8$. Sie haben deshalb alle das gleiche Volumen $V = \frac{1}{3}\cdot a^2\cdot h = \frac{256}{3}$.

7 **a)** *Erstes Flugzeug:*

Pro Minute bewegt sich das Flugzeug um den Vektor $\begin{pmatrix} 8 \\ 9 \\ 0 \end{pmatrix}$. Die Flugroute kann beschrieben werden durch die Gerade $g: \vec{x} = \begin{pmatrix} 3 \\ -2 \\ 8 \end{pmatrix} + r \cdot \begin{pmatrix} 8 \\ 9 \\ 0 \end{pmatrix}$; r in Minuten ab 12:37 Uhr.

Geschwindigkeit:

$$v_1 = \left| \begin{pmatrix} 8 \\ 9 \\ 0 \end{pmatrix} \right| \frac{km}{min} = \sqrt{145}\,\frac{km}{min} \approx 12{,}04\,\frac{km}{min} \approx 722{,}5\,\frac{km}{h}$$

Zweites Flugzeug:

Pro Minute bewegt sich das Flugzeug um den Vektor $\begin{pmatrix} 7 \\ 6 \\ 0{,}5 \end{pmatrix}$. Die Flugroute kann beschrieben werden durch die Gerade $h: \vec{x} = \begin{pmatrix} -1 \\ 2 \\ 5 \end{pmatrix} + s \cdot \begin{pmatrix} 7 \\ 6 \\ 0{,}5 \end{pmatrix}$; s in Minuten ab 12:37 Uhr.

Geschwindigkeit:

$$v_2 = \left| \begin{pmatrix} 7 \\ 6 \\ 0{,}5 \end{pmatrix} \right| \frac{km}{min} = \sqrt{\frac{341}{4}}\,\frac{km}{min} \approx 9{,}23\,\frac{km}{min} \approx 544{,}0\,\frac{km}{h}$$

Zeitpunkt, bis das zweite Flugzeug die Höhe des ersten Flugzeugs erreicht hat:

$x_3 = 5 + 0{,}5\,s = 8$, also $s = 6$

Das zweite Flugzeug erreicht 6 Minuten nach Beobachtungsbeginn, also um 12:43 Uhr, die Höhe des ersten Flugzeugs.

b) Die beiden Richtungsvektoren $\begin{pmatrix} 8 \\ 9 \\ 0 \end{pmatrix}$ und $\begin{pmatrix} 7 \\ 6 \\ 0{,}5 \end{pmatrix}$ von g und h sind keine Vielfachen voneinander, somit sind die beiden Flugrouten nicht parallel zueinander.

Das lineare Gleichungssystem

$$\left| \begin{array}{rcl} 3 + 8r &=& -1 + 7s \\ -2 + 9r &=& 2 + 6s \\ 8 &=& 5 + 0{,}5s \end{array} \right| \text{ hat keine Lösung.}$$

Die beiden Flugrouten sind somit windschief zueinander.

Minimaler Abstand d:

$$\begin{pmatrix} 8 \\ 9 \\ 0 \end{pmatrix} \times \begin{pmatrix} 7 \\ 6 \\ 0{,}5 \end{pmatrix} = \begin{pmatrix} 4{,}5 \\ -4 \\ -15 \end{pmatrix};$$

$$d = \frac{\left| \begin{pmatrix} 4{,}5 \\ -4 \\ -15 \end{pmatrix} \cdot \begin{pmatrix} 3 \\ -2 \\ 8 \end{pmatrix} - \begin{pmatrix} 4{,}5 \\ -4 \\ -15 \end{pmatrix} \cdot \begin{pmatrix} -1 \\ 2 \\ 5 \end{pmatrix} \right|}{\left| \begin{pmatrix} 4{,}5 \\ -4 \\ -15 \end{pmatrix} \right|} \approx \frac{11}{16{,}16} \approx 0{,}681$$

Der minimale Abstand beträgt ca. 681 m.

7 **c)** Die beiden Flugzeuge befinden sich auf ihren jeweiligen Flugrouten nicht zur selben Zeit in den Punkten mit dem geringsten Abstand.

Wird t in Minuten ab 12:37 Uhr angegeben, so befindet sich zum Zeitpunkt t das erste Flugzeug im Punkt $G(3 + 8t \mid -2 + 9t \mid 8)$ und das zweite Flugzeug im Punkt $H(-1 + 7t \mid 2 + 6t \mid 5 + 0{,}5t)$.

Der Abstand der beiden Flugzeuge beträgt somit

$$\left|\overrightarrow{GH}\right| = \left| \begin{pmatrix} -t-4 \\ 4-3t \\ \frac{t}{2}-3 \end{pmatrix} \right| = \sqrt{\frac{164t^2 - 304t + 656}{4}}$$

Der Abstand wird minimal, wenn die Funktion d mit $d(t) = 164t^2 - 304t + 656$ ein Minimum annimmt.

Dies ist der Fall für $t = \frac{38}{41} \approx 0{,}9$.

Für $t = \frac{38}{41} \approx 0{,}9$ gilt $\left|\overrightarrow{GH}\right| \approx 5{,}7$.

Der minimale Abstand wird etwa um 12:38 Uhr erreicht, er beträgt ca. 5,7 km.

8 **a)** Man bestimmt zunächst die Schnittgerade zweier Ebenen, z. B. E_0 und E_1.

E_0: $6x_3 = 30$; E_1: $x_1 + 7x_3 = 41$

Daraus folgt: $x_3 = 5$; $x_1 = 41 - 7x_3 = 41 - 35 = 6$

Da beide Ebenen parallel zur x_2-Achse sind, ist auch ihre Schnittgerade parallel zur x_2-Achse.

Somit ist $s: \vec{x} = \begin{pmatrix} 6 \\ 0 \\ 5 \end{pmatrix} + t \cdot \begin{pmatrix} 0 \\ 1 \\ 0 \end{pmatrix}$ eine Parameterdarstellung der Schnittgeraden s von E_0 und E_1.

Man zeigt nun, dass s in allen Ebenen E_a liegt:

$a \cdot 6 + (a + 6) \cdot 5 - (11a + 30)$

$= 6a + 5a + 30 - 11a - 30 = 0$

Somit liegt die Gerade s in jeder der Ebenen E_a.

Alle Ebenen der Schar schneiden sich in

$s: \vec{x} = \begin{pmatrix} 6 \\ 0 \\ 5 \end{pmatrix} + t \cdot \begin{pmatrix} 0 \\ 1 \\ 0 \end{pmatrix}$.

b) $a_0 \cdot 4 + (a_0 + 6) \cdot (-5) - (11a_0 + 30) = 0$;

also $4a_0 - 5a_0 - 30 - 11a_0 = 0$ und damit $a_0 = -5$.

Die Gerade g liegt in der Ebene E_{-5}.

c) $\begin{pmatrix} 0 \\ 1 \\ 0 \end{pmatrix} * \begin{pmatrix} a \\ 0 \\ a+6 \end{pmatrix} = 0$

Also ist g parallel zu jeder Ebene E_a.

9 a) Spurpunkte von E:
$S_1(4t|0|0)$; $S_2(0|3|0)$; $S_3\left(0|0|\frac{2}{t}\right)$
Die Grundfläche der Pyramide ist das Dreieck S_2S_3O mit dem Flächeninhalt $A_G = \frac{1}{2} \cdot 3 \cdot \frac{2}{t} = \frac{3}{t}$.
Höhe der Pyramide: $h = 4$
Volumen der Pyramide:
$V = \frac{1}{3} \cdot A_G \cdot h = 4$; unabhängig von t

b) Abstand d_t der Ebene E_t vom Koordinatenursprung: $d_t = \frac{|12t|}{\sqrt{9 + 16t^2 + 36t^4}}$
Der Abstand wird minimal für $t = 0$. Es gilt dann $d_0 = 0$. In diesem Fall lautet die Ebenengleichung E_0: $3x_1 = 0$. Die Ebene E_0 ist die x_2x_3-Koordinatenebene und gehört nicht zur Ebenenschar.
Mit einem Rechner findet man den maximalen Abstand für $t \approx \pm 0{,}707$.

10 a) Zum Beispiel:
g_t: $\vec{x} = \begin{pmatrix} 1 \\ 2 \\ 1 \end{pmatrix} + r \cdot \begin{pmatrix} 3t-1 \\ 2 \\ 2t-1 \end{pmatrix}$; g_k: $\vec{x} = \begin{pmatrix} 1 \\ 2 \\ 1 \end{pmatrix} + s \cdot \begin{pmatrix} 1 \\ 3k-2 \\ k-1 \end{pmatrix}$

b) Die Punkte S_t und S_k liegen auf den Geraden mit $\vec{x} = \begin{pmatrix} 0 \\ 4 \\ 0 \end{pmatrix} + t \cdot \begin{pmatrix} 3 \\ 0 \\ 2 \end{pmatrix}$ und $\vec{x} = \begin{pmatrix} 2 \\ 0 \\ 0 \end{pmatrix} + k \cdot \begin{pmatrix} 0 \\ 3 \\ 1 \end{pmatrix}$.
Beide Geraden liegen in der Spiegelebene.
Der Vektor $\vec{n} = \begin{pmatrix} 2 \\ 1 \\ -3 \end{pmatrix}$ ist ein Normalenvektor der Ebene. Der Punkt $P(2|0|0)$ liegt ebenfalls in dieser Ebene. Somit ist $2x_1 + x_2 - 3x_3 = 4$ eine Koordinatengleichung der Spiegelebene.

c) Für das Spiegelbild L′ ergibt sich:
Lotgerade auf die Spiegelebene: $\vec{x} = \begin{pmatrix} 1 \\ 2 \\ 1 \end{pmatrix} + r \cdot \begin{pmatrix} 2 \\ 1 \\ -3 \end{pmatrix}$
Lotfußpunkt F:
$2 + 4r + 2 + r - 3 + 9r = 1 + 14r = 4$ für $r = \frac{3}{14}$;
also $F\left(\frac{20}{14}\middle|\frac{31}{14}\middle|\frac{5}{14}\right)$.
Damit: $\overrightarrow{OL'} = \begin{pmatrix} 1 \\ 2 \\ 1 \end{pmatrix} + \frac{6}{14} \cdot \begin{pmatrix} 2 \\ 1 \\ -3 \end{pmatrix} = \begin{pmatrix} \frac{26}{14} \\ \frac{34}{14} \\ \frac{-4}{14} \end{pmatrix} = \begin{pmatrix} \frac{13}{7} \\ \frac{17}{7} \\ -\frac{2}{7} \end{pmatrix}$
Geradenscharen für die reflektierten Strahlen:
g_t': $\vec{x} = \begin{pmatrix} \frac{13}{7} \\ \frac{17}{7} \\ -\frac{2}{7} \end{pmatrix} + r \cdot \begin{pmatrix} 3t - \frac{13}{7} \\ \frac{11}{7} \\ 2t + \frac{2}{7} \end{pmatrix}$

g_k': $\vec{x} = \begin{pmatrix} \frac{13}{7} \\ \frac{17}{7} \\ -\frac{2}{7} \end{pmatrix} + s \cdot \begin{pmatrix} \frac{1}{7} \\ 3k - \frac{17}{7} \\ k + \frac{2}{7} \end{pmatrix}$

11 a) g_2: $\vec{x} = \begin{pmatrix} 4 \\ -3 \\ 0 \end{pmatrix} + k \cdot \begin{pmatrix} 11 \\ 9 \\ 5 \end{pmatrix}$
Für $k = 2$ ergibt sich $P(26|15|10)$, somit sind g_2 und h_1 identisch.
$g_{-1,5}$: $\vec{x} = \begin{pmatrix} 4 \\ -2 \\ 0 \end{pmatrix} + k \cdot \begin{pmatrix} 11 \\ 9 \\ -2 \end{pmatrix}$
Allerdings liegt $Q(37|25|-1)$ nicht auf $g_{-1,5}$.
h_1 gehört zur Schar, h_2 nicht.

b) Die Richtungsvektoren von h_1 und h_2 sind keine Vielfachen voneinander, also sind h_1 und h_2 nicht parallel zueinander.
Das lineare Gleichungssystem
$\left| \begin{matrix} 26 + 11r = 37 + 11s \\ 15 + 9r = 25 + 9s \\ 10 + 5r = -1 - 2s \end{matrix} \right|$ bzw. $\left| \begin{matrix} 11r - 11s = 11 \\ 9r - 9s = 10 \\ 5r + 2s = -11 \end{matrix} \right|$
hat keine Lösung, also sind h_1 und h_2 windschief zueinander.

12 a) Die Gerade g_a verläuft parallel zur Ebene E, falls $\begin{pmatrix} 2 \\ -4 \\ 1 \end{pmatrix} \cdot \begin{pmatrix} 0{,}5 \\ 0{,}5 \\ a \end{pmatrix} = 0$; also für $a = 1$.

b) Nach dem Ergebnis von Teilaufgabe a) könnte nur g_1 in E liegen. Da aber der Punkt $A(0|1|2)$ von g_1 nicht in E liegt, ist g_1 parallel zu E, liegt aber nicht in E.

c) Schnittpunkt von g_a und E:
$2 \cdot (0{,}5t) - 4 \cdot (1 + 0{,}5t) + 2 + a \cdot t + 5 = 0$;
also $t = \frac{3}{1-a}$ für $a \neq 1$
Damit erhält man:
$S\left(\frac{1{,}5}{1-a} \middle| 1 + \frac{1{,}5}{1-a} \middle| \frac{2+a}{1-a}\right)$ für $a \neq 1$

13 a) Parameterdarstellung von E:
z.B.: E: $\vec{x} = \begin{pmatrix} 3 \\ -2 \\ 1 \end{pmatrix} + r \cdot \begin{pmatrix} 0 \\ 1 \\ 0 \end{pmatrix} + s \cdot \begin{pmatrix} 3 \\ 5 \\ 4 \end{pmatrix}$
Daraus folgt: E: $4x_1 - 3x_3 = 9$

b) $|\overrightarrow{AB}| = 5$; $|\overrightarrow{AC}| = \sqrt{50}$; $|\overrightarrow{BC}| = 5$
Es gilt: $|\overrightarrow{AB}|^2 + |\overrightarrow{BC}|^2 = |\overrightarrow{AC}|^2$
Das Dreieck ABC ist gleichschenklig und rechtwinklig. Daher kann es zu einem Quadrat ergänzt werden.
$\overrightarrow{OD} = \overrightarrow{OA} + \overrightarrow{BC} = \begin{pmatrix} 6 \\ -2 \\ 5 \end{pmatrix}$; also $D(6|-2|5)$

13 **c)** Für alle Werte von k gilt

$x_1 = 0 + 3k$; $x_2 = 3 + 5k$ und $x_3 = 9{,}5 + 4k$.

Somit liegen alle Punkte S_k auf der Geraden

$g\colon \vec{x} = \begin{pmatrix} 0 \\ 3 \\ 9{,}5 \end{pmatrix} + k \cdot \begin{pmatrix} 3 \\ 5 \\ 4 \end{pmatrix}$.

Es gilt: $\begin{pmatrix} 3 \\ 5 \\ 4 \end{pmatrix} * \begin{pmatrix} 4 \\ 0 \\ -3 \end{pmatrix} = 0$

Also sind g und E parallel zueinander.

Um den Abstand von g zu E zu bestimmen, berechnet man den Abstand d von S_0 zu E:

$d = \frac{|4 \cdot 0 - 3 \cdot 9{,}5 - 9|}{5} = 7{,}5$

Die Gerade g hat den Abstand 7,5 zur Ebene E.

d) Es gilt: $F\left(\frac{a}{2} \middle| \frac{1}{2} \middle| 3\right)$; $\overrightarrow{FS_k} = \begin{pmatrix} 3k - \frac{9}{2} \\ 5k + \frac{5}{2} \\ 4k + \frac{13}{2} \end{pmatrix}$

Die Gerade FS_k ist orthogonal zur Ebene E,

wenn $\overrightarrow{FS_k}$ ein Vielfaches von $\vec{n} = \begin{pmatrix} 4 \\ 0 \\ -3 \end{pmatrix}$ ist.

$\begin{pmatrix} 3k - \frac{9}{2} \\ 5k + \frac{5}{2} \\ 4k + \frac{13}{2} \end{pmatrix} = r \cdot \begin{pmatrix} 4 \\ 0 \\ -3 \end{pmatrix}$ hat die Lösung $r = -\frac{3}{2}$; $k = -\frac{1}{2}$.

Damit erhält man: $S_{-\frac{1}{2}}\left(-\frac{3}{2} \middle| \frac{1}{2} \middle| \frac{15}{2}\right)$

14 **a)** Die Spurpunkte von E sind $S_1(2|0|0)$, $S_2(0|1|0)$ und $S_3(0|0|8)$. Durch diese Punkte ist ein Dreieck gegeben, das in E liegt. Die Dreiecksseiten liegen auf den Spurgeraden von E. (Zeichnung siehe Teilaufgabe d))

b) $d = \frac{|-8|}{\sqrt{4^2 + 8^2 + 1^2}} = \frac{8}{9}$

Gerade orthogonal zu E durch P: $\vec{x} = \begin{pmatrix} 11 \\ 15 \\ 6 \end{pmatrix} + t \cdot \begin{pmatrix} 4 \\ 8 \\ 1 \end{pmatrix}$

Schnittpunkt F mit E:

$44 + 16t + 120 + 64t + 6 + t = 170 + 81t = 8$

für $t = -2$; also $F(3|-1|4)$

Koordinaten von P*:

$\overrightarrow{OP^*} = \begin{pmatrix} 11 \\ 15 \\ 6 \end{pmatrix} + 2 \cdot \begin{pmatrix} 3-11 \\ -1-15 \\ 4-6 \end{pmatrix} = \begin{pmatrix} -5 \\ -17 \\ 2 \end{pmatrix}$; $P^*(-5|-17|2)$

c) z. B.: $h\colon \vec{x} = \begin{pmatrix} 0 \\ 1 \\ 0 \end{pmatrix} + a \cdot \begin{pmatrix} -2 \\ 0 \\ 8 \end{pmatrix}$

Jede Gerade g_a schneidet die Gerade h. Die Richtungsvektoren beider Geraden sind immer gleich, somit ist auch der Schnittwinkel α immer gleich.

Es gilt: $\cos(\alpha) = \frac{30}{6\sqrt{34}} = \frac{5}{\sqrt{34}} \approx 0{,}8575$; also $\alpha \approx 31°$

d) $g_1\colon \vec{x} = \begin{pmatrix} -2 \\ 1 \\ 8 \end{pmatrix} + t \cdot \begin{pmatrix} 1 \\ -1 \\ 4 \end{pmatrix}$

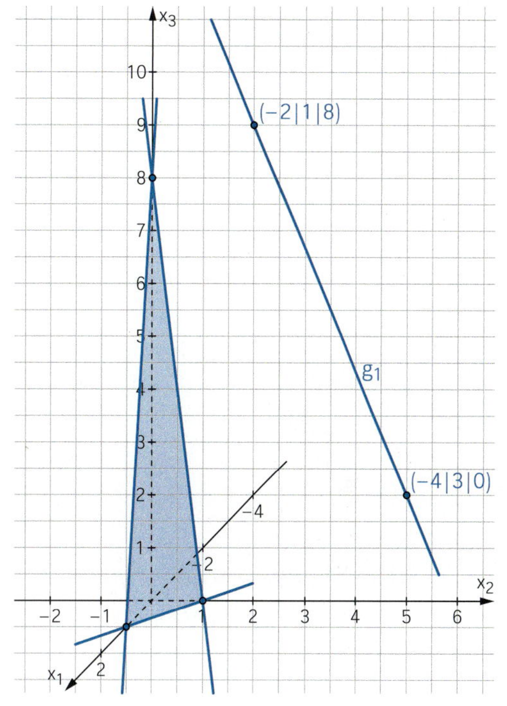

Lotgerade durch P auf g_1: $\vec{x} = \begin{pmatrix} 11 \\ 15 \\ 6 \end{pmatrix} + s \cdot \begin{pmatrix} 1 \\ 1 \\ 0 \end{pmatrix}$

Schnittpunkt: $S(-2{,}5|1{,}5|6)$ für $t = 0{,}5$; $s = -13{,}5$

Koordinaten von P':

$\overrightarrow{OP'} = \begin{pmatrix} 11 \\ 15 \\ 6 \end{pmatrix} + 2 \cdot \begin{pmatrix} -13{,}5 \\ -13{,}5 \\ 0 \end{pmatrix} = \begin{pmatrix} -16 \\ -12 \\ 6 \end{pmatrix}$; $P'(-16|-1|26)$

e) Der Punkt R ergibt sich für $t = 2$ und $\bar{a} = -0{,}5$.

$g_{-0,5}\colon \vec{x} = \begin{pmatrix} 1 \\ 1 \\ -4 \end{pmatrix} + t \cdot \begin{pmatrix} 1 \\ -1 \\ 4 \end{pmatrix}$

Der Punkt $H(2|0|0)$ ist ein Punkt der Geraden $g_{-0,5}$.

Der Abstand von H zu g_1 ist der Abstand d der beiden parallelen Geraden g_1 und $g_{-0,5}$.

Hilfsebene E_H, die H enthält und orthogonal zu g_1 ist: $E_H\colon x_1 - x_2 + 4x_3 = 2$

Schnittpunkt F von E und g_1:

$(-2 + t) - (1 - t) + 4 \cdot (8 + 4t) = 29 + 18t = 2$; also $t = -1{,}5$ und $F(-3{,}5|2{,}5|2)$.

$d = |\overrightarrow{HF}| = \sqrt{(-5{,}5)^2 + 2{,}5^2 + 2^2} \approx 6{,}364$

f) $\overrightarrow{OP} = \begin{pmatrix} 11 \\ 15 \\ 6 \end{pmatrix}$; $\overrightarrow{OP'} = \begin{pmatrix} -16 \\ -12 \\ 6 \end{pmatrix}$; $\overrightarrow{OP^*} = \begin{pmatrix} -5 \\ -17 \\ 2 \end{pmatrix}$

Keines der drei möglichen Skalarprodukte ist 0, also ist das Dreieck nicht rechtwinklig.

Kapitel 6 (Seite 309 – 310)

Teil A

1 Wenn der Zufallsgenerator der Maschine die vier Möglichkeiten tatsächlich mit gleicher Wahrscheinlichkeit zufällig auswählt und die Ergebnisse vorangegangener Torschüsse nicht berücksichtigt, dann sind die Voraussetzungen für das Vorliegen einer Bernoulli-Kette gegeben (Unabhängigkeit der Stufen, feste Erfolgswahrscheinlichkeit).
Was man als Erfolg ansieht, ist willkürlich.
Beispiele könnten sein:

- Schuss in die linke untere (linke obere, rechte untere, rechte obere) Torecke; die Erfolgswahrscheinlichkeit beträgt 25 %
- Schuss in die linke (rechte) Torecke, egal ob oben oder unten; die Erfolgswahrscheinlichkeit beträgt 50 %
- flacher (hoher) Schuss; die Erfolgswahrscheinlichkeit beträgt 50 %
- Schuss, der nicht in die linke untere (linke obere, rechte untere, rechte obere) Torecke geht; die Erfolgswahrscheinlichkeit beträgt 75 %

2 **a) und b)**
Die Zufallsgröße X: *Anzahl der benötigten Ziehungen* kann mithilfe eines Baumdiagramms (sehr aufwendig) oder durch einfache kombinatorische Überlegungen bestimmt werden.

- $X = 3$: Bei den drei Ziehungen werden jeweils eine rote, eine grüne und eine blaue Kugel gezogen. Hierfür gibt es $3 \cdot 2 \cdot 1 = 6$ mögliche Reihenfolgen. Die Wahrscheinlichkeiten der zugehörigen Pfade sind jeweils gleich, nämlich $\frac{3 \cdot 2 \cdot 1}{6 \cdot 5 \cdot 4} = \frac{1}{20}$.
Demnach gilt:
$P(X = 3) = \frac{6}{20} = \frac{9}{30}$

2 **a) und b) Fortsetzung:**

- $X = 4$: Bei den ersten drei Ziehungen dürfen nur zwei verschiedenfarbige Kugeln gezogen worden sein; bei der 4. Ziehung wird dann eine Kugel einer anderen Farbe gezogen.
Mögliche Fälle sind (rgg | b), (rbb | g), (gbb | r), (bgg | r); dabei kann die Reihenfolge der ersten drei Würfe auch anders sein (jeweils 3 Möglichkeiten).
Daher gilt:
$P(X = 4)$
$= 3 \cdot \left(\frac{1 \cdot 2 \cdot 1}{6 \cdot 5 \cdot 4} \cdot \frac{3}{3} + \frac{1 \cdot 3 \cdot 2}{6 \cdot 5 \cdot 4} \cdot \frac{2}{3} + \frac{2 \cdot 3 \cdot 2}{6 \cdot 5 \cdot 4} \cdot \frac{1}{3} + \frac{3 \cdot 2 \cdot 1}{6 \cdot 5 \cdot 4} \cdot \frac{1}{3}\right) = \frac{9}{30}$
- $X = 5$: Bei den ersten vier Ziehungen dürfen nur zwei verschiedenfarbige Kugeln gezogen worden sein; bei der 5. Ziehung wird dann eine Kugel einer anderen Farbe gezogen.
Mögliche Fälle sind (gbbb | r), (ggbb | r), (rbbb | g); dabei kann die Reihenfolge der ersten vier Würfe auch anders sein (4 bzw. 6 bzw. 4 Möglichkeiten).
Daher gilt:
$P(X = 5)$
$= 4 \cdot \frac{2 \cdot 3 \cdot 2 \cdot 1}{6 \cdot 5 \cdot 4 \cdot 3} \cdot \frac{1}{2} + 6 \cdot \frac{2 \cdot 1 \cdot 3 \cdot 2}{6 \cdot 5 \cdot 4 \cdot 3} \cdot \frac{1}{2} + 4 \cdot \frac{1 \cdot 3 \cdot 2 \cdot 1}{6 \cdot 5 \cdot 4 \cdot 3} \cdot \frac{2}{2} = \frac{7}{30}$
- $X = 6$: Bei den ersten fünf Ziehungen dürfen nur grüne und blaue Kugeln gezogen worden sein; die rote Kugel wird erst bei der 6. Ziehung gezogen.
Für die fünf ersten Ziehungen gibt es
$\binom{5}{2} = \binom{5}{3} = 10$ Möglichkeiten, die alle die Wahrscheinlichkeit $\frac{3 \cdot 2 \cdot 1 \cdot 2 \cdot 1}{6 \cdot 5 \cdot 4 \cdot 3 \cdot 2}$ haben,
d.h. $P(X = 6) = \frac{5}{30}$.

(Es ist auch möglich, eine der oben angeführten Wahrscheinlichkeiten mithilfe der Komplementärregel zu bestimmen.)

c) Für den Erwartungswert μ von X gilt:
$\mu = 3 \cdot \frac{9}{30} + 4 \cdot \frac{9}{30} + 5 \cdot \frac{7}{30} + 6 \cdot \frac{5}{30} = \frac{128}{30} \approx 4{,}3$

3 $n = 6;\ p = \frac{1}{3};$

X: *Anzahl der Erfolge*

(1) $P(X=0) = \binom{6}{0} \cdot \left(\frac{1}{3}\right)^0 \cdot \left(\frac{2}{3}\right)^6 = 1 \cdot \frac{2^6}{3^6}$

$P(X=1) = \binom{6}{1} \cdot \left(\frac{1}{3}\right)^1 \cdot \left(\frac{2}{3}\right)^5$

$= 6 \cdot \frac{2^5}{3^6} = 3 \cdot \frac{2^6}{3^6} = 3 \cdot P(X=0)$

(2) $P(X=4) = \binom{6}{4} \cdot \left(\frac{1}{3}\right)^4 \cdot \left(\frac{2}{3}\right)^2 = \binom{6}{2} \cdot \frac{2^2}{3^6}$

$= \frac{6 \cdot 5}{2} \cdot \frac{2^2}{3^6} = 5 \cdot \frac{2^2}{3^5}$

$P(X=2) = \binom{6}{2} \cdot \left(\frac{1}{3}\right)^2 \cdot \left(\frac{2}{3}\right)^4 = \frac{6 \cdot 5}{2} \cdot \frac{2^4}{3^6}$

$= 4 \cdot \left(5 \cdot \frac{2^2}{3^5}\right) = 4 \cdot P(X=4)$

(3) $P(X=5) = \binom{6}{5} \cdot \left(\frac{1}{3}\right)^5 \cdot \left(\frac{2}{3}\right)^1 = \binom{6}{1} \cdot \frac{2^1}{3^6}$

$= 6 \cdot \frac{2^1}{3^6} = \frac{2^2}{3^5}$

$P(X=4) = 5 \cdot \left(\frac{2^2}{3^5}\right) = 5 \cdot P(X=5)$

Teil B

4 mittlere Größe: $\frac{5982}{30} = 199{,}4$

Standardabweichung: 8,76

5 Auch wenn bei einer Erhebung sicherlich darauf geachtet würde, dass keine Person mehr als einmal erfasst wird, kann hier näherungsweise der Ansatz einer Bernoulli-Kette gemacht werden.

$n = 100,\ p = 0{,}20;$ X: *die ausgewählte Person ist jünger als 20 Jahre*;

bzw.

$n = 100,\ p = 0{,}80;$ Y: *die ausgewählte Person ist mindestens 20 Jahre alt.*

(1) $P(X=17) = P(X \le 17) - P(X \le 16)$

$\approx 0{,}271 - 0{,}192 = 0{,}079$

(2) $P(15 \le X \le 25) = P(X \le 25) - P(X \le 14)$

$\approx 0{,}9125 - 0{,}0804 = 0{,}832$

(3) $P(Y > 80) = 1 - P(Y \le 80) \approx 1 - 0{,}540$

$= 0{,}460 \approx P(X \le 19)$

(4) $P(Y \le 75) = P(X \ge 25) = 1 - P(X \le 24)$

$\approx 1 - 0{,}869 = 0{,}131$

6 $n = 50;\ p = 0{,}3;$

X: *Anzahl der Angestellten, die mit dem Fahrrad zur Arbeit kommen*

a) Eine Interpretation als Bernoulli-Kette setzt voraus, dass die Entscheidungen der 50 Angestellten, ob sie mit dem Fahrrad zur Arbeit kommen oder nicht, unabhängig voneinander erfolgen.

Das heißt insbesondere, dass im Prinzip jeder von ihnen ein Fahrrad benutzen würde.

Der Ansatz einer Erfolgswahrscheinlichkeit von 30 % bedeutet auch, dass der Anteil unabhängig von den Witterungsbedingungen ist.

b) $P(X \le 20) = 0{,}952$

c) Gesucht ist der kleinste Wert für k, für den $P(X \le k) \ge 0{,}90$ gilt.

Dazu betrachtet man die kumulierte Binomialverteilung für $n = 50$ und $p = 0{,}3$ und findet $P(X \le 18) = 0{,}859$ und $P(X \le 19) = 0{,}915$.

Also sollte $k \ge 19$ sein, damit die Bedingung erfüllt ist.

7 $n = 100;\ p = \frac{10}{240};$

X: *Anzahl der zu einem beliebigen Zeitpunkt benötigten Mitarbeiter*

$P(X > 5) = 1 - (0{,}014 + 0{,}062 + 0{,}133$

$+ 0{,}188 + 0{,}199 + 0{,}166)$

$= 1 - 0{,}762 = 0{,}238$

Mit einer Wahrscheinlichkeit von 23,8 % muss ein Kunde warten.

Vereinfachende Annahmen:

Die Kunden kommen alle unabhängig voneinander und benötigen alle genau dieselbe Zeit.

8 X: *Anzahl defekter Bauteile*

(bei einem Anteil von 4 %)

$E(\text{Stückpreis}) = 1{,}60\,€ \cdot P(X=0)$

$+ 1{,}50\,€ \cdot (P(X=1) + P(X=2))$

$+ 1{,}40\,€ \cdot P(X > 2)$

$= 1{,}48\,€$

Der zu erwartende Stückpreis beträgt 1,48 € und damit für die gesamte Einheit 74,00 €.

Kapitel 7 (Seite 371 – 374)

Teil A

1 **a)** $p = 0{,}5$; $\mu = 400 \cdot 0{,}5 = 200$;
$\sigma = \sqrt{400 \cdot 0{,}5 \cdot 0{,}5} = 10 > 3$
$\mu - 1{,}64\sigma = 183{,}6$; $\mu + 1{,}64\sigma = 216{,}4$
Mit einer Wahrscheinlichkeit von ca. 90 % wird die Anzahl der Wappen mindestens 184, höchstens 216 betragen.
b) $p = \frac{1}{6}$; $\mu = 720 \cdot \frac{1}{6} = 120$;
$\sigma = \sqrt{720 \cdot \frac{1}{6} \cdot \frac{5}{6}} = 10 > 3$
$\mu - 1{,}64\sigma = 103{,}6$; $\mu + 1{,}64\sigma = 136{,}4$
Mit einer Wahrscheinlichkeit von ca. 90 % wird die Anzahl der Sechsen mindestens 104, höchstens 136 betragen.

2 **a)** Die Wahrscheinlichkeit 0,5 gibt an, dass der Übergang von Zustand A_3 nach Zustand A_1 mit dieser Wahrscheinlichkeit erfolgt.
b)
$$\mathbf{M} = \begin{pmatrix} 0{,}1 & 0{,}4 & 0{,}5 \\ 0{,}3 & 0{,}2 & 0{,}3 \\ 0{,}6 & 0{,}4 & 0{,}2 \end{pmatrix}$$
c)
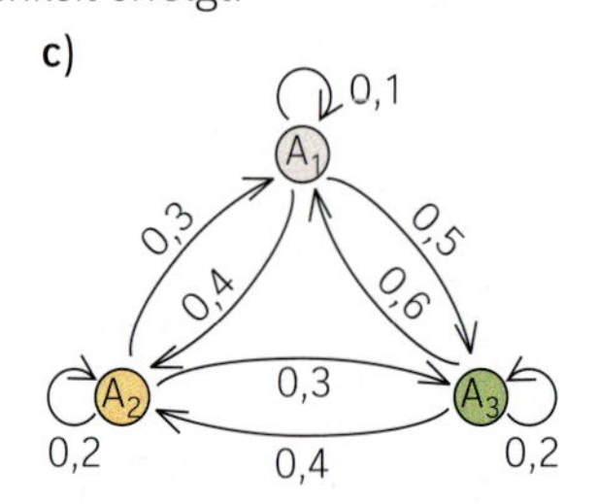

3 **a)** $n = 450$; $p = \frac{1}{3}$; $\mu = 450 \cdot \frac{1}{3} = 150$;
$\sigma = \sqrt{450 \cdot \frac{1}{3} \cdot \frac{2}{3}} = \sqrt{100} = 10$
b) Mit 99 % Wahrscheinlichkeit liegt das Stichprobenergebnis im Intervall
$[150 - 2{,}58 \cdot 10;\ 150 + 2{,}58 \cdot 10] \approx [124;\ 176]$.
Ein Ergebnis von 120 Erfolgen liegt außerhalb dieses Intervalls und ist deshalb hochsignifikant abweichend vom Erwartungswert 150.
c) Mit 95 % Wahrscheinlichkeit liegt das Stichprobenergebnis im Intervall
$[150 - 1{,}96 \cdot 10;\ 150 + 1{,}96 \cdot 10] \approx [130;\ 170]$.
Ergebnisse außerhalb dieses Intervalls weichen signifikant vom Erwartungswert 150 ab.

4 **a)** *Hypothese H_1: $p < 0{,}25$:*
Der Bekanntheitsgrad liegt unter 25 %.
Die Hypothese wird verworfen, wenn in der Stichprobe extrem viele Personen angetroffen werden, die den betreffenden Artikel kennen (signifikante Abweichung nach oben).
Hypothese H_2: $p \geq 0{,}25$:
Der Bekanntheitsgrad beträgt mindestens 25 %.
Die Hypothese wird verworfen, wenn in der Stichprobe extrem wenige Personen angetroffen werden, die den betreffenden Artikel kennen (signifikante Abweichung nach unten).
b) Hypothese H_1:

Fehler 1. Art	In der Stichprobe werden zufällig extrem viele Personen angetroffen, die den betreffenden Artikel kennen, obwohl tatsächlich in der Gesamtheit weniger als 25 % den Artikel kennen. Eine Werbemaßnahme wird nicht durchgeführt, obwohl sie sinnvoll wäre.
Fehler 2. Art	In der Stichprobe werden zufällig so viele Personen angetroffen, die den betreffenden Artikel kennen, dass man keinen Anlass hat, an der Gültigkeit der Hypothese zu zweifeln. Tatsächlich kennen aber in der Gesamtheit mindestens 25 % den Artikel. Eine Werbemaßnahme wird durchgeführt, obwohl sie nicht notwendig wäre.

Hypothese H_2:

Fehler 1. Art	In der Stichprobe werden zufällig extrem wenige Personen angetroffen, die den betreffenden Artikel kennen, obwohl tatsächlich in der Gesamtheit mindestens 25 % den Artikel kennen. Eine Werbemaßnahme wird durchgeführt, obwohl sie nicht notwendig wäre.
Fehler 2. Art	In der Stichprobe werden zufällig so viele Personen angetroffen, die den betreffenden Artikel kennen, dass man keinen Anlass hat, an der Gültigkeit der Hypothese zu zweifeln. Tatsächlich kennen aber in der Gesamtheit weniger als 25 % den Artikel. Eine Werbemaßnahme wird nicht durchgeführt, obwohl sie sinnvoll wäre.

5 **a)** $\mu = 40$

b) Der Flächeninhalt des gefärbten Bereichs entspricht der Wahrscheinlichkeit $P(X \le 30)$.

6 **a)** $\begin{pmatrix} 0 \cdot 0{,}2 + 0{,}5 \cdot 0{,}5 + 0{,}3 \cdot 0{,}3 \\ 0{,}1 \cdot 0{,}2 + 0 \cdot 0{,}5 + 0{,}3 \cdot 0{,}3 \\ 0{,}9 \cdot 0{,}2 + 0{,}5 \cdot 0{,}5 + 0{,}4 \cdot 0{,}3 \end{pmatrix} = \begin{pmatrix} 0{,}34 \\ 0{,}11 \\ 0{,}55 \end{pmatrix}$

b) $\begin{pmatrix} 0{,}2 \cdot 0{,}2 + 0{,}1 \cdot 0{,}8 & 0{,}2 \cdot 0{,}1 + 0{,}1 \cdot 0{,}9 \\ 0{,}8 \cdot 0{,}2 + 0{,}9 \cdot 0{,}8 & 0{,}8 \cdot 0{,}1 + 0{,}9 \cdot 0{,}9 \end{pmatrix} = \begin{pmatrix} 0{,}12 & 0{,}11 \\ 0{,}88 & 0{,}89 \end{pmatrix}$

c) $\begin{pmatrix} a \\ c \\ b \end{pmatrix}$

Teil B

7 **a)** $n = 200$; $\mu = 200 \cdot 0{,}35 = 70$;
$\sigma = \sqrt{200 \cdot 0{,}35 \cdot 0{,}65} \approx 6{,}75 > 3$
95%-Prognoseintervall:
$70 - 1{,}96\sigma \approx 56$; $70 + 1{,}96\sigma \approx 84$
Mit einem Rechner findet man:
$P(56 \le X \le 84) \approx 96{,}9\,\%$
$P(57 \le X \le 83) \approx 95{,}5\,\%$
Mit 95 % Wahrscheinlichkeit sind in der Stichprobe 57 bis 83 Personen mit dieser Blutgruppe.

b) $70 - 2{,}58\sigma \approx 52{,}6$
Damit liegt das Testergebnis 50 außerhalb des 99%-Prognoseintervalls und kann deshalb als hochsignifikant abweichend bezeichnet werden.

c) Nullhypothese: $p = 0{,}35$
Entscheidungsregel: Liegt die Anzahl der Personen mit dieser Blutgruppe unter 57 oder über 83, so hat man Anlass zu der Vermutung, dass der Anteil der Personen mit dieser Blutgruppe in der Region nicht 35 % beträgt.

8 **a)** (1) $\mu = 20$; $\sigma \approx 3{,}16$
(2) $\mu = 20$; $\sigma \approx 3{,}46$
Eine größere Streuung bedeutet, dass die Wahrscheinlichkeit für gleiche Umgebungen um den Erwartungswert kleiner ist, z. B.
(1) $P(16 \le X \le 24) = 0{,}846$
(2) $P(16 \le X \le 24) = 0{,}807$

8 **b)** (1) Mit einer Wahrscheinlichkeit von 99 % liegt die Anzahl der Erfolge zwischen $\mu - 2{,}58\sigma$ und $\mu + 2{,}58\sigma$.
$n = 40$; $p = 0{,}5$; $2{,}58\sigma \approx 8{,}15$:
$P(12 \le X \le 28) = 0{,}994$
bzw.
$n = 50$; $p = 0{,}4$; $2{,}58\sigma \approx 8{,}93$:
$P(11 \le X \le 29) = 0{,}994$
(2) In 95,5 % der Fälle gilt:
X liegt zwischen $\mu - 2\sigma$ und $\mu + 2\sigma$.
$n = 40$; $p = 0{,}5$; $2\sigma \approx 6{,}32$:
$P(14 \le X \le 26) = 0{,}962$
bzw.
$n = 50$; $p = 0{,}4$; $2\sigma \approx 6{,}92$:
$P(13 \le X \le 27) = 0{,}971$
(3) $|X - \mu| > 1{,}64\sigma$ gilt nur in ca. 10 % der Fälle.
$n = 40$; $p = 0{,}5$; $1{,}64\sigma \approx 5{,}18$:
$P(X < 15 \text{ oder } X > 25) = 0{,}081$
bzw.
$n = 50$; $p = 0{,}4$; $1{,}64\sigma \approx 5{,}67$:
$P(X < 15 \text{ oder } X > 25) = 0{,}111$

9 $n = 100$; $\mu = 100 \cdot 0{,}26 = 26$;
$\sigma = \sqrt{100 \cdot 0{,}26 \cdot 0{,}74} \approx 4{,}4 > 3$
90%-Prognoseintervall:
$26 - 1{,}64\sigma \approx 18{,}8$; $26 + 1{,}64\sigma \approx 33{,}2$
Mit einem Rechner findet man:
$P(19 \le X \le 33) \approx 91{,}4\,\%$

10 **a)** Alle $6^3 = 216$ möglichen Ergebnisse des 3-fachen Würfelns haben die gleiche Wahrscheinlichkeit. Darunter gibt es $6 \cdot 5 \cdot 4 = 120$ mit lauter verschiedenen Augenzahlen.
Daher gilt: $p = \frac{120}{216} = \frac{5}{9}$

b) $n = 900$
Es ist zu erwarten, dass $\mu = 900 \cdot \frac{5}{9} = 500$ Dreierwürfe mit lauter verschiedenen Augenzahlen auftreten. Weiter gilt $\sigma = \sqrt{900 \cdot \frac{5}{9} \cdot \frac{4}{9}} \approx 14{,}91 > 3$ und $1{,}96\sigma \approx 29{,}22$.
Kontrolle mit einem Rechner:
$P(471 \le X \le 529) \approx 95{,}22\,\%$

10 b) **Fortsetzung:**
Entscheidungsregel zur Hypothese $p = \frac{5}{9}$:
Verwirf die Hypothese, wenn weniger als 471-mal oder mehr als 529-mal das Ereignis *Lauter verschiedene Augenzahlen* eintritt.

c) *Fehler 1. Art:*
Zufällig liegt die Anzahl der Dreierwürfe mit lauter verschiedenen Augenzahlen außerhalb des Annahmebereichs. Daher wird an der Brauchbarkeit des Zufallszahlengenerators gezweifelt, obwohl er in Ordnung ist.
Fehler 2. Art:
Zufällig liegt die Anzahl der Dreierwürfe mit lauter verschiedenen Augenzahlen innerhalb des Annahmebereichs. Daher wird an der Brauchbarkeit des Zufallszahlengenerators nicht gezweifelt, obwohl er nicht in Ordnung ist.

d) Der Annahmebereich der Hypothese aus Teilaufgabe b) ist $471 \le X \le 529$. Zu bestimmen ist die Wahrscheinlichkeit dafür, dass ein Stichprobenergebnis zufällig in diesem Intervall liegt, obwohl tatsächlich $p = 0{,}5$ gilt. Die Wahrscheinlichkeit für einen Fehler 2. Art ist daher:
$P_{p=0{,}5}(471 \le X \le 529) \approx 8{,}6\,\%$

11 Die Wahrscheinlichkeit dafür, dass ein zufällig entnommener Tischtennisball die Wettkampfbedingungen erfüllt, bezeichnet man mit p.

a) Der Großhändler macht die Aussage $p \ge 0{,}8$. Von seinem Standpunkt will er erst abgehen, wenn die Anzahl der wettkampftauglichen Tischtennisbälle in der Stichprobe signifikant nach unten abweicht.
Man testet also die Hypothese $p \ge 0{,}8$.
Für $p = 0{,}8$ und $n = 75$ ist $\mu = 60$ und $\sigma \approx 3{,}46$; also $\mu - 1{,}28\sigma \approx 55{,}57$.
Für $p > 0{,}8$ ist somit $\mu - 1{,}28\sigma > 55{,}57$.
Wenn man weniger als 56 wettkampftaugliche Tischtennisbälle in der Stichprobe findet, wird der Großhändler seine Aussage als widerlegt ansehen.

11 b) Der Ladenbesitzer wird sich erst von seiner kritischen Haltung abbringen lassen, wenn die Anzahl der wettkampftauglichen Tischtennisbälle in der Stichprobe signifikant nach oben abweicht.
Man testet also die Hypothese $p < 0{,}8$.
Für $p = 0{,}8$ und $n = 75$ ist $\mu + 1{,}28\sigma \approx 64{,}43$.
Für $p < 0{,}8$ ist also $\mu + 1{,}28\sigma < 64{,}43$.
Wenn mehr als 64 Tischtennisbälle in der Stichprobe wettkampftauglich sind, wird der Ladenbesitzer sein Misstrauen ablegen.

c) In Teilaufgabe a) wurde die Hypothese $p \ge 0{,}8$, in Teilaufgabe b) die Hypothese $p < 0{,}8$ getestet. Die eine Hypothese ist die Verneinung der anderen. Wird die eine Hypothese verworfen, so wird die andere als richtig angesehen. Was also in Teilaufgabe a) ein Fehler 1. Art ist, ist in Teilaufgabe b) ein Fehler 2. Art und umgekehrt; allerdings sind die betrachteten Bereiche verschieden.
Zu Teilaufgabe a): Hypothese $p \ge 0{,}8$;
Interessen des Großhändlers

Fehler 1. Art	Die Aussage des Großhändlers ist wahr, aber wegen eines extrem kleinen Stichprobenergebnisses wird sie als falsch angesehen. Die Ware wird als minderwertig angesehen, obwohl sie es nicht ist.
Fehler 2. Art	Die Aussage des Großhändlers ist falsch, aber aufgrund des zu großen Stichprobenergebnisses wird die Hypothese nicht verworfen. Die minderwertige Ware wird nicht als solche erkannt. Die Wahrscheinlichkeit für diesen Fehler hängt vom tatsächlichen Anteil wettkampftauglicher Tischtennisbälle ab.

Zu Teilaufgabe b): Hypothese $p < 0{,}8$;
Interessen des Ladenbesitzers

Fehler 1. Art	Die Aussage des Großhändlers ist falsch, aber wegen eines extrem großen Stichprobenergebnisses wird sie nicht als falsch angesehen. Der Ladenbesitzer kauft minderwertige Ware ein.
Fehler 2. Art	Die Aussage des Großhändlers ist wahr, aber aufgrund des zu kleinen Stichprobenergebnisses wird dies nicht erkannt. Dem Ladenbesitzer entgeht ein günstiges Geschäft. Die Wahrscheinlichkeit für diesen Fehler hängt vom tatsächlichen Anteil wettkampftauglicher Tischtennisbälle ab.

12 **a)** Da der Hersteller überzeugt ist, dass seine Tabletten in mindestens 90 % aller Anwendungsfälle helfen, wird er die Hypothese $p \leq 0{,}9$ testen. Er hofft, dass er diese Hypothese durch das Testergebnis verwerfen kann.

b) $n = 2000;\ p = 0{,}9;\ \mu = 1800;$

$\sigma = \sqrt{1800 \cdot 0{,}9 \cdot 0{,}1} \approx 13{,}42 > 3$

Kritischer Wert: $k \approx 1800 + 1{,}64\sigma \approx 1822$

Wenn das Testergebnis größer als 1822 ist, wird der Hersteller die Hypothese, dass sein Medikament in höchstens 90 % aller Fälle hilft, verwerfen.

c) *Fehler 1. Art:*

Die Tabletten helfen tatsächlich nur in höchstens 90 % aller Fälle. Das Testergebnis ist aber größer als 1822, weshalb die Hypothese verworfen wird und man davon ausgeht, dass die Tabletten in mindestens 90 % aller Fälle helfen.

Die Wahrscheinlichkeit für diesen Fehler liegt aber bei höchstens 5 %.

Fehler 2. Art:

Die Tabletten helfen tatsächlich in mindestens 90 % aller Fälle. Das Testergebnis liegt aber unter 1822, weshalb man davon ausgeht, dass die Tabletten nur in höchstens 90 % aller Fälle helfen.

13 **a)** Wegen der Symmetrie ergibt sich der Erwartungswert $\mu = 1{,}77$.

Aus dem Ansatz

$$\int_{1{,}68}^{\infty} \varphi_{\mu;\,\sigma}(t)\,dt \approx P(X > a); \quad \int_{-\infty}^{1{,}86} \varphi_{\mu;\,\sigma}(t)\,dt \approx P(X < b)$$

ergeben sich

$1{,}68 = a - 0{,}5$ und $1{,}86 = b + 0{,}5$; also $a = 1{,}685$ und $b = 1{,}855$.

Durch Probieren mit einem Rechner findet man

```
invNorm(0.9, 1.77, 0.066)
                        1.85458
```

Also ist die Standardabweichung $\sigma \approx 0{,}066$.

b) (1) $P(X \leq 1{,}745) \approx 35{,}2\,\%$

(2) $P(X > 1{,}705) = 1 - P(X \leq 1{,}705)$
$\approx 83{,}7\,\%$

(3) $P(1{,}715 \leq X \leq 1{,}795) \approx 44{,}5\,\%$

14 **a)** Wegen der Symmetrie ergibt sich der Erwartungswert $\mu = 100{,}5$.

Durch Probieren mit einem Rechner findet man für 8 % bei 96 ungefähr die Standardabweichung $\sigma \approx 3{,}2$.

b) (1) $P(98{,}5 < X) = 1 - P(X \leq 98{,}5)$
$\approx 1 - 0{,}266 = 73{,}4\,\%$

(2) $P(X \geq 101{,}5) = 1 - P(X < 101{,}5)$
$\approx 1 - 0{,}623 = 37{,}7\,\%$

15 **a)** Mit der Reihenfolge A-Markt (A), B-Markt (B), Einzelhändler (E) erhält man die folgende Übergangsmatrix:

$$\begin{matrix} & A & B & E \\ A & 0{,}88 & 0{,}05 & 0{,}05 \\ B & 0{,}07 & 0{,}92 & 0{,}02 \\ E & 0{,}05 & 0{,}03 & 0{,}93 \end{matrix} = \mathbf{M}$$

b) Anfangsvektor: $\vec{a} = \begin{pmatrix} 3900 \\ 2700 \\ 1600 \end{pmatrix}$

1 Monat später: $\mathbf{M} \cdot \vec{a} = \begin{pmatrix} 3647 \\ 2789 \\ 1764 \end{pmatrix}$

2 Monate später: $\mathbf{M}^2 \cdot \vec{a} \approx \begin{pmatrix} 3437 \\ 2856 \\ 1907 \end{pmatrix}$

3 Monate später: $\mathbf{M}^3 \cdot \vec{a} \approx \begin{pmatrix} 3263 \\ 2906 \\ 2031 \end{pmatrix}$

Verteilung des Vormonats:

$\mathbf{M} \cdot \vec{x} = \vec{a}$ führt auf das lineare Gleichungssystem

$$\left| \begin{array}{l} 0{,}88x_1 + 0{,}05x_2 + 0{,}05x_3 = 3900 \\ 0{,}07x_1 + 0{,}92x_2 + 0{,}02x_3 = 2700 \\ 0{,}05x_1 + 0{,}03x_2 + 0{,}93x_3 = 1600 \end{array} \right|$$

Lösung: $\vec{x} \approx \begin{pmatrix} 4205 \\ 2584 \\ 1411 \end{pmatrix}$

c) Mit einem Rechner erhält man:

$\mathbf{M}^{100} \approx \begin{pmatrix} 0{,}294 & 0{,}294 & 0{,}294 \\ 0{,}347 & 0{,}347 & 0{,}347 \\ 0{,}359 & 0{,}359 & 0{,}359 \end{pmatrix}$ und $\mathbf{M}^{100} \cdot \vec{a} \approx \begin{pmatrix} 2411 \\ 2845 \\ 2944 \end{pmatrix}$

Mathematische Symbole

Mengen, Zahlen

$\mathbb{N}$	Menge der natürlichen Zahlen
$\mathbb{Z}$	Menge der ganzen Zahlen
$\mathbb{Q}$	Menge der rationalen Zahlen
$\mathbb{R}_+$	Menge der positiven reellen Zahlen einschließlich 0
$\mathbb{R}\setminus\{0\}$	Menge der reellen Zahlen ohne 0
$x \in M$	x ist Element von M
$\{x \in M \mid ...\}$	Menge aller x aus M, für die gilt ...
$\{a, b, c, d\}$	Menge mit den Elementen a, b, c, d
$\{\ \}$	leere Menge
$[a; b]$	abgeschlossenes Intervall, $\{x \in \mathbb{R} \mid a \leq x \leq b\}$
$]a; b[$	offenes Intervall, $\{x \in \mathbb{R} \mid a < x < b\}$
$a < b$	a kleiner b
$a \leq b$	a kleiner oder gleich b
$\lvert x \rvert$	Betrag von x
$\sqrt{x}$	Quadratwurzel aus x
$\sqrt[n]{x}$	n-te Wurzel aus x
b^x	Potenz b hoch x
$e = 2{,}71828...$	Euler'sche Zahl e
$\ln(x)$	natürlicher Logarithmus von x; $e^{\ln(x)} = x$
$\sin(x)$	Sinus x
$\cos(x)$	Kosinus x
$f'(x_0)$	Ableitung der Funktion f an der Stelle x_0
$\int_a^b f(x)\,dx$	Integral von a bis b der Funktion f
t_V	Verdopplungszeit; $t_V = \frac{\ln(2)}{k}$, wobei $k > 0$
t_H	Halbwertszeit; $t_H = \frac{\ln(0{,}5)}{k} = \frac{-\ln(2)}{k}$, wobei $k < 0$

Mathematische Symbole

Funktionen

$y = e^x$	e-Funktion
$y = \sin(x)$	Sinusfunktion
$y = \cos(x)$	Kosinusfunktion
$y = \ln(x)$	natürliche Logarithmusfunktion
$y = f'(x)$	(erste) Ableitung der Funktion f
$y = f''(x)$	zweite Ableitung der Funktion f
$y = F(x)$	Stammfunktion einer Funktion f; $F'(x) = f(x)$
$y = I_a(x) = \int_a^x f(t)\,dt$	Integralfunktion der Funktion f über dem Intervall $[a; x]$; $I_a'(x) = f(x)$
$f_a(x)$	Funktionsterm mit der Funktionsvariablen x und dem Parameter a

Geometrie

$P(x \mid y)$	Punkt mit den Koordinaten x und y
$P(x_1 \mid x_2 \mid x_3)$	Punkt mit den Koordinaten x_1, x_2 und x_3
AB	Gerade durch die Punkte A und B
$\overline{AB}$	Strecke mit den Endpunkten A und B
$\lvert AB \rvert$	Länge der Strecke $\overline{AB}$
ABC	Dreieck mit den Eckpunkten A, B und C
ABCD	Viereck mit den Eckpunkten A, B, C und D
$g \parallel h$	g parallel zu h
$g \perp h$	g orthogonal zu h
$\begin{pmatrix} v_1 \\ v_2 \\ v_3 \end{pmatrix}$	Vektor mit den Koordinaten v_1, v_2 und v_3
$\overrightarrow{OP}$	Ortsvektor des Punktes P
$\overrightarrow{PQ}$	Vektor vom Punkt P nach Punkt Q
$\vec{v}$	Vektor $\vec{v}$
$\vec{o}$	Nullvektor
$\lvert \vec{v} \rvert$	Länge (Betrag) des Vektors $\vec{v}$
$\vec{a} + \vec{b}$	Summe der Vektoren $\vec{a}$ und $\vec{b}$
$r \cdot \vec{a}$	r-Faches des Vektors $\vec{a}$
$\vec{a} * \vec{b}$	Skalarprodukt der Vektoren $\vec{a}$ und $\vec{b}$
$\vec{a} \times \vec{b}$	Vektorprodukt der Vektoren $\vec{a}$ und $\vec{b}$
$\vec{n}$	Normalenvektor

Mathematische Symbole

Stochastik

A	Ereignis A
$\overline{A}$	Gegenereignis zum Ereignis A
$P(E)$	Wahrscheinlichkeit für das Ereignis E
$h(E)$	relative Häufigkeit des Ereignisses E
$\overline{x}$	arithmetisches Mittel
$\overline{s}$	empirische Standardabweichung
$n!$	n Fakultät; $n! = n \cdot (n-1) \cdot (n-2) \cdot \ldots \cdot 1$
$\binom{n}{k}$	Binomialkoeffizient n über k; $\binom{n}{k} = \frac{n!}{k! \cdot (n-k)!}$
$X, Y, Z \ldots$	Zufallsgrößen
$P(X = k)$	Wahrscheinlichkeit für das Ereignis $X = k$
μ, $E(X)$	Erwartungswert der Zufallsgröße X
σ	Standardabweichung
$P(X \leq k)$	kumulierte Wahrscheinlichkeit für höchstens k Erfolge; $P(X \leq k) = P(X = 0) + \ldots + P(X = k)$
$P(X \geq k)$	kumulierte Wahrscheinlichkeit für mindestens k Erfolge; $P(X \geq k) = 1 - P(X \leq k - 1)$
$P(a \leq X \leq b)$	kumulierte Wahrscheinlichkeit für mindestens a und höchstens b Erfolge
$\varphi_{\mu;\sigma}(x)$	Dichtefunktion der Normalverteilung mit Erwartungswert μ und Standardabweichung σ oder Gauß'sche Glockenfunktion; $\varphi_{\mu;\sigma}(x) = \frac{1}{\sigma\sqrt{2\pi}} e^{-\frac{1}{2}\left(\frac{x-\mu}{\sigma}\right)^2}$
$\phi_{\mu;\sigma}(x)$	Verteilungsfunktion der Normalverteilung mit Erwartungswert μ und Standardabweichung σ oder Gauß'sche Integralfunktion; $\phi_{\mu;\sigma}(x) = \int_{-\infty}^{x} \varphi_{\mu;\sigma}(t)\,dt$

Matrizen

$\mathbf{A}$	Matrix **A**
a_{ij}	Eintrag der Matrix **A** in der i-ten Zeile und der j-ten Spalte
$\mathbf{A} = \begin{pmatrix} a_{11} & \cdots & a_{1n} \\ a_{21} & \cdots & a_{2n} \\ \vdots & & \vdots \\ a_{m1} & \cdots & a_{mn} \end{pmatrix}$	m x n-Matrix **A** mit den Elementen a_{ij}
$\mathbf{E}$	Einheitsmatrix
$\mathbf{A} \cdot \vec{v}$	Multiplikation der Matrix **A** mit dem Vektor $\vec{v}$
$\mathbf{A} \cdot \mathbf{B}$	Produkt zweier n x n-Matrizen **A** und **B**
$\mathbf{A}^2$	zweite Potenz der Matrix **A**
$\mathbf{A}^r$	r-te Potenz der Matrix **A**

Stichwortverzeichnis

A

Ableitung
- an einer Stelle 8
- der e-Funktion 129, 168
- der ln-Funktion 165, 170
- der Quadratwurzelfunktion 39
- einer Exponentialfunktion 127, 132, 135, 168
- zweite 17, 64

Ableitungsfunktion 9
Ableitungsregel 9
- Kettenregel 35, 65
- Potenzregel für rationale Exponenten 39, 64
- Produktregel 36, 65

Abstand
- Lotfußpunktverfahren 246
- zweier Geraden 251, 252, 257
- zweier Ebenen 245, 256
- zweier Punkte 175
- zwischen Ebene und Koordinatenursprung 242, 256
- zwischen Gerade und Ebene 246, 257
- zwischen Punkt und Ebene 243, 257
- zwischen Punkt und Gerade 250, 253, 257
- windschiefer Geraden 252, 254, 257

Achsensymmetrie 11
Änderungsrate 71, 73, 117, 156
- lokale 8
- mittlere 8

Anfangswert 124, 137, 169
Annahmebereich 326
Archimedes von Syrakus 103
arithmetisches Mittel 263, 307
- klassierter Daten 269

Auslastungsmodell 301

B

begrenzte Abnahme 145
begrenztes Wachstum 145, 169
- Sättigungsgrenze 145, 169
- Wachstumsfaktor 145, 169

begrenzte Zunahme 145
Bernoulli-Experiment 287, 308
- Erfolg 287
- Misserfolg 287

Bernoulli-Formel 287, 308
Bernoulli, Jakob I 287
Bernoulli-Kette 287, 301, 308
- Simulation 306

Bestand 71, 73, 117, 156
Bestandsfunktion 84
Binomialkoeffizient 283, 287, 296, 308
Binomialverteilung 287, 308
- kumulierte 295, 309

Bogenlänge 114
Boxplot 270

C

Coulomb'sches Gesetz 107

D

Definitionslücke 105
Dichtefunktion 339, 369
- der Normalverteilung 342

Differenzenquotient 8
- Grenzwert 8

Dreiecksgestalt 53, 66
Dreimal-mindestens-Aufgaben 304

E

Ebenen
- Abstand 245, 256
- Koordinatenform 211, 229
- Lagebeziehungen 213, 230
- Normalenform 211, 229
- Parameterdarstellung 203, 228
- Schnittgerade 213, 230
- Schnittwinkel 235, 256
- Spurgerade 207
- Spurpunkte 207

e-Funktion 129, 168
- Ableitung 129, 168
- Stammfunktion 129, 168
- Wachstumsvergleich 149, 170

Einheitsmatrix 360
einseitiger Hypothesentest 332, 369
empirische Standardabweichung 265, 307
Entscheidungsregel 326, 368
Erfolg 287, 304, 308
Erwartungswert 273, 307
- Additivität 277
- einer Binomialverteilung 313, 368

erweiterte Koeffizientenmatrix 53
Euler'sche Zahl 129, 168
Exponentialfunktion 139
- Ableitung 127, 132, 135, 168
- Eigenschaften 124
- Stammfunktion 135, 168

exponentielle Abnahme 137, 169
exponentielles Wachstum 124
exponentielle Zunahme 137, 169
Extremalbedingung 44, 65
Extremstelle 12
- Kriterium 12, 17, 64

Extremwertprobleme 44, 65

F

faires Spiel 273
Faktorregel 9
Fakultät 283
Fehler beim Testen von Hypothesen
- Fehler 1. Art 327, 369
- Fehler 2. Art 327, 369

Flächeninhalt
- orientierter 71, 117
- zwischen Funktionsgraph und x-Achse 93, 95, 118
- zwischen zwei Funktionsgraphen 99, 101, 118

Funktionenschar 29
- Ortslinie bestimmen 29

Funktionsuntersuchung 27, 31

G

Galton-Brett 288
ganzrationale Funktionen
- bestimmen 57, 66

Gauß-Algorithmus 53, 66
Gauß, Carl Friedrich 53, 341
Gauß'sche Glockenfunktion 342, 369
Gauß'sche Integralfunktion 342
Geraden
- Abstand 251, 252, 254, 257
- Lagebeziehungen 195, 229
- Parameterdarstellung 188, 228
- Schnittpunkt 195, 229
- Schnittwinkel 198
- Spurpunkte 191

Gleichungssystem
- Dreiecksgestalt 53, 66
- lineares 53, 54, 66, 195, 223, 229, 366
- Lösung 54, 66

Globalverlauf 11

H

Halbwertszeit 125, 137, 169
Häufigkeitsverteilung 263, 345
Hauptsatz der Differenzial- und Integralrechnung
- erster Teil 83, 117
- zweiter Teil 87

Histogramm 268, 307
Hochpunkt 9
- Kriterium 12, 17, 64

hochsignifikant 321, 368
Hypothesentest
- Annahmebereich 326
- einseitiger 332, 369
- Entscheidungsregel 326, 368
- Fehler 1. Art 327, 369
- Fehler 2. Art 327, 369
- linksseitiger 332, 369
- Nullhypothese 326, 368
- rechtsseitiger 332, 369
- Signifikanzniveau 326, 368
- Verwerfungsbereich 326, 368
- Wahl der Hypothese 334
- zweiseitiger 326, 368

I

Integral 77, 117
- der Quadratfunktion 78
- geometrische Deutung 77
- Obersumme 81
- Rechenregeln 84, 167
- uneigentliches 105, 119
- Untersumme 81

Integralfunktion 87, 118
Interpolation 63
Intervallgrenze 77
Intervallwahrscheinlichkeit 295
inverse Matrix 367

K

Kettenlinie 153, 162
Kettenregel 35, 65
Klassieren von Daten 268
Koordinatenebene 174
Koordinatenform 211, 229
Koordinatensystem
- im Raum 174
- Ursprung 174

kritischer Wert 332
kumulierte Binomialverteilung 295, 309
kumulierte Wahrscheinlichkeitsverteilung 295
Kurven
- im Raum 201

L

Lagebeziehungen
- zwischen Geraden 195, 229
- zwischen Gerade und Ebene 211, 230
- zwischen Ebenen 213, 230

Länge eines Vektors 175
Laplace-Bedingung 319, 321, 351, 368, 370
lineares Gleichungssystem 53, 54, 66, 195, 223, 225, 366
- Dreiecksgestalt 53, 66
- erweiterte Koeffizientenmatrix 53
- Lösung 54, 66

Linkskurve 22, 64
linksseitiger Test 332, 369
ln-Funktion 163, 170
- Ableitung 165, 170
- Stammfunktion 166

Logarithmengesetze 134
logarithmisches Integrieren 167
Logarithmus
- natürlicher 132, 168

Lotfußpunktverfahren 246

M

Mantelfläche 116
Matrix 355, 360, 370, 371
  inverse 367
Matrix-Vektor-Schreibweise 366
Median 270
Mindestzahl an Versuchen
  für mehr als einen Erfolg 305
  für mindestens einen Erfolg 304, 308
Misserfolg 287
Mittelwert der Funktionswerte einer Funktion 112, 119
mittlere quadratische Abweichung 265, 279
Modellieren 50
Moivre, Abraham de 351
Monotonie 9

N

Näherungsformel
  integrale 351, 370
  lokale 351
natürliche Logarithmusfunktion 163, 170
  Ableitung 165, 170
  Stammfunktion 166
natürlicher Logarithmus 132, 168
Nebenbedingung 44, 65
Newton'sches Abkühlungsgesetz 146
Newton'sches Gravitationsgesetz 107
Normalenform 211, 229
Normalenvektor 211, 229
Normalverteilung 342, 370
  Dichtefunktion 342
  Parameter bestimmen 347
Nullhypothese 326, 368
Nullstelle 12
  ganzrationaler Funktionen 12
  mehrfache 20

O

obere Intervallgrenze 77
oberes Quartil 270
Obersumme 81
Operationscharakteristik 330
orientierter Flächeninhalt 71, 117
orthogonal 211, 217, 229
  Vektoren 179, 228
orthogonale Projektion 236
Ortslinie 29
Ortsvektor 174

P

parallel
  Vektoren 175
  Geraden 195, 229
  Ebenen 213, 230
Parallelprojektion 226
Parameter 29, 188, 203, 228
  einer Normalverteilung bestimmen 347
Parameterdarstellung
  einer Ebene 203, 228
  einer Geraden 188, 228
  einer Kurve 200
Pascal, Blaise 285
Pascal'sches Dreieck 285
platonische Körper 177
Potenzen stochastischer Matrizen 360, 371
Potenzregel 9
  für rationale Exponenten 39, 64
Produkt
  einer Matrix mit einem Vektor 355, 370
  zweier Matrizen 360, 371
Produktregel 36, 65
Produktsumme 77
Prognoseintervall 321, 368
  für relative Häufigkeiten 323
Punktschätzung 321, 368
Punktsymmetrie 11

Q

Quartil 270
Quartilsabstand 270

R

Randextremum 46
Rechtskurve 22, 64
rechtsseitiger Test 332, 369
Regression 63
Rekonstruktion eines Bestands 71, 73, 117
Reproduktionszahl 142
Richtungsvektor 188, 203, 228
Rotationskörper
  Volumen 109, 119

S

Sattelpunkt 9
Sättigungsgrenze 145, 169
Schatten 226
Schluss von der Gesamtheit auf die Stichprobe 321, 368
Schnittgerade 213, 230
Schnittpunkt
  zweier Geraden 195, 229
  zwischen Gerade und Ebene 212, 230
Schnittwinkel
  zweier Geraden 198
  zwischen Gerade und Ebene 235, 236, 256
  zweier Ebenen 235, 256
Sekante 8
  Steigung 8
Sicherheitswahrscheinlichkeit 321
Sigma-Regeln 319
  bei normalverteilten Zufallsgrößen 352
σ-Umgebung 319
signifikant 321, 368
Signifikanzniveau 326, 368

S

Skalarprodukt 179, 181, 228
- Rechengesetze 182

Spat 177, 219
Spurgerade 207
Spurpunkte
- einer Ebene 207
- einer Geraden 191

Stabilisierung von Zuständen 362, 371
Stammfunktion 83, 117
- der e-Funktion 129, 168
- einer Exponentialfunktion 168

Standardabweichung 279, 307
- empirische 265, 307
- einer Binomialverteilung 313, 368

stetig 87
stochastische Matrix 355, 370
- Potenzen 360, 371

stochastischer Prozess 355, 370
streng monoton 9, 22, 64
Stützvektor 188, 203, 228
Summenregel 9
Symmetrie 11, 59, 347

T

Tangente 8
- Steigung 8

Testen
- von einseitigen Hypothesen 332, 369
- von zweiseitigen Hypothesen 326, 368

Tiefpunkt 9
- Kriterium 12, 17, 64

Trassierungsaufgaben 62

U

Übergangsdiagramm 355
Übergangsmatrix 355, 370
Übergangswahrscheinlichkeit 355
uneigentliches Integral 105, 119
untere Intervallgrenze 77
unteres Quartil 270
Untersumme 81
Ursprung 174
Ursprungsgerade 190

V

Varianz 279
Vektor 174
- Addition 175
- Länge 175
- Orthogonalität 179, 228
- Skalarprodukt 179, 181, 228
- Subtraktion 175
- Vervielfachen 175
- Winkel 185, 228

Vektorprodukt 217, 253
- geometrische Deutung 217

Verdopplungszeit 137, 169
Verkettung
- äußere Funktion 35
- innere Funktion 35

Verteilungsfunktion 342
Verwerfungsbereich 326, 368
Volumen
- eines Rotationskörpers 119

Vorzeichenwechsel-Kriterium 12

W

Wachstum
- begrenztes 145, 169
- exponentielles 124

Wachstumsfaktor 124, 145, 169
Wachstumsvergleich 149, 170
Wahl der Hypothese 334
Wahrscheinlichkeit
- kumulierte 295

Wahrscheinlichkeitsverteilung 273, 307
- kumulierte 295

Wendepunkt 22, 64
- Kriterium 22, 26, 64

windschief 195, 229
Winkel
- zwischen Ebenen 235, 256
- zwischen Geraden 198
- zwischen Gerade und Ebene 235, 236, 256
- zwischen Vektoren 185, 228

Z

Zahlentripel 174
Zentralprojektion 226
Zielfunktion 44, 65
Zufallsgröße 273, 307
- normalverteilte 342, 370
- stetige 339, 369

Zustandsvektor 355, 370
zweiseitiger Hypothesentest 326, 368
zweite Ableitung 17, 64

Bildquellenverzeichnis

|akg-images GmbH, Berlin: 53.1. |Alamy Stock Photo, Abingdon/Oxfordshire: Furnes, John 115.2; Lucca, Alessandro 4.2, 173.1; Underhill, Joanne 58.2. |Alamy Stock Photo (RMB), Abingdon/Oxfordshire: Alex 350.1; Artepics 285.1; Balfore Archive Images 351.4; Grigorjeva, Anna 352.1; Juniors Bildarchiv GmbH 340.1; Justin Kase zfourz 210.1; Robert Convery 363.1; Sven Bachstrom 187.1. |Bundesministerium der Finanzen, Berlin: 299.1, 299.2, 318.1, 325.2, 325.3. |ddp images GmbH, Hamburg: Latz, Michael 190.2. |Deutsche Bundesbank, Frankfurt: 341.1. |Druwe & Polastri, Cremlingen/Weddel: 195.3, 204.1, 206.1, 206.2, 206.3. |fotolia.com, New York: Fotowerk 328.2; Joshua Resnick 276.2; Kara 317.1; kormanngraphics 373.1; nikonomad 350.2; peppi18 68.1; Popsy 46.2; searagen 171.2; Smileus 234.3. |GICON Großmann Ingenieur Consult GmbH, Dresden: 220.2. |Gundlach, Andreas Dr., Carinerland OT Moitin: 92.1, 185.3. |Helga Lade Fotoagenturen GmbH, Frankfurt/M.: KI 101.2. |Helios Sonnenuhren e.K., Wiesbaden: 239.1. |imprint, Zusmarshausen: 8.2, 8.3, 8.4, 9.1, 9.2, 10.1, 10.2, 10.3, 10.4, 10.5, 10.6, 10.7, 10.8, 10.9, 11.1, 11.2, 11.3, 11.4, 11.5, 11.6, 11.7, 12.1, 12.2, 13.5, 14.1, 14.2, 15.1, 16.2, 16.3, 17.1, 17.2, 18.1, 18.2, 18.3, 18.4, 19.1, 19.2, 19.3, 19.4, 21.2, 21.3, 22.1, 22.2, 23.1, 24.1, 24.2, 24.3, 24.5, 25.1, 25.2, 25.3, 25.4, 26.1, 26.2, 26.3, 26.4, 28.2, 28.3, 28.4, 29.1, 29.2, 29.3, 31.1, 31.2, 31.3, 32.3, 33.1, 33.2, 34.1, 36.1, 37.1, 38.2, 40.2, 41.1, 41.2, 41.3, 41.4, 41.5, 43.1, 43.2, 44.1, 44.2, 45.1, 46.1, 46.3, 46.4, 47.1, 47.3, 48.2, 50.1, 56.3, 57.1, 57.2, 58.3, 59.1, 59.3, 60.2, 60.3, 60.4, 60.5, 61.1, 62.1, 62.3, 62.4, 63.1, 63.2, 63.3, 64.1, 64.2, 65.1, 65.2, 67.1, 68.2, 70.2, 71.1, 71.2, 71.3, 72.1, 72.2, 73.1, 73.2, 73.3, 74.2, 74.3, 75.2, 75.3, 75.4, 75.5, 75.6, 76.1, 76.2, 76.3, 77.1, 77.2, 78.1, 78.2, 79.1, 81.1, 81.2, 83.1, 86.2, 86.3, 86.4, 86.5, 86.6, 86.7, 86.8, 86.9, 86.10, 87.1, 87.2, 87.3, 87.4, 88.1, 88.2, 89.3, 89.4, 90.1, 91.1, 92.2, 93.1, 94.1, 95.2, 95.3, 96.1, 96.2, 96.3, 96.4, 96.5, 97.2, 97.3, 98.1, 98.2, 98.3, 99.1, 99.2, 100.1, 100.2, 100.3, 101.1, 101.3, 102.1, 102.2, 102.3, 102.4, 103.1, 103.2, 103.3, 103.4, 104.4, 104.5, 104.6, 104.7, 105.1, 105.2, 105.3, 105.4, 105.5, 105.6, 106.2, 107.1, 108.1, 108.2, 108.3, 108.4, 109.1, 109.2, 109.3, 110.1, 110.3, 111.2, 111.3, 112.1, 112.2, 112.3, 113.1, 114.1, 114.2, 114.3, 115.1, 116.1, 117.1, 117.2, 117.3, 118.1, 118.2, 118.3, 119.1, 119.2, 119.3, 119.4, 119.5, 120.1, 120.2, 120.3, 121.1, 121.2, 122.1, 122.2, 122.3, 124.1, 124.2, 125.1, 126.3, 126.4, 127.1, 127.2, 129.1, 130.1, 130.2, 131.1, 131.2, 131.3, 136.2, 137.1, 137.2, 142.2, 143.1, 144.2, 145.1, 145.2, 148.1, 148.2, 149.1, 149.2, 150.1, 150.2, 150.3, 150.4, 150.5, 151.1, 152.1, 152.2, 152.3, 152.4, 152.5, 153.1, 153.2, 153.4, 153.5, 154.3, 155.1, 156.1, 156.2, 156.3, 156.4, 156.5, 160.2, 161.1, 162.2, 162.4, 163.2, 163.3, 164.1, 165.1, 165.2, 165.3, 166.1, 167.1, 168.1, 168.2, 168.3, 169.1, 169.2, 169.3, 169.4, 170.1, 170.2, 170.3, 170.4, 170.5, 170.6, 171.1, 172.1, 174.1, 174.2, 174.3, 174.4, 175.1, 175.2, 175.3, 175.4, 176.1, 177.1, 178.1, 178.2, 179.1, 179.2, 180.1, 180.3, 181.1, 181.2, 183.1, 183.2, 183.3, 183.4, 183.5, 184.1, 184.2, 184.3, 184.4, 185.1, 185.2, 185.4, 186.1, 186.2, 186.3, 186.4, 187.2, 187.3, 188.1, 188.2, 189.1, 189.2, 190.1, 191.1, 191.2, 192.1, 192.2, 192.3, 192.4, 194.2, 195.1, 195.2, 198.1, 199.1, 199.2, 200.2, 200.3, 201.2, 201.3, 201.4, 202.1, 202.3, 202.5, 203.1, 203.2, 205.1, 205.2, 207.1, 208.1, 208.2, 209.1, 209.3, 210.2, 211.1, 211.2, 213.1, 213.2, 213.3, 213.4, 213.5, 213.6, 213.7, 215.1, 215.2, 215.3, 215.4, 216.2, 216.3, 217.1, 217.3, 218.1, 219.1, 219.2, 219.3, 219.4, 221.1, 221.2, 221.3, 221.4, 224.1, 224.2, 225.1, 225.2, 226.3, 227.2, 227.3, 228.1, 228.2, 228.3, 229.1, 229.2, 230.1, 230.2, 230.3, 231.1, 231.2, 232.2, 232.3, 234.1, 234.2, 234.4, 234.5, 235.1, 235.2, 235.3, 235.4, 236.1, 236.2, 237.1, 238.1, 238.2, 238.3, 238.4, 239.2, 239.3, 241.1, 241.2, 241.3, 242.1, 242.2, 243.1, 243.2, 243.3, 244.1, 244.2, 244.3, 246.1, 246.2, 246.3, 247.1, 249.2, 249.3, 250.1, 251.2, 252.1, 253.2, 253.3, 253.4, 254.1, 255.2, 256.1, 256.2, 256.3, 256.4, 256.5, 257.1, 257.2, 257.3, 262.2, 262.3, 263.1, 263.2, 263.3, 264.1, 268.1, 268.2, 268.3, 270.2, 270.3, 270.4, 270.5, 271.1, 271.2, 271.3, 271.4, 271.5, 271.6, 272.2, 274.2, 274.3, 274.4, 274.5, 274.6, 274.7, 275.1, 277.1, 279.1, 281.1, 281.2, 281.3, 281.4, 283.1, 283.2, 283.3, 283.4, 283.5, 283.6, 286.3, 288.1, 290.1, 292.1, 294.3, 295.1, 295.2, 295.3, 295.4, 296.2, 296.3, 296.4, 306.1, 306.2, 306.3, 306.4, 307.1, 313.1, 313.2, 313.3, 314.2, 314.3, 315.2, 315.3, 315.4, 315.5, 316.1, 316.2, 316.3, 316.4, 316.5, 316.6, 316.7, 316.8, 316.9, 317.2, 317.3, 318.4, 318.5, 318.6, 318.7, 319.1, 319.2, 319.3, 320.1, 320.2, 321.1, 322.1, 325.4, 326.1, 331.3, 332.1, 333.3, 333.4, 338.1, 338.2, 338.4, 338.5, 339.1, 340.2, 341.3, 342.1, 342.2, 345.1, 346.2, 347.2, 348.1, 349.2, 350.3, 351.1, 351.2, 351.3, 351.5, 351.6, 352.2, 353.1, 359.1, 359.2, 364.1, 364.2, 368.1, 369.1, 369.2, 370.1, 372.1, 372.2, 376.1, 376.2, 376.3,

377.1, 377.2, 377.3, 377.4, 378.1, 379.1, 379.2, 379.3, 379.4, 380.1, 381.1, 382.1, 383.1, 383.2, 385.1, 389.1, 389.2, 389.3, 389.4, 390.1, 391.1, 392.1, 393.1, 393.2, 394.1, 395.1, 396.1, 397.1, 397.2, 398.1, 398.2, 398.3, 400.1, 400.2, 401.1, 402.1, 405.1, 406.1, 409.1. |iStockphoto.com, Calgary: atese 249.1; carlosvelayos 131.4; funfunphoto 240.2; GibsonPictures 56.2; gremlin 86.1; guvendemir 259.1; justme_yo 136.1; mipan 157.1; Pakornc 232.1; pollardt 226.2; spooh 95.1; takahashi_kei 134.1; Woodyphoto Titel. |mauritius images GmbH, Mittenwald: fact 21.1; Thonig 28.1. |Mettin, Markus, Offenbach: 42.1, 42.2, 42.3, 42.4, 49.1, 49.2, 49.3, 163.1, 216.2, 217.2, 282.1, 333.1, 333.2, 349.1. |Minkus Images Fotodesignagentur, Isernhagen: 47.2. |Morath, Hanns-Jürgen, Karlsruhe: 180.2, 180.4, 240.1. |OKAPIA KG - Michael Grzimek & Co., Frankfurt/M.: Scharf, David 129.2. |PantherMedia GmbH (panthermedia.net), München: nbvf89 314.1, 318.2. |Picture-Alliance GmbH, Frankfurt a.M.: dpa/Schrader, Matthias 336.1; HOCH ZWEI 75.1; Leemage 287.1. |Rau, Katja, Berglen: 138.2, 138.3. |Schlierf, Birgit und Olaf, Lachendorf: 325.1. |Shutterstock.com, New York: 3DStach 177.2; Adlam, Janice 25.5; Andronov, Leonid 4.1, 123.1; Angelaoblak 15.3; Animaflora PicsStock 202.4; Arthit Premprayot 253.1; Artush 262.1; Atlaspix 209.2; AVinter 338.3; badahos 89.1; Campbell, Tony 5.2, 261.1; Chesky 354.2; curraheeshutter 126.1; Czajkowski, Tomasz 113.1; Dashkevych, S. 50.2; Dragan, Gajic 201.5; Duzen, Nejdet 178.1; EB Adventure Photography 18.5; EcoPrint 366.1; EINHORN, Moshe 89.2; Eisenlohr, U. 70.1; Elisseeva, Elena 286.2; encierro 294.2; FiledIMAGE 343.1; Fischer, Irina 386.1; Forstock 144.1; Foto-Ruhrgebiet 284.1; fotoJoost 159.1; Frenklakh, Yory 45.2; goodluz 356.1; guruXOX 300.1; guteksk7 90.2; Hadrian 202.2; hafakot 110.2; HandmadePictures 312.1; Hong Vo 276.1; HopsAndYeast 274.1; Hulshof pictures 74.1; ImYanis 147.1; Iuliia, Volkova 186.5; Jackson, Brian A. 296.1; Jag_cz 30.1; Jansamut, Natthee 51.1; Jastrzebska, Anna 126.2; Jirik V 141.1; ju_see 387.1; Juers, Susanna 294.1; juliannedev 193.1; Kapustkina, Ludmila 264.2; Karoly, Mate 275.2; Kaspar, Karen 346.1; kavram 97.1; kei907 344.2; Khoroshunova, Olga 3.2, 69.1; Kichigin 139.1; Koptyaev, Igor 16.1; Kosmider, Patryk 82.2; Kotsell, Angela 296.5; Krosh, Ruslan 197.1; Kzenon 248.1; Lande, Alexandra 220.1; Lisa-S 82.1; LittlePerfect-Stock 24.4; lowsun 72.3; MaKo-studio 345.2; MelnikovSergei 251.1; MotionEmo 142.1; MR.Yanukit 385.2; Mshev 358.2; Muellek 331.2; Nai_Pisage 48.1; Nandeenopparit, Piyawat 361.1; Nejron Photo 278.1; norazaminayob 329.1; Nuttadol Kanperm 200.1; OMP.stock 293.1; oticki 161.2; Pixel-Shot 312.2; Prostock-studio 266.1; Rebollo, David Gonzalez 3.1, 7.1; RikoBest 15.2; rocharibeiro 38.1; Rosamar 80.1; Rosskothen, Michael 106.1; Semik, Richard 62.2; Serebryakova, Elena 367.1; Siam, Ekkasit A. 331.1; Simon, Hagen 32.2; Skycolors 255.1; Smokovski, Ljupco 104.2, 104.3; Sonjachnyj, Bogdan 157.2; stockfour 334.1; stockwerk-fotodesign 302.2; STPH 158.1; Suriya KK 226.1; Suriyawut Suriya 305.2; Taliani de Marchio, Marco 205.3; ThamKC 286.1; tommaso79 293.2; travelpeter 19.5; Travel-pixs 5.1, 233.1; travelview 324.1; TungCheung 40.1; TZIDO SUN 48.3; Uryadnikov, Sergey 76.1; ventdusud 223.2; vesperstock 6.1, 311.1; Vinther, M. 154.2; Vtmila 32.1; wavebreakmedia 302.3; Weitwinkel 327.1; Winter, Maren 138.1; Wongsaita, Soonthorn 384.1; Yeh, Lynn 162.3; Zenith Pictures 291.1; Zhukovsky, Leonard 315.1; Zinkevych, Dmytro 341.2. |stock.adobe.com, Dublin: 3dsculptor 8.1; A Stockphoto 302.1; aapsky 194.1; aletia2011 344.1; Animaflora PicsStock 227.1; Arochau 358.1; bisonov 272.1; by-studio busse yankushev 282.2; contrastwerkstatt 270.1, 354.1; drubig-photo 388.1; ebednarek 303.1; forkART Photography 34.2; Jamrooferpix 6.2, 375.1; Jeyhun 223.3; Kayhan, Hayati 41.9; Kzenon 137.3; Marco2811 111.1; Moroz, Oleksandr 109.4; Natascha 250.2; Otte, Claudia 160.1; pictworks 365.1; PL.TH 41.7; Ryzhov, Sergey 300.2; Sashkin 323.1; schulzfoto 245.1; sforzza 247.2; Sokolov, Maxim 178.3; StarJumper 52.1; steverts 335.1; taddle 318.3; UllrichG 59.2, 214.1; Wolfilser 132.1; ©Africa Studio 41.6; ©DyMax 153.3; ©Frank 223.1; ©hanseat 162.1; ©Mara Zemgaliete 41.8. |Strick, Heinz Klaus, Leverkusen: 328.1, 329.2. |Suhr, Friedrich, Lüneburg: 58.1. |Tegen, Hans, Hambühren: 216.1. |Texas Instruments Education Technology GmbH, Freising: 13.1, 13.2, 13.3, 13.4, 20.1, 27.1, 27.2, 60.1, 91.2, 104.1, 201.1, 289.1, 292.2, 304.1, 305.1, 330.1, 342.3, 347.1. |ullstein bild, Berlin: Firo 154.1. |Wojczak, Michael, Braunschweig: 107.2. |www.vintage-line.de, Heiligenstedten: 56.1.